화재감식 평가 기사 산업기사

실기 필답형

SD에듀
(주)시대고시기획

2024 SD에듀 화재감식평가기사 · 산업기사
실기 필답형

Always **with you**

사람의 인연은 길에서 우연하게 만나거나 함께 살아가는 것만을 의미하지는 않습니다.
책을 펴내는 출판사와 그 책을 읽는 독자의 만남도 소중한 인연입니다.
SD에듀는 항상 독자의 마음을 헤아리기 위해 노력하고 있습니다. 늘 독자와 함께하겠습니다.

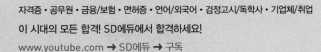

머리말

전국에서 2019년도에 40,103건의 화재가 발생하여 인명피해 2,515명(사망 285명, 부상 2,230명), 재산피해 8,585억 원의 막대한 피해가 발생하였다. 매년 화재는 건축물의 고층화·지하연계화 및 사회구조의 급속한 변화 등을 수반하여 이천냉동창고 화재와 같은 대형화재가 급증하고 있으며 화재원인도 복잡·다양화되어 화재 전문가에 의한 감식·감정 등 과학적인 화재조사기법과 지식·경험이 더욱 요구되고 있다. 그럼에도 불구하고 화재조사는 본래 특성상 3D업종으로 치부되어 오랫동안 소수의 현업 종사자들에 의해서만 연구되었던 것이 현실이었다. 그러나 2002년 제조물책임법의 제정으로 제조물의 결함에 의한 화재피해 소송이 증가되고 다중이용업소의 안전관리에 관한 특별법에 따른 화재배상 책임보험 의무가입과 보험요율 적용이 시행되면서 조금씩 관심을 갖게 되었다. 더불어 실화책임에 관한 법률의 개정으로 경과실에 의한 화재피해도 배상받을 수 있게 되었다.

한편 한미 FTA가 2년간의 유예기간 종료 후 고객정보에 대한 공유 및 처리가 자유로워지는 시점부터 미국 보험사들의 본격적인 국내시장 진출이 예상되고, 국민들의 안전에 대한 의식수준이 높아짐에 따라 화재사고 발생 시 전문지식을 갖춘 화재조사관의 수요가 많아질 것으로 분석되어 관련 시험으로 2013년 9월 화재감식평가기사·산업기사 국가기술 자격시험이 첫 시행되었다. 첫 시험에 소방공무원, 경찰공무원, 보험회사 등 각종 화재조사 또는 감식업무에 종사하는 많은 분들이 전문성을 갖추기 위해 시험에 응시하였으나 최종 합격률은 그리 높지 않았다.

첫 번째는 첫 시행으로 출제수준 및 유형에 대한 정보의 부재가 컸던 것으로 보인다. 두 번째는 어떤 시험이든 만만하게 보아서는 안 되는 데도 불구하고 다수의 응시자들이 첫 시험으로 쉽게 출제될 거라 생각하고 실기시험 준비를 소홀히 했던 것으로 분석된다.

따라서 이번 증보판에서는
❶ 빨리보는 간단한 키워드(빨간키)를 통해 수험생들이 시험장에서 간단히 필답할 수 있게 하였다.
❷ 시험에 반드시 출제되는 핵심이론을 수록하였고, 특히 이론과 관련 있는 사진과 그림 등을 함께 첨부함으로써 수험생들의 이해를 돕도록 구성하였다.
❸ 기출문제를 철저히 분석한 출제예상문제 20회분을 시험유형에 맞게 수정·보완하였다.
❹ 꼼꼼한 해설을 포함한 최근 10개년 기사·산업기사 기출복원문제를 수록하여 수험생들이 출제경향을 파악할 수 있도록 구성 하였다.

이 책이 완성되기까지 도움을 주신 전국의 화재조사관과 인천소방본부 화재조사팀께 깊은 감사를 드리며 본 저자는 부족한 점에 대해서는 여러 전문가들의 고견과 지속적인 연구를 통해 계속 수정·보완하여 좋은 수험서가 되도록 꾸준히 노력할 것을 약속드리며 수험생 여러분의 합격을 진심으로 기원하는 바이다.

문옥섭, 박정주 씀

시험안내

개요

화재감식평가기사 · 산업기사는 화재현장에서 화재원인조사, 피해조사, 화재분석 및 평가를 통해 과학적인 방법으로 원인 및 발생 메커니즘을 규명하는 기술자격이다.

수행직무

화재원인의 판정을 위하여 전문적인 지식, 기술 및 경험을 활용하여 주로 시각에 의한 종합적 판단으로 구체적인 사실관계를 명확하게 규명한다.

시험일정

구 분	필기시험접수 (추가접수)	필기시험	합격(예정)자 발표	실기시험접수	실기시험	최종 합격자 발표
제1회	1.23~1.26 (2.9~2.10)	2.15~3.7	3.13	3.26~3.29	4.27~5.12	6.18
제2회	4.16~4.19	5.9~5.28	6.5	6.25~6.28	7.28~8.14	9.10
제3회	6.18~6.21	7.5~7.27	8.7	9.10~9.13	10.19~11.8	12.11

※ 상기 시험일정은 2024년 시험일정을 참고하였으며 시행처의 사정에 따라 변경될 수 있으니 www.q-net.or.kr에서 반드시 직접 확인하시기 바랍니다.

시험요강

❶ 시행처 : 한국산업인력공단

❷ 관련부처 : 소방청

❸ 시험과목
  ㉠ 필 기 ┌ 기사 : 화재조사론, 화재감식론, 증거물관리 및 법과학, 화재조사보고 및 피해평가, 화재조사 관계법규
         └ 산업기사 : 화재조사론, 화재감식론, 증거물관리 및 법과학, 화재조사 관계법규 및 피해평가
  ㉡ 실 기 : 화재감식 실무

❹ 검정방법
  ㉠ 필 기 : 객관식 4지선다 택일형, 과목당 20문항(기사 : 100문항, 2시간 30분/산업기사 : 80문항, 2시간)
  ㉡ 실 기 : 필답형(기사 · 산업기사 : 2시간 30분)

❺ 합격기준
  ㉠ 필 기 : 100점을 만점으로 하여 과목당 40점 이상, 전과목 평균 60점 이상
  ㉡ 실 기 : 100점을 만점으로 하여 60점 이상

이 책의 구성과 특징

STEP 1 빨리보는 간단한 키워드

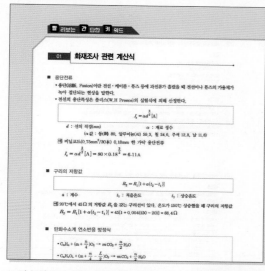
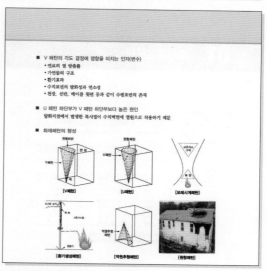

▶ 필수적으로 학습해야 하는 중요 키워드를 출제기준에 맞춰 수록하였습니다. 시험보기 전 간단하게 학습했던 내용을 상기시키고 시험에 임할 수 있도록 하였습니다.

STEP 2 핵심이론

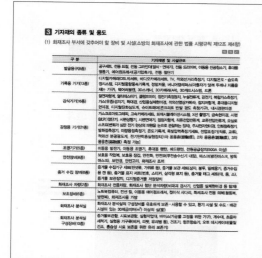

▶ 핵심이론 중 이미 기출된 내용에는 연도를 표시하여 시간이 부족하거나 공부를 처음 하는 수험생들이 중요도에 따라서 공부를 해나갈 수 있도록 구성하였습니다. 또한 다양한 컬러사진 및 그림자료를 수록하여 수험생들의 학습 이해도를 높였습니다.

이 책의 구성과 특징

STEP 3   출제예상문제

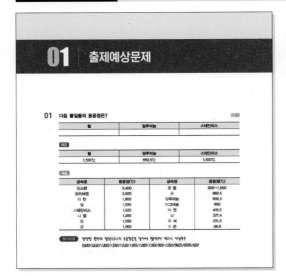

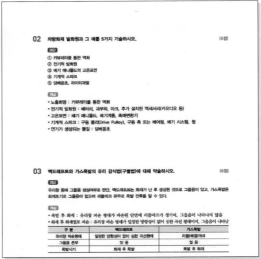

▶ 이미 출제된 화재감식평가기사 · 산업기사의 시험 유형분석을 바탕으로 합격에 이를 수 있는 다양한 문제들을 수록하였습니다. 더불어 상세한 해설을 통해서 이론의 재복습이 가능하도록 하였습니다.

STEP 4   기출복원문제

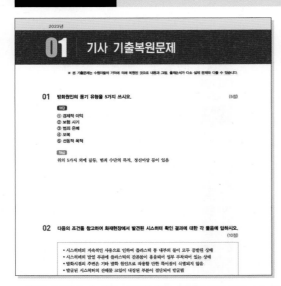

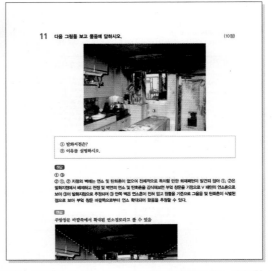

▶ 최근 10년간 출제된 기출문제를 복원하였습니다. 각 문제에는 자세한 해설이 추가되어 핵심이론만으로는 부족한 내용을 보충학습하고 화재감식평가 시험의 출제경향을 확인할 수 있습니다.

이 책의 차례

이 책의 차례

빨간키

빨리보는 간단한 키워드

시험장에서 보라

시험 전에 보는 핵심요약 키워드

시험공부 시 교과서나 노트필기, 참고서 등에 흩어져 있는 정보를 하나로 압축해 공부하는 것이 효과적이므로, 열 권의 참고서가 부럽지 않은 나만의 핵심키워드 노트를 만드는 것은 합격으로 가는 지름길입니다.
빨·간·키만은 꼭 점검하고 시험에 응하세요!

01 화재조사 관련 계산식

■ 용단전류

- 용단(溶斷, Fusion)이란 전선·케이블·퓨즈 등에 과전류가 흘렀을 때 전선이나 퓨즈의 가용체가 녹아 절단되는 현상을 말한다.
- 전선의 용단특성은 플리스(W.H Preece)의 실험식에 의해 산정한다.

$$I_s = \alpha d^{\frac{3}{2}} \, [\text{A}]$$

d : 선의 직경(mm)　　　　　　　　α : 재료 정수

(α값 : 동(銅) 80, 알루미늄(Al) 59.3, 철 24.6, 주석 12.8, 납 11.8)

예 비닐코드(0.75mm²/30本) 0.18mm 한 가닥 용단전류

$$I_s = \alpha d^{\frac{3}{2}} \, [\text{A}] = 80 \times 0.18^{\frac{3}{2}} = 6.11 \, \text{A}$$

■ 구리의 저항값

$$R_2 = R_1[1 + a(t_2 - t_1)]$$

a : 계수　　　　　　t_1 : 처음온도　　　　　　t_2 : 상승온도

예 20℃에서 45Ω의 저항값 R_1을 갖는 구리선이 있다. 온도가 150℃ 상승했을 때 구리의 저항값

$$R_2 = R_1[1 + a(t_2 - t_1)] = 45[1 + 0.004(150 - 20)] = 68.4 \, \Omega$$

■ 탄화수소계 연소반응 방정식

- $C_mH_n + (m + \frac{n}{4})O_2 \rightarrow m\,CO_2 + \frac{n}{2}H_2O$

- $C_mH_nO_L + (m + \frac{n}{4} - \frac{L}{2})O_2 \rightarrow m\,CO_2 + \frac{n}{2}H_2O$

- 메탄 : $CH_4 + (1 + \frac{4}{4})O_2 \rightarrow CO_2 + \frac{4}{2}2H_2O = CH_4 + 2O_2 \rightarrow CO_2 + 2H_2O$

- 에탄 : $2C_2H_6 + (4 + \frac{12}{4})O_2 \rightarrow 4CO_2 + \frac{12}{2}H_2O = 2C_2H_6 + 7O_2 \rightarrow 4CO_2 + 6H_2O$

- 프로판 : $C_3H_8 + (3 + \frac{8}{4})O_2 \rightarrow 3CO_2 + \frac{8}{2}H_2O = C_3H_8 + 5O_2 \rightarrow 3CO_2 + 4H_2O$

- 부탄 : $C_4H_{10} + 6.5O_2 \rightarrow 4CO_2 + 5H_2O$

■ 밀도(Density)와 비중(Specific Gravity)

• 밀도 : 단위부피당 질량

$$밀도 = \frac{질량}{부피} \text{ 또는 } D = \frac{M}{V}$$

• 비중 : 한 물질의 밀도와 기준 물질의 밀도 사이의 비

$$비중 = \frac{어떤 \ 물질의 \ 밀도}{기준 \ 물질의 \ 밀도} = \frac{어떤 \ 물질의 \ 중량}{기준 \ 물질의 \ 중량}$$

• 고체와 액체의 기준이 되는 물질은 4℃의 물(밀도 = 0.997g/cm^3)이고, 기체의 기준이 되는 물질은 공기(밀도 = 1.29g/L)이다.

예 부탄가스(C_4H_{10}) 비중 $= \dfrac{부탄가스의 \ 밀도}{공기의 \ 밀도} = \dfrac{부탄가스의 \ 중량}{공기의 \ 중량}$

$$= \frac{2.59(58\text{g}/22.4\text{L}/몰)}{1.29\text{g/L}} = \frac{58}{29} = 2$$

이산화탄소(CO_2) 비중 $= \dfrac{1.96(44\text{g}/22.4\text{L}/몰)}{1.29\text{g/L}} = \dfrac{44}{29} = 1.51$

■ 전기불꽃에너지

$$E = \frac{1}{2}CV^2 = \frac{1}{2}QV$$

E : 전기불꽃에너지	C : 전기용량
Q : 전하량	V : 전압

■ 전열기구에서 소비하는 전력(kW)

$$R = \frac{V^2}{P} = \frac{V}{I}$$

$$P = I^2R = VI \text{ 또는 } R = \frac{P}{I^2}$$

P : 전력(W)	I : 전류(A)
E : 전압(V)	R : 저항(Ω)

예 전자레인지 950W, 전기밥솥 1,200W, 다리미 1,500W, 커피포트 750W를 4구형 멀티탭(220V, 15A)에 꽂아 사용하였을 때 초과전류

위 식에서 유도하면 $I = \dfrac{P}{V} = \dfrac{(950 + 1,200 + 1,500 + 750)}{220} = 20\text{A}$ 이므로 5A 초과

■ 공진주파수

$$F = \frac{1}{2\pi\sqrt{LC}}$$

F : 공진주파수 $\qquad L(\text{H})$: 인덕턴스 $\qquad C(\text{F})$: 정전용량

예 220V RLC 직렬회로가 있다. 저항은 $500\,\Omega$, 인덕턴스는 0.6H, 커패시턴스는 $0.08\mu\text{F}$
일 때 공진주파수

$$F = \frac{1}{2\pi\sqrt{LC}} = \frac{1}{2\pi\sqrt{0.6\times0.08\times10^{-6}}} = 726.44\,\text{Hz}$$

■ 옴의 법칙(Ohm's Law)

• 정의 : 도체 내의 2점 간을 흐르는 전류의 세기는 2점 간의 전위차(電位差)에 비례하고, 그 사이의
전기저항에 반비례한다. 즉, 저항이 일정하면 전류는 전압에 비례하고, 또한 전압이 일정하면
전류는 저항에 반비례한다는 법칙이다.

$$I = \frac{V}{R}[\text{A}], \quad V = I\cdot R[\text{V}], \quad R = \frac{V}{I}[\Omega]$$

V : 전압(V) $\qquad I$: 전류(A) $\qquad R$: 저항(Ω)

• 전기저항 : 균일한 크기의 물질에서 R은 길이 l에 비례하고 단면적 S에 반비례한다.

$$R = \rho\frac{l}{S}[\Omega]$$

ρ는 물질고유의 상수이며, 고유저항이다.

■ 줄의 법칙(Joule's Heat)

전류가 흐르면 도선에 열이 발생하는데, 이것은 전기에너지가 열로 바뀌는 현상이다. 전류 1A,
전압 1V인 전기에너지가 저항 1Ω에 1초 동안 발생하는 열을 줄열이라 하며, 도선에 전류가 흐를 때
단위시간 동안 도선에 발생한 열량 Q는 전류의 세기 $I[\text{A}]$의 제곱과 도체의 저항 R과 전류를
통한 시간 t에 비례한다.

$Q = I^2 \times R \times t[\text{J}]$ 즉, 1J = 1/4.2 cal = 0.24 cal의 관계가 있으므로

$Q = 0.24 \times I^2 \times R \times t[\text{cal}]$ 여기에 $R = \frac{V}{I}$ 관계식을 대입하면 $Q = 0.24 \times V \times I \times t[\text{cal}]$

Q : 열량(cal), V : 전압(V), I : 전류(A), R : 저항(Ω), t : 전류를 통한 시간(s)

전력을 줄의 법칙에 적용하면 $P = E\cdot I = \frac{E^2}{R} = I^2\cdot R[\text{W} = \text{J/s}]$

예 저항 R에 220V의 전압을 인가하였다니 5A의 전류가 흘렀다. 이때 전류가 2분간 저항 R에 흘렀을 때 발생한 열량

$$R = \frac{V}{I} = \frac{220\,[\mathrm{V}]}{5\,[\mathrm{A}]} = 44\,[\Omega]$$

$$H = 0.24 I^2 Rt = 0.24 \times 5^2 \times 44 \times (2 \times 60) = 31,680\,[\mathrm{cal}]$$

■ **소비전력**

소비전력 $P(\mathrm{W}) = I^2 R$

I : 전류 R : 저항

■ **연소범위**

• 연료가스와 공기의 혼합비율이 가연 범위일 때 혼합가스는 연소한다. 이 범위보다 공기가 많거나 또는 연료가스가 많아도 연소하지 않는다. 이 범위를 연소범위(Flammable Range) 또는 폭발범위라 하며, 그 한계를 연소한계(Limits of Inflammability) 또는 폭발한계라 한다. 이 한계는 일반적으로 공기와 혼합되어져 있는 가스량 %로 표시하며 가스의 최고농도를 상한, 최저농도를 하한이라 한다.

기체 또는 증기	연소범위(vol%)	기체 또는 증기	연소범위(vol%)
수소(H_2)	4.1~75	에틸렌(C_2H_4)	3.0~33.5
일산화탄소(CO)	12.5~75	시안화수소(HCN)	12.8~27
프로판(C_3H_8)	2.1~9.5	암모니아(NH_3)	15.7~27.4
아세틸렌(C_2H_2)	2.5~82	메틸알코올(CH_3OH)	7~37
메탄(CH_4)	5.0~15	에틸알코올(C_2H_5OH)	3.5~20
에탄(C_2H_6)	3.0~12.5	아세톤(CH_3COCH_3)	2~13

예 메탄, 수소, 일산화탄소 중 연소의 위험성이 큰 순서

　　수소 → 일산화탄소 → 메탄

• 연소범위에 영향을 미치는 인자
  - 온도의 영향
    ⓐ 폭발범위는 온도상승에 의해 넓어진다.
    ⓑ 공기 중에서 온도가 100℃ 증가하면 연소하한계는 약 8% 감소하고 상한계는 8% 증가한다.
  - 압력의 영향 : 압력이 상승되면 연소하한계는 약간 낮아지나 연소상한계는 크게 증가한다.
  - 산소의 영향 : 연소하한계는 공기 중이나 산소 중에서 같고, 연소상한계는 산소량이 증가할수록 크게 증가한다.

■ 르-샤틀리에 법칙

> • 연소하한계
>
> $$\frac{100}{L} = \frac{V_1}{L_1} + \frac{V_2}{L_2} \text{에서 } L = \frac{100}{\dfrac{V_1}{L_1} + \dfrac{V_2}{L_2}}$$

L : 혼합가스 연소하한계

V_1, V_2, V_3 : 혼합가스 중에서 각 가연성 가스의 부피 %($V_1 + V_2 + \cdots + V_n = 100\%$)

L_1, L_2, L_n : 혼합가스 중에서 각 가연성 가스의 연소하한계

> • 연소상한계
>
> $$\frac{100}{U} = \frac{V_1}{U_1} + \frac{V_2}{U_2} \text{에서 } U = \frac{100}{\dfrac{V_1}{U_1} + \dfrac{V_2}{U_2}}$$

U : 혼합가스 연소상한계

V_1, V_2, V_n : 혼합가스 중에서 각 가연성 가스의 부피 %($V_1 + V_2 + \cdots + V_n = 100\%$)

U_1, U_2, U_n : 혼합가스 중에서 각 가연성 가스의 연소상한계

• 혼합가스 연소한계, 즉 2개 이상의 가연성 가스의 혼합물의 연소한계는 르-샤틀리에 법칙으로 구해진다.

예 르-샤틀리에 법칙으로부터 C_3H_8 20%, CH_4 80%의 혼합가스의 연소한계(여기서, 프로판의 연소범위는 2.2~9.5%, 메탄은 5~14%)

$$\text{하한} = \frac{100}{\dfrac{\text{프로판의 혼합률}}{\text{프로판의 하한}} + \dfrac{\text{메탄의 혼합률}}{\text{메탄의 하한}}} = \frac{100}{\dfrac{20}{2.2} + \dfrac{80}{5}} = 4.0\%$$

$$\text{상한} = \frac{100}{\dfrac{\text{프로판의 혼합률}}{\text{프로판의 상한}} + \dfrac{\text{메탄의 혼합률}}{\text{메탄의 상한}}} = \frac{100}{\dfrac{20}{9.5} + \dfrac{80}{14}} = 12.8\%$$

■ 물 1g 20℃가 끓어서 증발할 때 뺏을 수 있는 열량

$1g \times (100℃ - 20℃) \times 1cal/g(비열) + 1g \times 539cal/g(잠열) = 619cal/g$

■ 폭발위험도

위험도가 클수록 위험하며, 하한계가 낮고 상한과 하한의 차이(연소범위)가 클수록 커진다.

$$H(위험도) = \frac{U(연소상한계) - L(연소하한계)}{L(연소하한계)}$$

    H : 위험도 U : 폭발한계 상한 L : 폭발한계 하한

예 수소의 위험도(수소 연소범위 : 4~75%)

$$H(위험도) = \frac{U(연소상한계) - L(연소하한계)}{L(연소하한계)}$$

$$= \frac{75 - 4}{4} = 17.75$$

■ 화재가혹도 = 최고온도 × 지속시간

■ 푸리에의 법칙에 의해 전도되는 열전달량

$$\dot{q} = kA\frac{T_1 - T_2}{L}$$

    $\dot{q}$: 열전달량 k : 열전달계수 A : 면적
    L : 두께 T_1 : 내부온도 T_2 : 나중온도

■ 복사열유속 계산에 대한 Modak의 단순식

$$\dot{q}_R'' = \frac{\chi_r \dot{Q}}{4\pi R_o^2}$$

    $\dot{q}_R''$: 복사열유속 $\dot{Q}$: 화재의 발열량(kW)
    R_o : 화염의 중심으로부터 표면까지의 거리(m)
    χ_r : 복사분율(화원에서 방출되는 전체 에너지 가운데 복사열의 형태로 방출되는 분율을 의미)

예 휘발유를 연료로 사용하는 자동차에서 화재가 발생하여 발열량이 5MW까지 상승한 경우 화원에서
10m 떨어진 위치에서 화재진압 중인 소방관이 받는 복사열유속
Modak의 단순식을 적용하면

$$\dot{q}_R'' = \frac{\chi_r \dot{Q}}{4\pi R_o^2} = \frac{0.4 \times 5,000}{4\pi \times 10^2} = 1.6\,\mathrm{kW/m^2}$$

■ **스테판-볼츠만 법칙(Stefan-Boltzmann's Law)**

물질의 표면에서 방사되는 복사에너지는 다음과 같이 계산된다.

$$\dot{q}_R'' = \varepsilon \sigma (T_w^4 - T_\infty^4)$$

σ : 스테판-볼츠만 상수($\sigma = 5.67 \times 10^{-8} [\mathrm{W/m^2 K^4}]$)

ε : 방사율(표면특성에 따라 0에서 1 사이의 방사율을 가지며 흑체 복사에서는 방사율이 1)

T : 화염의 온도[반드시 절대온도(Absolute Temperature)를 사용해야 함]

■ **금속의 발열량**

$$Q = hA(T_w - T_\infty)$$

Q : 열전달률(kcal/hr) $\qquad$ h : 열전달계수(kcal/m² · hr · ℃)

A : 고체표면적(m²) $\qquad$ T_w : 고체의 표면온도(℃) $\qquad$ T_∞ : 유체의 온도(℃)

■ **연소와 공기**

가연물질을 연소시키기 위해서 사용되는 공기의 양에는 실제공기량, 이론공기량, 과잉공기량, 이론산소량, 공기비 등이 있다.

• 실제공기량 : 가연물질을 실제로 연소시키기 위해서 사용되는 공기량으로서 이론공기량보다 크다.

• 이론공기량 : 가연물질을 연소시키기 위해서 이론적으로 계산하여 산출한 공기량이다.

$$\text{이론공기량} = \frac{\text{이론산소량}}{0.21}$$

• 과잉공기량 : 실제공기량에서 이론공기량을 차감하여 얻은 공기량이다.

$$\text{과잉공기량} = \text{실제공기량} - \text{이론공기량}$$

• 이론산소량 : 가연물질을 연소시키기 위해서 필요한 최소의 산소량이다.

$$\text{이론산소량} = \text{이론공기량} \times 0.21$$

• 공기비(m) : 실제공기량에서 이론공기량을 나눈 값이다.

$$\text{공기비} = \frac{\text{실제공기량}}{\text{이론공기량}} = \frac{\text{실제공기량}}{\text{실제공기량} - \text{과잉공기량}}$$

※ 일반적으로 공기비는 기체가연물질은 1.1~1.3, 액체가연물질은 1.2~1.4, 고체가연물질은 1.4~2.0이 된다.

■ 화재하중(Fuel Load)

화재실의 예상 최대가연물질의 양으로서 단위바닥면적(m^2)에 대한 등가가연물의 중량(kg)

$$\text{화재하중 } Q(\text{kg}/\text{m}^2) = \frac{\sum GH_1}{HA} = \frac{\sum Q_1}{4{,}500A}$$

Q : 화재하중(kg/m^2)　　A : 바닥면적(m^2)　　　G : 모든 가연물의 양(kg)
H : 목재의 단위발열량(4,500kcal/kg)
H_1 : 가연물의 단위발열량(kcal/kg)
Q_1 : 모든 가연물의 발열량(kcal)

■ 섭씨온도와 화씨온도의 교환식

$$℃ = \frac{5℃}{9℉}(T℉ - 32℉), \quad ℉ = \left(\frac{9℉}{5℃}\right)T℃ + 32℉$$

■ 가스 용기 저장량

• 액화가스 용기의 저장량 : 최대저장능력(충전량)은 용기 내의 가스온도가 48℃가 되었을 때에도 용기 내부가 액체가스로 가득 차지 않도록 안전공간을 고려해야 한다. 즉, 온도가 올라가면 액화가스의 부피가 늘어나 용기가 파열되는 것을 방지하기 위한 것이다.

$$W = \frac{V_2}{C}$$

W : 저장능력(kg)　　　V_2 : 용기의 내용적(L)
C : 가스의 충전정수(액화프로판 2.35, 액화부탄 2.05, 액화암모니아 1.86)

• 압축가스 용기의 저장량

$$Q = (P+1)V_1$$

Q : 저장능력(m^3)　　　V_1 : 내용적(m^3)
P : 35℃(아세틸렌의 경우에는 15℃)에서의 최고충전압력(kg/cm^2)

■ pH 농도 계산

pH = 3인 수용액의 $[H^+]$와 pH = 5인 수용액의 $[H^+]$의 비
pH = $-\log[H^+]$
3 = $-\log[H^+]$에서 $[H^+] = 10^{-3}$
5 = $-\log[H^+]$에서 $[H^+] = 10^{-5}$
∴ $10^{-3-(-5)} = 10^2 = 100$배

- **소실면적**
  - 건물의 소실면적 산정은 소실 바닥면적으로 산정한다.
  - 수손 및 기타 파손의 경우에도 위 규정을 준용한다.

- **이상기체 상태방정식**

  이상기체란 계를 구성하는 입자의 부피가 거의 0이고 입자 간 상호작용이 거의 없어 분자 간 위치에너지가 중요하지 않으며, 분자 간 충돌이 완전탄성충돌인 가상의 기체를 의미한다. 이상기체 상태방정식이란 이러한 기체의 상태량들 간의 상관관계를 기술하는 방정식이다.

  $$PV = nRT$$

P : 압력	V : 부피	T : 온도
n : 몰수(m/M)	R : 기체 상수(0.082L · atm/mol · K)	

- **유도성 리액턴스**

  $$X_L = 2\pi f L$$

f : 주파수	L : 코일의 인덕턴스

  예 60Hz, 20H 코일의 유도성 리액턴스

  유도성 리액턴스 $X_L = 2\pi f L = 2\pi \times 60 \times 20 = 7,539.82\,\Omega$

02 화재상황

- **화재조사의 과학적 방법**

  필요성 인식 → 문제 정의 → 자료 수집 → 자료 분석 → 가설 수립 → 가설 검증 → 최종가설 선택

- **화재조사 순서**

  현장관찰 → 관계자 질문 → 발굴 → 감정 → 발화원인 판정

- **연소의 4요소** : 가연물, 점화원, 산소공급원, 연쇄반응

■ **열전달** : 열은 뜨거운 곳에서 차가운 곳으로 이동
- **대류** : 유체의 실질적인 흐름에 의해 열에너지가 전달되는 현상이다. 유체의 특정부분에 온도가 높을 경우 이 부분의 유체는 열에 의해 팽창되어 밀도가 낮아지므로 가벼워져서 상승하게 되고 주위의 낮은 온도의 유체가 그 구역으로 흘러 들어오는 순환과정이 연속된다.
- **전도** : 물체 내의 온도차로 인해 온도차가 높은 분자와 인접한 온도가 낮은 분자 간에 직접적인 충돌로 열에너지가 전달되는 것이다.
- **복사** : 전자파의 형태로 열이 옮겨지는 것이다.

■ **기체연소의 종류**
- **확산연소** : 가연물이 고체든 액체든 증발이나 분해를 통해 가연성 가스를 발생하고, 결국 기체상태의 가연물이 연소하는 것
- **예혼합연소** : 가연물이 산소와 혼합된 상태에서 연소되는 것으로 화염의 길이가 매우 짧으며 강력함(예 내연기관의 기화기, 가스레인지, 가스용접기)
- **폭발연소** : 혼합가스가 밀폐용기 내에서 점화(예 아세틸렌용기 내의 연소)

■ **고체의 연소형태 4가지와 대표적인 물질**
- **표면연소** : 목탄, 코크스, 금속분
- **분해연소** : 종이, 목재, 석탄, 섬유, 플라스틱, 합성수지, 고무류
- **증발연소** : 황, 나프탈렌, 피리딘, 요오드, 왁스, 고형알코올
- **자기연소** : 니트로셀룰로오스, 트리니트로톨루엔

■ **액체연소의 형태**
- 증발(액면) : 인화성액체
- 분해연소 : 중유
- 액적연소 : 분무연소
- 등심연소 : 석유스토브

■ **연소의 확산속도**
수평 1m, 아래 0.3m, 위 20m(위로는 수평방향의 20배의 연소속도)

■ **열기둥(Plume)**
- 어떠한 가연물에 화염이 발생하면 열기에 의해 화염주변의 뜨거워진 공기는 분자활동이 활발해져 체적이 팽창하게 되므로 밀도는 낮아지게 되고, 따라서 주변 공기에 비하여 부력이 발생
- 부력에 의해 화염과 고온가스는 상승하게 되므로 상부에는 고온가스, 하단에는 화염이 있는 기둥 형태를 나타냄
- 모래시계 모양의 형태/화염부(Flame Zone)와 고온가스부(Hot Gas Zone)
- 화염의 각도는 약 12~15°

■ **화염(불꽃)의 온도**

불꽃색상	휘백색	백적색	황적색	휘적색	적 색	암적색	담암적색
온도(°C)	1,500	1,300	1,100	950	850	700	522

■ **완전연소와 불완전연소**
- 완전연소 : 산소를 충분히 공급하고 적정한 온도를 유지시켜 반응물질이 더 이상 산화되지 않는 물질로 변화하도록 하는 연소
- 불완전연소 : 물질이 연소할 때 산소의 공급이 불충분하거나 온도가 낮으면 그을음이나 일산화탄소가 생성되면서 연료가 완전히 연소되지 못하는 현상

■ **불완전연소의 원인**
- 가스의 조성이 균일하지 못할 때
- 공기 공급량이 부족할 때
- 주위의 온도가 너무 낮을 때
- 환기 또는 배기가 잘 되지 않을 때

■ **구획실 화재의 성장단계**
자유연소 단계 → 플래시오버 단계 → 최성기 → 감쇄기

■ **플래시오버(Flash Over)**
발생시간은 구획실 크기, 층고의 높이, 가연물의 높이, 환기조건, 내장재의 불연성 및 난연 정도에 따라 차이가 있음

■ **백드래프트(Back Draft)**
- 외부로부터 신선한 공기가 유입되면 내부의 가연성 증기와 혼합되면서 급격한 화염이 발생하고 계속해서 공기의 유입방향으로 화염이 솟구쳐 나가는 현상
- 소방진압대원들에게 매우 위험한 현상으로 '소방관살인 현상'으로 불림

■ **롤오버(Roll Over)**
화재로 인한 뜨거운 가연성 가스가 천장 부근에 축척되어 실내공기압의 차이로 화재가 발생되지 않은 곳으로 천장을 굴러가듯 빠르게 연소하는 현상으로 플래시오버 전초단계에 나타남

■ 중질유탱크 화재의 연소현상

구 분	내 용
보일오버 (Boil Over)	• 저장탱크 하부에 고인물이 격심한 증발을 일으키면서 불붙은 석유를 분출시키는 현상 • 중질유에서 비휘발분이 유면에 남아서 열류층을 형성, 특히 고온층(Hot Zone)이 형성되면 발생할 수 있다.
슬롭오버 (Slop Over)	• 소화를 목적으로 투입된 물이 고온의 석유에 닿자마자 격한 증발을 하면서 불붙은 석유와 함께 분출되는 현상 • 중질유에서 잘 발생하고, 고온층(Hot Zone)이 형성되면 발생할 수 있다.
프로스오버 (Froth Over)	• 비점이 높아 액체 상태에서도 100℃가 넘는 고온으로 존재할 수 있는 석유류와 접촉한 물이 격한 증발을 일으키면서 석유류와 함께 거품 상태로 넘쳐나는 현상 • 화염과 관계없이 발생한다는 점에서 보일 오버, 슬롭 오버와 다르다.

■ 훈소(Smoldering)

• 유염착화에 이르기에는 온도가 낮거나 산소가 부족한 상황에서 연소가 소극적으로 지속되는 현상으로 화염이 없이 주로 백열과 연기를 내며, 화재심부에서 가연물의 표면을 따라 서서히 화학반응이 지속되는 연소

• 연소가 가연물의 안쪽에서 천천히 전파되고 오랜시간 동안 발견되지 않을 수 있다.

• 갑자기 충분한 산소가 공급되거나, 온도가 상승하게 되면 유염연소로 진행될 수 있다.

■ 목재의 연소특성

• 수분이 15% 이상이면 고온에 장시간 접촉해도 착화하기 어렵다.

• 목재의 저온착화가 가능한 온도는 120℃ 전후이다.

• 목재가 불꽃 없이 연소하는 무염연소는 국부적으로 탄화심도가 깊다.

■ 환기지배형 화재

• 구획실 화재에서는 가연물이 충분하다고 하더라도 화재가 진행됨에 따라 내부의 산소가 소진되어 원활한 연소가 이루어지지 못하게 될 수 있다.

• 유입되는 산소의 양에 따라 연소속도 및 열방출속도가 결정되는데, 이와 같이 공기의 유입량에 의해 제어되는 화재를 환기지배형 화재라 한다.

■ 중성대

• 중성대란 실의 안과 밖의 압력차가 0인 면으로, 실의 안과 밖의 압력차가 없기 때문에 공기의 유동이 없는 지대를 말한다.

• 실내에서 화재가 발생하면 연소열에 의해 온도가 높아지면 공기의 밀도가 작아져 부력이 발생하며, 실의 천장쪽으로 상승하는 공기의 흐름이 발생한다.

• 중성대의 위쪽은 실내정압이 실외정압보다 높아 실내에서 실외로 공기가 유출되고 중성대 아래쪽에는 실외에서 실내로 공기가 유입된다.

• 중성대는 넓게는 건물전체에서의 중성대 높이를 의미하며, 좁게는 구획된 실 안에서의 중성대 높이를 의미한다.

■ 가연물(연료)지배형 화재

성장기 화재와 같이 주위 공기 중에 산소량이 충분한 상태에서 가연물의 열분해속도가 연소속도보다 낮은 상태의 화재

■ 코안다 효과(Coanda Effect)

화재로 화염이 외부로 누출되면 벽면을 따라 상층으로 확대된다. 유출된 화염은 초기에는 벽에 부착되지 않고 떨어져서 상승하지만, 시간이 지나면서 벽과 외기의 압력차에 의해 화염은 벽쪽으로 기울어지면서 재부착이 일어나는 현상이다.

■ 폭 열

콘크리트는 압축에는 매우 강하나 팽창에는 약하기 때문에 화재열에 의해 다공성 구조에 갇힌 수분이 팽창하게 되면 콘크리트가 부서지거나 갈라지면서 파괴되는 현상

■ 독립된 화재로써 다중발화 할 수 있는 화재의 특징
• 전도, 대류, 복사에 의한 연소 확산
• 직접적인 화염충돌에 의한 확산
• 개구부를 통한 화재확산
• 드롭다운 등 가연물의 낙하에 의한 확산
• 불티에 의한 확산
• 공기조화덕트 등 샤프트를 통한 확산

■ 연소상황 파악을 위한 사진촬영 요령
• 높은 곳에서 화재현장 전체를 촬영
• 건물을 4방향에서 촬영
• 연소확산경로를 묘사하기 위해 외부에서 내부로 촬영
• 한 장의 사진으로 표현이 어려울 경우 현장을 중첩하여 파노라마식으로 촬영
• 의심나거나 중요한 증거물에 대하여는 여러 방향에서 촬영
• 화재패턴이 나타날 수 있도록 촬영

■ 화재등급의 분류

화재분류	국 내		미국방화협회 (NFPA 10)	국제표준화기구 (ISO 7165)	표시색상
	검정기준	KS B 6259			
일반화재	A급	A급	A급	A급	백 색
유류화재	B급	B급	B급	B급	황 색
전기화재	C급	C급	C급	E급	청 색
금속화재	-	D급	D급	D급	무 색
가스화재	-	-	E급	C급	황 색
식용유화재	K급	-	K급	F급	-

■ 특수가연물

- 정의 : 화재예방 및 안전관리에 관한 법률 시행령 제19조에 따른 [별표 3]의 가연물로 화재가 발생하는 경우 불길이 빠르게 번지는 고무류·면화류·석탄 및 목탄 등으로 소화가 곤란한 특징을 가진 것들을 말한다.
- 공통성질(고체 또는 반고체)
  - 인화점이 낮은 것
  - 인화성 증기를 발생하는 것
  - 연소 시 용융하여 위험물 연소와 다를 바 없는 것
  - 연소 시 화세가 너무 강해 소화가 곤란한 것
- 종류 : 면화류, 나무껍질 및 대팻밥, 넝마 및 종이부스러기, 사류, 볏짚류, 가연성 고체류, 석탄 및 목탄류, 가연성 액체류, 목재가공품 및 나무부스러기, 합성수지류

■ 금속가연물 화재(D급 화재)의 공통적 성질

- 자연발화성 또는 금수성 물질
- 공기 또는 물기와 접촉하면 발열, 발화
- 황린(자연발화온도 : 30℃)을 제외한 모든 물질이 물에 대해 위험한 반응
- 소화방법은 건조사, 팽창진주암 및 질석, 금속화재소화분말로 질식소화
  ※ 물, CO_2, 할론소화 일체금지

■ 위험물안전관리법에 따른 금속가연물의 종류

칼륨(K), 나트륨(Na), 알킬알루미늄(RAI 또는 RAIX : C1~C4), 알킬리튬(RLi), 황린(P4, 보호액은 물), 알칼리금속(K 및 Na 제외) 및 알칼리토금속류, 유기금속화합물류(알킬알루미늄 및 알킬리튬 제외), 금속의 수소화물, 금속의 인화물, 칼슘 또는 알루미늄의 탄화물류, 그 밖에 행정안전부령이 정하는 것
※ 칼나가 3알(알킬알루미늄, 알킬리튬, 알칼리금속)의 타월을 유지하여 황금금칼을 받았다(지정수량은 순차적으로)

■ 전기화재의 특성
- 전기에너지를 사용하는 기계·기구에서 발생한 화재
- 주로 사용상 부주의로 발생
- 전체 화재발생비율이 가장 높은 화재
- 소화방법은 전기적인 절연성을 가진 탄산가스소화기, 분말소화기로 소화

  ※ 기기, 부주의, 가장 높다, 소화

■ 화재출동 중 조사해야 하는 이상현상
- 화재현장으로 출동 중 멀리서 보이는 연기의 색깔과 양
- 화염의 높이 및 크기
- 이상한 소리와 냄새
- 가스, 위험물 등 폭발현상 등 관찰조사

■ 화재현장 도착 시 연소상황 관찰사항
- 발화건물과 주변 건물의 화염의 발생상황, 출화상황
- 지붕의 파괴 등 연소의 진행방향 및 확대속도 등 화재진행상황
- 화재건물과 인접한 주변건물 연소상황 및 연소확대경로상황
- 화재 사상자 유무 및 대피상황
- 폭발음, 이상한 냄새 또는 소리 등 이상현상 유무 및 관찰 시 위치
- 출입구·창문 등 개구부의 개폐상황
- 전기의 통전상태, 가스밸브 개폐 여부, 위험물 취급사항

  ※ 키워드 : 출화, 진행, 확대, 사상자, 이상현상, 개구부, 통전, 가스밸브, 위험물

■ 화재현장에 도착하여 피해 상황조사를 위한 효과적인 화재 관계자 확보 요령
- 의류가 물에 젖었거나 불에 탄 흔적 등 더럽혀져 있는 사람
- 불에 탄 흔적이나 물 또는 이물질에 젖어 있는 사람
- 잠옷·속옷·벌거벗은 차림 또는 맨발로 있는 사람
- 당황하거나 울고 있는 사람
- 가재도구를 껴안고 있거나 물건을 반출하고 있는 사람
- 화상을 입거나 머리카락이 그을리거나 코에 검게 그을음이 묻은 사람

  ※ 키워드 : 자다가, 불끄려고(화상, 옷젖음), 놀람, 귀중품 반출

■ 화재현장에 도착하여 관계자에 대한 질문 시 유의사항
- 자극적인 언행 삼가
- 허위진술배제
- 일문일답 형식의 계통적 질문

- 대체관계인 질문
- 제한되고 안정된 질문장소 선택
- 신속한 질문 및 기록

※ 허신자가 대장일 대

- **화재현장 관찰요령**
  - 높은 곳에서 현장 전체를 객관적으로 관찰
  - 화재외곽에서 중심부로 관찰
  - 전체적인 연소상황을 상하, 전후, 좌우측으로 입체적 관찰
  - 소손 정도가 약한 부분에서 강한 쪽으로 관찰
  - 국부적인 소실이 강한 장소는 도괴방향, 연소방향 관찰
  - 탄화물의 변색, 박리, 용융 및 특이한 냄새
  - 건물 구조재 수용품 등의 소실상황을 통하여 연소의 방향을 고찰
  - 발화원인이 될 수 있는 가연물을 관찰
  - 소실 붕괴된 부분에서는 복원적인 관점에서 관찰

03 예비조사

- **인명피해 상황 파악 시 조사범위**
  - 소방활동 중 발생한 사망자 및 부상자
  - 그 밖에 화재로 인한 사망자 및 부상자
  - 사상자 정보 및 사상 발생원인

> 사상자 : 화재현장에서 사망한 사람 또는 부상당한 사람을 말한다.
> - 부상자의 사망기준 : 화재현장에서 부상을 당한 후 72시간 이내에 사망한 경우에는 당해 화재로 인한 사망자로 본다.
> - 부상자 분류(제14조) : 부상 정도가 의사의 진단을 기초로 하여 다음과 같이 분류한다.
>   - 중상 : 3주 이상의 입원치료를 필요로 하는 부상
>   - 경상 : 중상 이외의 부상(입원치료를 필요로 하지 않는 것도 포함)
>   다만, 병원치료를 필요로 하지 않고 단순하게 연기를 흡입한 사람은 제외한다.

- **화재가 직접적 원인인 사망자 유형**

  소사, 화상사, 질식사, 쇼크사, 일산화탄소 중독사

■ 화재현장 보존을 위한 유의사항
- 진화작업 시 불필요한 방수, 물건의 파괴 및 이동을 가능한 피해야 한다.
- 불가피하게 현장에 있는 물건을 파괴 또는 이동을 필요로 하는 경우에는 파괴·이동 전의 위치를 기록하거나 사진 촬영하여 원상태를 명확하게 하여 둔다.
- 인명검색 또는 잔화정리 시에도 증거물의 비산·파손·유실 등 휘젓기로 파괴되면 사실상 조사가 불가능해지므로 발화범위와 그 부근의 파괴를 최소한도로 하여야 한다.
- 초기조사단계에서 발화부위 부근과 추정되는 장소가 판명될 때까지 발화부위 부근에 대한 과잉주수, 파괴, 밟음, 휘젓거림의 행동 등을 하지 않도록 화재현장 지휘관에게 조치를 강구한다.
- 눈이나 비로 인하여 현장이 훼손될 우려가 있으므로 중요 증거물은 천막 등으로 가려놓는다.

■ 금속 단락흔 조직검사를 위하여 단락흔 채취, 마운팅, 연마, 관찰을 위하여 화재조사 전담부서에 갖추어야 할 장비
- 시편절단기
- 시편성형기
- 시편연마기
- 금속현미경

■ 금속 단락흔 조직검사 체계도

시편채취 → 마운팅 → 조연마 → 정밀연마 → 부식 → 세척건조 → 현미경관찰

■ 가스크로마토그래피(Gas Chromatography)
- 용도 : 두 가지 이상의 성분으로 된 물질을 단일 성분으로 분리시켜 무기물질과 유기물질의 정성, 정량분석에 사용하는 분석기기
- 장치의 구성 : 압력조정기(Pressure Control)와 운반기체(Carrier Gas)의 고압실린더, 시료주입장치(Injector), 분석칼럼(Column), 검출기(Detector), 전위계와 기록기(Data System), 항온장치
- 운반기체의 종류 : H_2, He, N_2, Ar 등

■ 가스(유증)검지기
- 용도 : 화재현장의 잔류가스 및 유증기 등의 시료 채취하여 액체촉진제 사용 및 유종확인
  ※ 가스검지기, 가스검지관, 유류검지기, 유류검지관 등으로도 불림
- 장치의 구성 : 연결구(팁), 팁커터, 손잡이, 흡입표기기, 흡입본체, 피스톤, 실린더
- 분석원리 : 가는 유리관 속에 가스검지제를 충전한 것으로 관의 한쪽으로부터 관의 내부로 가스가 빨아 들여지면 가스제의 성분이 검지제와 반응하여 색이 변하는데, 이러한 현상을 이용하여 가스 중의 유해성분을 검출한다. 유해성분의 농도는 변색된 길이로 인지하는 경우와 변색의 정도에 따라 인지하는 경우가 있다. 정량 정도는 높지 않으나 간편하므로 현장에서 많이 사용한다.

- 사용법

① 글래스 양단을 자른다.　② 자른 글래스를 저장한다.　③ 접속고무관에 결합한다.

④ 피스톤 손잡이를 당긴다.　⑤ 흡입표시기가 들어간다.　⑥ 손잡이를 원위치시킨다.

■ 가스(유증)검지기의 특징
- 석유류에 의한 방화 여부를 현장에서 쉽고 빠르게 감식
- 유증 자료 확보에 용이하며 간단하고 신속한 측정 방법
- 가솔린은 가스 입구로부터 황색, 갈색 및 옅은 갈색으로 변색
- 등유는 가스 입구로부터 옅은 갈색, 갈색으로 변색

■ X선 촬영장치
과전류 차단기와 같이 내부의 동작 여부를 볼 수 없거나 플라스틱 케이스가 용융되어 내부 스위치의 동작 여부를 볼 때 사용하는 장비

■ 열화상 비파괴검사
피사체의 실물이 아닌 피사체 표면의 복사에너지를 적외선 형태로 검출하여 그 온도 차이 분포를 영상으로 재현하는 비파괴검사 방법

■ 적외선(Infrared ; IR) 분광분석법의 특징
- 화학분자의 작용기에 대한 특성적인 스펙트럼을 쉽게 얻을 수 있다.
- 광학이성질체를 제외한 모든 물질의 스펙트럼이 달라 분자의 구조를 확인하는 데 많은 정보를 제공한다.
- 어떤 분자에 적외선을 주사하면 X-선이나 자외선-가시광선보다 에너지가 낮기 때문에 원자 내 전이현상을 일으키지 못하고, 분자의 진동, 회전 및 병진 등과 같은 여러 가지 분자운동을 일으킨다.

■ **발화범위가 명확하지 않은 경우 현장보존 범위 확대설정 사유**
- 발화지점 부근의 목격상황에 대한 진술이 제각기 달라 발화부위가 불명확한 때
- 화재를 일찍 발견한 사람의 상황과 건물 등의 소손상황으로부터 판단한 발화위치가 상당한 차이가 있어 상호연관성이 불명확한 때
- 건물전체가 같은 정도로 소손된 상황으로 특이한 연소방향의 정도가 확인(관찰)되지 않을 때
- 건물의 지붕 및 지지 구조물 등이 광범위하게 연소하여 바닥에 연소낙하물이나 도괴물이 많이 퇴적되어 있는 때
- 진화 후에도 행방불명자의 존재나 거취가 확인되지 않을 때
- 발화원으로 추정되는 물건이 기계설비로서 전기적·물리적으로 함께 시스템화 되어 있는 기구인 경우에는 추정되는 발화물과 계통적으로 하나가 되어 연결된 설비 전체를 포함한 범위를 출입금지 구역으로 설정

■ **화재 등 위기상황에서 인간의 피난특성**
- 귀소본능 : 원래 왔던 길을 되돌아가서 대피하려는 특성
- 좌회본능 : 오른손이나 오른발을 이용하여 왼쪽으로 회전하려는 특성
- 지광본능(향광성) : 밝고 열린 공간처럼 보이는 방향으로 대피하려는 특성
- 추종본능(부화뇌동성) : 대부분의 사람이 도망가는 방향을 쫓아가는 특성
  ※ 여러 개의 출구가 있어도 한 개의 출구로 수많은 사람이 몰리는 현상이 증명한다.
- 퇴피본능(본능적 위험회피성) : 화재지역 등 자신이 발견한 위험상황을 회피하려는 특성
※ 귀좌지 추퇴

■ **방화벽의 구조**
- 내화구조로서 홀로 설 수 있는 구조일 것
- 방화벽의 양쪽 끝과 위쪽 끝을 건축물의 외벽면 및 지붕면으로부터 0.5m 이상 튀어나오게 할 것
- 방화벽에 설치하는 출입문의 너비 및 높이는 각각 2.5m 이하로 하고 해당 출입문에는 갑종방화문을 설치할 것

---

04 | 발화지역 판정

■ **발화부 판단의 간섭요소**
일반적으로 최초 발화지점은 화재가 발생한 곳으로 다른 곳에 비하여 상대적으로 열을 가장 많이 받았고, 가장 많이 탔다는 가정하에서 출발한다.

- 환기 지배형 화재
- 가연물 지배형 화재
- 액자나 벽걸이형 시계, 벽과 천장의 마감재 등이 소락되어 2차적으로 발화하는 경우
- 덕트나 배관용 파이프 홀을 통해 다른 층이나 다른 방실로 화재가 확산되는 경우
- 화재 중 발생되는 단락에 의해 전기배선이나, 접속부의 과전류에 의해 발화하는 경우
- 기류를 따라 이동하는 비화에 의해 2차 발화하는 경우

■ 스팬드럴

건물 외벽 등 외주부를 통한 화염의 상층으로의 수직확산을 방지하기 위해 창문 등의 개구부와 개구부 사이의 내화구조 등으로 된 벽체 등의 구조

■ 콘크리트 등 박리(Spalling)의 원인

박리란 고온 또는 가열속도에 의하여 물질 내부의 기계적인 힘이 작용하여 콘크리트, 석재 등의 표면이 부서지는 현상이다.
- 열을 직접적으로 받은 표면과 그렇지 않은 주변 또는 내부와의 서로 다른 열팽창률
- 철근 등 보강재와 콘크리트의 서로 다른 열팽창률
- 콘크리트 등의 내부에 생성되었던 공기방울 또는 수분의 부피팽창
- 콘크리트 혼합물과 골재 간의 서로 다른 열팽창률
- 화재에 노출된 표면과 슬래브 내장재 간의 불균일한 팽창

■ 물질의 용융흔(Melting of Materials)

- 외열에 의한 용융(알루미늄 660℃, 구리선 1,083℃, 유리 593~1,417℃)
- 전기적 발열에 의한 금속의 용융(1차흔, 2차흔, 3차흔)
- 저용점금속의 합금화에 의한 용융
  예 구리, 아연, 알루미늄, 철, 납(특정 금속이 저용점금속과 합금화되면서 금속의 고유한 융점보다 낮은 온도에서 용융된다)

  > 주석(231℃), 납(327℃), 마그네슘(650℃), 알루미늄(660℃), 동(1,083℃), 스테인리스(1,520℃), 철(1,530℃), 텅스텐(3,400℃)

■ 철골조의 만곡 및 구조물의 도괴

원칙적으로 단일 철기둥의 경우 열을 받는 반대방향으로 기울어진다. 하지만, 구조물의 종류와 화염의 종류에 따라서 도괴되는 것이 상이하다(중력을 고려).

■ 금속의 부식 및 변색흔

수열온도(℃)	변 색	수열온도(℃)	변 색
230	황 색	760	아주 진한 홍색
290	홍갈색	870	분홍색
320	청 색	980	연한 황색
480	연한 홍색	1,200	백 색
590	진한 홍색	1,320	아주 밝은 백색

■ 백화연소흔(Clean Burn)
- 부착된 그을음은 탄소 등 가연성 물질로, 직접적으로 화염과 접하거나 강력한 복사열에 노출되게
  되면 대부분 연소되어 비가연성 표면(벽면이나 금속 등)이 그대로 노출되는데, 이때 이러한 흔적을
  백화연소흔적이라고 한다.
- 백화연소흔적은 그을음이 부착되어 있는 부위에 비하여 더 오래, 더 강한 열기에 연소되었다는
  것을 상대적으로 구분할 수 있는 패턴이다.
  ※ 백화연소흔적이 발화부를 지목하는 것은 아니다.

■ 화재현장 발굴 전 조사의 주요순서와 방법
- 소실건물과 주변건물의 대략적 조사
- 소실건물과 주변건물의 전체적 조사
- 연소확대경로 조사
- 도괴방향에 따른 연소경로 조사
- 탄화현상에 따른 연소경로 조사
- 연소강약 조사
  ※ 대전연 도탄연

■ 화재현장 발굴 방법
- 출화부와 발화부 결정(관계자 진술, 소방관 진술 연소특성으로 판단)
- 발굴범위 선택
- 각 단계별 사진촬영하면서 퇴적물 위에서부터 아래로 차례로 진행
- 기둥, 가구 등 고정물로 확인 용이한 곳은 옮기지 않음
- 초기연소와 관련한 낙하된 물증은 고정물에 준한 방법으로 발굴
- 발화부에 근접할수록 섬세한 기자재를 사용하여 발굴

■ 화재현장 발굴, 복원 시 유의사항

- 발굴 시 중요한 부분, 의문이 가는 부분을 중점 실시한다.
- 발굴은 발화장소를 중심으로 외곽부에서 중심으로 서서히 진행한다.
- 복원의 필요성이 있는 물건은 번호 또는 표시를 하여 존재 위치를 명확히 해둔다.
- 발화점에서 발굴한 탄화물은 세심한 식별을 한다.
- 대용재료를 쓰는 경우에는 잔존물과 유사한 물건을 쓰지 않는다.
- 발굴과정에서 불명확한 물건의 위치나 복원 시 물건의 위치 등은 관계자에게 확인시킨다.

■ 화재패턴의 정의(NFPA921)

- 화재 이후 남아 있는 눈으로 보고 측정할 수 있는 물리적인 효과(NFPA 921)
- 화재로 인한 화염, 열기, 가스, 그을음 등에 의해 탄화, 소실, 변색, 용융 등의 형태로 물질이 손상된 형상
- 화재가 진행되면서 현장에 기록한 것으로 즉, '화재가 지나간 길'

■ 화재패턴의 발생원인

- 복사열의 차등원리 : 열원으로부터 가까울수록 강해지고 멀어질수록 약해지는 원리
- 탄화·변색·침착 : 연기의 응축물 또는 탄화물의 침착
- 화염 및 고온가스의 상승원리
- 연기나 화염이 물체에 의해 차단되는 원리
- 가연물의 연소

■ Fire Plume(= 화재플럼 = 화염기둥) 지배패턴의 종류

- 수직표면에서의 V 패턴(V Patterns on Vertical Surfaces)
- 역원뿔 패턴(Inverted Cone Patterns, 역 V 패턴)
- 모래시계 패턴(Hourglass Patterns)
- U자형 패턴(U-shaped Patterns)
- 지시계 및 화살형 패턴(Pointer and Arrow Patterns)
- 원형 패턴(Circular-shaped Pattern)

■ 화재패턴의 종류

화재패턴	연소특성
V 패턴	• 발화지점에서 화염이 위로 올라가면서 밑면은 뾰족하고 위로 갈수록 수평면으로 넓어지는 연소 형태 • 외부의 특이한 영향이 없을 경우 상측에 20, 좌우 1, 하방 0.3의 속도비율로 연소가 확대 • V자의 뾰족한 부분이 국부적 출화점이 될 수 있음 → V 패턴으로 발화지점 판단
모래시계 패턴	• 화염의 하단은 삼각형태가 나타나고 고온의 가스 영역이 수직표면의 중간에 있을 때 전형적인 V 패턴이 상단부에 생성됨 • 화재가 수직면에 매우 가깝거나 접해있을 때 이로 인해 거꾸로 된 V 패턴과 고온구역에 V 패턴이 나타나 모래시계 연소형태가 됨 • V 패턴으로의 진행 이전이나, 연소물이 넓게 퍼져있는 경우에 발생
전소화재 패턴	층으로 연결된 모든 통로를 포함한 구획실 전역의 모든 연소물 표면에 나타남
U 패턴	• V 패턴과 유사하지만 밑면이 완만한 곡선을 유지하는 형태 • V 패턴은 밑면 꼭짓점이 열원과 가깝다면 U형태는 V 패턴의 꼭짓점보다 높은 위치에 식별됨 • V형태가 나타나는 표면보다 열원에서 더 먼 위치의 수직면에 복사열의 영향으로 형성됨
열그림자 패턴	• 장애물에 의해 가연물까지 열이동이 차단될 때 발생하는 그림자 형태 • 보호구역이 형성되어 물건의 크기, 위치 또는 이동을 알 수 있어 화재현장 복원에 도움이 됨
폴다운 패턴	• 연소잔해가 상부(층)에서 하부(층)로 떨어져 그 지점에서 위로 타 올라간 형태 • 복사열 등에 의해 벽에 걸린 옷, 커튼, 수건걸이 등 발화지점과 먼 곳의 가연물에 착화되어 연소물이 바닥에 떨어져 그 지점에서 위로 타 올라간 형태 • 발화지점과 혼돈의 우려가 있음에 주의
고온 가스층에 의해 생성된 패턴	• 고온 가스층이 유동하는 공간에 조성되며 고온가스층의 열에너지에 의해 생김 • 플래시오버 바로 직전에 복사열에 의해 가연물의 표면이 손상을 받았을 때 나타나는 패턴 • 완전히 화재로 뒤덮이면 바닥도 복사열로 인해 손상받지만 소파, 책상 등 물체에 가려진 하단부는 보호구역으로 남음 • 이 패턴은 가스층의 높이와 이동방향을 나타내며 복사열의 영향을 받지 않는 지역을 제외하면 손상 정도는 일반적으로 균일하게 나타남
수평면의 화재확산 패턴	• 목재마루 또는 테이블 상부에 구멍이 있어 나타나는 탄화형태 • 수평면 탄화형태로 연소의 방향성을 판단할 수 있음
환기에 의해 생성된 패턴	• 문이 닫힌 구획실에서 고온의 이동의 결과로 출입문 안쪽 상단에 집중적으로 나타나는 탄화형태 • 바깥문 상단은 적은 탄화 또는 그을음이 나타나 화염의 이동이 내부에서 외부로 확산됨
대각선연소 패턴	뜨거운 열기는 부력과 팽창에 천장을 통해 연소 확산되면서 벽면에 나타나는 형태
화살표 또는 포인터 패턴	• 목재나 알루미늄 등 타거나 녹았을 때 화살표처럼 뾰족하게 남겨진 연소형태 • 화살표 모양이 더 짧고 더 심하게 탄화된 곳일수록 발화지점에 더 가깝게 표현되는 형태
완전연소 패턴	불연성 물품과 직접적인 화염의 접촉에 의해 검댕과 연기 응축물이 완전연소 되면서 백화연소의 형태
끝이 잘린 원추형태 패턴	• 다른 형태와는 달리 수직면과 수평면에 의해 화염이 잘릴 때 나타나는 3차원의 화재형태 • 천장 등 수평면의 원 형태와 벽 등 수직면에 나타나는 V패턴과 같은 2차원 형태가 합쳐진 결과로 3차원 연소패턴이 생성됨

※ VHF, UHF로 고수환과 대화(포)는 씨크(C끝)함

- **V 패턴의 각도 결정에 영향을 미치는 인자(변수)**
  - 연료의 열 방출률
  - 가연물의 구조
  - 환기효과
  - 수직표면의 발화성과 연소성
  - 천장, 선반, 테이블 윗면 등과 같이 수평표면의 존재

- **U 패턴 하단부가 V 패턴 하단부보다 높은 원인**
  발화지점에서 발생한 복사열이 수직벽면에 열원으로 작용하기 때문

- **화재패턴의 형성**

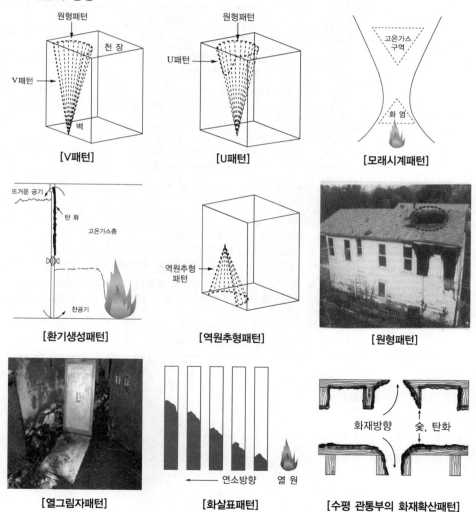

[V패턴]   [U패턴]   [모래시계패턴]

[환기생성패턴]   [역원추형패턴]   [원형패턴]

[열그림자패턴]   [화살표패턴]   [수평 관통부의 화재확산패턴]

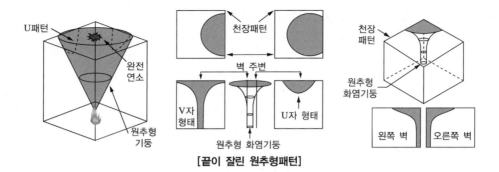

[끝이 잘린 원추형패턴]

■ 가연성 액체 화재에 나타나는 연소패턴

화재패턴	연소특성
고스트 마크(Ghost Mark)	뿌려진 인화성 액체가 바닥재에 스며들어 바닥면과 타일 사이의 연소로 인한 흔적
스플래시 패턴 (Splash Patterns)	쏟아진 가연성 액체가 연소하면서 열에 의해 스스로 가열되어 액면이 끓으면서 주변으로 튄 액체가 국부적으로 점처럼 연소된 흔적
틈새연소 패턴 (Leakage Fire Patterns)	고스트 마크와 유사하나 벽과 바닥의 틈새 또는 목재마루 바닥면 사이의 틈새 등에 가연성 액체가 뿌려진 경우 틈새를 따라 액체가 고임으로써 다른 곳보다 강하게 오래 연소하여 나타나는 연소패턴
낮은연소 패턴 (Low Burn Patterns)	• 건물의 상부보다 하부가 전체적으로 연소된 형태 • 화염은 부양성으로 일반적으로 상부가 손상이 크게 나타내는데, 하단이 연소가 심하고 상단이 미약할 경우 인화성 촉진제의 사용한 방화로 추정할 수 있음
포어 패턴 (Pour Patterns)	인화성 액체 가연물이 바닥에 뿌려졌을 때 쏟아진 부분과 쏟아지지 않은 부분의 탄화경계 흔적
도넛 패턴 (Doughnut Patterns)	• 고리모양으로 연소된 부분이 덜 연소된 부분을 둘러싸고 있는 도넛모양 형태로 가연성 액체가 웅덩이처럼 고여 있을 경우 발생 • 주변부나 얕은 곳에서는 화염이 바닥이나 바닥재를 탄화시키는 반면에 깊은 중심부는 액체가 증발하면서 증발잠열에 의해 웅덩이 중심부를 냉각시키는 현상 때문임
트레일러 패턴 (Trailer Patterns)	• 의도적으로 불을 지르기 위해 수평면에 길고 직선적이 형태로 좁은 연소패턴 • 두루마리 화장지 등에 인화성 액체를 뿌려 놓고 한 지점에서 다른 지점으로 연소확대시키기 위한 수단으로 쓰임
역원추형 패턴 (Inverted Cone Pattern)	역원추형태(삼각형)는 인화성 액체의 증거로 해석됨

■ 방화와 관련된 화재패턴

- 트레일러 패턴
- 낮은연소 패턴
- 독립연소 패턴

■ 무지개 효과(Rainbow Effect)
- 소화수 위로 뜨는 기름띠가 광택을 나타내며 무지개처럼 보이는 현상이다.
- 화재현장에 가연성 액체를 사용하였음을 유추할 수 있는 근거가 된다.
- 일상생활용품 중에 플라스틱, 아스팔트 등 석유화학제품이 연소되면서 발생할 수 있기 때문에 유증 샘플의 감정 없이 인화성 액체가 사용되었다고 단정해서는 안 된다.

■ 가연성 액체의 화재패턴 간섭요소
- 플래시오버(Flash Over) 발생단계에서 복사열에 의해 바닥의 광범위한 연소 → 포어 패턴으로 오인
- 벽지 등 낙하물에 의한 부분적 연소 → 트레일러 패턴으로 오인
- 물체에 의해 보호된 부위의 미연소형태 → 틈새연소 패턴으로 오인
- 지속적으로 연소가 진행될 수 있는 바닥재의 가연성 → 고스트 마크로 오인
- 융점이 낮은 가연성 물질(스티로폼, 플라스틱 등)이 용융되어 흐르며 연소한 경우 위 요소들은 가연성 액체가 사용되지 않은 화재현장에서 다양하게 나타나므로 화재조사관은 발화원인 결정에 오류를 범할 수 있으므로 주의한다.

■ 열 및 화염 확산 벡터도면에서 벡터로 표시할 수 있는 사항
- 열 또는 화염크기와 진행방향
- 화재패턴
- 발화지점
- 온도나 가열시간, 열 유속(Heat Flux) 또는 화재강도 등

■ 탄화심도 측정방법
- 동일 포인트를 동일한 압력으로 여러 번 측정하여 평균치를 구함
- 계침은 기둥 중심선을 직각으로 찔러 측정 (그림 A + B)
- 평판 계침으로 측정할 때는 수직재에 평판면을 수평, 수평재는 평판면을 수직으로 찔러 측정
- 계침을 삽입할 때는 탄화 균열 부분의 철(凸)각을 택함
- 중심부까지 탄화된 것은 원형이 남아 있더라도 완전 연소된 것으로 간주
- 가늘어서 측정이 불가능한 것은 절단 후 목질부 잔존경 측정에 준하여 비교
- 측정범위나 측정점은 발화부로 추정되는 범위 내에서 중심부를 선택
- 중심부를 향한 부분과 이면부를 면별로 동일 방향에서 측정하고 칸마다 비교
- 수직재와 수평재를 구별하고 재질이나 굵기에 따라 차별 측정

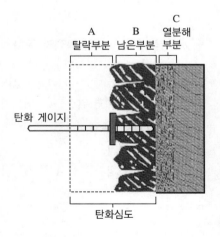

- 동일소재, 동일 높이, 동일 위치마다 측정
- 수직재의 경우 50cm, 100cm, 150cm 등으로 구분하여 각 지점을 측정

■ **탄화(하소)심도 측정에 사용할 수 있는 장비** : 다이얼캘리퍼스, 탐촉자

■ **탄화심도 분석 및 판정**
- 목재표면의 균열흔은 발화부에 가까울수록 가늘어지는 경향
- 고온의 화염을 받아 연소 시 : 비교적 굵은 균열흔이 나타남
- 저온에서 장시간 연소 시 : 목재 내부 수분이나 가연성 가스가 표면으로 서서히 분출되어 가는 균열흔이 나타남
- 완소흔 : 700~800℃의 수열흔, 균열흔은 홈이 얇고 삼각 꼬는 사각형태
- 강소흔 : 약 900℃의 수열흔, 홈이 깊은 요철이 형성됨
- 열소흔 : 1,100℃의 수열흔, 홈이 아주 깊고 대형 목조건물 화재 시 나타남
- 훈소흔 : 발열체가 목재면에 밀착되어 무염연소 시 발생, 발열체 표면의 목재면에 남는 것

■ **목재의 탄화심도에 영향을 주는 인자**
- 화열의 진행속도와 진행경로
- 공기조절 효과나 대류여건
- 목재의 표면적이나 부피
- 나무종류와 함습 상태
- 표면처리 형태
※ 대류, 화열, 함습, 표면, 부피

■ **전기적 아크조사의 목적과 절차**
- 전기적 아크로 손상된 곳을 추적하여 발화부위 판단
- 전기적 아크가 발생한 지점을 순차적으로 확인함으로써 연소진행과정을 추론할 수 있음
- 절차 : 조사지역 결정 → 지역도면작성 → 조사영역 구분 → 전기장치 확인 → 아크 위치표시

■ **위험물의 정의**
인화성 또는 발화성 등의 성질을 가지는 것으로서 대통령령이 정하는 물품

■ 위험물의 유별 성질

- 제1류 위험물 : 산화성 고체
- 제2류 위험물 : 가연성 고체
- 제3류 위험물 : 자연발화성 및 금수성 물질
- 제4류 위험물 : 인화성 액체
- 제5류 위험물 : 자기반응성 물질
- 제6류 위험물 : 산화성 액체

■ 물과 반응에 따른 생성가스

- 탄화칼슘 : $CaC_2 + 2H_2O \longrightarrow Ca(OH)_2 + C_2H_2$(아세틸렌)
- 칼륨 : $2K + 2H_2O \longrightarrow 2KOH + H_2$(보호액 : 석유)
- 인화알루미늄 : $AlP + 3H_2O \longrightarrow Al(OH)_3 + PH_3$(포스핀 = 수소화인)
- 인화칼슘 : $Ca_3P_2 + 6H_2O \longrightarrow 3Ca(OH)_2 + 2PH_3$(포스핀 = 수소화인)
- 나트륨 : $2Na + 2H_2O \longrightarrow 2NaOH + H_2$(보호액 : 석유)
- 리튬 : $2Li + 2H_2O \longrightarrow 2LiOH + H_2$
- 알루미늄
  - $2Al + 3H_2O \longrightarrow Al_2O_3 + 3H_2$
  - $2Al + 6H_2O \longrightarrow 2Al(OH)_3 + 3H_2$
- 탄화나트륨 : $Na_2C_2 + 2H_2O \longrightarrow Na(OH)_2 + C_2H_2$(아세틸렌)
- 탄화알루미늄 : $Al_4C_3 + 12H_2O \longrightarrow 4Al(OH)_3 + 3CH_4$

■ 물질 자신이 발열하고 접촉가연물을 발화시키는 물질

- 생석회 : $CaO + H_2O \longrightarrow Ca(OH)_2 + 15.2kcal/mol$
- 표백분 : $Ca(ClO)_2 \longrightarrow CaCl_2 + O_2$
- 과산화나트륨 : $2Na_2O_2 + 2H_2O \longrightarrow 4NaOH + O_2$
- 수산화나트륨 : $NaOH + H_2O \longrightarrow Na^+ + OH^-$
- 클로술폰산 : $HClSO_3 + H_2O \longrightarrow HCl + H_2SO_4$로 분해되며, 다량의 흰연기와 발열한다.
- 마그네슘
  - $Mg + 2H_2O \longrightarrow Mg(OH)_2 + H_2$
  - $2Mg + O_2 \longrightarrow 2MgO$
  - $Mg + 2HCl \longrightarrow MgCl_2 + H_2$
- 철분과 산 접촉 시 : $2Fe + 6HCl \longrightarrow 2FeCl_3 + 3H_2$
- 황린 : $P_4 + 5O_2 \longrightarrow 2P_2O_5$
- 트리에틸알루미늄(TEA) : $2(C_2H_5)_3Al + 21O_2 \longrightarrow 12CO_2 + Al_2O_3 + 15H_2O$

05 발화개소 판정

■ 열 영향에 의한 유리의 파손 형태 감식

유리의 수열영향 형태	감식내용
낙하방향	유리는 수열측이 보다 많이 낙하한다.
표면의 조개껍질모양 박리	조개껍질모양 박리는 고온일수록 많고 깊다.
금이 가는 상태	유리는 수열 정도가 클수록 작게 금이 간다.
용융상태	수열 정도가 클수록 용융범위가 많아진다.
깨진모양	약간 둥글고 매끄럽다(폭발은 날카롭다).

■ 충격에 의한 깨진 유리 파손형태 및 감식(鑑識)

구 분	내 용
원 인	유리가 물리적 충격에 의해 깨질 경우 발생하는 형태
특 징	• 방사상(放射狀, Radial)과 동심원(同心圓, Concentric) 형태 • 파손면에 리플마크, 월러라인, 헥클라인 생성
화재감식	• 리플마크는 충격방향을 나타내므로 창문의 파괴형태 관찰로 탈출을 위한 내부에서의 충격에 의한 파손인지, 소방관에 의한 외부에서의 파손인지 혹은 오염상태로 보아 화재 전·후인지를 파악할 수 있음 • 유리 균열흔은 외부압력의 방향을 감식하여 화재진행 경로의 지표로 활용할 수 있음

• 방사상으로 깨지는 원인 : 충격 시 앞면은 압축응력이 뒷면은 인장응력이 작용하기 때문이다(압축강도 > 인장강도).
• 동심원 형태로 깨지는 원인 : 유리로 전달되는 운동에너지가 방사상 균열로 충족될 수 없을 때 동심원 균열이 일어나기 때문이다.
• 리플마크(Ripple Mark) : 유리의 동심원 파단면 및 방사형 파단면에는 물결 같은 일련의 곡선이 연속해서 만들어지는 것을 말하며, 패각상 파손흔이라고도 한다.
• Waller Line : 리플마크 일련의 곡선이 연속해서 만들어지는 무늬로 다음 그림의 점선부분이다.
• 헥클라인(Hackle Line) : 월러라인의 가장자리에 형성되는 또 다른 거친 균열흔이다.

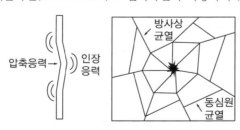
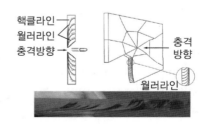

• 유리의 파편은 열을 받는 쪽으로 낙하하기 쉽다.
• 화재로 파괴된 유리의 각은 약간 둥글고 매끄러운 반면 폭발로 파괴된 조각은 날카롭다.
• 충격으로 파손될 경우에는 표면에 월러라인(Wallner Lines)이 생성된다.

- 강화유리는 화재나 폭발로 깨지면 작은 입방체 모양으로 부서지며 유리의 잔금보다 통일된 모양이다.
- 유리와 바닥면의 사이에 천장재 등이 낙하되어 있으면 이는 천장이 탄 후에 유리가 깨진 것을 의미하고 있으며, 전혀 아무것도 없으면 내벽이나 천장 등의 소실보다도 유리가 빨리 깨진 것을 의미하고 있다. 후자인 경우 유리는 발화개소에 아주 가까운 위치에 있었음을 알 수 있다.

■ 열에 의해 유리가 깨지는 메커니즘
- 창틀에 고정되어 있을 경우 유리와 창틀의 서로 다른 열팽창률
- 직접적으로 열을 받은 내측과 그렇지 않은 외측의 서로 다른 열팽창률
- 화염이 미친 부분과 미치지 않은 주변의 서로 다른 열팽창률

■ 크래이즈 글라스(Crazed Glass)
- 급격한 냉각에 의해 만들어지는 것으로 확인
- 화재현장에서는 소화수 등에 의해 한쪽 면이 급격히 냉각되면서 대부분 발생

■ 유리파편의 그을음 부착
- 유리파편에 의해 보호된 구역을 살펴 화재 이후 유리가 깨진 것인지, 유리가 깨지고 나서 화재가 발생한 것인지의 지표가 된다.
- 화재 전 외부인의 침입 여부나 물리적인 손괴 여부를 판단하는 데 있어서도 유용하게 사용될 수 있다.

■ 압력(폭발)에 의한 유리의 파손형태 및 감식

구 분	내 용
원 인	백 드래프트, 가스폭발, 분진폭발 등 같은 급격한 충격파로 파손된 형태
파손형태	평행선 모양의 파편형태(4각 창문 모서리 부분을 중심으로 4개의 기점이 존재)
화재감식	• 두꺼운 그을음이 있는 경우 : 폭발 전에 화재가 활발했음을 나타냄 • 그을음이 매우 희미한 경우 : 화재 초기에 폭발이 있었음을 나타냄 • 그을음이 전혀 없는 경우 : 폭발 후에 화재가 발생했음을 나타냄

■ 자파현상(自破現想)
- 강화유리의 생성과정에서 포함된 불순물에 의해 외부 충격이나 열이 없는 상태에서 스스로 파괴되는 현상
- 자파현상은 불순물(황화니켈)에 의한 파괴가 가장 많은 경우이며, 그외 유리 내부가 불균등하게 강화되거나, 판유리를 자르는 과정에서 미세한 흠집이 생긴 경우에도 자연파괴가 일어날 수 있으며, 시공할 때 강화유리 설치가 불안정하면 저절로 파괴될 수도 있다.
- 특징으로는 파괴가 시작된 중심부에 나비모양이 관찰된다.

■ **전구의 변형**
- 25W 이상의 백열전구는 점등 시 필라멘트의 산화를 막기 위해 질소나 아르곤 등의 비활성가스로 충전되어 있다. 이 때문에 전구의 일부분이 연화되기 시작하면 내부의 압력에 의해 해당 부위가 부풀어 오르거나 외부로 터져 나가는 형태를 갖게 된다.
- 25W 이하의 전구는 진공상태로 일부가 연화되기 시작하면 외부의 압력 때문에 쭈그러들어 내부로 함몰되는 형태를 갖게 된다.
- 부풀어 오르거나 함몰된 형태보다는 해당 방향에서 전구의 변형이 시작되었다는 점이 중요하며, 이것을 통하여 화염의 진행방향을 알 수 있다.
- 고정된 소켓에 견고하게 삽입된 전구에 대해서는 신뢰할 수 있으나, 단지 전선줄에 매달려 있는 경우에는 화재 당시의 방향에 대하여 신뢰할 수 없으므로 화재진행방향 판단의 지표로 사용하는 것을 피해야 한다.

■ **가구 스프링의 변형**
- 침대 스프링 복원력의 상실 정도를 비교해서 어느 곳이 더 많은 화재열기에 노출되었는지를 알 수 있으며, 이를 통해 화재의 확산방향을 추정할 수 있다.
- 침대 스프링의 내려앉은 정도는 최초 발화지점이나 초기의 연소방향을 나타내는 것이 아니며, 단지 그렇지 않은 주변에 비하여 열을 많이 받았다는 사실을 증명하는 것이다.

■ **전기적 특이점을 통한 발화부의 추적(통전입증이 가장 우선)**
- 일반적으로 전기적 특이점을 통한 발화부의 추적은 배선에서 합선이 발생하게 되면 합선부위가 녹아 끊어지게 되어 합선부위의 부하측으로는 전류가 흐르지 않는 상태가 된다는 전제하에 이루어진다.
- 전류가 흐르지 않는 배선에서는 피복이 손상된다 하더라도 합선의 여지가 없고, 여타 전기적인 특이점이 발생할 수 없다.
- 차단기가 없거나 혹은 차단기가 작동하지 않았다면 화염의 진행에 따라서 최초 발생한 합선흔적은 부하측에서 전원측으로 순차적으로 발생한다.
- 합선흔적에 의한 발화부의 추적은 직렬회로 상에서 전원측과 부하측의 구분을 통해 가능하며, 병렬회로 상호간 전원측 혹은 부하측에 대한 구분이 없으므로 합선흔적의 위치를 통한 선후 관계를 증명할 수는 없다.

■ **전기적인 발화원인**
- 절연이 파괴 : 트래킹, 누전, 합선
- 저항증가 : 접촉불량, 반단선, 불완전접촉

■ **트래킹의 3단계 과정**
- 1단계 : 유기절연재료 표면으로 먼지, 습기 등에 의한 오염으로 도전로가 형성될 것
- 2단계 : 도전로의 분단과 미소한 불꽃방전이 발생할 것
- 3단계 : 방전에 의해 표면의 탄화가 진행될 것

■ **보이드 현상(Void Phenomenon)**
전압이 인가되는 도체의 절연물 내부에 생기는 미세한 구멍이나 틈새가 생기는 절연파괴의 현상

■ **트래킹과 보이드현상과의 차이점**
트래킹은 유기절연물에서 발화하고 보이드 현상은 절연물의 내부에서 발화하는 차이가 있다.

■ **권선의 과부하 원인**
- 구속운전 : 전동기가 과중한 부하로 인해 회전하지 못하고 정지된 상태
- 기계적 과부하 : 전동기와 연결된 기계에 과중한 부하가 가해지는 경우

■ **접촉불량(불완전접촉)**
접촉단자나 콘센트가 삽입되는 플러그 등 접촉부위에서 접촉면적이 감소되거나 접촉압력이 저하되어 저항증가에 따른 줄열이나 아크가 발생하는 현상
- 접촉기구에서의 접촉불량 : 콘센트와 같은 접속기구는 반복적으로 오랜 시간 사용하다보면 탄성을 상실하고 복원력이 약해져 플러그를 삽입하였을 때 헐거워지게 되어 불완전 접촉에 의해 화재가 발생
- 회로기판에서의 접촉불량 : 기판에 부착된 소자의 납땜부위가 불완전하게 되었을 때는 이곳에서 접촉불량에 의해 발화

■ **배터리에 의한 화재**
대부분의 배터리는 소형인 경우에도 새 것일 때는 1A까지 전류를 흐르게 할 수 있다. 이러한 배터리는 셀룰로오스가 함유된 가연물(종이, 목재, 식물섬유로 제작된 의류 등)이 바로 접해 있을 때 충분히 착화시킬 수 있을 만한 전류를 흐르게 할 수 있다.

■ **PTC 서미스터**
PTC Thermistor에 일정 이상의 전류가 흐르면 줄열에 상당하는 자기 발열에 의하여 소정의 시간이 경과한 후 Switching 온도에 도달하여 저항이 급격히 증가하고 전류를 제한하는 작용이 일어남
예 모기약 훈증기, PTC 서미스터 화재

■ **바이메탈식 자동온도조절장치**

열팽창계수가 다른 두 개의 금속을 서로 붙여 놓은 것으로 열을 받게 되면 상대적으로 열팽창계수가 높은 금속의 반대방향으로 휘어지게 되는 원리를 이용한 장치로 일정온도 이상이 되면 휘어진 바이메탈이 가동접점을 밀어내는 역할을 해 전류를 제어하는 장치

■ **마찰열에 의한 화재**

마찰열은 접촉한 물체 상호 간의 마찰속도, 접촉압력에 점화 가능한 가연물이 존재한다면 그 가연물에 착화되어 확산될 수 있다(예 자동차, 열차 브레이크).

■ **미소화원**

미소화원이란 작은 불씨를 말하는 것으로 담배꽁초, 향불, 용접 및 절단작업에서 발생하는 스파크, 기계적 충격에 의한 스파크, 그라인더 등 절삭기에 의한 스파크 등을 말한다.

■ **태양의 복사선에 의한 화재(수렴화재)**

• 비닐하우스에 물이 고여 볼록하게 처진 부분
• 곡면을 갖는 PET 또는 유리병
• 스테인리스 재질의 움푹한 냉면그릇이나 냄비뚜껑
• 히터의 방열판
• 스프레이 캔의 움푹한 바닥

■ **고온물체에 의한 발화**

• 접촉발화 : 핫플레이트 위 종이상자
• 축열발화 : 백열전구의 가연물 접촉
• 저온발화 : 목재와 라텍스 폼
• 복사열에 의한 발화 : 히터를 이용한 방화

■ 물리적 폭발

공간 내부의 압력이 상승하여 공간을 유지하고 있는 탱크와 같은 구조의 내압한계를 초과하면서 파열되는 것
- 압력밥솥이 폭발하는 것
- 보일러의 온수탱크 및 열교환기가 폭발하는 것
- 가스용기가 가열되어 폭발하는 것

■ 로카도의 교환법칙

그 누구라도 어떠한 사물을 변형시키지 않거나 외부에서 다른 물질을 묻혀 들이지 않고 현장에 진입할 수 없다.

■ 타임라인

사건들을 각 순서에 맞게 배열하고, 시간의 흐름에 맞게 배열하는 작업을 말하며, 대부분 증거의 시간적 역할을 통해 구분되고 이루어진다.
- 절대적 시간 : 어떠한 사건들이 일어난 시점이 확인되었을 경우
- 상대적 시간 : A 이후에 B까지의 시간은 약 10분 정도 걸린다.

■ PERT 차트

PERT(The Program Evaluation and Review Technique) 차트는 원래 사업계획을 일정기간 내에 완성하기 위해 진행 상태를 평가해서 기간을 단축시키고자 개발한 것으로 사건의 재구성에 있어서도 매우 유용하게 이해할 수 있으며, 재구성에 있어서도 증거들의 조합으로 이루어진 이벤트들을 타임 라인 위에 나열한 것을 말한다.
※ 모든 재구성의 기본은 증거의 수집에서부터 시작되며, 보다 많은 증거는 보다 정확한 가설을 도출해내는 밑거름

■ 산화열 축적으로 발화하는 물질
- 불포화유지가 포함된 천, 휴지, 탈지면찌꺼기
- 불포화유지(동식물 유지류)

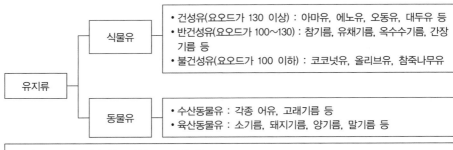

유지류 ─ 식물유
- 건성유(요오드가 130 이상) : 아마유, 에노유, 오동유, 대두유 등
- 반건성유(요오드가 100~130) : 참기름, 유채기름, 옥수수기름, 간장기름 등
- 불건성유(요오드가 100 이하) : 코코넛유, 올리브유, 참죽나무유

동물유
- 수산동물유 : 각종 어유, 고래기름 등
- 육산동물유 : 소기름, 돼지기름, 양기름, 말기름 등

- 금속분류 : 철, 알루미늄, 아연, 마그네슘 등
- 탄소분류 : 활성탄, 소탄, 목탄, 유연탄 등
- 기타 : 고무, 에보나이트, 석탄

■ **훈소될 수 있는 물질** : 황마섬유, 휴지, 톱밥, 가정용 먼지 등

■ **열의 반응속도에 영향을 미치는 인자** : 온도, 발열량, 수준 표면적 및 촉매

■ **자동차 화재 중 역화와 후연을 비교**
- 역화 : 자동차 연료계통이 타들어 가는 것
- 후연 : 자동차 배기계통(배기매니홀더-촉매장치-머플러-머플러커터)을 통해 타들어 가는 것

■ **화재실의 온도에 영향을 주는 요소**
- 건축물의 단열성 또는 밀폐성
- 가연성 증기와 산소의 분압차
- 가연물의 종류

■ **허용농도**
- 정의 : 건강한 성인 남자가 그 환경에서 하루 8시간 작업을 하여도 건강상 지장이 없는 독성가스의 농도
- 독성가스 농도

생성물질	화학식	허용농도(ppm)	생성물질	화학식	허용농도(ppm)
아크롤레인	CH_3CHCHO	0.1	염화수소	HCl	5
삼염화인	PCl_3	0.1	시안화수소	HCN	10
포스겐	$COCl_4$	0.1	황화수소	H_2S	10
염 소	Cl	1	암모니아	NH_3	25
플루오린화수소	HF	3	일산화탄소	CO	50
아황산가스	SO_2	5	이산화탄소	CO_2	5,000

■ 공업 및 산업용으로 가장 많이 사용되는 3대 방향족 탄화수소
  - 벤젠(Benzene)
  - 톨루엔(Toluene)
  - 크실렌(Xylene)

■ 가연물의 구비조건(5가지만)
  - 활성화 에너지가 작을 것
  - 열전도도가 작을 것
  - 산화되기 쉽고 발열량이 클 것
  - 산소와 친화력이 좋고 표면적이 클 것
  - 연쇄반응이 일어나는 물질일 것

■ 인화점 : 가연성 기체나 고체를 가열하면서 작은 불꽃을 대었을 때 연소될 수 있는 최저온도

■ 전기 감전사고의 형태
  - 전격에 의한 감전
  - 절연파괴로 인한 아크 감전
  - 정전기에 의한 감전
  - 낙뢰에 의한 감전
  - 단락 아크에 의한 화상

■ 고층 건물에서의 연기유동
  고층 건물에서 연기를 이동시키는 주요 추진력은 굴뚝효과이며, 부력, 팽창, 바람, 그리고 공기조화 시스템의 영향을 받는다.

■ 과부하를 발화원인으로 판단하기 위한 요건
  - 구체적 연소형태 확인
  - 선간 또는 층간단락흔 식별
  - 착화, 발화, 연소확대에 이른 상황을 증거를 들어 입증
  - 여타 화재원인 배제 과정을 거쳐야 함

■ 층간단락의 정의 및 발생과정
  - 정의 : 전동기의 회전이 방해되거나(기계적 과부하) 권선에 정격을 넘는 전류가 흘러 전기적으로 과부하 상태가 되어 권선의 일부가 단락되는 현상
  - 발생과정 : 핀홀 또는 경년열화 → 선간접촉 → 링회로 → 국부발열 → 층간단락

■ **금속의 만곡 용융흔 식별**
- 철(Fe) : 보통의 경우 용융 전에 수열을 받은 부분의 철 분자 간 활동의 증가로 부피가 증가하는 특성으로 600℃ 주변에서 인성 변화가 있고, 1,200℃ 부분에서 용융되기 시작한다.
  - 수직으로 서있는 철기둥의 경우 수열을 받는 반대방향으로 휜다.
  - 수평으로 잇는 철파이프 등의 경우 수열을 받는 부분이 중력방향(아래로)으로 휜다.
- 알루미늄(Al) : 알루미늄은 용융점이 약 500~600℃ 사이로 다른 금속에 비하여 용융점이 낮기 때문에 화재 초기에 수열을 받는 방향으로 경사각을 이루며 용융된다.
- 금속(도색재)의 열변화
  도료의 색 → 흑색 → 발포 → 백색 → 가지색(금속의 바탕금속)

■ **파노라마 촬영기법**
- 화재현장에서 연소상태의 흐름을 좁은 화각에 표현하지 못하여 답답함을 느낄 때 여러 컷의 사진을 촬영하여 하나에 병합하는 촬영기법
- 촬영 시 유의사항
  - 동일한 화각 및 포커스를 고정한다.
  - 삼각대를 사용한다.
  - 노출을 고정한다.

■ **미소화원에 대한 화재입증 기본조건 3가지**
- 화재현장에 있어서 발화장소의 소손 확인
- 관계자의 진술확보
- 발화 전의 환경조건 파악

■ **화재조사 현장 감식에서 발화부를 추정하는 방법**
- 탄화심도
- 도괴방향
- 수직면에서 연소의 상승성
- 목재의 표면에서 나타나는 균열흔
- 벽면 마감재에 나타나는 박리흔
- 불연성 집기류 가전제품 등의 변색흔
- 화재 시 발생하는 주연흔
- 일반화재에서 나타나는 주염흔
※ 박변균 주연(염) '탄도수'를 보면 발화부 추정 가능

■ Convergence Cluster

화재 시 피난 도중 다른 집단이나 사람을 만나면 탈출을 멈추고 한군데 모여서 죽음을 맞이하는
현상

■ 비파괴촬영기

배선용 차단기가 탄화된 채 발견된 경우 물리적 손상 없이 내부구조를 확인할 수 있는 장비

■ 백열전구의 유리관 속에 소량의 질소, 아르곤을 주입하는 이유

텅스텐 필라멘트와 화학반응하지 않는 불활성 가스를 넣어 고온에서 발광하는 필라멘트의 증발
·비산을 제어하여 수명을 길게 하기 위해서이다.

■ 복원 시의 유의사항 3가지

• 구조재는 확실한 것만 복원한다.
• 대용재료를 사용한 경우 타고 남은 잔존물과 유사한 것을 사용하지 않는다.
• 불명확한 것은 복원하지 않는다.

■ 분진폭발의 조건

• 가연물질의 미세한 분말 존재(0.5mm 이하)
• 미세한 분진이 일정한 농도 이상 분산(입도 0.1mm 이하 공기 중 부유 에어졸 상태)
• 밀폐된 공간(압력 존재)
• 점화원 및 공기 존재

■ 분진폭발의 특징

• 파괴력이 크고 그을음이 많다.
• 심한 탄화흔적이 발생한다.
• 피해범위가 확산된다.
• 가스중독의 우려가 있다.

■ 폭발상태에 따른 분류

• 기상폭발 : 가스폭발, 분해폭발, 분진폭발, 분무폭발
• 응상폭발 : 수증기폭발, 증기폭발, 폭발성 화합물의 폭발, 혼합위험성 물질의 폭발

■ **폭연과 폭굉**

구 분	폭연(Deflagration)	폭굉(Detonation)
전파속도	음속 미만(0.1~10m/s)	음속 이상(1,000~3,500m/s)
전파에 필요한 에너지	전도, 대류, 복사	충격에너지
폭발압력	초기 압력의 10배 이하	초기 압력의 10배 이상
화재파급효과	크 다	작 다
충격파 발생여부	미발생	발 생
전파 메커니즘	반응면이 열의 분자확산 이동과 반응물 및 연소생성물의 난류혼합에 의해 전파	반응면이 혼합물을 자연발화온도 이상으로 압축시키는 강한 충격파에 의해 전파

■ **유류의 공통적인 성질**
- 인화하기 쉽다.
- 증기는 대부분 공기보다 무겁다.
- 증기는 공기와 혼합되어 연소 폭발한다.
- 착화온도가 낮은 것은 위험하다.
- 물보다 가볍고 물에 녹지 않는다.

■ **아세틸렌이 구리와 접촉하여 폭발성 금속인 아세틸라이드가 만들어지는 화학반응식**

$C_2H_2 + 2Cu \longrightarrow Cu_2C_2 + H_2$

■ **연소점** : 점화원을 제거하여도 연소가 지속되는 온도로 인화점에 비하여 5~10℃ 정도 높은 것

■ **발화점** : 점화원을 부여하지 않고 가열된 열만으로 연소가 시작되는 최저온도

■ **액체탄화수소의 가연물이 정전기에 의하여 화재로 발전할 수 있는 조건**
- 정전기의 발생이 용이할 것
- 정전기의 축적이 용이할 것
- 축적된 정전기가 일시에 방출될 수 있도록 전극과 같은 것이 존재할 것
- 방전 시 에너지가 충분히 클 것

■ 액체탄화수소의 정전기 대전이 용이한 조건
- 유속이 높을 때
- 필터 등을 통과할 때
- 비전도성 부유물질이 많을 때
- 와류가 생길 때
- 낙차가 클 때
  ※ 정전기의 발생은 유속의 제곱에 비례 → 휘발유, 제트연료 등(1m/sec 이하로 수송)

■ 정전기 화재가 발생할 수 있는 3가지 조건
- 정전기 대전이 발생할 것
- 가연성 물질이 연소농도 범위 안에 있을 것
- 최소 점화에너지를 갖는 불꽃방전이 발생할 것

■ 정전기 대전의 종류

구 분	특 징
마찰대전	고체, 액체, 분체류에서 접촉과 분리과정에 발생
박리대전	밀착된 물체가 떨어질 때 발생
분출대전	작은 분출구와 분출하는 물질의 마찰로 발생

■ 정전기를 방지할 수 있는 예방법
- 접지를 한다.
- 실내공기를 이온화한다.
- 공기 중의 상대습도를 70% 이상 유지한다.
- 대전물체에 차폐조치를 한다.
- 배관에 흐르는 유체의 유속을 제한한다.
- 비전도성 물질에 대전방지제를 첨가한다.

■ 화재조사 장비 중 검전기의 용도
- 물체의 대전 유무
- 대전체의 전하량 측정
- 대전된 전하의 종류 식별

- **줄열에 기인한 국부적 저항증가로 발화하는 현상**
  - 아산화동 증식
  - 접촉저항 증가
  - 반단선

- **통전입증 방법(부하측에서 전원측으로)**
  - 퓨즈의 용단형태
  - 커버나이프 스위치 용단형태
  - 배선용 차단기 작동상태(트립)
  - 누전차단기 작동상태

- **통전입증, 도전화, 접촉저항, 부품정수 측정, 절연재료의 그래파이트 현상을 측정하는 감식장비**
  멀티테스터기, 클램프미터

- **통전 중인 플러그와 콘센트가 접속된 상태로 출화하였을 때 나타날 수 있는 소손흔적**
  - 플러그핀이 용융되어 패여 나가거나 잘려나간 흔적이 남는다.
  - 불꽃방전현상에 따라 플러그핀에 푸른색의 변색흔이 착상되는 경우가 많고 닦아내더라도 지워지지 않는다.
  - 플러그핀 및 콘센트 금속받이가 괴상형태로 용융되거나 플라스틱 외함이 함몰된 형태로 남는다.
  - 콘센트의 금속받이가 열린상태로 남아있고 복구되지 않으며, 부분적으로 용융되는 경우가 많다.

- **전기화재 감식요령에서 퓨즈류의 형태에 따른 원인**
  - 단락 : 퓨즈 부분이 넓게 용융 또는 전체가 비산되어 커버 등에 부착한다.
  - 과부하에 의한 퓨즈 용단상태 : 퓨즈 중앙부분 용융
  - 접촉 불량으로 용융되었을 경우 : 퓨즈 양단 또는 접합부에서 용융 또는 끝부분에 검게 탄화된 흔적이 나타난다.
  - 외부 화염에 의한 퓨즈의 용융상태 : 대부분이 용융되어 흘러내린 형태로 나타난다.

- **트립(Trip)현상**
  누전, 지락, 단락, 과부하 등 회로 고장에 의한 순간적인 전기차단으로 누전차단기 회로의 경우 스위치가 완전히 내려가지 않고 중간에서 멈추는 것

■ 폭발의 형태
  • 기계적 폭발 : 진공용기의 파손에 의한 폭발
  • 화학적 폭발 : 주로 가연성 가스, 증기, 분진, 미스트 등이 공기와의 혼합물, 산화성, 환원성 고체 및 액체혼합물 혹은 화합물의 반응에 의하여 발생
  • 분해폭발 : 산화에틸렌, 아세틸렌, 히드라진 같은 분해성 가스와 디아조화합물 같은 자기분해성 고체류는 단독으로 가스가 분해하여 발생
  • 중합폭발 : 중합에서 발생하는 반응열을 이용해서 폭발하는 것
  • 촉매폭발 : 수소와 산소가 반응 시 빛을 쪼일 때 발생

■ 플래시오버에 영향을 주는 인자
  • 개구율
  • 내장재료
  • 화원의 크기

■ 열화상 비파괴검사
  피사체의 실물이 아닌 피사체 표면의 복사에너지를 적외선 형태로 검출하여 그 온도 차이 분포를 영상으로 재현하는 비파괴검사 방법

■ 하소의 정의 및 연소과정
  • 하소란 석고벽면 등이 열에 의해 탈수됨으로써 수축 및 균열이 발생하고 부서지기 쉬운 상태에 이르러 회화되는 현상이다.
  • 연소과정 : 석고표면연소 → 탈경화제 열분해 → 변색 → 탈수 및 균열
  • 특 징
    – 조밀성이 떨어져 결정성을 잃는다.
    – 열이 강할수록 백색으로 변한다.
    – 밀도가 감소되어 하소된 부분에 경계선이 형성된다.

■ 화재조사 순서
  • 현장보존 및 사전조사
  • 화재현장의 주변 건축물 등 전체상황 관찰
  • 화재관계자 질문
  • 발화장소 및 발화부위 한정(추정)
  • 발 굴
  • 복원 및 증거수집
  • 발화지점 결정
  • 증거물 감정
  • 화재원인 판정

전기화재 조사기법

전기화재의 용어

- **과부하** : 허용전류 및 정격전압, 전류, 시간 등의 값을 초과해서 사용한 경우
- **반단선** : 전선이 절연피복 내에서 단선되어 그 부분에서 단선과 이어짐을 되풀이하는 상태로, 완전히 단선되지 않을 정도로 심선의 일부가 남아 있는 상태
- **트래킹** : 전압이 인가된 이극 도체 간의 절연물 표면에 수분, 먼지, 금속분 등이 부착되면 오염된 곳의 표면을 따라 전류가 흘러 소규모 불꽃방전이 일어나고 이것이 지속적으로 반복되면 절연물 표면 일부가 탄화되어 도전성 통로가 형성되는 현상
- **흑연화 현상** : 유기절연물이 전기불꽃에 장시간 노출되면 절연체 표면에 탄화도전로가 생성되어 그 부분을 통해서 전류가 흘러 줄열이 발생하여 고온이 되고 인접 부분을 열로 새롭게 흑연화시켜 전류를 통과, 이것이 서서히 확대되어 전류가 증가하여 발열 발화하는 현상
- **접촉불량** : 도체의 접속부의 접촉상태가 불량하면 전류가 흐를 때에 발열하여 접촉부 근처 전선의 절연피복이 발화하는 것
- **누전** : 절연이 불량하여 전기의 일부가 전선 밖으로 누설되어 주변의 도체에 접촉하여 흐르는 현상

반단선

- 정 의
  - 여러 개의 소선으로 구성된 전선이나 코드의 심선이 10% 이상 끊어지거나 전체가 완전히 단선된 후에 일부가 접촉과 단선이 반복되면서 열과 빛을 발생하는 상태이다.
  - 반단선은 통전 중인 단면적의 감소를 의미하며, 이는 곧 과부하 상태를 의미한다.
- 반단선과 단락의 차이점
  - 단락단선에는 단선 개소의 각 선단에 심선이 융착하여 한 덩어리의 큰 용융흔이 발생한다.
  - 반단선 코드에는 단선측선의 부하측 선단에 반드시 단락흔이 생긴다고 할 수 없으며, 생기더라도 용융흔은 작다.

도체의 저항

- 도체의 길이가 길수록 증가한다.
- 단면적이 작을수록 증가한다.
- 온도가 올라가면 커진다.

전기의 3가지 작용

- 발열작용 : 전기에너지가 열에너지로 변환하는 것(백열등, 다리미, 전기장판, 전기난로 등)
- 자기작용 : 도선을 감아서 만든 코일에 전류가 흐르면 그 속에 자계가 발생하는 것
- 화학작용 : 전기에너지를 이용하여 물의 전기분해, 전기도금 등에 사용되는 원리

■ 전기화재 감식요령에서 퓨즈류의 용융형태에 따른 원인

- 단락 : 퓨즈 부분이 넓게 용융 또는 전체가 비산되어 커버 등에 부착한다.
- 과부하에 의한 퓨즈 용단상태 : 퓨즈 중앙부분이 용융된다.
- 접촉 불량으로 용융되었을 경우 : 퓨즈 양단 또는 접합부에서 용융 또는 끝부분에 검게 탄화된 흔적이 나타난다.
- 외부 화염에 의한 퓨즈의 용융상태 : 대부분이 용융되어 흘러내린 형태로 나타난다.

■ 전기화재의 통전입증 조사요령

- 전기계통의 배선도 및 기기의 결선도에 따라 부하측에서 전원측으로 조사
- 플러그의 칼날 : 광택상태, 그을음의 부착, 패임, 푸른 변색흔, 꽂혀 있었는가 등
- 콘센트의 칼날받이 : 칼날의 열림과 닫힘, 금속받이의 부분적 용융흔
- 중간스위치, 기기스위치
  - 타서 없어진 경우 : 손잡이 등의 정지위치, "ON", "OFF" 표시로 판단
  - 용융된 수지 등으로 덮인 경우 : 건조 → 도통시험 또는 X선 촬영 → 분해하여 접점면 확인
- 배 선
  코드나 전선 등에 못 또는 스테이플로 지지하거나, 직각으로 심하게 굽은 부분 등 압력에 눌려 있는 부분 등 면밀히 조사(지속적인 스파크나 아크에 의한 화재 발생 가능성 조사)

■ 전기화재의 발화원인

- 줄 열

전기적 조건의 변화	국부적인 저항치 증가	• 아산화동 증식 반응 • 접촉저항의 증가 • 반단선
	부하의 증가	• 모터, 코드류의 과부하 • 고조파에 의한 과전류
	임피던스의 감소	• 코일의 층간단락 • 콘덴서의 절연열화 • 반도체 등의 전기적 파괴
	배선의 1선단선	• 3상3선식 배선의 1선단선 • 단상3선식 배선의 중성선단선
회로 외로의 누설 (충전부에 도체접촉)	지락, 누전	비접지측 충전부에 도체접촉
	단 락	양극 충전부에서의 도체접촉

- 절연파괴

절연물의 도체로의 변질, 절연물 표면에 도체 부착	트래킹 현상	각종 스위치류 양극 간
	보이드에 의한 절연파괴	고압전기설비 단자판, 고압부품
	은 마이그레이션	직류기기의 단자 간
전기기기의 고압부로부터의 누설방전, 정전기 방전, 낙뢰(雷)	–	–

- 고장 : 스위치류, 서모스탯, 릴레이 등
- 사용방법 부적절 : 개악(改惡), 기구의 사용방법 부적절, 가연물과의 위치관리 부적절, 이물혼입

■ 전기화재 단락흔의 정의 및 구분
- 정의 : 두 개의 이극 도체가 접촉하여 순간적으로 대전류가 흘러 발화하는 것으로 단선된 각 선단은 용융되어 큰 용융흔이 발생하는 것
- 단락흔의 종류
  - 1차흔 : 화재의 원인이 된 단락흔
  - 2차흔 : 화재의 열로 전기기기 코드 등이 타서 2차적으로 생긴 단락흔
  - 열흔 : 화재열로 용융된 것으로 눈물 모양으로 처져있고 광택이 없음

■ 전기화재 용융흔의 비교

구 분	1차 용융흔(발화의 원인)	2차 용융흔(화재로 피복손실로 합선)
표면 형태 (육안)	형상이 구형이고 광택이 있으며 매끄러움	형상이 구형이 아니거나 광택이 없고 매끄럽지 않은 경우가 많음
탄화물 (XMA분석)	일반적으로 탄소는 검출되지 않음	탄소가 검출되는 경우가 많음
금속조직 (금속현미경)	용융흔 전체가 구리와 산화제1구리의 공유결합조직으로 점유하고 있고 구리의 초기결정 성상은 없음	구리의 초기결정 성장이 보이지만 구리의 초기결정 이외의 매트릭스가 금속결정으로 변형됨
보이드 분포 (금속현미경)	커다랗고 둥근 보이드가 용융흔의 중앙에 생기는 경우가 많음	일반적으로 미세한 보이드가 많이 생김
EDX 분석	OₓL, CuL 라인이 용융된 부분에서 거의 검출되지 않으나 정상 부분에서는 검출	CuL 라인이 용융된 부분에서 검출되지만 정상 부분에서는 소량검출

■ 전기단락흔의 의미
- 전기가 통전상태에서 전선이 연소하였다는 의미
- 단락흔 발견지점은 적어도 전기가 차단되기 이전에 화염이 존재
- 단락흔 주변에 발화원이 존재하거나 합선 자체가 발화로 이어짐
- 초기화재 발화지점과 연소(延燒)의 진행방향 판단에 단서를 제공

■ 전기단락흔의 감식요점
- 전기의 사용상황과 배선경로를 확인한다.
- 단락흔 주변에 착화물의 연소성을 확인한다.
- 단락흔의 형태확인 및 다른 화재원인을 배제한다.

■ 전선피복 손상에 의한 단락출화 요인
- 무거운 물건을 배선 위에 올려놓아 하중에 의한 짓눌림
- 배선상에 스테이플이나 못을 이용하여 고정
- 배선 자체의 열화촉진으로 선 간 접촉
- 꺾어지거나 굽어진 굴곡부에 배선 설치
- 자동차의 진동이나 헐겁게 조여진 배선 방치
- 금속관의 가장자리나 금속케이스 등에 도체 접촉
- 쥐나 고양이 등 설치류에 의한 배선의 접촉 등

■ 전기 용융흔에 대한 연구결과에 관심을 가져야 하는 이유
- 전기 용융흔은 출화 원인 규명의 단서가 될 수 있다.
- 증가 경향에 있는 화재, 전기화재의 비율이 턱없이 높다.
- 제조물 책임법 시행에 따른 용융흔의 정량적인 판별법이 필요하다.
- 증가 일로에 있는 차량 화재

■ 아산화동 증식 발열현상
동(銅)으로 된 도체가 스파크 등 고온을 받았을 때 동의 일부가 산화되어 아산화동(Cu_2O)이 되며, 그 부분이 이상 발열하면서 서서히 발화하는 현상

■ 접속부 과열로 인한 화재의 경우
- 소손개소에 접속부가 포함되고, 그 부분을 기점으로 하여 확대된 소손상황을 나타내고 있다.
- 부하회로는 ON상태로 통전되고 있다.
- 부하회로는 대전류가 흐르는 큰 부하를 갖고 있는 기기 등에 연결되어 있는 경우가 있다.
- 접속부의 용융개소는 한 쪽이 강하고, 다른 쪽은 명백히 약한 경우가 많다. 또한 용융개소는 충전부 측이며, 1차 측인 경우가 많다.

- **과부하 조사의 요점(과부하 요인의 유무 조사)**
  - 전선의 허용전류와 부하의 크기
  - 배선의 상황
  - 회로 중의 트러블의 유무
  - 코드류의 사용상황

- **코일의 층간 단락, 모터의 과부하운전으로 인한 출화 시 화재조사 포인트**
  - 코일전체 또는 일부가 강하게 소손됨과 동시에 절연도료나 절연지가 탄화된 흔적이 나타나는 경우
  - 거의 소손되지 않는 것처럼 보이는 경우도 있음
  - 테스터로 권선의 저항치를 측정하여 정상치와 비교
  - 층간단락을 발생시키는 요인 등에 대해서 조사

- **콘덴서의 절연열화 시 화재조사 포인트**
  - 밀폐용기가 내부 발열에 의해 팽창하거나 소손되어 있으므로 이를 관찰
  - 소자가 표면에서부터가 아니고 내부로부터 강하게 소손
  - 테스터로 그래파이트화 여부 확인
  - 콘덴서 스스로의 원인 외에 낙뢰 등의 영향을 조사

- **누전화재의 3요소**
  누전이란 절연이 불량하여 전류의 일부가 전류의 통로로 설계된 이외의 곳으로 흐르는 현상
  - **누전점** : 전류가 흘러들어오는 곳(빗물받이)
  - **출화점(발화점)** : 과열개소(함석판)
  - **접지점** : 접지물로 전기가 흘러들어 오는 점

- **영상변류기**
  누전차단기에서 누설전류를 감지하는 장치

- **누전차단기**
  누전차단기는 정상적인 경우 영상변류기를 통과하는 배선의 입력과 출력의 합이 0이 된다. 그러나 회로에 투입된 전류 일부가 외부로 누설되고 되돌아오는 전류에서 차이가 발생하면 누설전류를 감지하고 전자석을 통해 트립시키는 장치이다.

■ 누전차단기 종류 및 정격감도 전류

구 분		정격감도전류[mA]	동작시간
고감도형	고속형	5, 10, 15, 30	• 정격감도전류에서 0.1초 이내 • 인체감전보호형은 0.03초 이내
	시연형		정격감도전류에서 0.1초를 초과하고 2초 이내
	반한시형		• 정격감도전류에서 0.2초를 초과하고 1초 이내 • 정격감도전류 1.4배의 전류에서 0.1초를 초과하고 0.5초 이내 • 정격감도전류 4.4배의 전류에서 0.05초 이내
중감도형	고속형	50, 100, 200, 500, 1,000	정격감도전류에서 0.1초 이내
	시연형		정격감도전류에서 0.1초를 초과하고 2초 이내
저감도형	고속형	3,000, 5,000, 10,000, 20,000	정격감도전류에서 0.1초 이내
	시연형		정격감도전류에서 0.1초를 초과하고 2초 이내

■ 누전차단기의 사용목적
- 접지전류차단
- 과부하차단
- 단락차단

■ 누전화재의 조사요점
- 보통의 전로에서 전류가 누설되어 건물 및 부대설비 또는 공작물에 유입된 누전점
- 누설전류의 전로에 있어서 발열 발화한 발화점
- 누설전류가 대지로 흘러든 접지점
- 상기 세 가지 요소를 확인, 누전의 사실과 출화의 인과관계 규명

■ 은 이동(마이그레이션)
직류전압이 인가되어있는 은으로 된 이극도체 간에 절연물이 있을 때 그 절연표면에 수분이 부착하면 은의 양이온이 절연물 표면을 음극측으로 이동(마이그레이션)하여 발열하는 현상

■ 전기의 3가지 특징
- 발열작용
- 자기작용
- 화학작용

■ 전기가열의 종류
저항가열, 아크가열, 유도가열, 유전가열, 전자빔가열, 적외선가열, 초음파가열

■ **냉장고화재의 원인**
- 기동기의 트래킹으로 인한 발화
- 서미스터(Thermistor : PTC) 기동릴레이의 스파크
- 전원코드와 배선커넥터의 접속부 과열
- 안전장치 제거에 의한 모터 과열
- 컴프레서 코일의 층간단락
- 콘덴서의 절연파괴
- 진동에 의한 내부 배선의 절연손상

■ **세탁기화재의 원인**
- 배수밸브의 이상
- 배수 마그네트로부터의 출화
- 콘덴서의 절연열화
- 회로기판의 트래킹

■ **국가화재 분류체계 매뉴얼에 따른 전기화재의 발생원인**

• 누전 / 지락	• 접촉불량에 의한 단락
• 절연열화에 의한 단락	• 과부하 / 과전류
• 압착 / 손상에 의한 단락	• 층간단락
• 트래킹에 의한 단락	• 반단선
• 미확인단락	• 기 타

※ 과압층으로 인하여 반절(접)은 기절했다고 하자 누가 미투(트)요라고 했다.

▌ 가스화재 조사기법

■ **연소성에 의한 고압가스 분류**

분 류	종 류	비 고
가연성 가스	수소, 암모니아, 액화석유가스, 아세틸렌	공기와 혼합하면 빛과 열을 내면서 연소하는 가스 (하한 10% 이하, 상한과 하한의 차 20% 이상) ※ 프로판(2.1~9.5%), 부탄(1.8~8.4%), 수소(4~75%), 메탄(5~15%)
조연성 가스	산소, 공기, 염소	다른 가연성 물질과 혼합 시 폭발이나 연소가 일어날 수 있도록 도움을 주는 가스
불연성 가스	질소, 이산화탄소, 아르곤, 헬륨	연소와 무관한 가스

■ 상태에 의한 고압가스 분류
  압축가스, 용해가스, 액화가스

■ LNG와 LPG의 성질

LNG(주성분 메탄 : 연소범위 5~15%)	LPG(프로판, 부탄이 주성분)
• 기상의 가스로서 연료 외 냉동시설에 사용한다. • 비점이 약 −162℃이고 무색투명한 액체이다. • 비점 이하 저온에서는 단열 용기에 저장한다. • 액화천연가스로부터 기화한 가스는 무색무취이다. • 메탄이 주성분으로 공기보다 가볍다(분자량 16). • 누출 시 냄새를 위해 부취제를 첨가한다. • 액화하면 부피가 작아진다(1/600).	• 기화 및 액화가 쉽다. • 공기보다 무겁고 물보다 가볍다. • 연소 시 다량의 공기가 필요하다. • 발열량 및 청정성이 우수하다. • 고무, 페인트, 테이프, 천연고무를 녹인다. • 무색무취하므로 부취제를 첨가한다. • 액화하면 부피가 작아진다(1/250).

■ 가연성 가스의 발화점에 영향을 주는 요소
  • 공기(산소)의 혼합비율
  • 반응속도, 반응열
  • 용기재질(정전기 발생이 쉬운 재질 등), 형상, 크기

■ 리프팅(Lifting)
  • 정의 : 염공에서의 가스유출 속도가 연소속도보다 빠르게 되어, 가스가 염공에 붙어서 연소하지 않고 염공을 이탈하여 연소하는 현상
  • 원인
    − 버너의 염공에 먼지 등이 부착하여 염공이 작아졌을 때
    − 가스의 공급압력이 지나치게 높은 경우
    − 노즐구경이 지나치게 클 경우
    − 가스의 공급량이 버너에 비해 과대할 경우
    − 연소폐가스의 배출이 불충분하거나 환기가 불충분함에 따라 2차 공기 중의 산소가 부족한 경우
    − 공기조절기를 지나치게 열었을 경우

■ 역화(Flash Back)
  • 정의 : 가스의 연소속도가 염공에서의 가스 유출속도보다 빠르게 되거나 연소 속도는 일정하여도 가스의 유출 속도가 느리게 되었을 때 불꽃이 버너 내부로 들어가 노즐의 선단에서 연소하는 현상
  • 원인
    − 부식으로 염공이 커진 경우
    − 가스 압력이 낮을 때
    − 노즐구경이 너무 적을 때

– 노즐구경이나 연소기 코크의 구멍에 먼지가 묻었을 때
– 코크가 충분히 열리지 않았을 때
– 가스레인지 위에 큰 냄비 등을 올려놓고 장시간 사용하는 경우

■ 리프팅(Lifting)과 역화(Flash Back)의 비교

구 분	리프팅(Lifting)	역화(Flash Back)
염 공	작아졌다(먼지)	커졌다(부식)
가스유출 속도	빠르다	느리다
가스 압력	높 다	낮 다
노즐구경	크 다	작 다
가스공급량	과대(버너에 비해)	–

■ 가스시설에 있는 퓨즈콕(Fuse Cock)
- 역할 : 가스사용 중 호스가 빠지거나 절단되었을 때 또는 화재 시 등 규정량 이상의 가스가 흐르면 코크에 내장된 볼이 떠올라 가스통로를 자동으로 차단하는 기능을 한다.
- 종류 : 콘센트형, 박스형, 호스엔드형

■ 압력조정기의 역할
1차측 가스를 적당한 압력으로 감압시켜 2차측으로 안정하게 공급해주는 기능

■ 황염(Yellow Tip)
연소기기에서 LP가스 연소 시 버너에서 공기량이 부족하면 황적색의 불꽃이 발생하는 현상

■ 연소기기에서 LP가스의 불완전연소 원인
- 공기와의 접촉, 혼합 불충분
- 과대한 가스량, 필요한 공기 부족
- 불꽃이 저온물체에 접촉 온도가 내려갈 때 등

■ 블로 오프(Blow Off)
불꽃의 주위(특히 기저부)에 대한 공기의 움직임이 세게 되어 불꽃이 꺼지는 현상

- **안전장치**
  - LPG 용기 : 스프링식 안전밸브
  - 염소, 아세틸렌, 산화에틸렌 용기 : 가용전(가용합금식) 안전밸브
  - 산소, 수소, 질소, 아르곤 등 압축가스 용기 : 파열판식 안전밸브
  - 초저온 용기 : 스프링식과 파열판식의 2중 안전밸브
  - CNG 용기 : 가용전(액체튜브) 안전밸브

- **가스 누출사고 시 중화제**
  - 암모니아 → 물
  - 염소 → 가성소다수 용액, 분말
  - 포스겐가스 → 가성소다수 용액, 분말
  - 이산화황 → 탄산소다

- **휴대용 가스레인지 접합용기 파열사고 조사**
  - 점화 불량
  - 장착 불량
  - 과대조리기구

- **자동절체식 일체형 저압조정기 레버 원인조사**
  - 절체기 레버 위치
  - 가스 잔량
  - 측도관 연결 상태

- **고압가스 용기 파열 원인**
  - 내부압력
  - 재질 불량
  - 용접 불량 등 결함

- **고압가스 용기의 색깔**

LPG	수 소	아세틸렌	액화암모니아	액화염소	의료용 산소	기 타
밝은 회색	주황색	황 색	백 색	갈 색	백 색	회 색

■ **기화장치 폭발 시 원인조사**
- 물 수위(수위조절 센서)
- 전원공급 상태
- 온도센서(온도제어장치, 과열방지장치)
- 스프링식 안전밸브
- 액 유출 방지장치(체크밸브형태 : 기화장치 고장 시 조정기로 액상의 가스공급사고를 방지)

미소화원화재 조사기법

■ **미소화원의 종류**

담배 불씨, 용접의 불티, 굴뚝의 불티, 절단기·그라인더의 기계적인 불티, 오목렌즈 초점부근의 열, 모기향, 향불

■ **미소화원(무염화원)에 의한 연소현상의 특징**
- 담뱃불, 스파크, 불티 등 극히 작은 불씨가 화재원인이 되는 것을 뜻한다.
- 미소화원은 고온이지만 가연성 고체를 유염연소시킬 수 있을 만큼 에너지가 적어 무염연소의 발화형태를 취한다.
- 열량이 적고 연소시간이 길며 국부적으로 연소확대된다.
- 소훼물이 깊게 탄화된 연소현상이 식별된다.
- 장시간 걸쳐 훈소하여 타는 냄새를 내는 특징이 있다.
- 발화원이 소실되거나 진압과정에서 남는 일이 없어 물증 추적이 곤란하다.

■ **유염화원의 특징**
- 무염화원에 비하여 훨씬 에너지량이 많고, 가연물이 닿을 경우 바로 착화우려
- 짧은 시간에 연소확대
- 연소흔적으로는 깊게 탄 것은 보이지 않으나 표면으로 연소가 확대되는 경우가 많음

■ **훈소될 수 있는 물질**
- 황마섬유, 면, 휴지 등 식물성 물질과 열경화성 물질
- 열가소성은 훈소하기 힘듦

■ 훈소연소(무염연소)의 특징
  • 통상 연기가 발생하고 발광하는 불꽃이 없는 연소
  • 고체가연물과 산소 사이에 반응이 상대적으로 느린 표면연소 현상
  • 불완전연소 반응으로 일산화탄소 수치가 높음
  • 열량이 적고 연소시간이 길고 국부적 심부화재로 연소

■ 무염화원의 일반적인 연소현상
  • 발화부에 소훼물이 깊게 탄화흔적이 남는다.
  • 훈소 과정 사이에 타는 냄새가 난다.
  • 심부화재로 나무판자에 구멍이 발견된 경우가 있다.
  • 물증 추적이 곤란하다(어렵다).

■ 훈소를 불꽃연소로 만들 조건
  • 온도를 높인다.
  • 산소를 공급하면 유염화염으로 바뀔 수 있다.

■ 구획 부분에서 유염화재 과정
  • 시작 단계(점화와 자유연소)
  • 성장 단계
  • 플래시오버 단계
  • 훈소 단계

■ 담뱃불 화재 발화 메커니즘 및 특성
  • 훈소가 지속될 수 있는 가연물과의 접촉 → 훈소 → 착염 → 출화
  • 점화원으로서 특징
    − 대표적 무염화원으로 이동이 가능하다.
    − 필터(합성섬유, 펄프)와 몸체(종이, 연초)로 구성된 가연물이다.
    − 흡연자는 화인을 제공할 수 있는 개연성이 존재한다.
    − 자기자신은 유염발화하지 않는다.

- 미소화원 화재감식 중 전기용접 가스절단의 불꽃에 의한 화재감식요령
  - 용접부위의 금속재료에 가연물이 접촉되어 있는가 관찰한다.
  - 용접부위와 소손부위의 위치관계를 확인한다.
  - 발화지점 주위에 용융입자가 있으므로 자석 등으로 채취한다.
  - 용접불꽃으로 착화된 가연물이 낙화위치에 존재했는가 관찰한다.
  - 점화 시의 행위자로부터 밸브의 개폐순서, 압력조정 등에 관한 진술을 청취한다.
  - 화구와 본체의 연결부 느슨함 등을 확인한다.
  - 호스가 소손되어 불에 타서 끊어져 있는지 관찰한다.
  - 용접지점 부근에 가연물이 존재하는가 관찰한다.

- 양초불에 의한 화재의 발생과정 3가지 및 중심부 온도
  - 화원의 전도
  - 접 염
  - 화원의 낙하
  - 중심부 온도 : 1,400℃

▎화학물질화재 조사기법

- 화학화재의 분류

  화학화재란 가연성 액체의 온도가 상승하여 유증기가 발생, 확산되어 공기와 혼합된 상태에서 스파크나 불꽃 등의 발화열원에 의해 연소가 일어나는 현상이다.
  - 자연발화 : 물과 습기 혹은 공기 중에서 물질이 발화온도보다 낮은 온도에서 화학변화에 의해 자연발열하고, 그 물질 자신 또는 발생한 가연성 가스가 연소하는 현상
  - 화합발화 : 두 종 혹은 그 이상의 물질이 서로 혼합 또는 접촉해서 연소하는 현상
  - 인화 : 물질 자신으로부터 발화하는 것이 아니라 전기적 스파크, 불꽃 등의 화원에 의해 착화하여서 연소하는 현상
  - 폭발 : 정지상태인 물질이 급격히 팽창하는 현상으로 빛과 소리 혹은 충격적 압력을 수반하고, 순간적으로 연소를 완료하는 현상

■ 증기비중

당해 물질의 분자량을 공기의 분자량으로 나눈 값으로 보통 1 이상이면 공기보다 무겁고 1 미만이면 공기보다 가볍다.

■ 유기용매

용해력과 탈지 세정력이 높아 화학제품 제조업, 도장관련산업, 전자산업 등 여러 업종에서 광범위하게 사용되는 용제류로서 일반적으로 비점이 낮고 휘발성이며 가연성의 특성을 갖는다.

■ 비 점

액체의 포화증기압이 대기압과 같아지는 온도를 말한다.

■ 자연발화 물질의 반응을 일으키는 원인 및 분류
• 분해열 : 니트로셀룰로스, 셀룰로이드, 니트로글리세린 등의 질산에스테르제품
• 산화열 : 불포화유가 포함된 천·휴지, 원면, 석탄, 건성유 등
• 흡착열 : 목탄, 활성탄, 탄소분말
• 중합열 : 액화시안화수소, 산화에틸렌 등
• 발효열 : 퇴비, 먼지, 건초더미류, 볏단
• 발열을 일으키는 물질 자신이 발화하는 물질(자연발화성 물질)
  금속나트륨(Na), 금속칼륨(K), 리튬(Li), 금속분, 황린(P_4), 적린, 알킬알루미늄, 실란, 수소화인
  ※ 위험물안전관리법의 제2류 산화성 고체 및 제3류 자연발화성 및 금수성 물질
• 물질 자신이 발열하고 접촉가연물을 발화시키는 물질
  생석회(CaO), 표백분($Ca(ClO)_2 \cdot CaCl_2 \cdot H_2O$), 황산($H_2SO_4$), 초산($CH_3COOH$), 클로로술폰산
• 반응결과 가연성 가스가 발생하여 발화하는 물질
  인화알루미늄(AlP), 카바이드류(CaC_2)

■ 가연물 자연발화의 4가지 조건(촉진요소)
• 열 축적이 용이할 것(퇴적방법 적당, 공기유통 적당)
• 열 발생 속도가 클 것
• 열전도가 작을 것
• 주변 온도가 높을 것

■ **빗물이 침투되어 일어난 생석회(산화칼슘) 저장 비닐하우스 화재의 반응식과 감식요령**
- 생석회(산화칼슘)와 빗물의 화학반응식

  $CaO + H_2O \rightarrow Ca(OH)_2 + 15.2kcal/mol$, 즉 물과 반응해서 수산화칼슘이 되며 발열한다.
- 감식요령

  생석회는 물과 반응한 후에 백색의 분말이고 물을 포함하면 고체상태 수산화칼슘(소석회)이 남으며 강알칼리성이기 때문에 리트머스시험지 등으로 pH를 측정하여 확인한다.

■ **침수로 인한 탄화칼슘(CaC₂) 제조공장화재의 화학반응식과 화재의 위험성**
- 화학반응식

  $CaC_2 + 2H_2O \rightarrow Ca(OH)_2 + C_2H_2 \uparrow + 27.8kcal/mol$
- 위험성
  - 물과 반응해서 발열하고 아세틸렌가스가 발생하고, 반응열에 의해 아세틸렌가스가 폭발을 일으킬 수 있다.
  - 탄화칼슘에 불순물로서 인을 포함하는 경우가 있고 아세틸렌이 발생하여 착화 폭발하는 수가 있다.
  - 탄화칼슘이 물과 반응하는 경우 최고 644℃까지 온도가 상승될 수 있고 아세틸렌가스가 320℃ 이상이면 발화할 수 있다.

■ **화학공장 폭발화재의 원인조사 단계별 방법**

  자료 수집 → 가치 부여→ 체계 부여 → 타당성 밝힘 → 화재원인 결정

■ **요오드(아이오딘)화 값 및 분류**
- 요오드화 값 : 유지 100g당 첨가되는 요오드의 g수
- 요오드화 값에 따른 분류
  - 건성유 : 요오드화 값이 130 이상(오동나무기름, 대부분의 어유)
  - 반건성유 : 요오드화 값이 100 이상 130 미만(대두유, 옥수수유 등)
  - 불건성유 : 요오드화 값이 100 미만(피마자유, 우지 등)

■ **유류화재 특징**
- 석유유도체 중 탄소수가 같다고 해도 화재양상은 같지 않다(화학구조영향).
- 유류화재현장 수집시료 습득물 기기분석법으로 GC, IR(적외선 분광 분석법)가 있다.
- C/H비가 크면 그을음이 많다.
- C/H비가 작으면 그을음이 적다.
- 산소가 적을 때는 C/H비를 이용한 그을음의 영향 판단이 어렵다.

■ 5대 범용 플라스틱의 종류
  • PE(폴리에틸렌)
  • PP(폴리프로필렌)
  • PS(폴리스티렌)
  • PVC(폴리염화비닐)
  • ABS수지

■ 합성수지(플라스틱)의 종류

구 분	열가소성 플라스틱	열경화성 플라스틱
정 의	가열하면 액상으로 변해 원형이 변형되고 다시 굳어지는 성질이 있어 재사용이 가능하다.	연소 후 재차 열을 가하더라도 원형이 변형되지 않으며, 재사용이 불가능하다.
종 류	폴리에틸렌, 폴리염화비닐, 폴리스티렌, 폴리프로필렌, ABS수지	페놀수지, 에폭시수지, 멜라민 수지, 요소수지, 폴리에스테르

■ 플라스틱 발화메커니즘

흡열과정 → 분해과정 → 혼합과정 → 발화·연소과정 → 배출과정

■ 물리적 폭발과 화학적 폭발의 종류
  • 물리적 폭발 : 진공용기에 의한 폭발, 과열액체의 급격한 비등에 의한 증기폭발, 고압용기의 과압 또는 과충진에 의한 파열 등의 급격한 압력개방에 의한 폭발
  • 화학적 폭발 : 산화폭발(LPG-공기), 분해폭발(아세틸렌), 중합폭발(시안화수소)

■ 백드래프트와 가스폭발의 감식법
  • 유리창 등에 그을음 생성 여부로 판단
    - 백드래프트는 화재가 발생한 후 생성된 것으로 그을음이 있다.
    - 가스폭발은 화재초기로 그을음이 없다.
  • 유리창의 파손형태로 판단
    - 폭발 후 화재 : 파손된 단면에 월러라인(Wallner Lines)이 생기나 그을음은 나타나지 않는다.
    - 화재 후 폭발 : 유리창 파손형태가 일정한 방향성이 없이 심한 곡선 형태이며 그을음이 나타난다.

구 분	백드래프트	가스폭발
유리창 파손형태	일정한 방향성이 없이 심한 곡선형태	월러라인(Wallner Lines)
그을음 존부	있 음	없 음
폭발시기	화재 후 폭발	폭발 후 화재

▌ 방화화재 조사기법

■ 섬광화재(Flash Fire)
압력파에 의한 손상(폭발)이 없이 분진, 가스, 가연성 액체의 유증과 같이 퍼져있는 가연물을 통해
신속히 확산되는 화재(가스, 분진 등은 항상 폭발을 동반하는 것은 아니다)

■ 방화판정을 할 수 있는 10대 전제 요건
• 여러 곳에서 발화(Multiple Fires)
• 화재현장에 타 범죄 발생증거(Evidence of Other Crimes)
• 화재발생 위치(Location of The Fire)
• 연소촉진물질의 존재(Presence of Flammable Accelerant)
• 화재 이전에 건물의 손상(Structural Damage Prior to Fire)
• 사고 화재원인 부존재(Absence of All Accidental Fire Causes)
• 귀중품 반출 등(Contents Out of Place or Contents Not Assemble)
• 수선 중의 화재(Fires During Renovations)
• 동일 건물에서의 재차화재(Second Fire in Structure)
• 휴일 또는 주말화재(Fire Occuring on Holidays or Weekend)

■ 방화판정 3대 조건
• 연소경로가 자연스럽지 않고 여러 곳인 경우
• 이상연소 잔해 또는 가연성 물질을 사용한 흔적이 발견된 경우
• 다른 발화원이 배제된 경우

■ 방화의 상황판단의 증거
• 휘발유, 시너 등 연소촉진제를 사용한 흔적이 발견된 경우
• 2개소 이상 독립된 발화지점이 발견된 경우
• 인위적인 발화 또는 점화장치가 발견된 경우
• 유리파편 등 외부인의 침입흔적이 있는 경우
• 유류용기가 화재현장 또는 그 주변에서 발견된 경우
• 발화지점에서 발화원을 특정하기 어렵고 발견되지 않는 경우
• 연쇄적으로 화재가 발생한 경우
• 가연물을 모아놓거나 트레일러 흔적 등 인위적인 조작이 발견된 경우
• 다른 범죄의 증거가 발견된 경우
• 연소시간에 비해 넓게 연소되었고, 관계자의 진술이 번복되거나 횡설수설하는 경우

■ 방화화재 간섭요소
- 덕트나 전선용 배관의 파이프 홀을 통한 화재의 확산
- 과전류에 의한 배선 및 접속기구 등에서 발화하는 경우
- 섬광화재에 의한 독립된 연소
- 소락물에 의한 경우
- 압력에 의해 불씨가 이동되는 경우

■ 지연착화의 발화장치
- 양 초
- 전구의 필라멘트를 이용한 발화장치
- 담배와 성냥을 이용한 발화장치
- 히터를 이용한 발화장치
- 가전기기를 이용한 발화장치
- 조리기구를 이용한 방화
- 전기, 전자회로를 이용한 발화장치
- 천장 배선을 이용한 발화장치

■ 방화 형태
- 단일방화 : 부부간 또는 친자 간의 다툼, 방화자살 등 인간관계에서 발생한다.
- 연속방화 : 범행횟수는 단 한 번이지만 3곳 이상 다발성으로 방화한 것으로 냉각기가 없다.
  ※ 연쇄방화 : 동일인이 범행횟수와 장소가 각각 다르게 3회 이상 방화하는 것으로 냉각기가 있다.
- 계획적인 방화 : 이익목적에 의한 경우, 정치적 목적에 의한 경우, 원한에 의한 경우
- 우발적인 방화

■ 방화범의 유형
- 손괴형 : 타인의 재물을 손상시키기 위해 불을 지르는 유형
- 분노, 보복형 : 과거에 일어났던 불쾌한 일에 대한 분노감 표출 유형
- 범죄은닉 목적형 : 범죄의 증거를 감추거나 수사의 방향 전환을 위한 유형
- 금전적 이득형 : 방화로 인하여 보험 등 금전적 이익을 얻기 위한 유형
- 정신병(망상, 환각) : 정신분열적 증상 등 망상이나 환각에 의하여 불을 지르는 유형
- 방화광 : 방화 이전에 긴장이나 정서적인 흥분을 느끼는 유형

■ **방화원인의 동기유형**
- 경제적 이익
- 보험사기
- 범죄은폐
- 범죄수단 목적
- 선동적 목적
- 보 복
- 갈 등
- 정신이상 등

■ **연쇄방화 조사항목**
- 연고감 조사 : 행위자가 피해자나 피해건물에 대해 잘 알고 있는지 확인
- 지리감 조사 : 행위자의 이동경로, 교통수단 등 탐문
- 행적 조사 : 발생시간, 목격자 발견, 음향조사, 행동 수상자
- 방화행위자 조사 : 행위자 동태파악과 확인
- 알리바이 : 범행시간, 이동시간 측정, 계획범행의 함정
※ 알리바이 행방 지연

■ **자살방화 특징**
- 유류(휘발유, 시너, 등유 등)와 사용한 용기가 존재한다.
- 일회용 라이터, 성냥 등이 주변에 존재한다.
- 흐트러진 옷가지 및 이불 등이 존재한다.
- 소주병 등 음주한 흔적이 존재한다.
- 급격한 연소확대로 연소의 방향성 식별이 곤란하다.
- 연소면적이 넓고 탄화심도가 깊지 않다.
- 사상자가 발견되고 피난흔적이 없는 편이며, 유서가 발견되는 경우도 있다.
- 방화 실행 전 자신의 신세한탄 등 주변인과의 전화통화 사례가 많다.
- 자살에 실패하였을 경우 실행동기 및 방법에 대하여 구체적으로 진술한다.
- 우발적이기보다는 계획적으로 실행한다.

▌ 차량화재 조사기법

■ **차량화재의 특수성**
- 차량 보유대수 급증, 기구의 복잡성(배기계통 등), 구조적 특수성
- 화재하중이 높고, 외기에 개방된 상태인 연료지배형 화재
- 운행 중 상시 진동이 발생하며, 대전력 기기의 사용이 빈번
- 발화지점 및 발화원인의 검사가 불가능한 경우가 많음

- **차대번호(VIN ; Vehicle Identification Number)**
  - 목적 : 차량도난방지 및 차량결함추적(차량화재 시 전소되거나 기타의 사유로 차량번호판, 자동차 등록증을 통해 정보를 파악할 수 없을 경우 제작사, 모델, 생산연도, 기타 특징을 파악 가능)
  - 구성 : 차대번호는 총 17자리로 구분(전 세계 모든 차량이 동일)

> 1. WMI(World Manufacturer Identifier, 국제제작사군, 1~3자리) : ① 제조국, ② 제조사, ③ 용도구분
> 2. VDS(Vehicle Descriptor Section, 자동차특성군, 4~11자리) : ④ 차종, ⑤ 사양, ⑥ 차량형태, ⑦ 안전장치, ⑧ 배기량, ⑨ 보안코드, ⑩ 연식, ⑪ 생산공장
> 3. VIS(Vehicle Indicator Section, 제작일련번호군, 12~17자리) : 제작일련번호
> ※ 자릿수 중 3~9번째까지는 제작사 자체적으로 설정된 부호

- **차량용 축전지의 종류**
  - 납축전지 : 양극에는 과산화납(PbO_2)을, 음극에는 납(Pb)을 사용하고 황산(H_2SO_4)을 넣은 축전지
  - 알칼리축전지 : 전해액은 수산화나트륨을 사용하고 주로 선박용으로 사용되는 축전지로 수명이 긴 축전지
  - MF축전지 : 극판이 납 칼슘으로 되어 있고 가스발생이 적으며 전해액이 불필요해 자기방전이 적은 축전지

- **차량화재 주요 발화원**
  - 전기적 계통 : 배터리 전원, 배선 절연피복 손상, 부품결함 및 고장, 추가 설치된 액세서리(카오디오 등)
  - 엔진계통 : 엔진과열로 인접가연물 발화, 이상연소, 조기점화 등으로 미연소가스 배기계통 재연소
  - 연료, 오일계통 : 교통사고로 연료 및 오일 누유로 착화
  - 배기계통 : 지속적 엔진과열 머플러 주변의 축열로 인접 가연물 발화
  - 기타 담배꽁초, 라이터 방치, 구동 축 또는 베어링 등 기계적 스파크

- **차량엔진과열의 원인**
  - 수온조절기 고장
  - 냉각수 부족
  - 라디에이터 등 냉각장치 작동 불량
  - 엔진오일 부족
  - 팬벨트 헐거움

- **가솔린차량의 연료장치** : 연료탱크 – 연료필터 – 연료펌프 – 기화기

- **자동차의 주요 부품**
  - 엔진의 본체 : 실린더블록, 실린더헤드, 피스톤, 커넥팅로드, 플라이휠, 크랭크축
  - 연료장치 : 파이프(Pipe), 고압 필터, 딜리버리(Delivery) 파이프, 압력조절기
  - 윤활, 냉각, 흡·배기장치
  - 전기장치 : 축전지, 시동모터, 발전기, 점화장치(점화스위치, 점화코일, 점화플러그, 배전기, 고압케이블), 조명장치
  - 현가장치
  - 자동차 섀시(차체)

- **차량의 내부 방화 시 화재조사 고려사항**
  - 도어 또는 창문의 잠금 상태 확인
  - 지붕이 안쪽으로 움푹 들어갔는지 여부
  - 전기배선 담뱃불 등 미소화원을 제외한 발화원이 없는 개소에서의 발화 여부
  - 미소화원의 경우도 무염연소를 계속시킬 착화물이나 아래쪽으로 타들어가는 특징 조사

- **차량의 외부 방화 고려사항**
  - 쾌락이나 충동적 차량방화는 외부에 발화원이 존재함
  - 범퍼나 흙받이 등 수지제품은 라이터와 조연재(종이, 휴지 등)를 이용하여 착화가능
  - 연소방향이 아래쪽에서 상부쪽으로 인지 확인

- **자동차에서 가장 큰 전류가 사용되는 스타트 모터에서의 발화 시 발견될 수 있는 증거물**
  - 마그네틱스위치에 접촉 불량으로 인한 아산화동 증식이 발견될 수 있다.
  - 모터의 층간단락이 발견될 수 있다.
  - 항상 전원이 인가되어 있는 B단자에서 너트가 이완되어 아산화동 증식이 발견될 수 있다.
  - 모터의 베어링 파손으로 인하여 전류가 증가하여 배선에 과전류가 발생할 수 있다.

- **자동차 점화장치의 전류의 흐름 순서**

  점화스위치 → 배터리 → 시동모터 → 점화코일 → 배전기 → 고압케이블 → 스파크플러그

- **자동차 전기장치의 화재원인**
  - 배터리 플러그가 보닛 금속부와 접촉
  - 정격용량 이상의 퓨즈를 사용
  - 사고 시 배선 합선으로 발화하는 경우
  - 앰프, 원격시동장치 등 추가 전기장치 장착
  - 시동모터 리턴 불량

■ **LPG차량 충전용기의 구성장치**
- 충전밸브 : 액상의 LPG를 충전할 때 사용하는 밸브로 용기 내의 가스압력을 일정하게 유지시켜 주고 내압력이 24kg/cm^2 이상 되면 안전밸브가 작동하여 위험을 방지하는 기능을 한다.
- 송출밸브 : 용기에 충전된 가스를 연소실로 공급하는 밸브로 과류방지밸브가 설치되어 유출로 인한 사고를 방지한다.
- 액면표시장치 : LPG의 과충전을 방지하기 위하여 용기 안에 충전된 가스의 양을 확인하기 위한 장치이다.

■ **LPG 연료탱크의 밸브 구성**

LPG용기	충전밸브	기체송출밸브	액체송출밸브
회 색	녹 색	황 색	적 색

■ **LPG차량의 기화기(베이퍼라이저) 역할**
액상의 LPG를 기상의 LPG로 상변화시키는 장치

■ **LPG차량 기화기의 기능**
감압기능, 증발기능, 조합기능

■ **LPG차량 엔진의 작동기본원리**
흡입 → 압축 → 폭발 → 배기

■ **차량의 연료 및 배기계통에서 발화하는 유형**
- 역화 : 연소기에서 혼합가스가 폭발하여 생긴 화염이 다시 기화기쪽으로 전파되는 현상(Back Fire)
- 후화 : 실린더 안에서 불완전연소된 혼합가스가 배기파이프나 소음기 내에 들어가서 고온의 배기가스와 혼합, 착화하는 현상(After Fire)
- 과레이싱 : 차량이 정지된 상태로 가속페달을 계속 밟아 회전력을 높이면 고속공회전이 일어나고 엔진의 회전수가 높아져 엔진오일이나 라디에이터의 온도가 급격히 상승하여 과열, 발열하는 현상
- 미스파이어 : 차량 엔진 점화플러그 불량으로 유효한 불꽃을 발생시키지 못해 실린더에서 연소되지 않은 생가스가 고온의 촉매장치에 모여서 연소하는 현상(Mis Fire)
- 런온현상 : 아이들링 조정의 불량 등에 의하여 엔진의 스위치를 꺼도 엔진이 계속 회전하는 현상

■ **역화(Back Fire)의 원인**
- 엔진의 온도가 낮은 경우
- 혼합가스의 혼합비가 희박할 경우
- 흡기밸브의 폐쇄가 불량한 경우
- 연료 중 수분이 혼합된 경우
- 실린더 개스킷이 파손된 경우
- 점화시기가 적절하지 않은 경우 등

임야화재 조사기법

■ **연소상태 및 연소부위(위치)에 따른 임야화재 종류**
- 지표화 : 지표에 쌓여 있는 낙엽과 지피류, 지상 관목층, 건초 등이 연소
- 수관화 : 나무의 윗부분에 불이 붙어서 연속해서 수관에서 수관으로 태워나가는 화재
- 수간화 : 나무의 줄기가 연소하는 화재
- 지중화 : 낙엽층 밑의 유기질층 또는 이탄(泥炭, Peat)층이 연소하는 화재
※ 임야에서 관(강)간 중(중)표

■ **임야화재 조사요령**
- 산불화재조사관은 산불현장 도착 시 주변 사람들의 의견을 듣는 즉시 기록한다.
- 산불의 크기를 추정한다.
- 개략적 발화지점 표시 및 보호를 실시한다.
- 증거확보와 물증을 보존한다.
- 목격자 및 참고인 조사를 실시한다.

■ **임야화재 연소진행방향에 따른 특징**

구 분	전진 산불	후진 산불	횡진 산불
확산속도	빠르다	느리다	전·후진 형태의 중간 정도
연소방향	바람방향으로 진행, 경사면 아래에서 위로	바람 반대방향, 경사면 반대로	수평으로 진행
이명(異名)	화두(Head) 불머리	화미(Heel) 불꼬리	횡면(Flank) 불허리
피해정도	크다	작다	중간 정도
지표구분	거시지표	미시지표	－

■ 임야화재 감식지표

- 수평면 V자 연소형태("V"-Shaped Patterns)
- 화재 피해 정도 　　　　　　　　• 잔디 및 풀줄기 : 초본류 줄기지표
- 커핑(Cupping) : 흡인지표(Cupping Indicator)
- 불에 탄 나무의 각도 지표 : 불탄 흔적의 각도 지표
  ※ 래핑(Wrapping) : 화재 시 와류현상으로 화재 진행방향의 반대방향 줄기에서 탄화현상이 나타남
- 수관(樹冠)의 화재피해 지표
- 노출된 가연물과 보호된 가연물 지표 : 보호된 연료지표
- 얼룩과 그을음 　　　　　　　　• 지상에 쓰러진 나무
- 낙 뢰 　　　　　　　　　　　　• 잎의 수축지표(Freezing) : 줄기의 굳어짐 지표
- 얼리게이터링(Alligatoring)
※ 보각줄을 초흡수 했더니 V형 얼굴에 쓰얼(벌) 피낙(나)

■ 임야화재 3가지 지표의 구분

구 분	거시지표	미시지표	집단군락(여러 지표)
특 징	• 표시가 크다. • 쉽게 관찰된다. • 불의 강도가 크다. • 산불진행지역을 나타낸다. • 수관, 줄기 등	• 표시가 작다. • 쉽게 관찰되지 않는다. • 발화지점 부근에서 중요성이 증대된다. • 암석, 깡통 등	• 여러 형태의 지표군이다. • 산불 진행방향과 일치한다. • 여러 지표의 수는 일치한다.

※ 단일지표에 의존하기보다는 여러 지표들을 종합할 때 신뢰성이 높음

■ 화재거동에 영향을 주는 바람의 종류

- 기상풍 : 대기의 압력차에 의해 발생
- 일주풍 : 야간의 냉각에 의해 형성
- 화재풍 : 화재자체에 의해 만들어지는 바람으로 세기에 따라 화재확산 양상이 달라진다.

■ 임야화재 발화장소 조사기법

- 지역 분할 기법 : 지역이 넓다면 지역을 분할해서 체계적으로 조사
- 올가미 기법(Loop Technique) : 작은 지역조사에 유용한 나선형 방법(Spiral Method)
- 격자 기법(Grid Technique) : 넓은 지역을 한 명 이상의 화재조사관이 조사할 때 가장 유용한 방법
- 통로 기법(Lane Technique) : 조사해야 할 지역이 넓고 개방적일 때에 유용한 일명 활주로 기법(Strip Method)
※ 격 올 통 지

■ **임야화재 증거 표시**
- 임야화재조사를 진행하는 과정에 화재원인과 관련된 물적 증거가 될 만한 것들은 쇠말뚝이나 라벨 등을 붙인 깃발을 사용하여 표시를 해 놓아야 한다.
- 깃발은 산불의 진행방향을 표시하여 정확한 산불 발화지점을 조사하는 데 활용한다.

구 분	전진 산불	후진 산불	횡진 산불	발화지점, 증거물
깃발 색깔	적 색	청 색	황 색	흰 색

■ **자연적 원인에 의한 임야화재가 시작되는 2가지 원인**
- 번 개
- 자연발화

■ **낙뢰 감식 포인트**
- 뇌격시간과 위치를 알 수 있는 기상청 낙뢰 정보를 활용
- 낙뢰가 피격된 지점에는 높은 열로 인해 유리질의 반짝거리는 섬전암(閃電岩) 또는 이와 유사하게 흙이나 바위가 용융된 흔적을 발견

■ **섬전암(閃電岩)**
낙뢰가 나무, 전선, 바위에 떨어져 뇌전으로 생긴 유리 덩어리 형태의 암석

■ **임야화재조사 장비**
항공기, 방한대책 장비, 나침반과 GPS, 깃발, 카메라, 줄자, 채, 자석, 금속탐지기

■ **임야화재의 가연물의 종류(NFPA 921)**
- 지중가연물
- 지표가연물
- 공중가연물

■ **수관(樹冠)**
많은 가지와 잎들로 이루어져 있는 줄기(수간)의 윗부분을 뜻하며, 수관의 크기를 재는 단위는 넓이를 뜻하는 '수관폭'을 사용

▌항공기화재 조사기법

■ 항공기화재의 특성
- 화재의 급격한 확대성
- 화재의 광범위성
- 인적 위험성
- 폭발의 위험성
- 재난의 돌발성
- ※ 항공기 광폭돌 확인

■ 항공기 주요구성부
- 동체(Fuselge)
- 꼬리날개
- 이·착륙장치(Under Carriage)
- 주날개(Mainplanes)
- 엔진실(Engine Nacelle)
- 방향타(Tail Fin)

■ 항공기 조사활동 시 현장 안전
- 유도로와 사용 활주로를 횡단할 때 절차 준수
- 프로펠러, 로터, 제트분사 가스에 주의
- 연료 누출과 증기운을 주의 및 잠재적 폭발에 대비
- 항공기화재 접근 시 머리 부분, 풍상, 측면순으로 접근
- 항공기 엔진화재 시 고온의 배기가스가 분출되므로 주의하여 접근
- 항공기 머리 부분에서 대략 7~8m 거리를 유지

▌선박화재 조사기법

■ 선박화재의 특성
- 수상에 떠 있는 특수 시설 화재
- 석유, 경유, LNG 등 가연물질 및 출화원 존재(기관실)
- 화재 발생 시 신속한 진압활동 곤란
- 피난이 어려워 대량 인명피해 발생 우려
- 항해 중 화재가 다수 발생
- 모든 부류의 육상화재가 가지고 있는 취약점의 종합적 집합체
  - 기관실화재의 경우 : 지하실화재
  - 위험물 운반선의 경우 : 위험물화재
  - 갑판이 높은 선박의 경우 : 고층건축물화재

06 증거물관리 및 검사

■ **금속의 용융점의 높은 순서**

금속명칭	용융점(℃)	금속명칭	용융점(℃)
수 은	38.8	금	1,063
주 석	231.9	구 리	1,083
납	327.4	니 켈	1,455
아 연	419.5	스테인리스	1,520
마그네슘	650	철	1,530
알루미늄	659.8	티 탄	1,800
은	960.5	몰리브덴	2,620
황 동	900~1,000	텅스텐	3,400

■ **화재현장에서 목재증거물의 탄화흔 식별**
- 목재는 화염에 근접한 부분에서부터 연소되고, 발화부와 가까운 부분의 탄화형태가 균열이 크고, 균열 사이의 골이 깊어지는 특징이 있다.
- 탄화면이 거친 상태로 될수록 연소가 강하다.
- 탄화된 홈의 폭이 넓게 될수록 연소가 강하다.
- 탄화된 홈의 깊이가 깊을수록 연소가 강하다.

■ **탄화된 목재표면의 균열흔 분류**
- 완소흔 : 700~800℃ 정도의 삼각 또는 사각형태의 수열흔
- 강소흔 : 900℃ 정도의 홈이 깊은 요철이 형성된 수열흔
- 열소흔 : 홈이 아주 깊은 1,000℃ 정도의 대형 목조건물 화재 시 나타나는 현상
- 훈소흔 : 발열체가 목재면에 밀착되어 무염연소 시 발생, 그 부분이 발화부로 추정 가능

■ **금속의 만곡**
- 화재열을 받은 금속은 용융하기 전에 자중 등으로 인해 좌굴한다.
- 화재현장에서는 만곡이라는 형상으로 남아 있다.
- 일반적으로 금속의 만곡 정도가 수열 정도와 비례하여 연소의 강약을 알 수 있다.

■ **합성수지류의 화재열 영향에 따른 외관의 변화**

연 화	→	변 형	→	용 융	→	소 실

■ 9의 법칙(Rule of Nines)

- 신체의 표면적을 100% 기준으로 그림과 같이 9% 단위로 나누고 외음부를 1%로 하여 계산하는 방법
- 두부 9%, 전흉복부 9%×2, 배부 9%×2, 양팔 9%×2, 대퇴부 9%×2, 하퇴부 9%×2, 외음부 1%를 합하면 100%

손상부위	성 인	어린이	영 아
머 리	9%	18%	18%
흉 부	9%×2	18%	18%
하복부			
배(상)부	9%×2	18%	18%
배(하)부			
양 팔	9%×2	9%×2	18%
대퇴부 (전, 후)	9%×2	13.5%	13.5%
하퇴부 (전, 후)	9%×2	13.5%	13.5%
외음부	1%	1%	1%
관련사진	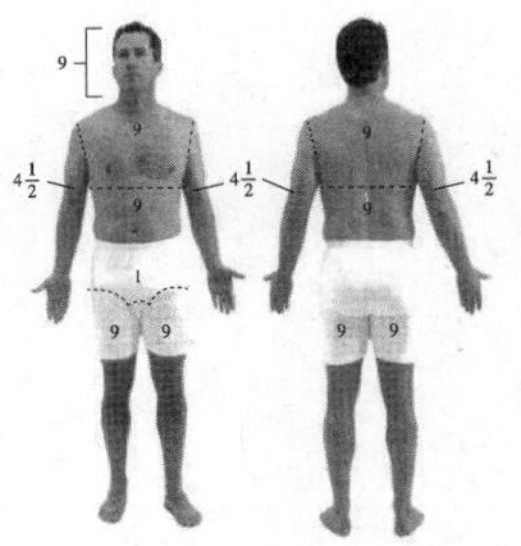	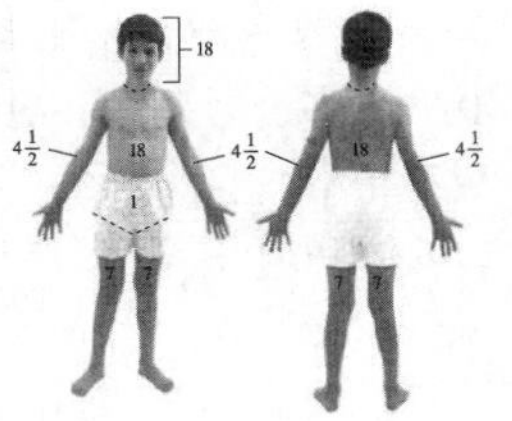	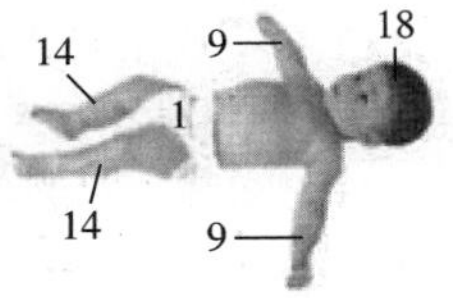 Front 18% Back 18%

■ 화상의 깊이

구 분	1도 화상 (홍반성)	2도 화상 (수포성)	3도 화상 (괴사성, 가피성)	4도 화상 (탄화성, 회화성)
증 상	• 붉은색 피부 • 통증 호소	• 수 포 • 심한 통증 • 붉으며 흰 피부 • 축축하고 얼룩덜룩한 피부	• 검은색 또는 흰색 • 딱딱한 피부 감촉 • 거의 없는 통증 • 화상주위의 통증	• 심부조직, 뼈까지 손상 • 피부가 탄화된 경우가 많음

■ 화상사의 사망기전
- 원발성 쇼크 : 고열이 광범위하게 작용하여 일어나는 격렬한 자극에 의하여 반사적으로 심정지가 초래되는 것
- 속발성 쇼크 : 화상성 쇼크라고도 하며 화상을 입고 나서 상당시간이 경과한 후에 증상이 발현되어 2~3일 후에 사망한 것
- 합병증 : 쇼크 시기를 넘긴 후에는 독성물질에 의한 응혈, 성인호흡장애증후군, 급성신부전, 소화관 위궤양의 출혈, 폐렴 및 폐혈증 등 합병증으로 사망할 수 있음

■ 화재사의 사망기전
- 화상 : 화염, 고온의 공기, 고온의 물체에 의한 화상
- 유독가스 중독 : 일산화탄소, 화학섬유・도료류 등에서 발생하는 각종 유독가스 중독
- 산소결핍에 의한 질식 : 공기의 유통이 좋지 않은 밀폐공간에서 산소의 소진으로 질식
- 기도화상 : 화염이 호흡기에 직접 작용하여 기도에 부종이 발생하여 곧바로 사망
- 원발성 쇼크 : 반사적 심정지로 사망한 경우로 분신자살 시 흔히 보임
- 급・만성호흡부전 : 기도화상으로 급성호흡부전 또는 감염으로 만성호흡부전으로 사망

■ 화재사체의 법의학적 특징
- 화재 당시 생존해 있을 경우 화염을 보면 눈을 감기 때문에 눈가 주변 또는 호흡기 주변으로 짧은 주름이 생기고 주름 사이에는 그을음이 없다.
- 일산화탄소에 중독된 경우 시반은 선홍빛을 띤다.
- 기도 안에서 그을음이 발견된다.
- 전신에 1~3도 화상 흔적이 식별된다.
- 권투선수 자세이다.

■ 화재사체의 사후변화
- 탄 화
- 장갑상 탈락
- 동시체
- 피부균열(기포)
- 투사형자세
- 두개골 골절

■ 사람의 눈과 카메라의 기능 비교

기 능	눈	카메라
빛의 굴절/초점 조절	수정체	렌 즈
빛의 양 조절	홍 채	조리개
상이 맺힘	망 막	필름(이미지센서)
암실 기능	맥락막	어둠상자
빛의 차단	눈꺼풀	셔 터

■ 화재증거물수집관리규칙에 따른 용어의 정의

용 어	정 의
증거물	화재와 관련 있는 물건 및 개연성이 있는 모든 개체
증거물 수집	화재증거물을 획득하고 해당 물건을 분석하여 사건과 관련된 화재증거를 추출하는 과정
증거물 보관·이동	화재현장에서 증거물 수집에서부터 폐기까지 증거물 원본성 보장을 위한 증거물 관리 및 이송과 관련된 과정
현장기록	화재조사현장과 관련된 사람, 물건, 기타 주변상황, 증거물 등을 촬영한 사진, 영상물 및 녹음자료, 현장에서 작성된 정보
현장사진	화재조사현장과 관련된 사람, 물건, 기타 상황, 증거물 등을 촬영한 사진
현장비디오	화재현장에서 화재조사현장과 관련된 사람, 물건, 그 밖의 주변 상황, 증거물을 촬영하거나 조사의 과정을 촬영한 것

■ 화재증거물 수집원칙
  • 원본 영치를 원칙
  • 화재물증의 증거능력 유지·보존 원칙
  • 전용 증거물 수집장비(도구 및 용기) 이용 원칙

■ 증거물 수집방법
  • 현장 수거(채취)물은 그 목록을 작성한다.
  • 증거물의 종류 및 형태에 따라, 적절한 수집장비를 사용하여 수집한다.
  • 휘발성이 높은 것에서 낮은 순서로 진행해야 한다.
  • 증거물의 일부분 또는 전체가 유실될 우려가 있는 경우는 증거물을 밀봉하여야 한다.
  • 증거물이 파손될 우려가 있는 경우에 주의사항을 포장 외측에 적절하게 표기하여야 한다.
  • 인화성 액체 성분 분석인 경우에는 인화성 액체 성분의 증발을 막기 위한 조치를 해야 한다.
  • 기록을 남겨야 하며, 기록은 법과학자용 표지 또는 태그를 사용하는 것을 원칙으로 한다.
  • 관계장소를 통제구역으로 설정하고 화재현장 보존에 필요한 조치를 할 수 있다.

■ 휘발성 화재증거물 보관방법
  • 냉암소에 보관할 것
  • 휘발성 물질은 냉장보관할 것
  • 열과 습도가 없는 장소에 보관할 것

■ 화재증거물수집관리규칙에 규정되어 있는 증거물에 대한 유의사항
  • 관련법규 및 지침에 규정된 일반적인 원칙과 절차를 준수한다.
  • 화재피해자의 피해를 최소화하도록 하여야 한다.
  • 기술적, 절차적인 수단을 통해 진정성, 무결성이 보존되어야 한다.

- 증거물이 오염, 훼손, 변형되지 않도록 적절한 도구를 사용하여야 한다.
- 최종적으로 법정에 제출되는 화재증거물의 원본성이 보장되어야 한다.

■ 화재증거물수집관리규칙의 촬영 시 유의사항
현장사진 및 비디오 촬영 및 현장기록물 확보 시 다음에 유의하여야 한다.
- 최초 도착하였을 때의 원상태를 그대로 촬영하고, 화재조사의 진행순서에 따라 촬영
- 증거물을 촬영할 때는 그 소재와 상태가 명백히 나타나도록 하며, 필요에 따라 구분이 용이하게 번호표 등을 넣어 촬영
- 화재현장의 특정한 증거물 등을 촬영함에 있어서는 그 길이, 폭 등을 명백히 하기 위하여 측정용 자 또는 대조도구를 사용하여 촬영
- 화재상황을 추정할 수 있는 다음의 대상물의 형상은 면밀히 관찰 후 자세히 촬영
  - 사람, 물건, 장소에 부착되어 있는 연소흔적 및 혈흔
  - 화재와 연관성이 크다고 판단되는 증거물, 피해물품, 유류
- 현장사진 및 비디오 촬영과 현장기록물 확보 시에는 연소확대 경로 및 증거물 기록에 대한 번호표와 화살표 등을 활용하여 작성

■ 액체 또는 고체 촉진제 수집용기 4가지
금속캔, 유리병, 특수증거물 수집가방, 일반 플라스틱(비닐) 용기

■ 증거물 시료용기의 오염원인
- 용기의 세척불량 또는 재사용
- 시료채취 후 밀봉조치 미흡
- 취급부주의로 인한 용기의 파손, 변형

■ 화재증거물수집관리규칙에서 규정한 증거물 시료용기
유리병, 주석도금캔, 양철캔

■ 화재조사전담부서의 증거수집장비
증거물 수집기구 세트, 증거물 보관 세트, 증거물 표지 세트, 증거물 태그 세트, 증거물 보관장치, 디지털증거물 저장장치

■ 증거물 시료용기 기준

구 분	용기 내용
공통사항	• 장비와 용기를 포함한 모든 장치는 원래의 목적과 채취할 시료에 적합하여야 한다 • 시료용기는 시료의 저장과 이동에 사용되는 용기로 적당한 마개를 가지고 있어야 한다. • 시료용기는 취급할 제품에 의한 용매의 작용에 투과성이 없고 내성을 갖는 재질로 되어 있어야 하며, 정상적인 내부압력에 견딜 수 있고 시료채취에 필요한 충분한 강도를 가져야 한다.
유리병	• 유리병은 유리 또는 폴리테트라플루오로에틸렌(PTFE)으로 된 마개나 내유성의 내부판이 부착된 플라스틱이나 금속의 스크루마개를 가지고 있어야 한다. • 코르크마개는 휘발성 액체에 사용하여서는 안 된다. 만일 제품이 빛에 민감하다면 짙은 색깔의 시료병을 사용한다. • 세척방법은 병의 상태나 이전의 내용물, 시료의 특성 및 시험하고자 하는 방법에 따라 달라진다.
주석도금 캔(CAN)	• 캔은 사용 직전에 검사하여야 하고 새거나 녹슨 경우 폐기한다. • 주석도금캔(CAN)은 1회 사용 후 반드시 폐기한다.
양철캔 (CAN)	• 양철캔은 적합한 양철판으로 만들어야 하며, 프레스를 한 이음매 또는 외부표면에 용매로 송진 용제를 사용하여 납땜을 한 이음매가 있어야 한다. • 양철캔은 기름에 견딜 수 있는 디스크를 가진 스크루마개 또는 누르는 금속마개로 밀폐될 수 있으며, 이러한 마개는 한번 사용한 후에는 폐기되어야 한다. • 양철캔과 그 마개는 청결하고 건조해야 한다. • 사용하기 전에 캔의 상태를 조사해야 하며 누설이나 녹이 발견될 때에는 사용할 수 없다.
시료 용기의 마개	• 코르크마개, 고무(클로로프렌 고무는 제외), 마분지, 합성 코르크마개 또는 플라스틱 물질(PTFE는 제외)은 시료와 직접 접촉되어서는 안 된다. • 만일 이런 물질들을 시료용기의 밀폐에 사용할 때에는 알루미늄이나 주석 호일로 감싸야 한다. • 양철용기는 돌려 막는 스크루뚜껑만 아니라 밀어 막는 금속마개를 갖추어야 한다. • 유리마개는 병의 목 부분에 공기가 새지 않도록 단단히 막아야 한다.

■ 증거물 인식표지에 기재하여야 할 사항
  • 화재조사자(수집자)의 이름
  • 증거물 수집일자, 시간
  • 증거물의 이름 또는 번호
  • 증거물에 대한 설명 및 발견된 위치
  • 봉인자, 봉인일시

■ 화재증거물 발송 관련 우편금지물품
  • 인화성 물질
  • 폭발성 물질
  • 발화성 물질

- **증거물 정밀조사 및 분석장비**
  - 가스크로마토그래피(Gas Chromatography) : 유기·무기화합물에 대한 정성(定注) 및 정량(定量) 분석에 사용하는 기기
  - 질량분석기 : GC와 함께 사용하여 개별성분을 정성·정량적으로 분석하는 기기
  - 적외선 분광광도계 : 특정 파장영역에서 적외선을 흡수하는 성질을 이용하여 화학종을 확인하는 기기
  - 원광흡광분석기 : 여러 방법으로 시료를 원자화 한 후 흡광분석법을 통해 금속원소, 반금속원소 및 일부 비금속원소를 정량적으로 분석하는 기기
  - X-레이 형광분석기 : 시료를 분해하거나 파괴하지 않고 원상태 그대로 X-레이를 이용하여 분리하는 기기
  - 금속현미경 : 전기배선의 시료를 채취하여 성형하여 연마한 후 금속에 나타나는 결정립을 렌즈를 통해서 분석하는 감식기기

- **인화점시험기 및 측정방법**

구 분	측정장비	인화점 적용시료 범위	해당시료	측정방법
밀폐식	태 그 (ASTM D 56)	93℃ 이하	원유, 휘발유, 등유, 항공터빈연료유	위험물안전관리에 관한 세부기준 제14조 참조
	신속평형법 (세타식)	110℃ 이하	원유, 등유, 경유, 중유, 항공터빈연료유	위험물안전관리에 관한 세부기준 제15조 참조
	펜스키마텐스 (ASTM D 90)	밀폐식 인화점 측정에 필요한 시료, 태그밀폐식을 적용할 수 없는 시료	원유, 경유, 중유, 절연유, 방청유, 절삭유	-
개방식	태 그	-18~163℃이고 연소점이 163℃까지인 시료	-	-
	클리브랜드	79℃ 이하	석유, 아스팔트, 유동파라핀, 방청유, 절연유, 열처리유, 절삭유, 윤활유	위험물안전관리에 관한 세부기준 제16조

07 발화원인 판정 및 피해평가

- **화재피해조사 및 피해액 산정순서**

화재현장 조사 → 기본현황 조사 → 피해정도 조사 → 재구입비 산정 → 피해액 산정

■ 화재피해액 산정하는 방법

산정방법	산정요령
복성식평가법	• 사고로 인한 피해액을 산정하는 원칙적 방법 • 재건축 또는 재취득하는 데 소요되는 비용에서 사용기간의 감가수정액을 공제하는 방법으로 대부분의 물적피해액 산정에 널리 사용
매매사례비교법	당해 피해물의 시중매매사례가 충분하여 유사매매사례를 비교하여 산정하는 방법으로서 차량, 예술품, 귀중품, 귀금속 등의 피해액산정에 사용
수익환원법	• 피해물로 인해 장래에 얻을 수익액에서 당해 수익을 얻기 위해 지출되는 제반비용을 공제하는 방법에 의하는 방법 • 유실수 등에 있어 수확기간에 있는 경우에 사용 : 육성기간에는 복성식평가법을 사용

■ 화재피해액 산정 관련 용어의 정의

용 어	정 의
현재가 (시가)	• 피해물과 같거나 비슷한 물품을 재구입하는 데 소요되는 금액에서 사용기간 손모 및 경과기간으로 인한 감가공제를 한 금액(현재가(시가) = 재구입비 − 감가수정액) • 동일하거나 유사한 물품의 시중거래 가격의 현재 가액을 말한다.
재구입비	화재 당시의 피해물과 같거나 비슷한 것을 재건축(설계 감리비를 포함한다) 또는 재취득하는 데 필요한 금액
잔가율	화재 당시에 피해물의 재구입비에 대한 현재가의 비율 • 현재가(시가) = 재구입비 × 잔가율 • 잔가율 = $\dfrac{\text{재구입비} - \text{감가수정액}}{\text{재구입비}}$ • 잔가율 = 100% − 감가수정율 • 잔가율 = 1 − (1 − 최종잔가율) × $\dfrac{\text{경과연수}}{\text{내용연수}}$
내용연수	고정자산을 경제적으로 사용할 수 있는 연수
경과연수	피해물의 사고일 현재까지 경과기간
최종잔가율	피해물의 경제적 내용연수가 다한 경우 잔존하는 가치의 재구입비에 대한 비율 • 건물, 부대설비, 구축물, 가재도구의 경우 : 20% • 기타의 경우 : 10%
손해율	피해물의 종류, 손상상태 및 정도에 따라 피해액을 적정화시키는 일정한 비율
신축단가	화재피해건물과 같거나 비슷한 규모, 구조, 용도, 재료, 시공방법 및 시공상태 등에 의해 새로운 건물을 신축했을 경우의 m^2당 단가
소실면적	• 건물의 소실면적 산정은 소실 바닥면적으로 산정한다. • 수손 및 기타 파손의 경우에도 위 규정을 준용한다.

■ 화재피해액 산정대상별 현재시가를 정하는 방법

구입 시 가격	재고자산, 즉 원재료, 부재료, 제품, 반제품, 저장품, 부산물 등
구입 시 가격 − 감가액	항공기 및 선박 등
재구입 가격	상품 등
재구입 가격 − 감가액	건물, 구축물, 영업시설, 기계장치, 공구・기구, 차량 및 운반구, 집기비품, 가재도구 등

현재시가 산정은 재구입(재건축 및 재취득) 가액에서 사용기간의 감가액을 공제하는 방식을 원칙으로 하되, 이 방법이 불합리하거나 다른 방법이 오히려 합리적이고 타당한 경우에는 예외적으로 구입 시 가격 또는 재구입 가격을 현재시가로 인정하기로 한다.

■ **화재피해액 산정대상별 피해액 산정기준**

산정대상	산정기준
건물	「신축단가(m^2당)×소실면적×[1−(0.8×경과연수/내용연수)]×손해율」의 공식에 의한다. 다만, 신축단가는 한국감정원이 최근 발표한 '건물신축단가표'에 의한다.
부대설비	「건물신축단가×소실면적×설비종류별 재설비 비율×[1−(0.8×경과연수/내용연수)]×손해율」의 공식에 의한다. 다만, 부대설비 피해액을 실질적·구체적 방식에 의할 경우「단위(면적·개소 등)당 표준단가×피해단위×[1−(0.8×경과연수/내용연수)]×손해율」의 공식에 의하되, 건물표준단가 및 부대설비 단위당 표준단가는 한국감정원이 최근 발표한 '건물신축단가표'에 의한다.
구축물	「소실단위의 회계장부상 구축물가액×손해율」의 공식에 의하거나 「소실단위의 원시건축비×물가 상승률×[1−(0.8×경과연수/내용연수)]×손해율」의 공식에 의한다. 다만, 회계장부상 구축물가액 또는 원시건축비의 가액이 확인되지 않는 경우에는 「단위(m, m^2, m^3)당 표준 단가×소실단위 ×[1−(0.8×경과연수/내용연수)]×손해율」의 공식에 의하되, 구축물의 단위당 표준단가는 매뉴얼이 정하는 바에 의한다.
영업 시설	「m^2당 표준단가×소실면적×[1−(0.9×경과연수/내용연수)]×손해율」의 공식에 의하되, 업종별 m^2당 표준단가는 매뉴얼이 정하는 바에 의한다.
잔존물 제거	「화재피해액×10%」의 공식에 의한다.
기계장치 및 선박·항공기	「감정평가서 또는 회계장부상 현재가액×손해율」의 공식에 의한다. 다만 감정평가서 또는 회계장부상 현재가액이 확인되지 않아 실질적·구체적 방법에 의해 피해액을 산정하는 경우에는 「재구입비×[1−(0.9×경과연수/내용연수)]×손해율」의 공식에 의하되, 실질적·구체적 방법에 의한 재구입비는 조사자가 확인·조사한 가격에 의한다.
공구 및 기구	「회계장부상 현재가액×손해율」의 공식에 의한다. 다만, 회계장부상 현재가액이 확인되지 않아 실질적·구체적 방법에 의해 피해액을 산정하는 경우에는 「재구입비×[1−(0.9×경과연수/내용연수)]×손해율」의 공식에 의하되, 실질적·구체적 방법에 의한 재구입비는 물가정보지의 가격에 의한다.
집기비품	「회계장부상 현재가액×손해율」의 공식에 의한다. 다만, 회계장부상 현재가액이 확인되지 않는 경우에는 「m^2당 표준단가×소실면적×[1−(0.9×경과연수/내용연수)]×손해율」의 공식에 의하거나 실질적·구체적 방법에 의해 피해액을 산정하는 경우에는 「재구입비×[1−(0.9×경과연수/내용 연수)]×손해율」의 공식에 의하되, 집기비품의 m^2당 표준단가는 매뉴얼이 정하는 바에 의하며, 실질적·구체적 방법에 의한 재구입비는 물가정보지의 가격에 의한다.
가재도구	「(주택종류별·상태별 기준액×가중치)+(주택면적별 기준액×가중치)+(거주인원별 기준액 ×가중치) +(주택가격(m^2당)별 기준액×가중치)」의 공식에 의한다. 다만, 실질적·구체적 방법에 의해 피해액을 가재도구 개별품목별로 산정하는 경우에는 「재구입비×[1−(0.8×경과연수/ 내용연수)]×손해율」의 공식에 의하되, 가재도구의 항목별 기준액 및 가중치는 매뉴얼이 정하는 바에 의하며, 실질적·구체적 방법에 의한 재구입비는 물가정보지의 가격에 의한다.
차량, 동물, 식물	전부손해의 경우 시중매매가격으로 하며, 전부손해가 아닌 경우 수리비 및 치료비로 한다.
재고자산	「회계장부상 현재가액×손해율」의 공식에 의한다. 다만, 회계장부상 현재가액이 확인되지 않는 경우에는 「연간매출액÷재고자산회전율×손해율」의 공식에 의하되, 재고자산회전율은 한국은행이 최근 발표한 '기업경영분석' 내용에 의한다.
회화(그림), 골동품, 미술공예품, 귀금속 및 보석류	전부손해의 경우 감정가격으로 하며, 전부손해가 아닌 경우 원상복구에 소요되는 비용으로 한다.

78

임야의 입목	소실 전의 입목가격에서 소실한 입목의 잔존가격을 뺀 가격으로 한다. 다만, 피해산정이 곤란할 경우 소실면적 등 피해 규모만 산정할 수 있다.
기 타	피해 당시의 현재가를 재구입비로 하여 피해액을 산정한다.
철거건물	철거건물의 피해액=재건축비×[0.2+(0.8×잔여내용연수/내용연수)]
모델하우스	신축단가×소실면적×[1−(0.8×경과연수/내용연수)]×손해율

■ 화재피해 대상별 손해율 총정리

피해 정도 및 손해율 피해 대상	화재로 인한 피해정도				
	손해율(%)				
건물/구축물	주요 구조부 재사용 불가능(기초불가)	주요 구조부 재사용 가능하나 기타부분 불가능	내부 마감재	외부 마감재	수손 또는 그을음
	90(100)	60	40	20	10
부대설비	주요 구조체의 재사용이 거의 불가능하게 된 경우	손해 정도가 상당히 심한 경우	손해 정도가 다소 심한 경우	손해 정도가 보통	손해 정도가 경미
	100	60	40	20	10
영업시설	그을음과 수침 정도가 심한 경우	상당부분 교체 수리	일부 교체 수리, 도장 도배	부분적인 소손 및 오염	세척·청소
	100	60	40	20	10
공구 및 기구, 집기비품, 가재도구	50% 이상 소손 또는 심한 수침오염	손해 정도가 다소 심한 경우	손해 정도가 보통	오염· 수침손	
	100	50	30	10	
기계장치	수리불가	수리하여 재사용 가능, 소손 정도가 심한 경우	전반적인 Overhaul	일부 부품 교체, 분해조립	피해 정도가 경미한 경우
	100	50~60	30~40	10~20	5
예술품·귀중품, 동·식물	손해율을 정하지 않는다.				
재고자산	다소 경미한 오염(연기 또는 냄새 등이 포장지 안으로 스며든 경우 등)이나 소손 등에 대해서도 100%의 손해율을 적용해야 하는 경우가 있다.				

■ 화재피해액 산정 시 잔존물제거비 피해액 산입
• 잔존물제거비를 산입하는 이유
  화재로 인하여 소손되거나 훼손되어 그 잔존물(잔해 등) 또는 유해물이나 폐기물이 발생된 경우, 이를 제거하는 비용은 재건축비 내지 재취득비용에 포함되지 않았기 때문에 별도로 피해액을 산정한다.
• 산정공식 : 화재피해액 × 10% 범위 내

화재조사서류 구성 및 양식

화재조사서류 작성상의 유의사항
- 간결·명료한 문장으로 작성할 것
- 오자·탈자 등이 없을 것
- 누구나 알 수 있는 문장을 사용할 것
- 필요한 서류의 첨부할 것
- 각 서류양식 작성목적을 이해하고 작성할 것

화재발생종합보고서 중 모든 화재 시 공통으로 작성하는 서식
화재현황조사서, 화재현장조사서

종합상황실장이 상급 종합상황실에 지체 없이 보고해야 할 화재 및 일반화재 보고서류
- 화재·구조·구급상황보고서
- 화재발생종합보고서
- 화재현황조사서 : 모든 화재에 공통적으로 작성
- 화재유형별조사서 : 화재유형에 따라 해당 화재 선택
  - 건물·구조물화재
  - 자동차·철도차량화재
  - 위험물·가스제조소 등 화재
  - 선박·항공기화재
  - 임야화재
- 화재피해(인명·재산)조사서 : 피해 발생 시
- 방화·방화의심조사서 : 방화(의심)에 해당되는 경우
- 소방·방화시설활용조사서 : 소방·방화시설이 설치된 대상화재
- 화재현장조사서 : 모든 화재에 공통적으로 작성
- 질문기록서
- 화재현장출동보고서

※ 화재 현황 파악 및 유형별 조사와 방화, 소방시설 작동, 피해조사 등 화재현장조사는 질문과 출동보고서 등으로 종합하여 보고하면 된다.

■ 화재조사 최종결과보고 및 서류 보존기간

• 최종결과보고

화재규모	보고기한
• 사망자가 5인 이상 발생하거나 사상자가 10인 이상 발생한 화재 • 이재민이 100인 이상 발생한 화재 • 재산피해액이 50억원 이상 발생한 화재 • 관공서·학교·정부미도정공장·문화재·지하철 또는 지하구의 화재 • 관광호텔, 층수가 11층 이상인 건축물, 지하상가, 시장, 백화점, 지정수량의 3천배 이상의 위험물의 제조소·저장소·취급소, 층수가 5층 이상이거나 객실이 30실 이상인 숙박시설, 층수가 5층 이상이거나 병상이 30개 이상인 종합병원·정신병원·한방병원·요양소, 연면적 1만5천 제곱미터 이상인 공장 또는 화재예방강화지구에서 발생한 화재 • 철도차량, 항구에 매어둔 총 톤수가 1천톤 이상인 선박, 항공기, 발전소 또는 변전소에서 발생한 화재 • 가스 및 화약류의 폭발에 의한 화재 • 다중이용업소의 화재 • 긴급구조통제단장의 현장지휘가 필요한 재난상황 • 언론에 보도된 재난상황 • 그 밖에 소방청장이 정하는 재난상황	30일 이내
위 이외의 화재	15일 이내

• 보고기간의 연장
  다음 각 호의 정당한 사유가 있는 경우에는 소방관서장에게 사전 보고를 한 후 필요한 기간만큼 조사 보고일을 연장할 수 있다.
  − 법 제5조 제1항 단서에 따른 수사기관의 범죄수사가 진행 중인 경우
  − 화재감정기관 등에 감정을 의뢰한 경우
  − 추가 화재현장조사 등이 필요한 경우

• 조사서류의 입력 및 보관
  소방본부장 및 소방서장은 조사결과 서류를 국가화재정보시스템에 입력·관리해야 하며 영구보존 방법에 따라 보존해야 한다.

■ 화재현장 조사서에 작성되는 도면

• 현장의 위치도
• 발화건물을 중심으로 한 건물배치도
• 실 배치를 중심으로 소손건물의 각층 평면도
• 수용물의 개요를 중심으로 발화실의 평면도
• 증거물건의 위치 등, 실측거리 기재한 발화지점의 평면도
• 발화지점의 입면도
• 사진촬영 위치도

■ **화재현장조사서의 도면의 작성할 때 유의사항**
- 도면을 쉽게 이해하기 위하여 「북」을 위쪽으로 작성한다.
- 현장조사에 기초하여 정확한 축척으로 작성하고 기억에 의한 작도는 금지한다.
- 표준화된 기호을 사용하여 누가 보아도 이해가 되도록 작성한다.
- 치수, 간격 등은 아라비아 숫자를 사용하며 도면마다 방위, 축척, 범례를 표기한다.
- 거리측정은 기둥의 중심에서 다른 기둥의 중심까지로 기준점을 통일한다.
- 방 배치가 복잡한 건물은 한 점을 기준점을 정하고 사방으로 넓히면서 측정한다.
- 사용금지용어는 표제로 사용하지 않는다.

■ **화재현장 조사서 작성상의 유의사항**
- 내용이 누락되지 않도록 작성할 것
- 관찰・확인된 객관적 사실을 있는 그대로 기재할 것
- 확정적 단어 및 문장창조를 위하여 불필요한 형용사를 사용하지 않을 것
- 반드시 관계자의 입회와 입회인 진술내용을 구분하여 기재할 것
- 발굴・복원단계에서 조사내용을 기재할 것
- 간단명료하고 계통적으로 기재할 것
- 원인판정에 이르는 논리구성과 각 조사서에 기재한 사실 등을 취급할 것
- 각 조사서에 기재한 사실 등의 인용방법과 인용개소를 언급할 것

■ **화재현장 조사서에 첨부할 사진촬영 포인트**
- 소손현장의 전경
- 소손건물의 전경
- 소손건물 내부
- 발굴 전의 발화지점 부근
- 복원 후 상황
- 발굴범위 화원
- 연소경로
- 화재에 의한 사망자
- 기타 화재원인에 필요한 사항

■ **화재현장 출동보고서의 3가지 주요 기재사항**
- 출동 도중의 관찰・확인 상황
- 현장도착 시의 관찰・확인 상황
- 소화활동 중의 관찰・확인사항

■ 화재현장 출동보고서 작성 시 유의사항
  • 문장형태는 현재형으로 할 것
  • 관찰·확인한 위치를 명시할 것
  • 도면·사진을 활용할 것
  • 기재대상의 기호화·간략화하여 작성할 것

■ 질문기록서 작성 시 질문청취대상자
  • 발화행위자
  • 발화관계자
  • 발견·신고·초기소화자
  • 기타 관계자

■ 질문기록서 작성상 유의사항
  • 작성절차
    – 관계자의 진술이 임의로 행하는 것이어야 한다.
    – 녹취 후 녹취내용을 확인시키고 오류가 없음을 인정한다면 서명을 하게 한다.
    – 18세 미만의 청소년, 정신장애자 등에 대한 질문을 하는 경우는 친권자 등의 입회인을 입회시켜야
      하며, 진술자는 물론 입회자에게도 서명시켜야 한다.
  • 질문방법 : 진술자의 기본적인 인권을 존중하고 유도하는 질문을 피하고 진술의 임의성을 확보한다.
  • 질문장소
    – 화재현장 : 가능하면 제3자를 의식하지 않는 장소에서 질문을 청취한다.
    – 소방서관서 : 이목을 의식하지 않고 긴장감도 줄일 수 있는 공간에서 청취한다.
  • 질문의 실시 시기
    시간이 경과함에 따라 법률지식이나 주변의 사람들에게서 들은 정보로 사실의 의도적인 조작
    가능성이 높아지게 된다. 관계자에게 질문은 이러한 사실의 왜곡이 생기기 전에 기억이 선명한
    화재발생 직후에 가능한 조기에 행하는 것이 좋다.
  • 질문의 기록
    – 무의미한 말은 생략하고 요점이 진술자의 말로서 기록되면 좋다.
    – 사투리나 어린아이 특유의 표현, 노인의 말 등은 본 조사서를 작성하는 직원이 표준어나 상식적
      으로 바꾸어 있는 그대로 기록할 필요가 있다.
    – 관계자밖에 알지 못하는 사실을 관계자의 인간성이나 생활환경을 나타내는 본인의 말로 기록하는
      편이 보다 증거가치를 높이는 자료가 된다.

- **소방·방화시설 활용조사서 기재사항**
  - 소화시설 : 소화기구, 옥내소화전, 스프링클러, 간이스프링클러설비, 물분부등소화설비, 옥외 소화전 사용여부 및 효과성
  - 경보설비 : 비상경보설비, 비상방송설비, 누전경보기, 자동화재탐지설비, 단독경보형감지기, 가스누설경보기 경보 및 미경보의 경우 사유를 체크
  - 피난설비 : 피난기구 사용 및 미사용 사유, 유도등 및 비상조명등 작동 및 미작동 사유
  - 소화용수설비 : 소화전, 소화수조/저수조, 급수탑 사용여부
  - 소화활동설비 : 제연설비 작동여부 및 효과, 연결송수관설비, 연결살수설비, 연소방지설비, 비상 콘센트무선통신보조설비 사용 및 미사용 시 사유
  - 초기소화활동 : 소화기, 옥내/옥외소화전, 양동이/모래, 피난방송 및 대피유도 활동 유무
  - 방화설비 : 방화셔터 작동여부, 방화문 닫힘 여부, 방화구획 여부

- **국가화재분류체계메뉴얼에서 정하는 발화요인 7가지**
  - 전기적 요인
  - 기계적 요인
  - 가스 누출(폭발)
  - 화학적 요인
  - 교통사고
  - 부주의
  - 자연적 요인

08 화재조사 관계법규

소방의 화재조사에 관한 법률

- **목 적**

  화재예방 및 소방정책에 활용하기 위하여 화재원인, 화재성장 및 확산, 피해현황 등에 관한 과학적 ·전문적인 조사에 필요한 사항을 규정함을 목적으로 한다.

■ 용어의 정의(법 제2조)

화 재	사람의 의도에 반하거나 고의 또는 과실에 의하여 발생하는 연소 현상으로서 소화할 필요가 있는 현상 또는 사람의 의도에 반하여 발생하거나 확대된 화학적 폭발현상
화재조사	소방청장, 소방본부장 또는 소방서장이 화재원인, 피해상황, 대응활동 등을 파악하기 위하여 자료의 수집, 관계인 등에 대한 질문, 현장 확인, 감식, 감정 및 실험 등을 하는 일련의 행위
화재조사관	화재조사에 전문성을 인정받아 화재조사를 수행하는 소방공무원
관계인등	화재가 발생한 소방대상물의 소유자·관리자 또는 점유자(이하 "관계인"이라 한다) 및 다음의 사람 • 화재 현장을 발견하고 신고한 사람 • 화재 현장을 목격한 사람 • 소화활동을 행하거나 인명구조활동(유도대피 포함)에 관계된 사람 • 화재를 발생시키거나 화재발생과 관계된 사람

■ 화재조사실시 시기(법 제5조)
• 화재발생 사실을 알게 된 때에는 지체 없이 화재조사를 하여야 한다.
• 이 경우 수사기관의 범죄수사에 지장을 주어서는 아니 된다.

■ 소방관서장이 실시해야 할 화재조사의 사항(법 제5조 제2항)
• 화재원인에 관한 사항
• 화재로 인한 인명·재산피해상황
• 대응활동에 관한 사항
• 소방시설 등의 설치·관리 및 작동 여부에 관한 사항
• 화재발생건축물과 구조물, 화재유형별 화재위험성 등에 관한 사항
• 화재안전조사의 실시 결과에 관한 사항

■ 화재조사 대상(영 제2조)
• 소방대상물 : 건축물, 차량, 선박으로서 항구에 매어둔 선박에 한함, 선박 건조 구조물, 산림, 그 밖의 인공 구조물 또는 물건을 말함
• 그 밖에 소방관서장이 화재조사가 필요하다고 인정하는 화재

■ 화재조사의 내용·절차(영 제3조)
• 현장출동 중 조사 : 화재발생 접수, 출동 중 화재상황 파악 등
• 화재현장 조사 : 화재의 발화(發火)원인, 연소상황 및 피해상황 조사 등
• 정밀조사 : 감식·감정, 화재원인 판정 등
• 화재조사 결과 보고

■ **화재조사 전담부서의 설치·운영 등(법 제6조 및 영 제4조, 제5조)**

구 분		규정 내용
운영권자		• 소방청장, 소방본부장 또는 소방서장
전담부서의 업무		• 화재조사의 실시 및 조사결과 분석·관리 • 화재조사 관련 기술개발과 화재조사관의 역량증진 • 화재조사에 필요한 시설·장비의 관리·운영 • 그 밖의 화재조사에 관하여 필요한 업무
조사자		화재조사관으로 하여금 화재조사 업무를 수행하게 하여야 한다.
화재조사관		소방청장이 실시하는 화재조사에 관한 시험에 합격한 소방공무원 등 화재조사에 관한 전문적인 자격을 가진 소방공무원으로 한다.
화재조사관의 자격		• 소방청장이 실시하는 화재조사에 관한 시험에 합격한 소방공무원 • 「국가기술자격법」에 따른 국가기술자격의 직무분야 중 화재감식평가 분야의 기사 또는 산업기사 자격을 취득한 소방공무원
배치기준	인 력	화재조사관을 2명 이상 배치해야 한다.
	장 비	행정안전부령으로 정하는 장비와 시설을 갖추어 두어야 한다.
화재조사 결과보고		• 화재조사를 완료한 경우에는 화재조사 결과를 소방관서장에게 보고해야 한다. • 보고는 소방청장이 정하는 화재발생종합보고서에 따른다.

■ **화재조사관에 대한 교육 훈련 구분(영 제6조)**
- 화재조사관 양성을 위한 전문교육
- 화재조사관의 전문능력 향상을 위한 전문교육
- 전담부서에 배치된 화재조사관을 위한 의무 보수교육

■ **화재조사관 양성을 위한 전문교육의 내용(시행규칙 제5조)**
- 화재조사 이론과 실습
- 화재조사 시설 및 장비의 사용에 관한 사항
- 주요·특이 화재조사, 감식·감정에 관한 사항
- 화재조사 관련 정책 및 법령에 관한 사항
- 그 밖에 소방청장이 화재조사 관련 전문능력의 배양을 위해 필요하다고 인정하는 사항

■ **전담부서에서 갖추어야 할 장비와 시설(시행규칙 제3조)**

구 분	기자재명 및 시설규모
발굴용구 (8종)	공구세트, 전동 드릴, 전동 그라인더(절삭·연마기), 전동 드라이버, 이동용 진공청소기, 휴대용 열풍기, 에어컴프레서(공기압축기), 전동 절단기
기록용 기기 (13종)	디지털카메라(DSLR)세트, 비디오카메라세트, TV, 적외선거리측정기, 디지털온도·습도측정시스템, 디지털풍향풍속기록계, 정밀저울, 버니어캘리퍼스(아들자가 달려 두께나 지름을 재는 기구), 웨어러블캠, 3D스캐너, 3D카메라(AR), 3D캐드시스템, 드론

감식기기 (16종)	절연저항계, 멀티테스터기, 클램프미터, 정전기측정장치, 누설전류계, 검전기, 복합가스측정기, 가스(유증)검지기, 확대경, 산업용실체현미경, 적외선열상카메라, 접지저항계, 휴대용디지털현미경, 디지털탄화심도계, 슈미트해머(콘크리트 반발 경도 측정기구), 내시경현미경
감정용 기기 (21종)	가스크로마토그래피, 고속카메라세트, 화재시뮬레이션시스템, X선 촬영기, 금속현미경, 시편(試片) 절단기, 시편성형기, 시편연마기, 접점저항계, 직류전압전류계, 교류전압전류계, 오실로스코프 (변화가 심한 전기 현상의 파형을 눈으로 관찰하는 장치), 주사전자현미경, 인화점측정기, 발화점 측정기, 미량융점측정기, 온도기록계, 폭발압력측정기세트, 전압조정기(직류, 교류), 적외선 분광 광도계, 전기단락흔실험장치(1차 용융흔, 2차 용융흔, 3차 용융흔 측정 가능)
조명기기 (5종)	이동용 발전기, 이동용 조명기, 휴대용 랜턴, 헤드랜턴, 전원공급장치(500A 이상)
안전장비 (8종)	보호용 작업복, 보호용 장갑, 안전화, 안전모(무전송수신기 내장), 마스크(방진마스크, 방독마스크), 보안경, 안전고리, 화재조사 조끼
증거 수집 장비 (6종)	증거물 수집기구 세트(핀셋류, 가위류 등), 증거물 보관 세트(상자, 봉투, 밀폐용기, 증거수집용 캔 등), 증거물 표지 세트(번호, 스티커, 삼각형 표지 등), 증거물 태그 세트(대, 중, 소), 증거물 보관장치, 디지털증거물 저장장치
화재조사 차량 (2종)	화재조사 전용차량, 화재조사 첨단 분석차량(비파괴 검사기, 산업용 실체현미경 등 탑재)
보조장비 (6종)	노트북컴퓨터, 전선 릴, 이동용 에어컴프레서, 접이식 사다리, 화재조사 전용 의복(활동복, 방한복), 화재조사용 가방
화재조사 분석실	화재조사 분석실의 구성장비를 유효하게 보존·사용할 수 있고, 환기 시설 및 수도·배관시설이 있는 30제곱미터(m^2) 이상의 실
화재조사 분석실 구성장비 (10종)	증거물보관함, 시료보관함, 실험작업대, 바이스(가공물 고정을 위한 기구), 개수대, 초음파세척기, 실험용 기구류(비커, 피펫, 유리병 등), 건조기, 항온항습기, 오토 데시케이터(물질 건조, 흡습성 시료 보존을 위한 유리 보존기)

■ 화재합동조사단의 구성·운영(영 제7조)

구 분		규정 내용
운영대상		• 사망자가 5명 이상 발생한 화재 • 화재로 인한 사회적·경제적 영향이 광범위하다고 소방관서장이 인정하는 화재
구성·운영권자		소방관서장(소방청장, 소방본부장, 소방서장)
임명 또는 위촉	단 장	단원 중에서 소방관서장이 지명하거나 위촉
	단 원	소방청장, 소방본부장 또는 소방서장 임명 또는 위촉
단원의 자격		• 화재조사관 • 화재조사 업무에 관한 경력이 3년 이상인 소방공무원 • 「고등교육법」 제2조에 따른 학교 또는 이에 준하는 교육기관에서 화재조사, 소방 또는 안전관리 등 관련 분야 조교수 이상의 직에 3년 이상 재직한 사람 • 국가기술자격의 직무분야 중 안전관리 분야에서 산업기사 이상의 자격을 취득한 사람 • 그 밖에 건축·안전 분야 또는 화재조사에 관한 학식과 경험이 풍부한 사람

의무	결과 보고	화재조사를 완료하면 소방관서장에게 다음 각 호의 사항이 포함된 화재조사 결과를 보고해야 함
	보고 포함 사항	• 화재합동조사단 운영 개요 • 화재조사 개요 • 화재조사에 관한 법 제5조 제2항 각 호의 사항 • 다수의 인명피해가 발생한 경우 그 원인 • 현행 제도의 문제점 및 개선 방안 • 그 밖에 소방관서장이 필요하다고 인정하는 사항
수당, 여비		화재합동조사단의 단장 또는 단원에게 예산의 범위에서 수당·여비와 그 밖에 필요한 경비를 지급할 수 있다. 다만, 공무원이 소관 업무와 직접적으로 관련되어 참여하는 경우에는 지급하지 않는다.

■ 화재현장통제구역 설치시 표시 내용(영 제8조)
  • 화재현장 보존조치나 통제구역 설정의 이유 및 주체
  • 화재현장 보존조치나 통제구역 설정의 범위
  • 화재현장 보존조치나 통제구역 설정의 기간

■ 화재현장 보존조치의 해제
  • 화재조사가 완료된 경우
  • 화재현장 보존조치나 통제구역의 설정이 해당 화재조사와 관련이 없다고 인정되는 경우

■ 출입·조사 시 화재조사관의 의무(법 제9조)
  • 권한을 표시하는 증표의 제시
  • 관계인의 정당한 업무 방해금지
  • 화재조사를 수행하면서 알게 된 비밀을 다른 용도 및 누설금지

■ 소방공무원과 경찰공무원의 협력사항(법 제12조)
  • 화재현장의 출입·보존 및 통제에 관한 사항
  • 화재조사에 필요한 증거물의 수집 및 보존에 관한 사항
  • 관계인 등에 대한 진술 확보에 관한 사항
  • 그 밖에 화재조사에 필요한 사항

■ 화재조사 결과의 공표할 수 있는 경우(시행규칙 제8조)
  • 국민이 유사한 화재로부터 피해를 입지 않도록 하기 위해 필요한 경우
  • 사회적 관심이 집중되어 국민의 알 권리 충족 등 공공의 이익을 위해 필요한 경우

■ 화재조사 결과의 공표할 때 포함할 사항(시행규칙 제8조)
- 화재원인에 관한 사항
- 화재로 인한 인명·재산피해에 관한 사항
- 화재발생 건축물과 구조물에 관한 사항
- 그 밖에 화재예방을 위해 공표할 필요가 있다고 소방관서장이 인정하는 사항

■ 화재감정기관 지정기준(영 제12조)

시 설	화재조사를 수행할 수 있는 다음의 시설을 모두 갖출 것 • 증거물, 화재조사 장비 등을 안전하게 보호할 수 있는 설비를 갖춘 시설 • 증거물 등을 장기간 보존·보관할 수 있는 시설 • 증거물의 감식·감정을 수행하는 과정 등을 촬영하고 이를 디지털파일의 형태로 처리·보관할 수 있는 시설

전문인력	화재조사에 필요한 다음의 구분에 따른 전문인력을 각각 보유할 것
	• 주된 기술인력 : 다음의 어느 하나에 해당하는 사람을 2명 이상 보유할 것
	  – 「국가기술자격법」에 따른 국가기술자격의 직무분야 중 화재감식평가 분야의 기사 자격 취득 후 화재조사 관련 분야에서 5년 이상 근무한 사람
	  – 화재조사관 자격 취득 후 화재조사 관련 분야에서 5년 이상 근무한 사람
	  – 이공계 분야의 박사학위 취득 후 화재조사 관련 분야에서 2년 이상 근무한 사람
	• 보조 기술인력 : 다음의 어느 하나에 해당하는 사람을 3명 이상 보유할 것
	  – 「국가기술자격법」에 따른 국가기술자격의 직무분야 중 화재감식평가 분야의 기사 또는 산업기사 자격을 취득한 사람
	  – 화재조사관 자격을 취득한 사람
	  – 소방청장이 인정하는 화재조사 관련 국제자격증 소지자
	  – 이공계 분야의 석사 이상 학위 취득 후 화재조사 관련 분야에서 1년 이상 근무한 사람

장 비	화재조사를 수행할 수 있는 감식·감정 장비, 증거물 수집 장비 등을 갖출 것

■ 화재조사 관련 소방범죄

행정처분	위반법규
300만원 이하의 벌금	• 화재현장 보존조치를 하거나 통제구역을 설정한 경우 소방관서장 또는 경찰서장의 허가 없이 화재현장에 있는 물건 등을 이동시키거나 변경·훼손한 사람 • 정당한 사유 없이 화재조사관의 출입 또는 조사를 거부·방해 또는 기피한 사람 • 정당한 사유 없이 소방관서장은 화재조사를 위하여 필요한 증거물 수집을 거부·방해 또는 기피한 사람 • 화재조사를 하는 화재조사관이 관계인의 정당한 업무를 방해하거나 화재조사를 수행하면서 알게 된 비밀을 다른 용도로 사용하거나 다른 사람에게 누설한 사람
200만원 이하의 과태료	• 소방관서장은 화재조사를 위하여 필요하여 설정한 통제구역을 허가 없이 출입한 사람 • 소방관서장이 화재조사를 위하여 필요하여 관계인에게 보고 또는 자료 제출을 명하였으나 명령을 위반하여 보고 또는 자료 제출을 하지 아니하거나 거짓으로 보고 또는 자료를 제출한 사람 • 정당한 사유 없이 화재조사를 위하여 소방관서장의 출석요구를 거부하거나 질문에 대하여 거짓으로 진술한 사람 ※ 위 차수별 위반 시 : 1회 100만원, 2회 150만원, 3회 200만원

소방기본법

■ 소방활동구역 설정(소방기본법 제23조)

구 분	관련 조문 내용
활동구역 설정권자	• 소방대장은 화재, 재난·재해, 그 밖의 위급한 상황이 발생한 현장에 소방활동구역을 정하여 소방활동에 필요한 사람으로서 대통령령으로 정하는 사람 외에는 그 구역에 출입하는 것을 제한할 수 있다. • 경찰공무원은 소방대가 소방활동구역에 있지 아니하거나 소방대장의 요청이 있을 때에는 소방활동구역을 설치할 수 있다.
출입자 가능한 사람	• 소방활동구역 안에 있는 소방대상물의 소유자·관리자 또는 점유자 • 전기·가스·수도·통신·교통의 업무에 종사하는 사람으로서 원활한 소방활동을 위하여 필요한 사람 • 의사·간호사 그 밖의 구조·구급업무에 종사하는 사람 • 취재인력 등 보도업무에 종사하는 사람 • 수사업무에 종사하는 사람 • 그 밖에 소방대장이 소방활동을 위하여 출입을 허가한 사람

■ 「소방기본법」 위반

위반행위	벌 칙
• 다음의 어느 하나에 해당하는 행위를 한 사람 – 위력을 사용하여 출동한 소방대의 화재진압·인명구조 또는 구급활동을 방해하는 행위 – 소방대가 화재진압·인명구조 또는 구급활동을 위하여 현장에 출동하거나 현장에 출입하는 것을 고의로 방해하는 행위 – 출동한 소방대원에게 폭행 또는 협박을 행사하여 화재진압·인명구조 또는 구급활동을 방해하는 행위 – 출동한 소방대의 소방장비를 파손하거나 그 효용을 해하여 화재진압·인명구조 또는 구급활동을 방해하는 행위 • 소방자동차의 출동을 방해한 사람 • 사람을 구출하는 일 또는 불을 끄거나 불이 번지지 아니하도록 하는 일을 방해한 사람 • 정당한 사유 없이 소방용수시설 또는 비상소화장치를 사용하거나 소방용수시설 또는 비상소화장치의 효용을 해치거나 그 정당한 사용을 방해한 사람	5년 이하의 징역 또는 5천만원 이하의 벌금
화재가 발생하거나 불이 번질 우려가 있는 소방대상물 및 토지를 일시적으로 사용하거나, 그 사용의 제한 또는 소방활동에 필요한 처분을 방해한 자 또는 정당한 사유 없이 그 처분에 따르지 아니한 자	3년 이하의 징역 또는 3천만원 이하의 벌금
사람을 구출하거나 불이 번지는 것을 막기 위하여 긴급하다고 인정하는 때에는 소방대상물 또는 토지 외의 소방대상물과 토지에 대해 일시적으로 사용하거나, 그 사용의 제한 또는 소방활동에 필요한 처분을 방해한 자 또는 정당한 사유 없이 그 처분에 따르지 아니한 자	300만원 이하의 벌금

화재조사 및 보고규정

용어의 정의(제2조)

용 어	정 의
감 식	화재원인의 판정을 위하여 전문적인 지식, 기술 및 경험을 활용하여 주로 시각에 의한 종합적인 판단으로 구체적 사실관계를 명확하게 규명하는 것
감 정	화재와 관계되는 물건의 형상, 구조, 재질, 성분, 성질 등 이와 관련된 모든 현상에 대하여 과학적 방법에 의한 필요한 실험을 행하고 그 결과를 근거로 화재원인을 밝히는 자료를 얻는 것
발 화	열원에 의하여 가연물질에 지속적으로 불이 붙는 현상
발화열원	발화의 최초원인이 된 불꽃 또는 열
발화지점	열원과 가연물이 상호작용하여 화재가 시작된 지점
발화장소	화재가 발생한 장소
최초착화물	발화열원에 의해 불이 붙고 이 물질을 통해 제어하기 힘든 화세로 발전한 가연물
발화요인	발화열원에 의하여 발화로 이어진 연소현상에 영향을 준 인적·물적·자연적 요인
발화 관련 기기	발화에 관련된 불꽃 또는 열을 발생시킨 기기 또는 장치나 제품
동력원	발화 관련 기기나 제품을 작동 또는 연소시킬 때 사용된 연료 또는 에너지
연소확대물	연소가 확대되는 데 있어 결정적 영향을 미친 가연물
재구입비	화재 당시의 피해물과 같거나 비슷한 것을 재건축(설계 감리비를 포함한다) 또는 재취득하는데 필요한 금액
내용년수	고정자산을 경제적으로 사용할 수 있는 연수
손해율	피해물의 종류, 손상 상태 및 정도에 따라 피해금액을 적정화시키는 일정한 비율
잔가율	화재 당시에 피해물의 재구입비에 대한 현재가의 비율
최종잔가율	피해물의 내용연수가 다한 경우 잔존하는 가치의 재구입비에 대한 비율
화재현장	화재가 발생하여 소방대 및 관계인등에 의해 소화활동이 행하여지고 있거나 행하여진 장소
접 수	유·무선 전화 또는 다매체를 통하여 화재 등의 신고를 받는 것
출 동	화재를 접수하고 119상황실로부터 출동지령을 받아 소방대가 소방서 차고 등에서 출발하는 것
도 착	출동지령을 받고 출동한 소방대가 현장에 도착하는 것
선착대	화재현장에 가장 먼저 도착한 소방대
초 진	소방대의 소화활동으로 화재확대의 위험이 현저하게 줄어들거나 없어진 상태
잔불정리	화재를 초진 후 잔불을 점검하고 처리하는 것. 이 단계에서는 열에 의한 수증기나 화염 없이 연기만 발생하는 연소현상이 포함될 수 있음
완 진	소방대에 의한 소화활동의 필요성이 사라진 것
철 수	진화가 끝난 후 소방대가 현장에서 복귀하는 것
재발화 감시	화재를 진화한 후 화재가 재발되지 않도록 감시조를 편성하여 일정 시간 동안 감시하는 것

■ 관계인의 진술(제7조)
- 관계인등에게 질문을 할 때에는 시기, 장소 등을 고려하여 진술하는 사람으로부터 임의진술을 얻도록 해야 하며 진술의 자유 또는 신체의 자유를 침해하여 임의성을 의심할 만한 방법을 취해서는 아니 된다.
- 관계인등에게 질문을 할 때에는 희망하는 진술내용을 얻기 위하여 상대방에게 암시하는 등의 방법으로 유도해서는 아니 된다.
- 획득한 진술이 소문 등에 의한 사항인 경우 그 사실을 직접 경험한 관계인등의 진술을 얻도록 해야 한다.
- 관계인등에 대한 질문 사항은 질문기록서에 작성하여 그 증거를 확보한다.

■ 화재의 유형(제9조)

화재유형	소손내용
건축·구조물 화재	건축물, 구조물 또는 그 수용물이 소손된 것
자동차·철도차량 화재	자동차, 철도차량 및 피견인 차량 또는 그 적재물이 소손된 것
위험물·가스제조소 등 화재	위험물제조소 등, 가스제조·저장·취급시설 등이 소손된 것
선박·항공기 화재	선박, 항공기 또는 그 적재물이 소손된 것
임야 화재	산림, 야산, 들판의 수목, 잡초, 경작물 등이 소손된 것
기타 화재	위의 각 호에 해당하지 않는 화재

■ 화재건수 결정(제10조) `13` `15` `17` `18` `19`
- 1건의 화재란 1개의 발화지점에서 확대된 것으로 발화부터 진화까지를 말한다.
- 1건의 화재 예외
  다음 각 호와 같이 화재건수를 결정한다.
  – 동일범이 아닌 각기 다른 사람에 의한 방화, 불장난의 경우 동일 대상물에서 발화했더라도 각각 **별건**의 화재로 한다.
  – 발화점 2개 이상 화재
    동일 소방대상물의 발화점이 2개소 이상 있는 다음의 화재는 1건의 화재로 한다.
    ㉠ 누전점이 동일한 누전에 의한 화재
    ㉡ 지진, 낙뢰 등 자연현상에 의한 다발화재
- 화재건수 관할
  – 발화지점이 한 곳인 화재현장이 둘 이상의 관할구역에 걸친 화재는 **발화지점이 속한 소방서**에서 1건의 화재로 산정한다.
  – 다만, 발화지점 확인이 어려운 경우에는 **화재피해금액이 큰** 관할구역 소방서의 화재 건수로 산정한다.

■ 소실 정도(제16조)
- 건축·구조물 화재의 소실 정도

구 분	전소화재	반소화재	부분소화재
소실률	• 건물의 70% 이상(입체면적에 대한 비율)이 소실된 화재 • 그 미만이라도 잔존부분이 보수를 하여도 재사용 불가능한 것	건물의 30% 이상 70% 미만이 소실된 화재	전소·반소 이외의 화재

- 자동차·철도차량, 선박·항공기 등의 소실정도
  건축·구조물 화재의 소실 정도를 준용한다.

■ 화재합동조사단 운영(제20조)
소방관서장은 화재가 발생한 경우 다음 각 호에 따라 화재합동조사단을 구성하여 운영하는 것을 원칙으로 한다.

운영 관서장	운영기준
소방청장	사상자가 30명 이상이거나 2개 시·도 이상에 걸쳐 발생한 화재(임야화재는 제외한다. 이하 같다)
소방본부장	사상자가 20명 이상이거나 2개 시·군·구 이상에 발생한 화재
소방서장	사망자가 5명 이상이거나 사상자가 10명 이상 또는 재산피해액이 100억원 이상 발생한 화재

■ 화재합동조사단을 구성 및 운영할 수 있는 경우
- 소방관서장은 화재로 인한 사회적·경제적 영향이 광범위하다고 소방관서장이 인정하는 화재
- 「소방기본법 시행규칙」 제3조 제2항 제1호에 해당하는 화재
  - 사망자가 5인 이상 발생하거나 사상자가 10인 이상 발생한 화재
  - 이재민이 100인 이상 발생한 화재
  - 재산피해액이 50억원 이상 발생한 화재
  - 관공서·학교·정부미도정공장·문화재·지하철 또는 지하구의 화재
  - 관광호텔, 층수가 11층 이상인 건축물, 지하상가, 시장, 백화점, 지정수량의 3천배 이상의 위험물의 제조소·저장소·취급소, 층수가 5층 이상이거나 객실이 30실 이상인 숙박시설, 층수가 5층 이상이거나 병상이 30개 이상인 종합병원·정신병원·한방병원·요양소, 연면적 1만5천 제곱미터 이상인 공장 또는 화재예방강화지구에서 발생한 화재
  - 철도차량, 항구에 매어둔 총 톤수가 1천톤 이상인 선박, 항공기, 발전소 또는 변전소에서 발생한 화재
  - 가스 및 화약류의 폭발에 의한 화재
  - 다중이용업소의 화재
  - 긴급구조통제단장의 현장지휘가 필요한 재난상황
  - 언론에 보도된 재난상황
  - 그 밖에 소방청장이 정하는 재난상황

■ **사상자(제13조)**

사상자는 화재현장에서 **사망**한 사람과 **부상**당한 사람을 말한다. 다만, 화재현장에서 부상을 당한 후 **72시간 이내**에 사망한 경우에는 당해 화재로 인한 사망으로 본다.

■ **부상자 분류(제14조)**

부상의 정도는 의사의 진단을 기초로 하여 다음 각 호와 같이 분류한다.
- 중상 : **3주 이상의 입원치료**를 필요로 하는 부상을 말한다.
- 경상 : 중상 이외의 부상(입원치료를 필요로 하지 않는 것도 포함한다)을 말한다. 다만, 병원 치료를 필요로 하지 않고 단순하게 연기를 흡입한 사람은 제외한다.

■ **건물동수 산정방법(제15조)**

같은 동	다른 동
• 주요구조부가 하나로 연결되어 있는 것은 같은 동으로 한다. • 건물의 외벽을 이용하여 실을 만들어 헛간, 목욕탕, 작업실, 사무실 및 기타 건물 용도로 사용하고 있는 것은 주건물과 같은 동으로 본다. • 구조에 관계 없이 지붕 및 실이 하나로 연결되어 있는 것 • 목조 또는 내화조 건물의 경우 격벽으로 방화구획이 되어 있는 경우	• 건널복도 등으로 2 이상의 동에 연결되어 있는 것은 그 부분을 절반으로 분리하여 다른 동으로 본다. • 독립된 건물과 건물 사이에 차광막, 비막이 등의 덮개를 설치하고 그 밑을 통로 등으로 사용하는 경우 • 내화조 건물의 외벽을 이용하여 목조 또는 방화구조건물이 별도 설치되어 있고 건물 내부와 구획되어 있는 경우 • 내화조 건물의 옥상에 목조 또는 방화구조 건물이 별도 설치되어 있는 경우

■ **소실면적 산정(제17조)**

- 건물의 소실면적 산정은 소실 바닥면적으로 산정한다.
- 수손 및 기타 파손의 경우에도 제1항의 규정을 준용한다.

■ **화재조사 최종결과보고(제22조)**

화재규모	보고기한
• 사망자가 5인 이상 발생하거나 사상자가 10인 이상 발생한 화재 • 이재민이 100인 이상 발생한 화재 • 재산피해액이 50억원 이상 발생한 화재 • 관공서·학교·정부미도정공장·문화재·지하철 또는 지하구의 화재 • 관광호텔, 층수가 11층 이상인 건축물, 지하상가, 시장, 백화점, 지정수량의 3천배 이상의 위험물의 제조소·저장소·취급소, 층수가 5층 이상이거나 객실이 30실 이상인 숙박시설, 층수가 5층 이상이거나 병상이 30개 이상인 종합병원·정신병원·한방병원·요양소, 연면적 1만5천 제곱미터 이상인 공장 또는 화재예방강화지구에서 발생한 화재 • 철도차량, 항구에 매어둔 총 톤수가 1천톤 이상인 선박, 항공기, 발전소 또는 변전소에서 발생한 화재 • 가스 및 화약류의 폭발에 의한 화재 • 다중이용업소의 화재	30일 이내

• 긴급구조통제단장의 현장지휘가 필요한 재난상황 • 언론에 보도된 재난상황 • 그 밖에 소방청장이 정하는 재난상황		
위 이외의 화재		15일 이내

■ **화재조사 보고기간 연장 및 결과보고(제22조)**

- 다음 각 호의 정당한 사유가 있는 경우에는 소방관서장에게 사전 보고를 한 후 필요한 기간만큼 조사 보고일을 연장할 수 있다.
  - 법 제5조 제1항 단서에 따른 수사기관의 범죄수사가 진행 중인 경우
  - 화재감정기관 등에 감정을 의뢰한 경우
  - 추가 화재현장조사 등이 필요한 경우
- 연장한 화재 조사결과 보고
  조사 보고일을 연장한 경우 그 사유가 해소된 날부터 10일 이내에 소방관서장에게 조사결과를 보고해야 한다.

▌형 법

■ **형법에 따른 방화죄**

조문제목	구체적 범죄내용		형 량
현주건조물 등 방화 (제164조)	불을 놓아 사람이 주거로 사용하거나 사람이 현존하는 건조물, 기차, 전차, 자동차, 선박, 항공기 또는 지하채굴시설을 불태운 자		무기 또는 3년 이상의 징역
	불을 놓아 사람이 주거로 사용하거나 사람이 현존하는 건조물, 기차, 전차, 자동차, 선박, 항공기 또는 지하채굴시설을 불태워	상해에 이르게 한 자	무기 또는 5년 이상의 징역
		사망에 이르게 한 자	무기 또는 7년 이상의 징역
공용건조물 등 방화 (제165조)	불을 놓아 공용 또는 공익에 공하는 건조물, 기차, 전차, 자동차, 선박, 항공기 또는 지하채굴시설을 불태운 자		무기 또는 3년 이상의 징역
일반건조물 등 방화 (제166조)	불을 놓아 현주건조물등·공용건조물 등에 기재한 이외의 건조물, 기차, 전차, 자동차, 선박, 항공기 또는 지하채굴시설을 불태운 자		2년 이상의 유기징역
	자기소유의 건조물에 속한 물건을 불태워 공공의 위험을 발생하게 한 자		7년 이하의 징역 또는 1천만원 이하의 벌금
일반물건 방화 (제167조)	불을 놓아 현주건조물등, 공용건조물등, 일반건조물등에 기재한 이외의 물건을 불태워 공공의 위험을 발생하게 한 자		1년 이상 10년 이하의 징역
	위의 물건이 자기소유인 경우		3년 이하의 징역 또는 700만원 이하의 벌금
방화예비, 음모죄 (제175조)	제164조 제1항, 제165조, 제166조 제1항의 죄를 범할 목적으로 예비 또는 음모한 자(단 그 목적한 죄의 실행에 이르기 전에 자수한 때에는 형을 감경 또는 면제한다)		5년 이하의 징역

■ 형법에 따른 실화죄

조문제목	구체적 범죄내용	형 량
실화 (제170조)	과실로 현주건조물 등 또는 공용건조물 등에 기재한 물건 또는 타인의 소유인 일반건조물 등에 기재한 물건을 불태운 자	1천 500만원 이하의 벌금
	과실로 자기의 소유인 일반건조물 등 또는 일반물건에 기재한 물건을 불태워 공공의 위험을 발생하게 한 자	
업무상실화, 중실화 (제171조)	업무상과실 또는 중대한 과실로 인하여 위 실화죄를 범한 자	3년 이하의 금고 또는 2천만원 이하의 벌금

■ 기타 방화와 실화 관련 형법규정

조문제목	구체적 범죄내용		형 량
연소 (제168조)	자기소유 일반건조물 등 방화 또는 자기소유 일반물건방화의 죄를 범하여 현주·공용건조물 또는 현주·공용건조물 이외의 건조물, 기차, 전차, 자동차, 선박, 항공기 또는 지하채굴시설에 기재한 물건에 연소한 때		1년 이상 10년 이하의 징역
	자기소유일반물건방화의 죄를 범하여 전조 제1항에 기재한 물건에 연소한 때		5년 이하의 징역
진화방해죄 (제169조)	진화용의 시설 또는 물건을 은닉 또는 손괴한 자, 기타 방법으로 진화를 방해한 자		10년 이하의 징역
폭발성 물건파열 (제172조)	보일러, 고압가스 기타 폭발성 있는 물건을 파열시켜 사람의 생명, 신체 또는 재산에	위험을 발생시킨 자	1년 이상의 유기징역
		상해에 이르게 한 때	무기 또는 3년 이상의 징역
		사망에 이르게 한 때	무기 또는 5년 이상의 징역
가스·전기 등 방류 (제172조의2)	가스, 전기, 증기 또는 방사선이나 방사성 물질을 방출, 유출 또는 살포시켜 사람의 생명, 신체 또는 재산에 대하여	위험을 발생시킨 자	1년 이상 10년 이하의 징역
		상해에 이르게 한 때	무기 또는 3년 이상의 징역
		사망에 이르게 한 때	무기 또는 5년 이상의 징역
가스·전기 등 공급방해 (제173조)	가스, 전기 또는 증기의 공작물을 손괴 또는 제거하거나 기타 방법으로 가스, 전기 또는 증기의 공급이나 사용을 방해하여	공공위험을 발생하게 한 자 또는 방해한 자	1년 이상 10년 이하의 징역
		상해에 이르게 한 때	2년 이상의 유기징역
		사망에 이르게 한 때	무기 또는 3년 이상의 징역
과실폭발성 물건파열등 (제173조의2)	과실로 제172조 제1항(폭발성물건을 파열하여 위험을 발생시킨 자), 제172조의2 제1항(가스·전기 등 방류로 위험을 발생시킨 자), 제173조 제1항과 제2항(가스·전기 등 공급방해하여 공공위험을 발생시킨 자 또는 방해한 자)의 죄를 범한 자		5년 이하의 금고 또는 1천 500만원 이하의 벌금
	업무상과실 또는 중대한 과실로 위의 죄를 범한 자		7년 이하의 금고 또는 2천만원 이하의 벌금
방화예비, 음모죄 (제175조)	제172조 제1항, 제172조의2 제1항, 제173조 제1항과 제2항의 죄를 범할 목적으로 예비 또는 음모한 자(단 그 목적한 죄의 실행에 이르기 전에 자수한 때에는 형을 감경 또는 면제한다)		5년 이하의 징역

민 법

■ 민법상 불법행위

조문제목	조문내용
불법행위의 내용 (제750조)	고의 또는 과실로 인한 위법행위로 타인에게 손해를 가한 자는 그 손해를 배상할 책임이 있다.

■ 민법에 따른 불법행위의 성립요건
- 가해자에게 고의 또는 과실이 있을 것
- 행위자에게 책임 능력이 있을 것
- 위법성이 있을 것
- 손해가 발생할 것
- 가해행위와 손해 발생 사이에 상당한 인과관계가 있을 것

■ 민법에 따른 특수불법행위 배상책임

조문제목	조문내용
재산 이외의 손해의 배상 (제751조)	① 타인의 신체, 자유 또는 명예를 해하거나 기타 정신상 고통을 가한 자는 재산 이외의 손해에 대하여도 배상할 책임이 있다. ② 감독의무자를 갈음하여 제753조 또는 제754조에 따라 책임이 없는 사람을 감독하는 자도 ①의 책임이 있다.
감독자의 책임 (제755조)	① 다른 자에게 손해를 가한 사람이 제753조 또는 제754조에 따라 책임이 없는 경우에는 그를 감독할 법정의무가 있는 자가 그 손해를 배상할 책임이 있다. 다만, 감독 의무를 게을리 하지 아니한 경우에는 그러하지 아니하다. ② 감독의무자를 갈음하여 제753조 또는 제754조에 따라 책임이 없는 사람을 감독하는 자도 ①의 책임이 있다.
사용자의 배상책임 (제756조)	① 타인을 사용하여 어느 사무에 종사하게 한 자는 피용자가 그 사무집행에 관하여 제삼자에게 가한 손해를 배상할 책임이 있다. 그러나 사용자가 피용자의 선임 및 그 사무감독에 상당한 주의를 한 때 또는 상당한 주의를 하여도 손해가 있을 경우에는 그러하지 아니하다. ② 사용자에 가름하여 그 사무를 감독하는 자도 ①의 책임이 있다. ③ ①, ②의 경우에 사용자 또는 감독자는 피용자에 대하여 구상권을 행사할 수 있다.
공작물 등의 점유자, 소유자의 책임 (제758조)	① 공작물의 설치 또는 보존의 하자로 인하여 타인에게 손해를 가한 때에는 공작물점유자가 손해를 배상할 책임이 있다. 그러나 점유자가 손해의 방지에 필요한 주의를 해태하지 아니한 때에는 그 소유자가 손해를 배상할 책임이 있다. ② 전항의 규정은 수목의 재식 또는 보존에 하자가 있는 경우에 준용한다. ③ ②의 경우에 점유자 또는 소유자는 그 손해의 원인에 대한 책임 있는 자에 대하여 구상권을 행사할 수 있다.
공동불법행위자의 책임 (제760조)	① 수인이 공동의 불법행위로 타인에게 손해를 가한 때에는 연대하여 그 손해를 배상할 책임이 있다. ② 공동 아닌 수인의 행위 중 어느 자의 행위가 그 손해를 가한 것인지를 알 수 없는 때에도 ①과 같다. ③ 교사자나 방조자는 공동행위자로 본다.

- **민법상 배상액의 감경청구 및 소멸시효**

조문제목	조문내용
배상액의 경감청구 (제765조)	• 배상의무자는 그 손해가 고의 또는 중대한 과실에 의한 것이 아니고 그 배상으로 인하여 배상자의 생계에 중대한 영향을 미치게 될 경우에는 법원에 그 배상액의 경감을 청구할 수 있다. • 법원은 전항의 청구가 있는 때에는 채권자 및 채무자의 경제상태와 손해의 원인 등을 참작하여 배상액을 경감할 수 있다.
손해배상청구권의 소멸시효 (제766조)	• 불법행위로 인한 손해배상의 청구권은 피해자나 그 법정대리인이 그 손해 및 가해자를 안 날로부터 3년간 이를 행사하지 아니하면 시효로 인하여 소멸한다. • 불법행위를 한 날로부터 10년을 경과한 때에도 시효로 인하여 소멸한다. • 미성년자가 성폭력, 성추행, 성희롱, 그 밖에 성적 침해를 당한 경우에 이로 인한 손해배상 청구권의 소멸시효는 그가 성년이 될 때까지는 진행되지 아니한다.

제조물책임법

- **제조물책임법에 따른 결함의 종류**

구 분	내 용
제조상의 결함	제조업자의 제조물에 대한 제조상·가공상의 주의의무를 이행하였는지와 관계없이 제조물이 원래 의도한 설계와 다르게 제조·가공됨으로써 안전하지 못하게 된 경우
설계상의 결함	제조업자가 합리적인 대체설계를 채용하였더라면 피해나 위험을 줄이거나 피할 수 있었음에도 대체 설계를 채용하지 아니하여 해당 제조물이 안전하지 못하게 된 경우
표시상의 결함	제조업자가 합리적인 설명·지시·경고 또는 그 밖의 표시를 하였더라면 해당 제조물에 의하여 발생할 수 있는 피해나 위험을 줄이거나 피할 수 있었음에도 이를 하지 아니한 경우

- **제조물책임법에 따른 제조물의 제조업자**
  - 제조물의 제조·가공 또는 구입을 업(業)으로 하는 자
  - 제조물에 성명·상호·상표 또는 그 밖에 식별(識別) 가능한 기호 등을 사용하여 자신을 제조·가공·수입업자로 표시한 자 또는 자신을 제조·가공·수입업자로 오인(誤認)하게 할 수 있는 표시를 한 자

- **제조물책임법상 손해배상책임의무자의 사실 입증 시 면책사유**
  - 제조업자가 해당 제조물을 공급하지 아니하였다는 사실
  - 제조업자가 해당 제조물을 공급한 당시의 과학·기술 수준으로는 결함의 존재를 발견할 수 없었다는 사실
  - 제조물의 결함이 제조업자가 해당 제조물을 공급한 당시의 법령에서 정하는 기준을 준수함으로써 발생하였다는 사실
  - 원재료나 부품의 경우에는 그 원재료나 부품을 사용한 제조물 제조업자의 설계 또는 제작에 관한 지시로 인하여 결함이 발생하였다는 사실

- **제조물책임법에 따른 소멸시효**
  - 손해배상의 청구권은 피해자 또는 그 법정대리인이 손해 또는 손해배상책임을 지는 자를 모두 안 날부터 3년 이내 행사하여야 함
  - 손해배상의 청구권은 제조업자가 손해를 발생시킨 제조물을 공급한 날부터 10년 이내에 행사하여야 함
    ※ 신체에 누적되어 사람의 건강을 해치는 물질에 의하여 발생한 손해 또는 일정한 잠복기간이 지난 후에 증상이 나타나는 손해에 대하여는 그 손해가 발생한 날부터 기산함

기타 화재조사관련법

- **실화책임에 관한 법률에서 실화가 중대한 과실로 인한 경우가 아닌 경우 손해배상액의 경감을 청구할 시 법원이 사정 고려할 사항**
  - 화재의 원인과 규모
  - 피해의 대상과 정도
  - 연소 및 피해 확대의 원인
  - 피해 확대를 방지하기 위한 실화자의 노력
  - 배상의무자 및 피해자의 경제상태
  - 그 밖에 손해배상액을 결정할 때 고려할 사정

- **화재로 인한 재해보상 및 보험가입에 관한 법률의 법적 성격**
  - 화재로 인한 인명 및 재산상의 손실을 예방
  - 화재발생 시 신속한 재해복구
  - 인명 및 재산피해에 대한 적정한 보상
  - 국민생활의 안정에 이바지

- **화재로 인한 재해보상과 보험가입에 관한 법률의 법적 성격**
  - 사영보험
  - 영리보험
  - 물건보험
  - 손해보험 · 책임보험

■ **특약부화재보험 가입**
- 가입의무자 : 특수건물 소유자
- 가입의무보험 : 특약부화재보험
- 의무가입 목적 : 다른 사람이 사망하거나 부상을 입었을 때 또는 다른 사람의 재물에 손해가 발생한 때에는 과실이 없는 경우에도 보험금액의 범위에서 그 손해를 배상할 책임이 있다.
- 보험가입시기 : 특수건물의 소유자는 그 건물이 준공검사에 합격된 날 또는 그 소유권을 취득한 날부터 30일 내에 특약부화재보험에 가입하여야 한다.
- 보험의 갱신 : 특수건물의 소유자는 특약부화재보험계약을 매년 갱신하여야 한다.
- 보험의 미가입자 : 500만원 이하의 벌금

■ **특약부화재보험에 가입하여야 할 특수건물**

연면적이 1,000m² 이상	바닥면적의 합계가 2,000m² 이상	바닥면적의 합계가 3,000m² 이상	연면적이 3,000m² 이상	16층 이상	11층 이상, 실내사격장
국·공유 재산 중 건물 및 부속건물	• 다중이용업소(학원, 목욕장업, 영화상영관, 게임제공업, 인터넷게임시설제공업, 노래연습장업, 일반·휴게음식점업, 단란주점영업, 유흥주점영업으로 사용하는 건물) • 실내사격장 : 면적제한 없이 의무가입 대상	숙박업, 대규모점포로 사용하는 건물, 도시철도시설 중 역사 및 역무시설로 사용하는 건물	종합병원 및 병원, 관광숙박업, 공연장, 방송사업 목적 건물, 농수산물도매시장 및 민영농수산물도매시장, 학교, 공장	아파트 및 부속건물	모든 건물

- 옥상부분으로서 그 용도가 명백한 계단실 또는 물탱크실인 경우에는 층수로 산입하지 아니하며, 지하층은 이를 층으로 보지 아니함
- 16층 이상의 아파트 단지 내에 관리주체에 의하여 관리되는 동일한 아파트 단지 안에 있는 15층 이하의 아파트를 포함
- 11층 이상의 건물 중 아파트, 창고, 모든 층을 주차용도로 사용하는 건물, 공제에 가입한 지방자치단체 건물 및 지방공기업 소유 건물 제외

PART

01

핵심이론

지식에 대한 투자가 가장 이윤이 많이 남는 법이다.

– 벤자민 프랭클린 –

끝까지 책임진다! SD에듀!

QR코드를 통해 도서 출간 이후 발견된 오류나 개정법령, 변경된 시험 정보, 최신기출문제, 도서 업데이트 자료 등이 있는지 확인해 보세요! **시대에듀 합격 스마트 앱**을 통해서도 알려 드리고 있으니 구글 플레이나 앱 스토어에서 다운받아 사용하세요. 또한, 파본 도서인 경우에는 구입하신 곳에서 교환해 드립니다.

제1편

화재상황

01 | 화재현장 출동 중 연소상황 파악

Key Point
1. 출동 도중에 화재의 진행·발전상황을 관찰할 수 있다.
2. 연소상황 파악을 위한 사진촬영, 녹화 등을 할 수 있다.
3. 가연물질의 종류 및 특징을 이해할 수 있다.
4. 폭발, 이상한 냄새 등의 이상 낌새와 현상 등을 설명할 수 있다.
5. 출동 시의 유의사항에 대해서 인지할 수 있다.

1 출동 중 화재의 진행·발전상황 관찰

(1) 화재의 대략적 상황 조사

① 연기의 색깔과 양

② 화염의 크기와 높이

③ 이상한 소리와 냄새

④ 연소진행방향 및 연소속도

(2) 화재진행·발전상황 조사

① 화염의 분출 위치와 규모

② 풍향과 풍속을 기록하고 연소확대의 방향성과 위험성을 판단

③ 연기의 색깔과 타는 냄새를 통해 플라스틱, 고무, 목재, 위험물, 화학약품 등 가연물의 종류를 추정

④ 이상한 냄새와 소리, 폭발현상 등 연소상황과 위치를 확인

⑤ 화재현장의 가연물량과 상황을 종합적으로 고려하여 연소확대속도가 정상적인지를 판단

⑥ 불티의 비산량이나 세기, 고층건물 화재 시 연소층 또는 건물붕괴 가능성 등 모든 사항을 파악

⑦ 출동 중 통신장치를 이용하여 화재 시 관계자(소유자, 점유자, 관리자, 최초목격자, 신고자)의 진술을 확보하되, 보통은 최초진술의 신뢰도가 높으나 허위진술의 경우도 있으므로 신뢰성을 충분히 검토

2 연소상황 파악을 위한 사진촬영, 녹화

연소하고 있는 화재현장은 연소의 진행이 시시각각으로 변화하므로 발화원인을 조사하여 판정까지 기억하는 것은 한계가 있다. 즉, 객관적인 본조사 입증의 근거로 활용하기 위해서 필요하다.

(1) 유의사항

① 현장에 도착하여 촬영한 시간을 확인·기록

② 소화활동 시작 전에 발화범위를 한정할 수 있도록 여러 방향에서 촬영

③ 가능한 높은 위치 및 여러 방향에서 화염의 분출상황, 화재의 진전상황을 촬영

(2) 연소상황 사진촬영 및 정보수집

① 화재출동 중 멀리서 보이는 연기의 색깔과 화염의 높이 및 크기를 촬영

② 소방대 도착 전 관계자(소유자, 점유자, 관리자, 최초목격자, 신고자)들이 촬영한 사진이나 동영상을 확보

③ 화재가 진행되고 있는 모습을 촬영

④ 소방대의 소화활동과 자동소화설비의 작동을 포함한 화재진압 활동 모두를 촬영

⑤ 외부사진 촬영

    ㉠ 목적 : 화재현장의 위치를 확실히 하기 위해

    ㉡ 대상 : 쉽게 확인될 수 있고 항상 고정된 거리 표지판, 진입로, 여러 주소, 이정표 등을 포함하여 화재대상물 외부사진을 촬영

    ㉢ 방법 : 가능한 건물의 여러 각도와 외부 각도에서 많은 사진을 촬영

    ㉣ 열과 화염에 노출된 화재건물 사진은 화재의 성장형태를 보여줌

    ㉤ 화재의 방향과 발화에 중요한 역할을 할 수 있으므로 창문, 지붕, 벽 등 구조물이 떨어져 나간 것도 사진을 촬영

    ㉥ 목격자가 상세하고 정확하게 목격한 것은 그가 목격한 위치에서 사진을 촬영

    ㉦ 화재현장 주변의 군중을 촬영

3 가연물질의 종류 및 특징 [13] [21]

화재분류	국 내		미국방화협회 (NFPA 10)	국제표준화기구 (ISO 7165)	표시색상
	검정기준	KS B 6259			
일반화재	A급	A급	A급	A급	백 색
유류화재	B급	B급	B급	B급	황 색
전기화재	C급	C급	C급	E급	청 색
금속화재	–	D급	D급	D급	무 색
가스화재	–	–	E급	C급	황 색
식용유화재	K급	–	K급	F급	–

CHAPTER

02 | 화재현장 도착 시 조사

Key Point
1. 화재 시 연소상황을 관찰할 수 있다.
2. 연기와 화염의 상황 및 특이사항에 대하여 파악할 수 있다.
3. 연소의 범위, 진행방향, 확대속도 등의 특이사항에 대하여 설명할 수 있다.

1 화재 시 연소상황을 관찰

(1) 연소상황 관찰사항

① 발화건물과 주변건물의 화염의 발생상황, 출화상황

② 지붕의 파괴 등 연소의 진행방향 및 확대속도 등 화재진행상황

③ 화재건물과 인접한 주변건물 연소상황 및 연소확대경로 상황

④ 화재 사상자 유무 및 대피상황

⑤ 폭발음, 이상한 냄새 또는 소리 등 이상현상 유무 및 관찰 시 위치

⑥ 출입구·창문 등 개구부의 개폐상황

⑦ 전기의 통전상태, 가스밸브 개폐여부, 위험물 취급 사항

2 연기와 화염의 상황 및 특이사항

(1) 발화건물 및 주변의 건물상황을 고려해 가면서 발화건물의 구조, 연소방향 및 연소확대된 흔적 등에 대해 파악한다.

(2) 화재현장의 전후좌우의 사방면에서 연소상황을 파악하고 기록, 관리한다.

(3) 연소과정에서 발생하는 특이한 소리(가스분출음 또는 가스통 폭발음 등)나 이상한 냄새(가스 또는 화학약품)의 급격한 확산 등을 감지하였을 때에는 또 다른 위험을 알려주는 신호일 수 있으므로 이에 대한 대비까지 고려하여 조사를 진행한다.

(4) 폭발음, 이상한 냄새와 같은 특이사항 발생지점을 확인한다.

❸ 연소의 범위, 진행방향, 확대속도 등의 특이사항

(1) 연소의 범위

① 연소되지 않은 부분과 소실되거나 탄화된 부분의 경계선으로 구분

② 그을음의 경계선으로 범위 설정

(2) 연소의 진행방향

발화지점에 근접할수록 화염의 영향을 오래 받아 소손흔이 깊다.

(3) 연소의 확대속도

① 연소속도 = 화염속도 − 미연소 가연성 혼합기의 이동속도

② 화염 속에 화학반응의 속도로 정해지는 수치이며 온도와 압력이 상승하면 증가한다.

03 | 피해상황 파악하기

Key Point
1. 피해상황 파악 관계자를 구성할 수 있다.
2. 관계자에 대한 질문요령 및 질문사항에 따라 탐문할 수 있다(화재상황, 인명피해).
3. 인명피해 상황을 파악할 수 있다.

1 관계자 확보

(1) 효과적인 화재 관계자 확보

① 의류가 물에 젖었거나 불탄 흔적 등 더럽혀져 있는 사람

② 불 탄 흔적이나 물 또는 이물질에 젖어 있는 사람

③ 잠옷・속옷・벌거벗은 차림 또는 맨발로 있는 사람

④ 당황하거나 울고 있는 사람

⑤ 가재도구를 껴안고 있거나 물건을 반출하고 있는 사람

⑥ 화상을 입거나 머리카락이 그을리거나 코에 검게 그을음이 묻은 사람

2 관계자에 대한 질문

(1) 질문요령

① 자극적인 언행 삼가

② 허위진술배제

③ 일문일답 형식의 계통적 질문

④ 대체관계인 질문

⑤ 제한되고 안정된 질문 장소 선택

⑥ 신속한 질문 및 기록

3 질문사항

(1) 질문의 필요성 및 절차

① 화재출동 시에 있어서의 조사는 발견상황, 화재발생 전의 상황 등 진술을 통하여 발화범위 및 발화지점을 한정하기 위하여 행한다.

② 관계자의 질문은 상기의 질문요령에 따라 질문하고 청취하는 것이 좋다.

③ 질문에 대한 진술내용으로부터 관계자가 가지고 있는 정보의 중요도를 판단하다.

④ 일반적으로 한 사람의 관계자가 화재현장 전체를 진술하는 것은 불가능하므로 복수의 관계자로부터 질문하고 청취하는 자세가 필요하다.

⑤ 질문과 청취 내용은 화재조사관이 일련의 흐름에 따라 상황에 맞추어 분류·정리·검토하여야 한다.

(2) 관계자별 질문사항

① 최초목격자, 초기소화자, 신고자, 대피자

　㉠ 인적사항 : 성명·주민번호·직업·주소·전화번호

　㉡ 그곳에 간 시간, 어떻게 화재발생사실을 알게 되었는가?

　㉢ 어느 위치에서 무엇이 어떤 형태로 타고 있었는가, 그 때 화재발생장소에 다른 사람이 있었는가?

　㉣ 화재발생 사실을 인식하고 어떻게 행동을 했는가(어떻게 했으며, 어디에서 어떻게 대피 했는가)?

　㉤ 신고는 어디에 있는 전화로 했으며, 누가 어디로 알렸는가?

　㉥ 신고할 때까지 소화활동은 했는가?

　㉦ 무엇을 사용해서 어디에서 소화했으며, 그 때의 효과는 어떠했는가?

② 화재건물 관계자(소유자, 점유자, 관리자)에 대한 질문사항

　㉠ 관계자의 인적사항 : 성명, 연령(생년월일), 주소, 가족구성(또는 종업원)

　㉡ 용도, 구조, 층수, 건축면적, 연면적 및 건축경과

　㉢ 화재발생 전 사용, 관리 실태

　㉣ 용도별 실(방)배치, 출화영역과 그 부근에 수용되었던 물건의 배치

　㉤ 화재발생의 가능성이 있는 취약시설과 사용상황

　㉥ 화기취급 설비기구의 설치위치와 종류

4 인명피해 상황 파악

(1) 인명피해조사 범위

① 소방활동 중 발생한 사망자 및 부상자

② 그 밖에 화재로 인한 사망자 및 부상자

③ 사상자 정보 및 사상 발생원인

> ※ 화재현장에서 부상을 당한 후 72시간 이내에 사망한 경우에는 해당 화재로 인한 사망으로 본다.
> ※ 부상의 정도(의사의 진단을 기초)
>   • 중상 : 3주 이상의 입원치료를 필요로 하는 부상
>   • 경상 : 중상 이외(입원치료를 필요로 하지 않는 것도 포함한다)의 부상. 다만, 병원치료를 필요로 하지 않고 단순하게 연기를 흡입한 사람은 제외

(2) 화재가 직접적 원인인 사망자 유형

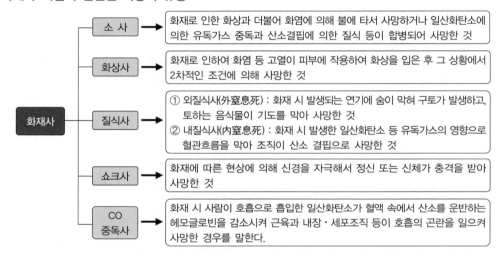

소 사 → 화재로 인한 화상과 더불어 화염에 의해 불에 타서 사망하거나 일산화탄소에 의한 유독가스 중독과 산소결핍에 의한 질식 등이 합병되어 사망한 것

화상사 → 화재로 인하여 화염 등 고열이 피부에 작용하여 화상을 입은 후 그 상황에서 2차적인 조건에 의해 사망한 것

질식사 → ① 외질식사(外窒息死) : 화재 시 발생되는 연기에 숨이 막혀 구토가 발생하고, 토하는 음식물이 기도를 막아 사망한 것
② 내질식사(內窒息死) : 화재 시 발생한 일산화탄소 등 유독가스의 영향으로 혈관흐름을 막아 조직이 산소 결핍으로 사망한 것

쇼크사 → 화재에 따른 현상에 의해 신경을 자극해서 정신 또는 신체가 충격을 받아 사망한 것

CO 중독사 → 화재 시 사람이 호흡으로 흡입한 일산화탄소가 혈액 속에서 산소를 운반하는 헤모글로빈을 감소시켜 근육과 내장·세포조직 등이 호흡의 곤란을 일으켜 사망한 경우를 말한다.

(화재사)

(3) 인명피해 현황 파악

① 현장도착 시 현장관계자들로부터 화재건물 내 대피하지 못한 사람이 있는지 또는 소방대 도착 전 병원으로 이송된 환자가 있는지 파악

② 현장 활동 중인 소방관들의 인명검색 결과 인명구조 및 화재사망자(소사체, 질식사 등) 발견 사항이 있는지 확인

③ 화재현장에서 입고 있는 의류가 불에 탄 흔적이 있는 사람

④ 화재현장에서 화상을 입거나 머리카락이 그을리거나 코에 검게 그을음이 묻은 사람

⑤ 각 구급대별 병원이송 및 환자사항(성명, 주민번호, 주소, 부상 정도 등) 현황 수집

> ※ 실제 화재현장에서는 중상환자도 많이 발생되지만, 대피 중 연기흡입 같이 단순한 환자처럼 보이는 경우 추후 기도화상과 같은 입원치료를 요하는 상황이 발생되므로 경상환자라 할지라도 인적사항을 필히 확보할 필요가 있다.

⑥ 최종적인 인명피해 현황 파악은 의사의 진단을 기준으로 작성하는 것을 원칙으로 한다.

04 | 화재 진화작업 시 조사

1 소방활동 중 조사요령

(1) 진압 중 조사내용

① 소화활동 중 화염의 색깔, 이상한 냄새 또는 소리, 폭발연소 등 특이현상

② 연소장소 및 주수에 의한 소화효과

③ 화재진압 중에 관계인의 진술내용

④ 사상자 발생상황과 사상자가 발생한 장소

⑤ 출입구·창문 등 개구부 개폐 상황

⑥ 전기의 통전상태, 가스밸브 개폐여부, 위험물 취급 사항

⑦ 소방설비 작동 및 사용 상황조사

⑧ 화재진압 중 소실물건의 이동·도괴·파손 상황

2 화재진압상황 조사

(1) 소방대의 활동 상황

① 최초 도착한 소방대의 활동상황이 기록된『화재현장출동보고서』를 입수하여 도착 시 연소상황 및 출입문 개방여부 등을 파악

② 대형화재인 경우에는 출동한 모든 소방대의 시간대별 조치사항을 구체적으로 기록

(2) 소방시설 조사(비상경보, 자동화재탐지설비, 스프링클러, 비상구, 방화구획 등)

① 화재현장의 소방시설 작동상황 조사

② 자동화재탐지설비나 스프링클러 설비는 경계구역이 지정되어 있으므로 최초 발화지역 요약 가능

③ R형수신기는 감지기의 주소를 통해 정확한 발화지점까지 찾을 수도 있음

3 인명 및 재산피해 정보수집

종 류	조사범위
인명피해조사	• 소방활동 중 발생한 사망자 및 부상자 • 그 밖에 화재로 인한 사망자 및 부상자 • 사상자 정보 및 발생원인
재산피해조사	• 열에 의한 탄화, 용융, 파손 등의 피해 • 소화활동 중 사용된 물로 인한 피해 • 그 밖에 연기, 물품반출, 화재로 인한 폭발 등에 의한 피해

05 │ 진화작업 상황기록

1 신고 및 초기소화 등 조치상황 조사

(1) 신고자 및 관계자

① 화재를 최초 인지한 경위 및 초기연소상황은 어떠했는지를 조사

② 연소가 어디에서 어느 방향으로 진행하고 있었는지 연소상황을 조사

③ 초기소화는 어떤 소화기구(소화기, 옥내소화전 등)를 이용하여 어떻게 시도하였는지 조사하여 탐문 내용으로 발화범위를 추정

④ 인명 유도대피와 같은 대응이 적절히 이루어졌는지 조사

(2) 소방설비 작동 및 사용 상황조사

① 화재 시 경보설비가 정상적으로 작동되어 사람들이 피난과 같은 대응이 이루어졌는지 조사

② 수신반(R형)에서 소방설비 작동시간 및 작동여부 확인

③ 자동식소화기 · 스프링클러 등 자동소화설비의 정상작동여부 확인

2 화재진압 활동 중 조사

(1) 진압 중 조사내용

① 소화활동 중 화염의 색깔, 이상한 냄새 또는 소리, 폭발연소 등 특이현상

② 연소장소 및 주수에 의한 소화효과

③ 화재진압 중에 관계인의 진술내용

④ 사상자 발생상황과 사상자가 발생한 장소

⑤ 출입구 · 창문 등 개구부 개폐 상황

⑥ 전기의 통전상태, 가스밸브 개폐여부, 위험물 취급 사항

⑦ 소방설비 작동 및 사용 상황조사

⑧ 화재진압 중 소실물건의 이동 · 도괴 · 파손 상황

(2) 방화원인과 관련된 제반사항 조사

    ① 전기기기 및 화기취급기기 사용

    ② 가스누설유무 및 가스밸브차단 여부

    ③ 출입구, 창문 등 개구부 개폐여부 등

    ④ 전기의 통전상태, 가스밸브 개폐여부, 위험물 취급 사항

06 | 현장 보존하기

Key Point
1. 진화작업 시 현장을 보존할 수 있다.
2. 출입금지구역을 설정할 수 있다.
3. 현장보존을 위하여 관련기관과의 협조절차를 파악할 수 있다.

1 진화작업 시 현장보존

(1) 화재현장 보존을 위한 유의사항

① 진화작업 시 불필요한 방수, 물건의 파괴 및 이동은 가능한 한 피해야 한다.

② 불가피하게 현장에 있는 물건을 파괴 또는 이동을 필요로 하는 경우에는 파괴 또는 이동 전의 위치를 기록하거나 사진 촬영하여 원상태를 명확하게 하여 둔다.

③ 인명검색 또는 잔화정리 시에도 증거물의 비산·파손·유실 등 휘젓기로 파괴되면 사실상 조사가 불가능해지므로 발화범위와 그 부근의 파괴를 최소한도로 하여야 한다.

④ 초기조사단계에서 발화부위 부근으로 추정되는 장소가 판명될 때까지 발화부위 부근에 대한 과잉주수, 파괴, 밟음, 휘저음 등의 행동을 하지 않도록 화재현장 지휘관에게 조치를 당부한다.

⑤ 눈이나 비로 인하여 현장이 훼손될 우려가 있으므로 중요 증거물은 천막 등으로 가려놓는다.

2 현장보전구역을 설정

(1) 화재현장보존 등(소방의 화재조사에 관한 법률 제8조)

① 설정권자 : 소방청장, 소방본부장 또는 소방서장

② 설정요건 및 범위

　㉠ 소방관서장은 화재조사를 위하여 필요한 범위에서 화재현장 보존조치를 하거나 화재현장과 그 인근 지역을 통제구역으로 설정할 수 있다. 다만, 방화(放火) 또는 실화(失火)의 혐의로 수사의 대상이 된 경우에는 관할 경찰서장 또는 해양경찰서장(이하 "경찰서장"이라 한다)이 통제구역을 설정한다.

　㉡ 누구든지 소방관서장 또는 경찰서장의 허가 없이 제1항에 따라 설정된 통제구역에 출입하여서는 아니 된다.

　㉢ 화재현장 보존조치를 하거나 통제구역을 설정한 경우 누구든지 소방관서장 또는 경찰서장의 허가 없이 화재현장에 있는 물건 등을 이동시키거나 변경·훼손하여서는 아니 된다. 다만, 공공의 이익에 중대한 영향을 미친다고 판단되거나 인명구조 등 긴급한 사유가 있는 경우에는 그러하지 아니하다.

③ 화재현장 보존조치 통지 등
  ㉠ 화재현장 보존조치나 통제구역 설정의 이유 및 주체
  ㉡ 화재현장 보존조치나 통제구역 설정의 범위
  ㉢ 화재현장 보존조치나 통제구역 설정의 기간
④ 화재현장 보존조치 통지 등
  ㉠ 화재조사가 완료된 경우
  ㉡ 화재현장 보존조치나 통제구역의 설정이 해당 화재조사와 관련이 없다고 인정되는 경우

제2편

예비조사

01 | 화재조사 전 준비하기

1 조사인원구성(소방 · 경찰)

임무구분	소규모 화재	중대형규모 화재
지휘자(조사책임자)	1명	1명
현장발굴자	2~3명	5명 이상
사진촬영자	1명	1명
도면작성자	1명	2명
손해조사관	1명	2명

2 조사복장과 기자재

(1) 화재조사자의 기본복장

① **조사복(방화복)** : 통상 상하일체의 흰색 방진복 착용

② **헬멧** : 탄화된 낙하물 등으로부터 머리보호

③ **안전화**

④ **가죽장갑 또는 라텍스 장갑**

⑤ **방진마스크**

⑥ **표식** : 모자 및 조사복에 표시

(2) 조사복장의 요건

① 현장조사에 지장이 없고 오염물질로부터 신체를 보호할 수 있어야 한다.

② 화재조사자의 직무를 한눈에 알아볼 수 있는 표식이 있는 복장이어야 한다.

③ 방수, 방진, 방한, 내열, 통풍 등 조사상 적합하고 편리해야 한다.

④ 깨진 유리나 못에 찔리지 않고 방수가 되는 안전화를 착용한다.

⑤ 지붕 등에서의 낙하물로부터 머리를 보호하기 위해 헬멧을 착용해야 한다.

3 기자재의 종류 및 용도

(1) 화재조사 부서에 갖추어야 할 장비 및 시설(소방의 화재조사에 관한 법률 시행규칙 제12조 제4항)

18 19 21

구 분	기자재명 및 시설규모
발굴용구(8종)	공구세트, 전동 드릴, 전동 그라인더(절삭 · 연마기), 전동 드라이버, 이동용 진공청소기, 휴대용 열풍기, 에어컴프레서(공기압축기), 전동 절단기
기록용 기기(13종)	디지털카메라(DSLR)세트, 비디오카메라세트, TV, 적외선거리측정기, 디지털온도 · 습도측정시스템, 디지털풍향풍속기록계, 정밀저울, 버니어캘리퍼스(아들자가 달려 두께나 지름을 재는 기구), 웨어러블캠, 3D스캐너, 3D카메라(AR), 3D캐드시스템, 드론
감식기기(16종)	절연저항계, 멀티테스터기, 클램프미터, 정전기측정장치, 누설전류계, 검전기, 복합가스측정기, 가스(유증)검지기, 확대경, 산업용실체현미경, 적외선열상카메라, 접지저항계, 휴대용디지털현미경, 디지털탄화심도계, 슈미트해머(콘크리트 반발 경도 측정기구), 내시경현미경
감정용 기기(21종)	가스크로마토그래피, 고속카메라세트, 화재시뮬레이션시스템, X선 촬영기, 금속현미경, 시편(試片)절단기, 시편성형기, 시편연마기, 접점저항계, 직류전압전류계, 교류전압전류계, 오실로스코프(변화가 심한 전기 현상의 파형을 눈으로 관찰하는 장치), 주사전자현미경, 인화점측정기, 발화점측정기, 미량융점측정기, 온도기록계, 폭발압력측정기세트, 전압조정기(직류, 교류), 적외선 분광광도계, 전기단락흔실험장치[1차 용융흔(鎔融痕), 2차 용융흔(鎔融痕), 3차 용융흔(鎔融痕) 측정 가능]
조명기기(5종)	이동용 발전기, 이동용 조명기, 휴대용 랜턴, 헤드랜턴, 전원공급장치(500A 이상)
안전장비(8종)	보호용 작업복, 보호용 장갑, 안전화, 안전모(무전송수신기 내장), 마스크(방진마스크, 방독마스크), 보안경, 안전고리, 화재조사 조끼
증거 수집 장비(6종)	증거물 수집기구 세트(핀셋류, 가위류 등), 증거물 보관 세트(상자, 봉투, 밀폐용기, 증거수집용 캔 등), 증거물 표지 세트(번호, 스티커, 삼각형 표지 등), 증거물 태그 세트(대, 중, 소), 증거물 보관장치, 디지털증거물 저장장치
화재조사 차량(2종)	화재조사 전용차량, 화재조사 첨단 분석차량(비파괴 검사기, 산업용 실체현미경 등 탑재)
보조장비(6종)	노트북컴퓨터, 전선 릴, 이동용 에어컴프레서, 접이식 사다리, 화재조사 전용 의복(활동복, 방한복), 화재조사용 가방
화재조사 분석실	화재조사 분석실의 구성장비를 유효하게 보존 · 사용할 수 있고, 환기 시설 및 수도 · 배관 시설이 있는 30제곱미터(m²) 이상의 실(室)
화재조사 분석실 구성장비(10종)	증거물보관함, 시료보관함, 실험작업대, 바이스(가공물 고정을 위한 기구), 개수대, 초음파세척기, 실험용 기구류(비커, 피펫, 유리병 등), 건조기, 항온항습기, 오토 데시케이터(물질 건조, 흡습성 시료 보존을 위한 유리 보존기)

(2) 기자재사진 및 용도 🔟

기자재사진	기자재명	사용용도
	발굴용구 세트	현장조사 시 발화장소의 발굴, 복원작업 등에 도구로 사용됨
	디지털카메라	화재현장 및 실험장면 촬영
	비디오카메라	발화과정 촬영 및 화재현상 등 주요기록 정밀 촬영 시 사용됨
	디지털방수카메라	우천 시 소화수에 의한 손상을 방지하면서 현장촬영
	디지털녹음기	현장 화재관계자 질문 시 음성 녹취
	거리측정기	화재현장 감식 시 거리, 면적, 체적 등을 계산하여 도면 및 배치도 작성
	절연저항계	전선로 등의 절연저항 및 교류전압측정기구
	멀티테스터기	전기화재 현장감식 시 다기능(전류, 전압, 저항, 도통시험 등)
	클램프미터	• 전기배선이나 전기기구 등의 전선을 통과하는 전류를 측정 • AC/DC 겸용으로 사용 가능
	정전기 측정장치	물체의 정전기 전위 검출 측정용 기구

	누설전류계	전기배선 중 한선을 클램핑하여 누설되는 전류값을 측정하며, 디지털로 표시
	검전기	전기 통전여부 확인 등
	복합가스측정기	LPG, LNG, 기타 가연성 가스의 누출여부를 확인
	가스(유증)검지기	화재현장의 잔류가스 및 액체촉진제의 유증기(가솔린, 석유 등) 시료 채취 및 유종 확인
	실체현미경	• 수집증거물 또는 실험물체의 세부관찰 • 화재 시 발생된 투명·불투명한 시료의 정밀한 관찰
	적외선열화상카메라	• 화염온도 및 화재진압 후 적열된 온도측정 가능 • 전기,기계, 모터, 엔진 전기선로 적열 여부 확인 가능 • 건축물 내부의 복사되는 적외선에너지를 감지하여 온도측정 및 기록
	접지저항계	접지저항값을 측정하는 데 사용
	휴대용 디지털현미경	• 화재현장 내 탄화된 전기배선 단락흔 외형 촬영 • 크기가 미세한 전자제품 내 전자기판 화재원인 분석 시 활용 • 전기배전반 등 확대 촬영 및 기록(사진촬영)
	증거물 수집 세트	화재증거물을 습득하고 해당물건을 분석하여 사건과 관련된 화재증거를 추출하는 장비
	증거물 보관이송 세트	현장 증거물의 보존을 위하여 화재증거물을 보관·운반·이동하기 위한 장비

	증거물 태그	화재증거 수집 시 증거물을 표시
	가스크로마토그래피	열안정성이 좋고 휘발성인 유기·무기화합물을 분리하는 장비
	금속현미경	금속 단면의 용융흔적 감정
	시편절단기	실험용 시료 절단용
	시편성형기	화재현장에서 채취한 전기화재 등의 전선 용융 등을 정밀 감식 연마하기 위한 성형작업
	시편연마기	화재현장에서 채취한 전기화재 시료 등을 연마, 현미경 감식 준비 등
	접점저항계	각종 스위치 또는 차단기 단자 등의 접촉면의 저항을 측정하여 규정값 이하와 비교하여 정상여부를 판단하는 데 사용
	직류 전압전류계	직류전압을 측정하는 추가권장장비
	교류 전압전류계	교류전압을 측정하는 추가권장장비
	오실로스코프	전기적 신호를 계측하는 기기
	주사전자현미경	전기용융흔 등 시편 등 화재감식

	미량융점측정기	녹는점을 측정하는 기기
	인화점측정기	가연성 액체의 인화점 측정용
	발화점측정기	화재증거물의 발화점 측정용
	초음파세척기	초음파 진동을 이용하여 증거물품의 표면에 부착된 이물질을 제거하는 장치
	시험용 초자류	화재조사 실험·분석을 위한 분석실 구성장비
	적외선온도계	화재현장 및 화재증거물 온도 측정

02 | 현장보존 범위의 판정 및 조치하기

Key Point
1. 현장보존 범위를 판정하는 방법에 대하여 설명할 수 있다.
2. 화재현장조사 전에 현장보존 상태를 확인할 수 있다.

1 현장보존 범위를 설정하는 방법

(1) 범위설정의 필요성
① 화재조사 가운데서 가장 중요한 것은 진화 후에 행한 조사이다.
② 현장에 타고 남은 건물의 주요 구조재, 가구류, 각종 기계 및 전기·가스설비 등의 소손물은 거의 화재조사상의 판정 자료가 되고 그 존재되어 있는 자체가 상황증거가 되기 때문에 이러한 물건은 조사를 용이하게 하기위해서 가능한 한 있는 그대로 보존할 필요가 있다.
③ 현장보존의 수단에는 화재현장을 화재발생 전의 상황과 근접한 상태로 보존하려는 조치의 노력과 진화 후의 현장을 그 후의 조사 시까지 보존하기 위하여 출입금지구역으로 설정하는 것 등이 있다.

(2) 현장보존 범위설정 기본원칙
① 필요한 최소의 범위로 한다.
② 수사기관과 상호 협조하여야 한다.
③ 관계자의 입장을 충분하게 고려하여 설정하고 반드시 통보한다.
④ Fire Line과 같은 표식 등으로 범위를 한정하고 경고판을 부착한다.
⑤ 폭발사고 등은 출화 범위 안에 있던 물건이 멀리 비산하므로 비산거리의 영향권에 드는 범위를 설정한다.
⑥ 발화원이라고 고려되는 것이 제조가공기계설비 등으로 일련의 관련기구를 갖추고 있을 때 이러한 설비 전체를 포함한 범위를 출입금지구역으로 한다.
⑦ 원활한 화재조사활동이 이루어질 수 있도록 현장보존에 노력하여야 한다.

(3) 현장보존 범위의 확대설정

발화범위가 다음과 같이 명확하지 않은 경우에는 출입금지 구역의 범위를 넓게 설정한다. 이 경우에도 관계자의 입장을 충분하게 고려한다.

① 발화지점 부근의 목격상황에 대한 진술이 제각기 달라 발화부위가 불명확한 때

② 화재를 일찍 발견한 사람의 상황과 건물 등의 소손상황으로부터 판단한 발화위치가 상당한 차이가 있어 상호연관성이 불명확한 때

③ 건물 전체가 같은 정도로 소손된 상황으로 특이한 연소방향의 정도가 확인(관찰)되지 않을 때

④ 건물의 지붕 및 지지구조물 등이 광범위하게 연소하여 바닥에 연소낙하물이나 도괴물이 많이 퇴적되어 있는 때

⑤ 진화 후에도 행방불명자의 존재나 거취가 확인되지 않을 때

⑥ 발화원으로 추정되는 물건이 기계설비로서 전기적·물리적으로 함께 시스템화 되어 있는 기구인 경우에는 추정되는 발화물과 계통적으로 하나가 되어 연결된 설비 전체를 포함한 범위를 출입금지 구역으로 설정한다.

03 | 조사계획 수립하기

Key Point
1. 화재현장의 특성에 따른 조사과정 및 유의사항에 대하여 설명할 수 있다.
2. 조사의 범위, 방법, 책임자의 선정 및 임무분담에 대하여 설명할 수 있다.
3. 조사에 필요한 협조사항(경찰, 전기, 가스, 제조회사 등)에 대하여 파악할 수 있다.
4. 특정상황에 맞는 전문요원과 기술자문관에 대하여 파악할 수 있다.

1 화재현장의 특성에 따른 조사과정 및 유의사항

조사 전 팀 회의(Pre-Investigation Team Meeting)
① 현장조사 전에 모임을 가져야 한다.
② 팀 책임자는 사법권 범위 안에서의 문제점을 설명하고 팀 구성원에게 지정 책무를 할당한다.
③ 화재조사관에게 현장 조건과 필요한 안전 유의사항을 충고한다.
④ 화재조사는 소화활동과 동시에 실시한다.

2 조사의 범위, 방법, 책임자의 선정 및 임무분담

조사의 범위(역할의 분담)
① 연소상황조사   ② 사진촬영, 도면작성
③ 관계자 등 조사(목격자 면담)   ④ 현장수색, 증거수집과 보존
⑤ 안전성평가

3 조사에 필요한 협조사항

(1) 국가경찰기관과 협조

경찰기관은 화재현장에서 범죄가 있다고 판단될 때 공소제기를 위해서 형사소송법에 근거를 두고 증거를 수집한다. 따라서 사람의 행위에 문제가 있는 경우 현장조사의 작업수순, 정보수집은 동일한 방법으로 진행된다.

(2) 보험회사와 협조

보험회사도 화재조사를 실시하고 있으므로 보험회사의 보험금의 지급여부라는 이익과 관련이 있지만, 특수 장소에 대한 화재의 예방이라는 기능, 즉 공익적인 기능도 있다고 보아야 할 것이다.

제3편

발화지역 판정

합격의 공식 SD에듀 www.sdedu.co.kr

01 │ 수집한 정보 분석하기

Key Point
1. 수집된 화재상황에 대한 정보를 분석 및 보증할 수 있다.
2. 수집된 진압상황에 대한 정보를 분석 및 보증할 수 있다.
3. 관계자 진술의 내용에 대하여 분석할 수 있다.
4. 방화의 개연성 조사에 대하여 분석할 수 있다.

1 수집된 화재상황에 대한 정보 분석

(1) 목 적

필요한 장비와 인력과 같은 조사범위의 결정, 화재현장의 안전성 판정, 좀 더 많은 조사를 필요로 하는 지역을 결정하기 위한 것이다.

(2) 정보분석요령

① 모든 장소는 방위표시나 건축물 전면과 같은 기준점의 방향을 가리키도록 표시하여 다른 사람이 그 장소를 명확하게 파악할 수 있도록 정확해야 한다.

② 건물 주변의 지역을 조사에 포함시켜 중요한 증거 또는 관련 건축물에서 떨어진 화재형태를 나타내어 현장을 더욱 잘 보여줄 수 있게 한다. 건축물과 관련한 현장에 관계가 있는 모든 정보를 수집하여 분석한다.

③ 연소된 건축물의 내용물과 화재형태 등 사고와 관련된 증거에 대한 주변지역을 조사한다. 이 조사 단계는 화재 목격자와 화재건물에 관한 정보제공을 할 수 있는 사람을 찾으러 부근을 상세히 조사 할 수 있다.

(3) 조사(분석)내용

① 날씨(Weather)

화재 당시의 날씨와 화재에 영향을 미치는 기후요소(바람 등)의 방향을 분석한다.

② 건물 외부(Structural exterior)

건물 전체 주위를 돌아보면 손상된 범위와 위치를 알 수 있다.

③ 건물 내부(Structural interior)

㉠ 최초의 평가에서 조사자는 건물의 모든 방과 내부를 조사해야 한다. 연기와 열 이동, 손상지역과 각 부분에 있어서의 손상 정도를 기록한다.

㉡ 화재 후 위치의 변경된 흔적을 기록한다.

2 진압상황에 대한 정보 분석

화재현장에 출동한 각 소방대원으로부터 획득한 여러 가지 정보를 종합하여 분석한다.

3 관계자 질문(탐문)

(1) 범죄심리학적 탐문

① 진술분석 기법

진술분석은 감이나 경험도 중요하지만 과학적인 접근이 필요하다. 관계자 질문 시 진술의 앞뒤가 잘 맞는지 확인하고 검증하여 종합적으로 정리하여야 한다.

② 행동분석 기법

㉠ 관계자가 가지고 있는 정보, 행동이 어떻게 학습되고 있는지 알기 위해 계통적으로 상세하게 청취하여 화재와 인과관계를 분석한다.

㉡ 화재발생 관계자에게 거듭된 질문을 통해 사실관계가 밝혀질 뿐 아니라 문제점 및 개선방안이 시사된다.

(2) 질문 및 진술방법

탐문은 화재에 관한 유용하고 정확한 정보를 수집하는 것으로 진술방법은 6하원칙에 의거 실시한다.

4 방화의 개연성 조사에 대한 분석

(1) 방화화재 감식요령

① 전혀 화원이 없는 지점에서 발화

㉠ 착화하기 쉬운 종이 등의 탄화물을 관찰

㉡ 발화지점 부근의 기기 등으로부터 발화가 부정됨

㉢ 부근의 배선에 전기흔이 관찰된 경우 1차적인 단락에 의한 발화는 부정됨

㉣ 비교적 표면적인 소손으로서 담배 등에 의한 연소 등은 관찰되지 않음

② 시한 발화장치에 의한 발화

㉠ 리드선, 전지 등의 물증이 관찰

㉡ 액체촉진제 등의 반응이 발견

㉢ 테르미트(발열재)가 사용된 경우는 적갈색의 변색

㉣ 진화 후 조기에 사진촬영을 하는 등 현장보존에 유의하여 경찰기관과 연대하여 관찰

③ 액체촉진제를 뿌려 발화
  ㉠ 신나, 등유, 가솔린 등의 냄새
  ㉡ 가스검지기 반응이 보임
  ㉢ 가스검지기로 반응이 있는 범위를 표시(2차적인 가솔린 등의 유출에 주의)
  ㉣ 잔존물을 채취하여 가스크로마토그래피 등의 분석기기로 감정하여 성분 확인
④ 옥외물품에 의한 발화
  ㉠ 담배 등이 버려진 흔적이 관찰되지 않음
  ㉡ 다른 화원에 의한 발화가 대체로 부정됨
    ※ 가장 많이 발생하는 것으로 쓰레기 등은 담배와 함께 버려지거나 통행인 등이 버리는 것도 있음을 고려하여
      종합적으로 판단
⑤ 출입이 자유로운 건물에서 발화
  개방된 창고, 시건 되지 않은 빈 집이나 빈 사무실 등에 침입하여 방화된 경우
  ㉠ 개방출입구나 문 등이 잠겨 있지 않다.
  ㉡ 창을 포함한 각 출입구 부근을 발굴하여 도어노브나 자물쇠 상태를 관찰한다.
⑥ 출입구의 도어 등을 파괴 침입하여 방화
  절도 등을 목적으로 출입구의 도어 등을 파괴하고 내부에 침입, 증거인멸을 위하여 방화하는 경우
  ㉠ 도어 등이 파괴된 흔적이 있는지 관찰(소방대에 의한 경우도 있음에 유의)
  ㉡ 현금, 귀중품 등이 도난되지 않았는지 확인
  ㉢ 서랍 등이 열려진 채 소손되어 있는지 확인

(2) 방화동기와 감식요령
  ① 방화동기
    ㉠ 계획적 방화 : 방화의 은폐, 이익편취, 투쟁수단, 원한 및 보복을 목적
    ㉡ 우발적 방화 : 현실불만, 가정불화, 호기심 충족 등
    ㉢ 습관적 방화 : 방화광, 정신장애나 기타 동기
  ② 현장 특징
    ㉠ 대부분 급격한 연소확대로 연소의 방향성 식별이 곤란
    ㉡ 연소된 시간에 비해 연소 면적이 넓음
    ㉢ 수직재의 경우에도 역삼각형보다는 아래위가 동일한 폭으로 연소되어 올라가는 경향이 있음
    ㉣ 연소시간이 짧아 탄화심도가 얕음
    ㉤ 촉진제, 촉진제 용기, 지연착화 도구 등이 방화장소에 존재하는 경우가 많음

③ 감식요령

  ㉠ 화재발생 전에 싸움, 사람의 출입 등 화재발생 전의 현장상황을 관계자 등으로부터 청취하여 조사

  ㉡ 방화 시 나타나는 연소상황을 식별하여 방화현장 특징을 감식

  ㉢ 발견 당시의 연소상황이 그 가연물의 조건하에서 발화(추정)시간으로부터 시간적 경과에 따른 적절한 연소속도인가를 감식

  ㉣ 개구부의 개폐상태, 침입흔적 등 방화현장여건의 물증을 찾아내는 데 주의를 기울임

  ㉤ 연소현장 및 그 주변에 방화 매개물이 있는지 주의 깊게 식별

  ㉥ 사망자가 있는 경우

    ⓐ 소사체와 화상자의 자세·상태를 조사

    ⓑ 일반적으로 우발적 방화는 사상자의 피난 흔적이 없음

    ⓒ 계획적 또는 습관적 방화의 경우 사상자가 피난의 흔적을 보이는 것이 많음

  ㉦ 방화와 관계된 사람의 경우 : 진술이 불일치하는 등 어딘가 모순이 나타나므로 관계자 등의 진술 내용·행동·태도를 주의 깊게 관찰함

02 | 발굴 전 초기관찰 기록하기

Key Point
1. 화재조사 진행상황에 맞는 상황기록을 할 수 있다.
2. 초기관찰의 기록을 위한 도면 작성방법에 대하여 설명할 수 있다.
3. 발굴 전 초기상황 기록을 위한 사진촬영 방법에 대하여 설명할 수 있다.

1 화재조사 진행상황에 맞는 상황기록

(1) 발굴 전 조사의 주요순서와 방법

① 소실 건물과 주변건물의 대략적 조사

② 소실 건물과 주변건물 전체적 조사

③ 연소 확대경로 조사

④ 도괴방향에 따른 연소경로 조사

⑤ 탄화현상에 따른 연소경로 조사

⑥ 연소강약 조사

(2) 관찰요령

초기 현장조사는 외부에서 강하게 탄화된 방향 및 연소중심부로부터 이동하는데 한 방향만 관찰해서는 안 되며 이동하면서 여러 방향에서 세심하게 주의를 기울여 관찰할 필요가 있다.

① 소실된 건물 전체를 내려다 볼 수 있는 인접건물의 옥상과 발코니, 고층건축물, 굴절차 등을 이용하여 화재현장 대상물보다 높은 위치에서 지리적 환경, 기상조건을 고려하여 지붕의 붕괴, 구조물의 도괴, 소실상태, 연소경로 등 현장전체를 입체적으로 관찰한다.

② 여러 동으로 연소 확대된 경우에는 탄화가 중지된 경계지점의 소실상황을 관찰하여 연소 진행 방향과 각 건물 간의 이격거리, 외곽의 구조와 개구부의 상황, 연소 확대 경로를 확인하고 기록한다.

③ 현장 전체의 외곽으로부터 연소방향이 강한 중심부로 이동하는 한 방향만의 관찰만이 아니라 여러 방향에서도 함께 관찰하여 기록한다.

④ 발화건물 외부로부터 중심부로 이동하면서 전체적인 소손상황을 조사하고 또한 낙하물을 자세히 관찰하고 출입구와 창 유리의 파손, 잠김상태에 대하여 기록한다.

⑤ 강한 연소 또는 탄화로 분쇄, 수열 변색이 심한 금속재, 콘크리트 등의 박리나 변색, 바닥재 등의 탄화정도 등을 조사하여 연소가 극심한 영역을 구별하여 기록한다.

⑥ 건물 구조재의 낙하·도괴물의 집중 영역, 지붕을 지지하는 구조재·위층의 가연성 바닥재·건물 중앙부·서까래 등의 도괴방향, 타다 남은 상황을 기록하여 연소방향을 관찰한다.

⑦ 발화건물의 내·외벽, 가구·목재기둥 등의 탄화로 잘림, 가늘어짐 등 탄화·소실 정도를 입체적으로 조사해서 개개의 소손상황으로부터 전체적인 연소확대경로를 조사하여 기록한다.

(3) 발굴 전 조사 시 유의사항

① 화재현장 도착 시 관계자의 진술내용을 고려하여 관찰한다.

② 소실, 도괴, 파괴 등 발화장소는 복원적 관점에서 관찰한다.

③ 현장에 있는 소실된 물건은 모두가 발화와 관련된 물증으로 주의 깊게 관찰한다.

④ 연소의 강약 조사는 약한 곳에서 강한 곳으로 관점을 이동하면서 조사한다.

⑤ 조사일시, 입회인의 인적사항을 파악하고 발화건물의 평면도에 화재출동 시 조사한 사항과 본조사 시 조사한 사항을 비교하면서 위치와 방향을 기록한다.

⑥ 화재현장 이외에도 발화원인과 관련하여 부근의 화기취급(모닥불, 굴뚝)으로 인한 불꽃, 불티의 발화 가능성도 잊지 말고 조사한다.

⑦ 탄화가 다른 장소에 비하여 극심한 부위에 대해서는 확대연소경로에 관계가 있는지 조사한다.

2 초기관찰의 기록을 위한 도면 작성방법

(1) 발굴 전 도면작성 방법

① 발화건물의 위치를 알기 쉽게 현장위치도(위성사진, 지도 등 활용)를 작성한다.

② 발화건물과 주변 소방대상물의 배치도를 작성해서 소실상황을 표시하고, 각 건물의 구조·용도·피해건물의 구별 및 가까운 건물 간의 거리를 기입한다.

③ 각 건물 등의 도면에는 소손 정도와 소손범위, 건물명칭을 기입한다.

④ 발화건물의 평면도에는 소실범위 내 물건의 배치상황을 기록한다.

⑤ 도면작성에 있어서는 방의 배치와 출입구, 개구부의 상황을 위주로 한다.

⑥ 거리측정은 기둥의 중심에서 다른 기둥의 중심까지로 기준점을 통일한다.

⑦ 도면(평면도, 입체도)은 측정치를 기준으로 하여 축척에 맞춰서 작성한다. 다만 너무 작거나 얇고 가늘어서 축척에 의한 표시가 어려운 것은 위치를 알 수 있도록 그려 넣은 후 품명 등을 기재해 둔다.

⑧ 방배치가 복잡한 건물에 있어서는 기준으로 하는 점(예 건물 중앙의 기둥)을 정하고 여기에서 사방으로 넓히면서 측정하면 비교적 이해하기 쉽다.

(2) 도면작성 시 유의사항

① 평면도는 북쪽이 도면의 위쪽으로 하는 것을 원칙으로 한다.

② 도면마다 방위·축척·범례를 기입한다.

③ 평면도·단면도는 실측을 기준해서 축적을 바르게 한다.

④ 기억에 따른 작도는 하지 않는 것을 원칙으로 하나 상황판단을 용이하게 하기 위한 모양이나 형태를 그린 형상도·약식도 등은 축척을 사용할 필요가 없다.

⑤ 도면은 기입된 내용을 읽고 이해할 수 있어야 하므로 정해진 기호규정으로 그리고 치수·간격 등의 기입은 상용숫자를 이용하고, 기호로 표시하는 경우에는 보조설명을 붙인다.

⑥ 연소확대 상황에 있어 관계자 등의 대피경로 등을 도면에 표시할 때는 색깔별로 표시해서 구분이 용이하게 한다.

3 발굴 전 초기상황 사진촬영 방법

화재진화 후의 현장은 조사가 종료되면 즉각 복구작업을 하기 때문에 언제까지 현장보존을 할 수 없고, 현장 상황이 변화하기 때문에 진행상황에 맞는 상황기록과 사진촬영이 현장을 조사하는데 절대적으로 필요하다.

(1) 발굴 전 초기상황 사진촬영 방법

① 화재현장 전경

㉠ 화재현장 전체가 보이는 높은 곳에서 지붕의 붕괴, 구조물의 도괴, 소실상태 등을 촬영한다.

㉡ 전경사진은 주변 상황과 건물 전체가 나타날 수 있도록 4면에서 촬영한다.

㉢ 소실의 정도(박리, 낙하, 붕괴, 그을음 등)를 식별할 수 있도록 광각렌즈를 사용한다.

㉣ 한 장의 사진에 나타나지 않을 때에는 파노라마촬영을 이용한다.

㉤ 화재현장 전체의 소실상황에서 연소확대경로를 포착해서 촬영한다.

㉥ 인접건물의 타다 남은 주변의 상황, 도괴상황을 촬영한다.

34 PART 01 핵심이론

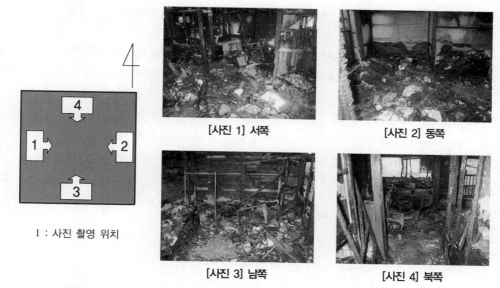

[사진 1] 서쪽   [사진 2] 동쪽

[사진 3] 남쪽   [사진 4] 북쪽

1 : 사진 촬영 위치

② 개개 건물에 대한 사진

　　㉠ 소실된 건물, 각 실마다의 소손상황을 탄화 · 수열변색 · 타다 그친 상황을 삽입하여 연소진행
　　　방향을 알 수 있도록 촬영한다.

　　㉡ 이제까지 조사한 건물의 발화범위와 추정되는 지점은 초기에 발화원에 의해 착화된 곳, 연소진행
　　　형태 등 소손상황을 여러 각도에서 촬영한다.

　　㉢ 사망자가 발생한 장소는 그 위치와 자세를 필요에 따라 표식을 이용해 촬영한다.

　　㉣ 발화건물의 외곽에 대해서는 개구부의 상태, 시건상태 등을 촬영한다.

　　㉤ 발견상황과 관계가 있는 물건이나 주거상황을 설명할 필요가 있는 경우도 촬영한다.

(2) 사진촬영 시 유의사항

　현장상황을 촬영한 사진은 화재현장조사서를 작성하는 데 내용을 시각적으로 설명하여 명확한 보조자료
로서의 역할을 한다. 사진이 첨부되지 않은 조사서는 조사 시 확인사실을 누락한 것과 같다. 따라서
화재현장의 정확한 기록과 상황증거, 제3자에게 이해시키기 위해서 현장사진은 다음의 사항에 유의하여
사실대로 선명하게 촬영한다.

① 소실상황과 물건의 존재 및 상태를 정확히 포착하고 목적하는 촬영영역 · 지점 등에 대해 충분히
　이해하고 증거물을 선정한 후 촬영한다.

② 화재현장의 사진촬영은 목적에 충분한 현장진행에 맞추어 단시간에 끝낼 수 있도록 요령 있게 촬영
　한다.

③ 건물 내부를 촬영 시에는 사진별 구별이 모호한 경우가 있으므로 일정범위를 확대하여 촬영한 경우
　에는 기둥 · 문턱 · 가구 등의 일부를 넣어 증거물의 존재 위치를 쉽게 알아볼 수 있도록 한다.

④ 증거물의 크기와 거리 등을 명확하게 해야 할 필요가 있을 때나 크기가 작은 부품, 중요흔적 등은 눈금자를 같이 촬영하거나 동일제품과의 비교 촬영한다.

⑤ 소손물건의 변색상황을 촬영할 때 광선의 영향은 증거물의 실체나 실태를 구분하거나 판명하기 곤란하게 만들고, 다른 색조를 나타내게 되므로 그림자가 생기지 않도록 조치하고 밝은 광선의 방향에 주의한다.

⑥ 현장발굴에 사용하는 기자재 등 화재현장 이외의 불필요한 물건과 인물이 들어가지 않도록 촬영한다.

⑦ 사진촬영은 장소와 방향이 명확히 나타나도록 하고, 한 방향에서만 촬영하지 말고 다각도로 촬영한다.

⑧ 특정 증거물이나 흔적 촬영 시에는 번호판 및 표시라벨 부착 후 촬영하여 설명이 쉽도록 한다.

03 | 발화형태, 구체적인 연소의 확대, 형태 식별 및 해석

Key Point

1. 화재패턴분석 방법에 대하여 설명할 수 있다.
2. 열 및 화염 벡터 분석방법에 대하여 설명할 수 있다.
3. 탄화심도 분석방법에 대하여 설명할 수 있다.
4. 하소심도 측정방법에 대하여 설명할 수 있다.
5. 아크 조사 또는 아크 매핑방법에 대하여 설명할 수 있다.
6. 위험물과 특수가연물에 대하여 설명할 수 있다.
7. 건물·구조물·기계·기구의 배치도 및 연소 정도의 등치선도를 작성하는 방법에 대하여 설명할 수 있다.
8. 연소의 확대 형태(방향)를 작도할 수 있다.

1 화재패턴분석

(1) 정 의

① 화재 이후 남아 있는 눈으로 보고 측정할 수 있는 물리적인 효과(NFPA 921)

② 화재로 인한 화염, 열기, 가스, 그을음 등에 의해 탄화, 소실, 변색, 용융 등의 형태로 물질이 손상된 형상

③ 화재가 진행되면서 현장에 기록한 것. 즉, 『화재가 지나간 길』

(2) 화재패턴의 형성

① 어떤 형태로든 물질이 연소하면 가연물의 양과 시간에 의존하여 반응물질을 생성시킨다.

② 보통 벽과 천장면에 남겨진 그을음의 형상과 강한 화염에 노출된 부분에 여러 가지 화재패턴을 인식할 수 있는데 발화부와 가까운 곳일수록 그을음은 옅은 색을 띠고 먼 지점일수록 불완전연소에 의한 짙은 색깔의 그을음이 부착됨으로써 경계선을 형성하게 된다.

③ 이러한 연기의 확산 흐름과 화염의 유동패턴을 분석하여 화재가 지나간 경로를 역 추적하여 발화지역 > 발화장소 > 발화지점 > 발화부위 > 발화원 순으로 좁혀나가 최종적으로 발화원인을 결정하는 자료로 활용한다.

(3) 화재역학에 의한 물질의 형상의 특성

① 해당 물질의 성질에 따라서 소실되면서 탄화·용융·변색의 차이를 나타냄

② 소훼되지 않은 부분과 부분 손상된 곳을 구분할 수 있는 경계선이 형성됨

③ 열원으로부터의 거리 또는 상하 위치에 따라 손상 정도의 차이가 나타남

※ 이러한 구분이 없다면 어떠한 물체의 화재패턴을 역추적하여 발화원을 분석하는 것은 불가능할 것이다.

(4) 화재패턴의 원인

① 복사열의 차등 원리 : 열원으로부터 가까울수록 강해지고 멀어질수록 약해지는 원리

② 탄화 · 변색 · 침착 : 연기의 응축물 또는 탄화물의 침착

③ 화염 및 고온가스의 상승 원리

④ 연기나 화염이 물체에 의해 차단되는 원리

(5) 화염기둥(Fire Plume) 지배패턴의 종류 18

① 수직표면에서의 V패턴(V Patterns on Vertical Surfaces)

② 역원뿔패턴(Inverted Cone Patterns)[역V패턴]

③ 모래시계패턴(Hourglass Patterns)

④ U자형패턴(U-Shaped Patterns)

⑤ 지시계 및 화살형패턴(Pointer and Arrow Patterns)

⑥ 원형패턴(Circular-Shaped Pattern)

(6) 화재패턴의 종류 13 18 19

① 수직 표면에서 V패턴

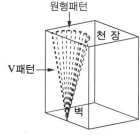

[V자 패턴의 형성]

㉠ "V"자 형태는 벽, 문 및 가구의 측면 및 기구시설의 측면 같은 수직면에 나타나는 일반적인 화재형태이다.

㉡ 형태면의 측면 확산은 위에서 복사된 열에너지와 천장, 처마, 테이블 상부 또는 선반 같은 수평면과 만나는 고온가스와 화염의 위쪽과 바깥쪽으로의 이동에 의해 생긴다.

㉢ "V" 형태를 만드는 각이 진 경계선은 높은 층에서 낮은 층으로 발화지점을 향해 거꾸로 추적할 수 있다. "V"의 정상점이나 낮은 점은 종종 발화지점을 나타내며, 일반적으로 "V"의 각이 더 둔각이거나 예각일수록 연소된 물질은 가연성 벽이 포함된 곳을 더 오랫동안 가열하기 쉽다.

㉣ 가연성 수직면의 "V"의 각은 연소시간과 열원을 비교해 보면 불연성 표면보다 더 넓다.

[가구 위의 V자 패턴]

㉤ 외부의 특이한 영향이 없을 경우 상측에 20, 좌우 1, 하방 0.3의 속도비율로 연소가 확대된다.

㉥ 인입공기가 혼합되면서 상승하는 열기둥이 옆으로 퍼져 'V'자 형태가 되며 화염에 대한 제한성이 없는 경우 그 각도는 약 30° 정도가 된다.

[건물 외벽의 V자 패턴]

V자 패턴의 각도 결정요소 20
① 연료의 열방출률
② 가연물의 기하학적 구조(형상)
③ 환기 효과
④ 수직표면의 발화성과 연소성
⑤ 천장, 선반, 테이블 윗면 등과 같이 수평표면의 존재

② 모래시계(허리가 잘록한) 형태(Hourglass Pattern) : NFPA 921 1.17.3 15

　ㄱ 화재 위에 생성된 고온 가스 플룸은 "V" 형태와 같은 형상의 고온 가스 구역과 그 밑바닥에 존재하는 화염 구역으로 구성된다.

　ㄴ 화염구역은 역 "V" 모양으로 형성된다. 고온 가스 구역이 수직평면에 의해 잘려졌을 때, 대표적인 "V" 형태가 형성된다. 만약 화재 그 자체가 수직면에 매우 가깝거나 접해 있다면 결과적으로 생긴 형태는 역 "V" 위에 커다란 "V"처럼 고온 가스 구역과 화염구역 양쪽의 영향을 같이 보여준다. 역 "V"는 일반적으로 더 작고 강렬한 연소나 완전연소를 보여준다. 그런 결과를 내는 일반적인 형태를 "모래시계"라 한다.

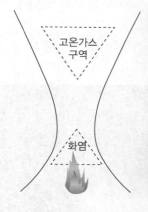

[모래시계패턴의 형성]

③ 전소화재패턴(Full-room Involvement Patterns)

　건물 내 각 층으로 연결된 모든 통로를 포함한 구획실 전역의 모든 연소물 표면에 나타나며, 초기 V패턴의 분석이 어렵다. 이 경우 구획실 내 가연물 하중 총량이 화재 손실의 범위를 결정하게 된다.

④ U패턴(U-Shaped Pattern) 13 15 19 22

　ㄱ U패턴은 훨씬 날카롭게 각이진 V패턴과 유사하지만, 완만한 곡선을 유지하는 형태이다.

　ㄴ U패턴은 V패턴 표면보다 동일 열원에서 더 먼 수직면의 복사열 에너지의 영향으로 생긴다.

　ㄷ U패턴의 가장 낮은 경계선은 발화원에 더 가까운 V패턴의 가장 낮은 경계선보다 높게 위치한다.

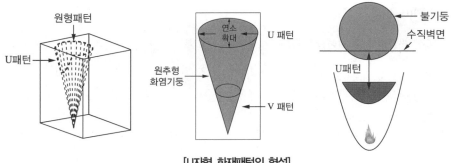

[U자형 화재패턴의 형성]

⊕ **Plus one**

U패턴 하단부가 V패턴 하단부보다 높은 원인
구획된 실에 화재가 발생하면 연소가 확대되면서 V패턴의 꼭짓점보다 높은 위치에 U패턴이 형성되는
것은 발화지점에서 발생한 복사열이 수직벽면에 열원으로 작용하기 때문이다.

⑤ 열그림자패턴(Heat Shadowing Patterns)
  ㉠ 열그림자는 테이블, 의자, 유리 등 장애물에 의하여 가연물까지 열이나 그을음을 차단할 때
     생기는 화재패턴이다.
  ㉡ 열그림자는 보호구역을 형성하고 물건의 이동 또는 제거하였음을 알 수 있으며, 화재 이전의
     물건 위치가 나타나므로 화재 현장 복구 과정에 중요하다.

⑥ 폴 또는 드롭다운패턴(Fall or Drop Down Patterns)
  ㉠ 화재가 진행하는 동안 연소잔재가 저층으로 떨어져 그 지점에서 위로 타올라가는 형상을 "폴다운"
     또는 "드롭다운"이라 한다. 밑으로 떨어지는 것은 발화지점과 혼동되는 낮은 연소 형태를 생성
     하고 다른 가연성 물질을 발화시킨다.
  ㉡ 복사열 등에 의해 벽에 걸린 옷, 커튼, 수건걸이 등 발화지점과 먼 곳의 가연물에 착화되어 연소
     물이 바닥에 떨어져 그 지점에서 위로 타 올라간 형태로 발화지점과 혼동하기 쉽다.

⑦ 포인터 또는 화살형태(Pointer or Arrow Pattern) : NFPA 921 6.17.6

㉠ 벽의 뼈대선이나 수직 목재벽 샛기둥에 나타나는 형태이다.

㉡ 더 짧고 더 심하게 탄화된 샛기둥이 긴 샛기둥보다 발화지점에 더 가깝다. 탄화심도와 높이의 차이는 샛기둥의 측면에서 관찰할 수 있다.

㉢ 샛기둥 교차점의 형태는 열원을 거꾸로 지시하는 "화살"을 생성한다.

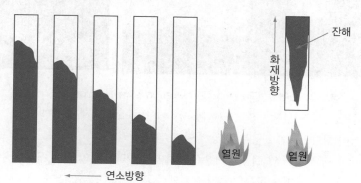

[타버린 목재구조재의 횡단면에 나타나는 화재 형태]

⑧ 대각선(\/) 연소패턴(Diagonal Fire Pattern)

㉠ 뜨거운 열기는 부력과 팽창에 천장을 통해 연소가 확산된다.

㉡ 벽면에 진행 형태가 나타난다.

㉢ 열기가 강하고 열 층이 낮은 쪽에서 확산되면서 대각선 형태를 나타낸다.

⑨ 고온가스층 지배패턴(Hot Gas Layer-Generated Patterns) : NFPA 921 6.2.4 [16]

㉠ 과열된 고온층이 유동하는 공간으로부터 발생한 복사선은 구조물의 표면과 바닥재에 탄화, 연소 불연성 표면에 변색·변형이 발생한다. 이 과정은 상온부터 플래시오버 조건 사이에서 시작된다.

㉡ 복사열을 받아 바닥표면이 손상된 것과 유사한 손상이 화재에 완전히 노출된 인접 외벽 표면에도 나타난다. 최성기가 되면 복도, 현관, 발코니에 동일한 손상이 나타난다.

㉢ 만약에 화재가 완전히 실내화재로 진행되지 않는다면 부풀음, 탄화 및 용융 정도의 손상만 일으킬 것이다. 보호된 표면은 손상을 받지 않을 것이다.

② 화재가 성장하고 있을 때 고온층의 하한계를 나타내는 표시는 수직벽면의 표면에 나타난다.

⑩ 수평 관통부의 화재확산패턴(Fire Penetration of a Horizontal Surface) : NFPA 921 6.3.3
　　㉠ 수평 관통부 생성 원인 : 국한된 지역에서 훈소에 의해 발생한다.
　　㉡ 아래 방향으로의 관통부 생성 원인이 된다.
　　　　ⓐ 부력에 의한 열 이동의 작용으로 보면 일반적이지 않지만, 구분된 부분에 전반적으로 불이 붙는 경우에는 고온 가스가 바닥에서 작고 산재된 구멍으로 관통하는 결과를 나타낼 수도 있음
　　　　ⓑ 폴리우레탄 매트리스, 소파, 의자 등의 가구가 격렬하게 연소함으로써 생길 수도 있음
　　　　ⓒ 붕괴된 바닥이나 지붕 아래서 생기는 화염으로 바닥 관통부를 만들 수 있음
　　㉢ 수평 관통부 화재패턴조사
　　　　ⓐ 바닥 또는 테이블 상부에서 연소된 구멍 등의 아래 방향으로의 관통부를 주의 깊게 관찰하고 분석해야 함
　　　　ⓑ 연소된 수평 관통부의 경사면 확인으로 연소가 위로부터인지 그 반대인지를 알 수 있음

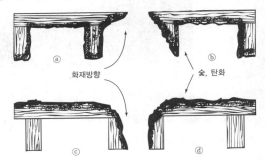 

　　　　ⓒ 경사면이 구멍을 향하여 위에서부터 아래 방향으로 기울어져 있다면 이는 화재가 위에서부터 발생했다는 것을 나타냄(ⓒ, ⓓ)
　　　　ⓓ 경사면이 바닥에서 넓고 구멍의 중심을 향하여 윗방향으로 기울어져 있다면 이는 화재가 아래에서부터 발생했다는 것을 나타냄(ⓐ, ⓑ)
　　　　ⓔ 화재가 표면을 통하여 아래로부터 유동한 것인지 위로부터 유동한 것인지를 결정하는 신뢰할 만한 또 하나의 방법은 표면에 의해 분리된 양 부분의 파괴 정도를 비교하는 것임

⑪ 환기생성패턴(Ventilation-Generated Patterns) : NFPA 921 6.2.3

불이 붙은 숯덩이에 공기를 불어 넣으면 온도가 상승하여 금속을 녹일 수 있을 정도의 충분한 열을 낼 것이다. 대류에 의해서 전달된 열은 고온가스의 속도를 증가시킬 것이다. 이러한 현상으로부터 수많은 연소현상(Burn Effect)이 있음을 알 수 있다.

㉠ 문이 잠겨 있는 구획된 실에 화재가 발생하면 고온가스 닫힌 문의 상부 틈으로 흐르고 차가운 공기는 빠져 나간 공기만큼 문의 바닥을 통하여 유입되면서 출입문 안쪽의 상부에 탄화가 일어난다.

㉡ 출입문 상단 바깥쪽은 문틈으로 유출된 연기 또는 고온의 가스로 탄화되거나 그을음으로 오염된 형태가 나타나므로, 이것으로 연소가 실내에서 실외로 확산되었음을 알 수 있다.

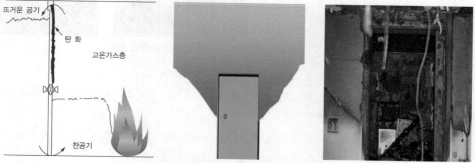

[환기에 의한 출입문 안쪽의 공기의 흐름]

㉢ 구획된 실에서 연소가 진행되면서 화재가 더욱 성장하면 고온가스는 문의 바닥 쪽으로 이동하면 문틈의 상단과 하단으로 유출되면서 전체적으로 탄화가 이루어진다.

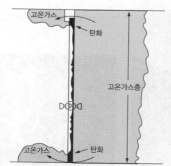

[출입문 안쪽의 고온가스의 흐름]

② 천장이나 출입문 상단의 불이 붙은 탄화물이 떨어져 연소가 진행되면 고온의 가스가 바닥에 이르기 전에 출입문 상단부와 하단부가 국부적인 탄화 형태가 나타난다.

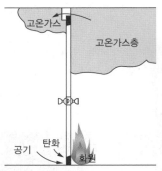

[출입문 안쪽에 떨어진 화원의 성장]

⑫ 완전연소패턴(Clean-Burn Patterns)

㉠ 완전연소는 일반적으로 표면에 달라붙어서 발견되는 검댕과 연기 응축물이 다 타버릴 때 불연성 표면에 나타나는 현상이다.

㉡ 생성물로 까맣게 된 지역 근처에 깨끗한 지역을 생성한다. 가장 일반적으로 완전연소는 강렬히 복사된 열이나 화염과 직접적인 접촉에 의해서 생긴다.

㉢ 완전연소 지역만으로 화재발생지역을 표시할 수는 없다. 완전연소 지역과 검댕이 생긴 지역 사이의 경계선은 조사자가 화재 확산의 방향이나 연소시간이나 강도의 차이를 결정하는 데 이용할 수 있다.

㉣ 조사자는 폭열 지역과 완전연소 지역을 혼동하지 않도록 조심해야 한다. 완전연소는 폭열의 특성을 가지는 표면물질의 손실을 나타내지 않는다.

[가스레인지 위 완전연소]　　**[블록 벽의 완전연소 및 폭열]**　　**[블록 벽의 완전연소]**

⑬ 끝이 잘린 원추형태 15 16 21

　㉠ 끝이 잘린 불기둥이라고도 불리는 끝이 잘린 원추형태는, 수직면과 수평면 양쪽에서 보여주는
　　3차원의 화재형태이다.

　㉡ 보여준 형태를 만드는 수평면과 수직면에 의해서 불기둥에 대한 끝이 잘리거나 차단된 원추
　　형상은 모래시계 형상의 영향이 있다. "V" 형태, "U" 형태, 원형 형태 및 "포인터나 화살" 형태
　　등의 많은 화재 이동 형태는 화재에 의해 생긴 열에너지의 3차원 "원추" 효과와 직접적인 관련이
　　있다.

　㉢ 원추 모양의 열 확산은 불기둥의 자연적인 팽창이 생기면 이로 인해 발생하고 화염이 실의 천장과
　　같은 수직적으로 이동하는 장애물을 만났을 때 열에너지의 수평적 확산에 의해서도 생긴다.
　　천장의 열 손상은 일반적으로 "끝이 잘린 원추"에 기인하는 원형 영역을 지나서 뻗칠 것이다.
　　끝에 잘린 원추형태는 "V 패턴", "포인터 및 화살" 및 천장과 다른 수평면에 나타난 원형 형태와
　　수직면의 "U" 형상의 형태 같이 2차원 형태를 결합한다.

　㉣ 세로 방향의 수평면과 수직면에 둘 이상의 2차원 형태 결합은 3차원 특성을 지닌 끝이 잘린 원추
　　형태를 나타낸다.

　㉤ 끝이 잘린 원추형태의 이론적인 증명은 천장에 나타나는 원형 형태의 부분이나 원형뿐만 아니라
　　변형된 "V"나 "U" 형태를 각각 보여준 것이다. 상응하는 형태는 실내에 있는 기구에서도 구분이
　　가능하다.

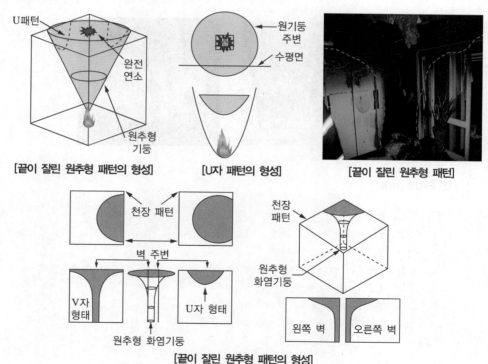

[끝이 잘린 원추형 패턴의 형성]　　[U자 패턴의 형성]　　[끝이 잘린 원추형 패턴]

[끝이 잘린 원추형 패턴의 형성]

⑭ 원형패턴

   ㉠ 천장, 테이블 상부 및 선반 등의 수평면의 아랫면에 매끄럽지 않은 원형 모양으로 표면의 가장
자리가 완전한 원을 나타낼 수 있을 만큼 팽창하지 않을 때나 벽에 근접해 있을 때 발생한다.

   ㉡ 원형의 중심부는 많은 열원에 노출되어 깊게 탄화된 형태를 보인다. 이는 원형 형태의 중심부
하단에 강한 열원이 존재하였음을 입증하는 중요한 단서가 된다.

   ㉢ 바닥에는 휴지통, 가구 같은 원형물건이 타서 생기는 형태를 말한다.

[원형패턴의 형성]   [지붕의 원형패턴]   [플라스틱 쓰레기통 용융]

⑮ 안장형패턴

   ㉠ "안장형 연소자국"은 때때로 바닥 접합부의 상부 가장자리에서 발견되는 안장 모양의 형태이거나
독특한 "U" 형태이다.

   ㉡ 이는 영향을 받는 접합부 위의 바닥을 통하여 아래 방향으로 타들어 가면서 생긴다. "안장형
연소자국"은 깊고 심한 탄화를 나타내고 화재형태는 매우 제한되어 있고 완만하게 굽어 있다.

⊕ **Plus one**

화재패턴의 종류
① V패턴(V-Shaped Pattern)
② 모래시계형태(Hourglass Pattern)
③ 전소화재패턴(Full-room Involvement Patterns)
④ U자 형태(U-Shaped Pattern)
⑤ 열그림자패턴(Heat Shadowing Patterns)
⑥ 폴 또는 드롭다운패턴(Fall or Drop Down Patterns)
⑦ 대각선(╲╱)연소패턴(Diagonal Fire Pattern)

⑧ 화살 또는 포인터형태(Arrow or Pointer Pattern)
⑨ 고온 가스층에 의해 생성된 패턴(Hot Gas Layer-Generated Patterns)
⑩ 수평면의 화재확산패턴(Fire Penetration of a Horizontal Surface)
⑪ 환기에 의해 생성된 패턴
⑫ 완전연소패턴(Clean-Burn Patterns)
⑬ 끝이 잘린 원추형태 : 3차원 화재패턴

암기신공　VHF, UHF, 고수환과 대한 C끝(씨ㅣ크)함

(7) 가연성 액체에 의한 화재패턴 13 14

① 고스트마크(Ghost Mark)

　㉠ 콘크리트, 시멘트 바닥에 비닐타일 등이 접착제로 부착되어 있을 때 그 위로 석유류의 액체가연물이 쏟아지면 타일 사이로 스며들어 접착제를 용해시킨 경우 바닥면과 타일 사이가 연소되면서 변색되거나 박리된 형태 나타나는 화재 흔적을 말한다.

　㉡ 이 패턴의 특징은 플래시오버 직전과 같은 강력한 화재열기 속에서 발생한다.

② 스플래시패턴(Splash Patterns) 21

　㉠ 쏟아진 가연성 액체가 연소되면서 발생하는 열에 의해 스스로 가열되어 액면에서 끓으면서 주변으로 튄 액체가 미연소 부분에서 국부적으로 점처럼 연소된 흔적을 말한다.

　㉡ 가연성 액체 방울은 바람에 의한 영향을 받지만 바람 부는 방향으로는 잘 생기지 않고 반대 방향으로 비교적 멀리까지 생긴다.

③ 틈새연소패턴(Leakage Fire Patterns)
　　㉠ 가연성 액체가 뿌려진 경우 바닥마감재 표면이나 틈새에서 나타나는 연소 형태를 말한다.
　　㉡ 고스트마크와는 화재초기에 나타나는 점, 단순히 가연성 액체만 연소한다는 점이 다르다.
　　㉢ 방화현장에서 많이 볼 수 있는 형태로 틈새에 고인 가연성 액체는 다른 부분에 비하여 더 강한
　　　연소흔을 나타내는 것이 특징이다.

④ 낮은연소패턴(Low Burn Patterns)
　　㉠ 화재 형태의 가장 낮은 부분은 열원에 근접한 것이 일반적이다. 일반적으로 화염은 발생지점에서
　　　위쪽 및 바깥쪽으로 타가는 경향이 있다. 고온가스로 생성된 플룸과 공기로 운반되는 연소
　　　생성물은 팽창하여 주위 공기보다 농도가 낮아 부력이 있다. 체적과 부력의 성장이 가열된 생성물을
　　　위로 들어 올려서 확산시키는 원인이 되는 것이 일반적이다.
　　㉡ 실의 바닥이나 건물의 하층부가 전체적으로 연소된 형태로 액체촉진제를 사용하였거나 그와 같은
　　　종류를 사용했을 가능성이 높은 증거로 추정할 수 있는 연소패턴이다.
⑤ 불규칙패턴(Irregular Patterns)
　　㉠ 고온 가스, 화염과 훈소의 잔재, 용융된 플라스틱 또는 인화성 액체의 영향으로 바닥표면에
　　　불규칙적이거나 굴곡이 있거나 웅덩이 모양의 화재패턴을 말한다.
　　㉡ 플래시오버 이후 조건, 긴 소화시간 또는 건물붕괴의 상황에서 나타나는 것이 일반적이다.
　　㉢ 날카로운 가장자리에서부터 부드러운 구배에 이르기까지 불규칙적인 손상 지역과 손상되지 않은
　　　지역 사이의 경계선은 열 노출의 강도와 물질의 특성에 달려 있다.
　　㉣ 용융 플라스틱뿐만 아니라 바닥 피복재나 바닥에 스며든 인화성 액체는 불규칙적인 형태를 만들 수
　　　있다. 이런 형태는 플래시오버 후의 국한된 가열이나 떨어진 화재 잔류물에 의해 만들어질 수도
　　　있다.

⑥ 퍼붓기패턴 – 포어패턴(Pour Patterns) `14` `19` `22`

　㉠ 인화성 액체가연물이 바닥에 쏟아졌을 때 액체가연물이 쏟아진 부분과 쏟아지지 않은 부분의 탄화경계 흔적을 말한다.

　㉡ 간혹 액체가 자연스럽게 낮은 곳으로 흐른 부드러운 곡선 형태를 나타내기도 하고, 쏟아진 모양 그대로 불규칙한 형태를 나태기도 하지만, 연소된 부분과 연소되지 않은 부분에서 뚜렷한 경계가 나타난다.

　㉢ 이런 형태는 화재가 진행되면서 가연성 액체가 있는 곳은 다른 곳보다 연소가 강하기 때문에 탄화 정도의 차이로 구분된다.

⑦ 도넛패턴(Doughnut Patterns) `15` `19` `21` `22`

　㉠ 가연성 액체가 웅덩이처럼 고여 있을 경우 증발잠열에 의해 발생하는 도넛 형태를 말한다.

　㉡ 도넛처럼 보이는 주변이나 얕은 곳에서는 화염이 바닥이나 바닥재를 연소시키는 반면에 비교적 깊은 중심부는 가연성 액체가 증발하면서 기화열에 의해 냉각시키는 현상 때문에 발생한다.

　㉢ 실제 가연성 액체를 뿌린 방화현장에서 가장자리가 내측에 비하여 더 많이 연소되면서 경계 부분을 형성하는 일반적 화재패턴이다.

⑧ 트레일러(Trailer)에 의한 패턴

　　㉠ 고의로 불을 지르기 위하여 수평바닥 등에 길고 좁게 나타내는 연소패턴을 말한다.

　　㉡ 이 패턴은 반드시 액체가연물만의 흔적이 아니고 두루마리 화장지, 신문지, 옷 등을 길게 연장한 후 인화성 액체를 뿌려 한 장소에서 다른 장소로 연소를 확대 수단으로 쓰이며, 방화현장에서 흔히 볼 수 있다.

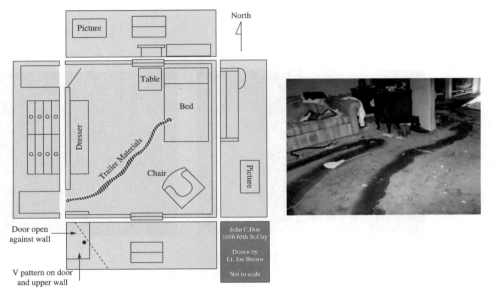

⑨ 역원추형(Inverted Cone Pattern)패턴 **15**

　　㉠ 역 "Vs"라고 하는 역원추형태는 상부보다는 밑바닥이 넓은 삼각형 형태이다.

　　㉡ 바닥 면에서 발산하는 수직벽 위의 온도와 열의 경계선으로 항상 나타난다. 고온 인화성 또는 가연성 액체나 천연가스 등의 휘발성 연료와 관련 있는 것이 가장 일반적이다.

　　㉢ 일반적으로 역원추형태는 천장에 닿지 않는 휘발성 연료가 연소하는 수직 플룸으로 생긴다. 역원추형태가 발생하는 실의 기하학적 형태와 조합된 연료원의 종류와 바닥 면에서 연료원이 역원추형태의 형성에 중요한 요소이다.

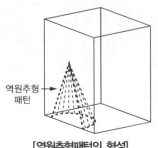

[역원추형패턴의 형성]

[수직벽의 삼각형패턴]

가연성 액체 화재패턴 `19` `21`
① 고스트마크(Ghost Mark)
② 스플래시패턴(Splash Patterns)
③ 틈새연소패턴(Leakage Fire Patterns)
④ 낮은연소패턴(Low Burn Patterns)
⑤ 불규칙패턴(Irregular Patterns)
⑥ 퍼붓기패턴 - 포어패턴(Pour Patterns)
⑦ 도넛패턴(Doughnut Patterns)
⑧ 트레일러(Trailer)에 의한 패턴
⑨ 역원추형(Inverted Cone Pattern)패턴 - 삼각 형태

`암기신공`   고스틈(틈)은 낮고 불규칙하게 퍼야 DTI(빚 : 총부채상환비율)없다 또는 Gs Llip DTI

방화와 관련된 연소패턴
① 트레일러(Trailer)에 의한 패턴
② 낮은연소패턴(Low Burn Patterns)
③ 독립연소패턴

⑩ 무지개 효과(Rainbow Effect)
   ㉠ 소화수 위로 뜨는 기름띠가 광택을 나타내며, 무지개처럼 보이는 현상이다.
   ㉡ 화재현장에 가연성 액체를 사용하였음을 유추할 수 있는 근거이다.
   ㉢ 유증 샘플의 감정 없이 인화성 액체가 사용되었다고 단정해서는 안 된다.
      일상생활용품 중에 플라스틱, 아스팔트 등 석유화학제품이 연소되면서 발생할 수 있으며, 목재가
      분해 연소되면서 식물성 기름이 생성되어 무지개효과가 나타날 수 있음에 유의해야 한다.

가연성 액체의 화재패턴 간섭요소
• 플래시오버(Flash Over) 발생단계에서 복사열에 의해 바닥의 광범위한 연소 → 포어패턴으로 오인
• 벽지 등 낙하물에 의한 부분적 연소 → 트레일러패턴으로 오인
• 물체에 의해 보호된 부위의 미연소형태 → 틈새연소패턴으로 오인
• 지속적으로 연소진행될 수 있는 바닥재의 가연성 → 고스트마크로 오인

위 요소들은 가연성 액체가 사용되지 않은 화재현장에서 다양하게 나타나므로 조사관은 발화원인 결정에
오류를 범할 수 있으므로 주의한다.

2 열 및 화염 벡터도면(Heat and Flame Vector Diagrams) - NFPA 921 17.2.3

(1) 의 의

화살표를 이용하여 열 또는 화염의 크기와 진행방향을 일관성 있게 한 장의 도면 위에 기록하여 열원으로부터 화재의 이동경로 등을 파악할 수 있고 열원으로 거꾸로 거슬러가는 지점을 나타낼 수 있는 유용한 분석방법이다.

(2) 분석방법

① 벡터도형은 화재현장에 있는 벽, 출입구, 문, 창문, 가구류와 수납물들을 포함시켜 도면을 작성(Diagraming)한다.

② 조사자는 화살표를 이용하여 열 또는 화염의 진행방향에 대한 자신의 설명을 기록한다.

③ 이 화살표는 온도나 가열시간, 열유속 또는 화재강도 등을 표식을 사용하여 나타낼 수도 있다.

(3) 벡터로 표시할 수 있는 사항

① 열 또는 화염크기와 진행방향

② 화재패턴

③ 발화지점

④ 온도나 가열시간, 열 유속(Heat Flux) 또는 화재강도 등

※ 열유속 : 단위면적 및 단위시간당의 통과 열량이며, 열속이라고도 한다. 단위는 W/m²이다.

(4) 보조벡터

① 실제적인 열의 이동방향을 보여 주기 위해 보조적인 벡터를 추가할 수 있으며, 이 경우 어느 벡터가 실제 화재 패턴를 나타내는지, 이 형태를 설명하기 위해 유추하여 작성한 열유동(Heat Flow)을 나타내는지를 명확하게 표기하여야 한다.

② 이러한 벡터도형 분석으로 전반적인 관점을 얻을 수 있고, 상반된 형태(Pattern)를 설명하는 데 사용할 수 있다.

※ 벡터(Vecter) : 크기와 방향을 동시에 나타내는 물리량을 말한다. 예를 들면 변위·힘·속도·가속도 등은 크기와 방향을 동시에 나타내는 벡터이다.

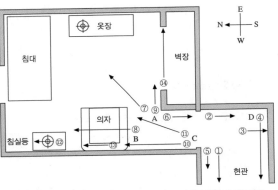

[열 및 화재패턴 열 이동의 물리적 크기와 방향의 진로를 표시한 벡터 분석도]

3 탄화심도 분석방법 [21]

(1) 의 의

① 화재강도보다 화재확산을 평가하는 데 적합한 분석 방법으로 목재 표면의 탄화된 깊이를 뜻한다.
② 목재의 탄화된 깊이와 정도를 측정하여 농축된 열원의 강도와 연소의 방향성을 유추할 수 있다.
③ 수열이 심할수록 그 탄화심도가 깊어지고 그 반대의 경우 낮아지기 때문에 연소확대의 방향성을 추정할 수 있다.
④ 화재에 작용한 열원의 개수를 확인하는 데 도움이 된다.

(2) 탄화심도(하소심도) 측정에 사용할 수 있는 장비

다이얼캘리퍼스, 탐촉자

(3) 목재의 탄화심도에 영향을 주는 인자

① 화열의 진행속도와 진행경로
② 공기조절 효과나 대류여건
③ 목재의 표면적이나 부피
④ 나무 종류와 함습 상태
⑤ 표면처리 형태

암기신공 대류, 화열, 함습, 표면, 부피

(4) 측정방법 및 분석 [13] [16] [18] [19] [20] [21]

① 동일 포인트를 동일한 압력으로 3회 이상 측정하여 평균치를 구한다.
② 계침은 기둥 중심선을 직각으로 찔러 측정한다.
③ 계침을 삽입할 때는 탄화 및 균열 부분의 철(凸)각을 택한다.
④ 탄화깊이를 결정할 때 화재로 완전히 타버린 목재길이에 목재의 소실 깊이를 더한다(탈락부분 + 남은부분).
⑤ 평판계침 측정 시 수직재는 평판면을 수평으로, 수평재는 평판면을 수직으로 찔러 측정한다.
⑥ 중심부까지 탄화된 것은 원형이 남아 있더라도 완전연소된 것으로 간주한다.
⑦ 가늘어서 측정이 불가능한 경우 절단 후 목질부 잔존한 직경을 측정해 비교하여 산출한다.
⑧ 중심부를 향한 부분과 이면부를 면별로 동일 방향에서 측정하고 칸마다 비교한다.
⑨ 동일 소재, 동일 높이, 동일 위치마다 측정한다.
⑩ 수직재의 경우 50·100·150cm 등으로 구분하여 각 지점을 측정한다.

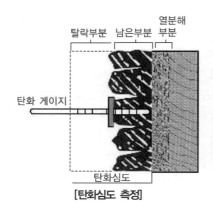

| [탄화심도 측정] | [다이얼캘리퍼스 측정] |

(5) 분석 및 판정 [14]

① 목재표면의 균열흔은 발화부에 가까울수록 가늘어지는 경향

② 고온의 화염을 받아 연소 시 : 비교적 굵은 균열흔 나타남

③ 저온에서 장시간 연소 시 : 목재 내부 수분이나 가연성 가스가 표면으로 서서히 분출되어 가는 균열흔 나타남

④ 완소흔 : 700~800℃의 수열흔, 균열흔은 홈이 얕고 삼각 또는 사각 형태

⑤ 강연흔 : 약 900℃의 수열흔, 홈이 깊은 요철이 형성됨

⑥ 열소흔 : 1,100℃의 수열흔, 홈이 아주 깊고 대형 목조건물화재 시 나타남

⑦ 훈소흔 : 발열체가 목재면에 밀착되어 무염연소 시 발생

(6) 탄화물 깊이 분석에 중요한 요소

① 2개 이상의 화재 또는 열원을 결정하는 데 유용할 것이다.

② 탄화 측정값은 동일한 물질로 비교한다.

③ 연소속도에 영향을 주는 환기계수, 개구부를 고려하여 측정하여야 한다.

④ 측정은 동일한 도구, 동일 압력 등 일관성 있는 방법으로 측정한다.

(7) 탄화심도 그리드 조사를 위한 도면(Depth-of-Char Survey Grid Diagrams)

① 분석목적을 위해 조사자는 탄화깊이의 그리드 도형을 탄화깊이 측정치를 알맞은 크기의 그래프용지에 기록한다.

② 일단 탄화깊이의 측정치를 도면에 기록하였으면 동일하거나 근사한 탄화깊이의 점을 선으로 연결하여 그린다. 이렇게 작성한 "탄화물등심선(Isochars)"은 경계 설정의 구분선과 강도형태로 표시된다.

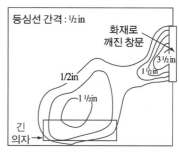

[천장 반자에 나타난 등치선도]

③ 보통 평면상에 평면도를 가장 많이 사용하며 격자도면(Depth-of-Char Survey Grid Diagrams)으로 연소된 면적과 물건의 배치상태 등을 함께 도면화 하여 연소범위와 손상부위를 표시하여 발화범위를 한정하는 데 유효하다.

4 하소심도 측정 15 22

(1) 하소(Calcination)란?

① 석고벽면 등이 열에 의해 탈수로 수축 및 균열이 발생하고 화화되는 현상을 말한다.

※ 석고가 무기물질인 경석고로 화학적 변화를 일으키는 것을 의미 : $CaSO_4 \cdot 2H_2O \rightarrow CaSO_4 + 2H_2O$

② 열에 노출되어 하소된 석고벽판 재료는 원상태의 석고벽판에 비해 저밀도가 되고 부서지기 쉬운 상태가 된다.

③ 석고벽판의 하소가 심할수록 열 노출총량(열선속 및 기간)이 큰 것을 의미한다.

(2) 석고벽판 재료의 열반응 과정

① 화재가 발생하면 화염에 노출된 석고보드 표면의 종이가 먼저 탄화되며, 그 후 유기 접합제의 탄화와 석고표면의 탈경화제의 열분해가 이루어진다.

② 화염에 더 노출되면 뒷면의 표면종이까지 탄화되고 화열에 노출된 벽면은 표면의 탄소가 연소되어 없어지는 만큼 더 하얗게 변해간다.

③ 석고벽판의 두께 전체가 흰색으로 변색되면 양 벽면에는 종이벽지가 남아있지 않는다.

④ 석고는 탈수 및 균열되어 푸석푸석한 저밀도의 고체 상태로 변환된다.

⊕ Plus one

석고보드의 하소

석고보드 벽은 두꺼운 종이 사이에 석고를 채워 만든 것으로 100~180℃의 열에 노출되면 물의 결정성을 잃어 회색에서 흰색으로 탈수되는 현상

① 흰색과 회색 간의 변화는 탈수 또는 응축된 열분해의 화학적 결과

② 단면의 매우 뚜렷한 두 층간 – 급속한 화재현상

③ 핑크, 블루, 그린색은 화재와 관련이 없고 석고의 불순함을 의미

하소의 발생과정

화재 → 석고표면 종이탄화 → 탈경화제 열분해 → 변색 → 탈수 및 균열 → 부서짐

(3) 하소심도 분석의 타당성에 영향을 미치는 몇 가지 가변적인 요소
　① 복합적인 열원이나 가연물과 대비하여 단일 열원이나 가연물은 정연한 하소패턴을 만들어내는 점을 고려하여야 하며, 하소심도의 패턴은 복합적인 열원이나 화인을 규명하는 데 유용하게 쓰일 수 있다.
　② 하소심도 측정치의 비교는 동일 물질에 한해서 이루어져야 한다.
　③ 하소심도 평가에 있어서 석고벽판의 마감재료(예 페인트, 벽지, 회칠 등)에 대한 고려도 반드시 하여야 한다.
　④ 측정은 데이터수집상의 오류를 제거하기 위해 동일한 압력으로 일관된 방법으로 측정해야 한다.
　⑤ 석고벽판재료는 화재진화 과정에서 방수한 소화수에 의해 분해되어 측정이 불가능할 정도까지 석고가 연하게 될 수 있음을 염두에 두고 측정한다.

(4) 하소심도의 측정 및 분석 방법
　① 횡단면을 관찰하는 시각적 측정법
　　하소된 석고층의 두께를 관찰하고 측정하기 위해 벽이나 천장의 최소 50mm 정도의 벽면두께 전체를 수거하여 하소층의 두께를 측정·관찰하는 방법이다.
　② 탐침조사법
　　㉠ 작은 탐침을 벽면의 횡단면을 가로질러 삽입하여 하소된 석고재료의 저항의 상대적인 차이 및 하소심도를 측정, 기록한다.
　　㉡ 석고벽면은 표면 위를 횡 방향 또는 천장 석고면은 종 방향으로 일정한 간격(대략 0.3m 이하)으로 탐침을 찔러가며 측정하여야 한다.
　　㉢ 매 측정마다 동일한 압력으로 일관성 있게 측정하여야 한다.

(5) 하소심도 측정에 사용할 수 있는 장비 : 다이얼캘리퍼스, 탐촉자

[하소심도 측정]

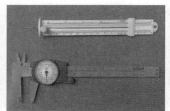
[측정장비]

[석고보드 시료]

(6) 하소심도 도면

① 분석목적을 위해 조사자는 하소깊이의 그리드 도형을 하소깊이 측정치를 알맞은 크기의 그래프 용지에 기록한다.

② 일단 하소깊이를 측정치를 도면에 기록하였으면 동일하거나 근사한 하소깊이의 점을 선으로 연결하여 그린다. 이렇게 작성한 "하소등심선"은 경계 설정의 구분선과 강도 형태로 표시된다.

③ 탄화심도 그리드 도면이 목재라면 하소등심선은 석고보드를 대상으로 한 연소의 강약을 측정한 것이다.

5 전기적 아크조사(Electrical Arc Survey - NFPA 921 17.2.5)

(1) 정 의

전기적 아크조사는 전기배선, 전원코드 또는 전기장치에서 발견되는 전기적 아크의 증거를 확인하고 문서화하는 작업이다.

(2) 아크조사 시 유의사항 및 방법

① 아크가 발생한 지점을 확인하여 회로가 고장 났을 때 전원이 공급되었거나, 화재로 작동하지 못한 회로를 물증으로 확보한다.

② 회로의 보호장치 부분이 있는지, 왜 이러한 부분이 아크흔적이 없는지를 설명할 수 있도록 구성요소들을 확인해야 한다.

③ 화재에 의한 차단기의 변형이나 주 배전반 또는 분전반에서의 퓨즈제거 등은 아크조사를 불가능하게 하는 요인이다.

④ 건물붕괴, 과도한 시설보수나 사전조사는 배선으로부터 주배전반까지 조사를 불가능하게 한다.

⑤ 만일 전도체가 녹았다면 아크지점을 확인하는 것은 더욱 어려워지거나 불가능해질 수 있다.

⑥ 열에 의해 용융된 것인지 아크에 의한 용융인지 구분하기 위한 분석이 필요할 수도 있다.

⑦ 알루미늄 전도체보다는 구리 전도체에서 아크가 발견될 가능성이 높다.

(3) 전기적 아크조사의 유용성과 한계

① 다른 자료와 연계하여 화재원인 추론의 증거물로 사용할 수 있다.

② 전기적 아크가 발생한 지점을 순차적으로 확인함으로써 연소진행 과정을 추론할 수 있다.

③ 전기적 아크가 손상 또는 전기장치가 완전손실된 경우 원인 추론의 증거로 채택하기 어렵다.

④ 통전을 전제로 하며 전기장치가 없는 경우 적용이 불가하다.

(4) 아크매핑 수행절차 및 방법

① 절차 : 조사지역 결정 → 지역도면 작성 → 조사영역 구분 → 전기장치 확인 → 아크위치 표시

② 아크 발생지점에 증거물 표지로 표시를 하고 촬영 후 필요시 현장을 보존한다.

③ 전기장치의 아크상황 및 주변 소손상태를 최대한 상세하게 기록한다.

④ 배선은 분기회로와 연결된 경우가 대부분으로 전원측과 부하측 방향을 표기한다.

⑤ 아크 발생지점마다 번호표를 붙이고 전기적 흐름을 알 수 있도록 배선경로와 주변을 촬영한다.

⑥ 아크 발생지점은 녹는 지점과 녹지 않은 지점의 경계의 식별이 용이하며, 국부적 용용흔은 광택이 보이는 경우가 많다.

6 위험물 및 특수가연물

(1) 정의

인화성 또는 발화성 등의 성질을 가지는 것으로서 대통령령이 정하는 물품

(2) 위험물 및 지정수량 19 22

위험물				지정수량
유 별	성 질	등 급	품 명	
제1류	산화성 고체	I	1. 아염소산염류 2. 염소산염류 3. 과염소산염류 4. 무기과산화물	50kg
		II	5. 브롬산염류 6. 질산염류 7. 요오드산염류	300kg
		III	8. 과망간산염류 9. 중크롬산염류	1,000kg
			10. 그 밖의 행정안전부령이 정하는 것 ① 과요오드산염류 ② 과요오드산 ③ 크롬, 납 또는 요오드의 산화물 ④ 아질산염류 ⑤ 차아염소산염류 ⑥ 염소화이소시아눌산 ⑦ 퍼옥소이황산염류 ⑧ 퍼옥소붕산염류	50kg, 300kg 또는 1,000kg
			11. 제1호 내지 제10호의 1에 해당하는 어느 하나 이상을 함유한 것	
제2류	가연성 고체	II	1. 황화린 2. 적린 3. 유황(순도 60중량% 이상)	100kg
		III	4. 철분(53μm의 표준체통과 50중량% 미만은 제외) 5. 금속분 6. 마그네슘	500kg
			9. 인화성 고체(고형알코올)	1,000kg
			7. 그 밖의 행정안전부령이 정하는 것 8. 제1호 내지 제7호의 1에 해당하는 어느 하나 이상을 함유한 것	100kg, 500kg
제3류	자연 발화성 물질 및 금수성 물질	I	1. 칼륨 2. 나트륨 3. 알킬알루미늄 4. 알킬리튬	10kg
			5. 황린	20kg
		II	6. 알칼리금속 및 알칼리토금속 7. 유기금속화합물	50kg
		III	8. 금속의 수소화물 9. 금속의 인화물 10. 칼슘 또는 알루미늄의 탄화물	300kg
			11. 그 밖의 행정안전부령이 정하는 것 : 염소화규소화합물 12. 제1호 내지 제11호의 1에 해당하는 어느 하나 이상을 함유한 것	10kg, 20kg, 50kg 또는 300kg

		I	1. 특수인화물		50L
제4류	인화성 액체	II	2. 제1석유류(아세톤, 휘발유 등)	비수용성 액체	200L
				수용성 액체	400L
			3. 알코올류(탄소원자의 수가 1~3개)		400L
		III	4. 제2석유류(등유, 경유 등)	비수용성 액체	1,000L
				수용성 액체	2,000L
			5. 제3석유류(중유, 클레오소트유 등)	비수용성 액체	2,000L
				수용성 액체	4,000L
			6. 제4석유류(기어유, 실린더유 등)		6,000L
			7. 동식물유류		10,000L
제5류	자기 반응성 물질	I	1. 유기과산화물 2. 질산에스테르류		10kg
		II	3. 니트로화합물 4. 니트로소화합물 5. 아조화합물 6. 디아조화합물 7. 히드라진유도체		200kg
			8. 히드록실아민 9. 히드록실아민염류		100kg
			10. 그 밖의 행정안전부령이 정하는 것 : 금속의 아지화합물, 질산구아니딘 11. 제1호 내지 제10호의 1에 해당하는 어느 하나 이상을 함유한 것		10kg, 100kg 또는 200kg
제6류	산화성 액체	I	1. 과염소산 2. 과산화수소(농도 36중량% 이상) 3. 질산(비중 1.49 이상)		
			4. 그 밖의 행정안전부령이 정하는 것 : 할로겐 간 화합물 5. 제1호 내지 제4호의 1에 해당하는 어느 하나 이상을 함유한 것		300kg

암기신공
- 제1류 : 과부가 아무중과 요엽질(품목 구분만) 아엽과무(10) 브질요(300) 과중(1,000)
- 제2류 : 황유가 적 100명을 무철러 300근의 철금마를 인수했다.
- 제3류 : 칼나 알리(10)황(20)이 알칼리를 유기(50)하여 300킬로의 수소, 인, 칼슘을 얻음
- 제4류 : 특1알 234동, 524,126만(오이사!! 126만원 좀 빌려주겠나?)
- 제5류 : 유질(10) 니(소)아디히(200) 히히(100)
- 제6류 : 과과 질할삼(300)

(3) 제1류 위험물(산화성 고체)

품 명	품 목		지정수량
아염소산염류 ($MClO_2$)	아염소산나트륨($NaClO_2$), 아염소산칼륨($KClO_2$)		50kg
염소산염류 ($MClO_3$)	염소산칼륨($KClO_3$), 염소산나트륨($NaClO_3$)		50kg
과염소산염류 ($MClO_4$)	과염소산칼륨($KClO_4$), 과염소산나트륨($NaClO_4$)		50kg
무기과산화물 (M_2O_2, MO_2)	알칼리금속 과산화물(M_2O_2)	과산화나트륨(Na_2O_2), 과산화칼륨(K_2O_2),	50kg
	알칼리토금속 과산화물(MO_2)	과산화칼슘(CaO_2), 과산화바륨(BaO_2)	
브롬산염류 ($MBrO_3$)	브롬산칼륨($KBrO_3$), 브롬산나트륨($NaBrO_3$)		300kg
질산염류 (MNO_3)	질산칼륨(KNO_3), 질산나트륨($NaNO_3$), 질산암모늄(NH_4NO_3)		300kg

요오드산염류 (MIO_3)	요오드산칼륨(KIO_3), 요오드산나트륨($NaIO_3$)	300kg
과망간산염류 ($M'MnO_4$)	과망간산칼륨($KMnO_4$), 과망간산나트륨($NaMnO_4 \cdot 3H_2O$)	1,000kg
중크롬산염류 (MCr_2O_7)	중크롬산칼륨($K_2Cr_2O_7$), 중크롬산나트륨($Na_2Cr_2O_7 \cdot 2H_2O$)	1,000kg
그 밖에 행정안전부령이 정하는 것	① 과요오드산염류 : KIO_4, $Ca(IO_4)_2$ ② 과요오드산 : HIO_4 ③ 크롬, 납 또는 요오드의 산화물 : CrO_3, PbO_2, Pb_3O_4 ④ 아질산염류 : $NaNO_2$, $ZnNH_4(NO_2)_3$, KNO_2, $Ni(NO_2)_2$, $(CH_3)_2CHCH_2ONO$ ⑤ 차아염소산염류 : $LiOCl$, $Ca(OCl)_2$, $Ba(OCl)_2 \cdot 2H_2O$ ⑥ 염소화이소시아눌산 : $OCNCIONCICONCI$ ⑦ 퍼옥소이황산염류 : $K_2S_2O_8$, $Na_2S_2O_8$, $(NH_4)_2S_2O_8$ ⑧ 퍼옥소붕산염류 : $NaBO_3 \cdot 4H_2O$	50kg, 300kg 또는 1,000kg

① 공통성질
  ㉠ 무색 결정 또는 백색 분말이며, 비중이 1보다 크고 수용성인 것이 많다.
  ㉡ 불연성이며, 산소를 많이 함유하고 있는 강산화제이다.
  ㉢ 열, 타격, 충격, 마찰로 많은 산소를 방출하며 다른 가연물의 연소를 돕는다.
② 저장 및 취급방법
  ㉠ 조해성이 있으므로 습기에 주의하며 용기는 밀폐하여 저장할 것
  ㉡ 환기가 잘되는 찬 곳에 저장할 것
  ㉢ 열원이나 산화되기 쉬운 물질과 화재 위험이 있는 곳으로부터 멀리 할 것
  ㉣ 용기의 파손에 의한 위험물의 누설에 주의할 것
  ㉤ 다른 약품류 및 가연물과의 접촉을 피할 것
③ 소화방법 : 주수에 의한 냉각소화(단, 무기과산화물은 마른모래 또는 소다회)

⊕ Plus one

산화성 고체
고체[액체(1기압 및 섭씨 20도에서 액상인 것 또는 섭씨 20도 초과 섭씨 40도 이하에서 액상인 것을 말한다) 또는 기체(1기압 및 섭씨 20도에서 기상인 것을 말한다) 이외의 것을 말한다]로서 산화력의 잠재적인 위험성 또는 충격에 대한 민감성을 판단하기 위하여 소방청장이 정하여 고시(이하 "고시"라 한다)하는 시험에서 고시로 정하는 성질과 상태를 나타내는 것을 말한다. 이 경우 "액상"이라 함은 수직으로 된 시험관(안지름 30밀리미터, 높이 120밀리미터의 원통형유리관을 말한다)에 시료를 55밀리미터까지 채운 다음 당해 시험관을 수평으로 하였을 때 시료액면의 선단이 30밀리미터를 이동하는 데 걸리는 시간이 90초 이내에 있는 것을 말한다.

(4) 제2류 위험물(가연성 고체)

품 명	품 목	지정수량
황화린	삼황화린(P_4S_3), 오황화린(P_2S_5), 칠황화린(P_4S_7)	100kg
적린(P)	–	100kg
유황(S)	–	100kg
철분(Fe)	–	500kg
금속분	알루미늄분(Al), 티탄분(Ti), 망간분(Mn), 은분(Ag), 금분(Au), 아연분(Zn)	500kg
마그네슘(Mg)	–	500kg
그 밖의 것	행정안전부령이 정하는 것	100kg 또는 500kg
인화성 고체	락카퍼티, 고무풀, 고형알코올, 메타알데히드, 제삼부틸 알코올	1,000kg

① 공통성질

  ㉠ 비교적 낮은 온도에서 착화되기 쉬운 가연물이다.

  ㉡ 대단히 연소속도가 빠른 고체이다.

  ㉢ 유독한 것 또는 연소 시 유독가스를 발생하는 것도 있다.

  ㉣ 철분, 마그네슘, 금속분류는 물과 산의 접촉으로 발열한다.

② 저장 및 취급방법

  ㉠ 점화원으로부터 멀리하고 가열을 피할 것

  ㉡ 용기의 파손으로 위험물의 누설에 주의할 것

  ㉢ 산화제와의 접촉을 피할 것

  ㉣ 철분, 마그네슘, 금속분류는 산 또는 물과의 접촉을 피할 것

③ 소화방법 : 주수에 의한 냉각소화(단, 철분, 마그네슘, 금속분류의 경우 건조사에 의한 피복소화)

- "가연성 고체"라 함은 고체로서 화염에 의한 발화의 위험성 또는 인화의 위험성을 판단하기 위하여 고시로 정하는 시험에서 고시로 정하는 성질과 상태를 나타내는 것을 말한다.
- 유황은 순도가 60중량퍼센트 이상인 것을 말한다. 이 경우 순도측정에 있어서 불순물은 활석 등 불연성물질과 수분에 한한다.
- "철분"이라 함은 철의 분말로서 53마이크로미터의 표준체를 통과하는 것이 50중량퍼센트 미만인 것은 제외한다.
- "금속분"이라 함은 알칼리금속·알칼리토류금속·철 및 마그네슘외의 금속의 분말을 말하고, 구리분·니켈분 및 150마이크로미터의 체를 통과하는 것이 50중량퍼센트 미만인 것은 제외한다.
- 마그네슘 및 제2류 제8호의 물품 중 마그네슘을 함유한 것에 있어서는 다음의 1에 해당하는 것은 제외한다.
  - 2밀리미터의 체를 통과하지 아니하는 덩어리 상태의 것
  - 직경 2밀리미터 이상의 막대 모양의 것
- 황화린·적린·유황 및 철분은 제2호의 규정에 의한 성상이 있는 것으로 본다.
- "인화성 고체"라 함은 고형알코올 그 밖에 1기압에서 인화점이 섭씨 40도 미만인 고체를 말한다.

(5) 제3류 위험물(자연발화성 및 금수성 물질)

품 명	품 목		지정수량
칼륨(K)(석유 속 저장)	−		10kg
나트륨(Na)(석유 속 저장)	−		10kg
알킬알루미늄(RAl 또는 RAlX : $C_1 \sim C_4$) : 희석액은 벤젠 또는 톨루엔	트리에틸 알루미늄($(C_2H_5)_3Al$), 트리메틸 알루미늄($(CH_3)_3Al$)		10kg
알킬리튬(RLi)	부틸 리튬(C_4H_9Li), 메틸 리튬(CH_3Li), 에틸 리튬(C_2H_5Li)		10kg
황린(P_4)(보호액은 물)	−		20kg
알칼리금속(K 및 Na 제외) 및 알칼리토금속류	알칼리금속	Li, Rb, Cs, Fr	50kg
	알칼리토금속	Be, Ca, Sr, Ba, Ra	
유기금속화합물류 (알킬알루미늄 및 알킬리튬 제외)	디에틸아연[$Zn(C_2H_5)_2$], 디메틸아연[$Zn(CH_3)_2$], 사에틸납[$(C_2H_5)_4Pb$]		50kg
금속의 수소화물	수소화리튬(LiH), 수소화나트륨(NaH)		300kg
금속의 인화물	인화알루미늄(AlP), 인화칼슘(Ca_3P_2) = 인화석회		300kg
칼슘 또는 알루미늄의 탄화물류	탄화칼슘(CaC_2) = 카바이드, 탄화알루미늄(Al_4C_3)		300kg
그 밖에 행정안전부령이 정하는 것	염소화규소화합물 : $SiHCl_3$, SiH_4Cl		10kg

① 일반성질

  ㉠ 고체와 액체이며 공기 중에서 발열 발화하며 물과 접촉하여 발열만 하는 물질, 물과 접촉하여 가연성 가스를 발생하는 물질 또는 물과 접촉하여 급격히 발화하는 물질이 있다.

  ㉡ 공기 또는 물기와 접촉 발열, 발화한다. 황린(자연발화온도 : 30℃)을 제외한 모든 물질이 물에 대해 위험한 반응을 일으킨다.

② 저장 및 취급방법

  ㉠ 용기의 파손 및 부식을 막으며 공기 또는 수분의 접촉을 방지할 것

  ㉡ 보호액 속에 위험물을 저장할 경우 위험물이 보호액 표면에 노출되지 않게 할 것

  ㉢ 다량을 저장할 경우는 소분하여 저장하며 화재발생에 대비하여 희석제를 혼합하거나 수분의 침입이 없도록 할 것

  ㉣ 물과 접촉하여 가연성 가스를 발생하므로 화기로부터 멀리할 것

③ 소화방법 : 건조사, 팽창진주암 및 질석으로 질식소화

- "자연발화성물질 및 금수성물질"이라 함은 고체 또는 액체로서 공기 중에서 발화의 위험성이 있거나 물과 접촉하여 발화하거나 가연성가스를 발생하는 위험성이 있는 것을 말한다.
- 칼륨·나트륨·알킬알루미늄·알킬리튬 및 황린은 제9호의 규정에 의한 성상이 있는 것으로 본다.

---

(6) 제4류 위험물(인화성 액체) [18]

품 명		품 목	지정수량
특수인화물		디에틸에테르(-45℃), 이황화탄소(-30℃), 아세트알데히드(-39℃), 산화프로필렌(-37℃)	50L
제1석유류 (인화점 21℃ 미만)	비수용성 액체	가솔린(C_5~C_9 : -20~-43℃), 벤젠(-11℃), 콜로디온(-18℃), 톨루엔(4℃), o-크실렌(17℃)	200L
	수용성 액체	아세톤(-20℃), 초산에틸(-4℃), 시안화수소(-18℃), 메틸에틸케톤(-9℃)	400L
알코올류		메틸알코올(11℃), 에틸알코올(13℃), 이소프로필알코올(12℃)	400L
제2석유류 (인화점 21~70℃)	비수용성 액체	등유(C_9~C_{18} : 43~72℃), 경유(C_{10}~C_{20} : 50~70℃), 클로로벤젠(29℃), 스티렌(31℃), m-크실렌, p-크실렌(25℃)	1,000L
	수용성 액체	부틸알코올(37℃), 아밀알코올(33℃), 초산(39℃), 의산(50℃)	2,000L
제3석유류 (인화점 70~200℃)	비수용성 액체	중유(60~150℃), 크레오소트유(74℃), 에틸렌글리콜(111℃), 니트로벤젠(88℃)	2,000L
	수용성 액체	염화벤조일(72℃), 글리세린(199℃)	4,000L
제4석유류 (인화점 200℃ 이상)		기계유(200~300℃), 실린더유(230~370℃)	6,000L
동식물유류		야자유(216℃), 올리브유(225℃), 피마자유(229℃), 낙화생유(282℃)	10,000L

① 공통성질

ㄱ 대단히 인화되기 쉽다.

ㄴ 착화온도가 낮은 것은 위험하다.

ㄷ 증기는 공기보다 무겁다.

ㄹ 물보다 가볍고 물에 녹기 어렵다.

ㅁ 증기는 공기와 약간 혼합되어도 연소의 우려가 있다.

② 4류 위험물 화재의 특성

ㄱ 유동성 액체이므로 연소의 확대가 빠르다.

ㄴ 증발 연소하므로 불티가 나지 않는다.

ㄷ 인화성이므로 풍하의 화재에도 인화된다.

③ 소화방법 : 질식소화 및 안개상의 주수소화 가능 [21]

- "인화성 액체"라 함은 액체(제3석유류, 제4석유류 및 동식물유류에 있어서는 1기압과 섭씨 20도에서 액상인 것에 한한다)로서 인화의 위험성이 있는 것을 말한다.
- "특수인화물"이라 함은 이황화탄소, 디에틸에테르 그 밖에 1기압에서 발화점이 섭씨 100도 이하인 것 또는 인화점이 섭씨 영하 20도 이하이고 비점이 섭씨 40도 이하인 것을 말한다.
- "제1석유류"라 함은 아세톤, 휘발유 그 밖에 1기압에서 인화점이 섭씨 21도 미만인 것을 말한다.
- "알코올류"라 함은 1분자를 구성하는 탄소원자의 수가 1개부터 3개까지인 포화1가 알코올(변성알코올을 포함한다)을 말한다. 다만, 다음 각목의 1에 해당하는 것은 제외한다.

- 1분자를 구성하는 탄소원자의 수가 1개 내지 3개의 포화1가 알코올의 함유량이 60중량퍼센트 미만인 수용액
- 가연성액체량이 60중량퍼센트 미만이고 인화점 및 연소점(태그개방식인화점측정기에 의한 연소점을 말한다)이 에틸알코올 60중량퍼센트 수용액의 인화점 및 연소점을 초과하는 것
- "제2석유류"라 함은 등유, 경유 그 밖에 1기압에서 인화점이 섭씨 21도 이상 70도 미만인 것을 말한다. 다만, 도료류 그 밖의 물품에 있어서 가연성 액체량이 40중량퍼센트 이하이면서 인화점이 섭씨 40도 이상인 동시에 연소점이 섭씨 60도 이상인 것은 제외한다.
- "제3석유류"라 함은 중유, 클레오소트유 그 밖에 1기압에서 인화점이 섭씨 70도 이상 섭씨 200도 미만인 것을 말한다. 다만, 도료류 그 밖의 물품은 가연성 액체량이 40중량퍼센트 이하인 것은 제외한다.
- "제4석유류"라 함은 기어유, 실린더유 그 밖에 1기압에서 인화점이 섭씨 200도 이상 섭씨 250도 미만의 것을 말한다. 다만 도료류 그 밖의 물품은 가연성 액체량이 40중량퍼센트 이하인 것은 제외한다.
- "동식물유류"라 함은 동물의 지육 등 또는 식물의 종자나 과육으로부터 추출한 것으로서 1기압에서 인화점이 섭씨 250도 미만인 것을 말한다. 다만, 법 제20조 제1항의 규정에 의하여 행정안전부령으로 정하는 용기기준과 수납·저장기준에 따라 수납되어 저장·보관되고 용기의 외부에 물품의 통칭명, 수량 및 화기엄금(화기엄금과 동일한 의미를 갖는 표시를 포함한다)의 표시가 있는 경우를 제외한다.

(7) 제5류 위험물(자기반응성 물질)

품 명	품 목	지정수량
유기과산화물(-O-O-)	아세틸퍼옥사이드, 벤조일퍼옥사이드 메틸에틸케톤퍼옥사이드	10kg
질산에스테르류(R-ONO₂)	니트로셀룰로오스, 니트로글리세린, 질산에틸, 질산메틸	10kg
니트로화합물(R-NO₂)	트리니트로톨루엔(TNT), 트리니트로페놀(피크르산)	200kg
니트로소화합물(R-NO)	파라디니트로소벤젠, 디니트로소레조르신	200kg
아조화합물(-N=N-)	아조디카르본아미드(ADCA), 아조비스이소부티로니트릴(AIBN)	200kg
디아조화합물(-N≡N)	디아조디니트로페놀, 디아조아세토니트릴	200kg
히드라진유도체	히드라진(N_2H_4), 염산히드라진($N_2H_4 \cdot HCl$), 황산히드라진($N_2H_4 \cdot H_2SO_4$)	200kg
히드록실아민	H_3NO	100kg
히드록실아민염류	$H_8N_2O_6S$, $NH_2OH \cdot HCl$	100kg
그 밖에 행정안전부령이 정하는 것	금속의 아지화합물 : NaN_3(아지트화나트륨), $(CH_2)_2NH$(아지리딘) 질산구아니딘 : $H_2NC(=NH)NH_2 \cdot HNO_3(CH_6N_4O_3)$	10kg, 100kg 또는 200kg

① **공통성질** : 가연성 물질이며 내부연소, 폭발적이며 장시간 저장 시 산화반응이 일어나 열분해 되어 자연발화

　㉠ 자기연소를 일으키며 연소의 속도가 대단히 빠르다.

　㉡ 모두 유기질화물이므로 가열, 충격, 마찰 등으로 인한 폭발의 위험이 있다.

　㉢ 시간의 경과에 따라 자연발화의 위험성을 갖는다.

② 저장 및 취급방법

 ㉠ 점화원 및 분해를 촉진시키는 물질로부터 멀리할 것

 ㉡ 용기의 파손 및 균열에 주의하며 실온, 습기, 통풍에 주의할 것

 ㉢ 화재발생 시 소화가 곤란하므로 소분하여 저장할 것

 ㉣ 용기는 밀전, 밀봉하고 포장외부에 화기엄금, 충격주의 등 주의사항 표시를 할 것

③ 소화방법 : 다량의 냉각주수 소화

> "자기반응성물질"이라 함은 고체 또는 액체로서 폭발의 위험성 또는 가열분해의 격렬함을 판단하기 위하여 고시로 정하는 시험에서 고시로 정하는 성질과 상태를 나타내는 것을 말한다.

(8) 제6류 위험물(산화성 액체)

품 명	품 목	지정수량
과염소산($HClO_4$)	–	300kg
과산화수소(H_2O_2)	농도 36wt% 이상인 것	300kg
질산(HNO_3)	비중 1.49 이상인 것	300kg
그 밖에 행정안전부령이 정하는 것	할로겐 간 화합물(ICl, IBr, BrF_3, BrF_5, IF_5 등)	300kg

① 공통성질 : 물보다 무겁고 물에 녹기 쉽다. 불연성 물질

 ㉠ 부식성 및 유독성이 강한 강산화제이다.

 ㉡ 산소를 많이 포함하여 다른 가연물의 연소를 돕는다.

 ㉢ 비중이 1보다 크며 물에 잘 녹는다.

 ㉣ 물과 만나면 발열한다.

 ㉤ 가연물 및 분해를 촉진하는 약품과 분해 폭발한다.

② 저장 및 취급방법

 ㉠ 저장용기는 내산성일 것

 ㉡ 물, 가연물, 무기물 및 고체의 산화제와의 접촉을 피할 것

 ㉢ 용기는 밀전 밀봉하여 누설에 주의할 것

③ 소화방법 : 건조사 및 탄산가스(CO_2)

> • "산화성 액체"라 함은 액체로서 산화력의 잠재적인 위험성을 판단하기 위하여 고시로 정하는 시험에서 고시로 정하는 성질과 상태를 나타내는 것을 말한다.
> • 과산화수소는 그 농도가 36중량퍼센트 이상인 것에 한하며 제21호의 성상이 있는 것으로 본다.
> • 질산은 그 비중이 1.49 이상인 것에 한하며 제21호의 성상이 있는 것으로 본다.

(9) 특수가연물

① 정 의

다음 품명의 가연물로 화재가 발생하는 경우 불길이 빠르게 번지는 고무류·면화류·석탄 및 목탄 등으로 소화가 곤란한 특징을 가진 것들을 말한다.

품 명	품 목		지정수량
면화류	천연섬유, 인조섬유 등 불연성 또는 난연성이 아닌 면상 또는 팽이모양의 섬유와 마사원료		200kg
나무껍질 및 대팻밥			400kg
넝마 및 종이부스러기	불연성 또는 난연성이 아닌 것		1,000kg
사 류	실, 누에고치		1,000kg
볏짚류	마른볏짚, 마른 북데기와 이들의 제품 및 건초		1,000kg
가연성고체류	나프탈렌, 송지, 고체파라핀, 장뇌, 페놀, 파라포름알데히드, 메타포름알데히드, 크레졸		3,000kg
석탄 및 목탄류	코크스, 석탄가루를 물에 갠 것, 조개탄, 연탄, 석유코크스, 활성탄 및 이와 유사한 것을 포함(갈탄, 역청탄, 반역청탄, 반무연탄)		10,000kg
가연성액체류			2m^3
목재가공품 및 나무부스러기			10m^3
합성수지류	LDPE(저밀도 폴리에틸렌), HDPE(고밀도 폴리에틸렌), PVC(염화비닐수지), PP(폴리프로필렌)	발포시킨 것	20m^3
		그 밖의 것	3,000kg

암기신공 면나 종사짚/고석/액목합(그밖의 것) 이사천/삼천만/이십이십(그삼천)

② 공통성질(고체 또는 반고체)

ⓐ 인화점이 낮은 것

ⓑ 인화성 증기를 발생하는 것

ⓒ 연소 시 용융하여 위험물 연소와 다를 바 없는 것

ⓓ 연소 시 화세가 너무 세어 소화가 곤란한 것

③ 저장 및 취급의 기준(화재의 예방 및 안전관리에 관한 법률 시행령 제19조)

ⓐ 특수가연물을 저장 또는 취급하는 장소에는 품명·최대수량 및 화기취급의 금지표지를 설치할 것

ⓑ 품명별로 구분하여 쌓을 것

※ ⓑ, ⓒ 기준은 석탄·목탄류를 발전(發電)용으로 저장하는 경우에는 적용 제외

ⓒ 쌓는 높이는 10미터 이하가 되도록 하고, 쌓는 부분의 바닥면적은 50제곱미터(석탄·목탄류의 경우에는 200제곱미터) 이하가 되도록 할 것. 다만, 살수설비를 설치하거나, 방사능력 범위에 해당 특수가연물이 포함되도록 대형수동식소화기를 설치하는 경우에는 쌓는 높이를 15미터 이하, 쌓는 부분의 바닥면적을 200제곱미터(석탄·목탄류의 경우에는 300제곱미터) 이하로 할 수 있다.

ⓔ 쌓는 부분의 바닥면적 사이는 1미터 이상이 되도록 할 것

> • "가연성 고체류"라 함은 고체로서 다음 각 목의 것
> - 인화점이 섭씨 40도 이상 100도 미만인 것 (가)
> - 인화점이 섭씨 100도 이상 200도 미만이고, 연소열량이 1그램당 8킬로칼로리 이상인 것 (나)
> - 인화점이 섭씨 200도 이상이고 연소열량이 1그램당 8킬로칼로리 이상인 것으로서 융점이 100도 미만인 것 (다)
> - 1기압과 섭씨 20도 초과 40도 이하에서 액상인 것으로서 인화점이 섭씨 70도 이상 섭씨 200도 미만이거나 나목 또는 다목에 해당하는 것 (라)
> • "가연성 액체"라 함은 다음의 것을 말한다.
> - 1기압과 섭씨 20도 이하에서 액상인 것으로서 가연성 액체량이 40중량퍼센트 이하이면서 인화점이 섭씨 40도 이상 섭씨 70도 미만이고 연소점이 섭씨 60도 이상인 물품
> - 1기압과 섭씨 20도에서 액상인 것으로서 가연성 액체량이 40중량퍼센트 이하이고 인화점이 섭씨 70도 이상 섭씨 250도 미만인 물품
> - 동물의 기름기와 살코기 또는 식물의 씨나 과일의 살로부터 추출한 것
> • "합성수지류"라 함은 불연성 또는 난연성이 아닌 고체의 합성수지제품, 합성수지반제품, 원료합성수지 및 합성수지 부스러기(불연성 또는 난연성이 아닌 고무제품, 고무반제품, 원료고무 및 고무 부스러기를 포함한다)를 말한다. 다만, 합성수지의 섬유, 옷감, 종이 및 실과 이들의 넝마와 부스러기를 제외한다.

(10) 물과 반응에 따른 생성가스 `13` `14` `16` `19` `22`

① 탄화칼슘 : $CaC_2 + 2H_2O \rightarrow Ca(OH)_2 + C_2H_2$(아세틸렌)

② 칼륨 : $2K + 2H_2O \rightarrow 2KOH + H_2$

③ 인화알루미늄 : $AlP + 3H_2O \rightarrow Al(OH)_3 + PH_3$(포스핀 = 수소화인)

④ 인화칼슘 : $Ca_3P_2 + 6H_2O \rightarrow 3Ca(OH)_2 + 2PH_3$(포스핀 = 수소화인)

⑤ 나트륨 : $2Na + 2H_2O \rightarrow 2NaOH + H_2$

⑥ 리튬 : $2Li + 2H_2O \rightarrow 2LiOH + H_2$

⑦ 알루미늄분 : $2Al + 3H_2O \rightarrow Al_2O_3 + 3H_2$, $2Al + 6H_2O \rightarrow 2Al(OH)_3 + 3H_2$

⑧ 탄화나트륨 : $Na_2C_2 + 2H_2O \rightarrow 2NaOH + C_2H_2$(아세틸렌)

⑨ 탄화알루미늄 : $Al_4C_3 + 12H_2O \rightarrow 4Al(OH)_3 + 3CH_4$

(11) 물질 자신이 발열하고 접촉가연물을 발화시키는 물질 `19` `20` `21`

① 생석회 : $CaO + H_2O \rightarrow Ca(OH)_2 + 15.2kcal/mol$

② 표백분 : $Ca(ClO)_2 \rightarrow CaCl_2 + O_2$

③ 과산화나트륨 : $2Na_2O_2 + 2H_2O \rightarrow 4NaOH + O_2$

④ 수산화나트륨 : $NaOH + H_2O \rightarrow Na^+ + OH^-$

⑤ 클로로술폰산 : $HClSO_3 + H_2O \rightarrow HCl + H_2SO_4$

⑥ 마그네슘 : $Mg + 2H_2O \rightarrow Mg(OH)_2 + H_2$, $2Mg + O_2 \rightarrow 2MgO$, $Mg + 2HCl \rightarrow MgCl_2 + H_2$

⑦ 철분과 산 접촉 시 : $2Fe + 6HCL \rightarrow 2FeCl_3 + 3H_2$

⑧ 황린 : $P_4 + 5O_2 \rightarrow 2P_2O_5$

⑨ 트리에틸알루미늄(TEA) : $2(C_2H_5)_3Al + 21O_2 \rightarrow 12CO_2 + Al_2O_3 + 15H_2O$

7 건물·구조물·기계·기구의 배치도 및 연소 정도의 등치선도를 작성하는 방법

(1) 도면(Diagrams and Drawings)

① 스케치, 다이어그램, 평면도 등의 다양한 종류의 도면은 화재현장을 분석하고 기술하여 조사자를 보조하기 위하여 작성한다.

② 화재의 크기나 복잡도에 따라 도면을 그리는 데 다양한 기술이 행하여진다. 사진 및 도면은 화재현장을 관찰한 내용을 기억하는 데 도움을 준다.

(2) 도면의 종류(Types of Drawings)

① **도면의 구분** : 도면은 2차원이거나 3차원으로 그려진다.

  ㉠ 3차원 표현은 더 현실적이지만, 구성에 시간이 많이 소요되고 추가적인 제도능력이 필요할 수 있다. 등축도면이나 컴퓨터를 이용한 도면과 같은 단순 3차원 표현은 다이어그램의 활용성을 높여준다.

  ㉡ 평면도나 입면도와 유사한 2차원 도면은 개발하기가 쉽고 조사 중 및 사례 작성 시 다양한 용도에 적용할 수 있다. 도면은 스케치나 다이어그램의 형태를 취할 수 있다.

② **스케치(Sketches)** : 스케치는 일반적으로 손으로 그린 그림이거나 현장에서 최소한의 도구를 사용해 완성된 그림이며, 화재현장에서 3차원 또는 2차원적으로 표현할 수 있다.

  ㉠ 현장스케치는 발화지점, 연소 정도, 피해상황 등을 중요한 부분을 간단하게 작성한다.

  ㉡ 출화의 원인과 연관한 증거들을 간략하게 도해한다.

  ㉢ 화재현장 전체를 실측하여 축척으로 작성하여 현장사진으로 이해하기 어려운 부분을 보완할 수 있도록 작성한다.

③ **다이어그램(Diagrams)** : 도해는 일반적으로 현장조사가 완결된 이후에 완성되는 도면이다. 도해는 현장스케치를 이용해 완성되며, 전통적 방법이나 컴퓨터 기반의 도면프로그램을 사용해 제작할 수 있다.

(3) 도면의 선택(Selection of Drawings)

① 도면의 확보 또는 제작 도면의 유형 선택 시 조사자는 화재의 원인·발화원·최초착화물과 연소확산에 중요한 건축물의 특징·시설·장치 또는 요소가 무엇인지를 알고 도면을 작성하여야 한다.

② 예를 들면, 시설의 내장 마감재가 화재의 원인으로 작용했다면 마감재의 위치를 보여주는 도면이 중요하다.

③ 인접한 화재건물 때문에 건물에 불이 붙었다면 두 건물 간의 위치를 보여주는 도면이 중요하다.

④ 화재에 가연성 액체가 사용되었다면 그 액체가 어디에 사용되었으며, 어떻게 연관되었는지를 보여주는 것이 중요할 수 있다.

(4) 제도도구 및 장치(Drawing Tools and Equipment)

① 스케치(作圖)와 도면을 작성하는 데 있어서는 연필과 종이 이외에 특별한 도구가 있는 것은 아니지만, 제도과정을 전문화하고 작성된 도면의 품질을 높이기 위해 조사자가 사용할 수 있는 도구와 기법은 다양하다.

② 격자종이를 사용하면 현장스케치와 도면의 품질을 높일 수 있다. 격자종이의 사용이 필수적인 것은 아니지만 조사자는 이를 통해 현장스케치의 균형을 잡을 수 있고 추가 장치 없이도 도면을 작성할 수 있다.

③ 혹독한 날씨 속에서 현장을 작도(作圖)하는 데에는 어려움이 따르지만, 투명필름을 사용하면 이를 극복할 수 있다. 투명필름은 종이도면을 이용해 만든다.

(5) 화재시뮬레이션 등 컴퓨터 활용

① 조사자는 현장에서 작성한 스케치로부터 고품질의 다이어그램을 작성하기 위하여 컴퓨터 소프트웨어를 사용할 수 있다.

② 화재 조사자는 의도한 목적에 부합한 최선의 컴퓨터 제도도구를 결정하기 전에 몇 가지 특징을 고려하여야 한다.

　㉠ 화재 조사자는 3차원 성능이 필요한지 여부를 결정해야 한다.

　㉡ 3차원 도면은 조사 시 건물 구성물 간의 물리적 상호연관성 또는 목격장면과 같은 문제를 결정하거나 설명하는 데 큰 장점을 가질 수 있다.

　㉢ 선택된 소프트웨어 패키지와 무관하게 가장 중요한 기준은 선정된 패키지 내에서의 화재 조사자의 도면 생성, 보완, 출력, 조작능력이다.

　㉣ 컴퓨터 화재모델의 입력을 제공할 수 있는 CAD와 호환성을 검토해야 한다.

③ 우수한 컴퓨터는 다음의 기능이 있어야 한다.

　㉠ 화재 전 배치 및 화재 후 잔해 등을 표시하여 독립된 화면(Layer)에서 제도가 가능해야 한다.

　㉡ 자동 치수기능과 다양한 치수유형을 제공해야 한다.

　㉢ 패키지에는 또한 다양한 크기의 부품사전이 탑재되어야 한다. 패키지의 이러한 요소는 조사자가 도면작성 시 주방이나 욕실의 배치 및 부착물과 같은 사전작성 그림을 제공해 준다.

(6) 도면작성을 위한 요소(Diagram Elements)

조사자는 범위, 복잡성, 대행절차에 따라 스케치와 도면에 수록할 요소들을 결정한다. 다만, 모든 스케치와 도면에 기입해야만 하는 중요 요소들은 다음과 같다.

① **일반 정보(General Information)** : 도면을 작성한 개인의 신원, 도면의 명칭, 작성일자, 그리고 기타 관련 정보가 포함되어야 한다.

② **나침반 방향 정보(Identification of Compass Orientation)** : 화재현장의 스케치와 도면에는 나침반의 방향 정보가 반드시 포함되어야 한다.

③ **축척(Scale)** : 도면은 축척에 근사하게 작성되어야 한다. 축척은 반드시 준수하거나 "축척에 따르지 않음"으로 표시해야 하고 도식축척을 도면에 표시할 수 있다.

④ **기호(Symbols)** : 기호는 보통 스케치 및 도면에서 일정한 특징을 표시하기 위해 사용한다. 예를 들면, 문 기호는 벽에 문이 있다는 것을 나타내기 위해 사용하며 열리는 방향으로 그린다. 이해를 돕기 위해 조사자는 건축 또는 공학 계에서 통상적으로 사용하는 표준도면기호를 사용해야 한다.

⑤ **범례(Legend)** : 쉽게 파악할 수 없는 기호를 사용한 경우 조사자는 기호가 표시하는 내용의 혼동 가능성을 제거하기 위해 도면에 범례를 사용해야 한다.

※ 3편 2장 2절 (2) 도면작성 시 유의사항 참조

(7) 도면작성 요령

① 일반적으로 현장의 단순 스케치는 작성해야만 한다.

    ㉠ 전형적인 건물 스케치에는 방, 계단, 창문, 문의 상대적인 위치와 화재관련 손상을 표시할 수 있다.

    ㉡ 이러한 도면은 적당한 크기로 손으로 작성할 수 있다.

    ㉢ 이러한 유형의 도면은 화재분석과 결론이 단순한 화재사고의 경우에 충분하다.

② 복잡한 현장 또는 송사가 걸린 경우 실제 건물도면과 구조물, 설비, 비품, 목격담, 그리고 손상에 대한 상세자료를 파악하여 작성한다.

(8) 건물의 외부 배치도

① 발화건물 주변 배치도 및 목격장소

    ㉠ 건물 전체 주위를 돌아보면 손상된 범위와 위치를 알 수 있고 외부에서의 연소 가능성뿐만 아니라 조사해야 할 현장의 범위를 결정하는 데 도움이 된다. 건축 구조와 건물의 용도를 기재한다. 구조는 건물이 어떻게 지어졌는가와 사용된 재료의 종류, 외부표면, 이전의 개조와 화재가 발생, 확산하는 데 영향을 미친 특이한 사항을 언급한다.

    ㉡ 화재확산구역이 넓은 경우 발화지점을 중심으로 연소 진행방향과 화재피해 규모를 알 수 있도록 작성한다.

ⓒ 발화건물의 부속건물 및 시설의 배치, 타 건물과 비교한 화재현장의 위치, 소방용수 위치 등을 표시하기 위해 평면도 또는 화재건물 주변배치도가 필요하다.

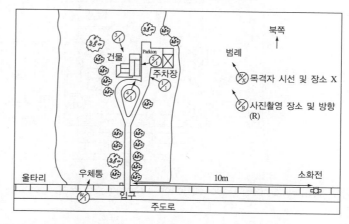

② 평면도(Detail Plan of Floor) : 건물의 평면도에서는 방, 계단, 창문, 문, 그리고 기타 구조물의 특징 등을 작성한다.

(9) 건물의 내부 배치도

① 작성방법

　ⓐ 조사자는 건물의 모든 방과 내부를 조사하여 건물구조의 형태, 표면 마감재, 잠재 발화지점, 화재형태, 화재하중 등을 관찰한다.

　ⓑ 주방·식당·로비 등 구획된 실의 평면도를 개략적으로 작성하고 필요한 경우 연소 정도에 따라 전개도·입면도·정면도 등과 병행하여 작성한다.

　ⓒ 연기와 열 이동, 손상지역과 각 부분에 있어서의 손상상황을 사진촬영 및 도해하여 전후관계를 분명히 한다.

　ⓓ 외부에 나타난 손상과 이 손상의 정도를 비교할 수 있도록 작성한다.

　ⓔ 발화지점으로 확인된 구획된 실은 상세도를 작성하면 출화원인을 쉽게 알 수 있다.

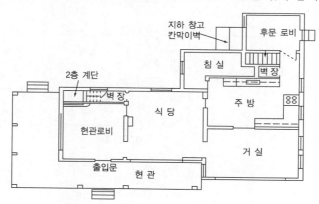

② 화재 전 가구배치도(Pre-Fire Contents Diagram)

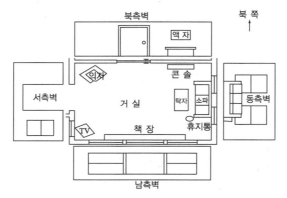

③ 가구피해 복원도(Contens Reconstruction Diagram Showing Damage Furniture in Original Positions)

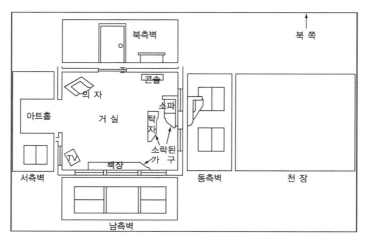

④ 정면도(Elevations) : 정면도는 내벽 또는 외벽과 벽에 대한 구체적인 정보를 표시하는 단일 면의 도면이다.

평면도(1층)

정면도

⑤ 상세도와 단면도(Details and Sections) : 상세도와 단면도는 항목의 구제적인 특성을 표시하기 위해 작성한다. 상세 또는 단면 다이어그램에서 나타낼 수 있는 정보는 스위치 및 제어기의 위치, 항목에 대한 피해, 항목의 위치, 건축특성 등등 매우 다양하다.

(10) 등치선도

① 정의 : 연소 정도가 비슷한 지점끼리 선으로 연결하여 연소패턴을 파악하는 도면을 말한다.

② 작성방법

㉠ 연소방향, 형태, 연소의 강약을 관찰하여 연소 정도가 비슷한 지점을 연결한다.

㉡ 연소확대는 여러 가지 화재패턴을 입체적으로 감식하여 분석 판단한다.

㉢ 탄화심도가 가장 깊은 발화지점은 도면의 안쪽에 위치하고 이 지점을 중심으로 연소의 강약에 따라 발화지점, 연소확대지역, 오염지역으로 구분되게 나타난다.

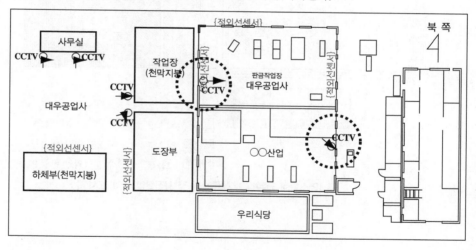

8 연소의 확대 형태(방향) 작도

(1) 연소의 강약은 내장재의 재질, 형상, 상태 등을 비교해서 화살표를 이용하여 열 또는 화염의 크기와 진행방향을 일관성 있게 한 장의 도면위에 기록한다.

(2) 연소 정도는 한 방향이 아닌 구획된 실의 6면을 실시하여 연소의 방향성을 순차적으로 도해한다.

(3) 수직방향이 수평방향보다 연소속도가 빠르지만 천장 등 수직방향에 저항이 생기면 수평 또는 직각방향으로 연소가 진행됨에 유의하고 연소열도 수평방향이 적기 때문에 연소의 강약이 구분되게 작성한다.

(4) 개구부, 창문 근처는 연소가 활발하고 환기에 의해 연소방향이 다르게 진행될 수 있음에 유의하여 작성한다.

(5) 그림에서와 같이 증거물 채취 위치와 사진촬영 위치를 번호와 화살표로 작성한다.

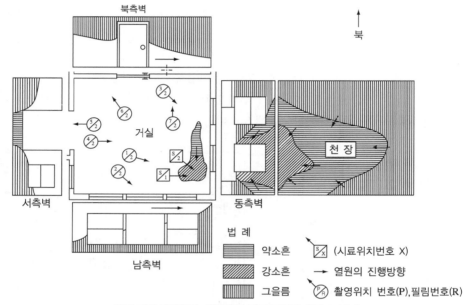

[연소피해 진행벡터, 샘플채취 및 사진촬영 위치 표시도]

04 │ 전기적인 특이점 및 기타 특이사항의 식별 및 해석하기

Key Point
1. 전기배선, 배선기구의 전기적 특이점에 대하여 설명할 수 있다.
2. 전기기계·기구의 연소특성에 대하여 설명할 수 있다.
3. 가스설비 부분의 특이점에 대하여 설명할 수 있다.
4. 전기·가스설비의 연소상황 설명을 위한 계통도를 작도할 수 있다.

화재조사에서 전기적 특이점이란 전기에 의한 도체의 용융이나 비산흔적 등을 말하며, 화재현장에서 발화부를 추적할 때 매우 유용한 지표로 사용되기도 하고 발화가 시작된 전기기기나 화재원인에 대하여 명확하고 객관적인 증거로 사용되기도 한다.

1 전기배선, 배선기구의 전기적 특이점

전기적 특이점을 통한 발화부 추적은 계산과 회로의 구성을 분석하여 비교적 객관적이고 과학적 근거를 제시할 수 있다.

(1) 정 의
① 전기적 특이점이란 도체의 용융, 비산흔 등 전기에 의하여 남겨진 흔적을 말한다.
② 화재현장에서 발화가 시작된 전기기기 등 발화지점을 추적해 갈 때 유용한 객관적 증거로 사용되기도 한다.
③ 최종 부하측의 전기적 특이점 18
   ㉠ 부하측 : 전원으로부터 전력을 공급받은 방향(전기를 끌어다 쓰는 전기기기 방향)
      예 콘센트와 선풍기, 냉장고, 텔레비전은 부하측
   ㉡ 전원측 : 전기기기에 전기를 공급하는 방향(발전소 등 전기가 공급되는 방향)
      예 적산전력계와 전신주는 전원측
   ㉢ 최종 부하측 전기적 특이점이란 전원측으로부터 물리적 거리가 아닌 전기계통상의 회로 거리로 보았을 때 가장 멀리 떨어진 곳의 전기적 특이점을 말함

(2) 전기적 특이점을 통한 발화부 추정

① 직렬회로

전기배선, 배선기구의 직렬회로 내에서 전기적 특이점을 통한 발화부의 추적은 합선이 발생하게 되면 합선부분이 녹아 끊어지게 되어 합선부분의 부하측으로는 전류가 흐르지 않는 상태가 된다. 전류가 흐르지 않는 배선에서는 피복이 손상된다 하더라도 합선의 여지가 없으므로 전기적인 특이점이 발생할 수 없는 상태가 된다. 따라서 동일 회로 내 최종 부하측의 합선흔적은 가장 먼저 발생하였다고 할 수 있다.

② 병렬회로

분전반의 차단기나 멀티콘센트를 이용한 병렬로 분기된 회로에서는 병렬회로 상호간에는 전원측, 부하측에 대한 구분이 없으므로 합선흔적의 위치를 통한 선후 관계를 증명할 수 없다. 때문에 병렬회로 내의 각 직렬회로에서 전기적 특이점을 찾아 현장상황과 연소형상 등 여러 가지 이론을 검토하여 종합적으로 판단하여야 한다.

2 전기기계 · 기구의 연소특성

(1) 전기기계 · 기구 내부에서 전기적 특이점이 발견된다면 기기 자체 내부에서 발화되었을 가능성이 매우 높다. 왜냐하면, 화염으로부터 기기의 외함이 보호 역할을 하게 되어 내부배선의 합선보다는 보호받지 못하는 인입부나 전원측의 배선에서 우선적으로 합선이 이루어져 끊어지게 되므로 전원이 차단된 내부에서 특이점이 발생할 수 없기 때문이다.

(2) 배전반에 대한 간략한 사진촬영 또는 대규모 산업용 건물의 복잡한 배전설비에 대한 연구내용을 포함하여 상태를 기록하고 그 위치를 표시한다. 어떤 경우에도 사용된 배전방식 및 방법을 확인하여야 하며, 설비의 손상 정도를 기록하여야 한다.

3 가스설비 부분의 특이점

연료가스설비를 확인하고 기록하는 목적은 연료가스가 화재의 확산에 영향을 주었는지에 대한 결정을 돕기 위한 것이다. 조사 내용상 연료가스가 화재의 확산에 영향을 주었다는 것이 밝혀진다면, 누설에 대한 압력시험을 포함하여 공급설비를 세부적으로 조사하여야 한다. 화재는 완벽한 성능의 가스공급설비도 누설되도록 할 수 있다는 것을 항상 명심한다.

4 전기 · 가스설비의 연소상황 계통도 작도

(1) 옥내배선도

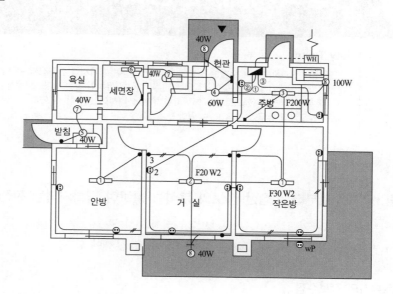

(2) 전기기기의 통전입증 도면 16

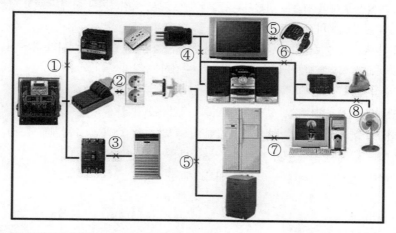

통전입증 도면을 보고 전기적 특이점을 통한 발화부를 추정해보면
- 각 회로의 말단에서 발견된 단락흔, 즉 ③, ⑤, ⑦, ⑧은 발화부의 가능성이 있으나, 나머지 ①, ②, ④의 단락흔은 발화와는 관계가 없다.
- 그 이유로는 먼저 ①에서 최초 단락이 형성되었다면 그 이하의 직렬회로 ④, ⑤, ⑥, ⑧에서 단락흔이 형성될 수 없기 때문이다.
- 마찬가지로 ②에서 최초 단락이 형성되었다면 그 이하의 직렬회로 ⑤, ⑦에서 단락흔이 형성될 수 없다.

05 | 발화지역 판정하기

Key Point

1. 진압팀·관계자로부터 수집한 정보의 분석을 통하여 발화지역을 판정할 수 있다.
2. 전기적인 특이점 및 기타 특이사항의 식별 및 해석을 통하여 발화지역을 판정할 수 있다.
3. 기타 부분을 발화지점으로부터 배제하는 방법에 대하여 설명할 수 있다.
4. 수사필요성의 유무를 판정할 수 있다.

1 진압팀·관계자로부터 수집한 정보의 분석을 통하여 발화지역을 판정

화재조사는 대물적 조사가 원칙이나 보충적으로 대인적 조사가 필요하다. 질문조사는 가능한한 화재현장에서 즉시 이루어지도록 하여 적시에 정확한 정보수집을 해야 한다.

(1) 관계자로부터의 정보수집

① 관계자들이 이해당사자일 경우 초기에는 사실 그대로 진술하다가도 나중에는 자신의 불이익을 고려하여 거짓말을 하며 진술을 번복하는 경우가 있으므로 녹취하거나 함께 청취한 입회인을 기록하는 것도 좋은 방법이다.

② 관계자들로부터 정보를 수집할 때는 관계자가 직접 경험한 사실뿐만 아니라 다른 사람으로부터 전해들은 것들을 포함해서 최대한 많은 정보를 수집하는 것이 좋다.

③ 정보수집 내용

    ㉠ 관계자 인적사항(주소, 성명, 주민번호, 직업 등)

    ㉡ 화재발생 대상물의 일반현황(건축물대장, 층별 현황, CCTV, 소방계획서 등)

    ㉢ 발화당시 행적(소화활동, 대피유도, 물품반출 등)

    ㉣ 연소상황, 재산피해내역, 물건의 배치상태 등

(2) 목격자

최초 목격자를 포함한 모든 목격자들로부터 발견경위, 발견 당시 상황, 발견위치를 청취하고 진술내용이 과장 없이 일치되는지 분석한다.

(3) 부상자

화재현장에서 부상자에게 피해가 발생한 장소와 경위에 대하여 정보를 수집하고 특히, 화상을 입었을 경우에는 화재초기 화염을 발견하고 자체적으로 진화를 시도하던 중 발생하는 경우가 많으므로 화재원인을 조사하는 데 중요한 단서가 될 수 있다.

(4) 선착 소방대

① 최초 화재현장에 도착한 소방관들은 진화과정에서 내부로 진입하기 때문에 연소상황이나 화세, 연소 확대경로 등을 가장 먼저 자세히 볼 수 있으므로 정확한 정보를 얻을 수 있다.

② 화재진압 및 인명구조 과정에서 개구부(출입문, 창문 등)를 파괴하고 물건이 옮겨질 수밖에 없으므로 이러한 상황에 대하여 정확한 정보를 수집해야 한다.

(5) 전문가

복잡한 공정의 공장이나 화학 실험실에서는 조사관들이 알지 못하는 특수한 상황 때문에 화재가 발생하는 경우가 있으므로 전문가들에게 자문을 구하거나 문헌 등 전문 자료를 통해 정보를 수집해야 한다.

2 전기적인 특이점 및 기타 특이 사항의 식별과 해석을 통한 발화지역 판정

대부분의 화재건물에는 전기가 배선되어 있어 화재와 직·간접적으로 관계가 있을 수밖에 없으므로 화재 발생 시 통전상태를 반드시 입증해야 한다.

(1) 가장 먼저 화재건물의 주 배전반과 화재실의 분전반을 관찰하여 스위치의 ON/OFF 또는 트립 상태를 확인한다.

(2) 냉장고, 김치냉장고, 정수기 등은 항상 전원이 공급되지 않으면 식품이 상하게 되어 특별한 경우를 제외하고는 그 회로는 통전상태여야 하므로 냉장고 내 식품 상태를 보고 통전상태를 유추하여 스위치 작동상태와 비교 관찰한다.

(3) ON 또는 트립일 경우는 통전상태의 증거가 되며, 만약 OFF 상태로 발견되면 화재발생 전후에 인위적으로 또는 화재와 관련하여 차단된 것인지를 확인하여 화재 당시 건물의 전기회로가 통전 상태에 있었는지의 여부를 판단한다.

(4) 화재발생 전 ON 상태이던 스위치가 조사 시 OFF되었다면 그 회로 어느 부분에서 단락흔이 존재할 것으로 추정하고 전선을 추적 관찰하여 용융흔을 찾도록 한다.

(5) 단락흔이 생성되어 있는 지역은 화재발생 시 통전상태였음이 객관적으로 입증되는 것으로, 생성 위치에 따라 전기적 요인에 의한 화재발생의 유무를 판정할 수 있는 증거가 될 수 있다.

3 기타 부분을 발화지점으로부터 배제하는 방법

(1) 정 의

소거법(Elimination)은 아직 알지 못하는 실체나 현상들 중에서 어떤 원인이나 사실을 규명하기 위해 어떤 개체를 조사하여 가능성 여부를 하나씩 배제시켜 줄여나가 최후에 남은 원인 또는 사실을 결론으로 판정하는 조사방법이다. 화재감식현장에 있는 모든 화재요인과 화재형태 등 특이사항을 개별적으로 관찰하여 전체적인 화재 확산경로와 부합되는지를 종합적으로 분석하여 하나씩 배제시켜나가는 소거법적 조사방법은 객관성과 증명력을 제고시킨다.

(2) 소거법을 주체로 한 발화원인 판정순서

① 발화지점 내에 있는 화원을 전체적으로 열거한다.
② 화원 각각에 대하여 발화가능성이 낮은 것부터 기재하여 검토한다.
③ 통상 화원 각각의 결론으로 부터 소거법에 의해 발화원을 특정하여 화재의 발생원인 및 경과에 병행하여 발화원인을 판정한다.

(3) 화재원인 배제요령

① 화재현장에서 화원이 될 만한 모든 화기시설을 개체별로 정밀 조사한다.
② 화재 당시 사용유무와 그 주변의 연소상황을 연역법적으로 조사한다.
③ 화재현장에서 특이한 연소흔이 있을 때는 그 주변의 연소패턴 및 연소확대경로와 불씨의 유무를 확인한다.
④ 전체적인 화재확산경로와 부합하는지 종합적으로 판단하여 화재요인에서 배제시키고 사진촬영 등으로 그 이유를 기록하여 작성한다.
⑤ 부합되지 않는다면 가연물의 종류 및 위치, 가연물의 양과 쌓인 상태 등을 명확하게 밝혀둔다.

4 방화 및 실화 조사·수사요령

(1) 방화조사의 착안점

① 방화가 범죄의 수단으로 이용되고 있는 것은 화재자체가 증거의 인멸이란 점에서 범죄자들에게 매력적으로 작용하기 때문이다.
② 그러나 현장조사만 충분히 진행된다면 그 화재가 실화적 요인이 없는 화재인 경우 방화의 목적이나 동기까지는 추론하지 못할지라도 화재나 연소의 진행에 따라 방화재료의 성상 혹은 특성을 판단할 수 있게 된다.
③ 따라서 화재사건이 발생하여 조사의 착수 시에는 주도면밀한 관찰과 자료수집을 통해 사실관계를 규명하여 방화범죄자가 쉽게 자기 목적이나 만족을 취하지 못하도록 하여야 할 것이다.

(2) 현장 자료수집 및 피해상황 파악

① 화재발생 현장에서는 화재상황의 기록, 사진, 스케치 등과 증인확보 및 증거물 수집에 노력하여야 한다.

② 화재발생건물에 대한 내력과 화재의 정확한 모습을 이해할 수 있는 피해상황을 파악해야 한다.

(3) 현장 상황파악과 모순점 확인

① 방화로 판단되는 명확한 물증이나 정황증거(간접증거)들로써 화재발생사실의 신고의 지연 유무, 소방활동의 지연·방해여부, 자백이 있는 경우, 현장의 잔존물 상황과 일치여부, 화염이나 화세에 따른 연소물 상황, 화재현장의 폭발성 상황 또는 급속한 발염양상 여부 확인과 화재피해 관계자의 행적관계 및 목적사실 등을 청취해 두어야 하며, 화재가 실화가 아니라는 실화적 요인의 배제 상황을 수집하여야 하다.

② 또한 계획적인 방화의 경우 점화와 발화의 시간적 조작은 어려운 문제가 아니므로 알리바이는 화재의 발생 시간적 특성에 따라 알리바이의 성립 요구 또는 알리바이의 강조가 정황증거로 등장될 수도 있음을 유념하여야 하며, 특정인의 방화동기 설정은 합당한 객관적 사유가 중요하므로 여러 상황과 부합되는지 여부 확인에 주력하여야 한다.

(4) 사전 자료의 확보

이해관계자나 그 주변인물에 대한 화재이력 사전파악과 화재가 어떤 개인과 직접관련이 되는 경우는 진술만으로도 어느 정도 증거가 결정될 수 있으므로 잠겨진 건물의 열쇠를 독점하고 있었다는 사실이나 항상 휴대하는 개인 소지품의 소속관계를 확인해 두어야 한다.

(5) 화재관련자 조사 시 착안사항

① 보험계약자 및 가족 등

오래된 재고품, 너무 높은 가격으로 구매했던 공급품 및 제품, 구식시계, 잘 팔리지 않는 제품, 부채, 과도한 생산비용, 침체된 경제상황, 판매상의 문제점 여부

② 현재 혹은 과거의 종업원

횡령금 은폐를 위한 시도, 상급자의 부당한 대우에 대한 복수, 자신의 존재가치 부각을 위한 기도, 승진 및 봉급인상 누락 등에 대한 불만, 해고에 대한 복수, 단조로운 야간근무에 대한 권태, 노사관계 분쟁에서 경영측에 영향력 행사 또는 요구 관철

③ 부랑자

경비원의 감시, 회피, 침입흔적제거, 침입 후 귀중품 발견 시 울화 등 우발적 범행여부, 경쟁관계에 있는 회사 관계자, 정치적 이념주의자, 테러리스트에 의한 방화가능성 유무

(6) 방화여부 규명을 위한 대상자별 조치사항

① 화재발생 목격자 및 신고자

㉠ 최초 화재발견자는 누구이며(발견 시 단독 또는 2인 이상) 누가 신고했는가(소방서, 수사기관 등)?

㉡ 화재를 언제, 어디서, 어떻게 발견했는가?

㉢ 소방대는 언제 도착했는가?

㉣ 화재 전 혹은 직전에 의심스러운 점이나 수상한 사람을 보았는가?

㉤ 최초 목격자는 어떻게 반응하였는가(목격자와 신고자가 다를 경우 신고자 대상)?

㉥ 특이한 어떤 것을 발견하지는 않았는가?

㉦ 화재 중 외부적 특징은 무엇이었는가(연기 발생 정도, 연기색깔, 화염색깔, 독특한 냄새 등)?

㉧ 화재 당시 기후는 어떠했는가?

② 화재현장 및 주위환경에 대한 조사

㉠ 현장에 어떻게 접근할 수 있었는가(담벼락, 출입구, 창문, 기타 개구부 등)?

㉡ 억지로 출입한 흔적이 있는가?

㉢ 옆 건물은 어떤 구조인가?

㉣ 눈에 보이는 다른 의심점은 있는가?

㉤ 화재가 엉뚱한 장소에서 시작되었는가?

㉥ 화재에 의해 어떤 흔적이 남았는가(바닥, 벽, 천장 및 고정장치류 사이의 화재자국 및 열효과, 검댕의 성격, 다른 퇴적물, 가연성 물질의 그을림 정도)?

㉦ 통풍방식은 어떠했는가?

㉧ 화재 확산 방향에 어떤 특정적인 물질이나 물건이 있는가?

③ 손상 및 파괴된 물건조사

㉠ 무엇이 파괴 또는 손상되었는가(빌딩, 기계 등 고정장치 재고품 등)?

㉡ 어느 정도 손상되었는가(수리나 사용가능 여부 등)?

㉢ 화재 당시에 손상된 건물, 기계, 고정장치 등의 연한 및 상태는 어떠했는가?

㉣ 저장 상태는(수량, 저장기간, 저장품, 반제품, 제품의 품질 등) 어떠했는가?

④ 물리적, 화학적 검사

㉠ 가능한 점화원은 무엇인가?

㉡ 전기적, 기계적 설치물들이 정상적으로 기능을 발휘하고 있었는가?

㉢ 목격자의 진술과 화재 과정상의 귀추가 합리적으로 부합되는가?

㉣ 흔적물이 연소된 물건의 금액 및 성격에 관한 보험계약자의 진술과 부합되는가?

(7) 방화를 판별하는 상황요소

① 고려사항

㉠ 점화원 및 점화열원은 항상 조작가능하다는 점

㉡ 가연성 물질과 산소공급은 인위적으로 조작될 수 있다는 점

② 방화가능성 추정 요소

㉠ 점화열 및 점화원 : 양초, 스위치 켜진 전등램프, 전자방식의 회로, 성냥, 꺼지지 않은 담배꽁초, 시간퓨즈로 사용된 계기(시한계기), 화학물질 등

㉡ 가연성 물질 : 인화성 강한 액체(화재 촉진제), 석유류, 종이, 나무조각, 천 등

③ 산 소

건물의 열린 문, 외부창문 혹은 고장난 문에 의한 통풍

④ 화재의 확산

발화통로, 종이더미로 인한 화재확산, 인화성 액체, 여러 곳의 화재 발화지점, 열린 문, 방화문 고장으로 인한 상태의 유지

⑤ 파손물품이나 건물상황

보험목적 방화에 있어서는 손상된 기계의 수명, 파손된 제고품의 판매 가능성, 생산 공정상 기계의 기능 등 보험증권상에 기재된 목적물의 실(實)소실 여부

⑥ 화재의 발생시간대

야간, 주말 등 방화범죄가 용이한 때

(8) 방화관련 조사 · 수사참고사항

① 조사 · 수사 업무수행의 유의점

㉠ 형사소송법 등 법규와 절차의 준수

㉡ 민사소송과 분쟁의 가능성에 유의

㉢ 모든 자료와 정보, 정황증거의 기록 및 보존

㉣ 조사 완결 전에는 누구도 신뢰하지 말 것

㉤ 자살, 자해, 도주 등 극단적 행동의 징후에 유의

㉥ 조사 및 수사상 알게 된 비밀의 엄수

(9) 수사 실행의 단계

※ 검증조사 : 조사사항의 결정 ⇨ 조사방법의 결정 ⇨ 조사의 실행

(10) **방화범의 색출**

① 화재현장에서 관찰, 관망, 구경 등 빈번하게 모습을 나타내는 사람

② 손과 얼굴 등에 그을음이 묻었거나 화상을 입은 사람

③ 한적한 곳에서 혼자 활동, 사람과 우연히 마주쳤을 때 놀라거나 황급히 뛰어가는 등 이상한 행동을 하는 사람

④ 입고 있던 옷과 몸에서 연기냄새가 나는 사람

⑤ 정신질환자, 불에 대한 기쁨, 반대로 불에 대한 증오심을 갖는 사람

⑥ 기타 방화전과가 있는 사람

제4편

발화개소 판정

01 | 현장발굴 및 복원 조사하기

Key Point

1. 발굴 및 복원조사 전체 과정의 단계별 사진촬영 방법에 대하여 설명할 수 있다.
2. 발굴 및 복원 조사의 절차 및 요령에 대하여 설명할 수 있다.
3. 발굴과정에서 식별되는 모든 개체에 대하여 연소형태 및 연소의 순서 등의 상황을 설명할 수 있다.
4. 발굴과정에서 특이점이나 특이사항에 대하여 설명할 수 있다.
5. 발굴완료 시, 연소상황의 설명이 필요한 부분의 복원방법에 대하여 설명할 수 있다.
6. 발굴 시 조사관의 의식 및 유의사항에 대하여 설명할 수 있다.

1 발굴 및 복원조사 전체 과정의 단계별 사진촬영 방법

(1) 발굴 시의 사진촬영 방법

① 소사체 발견 시 사진촬영 방법

㉠ 사체가 쓰러져 있는 주변의 소손상황·사체의 위치·머리·배·손·발의 방향 등 전반적인 상황을 촬영한다.

㉡ 사체 주변의 소손물을 제거한 후 입고 있는 의류의 소손, 신체의 화상, 생활행위와 관련한 물건, 발화원, 조연재, 기름용기 등의 출화요인으로 생각되는 모든 물건들을 촬영한다.

㉢ 사체의 생활반응으로 화재당시 생존해 있었는지 유추할 수 있으므로 선홍색 시반, 코와 입에서 그을음 흔적이나 수포, 화상을 촬영한다.

② 발굴장소의 표층부(表層部)를 제거한 사진

건물의 지붕·기둥·벽 등의 주요구조부가 도괴되어 퇴적된 경우 표층부를 제거한 후 각 건물과 출화건물의 경계를 끈과 표시물 등으로 명확히 구분하고 높은 곳에서 건물 전체와 출화영역, 그와 인접한 부분을 촬영한다.

③ 출화영역 및 그와 인접한 사진

㉠ 발굴 시 중요한 증거물과 상황 등이 발견된 그 시점의 상황을 촬영한다. 특히 출화범위를 발굴하는 경우는 소손물을 제거하기 이전의 상황과 발굴 후의 상황을 비교할 수 있도록 촬영한다.

㉡ 출화범위가 천장과 같이 상층부일 경우에는 바닥의 연소와 소실, 물건이 소락되어 바닥에 불에 탄 물건이 퇴적되므로 바닥의 발굴되는 상황을 촬영한다.

㉢ 증거로써 가치가 없는 탄화물은 제거한 후 바닥면에 남아 있는 물건의 상태를 전체적으로 촬영한다.

㉣ 화재초기의 소손상황(위쪽으로 타올라 간 형태, 연소로 소실, 미세한 연소흔 등)은 출화와 직접적으로 관련되므로 모두 촬영한다.

㉤ 개구부(출입구, 창문 등)의 개폐·시건·파손 상황을 촬영한다.

④ 발화원과 관련된 상황증거의 촬영
　　㉠ 발화 가능성이 있으나 사용되지 않았던 물건이 발굴되면 위치를 명확히 한 후 각각의 물건에 대해 번호, 동그라미, 화살표 등을 이용해 출화범위의 상황을 구분할 수 있도록 촬영하고, 사용 상태에 있었던 물건들은 여러 방향에서 다각도로 촬영한다.
　　㉡ 출화원인이 굴뚝, 연통 등으로부터 비화되었거나 누전에 의한 누전점, 출화점, 접지점 등 발화원과 착화물 간 거리가 이격된 경우는 그들의 연관관계를 찾아 각각의 물건을 촬영한다.
　　㉢ 발화원, 착화물, 연소확대 가연물 등의 상황을 촬영하고 발화원일 가능성이 있는 물건은 각각 확대해서 촬영한다.
　　㉣ 원형이 붕괴되거나 일부가 소실되어 있는 발화원은 소손되지 않은 같은 종류의 물건을 찾아 비교하여 함께 촬영한다.

(2) 복원 시의 사진촬영 방법
① 발화 전의 상태 파악
② 소잔부분과 소실부분의 구별
③ 연소확대 진행방향의 파악
④ 특이한 소잔현상
⑤ 용융물건
⑥ 발화원과 착화물의 위치관계
⑦ 발화원인의 입증에 필요한 제반상황

2 발굴 및 복원 조사의 절차 및 요령

(1) 현장 관찰요령
① 현장의 외주부(外周部)에서 중심부를 향해 구획별로 단계별로 관찰한다.
② 주변 건물의 옥상과 같은 높은 곳에서 현장의 전체와 부분을 확인한다.
③ 탄화가 약한 곳으로부터 강한 곳을 향해 가며 관찰한다.
④ 연소된 건축물, 물건 등의 도괴(倒壞) 방향을 관찰한다.
⑤ 국부적(局部的)으로 강한 탄화현상을 관찰한다.
⑥ 불연성 물질의 변색·변형·박리·만곡방향·용융위치 및 방향 등을 관찰한다.
⑦ 가능한 여러 방향과 각도에서 입체적으로 관찰하면서 연소확대경로를 확인한다.
⑧ 연소 흔적·경계 등의 식별함에 있어 근거리 확인이 애매한 경우 원거리에서 확인하는 등 각 거리에서 느껴지는 색조의 대비성을 찾아서 구별한다.
⑨ 건물 또는 사물의 구조를 고려해 불꽃과 연기의 흐름을 유추하면서 관찰한다.
⑩ 화재 당시 풍향·풍속 등의 기상상황과 현장내부의 기류(대류 및 드래프트효과)를 고려하여 화염의 진행방향을 관찰한다.

⑪ 목격자의 진술내용을 고려하여 화재를 발견한 지점·높이 및 각도와 방향에 맞추어 서서 관찰하되, 현장상황과 일치하지 않을 경우에는 그 이유를 규명하여 두는 것이 중요하다.

⑫ 소실건물이 다수동일 경우, 연소확대가 정지된 경계의 소손상황을 관찰하여 연소 진행방향을 관찰한다.

⑬ 건축구조물과 각종 집기비품 등의 소실 및 소훼 정도를 비교 관찰하여 연소 진행방향을 관찰한다.

(2) 발굴절차 13

① 발굴범위는 너무 좁게 한정시키지 말고 구획별로 나누어 실시해야 효과적이다.

② 발굴과정은 손길이 닿는 순간부터 현장이 훼손되므로 사진촬영과 사실에 대한 메모 작성 등 중간계측이 발굴과 병행하여 이루어져야 한다. 이 과정이 생략된다면 증거물로서의 가치가 떨어질 수 있다.

③ 발굴의 마무리는 화재발생 전 상황으로 복원을 하는 것이다. 복원은 발굴을 통해 확보한 가연물을 화재 전 상황으로 재현하여 착화물에 대한 성질과 연소확대물의 종류를 살펴 발화원과의 관계를 이끌어 내는 것이 관건이 된다. 퇴적물이 쌓였다는 의미는 표면으로부터 바닥에 이르기까지 시간의 흐름을 역으로 추적하여 확인하는 과정이므로 중도 포기할 수 없는 중요한 의미를 갖는다.

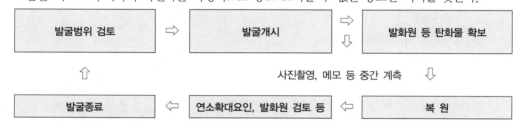

(3) 현장 발굴요령

① 목격자 진술, 연소패턴, 전기적 특이점, 기타(CCTV, 차량용 블랙박스) 등을 분석하여 예상 발화지점을 결정하고 그에 필요한 경계구역을 설정한다. 예상발화지점이 다수일 경우 나누어 실시하는 것이 효과적이다.

② 전기 및 천장으로부터의 낙하물과 같은 위험을 제거하고 바닥에 남은 소화수를 퍼낸다.

③ 발굴 단계별 모든 상황을 사진촬영하면서 맨 위의 낙하물부터 차례로 걷어내면서 연소상황과 일치하는지 확인한다.

④ 발굴 중 정밀감식·감정이 필요한 물건, 복원해야 할 물건은 잘 보관한다.

⑤ 화재 초기에 낙하된 물건은 가능한 이동하지 않고 현장보존 하도록 한다.

⑥ 발화지점에 가까이 갈수록 대형공구보다는 섬세한 공구나 수작업으로 발굴한다.

⑦ 발화원인으로 추정되는 증거물(유류흔, 콘센트, 스위치, 밸브류, 전기배선의 단락흔)이 발견되면 손상되지 않도록 증거물 수집규칙에 의거 채집한다.

⑧ 낙하물이 제거된 바닥면은 빗자루로 쓸고 깨끗한 물로 씻어낸 후 물기를 제거하고 연소상황을 관찰한다.

(4) 복원요령 및 유의사항

① 복원은 발굴된 낙하물이나 도괴된 부분을 화재발생 전 상태로 재구성하는 것이므로 건축 구조재, 소손물건 등의 위치를 파악하고, 발굴 중에 복원이 가능한 물건을 구분하여 기록하고 조립한다.

② 화재 특성상 유실물이 많아 100% 복원은 불가능하므로 식별이 확실한 것만 복원시키고 완전 소실되어 형체의 복원이 불가능한 구조재, 경계, 계단, 물건 등은 흰 실·끈 등으로 경계, 윤곽 등을 표시한다.

③ 발굴된 물건의 위치를 명확히 하고 마감재, 벽지 등의 복원은 타다 남은 잔존물의 상황으로 위치를 결정한다.

④ 개구부 등은 문과 창의 개폐, 시건장치의 위치, 잠김 상태, 문지방, 기둥, 방범창 및 섀시의 용융 상태를 검토해서 복원한다.

⑤ 수직, 수평관통부의 부재인 목재나 알루미늄 등은 타거나 녹아서 남은 것, 가늘어진 것 등을 관찰하여 일치되는 곳을 맞춘다.

⑥ 기둥, 횡목, 문지방, 벽채, 가구 등의 복원은 박혀있는 못, 나사 등의 머리가 나와 있는 형태와 박은 방향으로 위치를 결정한다.

⑦ 출화장소가 높은 곳에 있어 건물 구조재의 소실과 도괴로 복원이 불가능할 때는 적절한 공간에 로프와 분필로 출화실의 방 배치를 표시한 후 잔존 물건에 대해서 입회인의 설명을 들어 화재발생 직전의 상황으로 배치하고, 각각의 수열흔 등 소손흔을 살핀다.

⑧ 복원 후에는 사진촬영, 계측, 소손상황 등을 검토한 후 바닥면에 특이한 소손이 확인될 때는 물건을 조심히 제거해서 바닥면의 소손상황, 국부적인 소실 등을 관찰한다. 또한 미소화원(微小火源) 등에 의해 바닥 아래로 현저하게 타들어간 곳이 있는 경우에는 바닥판을 걷어내서 그것의 내·외 표면을 관찰한 후 복원시켜 놓고 연소 방향성을 함께 살핀다.

⑨ 물건이 있던 원래 위치의 판단은 그 물건이 놓여 있었거나 걸려 있던 바닥·벽 등의 눌린 자국, 오염의 경계나 윤곽, 물건의 치수 등을 통해 상관관계를 확인한다.

⑩ 복원에 필요시 동일한 대용재료를 사용하되 대용물임을 표시한다.

⑪ 관계인을 입회시켜 복원상황을 확인시킨다.

3 발굴과정에서 식별되는 연소형태(연소 · 변색 · 변형 등) 관찰

(1) 탄화물 · 그을음 제거

발굴 대상물의 표면을 부드러운 솔로 가볍게 털어 관찰이 쉽도록 한다.

(2) 훈증유막의 검댕물질 제거

회로기판, 플라스틱, 기타 유기물질의 소손과 변형 · 변색의 경계선의 확인은 탄화층과 그을음층의 기름성분 막을 제거하기 위해 알코올을 분무기로 뿌려가며 부드러운 칫솔로 제거한다.

(3) 금속면의 탄화 및 수열(受熱) 방향성 관찰

① 금속 표면의 페인트와 같은 겉칠 부분의 수열에 의한 색상의 변화, 산화의 깊이 등을 조사할 때는 폭 약 1~3mm의 조각용 끌을 사용해서 일자(一字)의 같은 간격으로 연이어 금을 그어 나가며 확인한다.

② 긁는 방향은 x · y · z축의 3방향으로 하며, 가급적 좁게 같은 간격으로 한다.

③ 높은 열을 장시간 받을수록 그 후에 대기 속에 방치되어 수분이 흡수된 채로 시간이 경과하면 페인트의 소손층은 비교적 물러지고, 금속의 면은 부식현상이 촉진되기 때문에 긁어 보면 부식층과 탄화층이 떨어져 나갈 때 가루의 입자나 박편의 크기와 모양이 다르다.

④ 금속의 면이나 페인트층의 표면을 깎아 나가다 보면 금속의 원색층이 나타나게 되는데 연소의 중심부와 멀어지는 부위 간의 깊이 차가 생기게 되고, 색상의 다단(多段)을 볼 수 있는 색띠를 관찰할 수 있다. 비교적 넓은 영역은 철 브러시 · 사포 등을 함께 사용한다.

(4) 목재의 탄화심도(炭化深度) 관찰

탄화심도계와 같은 침상(針狀) · 도형(圖形)을 이용한 검사를 포함한 측정 시 거리 간격은 1~10cm의 간격으로 실시한다.

(5) 소손윤곽의 표시

벽면 또는 바닥의 연소 윤곽과 경계가 희미해서 근거리 판별이 어려우면 다소 원거리의 식별 가능한 위치에서 1명이 레이저 빔 포인터로 경계를 따라 그려 나가면 1명은 그 빔을 쫓아 연소와 소손변색의 경계를 분필 · 크레파스 또는 스프레이 등으로 표시해 나간다.

(6) 사진촬영 시 남은 물 제거

물로 세척한 후 고인물을 제거하기 위해 스펀지로 덮어 빨아들이거나 헤어드라이어로 건조시키고 촬영한다.

4 발굴과정의 특이점 또는 특이사항

(1) 화재현장에서의 사체 확인방법

① 대피행동 흔적이 있는 경우 소사체(燒死體)의 위치 및 주변의 소손상황을 관찰한다.

② 소사체가 권투선수 자세이면 생활반응, 외상의 유무, 입고 있는 의류의 연소상태, 유류 등의 냄새를 확인한다.

(2) 붕괴 건물의 불확실한 경계표시 요령

발굴을 본격적으로 개시하기 전에 각 실의 배치와 경계를 명확히 한다.

① 소락되어 덮여있는 퇴적된 물건의 겉 표면을 이루어 위치가 불명확한 구조재, 물건 등을 조심스럽게 제거하고 별도로 구별해서 잘 보존시킨 후 드러나는 바닥 또는 벽면의 기둥, 문턱과 문틀, 창턱과 창틀, 토대를 기준 삼아 경계점으로 한다.

② 입회인으로부터 설명을 듣고 소손된 물건과 확실히 다른 말뚝이나 기둥을 사용하거나, 주변 구조재에 대해 못 등을 이용해서 빛의 반사가 없는 흰 끈으로 경계선을 만든다.

③ 개구부(출입구·창)와 계단 등의 위치에는 끈으로 경계를 만들고 표지를 붙여 구분한 후 모든 전경의 사진을 촬영한다.

(3) 소락물의 제거 방법

① 불에 타서 붕괴된 지붕과 이를 지탱했던 뼈대가 도괴된 경우 그것들의 소손을 관찰한 후 제거해서 별도로 구별하여 잘 보존한다.

② 누전으로 추정되는 경우 양철판·라스·모르타르 벽체·함석지붕·빗물받이관 등 각각의 위치를 확인하고, 수열 변색과 용흔의 상황을 관찰한 뒤 복원을 위해 별도로 보존한다.

③ 건물의 개구부(출입문·창문 등)의 개폐상황을 확인한다. 특히 방화의 의혹이 있는 현장에서는 열쇠 문틀·기둥·창호 틀, 미닫이문 밑의 작은 쇠바퀴의 호차(戶車) 등의 그것들과 상대물 간 접촉에 의해 형성되는 열기에 의한 변색·오염도에 따른 색상의 차이 등을 구별하여 출화 시의 상황을 밝힌다.

④ 위층의 물건이 소손되어 아래층의 발굴범위에 떨어져 쌓여 있는 경우 위층에 있었던 낙하물인지 입회인에게 확인한 후 제거하고 별도로 보존한다.

⑤ 출화범위가 위층이어서 아래층에 위층의 수용물 등이 타서 아래로 떨어졌을 때는 입회인에게 확인 받은 후 필요하다고 생각되는 물건은 주위의 탄화물을 제거해서 사진촬영을 한 후에 그의 위치를 계측하고 옮겨서 복원에 대비해 구별시켜 보존한다.

⑥ 기둥·가로지른 횡목(橫木), 가구류 등의 소손물건은 연소의 방향성을 판단하는 물건이므로 가능한 한 이동시키지 않고 남겨 둔다. 부득이한 경우에는 필요에 따라 계측한 후에 복원에 대비해 구별해서 보존한다.

⑦ 기와 · 창유리 · 선반 · 커튼 · 조명기구 등 높은 위치의 물건이 떨어져서 바닥면에 닿아 있을 때는 빠른 시간에 타서 떨어졌거나 그 부근의 연소상황과 수열방향을 나타내고 있기 때문에 이들을 그대로 보전시킨다.

(4) 발화 · 착화 및 소손물의 발굴요령

출화건물의 외주부에 가까운 장소나 높은 곳이 출화범위일 때는 소화활동, 폭발 · 비산 등에 의해 출화 영역 내 물건이 건물 외곽으로 떨어져 있는지 또는 인위적으로 반출된 물건은 없는지를 확인한 후에 실시한다.

① 발굴 진행방향

바닥의 발굴은 정해진 발굴범위의 최외곽인 외주부에서 중심부를 향해 꼼꼼하게 한다.

② 소화수 압력에 의한 위치이동의 고려

화재진압 시 주수방향을 파악해서 방수 압력에 의한 현장 내 소손물들의 주된 비산방향을 고려하며 발굴한다. 주수방향의 판단은 소방대의 소방활동을 확인하고 나무 탄화부의 물에 의한 주요박리방향 등을 기준으로 판별한다.

③ 발굴은 한 부분을 깊이 파헤치거나, 묻혀 있는 전선 · 물건 등을 잡아당기거나 한꺼번에 뒤집지 말고 위에서부터 아래를 향해 순차적으로 조금씩 발굴한다.

④ 발굴은 직접 손으로 하는 것이 기본이며, 보조수단으로 미술용 붓 · 페인트 붓 · 핀셋, 금속주걱 등의 소도구를 함께 사용한다.

⑤ 바닥의 물 제거

발굴현장의 바닥에 물이 흥건히 고인 경우에는 쓰레받기 등으로 최대한 물을 긁어 담아 퍼내고 가볍고 흡수성이 우수하고 기포구멍이 촘촘한 고운 스펀지나 면 타월을 사용해서 빨아들인다.

⑥ 바닥의 물 세척

소화호스의 분무로 바닥을 세척한다.

⑦ 제거금지

출화영역이나 그 부근의 바닥면 등에 달라붙어 있는 용융 물체는 함부로 제거하지 않는다.

⑧ 분말 등 미립자의 제거

감식 물품에 쌓여 있는 그을음, 분말소화약제, 먼지, 분진 등 미립자의 제거는 솔 등을 사용하기 전에 송풍기와 흡입기 또는 빨대 등을 사용해서 불어내거나 빨아들인다.

⑨ 소손물의 물기 제거

송풍기, 드라이어 등으로 감식대상 물건의 구석진 곳까지 물기를 완전히 제거하고 말린다.

⑩ 자성(磁性) · 비자성(非磁性) 금속체의 선별

철골 · 철근 등의 용접 절단 시의 불꽃이 발화원으로 추정되거나 바닥의 탄화물 속에 섞인 금속 등을 찾고자 하는 경우 자석을 이용하여 탄화물에 섞여 있는 용융 입자와 용융된 단편을 확인한다. 이 작업은 주로 체를 사용한 입자별 분리작업 중에 병행해서 사용한다.

⑪ 발굴품의 이동금지

발굴된 소손물건은 함부로 이동시키지 않는다. 부득이 이동해야 하는 경우에는 복원을 위한 보존 조치와 기록을 한 후 이동한다.

⑫ 발굴품 상황증거의 제거와 보존

발화원증거물 등 비교적 작은 물체는 발굴 중 조사관도 인식하지 못한 사이 스스로 그것들을 제거·파괴할 수 있으므로, 상황증거를 훼손시키지 않도록 주의한다.

소손물건은 발굴될 때마다 즉시 감식해서 복원에 필요하지 않은 물건은 제거하며, 제거시킨 물건은 반드시 구분해서 보존한다.

⑬ 발굴위치의 표시

복원의 필요성이 있는 물건이나 영역은 삼각·사각·원형·화살표·번호·기호·문자 등으로 식별 표시를 붙여 발굴위치에 놓고 계측한다. 또한 구획의 구분이 필요한 것은 가는 실, 굵은 면 줄, 가는 밧줄 등을 사용해서 구분하고 표시한다.

⑭ 발굴품의 파손방지

발굴품은 발굴 시 발로 밟는 등 파손될 수 있으므로 적절한 크기의 덮개로 덮거나 울타리를 만들어 접근과 파손을 방지한다. 특히 입회인에게는 멀리 격리시키거나 접근하지 못하도록 주의를 기울인다.

⑮ 용흔의 판별

옥내배선·전기코드 등의 전선류는 통전상태에서 생긴 전기 단락흔, 스파크 불꽃에 의해 생긴 입상 (粒狀) 용융흔이 관찰되면 전기에 의한 전기용흔(電氣鎔痕)인지, 아니면 화재열에 의한 열흔(熱疫) 인지 판단을 병행해 가며 발굴한다.

화재현장에서 직접 판단이 어려울 경우 증거물로 수거하여 감정을 통해 판단한다.

⑯ 누전 용흔의 관찰

누전에 의한 출화원인의 가능성이 있는 경우 출화점을 찾기 위해 벽체를 파괴할 때는 수열 변색이 약한 주위로부터 중심부를 향해 쇠망치로 잘게 쪼개서 내부 라스층의 열에 의한 용흔 존재 유무를 확인한다.

⑰ 비파괴 관찰 [19]

용융된 후 딱딱하게 굳은 플라스틱 등의 고체 덩어리나 물건을 손상이나 분해 없이 내부 물체의 존재여부, 위치·형상·상태 등을 확인하고자 할 때는 X-ray 비파괴 투시기 등을 사용하여 관찰 하고 촬영할 수 있도록 증거물로 수거하여 감정을 의뢰한다.

⑱ 분해관찰

일반 공구로 손상 없이 해체하려고 할 경우에는 바이스 또는 압착기구를 사용해서 서서히 압박을 가해 외곽 구조물의 균열을 발생시켜 뜯어내듯이 분해한다. 단 압박을 가하는 위치는 비파괴 투시기의 관찰을 통해 내부에 압력이 가해지지 않는 곳을 선택해서 적용한다. 망치질·톱질·지렛대 도구 등의 사용은 내부에 충격을 전달할 수 있으므로 압박해체의 과정에서 적절히 부분적으로 함께 사용한다.

⑲ 유막(油幕)의 확인과 채취·보존

휘발유·석유 등 가연성 액체의 영향에 의한 출화의 가능성이 있다고 판단될 때는 발굴 시 냄새 등에 주의를 기울이고 기름 성분이 있는 것은 유류검지기로 확인하거나 양동이 안의 물에 탄화물을 넣어서 유막을 확인한다. 바닥의 물 등 액체에 섞인 기름띠의 유막 확인은 깨끗한 티슈 타월로 액체의 표면층에 덮어 가볍게 빨아들인 후 맑고 깨끗한 물에 담가 기름띠가 물 위에 형성되는가를 보고 확인한다.

유류 성분 감정(鑑定)을 위해서 별도의 양을 채취해서 보존해야 하는 경우에는 탄화물을 일정량 수거하거나, 티슈나 주방용 종이 타월로 대량 흡수시켜 밀폐형 유리용기에 넣고 보존하거나, 주사기를 이용해서 3군데 지점(액체 속 삽입 위치는 바닥의 바로 위, 액면의 바로 아래, 이들 두 위치의 중간)의 액체를 조심스럽게 빨아들인다.

⑳ 화학약품류의 확인과 보존·채취

화학약품류의 혼합발화나 자연발화에 의한 출화의 가능성이 있다고 판단될 때는 발굴 시 이상한 냄새에 주의를 기울이고, 리트머스 시험지로 산·알칼리성을 확인한다. 성분 감정(鑑定)을 위해서 별도의 양을 채취해서 보존해야 하는 경우에는 유막의 확인과 보존·채취방법과 같이 실시한다.

㉑ 냄새확인

일반적인 물질이나 성분을 태우며 냄새로 식별할 때는 향기와 연기를 멀리 흘려서 맡아본다. 단, 조사자에게 치명적으로 위험한 물질이 있으므로 가급적 약품검사(정색반응—皇色反應), 감정기기를 사용해서 판별한다.

㉒ 지문·무늬 확인

어떤 면에 착상되어 있는 지문이나 무늬 등을 볼 때는 그의 표면을 밝은 빛에 빗대어 놓고 관찰하거나, 지문 등의 위에 곱게 간 흑연가루(또는 연필심의 가루)를 고운 솔로 묻힌 후 투명테이프를 해당 부분에 붙였다가 떼어내서 깨끗한 투명유리에 붙인 다음 유리를 밝은 빛 위에 올려놓고 확인한다.

5 발굴완료 시 연소상황의 설명이 필요한 부분의 복원방법

(1) 복원요령

① 복원시킨 소손물의 위치가 겹쳐 쌓여있을 때는 그것이 아래로 떨어지기 전의 위치로부터 추정해서 왜 이 곳에 떨어져 있는가, 떨어진 후에 불이 옮겨 붙어 소손된 것은 아닌가라든지, 아니면 떨어지기 전에 불이 붙어 타다가 떨어진 것은 아닌가라고 생각하는 것과 같이 초기의 연소상황을 폭넓게 살펴서 판단한다.

② 복원시킨 소손물 중에 가치판단의 결과로부터 소용이 없는 것들은 제외시킨 후 가치가 있는 것만을 대상으로 이동과 파손되지 않은 모양이나 형태로서 소손상황을 살핀다.

③ 복원시킨 물건의 소손상황 속에서 불길의 흐름을 살필 때 같은 장소, 같은 재질의 소손물건으로 연소의 강약을 판단할 경우 반드시 각각의 재질차이, 기상조건, 개구부 등에 따른 공기의 유입 등을 생각해서 소손의 관찰에 오류가 없도록 신중히 검토한다.

④ 불의 방향성을 확인하는 동시에 소화작업과 2차적으로 연소가 쉬운 물건이 있었던 주변의 환경
    조건을 고려한다.

⑤ 복원된 상황으로부터 화재현장 전체의 소손상황을 살펴서 출화로부터 연소확대에 이르는 연소(延燒)
    과정에 대한 타당성 유무를 검토한다.

⑥ 복원된 소손물 가운데 직접 출화의 가능성이 있는 물건 등이 있으면 물건 자체의 고장, 불완전성,
    오조작 등의 상황과 어떤 사용상태에 있었는가를 파악하고, 그 물건으로부터 불이 위로 타 오른
    지점과의 관련성을 함께 판단한다.

(2) 발화원인 검토

① 복원시켜 놓은 소손상황 속에서 불의 흐름을 추정해 가는 관찰행위는 출화원인을 마지막으로 판정
    하는 중요한 단계이므로 연소조건 등을 매우 신중하게 판단해서 결정을 내린다.

② 소손물의 탄화수준에 따라 불의 방향성을 판단해 내고, 구조에 따라 달라질 수 있는 연소현상에
    대해서도 신중히 검토한다.

③ 불과 서로 마주하는 부분이나 불의 위쪽에 있는 부분들은 다른 부분에 비해 연소가 격렬해지기
    때문에 불에 타서 잘려나가거나 아예 없어지기 쉽다. 따라서 이와 같은 작용이나 현상을 충분히
    생각하고 결과적으로 형성되어 있는 소손상황으로부터 불의 흐름을 세밀하게 살펴서 발화지점으로
    부터 발화점의 방향으로 이끌어간다.

④ 소손물이 화재초기의 연소상황을 나타내고 있는지를 판단할 때는 물건의 불탄 것만으로 좁게 판단
    하는 것을 피하고 반드시 전체적인 시야 속에서 가치를 판단해서 선택한다.

6 발굴 시 조사관의 의식 및 유의사항

(1) 발굴조사관의 의식

① 화재현장에 있는 모든 물건들은 가벼운 움직임에도 훼손되기 쉬운 상태이므로 현장을 조사하는
    조사관의 행동과 발굴 시 소훼물건의 취급은 대단히 조심스러워야 한다.

② 화재 현장 특성상 한 번 발굴한 현장은 원상태로 되돌려 조사할 수 없기 때문에 발굴의 모든 과정
    에서의 행위는 매우 치밀하고 정확하게 실시해야 한다.

③ 화재현장을 발굴·조사하는 모든 과정에서 보고 느끼는 모든 소훼물들을 조금이라도 가볍게 여기
    거나 방심하지 말고, 화재의 연소패턴 및 연소확대경로와 연결시켜 깊이 파헤쳐야 한다.

④ 한 번 발굴된 현장은 복원이 어려우므로 사진촬영 및 비디오촬영을 하여 발굴 전후의 상황을 잘
    기록해 두어야 한다.

(2) 발굴 시 유의사항

① 발굴조사 시 조사관의 무의식 중에 매우 작아 구별이 쉽지 않은 소훼된 증거물을 밟거나 파괴하는 경우가 있으므로 조사관은 이러한 사실을 충분히 유의하고 발굴장소에 들어서면서부터 종료될 때까지 세심한 주의를 기울여야 한다.

② 여러 명의 조사관이 현장을 발굴 조사할 경우 지휘관의 적절한 지시 하에 차질 없이 진행해야 한다.

  ㉠ 화재현장에는 가연물의 양이나 에너지가 큰 곳의 소훼현상이 강하게 나타나기 때문에 다른 곳보다 소훼흔이 크다고 하여 반드시 그곳이 발화부라고 단정해서는 안 된다. 따라서 가연물의 양과 밀집도, 연소에너지 등을 고려하면서 발굴조사를 실시해야 한다.

  ㉡ 전도 및 소락된 퇴적물 속에는 발화원인과 직·간접적으로 관련이 있기 때문에 퇴적물의 종류, 재질, 열적성질, 부착위치 및 용도 등을 검토하여 판단한다.

  ㉢ 바닥에 고정시켜 놓은 가구나 물건 등은 가급적 이동을 금하는 것을 원칙으로 하고, 조사의 진행에 있어 불가피하게 이동시켜야 할 경우에는 먼저 사진을 촬영하고, 위치표시를 한 후에 이동시킨다.

  ㉣ 화재현장의 불연재의 수열상태 및 변색 정도를 관찰하고 이를 단서로 전체적인 소손상황이나 연소의 확산 및 연소진행방향을 추정·판단한다.

  ㉤ 화재는 대부분 사람의 거주, 작업, 영업 등 생활장소에 관련해서 많이 발생되므로 관계자들의 화재발생 전후의 행동 등을 살펴서 관찰한다.

  ㉥ 화재현장의 소훼된 건축구조물은 그 강도가 매우 약화되어 있기 때문에 안전사고가 발생될 우려가 크므로 천장 또는 지붕의 낙하물이 발생되거나 바닥이 함몰될 위험이 있는 장소에는 출입을 금하고, 최소한도로 제거하거나 발판을 보강한 후 조사활동을 진행한다.

③ 발굴현장은 조사관 이외 출입을 철저하게 통제를 원칙으로 하고, 관계자에 대한 확인질문, 기술자, 입회인 등의 발굴현장으로의 입장은 지휘조사관의 통제를 받아 이미 조사가 완료되고 정리가 된 곳만을 선정하여 출입시켜 최대한 오손을 줄이도록 노력해야 한다.

④ 발굴조사의 진행관점

  ㉠ 화재현장 발굴은 발화원과 연소확대의 직간접 요인을 규명하고 소훼 및 소락물 속에서 증거물을 채취하면서 평면과 입체적인 관점에서 화재 이전에 어떤 물건이 어느 위치에 어떻게 존재하였는지를 밝히는 행위이며, 화재원인과 그 후의 진행상황을 객관적인 사실에 근거하여 증명하기 위한 수단이다.

  ㉡ 발굴된 모든 증거물은 발굴과 동시에 가능한 원래의 위치, 상태, 성질이나 모양으로 복원하고 복원이 불가능한 것들은 표시물을 이용하여 실제 전경이나 장면을 식별할 수 있도록 모의재현을 동시에 실시한다.

02 | 발화관련 개체의 조사

Key Point
1. 전기설비 및 개체에 대한 조사 방법을 설명할 수 있다.
2. 가스설비에 대한 조사 방법을 설명할 수 있다.
3. 미소화종, 고온물체 등에 대한 조사 방법을 설명할 수 있다.
4. 화학물질 및 설비에 대한 화재·폭발조사 방법을 설명할 수 있다.
5. 방화화재에 대한 조사 방법을 설명할 수 있다.
6. 차량화재에 대한 조사 방법을 설명할 수 있다.
7. 임야화재에 대한 조사 방법을 설명할 수 있다.
8. 항공기화재에 대한 조사 방법을 설명할 수 있다.
9. 선박화재에 대한 조사 방법을 설명할 수 있다.
10. 발화열원, 발화요인, 최초 착화물에 대한 조사 방법에 대하여 설명할 수 있다.

1 전기설비 및 개체에 대한 조사 방법

(1) 전기관련 계산식 20

① 용단전류 : 용단(溶斷, Fusion)이란 전선·케이블·퓨즈 등에 과전류가 흘렀을 때 전선이나 퓨즈의 가용체가 녹아 절단되는 현상 15 18

$$I_s = \alpha d^{\frac{3}{2}} (A)$$

(d : 선의 직경(mm), α : 재료 정수)
(α값 : 동(銅) 80, 알루미늄(Al) 59.3, 철 24.6, 주석 12.8, 납 11.8)

예 비닐코드($0.75mm^2/30本$) 0.18mm 한 가닥 용단전류는?

$$I_s = \alpha d^{\frac{3}{2}} = 80 \times 0.18^{\frac{3}{2}} = 6.11A$$

② 구리의 저항값 16

$$R_2 = R_1[1 + a(t_2 - t_1)]$$

(a : 계수, t_1 : 처음온도, t_2 : 상승온도)

예 20℃에서 45Ω의 저항값 R_1을 갖는 구리선이 있다. 온도가 150℃ 상승했을 때 구리의 저항값은?
$$R_2 = R_1[1 + a(t_2 - t_1)] = 45[1 + 0.004(150 - 20)] = 68.4\Omega$$

③ 전기불꽃에너지 13

$$E = \frac{1}{2}CV^2 = \frac{1}{2}QV$$

(E : 전기불꽃에너지, C : 전기용량, Q : 전하량, V : 전압)

④ 전열기구에서 소비하는 전력(kW)

$$R = \frac{V^2}{P} = \frac{V}{I}, \ P = I^2R = VI \ \text{또는} \ R = \frac{P}{I^2}$$

[P : 전력(W), I : 전류(A), E : 전압(V), R : 저항(Ω)]

예 전자레인지 950W, 전기밥솥 1,200W, 다리미 1,500W, 커피포트 750W를 4구형 멀티탭(220V, 15A)에 꽂아 사용하였다면 몇 A가 초과되었는가?

위 식에서 유도하면 $I = \dfrac{P}{V} = \dfrac{(950 + 1,200 + 1,500 + 750)}{220} = 20$A이므로 5A 초과

⑤ 옴의 법칙(Ohm's Law)

㉠ 정의 : 도체 내의 2점 간을 흐르는 전류의 세기는 2점 간의 전위차(電位差)에 비례하고, 그 사이의 전기저항에 반비례한다. 즉, '저항이 일정하면 전류는 전압에 비례하고 또한 전압이 일정하면 전류는 저항에 반비례한다'는 법칙이다.

$$I = \frac{V}{R}(\text{A}), \ V = I \cdot R(\text{V}), \ R = \frac{V}{I}(\text{Ω})$$

[V : 전압(V), I : 전류(A), R : 저항(Ω)]

㉡ 전기저항 : 균일한 크기의 물질에서 R는 길이 ℓ에 비례하고 단면적 s에 반비례한다.

$$R = \rho \frac{\ell}{s}(\text{Ω})$$

(ρ : 물질고유의 상수이며, 고유저항)

⑥ 줄(Joule's Heat)의 법칙 18 19 21 22

전류가 흐르면 도선에 열이 발생하는데, 이것은 전기에너지가 열로 바뀌는 현상이다. 전류 1A, 전압 1V인 전기에너지가 저항 1Ω에 1초 동안 발생하는 열을 줄열이라 하며, 도선에 전류가 흐를 때 단위시간 동안 도선에 발생한 열량 Q는 전류의 세기 I의 제곱과 도체의 저항 R과 전류를 통한 시간 t에 비례한다.

$Q = I^2 \times R \times t(\text{J})$ 1J = 1/4.2cal = 0.24(cal)의 관계가 있으므로

$Q = 0.24 \times I^2 \times R \times t[\text{Cal}]$ 여기에 $R = \dfrac{V}{I}$ 관계식을 대입하면

$$Q = 0.24 \times V \times I \times t [\text{Cal}]$$

[Q : 열량(cal), 전압 : V[V], 전류 : I[A], 저항 : R[Ω], t : 전류를 통한 시간(s)]

∴ 전력을 줄의 법칙에 적용하면 $P = I \cdot E = \dfrac{E^2}{R} = I^2 \cdot R$ $\left(\text{W} = \dfrac{\text{J}}{\text{s}} \right)$

예) 저항 R에 220V의 전압을 인가하였더니 5A의 전류가 흘렀다. 이때 전류가 2분간 저항 R에 흘렀다면 발생한 열량은 몇 cal인가?

$$R = \frac{V}{I} = \frac{220\text{V}}{5\text{A}} = 44\,\Omega$$

$$Q = 0.24 \times I^2 Rt = 0.24 \times 5^2 \times 44 \times (2 \times 60) = 31,680\,\text{cal}$$

⑦ 소비전력 13 19

$$소비전력 \ P(\text{W}) = I^2 R$$

(I : 전류, R : 저항)

예) 단상 220V에서 4,840W를 소비하는 전열기구에 잘못하여 단상 380V 전압이 인가된 경우 전류는 몇 A, 소비전력은 몇 kW인가?

- 전류 $I = 38\text{A}$
- 전열기구 소비전력 $P = 14.4\text{kW}$

ⓐ 단상 380V의 경우 회로에 흐르는 전류는?

$I = \dfrac{V}{R}$ 로 전류값을 구하기 위해서는 저항값을 구해야 한다.

따라서 단상 220V, 4,840W 전열기구를 통하여 전류값을 구하고 저항값을 구한다.

$P = VI$

[P : 전력(W), V : 전압(V), 전류(A)]

전류(A) = $\dfrac{P}{V} = \dfrac{4,840\text{W}}{220\text{V}} = 22\text{A}$

저항(R) = $\dfrac{V}{I} = \dfrac{220}{22} = 10\,\Omega$ (전열기구의 발열저항은 일정)

여기서, 단상 380V의 전류(A) = $\dfrac{380\text{V}}{10\,\Omega} = 38\text{A}$

ⓑ 전열기구에서 소비하는 전력(kW)은?

전열기구의 발열저항은 220V나 380V에서 일정하므로

소비전력 $P(\text{W}) = I^2 R = 38^2 \times 10 = 14,440\text{W} = 14.4\text{kW}$

(2) 전기가열

전기에너지는 열에너지로 변환되어 가정 및 산업에서 널리 사용하고 있다. 전기가열방식에는 저항가열, 아크가열, 유도가열, 유전가열, 적외선가열, 전자빔가열, 초음파가열 등이 있다.

① 특 징

    ㉠ 높은 온도 : 피열물 자체에 직접 전류를 흘려 가열하는 경우에는 2,000℃ 이상의 높은 온도를 용이하게 얻을 수 있다.

    ㉡ 내부가열 : 직접 통전에 의한 가열은 물론이고, 피열물의 내부에 열을 발생시킬 수 있으므로 피열물 자체가 최고 온도가 될 수 있다.

    ㉢ 열효율 : 전기가열에서는 발생하는 가스가 없으며, 밀폐 및 보온을 잘 할 수 있으므로 열효율이 높다.

    ㉣ 온도 제어 : 발열체의 배치를 선택함으로써 전기로 내의 온도를 균일하게 유지하고 온도 조절은 온도계의 지시에 따라 전력을 조정하면 되므로 매우 간단하다.

    ㉤ 열방사 : 연료를 사용하는 노에서는 방사열을 아래로 하는 것이 어렵다. 그러나 전기가열은 반사판 또는 반사경 등을 이용하여 방향성을 제어할 수 있다.

② 전기가열 방식

    ㉠ 저항가열 : 도체 내부에서 전류의 흐름을 방해하는 에너지가 열로 변환되며, 전류에 의한 발열 작용을 이용한 것(전기장판, 모발 건조기, 전기다리미, 백열전구 등)

        저항가열에 의한 발열량은 줄의 법칙(Joule's Law)을 사용하여 구할 수 있다.

$$Q = 0.24 \times I^2 \times R \times t = 0.24 \times P \times t = 0.24 \times V \times I \times t [\text{cal}]$$

        예 1,000Ω의 저항에 0.5A의 전류를 20초간 흘렸을 때의 발열량은 몇 cal인가?

$$Q = 0.24 I^2 R t = 0.24 \times 0.5^2 \times 1,000 \times 20 = 1,200 [cal]$$

    ㉡ 아크가열 : 도전체의 양단에서 발생한 아크열을 가열에 이용하는 것(예 아크용접, 전기용접 등)

        예 아크용접에서 전극 간 전압 35V, 전류 100A이면 매초 발생하는 열량은 몇 kcal/s인가?

$$Q = 0.24 Pt \times 10^{-3} = 0.24\, V I t \times 10^{-3}$$
$$= 0.24 \times 35 \times 100 \times 1 \times 10^{-3}$$
$$= 0.84 [\text{kcal/s}]$$

    ㉢ 유도가열 : 전자유도현상을 가열에 이용한 것으로 금속을 관통하는 자속(Magnetic Flux)을 방해하는 반대 방향으로 유도 기전력이 발생하는데, 그때의 에너지를 이용한 것이다. 전자조리기구 자체가 발열하지 않고 조리기 내부의 코일이 발생시킨 자력선이 조리용 냄비의 바닥면을 통과할 때 와전류(Eddy Current)가 발생하여 냄비 바닥면을 가열하여 음식물을 조리하게 된다(예 전자조리기 등).

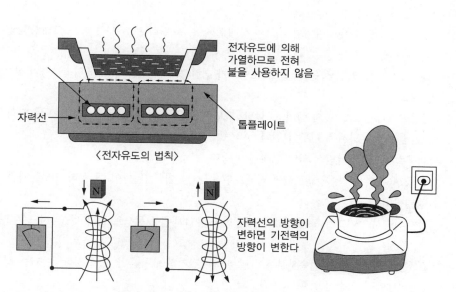

전자유도에 의해 가열하므로 전혀 불을 사용하지 않음

자력선 — 톱플레이트

〈전자유도의 법칙〉

자력선의 방향이 변하면 기전력의 방향이 변한다

ㄹ 유전가열 : 일반적인 물질 중에서 극성을 갖고 있는 유전체 (Dielectric)에 강한 고주파 전계를 인가하여 발열을 이용한 것으로 고주파 전압은 주기적으로 극성이 반전되므로 그때 발생하는 충돌과 마찰 에너지가 열로 변환되어 음식을 조리하게 된다(예 전자레인지 등).

ㅁ 전자빔가열 : 방향성이 좋은 전자의 흐름을 이용한 가열로써 가열 방식은 진공 중에서 전기장에 의해 고속으로 가속된 전자빔을 피열물에 충돌시켜 그 운동에너지를 피열물에 전달하여 가열할 수 있다(예 금속이나 세라믹의 가열, 용해, 증착, 용접 및 가공 등).

ㅂ 적외선가열 : 적외선전구로부터 방사된 적외선을 피열물의 표면에 조사하여 가열하는 방식(예 적외선히터, 섬유 및 도장 등의 건조, 두께가 얇은 재료에 적합)

냉각팬 대류팬 마그네트론

트랜스 ——→ 공기의 흐름 필터
——→ 극초단파

[전자레인지 유전가열의 원리]

(3) 통전입증

- 전기기기나 설비 등을 발화원으로 판정하기 위해서는 그 기기가 출화 당시 통전되고 있었던 것을 증명해야 한다.

- 통전입증은 전기계통의 배선도 및 기기의 결선도에 따라 부하 측에서 전원 측으로 조사를 진행하는 것이 원칙이다.

① 플러그의 칼날 15

ㄱ 절연파괴에 의한 화재는 통상적으로 접속기구류의 접속단자 간이나 콘센트와 플러그의 칼날과 칼날 사이에서 많이 발생

ⓛ 칼날받이 사이에 습기가 부착된 상태로 사용 → 탄화 도전로 형성 → 트래킹현상 진행 → 주변 가연물에 착화

ⓒ 습기가 많고 외부노출에 의한 오염도가 심한 장소나 진동에 의한 접속불량이 잦은 곳에서 많이 발생

ⓔ 전기기구 코드 등의 플러그 "칼날" 표면에는 출화 시 벽체 콘센트나 테이블 탭의 "칼날받이"와 접촉면의 경계를 이루어 변색

ⓜ "칼날"과 "칼날받이"와의 접촉면에 광택

ⓗ 그을음의 부착, 광택, 변색 상태로부터 "칼날"이 "칼날받이"에 꽂혀 있었는가를 판별

② 칼날받이

ⓖ 출화 시 플러그가 꽂혀 있었던 "칼날받이"는 소방활동 등으로 플러그가 빠져도 "열려있는 상태"를 유지

ⓛ 칼날과 칼날받이 접속부분에서 발생하는 전기적인 용흔이 서로 정합되는가를 관찰 → 접속된 상태에서 연소변형 여부 판단

③ 중간스위치, 기기스위치

ⓖ 타서 없어진 경우 : 손잡이 등의 정지위치, "ON", "OFF" 표시로 판단

ⓛ 용융된 수지 등으로 덮인 경우 : 건조 → 도통시험 또는 X선 촬영 → 분해하여 접점면 확인

④ 배 선

코드나 전선 등에 의한 발화원은 못 또는 스테이플로 지지하거나, 직각 이상으로 심하게 꺾인 부분 등의 피복 손상과 인입·인출부에서 냉장고 등의 압력물에 눌려 있는 상태에서 진동을 받으면 전선 피복이 손상될 수 있다.

ⓖ 케이블에 의한 발화원의 경향

ⓐ 절연 불량에 의한 누전

ⓑ 과부하, 접속부 과열

ⓒ 다회선 포설에 따른 온도상승

ⓛ 케이블 화재의 예방과 확대 방지대책

ⓐ 수직부의 굴뚝효과 방지를 위하여 케이블 관통부에 방화처리

ⓑ 사용 중인 케이블의 난연화(방염도료 도포)

ⓒ 정기적인 순회점검 및 절연진단 실시

ⓓ 케이블에 온도감지장치를 부착하여 이상온도 상승을 사전에 감지

(4) 용융흔(용흔) ★★★★★

① 전기배선 등에 생긴 용흔을 찾는 목적

  ㉠ 전기배선을 조사함으로써 최초 발화장소인 출화부를 일정범위로 축소할 수 있는 과학적 근거가 된다.

  ㉡ 초기 화재의 출화지점과 연소의 진행방향을 판단할 수 있는 단서가 된다.

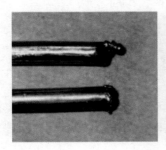

② 정 의

전기배선이나 금속부분에 생기는 녹은 흔적

구 분	전 압	정 의
1차 용융흔	통 전	• 화재가 발생하기 전에 생긴 용흔 • 화재의 직접적인 원인 제공이 된 용흔 • 절연재료가 어떤 원인으로 파손된 후 단락되어 생기는 용흔
2차 용융흔		• 통전상태에 있는 전선 등이 화염에 의해 절연피복이 소실되어 다른 선과 접촉하였을 때 생기는 용융흔
열용흔	비통전	• 전기가 통전되지 않는 상태에서 외부의 화재열에 의해 용융된 경우

③ 특 징 22

구 분	특 징
1차 용융흔	• 전기배선 또는 코드가 물리적 외력에 의해 피복이 파괴되어 심선이 서로 접촉 또는 다른 금속물과 접촉하여 단락되어 생성된다. • 도체의 접촉에 의하여 과대전류가 흘러 접촉저항이 생기고 줄열이 발생하여 도체금속을 용해하여 일부는 그 자리에 남게 되어 생성된다. • 단락 전에는 상온상태이나 단락 순간에 약 2,000~6,000℃에 이르는 고온에서 순식간에 금속의 표면이 용융점과 동시에 단락부위가 비산되어 떨어지든가 또는 전원이 차단되면 용융부위는 짧은 시간 내에 응고하므로 기둥모양의 주상조직이 냉각면에서 수직으로 생성된다. • 용융부의 조직은 치밀하여 동 또는 금속체 본연의 광택을 띠고 있다. • 표면은 비교적 구형에 가까운 것이 많고 연선의 경우에도 국부적인 발열관계로 인하여 소선의 선단에만 용착이 생기고 단락 시에는 주위의 가연물(피복 등)은 탄화되어 있지 않는 것이 많기 때문에 용흔 중에 탄화물을 포함하고 있는 것은 거의 없다. • 동일 전선에 수 개소의 단락에 의한 단선이 있는 경우에는 당연히 부하측이 1차 흔(痕)일 가능성이 가장 높다. • 꼬임선의 경우도 같은 상태로 국부적으로 발열하기 때문에 소선의 선단에 용착(辯着)이 생기고 반대측의 소선에는 용착 등의 변화가 없는 것이 일반적이다. • 1차흔이 발생한 후에 화재열로서 그 표면이 용해(融解)한 경우가 있고 마치 2차적인 용해상태인 것 같은 경우가 있으므로 주의해야 한다.

2차 용융흔	• 화재발생 후에 생기므로 불이 타오르는 기세의 영향을 많이 받는다. • 전선 등이 접촉할 당시의 온도는 절연재료가 불에 타서 금속이 연화되어 있는 상태에서 단락하기 때문에 용흔에는 동 본연의 광택이 없고 동이 녹아서 망울이 된 상태로 아래로 늘어지는 양상을 나타내거나 또는 그와 비슷한 형상을 나타낸다. • 연선(꼬임선)의 경우는 소선이 용착되어서 용해의 범위가 크며, 조직이 거칠다.
열용흔	• 전기가 흐르고 있지 않는 상태에서 전기와는 전혀 관계없이 전선이 화재열에 의해 녹은 것이다. • 전체적으로 용해범위가 넓으며 절단면은 가늘고 거칠며 광택이 없다. • 전선 등이 녹아서 군데군데 망울이 생겨 밑으로 늘어지거나 눌러 붙은 경우도 있어 굵기가 균일하지 않고 그 형상은 분화구처럼 표면이 거칠고 전성을 잃어 끊어지기도 하며 금속 표면에 불순물이 혼입된 형상도 띤다. • 1차 및 2차 흔과 비교할 때 외관적으로 판별이 용이하다.

④ 전기용흔의 위치와 순서 19

㉠ 전기용흔이 관찰되면 우선 그 용흔이 기기 내 어느 위치에서 발생되어 있는가를 파악해야 하며, 그러기 위해서는 용흔의 발생위치를 해당 기기의 구조도 등 관련 자료를 참고로 하여 소손된 코드나 부품 등의 위치를 복원한다.

㉡ 코드의 2개소 이상에서 전기용흔이 발생되어 있는 경우 : 부하측이 먼저 단락

㉢ 배선이 연결되어 있지 않으므로 결선도를 참고하면서 접속되어 있는 단자의 위치, 절연피복의 색, 소선의 굵기, 소선의 수 등을 관찰하여 용단된 상태 및 단락된 상태를 보고 판정한다.

⑤ 과전류에 의한 전선 용단흔의 특징 18

전선에 허용전류 이상의 전류가 흐를 때 전선은 용단되는데, 이때 전선의 선단에는 용융 망울이 생성되게 된다. 이 용흔은 일반적인 외부화염에 의해 녹은 용흔과는 다른 특징을 가진다.

㉠ 외부화염에 의한 용융형태는 광범위한데 반하여 과전류에 의해 용융된 망울은 국부적으로 정상적인 전선의 표면을 감싸고 있는 형태가 많다.

㉡ 용융되지 않은 전선의 표면은 산화작용에 의해 변색·산화되어 있으며, 구부리면 표면의 일부가 박리되어 떨어진다.

㉢ 과전류에 의한 용단은 통전 전류가 클수록 짧은 시간에 용단된다.

(5) 절연파괴 14 15 16

① 트래킹(Tracking) : 전기기기·기구에 도전로 형성 16 18 20 21 22

㉠ 절연물 표면이 염분, 분진, 수분, 화학약품 등에 의해 오염, 손상을 입은 상태에서 전압이 인가되면 줄열에 의해서 표면이 국부적으로 건조하여 절연물 표면에 미세한 불꽃방전(Scintillation)을 일으키고 전해질이 소멸하여도 표면에 트래킹(탄화 도전로)이 형성되는 현상

㉡ 도전성 물질의 생성이 적은 무기절연물보다 유기절연물이 탄화하여 도전로 형성이 쉬움

⊕ Plus one

트래킹의 발생과정
• 1단계 : 절연체 표면의 오염 등에 의한 도전로 형성
• 2단계 : 도전로의 분단과 미소 불꽃방전의 발생
• 3단계 : 반복적 불꽃방전에 의한 표면 탄화

② **흑연화현상(Graphite)** : 전기기기・기구 이외에 도전로 형성 18

ㄱ 목재와 같은 유기질 절연체가 화염에 의해 탄화되면 무정형탄소로 되어 전기를 통과시키지는 않지만, 계속적으로 스파크나 아크 등 미세한 불꽃방전의 영향을 받으면 무정형탄소는 점차로 흑연화되어 도전성을 가지게 됨

ㄴ 도전성을 띄게 되면 발화되는 과정은 트래킹화재와 유사

※ 트래킹현상과 흑연화현상은 절연체의 종류에 따라 구분하고 있으나 명확한 구별은 어려움이 있다. 세계적으로는 트래킹에 흑연화현상을 포함하는 추세이다.

③ **반단선** 13 14 16 18 20 21

ㄱ 여러 개의 소선으로 구성된 전선이나 코드의 심선이 10% 이상 끊어졌거나 전체가 완전히 단선된 후에 일부가 접촉상태로 남아 있는 상태

ㄴ 반단선 상태에서 통전시키면 도체의 저항치는 단면적에 반비례하므로 국부적으로 발열량이 증가하거나 스파크가 발생하여 피복이나 주위 가연물에 착화되어 출화

ㄷ 반단선에 의한 용흔은 단선부분의 양쪽, 금속에 의해 절단된 단선에서는 전원측에만 발생

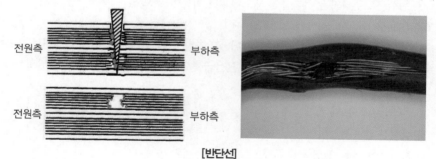

[반단선]

④ **아산화동 증식현상** 22

ㄱ 전선이나 케이블 등의 구리로 된 도체가 스파크 등 고온을 받았을 때 구리 일부가 산화되어 아산화동(Cu_2O)이 되며, 그 부분이 이상 발열하면서 서서히 확대되는 현상

ㄴ 고온을 받은 동의 일부가 대기 중의 산소와 결합하여 아산화동이 되면 아산화동은 반도체성질을 갖고 있어 정류작용함과 동시에 고체저항이 크기 때문에 아산화동의 국부부분이 발열함

ㄷ 최초에는 접촉부에서 빨간 불이 희미하게 나타나면서 흑색의 물질이 생성되어 점점 커지면서 띠형을 형성

ⓔ 아산화동 용융점 : 1,232℃, 조성비 : 구리 89.93%, 산소 10.07%

ⓜ 건조할 때 안정, 습한 공기 중에서 서서히 산화되어 산화동으로 변함

ⓗ 저항은 950℃를 전후로 급격히 감소하고 1,050℃ 부근에서 최소

ⓢ 외관적 특징

 ⓐ 표면에 산화동의 막이 있어 외관상 육안식별 곤란

 ⓑ 송곳 등으로 가볍게 찌르면 쉽게 부서지고 분쇄물 표면은 은회색의 금속광택

 ⓒ 현미경으로 20배 확대 관찰 시 진홍색과 비슷한 유리형 결정이 나타남

 ⓓ 적색 결정은 아산화동 특유의 것으로 도체 접촉부에서 발견되고 출화원인 결정에 매우 유용한 물적 증거물

 ⓔ 교류가 흐를 때 아산화동의 양·음극측에서 발열하고 직류가 흐를 때는 양극측에서 발열

ⓞ 아산화동 증식속도

 ⓐ 발열 시 생긴 열로 주변의 동이 서서히 산화하여 아산화동이 점점 커짐

 ⓑ 전기로(1,015~1,041℃) 안에서 증식속도 : 10분 동안 0.1mm

ⓩ 감식방법

 ⓐ 전선 상호간 접속부, 배선기구의 접속단자, 접속용 나사못이나 볼트, 너트에 의해 연결한 접속개소나 스위치류의 접점부분을 중점 발굴

 ⓑ 접속부의 검은 덩어리 부분을 회수하여 현미경으로 적색결정 유무를 확인

 ⓒ 회로시험기 등으로 측정하여 영 또는 무한대가 아니면 헤어드라이어 등으로 가열하여 온도 상승과 함께 저항이 내려가는지 확인

 ⓓ 출화부로 추정되는 접촉불량 개소에 아산화동이 없으면, 접촉저항에 의한 발열이 원인

⑤ 은 이동(Silver Migration)

 ㉠ 직류전압이 인가되어 있는 은(銀)으로 된 이극도체 간에 절연물이 있을 때 절연물 표면에 수분이 부착하면 은의 양이온이 절연물 표면을 음극측으로 이동하며 전류가 흘러 발열하는 현상

 ㉡ 발생조건

  ⓐ 은(도금 포함)의 존재

  ⓑ 장시간 직류전압의 인가

  ⓒ 흡습성이 높은 절연물의 존재

  ⓓ 고온·다습한 환경

 ㉢ 진행요인

  ⓐ 인가전압이 높고 절연거리가 짧음(전위경도가 높음)

  ⓑ 절연재료의 흡수율이 높음

  ⓒ 산화, 환원성가스 존재

⑥ 보이드(Void)

    ㉠ 고전압이 인가된 이극도체 간의 유기성 절연물 내부에 보이드가 있으면 그 양극 측에서 방전이 발생하고 시간경과에 따라 전극을 향해 방전로가 연장되고 절연이 파괴되어 발화

    ㉡ 트래킹이나 은 이동과 같이 절연물의 표면이 아니라 내부에서 발생하는 것이 특징

⑦ 지락(Grounding)

    ㉠ 전로와 대지와의 사이에 절연이 비정상적으로 저하해서 아크 또는 도전성 물질에 의해서 교락 (Bridged)되었기 때문에 전로 또는 기기의 외부에 위험한 전압이 나타나거나, 전류가 흐르는 현상

    ㉡ 이 전류를 지락전류라 하며 이 현상을 일반적으로 「누전」이라고도 한다.

⑧ 누전(Leak) `14` `20` `21` `22`

    ㉠ 절연이 불완전하여 전기의 일부가 설계된 전류의 통로 이외의 전선 밖으로 새어 나와 주변의 도체에 흐르는 현상

    ㉡ 누전의 원인

        ⓐ 전기장치나 오래된 전선의 절연 불량, 피복의 손상, 습기의 침입

        ⓑ 누전이 일어나면 그 부분에 계속 누설전류가 흘러 절연상태가 더욱 악화됨

    ㉢ 누전의 피해

        ⓐ 누전되어 전류가 흐르는 곳에 신체의 일부가 닿으면 감전사고가 발생할 수 있다.

        ⓑ 전류에 의한 열이 인화물질에 공급될 경우 화재가 발생할 수 있다.

    ㉣ 누전의 3요소 : 누전점(漏電點), 출화점(出火點), 접지점(接地點)

⑨ 낙뢰의 분류

구 분	내 용
직격뢰	뇌방전의 주방전이 직접 건조물 등을 통해 형성
측격뢰	낙뢰의 주방전에서 분기된 방전이 건조물 등에 방전하는 경우 또는 수목의 전위가 높아져 인근의 건조물 등으로 재방전하는 경우
유도뢰	낙뢰나 운간방전으로 주위의 물건이 유기된 고압에 의한 경우
침입뢰	송배전선에 낙뢰하여 뇌전류가 송배전선을 타고 발전소나 변전소 등의 기기를 통하여 방전하는 것

⑩ 정전기 `18`

    ㉠ 정전기 종류

구 분	내 용
마찰대전	• 두 물체의 마찰로 전하의 분리 및 재배열이 일어나서 발생 • 접촉과 분리의 과정을 거친 대표적인 예 • 고체, 액체류 또는 분체류에 의해 주로 발생
박리대전	• 서로 밀착되어 있는 물체가 떨어질 때 전하의 분리가 일어나 발생 • 접촉면적, 접촉면의 밀착력, 박리속도 등에 의해 정전기 발생량이 변화 • 마찰에 의한 것보다 더 큰 정전기가 발생
유동대전	• 액체류가 파이프 등 내부에서 유동할 때 액체와 관 벽 사이의 경계면에 전기이중층이 형성되어 발생 • 액체의 유동속도가 정전기 발생에 가장 큰 영향

분출대전	• 액체, 기체, 분체 등이 단면적이 작은 분출구를 통해 공기 중으로 분출될 때 물질과 분출구의 마찰로 발생 • 분출하는 물질의 구성 입자들 간의 상호충돌로도 정전기 발생
침강대전	탱크로리와 같이 수송 중에 액체가 교반할 때 대전되어 발생
파괴대전	고체나 분체류와 같은 물체가 파괴되었을 때 전하분리로 (+), (−)의 전하 균형이 깨져 발생
비말대전	공기 중에 분출한 액체류가 미세하게 비산되어 분리하고, 크고 작은 방울로 될 때 새로운 표면을 형성하기 때문에 정전기가 발생
적하대전	고체 표면에 부착되어 있는 액체류가 성장하여 물방울이 되어 떨어져 나갈 때 발생

ⓛ 정전기 발생에 영향을 주는 요인

ⓐ 물체의 특성 : 두 물체가 대전서열 내 위치가 멀수록 대전량은 큼

ⓑ 물체의 표면상태 : 표면이 원활하면 적어지고 기름 등에 오염되면 산화되어 정전기가 크게 발생

ⓒ 물질의 이력 : 처음 접촉과 분리가 일어날 때 크고 반복되면서 작아짐

ⓓ 접촉면적 및 압력 : 접촉면적 및 압력이 클수록 커지고 정전기 발생량도 커짐

ⓔ 분리속도 : 빠를수록 정전기 발생량 커짐

ⓒ 정전기 방전의 종류 [19]

ⓐ 코로나 방전 : 방전물체나 대전물체 부근의 돌기의 끝부분에서 미약한 발광이 일어나거나 보이는 현상

ⓑ 브러시 방전 : 대전량이 큰 부도체와 접지도체 사이에서 발생하는 것으로 강한 파괴음과 발광을 동반하는 현상

ⓒ 불꽃방전 : 대전물체와 접지도체의 간격이 좁을 경우 그 공간에서 갑자기 발광이나 파괴를 동반하는 방전

ⓓ 전파브러시 방전 : 대전되어 있는 부도체에 접치체가 접근할 때 대전물체와 접지체 사이에서 발생하는 방전과 동시에 부도체 표면을 따라 발생하는 방전

⊕ Plus one

정전기 방지대책
• 접지를 한다.
• 공기 중의 상대습도를 70% 이상 유지한다.
• 실내의 공기를 이온화한다.
• 전기의 저항이 큰 물질은 대전이 용이하므로 전도체 물질을 사용한다.

---

(6) 배선용 차단기와 누전차단기

① 배선용 차단기(MCCB)

배선용 차단기는 개폐기구, 트립장치 등을 절연물의 용기 내에 일체로 조립한 것이며, 통상 사용 상태의 전로를 수동 또는 절연물 용기 외부의 전기 조작 장치 등에 의하여 개폐할 수가 있고 과부하 및 단락 등일 경우 자동적으로 전로를 차단하는 기구이다.

㉠ 배선용 차단기의 구성

외부는 몰드 케이스(하부케이스와 상부케이스)로
되어 있으며, 접점부(고정접점과 가동접점), 개폐
기구부(3상 동시 Trip을 할 수 있는 Cross-
bar)로 구성되고, 재질은 가소성 수지물이다.

[L사의 MCCB 각 부품 명칭]

㉡ Handle의 위치에 따라 통전유무 식별

일정 전류 이상의 과전류를 자동으로 차단해
배선이나 전기기기를 보호될 때는 Handle이
중간에 위치(Trip)하여 있으므로 통전유무를
식별할 수 있다.

ⓐ 케이스가 탄화·변형된 경우 : Mold Case가
화염에 탄화되어 부하측과 전원측을 구별할 수
없을 경우에는 회로시험기 등으로 저항을 특정
하여 켜짐(0Ω)과 꺼짐(∞Ω) 상태를 확인

[S사의 MCCB 각 부품 명칭]

ⓑ 엑스레이(X-ray) 시험기 확인 : 엑스레이 시험기로 증거물을 분해하지 않은 상태로 촬영하여
켜짐 및 꺼짐 상태를 확인

㉢ Handle U-Pin의 위치로 통전유무 식별

화재현장에서 불에 탄 배선용 차단기 핀의 위치를 세밀하게 관찰하면 화재발생 전 통전유무를
판단할 수 있다.

[L사 제품의 ON 상태]

[L사 제품의 OFF 상태]

[S사 제품의 ON 상태]

[S사 제품의 OFF 상태]

② 소호장치

병렬로 배치된 소호 그리드(Grid)에 의하여 대전류를 차단할 때 접점 간의 아크를 소호하는 장치로 용도는 차단기가 ON 또는 OFF(또는 Trip)할 경우 아크가 생성되면 이를 소호시켜주는 장치로, 아크챔버(Arc Chamber)라고 한다.

◎ 과전류 트립장치의 종류 및 동작원리

ⓐ 열동전자형(TM ; Thermal Magnetic) : 전류는 히터(Heater)로 흐르게 되는데, 규정치 이상의 전류가 흐르면 열이 발생되어 상부의 바이메탈이 한쪽으로 휘어지게 되고 트립 크로스바(Trip Cross Bar)를 움직이면서 차단기가 트립(Trip)된다.

㉮ 시연 Trip : 과전류가 흐르면 바이메탈이 가열되어 화살표 방향으로 구부러지면서 트립 크로스바를 동작시켜 자동차단

㉯ 순시 Trip : 순간적인 대전류가 흐르면 고정철심이 가동철심을 흡입하여 트립 크로스바를 동작시켜서 자동차단

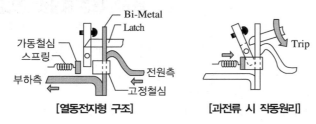

[열동전자형 구조]　　[과전류 시 작동원리]

ⓑ 완전전자형(ODP ; Oil Dash Pot)

㉮ ODP는 용기내부에 기름을 넣은 것으로 이상전류를 감지하는 장치이다. 과전류 트립 장치의 코일 부분을 기준치 이상의 전류가 흐르게 되면 전자석의 원리에 의해 자속이 생성 되어 ODP 내부의 플런저가 이동하고 상부에 있는 가동철심을 흡인하게 된다. 이러한 동작 으로 트립 크로스바를 움직이게 하여 차단기를 작동시키는 것을 시연Trip이라고 하며 일반적인 과전류가 흐르면 동작하는 원리이다.

㉯ 만약, 순간적으로 차단기에 정격전류의 8~10배 이상의 큰 전류가 흐를 때 시연트립 하게 되면 시간적으로 너무 늦어지므로 ODP 내부의 플런저가 이동하기 전에 상부의 가동철심을 흡인하여 동작하는 것을 순시Trip이라고 한다.

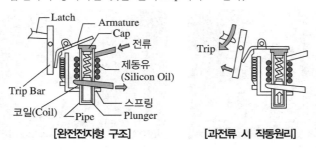

[완전전자형 구조]　　[과전류 시 작동원리]

ⓒ 전자식(Electronic Type)

㉮ 전자식은 전류 검출부를 전자화한 것으로 제품 내부에 CT(Current Transformer)를 통하여 감지된 전류를 전자회로를 통하여 감지하여 이상전류로 판단 시 석방 마그네트를 이용하여 트립 크로스바를 동작시켜 차단기를 Trip시킨다.

㉯ 검출부 중에서 가장 정밀도가 높은 구조이고 열동전자식, 완전전자식에서는 구현이 어려운 기능이 가능하여 보다 정밀하고 다양한 기능이 필요한 경우에 사용한다.

㉫ 접속부의 과열에 의한 발화

ⓐ 전선과 전선, 전선과 개폐장치, 전선과 접속단자 등의 접속개소의 도체에서 전기적인 접촉 상태가 불완전하면 도체의 접속 접촉부에 요철현상이 생기고 그 부분에서의 집중저항으로 인해 저항값이 증가하거나 접속면에 기름 등의 절연물이 부착되면 경계저항으로 인해 접속부의 접촉저항이 증가하여 이 부분의 도체온도가 상승하게 되고 그 정도가 심하면 전선의 피복 등 주변의 가연성 물질로 발화하게 된다.

ⓑ 접속 면적이 충분하지 못하거나 접속압력이 불충분하면 접촉저항은 증가하게 되어 허용전류 이하에서도 발열하게 된다. 개폐기, 차단기 등의 접속부위가 진동 등에 의하여 조임 압력이 이완되거나, 접속면의 부식·요철발생·오염, 개폐부분이나 플러그의 변형 등이 있어도 접촉 저항은 증가한다. 온도가 증가하면 산화 피막이 형성되어 접촉저항은 더욱 증가하고 시간의 경과에 따라 더욱 발열온도는 증가하여 전선피복을 발화시키거나, 전선의 용융물이 형성되어 주변의 가연성 물질에 발화하게 된다.

ⓒ 접속부의 과열에 의한 발화요인

㉮ 접점 표면에 먼지 등 이물의 부착(접촉불량 요인)

㉯ 접점재료 증발, 난산, 마모에 의한 접점의 마모

㉰ 줄열 또는 아크열에 의한 접점 표면의 일부 용융 (용착요인)

㉱ 접점재료의 용융에 의한 타극 접점에의 전이, 소모 및 균열에 의해 거칠어진 접촉면의 요철이 기계적으로 서로 갉는 스티킹현상의 발생(용착의 요인)

㉲ 미세한 개폐동작을 반복하는 채터링(Chattering) 현상 (주기적인 진동, 접촉불량, 용착요인)

㉳ 허용량 이상의 전압, 전류의 사용(접촉 불량, 용착 요인)

㉴ 가동부의 부식·유지 등 고점성 물질의 부착(동작 불량요인)

접점이 용착되면 감식할 당시에 떨어져 있어도 접점 표면이 녹아 있거나 접편(接片)의 앞쪽 끝이 결손되어 있는 상황이 관찰될 수 있다.

ⓓ 접촉저항 저감조치

㉮ 접촉압력을 증가시키고 접촉면적을 크게 한다.

㉯ 접촉 재료의 경도를 감소시킨다.

㉰ 고유저항이 낮은 재료를 사용한다.

㉱ 접촉면을 청결하게 유지한다.

㈅ 절연열화에 의한 발화

배선기구는 무기질 또는 유기질 절연재료로 되어 있어 오랜 시간이 경과하면 절연성능이 저하하거나 접촉부분이 탄화하여 흑연화되면 발열되어 발화원이 될 수 있다. 절연파괴현상이란 전기적으로 절연된 물질 상호 간의 전기저항이 낮아져 많은 전류를 흐르게 되는 현상으로, 절연열화의 원인은 다음과 같다.

ⓐ 절연체에 먼지 또는 습기에 의한 트래킹 등의 절연파괴

ⓑ 사용 부주의, 취급불량으로 절연피복의 손상 및 절연재료의 파손

ⓒ 이상전압에 의한 절연파괴

ⓓ 절연열화로 인한 발화형태는 트래킹과 흑연화(Graphite)현상

ⓔ 허용전류를 넘는 과전류에 의한 열적열화

② 누전차단기

㉠ 누전차단기 구조 및 동작원리

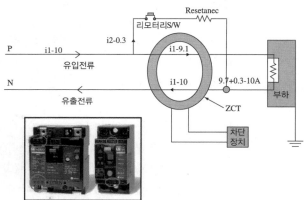

[누전차단기 구조와 기본원리]

㉡ 누전검출원리(전류동작형)

들어오는 전류(+)와 나가는 전류(-)의 합은 0이어야 하나 누전이 생기거나 어떤 원인에 의하여 대지로 전류가 흐르면 누전된 양만큼의 차이가 발생하므로 이 차이만큼의 자속이 발생하고 이 자속에 의한 전류가 누전차단기 영상변류기(ZCT)에 발생하여 누전차단기가 동작한다.

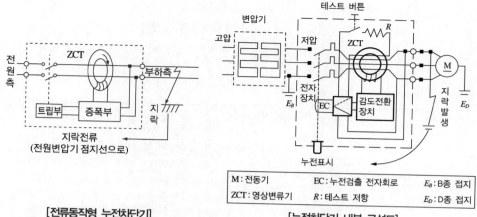

| M : 전동기 | EC : 누전검출 전자회로 | E_B : B종 접지 |
| ZCT : 영상변류기 | R : 테스트 저항 | E_D : D종 접지 |

[전류동작형 누전차단기]　　　　　**[누전차단기 내부 구성도]**

ⓒ 개폐기구부

　주회로의 개폐를 시행하는 부분에서 핸들의 ON·OFF 조작에 따라 주회로를 개폐한다.

ⓔ 트립(Trip)장치

　보호목적에 따라 누전, 과전류(단락 포함), 과전압 Trip(차단)이 있다.

　ⓐ 누전트립장치 : 누설(지락)전류를 검출해서 차단동작을 시행하는 장치로 지락전류를 검출하는
　　영상변압기, 영상변류기로 검출되는 누전신호를 증폭하는 누전검지기, 개폐기구부를 차단
　　하기 위한 전자장치로 구성되어 있다.

　　㉮ 영상변류기(ZCT) : 자성체와 이것을 관통하거나 여러 번 감겨있는 각 상의 1차권선 및
　　　누전검지기에 입력신호를 보내는 2차 권선으로 구성되어 있다.

　　㉯ 누전검지기 : 영상변류기의 2차측 출력신호를 전자회로로 증폭하고 전자장치를 동작
　　　시키는 반도체식으로 직접 전류장치를 작동시키는 전자식이 있다.

　ⓑ 과전류 트립(인출)장치 : 과부하·단락전류를 검출해서 트립(차단, 인출) 동작을 시행하는
　　장치로 바이미터와 전자석을 공용한 열동전자형 및 전자석만을 사용한 완전전자형이 있다.

　ⓒ 과전압 트립(인출)장치 : 단상3선식 전로의 전압극과 중성극과의 사이에 발생하는 과전압에
　　대해 트립을 시행하는 장치이다. 단상3선식의 경우는 중성선이 결상되면 그 회로의 부하
　　상태로 전압이 불평형이 되고 부하기기에 과전압이 가해진다. 이 과전압은 중성선에 접속된
　　과전압 검출 리드선을 통해 과전압 정정부에 입력되고 과전압 판정부로 판정해서 SCR 제어
　　부가 전자인출장치를 동작시킨다.

ⓜ 소호장치

　소호장치는 전류 차단 시에 발생하는 아크를 소호하는 것으로 V자형 구조를 갖는 자성판을 몇 매
적층시켜 절연판으로 보전한 구조이다. 전류 차단 시에 발생하는 아크는 전자력으로 V자형
구조로 구동되고 접촉자 간의 전압강하를 크게 하거나 아크를 그리드로 냉각시킴으로써 가능한 한
빨리 소호시키는 장치다.

ⓗ 테스트 버튼 장치

　　ⓐ 지락 또는 누설전류가 흐를 때에 정상적으로 동작하는지를 시험

　　ⓑ 테스트 버튼의 색이 녹색계통일 경우에는 누전전용이고, 황색이나 붉은색일 경우는 누전과 과부하차단 겸용

Ⓐ 종류 및 정격감도 전류 [20]

구 분		정격감도전류[mA]	동작시간
고감도형	고속형	5, 10, 15, 30	• 정격감도전류에서 0.1초 이내 • 인체감전보호형은 0.03초 이내
	시연형		정격감도전류에서 0.1초를 초과하고 2초 이내
	반한시형		• 정격감도전류에서 0.2초를 초과하고 1초 이내 • 정격감도전류 1.4배의 전류에서 0.1초를 초과하고 0.5초 이내 • 정격감도전류 4.4배의 전류에서 0.05초 이내
중감도형	고속형	50, 100, 200, 500, 1,000	정격감도전류에서 0.1초 이내
	시연형		정격감도전류에서 0.1초를 초과하고 2초 이내
저감도형	고속형	3,000, 5,000, 10,000, 20,000	정격감도전류에서 0.1초 이내
	시연형		정격감도전류에서 0.1초를 초과하고 2초 이내

※ 일반적으로 누전차단기의 최소동작전류는 정격전류의 50% 이상이므로 선정에 주의할 것. 단, 정격 감도전류가 10mA 이하인 것은 60% 이상으로 한다.

Ⓞ 절연열화에 의한 발화

　　ⓐ 절연체에 먼지 또는 습기에 의한 트래킹 등의 절연파괴

　　ⓑ 사용부주의 · 취급불량으로 절연피복의 손상 및 절연재료의 파손

　　ⓒ 이상전압에 의한 절연파괴 및 허용전류를 넘는 과전류에 의한 열적열화

　　ⓓ 절연열화로 인한 발화형태는 트래킹과 흑연화(Graphite) 현상

　　ⓔ 허용전류를 넘는 과전류에 의한 열적열화(테스트 버튼 황색 · 붉은색 : 과부하 차단 겸용)

Ⓩ 누전차단기의 외형 및 내부 감식

누전차단기가 불에 타서 탄화될 수 있는 부분은 외부케이스와 켜짐/꺼짐 조작용 Handle 부분이다. 화염에 쉽게 변형될 수 있는 소재로 되어 있으므로 분해할 경우 주의하여야 한다.

[Trip 상태]

　　ⓐ 케이스가 탄화되어 변형된 경우 : Mold Case가 화염에 탄화되어 부하측과 전원측을 구별할 수 없을 경우에는 회로시험기 등으로 저항을 측정하여 켜짐(0Ω)과 꺼짐 ($\infty\Omega$) 상태 확인

　　ⓑ 분해할 경우 동작편의 위치로 식별 : 케이스가 소실되고 밑부분과 금속부분을 포함한 일부분만 남았을 경우 투입 및 개방상태를 식별하는 방법은 동작편(금속)이 수직일 때는 ON이고, 동작편이 수평일 때는 개방상태로 판정 (일부 제작사가 다른 경우도 있음)

[OFF 상태]

ⓒ X-Ray촬영으로 확인

합성수지 등으로 피복된 물건 내부는 증거물을 분해하지 않는 상태로 촬영하여 켜짐(투입) 및 꺼짐(개방)상태를 용이하게 확인할 수 있다.

[켜짐 상태]

[꺼짐 상태]

(7) 커버나이프 스위치

① 커버나이프 스위치의 사용과 퓨즈

커버나이프 스위치 개폐의 판정은 투입편(投入片) 가동자와 투입편 고정자와의 접합부 변색, 투입편 칼받이의 물림부분의 변색, 칼받이의 개폐상황 등으로 확인할 수 있다.

② 화재감식요령

㉠ 나이프 스위치가 닫힌(투입) 경우 : 투입편과 투입편 고정자는 직각 또는 이에 근접한 상태로 접속하여 있기 때문에 투입편의 오손상황(汚損狀況)을 보아서 판정한다.

㉡ 투입편이 칼받이와 물려 있는 경우 : 물린 부분과 접속되지 않은 부분과는 오손에 차이가 생기며, 투입편 전체가 탄화물 등으로 오손되어 있으면 화재 당시 그 개폐기는 열린 상태로 있었다. 단, 낙하물 등에 의해 2차적으로 열린 후에 화염에 의해 연소되면 개폐의 판정은 어려워질 수 있다.

㉢ 칼받이 투입편이 투입된 상태로 화염에 탈 경우 : 칼받이는 열린 채로 소둔(燒鈍 : 풀림)되어 가역성을 잃기 때문에 그 상태에 따라 식별이 가능하다.

㉣ 퓨즈의 용단상태에 따른 통전유무 식별 : 커버나이프 스위치의 통전유무를 확인하기 위해서는 퓨즈의 용단상태에 따라 단락 및 과부하에 의한 경우와 접촉불량, 외부화염에 의한 용단·용융 여부를 식별할 수 있다.

ⓐ 단락에 의해 퓨즈가 용융되었을 때는 퓨즈 몸체 전체가 녹아서 둥근 형태로 비산된다.

ⓑ 100~300% 과부하 시에는 퓨즈 중앙부분이 용단된다.

ⓒ 접촉불량 등으로 용단되었을 경우에는 양쪽 끝 부분에 검게 변색된 흔적으로 식별한다.

ⓓ 외부화염에 의해 용융되면 불규칙한 형태를 나타낸다.

(8) 조명기구

① 백열전구(Incandescent Lamp) 19

㉠ 원리와 구조

ⓐ 백열전구는 전구의 가운데에 있는 필라멘트에 전류가 흘러서 고열을 발하면서 빛나는 성질을 이용하여 만들어진 것으로, 불활성 가스인 아르곤 등을 봉입한 유리구(球)에 필라멘트(텅스텐선)가 넣어져 있어 2,200℃까지의 고온에 견딜 수 있다.

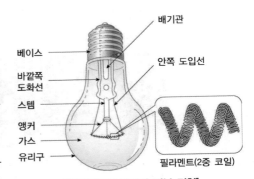

[백열전구의 구조와 각부 명칭]

ⓑ 아르곤 가스를 봉입한 이유는 텅스텐 필라멘트와 화학반응하지 않은 불활성 가스를 넣어 고온에서 발광하는 필라멘트의 증발·비산을 제어하여 수명을 길게 하기 위해서이다.

㉡ 발화유형 22

ⓐ 백열등 스탠드 등의 전구스위치가 켜진 상태에서 이불 등의 가연물로 넘어지거나 닿게 되면 백열전구가 가연물질에 접촉하여 출화한 경우

ⓑ 점등 중에 백열전구 유리가 파손된 경우

ⓒ 가연물이 전구에 접촉하여 출화한 경우

ⓓ 스탠드 위에 속옷을 걸어서 전구에 접촉하여 출화한 경우

ⓔ 기구 배선으로부터 출화한 경우

ⓕ 고정된 전구의 변형된 형태로부터 연소진행방향을 식별할 수 있음

② 형광등

저압기체방전을 이용하여 수은원자에 고유한 자외선(253.7nm)을 발생시켜 유리관 내 도포된 형광체에 조사하여 형광체를 여기(Excitation)시켜 가시광의 발광을 일으키도록 한 것이다.

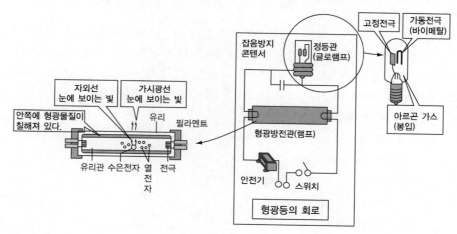

㉠ 원리와 구조

ⓐ 안정기

㉮ 형광램프에 초기시동전압을 공급하여 램프의 방전을 용이하게 하여 점등시키는 시동장치와 같은 역할

㉯ 램프가 점등된 후 형광램프에 일정한 전압을 계속적으로 공급하여 램프의 방전을 단속해 점등을 지속적으로 유지시켜 주는 역할

ⓑ 형광방전관 : 수은 증기와 아르곤 가스가 있고, 양쪽 끝에 전극용 필라멘트가 있음

ⓒ 점등관 : 고정전극과 바이메탈이 설치되어 있고 전원이 인가되면 휘어지면서 고정전극 쪽으로 붙음

ⓓ 콘덴서 : 잡음이 발생하는 것을 방지하기 위해 고주파 전류를 흡수하는 역할

㉡ 발화유형

ⓐ 안정기로부터의 출화

형광등 기구에 의한 화재는 안정기에 관계된 것이 대부분을 차지하며 그 원인으로는 절연열화, 층간단락, 이상발열 등 여러 가지가 있다. 특히, 안정기의 경년열화에 의해 안정기 내의 권선코일의 절연열화된 선간에서 접촉하여 코일의 일부가 전체에서 분리되어 링회로를 형성하면 큰 전류가 이 부분에 흘러 국부 발열하여 출화한다.

ⓑ 점등관으로부터의 출화

ⓒ 전자회로의 부품에서 발화하는 경우

형광등에는 전자회로가 없는 일반식과 전자회로를 가진 전자식이 있다. 그 중 전자회로의 부품에서 발화하는 경우와 회로 기판의 납땜 접속부에서 발화하는 경우가 있다.

ⓓ 인입선 및 등 기구 내 배선에서 발화

(9) 냉장고 18 22

냉장고의 출화원인은 기동장치 릴레이 동작 시 발생하는 스파크에 의한 불꽃으로 누설된 가스 등에 착화되는 경우와 트래킹 또는 그래파이트화 현상에 의한 절연열화로 발화한 경우 등이 있다.

① 발화유형 및 화재감식요령

각 스위치 접점에서의 불완전 접촉이나 융착, 전원코드 반단선, 팬모터 과열, 압축기 부분에 연결된 과부하 보호장치에서의 트래킹 또는 그래파이트, 시동용 콘덴서 단락, 전원코드와 내부 배선의 절연 손상 또는 압착손상으로 인한 단락 등이 주요인으로 출화된다. 그 중 컴프레서에 설치되어 있는 스타터 및 오버로드 릴레이의 부분으로 원인은 대부분 트래킹현상이다.

- ㉠ 기동기의 트래킹으로 인한 발화
- ㉡ 서미스터(Thermistor ; PTC) 기동릴레이의 스파크
- ㉢ 전원코드와 배선커넥터의 접속부 과열
- ㉣ 안전장치 제거에 의한 모터 과열
- ㉤ 컴프레서 코일의 층간단락
- ㉥ 콘덴서의 절연파괴
- ㉦ 진동에 의한 내부 배선의 절연손상

② 구 조

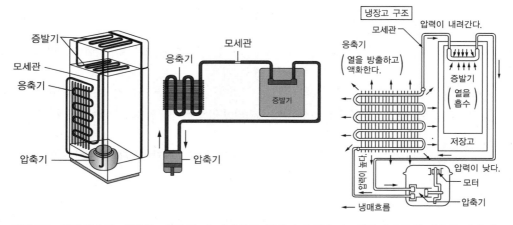

냉장고는 일반적으로 냉동실, 냉장실 및 기계실로 구성되어 있으며, 냉동사이클에 필요한 압축기, 응축기 및 냉각기 등이 설치되어 있다.

- ㉠ 컴프레서(Compressor, 압축기) : 모터의 회전을 왕복운동으로 변환한다.
- ㉡ 콘덴서(Condenser, 응축기) : 콘덴서는 냉각기(Evaporator)에서 빼앗은 열과 컴프레서에 의해 부여된 열을 방출하는 곳으로 고온, 고압의 냉매를 액체로 변환시킨다.

ⓒ 증발기(Evaporator) : 콘덴서로 액화된 냉매는 캐피러리 튜브에서 감압되며, 냉각기에서 기화하는데, 이때 주위로부터 열을 빼앗아 냉각한다.

ⓔ 기동기(Starter) : 컴프레서의 모터는 콘덴서 기동 유도모터로 주권선과 보조권선으로 구성되어 있으며, 단순히 주권선에 전압을 가해도 회전하지 않는다. 그러나 시동하여 회전시켜 주면 주권선만으로도 회전(운전)을 계속할 수 있으며, 이 전환방법에는 전압형, 전류형, 무접점형(PTC를 사용) 등이 있다.

ⓜ 과부하계전기(Overload Relay) : 컴프레서에 과전류가 흘러 권선을 소손시키거나 높은 온도가 되었을 때 자동적으로 작동하여 컴프레서를 보호하는 장치이다. 바이메탈이 컴프레서의 온도와 과전류를 감지하여 작동하는 것이 있으며, 모두 접점을 열어 모터를 보호하도록 되어 있다. 전원을 끊은 후에 어떤 일정시간이 경과하면 바이메탈은 식어 본래의 형태로 되고 접점이 닫히고, 과부하계전기는 시동릴레이와 함께 컴프레서의 측면에 설치되어 있다.

ⓗ 각종 히터 19
ⓐ 서모스탯(Thermostat) 히터 : 서모스탯 히터 본체 부분의 온도가 주위온도 및 본체 부분의 설치위치 관계로 감온 부분의 온도보다 낮아진 경우에 본체 부분에서 감지하여 소정의 역할을 하지 않게 된다. 이 때문에 본체 부분을 조금 따뜻하게 하여 서모스탯 본체 주위의 온도가 내려가도 항상 감온부 온도에서 정상으로 작동하도록 본체 부분 온도를 보정하는 역할을 한다.
ⓑ 서리제거(제상) 히터 : 증발기의 이면 또는 내부 등에 설치되어 있으며 서리제거를 촉진시킨다.
ⓒ 드레인 히터 : 증발기 아래에 설치되어 있으며, 서리제거 서모스탯의 작동에 의해 통전되며, 서리의 용융이나 물의 재 동결방지의 역할도 한다.
ⓓ 냉장실 칸 히터 : 중간 칸의 서리부착 방지 역할을 한다.
ⓔ 외부박스 히터 : 주위의 온도가 대단히 높은 경우에 냉장고의 외부박스 전면 온도가 노점온도 이하가 되면 공기 중의 수분이 응축하여 이슬이 맺히게 되므로 이를 방지하기 위한 것이다.

(10) 세탁기   ★★★★

① 발화유형 15 21
㉠ 전자동 배수밸브의 배수마그네트가 전환스위치 접점이 채터링을 일으켜 출화
㉡ 잡음방지 콘덴서의 절연열화로 출화
㉢ 모터 구동용 콘덴서가 단자판 접속불량에 의해 절연열화
㉣ 회로기판 트래킹 : 세탁기 내부로 물이 떨어지고 부식이 심한 상태로, 회로기판에 수분이 침투되면 트래킹현상 발생 후 화재로 진행됨

 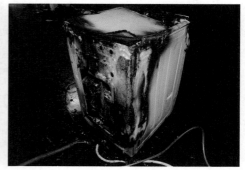

② 세탁방식의 종류

    ⊙ 드럼식 : 충격에 의해 세탁하는 방식, 전기소모 많고 소음이 큼

    ⓒ 교반식 : 중앙에 있는 세탁봉이 교반기를 좌우로 회전시켜 세탁하는 방식

    ⓒ 와권식 : 물살로 세탁하는 방식

(11) 텔레비전의 발화유형

① 고압회로의 누설방전

고압회로에서의 누설방전에 의한 화재는 플라이백 트랜스, 고압저항, 애노드(Anode) 코드나 애노드 캡 등의 고압부에서 발생하며, 특히 플라이백 트랜스로부터의 누설방전에 의한 화재가 많이 발생하고 있다.

    ⊙ 플라이백트랜스(포커스볼륨)의 누설방전

    ⓒ 브라운관 외부의 누설방전

    ⓒ 전자빔 부근의 브라운관에 균열이 생겨 브라운관 외부에 누설방전이 발생하여 먼지에 착화하여 출화

② 플라이백 트랜스의 층간단락

장기간 사용에 따라 권선의 절연피복이 열화되어 상하 및 좌우의 권선과 권선이 단락하여 발열하여 플라이백 트랜스 내 충전수지의 크랙으로부터 외장몰드 케이스의 밖에 분출하여 출화

③ 기판 구성부분에서의 트래킹 현상

기판상 플라이백 트랜스의 핀과 접지패턴의 사이에서 부착한 먼지에 의해 트래킹현상이 발생하여 기판에 착화하여 출화

④ 트래킹현상으로 기판에 착화하여 출화

브라운관 내부의 섀도 마스크나 주변 금속이 착자되어 있으면 3전자빔의 편향이 흐트러져서 색이 나빠짐.

[이물질 침투로 기판에 도전로 형성]

그러므로 TV 스위치를 넣은 때에 교류의 크기 변화를 이용하여 소자하는 회로가 있으며, 이 회로의 구성부품 중에 포지스터(온도의 상하에 따라 저항이 증감하는 반도체)가 있음. 대기전압이 걸려 있는 TV에서는 전원이 OFF 상태에서도 전압이 인가되어 있고, 이 포지스터의 단자 부분에 먼지, 티끌, 수분이 부착하여 탄화도전경로가 형성되어 트래킹현상이 발생할 수 있음

⑤ 기판의 납땜 불량에 의한 발열

　수평왜곡보정코일(TV화상을 미세하게 조정하는 변압기)의 리드 다리와 동박의 접속부에서 납땜에 크랙이 발생하여 방전하여 기판에 착화될 수 있음

⑥ 반도체의 고장에 의해 출화

⑦ 전원코드의 단락/트래킹현상에 의한 출화

[비파괴검사 시 퓨즈 용단 확인]

(12) 전자레인지의 발화유형

① 식품의 과열 발화

　식품이나 그 포장지가 장시간 가열되면 탄화되는데, 이는 튀김·코코아·감자, 고구마류·시금치 등이 과열되면서 수분이 증발하고 탄화하게 된다. 이때 마이크로파에 의해 스파크를 일으키거나 또는 식품 자신이 갖는 철분에 의해 스파크를 일으켜서 출화하게 되고, 포장식품 등에 들어있는 탈산소제를 넣은 채 가열하면 마이크로파 유전가열에 의해 발화

② 금속용기의 방전에 의한 발화

　전파가 잘 투과하지 않는 용기(스티로폼·폴리에틸렌·페놀 요소수지) 등을 사용하면 전파를 투과시키지 않기 때문에 그 자체가 발열·스파크를 일으키거나 또는 금속의 경우에는 반사되어 주위 식품 등으로부터 출화

③ 부착된 식품찌꺼기의 발화

④ 먼지나 벌레 등이 부착되어 절연파괴로 발화

⑤ 도어 래치스위치의 접촉부 과열

⑥ 회전구동모터와 팬 모터 배선 및 코일의 절연파괴

⑦ 전원코드의 단락

⑧ 트랜스의 절연파괴

⑨ 고압콘덴서, 고압 다이오드 등 부품의 절연파괴

(13) 전기레인지(전기풍로) 화재감식요령

스위치 부분이 협소한 통로부분에 위치하는 경우가 많아 지나다닐 때 신체의 일부나 짐이 스위치에 닿아 스위치가 켜져서 히터 위의 가연물에 착화되어 출화

① 복사열에 의한 출화
  ㉠ 히터부 주위에서 가연물이 소손된 채로 발견되는지 확인한다.
  ㉡ 냄비 등 조리기구가 전기레인지 위에 놓여 있으며 물이 없는 상태에서 가열되었는지 확인한다.
  ㉢ 분전반의 차단기 및 전기레인지 스위치의 ON, OFF 상황을 확인한다.
② 가연물의 접촉으로 출화
  ㉠ 발굴 시 히터부에 착화된 가연물이 부착되어있지 않은 경우도 있으므로 소손 방향성이 현저하게 나타나 있는 가연물 등을 상세히 관찰한다.
  ㉡ 분전반의 차단기 및 전기레인지 스위치의 ON, OFF 상황을 확인한다.
  ㉢ 전기레인지 상부에 행주 등 가연물이 걸려 있었는지 확인한다.
③ 신체나 물건에 접촉, 다른 스위치로 착각하여 출화
  ㉠ 전기레인지 위 가연물이 탄화되어 있는가를 확인한다.
  ㉡ 분전반 차단기 및 전기레인지 스위치의 ON, OFF 상황을 확인한다.
  ㉢ 다른 발화원인이 되는 것은 없는지 주위를 확인한다.
  ㉣ 원룸 등에서 전기레인지 설치 장소가 좁고 신체 등이 접촉되기 쉬운 상황인지 확인한다.
  ㉤ 스위치가 좌우 어느 쪽으로 돌려도 켜지게 되는지 확인한다.
  ㉥ 스위치 상황을 판단할 수 없는 경우에는 가동편의 위치를 동일제품과 비교·확인한다.
  ㉦ 터치식의 경우 반려동물(개, 고양이)에 의해 작동되는 경우도 있으므로 확인한다.
④ 전원코드의 단락으로 출화
  ㉠ 평상시 사용상황 및 배선 주위 물건의 배치상황 등을 청취한 후에 발굴 시 진술내용과 일치하는 지를 확인한다.

ⓛ 가연물의 접촉 등에 의한 히터부로부터의 출화가능성을 부정하기 위해 히터부에 탄화물이 부착되어 있는지, 2차적인 부착에 의한 것인지, 출화 직전의 주위환경을 파악한다.

ⓓ 전원코드를 손으로 비틀어 꼬아 접속하였는지, 물건이 위에 놓여 있었는지, 착화물과의 위치관계는 어떠한지 확인한다.

ⓔ 전기레인지에 가장 가까운 전기용융흔이 발화의 원인인 화원이 되며, 이 용흔을 표시하고 주위를 포함한 사진촬영과 확대촬영을 한 후에 위치관계를 계측한다.

(14) 전기스토브 화재감식요령

① 가연물의 접촉

ⓖ 전기스토브를 기점으로 하여 주위에 확대되는 소손상황이 관찰된다.

ⓛ 가연물의 접촉 또는 복사열에 의해 출화하면 화재열과 스토브 자체의 발열 영향으로 인해 반사판에 "가지색"의 변색이 생기는 경우가 있다.

ⓓ 전기스토브가 특히 강하게 소손되고 가드(Guard) 등에 천 등의 탄화물 부착이 관찰된다.

② 가연물의 낙하

ⓖ 전원 및 전도 OFF스위치의 위치를 확인한다.

ⓛ 배선 전체를 복원하여 전개하고 플러그를 포함한 기기 전체를 연결하여 확인한다.

③ 과열에 의한 출화

전기스토브의 열선이 과밀하게 감겨진 경우나 과전압이 유입될 경우 이상과열로 발화되는 경우에 니크롬선(1,425℃)이 용융된다.

④ 발화 실험값

ⓖ 스토브형 히터에 수건 접촉 시 : 4분(302℃) 경과 후에 연기가 발생하였으며, 약 4분 18초(432℃) 경과 시 발화

ⓛ 가연성 가스(살충제 및 부탄가스) 분사 시 폭발적 화염 발생

ⓓ 종류별 발열체 표면온도

(15) 에어컨 화재감식요령

① 에어컴프레서용 모터의 층간단락

실외기의 컴프레서용 모터 권선의 절연열화로 권선이 층간단락하여 터미널부(유리제)가 용융, 내압(29.4Pa)으로 빠져서 배선피복에 착화하여 출화될 수 있다.

② 배수모터의 층간단락

천장매입형 실내기의 배수용 모터 권선이 층간단락하여 출화한 경우, 넓은 실내에서는 실내기 설치위치에서 옥외까지 상당히 긴 거리가 되어 자연구배에 의한 배수가 될 수 없어 강제배수용 배수펌프가 설치된다. 출화원인으로서 장기사용에 의한 경년열화, 필터를 통과한 먼지나 티끌이 퇴적하여서 배수가 질척하게 되어 과부하운전에 의한 가능성이 있다.

③ 전원선의 단락

실외기의 전원선(3상 380/220V)이 정상 인출구에서 배선되어 있지 않고 본체 아랫부분의 예리한 프레임에 접하여 있어 운전 시 진동에 의해 배선 피복이 손상되어 프레임을 매개로 지락하여 단락하였다.

④ 전원선이 진동에 의해 본체의 프레임부분과 접촉 단락

천장매입형 실내기의 전원선(단상 220V)이 예리한 본체 프레임 부분과 접촉되어 있어 운전진동에 의해 배선피복이 손상되어 단락하여 출화될 수 있다.

⑤ 전원코드를 손으로 비틀어 꼬아 접속하여 접촉부 과열

⑥ 배선의 오접속

(16) 선풍기 화재감식요령

① 기구 내 배선의 반단선

㉠ 단락 코일형 모터, 유도형 콘덴서 모터 등 종류를 파악한다.

㉡ 모터 코일에 온도퓨즈(약 115℃)가 설치되어 있더라도 코일의 층간단락을 생각하여 소손상황을 확인한다.

㉢ 스위치 접점의 거칠어짐이나 접속부 용흔 등을 확인한다.

㉣ 전기부품·배선을 복원하여 이상개소를 분명히 하여 가장 부하측의 이상 용융 등에 대해서는 출화원인과의 상관관계를 확인한다.

㉤ 반단선에 이르는 요인을 다각도로 확인한다.

② 콘덴서의 절연열화

콘덴서는 2매의 금속박 전극 간에 유전체로서 아주 얇은 종이나 플라스틱 필름을 사용하고 있다. 이 전극 간에 핀 홀이 있거나 경년열화에 의해 케이스의 기밀이 저하되어 습기를 띠면 절연열화를 발생시키고, 전극 간에 누설전류가 흘러서 발열하여 가연성 가스가 발생되어 출화한다.

㉠ 콘덴서가 절연열화로 발화하면 콘덴서의 케이스에 구멍이 뚫리거나 내부 전극이나 유전체가 강하게 소손되어 탄화한 상황이 확인된다.

㉡ 소손된 내부 전극이나 유전체를 절단하면 절연열화 된 부분에서 탄화 상황을 확인할 수 있다.

㉢ 콘덴서의 리드선에 전기용흔이 확인될 수도 있다.

③ 모터의 층간단락

모터코일은 동선에 절연피복을 하여 사용되고 있다. 코일에 사용된 동선은 미세한 상처나 오랜 사용에 의해 절연열화가 생긴 경우에 선간에서 접촉하면 코일의 일부가 전체에서 분리되어 링회로를 형성한다. 이 링회로에는 부하 없는 것과 마찬가지이므로 남은 대부분의 코일과 비교하면 큰 전류가 흘러서 국부 발열하여 출화될 수 있다.

㉠ 표면적으로 확인되지 않은 경우에는 코일을 분해하여 확인한다.

　　㉡ 전기용흔의 위치를 화살표 등으로 표시하여 전체 및 확대 촬영을 한다.

　　㉢ 전원 투입 여부 및 스위치의 상태를 확인한다.

(17) 전기장판, 카펫의 화재감식요령

① 컨트롤러 내의 트래킹

　　㉠ 전원플러그는 콘센트에 꽂혀있었지만 전원스위치는 OFF 상태에서 출화한 경우

　　㉡ 온도를 조절하는 릴레이가 장시간 사용 중에 ON · OFF하는 사이에 스파크에 의해 케이스(폴리프로필렌)가 흑연화되어 트래킹현상에 의해 기판에 착화하여 출화하는 경우

　　㉢ 양극 간의 전위차는 스파크가 발생할 전기적 용량인지 확인

　　㉣ 그래파이트화 할 가능성이 있는 재질인지 확인

　　㉤ 접점면의 거칠어진 상황 및 주위탄화물의 도통 상황 확인

② 가스설비에 대한 조사 방법

※ 용기 : 고압가스를 충전(저장)하기 위한 것 또는 지표면에서 이동이 가능한 것으로, 보통 트럭 등에 적재하여 운반되는 소형용기와 자동차 또는 철도차량에 고정 설치된 대형용기 등이 있다.

(1) 용기의 종류

① 이음매 없는 용기(Seamless Cylinder)

이음매 없는 용기에는 산소, 수소, 질소, 아르곤, 천연가스 등 압력이 높은 압축가스를 저장하거나 상온에서 높은 증기압을 갖는 이산화탄소 등의 액화가스를 충전하는 경우에 사용되는 용기이다.

② 용접 용기(Welding Cylinder)

　　㉠ 용접 용기에는 LP가스, 프레온, 암모니아 등 상온에서 비교적 낮은 증기압을 갖는 액화가스를 충전

　　㉡ 용해 아세틸렌가스를 충전하는 데 사용되는 용기

　　㉢ 내용적은 3.5~29,000ℓ까지 다양

③ 초저온 용기

-50℃ 이하인 액화가스를 충전하기 위한 용기로써 단열재로 피복하여 용기 내의 가스 온도가 상용의 온도를 초과하지 아니하도록 조치한 용기로서 액화질소, 액화산소, 액화아르곤, 액화천연가스 등을 충전한다.

④ 납붙임 또는 접합용기

　　㉠ 살충제, 화장품, 의약품, 도료의 분사제 및 이동식 연소기용 부탄가스 용기 등으로 사용

　　㉡ 1회성 용기(재충전하여 사용할 수 없음)로 35℃에서 $8kg/cm^2$ 이하의 압력으로 충전

⑤ 용기의 저장량(충전량) 16 19

충전량은 용기 내의 가스온도가 48℃가 되었을 때에도 용기 내부가 액체가스로 가득 차지 않도록 안전공간을 고려해야 한다.

- 액화가스 용기의 저장량

$$W = \frac{V_2}{C}$$

W : 저장능력[kg]
V_2 : 용기의 내용적[ℓ]
C : 가스의 충전정수(액화프로판 2.35, 액화부탄 2.05, 액화암모니아 1.86)

- 압축가스 용기의 저장량

$$Q = (P+1)V_1$$

Q : 저장능력[m³]
P : 35℃(아세틸렌의 경우에는 15℃)에서의 최고충전압력[kg/cm²]
V_1 : 내용적[m³]

---

(2) 용기밸브

① 용기밸브의 구조 및 기능

용기밸브는 밸브몸통, 안전장치, 핸들, 스핀들(Spindle), 스템(Stem), 스토퍼(Stopper) 또는 그랜드너트(Gland Nut), 오링, 밸브시트(Valve Seat) 등으로 구성되며, 핸들을 시계 반대방향으로 돌리면 밸브디스크가 위로 올라가 가스유로가 열리고 시계 정방향으로 돌리면 밸브디스크가 아래로 내려가 가스유로가 닫힌다.

② 안전장치 18

용기 내의 가스압력이 올라가 용기가 파열되는 것을 방지하기 위한 것으로 용기밸브와 일체(一體)로 만들어지는데 밸브의 개폐와 관계없이 항상 용기 내의 가스가 접하도록 되어 있으며, 가스의 압력이 상승하면 자동적으로 작동되어 용기 내의 압력을 외부로 방출하는 역할을 한다.

⊕ **Plus one**

가스용기밸브의 안전장치
- LPG 용기 : 스프링식 안전밸브
- 염소, 아세틸렌, 산화에틸렌 용기 : 가용 전(가용합금식) 안전밸브
- 산소, 수소, 질소, 아르곤 등의 압축가스 용기 : 파열판식 안전밸브
- 초저온 용기 : 스프링식과 파열판식의 2중 안전밸브

(3) 압력조정기 ★★★

① **누출원인** : 용기 교체 과정, 다이어프램의 손상, 노즐부의 손상, 외부충격, 부속품 분해 시공

② **용기교체 과정** : 화재나 폭발의 대형사고로 교체작업자 손에 동상, 얼굴에 화상을 입을 수 있음

③ **다이어프램의 손상** : 상부의 캡으로 가스가 누출되며, 화재 발생 시 화염이 형성됨

④ **노즐부의 손상** : 압력조정이 불균형하거나 용기 내의 압력이 그대로 연소기까지 전달되어 점화가 되지 않거나 염화비닐호스의 연결부위 등이 이탈될 수 있음

⑤ **외부충격** : 압력조정기 덮개부분이나 캡 부분에서 충격 흔적이 식별되고, 충격물질과 충격 손상된 부위를 비교하여 동일모형의 흔적인지 확인

⑥ **부속품 분해 시공** : 용량이 대형인 경우 압력조정기에 노즐이 외부에 부착되어 있으나 이것을 제거하여 설치하는 경우가 있음

(4) 퓨즈코크(중간밸브) 14

① **구 조**

ㄱ 과류차단안전기구가 부착된 것으로 배관과 호스 또는 배관과 퀵 커플러를 연결함

ㄴ 가스사용 중 호스가 빠지거나 절단되었을 때 또는 화재 시 등 규정량 이상의 가스가 흐르면 코크에 내장된 볼이 떠올라 가스통로를 자동으로 차단함

② **코크의 사용 및 유지관리상의 주의사항**

ㄱ 코크는 전개, 전폐의 상태로 사용하고 화력조절 코크의 열림 정도로 조절하지 않도록 함

ㄴ 고무관은 LP가스용을 사용하되, 호스엔드의 적색 표시선까지 완전히 밀어 넣은 후 호스밴드로 꽉 조임

ㄷ 2구코크를 개폐할 때에는 오조작을 하지 않도록 함

ㄹ 사용하지 않는 코크의 출구측은 폐지마개 또는 고무캡을 부착함

ㅁ 코크에 물체가 떨어지지 않도록 함

ㅂ 연소기를 사용한 후 취침 혹은 외출할 경우에는 말단코크를 잠그도록 함

ㅅ 중간코크의 개폐 및 관련 안전관리자 등 LP가스설비를 숙지한 자만이 하도록 함

ㅇ 코크 외면이 더러워지면 부드러운 브러시나 젖은 헝겊 등으로 닦고, 마른 헝겊으로 물기를 닦아 낼 것

ㅈ 코크의 손잡이나 핸들의 개폐조작이 원활치 못할 경우는 윤활제가 너무 부족하거나 이물질이 혼입되어 발생되므로 무리한 조작을 금하고 성능이 떨어지게 되면 판매사업자에게 점검의뢰를 함

ㅊ 코크는 분해 또는 개조하지 말 것

③ **누출원인** : 시트링 손상, 시트링의 온도에 의한 용융, 시트링에 이물질 끼임, 화염 접촉에 의한 용융

(5) 염화비닐호스 누출원인

① 마감처리 미조치 : 이곳으로부터 누출된 가스가 인화된 화염의 흔적을 식별한다.

② 고의 손상 절단 : 이곳은 마감처리 미조치와는 다른 현상이 나타난다.

③ 동물(쥐)의 손상

④ 노 후

⑤ 화재에 의한 손상

⑥ 호스밴드 미설치 및 이탈

⑦ 호스분기 설치(T)

(6) 연소기　　　　　　　　　　　　　　　　　　　　　★★★★

① 연소기의 구조

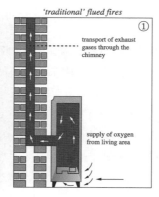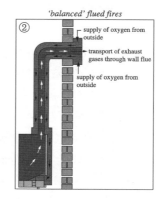

ㄱ 노즐 : 가스를 분사시키고 연소에 필요한 1차 공기를 가스와 함께 버너에 보내는 역할

ㄴ 혼합관 : 노즐에서 분사되는 가스와 공기조절기에서 흡입된 1차 공기를 혼합하는 역할

ㄷ 버너헤드 : 혼합관에서 형성된 가스와 공기의 혼합기체를 각 염공(불꽃구멍)에 균일하게 배분, 공급하고 완전연소를 하도록 함

ㄹ 염공 : 혼합관에서 버너헤드에 도달한 가스와 공기의 혼합기체를 대기 중에 분출하는 역할을 하는데, 염공이 큰 경우에는 불꽃이 혼합관 속으로 들어가는 현상(역화)이 발생되기 쉽고 반대로 염공이 작은 경우에는 불꽃이 위로 뜨는 현상(리프팅)이 발생되기 쉬움

ㅁ 점화장치에는 압전점화방식과 연속스파크식이 있으며, 압전소자(세라믹 유전체)에 압력 또는 힘이 가해지면 전기가 발생함

② 가스연소현상 15

ㄱ 안정된 불꽃 : 염공에서의 가스유출속도와 연소속도가 균형을 이루었을 때는 안정된 연소를 유지하나 이러한 안정된 불꽃에서도 내염이 저온의 물체에 접촉하면 불완전연소를 일으켜 일산화탄소나 알데히드류가 연소되지 않고 그대로 방출되어 가스중독사고의 원인이 됨

ⓛ 리프팅(Lifting) [18] : 염공에서의 가스유출속도가 연소속도보다 빠르게 되었을 때, 가스는 염공에 붙어서 연소하지 않고 염공을 이탈하여 연소함. 이러한 현상을 리프팅이라 하는데, 연소속도가 느린 LPG는 리프팅을 일으키기 쉬움

⊕ Plus one

리프팅의 원인 [20] [21]
• 버너의 염공에 먼지 등이 부착하여 염공이 작아진 경우
• 가스의 공급압력이 지나치게 높은 경우
• 노즐구경이 지나치게 클 경우
• 가스의 공급량이 버너에 비해 과대할 경우
• 연소폐가스의 배출이 불충분하거나 환기가 불충분함에 따라 2차 공기 중의 산소가 부족한 경우
• 공기조절기를 지나치게 열었을 경우

ⓒ 역화(Flash Back) : 가스의 연소속도가 염공에서의 가스유출속도보다 빠르게 되었을 때 또는 연소속도는 일정하여도 가스의 유출속도가 느리게 되었을 때 불꽃이 버너 내부로 들어가 노즐의 선단에서 연소하게 되는데 이러한 현상을 역화라고 함 [19]

⊕ Plus one

역화의 원인
• 부식으로 인하여 염공이 커진 경우
• 노즐구경이 너무 작은 경우
• 노즐구경이나 연소기 코크의 구멍에 먼지가 묻은 경우
• 코크가 충분히 열리지 않은 경우
• 가스압력이 낮은 경우
• 가스레인지 위에 큰 냄비 등을 올려놓고 장시간 사용하는 경우

ⓓ 황염(Yellow Tip)
  ⓐ 버너에서 황적색의 불꽃이 되는 것은 공기량의 부족 때문이며, 황염이 되어 불꽃이 길어짐
  ⓑ 저온의 물체에 접촉하면 불완전연소를 촉진하여 일산화탄소나 그을음이 발생하므로 주의해야 함
  ⓒ 버너 특유의 내염과 외염으로 되는 불꽃이 될 때까지 1차 공기의 공기 조절기를 열어야 함
  ⓓ 공기 조절기를 충분히 열어도 황염이 그대로 있으면 대개의 경우 버너 노즐 구경이 너무 커서 가스의 공급이 과대하거나, 가스의 공급압력이 낮기 때문임
  ⓔ 용기에서 자연 기화하는 경우 잔액이 적을 때 황염이 발생하는 것은 가스성분의 변화(부탄가스의 증가)와 가스공급압력이 낮아지기 때문임

ⓜ 불완전연소 : 가스의 연소는 산화반응을 진행하기 위해서는 충분한 산소와 일정온도 이상이어야 함.
이 조건을 만족하지 못하면 중간 생성물(일산화탄소 등)이 발생하는 데 이 상태를 불완전연소라 함

⊕ **Plus one**

불완전연소의 원인
• 공기와의 접촉, 혼합이 불충분할 때
• 과대한 가스량 또는 필요량의 공기가 없을 때
• 불꽃이 저온물체에 접촉되어 온도가 내려갈 때 등

ⓗ 연소 중의 소리(音) : 연소음, 노즐 분출음, 공기흡입에 의한 소음, 폭발음, 연소실 등의 공명음이
있음

⊕ **Plus one**

가스의 연소현상
• 안정된 불꽃
• 역 화
• 황 염

• 리프팅
• 불완전연소
• 연소 중 소리

③ **연소기의 구분**
연소기는 연소에 필요한 공기를 취하는 방법과 연소한 배기가스를 배출하는 방법에 따라 다음과
같이 개방형, 반밀폐형, 밀폐형 등으로 분류한다.
  ㉠ 자연배기식(CF) : Conventional Flue
  ㉡ 강제배기식(FE) : Forced Exhaust
  ㉢ 자연급배기식(BF) : Balanced Flue
  ㉣ 강제급배기식(FF) : Forced Draught Balanced Flue
  ㉤ 옥외용(RF) : Roof of Flue

(7) 휴대용 가스레인지

① **안전장치** : 접합용기의 내부압력이 과압 상태가 되었을 때 가스공급을 차단하여 자동소화 된다.
  ㉠ 용기이탈식 : 가스코크에 장착되어 있으며 용기의 압력이 $5\sim7kg/cm^2$에서 작동
  ㉡ 유로차단식 : 가스버너 내부에서 가스유로를 차단하여 소화시키는 방식
  ㉢ 소화안전장치 : 가스레인지에서 사용되는 방식과 동일한 구조로 구성되어 있으며, 노즐의 화염에
    의해 예기치 못한 소화 시 가스누출을 방지

② 조사방법

    ㉠ 점화스위치를 작동시켰으나 점화되지 않은 상태로 방치하지 않았는가?

    ㉡ 점화를 수회 반복하지 않았는가?

    ㉢ 접합용기(가스통)를 장착홈에 정확히 연결하였는가?

    ㉣ 과대 조리기구를 사용하였는가?

    ㉤ 협소한 장소에서 사용하였는가?(대류에 의한 온도 상승)

    ㉥ 화기 주위에서 연소기를 사용하지 않았는가?

    ㉦ 연소기 주위에 바람막이 설치하고 사용하였는가?

    ㉧ 음식물을 조리하고 있었는가?

    ㉨ 삼발이 하부에 접합용기를 보관한 상태에서 사용하였는가?

    ㉩ 접합용기를 정확히 장착하지 않았거나, 불완전하게 분리시켜 가스가 누출된 것은 아닌가(손잡이 부분 화재 흔적 식별)?

(8) 가스별 특성

① 연소범위 `13` `15` `19`

    ㉠ 연료가스와 공기의 혼합비율이 가연 범위일 때 혼합가스는 연소함. 이 범위보다 공기가 많거나 또는 연료가스가 많아도 연소하지 않음

    ㉡ 이 범위를 연소범위(Flammable Range) 또는 폭발범위라 하며, 그 한계를 연소한계(Limits of Inflammability) 또는 폭발한계라 함. 이 한계는 일반적으로 공기와 혼합되어 있는 가스량을 %로 표시하며, 가스의 최고농도를 '상한', 최저농도를 '하한'이라 함

    ㉢ 희박(Lean Mixture)이나 과농(Rich Mixture)일 때는 연소가 일어나지 않는데, 이것은 가연성 가스의 분자와 산소와의 분자수가 상대적으로 한쪽이 많으면 유효충돌 횟수가 감소하여 충돌하기 때문이며, 연소가 일어날 수 있는 가연성 가스의 농도 범위로 연소한계는 보통 1기압, 상온조건을 기준으로 함

    ㉣ 온도를 높이면 연소하한계가 낮아지고 연소상한계가 높아지며, 연소범위는 넓어짐. 압력을 높이면 연소하한계는 약간 낮아지지만, 연소상한계는 크게 증가함

    ㉤ 연소한계는 측정법, 조건 등에 따라 조금씩 다르지만 각 가스의 한계치는 다음과 같다. 여기서 알 수 있듯이 C_2H_2, H_2의 연소범위가 가장 넓고 CO는 다음으로 연소범위가 넓으나, 탄화수소류는 연소범위가 좁다.

기체 또는 증기	연소범위(vol%)	기체 또는 증기	연소범위(vol%)
수소(H_2)	4.1~75	에틸렌(C_2H_4)	3.0~33.5
일산화탄소(CO)	12.5~75	시안화수소(HCN)	5.6~40
프로판(C_3H_8)	2.1~9.5	암모니아(NH_3)	16~25
아세틸렌(C_2H_2)	2.5~82	메틸알코올(CH_3OH)	7~37
메탄(CH_4)	5.0~15	에틸알코올(C_2H_5OH)	3.5~20
에탄(C_2H_6)	3.0~12.5	아세톤(CH_3COCH_3)	2~13

② 르 – 샤틀리에의 공식

혼합가스 연소한계, 즉 2개 이상의 가연성 가스의 혼합물의 연소한계를 구하는 식이다.

• 연소 하한계

$$\frac{100}{L} = \frac{V_1}{L_1} + \frac{V_2}{L_2} \rightarrow L = \frac{100}{\dfrac{V_1}{L_1} + \dfrac{V_2}{L_2}}$$

L : 혼합가스 연소 하한계
$V_1,\ V_2,\ V_n$: 혼합가스 중에서 각 가연성 가스의 부피 %($V_1 + V_2 + \cdots + V_n = 100\%$)
$L_1,\ L_2,\ L_n$: 혼합가스 중에서 각 가연성 가스의 연소 하한계

• 연소 상한계

$$\frac{100}{U} = \frac{V_1}{U_1} + \frac{V_2}{U_2} \rightarrow U = \frac{100}{\dfrac{V_1}{U_1} + \dfrac{V_2}{U_2}}$$

U : 혼합가스 연소 상한계
$V_1,\ V_2,\ V_n$: 혼합가스 중에서 각 가연성 가스의 부피 %($V_1 + V_2 + \cdots + V_n = 100\%$)
$U_1,\ U_2,\ U_n$: 혼합가스 중에서 각 가연성 가스의 연소 상한계

예 C_3H_8 20%, CH_4 80%의 혼합가스의 연소한계를 르–샤틀리에의 법칙으로 구하시오(단, 프로판의 연소범위는 2.2~9.5%, 메탄은 5~14%).

$$\text{하한} = \frac{100}{\dfrac{\text{프로판의 혼합률}}{\text{프로판의 하한}} + \dfrac{\text{메탄의 혼합률}}{\text{메탄의 하한}}} = \frac{100}{\dfrac{20}{2.2} + \dfrac{80}{5}} = 4.0\%$$

$$\text{상한} = \frac{100}{\dfrac{\text{프로판의 혼합률}}{\text{프로판의 상한}} + \dfrac{\text{메탄의 혼합률}}{\text{메탄의 상한}}} = \frac{100}{\dfrac{20}{9.5} + \dfrac{80}{14}} = 12.8\%$$

③ 위험도 : 폭발 상한과 폭발 하한의 차이를 폭발 하한으로 나눈 값이다. `15` `18` `19` `21` `22`

$$H(\text{위험도}) = \frac{U(\text{연소 상한계}) - L(\text{연소 하한계})}{L(\text{연소 하한계})}$$

H : 위험, U : 폭발한계 상한, L : 폭발한계 하한

예 수소의 위험도를 계산식을 포함하여 구하시오(수소 연소범위 : 4 ~ 75%).

$$H(\text{위험도}) = \frac{U(\text{연소 상한계}) - L(\text{연소 하한계})}{L(\text{연소 하한계})}$$

$$\text{위험도} = \frac{75 - 4}{4} = 17.75$$

④ LNG와 LPG의 성질

LNG(메탄이 주성분)	LPG(프로판, 부탄이 주성분)
• 기상의 가스로서 연료 외 냉동시설에 사용한다. • 비점이 약 −162℃이고 무색투명한 액체이다. • 비점 이하 저온에서는 단열 용기에 저장한다. • 액화천연가스로부터 기화한 가스는 무색 무취이다. • 공기보다 가볍다(비중 : 약 0.625). • 누출 시 냄새를 위해 부취제 첨가 • 액화하면 부피가 작아진다(1/600).	• 기화 및 액화가 쉽다. • 공기보다 무겁고 물보다 가볍다. • 연소 시 다량의 공기가 필요하다. • 발열량 및 청정성이 우수하다. • 고무, 페인트, 테이프, 천연고무를 녹인다. • 무색 무취 → 부취제 첨가 • 액화하면 부피가 작아진다(1/250).

⑤ 고압가스 용기의 색깔 [16] [18]

LPG	수 소	아세틸렌	액화암모니아	액화염소	의료용 산소	기 타
회 색	주황색	황 색	백 색	갈 색	백 색	회 색

3 미소화종 및 고온물체 조사 방법

(1) 미소화원 및 유염화원의 구분 [20]   ★★★★

① 정 의

미소화원이란 일반적으로 「불씨 형상이나 에너지량이 외관상 극히 작은 발화원」으로 경미하고 작은 발화원을 총칭

② 미소화원(무염화원)

㉠ 열량이 작다, 연소시간이 길다, 국부적으로 연소 확대

㉡ 미소화원은 고온이지만 가연성 고체를 유염 연소시킬 수 있는 에너지량이 작기 때문에 일반적으로 무염연소의 발화형태를 취함

㉢ 유염연소에 이르기까지 일정한 시간을 요함

㉣ 가연물 표면연소 및 국부적으로 강하고 깊게 타들어 간 흔적이 관찰되므로 훈소화재, 심부화재 양상

③ 유염화원

유염화원은 무염화원에 비하여 훨씬 에너지량(열량)이 많고, 가연물이 닿을 경우 바로 착화할 우려가 있으며, 짧은 시간에 연소가 확대하고 연소흔적으로는 깊게 탄 것은 보이지 않으나 표면적으로 연소가 확대되는 경우가 많다.

구 분	종 류	연소형태
무염화원	담뱃불, 용접불티, 모기향	초기에는 훈소형태로 연소하다가 서서히 발화
유염화원	라이터불, 성냥불, 촛불	가연물과 접촉 즉시 발화

(2) **무염화원의 연소현상과 가연물 특성**   ★★★★

① 장시간 화염과 접촉하여 발화부의 소훼물(燒毀物)에 깊은 탄화심도 식별

② 발화원이 장시간 훈소하여 연소과정에 타는 냄새 발생

③ 이불 등 침구류는 깊숙이 탄화하여 방바닥(침대, 돗자리 등)까지 연소되는 심부화재

④ 기둥, 벽 등의 일부가 타 가늘어지거나 두꺼운 나무판자에 구멍이 생길 수 있음

⑤ 발화원이 완전 소실되거나 화재진압 중 훼손되어 물증 확보 곤란

⑥ 느린 연소반응이 발생해야 하므로 공기공급량이 적어야 함

(3) **미소화원 화재입증의 기본요건**

① 화재현장에 있어서 발화장소의 소손 및 탄화심도 확인

② 관계자의 진술 확보

③ 발화 전의 환경조건 파악 등

④ 미소화원과 관련된 증거물(담배꽁초, 모기향 받침대) 발굴

(4) **미소화원에 의한 출화 증명**

① **정확한 출화개소의 판단 ⇒ 출화 증명에 있어서 가장 중요**

장시간 동안 화염과 접촉 ⇒ 가연물이 훈소 진행 ⇒ 발염 연소 ⇒ 회화(훈소된 부분은 완전연소되어 재가 됨) 또는 화재진압으로 파괴 ⇒ 물적 증거 부재

② **발화장소와 미소화원과의 환경적 요소 확인**

예 공사장 : 발화지점 인근에 용접기 등 작업기기 존재 여부 확인(용접, 산소절단 불티)

건물 사이 좁은 틈 : 발화지점 주변에 투기된 담배꽁초 확인가능(담배꽁초)

③ **가연물 종류의 확인**

발화개소의 잔해물로부터 가연물의 종류를 확인하여 화원이 존재할 경우 연소확대 가능성을 검토

④ **기타 발화원의 출화 가능성을 배제**

발화부에서 발화가능성 있는 전기설비, 전기기기, 연소기구, 고온물체, 자연발화성 물질의 존재를 부정하고 담뱃불, 모기향 불씨에 의한 출화 가능성을 충분히 검토

(5) 무염화원

① 담뱃불

  ㉠ 발화 메커니즘 : 무염연소 → 열축적 → 발화온도 도달 → 유염발화

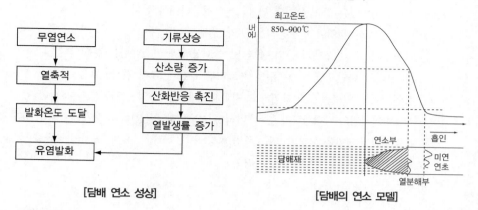

[담배 연소 성상]   [담배의 연소 모델]

  ㉡ 담뱃불의 온도

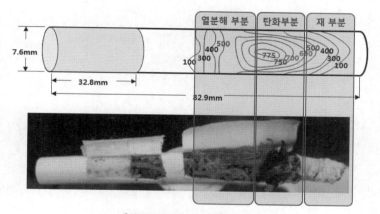

[담뱃불 연소 시 물리적 특성]

구 분	적열상태에서 중심부 연소 최고온도	표 면	중심부	연소선단	흡인 시
온 도	850~900℃	200~300℃	700~800℃	560~600℃	840~850℃

  ㉢ 연소성 : 풍속 최적조건 1.5m/sec, 3m/sec 이상, 산소 16% 이하이면 꺼지기 쉽다.

  ㉣ 연소시간(1개비) : 수평 13~14분, 수직 11~12분

  ㉤ 담뱃불 점화원으로서의 특징

    ⓐ 대표적 무염화원

    ⓑ 이동이 가능

    ⓒ 필터(합성섬유, 펄프)와 몸체(종이, 연초)로 구성 : 가연성이 존재

    ⓓ 흡연자는 화인을 제공할 수 있는 개연성이 존재 : 인적행위

ⓗ 담뱃불 화재조사요령

담뱃불 화재로 생각되는 경우에는 발화증거품과 흡연자 등에 대한 인적행동을 밝혀내는 동시에 다른 발화원을 부정하면서 재떨이, 꽁초, 점화물(성냥, 라이터 등)을 발굴한다.

ⓐ 착화될 수 있는 증거품(가연물) 발굴에 집중하여야 한다.

ⓑ 담뱃불 발화에 의한 연소흔적을 주의 깊게 관찰한다.

ⓒ 가연물(침구류, 쓰레기통)의 종별 및 연소상태와 연소패턴을 분석한다.

　　예 침대의 확인요령 : 스프링의 찌그러진 부분이 많이 탄 곳이다.

ⓓ 흡연행위가 있었는지를 확인하고 경과시간과 착화물의 상관관계를 분석한다.

ⓔ 최초발화지점의 탄화심도가 깊은 것(국부적으로 패인현상)이 특징이므로 주의 깊게 확인한다.

ⓕ 축열조건에 영향을 미칠 수 있는 주변 환경(용기, 쓰레기, 휴지, 공기의 공급량, 풍향, 풍속)을 확인한다.

ⓢ 담뱃불 발화원인의 조사 내용

ⓐ 흡연행위의 유무

ⓑ 흡연한 담배의 개수, 종류, 점화용구

ⓒ 흡연시간, 흡연 장소

ⓓ 재떨이의 유무, 위치, 형상, 재질, 크기, 담배꽁초의 양

ⓔ 착화할 수 있는 가연물의 존재와 재질

ⓕ 쓰레기통의 유무, 위치, 크기, 형상, 색

ⓖ 쓰레기통 안의 쓰레기 양, 내용물

ⓗ 일상적인 담배꽁초의 처리방법

ⓘ 쓰레기통을 비운 시간

ⓙ 통행인의 상황, 인접주택, 위층의 상황 등

② 모기향 불씨 및 선향

㉠ 모기향

ⓐ 중심부의 온도 : 약 700℃

ⓑ 연소지속시간 : 받침대 이용 무풍 시 7시간 30분, 풍속 0.8~0.9m/s 시 4시간 30분

ⓒ 발화입증 방법 : 설치상태 및 위치 확인, 인근 가연물과의 접촉가능성 확인, 기타 발화원 부정 등

㉡ 선향(線香, 향불)

ⓐ 선향(향불)은 대부분의 가연물에 접촉될 경우 발열량이 적어 자체가 소화되고 제조사에 따라 연소시간, 형태가 다소 차이가 있긴 하지만 큰 차이는 없다.

ⓑ 가장 많이 사용되는 향은 1개의 길이가 약 140mm, 두께 2.2mm로 화염지속시간은 둥근 모양이 25~30여분, 각이 있는 것은 약 30~35분이다.

ⓒ 무염연소가 일어나는 이유 : 향이 연소될 때 고온부분에 의해 인접한 타지 않은 향이 가열되고 분해하여 탄화잔사를 만들기 때문이다.

  ⓒ 화재조사방법

   ⓐ 화재발생 전의 향불 사용상황을 확인한다.

   ⓑ 향불에 의해 착화된 가연물을 확인한 후 그 가연물의 착화가능성을 입증한다.

   ⓒ 발화지점 내에서 다른 발화원의 존재가능성을 배제해야 한다.

   ⓓ 무염착화에서 발염착화에 이르기까지의 경과시간을 입증한다.

   ⓔ 착화물과 향불과의 위치적 접촉사실을 입증한다.

③ 용접불티 및 가스절단

  ㉠ 전기용접의 발화위험성

   ⓐ 고온의 용접불꽃이 낙하할 때 표면장력으로 구형(求刑)이다.

   ⓑ 낙하 또는 비산된 불티는 먼지, 종이, 방진막 등 가연물에 접촉하면 발화될 수 있다.

   ⓒ 불티가 수평면에 구르고 있을 때보다는 정지한 직후 발화위험성이 크다.

   ⓓ 휘발유, 벤젠, 도시가스, LP가스에 용이하게 착화된다.

  ㉡ 용접 화재의 유형별 관찰 포인트

   ⓐ 용접 부위의 금속재료에 가연물이 접촉되었는지 관찰한다.

   ⓑ 용접 부위와 소손 부위의 위치관계를 확인한다.

   ⓒ 발화지점 주위에 용융입자가 있으므로 자석 등으로 채취한다.

   ⓓ 비산된 불티입자는 형상이 파괴되기 쉽고 녹이 빨리 발생되므로 조기에 채취한다.

   ⓔ 불티는 작은 구슬모양으로 비좁은 틈새로도 유입이 가능하므로 주의 깊게 관찰한다.

   ⓕ 용접불티로 착화된 가연물이 비산 또는 낙하범위에 존재하는지 관찰한다.

   ⓖ 점화 시의 행위자로부터 밸브의 개폐순서·압력조정 등에 관한 진술을 듣는다.

   ⓗ 취관이 막히거나 화구와 본체의 연결부가 느슨함 등을 확인한다.

   ⓘ 호스가 소손되어 불에 타서 끊어져 있는지 관찰한다.

   ⓙ 용접지점 부근에 가연물이 존재하는지 관찰한다.

   ⓚ 작업시간 및 착화물의 재질 및 상태가 출화와 모순이 없는지 확인한다.

   ⓛ 화재현장에서 사용된 용접기 확보 및 용접지점의 사진촬영으로 증거를 확보한다.

  ㉢ 가스절단

   ⓐ 일반적으로 산소·아세틸렌 절단을 말하며, 가열불꽃과 산소를 분출하게 하여 절단한다.

   ⓑ 절단기의 분사구에서 나오는 가스 불꽃으로 금속을 예열하여 온도가 800~900℃가 되었을 때 절단기 중심에서 고속으로 산소를 공급하면 강(鋼)은 연소하여 산화철이 된다.

   ⓒ 산화철은 강재보다 녹는점이 낮으므로 분출되는 산소에 의해 절단된다. 절단기 끝에는 탈착 (脫着)이 되도록 나사로 쥔 노즐이 달려 있다. 절단할 재료의 두께가 클수록 노즐 구멍의 지름이 큰 것을 사용하는데, 절단속도는 판의 두께가 클수록 느려진다.

ⓓ 출화위험

㉮ 가스절단 시 발생된 불꽃(산화철 입자)이 연속으로 대량 발생될 때 인근 가연물이 있을 때

㉯ 전기용접과 마찬가지로 건설현장에서 비산 또는 낙하하면서 방진막 등 가연물에 착화

④ 그라인더

㉠ 연삭초석을 사용하여 회전운동에 의해 가공물 표면의 연삭 또는 절단하는 기계

㉡ 연마하거나 절단할 때 숫돌면의 마찰에 의해 가열된 절삭분이 불티가 되어 비산하는 사이에 산화되어 용해온도에 달해 표면장력에 의해 구슬모양이 된다.

㉢ 출화 위험

ⓐ 불티 입자는 직경 약 0.1~0.2mm의 것이 많고, 그 온도는 약 1,200~1,700℃이다.

ⓑ 이 온도는 가연물을 착화시키는 데 충분한 온도이지만, 전열량이 작아 쉽게 출화되지 않는다.

ⓒ 그러나 가연성 가스, 셀룰로이드 부스러기, 미세한 톱밥, 면 먼지, 의류, 건설현장의 방진막 등과 같이 축열조건이 충족되면 출화된다. 축열이 되기까지 훈소되다가 그라인더 사용 후 10시간이나 경과하여 출화할 수도 있다.

ⓓ 그라인더의 불티는 4m 정도 비산하여 출화(出火)하는 경우도 있지만, 1m 이내가 가장 많다.

ⓔ 작업 중의 출화가 많고 불티 자체가 고온이며, 착화물이 인화성 가스나 즉열성(卽熱性)인 것이 많다.

㉣ 화재조사 시 유의사항

ⓐ 불티의 비산 또는 낙하범위 내에서 출화되었는지 확인한다.

ⓑ 작업시간 및 착화물의 재질 및 상태가 출화와 모순이 없는지 확인한다.

ⓒ 화재현장에서 사용된 그라인더 확보 및 가공물의 사진촬영으로 증거를 확보한다.

⑤ 제면기 / 분쇄기

㉠ 출화위험 : 이 기기들 속으로 쇳조각 또는 못과 같은 이물질이 혼입되었을 때 발생한 불꽃으로 출화될 수 있다.

㉡ 화재조사 시 유의사항

ⓐ 기기에 쇳조각이나 못 등 다른 물질이 혼입되었는지 확인한다.

ⓑ 출화지점에서 착화가능성 가연물이 있는지 확인한다.

(6) 유염화원

■ 유염화원은 미소화원에 비하여 훨씬 에너지량(열량)이 많아 가연물에 닿을 경우 바로 착화되고 단시간에 연소 확대될 수 있다.

■ 연소흔적으로는 깊게 탄 것은 관찰되지 않으나 표면적으로 연소가 확대되는 경우가 많다. 유염화원 중 라이터를 제외하면 발화지점에 발화원으로써 증거가 남기 어려우며, 성냥축의 경우 축목부분은 회화(재)하지 않고 탄화된 상태로 남기 때문에 종종 발굴되는 경우가 있다.

① 라이터

    ⊙ 일회용 가스라이터의 화재위험

        일회용 가스라이터의 내열·내압성은 온도 35℃±2℃에서 시험에 견디는 것이고 그 증기압에 2배의 압력에서도 견딜 수 있는 것이어야 하지만, 실제로는 한여름 자동차 내부와 같이 55℃ 이상의 장소에서도 방치될 수 있다.

        이 경우 온도 상승에 따라 연료통의 내압이 상승하여 압력을 견디지 못하게 된 시점에서 연료통의 균열이 발생하여 연료용 가스가 누설되거나 폭발할 수 있다.

    ⊙ 화재조사방법

        화재현장에서 라이터가 타다 남아 있을 경우 신중하게 발굴하여야 하고 라이터와 떨어져 나간 부품의 위치, 관계 등을 충분히 검토하며 경우에 따라서는 실험으로 재현할 필요가 있다.

        ⓐ 라이터의 사용상황 조사

            ㉮ 발화 전의 보관 장소

            ㉯ 사용목적

            ㉰ 사용 장소, 사용시간

            ㉱ 제조회사, 기종, 재질, 형상 등

            ㉲ 사용 중 이상 유무, 연소상황

            ㉳ 사용자의 성명, 연령, 성별 등

            ㉴ 발화 시 건물 내에 있던 사람의 동향

            ㉵ 발화 시 건물주변의 거동 수상자, 어린이 등의 상황

            ㉶ 발화 시 건물출입구 시정상황

        ⓑ 현장조사사항

            ㉮ 발견위치 및 상태

            ㉯ 연소상황

            ㉰ 제조업체, 기종, 재질, 형상 등

            ㉱ 발화개소 부근의 가연물 상황, 위치, 종류, 재질, 형상 등

② 성 냥

    ⊙ 성냥의 발화기구

        성냥이 발화하는 구조는 성냥개비와 성냥갑의 마찰면(유리가루·규조토 등의 마찰제)이 서로 마찰 시 먼저 성냥개비의 적린·염소산칼륨 등이 발화하고 그 발화에너지에 의해 폭발적으로 연소하는 구조이다.

    ⊙ 연소온도

        ⓐ 성냥의 연소온도는 불꽃의 상태에 따라 다르지만 발화한 시점 : 약 500℃

        ⓑ 정상연소 불꽃 : 약 1,500~1,800℃

        ⓒ 맹렬한 연소상태에서 성냥개비의 최고온도 : 약 700℃

ⓒ 발화온도

　　ⓐ 제조사에 따라 다르지만, 일반적으로 약 202~316℃

　　ⓑ 발화온도가 다른 이유 : 제조업체의 성분 배합률이 다르기 때문이다.

　　ⓒ 유황분의 배합률이 높을수록 발화온도가 낮아지고 발화성능이 좋다.

ⓔ 성냥의 연소시간

구 분	수직 상방향	대각선 상방향	수평방향	대각선 하방향	역방향 상태
온 도	약 43℃	약 35℃	약 30℃	약 2℃	약 12℃

ⓜ 발화위험

　　ⓐ 타다 남은 성냥개비에 의한 발화위험 : 잔염률 및 잔화율이 높아 발화위험성이 있다.

　　ⓑ 마찰과 가열에 의한 발화위험성도 있다.

ⓑ 화재조사방법

　　ⓐ 화재현장의 연소상황

　　ⓑ 성냥의 사용상황

　　　　㉮ 성냥을 켰을 때 찌꺼기의 위치

　　　　㉯ 성냥 찌꺼기의 양, 흐트러진 상황

　　ⓒ 찌꺼기를 처리한 재떨이 등의 용기상황

　　　　㉮ 발견위치

　　　　㉯ 종류, 형상, 재질 등

　　ⓓ 발화개소 부근의 가연물의 상황, 위치, 종류, 재질, 형상 등

　　ⓔ 소화활동으로 인해 성냥찌꺼기 등 증거물 수집이 어려울 수 있다.

③ 양 초

심지에 불을 붙이면 양초가 녹아 모세관현상에 의해 심지를 따라 올라가 심지의 끝 부근에서 기화(氣化)하고, 그것이 연소해서 탄소를 유리(遊離)하여 발광한다. 심지의 재료도 가연성이므로 서서히 연소해서 짧아지는데, 그 속도와 양초의 소비속도가 균형을 이루도록 심지의 굵기를 알맞게 하거나 미리 붕사용액으로 처리해서 잘 타지 않는다.

㉠ 양초의 온도 분포

구 분	겉불꽃	속불꽃	불꽃심
온 도	약 1,400℃	약 1,100℃	약 400~900℃
색 깔	금 색	주황색	
특 징	거의 빛이 나지 않는 부분으로, 산소의 공급이 잘 되므로 완전 연소되어 온도가 가장 높다.	겉불꽃 안쪽부분으로 양초의 성분인 탄소 알갱이가 가열되어 밝게 빛나 보인다.	심지 부근의 어두운 부분으로, 양초의 기체가 아직 타지 않은 상태로 있는 것이다.

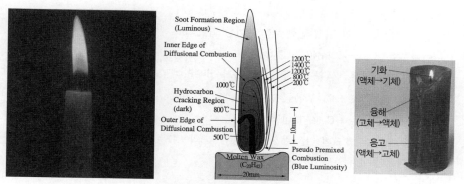

[촛불 온도분포 및 상태변화]

ⓛ 화재조사방법

양초에서 출화한 경우는 전도, 낙하, 방치, 가연물의 점염에 의한 것이 대부분이므로 가연물에
착화 시 양초 특유의 뛰어난 연소성으로 연소속도가 가속되는 연소형태를 보인다.

ⓐ 사용목적 및 장소

ⓑ 사용시간

ⓒ 양초 설치 위치와 상황

ⓓ 촛대 및 받침대 사용 유무

ⓔ 출화 시 건물 내 체류자의 동향

ⓕ 출화개소 부근의 개구부 개폐상황

ⓖ 발화개소 부근의 가연물의 상황, 위치, 종류, 형상

4 화학물질 화재·폭발조사 방법

(1) 기초화학

① 화학반응과 화학반응식 14

화학반응은 한 원소가 두 개 또는 두 개 이상의 다른 원소와 결합하여 각 원소들과는 다른 성질을
갖는 새로운 물질을 만드는 것이다.

예 $C_6H_{12}O_6 + 6O_2(g) \rightarrow 6CO_2(g) + 6H_2O(g)$

② 반응분류

㉠ 연소반응 : 연소하는 동안 탄소, 수소, 그리고 때때로 산소를 함유하는 화합물은 공기 중에서
연소하여 이산화탄소와 물을 생성한다.

ⓛ 결합(합성)반응 : A + B → AB

한 원소가 다른 원소와 반응 또는 결합하여 어떤 화합물을 생성할 때 새로운 물질을 합성한다.

예 $N_2(g) + H_2(g) \rightarrow NH_3(g)$

ⓒ 분해반응 : AB → A + B

간단한 화합물이 더 간단한 2가지 이상 화합물로 분해되는 반응

예 $2NaNO_3 → 2NaNO_2 + O_2(g)$

ⓔ 단일-치환반응 : A원소는 BC 화합물과 반응하여 그 화합물 중 한 성분을 치환한다.

$A + BC → AC + B$ (A가 금속일 때)

$A + BC → BA + C$ (A가 비금속일 때)

ⓜ 이중-치환(상호교환)반응 : 2가지 성분 AB와 CD는 2가지 서로 다른 AD와 CB를 생성하는 "상대교환"이다.

③ 화학화재 분류 [13]

가연성 액체의 온도가 상승하여 유증기가 발생, 확산되어 공기와 혼합된 상태에서 스파크나 불꽃 등의 발화열원에 의해 연소가 일어나는 현상

구 분	정 의
자연발화	물과 습기 혹은 공기 중에서 물질이 발화온도보다 낮은 온도에서 화학변화에 의해 자연발열하고, 그 물질 자신 또는 발생한 가연성 가스 연소하는 현상
화합발화	두 종 혹은 그 이상의 물질이 서로 혼합 또는 접촉해서 연소하는 현상
인 화	물질 자신으로부터 발화하는 것이 아니라 전기적 스파크, 불꽃 등의 화원에 의해 착화하여서 연소하는 현상
폭 발	정지상태인 물질이 급격히 팽창하는 현상으로 빛과 소리 혹은 충격적 압력을 수반하고, 순간적으로 연소를 완료하는 현상

④ 화학 화재감식요령 [18]

빗물이 침투되어 일어난 생석회(산화칼슘) 저장 비닐하우스 화재의 반응식과 감식요령 [15]
• 생석회(산화칼슘)와 빗물과의 화학반응식 : $CaO + H_2O = Ca(OH)_2 + 15.2kcal/mol$
  즉, 물과 반응해서 수산화칼슘이 되며 발열한다.
• 화재감식요령 : 생석회가 물과 반응한 후에 백색의 분말이고 물을 포함하면 고체상태 수산화칼슘(소석회)이 남으며 강알칼리성이기 때문에 리트머스시험지 등으로 pH를 측정하여 확인한다.

침수로 인한 탄화칼슘(CaC_2) 제조 공장 화재의 화학반응식과 화재의 위험성 [16]
• 화학반응식 : $CaC_2 + 2H_2O → Ca(OH)_2 + C_2H_2 ↑ + 27.8kcal/mol$
• 위험성
  – 물과 반응해서 발열하고 아세틸렌가스가 발생하고, 반응열에 의해 아세틸렌가스가 폭발을 일으킬 수 있다.
  – 탄화칼슘에 불순물로서 인을 포함하는 경우가 있고 아세틸렌이 발생하여 착화 폭발하는 수가 있다.
  – 탄화칼슘이 물과 반응하는 경우 최고 644℃까지 온도가 상승될 수 있고 아세틸렌가스가 320℃ 이상이면 발화할 수 있다.

⑤ 자연발화 종류와 조건 [22]

구 분	품 목
분해열	니트로셀룰로스, 셀룰로이드, 니트로글리세린 등의 질산에스테르 제품
산화열	불포화유가 포함된 천·휴지, 탈지면찌꺼기, 기름침전물, 석탄 등
발효열	퇴비, 먼지, 건초더미류, 볏단
흡착열	목탄, 활성탄, 탄소분말
중합열	액화시안화수소, 산화에틸렌 등

자연발화의 4가지 조건
- 열 축적이 용이할 것(퇴적방법 적당, 공기유통 적당)
- 열 발생 속도가 클 것
- 열전도가 작을 것
- 주변온도가 높을 것

⑥ 화학화재 반응식

자신이 발열하고 접촉가연물을 발화시키는 물질
- 생석회 : $CaO + H_2O \longrightarrow Ca(OH)_2 + 15.2kcal/mol$
- 표백분 : $Ca(ClO)_2 \longrightarrow CaCl_2 + O_2$
- 과산화나트륨 : $2Na_2O_2 + 2H_2O \longrightarrow 4NaOH + O_2$
- 수산화나트륨 : $NaOH + H_2O \longrightarrow Na^+ + OH^-$
- 클로술폰산 : $HClSO_3 + H_2O \longrightarrow HCl + H_2SO_4$
- 마그네슘 : $Mg + 2H_2O \longrightarrow Mg(OH)_2 + H_2$
  $2Mg + O_2 \longrightarrow 2MgO$
  $Mg + 2HCl \longrightarrow MgCl_2 + H_2$
- 철분과 산 접촉 시 : $2Fe + 6HCl \longrightarrow 2FeCl_3 + 3H_2$
- 황린 : $P_4 + 5O_2 \longrightarrow 2P_2O_5$
- 트리에틸 알루미늄(TEA) : $2(C_2H_5)_3Al + 21O_2 \longrightarrow 12CO_2 + Al_2O_3 + 15H_2O$

물과 반응결과 가연성 가스가 발생하여 발화하는 물질
- 탄화칼슘(카바이드) : $CaC_2 + 2H_2O \longrightarrow Ca(OH)_2 + C_2H_2$(아세틸렌)
- 칼륨 : $2K + 2H_2O \longrightarrow 2KOH + H_2$
- 인화알루미늄 : $AlP + 3H_2O \longrightarrow Al(OH)_3 + PH_3$(포스핀 = 수소화인)
- 인화칼슘 : $Ca_3P_2 + 6H_2O \longrightarrow 3Ca(OH)_2 + 2PH_3$(포스핀 = 수소화인)
- 나트륨 : $2Na + 2H_2O \longrightarrow 2NaOH + H_2$
- 리튬 : $2Li + 2H_2O \longrightarrow 2LiOH + H_2$
- 알루미늄분 : $2Al + 3H_2O \longrightarrow Al_2O_3 + 3H_2$ $2Al + 6H_2O \longrightarrow 2Al(OH)_3 + 3H_2$
- 탄화나트륨 : $Na_2C_2 + 2H_2O \longrightarrow 2Na(OH) + C_2H_2$(아세틸렌가스)
- 탄화알루미늄 : $Al_4C_3 + 12H_2O \longrightarrow 4Al(OH)_3 + 3CH_4$

(2) 물질별 불꽃 색상

원 소	나트륨	칼 륨	세 슘	리 튬	루비듐
색 상	노 랑	보 라	파 랑	빨 강	옅은 보라

(3) 화재조사 시 유의사항 ★★★

① 열의 축적

산화, 분해, 흡착, 중합, 발효 등으로 발생한 열이 축적되어 내부온도 상승을 일으키고 더욱 발열하여 발화점에 이르러 연소가 시작되는 것으로 열의 축적은 매우 중요한 조건이 된다.

㉠ 열전도도

ⓐ 열전도도는 금속 > 액체 및 비금속 고체 > 기체 순

ⓑ 분체로 되어 있는 금속은 그 입자 주위를 열전도도가 적은 공기가 둘러싸고 있어 산화열이 외부로 발산되지 못해 온도가 상승하여 자연발화 할 수 있다.

㉡ 수분 : 수분이 많으면 열전도도는 전체적으로 좋지만, 수분이 적정량 존재할 때는 촉매로 작용하여 열의 발생을 촉진한다.

㉢ 적재방법 : 다량의 분말이나 얇은 시트상으로 적재하면 축열조건이 좋아서 적재물의 내부는 외부와 단열상태가 된다.

㉣ 공기유동 : 통풍이 좋은 장소에서는 대류에 의해 열의 축적이 용이하지 않으므로 자연발화가 일어나기 어렵다.

② 열의 발생속도 13

자연발화 조건으로써 열의 축적과 발생속도는 중요한 인자이며, 열의 발생속도는 발열량과 반응속도의 함수이다.

㉠ 발열량 : 발열량이 큰 물질은 자연발화를 일으킬 위험성이 높다.

㉡ 표면적 : 가연성 액체가 함유된 섬유질이나 다공성 물질, 분체는 공기의 공급이 용이하고, 열전도도가 낮은 공기가 주위를 둘러싸고 있어, 열의 발산을 낮추기 때문에 연소가 잘 이루어진다. 산화반응의 반응속도는 표면적에 비례하여 빨라진다.

㉢ 석탄, 활성탄 등은 새로운 것일수록 발열하기 쉽고 건성유, 반건성유는 산화되어 고화된 것은 위험성이 없으며, 셀룰로이드나 질화면과 같은 원래 불안정한 것은 오래된 것일수록 분해를 일으키기 쉽고 자연발화 위험성이 있다.

㉣ 촉매효과

ⓐ 황린 – 수분

ⓑ 건성유 – 수분이나 금속산화물

ⓒ 생석회가 물과 반응하여 급격히 발열하여 인접한 가연물이 연소

ⓓ 금속 나트륨, 황린, 알킬알루미늄 등이 공기이나 물과 반응하여 발화

㉤ 온도 : 주위의 온도가 높으면 반응속도가 빠르기 때문에 열의 발생이 증가하며 이런 경우 반응속도는 온도 상승에 따라 현저하게 증가한다.

ⓑ 수분 : 적당량의 수분이 존재하면 수분이 촉매역할을 하여 반응속도가 가속화되는 경우가 많다. 따라서 고온다습한 환경의 경우가 자연발화를 촉진시킨다.

③ **혼합발화** : 2종 이상의 물질이 상호 혼합 또는 접촉하여 발열, 발화하는 것

ⓐ 폭발성 물질을 생성하는 결합

　　ⓔ 아세틸렌 − 진한 질산 ⇒ 테트라니트로메탄

ⓑ 즉시 또는 일정시간이 경과되어 분해, 발화 또는 폭발하는 결합

ⓒ 폭발성 혼합물을 생성하는 것

ⓓ 가연성 가스를 생성하는 결합

　　ⓔ 과망간산칼륨 − 글리세린 ⇒ 수소

④ **화학물질에 대한 조사 시 착안사항**

ⓐ 초기단계의 발연 상황

ⓑ 화재의 상황

ⓒ 잔존물의 상황

ⓓ 잔존물에 대한 정성분석

ⓔ 실험에 의한 발화, 온도 확인 등

5 화학물질 폭발조사감식 방법

(1) 폭 발

① **폭발의 정의**

ⓐ 압력의 급격한 발생 또는 해방으로 굉음을 발생하며 파괴 또는 팽창하는 것

ⓑ 화학변화와 압력의 급격한 상승현상으로 파괴 작용을 수반하는 상황

② **폭발의 성립 조건** 18 21

- **밀폐된 공간**이 존재하여야 한다.
- 가연성 가스, 증기 또는 분진이 **폭발 범위 내**에 있어야 한다.
- **점화원**(Energy)이 있어야 한다.

---

③ **폭발반응의 원인**

빛, 소리 및 충격 압력을 수반하고 순간적으로 완료되는 화학변화를 폭발반응이라 하며, 기체상태의 엔탈피(열량) 변화인 폭발반응과 압력상승의 원인은 다음과 같다.

ⓐ 발열화학 반응 시 발생

ⓑ 강력한 에너지에 의한 급속가열(ⓔ 부탄가스통의 가열 시 폭발)

ⓒ 응축상태에서 기상으로 변화(상변화) 시 발생(ⓔ 상변화 − 액체에서 기체로 변화가 증발, 고체에서 기체로의 변화가 승화)

(2) 폭발의 분류

★★★★

• 원인에 따른 분류

구 분	종 류
물리적 폭발	BLEVE, 보일러폭발
화학적 폭발	산화폭발, 분해폭발, 중합폭발

• 물질상태에 따른 분류

구 분	종 류
기상폭발	가스폭발, 분해폭발, 분진폭발, 분무폭발, 증기운폭발
응상폭발	수증기폭발, 증기폭발, 전선폭발

• 반응-전파속도에 따른 분류

구 분	종 류
폭 연	충격파의 반응전파속도가 음속보다 느린 것
폭 굉	충격파의 반응전파속도가 음속보다 빠른 것

(3) 원인에 따른 폭발의 분류

구 분		폭발유형
물리적 폭발		• 진공용기의 파손에 의한 폭발현상 • 과열액체의 급격한 비등에 의한 증기폭발 • 고압용기에서 가스의 과압과 과충전 등에 의한 용기의 파열에 의한 급격한 압력개방 등 • 전선폭발 : 미세한 금속선에 큰 용량의 전류가 흘러 급격히 온도상승이 되면서 전선이 용해되어 갑작스런 기체 팽창이 짧은 시간 내에 발생되는 폭발현상
화학적 폭발	산화 폭발	• 연소의 한 형태로 비정상상태로 연소되어 폭발이 일어나는 형태 • 주로 가연성 가스, 증기, 분진, 미스트 등이 공기와의 혼합물, 산화성, 환원성 고체 및 액체혼합물 혹은 화합물의 반응에 의하여 발생 • 대부분 가연성가스가 공기 중에 누설되거나 인화성 액체 저장탱크에 공기가 혼합되어 폭발성 혼합가스가 형성되어 점화원이 가해지면 폭발하는 현상 • 건물 내에 다량의 가연성 가스가 채워져 있을 때 큰 파괴력으로 폭발하게 되어 구조물이 파괴되며, 이 때 폭풍과 충격파로 멀리 있는 구조물까지도 피해 발생 예 LPG − 공기, LNG − 공기 등이며 가연성가스의 혼합가스 점화에 의한 폭발
	분해 폭발	산화에틸렌(C_2H_4O), 아세틸렌(C_2H_2), 히드라진(N_2H_4) 같은 분해성 가스와 디아조화합물 같은 자기분해성 고체류는 단독으로 가스가 분해하여 폭발한다. 예 아세틸렌 : $C_2H_2 \rightarrow 2C + H_2 + 54.19$[kcal]
중합폭발		• 중합해서 발생하는 반응열에 의해 폭발 • 초산비닐, 염화비닐 등의 원료인 모노머가 폭발적으로 중합되면 격렬하게 발열하여 압력이 급상승되고 용기가 파괴되어 폭발 • 중합반응은 고분자 물질의 원료인 단량제(모노머)에 촉매를 넣어 일정온도, 압력하에서 반응시키면 분자량이 큰 고분자를 생성하는 반응을 말한다. 예 시안화수소(HCN), 산화에틸렌(C_2H_4O) 등
촉매폭발		촉매에 의해서 폭발 예 수소(H_2) + 산소(O_2), 수소(H_2) + 염소(Cl_2)에 빛을 쪼일 때 발생

(4) 물질의 상태에 따른 폭발의 분류

구 분		폭발의 내용
기상 폭발	혼합가스 폭발	• 가연성가스와 공기의 혼합가스가 발화원에 의해 착화되면서 발생하는 폭발현상이다. • 보통 밀폐용기에서의 폭발 생성가스의 압력은 초기압력의 7~10배에 달한다.
	분해 폭발	• 기체가 분해하면서 발화원에 의해 착화되면 발생하는 폭발현상이다. • 산소가 없어도 폭발한다. • 분해 폭발성가스 : 아세틸렌, 산화에틸렌, 에틸렌, 메틸아세틸렌, 히드라진 등
	분무 폭발	• 가연성액체가 무상으로 공기 중에 부유하고 있을 때 착화에너지가 주어지면 발생하는 현상이다. • 분출한 가연성액체의 온도가 인화점 이하로 존재하여도 무상으로 분출된 경우에는 폭발한다.
	분진 폭발	• 가연성고체의 미분 또는 가연성액체의 미스트(mist)가 일정 농도 이상 공기와 같은 조연성가스 등에 분산되어 있을 때 발화원에 의하여 착화됨으로서 일어나는 현상이다. • 금속, 플라스틱, 농산물, 석탄, 유황, 섬유질 등의 가연성고체가 미세한 분말상태로 공기 중에 부유하여 폭발 하한계 농도 이상으로 유지될 때 착화원이 존재하면 가연성 혼합기와 동일한 폭발현상 • 탄광의 갱도, 유황 분쇄기, 합금 분쇄 공장 등에서 가끔 분진폭발이 일어난다.
응상 폭발	수증기 폭발	용융금속의 슬러그(slug)와 같은 고온물질이 물속에 투입되었을 때 순간적으로 급격하게 비등하여 **상변화에 따른 폭발현상**
	증기 폭발	• 극저온 액화가스의 증기폭발 : LPG 또는 LNG의 분출로 액상에서 기상으로 급격한 상변화 시 폭발하는 현상이다. • 보일러 폭발(고압 포화액의 급속액화) : 보일러가 파손되면 용기 내압이 떨어져 액체가 급속히 기화되어 증기압이 급상승하여 폭발하는 현상이다.
	전선 폭발	• 고체 상태에서 급속하게 액상을 거쳐 기상으로 전이할 때 일어나는 폭발이다. • 알루미늄제 전선에 한도 이상의 대전류가 흘러 순식간에 전선이 가열되고 용융과 기화가 급속하게 진행되어 폭발한다.

⊕ **Plus one**

수증기 폭발의 예방대책 19
• 고온 물과의 접촉기회 차단
• 로(爐) 내로의 물의 침입방지
• 작업바닥의 건조
• 고온 폐기물의 처리는 건조한 장소에서 실시
• 주수분쇄설비의 안전설계

(5) 분진폭발

분진폭발 조건 13 17
• 금속, 밀가루, 설탕, 전분, 석탄 등 가연성분진의 존재
• 미분상태 : 200mesh(76μm) 이하
• 공기 중에서의 폭발성 혼합가스 생성
• 점화원의 존재

분진의 폭발 메커니즘(과정) ¹⁷ ²¹

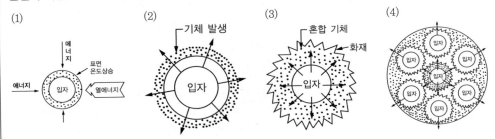

(1) (2) 기체 발생 (3) 혼합 기체 / 화재 (4)

- 입자표면에 열에너지가 주어져서 표면온도가 상승한다.
- 입자표면의 분자가 열분해 또는 건류작용을 일으켜서 기체 상태로 입자 주위에 방출한다.
- 이 기체가 공기와 혼합하여 폭발성 혼합기가 생성된 후 발화되어 화염이 발생된다.
- 이 화염에 의해 생성된 열은 다시 다른 분말의 분해를 촉진시켜 공기와 혼합하여 발화 전파한다.

분진폭발의 특성
- 연소시간이 길고 발생에너지가 커서 파괴력과 타는 정도가 크다.

구 분	폭발압력	연소속도(시간)	발생에너지	연소상태
가스폭발	크 다	빠르다	작 다	완전연소
분진폭발	작 다	길 다	크 다 (수백배, 2,000~3,000℃)	불완전연소

- 비산한 폭발분진의 접촉가연물은 국부적인 심한탄화를 일으키고 인체에 접촉 시 심한 화상 위험이 있다.
- 2차, 3차의 폭발로 파급됨에 따라 피해가 크다.
- 가스에 비하여 불완전연소로 인한 다량의 일산화탄소 존재로 중독위험성 있다.

폭발성 분진의 종류

구 분	탄소제품	식료품	농산물가공품	금속분류	비 료	목질류	합성약품류
종 류	석 탄 코크스 목 탄 활성탄	전 분 설 탕 분 유 밀가루 곡 분	후추가루 제충분 담배가루	Al, Mg Fe, Ni, Si, Ti, Zr	생선가루 혈 분	목 분 콜크분 종이가루 리그린분	염료중간체 각종 플라스틱 합성세제 고무류

분진의 폭발성에 영향을 미치는 인자
- 분진의 화학적 성질과 조성 : 발열량 많을수록 휘발성분이 많을수록 폭발하기 쉽다.
  ※ 폭발성 탄진 : 휘발성분이 11% 이상의 분진으로 폭발하기 쉽고, 폭발의 전파가 용이한 탄진
- 입도와 입도분포
  - 분진의 표면적이 입자체적에 비하여 커지거나 평균 입자경이 작고 밀도가 작을수록 폭발이 쉽다.
  - 작은 입경의 입자를 함유하는 분진의 폭발성이 높다고 간주한다.

- 입자의 형성과 표면의 상태
  - 동일한 평균입경의 경우 분진의 구상, 침상, 평편상 입자순으로 폭발성이 증가한다.
  - 입자표면이 공기(산소)에 대하여 활성이 있는 경우 폭로시간이 길어질수록 폭발성이 낮아진다.
- 수분 : 분진의 부유성을 억제하게 하고 대전성을 감소시켜 폭발성을 둔감하게 한다.
  ※ 마그네슘, 알루미늄 등은 물과 반응하여 수소를 발생하여 위험성이 더 높아진다.

분진폭발 방지 대책
- 2차 폭발 방지를 위하여 분체 취급 장치 옥외설치
- 점화원인 정전기 발생을 방지하기 위해 분체를 취급하는 장소 접지
- 진공청소기를 사용할 때는 모든 금속부분이 접지된 방폭용을 사용
- 배관 속에 분진이 누적되는 것을 방지하기 위하여 이동속도를 20m/sec 이상 유지
- 마찰로 인한 불꽃 방지를 위하여 금속조각 등이 분쇄기에 들어가지 않도록 조치
- 분체도장을 할 때 스프레이건으로부터의 분체의 배출속도는 최대로 하되 분체의 농도가 최소폭발농도 이하가 되도록 공기량을 조절
- 작업장의 모든 금속은 1MΩ 이하의 저항을 지닌 바닥에 접지하고 폭발 배출용 닥트는 가능한 한 짧게 옥외로 배출

(6) UVCE(증기운폭발)와 BLEVE `16` `18` `19` `22`

UVCE(증기운폭발)와 BLEVE
가스 저장탱크의 대표적 중대재해로 둘 다 가열된 풍부한 증운이 자체의 상승력에 의하여 위로 올라가 버섯구름 모양의 불기둥(Fire Ball)을 발생시키며 그 위력은 수 km까지 미치는 것으로 알려져 있다.

- UVCE(Unconfined Vapor Cloud Explosion)
  저장탱크에서 유출된 가스가 대기 중의 공기와 혼합하여 구름을 형성하고 떠다니다가 점화원(점화 스파크, 고온표면 등)을 만나면 발생할 수 있는 격렬한 폭발사고이며, 심한 위험성은 폭발압이다.
- BLEVE(Boiling Liquid Expanding Vapor Explosion) `18`
  - 정의 : 탱크화재 시 탱크상부가 가열되어 압력상승으로 탱크상부의 약한 부분이 파열되어 고열의 유류가 탱크 밖으로 나오며 발생하는 급격한 폭발현상
  - 발생과정 : 화재 → 액온상승 → 압력증가 → 연성파괴 → 액격현상 → 취성파괴 → 화구

(7) 반응전파속도에 따른 분류 13 21

압력파 또는 충격파의 전파속도가 음속보다 느리게 이동하는 경우를 폭연(Deflagration)이라고 하며, 음속보다 빠르게 이동하는 경우를 폭굉(Detonation)이라 한다.

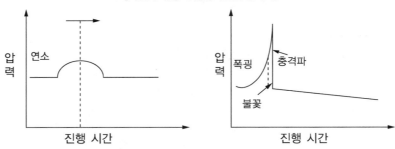

[폭연과 폭굉의 진행시간별 충격파]

[폭연과 폭굉의 차이]

구 분	폭연(Deflagration)	폭굉(Detonation)
충격파 전파속도	음속 미만(0.1~10m/s)	음속 이상 (1,000~3,500m/s 정도, 이때의 압력은 약 1,000kgf/cm²)
특 징	• 폭굉으로 전이될 수 있음 • 충격파의 압력은 수 기압(atm) 정도 • 반응 또는 화염면의 전파가 분자량이나 난류확산에 영향을 받음 • 에너지 방출속도가 물질전달속도에 영향을 받음	• 압력상승이 폭연의 경우보다 10배, 또는 그 이상임 • 온도의 상승은 열에 의한 전파보다 충격파의 압력에 기인 • 심각한 초기압력이나 충격파를 형성하기 위해서는 아주 짧은 시간 내에 에너지가 방출되어야 함 • 파면에서 온도, 압력, 밀도가 불연속적으로 나타남
전파에 필요한 에너지	전도, 대류, 복사	충격에너지
충격파	미발생	발 생
폭발압력	초기의 10배 이하	초기의 10배 이상
화재 파급효과	크 다	작 다

(8) 화학물질 폭발조사 시 감식방법

① 화학물질 폭발조사 시 유의사항

    ㉠ 폭발현장조사   ★★★

        ⓐ 발생지점을 결정하고, 연료와 발화원을 찾아내어 원인을 밝혀내고 재산피해를 산정한다.

        ⓑ 폭발현장은 화재현장보다 더 혼란스럽기 때문에 사전계획을 수립하여 체계적으로 접근해야 조사를 효과적으로 수행할 수 있다.

    ㉡ 현장보존

        폭발현장에서 조사관의 맨 처음 할 일은 현장을 있는 그대로 보존하는 것이다. 그 폭발현장과 주변 지역에 대한 물리적 통제구역을 설정하고 현장출입을 제한하고 현장으로부터 멀리 떨어져 있는 폭발파편을 훼손하지 않도록 해야 한다.

ⓐ 현장통제구역설정 : 사고현장의 경계선은 가장 원거리에서 발견된 파편조각까지 거리의 1.5배로 설정해야 한다.

ⓑ 자료수집 : 관계자의 진술, 정비일지, 운전일지, 매뉴얼, 날씨기록, 과거 사고기록 및 증거가 될 만한 모든 기록을 조사한다.

ⓒ 조사유형 결정 : 현장조사관은 나선형, 원형, 격자형 중에서 현장조사유형을 결정하고 절차에 따라 증거식별, 기록, 사진촬영, 위치표시를 하고 증거의 위치는 분필, 스프레이 페인트, 깃발, 말뚝 등으로 표시한 후 사진을 찍고 꼬리표를 부착하여 안전한 장소로 이동한다.

② 물질에 따른 폭발조사 감식

㉠ 가연성 가스폭발

ⓐ 가연성 가스나 액체의 증기가 폭발범위 내로 확산되면 발화원에 의해 착화되어 연소된다.

ⓑ 연소파의 전파속도 : 약 0.1~10m/s

ⓒ 밀폐된 공간 내의 압력 : 약 7~8kg/cm^2

ⓓ 폭발범위 내의 특정 농도범위에서는 연소전파속도가 매우 빨라진다.

ⓔ 연소파의 전파속도(1,000~3,500m/sec)는 다른 폭발에 비해 수 백 배 이상이 되는 폭굉범위를 형성한다.

ⓕ 폭굉파의 전파속도는 음속의 수 배여서 그 진행 전면에 충격파가 발생한다.

㉡ 분진폭발　　　　　　　　　　　　　　　　　　　　　　　★★★

ⓐ 가연성의 분체 또는 고체의 다수 미립자가 공기 중에 부유하는 상태 하에서 점화되면 그 분산계 내를 화염이 전파하여 가스폭발과 비슷한 양상을 나타내는 현상

ⓑ 혼합가스 폭발에 비해 폭발압력의 상승속도가 빠르고 장시간 지속되기 때문에 분진폭발의 파괴력은 상당히 크다.

ⓒ 금속 또는 합금입자는 공기 중에서 연소할 때의 발열량이 크고, 입자는 가열·비산하여 다른 가연물에 부착되면 발화원이 될 수도 있다.

③ 폭발원인 조사방법

㉠ 폭발 발생지점

ⓐ 조사관은 폭발의 일반적 경로를 따라서 가장 적은 손상지역에서 큰 손상지역으로 역 추적해야 한다.

ⓑ 폭발중심에서 멀리 떨어진 파편 이동과 폭발중심으로부터 거리가 멀어짐에 따라 폭발력이 감소되는 것이 근거이다.

㉡ 연료원

ⓐ 폭발 발생지점이 확인되면 현장의 연료에 대한 손상 특성과 형태를 비교하여 연료를 결정한다.

ⓑ 연료가 확인되면 조사관은 그의 근원을 결정한다.

ⓒ 발화원

다수의 발화원이 존재하는 경우 고려해야 할 요소는 다음과 같다.

ⓐ 연료의 최소발화에너지

ⓑ 가능한 발화원의 발화에너지

ⓒ 연료의 발화온도

ⓓ 발화원의 온도

ⓔ 연료와 관련된 발화원의 위치

ⓕ 발화 당시 연료와 발화원의 동시 존재여부

ⓖ 폭발 직전 그 당시의 조치 상황에 대한 관계자의 진술 등

6 방화화재에 대한 조사 방법

(1) 방화심리와 형태의 이론

방화란 "화재를 원하지 않는 인간의 본성을 거스르면서 고의로 화재를 일으켜 공중의 생명이나 신체, 재산 등에 위험을 초래하는 범죄"를 말한다.

① 방화심리

㉠ 범죄심리학에서는 방화범의 이상성격이나 이상심리가 원인

㉡ 방화 행위는 병적인 기분이 변성인격의 징후 또는 향수나 복수의 심적 복합체의 결과

㉢ 방화는 정신병의 일종으로 정신적 충격을 견디지 못하고 발작적으로 자행되는 경우와 이상성격 소유자, 또는 병적인 강박관념에 사로잡힌 자가 저지르는 경우가 있다.

㉣ 정신박약 상태에서 방화가 벌어지고 있는 주요 원인

ⓐ 방화는 정신박약자와 같이 지적으로 열등한 자에게도 실행이 용이함

ⓑ 무능 때문에 타인으로부터 학대받거나 경멸당하는 경우

ⓒ 원한이나 분노의 감정을 품기 쉬움

ⓓ 최근 청소년에 의한 방화의 증가는 성격미숙, 저지능, 정신분열증 성격과 연관되어 자행되는 것

ⓔ 가정에서 따뜻한 보살핌이 결여된 환경에서 성장을 하거나 애정결핍, 관심부족 등

㉤ 정신병자가 방화하는 직접적인 동기별 종류

ⓐ 의식이 혼탁한 상태에서 히스테리 등에 의한 방화

ⓑ 정신적 충격을 받고 발작적으로 하는 방화

ⓒ 이상성격 소유자, 신경쇠약자가 병적인 강박관념에 괴로워하다가 대항의식으로 하는 방화

ⓓ 망각현상(환시, 환청)에 빠져서 행해지는 방화로서, '어디에 불을 지르라'는 신(神)의 계시에 의해 행동하는 유형

② 방화형태

구 분	방화의 특징
단일방화	• 동기 : 부부간 또는 친자간의 다툼, 자살방화 등 인간관계에서 기인함 • 방화장소 : 현주건조물 중 옥내의 경우가 많고 행위자와 특정관계인의 물건을 대상으로 하고 있음 • 착화물 : 사전에 유류 등을 준비해서 범행목적을 확실히 달성하려는 경향이 확인됨
연속방화	• 동기 : 세상사에 대한 불만의 발산, 화재로 인한 소란을 기쁨으로 느낌 • 방화장소 : 쓰레기통, 창고, 물건적치장, 빈집과 같은 비현주건물 등이 많고 행위자 집과 근거리에 있는 지역을 선정하는 경향이 있음 • 착화물 : 적당한 방화대상물을 무차별적으로 선정하는 경우가 많음 • 기타 특징 : 비교적 젊은 행위자이고 체포될 때까지 계속되며, 공범이 적으며 발생시간대는 일정한 경우가 많음
연쇄방화	연속방화와 구별하기 위하여 방화범이 3회 이상 불을 지르고 각 방화시기 사이에 특이한 냉각기 (cooling off period)를 가지면서 저지르는 방화
우발적인 방화	계획을 수립하지 않고 발작적으로 실행에 옮기는 방화 : 정신이상, 불만발산, 원한 등
계획적인 방화	사전에 계획을 세워 범행하는 방화 : 이익목적, 정치적 목적, 원한 등

③ 방화원인의 동기 유형 [20] [22]

   ㉠ 경제적 이익 등을 동기로 한 방화

   ㉡ 보험사기성 방화

       ⓐ 보험가입 전후 재정상황이 악화되어 기업을 청산해야 할 형편에 있었는가?

       ⓑ 재고(在庫)나 유행이 지난 구식/구형의 의류, 기계, 물건이 있었는가?

       ⓒ 건물, 시설물의 법규위반이나 개·보수가 난감한 상태에 있었는가?

       ⓓ 제품의 규격미달로 상품화가 곤란한 상태에 있었는가?

       ⓔ 계약 상품 등이 계일 내 납품이 곤란한 형편에 있었는가?를 철저히 조사

   ㉢ 범죄은폐를 위한 방화

   ㉣ 범죄 수단 목적으로 하는 방화 : 살인방화, 절도를 위한 방화, 공갈협박을 위한 방화 등

   ㉤ 선동적 목적을 달성하기 위한 방화 : 각종 시위, 정치문제, 사회불안 조성 등

   ㉥ 보복방화

구 분	특 징
개인적 복수	개인적 원한
사회에 대한 복수	가장 위험한 형태
집단에 대한 복수	극우, 사회, 인종, 종교, 노동조합 등 집단의 상징이 되는 조형물
스릴추구, 장난	검거되지 않으면 반복되는 경향

⊕ **Plus one**

보험사기성 방화의 감식요령
• 보험가입 전후 재정상황이 악화되어 기업을 청산해야 할 형편에 있었는가?
• 재고(在庫)나 유행이 지난 구식/구형의 의류, 기계, 물건이 있었는가?
• 건물, 시설물의 법규위반이나 개·보수가 난감한 상태에 있었는가?
• 제품의 규격미달로 상품화가 곤란한 상태에 있었는가?
• 계약 상품 등이 계약일 내 납품이 곤란한 형편에 있었는가?

(2) 방화원인의 감식실무

① 연쇄방화

㉠ 연쇄방화의 조사사항

구 분	내 용
연고감 조사	방화 행위자가 피해자나 피해건물에 대하여 잘 알고 있는가? • 침입구나 도주로가 쉽게 알 수 없는 곳이나 시건장치의 특수성 감지, 건물구조의 숙지, 목표물이나 장소의 직행과 위장 행위를 한 흔적의 유무, 피해자의 이해 없이 행할 수 있는 범행인가 등 연고감이 있는 범행에 대해서는 피해자의 주변을 탐색함으로써 찾을 수 있다. • 행위자를 쉽게 식별할 수 있으므로 친척, 이전 직원, 거래, 임대차 관계자, 배달원, 수금원, 청소원을 상대로 탐문조사를 실시하여야 한다.
지리감 조사	행위자의 행적에서 지역, 지리, 교통 등 사정에 익숙한지 여부에 대한 특징에 대하여는 행위자의 이동경로, 먼 곳에서 온 것은 아닌가, 교통수단은 어떤 것인가, 일한 사람, 현장 부근에 친척이나 아는 사람이 있어 자주 내왕이 있었던 자 등 어떤 인연으로 자주 다닌 일이 있었을 것으로 연고감이 있는지 탐문하여야 한다.
행적(行蹟) 조사	방화 직후에는 수사기관에서 바로 체포할 수가 있으며, 사람들의 기억도 확실하므로 용의자나 목격자를 확보할 수도 있고, 기타 유류품이 멸실되기 전에 수집할 수 있지만 방화 행위 후 행적을 추적할 때는 다음 사항을 확인하여야 한다. • 발생시간 : 행위자의 현장 내왕시간을 중심으로 방화행위자를 본 사람 또는 그 가능성이 있는 사람들로부터 청취하고 발생시간을 확실히 측정하여 그 시간적 경과를 상정하여 행적을 추적한다. • 목격자 발견 : 그 시각에 통행한 자(영업, 수금원, 집배원, 배달, 조깅자 등) • 음향조사 : 행적을 뒷받침할 수 있는 신발소리, 자동차, 오토바이, 개 짖는 소리 등 • 수상한 행동자 : 정거장, 대합실, 정류장 등에서 거동이 일정치 않은 자
방화행위자	행위자는 추정범 또는 현장에서 피해자, 목격자 등 관계자에 의해 지목되므로 용의자를 대할 시에는 고도의 면접기술을 요하며, 용의자의 성품, 경력, 직장관계, 생활관계와 범행 전후의 언동, 행동, 알리바이 관계 등이 범인 확인의 단서가 된다.
알리바이(Alibi) (현장부재증명)	알리바이는 방화 실행 당시 행위자가 화재 현장에 있지 않았다는 현장부재증명으로 이 사실이 명백하다면 방화관련성을 배제할 수 있다. 화재가 난 시각에 다른 장소에 있었다는 사실이 명확하게 입증된 경우가 아니면 항상 시간과 장소가 문제가 된다. • 범행시간 : 방화가 실행된 시간을 정확하게 확정하여야 하며, 방화를 실행한 시점이 행위자의 행적(알리바이) 조사기준 시간이 된다. • 이동시간 측정 : 행위자가 범행실행 전후에 나타난 장소에서 현장까지의 이동소요시간이 정확하게 측정되어야 하는데 도보나 차량 등 다각적으로 판단해야 한다. • 계획범행의 함정 : 계획적으로 자기 존재를 상징적으로 외부에 노출시키고 단시간 내 범행을 실행할 수 있으므로 알리바이를 성급하게 인정하여서는 안 되며, 계획적인 방화의 경우 알리바이 조작이 치밀하게 이루어지므로 주의하여야 한다.

㉡ 연쇄방화의 특징

ⓐ 단독범행이 많고 검거가 어렵다. 예외로 보험사기 방화는 공범에 의한 경우가 많다.

ⓑ 주로 인적이 드문 야간이나 심야에 많이 발생하며 조기 발견이 어렵다.

ⓒ 착화가 용이한 인화성 물질(휘발유, 석유류, 시너 등)을 방화수단 촉진제로 사용한다.

ⓓ 피해범위가 넓고 인명을 대상으로 한 범죄가 많다.

ⓔ 계절이나 주기와 상관없이 발생한다.

ⓕ 음주를 하거나 약물복용을 한 후 비이성적 상태에서 실행에 옮기는 경향이 늘고 있다.

ⓖ 현장에서 발견된 용의자들은 극도의 흥분과 자제력을 상실한 상태로 폭력성을 보인다.

ⓗ 계획적이기보다는 우발적으로 발생하는 경우가 높다.

ⓘ 여성에 비해 남성이 실행하는 빈도가 상대적으로 높다.

ⓙ 옥내외 구분 없이 발생하고 있으나 주택 및 차량에서 발생하는 비율이 가장 높고 개방된 건물 계단과 방치된 쓰레기더미, 주택가 골목 등 남의 시선이 닿지 않는 곳에서 발생한다.

ⓚ 방화는 일반 화재사고에 은폐되어 초기대응과 지속적 대응이 어렵고 소화활동상 특수성으로 증거수집이 어렵다.

② **자살방화의 특징** `21`

㉠ 유류(휘발유, 시너, 등유 등)와 사용한 용기가 존재한다.

㉡ 일회용 라이터, 성냥 등이 주변에 존재한다.

㉢ 흐트러진 옷가지 및 이불 등이 존재한다.

㉣ 소주병 등 음주한 흔적이 존재한다.

㉤ 급격한 연소확대로 연소의 방향성 식별이 곤란하다.

㉥ 연소면적이 넓고 탄화심도가 깊지 않다.

㉦ 사상자가 발견되고 피난흔적이 없는 편이며, 유서가 발견되는 경우도 있다.

㉧ 방화 실행 전 자신의 신세 한탄 등 주변인과의 전화통화 사례가 많다.

㉨ 자살에 실패하였을 경우 실행동기 및 방법에 대하여 구체적으로 진술한다.

㉩ 우발적이기보다는 계획적으로 실행한다.

③ **부부싸움 등으로 인한 방화의 특징**

㉠ 침구류, 가전제품, 창문, 현관문 등에서 파손 흔적이 여러 곳에서 발견된다.

㉡ 용의자 및 상대방의 신체에 방화 전 부상(창상 등)흔적이 발견된다.

㉢ 유서가 발견되지 않는다.

㉣ 탈출을 시도한 흔적이 있다.

㉤ 안면부 및 팔과 다리에서 화상흔적이 발견된다.

㉥ 조사 시 극도로 흥분, 정신적 불안정하여 진술을 완강히 거부한다.

㉦ 도난물품이 확인되지 않는 경우가 많다.

㉧ 소주병 등 음주한 흔적이 존재하는 경우가 많다.

④ **유류 촉진제를 이용한 방화**

㉠ 유류방화의 증거물 채취장소 : 유류가 스며들 수 있는 곳에서 채취

ⓐ 마룻바닥 틈

ⓑ 책이나 의류 적재 바닥 등

ⓒ 초기에 연소물이 떨어져 유류 잔해를 덮고 있는 부분

ⓓ 방화행위자가 살포하고 도주가 용이한 계단이나 문틀, 기둥주변 등

ⓛ 수거량 : 약 200g~1kg 정도를 수거한 후에는 밀봉

ⓒ 성분분석 : 가스크로마토그래피와 질량분광분석법을 이용하여 분석

ⓔ 분석결과 : 인화성 액체가 확인되면 인화성 액체가 촉진제로 사용되었는가를 확인함

⊕ Plus one

인화성 촉진제로 사용되는 위험물

구 분	내 용
휘발유	• 인화점이 –43 ~ –20℃, 발화점이 약 300℃ • 방화 등에 이용될 경우에도 액면이 넓게 분포하여 단위 시간당 증발량이 극대화되면 가연가스와 같이 점화 시 폭발적 연소를 일으킴 • 휘발유에 의한 방화는 잔류 성분확인이 불가능한 경우가 많음
등 유	• 인화점은 보통 40 ~ 60℃ 정도 • 휘발유와는 달리 순간적 불꽃에 착화되지 않음 • 수초 가열하여 온도를 40℃ 이상 상승시켜야 불꽃에 착화됨
경 유	• 인화점은 저유황의 경우 45℃ 고유황의 경우 60℃ 이상 • 상온에서 일반취급 시 화재에 큰 위험은 없음

액체촉진제를 사용한 방화의 입증 장비

• 가스크로마토그래피 분석 19 22

구 분	내 용
분석 원리	여러 가지 성분이 혼합되어 있는 시료를 분석하는 방법으로 시료가 가스체라면 수 ㎖, 액체이면 0.05cc 가량의 양을 가스 상태로 해서 운반가스를 사용해 분리관을 통해 각 성분으로 분리하여 이들을 검출하여 정성분석과 정량분석을 행하는 방법이다.
특 징	• 물질이 유사한 여러 성분의 혼합계 분리에 매우 유효하다. • 가스 상태로 분석을 행하기 때문에 조작도 간단하고 시간도 빠르다. • 각 성분을 검출하여 그 양을 전기적인 신호로 기록계에 저장하고 가스크로마토그래피로 도형적으로 기록함으로써 분석결과가 객관적으로 보존된다.

• 석유류 검지관 분석

구 분	내 용
분석 원리	• 이 검지관은 가솔린, 등유 등 저비점 석유류를 대상으로 하고 있다. • 방향족 탄화수소와 반응·착색하는 시약을 실리카겔에 스며들게 해서 유리관에 봉입한 다음 착색시켜 그것의 색조와 탈색 정도에 의해 유류를 판별한다. • 사용방법으로는 가스채취기에 검지관을 부착하고 검지관의 끝을 시료에 근접시켜 채취기를 조작하여 가스를 흡입 후 검지관의 변색여부를 검사하는 원리이다.
특 징	• 경량·소형으로 휴대가 편리하다. • 현장조사 시에 판별이 가능하고 출화원인 판정에 크게 반영할 수 있다.

⑤ 차량방화

ⓐ 차량방화 감식의 특징

촉진제나 가연물의 첨가 없이 차체에 불을 붙이기가 용이하지 않기 때문에 인화물질의 촉진제를 사용하거나 주변의 신문지, 광고전단 등을 이용하여 엔진 밑면, 타이어 밑면, 범퍼 밑면 등에 놓고 불을 붙이는 경우가 많다.

ⓛ 차량방화화재 감식요령

    ⓐ 문짝의 개방 여부

        문이 개방된 상태에서 연소되었는지, 닫힌 상태에서 연소가 진행되었는지를 확인. 이는 화염의 확장 연속성과 페인트의 표면 연소 범위를 관찰하면 수열 정도의 차이나 연소 경계면 등에서 구별이 가능하며, 문짝이 개방된 상태에서 연소된 것이라면 사람의 인위적인 행위가 개입되었을 가능성이 매우 높음

    ⓑ 도어록(Door Lock)의 잠금 여부

        도어록이 열린 상태에서는 연소 전 사람의 착화 행위가 용이하다고 판단할 수 있으며, 심한 연소 후 도어록의 잠김 여부를 판별하는 것은 어려우나 연소 정도에 따라 문짝 내부의 누름스위치를 판별하거나 도어록 뭉치를 분해하여 정밀감식을 하여야 함

    ⓒ 유리창의 상태

        연소 후 유리창이 소실되면 유리창의 위치를 판별하기는 어려우나 문틀에 남아 있는 유리의 잔해 위치나 유리창 가이드홈 위치 등을 분석하여 화재 당시 열린 위치를 확인. 유리창이 모두 닫히지 않은 상태라면 사람의 접근이 용이할 뿐만 아니라 연소 시 실내 연소시간 해석에도 주요 영향인자가 되기 때문이며, 문이 모두 닫힌 경우에는 내부의 폭발압력이 균등하게 작용되어 창문이 깨지기보다는 문 전체가 밖으로 밀려나면서 내부 압력을 해소하게 됨. 그러나 어느 한 곳이 개방되는 경우는 내부의 압력이 개방 공간으로 집중되면서 일부 개방된 유리창을 모두 파열시키면서 압력이 해방됨

(3) 방화행위의 입증요소 및 착수

  ① 방화행위의 입증 요소

    ㉠ 먼저 방화의 수단과 방법이 실현가능하여야 한다.

    ㉡ 방화 재료의 입수 경위가 밝혀져야 한다.

    ㉢ 방화를 한 장소 및 소훼물이 있어야 한다.

    ㉣ 방화의 수단이 가능한지 실증적으로 검토되어야 한다.

    ㉤ 실화일 수 없는 필요・충분한 이유가 존재하여야 한다.

  ② 방화행위의 착수

    보통 독립적으로 목적물이 독립적으로 점화되었을 때, 방화와 직접적으로 관련된 행위를 했을 때를 착수시기로 판단하고 있다.

  ③ 방화판단 시 착안사항

    ㉠ 발화부가 일반적으로 평상시 화기가 없는 장소로 여러 곳에서 발화된 흔적이 식별될 수 있다. 이유는 방화행위자는 심리적으로 쫓기고 있으며, 반드시 성공하여야 한다는 강박감으로 2곳 이상에서 발화하여 화재조사관들이 발화부를 알 수 없도록 위장 및 유도하기 위해서이다.

    ㉡ 발화부 주변에서 유류성분의 물질이 검출되며, 외부에서 반입한 유류통이 발견되기도 한다.

ⓒ 강도와 절도 등이 관련된 방화일 경우에는 출입문, 창문 등이 개방된 상태로 식별되는 경우가 많다. 이는 방화행위자가 무단으로 침입하고 도망가기 바쁜 관계로 시건장치를 단속할 시간적 여유가 없기 때문이다.

ⓔ 화재보험금을 노린 방화일 경우 다액의 화재보험에 가입되었거나, 여러 보험회사에 중복 가입되었거나, 보험만기가 가까워졌거나, 사업부진 등으로 채무에 시달리고 있거나, 노후 기계의 교체 필요성 등이 있다.

ⓜ 불이 난 건물의 관계자 주변에 원한을 가진 자의 존재가 의심되고, 발화상황에 대한 진술이 부자연스럽고 진술 때마다 내용이 달라지는 등 진술에 일관성이 떨어지는 경우 방화를 의심할 수 있으며 사망자가 발생한 경우 시체 부검을 통하여 매 흡착여부를 확인한 후 방화여부를 결정한다.

⊕ Plus one

방화행위자의 특징
- 방화행위자는 구경이 가능한 높은 곳, 현장으로부터 일정거리에 떨어진 곳에 위치한다.
- 구경꾼에 섞여 있는 경우가 많으므로 비디오 및 사진 등을 촬영하여 동일 인물이 여러 화재현장에서 계속 촬영되는지를 확인한다.
- 방화행위에 직접 착수한 행위자는 얼굴, 손, 손가락 등에 화상을 입는 경우가 많으므로 세심하게 살펴보고 머리카락 및 눈썹 등이 타거나 그을린 자에 대해서도 조사한다.
- 옷에 기름이 묻었거나 옷이 타서 눌러 붙은 흔적이 있는지 확인한다.
- 이상하게 흥분하거나 소화활동에 재미를 느끼는 자 등이 있는지 확인한다.

---

(4) 방화의 실행

① 직접착화

구 분	내 용
착화 방법	• 가장 많이 사용하는 경우로 연소되기 쉬운 신문이나 의류, 이불 등을 모아 놓고 직접 라이터 등으로 불을 붙인다. • 방화장면이 노출될 경우가 많아 전문적인 방화범은 사용하지 않는 경향이 많다. • 인화성물질인 석유류 등을 바닥에 뿌리며 직접 불을 붙이는 경우에 많이 사용한다. • 최근에는 도화선(긴 헝겊에 휘발유 묻혀 이용)을 이용하여 출입문이나 문밖에서 착화시키기도 한다. • 화염병 등 착화물을 이용하여 원하는 곳으로 던지는 경우도 있다.
특이점	• 방화자의 의류에 촉진제가 부착되거나 의류, 머리카락, 손과 발의 체모가 일부 그을리거나 탈 수 있다. • 인화물질을 이용하는 경우 그 용기를 멀리 감추는 것보다 불속에 넣는 경우가 많다. • 인화용기가 바닥에 접할 경우 접한 면은 진화 후 그 형체가 남는 경우가 많다. • 휘발유와 같은 인화물질을 뿌리고 착화시키는 경우는 폭발적 연소로 인해 자신도 큰 화상이나 신체 손상을 입을 수 있다. • 여러 곳에 착화시키는 경우 화염이 성장 이전에 국부적 연소흔적만 남기고 멈추는 곳이 있다. • 내부 소행일 경우 창문 유리는 원활한 화염 성장을 위해 열어 두거나 유리를 안에서 밖으로 파괴하고, 외부인일 경우는 창을 밖에서 안으로 파괴하고 침입하는 경우가 발생한다.

중점 감식 사항	• 출입문 시건 여부 : 화재 당시 사람의 출입 여부를 확인하고 내부 또는 외부 소행인지도 구별한다. • 경보장치 : 경보장치의 적절한 작동 여부나 변형 여부를 확인하여 화재시점과의 인과관계를 밝힌다. • 바닥 발굴 : 대부분 방화의 지점은 바닥에서 이루어지고 바닥의 연소가 확대되는 경우 적재물의 도괴로 덮이는 경우가 대부분이므로 세밀하게 발굴하여야 한다. • 첨가 가연물 존재 확인 : 연소 정도에 따라 남지 않는 경우가 있을 수 있으나, 있지 않아야 할 위치에 신문지, 전단지 등 가연물이 이동되어 심한 연소를 이루고 있는지 확인한다. • 인화물질 검지 : 기름띠가 형성되거나 기름 냄새가 나면 유류 검지관이 검지하고 변색이 있는 경우 시료를 채취하여 성분을 분석한다. • 행위자 신체 탄화흔 식별 : 신발이나 의류에서 인화물질 냄새나 모발, 의류, 손과 팔의 체모에서 탄화흔적을 확인할 수 있다. • 독립적 발화지점 : 서로 연결되지 않는 독립적 발화개소가 나타나는지 확인한다. • 유리 파편흔적 조사 : 유리조각의 비산 위치와 파단면 검사를 통해 충격방향을 확인한다. 파편의 파단면이 방사형인지 동심원인지를 구분하여 리플마크에서 파괴기점을 알아내면 유리의 외력방향을 알 수 있다.

② 지연(遲避)착화

구 분	내 용
착화 방법	• 양초 : 8시간에서 15시간 이상까지도 다양하게 시간을 조절할 수 있으며 타고 난 다음 가연물에 접촉되도록 시간을 지연 • 전기발열체 : 전기발열체에 가연물을 올려놓아 위험으로부터 도피할 시간을 취득 또는 전기실화로 위장 • 시계/타이머 : 최근 선진국 등에서 원하는 시간에 점화스위치를 작동케 하여 발화시키는 장치로 사용
특이점	• 내부인(관계자, 건물주, 사주를 받은 사람)이 실화를 위장하려고 하거나 도피할 시간을 갖기 위해 출입문 이나 방문의 시건장치가 잠긴 경우가 많다. • 외부인(절도나 기타 범행 후 은폐하려는 자)은 문을 원상태로 잠그기보다는 범행현장으로부터 이탈이 급하므로 출입문이 열려 있는 곳이 많다.
중점 감식 사항	• 전원 통전여부 확인 : 전기기구(난로, 조리기)인 경우 통전상태였는지를 플러그 상태와 전기 단락흔 발생 유무로 확인 • 스위치 : 기구의 전원이나 가스가 인가된 상태에서 스위치가 작동되었는지를 확인. 사용자가 사용하지 않은 스위치 변형은 의심을 하여야 함 • 가연물 : 가스가 누출되었거나 전기전열기기에 수건이나 의류가 발열체에 덮여 있는지 확인 • 양초 : 연소 중심부에 보관상태가 아닌 양초잔해가 발견되는지를 확인. 양초 주변에 착화 가능한 가연물 이나 인화물질을 동반하는지 확인

③ 무인스위치 조작을 이용한 기구 착화

구 분	내 용
착화 방법	• 원격장치를 이용하여 점화스위치를 작동시킴 • 특히 대형파괴를 목적으로 하는 다이너마이트 도화선, 온도에 따라 작동되는 열 감지센서, 광량을 이용한 스위치, 레이저 같은 광선을 이용하여 스위치가 작동되는 스위치 원리를 이용함
특이점	기존시설의 스위치 단자를 이용하거나 배터리 전원을 연결시켜 스위치만 작동하는 회로를 구성하여 스위치가 연결되었을 경우 코일이나 금속 그물망, 열선, 깨진 전구 등에 가연물을 접촉하여 발화케 한다.
중점 감식 사항	• 발화원 : 발화원이 될 만한 전열기구를 찾아 출처를 조사함 • 회로망 : 스위치로부터 전열기구로 가는 회로(전선)를 찾아 관계를 규명함 • 배터리 : 기존의 실내 전원을 이용하기 힘든 경우나 제조의 편리성 때문에 발화에너지원이 되는 별도의 배터리(건전지)를 사용하는 것이 일반적이므로 바닥에 설치되거나 떨어지면 식별 가능한 만큼 보존됨

④ 피해자 행위를 이용한 방화

구 분	내 용
착화 방법	• 빈집에 들어가 가스호스의 기밀을 파괴시켜 피해자가 조리기구를 작동하는 순간 화재가 발생하게 한다. • 집안 배선이나 전기기구를 미리 합선시켜 스위치가 작동하면 전기화재로 나타나게 한다. • 휘발유통이나 가방, 차량 등에 인화물질과 점화장치를 담아 손으로 만지면서 스위치를 작동되게 하여 피해자에게 위해를 가한다.
특이점	• 행위자가 직접 피해자가 되면서 특별한 과실로 설명할 수 없는 화재 과정으로 일어난다. 즉, 문을 연다든지, 전등 스위치를 켠다든지 등의 일상적인 행위로 인해 출화된다. • 전기를 이용하는 경우 기존의 스위치 시스템에 발화와 관련된 점화시스템을 결합시켜 스위치 작동과 함께 발화에 이르게 한다. 특정한 개인, 집단, 불특정 다수에게 행해질 수 있다.
중점 감식 사항	• 피해자 행위 : 피해자의 구체적 행위가 가연물, 발화원에 영향을 미칠 수 있는지 파악한다. • 외부 반입물 : 피해자 행위를 이용하더라도 기존 스위치 시스템에 연결되는 점화히터나 배선, 기존 발열체에 가연물 등 외부 반입들이나 이동들이 필요하게 된다. 소화활동으로 발견하기가 쉽지 않더라도 세세히 조사하여 흔적을 찾도록 한다. • 점화원 : 전등이나 전열기 등에 부착물질이나 전원 변경 등을 확인한다.

⑤ 실화을 위장한 방화

구 분	내 용
착화 방법	개인적인 이득을 취하기 위해 화재 후 화재조사관이 실화로 착각하도록 위장하려는 시도이므로 보험금을 노리고 사람의 개입을 은폐하기 위해 전선에 인화물질이나 가연물을 놓고 착화시켜, 조사과정에서 발화지점이나 발화원이 전기적으로 판명나도록 한다.
특이점	연소된 물품에 대한 감식만으로는 방·실화 여부를 확인하기가 매우 어렵다. 따라서 위장실화의 경우는 발화 여건이나 확대조건의 인위적 조성, 피해자의 방화의도 개연성 여부가 중요한 변수가 된다. 때로는 발화원인이 명확히 구분되고 피해자의 구체적 행위가 입증된다 해도 피해자의 위장 실화의 범의(犯意)를 밝히지 못할 때는 처벌할 수 없을 것이다.
중점 감식 사항	• 실화인정 : 화재관련자가 실화(전기화재 등)를 쉽게 인정하거나 그 가능성을 조사관에게 필요 이상으로 설명하는 경우 위장실화를 배제할 수 없다. • 증거 인멸 : 가연물의 적재상태나 연소시간에 비해 심하게 연소되어 증거를 찾기 어렵거나 생업이나 안전을 핑계로 조사 이전에 현장을 심하게 훼손하는 경우이다. • 알리바이 강조 : 대낮이나 사람의 통행이 빈번한 곳에 쉽게 발견되도록 하고 관련자는 그 시간에 맞는 명확한 알리바이(현장부재증명)를 성립시키는 경우이다.

(5) 방화 수단의 동기 및 방법

방화의 수단은 다종다양하지만 동기에 따라 일정한 경향을 보인다.

① 방화의 달성을 주요 목표로 하고 있는 경우

　㉠ 발각을 두려워하기보다 어떻게 하면 완전히 연소시킬까 하는 목적달성 의지가 있다.

　㉡ 성냥이나 라이터 등으로 가연물에 직접 점화하거나 유류를 뿌리고 점화하는 단순한 방화방법을 취한다.

② 절도나 살인 등의 증거인멸 의도 또는 보험금사기 등의 목적으로 방화하는 경우

　㉠ 행위자가 자신의 안전을 최대한 도모한다.

　㉡ 방화가 자신의 행위임이 발각되는 것을 막기 위해서 방화의 수단이 교묘해지고 실화같이 꾸미거나 타인의 방화로 위장하여 책임전가를 하려고 노력하는 자도 있다.

③ 방화수법의 검토

방화범은 최선을 다하여 적발되지 않을 방법을 선택하고 개개인의 습관 등을 이용하므로 범인이 숨길 수 없는 무형의 심리적인 자료가 범죄의 증거물로 남길 수도 있다.

　　㉠ 사물인식 : 사람은 각각 성격과 보고, 생각하는 것이 달라 현장 접근 방법과 도주로의 선택 등에서 특징을 찾을 수 있다.

　　㉡ 신체적 조건 : 각 사람의 신체적 조건 차이는 그 행동능력의 차이로 나타나 범죄수법을 형성하는 요인이 되므로 다음과 같이 판단자료로 이용할 수 있다.

　　　　ⓐ 왼손·오른손잡이 행동인가?

　　　　ⓑ 힘 있는 청년과 노약자

　　　　ⓒ 남과 여의 운동의 차이

　　　　ⓓ 신장과 체중 등 생리적 여건

　　　　ⓔ 연속방화의 경우 행동거리나 반경

　　㉢ 지식경험 : 연고감이나 지리감이라 하는 것은 피해자의 인적사항과 화재현장 부근에 접근했던 경험이나 지식을 갖고 보험금 사취목적 방화에 있어서는 화재보험에 관한 지식과 과거 화재이력, 화재보험금의 수취이력 등이다.

　　㉣ 직업적 능력 : 전기나 화학약품에 의한 화재를 위장한 방화인 경우 전문적이고 직업적인 지식의 성격을 가지므로 용의자의 행동양식을 관찰한다.

④ 방화행동 수법의 종류

　　㉠ 시간대 특성 : 범죄를 시간적으로 검토하면 방화용의자의 시간적 행동습성을 알 수 있다.

　　㉡ 장소적(대상) 선택 : 공장, 창고, 시장, 빌딩입구, 주택, 빈집, 관공서, 종교집회장(사찰, 교회, 성당 등), 자동차(자가용, 승용차, 택시, 화물차, 버스, 중기 등)

　　㉢ 접근 수법 : 방화보조 매개체로 사용된 유류, 가스, 불쏘시개, 종이, 성냥, 라이터 등

　　㉣ 낙서, 절도 등

(6) 방화의 판정을 위한 10대 요건

① **여러 곳에서 발화** : 발화점(point of origin)이 2개소 이상인 경우는 통상 방화로 추정할 수 있음
② **연소 촉진물질의 존재** : 휘발유, 신너 등 연소촉진물질이 존재 또는 사용한 흔적이 존재한 경우 방화추정
③ **화재현장에 타 범죄 발생 증거** : 타 범죄를 은폐 또는 용이하게 하기 위한 방화로 추정할 수 있음
④ **화재발생 위치** : 화재가 발생할 소지가 없는 장소일 때에는 방화로 추정할 수 있음
⑤ **사고 화재원인 부존재** : 실화, 자연발화 등 다른 화재원인을 발견할 수 없으면 방화로 추정할 수 있음
⑥ **귀중품 반출 등** : 귀중품, 일상생활용품, 중요서류 등이 화재 이전에 외부로 반출되었다면 방화로 추정할 수 있음
⑦ **수선 중의 화재** : 사고화재를 위장한 경쟁업자 등의 방화가능성이 있음

⑧ **화재 이전에 건물의 손상** : 화재 이전에 건물 일부분을 불이 확산되도록 구멍이 뚫려 있으면 방화로 추정
⑨ **동일건물에서의 재차 화재** : 같은 장소에서 2회 이상 연속해서 화재가 발생된 경우에는 방화로 추정
⑩ **휴일 또는 주말화재** : 방화로 추정할 수 있음

6 차량화재 조사 방법

(1) 차량엔진의 구분

구 분	조사방법
가솔린 자동차	• 가장 대표적인 내연기관으로 다른 엔진에 비해 가볍고 출력이 크며, 진동과 소음이 적음 • 공기와 연료를 혼합하여 점화플러그로 점화 • 디젤보다 열효율과 경제성 낮음
디 젤 자동차	• 고압으로 압축한, 고온/고압의 공기 중에 액상의 연료를 고압으로 분사시켜 연료 스스로 자기착화하여 폭발적으로 연소가 이루어지게 하는 압축착화기관 • 전기점화장치가 생략되는 대신 고온, 고압의 연소실에 연료를 고압으로 분사하는 높은 정밀도의 연료 분사장치를 필요로 함
LPG 자동차	• LPG 자동차의 엔진 메커니즘은 가솔린 차와 기본적으로 같음 • 고압용기에 저장된 LPG가 연료 필터와 솔레노이드 밸브, 연료 파이프 등을 거쳐 기화기(Vaporizer)로 들어가 기화된 다음 공기와 섞여 연소실에서 흡입 · 압축 · 폭발 · 배기하는 순으로 작동
하이브리드	하나의 자동차에 두 종류 이상의 동력을 얻는 장치를 지님(내연 + 전기)

(2) 가솔린차량의 주요 구성 13 15 19

① **연료장치**
  ㉠ 연료탱크 내에 있는 연료를 공기와 혼합하여 실린더에 공급하는 장치
  ㉡ 연료탱크, 연료파이프, 연료여과기, 연료펌프, 인젝터 등으로 구성
  ㉢ 연료의 공급 과정 : 연료탱크 → 여과기 → 연료펌프 → 기화기

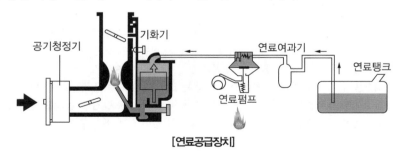

[연료공급장치]

② 윤활장치

엔진 내의 운동마찰부분에 윤활유를 공급하여 마찰을 줄이는 장치

　㉠ 오일팬 : 크랭크 케이스라고도 하고 윤활유의 저장과 냉각작용을 함

　㉡ 펌프 스트레이너 : 오일팬 내의 윤활유를 오일펌프로 유도하고 1차 여과작용을 함

　㉢ 오일펌프 : 윤활유 공급 작용(기어펌프, 플런저펌프, 베인펌프, 로터리펌프)

　㉣ 오일여과기 : 금속분말, 카본, 수분, 먼지 등 불순물 여과(전류식, 분류식, 샨트식)

　㉤ 유압조절밸브 : 릴리즈밸브라고도 하며, 유압이 규정값 이상으로 상승하는 것을 방지

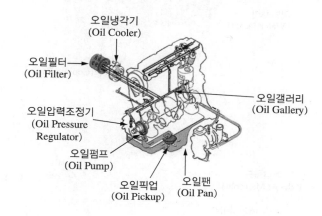

⊕ Plus one

윤활장치의 작동 순서

오일 팬 ➡ 오일 펌프 ➡ 오일 압력 조정기 ➡ 오일 필터 ➡ 오일 냉각기 ➡ 오일 갤러리 ➡ ┌ 크랭크축 ├ 로커암축 ├ 피스톤 └ 캠축

③ 냉각장치

　㉠ Water Jacket : 실린더 블록 및 헤드의 열을 냉각

　㉡ Water Pump : 냉각수를 강제순환 시키는 펌프

　㉢ 냉각팬 : Radiator의 냉각수를 식혀주는 통풍작용을 돕는 역할

　㉣ Radiator : 엔진에서 뜨거워진 냉각수를 공기와 접촉하게 함으로 냉각을 하는 역할

　㉤ 서모스탯 : 자동적으로 통로를 개폐하여 냉각수 온도를 조절함으로써 순환을 제어

④ 배기장치 : 엔진의 실린더에서 배출되는 배기가스를 배기 매니폴드(Exhaust Manifold)로 하나의 배기파이프에 모아 촉매 변환기와 머플러를 지나 후부에서 대기 중에 배출한다.

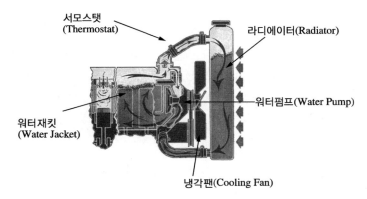

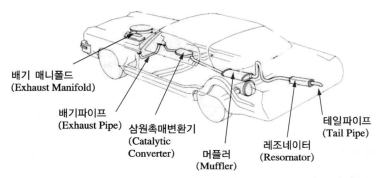

배기 매니폴드 → 배기파이프 → 촉매변환기 → 머플러 → 레조레이터 → 테일파이프

㉠ 산소센서 : 삼원(환경오염 대표적 물질 – CO, HC, NOx)은 혼합비의 영향에 따라 많이 배출되며, 배기가스 중의 산소 농도에 따라 혼합비를 이론공연비 14.7 : 1로 맞춤

㉡ 배기가스 재순환(EGR) 밸브 : 혼합비가 이론공연비에 가까워지면 CO, HC, NOx는 줄고 연소 온도가 높아져 NOx의 양이 증가되는 것을 제어하기 위해 배출가스 일부를 흡기계통으로 재순환시켜 NOx 배출량 감소

㉢ 삼원촉매변환기 : 백금(Pt), 팔라듐(Pd), 로듐(Rh)을 이용하여 배기가스를 정화하는 장치로 CO, HC, NOx 저감 촉매는 약 350℃ 이상에서 기능을 발휘하고 엔진부근에서 이론공연비와 배기가스의 온도가 높을 때 정화율이 높음

㉣ 배기 매니폴드 : 엔진은 여러 개의 실린더가 연이어 있고 각각의 실린더마다 배기 포트가 하나씩 있는데, 각각의 배기 포트에서 나온 배기가스의 통로를 모아 배기관으로 흐르도록 하는 것을 말함

㉤ 머플러 : 엔진의 배기음을 줄이는 장치로, 소음기(消音器) 또는 사일런서(Silencer)라고 함

⑤ 점화장치 : 가솔린 기관에서 혼합기체를 점화하기 위한 장치

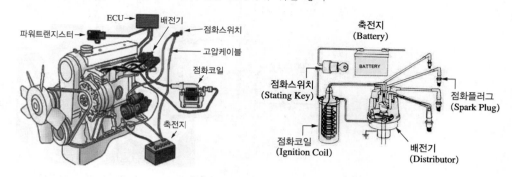

⊕ Plus one

가솔린 점화장치 전류 흐름도 16

점화스위치 → 배터리 → 시동모터 → 점화코일 → 배전기 → 고압케이블 → 스파크플러그

가솔린 자동차의 주요 구성요소

연료장치, 윤활장치, 냉각장치, 점화장치, 배기장치, 현가장치

(3) 디젤차량의 주요 구성

① 기본원리

디젤기관도 열에너지를 기계적 에너지로 바꿔주는 점에서 본질적으로 가솔린기관과 차이는 없지만, 연소과정에서 공기만을 흡입하고 높은 압축비(16~22 : 1)로 압축하여 고온(500~600℃) 상태에 연료를 분사시켜 자기착화 시킨다는 차이점이 있다.

② 디젤엔진의 연소과정

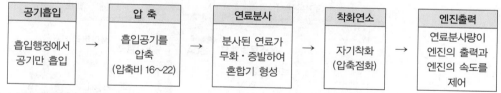

③ 디젤기관의 연료분사장치

연료는 연료공급펌프에 의해 연료탱크로부터 연료필터로 보내지고 필터에서 연료 내의 불순물이 여과된 후 분사펌프로 보내진다. 연료분사펌프는 연료에 압력을 가해 분사밸브로 보내지고 분사밸브에서 실린더 내로 연료가 분출된다.

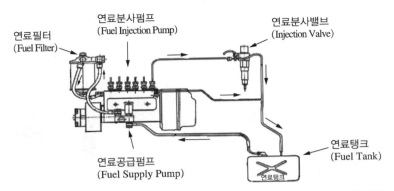

연료탱크 → 연료공급펌프 → 연료필터 → 연료분사펌프 → 연료분사밸브 → 연료분사

④ 디젤연료의 특성과 연소

　　㉠ 낮은 휘발성을 가짐

　　㉡ 낮은 점성이고 작은 입자로 분사되어 연소를 빨리 이루게 함

　　㉢ 세탄가가 높은 연료를 사용해야 연료가 분사되는 즉시 착화되어 노킹현상이 발생하지 않음

　　　※ 세탄가 : 연료의 착화성을 나타내는 수치

(4) LPG 차량의 주요 구성

① **기본원리** : 가솔린 차량과 비슷하여 LPG(프로판 + 부탄)가 연료필터를 거쳐 솔레노이드밸브 및 연료 파이프를 통해 베이퍼라이저(기화기)로 들어가 기화된 다음 공기와 혼합되어 연소한다.

② LPG 차량의 연료 계통도

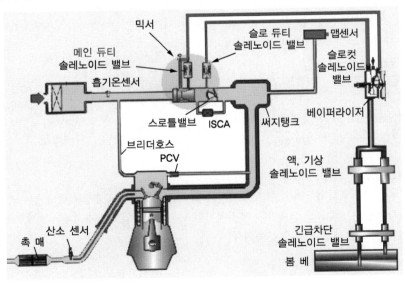

③ LPG 차량의 특성

장 점	단 점
• 연소효율이 좋고 엔진이 조용 • 경제적인 연료비 • 대기오염이 적고 위생적 • 점화플러그, 엔진오일의 수명이 김 • 연료자체증기압 이용으로 연료펌프가 필요 없음 • 노킹이 잘 일어나지 않음	• 겨울철 시동의 어려움 • 기화기의 타르 등을 제거해줘야 함

④ LPG 용기 13

LPG가 과충전 되지 않게 충전할 수 있는 **충전밸브**, 위험상황에서도 LPG를 연료라인에 안전하게 송출하는 **송출밸브**, LPG의 용량을 표시하는 **액면표시장치**, 그리고 안전장치의 하나인 **긴급차단 솔레노이드 밸브**로 구성된다.

[LPG 충전용기 및 밸브 색상]

LPG 용기	충전밸브	송출밸브	
		기체밸브	액체밸브
회 색	녹 색	황 색	적 색

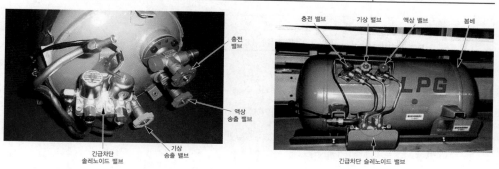

(5) 차량화재 조사요령

① 차량 확인

　　㉠ 조사할 차량을 확인하고 차량번호판, 자동차등록증을 통해 정보를 파악한다. 제작사, 모델, 생산년도, 기타 특징을 파악하고, 전소되어 파악이 불가능할 경우에는 차대번호(Vehicle Identification Number, VIN) 또는 차량식별번호(대시패널, 크로스멤버, 조수석 밑부분 등 위치에 부착되어 있으며, 차량도난방지 및 차량결함추적을 위한 일종의 꼬리표)를 이용해 차량정보를 확인한다.

ⓛ 차대번호는 총 17자리로 구분되며 전 세계 모든 차량이 동일하다.

> 1. WMI(World Manufacturer Identifier, 국제제작사군, 1~3자리) : ① 제조국, ② 제조사,
>   ③ 용도구분
> 2. VDS(Vehicle Descriptor Section, 자동차특성군, 4~11자리) : ④ 차종, ⑤ 사양, ⑥ 차량형태,
>   ⑦ 안전장치, ⑧ 배기량, ⑨ 보안코드, ⑩ 연식, ⑪ 생산공장
> 3. VIS(Vehicle Indicator Section, 제작일련번호군, 12~17자리) : 제작일련번호
> ※ 자릿수 중 3~9번째까지는 제작사 자체적으로 설정된 부호

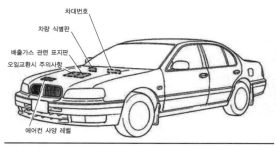

차대번호

K	N	M	A	4	D	4	E	M	W	P	000000
(1)	(2)	(3)	(4)	(5)	(6)	(7)	(8)	(9)	(10)	(11)	(12)

② 관계자 및 목격자 진술조사

ⓙ 주행시간, 주행거리, 이동경로, 주행 중 이상한 소리나 진동, 흡연, 음주상태를 운전자에게 확인

ⓛ 차량이 정상적으로 운전되었는지?(시동이 꺼졌는지, 전기적인 고장 여부)

ⓒ 마지막으로 차량이 정비된 시기 - 오일교환, 수리 등

ⓡ 차량이 주차된 시간과 장소

ⓜ 차량에 장착한 장비는 무엇인지? - 전기장치, 시트, 사제 휠 등

ⓗ 냄새가 나고 연기가 발생하며 불꽃이 인지된 시간과 장소

ⓢ 차량 속에 놓아둔 소지품은? - 라이터, 공구 등등

③ 화재현장의 연소흔 조사

ⓙ 차량 상하부를 포함한 외부 모두를 촬영하고 아래쪽은 차량을 들어 올려 소손 상태를 확인

ⓛ 실내외 손상 부분을 포함해서 손상된 부분과 손상되지 않은 부분 모두를 촬영. 실내가 한쪽에서
다른 쪽으로 가로질러서 한꺼번에 볼 수 있게 촬영

ⓒ 잔해를 제거하기 전에 바닥 사진을 촬영

ⓡ 화염진행경로를 보여주는 증거나 어디에서 발생했다는 증거를 촬영

ⓜ 적재공간과 차량을 이동시킨 후 지면의 연소형태, 기타 잔해물 촬영

ⓗ 소훼가 가장 심한 곳으로부터 점차 화염이 진행된 방향으로 구분하여 접근하고 방향성이 없이
연소된 경우는 전면부를 중심으로 전·후·좌·우로 구분하여 조사

ⓐ 차량이 전소된 경우 차체 강판 및 보닛의 변색의 강약을 구분하여 연소방향을 판단. 발화지점과 가까울수록 도색의 균열이 많이 발생하면 탈색되는 경향이 있음

ⓞ 타이어 인근에서 출화한 경우 4개 타이어 모두 비교하여 조사

ⓩ 차량전기는 단락발화보다는 접속부에서 국부적으로 발열하여 용융된 현상이 많기 때문에 휴즈 및 접속부의 전기적 소손흔을 조사함

ⓩ 임의로 전기 전장품을 설치 또는 전기배선을 증설하거나 퓨즈 없이 배터리와 직결시킨 경우, 시동을 끈 상태에서도 작동하는 도난경보기, 블랙박스 등을 설치한 경우는 과부하의 원인이 됨

④ **자동차 화재 주요 발생요인** 20

 ㉠ 역화(Back Fire) : 점화시기에 이상이 생겼을 때 연소실의 불이 기화기로 다시 되돌아오는 것을 말하는데, 이는 연소실 내부에서 연소되어야 할 연료 중 미연소된 연소가스가 흡기관 방향으로 역류하여 흡기관 내부에서 연소되는 현상으로, 굉음이 나고 심할 경우 에어크리너 등 중요부품을 파손시킴. LPG 엔진이나 기존 DOHC 엔진에서 자주 일어나는 현상

역화의 발생원인
- 엔진의 온도가 낮은 경우
- 혼합가스의 혼합비가 희박할 경우
- 흡기밸브의 폐쇄가 불량한 경우
- 연료 중 수분이 혼합된 경우
- 실린더 개스킷이 파손된 경우
- 점화시기가 적절하지 않은 경우

 ㉡ 후화(After Fire) : 엔진 및 배기장치 과열에 의한 화재는 냉각수 및 오일부족 등으로 엔진이 과열되거나 연료공급 및 연소에 이상이 생겨 연소실 내의 혼합기가 제대로 연소되지 않고 배기장치 특히 촉매장치에서 2차 연소가 발생하여 촉매장치 및 머플러 등이 과열됨에 따라 주위에 있는 배선이나 언더코팅제 및 차실 내의 플로어매트 등이 열전달에 의해 착화되는 화재라고 할 수 있음

후화의 발생원인
- 점화계통의 고장
- 혼합가스의 혼합비율이 희박한 경우
- 엔진이 냉각될 경우
- 혼합가스의 혼합비가 농후
- 배기밸브의 폐쇄가 불량한 경우

 ㉢ 과(過)레이싱 : 차량이 정지된 상태에서 음주 후 차량 안에서 잠을 자거나 휴식 중 무의식적으로 가속페달을 계속 밟아 회전력을 높이는 것을 말함

  ⓐ 고속 공회전을 하게 되면 엔진회전수가 높아지고 엔진오일이나 라디에이터의 온도가 급격히 상승하여 과열상태에 이르게 되고 고온이 된 엔진오일이 배기관 위로 떨어져 착화위험성이 커짐

  ⓑ 또한 배기관 자체가 적열상태가 되어 고무링이나 주변 가연물에 착화됨

ⓔ 엔진과열 : 냉각수 및 엔진오일 부족, 서모스탯 고장, 팬벨트 헐거움, 워터펌프고장
ⓜ 브레이크과열 증상 : 한쪽으로 쏠림현상, 소음, 주행 중 타는 냄새 등
ⓗ 전기적요인 : 과부하, 불완전접촉, 배선손상 등
ⓢ 차량방화

내부 차량방화의 특징
• 외부에서 유리창을 파괴한 경우 차량 내부에 유리잔해가 다수 남는다.
• 유리창을 파괴한 도구가 발견되거나 촉진제로 쓰인 유류통 등이 발견된다.
• 도난당한 흔적이 있다.
• 자살방화의 경우 사상자 및 술병과 라이터 등이 발견된다.
• 절도 및 증거인멸, 사체유기 등 범죄행위 은폐를 위한 수단으로 사용되며 인적이 드문 곳과 야간에 주로 발생한다.
• 연소진행방향이 내부에서 외부로 향하고 있다.

외부 차량방화의 특징
• 차량의 앞 또는 뒤 범퍼에 종이류 등 일반가연물을 모아 놓고 실행하는 경향이 있고 착화에 일정 시간이 소요되거나 국부적으로 연소된다.
• 연소진행방향이 외부에서 내부로 향하고 있다.

---

7 임야화재 조사 방법

(1) 임야화재의 종류 🔟

구 분	조사방법
지표화 (地表火)	• 지표에 쌓여 있는 낙엽과 지피류, 지상 관목층, 건초 등이 연소하는 것이다. • 임야화재 중에서 **가장 흔히 일어나는 화재**이다. • 무풍 시는 발화점을 중심으로 원형으로 진행되는 게 일반적이다. • 바람이 있으면 바람이 불어가는 방향으로 타원형을 이루며 빠르게 번져 나간다.
수관화 (樹冠火)	• 나무의 윗부분에 불이 붙어서 연속해서 수관에서 수관으로 태워나가는 화재이다. • 진화하기 어렵고 과열에 의하여 나무가 죽게 되므로 **피해가 가장 큰 산불**이다. • 일반적으로 지표화에서 나무의 밑가지에 불이 닿아 바람과 불길이 세어지면 수관부로 연소가 확대되어 수관화가 이루어진다. • 수관화는 산 정상을 향해 바람을 타고 올라가며 바람이 부는 방향으로 V자형 모양으로 번져 나간다. • **우리나라에서 발생하는 대부분의 산불이 여기에 속한다.**
수간화 (樹幹火)	• 나무의 줄기가 연소하는 화재를 말한다. • 지표화로부터 연소하는 경우가 많으며 드물게는 낙뢰에 의한 경우도 있다. • 속이 썩어 줄기가 빈곳에서 발생한 경우 이것이 굴뚝역할을 하여 강한 불길로 수관화를 일으킬 수 있다.

지중화 (地中火)	• 낙엽층 밑에 있어 낙엽이 다소 분해되어 그 본래의 조직을 알아볼 수 있는 유기질층 하부와 낙엽층이 완전 분해되어 현미경으로도 그 조직을 알아볼 수 없는 유기질층 또는 이탄(泥炭, Peat)층이 연소하는 화재를 말한다. • 한번 불이 붙으면 산소의 공급이 부족하여 연기도 적고 불꽃도 없이 지속적이고 오랫동안 연소하여 균일하게 피해를 준다. • 낙엽층의 분해가 더딘 한랭한 고산지대나 낙엽이 분해되지 못하여 깊은 이탄이 쌓여 있는 저습지대에서 표면은 습하고 속은 말라 있을 때 지중화가 발생하기 용이하다. • 지표 가까이에 있는 연한 뿌리들이 고열로 죽게 되므로 지상부는 아무렇지 않으나 나무는 죽게 된다. • 우리나라에서는 극히 드문 불이다.

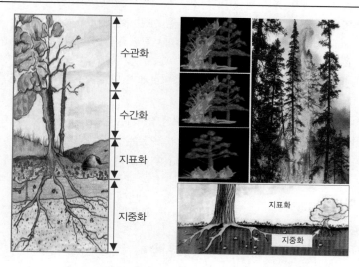

(2) 임야화재 가연물

구 분	지상가연물	공중가연물
정 의	지면에 있거나 지중에 쌓여 있거나 지표(地表) 바로 위에 있는 발화 가능한 가연물을 포함함	숲의 상층부에 존재하는 모든 초록 식물들과 죽은 식물들을 포함함
가연물 종류	낙엽더미(Duff), 토탄(Peat Soils), 나무뿌리, 죽은 나뭇잎, 침엽수잎더미(Coniferous Litter), 잔디, 죽은 나무, 쓰러진 통나무, 나무 그루터기(Stumps), 큰 나뭇가지, 땅으로 쳐진 나뭇가지 그리고 막 자란 나무 등	나뭇가지, 수관(樹冠), 잔나무가지, 이끼, 솟은 나뭇가지 등

(3) 임야화재 연소확대에 영향을 끼치는 인자

① 개 요

임야화재 발화지점을 규명하는 데 고려해야 할 주요 요소는 풍속(風速)과 풍향(風向)이다. 이 요소들은 연소확대의 속도에 직접적인 영향을 끼친다. 특히 불머리(Fire Head), 불허리(Flank), 뒤꿈치(Heel) 쪽에서부터 반대방향일 경우 풍속과 풍향은 영향력이 커진다.

② 연소확대에 영향 요소

　㉠ 골짜기나 협곡

　　ⓐ 골짜기나 좁은 계곡 같은 지형에 화재가 발생하였을 경우 협곡에 한정된 뜨거워진 가연성 가스에 의한 대류열과 복사열에 의해 임야 내에 존재하는 가연물의 연소속도에 영향을 준다.

　　ⓑ 가연성가스가 한정되지 않은 경우보다 가연물의 발화 및 연소확대가 빨라진다.

　㉡ 바람의 영향

　　ⓐ 바람은 화재확산속도에 지대한 영향을 끼친다. 바람의 선풍기효과(Fanning Effects)는 화염을 앞으로 진행하게 하고 가연물을 예열시킨다.

　　　※ Fanning Effects : 일벌들이 날개를 흔들어 바람을 일으키는 것인데 환기선풍, 수분발산선풍, 청량선풍 등이 있다.

　　ⓑ 바람은 가연물을 건조시켜 발화를 용이하게 한다. 또한 가열된 대류열에 공중의 불씨를 만들어내기도 한다.

　　ⓒ 공중의 불씨와 바람은 불티를 원래 화재의 장소와는 다른 2차 화재(Spot Fire)를 만들어 내기도 한다. 불의 움직임에 영향을 끼치는 바람으로는 기상현상적 바람(Meteorological Winds), 낮바람(Diurnal Winds), 불바람(Fire Winds)이 있다.

⊕ Plus one

바람의 종류

① 기상(후)현상에 의한 바람 : 일반적인 그 지역의 날씨에 영향을 끼치는 상층부의 공기 덩어리들 사이의 압력의 차이에 의해 생겨나는 바람이다.

② 낮바람 : 태양열과 밤에 땅이 식은 정도에 영향을 받아 생겨난다. 낮에 공기가 따뜻하면 상승된 공기는 상승기류를 만들어낸다. 해가 지고 난 후에 공기가 차가우면 무겁고 짙은 냉기류가 바닥에 잠기게 되면서 하강기류를 만들어 낸다.

③ 불바람 : 불 스스로가 만들어내는 것이다. 이 바람은 화염기둥이 솟으면서 생겨나는 것이다. 불바람은 연소확대에 영향을 끼친다.

　㉠ 전진화재(불머리, Fire Head)

　　• 바람의 진행방향 또는 산 아래에서 위로 진행하는 화재이다.

　　• 산불에서 가장 빨리 움직이는 부분을 말한다.

　　• 바람이 부는 방향이 경사, 가연물, 배수 등의 부가적 요인들에 의해 진행방향을 결정짓는 주된 요인이 된다.

　　• 대체적으로 불이 가장 강렬하게 타오르는 곳이다.

[불머리]

② 후진화재(불의 뒤꿈치 : Rear or Heel)
- 후진화재는 불의 머리의 반대쪽에 위치한다.
- 불의 뒤꿈치는 상대적으로 불이 약하고 조절하기 쉽다.
- 대체적으로 뒤꿈치 쪽의 불은 바람이나 하향사면에 맞서는 경우에 후퇴하거나 천천히 탄다.

[후진화재]

③ 가연물(연료)의 영향

임야에 존재하는 건조된 나무, 낙엽더미, 베어 넘어진 나무 그루터기 등 가연물에 따라 연소확대 정도나 연소강도를 결정짓는 두 번째 중요한 요소이다.

㉠ 가연물의 종류(種) : 나무 등의 수종(樹種)에 따라 연소확대 정도나 연소강도가 달라진다. 각각의 식물은 서로 다른 크기, 수분 함유도, 모양, 밀도 등을 갖는다.

㉡ 연료의 크기 : 가연물의 발화 가능성이나 발화 정도를 결정짓는 주된 요인은 그 크기이다.

㉢ 수분함유도 및 유분함유도

㉣ 가연물의 위치(지중 : Ground, 지표면 : Surface, 공중 : Crown) 및 밀도

㉤ 지형 및 날씨

㉥ 연소확대의 자연적 영향

연소확대의 방향과 정도는 자연적이거나 불 스스로 만들어 내기도 한다.

ⓐ 바람에 의한 나뭇가지와 나뭇조각 : 뜨거운 나뭇가지와 나뭇조각은 바람에 의해 원래 위치에서 매우 멀리 떨어진 곳까지 이동할 수 있다. 이런 나뭇가지는 '2차 화재'(Spot Fire)라고 불리는 불을 만들어 내기도 한다. 때때로 이런 2차 화재를 방화범에 의한 개별적인 화재로 오해하기도 한다.

ⓑ 불폭풍 : 불폭풍이란 자생적인 바람에 의해 키워진 강렬하고 공격적인 대류 화염이다. 불의 대류 기둥에 의해 생겨난 흡입력은 식물을 뿌리째 뽑거나 작은 바위를 들어서 날려버릴 정도로 강하다. 불폭풍의 성격 중 하나는 강한 흡입력을 가진 불소용돌이를 만들어 내는 것이다.

[불폭풍]

(4) 임야화재 감식 지표(Indicator)

① 감식지표의 개요

임야화재는 연료, 지형, 풍향에 따라 발화지점에서부터 연소가 진행된다. 산불이 진행되면서 나무 줄기, 수관, 풀, 바위, 깡통, 울타리 등에 일정한 형태로 산불이 진행한 표식을 남기게 되는데, 이를 지표(Indicator)라 한다.

[거시지표 - 원경]　　　　　　　　　[미시지표 - 바위]

② 산불의 연소형태와 진행방향

　　㉠ 지형에 따른 산불의 초기연소형태

　　　　ⓐ A : 무풍 평탄지에서는 발화점을 중심으로 원형으로 연소

　　　　ⓑ B : 강풍 또는 급경사지에서는 풍향과 평행으로 연소

　　　　ⓒ C : 풍향이 일정하지 않거나 경사면에서는 부채꼴 모양으로 연소

　　　　ⓓ D : 소능선이 있는 경사면에서는 산 정상을 향하여 빨리 연소

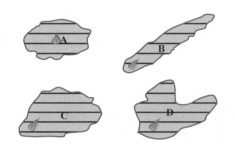

　　㉡ 산불의 연소확대패턴 및 진행

　　　　■ 산불지표는 진행방향을 나타내는 물리적 특징이라 할 수 있으며, 지표를 통하여 화재확산 형태와 방향 및 화재전환(이) 구간 등을 규명할 수 있다.

　　　　■ 산불이 발생되면 일반적으로 타원형으로 확대된다. 이때 발화지점으로부터 가장 빠른 부분을 축으로 확대되는데, 다음 그림에서와 같다.

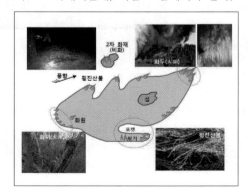

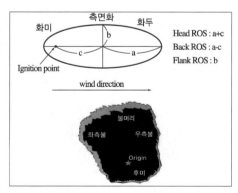

ⓐ 화두(Head) : 불이 가장 빠르게 확산되는 부분

ⓑ 화미(Heel) : 불의 꼬리 부분으로 화두 반대방향으로 확산되는 부분

ⓒ 화측(횡)(Flank) : 전면으로 확산되는 불이 바람, 지형, 연료조건 등의 영향을 받아 불의 수직각 또는 비스듬하게 확산되는 화재면

> ※ 포켓(Pocket) : 임야화재 시 여러 갈래로 뻗어 나가는 화재 진행방향 사이사이에 연소되지 않은 채 남아 있는 공간들로 위 그림과 같이 주머니 모양으로 형성된다.
> ※ 핑거(Finger) : 임야화재 시 화재진행방향과 같이 여러 갈래로 뻗어 나가는 형태로 위 그림과 같이 측면에 손가락 모양으로 형성된다.
> ※ 2차 화재(Spot Fire) : 대류열과 바람에 의해 실려 날아온 불티 등이 날아간 장소에서 새로운 화재발생의 원인이 되는 것으로 비화라고도 한다.

ⓒ 연소진행방향에 따른 특징 22

구 분	전진산불	후진산불	횡진산불
확산속도	빠르다	느리다	전·후진 형태의 중간 정도
연소방향	• 바람방향으로 진행 • 경사면 아래에서 위로	• 바람 반대방향 • 경사면 반대로	수평으로 진행
이명(異名)	• 화두(Head) • 불머리	• 화미(Heel) • 불꼬리	• 횡면(Flank) • 불허리
피해정도	크 다	작 다	중간 정도
지표구분	거시지표	미시지표	

ⓔ 산불 전이지역 또는 방향전환 지점

ⓐ 화재진행방향 및 피해정도가 변하는 구간이다.

ⓑ 지표의 모양과 특징이 변화한다.

ⓒ 특정지역에 국한되며 특수한 원인에 의해 발생한다.

ⓓ 전환(이)지역을 규명하는 것은 임야화재 진행방향 및 형태를 정확히 판단하는 지표이다.

③ 감식지표의 종류 18

ⓖ V자 연소형태(V-Shaped Patterns)

ⓐ 임야화재에서 V자 연소형태란 연소확대에 의해 지표면에 나타난 연소흔적으로 높은 곳에서 보았을 때 그 모양이 V자와 비슷하며, 신뢰성이 높다.

ⓑ 이 형태는 화염, 고온가스, 연기 등에 의해 형성되는 화염기둥에 의해 형성되는 건축물의 수직적 V패턴과는 다른 것이다.

ⓒ 임야화재에서의 V자 연소형태는 바람이나 가연물이 놓여있는 곳의 비탈에 영향을 받는다.

ⓓ V자 연소형태의 생성 및 발화장소

㉮ 불이 바람이 부는 방향으로 진행하거나 비탈을 거슬러 올라갈 때에는 넓은 V자가 형성된다.

㉯ V자 모양은 불이 최초 발화점으로부터 멀어질수록 점점 넓어진다.

㉰ 화재의 시발점은 대체적으로 V자 모양이 서로 만나는 부분에 존재한다.

ⓓ V자 흔적에 대한 조사는 화재의 근원을 찾는 데에 유용하다.

　　ⓛ 화재 피해 차등지표
　　　ⓐ 임야의 지표・지상 및 공중 가연물이 화재의 피해를 입은 정도는 화재의 지속시간, 강렬한
　　　　정도, 방향 등을 가리키는 지표(地表)가 된다.
　　　ⓑ 낙엽, 줄기, 나뭇가지 등 가연물은 화재진행방향에 노출된 부위가 큰 피해를 입는다. 이 손상
　　　　정도를 조사함으로써 화재가 진행해 오는 방향을 알 수 있다.
　　　ⓒ 화재의 뒤편에 있는 식물들은 멀쩡하거나 일부분만 타는 반면, 화재가 진행되어 오는 쪽에
　　　　놓여있는 식물들은 타버릴 것이다. 또한 물건들이 놓여 있거나 가연물들이 보존된 상태는
　　　　화재의 근원을 찾는 데에 도움을 준다.
　　ⓒ 초본류 줄기지표(잔디 및 풀줄기)
　　　약한 불은 땅속의 잔디 줄기를 통해 전달되기 때문에 잔디 줄기들은 불속으로 꺾여 넘어지게 된다.
　　　그러므로 잔디가 넘어져 있는 방향을 분석하는 것은 지나간 화재의 방향을 아는 데 유용하다.

　　ⓔ 컵 모양 지표 = 흡인지표(Cupping Indicator)
　　　ⓐ 오목하거나 컵 모양 형태로 컵 모양은 발화지점을 향함
　　　ⓑ 노출된 쪽은 무뎌지거나 둥글게 되며 비노출된 쪽은 뾰쪽하거나 찻종 형태
　　　ⓒ 전진산불지역에 나타남

화재방향

화재진행방향

※ 흡인지표 : 불탄 자리가 컵 모양으로 움푹 타들어 간 것을 말하며 산불이 진행 맞닿는 쪽에 나타남

ⓜ 불탄 흔적의 각도 지표 16 22

   ⓐ 나무 그루터기 양쪽에 나있는 탄 흔적의 각도를 통해 불의 방향을 알 수 있지만 비탈과 바람의 방향에 따라 달라진다.

   ⓑ 불이 상향사면에서 상승기류를 타고 번졌다면 탄 흔적의 각도는 거의 비탈과 평행할 것이다. 만약 불이 하향사면에서 하강기류를 타고 번졌다면 탄 흔적은 나무 뒤 쪽에서 일어나는 소용돌이 효과에 의해 하향면이 상대적으로 더 높게 나타날 것이다.

     ※ 래핑(wrapping) : 화재 시 와류현상으로 화재진행방향의 반대방향 줄기에서 탄화현상이 나타남

   ⓒ 불이 상향사면에서 하강기류를 타고 번졌다면 탄 흔적의 각도는 비탈의 각도와 거의 비슷하지만 약간 올라간 각도를 보일 것이다.

   ⓓ 그림 및 사진을 통하여 바람과 비탈이 탄 흔적에 어떤 영향을 끼치는지 알 수 있다.

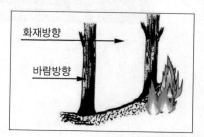
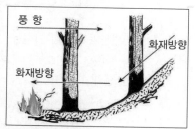
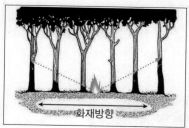

화재방향

바람방향

풍 향

화재방향

화재방향

화재방향

ⓗ 수관(樹冠)의 화재 피해 지표

산불의 대류열과 복사열은 낮은 나뭇가지의 불을 나뭇가지를 통해 나무 꼭대기까지 급속도로 번지게 할 수 있다. 바람은 바람을 맞는 쪽의 나뭇가지나 잎사귀들에서 불을 날려버릴 수 있고 이는 피해를 감소시키거나 그림에 나와 있듯이 나무 꼭대기에서 불이 다가오는 쪽에 삼각형 모양의 타지 않은 공간을 남길 수도 있다.

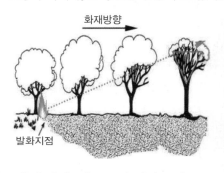 

ⓢ 노출된 가연물과 보호된 가연물 지표 = 보호된 연료지표

ⓐ 가연물이 다른 물건으로 감춰져 있거나 불의 진행방향 반대쪽에 놓여있을 경우 불에 타지 않은 보호된 지역이 있을 수 있다.

ⓑ 불에 직접 노출된 물건들은 그렇지 않은 물건들에 비해 훨씬 진한 그을음과 탄 흔적을 보인다. 만약 물건이 가연물 위에서 하중으로 눌려져 있다면 물건 아래의 가연물을 태우는 것을 막아줄 수 있고 다른 곳과는 구별되는 화재 흔적을 남길 것이다.

ⓒ 불에 노출된 쪽은 물건과의 확실한 경계선을 가지고 있을 것이다. 노출되지 않은 쪽은 물건의 가장자리를 따라 상대적으로 다양하거나 불분명한 흔적을 보여서 물건이 있었던 흔적을 알려준다.

◎ 얼룩과 그을음

ⓐ 돌, 깡통, 나무와 금속 철조망, 말뚝과 타지 않은 식물들은 화재진행방향에 노출된 쪽에 탄소 그을음에 의한 얼룩, 박리현상 등이 생긴다. 미세한 재와 공중의 기름들이 물건의 표면에 들러붙을 수 있다.

ⓑ 탄소 그을음은 물건에 똑같은 영향을 끼치지만 이는 불완전 연소와 몇몇 식물들이 함유하고 있는 동물성 기름 때문에 발생한다. 이런 불의 흔적들은 다음 그림 및 사진에서 보여지듯이 보통 불을 마주하는 쪽에 더 짙게 나타난다.

불연성 물질(돌, 음료수 캔, 철조망)의 경우 화재진행 방향에 노출된 곳은 그을음(탄소그을음, 매연, 불완전 연소 등)이 생긴다. 돌의 경우 온도가 높을 경우(깨짐)현상을 나타낼 수 있다.

ⓩ 지상에 쓰러진 나무

지면과 닿아있는 쓰러져 있는 나무 경우는 화재진행방향에 노출된 쪽이 피해 정도가 심하고 지면과 떠있는 경우에는 반대쪽이 피해 정도가 심하다.

ⓩ 낙 뢰

사진과 같이 나무줄기에 깊은 상처흔적 발견되며, 일부 나무밑둥 지면에 구멍이 생기는 경우도
있다.

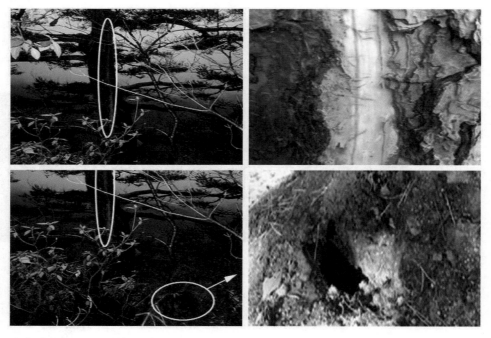

ㅋ 잎의 수축지표 = 줄기의 굳어짐 지표

ⓐ 열은 녹색초목을 연하게 하며 굽어지게 한다. 또한, 나무의 수분을 제거하여 바람에 노출되면
굳어진다. 열을 향하는 쪽의 잎은 안으로 굽고 오그라든다.

ⓑ 정확한 바람의 방향을 나타내는 지표이다.

(5) 발화지역 조사방법 ₁₉

구 분	조사방법
지역분할	• 발화지역이 넓을 경우 지역을 분할해서 체계적으로 조사를 해야 함 • 지역분할은 작은 구역에 집중하게 하고 중복조사를 없게 함 • 한 지역의 조사가 끝나면 조사관은 다음 지역으로 이동함
올가미 기법 (Loop Technique)	• 나선형 방법(Spiral Method)이라고도 함 • 원형으로 조사하는 방법으로서 조사구역이 작을 때 효과적임
격자 기법 (Grid Technique)	• 넓은 지역을 한 명 이상의 조사관이 조사할 때 가장 유용한 방법 • 평행으로 움직이면서 같은 지역을 두 번 조사함
통로 기법 (Lane technique)	• 활주로 기법(Strip Method)이라고도 함 • 조사해야 할 지역이 넓고 개방적일 때에 유용함 • 상대적으로 빠르고 간단하게 수행될 수 있으며 좁은 지역에서는 단독조사도 가능

(6) 증거 표시

① 임야화재 조사를 진행하는 과정에 화재원인과 관련된 물적 증거가 될 만한 것들은 쇠말뚝이나 라벨 등을 붙인 깃발을 사용하여 표시를 해 놓아야 한다.

② 깃발은 산불의 진행방향을 표시하여 정확한 산불 발화지점을 조사하는 데 활용한다.

구 분	전진산불	후진산불	횡진산불	발화지점, 증거물
깃발 색깔	적 색	청 색	황 색	흰 색

(7) 화재원인조사 유형

① 자연적인 화재원인

　㉠ 번개(낙뢰)

　㉡ 자연발화

② 사람에 의한 화재

　㉠ 캠프장(Campsite)

　　돌무더기, 재가 수북한 구덩이, 나무더미 등은 캠프를 했던 지역의 흔적이다. 다 타버린 캠프장에서도 흔적은 발견된다. 버려진 도시락통, 철제 텐트 말뚝, 텐트에서 떨어져 나온 밧줄고리 등은 그 현장이 캠프장이었다는 것을 말해줄 수 있다.

ⓛ 담배류(類)

불이 붙여진 채 버려진 담배꽁초, 성냥, 라이터 등은 임야화재를 일으킬 수 있다. 만약 물증이 존재한다면 담뱃재와 필터, 타버린 성냥 등은 화재 현장에서 발견할 수 있을 것이다.

ⓒ 잔해물 정리

쓰레기장과 주택, 임야 아래 농경지에서 쓰레기 소각, 들판의 농작물 소각 등 잔해물 정리를 하는 경우가 있다.

ⓔ 방 화

방화는 때때로 한 군데 이상의 장소에서 발생하고 그 장소는 빈번히 바뀐다. 성냥, 퓨즈, 그 외에 다른 발화장치들이 화재 근원지에서 발견될 수 있다.

ⓜ 어린이 불장난

불에 대한 궁금증과 부주의는 주거지, 학교, 놀이터, 캠프장, 숲 등지에서의 임야화재를 일으킬 수 있다. 이런 화재의 경우 성냥, 라이터, 그 외의 발화기구들이 화재 근원지 근처에서 발견될 수 있다.

ⓗ 기 타

ⓐ 태양빛과 유리의 굴절

태양광선은 특정 유리나 빛나는 물체를 통해 한 점으로 모여 뜨거운 열을 낼 수 있다. 이 굴절현상은 빛이 꺾이면서 발생하는데, 이는 돋보기를 통과하는 것과 비슷한 현상이다.

ⓑ 불꽃놀이

ⓒ 조명탄, 사격장의 불티

8 항공기화재 조사기법

(1) 항공기화재의 특징

① 화재의 급격한 확대성

항공기는 날개부분에 인화점이 낮은 연료를 다량 탑재하여 사고 시 화재를 동반 급속히 확대

② 폭발의 위험성

항공기 사고가 발생하면 항공유가 누출되어 화재를 동반 급격한 연소와 상황에 따라 폭발위험성

③ 화재의 광범위성

기체가 원형을 유지하지 못하고 산산이 부서지고 비산한 기체에서 동시에 화재를 동반

④ 재난의 돌발성

항공기가 도심에 추락할 경우 탑승자 및 추락지역은 공포와 대혼란 초래

⑤ 인적 위험성

많은 탑승객이 승선한 항공기는 추락 등 사고 시 많은 인명피해의 위험성이 상존

(2) 항공기의 제원 및 주요구성부

■ 항공기의 구조를 형성하는 주요물질과 그들의 조립방법이나 생성방법에 대해 알고 있어야만 화재발생 시 내구성이나 화재에 미치는 영향, 절단 등 여러 가지 면에서 화재진압·조사 및 구조작업에 효과적으로 임할 수 있을 것이다.

■ 항공기는 구조적으로 수많은 조립부품으로 만들어지며 디자인은 운항 시의 기체 역학과 구조부품의 영향들에 의해 다양하게 만들어지며 주요 구조부는 다음과 같다.

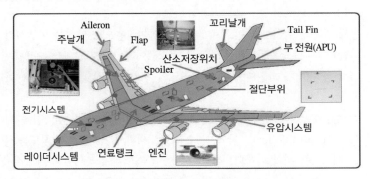

[항공기 주요구성도]

① 주요 구성 및 위험성

㉠ 동체(Fuselge)

ⓐ 항공기의 몸체로서 맨 전방의 조종실(Cokpit), 객실(Cabin), 화물 탑재칸(Cargo Compartment) 및 Landing Gear가 들어가는 각격납부(Wheel Well) 등의 공간을 말한다.

ⓑ 승무원·승객·화물 등 여러 가지 조정 및 감시 시스템, 라디오, 레이더 등 항법시스템을 수용할 수 있는 주요구조부이다.

ⓒ 동체외부 화재요인 : 주로 가볍고 튼튼한 알루미늄 합금으로 되어 있으며 Landing Gear가 작동되지 않거나 착륙각도가 맞지 않을 경우 동체가 활주로에 맞닿아 마찰열로 불꽃이 발생할 수 있음

ⓓ 동체 내부 화재요인

㉮ 담배재떨이나 꽁초의 부주의한 처리

㉯ 전기사용 장비의 오동작이나 단락

㉰ 세척제의 점화

㉱ 산소폭발

㉲ 유해화물의 화학적 반응

㉳ 테러, 방화 등

ⓔ 동체 내부 내장재

㉮ 항공기 내장재는 A급 재료이다.

㉯ 많은 양의 재료가 플라스틱이어서 유독가스와 독한 매연을 내뿜는 물질이다.

      ㉪ 의자 : 쿠션은 폴리우레탄 스펀지이고 쿠션커버는 100% 양모이며 팔걸이는 폴리우레탄 스펀지를 채운 PVC로 되어있다.

      ㉫ 벽면 : 패널은 경직 PVC이고 천장과 햇랙크는 PCC로 코팅된 면천이다. 창틀과 여객 서비스 유니트는 ABS 몰딩이고 차단벽은 장식용 멜라민박판이며 카페트는 면이 80%이고 나일론이 20%이다. 내부판넬 안쪽과 바닥에는 수많은 양의 전기선이 있고, 피복선은 보통 PVC이거나 다른 보호재(保護材)를 사용한다.

  ⓛ 주날개(Mainplanes)

    ⓐ 동체 가운데 위치하고 있으며, 비행 중 공기작용으로 양력을 발생시켜 항공기를 뜨게하는 역할을 하며, 연료나 엔진, 컨트롤 시스템이나 기체지지대를 수용할 수 있다.

    ⓑ 추락 등 날개가 파손되면 탑재된 연료의 누출과 마찰열로 순식간에 화염에 휩싸일 위험이 있다.

      ㉮ 플랩(Flap) : 주날개 뒤쪽에 장착되어 양력의 증가 및 이·착륙 시 활주거리 감속기능

      ㉯ 스포일러(Spoiler) : 착륙 시 수직으로 세워 공기저항으로 속도를 줄이고 날개의 양력을 제거하는 역할을 하며, 착륙 후에는 공기브레이크 역할로 제동작용을 한다.

      ㉰ 에일러론(Aileron) : 양쪽 날개에 부착되어 항공기의 기체 좌·우 방향으로 롤링을 조정하여 선회운동을 순조롭게 한다.

    ⓒ 연료탱크의 위험성

      ㉮ 항공기 연료탱크는 항공기의 구조 프레임 사이에 분리·설치될 수도 있고, 날개의 일부분으로 제작될 수도 있다.

      ㉯ 극심한 충격 하에 연료탱크는 파열되고 항공기의 동체 전체가 불길에 싸이는 수가 있다. 헬리콥터는 동체 바닥에 연료탱크를 가지고 있는 경우가 대부분이다. 보조연료탱크는 비행 도중에 떨어뜨릴 수 있도록 장착될 수 있다. 전투기는 거의 대부분이 그러한 보조연료탱크를 장착하고 있으며 비상 시 이를 투하한다.

      ㉰ 연료하중은 연락기와 같은 소형기가 30갤론이고 대형 제트여객기가 약 60,000갤론까지 적재한다.

      ㉱ 꼬리부분에 엔진이 있는 항공기는 연료라인이 날개로부터 꼬리까지 연결되어 있어서 특별한 문제를 야기시키는데, 그 중의 하나가 항공기 동체의 손상으로 흘러나온 연료가 내부 화재를 일으킨다는 것이다.

  ⓒ 꼬리날개(Tail Plane)

    항공기 꼬리부분은 수직안정판과 수평안정판으로 되어 있으며, 안정판은 항공기 균형유지와 이·착륙 시 좌우 방향전환 작용을 한다.

  ⓔ 방향타(Tail Fin)

    항공기 꼬리부분의 수직안정판 뒤쪽에 배의 방향타(Rudder)와 같이 이·착륙 시 좌우선회 방향을 잡아주는 역할을 한다.

ⓜ 엔진실(Engine Nacelle)

　ⓐ 유선형의 엔진보호실이다. 쌍발 또는 다단엔진항공기에 있으며 기체지지대 휠베이를 수용
　　할 수도 있다.

　ⓑ 엔진(Engine)

　　㉮ 형태 : 날개에 매달리는 형태와 날개루트 가까이 내장되는 형태

　　㉯ 종류 : 터빈엔진(고압가스 추진), 피스톤엔진(왕복기관)

　ⓒ 위험성 : 고장·외부충격 등에 의하여 화재 위험성이 가장 많은 구성품

ⓗ 이착륙장치(Under Carriage)

　ⓐ Landing Gear와 바퀴 및 버팀목과 쇼크흡수 유니트를 말한다. 바퀴는 메인휠과 노스휠의
　　3륜차 형태이고 접어서 넣을 수 있는 구조로 되어 있다.

　ⓑ 랜딩기어(Landing Gear)

　　㉮ 기능 : 균형 및 방향전환(전방), 균형·충격흡수 및 제동(후방)

　　㉯ 종류 : 전방(Nose)랜딩기어와 후방(Main)랜딩기어

　　㉰ 재질 : 바퀴(마그네슘합금), 타이어(합성 또는 나일론코드의 천연고무)

　　㉱ 공기압 : 180~200psi의 공기나 질소 주입

　ⓒ 소방상 위험성

　　㉮ 항공기의 바퀴는 보통 마그네슘 합금으로 만들며, 점화되기 어려운 반면 일단 점화되었
　　　다면 맹렬히 타오른다.

　　㉯ 세척제, 오일, 구리스, 브레이크더스트, 고무부스러기 등이 보수 유지작업이나 계속사용
　　　으로 인하여 축적되며 이러한 오염물질이 화재발생 시 가연성 가능물질들이다.

[Nose Landing Gear(전방)]

[Main Landing Gear(후방)]

ⓢ 주출입구(Main Doors) : 항공기 사고 시 승객과 승무원의 신속히 대피를 위한 설비

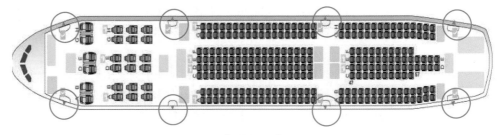

[A330-300]

ⓞ 비상진입구역(Emergency Break-in Point Marking)

　ⓐ 주출입구 사용불가 시 인명구조를 위한 비상진입구로 사용

　ⓑ 동체 상단부분에 적색·황색·대조되는 백색 등으로 표시

　ⓒ 9×3cm 두께선을 2m 미만 간격으로 표시

　ⓓ 비상시 구조장비 활용하여 표시된 부위를 파괴·절단 후 진입

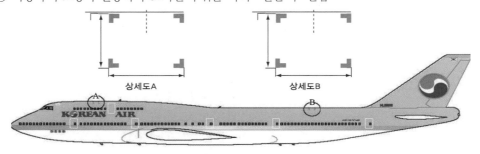

[보잉 747-400 비상진입구역 절단부위 위치]]

ⓩ 승강구(Hatch) 및 비상탈출구

　ⓐ 승강구(Hatch)는 날개 위 또는 조종석 천장에 설치

　ⓑ 객실 주출입문과 유사하지만, 조금씩 작동법이 다름에 유의

　ⓒ 환기 또는 항공기사고 시 탑승객의 신속한 탈출구로 이용

날개 위 비상탈출구

조종석 위 승강구(Hatch)

정비통로승강구(Hatch)

[사고 시 이용할 수 있는 탈출구]

ⓩ 비상대피용 미끄럼대(Chute)
　　ⓐ 항공기의 탈출용 미끄럼대(Chute)는 주출입구에 설치
　　ⓑ 구조대원이 외부에서 출입문 개방 시 아래의 장전모드 해제여부 확인
　　ⓒ 외부 개방 시 슬라이드가 펼쳐지지 않도록 디자인된 일부 항공기가 있음에 유의

미끄럼대 작동 장면

객실 내 오작동 현장

슈트 이용 탈출보트 훈련

(3) 항공기 사고의 정의

① 항공기가 추락 또는 충돌하거나 항공기에 화재가 발생하는 것
② 항공기가 전복 또는 폭발하는 것
③ 항공기로 인하여 사람이 사상(死傷)하거나 물건이 심하게 손상되는 것
④ 항공기내 탑승객이 사망 또는 부상하거나 행방불명이 되는 것
⑤ 기타 항공기에 막대한 피해가 발생하는 것

(4) 항공기 사고의 유형

① 지상에서 직면하는 비상상황(Full Emergency)
　　㉠ 과열된 휠어셈블리
　　㉡ 타이어 휠고장
　　㉢ 가열된 금속화재
　　㉣ 연료의 유출로 인한 화재
　　㉤ 제어되지 않은 엔진화재 또는 APU화재
　　㉥ 항공기 내부화재
② 비행 중 비상상황(Full Emergency)
　　㉠ 시스템 고장
　　㉡ 유압장치 고장
　　㉢ 엔진고장 및 화재
　　㉣ 항공기 운항의 오동작 및 작동불능
　　㉤ 새와 충돌 또는 낙뢰로 인한 고장

(5) 항공기 유형별 화재원인 및 조사활동 시 유의사항

① 엔진화재

　㉠ 부속부분화재 : 가장 효과적인 소화약제는 CO_2가스나 할론소화약제

　㉡ 터빈부화재 : 터빈부화재는 엔진작동 시 발생하고 절기판(스로틀)을 열거나 연료차단스위치를 닫음으로써 폭발할 위험성이 있다. 절기판을 열어놓지 않으면 엔진은 꺼진다. 엔진화재에 대비하여 항공기 내에 이산화탄소나 할론설비가 되어있다.

　㉢ 엔진 전기장비의 화재 : 전기배선, 제너레이터와 트랜스포머 등 부품에 화재가 발생하는 사례

　㉣ 로켓엔진화재 시 착안사항

　　ⓐ 보통 엔진실, 기체꼬리부의 콘부분, 기체 복부부분, 혹은 기체의 옆면이나 아랫부분에 장착

　　ⓑ 추진연료 자체에 산화제를 보유하고 있기 때문에 진화할 수가 없다.

　　ⓒ 화재가 발생하지 않았으면 점화기와 점화케이블을 가능한 신속히 제거

　　ⓓ 엔진에 점화되면 소화하기 위한 어떤 시도도 하지 말 것

　　　※ 로켓엔진 : 비상 시 또는 이륙 시 예비 출력 확보를 위해 보조로 장착

　㉤ 터빈(제트)엔진화재

　　ⓐ 터빈부화재는 엔진작동 시 발생

　　ⓑ 제트엔진 작동 시는 후풍이 발생되므로 뒷부분에서 접근금지

　　ⓒ 배기쪽에서 벗어나야 하며, 배기화염으로부터 가연물을 보호

　　ⓓ 마그네슘이나 티타늄 성분이 타고 있다면 건조사나 탄산칼륨 사용

　　ⓔ 터빈엔진의 흡입구로부터 적어도 7.5m 떨어져야 하며, 폭발 시 화상을 방지하기 위하여 후미 45m 이상 간격 유지

　　　※ 포말 또는 물분무는 냉각을 위해 외부에서만 사용하고 흡입구 및 배기장치에는 포말사용 금지
　　　※ 가장 효과적인 소화약제는 CO_2, 할론 소화약제
　　　※ 터빈엔진 : 고압가스 등 날개를 회전시키는 엔진으로 가장 널리 사용

[현장조사 안전거리]

② 랜딩기어 화재

　　㉠ 가열된 브레이크와 바퀴의 타이어는 폭발 위험이 있다.

　　㉡ 화재로 진행 시는 그 위험이 더욱 커진다.

　　㉢ 가열된 브레이크는 소화제를 사용하지 않고서도 저절로 냉각된다.

　　㉣ 대부분의 제트항공기 바퀴에는 가용성 플러그가 설치되어 있고, 녹는 범위는 149~204℃이며, 위험압력 도달 전 공기압이 빠진다.

[제트 항공기 가용성 플러그]

[항공기 타이어 단면]

　　㉤ 랜딩기어 화재 시 유의사항

　　　ⓐ 휠과 직선으로(휠 축방향) 접근을 금지하고 다음 그림과 같이 접근

　　　ⓑ 열이 제동장치로부터 바퀴쪽으로 이동하기 때문에 소화제는 제동장치 부분에만 살포

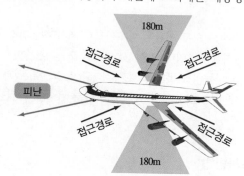

③ 연소성 금속화재

　　마그네슘이나 티타늄 성분이 점화되어 타고 있다면 주수엄금, 포나 탄산소화기를 사용하면 안 되고 건조사나 탄산칼슘분말을 사용하여 화재를 진압한다.

(6) 항공기의 화재조사요령

① 목격자의 진술은 항상 철저하게 평가하고 잔해조사를 통하여 밝혀진 증거와 목격자 진술의 상관성을 검토한다.

② 기내화재를 당한 부분은 지상화재에 의한 것보다 훨씬 심각하게 탄화됨에 유의한다.

③ 기내화재는 금속부분이 연소되어 매우 고온이며, 지상화재보다 적은 금속잔유물을 남기며 용융된 금속축적물 흐름방향 분석은 기내화재를 지상화재로 구분하는 데 도움을 준다.

④ 충격으로 인한 껍데기의 금속표면에 접힌 부분은 조심스럽게 따로 분류될 수 있고 접힌 부분 내부의 금속이나 도료에 묻은 연기와 그을음은 기내화재 증거가 될 수 있는 반면, 주름내부의 깨끗한 표면은 사후 충격화재의 가능성을 나타낼 수 있다.

⑤ 기내화재의 연기와 그을음 형태는 기류를 따르며, 자유구역은 리벳과 껍데기이음새로 하강류를 발생시킨다.

⑥ 외부공기를 유입하는 난방 및 환기시스템의 내부 표면은 연기나 그을음 흔적을 조사한다.

⑦ 물질이 연소되면서 발생한 그을음과 잔유물들은 화학분석을 위하여 가능한 한 많은 지역에서 번호를 표시하여 수집한다.

⑧ 조사를 시작하는 가장 논리적인 방법은 지상화재에 기인하지 않은 부품을 찾아 그것들을 기내화재 증거로 조사하는 것이며, 그 증거로는 연기, 그을음, 열, 변색, 까맣게 탄 밀봉재, 금속 등이다.

⑨ 기내화재의 긍정적 표식과 같은 증거를 고찰하기 전에 조사관은 많은 정상적인 모양에 대한 정보를 취득하고 상호구별할 수 있어야 한다.

⑩ 열변색은 시간과 온도 모두 연관된 함수이므로 조사하는 과정에 잘못된 결론에 도달할 수 있는데 낮은 온도에서 장시간 노출이나 고온에서 단시간 노출에서 열변색을 야기할 수 있다. 예로 316℃에서 260분간 노출된 티타늄의 변색은 538℃에서 15분간 노출된 것과 같은 결과를 나타내는데, 이 정보는 특정 온도범위 내에서 뿐만 아니라 대부분 다른 금속에도 적용된다.

9 선박의 화재조사방법

(1) 선박의 종류

① 선박의 재료에 따른 분류

　㉠ 목선(Wooden Ship) : 목재로 만들며 각 부재의 접속과 연결만 금속을 사용함. 길이 60m, 총 톤수 300t 전후가 최대임

　㉡ 강선(Steel Ship) : 철이 재료의 80%로 동일 강도의 선박 건조 가능, 가공이 용이하며 대형선 건조에 이용됨

　㉢ FRP선 : 형틀 위에 유리섬유를 적층하여 만드는 유리섬유 강화 플라스틱 배

　㉣ 경금속선(Light Metallic Ship) : 강도 대비 비중이 낮아 초고속선 건조 등에 활용

(2) 선박의 구조

선박의 구조는 3등분하여 선수부, 중앙부, 선미부로 나누며 3도형선을 기본으로 하고 있다.

① 선수부

선박의 구조상 외력을 가장 많이 받는 부분이며 유선형으로 가장 견고하게 설계되어 있다. 닻 작업을 할 수 있도록 양묘기가 설치되어 있고 선수부의 계류색 작업과 부력을 증가시키기 위해서 현호를 두고 있으며 선수창고로 설계되어 있다.

② 중앙부

대부분의 선박은 선수창고 이후부터 거주구역까지를 중앙부라 할 수 있는데 선박의 사용목적에 따라 화물의 적재 목적으로 장치되는 공간이다.

③ 선미부

선미부는 최하층에는 기관이 차지하고 있으며 그 위층에는 조타실, 승무원들이 거주할 수 있는 침실과 휴식공간 그리고 선미계류장치가 설치되어 있다.

(3) 선박화재의 특성

① 수상에 떠 있는 특수 시설 화재
② 석유, 경유, LNG 등 가연물질 및 출화원 존재(기관실)
③ 화재 발생 시 신속한 진압활동 곤란
④ 피난이 어려워 대량 인명피해 발생 우려
⑤ 항해 중 화재가 다수 발생
⑥ 모든 부류의 육상화재가 가지고 있는 취약점의 종합적 집합체
    ㉠ 기관실 화재의 경우 : 지하실 화재
    ㉡ 위험물 운반선의 경우 : 위험물 화재
    ㉢ 갑판이 높은 선박의 경우 : 고층건축물 화재

(4) 발화원 유형별 조사

① 전 기
    ㉠ 배터리 배선이 금속 고정구에 눌리면서 절연 파괴, 합선
    ㉡ 타기 좋은 목재 선체로 확대
    ㉢ 발화지점 바닥 증거물 수집에 노력

② 불 티
　　㉠ 선박에는 가연물, 인화물질이나 폭발성 위험물질 많음
　　㉡ 작은 불씨라도 소홀히 관리하면 화재의 위험 높음
　　㉢ 용접작업으로 발생한 불티가 좁은 틈새로 들어가면 작업자가 인지하지 못하는 상태에서 화재로 진행
　　㉣ 가스절단기에 의한 용융물들은 크기가 커서 고온 지속시간이 크고 발열량이 많아 가연물에 접촉되면 착화의 위험이 매우 높음
　　㉤ 작업 위치와 작업 장소, 이와 연결되는 개구부, 최종 불씨의 존재 등의 확인이 필요함
　　㉥ 자연발화로 인한 화재 : 셀룰로이드, 생석회함유물, 석탄, 금속나트륨, 카바이드 및 일부 금속가루, 화물탱크나 기관실 구석에 버려진 기름걸레 등

(5) 선박의 화재조사방법
① 현장의 보존
　사고가 발생하면 책임자 또는 관리자는 사고조사를 하면서 현장은 가능한 한 그대로 보존한다.
② 사실의 수집
　　㉠ 사고조사 현장은 변경 · 은폐되기 쉬우므로 즉시 조사한다.
　　㉡ 물적증거와 관계자료를 수집 · 분석한다.
　　㉢ 현장의 기록을 위하여 사진을 촬영한다. 사진은 세부적인 면까지 직접 촬영하도록 한다.
③ 목격자 · 감독자 · 피해자 등의 진술
　　㉠ 현장 목격자의 협조 등으로 자료를 수집한다.
　　㉡ 피해자에게는 정중하게 증언자료를 구하고, 처리가 힘든 특수사고 또는 대형사고 시 전문가에게 조사를 의뢰한다.

(6) 엔진화재 감식요령
① 엔진 개스킷 오일누설
　　㉠ 실린더에 소실흔적 발견
　　㉡ 오일 분출 흔적 관찰
　　㉢ 개스킷 금속면에 굴곡 관찰
　　㉣ 라디에이터 호스 균열이나 냉각수의 보조탱크 뚜껑 관찰
② 배기매니폴드 과열
　　㉠ 엔진실, 배기매니폴드 주변 소손
　　㉡ 라디에이터 서브탱크나 배관피복 등 가연물 관찰
③ 엔진파손
　　㉠ 오일비산 관찰
　　㉡ 오일팬 내의 오일의 양 흐름, 파편 관찰

© 오일필터 엘리먼트의 부착 상황 확인

② 오일엘리먼트 패킹에 변형, 균열 관찰

⑩ 옛날 패킹 잔존여부 확인

④ 마 찰

㉠ 풀리의 진동완충용 고무 수손 여부

㉡ 소손된 V벨트에 느슨 여부, 과부하 확인

⑤ 질문 포인트

㉠ 라디에이터 누수 유무

㉡ 발화엔진 가동 유무 및 재시동 시 회전 유무

㉢ 엔진 오일량 및 교환시기와 배기가스 색깔

㉣ 발화 직전 충격음 등 엔진의 소리

⑥ 감식포인트

㉠ 가스켓 및 블로가이가스 환원장치 오일누설 상태

㉡ 배기매니홀드 과열 상태

㉢ 엔진과열, 오리필터 부착상태, 터보차져 오일배관 누설 상태

제5편

증거물관리 및 검사

01 | 증거물의 수집·운송·저장 및 보관하기

Key Point

1. 화재현장에서 증거물로 수집하는 개체에 대하여 설명할 수 있다.
2. 증거물 수집 방법에 대하여 설명할 수 있다.
3. 증거물의 사진촬영 방법에 대하여 설명할 수 있다.
4. 증거물 수집 용기의 종류 및 용도에 대하여 설명할 수 있다.
5. 증거물의 운송, 저장 및 보관 방법에 대하여 설명할 수 있다.

1 증거물로 수집되는 개체

(1) 물적 증거의 정의

① 특정한 사실이나 결과에 대해 입증 또는 반증을 가능하게 하는 물적인 품목

② 발화지점, 발화기기, 최초착화물, 화재의 이동경로 등을 통하여 화재원인을 추론

　※ 개체(個體·箇體, Individual) : 성질 등에 있어 서로 간에 따로 따로 떨어져 존재하는 각각의 물체나 물건

(2) 물적 증거물의 종류

① 범죄의 배경이 될 수 있는 법의학 증거

　㉠ 지문과 장문(Palm Print), 피와 타액 같은 체액, 머리카락과 섬유, 차아, 골격

　㉡ 신발 자국, 공구 자국, 흉기

　㉢ 흙과 모래, 목재와 톱밥, 유리, 페인트, 금속

　㉣ 필적, 의심이 가는 문서

② 방화와 관련된 증거 : 인화성 액체 및 용기, 지연착화 도구 등

③ 화재현장과 주변에서의 잠재적인 증거

　㉠ 완전 연소된 회화 또는 목재의 연소 등 숯과 같은 탄화형태

　㉡ 시멘트, 철근과 같은 불연재의 수열형태

　㉢ 플라스틱류의 용융되는 열변형 형태

　㉣ 그을음에의 오염형태

⊕ Plus one

증거물의 종류
• 인적증거 : 사람의 진술내용, 증인의 증언, 감정인의 감정
• 물적증거 : 물건의 존재나 상태, 사진과 비디오 등 영상물

- 서증 : 증거서류와 증거물인 서면
- 전문증거 : 자신이 꼭 직접 인지한 사실이 아니라 다른 사람이 말한 것에 대한 증거로서 다른 사람의 신뢰성에 의존하는 증거

2 수집된 증거물의 개체 이해

(1) 탄화된 목재

① 목재의 탄화흔 식별 : 화염에 부근에서 연소되면서 발화부와 가까운 부분의 탄화 형태가 균열이 크고, 균열 사이의 골이 깊어지는 특징이 있다.

  ㉠ 탄화면이 요철(凹凸 : 거친 상태)이 많을수록 연소가 강함

  ㉡ 탄화모양을 형성하고 있는 홈의 폭이 넓게 될수록 연소가 강함

  ㉢ 탄화모양을 형성하고 있는 홈의 깊이가 깊을수록 연소가 강함

  ㉣ 대반손실의 경우 소실 범위가 많은 쪽이 소손 정도가 강함

② 목재표면의 균열흔

종 류	특 징
완소흔	700~800℃ 정도의 삼각 또는 사각형태의 수열흔
강연흔	900℃ 정도의 홈이 깊은 요철이 형성된 수열흔
열소흔	홈이 아주 깊은 1,000℃ 정도의 대형 목조건물 화재 시 나타나는 현상
훈소흔	발열체가 목재면에 밀착되어 무염연소 시 발생, 그 부분이 발화부로 추정가능

③ 부분소실(타서 뚫림) : 천장판자나 바닥판이 부분적으로 소실된 상태를 말한다.

  ㉠ 타서 뚫린 면적의 차가 연소강약을 나타냄

  ㉡ 낙화물에 의한 외력 또는 진화 중 밟힘에 의한 뚫림은 파손된 면에 나무의 맨살이 남아 있는 것을 확인할 수 있음

(2) 금속류 13 14 16 19

① 변 색

열에 의한 색상변화를 활용하여 현장에 남은 금속류의 연소방향을 판단할 수 있다.

온도(℃)	300	400	500	600	700	800	900	1,000
스테인리스강	아주 조금 옅은 갈색	조금 옅은 갈색	옅은 적자색	적자색	진한 적자색	자 색	암청색	회 색
냉연강판	옅은 황갈색	진한 황갈색	옅은 자색	암자색	회색에 가까운 암자색	흑자색	회 색	회 색

② 만 곡 15 19 21

  ㉠ 화재열을 받은 금속은 용융하기 전에 자중 등으로 인해 좌굴한다.

  ㉡ 화재현장에서는 만곡이라는 형상으로 남아 있다.

  ㉢ 일반적으로 금속의 만곡 정도가 수열 정도와 비례한다. 그러나 좌굴은 수용물 중량, 화재하중에 좌우되므로 신중하게 검토해야 한다.

③ 용 융 14 22

㉠ 금속에 따라 용융온도 등이 다르므로 화재현장에서 금속의 종류를 파악할 수 있으면 대략적인 온도를 알 수 있다.

㉡ 같은 재질이면 용융이 많은 쪽이 보다 많은 열을 받은 것이므로 용융상태를 파악함으로써 연소방향을 판단할 수 있다.

금속명칭	용융점(℃)	금속명칭	용융점(℃)
수 은	38.8	금	1,063
주 석	231.9	구 리	1,083
납	327.4	니 켈	1,455
아 연	419.5	스테인리스	1,520
마그네슘	650	철	1,530
알루미늄	659.8	티 탄	1,800
은	960.5	몰리브덴	2,620
황 동	900~1,000	텅스텐	3,400

④ 금속의 만곡 용융흔 식별

㉠ 철(Fe) : 600℃ 주변에서 인성 변화가 있고, 1,200℃ 부분에서 용융되기 시작한다.

ⓐ 철 기둥의 경우 수열을 받는 반대 방향으로 휜다.

ⓑ 수평 철 파이프 등의 경우 수열을 받는 부분이 중력방향(아래)으로 휜다.

㉡ 알루미늄(Al) : 용융점이 약 500~600℃ 사이로 다른 금속에 비하여 용융점이 낮기 때문에 화재초기에 수열을 받는 방향으로 경사각을 이루며 용융된다.

⑤ 금속 도색재의 열 변화 : 도료의 색 → 흑색 → (발포) → 백색 → 가지색

(3) 콘크리트·몰탈·타일류

① 균열의 폭 : 콘크리트는 화재열에 의해 박리가 일어나고 열을 강하게 받은 부위일수록 균열이 크다.

② 회화 정도 : 그을음과 매가 부착되어 있는 부위보다 수열을 많이 받은 부위의 표면이 회화되어 밝다.

③ 연소의 강약 : 균열 폭이나 회화 정도를 감식하여 연소의 강약을 판단할 수 있다.

[콘크리트의 온도이력에 의한 외관관찰 결과]

가열온도(℃)	금이 간 곳의 개수(개/10mm)	금이 간 폭(mm)	외 관
450	25~27	0.03	회색 그을음
650	16~19	0.05	검은 그을음
850	10~12	0.10	그을음 없음

④ 화재열에 의한 콘크리트의 변화

소손 없음 → 화재 → 그을음 부착 → 그을음 연소로 회화 → 표면박리(폭열)

폭열의 발생원인

- 높은 수분 함유량, 낮은 투수성, 콘크리트 부재 내의 국부적인 응력 발생
- 시멘트와 골재, 콘크리트와 철근 사이의 열팽창 차이로 응력발생
- 높은 온도에서의 콘크리트의 구조·성능 저하
- 복합적으로 응력이 발생하여 콘크리트 인장강도보다 커짐으로서 폭열현상이 발생

폭열의 발생 매커니즘

화재 → 수분이 화재열 반대 이동 → 인접층 흡수 → 건조층 증가 → 화재열 반대쪽 포화층 증가 → 압력증가 → 수증기가 열을 받으면서 팽창 → 폭열(박리)

(4) 유 리 18

① 화재열에 의한 파손 형태

구 분	내 용
원 인	화재열을 받은 유리는 점성변화를 나타내어 방수에 의한 급격한 냉각으로 열수축을 일으켜서 「미세한 금」이 가게 하거나 「유리표면의 박리」를 일으킨다.
파손형태	길고 불규칙한 형태이다.
화재감식	• 유리의 수열영향의 정도를 파악할 수 있다. • 유리와 바닥면 사이 소손물건의 유무나 종류에 따라 연소(延燒) 과정을 나타내는 경우도 있다. • 유리와 바닥 면의 사이에 천장재 등이 낙하되어 있으면 이는 천장이 탄 후에 유리가 깨진 것을 의미하고 있으며, 전혀 아무 것도 없으면 내벽이나 천장 등이 소실되기 쉬운 베니어판과 같은 것보다도 유리가 빨리 깨진 것을 의미하고 있다. • 유리는 이와 같이 발화원인을 규명하는데 중요한 단서를 남기고 있는데, 신중하게 발굴작업을 하지 않으면 이러한 상태를 파괴해버리므로 주의를 요한다.

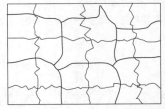 

[화재 열원에 의한 파괴된 창문]

② 유리의 열영향에 따른 상태

유리의 수열영향 형태	내 용
낙하방향	유리는 수열측이 보다 많이 낙하한다.
표면의 조개껍질모양 박리	조개껍질 모양 박리는 고온일수록 많고 깊다.
금이 가는 상태	유리는 수열 정도가 클수록 작게 금이 간다.
용융상태	수열 정도가 클수록 용융범위가 많아진다.
깨진모양	약간 둥글고 매끄러움(반면, 폭발은 날카로움)

③ 유리의 상태에 따른 열온도

유리의 상태		대략적인 온도(℃)
박리 (조개껍질모양)	박리가 적고 얇음	150 전후
	박리가 많고 깊음	250 이상
금이 감	직경 1cm 이상의 금이 감	400
	직경 1cm 미만의 금이 감	600
용 융	자중으로 변형되며 일부가 융착	800
	깨진 모서리 면이 용융하여 둥근 모양	1,000
	용융하여 덩어리 모양	1,600

④ 충격에 의한 파손형태 14 19 22

구 분	내 용
원 인	유리가 물리적 충격에 의해 깨질 경우 발생하는 형태
특 징	• 충격지점을 중심으로 방사상(放射狀, Radial)과 동심원(同心圓, Concentric) 형태 • 파괴기점에 경면이 형성되고 파단면에 충격방향을 나타내는 리플마크(Ripple Mark)가 형성
화재감식	• 리플마크는 충격방향을 나타내므로 창문의 파괴형태 관찰로 탈출을 위한 내부에서의 충격에 의한 파손인지, 소방관에 의한 외부에서의 파손인지 • 유리에 두터운 그을음이나 매의 부착은 가연물의 불완전연소의 원인 따라서 오염상태로 보아 화재 전·후인지를 파악할 수 있음 • 유리 균열흔은 외부압력의 방향을 감식하여 화재진행 경로의 지표로 활용할 수 있음

• 방사상으로 깨지는 원인 : 충격 시 앞면은 압축응력이 뒷면은 인장응력이 작용하기 때문(압축강도> 인장강도)이다.
• 동심원 형태로 깨지는 원인 : 유리로 전달되는 운동에너지가 방사상 균열로 충족될 수 없을 때 동심원 균열이 일어나기 때문이다.
• 리플마크(Ripple Mark) : 유리의 동심원 파단면 및 방사형 파단면에는 물결 같은 일련의 곡선이 연속해서 만들어지는 것을 말하며, 패각상 파손흔이라고도 한다.
• Waller Line : 리플마크 일련의 곡선이 연속해서 만들어지는 무늬로 다음 그림의 점선부분이다.
• 헥클라인(Hackle Line) : 월러라인의 가장자리에 형성되는 또 다른 거친 균열흔이다.

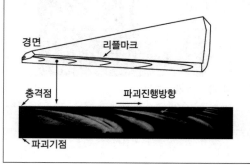

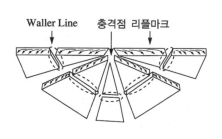

⑤ 압력(폭발)에 의한 파손형태

구 분	내 용
원 인	백 드래프트, 가스폭발, 분진폭발 등 같은 급격한 충격파로 파손된 형태
파손형태	평행선모양의 파편형태(4각 창문 모서리 부분을 중심으로 4개의 기점이 존재)
화재감식	• 두꺼운 그을음이 있는 경우 : 폭발 전에 화재가 활발했음을 나타냄 • 그을음이 매우 희미한 경우 : 화재 초기에 폭발이 있었음을 나타냄 • 그을음이 전혀 없는 경우 : 폭발 후에 화재가 발생했음을 나타냄

⑥ 깨진유리 감식(鑑識)

　㉠ 유리의 파편은 열을 받는 쪽으로 낙하하기 쉽다.

　㉡ 화재로 파괴된 유리의 각은 약간 둥글고 매끄러운 반면 폭발로 파괴된 조각은 날카롭다.

　㉢ 충격으로 파손될 경우에는 표면에 리플마크(패각상 = 방사형 = 거미줄 형태) 무늬가 생성된다.

　㉣ 강화유리는 화재나 폭발로 깨지면 작은 입방체 모양으로 부서지며, 유리의 잔금이 보다 통일된 모양이다.

　㉤ 유리와 바닥면의 사이에 천장재 등이 낙하되어 있으면 이는 천장이 탄 후에 유리가 깨진 것을 의미하고 있으며, 전혀 아무것도 없으면 내벽이나 천장 등의 소실보다도 유리가 빨리 깨진 것을 의미하고 있다. 후자인 경우 유리는 발화개소에 아주 가까운 위치에 있었음을 알 수 있다.

⊕ **Plus one**

유리의 파손형태

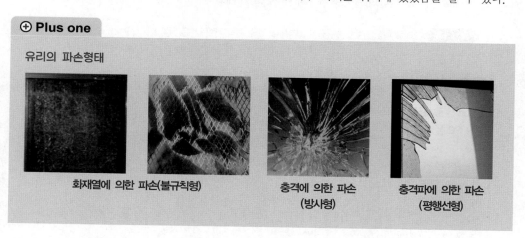

화재열에 의한 파손(불규칙형)　　충격에 의한 파손 (방사형)　　충격파에 의한 파손 (평행선형)

(5) 합성수지(플라스틱)류

① 연소과정

　연화 → 변형 → 용융 → 소실

　㉠ 변형 : 수열에 의해 연화되기 시작하면 자중에 의해 형태가 변형되든지 뚫려 떨어진다.

　㉡ 용융 : 더욱 가열하면 점차 녹아 떨어져 내려 결국 본체에서 이탈되거나 열의 공급이 없어도 지속적으로 연소한다.

　㉢ 소실 : 난연 처리가 되지 않은 합성수지류는 가연성이고 착화온도는 낮아 대부분 200~400℃에서 열분해가 이루어지며, 이 온도가 되면 쉽게 착화하여 연소에 의해 소실된다.

[주요 합성 수지류의 변형점]

특 성 \ 재료명	변형점(℃)	융점(℃)	열변형(℃)
폴리우레탄	121	155	–
폴리에틸렌	123	220	41~83
폴리프로필렌	157	214	85~110
ABS수지	202	313	–
나일론	209	228	55~58
폴리카보네이트	213	305	132
염화비닐수지	219	–	55~75
에폭시수지	298	–	–
불포화폴리에스텔	327	–	–

② 합성수지(플라스틱)의 종류

㉠ 열가소성 수지 : 열에 의해 쉽게 녹으며 냉각시키면 다시 단단해지는 수지(예 폴리에틸렌 수지, 폴리프로필렌 수지, 폴리스티렌 수지, 폴리염화비닐 수지, 아크릴 수지 등)

㉡ 열경화성 수지 : 열로 경화 성형하면 다시 열을 가해도 형태가 변하지 않는 수지(예 페놀 수지, 요소 수지, 멜라민 수지, 에폭시 수지, 폴리에스터 수지 등)

암기신공 에프 스옆아 가소, 에폭시가 에스터를 맨날 때요 그래서 열없어요

> **⊕ Plus one**
>
> **5대 범용 플라스틱의 종류**
> ① PE(폴리에틸렌)
> ② PP(폴리프로필렌)
> ③ PS(폴리스티렌)
> ④ PVC(폴리염화비닐)
> ⑤ ABS수지
>
> **플라스틱 발화메커니즘**
> 흡열과정 → 분해과정 → 혼합과정 → 발화·연소과정 → 배출과정

(6) 도료류 연소과정

변색 → 발포 → 희화(완전히 태워서 재로 만듦) → 소실

(7) 방 화

① 대부분 급격한 연소확대로 연소의 방향성 식별이 곤란하다.

② 짧은 시간에 급격한 연소가 이루어지기 때문에 연소시간에 비해 연소면적이 넓고 탄화심도는 얕다.

③ 수직재(커튼, 가구, 벽지 등 수직으로 서 있는 가연재를 말함)의 경우에도 역삼각형(▽)보다는 사각형(ㅁ)의 형태를 띤다.

④ 유류 사용용기, 방화에 사용한 기구, 물품이 근처에 존재하는 경우가 많다.

⊕ Plus one

방화와 연관성 있는 화재패턴의 종류

① 트레일러(Trailer)에 의한 패턴 : 화재현장에서 의도적으로 한 장소에서 다른 장소로 연소를 확대시키기 위해 뿌려진 가연물의 흔적으로 방화현장에서 흔히 볼 수 있다. 이 패턴은 반드시 액체가연물만의 흔적은 아니고 화장지, 신문지 등 고체가연물이 사용되기도 하고 조합되어 사용되기도 한다.

② 틈새연소패턴(Leakage Fire Patterns) : 단순히 가연성 액체의 연소이며, 콘크리트나 시멘트 바닥이 아니라 마감재 표면에서 보이는 패턴이다. 화재초기에 나타나며, 방화현장에서 많이 볼 수 있는 형태이다. 틈새에 고인 가연성 액체는 다른 부분에 비하여 더 강한 연소흔을 나타내는 특징이 있다.

③ 낮은연소패턴(Low Burn Patterns) : 건물의 하층부가 전체적으로 연소된 형태로 촉진제의 사용이나 존재를 나타내는 증거로 추정할 수 있다.

④ 독립연소패턴 : 발화지점이 2개소 이상으로 각각 독립적으로 발견될 경우 방화일 가능성이 높다.

(8) 9의 법칙(Rule of Nines) 13 19 21 22

① 신체의 표면적을 100% 기준으로 그림과 같이 9% 단위로 나누고 외음부를 1%로 하여 계산하는 방법

② 두부 9%, 전흉복부 9%×2, 배부 9%×2, 양팔 9%×2, 대퇴부 9%×2, 하퇴부 9%×2, 외음부 1%를 합하면 100%

손상부위	성 인	어린이	영 아
머 리	9%	18%	18%
흉 부	9%×2	18%	18%
하복부			
배(상)부	9%×2	18%	18%
배(하)부			
양 팔	9%×2	9%×2	18%
대퇴부(전, 후)	9%×2	13.5%	13.5%
하퇴부(전, 후)	9%×2	13.5%	13.5%
외음부	1%	1%	1%
관련사진			Front 18% Back 18%

※ 9의 법칙은 성인에게 적용 시 오차 없이 신속하게 화상범위를 추측할 수 있으나, 어린이에게 적용 시 머리가 과소평가되고 팔과 다리가 과대평가되는 단점이 있으므로 그림을 참조하여 평가한다.

(9) 화상의 깊이

구 분	1도 화상(홍반성)	2도 화상(수포성)	3도 화상(괴사성, 가피성)	4도 화상(탄화성, 회화성)
증 상	• 붉은색 피부 • 통증 호소	• 수 포 • 심한 통증 • 붉으며 흰 피부 • 축축하고 얼룩덜룩한 피부	• 검은색 또는 흰색 • 딱딱한 피부 감촉 • 거의 없는 통증 • 화상주위의 통증	• 심부조직, 뼈까지 손상 • 피부가 탄화된 경우가 많음

(10) 화상사 사망기전

① 원발성 쇼크 : 고열이 광범위하게 작용하여 일어나는 격렬한 자극에 의하여 반사적으로 심정지가 초래되는 것

② 속발성 쇼크 : 화상성 쇼크라고도 하며, 화상을 입고 나서 상당시간이 경과한 후에 증상이 발현되어 2~3일 후에 사망한 것

③ 합병증 : 쇼크시기를 넘긴 후에는 독성물질에 의한 응혈, 성인호흡장애증후군, 급성신부전, 소화관 위궤양의 출혈, 폐렴 및 패혈증 등 합병증으로 사망할 수 있다.

> ### ⊕ Plus one
>
> **주요 용어 정리**
> • 화재사(Death Due to Fire) : 화재로 인한 사망은 불에 탔든 타지 않았든 화재사로 칭함이 적절함
> • 소사(燒死) : 화재로 인한 사망(그러나 타서 사망함을 의미하는 듯한 표현)
> • 소사체(燒死體) : 탄 채 발견된 시체(사인이 소사인 경우, 다른 원인으로 사망한 후 탄 시체)
> ※ 화재로 사망하였더라도 타지 않은 경우는 해당되지 않는다.

(11) 화재사의 사망기전

① 화상 : 화염, 고온의 공기, 고온의 물체에 의한 화상

② 유독가스 중독 : 일산화탄소, 화학섬유・도료류 등에서 발생하는 각종 유독가스 중독

③ 산소결핍에 의한 질식 : 공기의 유통이 좋지 않은 밀폐공간에서 산소의 소진으로 질식

④ 기도화상 : 화염이 호흡기에 직접 작용하여 기도에 부종이 발생하여 곧바로 사망

⑤ 원발성 쇼크 : 반사적 심정지로 사망한 경우로 분신자살 시 흔히 보임

⑥ 급・만성호흡부전 : 기도화상으로 급성호흡부전 또는 감염으로 인한 만성호흡부전으로 사망

(12) 화재사체의 사후변화 14

① 탄 화

② 피부균열(기포)

③ 장갑상 탈락

④ 투사형자세

⑤ 동시체

⑥ 두개골골절

3 화재증거물 수집의 원칙 및 방법

(1) 증거수집의 필요성
① 발화원과 관계된 개체의 분석
② 화재원인 및 연소확대 경로, 피해규모를 판단하는 객관적인 자료 확보
③ 감식 · 감정을 위한 물증 및 법적 증거자료 확보

(2) 물적 증거물 수집방법 결정 사항 ★★★
① 증거물의 물리적(고체, 액체, 기체) 상태
② 증거물의 크기, 모양, 무게 등 물리적 특성
③ 물증의 변형이나 파손여부
④ 증거물의 휘발성 및 독성
⑤ 증거물을 조사 시험할 방법과 절차

(3) 증거물의 수집 원칙 ★★★★★
① 증거서류를 수집함에 있어서 원본 영치를 원칙으로 한다.
   ㉠ 사본을 수집할 경우 원본과 대조한 다음 원본대조필을 하여야 한다.
   ㉡ 원본대조를 할 수 없을 경우 제출자에게 원본과 같음을 확인 후 서명 날인을 받아서 영치하여야 한다.
② 물리적 증거물의 증거능력을 유지 · 보존 원칙으로 한다.
③ 물리적 증거물 유지 · 보존을 위하여 전용 증거물 수집장비(도구 및 용기)를 이용한다.

(4) 증거물의 수집 방법(화재증거물수집관리규칙 제4조) 13 14 ★★★★★
① 현장 수거(채취) 목록(별지1 서식)을 작성한다.
② 증거물의 종류 및 형태에 따라 적절한 구조의 수집도구 및 용기를 사용한다.
③ 증거물을 수집할 때는 휘발성이 높은 것에서 낮은 순서로 수집한다.
④ 증거물의 소손 또는 소실 정도가 심하여 증거물의 일부분 또는 전체가 유실될 우려가 있는 경우는 증거물을 밀봉하여야 한다.
⑤ 증거물이 파손될 우려가 있는 경우에 충격금지 및 취급방법에 대한 주의사항을 증거물의 포장 외측에 적절하게 표기하여야 한다.

⑥ 인화성 액체 성분 분석을 위하여 증거물을 수집한 경우에는 증발을 막기 위한 조치를 행하여야 한다.

⑦ 증거물 수집 과정에서는 증거물의 수집자, 수집 일자, 상황 등에 대하여 기록을 남겨야 하며, 기록은 가능한 법과학자용 표지 또는 태그를 사용하는 것을 원칙으로 한다.

⑧ 화재조사에 필요한 증거물 수집을 위하여 관계장소를 통제구역으로 설정하고 화재현장 보존에 필요한 조치를 할 수 있다.

[현장 수거(채취)물 목록(제4조 제2항 제1호 관련) 〈별지1〉]

연 번	수거(채취)물	수 량	수거(채취)장소	채취자	채취시간	감정기관	최종결과
1							
2			이하 생략				

(5) 인화성액체 감정용 시료 수집

① 액체 촉진제는 액체 상태일 때 가능하다.

② 물증에 접근이 가능한 경우 액체 촉진제는 새 주사기, 피펫, 점안기 흡입기구로 증거물 용기에 수집한다.

③ 바닥의 틈이나 구석진 부분은 살균한 면봉이나 거즈 패드를 이용하여 액체를 흡수 수집하고 액봉 용기에 밀봉해 감정을 의뢰한다.

④ 화재조사자는 수거 즉시 밀봉하여 증거물이 오염되지 않도록 주의해야 한다.

(6) 고체에 흡수된 액체 촉진제 시료 수집

① 종종 액체 촉진제 증거물은 그것이 진흙이나 모래를 포함한 고체에 흡수된 경우 떠 넣거나 절단, 톱질하거나 긁어내어 수집한다.

② 다공성 물질인 콘크리트 등 흡착제로 액체 촉진제를 수집한 경우 흡착제는 쉽게 오염되기 때문에 감정을 위하여 사용되지 않은 비교표본을 보존하여야 한다.

⊕ **Plus one**

흡착제에 의한 흡착법
- 잔류물이 있는 용기의 상부공간에 숯(Charcoal)을 매달아 촉진제를 추출하는 방법
- 물리적 흡착제 : 활성탄, 실리카켈, 활성알루미나, 활성백토, 분자채 등이 있음

(7) 비교표본의 수집

① 인화성 액체 등 촉진제가 카펫 등에 흡수되어 있는 경우 카펫 등을 함께 수집하고 비교표본을 수거하도록 한다.

② 물적증거물과 상대적인 비교를 위한 비교표본은 인화성 촉진제 등으로 오염되지 않는 동일한 시료를 화재피해를 받지 않는 지역에서 채취하여 수거하도록 한다.

(8) 전기설비 및 구성부품 수집

① 전기장치 및 구성요소를 수집하기 전에 모든 전원이 차단 여부를 확인해야 한다.

② 전기부품을 증거물로 수집하기 전에 사진촬영 또는 도표로 확실히 기록해야 한다.

③ 전기 배선은 쉽게 잘려지거나 배치가 바뀔 수 있고 긴 전선의 경우 전선을 자르게 전에 사진으로 기록하고 전선의 양쪽 끝에 꼬리표를 붙이고 잘라야 한다.

    ㉠ 전선이 부착 또는 이탈한 기계나 기구

    ㉡ 전선이 부착 또는 이탈한 곳의 회로차단기나 퓨즈 번호 또는 위치

    ㉢ 기계와 회로 보호장치 사이를 접하는 배선 경로나 방향

④ 전기스위치, 콘센트, 온도조절장치, 중계기, 접속함, 분전반 등은 발견된 장소와 똑같은 상태로 손상되지 않게 옮겨야 한다.

⑤ 조사자가 해당 전기장치에 익숙지 않은 경우 장치나 부품 손상을 막기 위해 현장 시험이나 분해 전에 장치에 대해 알고 있는 사람으로부터 도움을 받는 것이 좋다.

4 증거물의 사진촬영 방법

(1) 촬영의 중요성

① 사실성 : 실제 피사체를 촬영한 것으로 사실적으로 묘사한다.

② 정보전달의 신속성 : 화재현장을 리얼하게 신속히 전달한다.

③ 영구 보전성 : 누락된 사실 보전성 및 조사서류에 영구 보전성이 있다.

④ 신뢰성 : 구술과 문장보다는 6하원칙에 의해 상세히 촬영한 사진은 진술의 신뢰성과 발화원인 판정의 훌륭한 증거로서 입증자료가 된다.

⑤ 기억의 한계 극복성 : 자기가 촬영한 현장사실을 기억하는 데 도움을 준다.

(2) 화재현장 사진촬영의 기본

① 촬영의 목적을 충분히 이해하고 단시간에 끝낼 수 있도록 요령 있게 촬영한다.

② 카메라 장치에 일자와 시간이 표시될 수 있도록 표시기능을 먼저 설정한다.

③ 혈흔·사망자 등과 보존이 어려운 증거물은 우선 촬영한다.

④ 화재증거물의 위치와 상태를 명백히 해 두고 촬영한다.

⑤ 가급적 상·하·좌·우의 여러 각도에서 촬영한다.

⑥ 증거물의 불명료함 및 촬영자의 호흡에 의한 흔들림을 방지하기 위해 삼각대를 사용한다.

⑦ 선명하고 광범위하게 일그러짐이 없이 물적 증거물을 확대 촬영한다.

⑧ 현장의 장소적 연관성을 객관적으로 표현하여 마치 눈으로 보듯이 촬영한다.

⑨ 제3자가 보아도 현실감 있게 현장을 이해할 수 있을 만큼 현장을 겹쳐지도록 다각도로 6하원칙에 따라 순서대로 대상물을 촬영한다.

(3) 기타 증거물 사진촬영 요령

① 증거물을 수거하기 전 그 위치와 주변상황 등 상관관계를 알 수 있도록 원거리, 중거리, 근거리에서 촬영하여 객관적으로 알 수 있도록 한다.

② 증거물 수집의 합리성 및 조작논란을 불식하기 위하여 수집상황을 촬영한다.

③ 분해검사를 위해서는 분해 전 상황을 먼저 촬영하고 분해물의 특징에 따라 표식을 붙여 확대 촬영한다.

④ 현장에서 수거한 큰 물적 증거물은 혼잡함을 방지하기 위하여 배경막을 설치하여 촬영한다.

⑤ 작은 부품, 중요흔적 등은 눈금자를 같이 촬영하거나 동일제품과의 비교 촬영한다.

⑦ 근접촬영 시에는 매크로렌즈 및 링 플래시 사용하여 촬영한다.

⑧ 전선 용융흔을 촬영할 때에는 나타내고자 하는 지점에 원형 표시판을 활용한다.

⑨ 증거물의 제품명, 모델, 시리얼번호가 식별되는 표지가 부착된 경우 기기를 쉽게 알 수 있도록 근접하여 촬영한다.

(4) 촬영 시 유의사항(화재증거물수집관리규칙 제9조) 22 ★★★★★

① 최초 도착하였을 때, 원상태를 그대로 촬영하고, 화재조사의 진행순서에 따라 촬영한다.

② 증거물을 촬영할 때는 그 소재와 상태가 명백히 나타나도록 하며, 필요에 따라 구분이 용이하게 번호표 등을 넣어 촬영한다.

③ 화재현장의 특정한 증거물 등을 촬영함에 있어서는 그 길이, 폭 등을 명백히 하기 위하여 측정용 자 또는 대조도구를 사용하여 촬영한다.

④ 현장사진 및 비디오 촬영을 할 때에는 연소확대 경로 및 증거물 기록에 대해 번호표와 화살표를 표시 후 촬영한다.

⑤ 화재상황을 추정할 수 있는 다음의 대상물의 형상은 면밀히 관찰 후 자세히 촬영한다.

  ㉠ 사람, 물건, 장소에 부착되어 있는 연소흔적 및 혈흔

  ㉡ 화재와 연관성이 크다고 판단되는 증거물, 피해물품, 유류

(5) 장소별 사진촬영 방법

① 연소상황 파악을 위한 화재현장 외부 전경 ★★★★★

  ㉠ 높은 곳에서 화재현장 전체를 촬영한다.

  ㉡ 건물을 4방향에서 촬영한다.

  ㉢ 발화부 주변현장은 확산경로가 묘사될 수 있도록 구조물의 외부에서 내부로 촬영한다.

  ㉣ 화재패턴이 나타날 수 있도록 촬영하고 한 장의 사진으로 표현이 어려울 경우 현장을 중첩하여 파노라마식으로 촬영한다.

  ㉤ 의심나거나 중요한 증거물에 대하여는 여러 방향에서 촬영한다.

  ㉥ 창문이나 출입문 강제개방 흔적이 있는지 검사 후 내부출입 전 촬영한다.

② 화재현장 내부 ★★★

    ㉠ 내부구조 전체가 나타날 수 있도록 촬영한다.

    ㉡ 6개 방면(4방향 벽, 천장, 바닥)을 촬영한다.

    ㉢ 촬영 위치를 평면도상에 표시하면서 촬영한다.

    ㉣ 화재보고서는 촬영위치와 사진번호가 일치하게 조사서를 작성한다.

③ 발화지점 주변

    ㉠ 넓은 화각렌즈로 발화부로부터 연소방향과 소실정도를 선명하게 촬영한다.

    ㉡ 주변 연소상황을 같이 촬영한다.

④ 현장발굴 사진 ★★★

    ㉠ 발굴 전 전체적 상황을 먼저 촬영한다.

    ㉡ 부분적 발굴은 발굴 전, 발굴 과정, 발굴 후의 상태를 같은 장소에서 촬영한다.

    ㉢ 발굴 중 증거물을 이동 등 변경할 때는 사진을 먼저 촬영한다.

    ㉣ 조사과정에서 발견되는 특이사항은 현장에 있는 상태 그대로 촬영한다.

    ㉤ 유증 채취 시 여러 곳을 채취하고 그 지점은 번호로 표시한다.

5 증거물 수집용기의 종류 및 용도

(1) 증거물 수집용기의 종류 ★★★★★

① 종이상자

② 금속 캔

③ 유리병

④ 비닐봉지

⑥ 일반 프라스틱 용기

⑦ 종이봉투

(2) 증거물 수집용기 용도 및 장·단점

구 분	용 도	장 점	단 점
종이상자	고 체	• 전선류 등 부피가 큰 시료를 담을 수 있음 • 대·중·소에 따라 구분 사용이 가능함 • 금속캔, 유리병 등 포장용도로 사용할 수 있음	기밀성과 습기에 약하여 찢어지거나 파손될 우려가 있음(이로 인해 증거물을 쉽게 오염시킬 수 있음)
금속 캔	고체, 액체	• 쉽게 구할 수 있고 가격이 저렴함 • 투과성이 없고 내구성이 좋으며, 사용이 편리함 • 휘발성 액체의 증발을 막을 수 있음	• 투과성이 없어 안의 내용물을 볼 수 없음 • 산화하여 녹이 생길 우려가 있음 • 휘발성 액체 저장 시 증기압으로 마개가 열릴 수 있음(증기 공간 확보를 위해 $\frac{2}{3}$ 이상 채우지 않도록 함)

유리병	고체, 액체	• 쉽게 구할 수 있고 가격이 저렴함 • 용기를 열지 않아도 내용물을 볼 수 있음 • 휘발성 액체의 증발을 막을 수 있음 • 장기간 저장 시 증거물의 악화를 줄일 수 있음	• 깨지기 쉬움 • 용기의 크기 제한으로 대량저장이 어려움 ※ 마개는 접착제나 고무패킹은 없도록 하고 $\frac{2}{3}$ 이상 채우지 않도록 함
비닐봉지	고 체	• 모양과 크기가 다양하고 가격이 저렴함 • 봉지를 열지 않아도 내용물을 볼 수 있음 • 보관이 편리함	• 손상되기 쉽고 오염을 일으킬 수 있음 • 탄화수소와 알코올 등 액체 증거물은 담기가 곤란함 • 액체 시료를 담을 경우 찢어짐이나 구멍 등으로 표본손실이나 견본 상자의 용기 내 교차 오염을 일으킬 수 있음 • 폴리에틸렌봉지는 휘발성 액체 증거물은 사용할 수 없고 침투성이 있어 분실 오염의 우려가 있음
특수 증거물 수집가방	고체, 액체	• 액체와 고체 증거물을 구분하여 수집할 수 있는 특수 가방으로 보관·이동이 편리함 • 액체촉진제의 증발 및 오염방지 능력이 우수함	파손되기 쉽고 봉인이 어려운 경향이 있으며, 물증자체의 오염을 야기시킬 수 있음
일반 플라스틱 용기	고 체	• 모양과 크기가 다양하고 가격이 저렴함 • 봉지를 열지 않아도 내용물을 볼 수 있음 • 보관이 편리함	• 탄화수소와 아세톤 등 액체 증거물은 담기가 곤란함 • 액체 시료를 담을 경우 구멍 등으로 표본손실이나 견본 상자의 용기 내 교차 오염을 일으킬 수 있음

6 증거물 시료용기 기준(화재증거물수집관리규칙 별표 1) 21 22 ★★★★★

구 분	용기 내용
공통사항	• 장비와 용기를 포함한 모든 장치는 원래의 목적과 채취할 시료에 적합하여야 한다. • 시료용기는 시료의 저장과 이동에 사용되는 용기로 적당한 마개를 가지고 있어야 한다. • 시료용기는 취급할 제품에 의한 용매의 작용에 투과성이 없고 내성을 갖는 재질로 되어 있어야 하며, 정상적인 내부 압력에 견딜 수 있고 시료채취에 필요한 충분한 강도를 가져야 한다.
유리병	• 유리병은 유리 또는 폴리테트라플루오로에틸렌(PTFE)으로 된 마개나 내유성의 내부판이 부착된 플라스틱이나 금속의 스크루마개를 가지고 있어야 한다. • 코르크마개는 휘발성 액체에 사용하여서는 안 된다. 만일 제품이 빛에 민감하다면 짙은 색깔의 시료병을 사용한다. • 세척방법은 병의 상태나 이전의 내용물, 시료의 특성 및 시험하고자 하는 방법에 따라 달라진다.
주석 도금 캔(Can)	• 캔은 사용직전에 검사하여야 하고 새거나 녹는 경우 폐기한다. • 주석 도금 캔(Can)은 1회 사용 후 반드시 폐기한다.
양철 캔(Can)	• 양철 캔은 적합한 양철 판으로 만들어야 하며, 프레스를 한 이음매 또는 외부 표면에 용매로 송진 용제를 사용하여 납땜을 한 이음매가 있어야 한다. • 양철 캔은 기름에 견딜 수 있는 디스크를 가진 스크루 마개 또는 누르는 금속마개로 밀폐될 수 있으며, 이러한 마개는 한 번 사용한 후에는 폐기되어야 한다. • 양철 캔과 그 마개는 청결하고 건조해야 한다. • 사용하기 전에 캔의 상태를 조사해야 하며 누설이나 녹이 발견될 때에는 사용할 수 없다.
시료용기의 마개	• 코르크마개, 고무(클로로프렌 고무는 제외), 마분지, 합성 코르크마개 또는 플라스틱 물질(PTFE는 제외)은 시료와 직접 접촉되어서는 안 된다. • 만일 이런 물질들을 시료 용기의 밀폐에 사용할 때에는 알루미늄이나 주석 호일로 감싸야 한다. • 양철용기는 돌려 막는 스크루뚜껑만 아니라 밀어 막는 금속마개를 갖추어야 한다. • 유리마개는 병의 목 부분에 공기가 새지 않도록 단단히 막아야 한다.

7 증거물의 운송 · 저장 · 보관 방법

(1) 증거물의 포장(화재증거물수집관리규칙 제5조) ★★★★

입수한 증거물을 이송할 때에는 포장을 하고 상세 정보를 다음과 같이 기록하여 부착한다.

① 상세 정보 : 수집일시, 증거물번호, 수집장소, 화재조사번호, 수집자, 소방서명, 증거물내용, 봉인자, 봉인일시 등 상세정보를 다음 서식에 따라 작성한다.

② 증거물의 포장 : 보호상자를 사용하여 개별 포장함을 원칙으로 한다.

화재증거물			
수집일시	_____	증거물번호	_____
수집장소	_____	화재조사번호	_____
수집자	_____	소방서	
증거물내용	_____		
	_____		
	_____		
봉인자	_____	봉인일시	_____

(2) 증거물의 보관 · 이동(화재증거물수집관리규칙 제6조) ★★★★

① 증거물의 관리 : 증거물은 수집 단계부터 검사 및 감정이 완료되어 반환 또는 폐기되는 전 과정에 있어서 화재조사자 또는 이와 동일한 자격 및 권한을 가진 자의 책임 하에 행해져야 한다.

② 보관이력관리 : 증거물의 보관 및 이동은 장소 및 방법, 책임자 등이 지정된 상태에서 행해져야 되며, 책임자는 전 과정에 대하여 이를 입증할 수 있도록 다음 사항을 작성하여야 한다.

㉠ 증거물 최초상태, 개봉일자, 개봉자

㉡ 증거물 발신일자, 발신자

㉢ 증거물 수신일자, 수신자

㉣ 증거 관리가 변경되었을 때 기타사항 기재

보관이력관리			
최초상태	_____ □ 봉인	□ 기타(Others)	_____
개봉일자	_____	개봉자(소속, 이름)	_____
발신일자	_____	발신자(소속, 이름)	_____
수신일자	_____	수신자(소속, 이름)	_____
발신일자	_____	발신자(소속, 이름)	_____
수신일자	_____	수신자(소속, 이름)	_____

③ 증거물의 보관 : 전용실 또는 전용함 등 변형이나 파손될 우려가 없는 장소에 보관해야 하고 화재조사와 관계없는 자의 접근은 엄격히 통제되어어야 하며, 보관관리 이력을 작성하여야 한다.

④ 증거물의 반환 및 폐기 : 증거물은 화재증거 수집의 목적달성 후에는 관계인에게 반환하여야 한다. 다만 관계인의 승낙이 있을 때에는 폐기할 수 있다.

(3) 물적 증거물의 운송

① 직접운반(인편 수송) : 가장 권장하는 방법

　㉠ 직접운반의 장점

　　ⓐ 잠재적 손상방지

　　ⓑ 수신자 오류 최소화

　　ⓒ 분실 최소화

　㉡ 직접운반 시 유의사항

　　ⓐ 완전한 상태로 보존할 수 있는 모든 예방조치를 해야 한다.

　　ⓑ 실험실에 이송·보관될 때까지 화재조사자는 즉시 보관하여 관리를 실시한다.

　　ⓒ 화재조사자는 요구되는 조사나 실험 범위를 서면으로 한정해야 한다.

> **⊕ Plus one**
>
> **문서에 기재사항**
> • 화재조사자의 이름, 주소, 전화번호
> • 시험에 제출된 증거물의 세부목록 및 세부설명
> • 시험에서 요구하는 성질과 적용범위 및 시험에 맞는 필요사항
> • 사건사실과 주위환경

② 화물운송(우편발송)

　㉠ 화물수송 시 유의사항

　　ⓐ 물적 증거가 완전한 상태로 보존될 수 있도록 사전 예방조치를 해야 한다.

　　ⓑ 단독조사로부터 얻은 증거물 포장은 충분한 크기의 용기를 선택한다.

　　ⓒ 1개 이상의 조사에서 얻은 증거물은 동일한 포장으로 수송하면 절대로 안 된다.

　㉡ 증거물 포장방법

　　ⓐ 개개의 증거용기는 판지상자 안에서 조심스럽게 단단히 포장해야 한다.

　　ⓑ 화물상자는 허가 없는 개봉을 막기 위해서 변경 방지용 테이프로 밀봉한다.

　　ⓒ 화물상자 안에 어떤 증거물이 들어 있는지를 알아보기 쉽게 상자 외부에 표식을 한다.

　　ⓓ 변경 방지용 테이프로 밀봉한 시험 의뢰서와 문서에 기재사항을 기재하고 별도로 소포 안에 포장한다.

　㉢ 발 송

　　ⓐ 수하인은 탁송 전에 밀봉된 소포의 사전조사하고 간단하게 사진을 촬영하여 탁송 전 수하물의 상태를 입증하여 둔다.

ⓑ 증거화물은 우체국 택배 또는 공인된 택배회사로 탁송하여야 한다.

ⓒ 수하인은 탁송 영수증을 요구해야 하고 서명을 받아야 한다.

8 물적 증거물의 오염방지

(1) 증거물 보관용기 오염방지

① 세척 불량한 수집용기를 재사용하지 말 것

② 수집용기 공급 및 증거물 수집ㆍ이송ㆍ보관 등 전 과정에서 밀봉할 것

③ 증거에 부적합ㆍ불량용기를 사용하지 말 것

(2) 증거수집 과정에서의 오염 방지

① 증거물의 오염, 훼손, 변형되지 않도록 적절한 장비를 사용할 것

② 1회용품 사용 등 무분별한 접촉에 따른 이물질 혼합방지를 사전예방조치를 할 것

③ 증거물의 이송ㆍ보관 과정에서 신뢰성 유지를 위한 조치를 할 것

(3) 소방관에 의한 오염 방지

① 소방관의 동력공구에 사용한 급유 시 누유시키지 말 것

② 무분별한 파괴작업으로 인한 증거물의 훼손ㆍ변형되지 않도록 최소화 할 것

③ 화재증거물의 소실, 제거, 도난 방지를 위한 관계 장소를 통제구역으로 설정, 관리할 것

02 | 증거물 법적증거능력 확보 및 유지하기

Key Point
1. 증거물의 수집, 보존, 이동의 전체 과정에 대하여 문서화하는 방법을 설명할 수 있다.
2. 증거물의 정밀검사 방법에 대하여 설명할 수 있다.

1 물적 증거물 수집 문서화

(1) 상세한 문서화의 목적
① 화재조사자가 물적 증거의 원래 위치를 확증하는 데 도움을 줄 수 있다.
② 발견된 시간에서의 위치뿐만 아니라 화재조사와 관련된 상태와 상관관계를 확립할 수 있다.
③ 물리적 증거물이 오염되지 않았거나 변경되지 않았음을 확증하는 데 도움을 준다.

(2) 문서화 방법
① 물리적 증거물은 이동 또는 제거되기 전에 상세하게 기록해야 한다.
② 기록하는 방법으로는 정확한 측정과 사진촬영을 가미한 현장도해, 직접스케치 등으로 하면 가장 좋다.
③ 기록은 물증이 이동되거나 어지럽히기 전에 도면을 그리고 사진을 촬영하여야 한다.
④ 화재조사자는 모든 증거 목록과 누가 증거물을 옮겨 놓았는지 보전하기 위해 노력해야 한다.

(3) 증거물의 상황기록(화재증거물수집관리규칙 제3조)
① 화재조사자는 증거물을 수집(증거물의 채취, 채집 행위 등을 말함)하고자 할 때에는, 증거물을 수집하기 전에 증거물 및 증거물 주위의 상황(연소상황, 설치상황) 등에 대한 기록(도면, 사진촬영)을 남겨야 하며, 증거물을 수집한 후에도 기록을 남겨야 한다.
② 발화원인의 판정에 관계가 있는 개체 또는 부분에 대해서는 증거물과 이격되어 있거나 연소되지 않은 상황이라도 기록을 남겨야 한다.

(4) 증거물에 대한 유의사항(화재증거물수집관리규칙 제7조) ★★★★★
증거물의 수집, 보관 및 이동 등에 대한 취급방법은 증거물이 법정에 제출되는 경우에 증거로써의 가치를 상실하지 않도록 적법한 절차와 수단에 의해 획득할 수 있도록 다음의 사항을 준수하여야 한다.
① 관련 법규 및 지침에 규정된 일반적인 원칙과 절차를 준수한다.
② 화재조사에 필요한 증거 수집은 화재피해자의 피해를 최소화하도록 하여야 한다.

③ 화재증거물은 기술적, 절차적인 수단을 통해 진정성, 무결성이 보존되어야 한다.

④ 화재증거물을 획득할 때에는 증거물의 오염, 훼손, 변형되지 않도록 적절한 장비를 사용하여야 하며, 방법의 신뢰성이 유지되어야 한다.

⑤ 최종적으로 법정에 제출되는 화재 증거물의 원본성이 보장되어야 한다.

(5) 기록의 정리 · 보관(증거물수집관리규칙 제11조)

① 현장기록은 화재발생 순서에 따라 보안 디지털 저장매체에 정리 · 보관하여야 한다.

② 사진 및 비디오파일은 원본상태로 디지털 저장매체에 훼손되지 않도록 보관한다.

③ 사진 및 동영상은 국가화재정보시스템 화재현장조사서에 첨부하여야 한다.

(6) 기록 사본의 송부 및 관리(증거물수집관리규칙 제12조)

① 소방본부장 또는 소방서장은 현장사진 및 현장비디오 촬영물 중 소방청장 또는 소방본부장의 제출 요구가 있는 때에는 지체 없이 촬영물과 관련 조사 자료를 디지털 저장매체에 기록하여 송부하여야 한다.

② 소방본부 및 소방서는 연간 작성된 화재조사 기록과 조사 자료를 국가화재정보시스템 디지털 저장 매체에 관리하여야 한다.

2 증거물 정밀조사 방법

(1) 물적 증거의 정밀검사 및 실험의 목적

① 물적 증거의 화학성분과 물성치를 확인

② 특정한 법적 기준 및 설계치의 적합여부를 결정

③ 물적 증거의 작동여부를 확증

④ 화재원인의 책임소재를 결정하는 쟁점사항을 규명

(2) 실험실 조사 시 유의사항

① 시험방법은 넓고 다양하므로 공인된 기관에 표준화된 실험절차에 따른다.

② 실험조사결과는 다양한 인자의 영향을 받으므로 화재조사자는 결과를 해석할 때 이들 인자를 잘 인지하고 있어야 한다.

③ 증거물을 변경시킬 수도 있는 시험일 경우에는 시험 전에 이해당사자들이 이의제기 기회를 제공하고 실험 참석 여부를 결정한다.

(3) 가스크로마토그래피(Gas Chromatography) 분석

구 분	내 용
용 도	유(무)기화합물에 대한 정성(定注) 및 정량(定量)분석
분석가능 물질	• 0~400℃의 온도범위에서 기화(Vaporizing)할 수 있는 물질 • 기화온도에서 분해되지 않는 물질 • 기화온도에서 분해되더라도 분해된 물질이 정량적으로 생성되는 화합물
주요 구성품	• 압력조정기와 유량조정기가 부착된 운반기체(Carrier Gas)의 고압실린더 • 시료주입장치(Injector), 분석칼럼(Column) • 검출기(Detector) : 분리관에서 분리한 성분을 검출 • 전위계와 기록기(Data System) : 검출기에서 검출한 신호를 전환시키고 기록 • 항온 장치 : 분리관, 시료주입기, 검출기 등 각 부분 온도조절
장비의 분석 원리	• 적당한 방법으로 전처리한 시료를 불활성기체(Ne, Ar, He)인 운반가스(Carrier Gas)에 의하여 분리관 (Column) 내에 전개시켜 고정상간에 분배계수차에 의해 분리하면 시간차에 따라 검출기로 통과시켜 기록계에 나타나는 피크위치 또는 면적을 분석하여 정성 또는 정량분석을 함 • 분석하고자 하는 시료는 물리적·화학적 상호작용에 의해 고정상과 이동상으로 서로 다르게 분배되어 분리가 이루어짐
해석방법	• 시료가 피크로 표시되는 방법은 시간이 좌측에서 우측으로 진행되고 피크가 높을수록 성분원소가 많음 • 칼럼의 특성에 따라 좌측에서 시작하여 우측의 순서로 보통 분자량이 큰 분자가 우측에 감지 • 이 실험법은 혼합물을 각 성분으로 분리시켜 각 요소와 상대적인 양을 그래프로 표시해줌 • 명확하게 확인해야 할 성분을 알아내기 위한 추가실험 전 예비실험으로 사용

⊕ Plus one

분석이 어렵거나 불가능한 물질
• 분자량이 적지만 휘발되지 않는 물질 : 무기금속, 금속, 소금
• 재반응성이 크거나 불안정한 물질 : 불산, 오존, 질소산화물(NOx)
• 흡착력이 매우 큰 물질 : 분석 시 흡착이나 재반응이 잘 일어나는 물질들로 주로 카르복실기, 히드록실기, 아미노기, 유황 등을 함유한 물질
• 표준물질을 구하기 어려운 물질

(4) 질량 분석법(Mass Spectrometry)

구 분	내 용
용 도	GC로 분리되었던 각 성분을 더욱 상세하게 분석함으로서 기체·액체·고체 및 화합물의 정석분석 • 시료물질의 원소조성 또는 분자구조에 대한 정보 • 시료에 존재하는 동위원소비에 대한 정보 • 고체 표면의 정보
주요 구성품	시료 도입부, 이온화부, 분석부(질량분리기), 검출부(컴퓨터기록), 전원부 등으로 구성
장비의 분석 원리	• 전하를 띤 입자가 자기장 안에서 힘을 받아 분자이온이 회전을 하게 되는 원리를 이용한 것. 물질의 분자량에 따라 회전반경이 다름 • 시료를 기체화한 후 진공 방전법, 전자 충격법 등에 의해 이온화를 만들고 가속화하여 질량대 전하 비(比)에 따라 이온을 분리하여 질량 스펙트럼을 얻게 되면 분자량을 확정할 수 있음 • 이때 전 과정은 진공 속에서 진행되어야 하는데, 이온이 직접 날아다니기 때문에 검출기에 도달하기 전에 공기 분자와 충돌하면 신호를 얻을 수 없음 • 이온화시키는 방법에 따라서 분자가 쪼개지는 조각화가 일어나는데, 조각화 되는 패턴은 분자마다 다름. 따라서 분자량과 고유한 조각화 패턴에 따라서 분자식도 확인할 수 있음

(5) 적외선 분광광도계(Infrared Spectrophotometry)

구 분	내 용
용도	• 특정 파장 영역에서 적외선을 흡수하는 성질을 이용하여 화학종을 확인하는 장치 • 무기화학 및 유기화학의 전 영역에서 사용 • 장치로 적외선 흡수스펙트럼을 취하고, 이것을 해석해서 주로 유기물의 분석을 하는 방법을 적외선 분광광도법이라고 하며, 적외선 분석법의 주력을 이룸
주요분석 물질	• 시료의 상태는 기체, 액체, 고체의 어느 것이라도 좋지만, 액체가 가장 취급하기 쉬움 • 물을 용매로 할 수 없는 것이 커다란 결점으로 무기화합물의 분석에 그다지 적합하지 않음 • O-H 등의 극성이 강한 작용기를 가지는 물질의 분석에 가장 적합
장비의 분석 원리	• 분자 중에 적외선(Infrared)을 쐬게 되면 적외선은 X선 또는 자외선보다 에너지가 낮기 때문에 빛을 흡수하여 분자 내에서 전자의 전이현상을 일으키지 못하고 분자의 진동·회전·병진운동 등의 분자운동이 일어나게 된다. • 이때 원자 간의 결합구조에 따른 고유한 진동에너지 영역의 파장(2.5~25μm=4,000~400cm-1의 범위)이 흡수 후 방출하게 되는데, 이를 적외선 스펙트럼이라 함 • 이러한 변화를 측정하여 물질이 가지는 고유한 특성적 적외선 스펙트럼을 비교·분석하면 분자종의 동정과 정량을 확인할 수 있음

(6) 원자흡광분석(Automic Absorption)

구 분	내 용
용도	다양한 방식으로 시료를 원자화한 후 흡광분석법을 통해 금속원소, 반금속원소 및 일부 비금속원소를 정량분석하는 방법
특징	시료가 미량이라도 좋고 전처리가 간단하며, 시료 중의 공존물질의 영향이 적음
주요분석 물질	• 임상검사실에서는 혈청 중의 마그네슘, 칼슘, 철, 동, 아연 등이 측정되고 있음 • 알칼리금속, 알칼리토금속, 아연, 카드뮴, 구리, 망간, 납, 은 등의 미량 분석에 알맞음
주요구성	광원부 → 시료 원자화부 → 단색화부 → 측광부
장비의 분석 원리	• 금속원자를 불꽃 또는 전기로 등에 의하여 높은 온도로 가열함으로써 만들어진 기체 상태의 중성원자에 적당한 복사에너지(자외선)를 쪼여줌으로써 일어나는 복사에너지 흡수현상을 기초로 한 분석법 • 원자상의 원소는 같은 원소의 들뜬 상태에서 나온 빛을 선택적으로 흡수. 이것을 원자흡광이라 하며, 이 현상을 이용하여 각종 미량원소의 정량분석 • 시료 → 증기화 → 기저상태의 원자 → 원자가 흡수하는 빛의 파장을 측정 → 원자분석

(7) X-레이 형광분석(X-ray Fluorescence)

구 분	내 용
용도	화재열로 용융으로 엉겨 붙은 플라스틱 등 어떤 물체 내부의 실체를 전혀 알 수 없거나 감정 물건의 내부를 확인할 목적으로 사용
특징	화재증거물 자체를 파괴시키지 않고 정성분석과 정량의 분석이 가능
주요분석 물질	용유된 콘센트, 용융된 플러그, 용융된 배선용 차단기 등
장비의 분석 원리	• 원소마다 각각의 전자 수를 가지고 있고 여기에 엑스레이를 조사하면 전자를 밀어내면서 각각의 원자는 2차 엑스레이를 발생시키는데, 이때 원소마다 다른 에너지를 발생시킴 • 엑스레이 선을 조사했을 때 그 원소에서 나오는 2차 엑스레이를 검출기가 반응하는 값으로 계측하여 성분을 분석하는 방법

(8) 인화점 시험 및 측정방법

구 분	측정장비	인화점 적용시료 범위	해당 시료	측정방법
밀폐식	태그 (ASTM D 56)	93℃ 이하	원유, 휘발유, 등유, 항공터빈 연료유	위험물안전관리에 관한 세부 기준 제14조 참조
	신속평형법 (세타식)	110℃ 이하	원유, 등유, 경유, 중유, 항공 터빈연료유	위험물안전관리에 관한 세부 기준 제15조 참조
	펜스키마텐스 (ASTM D 90)	• 밀폐식 인화점 측정에 필요 한 시료 • 태그밀폐식을 적용할 수 없 는 시료	원유, 경유, 중유, 절연유, 방 청유, 절삭유	
개방식	태 그	-18~163℃이고, 연소점이 163℃까지인 시료	-	
	클리브랜드	79℃ 이하	석유, 아스팔트, 유동파라핀, 방청유, 절연유, 열처리유, 절삭유, 윤활유	위험물안전관리에 관한 세부 기준 제16조

⊕ **Plus one**

인화점(Flash Point)
시료를 가열하여 작은 불꽃을 유면에 가까이 되었을 때, 기름의 증기와 공기의 혼합기체가 섬광을 발생
하며 순간적으로 연소하는 최초의 시료온도

(9) 금속현미경

구 분	내 용
용 도	전기단락흔 등 금속시료를 채취하여 성형하고 연마하여 그곳에 나타나는 금속의 결정립의 형상 및 분포, 크기 또는 결합 등 관찰함으로서 결정조직의 성질을 파악하는 데 사용
특 징	• 전선의 단락여부 등 빛이 통과하지 못하는 비투과성 물질에 주로 사용 • 고배율의 조합이 가능하다는 장점이 있음
장치의 구성	광원, 대물렌즈, 접안렌즈, 재물대, 사진촬영부, 초점조절장치
장비의 관찰 원리	• 시료(試料)로부터의 반사광에 의해서 관찰 • 대물렌즈 후면에 직각 프리즘 또는 유리판이 장착되어 측면에서 오는 빛을 굴절시켜서 시료의 표면을 비추는 수직 조명장치가 들어 있음 • 광원 → 반사판 → 수직조명장치의 입사광 → 시편에 반사 → 접안렌즈 → 관찰

03 | 증거물 외관검사

Key Point

1. 증거물의 전체적, 구체적인 연소형태를 설명할 수 있다.
2. 증거물 자체의 연소 또는 외측으로부터의 연소형태를 설명할 수 있다.
3. 증거물 연소의 중심부, 연소의 확대형태를 설명할 수 있다.

1 증거물의 전체적, 구체적 연소형태 관찰

(1) 천장(Celling)의 관찰

① 지붕의 파괴현상, 천장 구조물(경량철골 등)의 수열 및 휘어진 현상
② 발화지점 열기둥(Plume)에 의해 생성된 천장의 패턴
③ 천장을 타고 흐른 뜨거운 가스 및 화염의 이동상황 관찰
④ 석고보드의 파괴 및 하소 현상, 천장 내부 목재의 탄화 및 소실상태
⑤ 천장 내부 콘크리트 등에 나타난 그을음 및 백화현상, 콘크리트의 박리 현상 등

(2) 벽(Walls)의 관찰 14

① 바닥에서부터의 연소상승 흔적
② 벽에 나타난 백화현상(완전연소 흔적) 및 콘크리트의 박리현상
③ 벽에 나타날 수 있는 연소패턴(V, U, 대각선 등) 등 연소상승 흔적
④ 벽의 일부가 국부적으로 소실되거나 파손상태 확인
⑤ 벽에 배치된 가구, 액자 등 목재의 탄화정도와 연소진행방향 관찰

(3) 바닥(Floors)의 관찰

① 천장 및 벽에서 소락된 잔해물 조사
② 소실된 가구, 전기기기 등 가연물 위치 조사
    ※ 전체적으로 소실되었다면 순발연소 후 복사열에 의한 소실을 의심
③ 국부적으로 소실이 심한 가연물 조사 및 화재연소율이 높은 가연물 판단
④ 바닥에 놓여있는 가연물의 탄화, 변색, 붕괴, 뒤틀림 등을 조사하여 화재진행방향 추론
⑤ 방화에 사용된 점화장치, 옮겨진 물건, 시간지연장치 등 방화 증거물
⑥ 연소촉진제 및 연소확산장치 등 관찰

(4) 문과 창문(Doors and Windows)

① 출입문의 연소상태를 관찰하여 열림과 닫힘 판단

② 출입문의 잠금장치 변형, 파괴, 개방 등을 확인

③ 소방관에 의한 파괴인지, 강제개방인지, 화재로 인한 것인지 판단

④ 출입문에 나타난 대각선 연소패턴 등을 확인하여 연소진행방향 판단

⑤ 유리의 깨진 형태를 관찰하여 화재와 폭발의 판단

⑥ 유리의 깨짐을 확인하여 화재의 진행방향 판단

(5) 계단 등 통로

① 계단, 계단참, 에스컬레이터, 승강기 등 공간을 통한 연소확산상황 판단

② 계단에 뿌려진 촉진제의 흔적, 옮겨진 가연물 등 관찰

(6) 구체적인 연소패턴

3편 chapter 03 ① 화재패턴분석 및 5편 chapter 01 ② 수집된 증거물의 개체 이해 참조

2 외부의 연소형태 조사

(1) 개 요

① 예비조사가 완료되면 건물을 세부적으로 분석할 필요가 있다.

② 이러한 분석목적은 화재가 시작된 장소를 식별하기 위한 것이다.

③ 이 분석은 외부표면조사로부터 시작한다.

　㉠ 화재가 분명히 구조물 내부로부터 비롯된 것이라 할지라도 외부분석이 실시되어야 한다.

　㉡ 관찰, 사진촬영과 스케치는 조사자로 하여금 구조물의 정확한 조사방향에 도움이 되고 구조물이
　　연소된 방식과 아직 제기되지 않은 문제를 해결하는 데 도움을 줄 수가 있다.

(2) 화재 이전 상황(Pre-Fire Conditions)

① 건물 · 구조물의 화재 이전상황을 조사해야 한다.

② 가구의 배치상태, 화기취급장소 등 중요한 세부사항을 조사한다.

(3) 건물 내 시설물

① 전기시설의 형태와 규격과 연료가스 유형을 비롯하여 구조물에 관련된 시설물의 위치를 표시하고
　문서화 한다.

② 전기와 연료가스를 공급하는 시설물의 계량기 표시숫자를 기록한다. 연료탱크의 위치와 구조물에
　연결된 방식을 기록한다.

(4) 문 또는 창문 등 개구부

① 각각의 출입문, 특히 구조물로 들어가는 문의 상태를 기록한다.

  ㉠ 문은 완전한가 또는 파손되었는가, 문이 파손되었다면 발화 전 또는 발화 후에 파손된 것인지를 결정한다.

  ㉡ 열려져 있었는가 또는 닫혀져 있었는가, 자물쇠 등과 같은 문을 잠그는 방법을 기록한다.

  ㉢ 때로는 문틀의 쪼개진 나무를 검사하고 연소되었는지, 연소되지 않았는지 그리고 연기에 의해 오염되었는지를 확인한다.

  ㉣ 또한 개방여부에 관계없이 문의 위치가 문설주 또는 경첩상의 은폐된 표면이 연기에 의해 오염되지 않은가의 여부를 확인하고 결정한다.

② 깨끗한 표면은 문이 연기가 날 때 닫혀 있었다는 것을 표시한다. 그러나 오염된 표면이라고 반드시 문이 열려 있었다는 것을 나타내지는 않는다.

③ 창문과 유리의 상태를 기록한다.

  ㉠ 화재 중에 창문의 위치가 어떠하였는가를 고려함으로써 문에 대하여 논의한 동일한 특징이 창문에도 적용된다.

  ㉡ 깨어진 유리에 대하여 유리조각의 위치는 무엇이 창유리를 파손시켰는가에 대한 통찰을 제공할 수 있다. 일단 화염이 문짝이나 유리창을 파손시키면 환기가 증진되어 화재의 연소속도와 구조물 내에서의 화염확산의 방식에 영향을 줄 것이다.

  ㉢ 조사자는 열림이 화재 전, 화재 중 또는 진화 후에 야기되었는지를 파악할 수 있도록 노력해야 한다.

(5) 폭발증거(Explosion Evidence)

① 외부 표면물체의 이동(위치변화, Displacement)은 반드시 문서화해야 한다.

② 파편의 이동거리와 벽과 지붕의 이동정도를 구조물 도면상에 기록하여야 한다.

③ 구조부재의 이동으로 노출된 은폐 표면상의 탄화물 또는 연기오염 역시 도면상에 표시, 기록하여야 한다.

(6) 화재피해(Fire Damage)

① 외부 표면상의 화재피해를 기록한다. 자연적이거나 비정상적 개방과 관련된 피해에 각별히 유의한다. 창문, 출입문 등 개구부는 연기와 열의 자연적인 통과를 가능하게 하고 화재와 연소생성물의 유동의 물증이 될 수 있다.

② 비정상적인 개방은 화재에 의해 생긴 구멍과 진화작업 중에 발생된 구멍이다. 화재에 의해 발생된 구멍은 구조물 내부의 강렬한 연소의 구역을 표시한다. 화재에 의해 발생된 갈라지고 떨어진 곳의 구멍은 복수의 착화지점, 집중된 화재하중 또는 단순히 실내마감재 내의 취약지점 상에 한 개 이상의 강한 충격을 전개시킨 확산되는 화염의 표시일 수 있다.

③ 진화작업에 의해서 발생된 구멍은 대체로 강제적인 진입시도, 연소가스의 환기 또는 화재현장 진화와 관련된다.

    ㉠ 환기를 시도하면 건물 내부의 화재유동이 크게 작용하여 이에 따라 비정상적으로 나타나는 화재형태를 만들게 된다.

    ㉡ 조사자는 이러한 화재손실을 평가함에 있어서 주의를 기울여 환기가 이루어졌을 때 구조물 내부에서 일어난 상황을 알아내기 위하여 소방대원과 협의하여야 한다. 그러한 증거물은 벡터로 표시하는 것과 같은 방법을 이용하면 화재의 흐름과 화재영향을 평가함에 있어서 도움이 될 수가 있다.

③ 증거물 연소의 중심부 연소 확대형태

(1) 개 요

일반적으로 내부 연소 확대형태조사는 발화지점에 대한 결정을 하기 전에 수행하여야 한다.

① 대부분의 건축·구조물 화재에서 발화원(Origin)은 건축물 내부에 있으며, 단지 외부조사만으로 발화원을 결정하는 것은 불가능하다. 내부에서 화재가 발생하지 않았다는 것이 명백한 경우에도 건물 내부는 평가되고 기록되어야 한다. 발화원결정과는 무관하지만 화재발생으로 인해 많은 문제점이 생겨날 수 있다. 건물 내부의 사진 및 도면은 이러한 문제점에서 야기된 의문에 대한 해답을 제공할 수 있다.

② 내부 연소확대 형태조사는 외부의 연소형태 조사와 동일한 절차에 따를 것이다.

③ 화재피해 분석도 외부의 연소형태 조사의 절차를 준용한다.

(2) 화재 이전 상황(Pre-Fire Conditions)

① 구조물 내부의 화재 이전 상태와 특히, 화재가 성장하고 확산된 지역을 기록하여야 한다.

    ㉠ 관리상태 또는 관리 불량상태를 기록한다.

    ㉡ 쓰레기와 같이 쉽게 착화될 수 있는 물질의 상태에 대한 뚜렷한 증거가 있는지 기록한다.

    ㉢ 전기기기가 적절히 사용되었는지 기록한다. 전기의 과부하, 전원코드의 오용, 기구의 오용 등에 관련되었을 수도 있는 가능성을 기록한다. 이러한 가능성이 단독으로 화재원인을 결정하지는 않으나 후속적인 원인결정을 뒷받침하거나 또는 부정할 수도 있다.

② 연기감지기, 소화설비, 방화문과 같은 내부의 모든 화재진압 또는 방화시설 등 위치를 표시한다.

    ㉠ 이러한 장치가 정상적인 작동상태에 있는지 확인한다.

    ㉡ 화재 시 적절히 작동했었는지 결정한다.

    ㉢ 장치가 고장난 것이었는지 또는 부적절하게 유지·관리되어 왔는지를 기록한다.

③ 구조물 안에 있었던 가연물 하중을 검토한다.

    ㉠ 가연물 하중이 본 구조물 안에서 예상된 착화원인과 일치하는지 기록한다.

    ㉡ 화재성장에 기여했는지를 기록한다. 내부 마감재 및 가구를 가연물 하중 고려대상에 포함시킨다.

    ㉢ 최종적인 결정은 화재 전 상태가 화재를 발생시켰는지 아닌지 또는 화재의 발생, 원인이나 확산에 크게 기여했는지 아닌지의 여부이다.

(3) 건물의 시설물

① 건축물 안의 시설물의 상태를 기록하고 그 위치를 표시한다.

문서화에는 주택의 배전반에 대한 간략한 사진촬영 또는 대규모 산업용 건물의 복잡한 배전설비에 대한 연구내용이 포함될 수 있다. 어떤 경우에도 사용된 배전방식 및 방법을 확인여야 하며, 설비의 손상 정도를 기록하여야 한다.

② 연료가스 사용설비를 확인하고 기록한다.

본 조사의 목적은 연료가스가 화재의 확산에 영향을 주었는지에 대한 결정을 돕기 위한 것이다. 조사내용상 연료가스가 화재의 확산에 영향을 주었다는 것이 밝혀진다면, 누설에 대한 압력시험을 포함하여 공급설비를 세부적으로 조사하여야 한다. 화재는 완벽한 성능의 가스공급설비도 누설 되도록 할 수 있다는 것을 항상 명심한다.

(4) 폭발(Explosion)

① 외부 연소형태조사 시 실시된 절차는 건물 내부의 조사에도 실시하여야 한다. 내부 구조물의 이동 사항은 이동거리 및 방향을 포함하여 모두 기록한다. 폭발피해의 중심부는 가능한 한 위치를 파악 하여야 한다.

② 일단 조사 시 폭발이 발생했다고 결정된 경우 조사자는 폭발이 화재에 앞선 것인지 또는 화재 이후에 일어났는지를 결정하기 위해 노력해야 한다.

04 | 증거물 정밀(내측)검사

Key Point
1. 증거물의 비파괴검사 방법에 대하여 설명할 수 있다.
2. 증거물의 분해검사 방법에 대하여 설명할 수 있다.
3. 증거물의 전기적인 특이점 및 기타 부분에 대한 정밀검사 방법에 대하여 설명할 수 있다.

1 비파괴촬영기 이용

(1) 비파괴촬영기의 용도 등

구 분	내 용
용 도	화재열로 용융으로 엉겨 붙은 플라스틱 등 어떤 물체 내부의 실체를 전혀 알 수 없거나 감정 물건의 내부를 확인할 목적으로 사용
특 징	화재증거물 자체를 파괴시키지 않고 정성분석과 정량의 분석이 가능
주요분석 물질	용유된 콘센트, 용융된 플러그, 용융된 배선용 차단기 등
장비의 관찰 원리	• 원소마다 각각의 전자 수를 가지고 있고 여기에 엑스레이를 조사하면 전자를 밀어내면서 각각의 원자는 2차 엑스레이를 발생시키는데, 이때 원소마다 다른 에너지를 발생 • 엑스레이 선을 조사했을 때 그 원소에서 나오는 2차 엑스레이를 검출기가 반응하는 값으로 계측하여 성분을 분석하는 방법

(2) 비파괴검사 시 유의사항

① 발화장소 등 화재현장에서 녹아 엉켜 붙은 용융물은 그 속에 들어 있는 내용물을 확인하지 않고 함부로 제거하여서는 안 된다.

② 녹아서 딱딱하게 굳어진 덩어리 또는 물건은 가능한 고전압 X-Ray 비파괴투시기 등을 사용하여 그 내부의 어떤 물체의 존재여부, 형상, 구조, 상태 등 내부 상황을 촬영하여 확인한 후 분해 관찰 하는 것이 중요하다.

③ X-ray 장비는 방사능에 관한 기술자격이 필요하며, 고전압 장비는 일정출력 이상의 경우 기술 자격이 필요하다.

④ 녹아서 딱딱하게 굳어진 덩어리 또는 물건을 손상 없이 해체할 경우 바이스 또는 압착기구를 사용 하여 서서히 압박을 가해 증거물의 외곽을 균열시켜 뜯어내듯이 분해해서 조사한다.

⑤ 압박위치는 비파괴검사기 관찰결과 압력의 영향을 받지 않은 지점을 선택하여 압박을 가한다.

⑥ 망치질 및 톱질과 지렛대 등의 도구사용은 내부에 충격과 손상을 야기할 수 있으므로 압박해체과정에 부분적으로 적절히 사용하여 분해해서 관찰한다.

2 증거물의 분해검사

(1) 증거물의 분해 시 유의사항

① 오염이 없는 깨끗한 장소에서 실시한다.

② 분해검사과정을 단계별로 사진촬영하고 훼손을 최소화 한다.

③ 증거물에 부착된 오염물질은 훼손되지 않도록 증거물에 따른 적절한 방법으로 제거한다.

④ 수집된 증거물 특성에 맞는 적절한 공구 등을 사용하여 분해작업을 실시한다.

⑤ 전문검사기관이나 전문가의 도움이 필요하다고 판단되면 도움을 받도록 한다.

(2) 분해검사 방법

① 분해는 순차적으로 실시한다.

② 증거물에 내장된 작은 부품 등은 채집 시 망실 우려가 있으므로 적절한 공구를 사용하여 분해하고 분실되지 않도록 주의한다.

③ 증거물이 탄화 등으로 육안식별이 어려운 경우 확대경 또는 실체현미경을 활용한다.

④ 분해물은 혼동이 발생하지 않도록 번호표나 이음을 붙여 분류작업을 실시한다.

⑤ 전기적인 특이점은 분해검사만 가지고 판단이 곤란한 경우 금속현미경을 사용하여 결정립 상태 및 분포 등 관찰을 함께 한다.

3 증거물의 전기적 특이점

(1) 전기의 구성요소

① 전기기기

② 플러그 및 콘센트 등 전선접속기구 : 플러그에서 불꽃방전이 발생하면 푸른색 계열로 변색되고 착상 되며, 물로 세척하더라도 착상한 발열흔이 증거로 그대로 남는다.

③ 벽붙이 스위치

④ 개폐기, 배선용차단기, 누전차단기 : 접점부에서 접속과 끊어짐으로 발화한 경우 금속의 일부가 용융·패임·잘려나간 형태로 물적증거가 남는다.

(2) 전기 단락흔 감식

① 전기기구 코드류는 통전 상태에서 단락되면 그 부분에는 구리가 구슬모양의 용융 흔적이 남는다.

  ㉠ 1차 용융흔 : 화재를 일으킨 직접적인 단락

  ㉡ 2차 용융흔 : 저압이 인가되어 있는 전기 코드류의 피복이 화재의 화염으로 발생한 2차적 단락

  ㉢ 열흔 : 단순히 화재열로 녹은 전선

② 용융흔의 발생개소 그 자체가 연소방향을 나타낸다.

③ 콘센트회로, 조명회로 등의 배선에 여러 개의 단락흔이 발견된 경우 모순 없이 연소방향을 판정한다.

④ 부하측에 가까운 쪽이 발화개소이므로 전원코드 등의 경로를 꼭 확인한다.

⑤ 이 전선류의 단락흔과 열흔은 외관상 특징과 차이가 있어 식별이 가능하다.

구 분	전 압	내 용	외관의 특징
1차흔	통 전	화재의 원인이 된 단락흔	• 형상이 구형이고 광택이 있으며 매끄러움 • 일반적으로 탄소는 검출되지 않음 • 금속조직은 초기결정 성상은 없음 • 일반적으로 미세한 보이드가 많이 생김
2차흔		화재의 열로 전기기기코드 등이 타서 2차적으로 생긴 단락흔	• 형상이 구형이 아니거나 광택이 없고 매끄럽지 않음 • 탄소가 검출되는 경우가 많음 • 초기결정 성장이 보이지만, 이외의 매트릭스가 금속결정으로 변형됨 • 커다랗고 둥근 보이드가 용융흔의 중앙에 생기는 경우가 많음
열 흔	비통전	화재열로 용융된 것	눈물 모양으로 쳐져 있고 광택이 없음
화재 감식		• 용융흔의 발생개소 그 자체가 연소방향을 나타냄 • 콘센트회로, 조명회로 등의 배선에 여러 개의 단락흔이 발견된 경우 모순 없이 연소방향을 판정 • 부하측에 가까운 쪽이 발화개소이므로 전원코드 등의 경로를 꼭 확인 • 전선류의 단락흔과 열흔은 외관상 특징과 차이가 있어 식별이 가능	

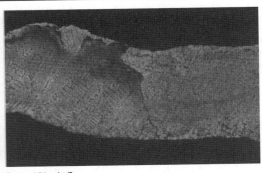

[전기단락흔의 관찰 사진]

05 | 화재재현실험 및 규격시험

Key Point
1. 재현실험의 가능한 상태 여부를 파악하는 방법에 대하여 설명할 수 있다.
2. 시험의뢰를 실시하는 경우에 대하여 설명할 수 있다.

1 화재현장 재현(Fire Scene Reconstruction)

(1) 재현실험 방법
① 화재현장의 재현은 조사자로 하여금 노출표면에서의 화재유형을 알 수 있도록 하며, 더욱 정확히 발화지점을 분석할 수 있도록 해야 한다.
② 화재현장조사에서 수집·수거·채취한 물적 증거물과 최초 목격자, 신고자, 화재진압대원 등에게 얻은 각종 정보에 근거하여 발화원으로 추정된 화재발생 가능성을 과학적 방법으로 실시한다.
③ 화재의 발생은 과학적·이론적으로 입증되지 않은 것이 많다는 것을 이해하고 실험에 임한다.

(2) 재현실험 시 유의사항
① 재질·규격·경과시간 등이 가능한 화재당시와 동일한 재현실험 재료를 선택할 것
② 발화원 주위 최초착화물 등 최대한 화재당시와 동일하게 배치할 것
③ 발화지점의 주변 온도·습도 및 축열 등 환경은 가능한 화재당시와 동일하게 할 것
④ 실험장소의 기상조건은 가급적 화재당시의 환경조건과 동일하게 할 것
⑤ 예비현장평가는 성급하게 실시되어서는 안 된다.
⑥ 현장재현 시에 또 하나의 중요한 고려사항은 안전(Safety)이다.
⑦ 적절한 잔해제거(Debris Removal)를 실시한다.
⑧ 잔해의 제거 시 모든 수용품 또는 드러나지 않았던 잔존물의 위치, 상태 및 방향을 기록하여 화재이전의 위치로 재현한다.
⑨ 재현모델(Models in Reconstruction)을 활용한다.

2 실험의뢰 및 감정

(1) 개 요

① 실험과 감정을 필요로 하는 물적 증거물은 각각의 실험과 감정데이터, 기록, 각종 문헌 등을 통하여 원인 입증의 자료로 삼는다.

② 화재현장에서 수집한 물적 증거물을 감식한 결과 발화원으로 인식된 특별한 현상이 발견된 경우 국립과학수사연구원, 소방과학연구실, 관련전문기관에 감정을 의뢰하여 감정결과서를 고려하여 화재원인을 최종적으로 판정한다.

(2) 실험(감정)의뢰 시 유의사항

① 시료는 부족함이 없도록 충분하게 채집한다.

② 파손 및 오염ㆍ분실되지 않도록 보존하여 이송한다.

③ 화재현장에서 물적증거물을 수거 반출할 경우 관계인의 승낙을 얻어야 한다.

(3) 시험(감정)의뢰 내용

① 화학적 조성분석

② 물리적 특성의 정립

③ 어떤 법적기준의 부합여부 결정

④ 작동ㆍ부작동ㆍ오동작 등 판정

⑤ 설계의 적정여부 판정

⑥ 발화지점ㆍ방화원인ㆍ화재확산에 미치는 요소

(4) 발화원의 검사

① 탄화된 증거물들은 쉽게 부서지고 잃어버리기 쉬우므로 손을 대기 전 사진을 먼저 찍고 다룰 때는 신중하고 조심스러워야 함

② 발화하였다고 의심되는 기기나 장치가 이동 가능한 경우 복잡한 현장에서보다 안정적인 실험실로 옮겨 조심스럽게 분해

③ 사전지식 없는 복잡한 기기나 장치에 대해서는 조사관이 직접 검사하는 것보다 전문가나 전문기관에 감정 의뢰

제6편

발화원인 판정 및 피해평가

합격의 공식 SD에듀 www.sdedu.co.kr

01 발화원인 판정하기

Key Point

1. 화재현장 조사 및 증거물 검사과정 등의 분석 자료를 설명할 수 있다.
2. 기타 발화원인을 배제하는 방법에 대하여 설명할 수 있다.
3. 증거능력의 정도에 따라 발화원인 판정방법에 대하여 설명할 수 있다.
4. 발화원인 판정 검토 시 유의사항에 대하여 설명할 수 있다.

1 화재현장조사 및 증거물 검사과정 등의 분석

(1) 발화지점에서 화원이 될 만한 물증이 있는 경우

① 전기기기 : 발화가능성을 추정하기에 앞서 통전사항을 판단한다.

  ㉠ 플러그의 콘센트 연결 여부

  ㉡ 스위치의 개폐여부

  ㉢ 전원선에 생길 수 있는 단락흔

  ㉣ 그래파이트화 현상의 유무

  ㉤ 아산화동의 발생과 증식유무

  ㉥ 퓨즈 등 안전장치의 작동여부

  ㉦ 착화물과 위치관계 및 탄화물의 부착상황

② 기계기구

  ㉠ 화열에 의한 금속의 변색, 용융, 변형, 파괴, 이물질의 혼입 등으로 사용유무 확인

  ㉡ 사용상태의 경우 기계기구의 발열이나 불꽃의 발생가능성, 안전장치의 상태를 조사

③ 누 전

  ㉠ 발화지점과 그 부근에서 전류의 누설흔적 확인

  ㉡ 흔적이 존재한 경우 누전점과 접지점을 조사

④ 발화원인이 화학적인 경우

  ㉠ 화학적으로 분해, 산화 등으로 발열하는 성질이 있는지 여부

  ㉡ 다른 위험물과 혼촉 발화의 가능성은 여부

  ㉢ 제조공정이나 보관상 화학발생 가능성 등 화학적 발생요인 규명

⑤ 불을 사용하는 설비

  ㉠ 구조·기능·재질적인 결함여부

  ㉡ 안전장치의 상태 등 발화가능성을 조사

(2) 발화지점에서 화원이 될만한 물증이 없는 경우

    ① 미소화원으로도 발화가 용이한 가연물의 존재여부

    ② 발화원과 착화물과의 관계에서 모순이 없는지 여부

    ③ 가연물에 불티, 고온 등이 혼입되어 발화에 이르는 환경이 있는지 여부

    ④ 통상 발화원으로 추정할 수 있는 화기취급시설로부터 불티 또는 불꽃 등의 존재여부

2 발화원인 배제 방법

3편 chapter 05 ③ 기타 부분을 발화지점으로부터 배제하는 방법 참조

3 화재원인 판정요령

    ① 발화원으로 추정되는 인근 가연물의 연소진행경로에 대하여 무리한 추론이 없어야 한다.

    ② 화재 물증이 남아 있지 않은 경우 발견 시 상황, 화재진압대 초기상황, 소손상황, 발화지점의 환경 조건을 종합적으로 고찰(考察)하여 발화원인으로서 타당성이 있어야 한다.

    ③ 과거의 화재사례 또는 경험에 비추어 발화의 가능성에 현저한 모순 없어야 하고, 과학기술의 진보에 따른 새로운 입증실험 방법 등이 있을 수 있으므로 유의하여야 한다.

    ④ 추정된 발화원 이외의 다른 화인이 될 수 있는 모든 화기시설 등에 대해서도 종합적으로 분석하여 논리적 발화 가능성에 관하여 부정할 수 있어야 한다.

    ⑤ 추정한 발화지점으로부터 발화장소까지 전체적인 연소상황과 확대경로가 관계가 있고 모순이 없어야 한다.

4 발화원인 판정 검토 시 유의사항

    ① 입회인을 포함한 화재관계인은 발화원인을 검토하는 장소에서 완전하게 격리 후 검토판정

    ② 발화원인 판정자료는 객관적인 연소상황에 근거하고 관계인이 진술한 증언도 연소상황과 일치함이 타당하고 불일치한 경우 그 이유를 분명히 명기

    ③ 발화에 이른 과정을 과학적으로 접근해서 의문이 있으면 반드시 조사 확인

    ④ 발화원으로 판단되는 화원이 둘 이상으로 추정되는 경우에는 연소현상을 재조사 및 검토한 후에 감정결과를 기다려 발화지점 및 발화원인을 사후에 판정

02 | 기타원인의 확인과 판정하기

Key Point
1. 연소확대상황을 통한 기타원인을 판정하고 설명할 수 있다.
2. 피난상황(피난경로, 피난인원, 피난방법)을 통한 기타원인을 판정하고 설명할 수 있다.
3. 소방용 설비 등의 사용과 작동상황을 통한 기타원인을 판정하고 설명할 수 있다.

1 연소확대상황 화재조사

(1) 개 요

연소확대상황 등의 조사에 관하여서는 화재가 발화원에 의해 최초착화물에 불이 붙은 후에 어떠한 경로로 연소가 확대하였는가, 방화구획 등 피난·방화시설이 화재 당시에 작동하였는가 등을 관계인 등의 입회를 통하여 상세하게 확인 관찰하고 기록하는 것이 필요하다.

(2) 연소확대상황 조사내용

① 발화실의 실내장식물과 연소확대와의 관계
② 방화구획, 방화문, 내력벽, 방화상 중요한 경계벽과 연소확대와의 관계
③ 유사하게 소실된 건물구조와 비교 검토
④ 파이프(Pipe) 및 공조덕트 스페이스(Space) 등의 수직샤프트(Shaft)의 연소확대
⑤ 창에서 창으로의 스팬드럴(Spandrel) 등 옥외 경로
⑥ 위험물제조 등의 연소확대(무허가 위험물의 저장·취급 등 유지·관리상황도 기재)

(3) 발화실에서 연소상황 조사

① 발화실의 연소확대 형태는 최초착화물이 그대로 타고 올라가거나 착화물로부터 내벽과 커튼·문·천장 및 천장내부 등 발화실 안의 연소상황을 관찰
② 커튼·블라인드·카펫 등이 최초착화와 관련된 경우에는 방염처리상황을 조사
③ 벽과 천장 등 실내장식물의 연소상황을 조사
④ 발화실의 출입문 및 창문은 연소속도, 확대경로에 영향이 크므로 위치·구조 개폐상황을 조사

(4) 발화실 이외의 같은 층의 다른 방이나 실내 연소상황조사

① **목조·방화구조 건물** : 골조, 벽, 출입구로부터 다른 실로 연소진행상황 조사
② **대형건물** : 방화시설의 설치 및 연소상황, 관통하여 연소한 경우 구조상 결함과 이유

③ 방화구획 밖까지 연소확대된 경우 조사사항

　ⓐ 방화문, 방화셔터 등 방화구획의 종류

　ⓑ 자동폐쇄장치의 종류와 효과, 방화구획 설정에 실패한 경우 그 이유

(5) 발화실 이외의 다른 층(실) 연소상황 조사

① 목조·방화구조 건물 : 바닥, 계단, 벽체 내부, 창 등 상층으로의 연소확대경로를 조사

② 계단, 엘리베이터, 에스컬레이터 등의 설비를 통한 확대경로 조사

③ 파이프(Pipe) 및 공조덕트 스페이스(Space) 등의 수직샤프트(Shaft) 확대경로 조사

④ 창에서 창으로의 스팬드럴(Spandrel) 등 옥외 경로조사

(6) 다른 건물로의 연소상황조사

① 건물의 구조·용도·층수, 발화건물로부터의 거리 등 주위 건물의 배치 및 피해상황

② 개구부, 외벽, 추녀, 지붕 등 다른 건물로 연소확대된 부위를 조사

③ 열원이 복사열인지, 접염에 의한 것인지, 비화에 의한 것인지 확인 조사

④ 다른 건물 연소확대 부위로부터 실내, 다른 실, 다른 층으로의 확대상황 등을 조사하여 발화건물로부터 다른 건물로의 연소확대 경로를 규명

2 피난상황 확인조사(피난상 지장이 있는 화재의 경우)

(1) 개 요

① 피난상황은 사상자의 상황과 함께 인명피해방지를 도모하기 위한 조사상 중요한 핵심이다.

② 사상자 상황 조사는 개인을 중심으로 한 조사인 반면, 피난상황은 소방대상물을 중심으로 한 조사이다.

③ 핵심조사 항목으로는 사람의 의식과 행동 등이 관계된 것이므로 피난자와 초기소화자 등 화재관계인으로부터 상세하게 청취하여 두는 것이 필요하다.

(2) 피난상황 조사확인 내용

① 건물 내의 화재발생사실 경보시기와 방법

② 피난유도와 인명구조 등의 상황

③ 피난자의 확인 및 방법

④ 피난시기와 피난경로

⑤ 피난에 지장을 초래한 경우 그 이유

⑥ 계단 또는 발코니의 설치

⑦ 유도등, 유도표지, 구조대, 피난기구 등 피난설비 설치 및 사용상황

(3) 피난행동이 있었던 때의 확인조사 사항

① 계단, 엘리베이터, 에스컬레이터, 피난설비, 제연설비 등 설치·사용 및 작동상황

② 피난경로와 경계벽, 주방실, 방화상 중요한 격벽

③ 비상구 등의 잠금 상태

④ 사상자의 발화 시 위치 및 행동, 사상 전 상태

⑤ 경보설비의 사용과 작동에 따른 조기인지 및 대피

⑥ 발화 후 연소확대경로, 연기확산 유동, 사망자 발생장소 등을 도면에 표시하여 면밀히 검토하여 피난 시 행동을 파악

(4) 화재 등 위기상황의 인간의 피난특성

① 귀소본능 : 원래 왔던 길을 더듬어 피하려는 경향

② 좌회본능 : 오른손이나 오른발을 이용하여 왼쪽으로 회전하려는 경향

③ 지광본능(향광성) : 밝은 곳으로 피하려는 경향

④ 추종본능(부화뇌동성) : 대부분의 사람이 도망가는 방향을 쫓아가는 경향

※ 여러 개의 출구가 있어도 한 개의 출구로 수많은 사람이 몰리는 현상이 증명

⑤ 퇴피본능 : 화재지역에서 멀어지려는 경향

⑥ 일상동선 지향성 : 일상적으로 사용하고 있는 계단, 익숙한 경로를 사용해 피하려는 경향

⑦ 향개방성 : 지광성(향광성)과 유사한 특성으로 열려진 느낌이 드는 방향으로 피하려는 경향

⑧ 일시경로 선택성 : 처음에 눈에 들어온 경로 또는 눈에 띄기 쉬운 계단을 향하는 경향

⑨ 지근거리 선택성 : 가장 가까운 계단을 선택하는 경향

⑩ 직진성 : 정면의 계단과 통로를 선택하거나 막다른 곳이 나올 때까지 직진하는 경향

⑪ 이성적 안전지향성 : 안전하다고 생각한 경로로 향하는 경향

3 소방시설 등 사용과 작동상황

(1) 조사의 필요성

소방시설 등을 화재직전에 효과적으로 작동 또는 사용하지 않은 경우 화재확대와 사상자 발생에 밀접한 관계가 있다. 따라서 작동여부 등을 조사하여 소방·방화활용조사서의 체크사항을 기재하여 화재발생 종합보고서에 첨부하여야 하므로 사전에 조사해 두어야 한다.

(2) 소방·방화시설활용조사서 기재 및 체크사항 13 14 19 22

① 소화시설 : 소화기구, 옥내소화전, 스프링클러, 간이스프링클러설비, 물분무등소화설비 옥외소화전 사용여부 및 효과성

② 경보설비 : 비상경보설비, 비상방송설비, 누전경보기, 자동화재탐지설비, 단독경보형감지기, 가스누설경보기 경보 및 미경보의 경우 사유를 체크

③ 피난설비 : 피난기구 사용 및 미사용 사유, 유도등 및 비상조명등 작동 및 미작동 사유

④ 소화용수설비 : 소화전, 소화수조/저수조, 급수탑 사용 여부

⑤ 소화활동설비 : 제연설비 작동 여부 및 효과, 연결송수관설비, 연결살수설비, 연소방지설비, 비상콘센트무선통신보조설비 사용 및 미사용 시 사유

⑥ 초기소화활동 : 소화기, 옥내/옥외소화전, 양동이/모래, 피난방송 및 대피유도 활동 유무

⑦ 방화설비 : 방화셔터 작동여부, 방화문 닫힘 여부, 방화구획 여부

(3) 소화설비 주요확인 사항

① 소화기구 : 소화기구의 사용여부를 체크하고 종류를 기재한다.

> 1. 수동식 소화기
> 2. 자동식 소화기
> 3. 자동확산 소화용구
> 4. 캐비닛형 자동소화기기
> 5. 소화약제에 의한 간이소화용구
> ※ 미사용 시 : 미사용 및 사유에 체크

② 옥내소화전 : 옥내소화전의 사용여부 및 효과, 효과미비 원인 등을 기재

③ 스프링클러설비(간이스프링클러, 물분무 등 소화설비) : 사용 및 작동 및 효과성, 종류

　㉠ 작동 및 효과성 : 발화지점에 SP설비 등의 헤드가 설치되어 자동소화설비가 효과적으로 작동되었는지 미작동 되었는지를 체크한다.

　㉡ 미작동 및 효과 없음 : 미작동 및 작동 후 효과가 없는 경우 사유를 기재

> **효과 없는 사유**
>
> | | |
> |---|---|
> | 1. 시스템 차단 | 2. 시스템 손상 |
> | 3. 소화약제 부족 | 4. 방출하였으나 화재에 도달하지 못함 |
> | 5. 관리소홀(헤드손상, 부식 등) | 6. 화재유형에 부적절한 헤드 |
> | 7. 기 타 | 8. 미 상 |

⊕ Plus one

스프링클러설비 및 물분부등의 설비 종류
1. 스프링클러설비
2. 간이스프링클러설비
3. 물분무소화설비
4. 포소화설비
5. 이산화탄소소화설비
6. 할로겐화합물소화설비
7. 분말소화설비
8. 청정소화약제소화설비
9. 기 타
10. 미 상

스프링클러설비/물분무설비/포소화설비 작동여부 주요 확인사항
1. 헤드의 동작 여부(개방/폐쇄 여부)
2. 기동용 감지기의 동작 여부
3. 펌프의 기동 여부
4. 유수검지장치의 동작(개방) 여부
5. 유수검지신호의 수신 여부
6. 각종 밸브류의 정상상태 여부(개방/폐쇄 여부)

가스계소화설비/분말소화설비 작동여부 주요 확인사항
1. 자동식소화설비 기동용 감지기의 동작 여부
2. 기동용 및 선택밸브의 동작 여부
3. 소화약제의 방출 여부
4. 음향경보장치의 경보 여부
5. 방출표시등의 점등 여부

④ 옥외소화전 : 사용여부, 펌프의 기동여부, 각종 밸브류의 정상상태 여부

03 | 법적증거능력 확보 및 유지하기

Key Point

1. 소방의 화재조사에 관한 법률 및 시행령, 시행규칙에 대하여 설명할 수 있다.
2. 화재조사 및 보고규정, 증거물 수집관리에 관한 규칙에 대하여 설명할 수 있다.
3. 기타 법률(형법, 민법, 실화책임에 관한법률, 제조물책임법 등)에 대하여 설명할 수 있다.

1 소방의 화재조사에 관한 법률

(1) 목적(법 제1조)

이 법은 화재예방 및 소방정책에 활용하기 위하여 화재원인, 화재성장 및 확산, 피해현황 등에 관한 과학적·전문적인 조사에 필요한 사항을 규정함을 목적으로 한다.

(2) 정의(법 제2조) [20]

용어	정 의
화 재	사람의 의도에 반하거나 고의 또는 과실에 의하여 발생하는 연소 현상으로서 소화할 필요가 있는 현상 또는 사람의 의도에 반하여 발생하거나 확대된 화학적 폭발현상을 말한다.
화재조사	소방청장, 소방본부장 또는 소방서장이 화재원인, 피해상황, 대응활동 등을 파악하기 위하여 자료의 수집, 관계인등에 대한 질문, 현장 확인, 감식, 감정 및 실험 등을 하는 일련의 행위를 말한다.
화재조사관	화재조사에 전문성을 인정받아 화재조사를 수행하는 소방공무원을 말한다.
관계인등	• 화재 현장을 발견하고 신고한 사람 • 화재 현장을 목격한 사람 • 소화활동을 행하거나 인명구조활동(유도대피 포함)에 관계된 사람 • 화재를 발생시키거나 화재발생과 관계된 사람

(3) 국가 등의 책무(법 제3조)

① 국가와 지방자치단체는 화재조사에 필요한 기술의 연구·개발 및 화재조사의 정확도를 향상시키기 위한 시책을 강구하고 추진하여야 한다.
② 관계인등은 화재조사가 적절하게 이루어질 수 있도록 협력하여야 한다.

(4) 화재조사의 실시(법 제5조)

① **조사권자** : 소방청장, 소방본부장 또는 소방서장
② **조사시기** : 화재발생 사실을 알게 된 때에는 지체 없이 화재조사를 하여야 한다.
③ **화재조사 사항**

  ㉠ 화재원인에 관한 사항
  ㉡ 화재로 인한 인명·재산피해상황

ⓒ 대응활동에 관한 사항

ⓔ 소방시설 등의 설치·관리 및 작동 여부에 관한 사항

ⓜ 화재발생건축물과 구조물, 화재유형별 화재위험성 등에 관한 사항

ⓗ 소방안전조사의 실시 결과에 관한 사항

(5) 화재조사 대상(시행령 제2조)

① 소방대상물 : 건축물, 차량, 선박으로서 항구에 매어둔 선박에 한함, 선박 건조 구조물, 산림, 그 밖의 인공 구조물 또는 물건

② 그 밖에 소방관서장이 화재조사가 필요하다고 인정하는 화재

(6) 화재조사의 내용·절차(시행령 제3조)

① 현장출동 중 조사 : 화재발생 접수, 출동 중 화재상황 파악 등

② 화재현장 조사 : 화재의 발화(發火)원인, 연소상황 및 피해상황 조사 등

③ 정밀조사 : 감식·감정, 화재원인 판정 등

④ 화재조사 결과 보고

(7) 화재조사전담부서의 설치·운영 등(법 제7조) 21

구 분	규정 내용
운영권자	소방청장, 소방본부장 또는 소방서장
업 무	• 화재조사의 실시 및 조사결과 분석·관리 • 화재조사 관련 기술개발과 화재조사관의 역량증진 • 화재조사에 필요한 시설·장비의 관리·운영 • 밖의 화재조사에 관하여 필요한 업무
조사수행	화재조사관으로 하여금 화재조사 업무를 수행하게 해야 한다.
구성·운영 (영 제4조)	• 소방관서장은 화재조사 전담부서에 화재조사관을 2명 이상 배치해야 한다. • 전담부서에는 화재조사를 위한 감식·감정 장비 등을 갖추어야 한다.
조사관 자격기준 (영 제5조)	• 소방청장이 실시하는 화재조사에 관한 시험에 합격한 소방공무원 • 화재감식평가 분야의 기사 또는 산업기사 자격을 취득한 소방공무원
화재조사관 교육 (영 제6조)	• 화재조사관 양성을 위한 전문교육 • 화재조사관의 전문능력 향상을 위한 전문교육 • 전담부서에 배치된 화재조사관을 위한 의무 보수교육

(8) 화재조사 결과의 보고(시행규칙 제2조)

① 화재조사전담부서가 화재조사를 완료한 경우에는 화재조사 결과를 소방청장, 소방본부장 또는 소방서장에게 보고해야 한다.

② 화재조사 결과 보고는 소방청장이 정하는 화재발생종합보고서에 따른다.

(9) 전담부서에서 갖추어야 할 장비와 시설(시행규칙 별표) 21 22

구 분	기자재명 및 시설규모
발굴용구 (8종)	공구세트, 전동 드릴, 전동 그라인더(절삭·연마기), 전동 드라이버, 이동용 진공청소기, 휴대용 열풍기, 에어컴프레서(공기압축기), 전동 절단기
기록용 기기 (13종)	디지털카메라(DSLR)세트, 비디오카메라세트, TV, 적외선거리측정기, 디지털온도·습도측정시스템, 디지털풍향풍속기록계, 정밀저울, 버니어캘리퍼스(아들자가 달려 두께나 지름을 재는 기구), 웨어러블캠, 3D스캐너, 3D카메라(AR), 3D캐드시스템, 드론
감식기기 (16종)	절연저항계, 멀티테스터기, 클램프미터, 정전기측정장치, 누설전류계, 검전기, 복합가스측정기, 가스(유증) 검지기, 확대경, 산업용실체현미경, 적외선열상카메라, 접지저항계, 휴대용디지털현미경, 디지털탄화심도계, 슈미트해머(콘크리트 반발 경도 측정기구), 내시경현미경
감정용 기기 (21종)	가스크로마토그래피, 고속카메라세트, 화재시뮬레이션시스템, X선 촬영기, 금속현미경, 시편(試片)절단기, 시편성형기, 시편연마기, 접점저항계, 직류전압전류계, 교류전압전류계, 오실로스코프(변화가 심한 전기 현상의 파형을 눈으로 관찰하는 장치), 주사전자현미경, 인화점측정기, 발화점측정기, 미량융점측정기, 온도기록계, 폭발압력측정기세트, 전압조정기(직류, 교류), 적외선 분광광도계, 전기단락흔실험장치[1차 용융흔(鎔融痕), 2차 용융흔(鎔融痕), 3차 용융흔(鎔融痕) 측정 가능]
조명기기 (5종)	이동용 발전기, 이동용 조명기, 휴대용 랜턴, 헤드랜턴, 전원공급장치(500A 이상)
안전장비 (8종)	보호용 작업복, 보호용 장갑, 안전화, 안전모(무전송수신기 내장), 마스크(방진마스크, 방독마스크), 보안경, 안전고리, 화재조사 조끼
증거 수집 장비 (6종)	증거물 수집기구 세트(핀셋류, 가위류 등), 증거물 보관 세트(상자, 봉투, 밀폐용기, 증거수집용 캔 등), 증거물 표지 세트(번호, 스티커, 삼각형 표지 등), 증거물 태그 세트(대, 중, 소), 증거물 보관장치, 디지털 증거물 저장장치
화재조사 차량 (2종)	화재조사 전용차량, 화재조사 첨단 분석차량(비파괴 검사기, 산업용 실체현미경 등 탑재)
보조장비 (6종)	노트북컴퓨터, 전선 릴, 이동용 에어컴프레서, 접이식 사다리, 화재조사 전용 의복(활동복, 방한복), 화재조사용 가방
화재조사 분석실	화재조사 분석실의 구성장비를 유효하게 보존·사용할 수 있고, 환기 시설 및 수도·배관시설이 있는 30제곱미터(m²) 이상의 실(室)
화재조사 분석실 구성장비 (10종)	증거물보관함, 시료보관함, 실험작업대, 바이스(가공물 고정을 위한 기구), 개수대, 초음파세척기, 실험용 기구류(비커, 피펫, 유리병 등), 건조기, 항온항습기, 오토 데시케이터(물질 건조, 흡습성 시료 보존을 위한 유리 보존기)

(10) 화재조사에 관한 시험의 응시자격(시행규칙 제4조)

① 화재조사관 양성을 위한 전문교육을 이수한 사람

② 국립과학수사연구원 또는 소방청장이 인정하는 외국의 화재조사 관련 기관에서 8주 이상 화재조사에 관한 전문교육을 이수한 사람

③ 화재조사관 자격증 발급 대상

ㄱ 소방청장이 실시하는 화재조사에 관한 시험에 합격한 소방공무원

ㄴ 화재감식평가 분야의 기사 또는 산업기사 자격을 취득한 소방공무원

(11) 화재조사관 양성을 위한 전문교육 내용(시행규칙 제5조)

　① 화재조사 이론과 실습

　② 화재조사 시설 및 장비의 사용에 관한 사항

　③ 주요·특이 화재조사, 감식·감정에 관한 사항

　④ 화재조사 관련 정책 및 법령에 관한 사항

　⑤ 그 밖에 소방청장이 화재조사 관련 전문능력의 배양을 위해 필요하다고 인정하는 사항

(12) 화재합동조사단의 구성·운영할 수 있는 대형화재(시행령 제7조 제1항)

　① 사망자가 5명 이상 발생한 화재

　② 화재로 인한 사회적·경제적 영향이 광범위하다고 소방관서장이 인정하는 화재

(13) 화재합동조사단의 단원의 자격(시행령 제7조 제2항)

　① 화재조사관

　② 화재조사 업무에 관한 경력이 3년 이상인 소방공무원

　③ 「고등교육법」 제2조에 따른 학교 또는 이에 준하는 교육기관에서 화재조사, 소방 또는 안전관리 등 관련 분야 조교수 이상의 직에 3년 이상 재직한 사람

　④ 국가기술자격의 직무분야 중 안전관리 분야에서 산업기사 이상의 자격을 취득한 사람

　⑤ 그 밖에 건축·안전 분야 또는 화재조사에 관한 학식과 경험이 풍부한 사람

(14) 화재합동조사단의 화재조사 결과의 보고 사항(시행령 제7조 제5항)

　① 화재합동조사단 운영 개요

　② 화재조사 개요

　③ 화재조사에 관한 법 제5조 제2항의 사항

　④ 다수의 인명피해가 발생한 경우 그 원인

　⑤ 현행 제도의 문제점 및 개선 방안

　⑥ 그 밖에 소방관서장이 필요하다고 인정하는 사항

(15) 화재현장 보존조치 통지 등(시행령 제8조)

　소방관서장이나 관할 경찰서장 또는 해양경찰서장(이하 "경찰서장"이라 한다)은 화재현장 보존조치를 하거나 통제구역을 설정하는 경우 다음의 사항을 화재가 발생한 소방대상물의 소유자·관리자 또는 점유자(이하 "관계인"이라 한다)에게 알리고 해당 사항이 포함된 표지를 설치해야 한다.

　① 화재현장 보존조치나 통제구역 설정의 이유 및 주체

　② 화재현장 보존조치나 통제구역 설정의 범위

　③ 화재현장 보존조치나 통제구역 설정의 기간

(16) 화재현장 보존조치 등의 해제(시행령 제9조)

소방관서장이나 경찰서장은 다음의 경우에는 화재현장 보존조치나 통제구역의 설정을 지체 없이 해제해야 한다.

① 화재조사가 완료된 경우

② 화재현장 보존조치나 통제구역의 설정이 해당 화재조사와 관련이 없다고 인정되는 경우

(17) 출입 · 조사 등(법 제9조)

① 소방관서장은 화재조사를 위하여 필요한 경우에 관계인에게 보고 또는 자료 제출을 명하거나 화재조사관으로 하여금 해당 장소에 출입하여 화재조사를 하게 하거나 관계인등에게 질문하게 할 수 있다.

② 화재조사를 하는 화재조사관은 그 권한을 표시하는 증표를 지니고 이를 관계인등에게 보여주어야 한다.

③ 화재조사를 하는 화재조사관은 관계인의 정당한 업무를 방해하거나 화재조사를 수행하면서 알게 된 비밀을 다른 용도로 사용하거나 다른 사람에게 누설하여서는 아니 된다.

(18) 관계인등의 출석 등(법 제10조)

① 소방관서장은 화재조사가 필요한 경우 관계인등을 소방관서에 출석하게 하여 질문할 수 있다.

② 관계인등의 출석 및 질문 등에 필요한 사항은 대통령령으로 정한다.

(19) 관계인등에 대한 출석요구 및 질문 등(시행령 제10조)

소방관서장은 관계인등의 출석을 요구하려면 출석일 3일 전까지 다음의 사항을 관계인등에게 알려야 한다.

① 출석 일시와 장소

② 출석 요구 사유

③ 그 밖에 화재조사와 관련하여 필요한 사항

(20) 화재조사 증거물 수집 등(시행령 제11조)

① 소방관서장은 화재조사를 위하여 필요한 최소한의 범위에서 화재조사관에게 증거물을 수집하여 검사 · 시험 · 분석 등을 하게 할 수 있다.

② 소방관서장은 증거물을 수집한 경우 이를 관계인에게 알려야 한다.

③ 소방관서장은 수집한 증거물이 다음의 어느 하나에 해당하는 경우에는 증거물을 지체 없이 반환해야 한다.

㉠ 화재와 관련이 없다고 인정되는 경우

㉡ 화재조사가 완료되는 등 증거물을 보관할 필요가 없게 된 경우

(21) **화재조사 증거물의 수집·관리(시행규칙 제7조)**

① 화재조사 증거물을 수집하는 경우 증거물의 수집과정을 사진 촬영 또는 영상 녹화의 방법으로 기록해야 한다.

② 사진 또는 영상 파일은 국가화재정보시스템에 전송하여 보관한다.

③ 위에서 규정한 사항 외에 화재조사 증거물의 수집·관리에 필요한 사항은 소방청장이 정한다.

(22) **소방공무원과 경찰공무원의 협력 등(법 제12조)**

소방공무원과 경찰공무원은 다음의 사항에 대하여 서로 협력하여야 한다.

① 화재현장의 출입·보존 및 통제에 관한 사항

② 화재조사에 필요한 증거물의 수집 및 보존에 관한 사항

③ 관계인등에 대한 진술 확보에 관한 사항

④ 그 밖에 화재조사에 필요한 사항

(23) **관계 기관 등의 협조(법 제13조)**

① 소방관서장, 중앙행정기관의 장, 지방자치단체의 장, 보험회사, 그 밖의 관련 기관·단체의 장은 화재조사에 필요한 사항에 대하여 서로 협력하여야 한다.

② 소방관서장은 화재원인 규명 및 피해액 산출 등을 위하여 필요한 경우에는 금융감독원, 관계 보험 회사 등에 「개인정보 보호법」 제2조 제1호에 따른 개인정보를 포함한 보험가입 정보 등을 요청할 수 있다. 이 경우 정보 제공을 요청받은 기관은 정당한 사유가 없으면 이를 거부할 수 없다.

(24) **화재조사 결과의 공표(시행규칙 제8조)**

① 소방관서장은 다음의 경우에는 화재조사 결과를 공표할 수 있다.

㉠ 국민이 유사한 화재로부터 피해를 입지 않도록 하기 위해 필요한 경우

㉡ 사회적 관심이 집중되어 국민의 알 권리 충족 등 공공의 이익을 위해 필요한 경우

② 소방관서장은 화재조사의 결과를 공표할 때에는 다음의 사항을 포함시켜야 한다.

㉠ 화재원인에 관한 사항

㉡ 화재로 인한 인명·재산피해에 관한 사항

㉢ 화재발생 건축물과 구조물에 관한 사항

㉣ 그 밖에 화재예방을 위해 공표할 필요가 있다고 소방관서장이 인정하는 사항

③ 화재조사 결과의 공표는 소방관서의 인터넷 홈페이지에 게재하거나, 「신문 등의 진흥에 관한 법률」에 따른 신문 또는 「방송법」에 따른 방송을 이용하는 등 일반인이 쉽게 알 수 있는 방법으로 한다.

(25) **화재조사 결과의 통보(법 제15조)**

소방관서장은 화재조사 결과를 중앙행정기관의 장, 지방자치단체의 장, 그 밖의 관련 기관·단체의 장 또는 관계인 등에게 통보하여 유사한 화재가 발생하지 않도록 필요한 조치를 취할 것을 요청할 수 있다.

⒇ 국가화재정보시스템의 구축·운영(법 제27조)

　소방청장은 화재조사 결과, 화재원인, 피해상황 등에 관한 화재정보를 종합적으로 수집·관리하여
화재예방과 소방활동에 활용할 수 있는 국가화재정보시스템을 구축·운영하여야 한다.

⒄ 국가화재정보시스템의 운영(시행령 제14조)

　소방청장은 국가화재정보시스템(이하 "국가화재정보시스템"이라 한다)을 활용하여 다음의 화재정보를
수집·관리해야 한다.

① 화재원인

② 화재피해상황

③ 대응활동에 관한 사항

④ 소방시설 등의 설치·관리 및 작동 여부에 관한 사항

⑤ 화재발생건축물과 구조물, 화재유형별 화재위험성 등에 관한 사항

⑥ 화재예방 관계 법령 등의 이행 및 위반 등에 관한 사항

⑦ 법 제13조 제2항에 따른 관계인의 보험가입 정보 등에 관한 사항

⑧ 그 밖에 화재예방과 소방활동에 활용할 수 있는 정보

⒇ 300만원이하의 벌금(법 제21조)

① 화재현장 보존조치를 하거나 통제구역을 설정한 경우 소방관서장 또는 경찰서장의 허가 없이 화재
현장에 있는 물건 등을 이동시키거나 변경·훼손한 사람

② 정당한 사유 없이 화재조사관의 출입 또는 조사를 거부·방해 또는 기피한 사람

③ 화재조사를 하는 화재조사관이 관계인의 정당한 업무를 방해하거나 화재조사를 수행하면서 알게 된
비밀을 다른 용도로 사용하거나 다른 사람에게 누설한 사람

④ 정당한 사유 없이 소방관서장은 화재조사를 위하여 필요한 증거물 수집을 거부·방해 또는 기피한
사람

⒇ 200만원 이하의 과태료

① 소방관서장이 화재조사를 위하여 필요하여 설정한 통제구역을 허가 없이 출입한 사람

② 소방관서장이 화재조사를 위하여 필요하여 관계인에게 보고 또는 자료 제출을 명하였으나 명령을
위반하여 보고 또는 자료 제출을 하지 아니하거나 거짓으로 보고 또는 자료를 제출한 사람

③ 정당한 사유 없이 화재조사를 위하여 소방관서장의 출석요구를 거부하거나 질문에 대하여 거짓으로
진술한 사람

2 화재조사 및 보고규정

(1) 목적(제1조)

이 규정은 「소방의 화재조사에 관한 법률」에 따른 화재조사(이하 "조사"라 한다)의 집행과 보고 및 사무처리에 필요한 사항을 정하는 것을 목적으로 한다.

(2) 용어의 정의(제2조) 13 14 18

용어	정의
감 식	화재원인의 판정을 위하여 전문적인 지식, 기술 및 경험을 활용하여 주로 시각에 의한 종합적인 판단으로 구체적 사실관계를 명확하게 규명하는 것
감 정	화재와 관계되는 물건의 형상, 구조, 재질, 성분, 성질 등 이와 관련된 모든 현상에 대하여 과학적 방법에 의한 필요한 실험을 행하고 그 결과를 근거로 화재원인을 밝히는 자료를 얻는 것
발 화	열원에 의하여 가연물질에 지속적으로 불이 붙는 현상
발화열원	발화의 최초원인이 된 불꽃 또는 열
발화지점	열원과 가연물이 상호작용하여 화재가 시작된 지점
발화장소	화재가 발생한 장소
최초착화물	발화열원에 의해 불이 붙고 이 물질을 통해 제어하기 힘든 화세로 발전한 가연물
발화요인	발화열원에 의하여 발화로 이어진 연소현상에 영향을 준 인적·물적·자연적 요인
발화 관련 기기	발화에 관련된 불꽃 또는 열을 발생시킨 기기 또는 장치나 제품
동력원	발화 관련 기기나 제품을 작동 또는 연소시킬 때 사용된 연료 또는 에너지
연소확대물	연소가 확대되는 데 있어 결정적 영향을 미친 가연물
재구입비	화재 당시의 피해물과 같거나 비슷한 것을 재건축(설계 감리비를 포함한다) 또는 재취득하는데 필요한 금액
내용년수	고정자산을 경제적으로 사용할 수 있는 연수
손해율	피해물의 종류, 손상 상태 및 정도에 따라 피해금액을 적정화시키는 일정한 비율
잔가율	화재 당시에 피해물의 재구입비에 대한 현재가의 비율
최종잔가율	피해물의 내용연수가 다한 경우 잔존하는 가치의 재구입비에 대한 비율
화재현장	화재가 발생하여 소방대 및 관계인등에 의해 소화활동이 행하여지고 있거나 행하여진 장소
접 수	유·무선 전화 또는 다매체를 통하여 화재 등의 신고를 받는 것
출 동	화재를 접수하고 119상황실로부터 출동지령을 받아 소방대가 소방서 차고 등에서 출발하는 것
도 착	출동지령을 받고 출동한 소방대가 현장에 도착하는 것
선착대	화재현장에 가장 먼저 도착한 소방대
초 진	소방대의 소화활동으로 화재확대의 위험이 현저하게 줄어들거나 없어진 상태
잔불정리	화재를 초진 후 잔불을 점검하고 처리하는 것. 이 단계에서는 열에 의한 수증기나 화염 없이 연기만 발생하는 연소현상이 포함될 수 있음
완 진	소방대에 의한 소화활동의 필요성이 사라진 것
철 수	진화가 끝난 후 소방대가 현장에서 복귀하는 것
재발화 감시	화재를 진화한 후 화재가 재발되지 않도록 감시조를 편성하여 일정 시간 동안 감시하는 것

(3) 화재조사개시의 원칙(제3조)

① 화재조사관(이하 "조사관"이라 한다)은 화재발생 사실을 인지하는 즉시 화재조사(이하 "조사"라 한다)를 시작해야 한다.

② 소방관서장은 조사관을 근무 교대조별로 2인 이상 배치하고, 장비・시설을 기준 이상으로 확보하여 조사업무를 수행하도록 하여야 한다.

③ 조사는 물적 증거를 바탕으로 과학적인 방법을 통해 합리적인 사실의 규명을 원칙으로 한다.

(4) 화재조사관의 책무(제4조)

① 조사관은 조사에 필요한 전문적 지식과 기술의 습득에 노력하여 조사업무를 능률적이고 효율적으로 수행해야 한다.

② 조사관은 그 직무를 이용하여 관계인등의 민사분쟁에 개입해서는 아니 된다.

(5) 화재출동대원 협조(제5조)

① 화재현장에 출동하는 소방대원은 조사에 도움이 되는 사항을 확인하고, 화재현장에서도 소방활동 중에 파악한 정보를 조사관에게 알려주어야 한다.

② 화재현장의 선착대 선임자는 철수 후 지체 없이 국가화재정보시스템에 별지 제2호 서식 화재현장 출동보고서를 작성・입력해야 한다.

(6) 관계인의 협조(제6조)

① 화재현장과 기타 관계있는 장소에 출입할 때에는 관계인등의 입회하에 실시하는 것을 원칙으로 한다.

② 조사관은 조사에 필요한 자료 등을 관계인등에게 요구할 수 있으며, 관계인등이 반환을 요구할 때는 조사의 목적을 달성한 후 관계인등에게 반환해야 한다.

(7) 관계인의 진술(제7조)

① 관계인등에게 질문을 할 때에는 시기, 장소 등을 고려하여 진술하는 사람으로부터 임의진술을 얻도록 해야 하며 진술의 자유 또는 신체의 자유를 침해하여 임의성을 의심할 만한 방법을 취해서는 아니 된다.

② 관계인등에게 질문을 할 때에는 희망하는 진술내용을 얻기 위하여 상대방에게 암시하는 등의 방법으로 유도해서는 아니 된다.

③ 획득한 진술이 소문 등에 의한 사항인 경우 그 사실을 직접 경험한 관계인등의 진술을 얻도록 해야 한다.

④ 관계인등에 대한 질문 사항은 별지 제10호 서식 질문기록서에 작성하여 그 증거를 확보한다.

(8) 감식 및 감정(제8조)

① 소방관서장은 조사 시 전문지식과 기술이 필요하다고 인정되는 경우 국립소방연구원 또는 화재감정 기관 등에 감정을 의뢰할 수 있다.

② 소방관서장은 과학적이고 합리적인 화재원인 규명을 위하여 화재현장에서 수거한 물품에 대하여 감정을 실시하고 화재원인 입증을 위한 재현실험 등을 할 수 있다.

(9) 화재의 유형(제9조) 19 22

화재유형	소손내용
건축 · 구조물 화재	건축물, 구조물 또는 그 수용물이 소손된 것
자동차 · 철도차량 화재	자동차, 철도차량 및 피견인 차량 또는 그 적재물이 소손된 것
위험물 · 가스제조소 등 화재	위험물제조소 등, 가스제조 · 저장 · 취급시설 등이 소손된 것
선박 · 항공기 화재	선박, 항공기 또는 그 적재물이 소손된 것
임야 화재	산림, 야산, 들판의 수목, 잡초, 경작물 등이 소손된 것
기타 화재	위의 각 호에 해당하지 않는 화재

(10) 화재건수 결정(제10조) ★★★★

① 1건의 화재란 1개의 발화지점에서 확대된 것으로 발화부터 진화까지를 말한다.

② 1건의 화재 예외

다음 각 호와 같이 화재건수를 결정한다.

㉠ 동일범이 아닌 각기 다른 사람에 의한 방화, 불장난의 경우 동일 대상물에서 발화했더라도 각각 **별건**의 화재로 한다.

㉡ 발화점 2개 이상 화재

동일 소방대상물의 발화점이 2개소 이상 있는 다음의 화재는 1건의 화재로 한다.

ⓐ 누전점이 동일한 누전에 의한 화재

ⓑ 지진, 낙뢰 등 자연현상에 의한 다발화재

③ 화재건수 관할

㉠ 발화지점이 한 곳인 화재현장이 둘 이상의 관할구역에 걸친 화재는 **발화지점이 속한 소방서**에서 1건의 화재로 산정한다.

㉡ 다만, 발화지점 확인이 어려운 경우에는 **화재피해금액이 큰** 관할구역 소방서의 화재 건수로 산정한다.

(11) 발화일시의 결정(제11조)

① 관계자의 화재발견상황통보 (인지)시간 및 화재발생 건물의 구조, 재질 상태와 화기취급 등의 상황을 종합적으로 검토하여 결정한다.

② 인지시간은 소방관서에 최초로 신고된 시점을 말하며 자체진화 등의 사후인지 화재로 그 결정이 곤란한 경우에는 발생시간을 추정할 수 있다.

(12) 화재의 분류(제12조)

화재원인 및 장소 등 화재의 분류는 소방청장이 정하는 **국가화재분류체계에 의한 분류표**에 의하여 분류한다.

(13) 사상자(제13조)

사상자는 화재현장에서 **사망**한 사람과 **부상**당한 사람을 말한다. 다만, 화재현장에서 부상을 당한 후 **72시간 이내**에 사망한 경우에는 당해 화재로 인한 사망으로 본다.

(14) **부상자 분류(제14조)** 16

부상의 정도는 의사의 진단을 기초로 하여 다음 각 호와 같이 분류한다.

① **중상** : **3주 이상의 입원치료**를 필요로 하는 부상을 말한다.

② **경상** : 중상 이외의 부상(입원치료를 필요로 하지 않는 것도 포함한다)을 말한다. 다만, 병원 치료를 필요로 하지 않고 단순하게 연기를 흡입한 사람은 제외한다.

(15) **건물동수 산정(제15조)** 16 20 ★★★

① 주요구조부가 하나로 연결되어 있는 것은 1동으로 한다. 다만 건널 복도 등으로 2 이상의 동에 연결되어 있는 것은 그 부분을 절반으로 분리하여 각 동으로 본다.

참 고 **건축물의 주요구조부** : 내력벽 · 기둥 · 바닥 · 보 · 계단 · 지붕틀

② 건물의 외벽을 이용하여 실을 만들어 헛간, 목욕탕, 작업실, 사무실 및 기타 건물 용도로 사용하고 있는 것은 주건물과 같은 동으로 본다.

③ 구조에 관계없이 지붕 및 실이 하나로 연결되어 있는 것은 같은 동으로 본다.

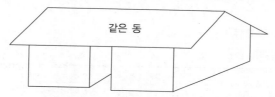

④ 목조 또는 내화조 건물의 경우 격벽으로 방화구획이 되어 있는 경우도 같은 동으로 한다.

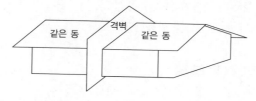

⑤ 독립된 건물과 건물 사이에 차광막, 비막이 등의 덮개를 설치하고 그 밑을 통로 등으로 사용하는 경우는 다른 동으로 한다.

예 작업장과 작업장 사이에 조명유리 등으로 비막이를 설치하여 지붕과 지붕이 연결되어 있는 경우

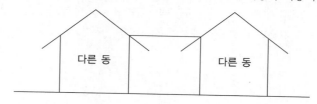

⑥ 내화조 건물의 옥상에 목조 또는 방화구조 건물이 별도 설치되어 있는 경우는 다른 동으로 한다. 다만, 이들 건물의 기능상 하나인 경우(옥내계단이 있는 경우)는 같은 동으로 한다.

⑦ 내화조 건물의 외벽을 이용하여 목조 또는 방화구조 건물이 별도 설치되어 있고 건물 내부와 구획되어 있는 경우 다른 동으로 한다. 다만, 주된 건물에 부착된 건물이 옥내로 출입구가 연결되어 있는 경우와 기계설비 등이 쌍방에 연결되어 있는 경우 등 건물 기능상 하나인 경우는 같은 동으로 본다. 13

⊕ **Plus one**

건물동수 산정

같은 동	다른 동
• 주요구조부가 하나로 연결되어 있는 것은 같은 동으로 한다. • 건물의 외벽을 이용하여 실을 만들어 헛간, 목욕탕, 작업실, 사무실 및 기타 건물 용도로 사용하고 있는 것은 주건물과 같은 동으로 본다. • 구조에 관계없이 지붕 및 실이 하나로 연결되어 있는 경우 • 목조 또는 내화조 건물의 경우 격벽으로 방화구획이 되어 있는 경우	• 건널 복도 등으로 2 이상의 동에 연결되어 있는 것은 그 부분을 절반으로 분리하여 다른 동으로 본다. • 독립된 건물과 건물 사이에 차광막, 비막이 등의 덮개를 설치하고 그 밑을 통로 등으로 사용하는 경우 • 내화조 건물의 외벽을 이용하여 목조 또는 방화구조건물이 별도 설치되어 있고 건물 내부와 구획되어 있는 경우 • 내화조 건물의 옥상에 목조 또는 방화구조 건물이 별도 설치되어 있는 경우

(16) 소실 정도(제16조) 14 19 21 ★★★★★

① 건축ㆍ구조물 화재의 소실 정도

구 분	전소화재	반소화재	부분소화재
소실률	• 건물의 70% 이상(입체면적에 대한 비율)이 소실된 화재 • 그 미만이라도 잔존부분이 보수를 하여도 재사용 불가능한 것	건물의 30% 이상 70% 미만이 소실된 화재	전소ㆍ반소 이외의 화재

② 자동차ㆍ철도차량, 선박ㆍ항공기 등의 소실정도

건축ㆍ구조물 화재의 소실 정도를 준용한다.

(17) 소실면적 산정(제17조) 14 18 19 22 ★★★★★

① 건물의 소실면적 산정은 소실 바닥면적으로 산정한다.

② 수손 및 기타 파손의 경우에도 제1항의 규정을 준용한다.

(18) 세대수 산정(제18조)

세대수는 거주와 생계를 함께 하고 있는 사람들의 집단 또는 하나의 가구를 구성하여 살고 있는 독신자로서 자신의 주거에 사용되는 건물에 대하여 재산권을 행사할 수 있는 사람을 1세대로 한다.

(19) 화재피해액의 산정(제19조)

① 화재피해금액

화재 당시의 피해물과 동일한 구조, 용도, 질, 규모를 **재건축 또는 재구입하는 데 소요되는 가액**에서 **사용손모 및 경과연수에 따른 감가공제**를 하고 현재가액을 산정하는 실질적·구체적 방식에 따른다. 단, 회계장부상 현재가액이 입증된 경우에는 그에 따른다.

② 간이평가방식 산정

정확한 피해물품을 확인하기 곤란하거나 기타 부득이한 사유에 의하여 실질적·구체적 방식에 의할 수 없는 경우에는 소방청장이 정하는 **화재피해액 산정매뉴얼**(이하 "매뉴얼"이라 한다)의 간이평가방식으로 산정할 수 있다.

③ 건물 등 자산에 대한 최종잔가율

ⓐ **건물·부대설비·구축물·가재도구 : 20%**

ⓑ 그 이외의 자산 : 10%

④ 내용연수 산정

건물 등 자산에 대한 내용연수는 매뉴얼에서 정한 바에 따른다.

⑤ 대상별 화재피해액 산정기준[별표 2]

산정대상	산정기준
건 물	• 「신축단가(m²당)×소실면적×[1−(0.8×경과연수/내용연수)]×손해율」 • 신축단가는 한국감정원이 최근 발표한 '건물신축단가표'에 의한다.
부대설비	「건물신축단가×소실면적×설비종류별 재설비 비율×[1−(0.8×경과연수/내용연수)]×손해율」의 공식에 의한다. 다만 부대설비 피해액을 실질적·구체적 방식에 의할 경우 「단위(면적·개소 등)당 표준단가×피해단위×[1−(0.8×경과연수/내용연수)]×손해율」의 공식에 의하되, 건물표준단가 및 부대설비 단위당 표준단가는 한국감정원이 최근 발표한 '건물신축단가표'에 의한다.
구축물	「소실단위의 회계장부상 구축물가액×손해율」의 공식에 의하거나 「소실단위의 원시건축비×물가상승률×[1−(0.8×경과연수/내용연수)]×손해율」의 공식에 의한다. 다만 회계장부상 구축물가액 또는 원시건축비의 가액이 확인되지 않는 경우에는 「단위(m, m², m³)당 표준단가×소실단위×[1−(0.8×경과연수/내용연수)]×손해율」의 공식에 의하되, 구축물의 단위당 표준단가는 매뉴얼이 정하는 바에 의한다.
영업시설	「m²당 표준단가×소실면적×[1−(0.9×경과연수/내용연수)]×손해율」의 공식에 의하되, 업종별 m²당 표준단가는 매뉴얼이 정하는 바에 의한다.
잔존물제거	「화재피해액×10%」의 공식에 의한다.
기계장치 및 선박·항공기	「감정평가서 또는 회계장부상 현재가액×손해율」의 공식에 의한다. 다만 감정평가서 또는 회계장부상 현재가액이 확인되지 않아 실질적·구체적 방법에 의해 피해액을 산정하는 경우에는 「재구입비×[1−(0.9×경과연수/내용연수)]×손해율」의 공식에 의하되, 실질적·구체적 방법에 의한 재구입비는 조사자가 확인·조사한 가격에 의한다.
공구 및 기구	「회계장부상 현재가액×손해율」의 공식에 의한다. 다만 회계장부상 현재가액이 확인되지 않아 실질적·구체적 방법에 의해 피해액을 산정하는 경우에는 「재구입비×[1−(0.9×경과연수/내용연수)]×손해율」의 공식에 의하되, 실질적·구체적 방법에 의한 재구입비는 물가정보지의 가격에 의한다.
집기비품	「회계장부상 현재가액×손해율」의 공식에 의한다. 다만 회계장부상 현재가액이 확인되지 않는 경우에는 「m²당 표준단가×소실면적×[1−(0.9×경과연수/내용연수)]×손해율」의 공식에 의하거나 실질적·구체적 방법에 의해 피해액을 산정하는 경우에는 「재구입비×[1−(0.9×경과연수/내용연수)]×손해율」의 공식에 의하되, 집기비품의 m²당 표준단가는 매뉴얼이 정하는 바에 의하며, 실질적·구체적 방법에 의한 재구입비는 물가정보지의 가격에 의한다.

가재도구	「(주택종류별·상태별 기준액 × 가중치) + (주택면적별 기준액 × 가중치) + (거주인원별 기준액 × 가중치) + (주택가격(m^2당)별 기준액 × 가중치)」의 공식에 의한다. 다만, 실질적·구체적 방법에 의해 피해액을 가재도구 개별품목별로 산정하는 경우에는 「재구입비 × [1 − (0.8 × 경과연수/내용연수)] × 손해율」의 공식에 의하되, 가재도구의 항목별 기준액 및 가중치는 매뉴얼이 정하는 바에 의하며, 실질적·구체적 방법에 의한 재구입비는 물가정보지의 가격에 의한다.
차량, 동물, 식물	전부손해의 경우 시중매매가격으로 하며, 전부손해가 아닌 경우 수리비 및 치료비로 한다.
재고자산	「회계장부상 현재가액 × 손해율」의 공식에 의한다. 다만 회계장부상 현재가액이 확인되지 않는 경우에는 「연간매출액 ÷ 재고자산회전율 × 손해율」의 공식에 의하되, 재고자산회전율은 한국은행이 최근 발표한 '기업경영분석' 내용에 의한다.
회화(그림), 골동품, 미술공예품, 귀금속 및 보석류	전부손해의 경우 감정가격으로 하며, 전부손해가 아닌 경우 원상복구에 소요되는 비용으로 한다.
임야의 입목	소실 전의 입목가격에서 소실한 입목의 잔존가격을 뺀 가격으로 한다. 단, 피해산정이 곤란할 경우 소실면적 등 피해 규모만 산정 할 수 있다.
기 타	피해당시의 현재가를 재구입비로 하여 피해액을 산정한다.

[적용요령]
1. 피해물의 경과연수가 불분명한 경우에 그 자산의 구조, 재질 또는 관계자 및 참고인의 진술, 기타 관계자료 등을 토대로 객관적인 판단을 하여 경과연수를 정한다.
2. 공구 및 기구·집기비품·가재도구를 일괄하여 재구입비를 산정하는 경우 개별 품목의 경과연수에 의한 잔가율이 50%를 초과하더라도 50%로 수정할 수 있으며, 중고구입기계장치 및 집기비품으로서 그 제작연도를 알 수 없는 경우에는 그 상태에 따라 신품가액의 30% 내지 50%를 잔가율로 정할 수 있다.
3. 화재피해액산정매뉴얼은 본 규정에 저촉되지 아니하는 범위에서 적용하여 화재피해액을 산정한다.

⑥ 재산피해신고

관계인은 화재피해금액 산정에 이의가 있는 경우 별지 제12호 서식 또는 별지 제12-2호 서식에 따라 관할 소방관서장에게 재산피해신고를 할 수 있다.

⑦ 화재피해금액의 재산정

재산피해신고서를 접수한 관할 소방관서장은 화재피해금액을 재산정해야 한다.

⑧ 세대수 산정

세대수는 거주와 생계를 함께 하고 있는 사람들의 집단 또는 하나의 가구를 구성하여 살고 있는 독신자로서 자신의 주거에 사용되는 건물에 대하여 재산권을 행사할 수 있는 사람을 1세대로 산정한다.

(20) 화재합동조사단 운영 및 종료(제20조)

① 화재합동조사단의 구성 및 운영(강행규정)

소방관서장은 화재가 발생한 경우 다음 각 호에 따라 화재합동조사단을 구성하여 운영하는 것을 원칙으로 한다.

운영 관서장	운영기준
소방청장	사상자가 30명 이상이거나 2개 시·도 이상에 걸쳐 발생한 화재(임야화재는 제외한다. 이하 같다)
소방본부장	사상자가 20명 이상이거나 2개 시·군·구 이상에 발생한 화재
소방서장	사망자가 5명 이상이거나 사상자가 10명 이상 또는 재산피해액이 100억원 이상 발생한 화재

② 화재합동조사단을 구성 및 운영할 수 있는 경우

㉠ 소방관서장은 화재로 인한 사회적·경제적 영향이 광범위하다고 소방관서장이 인정하는 화재

㉡ 종합상황실장이 상급 종합상황실에 지체 없이 보고해야 하는 화재

ⓐ 사망자가 5인 이상 발생하거나 사상자가 10인 이상 발생한 화재

ⓑ 이재민이 100인 이상 발생한 화재

ⓒ 재산피해액이 50억원 이상 발생한 화재

ⓓ 관공서·학교·정부미도정공장·문화재·지하철 또는 지하구의 화재

ⓔ 관광호텔, 층수가 11층 이상인 건축물, 지하상가, 시장, 백화점, 지정수량의 3천배 이상의 위험물의 제조소·저장소·취급소, 층수가 5층 이상이거나 객실이 30실 이상인 숙박시설, 층수가 5층 이상이거나 병상이 30개 이상인 종합병원·정신병원·한방병원·요양소, 연면적 1만5천 제곱미터 이상인 공장 또는 화재예방강화지구에서 발생한 화재

ⓕ 철도차량, 항구에 매어둔 총 톤수가 1천톤 이상인 선박, 항공기, 발전소 또는 변전소에서 발생한 화재

ⓖ 가스 및 화약류의 폭발에 의한 화재

ⓗ 다중이용업소의 화재

ⓘ 긴급구조통제단장의 현장지휘가 필요한 재난상황

ⓙ 언론에 보도된 재난상황

ⓚ 그 밖에 소방청장이 정하는 재난상황

③ 단장과 단원의 임명 또는 위촉

소방관서장은 영 제7조 제2항과 영 제7조 제4항에 해당하는 자 중에서 단장 1명과 단원 4명 이상을 화재합동조사단원으로 임명하거나 위촉할 수 있다.

> **영 제7조(화재합동조사단의 구성·운영)**
> ② 법 제7조 제1항에 따른 화재합동조사단(이하 "화재합동조사단"이라 한다)의 단원은 다음 각 호의 어느 하나에 해당하는 사람 중에서 소방관서장이 임명하거나 위촉한다.
> 1. 화재조사관
> 2. 화재조사 업무에 관한 경력이 3년 이상인 소방공무원
> 3. 「고등교육법」 제2조에 따른 학교 또는 이에 준하는 교육기관에서 화재조사, 소방 또는 안전관리 등 관련 분야 조교수 이상의 직에 3년 이상 재직한 사람
> 4. 「국가기술자격법」에 따른 국가기술자격의 직무분야 중 안전관리 분야에서 산업기사 이상의 자격을 취득한 사람
> 5. 그 밖에 건축·안전 분야 또는 화재조사에 관한 학식과 경험이 풍부한 사람
> ④ 소방관서장은 화재합동조사단 운영을 위하여 관계 행정기관 또는 기관·단체의 장에게 소속 공무원 또는 소속 임직원의 파견을 요청할 수 있다.

④ 정보의 수집의 협력

화재합동조사단원은 화재현장 지휘자 및 조사관, 출동 소방대원과 협력하여 조사와 관련된 정보를 수집할 수 있다.

⑤ 조사단의 종료

소방관서장은 화재합동조사단의 조사가 완료되었거나, 계속 유지할 필요가 없는 경우 업무를 종료하고 해산시킬 수 있다.

(21) 조사서류의 서식(제21조)

조사에 필요한 서류의 서식은 다음 각 호에 따른다.

① 화재・구조・구급상황보고서 : 별지 제1호 서식

② 화재현장출동보고서 : 별지 제2호 서식

③ 화재발생종합보고서 : 별지 제3호 서식

④ 화재현황조사서 : 별지 제4호 서식

⑤ 화재현장조사서 : 별지 제5호 서식

⑥ 화재현장조사서(임야화재, 기타화재) : 별지 제5-2호 서식

⑦ 화재유형별조사서(건축・구조물화재) : 별지 제6호 서식

⑧ 화재유형별조사서(자동차・철도차량화재) : 별지 제6-2호 서식

⑨ 화재유형별조사서(위험물・가스제조소등 화재) : 별지 제6-3호 서식

⑩ 화재유형별조사서(선박・항공기화재) : 별지 제6-4호 서식

⑪ 화재유형별조사서(임야화재) : 별지 제6-5호 서식

⑫ 화재피해조사서(인명피해) : 별지 제7호 서식

⑬ 화재피해조사서(재산피해) : 별지 제7-2호 서식

⑭ 방화・방화의심 조사서 : 별지 제8호 서식

⑮ 소방시설등 활용조사서 : 별지 제9호 서식

⑯ 질문기록서 : 별지 제10호 서식

⑰ 화재감식・감정 결과보고서 : 별지 제11호 서식

⑱ 재산피해신고서 : 별지 제12호 서식

⑲ 재산피해신고서(자동차, 철도, 선박, 항공기) : 별지 제12-2호 서식

⑳ 사후조사 의뢰서 : 별지 제13호 서식

(22) 조사보고(제22조) `19` `21`

① 조사의 시작보고서

조사관이 조사를 시작한 때에는 소방관서장에게 지체 없이 화재・구조・구급상황보고서를 작성・보고해야 한다.

② 최종결과보고

화재규모	조사서	보고기한
• 사망자가 5인 이상 발생하거나 사상자가 10인 이상 발생한 화재 • 이재민이 100인 이상 발생한 화재 • 재산피해액이 50억원 이상 발생한 화재 • 관공서・학교・정부미도정공장・문화재・지하철 또는 지하구의 화재 • 관광호텔, 층수가 11층 이상인 건축물, 지하상가, 시장, 백화점, 지정수량의 3천배 이상의 위험물의 제조소・저장소・취급소, 층수가 5층 이상이거나 객실이 30실 이상인 숙박시설, 층수가 5층 이상이거나 병상이 30개 이상인 종합병원・정신병원・한방병원・요양소, 연면적 1만5천 제곱미터 이상인 공장 또는 화재예방강화지구에서 발생한 화재 • 철도차량, 항구에 매어둔 총 톤수가 1천톤 이상인 선박, 항공기, 발전소 또는 변전소에서 발생한 화재	(21)의 ① 내지 ⑪ 서식 작성	30일 이내

• 가스 및 화약류의 폭발에 의한 화재 • 다중이용업소의 화재 • 긴급구조통제단장의 현장지휘가 필요한 재난상황 • 언론에 보도된 재난상황 • 그 밖에 소방청장이 정하는 재난상황	(21)의 ① 내지 ⑪ 서식 작성	30일 이내
위 이외의 화재	위와 같음	15일 이내

③ 보고기간의 연장

다음 각 호의 정당한 사유가 있는 경우에는 소방관서장에게 사전 보고를 한 후 필요한 기간만큼 조사 보고일을 연장할 수 있다.

　㉠ 법 제5조 제1항 단서에 따른 수사기관의 범죄수사가 진행 중인 경우

　㉡ 화재감정기관 등에 감정을 의뢰한 경우

　㉢ 추가 화재현장조사 등이 필요한 경우

④ 연장한 화재 조사결과 보고

조사 보고일을 연장한 경우 그 사유가 해소된 날부터 10일 이내에 소방관서장에게 조사결과를 보고해야 한다.

⑤ 치외법권지역 등이 조사보고

치외법권지역 등 조사권을 행사할 수 없는 경우는 조사 가능한 내용만 조사하여 (21) 각 호의 조사서식 중 해당 서류를 작성·보고한다.

⑥ 조사서류의 입력 및 보관

소방본부장 및 소방서장은 조사결과 서류를 국가화재정보시스템에 입력·관리해야 하며 영구보존 방법에 따라 보존해야 한다.

(23) 화재증명원 발급(제23조)

① 화재증명의 발급 절차

소방관서장은 화재증명원을 발급받으려는 자가 화재증명원 발급신청을 하면 화재증명원을 발급해야 한다. 이 경우 통합전자민원창구로 신청하면 전자민원문서로 발급해야 한다.

② 사후조사

　㉠ 소방관서장은 화재피해자로부터 소방대가 출동하지 아니한 화재장소의 화재증명원 발급신청이 있는 경우 조사관으로 하여금 사후 조사를 실시하게 할 수 있다.

　㉡ 이 경우 민원인이 제출한 사후조사 의뢰서의 내용에 따라 발화장소 및 발화지점의 현장이 보존되어 있는 경우에만 조사를 하며, 화재현장출동보고서 작성은 생략할 수 있다.

③ 기재내용

　㉠ 화재증명원 발급 시 인명피해 및 재산피해 내역을 기재한다. 다만, 조사가 진행 중인 경우에는 "조사 중"으로 기재한다.

　㉡ 재산피해내역 중 피해금액은 기재하지 아니하며 피해물건만 종류별로 구분하여 기재한다. 다만, 민원인의 요구가 있는 경우에는 피해금액을 기재하여 발급할 수 있다.

④ 발화장소 이외 관할 증명원 발급

화재증명원 발급신청을 받은 소방관서장은 발화장소 관할 지역과 관계없이 발화장소 관할 소방서로부터 화재 사실을 확인받아 화재증명원을 발급할 수 있다.

(24) 통계관리(제24조)

소방청장은 화재통계를 소방정책에 반영하고 유사한 화재를 예방하기 위해 매년 통계연감을 작성하여 국가화재정보시스템 등에 공표해야 한다.

(25) 조사관의 교육훈련(제25조)

① 조사에 관한 교육훈련에 필요한 과목(별표3)

구 분		교육훈련 과목
화재조사관 양성을 위한 전문교육	소양	국정시책, 기초소양, 심리상담기법 등
	전문	기초화학, 기초전기, 구조물과 화재, 화재조사 관계법령, 화재학, 화재패턴, 화재조사 방법론, 보고서 작성법, 화재피해금액 산정, 발화지점 판정, 전기화재감식, 화학화재 감식, 가스화재감식, 폭발화재감식, 차량화재감식, 미소화원감식, 방화화재감식, 증거물 수집보존, 화재모델링, 범죄심리학, 법과학(의학), 방ㆍ실화수사, 조사와 법적문제, 소방시설조사, 촬영기법, 법적 증언기법, 형사소송의 기본절차
	실습	화재조사실습, 현장실습, 사례연구 및 발표
	행정	입교식, 과정소개, 평가, 교육효과측정, 수료식 등
화재조사관의 전문능력향상을 위한 전문교육		1. 화재조사방법 및 감식(발화지점 판정, 전기화재, 화학화재, 가스화재, 폭발화재, 차량화재, 방화, 미소화원 등) 2. 증거물 수집절차ㆍ방법, 보존 3. 소방시설조사, 화재피해금액 산정 절차ㆍ방법 4. 화재조사와 법적 문제, 민ㆍ형사소송 절차 5. 화재학, 범죄심리학, 화재조사 관계 법령 등 6. 첨단 화재조사장비 운용 7. 그 밖에 화재조사 관련 교육 필요 사항
전담부서에 배치된 화재조사관을 위한 의무 보수교육		1. 화재조사방법 및 감식(발화지점 판정, 전기화재, 화학화재, 가스화재, 폭발화재, 차량화재, 방화, 미소화원 등) 2. 증거물 수집절차ㆍ방법, 보존 3. 소방시설조사, 화재피해금액 산정 절차ㆍ방법 4. 화재조사와 법적 문제, 민ㆍ형사소송 절차 5. 화재학, 범죄심리학, 화재조사 관계 법령 등 6. 그 밖에 화재감식 및 감정 분야 동향 7. 첨단 화재조사장비 운용 8. 주요 화재 감식 사례 9. 화재감식 및 감정 분야 동향 10. 그 밖에 화재조사 관련 교육 필요 사항

② 교육과목별 시간과 방법

소방본부장, 소방서장 또는 교육훈련기관의 장이 정한다. 다만, 의무 보수교육 시간은 4시간 이상으로 한다.

③ 조사능력 향상

소방관서장은 조사관에 대하여 연구과제 부여, 학술대회 개최, 조사 관련 전문기관에 위탁훈련ㆍ교육을 실시하는 등 조사능력 향상에 노력하여야 한다.

(26) 유효기간(제26조)

이 훈령은 「훈령ㆍ예규 등의 발령 및 관리에 관한 규정」에 따라 이 훈령을 발령한 후의 법령이나 현실 여건의 변화 등을 검토하여야 하는 2025년 12월 31일까지 효력을 가진다.

3 화재증거물수집관리규칙

(1) 목 적

① 화재 현장에서의 증거물 수집과 사진, 비디오 촬영에 대한 기준

② 이에 따른 자료관리를 위하여 필요한 사항을 규정함

(2) 용어의 정의(제2조) 14 19 20 22

용 어	정 의
증거물	화재와 관련 있는 물건 및 개연성이 있는 모든 개체
증거물 수집	화재증거물을 획득하고 해당 물건을 분석하여 사건과 관련된 화재증거를 추출하는 과정
증거물 보관·이동	화재현장에서 증거물 수집에서부터 폐기까지 증거물 원본성 보장을 위한 증거물 관리 및 이송과 관련된 과정
현장기록	화재조사현장과 관련된 사람, 물건, 기타 주변상황, 증거물 등을 촬영한 사진, 영상물 및 녹음자료, 현장에서 작성된 정보 등
현장사진	화재조사현장과 관련된 사람, 물건, 기타 상황, 증거물 등을 촬영한 사진
현장비디오	화재현장에서 화재조사현장과 관련된 사람, 물건, 그 밖의 주변 상황, 증거물을 촬영하거나 조사의 과정을 촬영한 것

(3) 물적 증거물의 수집(제4조) 13 21 22   ★★★★

① 현장 수거물은 그 목록을 작성해야 한다.

② 증거물의 수집 장비는 증거물의 종류 및 형태에 따라, 적절한 구조의 것으로 한다.

③ 휘발성이 높은 것에서 낮은 순서로 진행해야 한다.

④ 증거물의 소손 또는 소실 정도가 심하여 증거물의 일부분 또는 전체가 유실될 우려가 있는 경우는 증거물을 밀봉해야 한다.

⑤ 증거물이 파손될 우려가 있는 경우 충격금지 및 취급방법에 대한 주의사항을 증거물의 포장 외측에 적절하게 표기해야 한다.

⑥ 증거물 수집 목적이 인화성 액체 성분 분석인 경우에는 인화성 액체 성분의 증발을 막기 위한 조치를 하여야 한다.

⑦ 증거물 수집 과정에서는 증거물의 수집자, 수집 일자, 상황 등에 대하여 기록을 남겨야 하며, 기록은 가능한 법과학자용 표지 또는 태그를 사용하는 것을 원칙으로 한다.

⑧ 필요시 화재현장 보존조치 및 통제구역 등 조치를 할 수 있어야 한다.

(4) 증거물의 포장에 상세정보 기록 22   ★★★★★

① 포장상자에 증거물 상세정보 작성

> ㉠ 수집일시, ㉡ 증거물번호, ㉢ 수집장소, ㉣ 화재조사번호, ㉤ 수집자,
> ㉥ 소방서명, ㉦ 증거물내용, ㉧ 봉인자, ㉨ 봉인일시

② 증거물 포장 원칙 : 증거물의 포장은 보호상자를 사용하여 개별 포장함을 원칙으로 한다.

(5) 증거물 보관·이동 ₂₁

① 증거물은 수집 단계부터 검사 및 감정이 완료되어 반환 또는 폐기되는 전 과정에 있어서 화재조사자 또는 이와 동일한 자격 및 권한을 가진 자의 책임하에 행해져야 한다.

② 증거물의 보관 및 이동은 장소 및 방법, 책임자 등이 지정된 상태에서 행해져야 되며, 책임자는 전 과정에 대하여 이를 입증할 수 있도록 다음 사항을 작성하여야 한다.

  ㉠ 증거물 최초상태, 개봉일자, 개봉자

  ㉡ 증거물 발신일자, 발신자

  ㉢ 증거물 수신일자, 수신자

  ㉣ 증거 관리가 변경되었을 때 기타사항 기재

③ 증거물의 보관은 전용실 또는 전용함 등 변형이나 파손될 우려가 없는 장소에 보관해야 하고, 화재 조사와 관계없는 자의 접근은 엄격히 통제되어야 하며, 보관관리이력은 「화재증거물수집관리규칙」 별지 제3호 서식에 따라 작성하여야 한다.

④ 증거물은 화재증거 수집의 목적달성 후에는 관계인에게 반환하여야 한다. 다만 관계인의 승낙이 있을 때에는 폐기할 수 있다.

(6) 증거물에 대한 유의사항 ₁₃ ₂₁　　　　　　　　　　★★★★★

① 관련 법규 및 지침에 규정된 일반적인 원칙과 절차를 준수한다.

② 화재조사에 필요한 증거 수집은 화재피해자의 피해를 최소화하도록 하여야 한다.

③ 화재증거물은 기술적, 절차적인 수단을 통해 진정성, 무결성이 보존되어야 한다.

④ 화재증거물을 획득할 때에는 증거물의 오염, 훼손, 변형되지 않도록 적절한 도구를 사용하여야 한다.

⑤ 최종적으로 법정에 제출되는 화재 증거물의 원본성이 보장되어야 한다.

(7) 촬영 시 유의사항　　　　　　　　　　★★★★

① 최초 도착하였을 때의 원상태를 그대로 촬영하고, 화재조사의 진행순서에 따라 촬영

② 증거물을 촬영할 때는 그 소재와 상태가 명백히 나타나도록 하며, 필요에 따라 구분이 용이하게 번호표 등을 넣어 촬영

③ 화재현장의 특정한 증거물 등을 촬영함에 있어서는 그 길이, 폭 등을 명백히 하기 위하여 측정용 자 또는 대조도구를 사용하여 촬영

④ 화재상황을 추정할 수 있는 다음의 대상물의 형상은 면밀히 관찰 후 자세히 촬영

  ㉠ 사람, 물건, 장소에 부착되어 있는 연소흔적 및 혈흔

  ㉡ 화재와 연관성이 크다고 판단되는 증거물, 피해물품, 유류

⑤ 현장사진 및 비디오 촬영과 현장기록물 확보 시에는 연소확대 경로 및 증거물 기록에 대한 번호표와 화살표 등을 활용하여 작성

(8) 기록 사본의 송부 및 관리

소방본부장 또는 소방서장은 현장사진 및 현장비디오 촬영물 중 소방청장 또는 소방본부장의 제출 요구가 있는 때에는 지체 없이 촬영물과 관련 조사 자료를 디지털저장매체에 기록하여 송부하여야 하며, 소방본부 및 소방서는 연간 작성된 화재조사 기록과 조사 자료를 국가화재정보시스템 디지털저장매체에 관리하여야 한다.

(9) 초상권 및 개인정보 보호

화재조사자료, 사진 및 비디오촬영은 사건 피해자의 초상권 및 개인정보보호를 위해 관련 수사 또는 재판 이외의 목적으로 제공하여서는 아니 된다.

04 | 기타 법률

1 형법(방·실화죄)

(1) 방화와 관련한 형법 규정

조문제목	구체적 범죄내용		형 량
현주건조물 등 방화 (제164조)	불을 놓아 사람이 주거로 사용하거나 사람이 현존하는 건조물, 기차, 전차, 자동차, 선박, 항공기 또는 지하채굴시설을 불태운 자		무기 또는 3년 이상의 징역
	불을 놓아 사람이 주거로 사용하거나 사람이 현존하는 건조물, 기차, 전차, 자동차, 선박, 항공기 또는 지하채굴시설을 불태워	상해에 이르게 한 자	무기 또는 5년 이상의 징역
		사망에 이르게 한 자	무기 또는 7년 이상의 징역
공용건조물 등 방화 (제165조)	불을 놓아 공용 또는 공익에 공하는 건조물, 기차, 전차, 자동차, 선박, 항공기 또는 지하채굴시설을 불태운 자		무기 또는 3년 이상의 징역
일반건조물 등 방화 (제166조)	불을 놓아 현주건조물등·공용건조물 등에 기재한 이외의 건조물, 기차, 전차, 자동차, 선박, 항공기 또는 지하채굴시설을 불태운 자		2년 이상의 유기징역
	자기소유의 건조물에 속한 물건을 불태워 공공의 위험을 발생하게 한 자		7년 이하의 징역 또는 1천만원 이하의 벌금
일반물건 방화 (제167조)	① 불을 놓아 현주건조물등, 공용건조물등, 일반건조물등에 기재한 이외의 물건을 불태워 공공의 위험을 발생하게 한 자		1년 이상 10년 이하의 징역
	② ①항의 물건이 자기소유인 경우		3년 이하의 징역 또는 700만원 이하의 벌금
방화예비, 음모죄 (제175조)	제164조 제1항, 제165조, 제166조 제1항의 죄를 범할 목적으로 예비 또는 음모한 자, 단 그 목적한 죄의 실행에 이르기 전에 자수한 때에는 형을 감경 또는 면제한다.		5년 이하의 징역

(2) 실화와 관련한 형법 규정

조문제목	구체적 범죄내용	형 량
실화 (제170조)	과실로 현주건조물 등 또는 공용건조물 등에 기재한 물건 또는 타인의 소유인 일반건조물 등에 기재한 물건을 불태운 자	1천 500만원 이하의 벌금
	과실로 자기의 소유인 일반건조물 등 또는 일반 물건에 기재한 물건을 불태워 공공의 위험을 발생하게 한 자	
업무상실화 중실화 (제171조)	업무상과실 또는 중대한 과실로 인하여 위 실화죄를 범한 자	3년 이하의 금고 또는 2천만원 이하의 벌금

(3) 기타 방화와 실화관련 형법규정

조문제목	구체적 범죄내용		형 량
연소 (제168조)	① 자기소유 일반건조물 등 방화 또는 자기소유 일반물건방화의 죄를 범하여 현주건조물등·공용건조물등 또는 현주건조물·공용건조물 이외의 건조물, 기차, 전차, 자동차, 선박, 항공기 또는 지하채굴시설에 기재한 물건에 연소한 때		1년 이상 10년 이하의 징역
	② 자기소유 일반물건방화의 죄를 범하여 ①에 기재한 물건에 연소한 때		5년 이하의 징역
진화방해죄 (제169조)	진화용의 시설 또는 물건을 은닉 또는 손괴하거나 기타방법으로 진화를 방해한 자		10년 이하의 징역
폭발성 물건파열 (제172조)	보일러, 고압가스, 기타 폭발성 있는 물건을 파열시켜 사람의 생명, 신체 또는 재산에	위험을 발생시킨 자	1년 이상의 유기징역
		상해에 이르게 한 때	무기 또는 3년 이상의 징역
		사망에 이르게 한 때	무기 또는 5년 이상의 징역
가스·전기 등 방류 (제172조의2)	가스, 전기, 증기 또는 방사선이나 방사성 물질을 방출, 유출 또는 살포시켜 사람의 생명, 신체 또는 재산에 대하여	위험을 발생시킨 자	1년 이상 10년 이하의 징역
		상해에 이르게 한 때	무기 또는 3년 이상의 징역
		사망에 이르게 한 때	무기 또는 5년 이상의 징역
가스·전기 등 공급방해 (제173조)	가스, 전기 또는 증기의 공작물을 손괴 또는 제거하거나 기타방법으로 가스, 전기 또는 증기의 공급이나 사용을 방해하여	공공위험을 발생하게 한 자 방해한 자	1년 이상 10년 이하의 징역
		상해에 이르게 한 때	2년 이상의 유기징역
		사망에 이르게 한 때	무기 또는 3년 이상의 징역
과실폭발성 물건파열등 (제173조의2)	과실로 제172조 제1항(폭발성 물건을 파열하여 위험을 발생시킨 자), 제172조의2 제1항(가스·전기 등 방류로 위험을 발생시킨 자), 제173조 제1항과 제2항(가스·전기 등 공급 방해하여 공공위험을 발생시킨 자 또는 방해한 자)의 죄를 범한 자		5년 이하의 금고 또는 1천 500만원 이하의 벌금
	업무상 과실 또는 중대한 과실로 위의 죄를 범한 자		7년 이하의 금고 또는 2천 만원 이하의 벌금
방화예비, 음모죄 (제175조)	제172조 제1항위, 제172조의2 제1항위, 제173조 제1항과 제2항의 죄를 범할 목적으로 예비 또는 음모한 자, 단 그 목적의 죄의 실행에 이르기 전에 자수한 때에는 형을 감경 또는 면제한다.		5년 이하의 징역

2 민 법

(1) 불법행위의 내용(제750조)

고의 또는 과실로 인한 위법행위로 타인에게 손해를 가한 자는 그 손해를 배상할 책임이 있다.

(2) 배상책임

조문제목	조문내용
재산 이외의 손해의 배상 (제751조)	① 타인의 신체, 자유 또는 명예를 해하거나 기타 정신상 고통을 가한 자는 재산 이외의 손해에 대하여도 배상할 책임이 있다.
	② 감독의무자를 갈음하여 제753조 또는 제754조에 따라 책임이 없는 사람을 감독하는 자도 ①의 책임이 있다.
생명침해로 인한 위자료 (제752조)	타인의 생명을 해한 자는 피해자의 직계존속, 직계비속 및 배우자에 대하여는 재산상의 손해없는 경우에도 손해배상의 책임이 있다.
미성년자의 책임능력 (제753조)	미성년자가 타인에게 손해를 가한 경우에 그 행위의 책임을 변식할 지능이 없는 때에는 배상의 책임이 없다.

심신상실자의 책임능력 (제754조)	심신상실 중에 타인에게 손해를 가한 자는 배상의 책임이 없다. 그러나 고의 또는 과실로 인하여 심신상실을 초래한 때에는 그러하지 아니하다.
감독자의 책임 (제755조)	① 다른 자에게 손해를 가한 사람이 제753조 또는 제754조에 따라 책임이 없는 경우에는 그를 감독할 법정의무가 있는 자가 그 손해를 배상할 책임이 있다. 다만, 감독 의무를 게을리 하지 아니한 경우에는 그러하지 아니하다.
	② 감독의무자를 갈음하여 제753조 또는 제754조에 따라 책임이 없는 사람을 감독하는 자도 ①의 책임이 있다.
사용자의 배상책임 (제756조)	① 타인을 사용하여 어느 사무에 종사하게 한 자는 피용자가 그 사무집행에 관하여 제삼자에게 가한 손해를 배상할 책임이 있다. 그러나 사용자가 피용자의 선임 및 그 사무감독에 상당한 주의를 한 때 또는 상당한 주의를 하여도 손해가 있을 경우에는 그러하지 아니하다.
	② 사용자에 가름하여 그 사무를 감독하는 자도 전항의 책임이 있다.
	③ ①, ②의 경우에 사용자 또는 감독자는 피용자에 대하여 구상권을 행사할 수 있다.
공작물 등의 점유자, 소유자의 책임 (제758조)	① 공작물의 설치 또는 보존의 하자로 인하여 타인에게 손해를 가한 때에는 공작물점유자가 손해를 배상할 책임이 있다. 그러나 점유자가 손해의 방지에 필요한 주의를 해태하지 아니한 때에는 그 소유자가 손해를 배상할 책임이 있다.
	② 전항의 규정은 수목의 재식 또는 보존에 하자가 있는 경우에 준용한다.
	③ ②의 경우에 점유자 또는 소유자는 그 손해의 원인에 대한 책임 있는 자에 대하여 구상권을 행사할 수 있다.
공동불법행위자의 책임 (제760조)	수인이 공동의 불법행위로 타인에게 손해를 가한 때에는 연대하여 그 손해를 배상할 책임이 있다.
	공동 아닌 수인의 행위 중 어느 자의 행위가 그 손해를 가한 것인지를 알 수 없는 때에도 전항과 같다.
	교사자나 방조자는 공동행위자로 본다.

(3) 배상액의 경감청구(제765조) 및 소멸시효(제766조) 16

조문제목	조문내용
배상액의 경감청구 (제765조)	배상의무자는 그 손해가 고의 또는 중대한 과실에 의한 것이 아니고 그 배상으로 인하여 배상자의 생계에 중대한 영향을 미치게 될 경우에는 법원에 그 배상액의 경감을 청구할 수 있다.
	법원은 전항의 청구가 있는 때에는 채권자 및 채무자의 경제상태와 손해의 원인 등을 참작하여 배상액을 경감할 수 있다.
손해배상청구권의 소멸시효 (제766조)	불법행위로 인한 손해배상의 청구권은 피해자나 그 법정대리인이 그 손해 및 가해자를 안날로부터 3년간 이를 행사하지 아니하면 시효로 인하여 소멸한다.
	불법행위를 한 날로부터 10년을 경과한 때에도 시효로 인하여 소멸한다.
	미성년자가 성폭력, 성추행, 성희롱, 그 밖의 성적(性的) 침해를 당한 경우에 이로 인한 손해배상 청구권의 소멸시효는 그가 성년이 될 때까지는 진행되지 아니한다.

3 제조물책임법 [19] [22]

조문제목	조문내용
목적(제1조) [14]	이 법은 제조물의 결함으로 발생한 손해에 대한 제조업자 등의 손해배상책임을 규정함으로써 피해자 보호를 도모하고 국민생활의 안전 향상과 국민경제의 건전한 발전에 이바지함을 목적으로 한다.
정의(제2조) [14] [15]	• "제조물"이란 제조되거나 가공된 동산(다른 동산이나 부동산의 일부를 구성하는 경우를 포함한다)을 말한다. • "결함"이란 해당 제조물에 다음 각 목의 어느 하나에 해당하는 제조상·설계상 또는 표시상의 결함이 있거나 그 밖에 통상적으로 기대할 수 있는 안전성이 결여되어 있는 것을 말한다. – "제조상의 결함"이란 제조업자가 제조물에 대하여 제조상·가공상의 주의의무를 이행하였는지에 관계없이 제조물이 원래 의도한 설계와 다르게 제조·가공됨으로써 안전하지 못하게 된 경우를 말한다. – "설계상의 결함"이란 제조업자가 합리적인 대체설계(代替設計)를 채용하였더라면 피해나 위험을 줄이거나 피할 수 있었음에도 대체설계를 채용하지 아니하여 해당 제조물이 안전하지 못하게 된 경우를 말한다. – "표시상의 결함"이란 제조업자가 합리적인 설명·지시·경고 또는 그 밖의 표시를 하였더라면 해당 제조물에 의하여 발생할 수 있는 피해나 위험을 줄이거나 피할 수 있었음에도 이를 하지 아니한 경우를 말한다. • "제조업자"란 다음 각 목의 자를 말한다. [18] ⓐ 제조물의 제조·가공 또는 수입을 업(業)으로 하는 자 ⓑ 제조물에 성명·상호·상표 또는 그 밖에 식별(識別) 가능한 기호 등을 사용하여 자신을 ⓐ로 표시한 자 또는 ⓐ로 오인(誤認)하게 할 수 있는 표시를 한 자
제조물의 책임 (제3조)	• 제조업자는 제조물의 결함으로 생명·신체 또는 재산에 손해(그 제조물에 대하여만 발생한 손해는 제외한다)를 입은 자에게 그 손해를 배상하여야 한다. • 제조업자가 제조물의 결함을 알면서도 그 결함에 대하여 필요한 조치를 취하지 아니한 결과로 생명 또는 신체에 중대한 손해를 입은 자가 있는 경우에는 그 자에게 발생한 손해의 3배를 넘지 아니하는 범위에서 배상책임을 진다. 이 경우 법원은 배상액을 정할 때 다음의 사항을 고려하여야 한다. – 고의성의 정도 – 해당 제조물의 결함으로 인하여 발생한 손해의 정도 – 해당 제조물의 공급으로 인하여 제조업자가 취득한 경제적 이익 – 해당 제조물의 결함으로 인하여 제조업자가 형사처벌 또는 행정처분을 받은 경우 그 형사처벌 또는 행정처분의 정도 – 해당 제조물의 공급이 지속된 기간 및 공급 규모 – 제조업자의 재산상태 – 제조업자가 피해구제를 위하여 노력한 정도 • 피해자가 제조물의 제조업자를 알 수 없는 경우에 그 제조물을 영리 목적으로 판매·대여 등의 방법으로 공급한 자는 손해를 배상하여야 한다. 다만, 피해자 또는 법정대리인의 요청을 받고 상당한 기간 내에 그 제조업자 또는 공급한 자를 그 피해자 또는 법정대리인에게 고지(告知)한 때에는 그러하지 아니하다.
결함의 추정 (제3조의2)	피해자가 다음의 사실을 증명한 경우에는 제조물을 공급할 당시 해당 제조물에 결함이 있었고 그 제조물의 결함으로 인하여 손해가 발생한 것으로 추정한다. 다만, 제조업자가 제조물의 결함이 아닌 다른 원인으로 인하여 그 손해가 발생한 사실을 증명한 경우에는 그러하지 아니하다. • 해당 제조물이 정상적으로 사용되는 상태에서 피해자의 손해가 발생하였다는 사실 • 손해가 제조업자의 실질적인 지배영역에 속한 원인으로부터 초래되었다는 사실 • 손해가 해당 제조물의 결함 없이는 통상적으로 발생하지 아니한다는 사실
면책사유 (제4조) [16]	• 제3조에 따라 손해배상책임을 지는 자가 다음의 어느 하나에 해당하는 사실을 입증한 경우에는 이 법에 따른 손해배상책임을 면(免)한다. – 제조업자가 해당 제조물을 공급하지 아니하였다는 사실 – 제조업자가 해당 제조물을 공급한 당시의 과학·기술 수준으로는 결함의 존재를 발견할 수 없었다는 사실 – 제조물의 결함이 제조업자가 해당 제조물을 공급한 당시의 법령에서 정하는 기준을 준수함으로써 발생하였다는 사실 – 원재료나 부품의 경우에는 그 원재료나 부품을 사용한 제조물 제조업자의 설계 또는 제작에 관한 지시로 인하여 결함이 발생하였다는 사실

	• 제3조에 따라 손해배상책임을 지는 자가 제조물을 공급한 후에 그 제조물에 결함이 존재한다는 사실을 알거나 알 수 있었음에도 그 결함으로 인한 손해의 발생을 방지하기 위한 적절한 조치를 하지 아니한 경우에는 면책을 주장할 수 없다.
연대책임 (제5조)	동일한 손해에 대하여 배상할 책임이 있는 자가 2인 이상인 경우에는 연대하여 그 손해를 배상할 책임이 있다.
면책의 특약 (제6조)	이 법에 따른 손해배상책임을 배제하거나 제한하는 특약(特約)은 무효로 한다. 다만, 자신의 영업에 이용하기 위하여 제조물을 공급받은 자가 자신의 영업용 재산에 발생한 손해에 관하여 그와 같은 특약을 체결한 경우에는 그러하지 아니하다.
청구권의 소멸시효 (제7조) `16` `22`	• 이 법에 따른 손해배상의 청구권은 피해자 또는 그 법정대리인이 손해 및 다음의 사항을 모두 알게 된 날부터 3년간 행사하지 아니하면 시효의 완성으로 소멸한다. 　– 손해 　– 제3조에 따라 손해배상책임을 지는 자 • 이 법에 따른 손해배상의 청구권은 제조업자가 손해를 발생시킨 제조물을 공급한 날부터 10년 이내에 행사하여야 한다. 다만, 신체에 누적되어 사람의 건강을 해치는 물질에 의하여 발생한 손해 또는 일정한 잠복기간(潛伏期間)이 지난 후에 증상이 나타나는 손해에 대하여는 그 손해가 발생한 날부터 기산(起算)한다.
민법의 적용 (제8조)	제조물의 결함으로 인한 손해배상책임에 관하여 이 법에 규정된 것을 제외하고는 「민법」에 따른다.

4 실화책임에 관한 법률

(1) 법 문

조문제목	조문내용
목적 (제1조)	이 법은 실화(失火)의 특수성을 고려하여 실화자에게 중대한 과실이 없는 경우 그 손해배상액의 경감(輕減)에 관한 「민법」 제765조의 특례를 정함을 목적으로 한다.
적용범위 (제2조)	이 법은 실화로 인하여 화재가 발생한 경우 연소(延燒)로 인한 부분에 대한 손해배상청구에 한하여 적용한다. ※ "연소"란 한 곳에서 일어난 불이 주변으로 번져서 불길이 확대되는 것을 의미함

손해배상액의
경감 청구
(제3조)
`13` `15` `16`
`18` `21`
	• 실화가 중대한 과실로 인한 것이 아닌 경우 그로 인한 손해의 배상의무자(이하 "배상의무자"라 한다)는 법원에 손해배상액의 경감을 청구할 수 있다.
	• 법원은 청구가 있을 경우에는 다음의 사정을 고려하여 그 손해배상액을 경감할 수 있다.
	　– 화재의 원인과 규모
	　– 피해의 대상과 정도
	　– 연소(延燒) 및 피해 확대의 원인
	　– 피해 확대를 방지하기 위한 실화자의 노력
	　– 배상의무자 및 피해자의 경제상태
	　– 그 밖에 손해배상액을 결정할 때 고려할 사정

(2) 화재조사관련 기관 등

구 분	영향내용
화재조사기관 (소방, 경찰)	• 자기책임 실현을 위한 화재보험 의무가입 확대 추진 • 정확한 화재원인 판정으로 대외공신력 확보 • 화재진압 중 경과실에 대한 배상책임 발생
화재보험회사	경과실에 대한 화재보험상품 개발 및 보급
법 원	경과실에 화재책임에 대한 소송 증가
국 민	경과실에 화재책임에 대한 보험가입

(3) 화재조사 업무의 중요성 재인식

재인식 내용	화재조사 서류의 예
손해배상책임 경감에 대한 참작자료로써 활용가치	• 화재현황조사서 • 화재유형별조사서 • 현장출동보고서 등
실화자의 경과실 및 중과실 판단여부 결정	화재현장조사서의 화재개요
피해 확대를 방지하기 위한 실화자의 노력	• 질문기록서 • 현장출동보고서에 의한 관계인의 화재초기행동 및 대응활동 입증
발화지점 입증, 연소패턴 및 연소확대 요인	화재원인 및 피해조사서의 발화지점 입증
증거물 확보 및 관리의 중요성	배상액 결정에 영향
소화시설 유지·관리 및 초기 대응활동 등	소방·방화 활용조사서

5 화재로 인한 재해보상과 보험가입에 관한 법률

(1) 목적(제1조)

① 화재로 인한 인명 및 재산상의 손실을 예방

② 화재발생 시 신속한 재해복구

③ 인명 및 재산피해에 대한 적정한 보상

④ 국민생활의 안정에 이바지

(2) 용어의 정의(제2조)

용 어	정 의
손해보험회사	「보험업법」 제4조에 따른 화재보험업의 허가를 받은 자를 말한다.
특약부화재보험	화재로 인한 건물의 손해와 특수건물의 화재로 인하여 다른 사람이 사망 또는 부상을 입었을 때 손해배상책임을 담보하는 보험을 말한다.
특수건물	국유건물·공유건물·교육시설·백화점·시장·의료시설·흥행장·숙박업소·다중이용업소·운수시설·공장·공동주택과 그 밖에 여러 사람이 출입 또는 근무하거나 거주하는 건물로서 화재의 위험이나 건물의 면적 등을 고려하여 대통령령으로 정하는 건물을 말한다.

(3) 특수건물 소유자의 손해배상책임(법 제4조)

① 특수건물의 소유자는 그 특수건물의 화재로 인하여 다른 사람이 사망하거나 부상을 입었을 때 또는 다른 사람의 재물에 손해가 발생한 때에는 과실이 없는 경우에도 보험금액의 범위에서 그 손해를 배상할 책임이 있다.

② 이 경우 「실화책임에 관한 법률」에도 불구하고 특수건물의 소유자에게 경과실(輕過失)이 있는 경우에도 또한 같다.

(4) 보험가입의 의무(법 제5조)

① 특수건물의 소유자는 그 특수건물의 화재로 인한 해당 건물의 손해를 보상받고 손해배상책임을 이행하기 위하여 그 특수건물에 대하여 손해보험회사가 운영하는 특약부화재보험에 가입하여야 한다.

② 특수건물의 소유자는 특약부화재보험에 부가하여 풍재(風災), 수재(水災) 또는 건물의 무너짐 등으로 인한 손해를 담보하는 보험에 가입할 수 있다.

③ 손해보험회사는 보험계약의 체결을 거절하지 못한다.

④ 특수건물의 소유자는 다음에서 정하는 날부터 30일 이내에 특약부화재보험에 가입하여야 한다.

   ㉠ 특수건물을 건축한 경우 : 건축물의 사용승인, 주택의 사용검사 또는 관계 법령에 따른 준공인가・준공확인 등을 받은 날

   ㉡ 특수건물의 소유권이 변경된 경우 : 그 건물의 소유권을 취득한 날

   ㉢ 그 밖의 경우 : 특수건물의 소유자가 그 건물이 특수건물에 해당하게 된 사실을 알았거나 알 수 있었던 시점 등을 고려하여 대통령령으로 정하는 날

⑤ 특약부화재보험에 관한 계약을 매년 갱신하여야 한다.

(5) 보험의 목적물(특수건물) ★★★★★

구 분	보험가입의무 대상						
국유재산	연면적이 1,000m² 이상인 건물 및 이 건물과 같은 용도로 사용하는 부속건물						
공유재산	연면적이 1,000m² 이상인 건물 및 이 건물과 같은 용도로 사용하는 부속건물						
다중이용업소	다중이용업소로 바닥면적의 합계가 2,000m² 이상인 건물						
	게임산업 진흥에 관한 법률	음악산업 진흥에 관한 법률	식품위생법 시행령	학원의 설립・운영 및 과외교습에 관한 법률	공중 위생 관리법	사격 및 사격장 안전관리에 관한 법률	영화 및 비디오물의 진흥에 관한 법률
	게임제공업, 인터넷컴퓨터 게임시설제공업	노래연습장업	휴게음식점영업, 일반음식점영업, 단란주점영업, 유흥주점영업	학 원	목욕장업	실내사격장 (면적제한 없음)	영화상영관
바닥면적의 합계가 3,000m² 이상인 건물	숙박업, 대규모점포, 도시철도의 역사(驛舍) 및 역무시설로 사용하는 건물						
연면적이 3,000m² 이상인 건물	• 종합병원 또는 병원, 관광숙박업, 공연장으로 사용하는 건물 • 방송사업을 목적으로 사용하는 건물 • 농수산물도매시장 및 민영농수산물도매시장 • 학교건물, 공장						
다음 층수 건물	• 공동주택으로서 16층 이상의 아파트 및 부속건물 • 층수가 11층 이상인 건물						

(6) 보험가입의무 제외 대상(제6조)

① 대한민국에 파견된 외국의 대사·공사(公使) 또는 그 밖에 이에 준하는 사절(使節)이 소유하는 건물

② 대한민국에 파견된 국제연합의 기관 및 그 직원(외국인만 해당한다)이 소유하는 건물

③ 대한민국에 주둔하는 외국 군대가 소유하는 건물

④ 군사용 건물과 외국인 소유 건물로서 대통령령 제4조(특례)으로 정하는 건물

> **대통령령 제4조(특례)로 정하는 건물**
> 군사용 건물은 국방부장관 또는 병무청장이 관리하는 건물로서 다음에 제기한 것 이외의 건물을 말함
> 1. 국방부장관이 지정하는 3층 이상의 건물
> 2. 국군통합병원의 진료부와 병동건물
> 3. 군인공동주택

(7) 보험금액(법 제8조)   ★★★★★

구 분	보험금액
화재보험	특수건물의 시가에 해당하는 금액
사 망	피해자 1명마다 1억 5천만원 범위에서 피해자에게 발생한 손해액 (2천만원 미만인 경우에는 2천만원)
부 상	피해자 1명마다 대통령령으로 정하는 금액 범위에서 발생한 손해액
재물에 대한 손해	사고 1건당 10억의 범위에서 피해자에게 발생한 손해액

(8) 보험금액의 청구 및 절차(법 제9조, 시행령 제6조)

구 분	청구내용
청구서 작성	• 청구자의 주소 및 성명 • 사망자에 대한 청구에 있어서는 청구자와 사망자와의 관계 • 피해자와 보험계약자의 주소 및 성명 • 사고발생일시·장소 및 그 개요 • 청구하는 금액과 그 산출기초
첨부서류	• 진단서 또는 검안서 • 청구서의 기재사항을 증명하는 서류 • 청구하는 금액과 그 산출기초에 관한 증명서류
청구서 제출	보험회사
의견청취	보험금을 지급하고자 할 때에는 보험계약자의 의견을 들어야 한다.
보험금 지급	• 보험금지급시기 : 당한 사유가 있는 경우를 제외하고는 지체 없이 지급 • 보험금지급통지 : 보험계약자에게 다음 사항을 통지 　－ 보험금의 지급청구자와 수령자의 주소 및 성명, 　－ 청구액과 지급액 　－ 피해자의 주소 및 성명
압류금지	손해배상책임을 담보하는 보험의 청구권은 압류할 수 없다.

(9) 한국화재보험협회의 업무(법 제15조)

　① 화재예방 및 소화시설에 대한 안전점검

　② 화재보험에 있어서의 소화설비에 따른 보험요율의 할인등급에 대한 사정(査定)

　③ 화재예방과 소화시설에 관한 자료의 조사·연구 및 계몽

　④ 행정기관이나 그 밖의 관계 기관에 화재예방에 관한 건의

　⑤ 그 밖에 금융위원회의 인가를 받은 업무

(10) 벌칙 및 과태료(법 제23, 24조)　　★★★★★

　① 특약부화재보험 미가입자 : 500만원 이하의 벌금

　② 협회가 아닌 자가 협회 또는 이와 유사한 명칭을 사용한 자 : 300만원 이하의 과태료

05 화재피해 평가하기

Key Point

1. 화재피해액 산정규정에 대하여 설명할 수 있어야 한다.
   - 피해 산정대상/소실정도/건물동수, 소실면적, 세대수 산정/화재피해액 계산방법 등
2. 대상별 피해액 산정기준에 대하여 설명할 수 있어야 한다.
   - 건물, 구축물, 부대설비, 가재도구 등 간이평가, 실제적·구체적 평가방식
   - 영업시설, 공구 및 기구, 재고자산 등 간이평가, 실제적·구체적 평가방식
   - 피해액 산정대상별 손해율 적용 기준
3. 화재피해액 산정매뉴얼에 대하여 설명할 수 있어야 한다.
   - 건물신축단가표 등을 활용한 피해 대상별 피해액 산정 사례를 학습
   - 건물, 부대설비, 자재도구, 집기비품, 잔존물제거비 등 총피해액 산정방법

1 화재피해조사 관련법령 및 규정

(1) 화재피해조사의 집행근거

소방의 화재조사에 관한 법률
화재조사의 실시(제5조)

소방의 화재조사에 관한 법률 시행령
화재조사대상(제2조) 화재조사의 내용··절차(제3조)

화재조사 및 보고규정
• 화재조사의 개시 및 원칙(제3조) • 화재의 유형(제9조) • 건물동수의 산정(제15조) • 화재의 소실정도(제16조) • 건물의 소실면적 산정(제17조) • 세대수의 산정(제19조) • 화재피해액의 산정(제18조) • 화재조사서류 서식(제21조) • 조사보고(제22조)

(2) 화재조사의 시기

화재발생 사실을 인지하는 즉시 시작

(3) 화재조사 사항(법 제5조)

① 화재원인에 관한 사항

② 화재로 인한 인명·재산피해 상황

③ 대응활동에 관한 사항

④ 소방시설 등의 설치·관리 및 작동 여부에 관한 사항

⑤ 화재발생건축물과 구조물, 화재유형별 화재위험성 등에 관한 사항

⑥ 화재안전조사의 실시 결과에 관한 사항

(4) 화재조사 절차

① 현장출동 중 조사 : 화재발생 접수, 출동 중 화재상황 파악 등

② 화재현장 조사 : 화재의 발화(發火)원인, 연소상황 및 피해상황 조사 등

③ 정밀조사 : 감식·감정, 화재원인 판정 등

④ 화재조사 결과 보고

(5) 화재피해조사

① 인명피해조사

㉠ 사상자 구분

사상자 구분		규정내용
사상자 개요		화재현장에서 사망한 사람 또는 부상당한 사람을 말한다.
부상자 사망기준		화재현장에서 부상을 당한 후 72시간 이내에 사망한 경우
부상정도 (의사진단 기초)	중 상	3주 이상의 입원치료를 필요로 하는 부상
	경 상	중상 이외의 부상(입원치료를 필요로 하지 않는 것도 포함). 다만, 병원치료를 필요로 하지 않고 단순하게 연기를 흡입한 사람은 제외

㉡ 화재사의 구분

종 류	구분내용
소 사	화재로 인한 화상과 더불어 화염에 의해 불에 타서 사망하거나 일산화탄소에 의한 유독가스 중독과 산소결핍에 의한 질식 등이 합병되어 사망한 것
화상사	화재로 인하여 화염 등 고열이 피부에 작용하여 화상을 입은 후 그 상황에서 2차적인 조건에 의해 사망한 것
질식사	• 외질식사(外窒息死) : 화재 시 발생되는 연기에 숨이 막혀 구토가 발생하고, 토하는 음식물이 기도를 막아 사망한 것 • 내질식사(內窒息死) : 화재 시 발생한 일산화탄소 등 유독가스의 영향으로 혈관흐름을 막아 조직이 산소 결핍으로 사망한 것
쇼크사	화재에 따른 현상에 의해 신경을 자극해서 정신 또는 신체가 충격을 받아 사망한 것
CO 중독사	화재 시 사람이 호흡으로 흡입한 일산화탄소가 혈액 속에서 산소를 운반하는 헤모글로빈을 감소시켜 근육과 내장·세포조직 등이 호흡의 곤란을 일으켜 사망한 경우를 말한다.

② 재산피해조사 : 피해 당시의 자산과 동일한 구조, 용도, 질, 규모를 재구축하는데 필요한 재조달 가액을 구하여 사용손모 및 경과연수에 따른 감가공제를 하고, 현재가액을 산출한다.

(6) 화재피해액의 산정(규정 제34조)

종 류	피해액 산정
실질적·구체적 방식	• 화재피해액은 화재 당시의 피해물과 동일한 구조, 용도, 질, 규모를 재건축 또는 재구입하는데 소요되는 가액에서 사용손모 및 경과연수에 따른 감가공제를 하고 현재가액을 산정하는 실질적·구체적 방식에 따른다. • 회계장부상 현재가액이 입증된 경우 에는 그에 따른다.
간이평가방식	정확한 피해물품을 확인하기 곤란하거나 기타 부득이한 사유에 의하여 실질적·구체적 방식에 의할 수 없는 경우에는 간이평가방식으로 산정할 수 있다.
최종잔가율	• 건물·부대설비·구축물·가재도구 : 20% • 이외의 자산 : 10%
내용연수	건물 등 자산에 대한 내용연수는 매뉴얼에 따른다.
대상별 산정기준	화재조사 및 보고규정 별표2에 따른다.

2 화재피해액 산정대상

(1) 화재피해 산정 개요

① **인적피해** : 사상자 수로 산정하므로 별도의 피해액 산정 불필요

② **무형의 피해** : 피해액 산정의 대상에서 제외(종류가 많아 금액산정이 곤란)

③ **물적피해** : 재산적 가치가 있는 건물, 부대설비 등 유체물의 직접적 손실만을 산정

(2) 화재피해 산정대상

대상구분		세부대상
건물	본건물	철근콘크리트, 벽돌조, 석조, 블록조 등으로 된 건물
	부속건물	칸막이, 대문, 담, 곳간 및 이와 비슷한 것
	부착물	간판, 네온사인, 안테나, 선전탑, 차양 및 이와 비슷한 것
부대설비		전기설비, 통신설비, 소화설비, 급배수위생설비 또는 가스설비, 냉방, 난방, 통풍 또는 보일러설비, 승강기설비, 제어설비 및 이와 비슷한 것
구축물		이동식 화장실, 버스정류장, 다리, 철도 및 궤도, 사업용 건조물, 발전 및 송배전용 건조물, 방송 및 무선통신용 건조물, 경기장 및 유원지용 건조물, 정원, 도로(고가도로 포함), 선전탑 등 기타 이와 비슷한 것
영업시설		건물의 주사용 용도 또는 각종 영업행위에 적합하도록 건물 골조의 벽, 천장, 바닥 등에 치장 설치하는 내·외부 마감재나 조명시설 및 부대영업시설로써 건물의 구조체에 영향을 미치지 않고 재설치가 가능한 고착된 것
기계장치		연소장치, 냉동장치, 전기장치 등 기계의 효용을 이용하여 전기적 또는 화학적 효과를 발생시키는 구조물
공·기구류		• 작업과정에서 주된 기계의 보조구로 사용되는 것 • 기계 중 구조가 간단한 것
집기비품		일반적으로 직업상의 필요에서 사용 또는 소지되는 것
자재도구		개인이 일상의 가정생활용구로써 소유하고 있는 가구, 집기, 의류, 장신구, 침구류, 식료품, 연료 기타 가정생활에 필요한 일체의 물품
차량 및 운반구		철도용 차량, 특수자동차, 운송사업용 차량, 자가용 차량 등(이륜, 삼륜차 포함) 및 자전차, 리어카, 견인차, 작업용 차, 피견인차 등
재고자산		원·부재료, 재공품, 반제품, 제품, 부산물, 상품과 저장품 및 이와 비슷한 것 • 상품 : 포장용품, 경품, 견본, 전시품, 진열품 등 • 저장품 : 구입 후 사용하지 않고 보관 중인 소모품 등 • 제품 : 판매를 목적으로 제조한 생산품 • 반제품 : 자가제조한 중간제품
예술품 및 귀중품		회화(그림), 골동품, 유물 등과 금전적인 가치가 있는 귀금속, 보석류 등을 말한다.
동·식물		영리 또는 애완을 목적으로 기르고 있는 각종 가축류와 관상수, 분재, 산림수목, 과수목 등 사회에서 거래되거나 재산적 가치를 인정할 수 있는 것 ※ 화분 : 가재도구 또는 영업용 집기비품, 정원 : 구축물
임야의 임목		• 산림, 야산, 들판의 수목, 잡초 등 산과 들에서 자라고 있는 모든 것 • 경작물의 피해까지 포함한다
잔조물제거		화재피해액의 10% 범위 내에서 인정된 금액으로 산정한다.

3 화재피해액 산정방법

화재로 인한 피해액은 사고 당시의 피해물의 현재의 시가에서 화재 후 피해물의 잔존가치를 뺀 금액이 되는 것이다. 따라서 화재로 인한 피해액을 산정하는 것은 피해물의 현재시가와 화재 후 피해물품의 잔존가를 확인·평가하는 일이다. 현재시가를 정하는 방법에는 다음과 같이 4가지 방법이 있다.

(1) 현재의 시가를 정하는 방법

① 구입 시의 가격
② 구입 시의 가격에서 사용기간 감가액을 뺀 가격
③ 재구입 가격
④ 재구입 가격에서 사용기간 감가액를 뺀 가격

예제문제

5년 전에 120만원에 구입한 냉장고를 현재는 100만원에 재구입이 가능하고, 3년간 사용한 감가액이 40만원이라고 할 경우, 위의 현재의 시가를 정하는 방법에 의하면 화재발생일 현재 냉장고의 가격은?

해답 ⑦ 구입 시의 가격 = 120만원
ⓒ 구입 시의 가격에서 사용기간 감가액을 뺀 가격 = (120만원 − 40만원) = 80만원
ⓒ 재구입 가격 = 100만원
ⓔ 재구입 가격에서 사용기간 감가액을 뺀 가격 = (100만원 − 40만원) = 60만원

---

(2) 화재피해액 산정 대상별 현재시가 결정방법

구입 시의 가격	재고자산, 즉 원재료, 부재료, 제품, 반제품, 저장품, 부산물 등
구입 시의 가격에서 사용기간 감가액을 뺀 가격	항공기 및 선박 등
재구입 가격	상품 등
재구입 가격에서 사용기간 감가액을 뺀 가격	건물, 구축물, 영업시설, 기계장치, 공구·기구, 차량 및 운반구, 집기비품, 가재도구 등

(3) 손해액 또는 피해액을 산정하는 방법

복성식 평가법	• 사고로 인한 피해액을 산정하는 방법 • 재건축 또는 재취득하는 데 소요되는 비용에서 사용기간의 감가수정액을 공제하는 방법으로 부분의 물적 피해액 산정에 널리 사용
매매사례 비교법	당해 피해물의 시중매매 사례가 충분하여 유사매매 사례를 비교하여 산정하는 방법으로서 차량, 예술품, 귀중품, 귀금속 등의 피해액 산정에 사용
수익 환원법	• 피해물로 인해 장래에 얻을 수익액에서 당해 수익을 얻기 위해 지출되는 제반 비용을 공제하는 방법에 의하는 방법 • 유실수 등에 있어 수확기간에 있는 경우에 사용(단, 유실수의 육성기간에 있는 경우에는 복성식평가법을 사용)

① 화재피해액 산정에 있어서 복성식평가법을 취하는 것을 원칙으로 하고, 복성식평가법이 불합리하거나 매매사례비교법 또는 수익환원법이 오히려 합리적이고 타당하다고 판단된 경우에는 예외적으로 매매사례비교법 및 수익환원법을 사용한다.

② 또한 현재시가 산정은 재구입(재건축 및 재취득) 가액에서 사용기간의 감가액을 공제하는 방식을 원칙으로 하되, 이 방법이 불합리하거나 다른 방법이 오히려 합리적이고 타당한 경우에는 예외적으로 구입 시 가격 또는 재구입 가격을 현재시가로 인정한다.

4 피해액 산정 관련 용어 및 유의사항

(1) 용어의 정의 21 ★★★★★

용 어	정 의
현재가(시가)	• 피해물과 같거나 비슷한 물품을 재구입하는 데 소요되는 금액에서 사용기간 손모 및 경과기간으로 인한 감가공제를 한 금액 • 동일하거나 유사한 물품의 시중거래 가격의 현재 가액
재구입비	화재 당시의 피해물과 같거나 비슷한 것을 재건축(설계 감리비를 포함한다) 또는 재취득하는 데 필요한 금액
잔가율	화재 당시에 피해물의 재구입비에 대한 현재가의 비율 ㉠ 현재가(시가) = 재구입비 × 잔가율 ㉡ 잔가율 $= \dfrac{재구입비 - 감가수정액}{재구입비} = \dfrac{현재가}{재구입비}$ ㉢ 잔가율 = 100% − 감가수정률 ㉣ 잔가율 $= 1 - (1 - 최종잔가율) \times \dfrac{경과연수}{내용연수}$
내용연수	고정자산을 경제적으로 사용할 수 있는 연수
경과연수	피해물의 사고일 현재까지 경과기간
최종잔가율	피해물의 경제적 내용연수가 다한 경우 잔존하는 가치의 재구입비에 대한 비율 ㉠ 건물, 부대설비, 구축물, 가재도구의 경우 : 20% ㉡ 기타의 경우 : 10%
손해율	피해물의 종류, 손상 상태 및 정도에 따라 피해액을 적정화시키는 일정한 비율
신축단가	화재피해 건물과 같거나 비슷한 규모, 구조, 용도, 재료, 시공방법 및 시공상태 등에 의해 새로운 건물을 신축했을 경우의 m²당 단가
소실면적	• 건물의 소실면적 산정은 소실 바닥면적으로 산정한다. • 수손 및 기타 파손의 경우에도 위 규정을 준용한다.

(2) 간이평가방식에 의한 산정의 도입 ★★★

① 화재피해액은 화재 당시의 피해물과 동일한 구조, 용도, 질, 규모를 재건축 또는 재구입하는 데 소요되는 가액에서 사용손모 및 경과연수에 따른 감가공제를 하고 현재가액을 산정하는 실질적 · 구체적 방식에 의한다. 단, 회계장부상 현재가액이 입증된 경우에는 그에 의한다.

② 그럼에도 불구하고 정확한 피해물품을 확인하기 곤란하거나 기타 부득이한 사유에 의하여 실질적 · 구체적 방식에 의할 수 없는 경우에는 소방청이 정하는 화재피해액산정매뉴얼(이하 "매뉴얼"이라 한다)의 간이평가방식으로 산정할 수 있다.

③ 간이평가방식에 의한 피해액 산정의 결과가 실제 피해액과 차이가 클 경우에는 간이평가방식 사용해서는 안 된다.

(3) 특수한 경우 산정 시 우선 적용사항

① 문화재 : 별도의 피해액 산정기준에 따름

② 철거건물 및 모델하우스 : 별도의 피해액 산정기준에 따름

③ 중고구입기계장치 및 집기비품의 제작년도를 알 수 없는 경우 : 신품가액의 30~50%를 재구입비로 산정

④ 중고기계장치 및 중고집기비품의 시장거래가격이 신품가격보다 높을 경우 : 신품가액을 재구입비로 하여 피해액 산정

⑤ 중고기계장치 및 중고집기비품의 시장거래가격이 신품가액에서 감가수정을 한 금액보다 낮을 경우 : 중고기계장치의 시장거래가격을 재구입비로 하여 피해액 산정

⑥ 공구 및 기구, 집기비품, 가재도구를 일괄하여 피해액을 산정할 경우 : 재구입비의 50%

⑦ 재고자산의 상품 중 견본품, 전시품, 진열품 : 구입가의 50~80%를 피해액으로 산정

5 대상별 화재피해액의 산정기준 및 방법

(1) 건물의 피해액 산정 13 14 15 16

① 건물의 범위

독립된 건물	건물의 외벽, 기둥, 보, 지붕(지붕틀 포함)의 어느 부분 하나라도 다른 건물과 이어지지 않고 모두 독립된 건물을 말한다.
부속물	칸막이, 대문, 담, 곳간 및 이와 비슷한 것은 건물의 부속물로 보아 건물에 포함하여 피해액을 산정한다.
부착물	간판, 네온사인, 선전탑, 차양 및 이와 비슷한 것은 건물의 부착물로 보아 건물에 포함하여 피해액을 산정한다.
부대설비	건물의 전기설비, 통신설비, 소화설비, 급배수위생설비 또는 가스설비, 냉방, 난방, 통풍 또는 보일러설비, 승강기설비, 제어설비 및 이와 비슷한 것은 건물과 분리하여 별도로 피해액을 산정한다.
구축물	건물 이외의 구축물은 건물과 분리하여 별도로 피해액을 산정한다.
영업시설	건물의 주사용 용도 또는 각종 영업행위에 적합하도록 치장하여 설치한 내·외부 마감재 및 조명시설 등으로서 일반주택을 제외한 건물에 있어 건물의 피해액 산정과 별도로 피해액을 산정한다.

② 건물의 피해액 산정 개요　　★★

> 건물 등의 총 피해액 = 건물(부착물, 부속물 포함)피해액 + 부대설비 피해액 + 구축물 피해액
> ＋ 영업시설 피해액 + 잔존물제거 또는 폐기물 처리비

③ 건물의 피해액 산정기준 및 방법　　★★★★★

재건축비에서 사용손모 및 경과연수에 대응한 감가공제를 한 다음 손해율을 곱한 금액

> 화재로 인한 피해액
> = 소실면적의 재건축비(신축단가 × 소실면적)　　　×　　　잔가율　　×　　손해율
> 　　　　　　　　↓　　　　　　　　　　　　　　　　↓　　　　　　↓
> =　　　신축단가 × 소실면적　　　×　　[1−(0.8×경과연수/내용연수)]　×　손해율

㉠ 소실면적 13 15 16 17 19 21
  • 건물의 소실면적 산정은 소실 바닥면적으로 산정한다.
  • 수손 및 기타 파손의 경우에도 위 규정을 준용한다.

⊕ **Plus one**

시멘트벽돌조 슬래브지붕 3층 건물의 2층에서 화재가 발생하여 1층 점포 15m²(바닥면적 기준)가 그을음손 및 수침손을 입고, 2층과 3층 70m²(바닥면적 기준) 내부가 전소하는 화재피해가 발생하였다. 소실면적은 얼마인가?

→ 화재로 인해 피해를 입어 수리 등을 해야 할 소실면적이 1층 15m², 2층과 3층 각각 70m²라면 소실면적은
  $15 + 70 + 70 = 155m^2$이다.

난로의 과열로 화재가 발생하여 소화기에 의해 즉시 진화하였으나 바닥 4m², 1면의 벽 2m²이 그을리거나 오염되는 피해가 발생하였다. 소실면적은 얼마인가?

→ 바닥면적만 산정하고 천장, 벽면 소실은 무시하므로 4m²

㉡ 소실면적의 재건축비

소실면적 × 신축단가

㉢ 잔가율

화재 당시에 피해물의 재구입비에 대한 현재가의 비율로 화재 당시 건물에 잔존하는 가치의 정도를 말한다.

건물의 현재가치 = 재구입비 − 사용손모 및 경과기간으로 인한 감가액을 공제한 금액

$$잔가율 = 1 - (1 - 최종잔가율) \times \frac{경과연수}{내용연수}$$ 로 건물의 최종잔가율 20%

$$= 1 - (0.8 \times \frac{경과연수}{내용연수})$$

㉣ 신축단가

화재피해 건물과 같거나 비슷한 규모, 구조, 용도, 재료, 시공방법 및 시공상태 등에 의해 새로운 건물을 신축했을 경우의 m2당 단가로써, 한국화재보험협회에서 발간하는 특수건물 보험가액 평가기준표의 금액을 참조하여 만든 건물신축단가표에 의한다.

대분류	용도	구조(급수)	표준단가 (m²당, 천원)	내용연수
공동주택	아파트	철근콘크리트조 슬래브지붕(고급형) (3)	704	75

㉤ 내용연수

해당 건물의 용도, 구조 및 마감재 등을 기준하여 작성된 대한손해보험협회의 「보험가액 및 손해액의 평가기준」을 참고로 작성된 건물신축단가표의 내용연수에 따라 기재한다.

대분류	용도	구조(급수)	표준단가 (m²당, 천원)	내용연수
공동주택	아파트	철근콘크리트조 슬래브지붕(고급형) (3)	704	75

　ⓗ 경과연수
　　ⓐ 화재피해대상 건물의 건물준공일 또는 사용일로부터 사고 당시까지 경과한 연수를 계산하여
　　　기재하되, 연 단위까지 산정하는 것을 원칙이므로 연 단위 미만 기간은 버린다(불합리 시
　　　월단위 산정).
　　ⓑ 건물의 준공일 또는 사용승인일이 불분명한 경우 : 실제 사용한 날
　　ⓒ 건물의 일부를 개축 또는 대수선한 경우 경과연수 산정

개·보수 정도	산정 기준년도
재건축비의 50% 미만 개·보수한 경우	최초 건축년도를 기준
재건축비의 50~80%를 개·보수한 경우	최초 건축년도를 기준으로 한 경과연수와 개·보수한 때를 기준으로 한 경과연수를 합산 평균
재건축비의 80% 이상 개·보수한 경우	개·보수한 때를 기준

　ⓐ 손해율
　　화재피해액의 객관적이고 합리적인 산정이 되도록 피해물의 종류, 손상 상태 및 정도에 따라
　　피해액을 적정화시키는 일정한 비율로서 건물의 소손정도에 따른 손해율은 다음과 같이 구분하여
　　적용한다.

[건물의 소손 정도에 따른 손해율]

화재로 인한 피해 정도		손해율(%)
주요구조체의 재사용이 불가능한 경우(기초공사까지 재사용 불가능할 경우)		90(100)
주요구조체는 재사용 가능하나 기타 부분의 재사용이 불가능한 경우	공동주택·호텔·병원 등	65
	일반주택·사무실·점포 등	60
	공장, 창고	55
천장, 벽, 바닥 등 내부마감재 등이 소실된 경우(공장, 창고)		40(35)
지붕, 외벽 등 외부마감재 등이 소실된 경우	나무구조 및 단열패널조건물의 공장 및 창고	25, 30
	그 밖의 것	20
화재로 인한 수손 시 또는 그을음만 입은 경우		10

　ⓞ 건물의 피해액
　　건물신축단가 × 소실면적 × [1 − (0.8 × 경과연수/내용연수)] × 손해율이므로 해당수치를 대입
　　하여 얻은 결과를 기재한다. 천원 단위로 기재하며, 소수점 첫째자리에서 반올림한다.
④ 특수한 경우의 건물 피해액 산정

산정대상	산정기준
문화재	감가액공제 없이 전문가(문화재 관계자 등)의 감정에 의한 가격을 현재가로 한다.
철거건물	재건축비 × [0.2 + (0.8 × 잔여내용연수/내용연수)]로 한다.
모델하우스	실제 존치할 기간을 내용연수로 하여 피해액을 산정하고 최종잔가율은 20%로 한다.
복합구조 건물	연면적에 대한 내용연수와 경과연수를 고려한 잔가율을 산정한 후 합산평균한 잔가율을 적용하여 피해액을 산정한다.

참고) 복합구조 건물에 대한 피해액 산정 예시

구 조	용 도	내용연수	경과연수	잔가율	면적(m²)	가중치
철근콘크리트조	점 포	60년	20년	73.33%	200	14,666
벽돌조	여 관	40년	10년	80.00%	100	8,000
계					300	22,666
평균잔가율		22,666/300 = 75.55%				
비 고		1. 가중치는 잔가율에 면적을 곱한 수치임 2. 평균잔가율은 가중치를 총면적으로 나눈 수치임				

(2) 부대설비, 구축물 피해액 산정기준

① 부대설비 피해액 산정기준

산정방식	산정기준
간이평가방식	• 기본적 전기설비 외에 자동화재탐지설비·방송설비·TV공시청설비·피뢰침설비·DATA 설비·H/A설비 등의 전기설비와 위생설비가 있는 경우 • 신축단가 × 소실면적 × 5% × [1 − (0.8 × 경과연수/내용연수)] × 손해율
	위 전기설비 + 위생설비 + 난방설비가 있는 경우 = 신축단가 × 소실면적 × 10% × [1 − (0.8 × 경과연수/내용연수)] × 손해율
	위 전기설비 + 위생설비 + 난방설비 + 소화설비 및 승강기설비가 있는 경우 • 신축단가 × 소실면적 × 15% × [1 − (0.8 × 경과연수/내용연수)] × 손해율
	• 위 전기설비+위생설비+난방설비+소화설비+승강기설비+냉난방설비 및 수변전설비가 있는 경우 • 신축단가 × 소실면적 × 20% × [1 − (0.8 × 경과연수/내용연수)] × 손해율
실질적·구체적 방식	• 소실단위(면적, 개소 등)의 재설비비 × 잔가율 × 손해율 • 단위(면적, 개소 등)당 표준단가 × 피해단위 × [1 − (0.8 × 경과연수/내용연수)] × 손해율
수리비에 의한 방식	• 수리비 × [1 − (0.8 × 경과연수/내용연수)] • 수리비가 공구·기구 재구입비의 20% 미만인 경우에는 감가공제를 하지 아니한다. • 전문업자의 견적서를 토대로 하되, 2곳 이상의 업체로부터 받은 견적금액을 평균하여 수리비용으로 산정한다.

⊕ **Plus one**

설비종류별 재설비 비율 적용
• 전기설비와 위생설비
= 신축단가 × 소실면적 × 5% × [1 − (0.8 × 경과연수/내용연수)] × 손해율
• 전기설비 및 위생설비 + 난방설비
= 신축단가 × 소실면적 × 10% × [1 − (0.8 × 경과연수/내용연수)] × 손해율
• 전기설비·위생설비·난방설비 + 소화설비 및 승강기설비가 있는 경우
= 신축단가 × 소실면적 × 15% × [1 − (0.8 × 경과연수/내용연수)] × 손해율
• 전기설비·위생설비·소화설비·승강기설비 + 냉난방설비 및 수변전설비가 있는 경우
= 신축단가 × 소실면적 × 20% × [1 − (0.8 × 경과연수/내용연수)] × 손해율

② 구축물 피해액 산정

산정방식	산정기준
간이평가방식	• 소실단위(길이·면적·체적)의 재건축비 × 잔가율 × 손해율 • 단위(m, m², m³)당 표준단가 × 소실단위 × [1 − (0.8 × 경과연수/내용연수)] × 손해율
회계장부에 의한 산정방식	소실단위의 회계장부상 구축물가액 × 손해율
원시건축비 방식	소실단위의 원시건축비 × 물가상승률 × [1 − (0.8 × 경관연수/내용연수)]
수리비에 의한 방식	• 수리비 × [1 − (0.8 × 경과연수/내용연수)] • 수리비가 공구·기구 재구입비의 20% 미만인 경우에는 감가공제를 하지 아니한다. • 전문업자의 견적서를 토대로 하되, 2곳 이상의 업체로부터 받은 견적금액을 평균하여 수리비용으로 산정한다.

㉠ 회계장부에 의한 피해액의 산정방식

> 구축물의 피해액 = 소실단위(길이·면적·체적)의 현재가액 × 손해율
> = 소실단위의 회계장부상 구축물가액 × 손해율

예제문제

3년 전에 건축된 지하 공동구에 화재가 발생하여 공동구 500m³ 및 공동구에 수용된 매설물(전선케이블, 광케이블 등)이 소실되었다. 공동구 15,000m³ 및 공동구에 수용된 매설물의 회계장부상 현재가액은 210억원이다. 소실면적의 구축물 재건축비는 얼마인가?

해답 해당 구축물은 회계장부에 의해 피해액을 산정해야 하는 경우로서 공동구 및 매설물 전체의 현재가액은 210억원이고 피해체적은 500m³이며, 전체체적은 15,000m³이므로 소실체적의 구축물 재건축비는 210억원 × 500m³/15,000m³ = 7억원이다.

㉡ 간이평가방식
구축물의 재건축비 표준단가표의 단위당 표준단가에 소실단위를 곱한 금액을 피해액으로 간이 평가방법으로 산정한다.

> 구축물의 피해액 = 소실단위(길이·면적·체적)의 재건축비 × 잔가율 × 손해율
> = 단위(m, m², m³)당 표준단가 × 소실단위 × [1 − (0.8 × 경과연수/내용연수)] × 손해율

[구축물의 재건축비 표준단가]

구 분	구축물의 종류(재질)	단 위	단위당 단가(m²당 천원)
지상구축물	저장조(철근콘크리트)	m³	350
	수조(철근콘크리트)	m³	280
	공동구(철근콘크리트)	m³	320
지하구축물	석축(토사 및 콘크리트)	m²	80
	옹벽(암석 및 콘크리트)	m²	110
	철도(레일, 받침목)	m	800
	철탑(철재형강류)	m	2,500

예제문제

건물에 화재가 발생하여 암석 및 콘크리트로 건축된 옹벽이 소손되어 30m²의 보수를 필요로 한다. 소실체적의 구축물 재건축비는 얼마인가?

해답 해당 구축물은 간이방식에 의해 피해액을 산정해야 하는 경우로서 암석 및 콘크리트 옹벽의 m²당 표준단가는 110,000원이고, 소손체적은 30m²이므로, 해당 구축물 재건축비는 110,000원 × 30m² = 3,300,000원이다.

ⓒ 원시건축비에 의한 방식

구축물의 피해액 = 소실단위(길이·면적·체적)의 재건축비 × 잔가율 × 손해율
= 소실단위의 원시건축비 × 물가상승률 × [1 − (0.8 × 경과연수/내용연수)]
× 손해율

[2005년을 기준으로 한 경과연수별 물가상승률]

경과연수	물가상승률 (%)	경과연수	물가상승률 (%)	경과연수	물가상승률 (%)	경과연수	물가상승률 (%)	경과연수	물가상승률 (%)
1	103	7	121	13	166	19	245	25	355
2	106	8	131	14	177	20	252	26	457
3	110	9	136	15	193	21	258	27	540
4	113	10	143	16	210	22	264	28	618
5	118	11	149	17	222	23	273	29	681
6	120	12	159	18	238	24	292	30	685

예제문제

고가도로 밑을 지나던 유조차에 불이 나 철골조의 고가 500m²가 그을음손을 입고 콘크리트 일부가 파손되는 피해가 발생하였다. 고가도로 전체 면적은 4,000m²로 5년 전에 건축(경과연수 5년의 물가상승률은 118%)되었으며, 원시건축비는 12억원이다. 소실면적의 구축물 재건축비는 얼마인가?

해답 해당 구축물은 원시건축비 방식에 의한 피해액을 산정해야 하는 경우로서 고가도로 전체의 원시건축비는 12억원이고, 경과연수 5년의 물가상승률은 118%이며, 피해면적은 500m²이고, 고가도로 전체면적은 4,000m² 이므로, 해당 고가도로 소실면적의 재건축비는 12억원 × 118% × 500m²/4,000m² = 177,000,000원이다.

ⓓ 수리비에 의한 방식

구축물의 피해액 = 수리비 × [1 − (0.8 × 경과연수/내용연수)]

※ 수리비 : 전문업자의 2곳 이상의 업체 견적금액을 평균하여 재설비비로 산정

③ 부대설비 및 구축물 피해액 산정방법

부대설비는 건물에 종속되는 설비이므로 건물 피해가 발생되지 않는 경우에는 입력할 수가 없다. 따라서 부대설비의 피해산정 이전에 건물의 피해산정이 먼저 이루어져야 하며, 또한 피해 건물이 다수인 경우에는 각각의 부대설비가 어느 건물에 해당되는 설비인지를 반드시 구분해 주어야 한다.

구 분	㉠ 설비종류	㉡ 소실면적 또는 소실단위	㉢ 단가 (단위당, 천원)	㉣ 재설비비	㉤ 경과 연수	㉥ 내용 연수	㉦ 잔가율 (%)	㉧ 손해율 (%)	㉨ 피해액 (천원)
부대 설비	전기설비와 위생설비	66	704	2,323	10	75	89.33	100	2,075
산출 근거									

$$\text{피해액} = 704 \times 66 \times \frac{5}{100} \times [1 - (0.8 \times \frac{10}{75})] \times 100 = 2,075천원$$

㉠ 설비의 종류

ⓐ 부대설비의 종류

㉮ 간이평가방식 : 일괄하여 부대설비의 종류를 기재하면 된다.

※ 예 난방설비, 위생설비, 승강기설비, 소화설비

㉯ 실질적·구체적 방식 : 「부대설비 재설비비 단가표」의 설비구분을 참조하여 부대설비별로 개별 종류 기재한다.

※ 예 옥내소화전, 주차관제설비, 데이터 설비

설비종류	구 분
전기설비	① 가스발전기 ② 디젤엔진발전기 ③ 방송설비 ④ 변전설비 특고압약식, 고압(6.6kV, 3.3kV) 등
위생설비 (급배수, 급탕설비 포함)	① 급탕미설치 ② 급탕설치
소화설비	① 옥내소화전설비 ② 스프링클러설비 등
냉난방설비	① 덕트 ② 팬코일 ③ 태양열 및 전기난방설비 등
곤도라설비	① 궤도형 ② 무궤도형
덤웨이터	① 25m/min 2~3층 100~300kg
병원용 승강기	① 6층 11인승 750kg ② 10층 11인승 750kg ③ 15층 11인승 750kg
승객용 승강기	① 10층 8인승 550kg ② 15층 8인승 550kg ③ 10층 13인승 900kg 등
자동제어설비	① 설비 공기조화(냉, 난방) 100점 미만(원/m²) ② 설비 공기조화(냉, 난방) 100점 이상 CAV방식(원/m²) ③ 전기전력자동제어(원/Point) 등
주차설비	① 퍼즐식2단 5대기준 ② 퍼즐식3단 8대기준 등
에스컬레이터	① 800형 4m ② 1,200형 4m 등
이동보도설비	① 1,000형 20m ② 1,200형 20m
자동차용 승강기	① 3층 2,000kg ② 5층 2,000kg
화물용 승강기	① 30m/min 3층 750kg ② 60m/min 3층 1,000kg 등

ⓑ 구축물의 종류 : 구축물의 종류 및 재질을 기재한다[예 저장조(철근콘크리트조)].

㉡ 소실면적 또는 소실단위

ⓐ 부대설비의 소실면적 또는 소실단위

부대설비의 피해액 또는 재설비비를 대당·개소당·회선당·set당·kVA당·kW당·객실당·bed당·헤드당·병당·point당·레인당 등의 단위로 산정하는 경우에는 소실단위 (예 3개소)를 기재한다.

ⓑ 구축물의 소실면적 또는 소실단위 : 구축물의 소실면적 또는 소실단위를 기재한다.

ⓒ 표준단가

　　ⓐ 부대설비의 표준단가 : 면적당 또는 단위당 단가를 기재한다.

간이평가방식	해당 피해건물의 신축단가(건물신축단가표상의 단가)를 기재
실질적·구체적 방식	부대설비 재설비비 단가표에서 해당 단가를 기재

　　ⓑ 구축물의 표준단가 : 구축물의 재건축비 표준단가를 기재한다.

　　　　예 저장조 표준단가 350천원

ⓔ 재설비비

　　ⓐ 부대설비 재설비비 = 단위당표준단가 × 소실면적 또는 소실단위

　　ⓑ 간이평가방식에 의해 부대설비의 피해액을 산정하는 경우에는 재설비비 = 소실면적 × 건물 신축단가 × 재설비 비율(5~20%)

　　ⓒ 구축물의 재설비비 : 단위당(m, m^2, m^3)당 표준단가 × 소실단위 또는 소실단위

예제문제

공공청사 건물의 3층 450m^2, 4층 450m^{2}에 시설된 P형 자동화재탐지설비의 회로가 소실된 경우에 있어 부대설비의 소실면적과 재설비비(단위 : 천원)는 얼마인가?(단, 자동화재탐지설비의 m^{2}당 단가 : 10,000원)

해답　① 소실면적 = 450m^2(3층) + 450m^2(4층) = 900m^2

　　　② 자동화재탐지설비 재설비비 = 900m^2 × 10,000원/m^2 = 9,000,000원/1,000
　　　　　　　　　　　　　　　　　　 = 9,000천원

ⓜ 경과연수 : 연 단위까지 반영하는 것을 원칙

　　ⓐ 부대설비의 경과연수

　　　• 준공일 또는 사용일로부터 사고 당시까지 경과한 년수

　　　• 년 단위로 산정하는 것이 불합리한 결과를 초래하는 경우 : 월 단위 반영

　　　• 일부를 개수 또는 보수한 경우에 있어서는 경과연수를 다음과 같이 적용

개·보수 정도	산정 기준년도
재건축비의 50% 미만 개·보수한 경우	최초 건축연도를 기준
재건축비의 50~80%를 개·보수한 경우	최초 건축연도를 기준으로 한 경과연수와 개·보수한 때를 기준으로 한 경과연수를 합산 평균
재건축비의 80% 이상 개·보수한 경우	개·보수한 때를 기준

　　ⓑ 구축물의 경과연수

　　　구축물의 준공일 또는 사용일로부터 사고 당시까지 경과한 연수를 계산하여 기재하되, 연 미만 기간은 버린다. 연 단위로 산정하는 것이 불합리한 결과를 초래하는 경우에는 월 단위까지 반영할 수 있다(이 경우 월 미만 기간은 버린다). 단, 개수 또는 보수한 경우에 있어서는 경과연수를 위 부대설비와 동일하게 적용한다.

ⓗ 내용연수

   ⓐ 부대설비의 내용연수 : 부대설비의 내용연수는 건물신축단가표에 있는 건물의 내용연수 상의 해당 건물의 용도 및 주요 구조체 별 내용연수를 기재한다.

예시)

대분류	용 도	구조(급수)	표준단가 (m²당, 천원)	내용연수
근린생활	점포, 상가	블록조 슬래브지붕(5)	420	40

   ⓑ 구축물의 내용연수 : 50년으로 정한다.

ⓢ 부대설비 및 구축물의 잔가율

부대설비 및 구축물의 잔가율은 [1 − (0.8 × 경과연수/내용연수)]를 사용하여 얻은 결과를 %로 표시하되 소수점 셋째 자리에서 반올림하여 기재한다.

ⓞ 손해율

   ⓐ 부대설비의 손해율 : 피해상황을 기초로 하여 손해율을 결정하여 기재한다.

화재로 인한 피해 정도	손해율(%)
주요 구조체의 재사용이 거의 불가능하게 된 경우	100
손해의 정도가 상당히 심한 경우	60
손해 정도가 다소 심한 경우	40
손해 정도가 보통적인 경우	20
손해 정도가 경미한 경우	10
전기설비(화재탐지설비 등)에 있어서는 사소한 수침, 그을음 손이라 전부 손해율 적용	100

※ 조사자의 판단에 따라 5% 범위 내에서 가감 가능

   ⓑ 구축물의 손해율 : 건물과 유사한 형태를 띠는 경우가 많으므로 건물의 손해율을 준용한다.

화재로 인한 피해 정도		손해율(%)
주요구조체의 재사용이 불가능한 경우(기초공사까지 재사용 불가능할 경우)		90(100)
주요구조체는 재사용 가능하나 기타 부분의 재사용이 불가능한 경우	공동주택·호텔·병원 등	65
	일반주택·사무실·점포 등	60
	공장, 창고	55
천장, 벽, 바닥 등 내부마감재 등이 소실된 경우(공장, 창고)		40(35)
지붕, 외벽 등 외부마감재 등이 소실된 경우	나무구조 및 단열패널조건물의 공장 및 창고	25, 30
	그 밖의 것	20
화재로 인한 수손 시 또는 그을음만 입은 경우		10

ⓩ 부대설비 및 구축물의 피해액

   ⓐ 부대설비 피해액 : 단위당 표준단가 × 피해단위 × [1 − (0.8 × 경과연수/내용연수)] × 손해율

   ⓑ 구축물 피해액 : 단위(m, m², m³)당 표준단가 × 소실단위 × [1 − (0.8 × 경과연수/내용연수)] × 손해율

(3) 영업시설의 피해액 산정

① 영업시설의 피해액 산정기준

산정방식	산정기준
간이평가방식	m²당 표준단가 × 소실면적 × [1−(0.9×경과연수/내용연수)] × 손해율
수리비에 의한 방식	수리비 × [1−(0.9×경과연수/내용연수)]

② 영업시설의 피해액 산정방법

구 분	㉠ 업 종	㉡ 소실면적 (m²)	㉢ 단가 (m²당, 원)	㉣ 재시설비	㉤ 경과 연수	㉥ 내용 연수	㉦ 잔가율 (%)	㉧ 손해율 (%)	㉨ 피해액 (천원)
영업 시설									
	※ 산출과정을 서술								

㉠ 영업시설의 업종

ⓐ 판매시설 등의 점포 및 상가 등은 건물과 별도로 내부시설에 대하여 피해액을 산정해야 하는 경우가 있다. 이 경우에 업종에 따라 시설비의 면적당 표준단가를 달리해야 한다.

ⓑ 해당업종을 정확히 기재해야 하며, 업종은 [업종별 영업시설의 재설비비]의 업종을 기준으로 한다.

[업종별 영업시설의 재설비비]

업 종	단 위	단위당 단가(천원)			비 고
		상	중	하	
나이트클럽, 디스코클럽, 극장식식당		900	800	700	특수조명 설비 포함
고급음식점(호텔), 룸살롱		650	550	450	
카바레, 바(Bar)		600	500	400	
스탠드바, 단란주점, 레스토랑, 패스트푸드가맹점		550	450	350	
비어홀, 노래방, 비디오방, PC방, 오락실, 다방		450	375	300	
예식장, 뷔페식당	m²	600	450	300	
독서실, 고시학원		300	250	200	
사우나, 목욕탕		600	450	300	
이용실, 미용실		350	275	200	
일반음식점, 다과점		400	300	200	
병 원		350	250	150	
도소매업		240	180	120	

ⓒ 위 표는 영업시설의 대표되는 업종을 분류한 것이므로, 표의 업종에 해당하지 않는 경우 업종별 분류기준상의 유사업종을 적용·기재한 후 ( ) 안에 실제의 업종을 기재하여야 한다.

ⓓ 표준단가의 상·중·하는 영업시설의 구조, 재료, 규모, 시공방법 및 시공 상태뿐만 아니라 용도에 따라 적절히 적용한다. 예컨대 패스트푸드점의 경우 레스토랑 표준단가에서 상의 단가를 적용한다.

㉡ 영업시설의 소실면적

영업시설의 피해면적을 기재한다. 소실면적은 건물의 바닥면적을 기준으로 한다.

ⓒ 영업시설의 표준단가

업종별로 정한 m^2당 표준단가는 위 표 업종별 영업시설의 재설비비의 단위당 단가(m^2당 천원)를 기재한다.

예 병원의 시설이 '중'인 경우 m^2당 단가 250천원

ⓓ 영업시설의 재시설비

재시설비 = 업종별 m^2당 표준단가 × 소실면적이므로 해당 수치를 대입하여 얻은 결과를 기재한다.

ⓔ 경과연수 : 연 단위까지 반영하는 것을 원칙

ⓐ 연 단위로 산정하는 것이 불합리한 결과를 초래하는 경우 : 월 단위 반영

ⓑ 일부를 개수 또는 보수한 경우에 있어서는 경과연수를 다음과 같이 적용

개·보수 정도	산정 기준년도
재건축비의 50% 미만 개·보수한 경우	최초 건축년도를 기준
재건축비의 50~80%를 개·보수한 경우	최초 건축년도를 기준으로 한 경과연수와 개·보수한 때를 기준으로 한 경과연수를 합산 평균
재건축비의 80% 이상 개·보수한 경우	개·보수한 때를 기준

ⓕ 영업시설의 내용연수

영업시설의 내용연수는 피해액산정매뉴얼 [별표 4] 업종별 자산의 내용연수를 따른다. 다만 숙박 및 음식점 중 피해액산정매뉴얼 [별표 5] 업종별 자산 내용연수를 달리해야 하는 숙박 및 음식점의 종류에 해당되는 경우는 [별표 4]를 따르지 않고, 일괄하여 내용연수 6년을 적용한다.

ⓖ 영업시설의 잔가율

잔가율 = [1 − (0.9 × 경과연수/내용연수)]를 적용하여 얻은 결과를 %로 표시하되 소수점 셋째자리에서 반올림하여 기재한다.

ⓗ 영업시설의 손해율

화재피해조사 내용을 기초로 하여 손해율을 결정하여 기재한다.

[영업시설의 소손 정도에 따른 손해율]

화재로 인한 피해 정도	손해율(%)
불에 타거나 변형되고 그을음과 수침 정도가 심한 경우	100
손상 정도가 다소 심하여 상당부분 교체 내지 수리가 필요한 경우	60
시설의 일부를 교체 또는 수리하거나 도장 내지 도배가 필요한 경우	40
부분적인 소손 및 오염의 경우	20
세척 내지 청소만 필요한 경우	10

영업시설의 경우 영업행위를 하기 위하여 고객을 유치하는 장소이므로 그을음 또는 냄새가 배어든 경우에 있어서도 부분적인 보수 내지 수리를 하기보다는 전체적인 재시설을 하는 경우가 많으므로 손상의 정도, 업종, 시설소유자의 의도 등을 고려하여 손해율을 정하는 것이 필요하다.

ⓘ 영업시설의 피해액

업종별 m^2당 표준단가 × 소실면적 × [1 − (0.9 × 경과연수/내용연수)] × 손해율이므로 해당 수치를 대입하여 얻은 결과를 기재한다.

(4) 기계장치 피해액 산정

① 피해액 산정기준

산정방식	산정기준
실질적·구체적 방식	• 재구입비 × 잔가율 × 손해율 • 재구입비 × [1 − (0.9 × 경과연수/내용연수)] × 손해율
감정평가서에 의한 피해액 산정방식	감정평가서상의 현재가액 × 손해율
회계장부에 의한 피해액 산정방식	회계장부상의 현재가액 × 손해율
수리비에 의한 방식	• 수리비 × [1 − (0.9 × 경과연수/내용연수)] • 수리비가 공구·기구 재구입비의 20% 미만인 경우에는 감가공제를 하지 아니한다. • 전문업자의 견적서를 토대로 하되, 2곳 이상의 업체로부터 받은 견적금액을 평균하여 수리비용으로 산정한다.
특수한 경우의 산정방식	• 중고 집기비품으로서 제작년도를 알 수 없는 경우 : 신품 재구입비의 30~50% • 중고품 가격이 신품가격보다 비싼 경우 : 신품가격 • 중고품 가격이 신품가격에서 감가공제를 한 금액보다 낮을 경우 : 중고품 가격 중고품 기계의 시장거래가격을 재구입비

② 기계장치 피해액 산정요인

산정요인	산정기준
잔가율	원칙 : [1 − (0.9 × 경과연수/내용연수)] ← (최종잔가율이 10%이므로)
내용연수	기계 시가조사표에 따른다. 이는 조달청 고시 내용연수를 적용한 것이다.
경과연수	• 화재피해 대상 기계장치의 제작일로부터 사고일 현재까지 경과한 연수이다. • 기계장치의 제작일에 대하여 확실한 조사를 하여야 하며, 중고구입기계로서 기계장치의 제작일을 알 수 없는 경우에는 별도의 피해액 산정방법에 따른다.

	화재로 인한 피해 정도	손해율(%)
손해율 [19]	Frame 및 주요부품이 소손되고 굴곡·변형되어 수리가 불가능한 경우	100
	Frame 및 주요부품을 수리하여 재사용 가능하나 소손 정도가 심한 경우	50~60
	화염의 영향을 받아 주요부품이 아닌 일반 부품 교체와 그을음 및 수침오염 정도가 심하여 전반적으로 Overhaul이 필요한 경우	30~40
	화염의 영향을 다소 적게 받았으나 그을음 및 수침오염 정도가 심하여 일부 부품교체와 분해조립이 필요한 경우	10~20
	그을음 및 수침오염 정도가 경미한 경우	5

③ 특수한 경우의 기계장치 피해액 산정

㉠ 중고구입기계로서 제작년도를 알 수 없는 경우 : 신품재구입비의 30~50%

㉡ 중고품 기계의 시장거래가격이 신품가격보다 비싼 경우 : 신품가격

㉢ 중고품 기계의 시장거래가격이 신품가격에서 감가공제를 한 금액보다 낮을 경우 : 중고품 기계의 시장거래가격을 재구입비

(5) 공구 및 기구의 피해액 산정

① 피해액 산정기준

피해액 산정방식	산정기준
실질적·구체적 방식	• 재구입비 × 잔가율 × 손해율 • 재구입비 × [1 − (0.9 × 경과연수/내용연수)] × 손해율
회계장부에 의한 피해액 산정방식	회계장부상의 현재가액 × 손해율
수리비에 의한 방식	• 수리비 × [1 − (0.9 × 경과연수/내용연수)] • 수리비가 공구·기구 재구입비의 20% 미만인 경우에는 감가공제를 하지 아니한다. • 전문업자의 견적서를 토대로 하되, 2곳 이상의 업체로부터 받은 견적금액을 평균하여 수리비용으로 산정한다.

② 공구·기구 피해액 산정요인

산정요인	산정기준
잔가율	• 원칙 : [1 − (0.9 × 경과연수/내용연수)] ← (최종잔가율이 10%이므로) • 일괄적용의 경우 : 잔가율을 50% 일괄 적용할 수 있다.
내용연수	• 개별적으로 피해액을 산정하는 경우 : 잔가율 산정을 위해 내용연수의 확인이 필요 • 일괄 적용하는 경우 : 내용연수 불필요
경과연수	• 개별적으로 피해액을 산정하는 경우 : 잔가율 산정을 위해 내용연수의 확인이 필요 • 일괄 적용하는 경우 : 내용연수 불필요
손해율 17 19	<table><tr><th>화재로 인한 피해 정도</th><th>손해율(%)</th></tr><tr><td>50% 이상 소손되고 그을음 및 수침오염 정도가 심한 경우</td><td>100</td></tr><tr><td>손해 정도가 다소 심한 경우</td><td>50</td></tr><tr><td>손해 정도가 보통인 경우</td><td>30</td></tr><tr><td>오염·침손의 경우</td><td>10</td></tr></table>

(6) 집기비품의 피해액 산정

집기비품이라 함은 일반적으로 직업상의 필요에서 사용 또는 소지되는 것으로서 점포나 사무소에 소재하는 것을 말한다.

① 집기비품의 피해액 산정기준

피해액 산정방식	산정기준
실질적·구체적 방식	• 재구입비 × 잔가율 × 손해율 • 재구입비 × [1 − (0.9 × 경과연수/내용연수)] × 손해율
간이평가방식	• m²당 표준단가 × 소실면적 × [1 − (0.9 × 경과연수/내용연수)] × 손해율 • 집기비품 전체에 대하여 총체적·개괄적 재구입비를 구하는 경우, 집기비품 전체의 재구입비는 업종별·상태별 m²당 표준단가에 소실된 집기비품의 수용면적을 곱한 금액으로 한다. • m²당 표준단가(천원) <table><tr><th colspan="3">상가·점포</th><th colspan="3">사무실</th></tr><tr><th>상</th><th>중</th><th>하</th><th>상</th><th>중</th><th>하</th></tr><tr><td>240</td><td>180</td><td>120</td><td>150</td><td>90</td><td>60</td></tr></table>
회계장부에 의한 방식	회계장부상의 현재가액 × 손해율
수리비에 의한 방식	• 수리비 × [1 − (0.9 × 경과연수/내용연수)] • 수리비가 공구·기구 재구입비의 20% 미만인 경우에는 감가공제를 하지 아니한다. • 전문업자의 견적서를 토대로 하되, 2곳 이상의 업체로부터 받은 견적금액을 평균하여 수리비용으로 산정한다.

특수한 경우의 산정방식	• 중고 집기비품으로서 제작년도를 알 수 없는 경우 : 신품 재구입비의 30~50% • 중고품 가격이 신품가격보다 비싼 경우 : 신품가격 • 중고품 가격이 신품가격에서 감가공제를 한 금액보다 낮을 경우 : 중고품 가격 중고품 기계의 시장거래가격을 재구입비

② 집기비품의 피해액 산정요인

산정요인	산정기준		
잔가율	• 원칙 : [1 − (0.9 × 경과연수/내용연수)] ← (최종잔가율이 10%이므로) • 일괄적용의 경우 : 잔가율을 50% 일괄 적용할 수 있다.		
내용연수	• 개별적으로 피해액을 산정하는 경우 : 잔가율 산정을 위해 내용연수의 확인이 필요 • 일괄 적용하는 경우 : 내용연수 불필요		
경과연수	• 개별적으로 피해액을 산정하는 경우 : 잔가율 산정을 위해 내용연수의 확인이 필요 • 일괄 적용하는 경우 : 내용연수 불필요		
손해율	화재로 인한 피해 정도		손해율(%)
	50% 이상 소손되고 그을음 및 수침오염 정도가 심한 경우		100
	손해 정도가 다소 심한 경우		50
	손해 정도가 보통인 경우		30
	오염·침손의 경우		10

③ 특수한 경우의 기계장치 피해액 산정

  ㉠ 중고구입기계로서 제작년도를 알 수 없는 경우 : 신품재구입비의 30~50% 적용

  ㉡ 중고품 기계의 시장거래가격이 신품가격보다 비싼 경우 : 신품가격재구입비

  ㉢ 중고품 기계의 시장거래가격이 신품가격에서 감가공제를 한 금액보다 낮을 경우 : 중고품 기계의
    시장거래가격을 재구입비

(7) 기계장치, 공구 및 기구, 집기비품 피해액 산정방법

화재피해액 $= 재구입비 \times [1 - (0.9 \times \dfrac{경과연수}{내용연수})] \times 손해율$

구 분	㉠ 품 명	㉡ 규격·형식	㉢ 재구입비	㉣ 수량	㉤ 경과 연수	㉥ 내용 연수	㉦ 잔가율 (%)	㉧ 손해율 (%)	㉨ 피해액 (천원)
구체적	① 진공 증착기	압력 : 40mmHg 모터 : 75kW	30,000	2	2	10	82	50	24,600
	② 진공 증착기	압력 : 40mmHg 모터 : 75kW	30,000	2	2	10	82	30	14,760
산출근거	① 30,000 × 2대 × 82% × 50% = 24,600 ② 30,000 × 2대 × 82% × 30% = 14,760								

① 품 명

  ㉠ 집기비품 품명

    집기비품의 품명은 조달청 지능형상품정보시스템(http://www.g2b.go.kr)과 한국물가정보의
    종합물가정보지를 기준으로 작성된 화재피해액 산정매뉴얼 참고자료 [별표 8] 집기비품 및 가재
    도구 시가조사표의 품명을 기재한다(예 프로젝터).

     ⓛ 기계장치 품명

       조달청 지능형상품정보시스템과 한국물가정보의 종합물가정보지를 기준으로 작성된 화재피해액 산정매뉴얼 참고자료 [별표6] 기계 시가조사표의 품명을 기재한다(예 파종기).

     ⓒ 공구·기구 품명

       조달청 지능형상품정보시스템과 한국물가정보의 종합물가정보지를 기준으로 작성된 화재피해액 산정매뉴얼 참고자료 [별표7] 공구·기구 시가조사표의 품명을 기재한다(예 압축시험기).

② **집기비품, 기계장치 등 규격·형식** : 모델명, 제조사, 종류, 용도, 용량 등을 기재

③ **재구입비**

     ㉠ 집기비품 재구입비 : 집기비품의 재구입비는 조달청 지능형상품정보시스템과 한국물가정보의 종합물가정보지를 기준으로 재구성한 참고자료 [별표 8] 집기비품 및 가재도구시가조사표의 재구입비를 기재

     ⓛ 기계장치 재구입비 : 조달청 지능형상품정보시스템과 한국감정원의 동산시가조사표를 기준으로 재구성한 참고자료 [별표 6] 기계 시가조사표의 재구입비를 기재

     ⓒ 공구·기구 재구입비 : 조달청 지능형상품정보시스템과 한국감정원의 동산시가조사표를 기준으로 재구성한 참고자료 [별표 7] 공구·기구 시가조사표의 재구입비를 기재

     ㉣ 기계장치, 집기비품의 특수한 경우 재구입비 산정

       ⓐ 중고구입기계로서 제작연도를 알 수 없는 경우 : 신품재구입비의 30~50%

       ⓑ 중고품 기계의 시장거래가격이 신품가격보다 비싼 경우 : 신품가격을 재구입비로 하여 산정

       ⓒ 중고품 기계의 시장거래가격이 신품가격에서 감가공제를 한 금액보다 낮을 경우 : 중고품 기계의 시장거래가격을 재구입비로 산정

④ **수량** : 해당되는 수량을 기입

⑤ **경과연수** : 개별 잔가율을 적용하는 경우 확인·조사하여 기재

  ※ 중고구입기계로서 기계장치의 제작일을 알 수 없는 경우에는 기계의 상태에 따라 신품 재구입비의 30~50%를 당해 기계의 가액으로 하여 산정

⑥ **내용연수**

     ㉠ 집기비품 : 조달청고시 제2008-7호 내용연수를 기준으로 작성한 화재피해액 산정매뉴얼 참고자료 [별표 8] 집기비품 및 가재도구 시가조사표의 내용연수를 기재

     ⓛ 기계장치 내용연수 : 조달청고시 제2008-7호 내용연수를 기준으로 작성한 화재피해액 산정매뉴얼 참고자료 [별표 6] 기계 시가조사표의 내용연수를 기재

     ⓒ 공구·기구 내용연수 : 조달청고시 제2008-7호 내용연수를 기준으로 작성한 화재피해액 산정매뉴얼 참고자료 [별표 7] 공구·기구 시가조사표의 내용연수를 기재

⑦ **잔가율**

     ㉠ 집기비품, 공구·기구의 잔가율

       ⓐ 개별적용 : [1 − (0.9 × 경과연수/내용연수)]

       ⓑ 일괄적용 : 잔가율을 50%로 산정

ⓛ 기계장치 잔가율

실질적 · 구체적 방식	$[1 - (0.9 \times 경과연수/내용연수)]$
감정평가서 또는 회계장부에 의한 방식	감정평가서 또는 회계장부의 현재가액이 피해액이 되므로 기재하지 않음
기 타	• 기계장치의 내용연수 경과로 잔가율이 10% 이하가 되는 경우라 하더라도 현재 생산계열 중에 가동되고 있는 경우 : 10% • 운전사용조건 또는 유지관리조건이 양호하거나 개조 또는 대수리한 기계의 경우 : 30% 초과 50% 이하

⑧ 손해율

　ㄱ 기계장치 손해율 : (4) ④ ㄹ 참조

　ㄴ 집기비품, 공구 · 기구의 손해율 : (5) ④ ㄹ 참조

⑨ 집기비품, 기계장치, 공구 · 기구 피해액

　ㄱ 재구입비 $\times [1 - (0.9 \times 경과연수/내용연수)] \times$ 손해율 산식에 해당 수치를 대입하여 계산한 결과를 기입

　ㄴ 천원단위로 기재하며, 소수점 첫째 자리에서 반올림

(8) 가재도구의 피해액 산정

가재도구라 함은 일반적으로 개인의 가정생활도구로서 소유 또는 사용하고 있는 가구, 전자제품, 주방용구, 의류, 침구류, 식량품, 연료, 기타 가정생활에 필요한 일체의 물품을 말한다.

① 가재도구의 피해액 산정기준

피해액 산정방식	산정기준
실질적 · 구체적 방식	• 재구입비 $\times$ 잔가율 $\times$ 손해율 • 재구입비 $\times [1 - (0.9 \times 경과연수/내용연수)] \times$ 손해율
간이평가방식	• 평가항목별 기준액에 가중치를 곱한 후 모두 합산한 금액으로 한다. • [(주택 종류별 · 상태별 기준액 $\times$ 가중치) + (주택 면적별 기준액 $\times$ 가중치) + (거주 인원별 기준액 $\times$ 가중치) + (주택가격(m^2당)별 기준액 $\times$ 가중치)] $\times$ 손해율
수리비에 의한 방식	• 수리비 $\times [1 - (0.9 \times 경과연수/내용연수)]$ • 수리비가 공구 · 기구 재구입비의 20% 미만인 경우에는 감가공제를 하지 아니한다. • 전문업자의 견적서를 토대로 하되, 2곳 이상의 업체로부터 받은 견적금액을 평균하여 수리비용으로 산정한다.
특수한 경우의 산정방식	• 중고 집기비품으로서 제작년도를 알 수 없는 경우 : 신품 재구입비의 30~50% • 중고품 가격이 신품가격보다 비싼 경우 : 신품가격 • 중고품 가격이 신품가격에서 감가공제를 한 금액보다 낮을 경우 : 중고품 가격

② 가재도구의 피해액 산정요인 18

산정요인	산정기준
잔가율	• 원칙 : $[1 - (0.9 \times 경과연수/내용연수)]$ ← (최종잔가율이 10%이므로) • 일괄적용의 경우 : 잔가율을 50% 일괄 적용할 수 있다.
내용연수	• 개별적으로 피해액을 산정하는 경우 : 잔가율 산정을 위해 내용연수의 확인이 필요 • 일괄 적용하는 경우 : 내용연수 불필요
경과연수	• 개별적으로 피해액을 산정하는 경우 : 잔가율 산정을 위해 내용연수의 확인이 필요 • 일괄 적용하는 경우 : 내용연수 불필요

화재로 인한 피해 정도	손해율(%)
50% 이상 소손되고 그을음 및 수침오염 정도가 심한 경우	100
손해 정도가 다소 심한 경우	50
손해 정도가 보통인 경우	30
오염·침손의 경우	10

손해율(맨 왼쪽 칸)

의류 또는 가구 등에 있어 세탁 및 청소에 의해 재사용 가능한 경우에는 10% 정도의 손해율을 적용 소손, 그을음 및 수손이 심한 경우에는 대체로 전부손해로 간주하여 100%의 손해율을 적용해도 무방하다.

(9) 차량 및 운반구, 재고자산(상품 등), 예술품 및 귀중품, 동식물의 피해액 산정 21

① 차량 및 운반구 피해액 산정기준

산정대상	산정기준
자동차	• 시중매매가격(동일하거나 유사한 자동차의 중등도 가격) • 자동차의 부분소손시 피해액 = 수리비
운반구	• 시중매매가격이 확인되지 아니하는 자동차 : 기계장치의 피해액 산정기준 적용 　– 감정평가서가 있는 경우 : 감정평가서상의 현재가액에 손해율을 곱한 금액 　– 감정평가서가 없는 경우 : 회계장부상의 현재가액에 손해율을 곱한 금액 　– 감정평가서와 회계장부 모두 없는 경우 : 구입가격 또는 시중거래가격 　– 수리가 가능한 경우에는 수리비에 감가공제를 한 금액을 피해액으로 한다.
재고자산	• 회계장부에 의한 산정방식 : 회계장부상의 구입가액 × 손해율 • 추정에 의한 방식 : 연간매출액 ÷ 재고자산 회전율 × 손해율 • 손해율 : 당해 재고자산의 잔존가치가 있는지 여부 및 처분 또는 매각 등이 가능한지 여부를 확인하여 환입금액이 있을 경우에는 이를 피해액에서 공제해야 한다.
예술 및 귀중품	• 감정서의 감정가액 = 전문가의 감정가액으로 하며, 감가공제는 하지 아니한다. • 가치를 손상하지 아니하고 원상태의 복원이 가능한 경우 : 원상회복에 소요비용
동물 및 식물	시중 매매가격을 화재로 인한 피해액으로 한다.

(10) 기타 피해액 산정방법

산정기준 : 재구입비 × [1 − (0.9 × 경과연수/내용연수)] × 손해율

구 분	① 품 명	② 규격· 형식	③ 단가 (단위당, 원)	④ 재구입비	⑤ 수 량	⑥ 경과 연수	⑦ 내용 연수	⑧ 잔가율 (%)	⑨ 손해율 (%)	⑩ 피해액 (천원)
기 타	품명1									
	품명2									
	※ 산출과정을 서술									

① 품 명

건물의 피해산정부터 재고자산/예술품 및 귀중품/동물 및 식물의 피해산정에 해당되지 않는 물품의 품명을 기재한다.

② 규격·형식

물품의 제조회사, 크기, 용량 등을 기재한다.

③~⑨ 기타 물품별 피해 산정방식을 적용

⑩ 피해액

「재구입비 × 수량 × [1 − (0.9 × 경과연수/내용연수)] × 손해율」에 의해 피해액을 산정하여 기재한다.

(11) 잔존물 제거비

산정기준 : 잔존물 제거비 = 산정대상 피해액 × 10%로 산정

① 잔존물 제거	② 산정대상 피 해 액	천원 (항목별 대상피해액 합산과정 서술)	③ 잔존물 제거비용 (산정대상피해액 × 10%)	원

① 잔존물제거

화재로 건물, 부대설비, 구축물, 시설물 등이 소손 되거나 훼손되어 그 잔존물(잔해 등) 또는 유해물이나 폐기물이 발생된 경우 이를 제거하는 비용은 재건축비 내지 재취득비용에 포함되지 아니하므로 별도로 피해액을 산정해야 하는데, 잔존물 내지 유해물 또는 폐기물 등은 그 종류별, 성상 별로 구분하여 소각 또는 매립여부를 결정한 후 그 발생량을 적산하여 처리비용과 수집 및 운반비용을 산정하는 것이 원칙이나 이는 고도의 전문성이 요구되므로, 여기서는 간이추정방식에 의해 산정하기로 한다.

② 산정대상 피해액

화재피해액 총액을 기재한다.

③ 잔존물제거비용

잔존물 제거비 = 산정대상 피해액 × 10%로 산정한다.

(12) 총 피해액

구 분	① 부동산	원	③ 총 피해액	원
	② 동 산	원		

① 부동산

건물, 부대설비, 구축물, 영업시설 등 산정대상 부동산 총 피해액 × 1.1(부동산 총 피해액 + 잔존물 제거비)을 기재한다.

② 동 산

가재도구, 집기비품, 기계장치 등 산정대상 동산 총 피해액 × 1.1(동산 총 피해액 + 잔존물 제거비)을 기재한다.

③ 총 피해액 : ① 부동산, ② 동산의 비용을 합해서 기재한다.

6 화재피해의 조사 및 피해액 산정

(1) 화재피해 조사 및 피해액 산정순서

화재조사 해당 소방공무원이 화재피해에 대한 조사와 화재로 인한 피해액의 산정할 때에는 신속하고 합리적이며 객관적인 산정하는데, 직무수행의 순서는 다음 표와 같다.

화재현장 조사	• 전체적인 화재피해 규모 및 정도 파악 : 이재동수, 사상자수, 피해건물 및 면적 등 • 피해규모에 따른 조사인력, 조사범위, 순서 등의 판단

↓

기본현황 조사	• 산정대상 피해 여부 확인 후 피해 내용 및 범위의 확인 : 부동산 및 기타 동산 • 건물은 용도, 구조, 규모 상태 확인 : 실사 확인사항 도면의 작성 후 대조 및 확인

↓

피해 정도 조사	• 건물, 부대설비, 구축물, 시설의 피해 여부, 피해 정도, 피해 면적(수량) 확인 • 기계장치, 가재도구, 차량 및 운반구 등의 피해 유무 및 품목별 피해 정도, 수량 확인

↓

재구입비
산정
	• 피해 대상별 재구입비의 산정
	  – 건물 : 건물신축단가표 확인
	  – 부대설비 : 건물신축단가표 부대설비 종류별 재설비비 확인
	  – 구축물, 공구 및 기구 : 회계장부 확인
	  – 시설 : 업종별 시설단가표 확인
	  – 기계장치 : 감정평가서 또는 회계장부 확인
	  – 집기비품 : 회계장부 및 업종별 단가표 확인
	  – 가재도구 : 주택종류 및 상태, 면적, 거주인원, 주택가격(m^2당)별 기준액 확인
	  – 차량 및 운반구 : 시중매매가, 회계장부 확인
	  – 재고자산 : 회계장부, 매출액 및 재고자산 회전율 확인
	  – 예술품, 귀중품 : 감정가격 확인
	  – 동물 및 식물 : 시중거래가 확인
	• 피해내용별, 품목별 경과연수 및 내용연수 확인

↓

피해액 산정	• 피해대상별 피해액 산정 • 잔존물 제거비 산정 • 총 피해액의 합산

[화재피해조사 및 피해액 산정순서]

(2) 화재피해액의 산정방법 및 순서

① 화재피해액 산정대상의 확정

화재피해의 조사내용을 토대로 화재피해액을 산정함에 있어서 가장 먼저 해야 할 사항은 산정기준에 의한 피해대상별 산정범위를 확정하는 것이다.

예제문제

단독주택의 화재사고이고, 피해대상이 건물 및 가재도구가 전부라고 한다면 화재피해액 산정은?

해답 ① 건물 피해액
    ② 가재도구 피해액
    ③ 잔존물 제거비

② 재구입비 및 총 피해액 산정

  ⊙ 화재로 인한 피해 내용 및 피해 정도의 조사

  ⓒ 피해 대상별로 재구입비를 산정

  ⓒ 화재피해 산정기준에 따라 대상별 공식에 따라 피해액의 산정

  ② 피해액의 10% 범위 내에서 잔존물 제거비 산정

  ⊙ 화재의 총 피해액을 산정

(3) 화재피해액 산정 기준(화재조사 및 보고규정 별표 2) 필수암기사항 14 21 ★★★★★

산정대상	산정기준
건 물	신축단가(m^2당) × 소실면적 × [1 − (0.8 × 경과연수/내용연수)] × 손해율 ※ 신축단가는 한국감정원이 최근 발표한 '건물신축단가표'에 의한다.
부대설비	• 건물신축단가 × 소실면적 × 설비종류별 재설비 비율 × [1 − (0.8 × 경과연수/내용연수)] × 손해율 • 단위(면적·개소 등)당 표준단가 × 피해단위 × [1 − (0.8 × 경과연수/내용연수)] × 손해율(실질적 ·구체적 방식) ※ 건물표준단가 및 부대설비 단위당 표준단가는 한국감정원이 최근 발표한 '건물신축단가표'에 의한다.
구축물	• 소실단위의 회계장부상 구축물가액 × 손해율 • 소실단위의 원시건축비 × 물가상승율 × [1 − (0.8 × 경과연수/내용연수)] × 손해율 • 단위(m, m^2, m^3)당 표준 단가 × 소실단위 × [1 − (0.8 × 경과연수/내용연수)] × 손해율(다만 회계장부상 구축물가액 또는 원시건축비의 가액이 확인되지 않는 경우) ※ 구축물의 단위당 표준단가는 매뉴얼이 정하는 바에 의한다.
영업시설	m^2당 표준단가 × 소실면적 × [1 − (0.9 × 경과연수/내용연수)] × 손해율 ※ 업종별 m^2당 표준단가는 매뉴얼이 정하는 바에 의한다.
잔존물 제거	화재피해액 × 10%의 공식에 의한다.
기계장치 및 선박·항공기	• 감정평가서 또는 회계장부상 현재가액 × 손해율 • 재구입비 × [1 − (0.9 × 경과연수/내용연수)] × 손해율(감정평가서 또는 회계장부상 현재가액이 확인되지 않아 실질적·구체적 방법에 의해 피해액을 산정하는 경우) ※ 실질적·구체적 방법에 의한 재구입비는 조사자가 확인·조사한 가격에 의한다.
공구 및 기구	• 회계장부상 현재가액 × 손해율 • 재구입비 × [1 − (0.9 × 경과연수/내용연수)] × 손해율(회계장부상 현재가액이 확인되지 않아 실질적 ·구체적 방법에 의해 피해액을 산정하는 경우) ※ 실질적·구체적 방법에 의한 재구입비는 물가정보지의 가격에 의한다.

집기비품	• 회계장부상 현재가액 × 손해율
	• m^2당 표준단가 × 소실면적 × [1 − (0.9 × 경과연수/내용연수)] × 손해율(다만 회계장부상 현재가액이
	  확인되지 않는 경우)
	※ 집기비품의 m^2당 표준단가는 매뉴얼이 정하는 바에 의한다.
	• 재구입비 × [1 − (0.9 × 경과연수/내용연수)] × 손해율(실질적·구체적 방법에 의해 피해액을 산정하는
	  경우)
	※ 재구입비는 물가정보지의 가격에 의한다.

가재도구	• (주택종류별·상태별 기준액 × 가중치) + (주택면적별 기준액 × 가중치) + (거주인원별 기준액 × 가중치)
	  + (주택가격(m^2당)별 기준액 × 가중치)
	※ 가재도구의 항목별 기준액 및 가중치는 매뉴얼이 정하는 바에 의한다.
	• 재구입비 × [1 − (0.8 × 경과연수/내용연수)] × 손해율(다만 실질적·구체적 방법에 의해 피해액을
	  가재도구 개별품목별로 산정하는 경우)
	※ 실질적·구체적 방법에 의한 재구입비는 물가정보지의 가격에 의한다.

차량, 동물, 식물	• 전부손해 : 시중매매가격 • 일부손해 : 수리비 및 치료비

재고자산	• 회계장부상 현재가액 × 손해율 • 다만, 회계장부상 현재가액이 확인되지 않는 경우에는 「연간매출액 ÷ 재고자산회전율 × 손해율」의 공식에 의하되, 재고자산회전율은 한국은행이 최근 발표한 '기업경영분석' 내용에 의한다.
회화(그림) 골동품 미술공예품 귀금속 보석류	• 전부손해 : 감정가격 • 일부손해 : 원상복구에 소요되는 비용
임야의 입목	• 소실전의 입목가격에서 소실한 입목의 잔존가격을 뺀 가격으로 한다. • 단, 피해산정이 곤란할 경우 소실면적 등 피해 규모만 산정할 수 있다.
기 타	피해 당시의 현재가를 재구입비로 하여 피해액을 산정한다.

※ 적용요령
1. 피해물의 경과연수가 불분명한 경우에 그 자산의 구조, 재질 또는 관계자 및 참고인의 진술 기타 관계자료 등을 토대로 객관적인 판단을 하여 경과연수를 정한다.
2. 공구 및 기구·집기비품·가재도구를 일괄하여 재구입비를 산정하는 경우 개별 품목의 경과연수에 의한 잔가율이 50%를 초과하더라도 50%로 수정할 수 있으며, 중고구입기계장치 및 집기비품으로서 그 제작연도를 알 수 없는 경우에는 그 상태에 따라 신품가액의 30% 내지 50%를 잔가율로 정할 수 있다.
3. 화재피해액산정매뉴얼은 본 규정에 저촉되지 아니하는 범위에서 적용하여 화재피해액을 산정한다.

(4) 화재피해액 산정대상별 손해율 정리

① 건물/구축물의 손해율

화재로 인한 피해 정도		손해율(%)
주요 구조체의 재사용이 불가능한 경우(기초공사까지 재사용 불가능할 경우)		90(100)
주요 구조체는 재사용 가능하나 기타 부분의 재사용이 불가능한 경우	공동주택·호텔·병원 등	65
	일반주택·사무실·점포 등	60
	공장, 창고	55
천장, 벽, 바닥 등 내부마감재 등이 소실된 경우(공장, 창고)		40(35)
지붕, 외벽 등 외부마감재 등이 소실된 경우	나무구조 및 단열패널조 건물의 공장 및 창고	25, 30
	그 밖의 것	20
화재로 인한 수손시 또는 그을음만 입은 경우		10

② 부대설비의 손해율 [21]

화재로 인한 피해 정도	손해율(%)
주요 구조체의 재사용이 거의 불가능하게 된 경우	100
손해의 정도가 상당히 심한 경우	60
손해 정도가 다소 심한 경우	40
손해 정도가 보통적인 경우	20
손해 정도가 경미한 경우	10

③ 영업시설의 손해율 [22]

화재로 인한 피해 정도	손해율(%)
불에 타거나 변형되고 그을음과 수침 정도가 심한 경우	100
손상정도가 다소 심하여 상당부분 교체 내지 수리가 필요한 경우	60
시설의 일부를 교체 또는 수리하거나 도장 내지 도배가 필요한 경우	40
부분적인 소손 및 오염의 경우	20
세척 내지 청소만 필요한 경우	10

④ 가재도구/집기비품/공구·기구의 손해율

화재로 인한 피해 정도	손해율(%)
50% 이상 소손되거나, 수침오염 정도가 심한 경우	100
손해 정도가 다소 심한 경우	50
손해 정도가 보통인 경우	30
오염·수침손의 경우	10

⑤ 기계장치 손해율

화재로 인한 피해 정도	손해율(%)
Frame 및 주요부품이 소손되고 굴곡 변형되어 수리가 불가능한 경우	100
Frame 및 주요부품을 수리하여 재사용 가능하나 소손정도가 심한 경우	50~60
화염의 영향을 받아 주요부품이 아닌 일반 부품 교체 및 그을음 및 수침 오염 정도가 심하여 전반적으로 overhaul이 필요한 경우	30~40
화염의 영향을 다소 적게 받았으나 그을음 및 수침오염 정도가 심하여 일부 부품교체와 분해조립이 필요한 경우	10~20
그을음 및 수침오염 정도가 경미한 경우	5

⑥ 예술품 및 귀중품/동식 및 식물/재고자산의 손해율

예술품 및 귀중품과 동물 및 식물의 경우는 따로 손해율을 정하지 않는다.

7 화재피해액 산정 매뉴얼의 사례

(1) 아파트

아파트(철근콘크리트조 슬래브지붕 3급 14층, 중앙난방식) ○○층 ○○○호에서 불이나 66m²(20평) 내부 전체가 소실되고, TV 및 장롱 등 가재도구 일체와 전기설비와 위생설비가 피해를 입었다면 화재피해 추정액은?

■ 기본현황 및 피해정도 조사

• 건 물

용도 및 구조	표준단가(m²당)	경과연수	내용연수	피해정도
아파트, 철근콘크리트조 슬래브지붕 고층형, 3급	704	10	75	아파트 66m² 내부마감재 등 소실

• 부대설비 : 아파트 내부 전기설비와 위생설비 소실
• 가재도구
 – 피해 정도 : 가재도구 일체 소실
 – 가재도구 수량 및 가격 : 중등도
 – 거주인원 : 3명
 – 주택가격(m²당) : 400만원

① 건물 피해 산정

산정기준 : 신축단가 × 소실면적(m²) × $[1 - (0.8 \times \frac{경과연수}{내용연수})]$ × 손해율

구 분	용 도	구 조	소실면적 (m²)	신축단가 (m²당, 천원)	경과 연수	내용 연수	잔가율 (%)	손해율 (%)	피해액 (천원)
건 물	아파트	철근콘크리트조 슬래브지붕 (고급형)(3)	66	704	10	75	89.33	40	16,603
산출근거	※ 피해액 $= 704 \times 66 \times [1 - (0.8 \times \frac{10}{75})] \times \frac{40}{100} = 16{,}603$ 또는 $= 704 \times 66 \times 89.33\% \times 40\% = 16{,}603$								

- 철근콘크리트 슬래브지붕의 14층 건물로써 주요재료 및 상태는 중등도 이하이므로 아파트 고층형 2급 및 3급 중 3급을 적용함
  ※ 아파트의 경우 저층형 5층 이하, 고층형 6∼14층, 초고층형 15층 이상으로 분류함
- 아파트 66m² 내부마감재가 완전 소실되었으므로 건물의 소손정도에 따른 손해율은 40%를 적용함
- 모든 피해액은 소수점 첫째 자리에서 반올림함

② 부대설비 및 구축물 피해산정

 ㉠ 산정기준 : 단위당 표준단가 $\times$ 피해단위 $\times [1 - (0.8 \times \dfrac{경과연수}{내용연수})] \times$ 손해율

  또는 (신축단가 $\times$ 소실면적 $\times$ 설비종류별 재설비 비율) $\times [1 - (0.8 \times 경과연수/내용연수)] \times$ 손해율

구 분	설비종류	소실면적 또는 소실단위	단가 (단위당, 원)	재설 비비	경과 연수	내용 연수	잔가율 (%)	손해율 (%)	피해액 (천원)
부대 설비	전기설비와 위생설비	66	704	2,323	10	75	89.33	100	2,075
산출 근거	피해액 $= 704 \times 66 \times \dfrac{5}{100} \times [1 - (0.8 \times \dfrac{10}{75})] \times 100 = 2{,}075$								

 ㉡ 부대설비 피해산정 중 간이평가 방식에 의한 경우 설비종류가 전기설비와 위생설비일 때

  피해액 = 소실면적의 재설비비 $\times$ 잔가율 $\times$ 손해율

   = 건물신축단가 $\times$ 소실면적 $\times$ 5% $\times [1 - (0.8 \times \dfrac{경과연수}{내용연수})] \times$ 손해율이므로

  재설비비 $= 66 \times 704{,}000 \times 5\% = 2{,}323{,}200$원

  피해액 $= 2{,}323{,}200 \times 89.33\% \times 100\% = 2{,}075{,}314$원

  전기설비(화재탐지설비 등)에 있어서는 사소한 수침, 그을음손을 입은 경우라 하더라도 회로의 이상이 있거나 단선 또는 단락의 경우 전부손해로 간주하여 100% 손해율로 함

③ 가재도구 간이평가 피해 산정

 ㉠ 산정기준 : [(주택종류별·상태별 기준액 $\times$ 가중치) + (주택면적별 기준액 $\times$ 가중치) + (거주 인원별 기준액 $\times$ 가중치) + (주택가격(m²당)별 기준액 $\times$ 가중치)] $\times$ 손해율

구 분	주택종류		주택면적		거주인원		주택가격(m²당)		손해율 (%)	피해액 (천원)
	기준액 (천원)	가중치	기준액 (천원)	가중치	기준액 (천원)	가중치	기준액 (천원)	가중치		
간이평가	21,125	10%	14,835	30%	16,196	20%	31,386	40%	100	22,357
산출근거	피해액(천원) = [(21,125 × 0.1) + (14,835 × 0.3) + (16,196 × 0.2) + (31,386 × 0.4)] × 1 = 22,357									

 ㉡ 화재피해 대상 아파트의 가재도구 수량 및 가격은 중등도의 상태이므로 가재도구평가 항목 중 주택 종류별·상태별 기준액은 아파트 중의 기준액을 적용하고 면적별 기준액은 20평의 기준액 중 중등 급의 기준액, 거주인원은 3인, 주택가격별 기준액은 m²당 400만원 해당하는 기준액을 적용함

 ㉢ 소손, 그을음 및 수손이 심한 경우로 전부손해로 간주함

④ 잔존물 제거비

잔존물 제거	산정대상 피해액		잔존물 제거비용 (산정대상피해액 × 10%)	4,104천원
	41,035천원 (건물 16,603 + 부대설비 2,075 + 가재도구 22,357)			

⑤ 총 피해액(피해액 + 잔존물 제거비)

구 분	부동산	20,546천원	총 피해액	45,139천원
	동 산	24,593천원		

※ 부동산 = 건물 + 부대설비 + [(건물 + 부대설비) × 10%]
　　　　 = 16,603 + 2,075 + (18,678 × 10%) = 20,546천원

※ 동 산 = 동산피해액 + (동산피해액 × 10%)
　　　 = 22,357 + (22,357 × 10%) = 24,593천원

(2) 주 택

일반주택(시멘트 벽돌조 목조지붕틀 대골 슬레이트잇기 4급)에서 불이나 전체 132m²(40평) 중 4m²가 완전소실 되었고, 부엌과 출입구(총 20m²)에는 수손 및 그을림의 피해가 있었다. 가재도구 중 냉장고, 김치냉장고가 손해 정도가 보통인 경우 화재피해 추정액은?

■ 기본현황 및 피해정도 조사

• 건 물

용도 및 구조	표준단가 (m²당)	경과 연수	내용 연수	피해정도
주택, 시멘트벽돌조 목조지붕틀 대골 슬레이트 잇기, 4급	618	5	50	132m² 중 4m²가 외부마감재 완전소실, 부엌과 출입구(총 20m²)에는 그을음의 피해

• 가재도구
　– 피해 정도 : 냉장고, 김치냉장고 손해가 보통인 경우
　– 가재도구 수량 및 가격 : 중등도
　– 거주인원 : 5명
　– 주택가격(m²당) : 750만원

① 건물 피해 산정 [15]

산정기준 : 신축단가 × 소실면적(m²) × $[1 - (0.8 \times \dfrac{경과연수}{내용연수})]$ × 손해율

구 분	용 도	구 조	소실면적 (m²)	신축단가 (m²당, 천원)	경과 연수	내용 연수	잔가율 (%)	손해율 (%)	피해액 (천원)
건 물	① 일반 주택	시멘트 벽돌조 목조지붕틀 대골슬레이트잇기(4급)	4	618	5	50	92	20	455
	② 일반 주택	시멘트 벽돌조 목조지붕틀 대골슬레이트잇기(4급)	20	618	5	50	92	10	1,137
산출 근거	① 618 × 4 × 92% × 20% = 455천원 ② 618 × 20 × 92% × 10% = 1,137천원								

• 시멘트벽돌조 목조지붕틀 대골슬레이트잇기, 1층 단독주택으로서 주요재료 및 상태는 하등급이므로 4급으로 적용함
• 주택 132m² 중 4m²가 외부마감재가 완전 소실되었으므로 건물의 소손 정도에 따른 손해율은 20%를 적용함. 부엌과 출입구(총 20m²)에는 그을림의 피해를 입었으므로 손해율 10%로 적용함

② 가재도구

구체적 산정기준 : 재구입비 × [1 − (0.8 × $\dfrac{경과연수}{내용연수}$)] × 손해율

구 분	품 명	규격·형식	재구입비	수 량	경과연수	내용연수	잔가율(%)	손해율(%)	피해액(천원)
가재도구	냉장고	삼성 707L	1,394	1	2	6	73.33	30	307
	김치냉장고	위니아 305L	1,613	1	2	6	73.33	30	355
	합 계								662
산출근거	※ 냉장고 = 1,394 × 73.33% × 30% = 307(천원) 김치냉장고 = 1,613 × 73.33% × 30% = 355(천원)								

• 가재도구 중 냉장고와 김치냉장고의 실질적·구체적 산정방식에 의한 산정은 참고자료 [별표 8] 집기비품 및 가재도구 시가조사표에 의해 냉장고 중 800ℓ 미만 1,394,000원을 적용하고, 김치냉장고는 300ℓ 이상(스탠드식) 1,613,000원을 적용한다.
• 손해의 정도가 보통인 경우이므로 손해율을 30%로 산정함

③ 가재도구 간이평가 피해 산정

산정기준 : [(주택종류별·상태별 기준액 × 가중치) + (주택면적별 기준액 × 가중치) + (거주인원별 기준액 × 가중치) + (주택가격(m^2당)별 기준액 × 가중치)] × 손해율

구 분	주택종류		주택면적		거주인원		주택가격(m^2당)		손해율(%)	피해액(천원)
	기준액(천원)	가중치	기준액(천원)	가중치	기준액(천원)	가중치	기준액(천원)	가중치		
가재도구	28,887	10%	28,696	30%	22,166	20%	50,217	40%	30	10,823
산출근거	※ 가재도구 = [(28,887 × 0.1) + (28,696 × 0.3) + (22,166 × 0.2) + (50,217 × 0.4)] × 0.3 = 10,823									

• 화재피해 대상 주택의 상태가 좋은 상태이므로 종류별·상태별 기준액을 상등급으로 적용함
• 손해의 정도가 보통인 경우이므로 손해율을 30%로 산정함

④ 잔존물 제거비

잔존물 제거	산정대상 피해액	13,077천원 (건물 1,592 + 가재도구 662 + 가재도구 10,823)	잔존물 제거비용 (산정대상피해액 × 10%)	1,308천원

⑤ 총 피해액(피해액 + 잔존물 제거비)

구 분	부동산	1,751천원	총 피해액	14,385천원
	동 산	12,634천원		

(3) 나이트클럽

> 4층 건물에 위치한 나이트클럽(철골조 슬래브지붕 3급)에서 불이나 전체면적 중 664m²가 소실되었고, 집기비품이 심하게 훼손되었고 내부시설이 소실되었다면 화재피해 추정액은?
>
> ■ 기본현황 및 피해정도 조사
> • 건 물
>
> | 용도 및 구조 | 표준단가 (m²당) | 경과 연수 | 내용 연수 | 피해정도 |
> |---|---|---|---|---|
> | 점포 및 상가, 철골조 슬래브지붕(3급) | 708 | 3 | 60 | 664m²가 손상정도가 다소 심하여 상당부분 교체 내지 수리가 필요함(손해율 60%) |
>
> • 시설 : 손상 정도가 심하여 상당부분 교체 내지 수리가 필요한 경우(손해율 60%)
> • 집기비품 : 피해정도는 50% 이상 소손되어서 재사용이 불가능함(100% 손실), 경과연수 3년

① 건물 피해 산정

산정기준 : 신축단가 × 소실면적(m²) × $[1 - (0.8 \times \dfrac{경과연수}{내용연수})]$ × 손해율

구 분	용 도	구 조	소실면적 (m²)	신축단가 (m²당, 천원)	경과 연수	내용 연수	잔가율 (%)	손해율 (%)	피해액 (천원)
건 물	점포 및 상가	철골조 슬래브지붕(3)	664	708	3	60	96	60	270,785
산출 근거	※ 건물피해액 = 664 × 708 × 96% × 60% = 270,785천원								

• 철골조 슬래브지붕 4층 건물로써 주요재료 및 건물상태는 좋지 않으므로 가장 낮은 3급을 적용함
• 주요 구조체는 재사용 가능하나 기타 부분의 재사용이 불가능한 경우로 손해율 60%를 적용함

② 영업시설 피해액 산정

산정기준 : (m²당 표준단가 × 소실면적 × $[1 - (0.9 \times \dfrac{경과연수}{내용연수})]$ × 손해율)

구 분	업 종	소실면적 (m²)	단가 (m²당, 천원)	재시 설비	경과 연수	내용 연수	잔가율 (%)	손해율 (%)	피해액 (천원)
영업 시설	나이트클럽	664	700	464,800	3	6	55	60	153,384
산출 근거	※ 나이트클럽 피해액 = 664 × 700 × 55% × 60% = 153,384천원								

• 영업시설 중 나이트클럽의 경우 [업종별 영업시설의 재시설비]의 재시설비를 적용한다. 주요 재질 및 시설상태가 좋지 않으므로 하등급에 해당되며, m²당 700,000원을 적용함(특수조명설비 포함)
• 나이트클럽의 내용연수는 참고자료 [별표 5]의 업종별 자산내용연수를 달리해야 하는 숙박 및 음식점의 종류에 해당되므로, 해당 내용연수인 6년을 적용함

③ 집기비품, 기계장치, 공구·기구 피해 산정

산정기준 : (m^{2}당 표준단가 × 소실면적 × $[1 - (0.9 \times \dfrac{경과연수}{내용연수})]$ × 손해율) 또는

(재구입비 × $[1 - (0.9 \times \dfrac{경과연수}{내용연수})]$ × 손해율)

구 분	품 명	규격·형식	재구입비	수 량	경과 연수	내용 연수	잔가율 (%)	손해율 (%)	피해액 (천원)
간이 평가	집기비품		180	664	3		50	100	59,760천원
	* 집기비품 간이평가방식 　재구입비 : 단가 180,000원,　소실면적 : 664,　잔가율 : 50%,　손해율 : 100% 　※ 피해액 = 664 × 180 × 50% × 100% = 59,760천원								

- 나이트클럽의 집기비품은 상태가 심하지 않으므로 재구입비를 중급으로 m^{2}당 180,000원으로 하며, 집기비품 피해액 산정은 일괄평가방식을 사용하므로 잔가율은 50%로 함
- 50% 이상의 소손이 있는 경우이므로 손해율을 100%로 산정했음

④ 잔존물 제거비

잔존물 제거	산정대상 피해액	483,929천원	잔존물 제거비용 (산정대상피해액 × 10%)	48,393천원

⑤ 총 피해액(피해액 + 잔존물 제거비)

구 분	부동산	466,586천원	총 피해액	532,322천원
	동 산	65,736천원		

(4) 여 관

철근콘크리트조 슬래브지붕 5층 건물의 화재로 연면적 2,310m^2(700평) 중 2층 및 3층 990m^2(300평)의 내부마감재 등이 소실되고, 4층 및 5층이 그을음을 입은 손해가 발생하였고 부대설비 P형 자동화재탐지설비와 옥내소화전 그리고 집기비품이 피해를 입었다. 화재피해 추정액은?

■ 기본현황 및 피해정도 조사

- 건 물

용도 및 구조	표준단가 (m^{2}당)	경과 연수	내용 연수	피해정도
여관, 철근콘크리트조 슬래브지붕, 3급	834	15	75	① 2층 및 3층 990m^2 천장, 벽, 바닥 등 내부마감재 등이 손실 ② 4층 및 5층 990m^2 지붕, 외벽 등 외부마감재 등이 소실

- 부대설비 : P형 자동화재탐지설비 회로 소실 및 옥내소화전 3개소 그을음
- 집기비품 : ① 2층 및 3층 990m^2 내 집기비품, 재사용 불가능(100% 손실), 경과연수 4년
　　　　　　② 4층 및 5층 990m^2 내 집기비품, 재구입비의 10% 수선비 소요, 경과연수 4년

① 건물 피해 산정

산정기준 : (신축단가 × 소실면적(m^2) × [1 − (0.8 × $\dfrac{경과연수}{내용연수}$)] × 손해율)

구 분	용 도	구 조	소실면적 (m^2)	신축단가 (m^2당, 천원)	경과 연수	내용 연수	잔가율 (%)	손해율 (%)	피해액 (천원)
건 물	① 여관	철콘조 슬래브지붕(3)	990	834	15	75	84	40	277,422
	② 여관	철콘조 슬래브지붕(3)	990	834	15	75	84	20	138,711
합 계									416,133
건 물	※ ① = 990 × 834 × 84% × 40% = 277,422천원 ※ ② = 990 × 834 × 84% × 20% = 138,711천원								

- 철근콘코리트 슬래브지붕 5층건물로서 주요재료 및 건물상태는 중등도이므로 1∼5급 중 3급을 적용함
- 2층과 3층 990m^2는 천장, 벽, 바닥 등 내부마감재가 손실되었으므로 손해율 40%를 적용하며, 4층과 5층 990m^2는 지붕, 외벽 등 외부마감재가 소실을 입었으므로 손해율 20%를 적용함

② 부대설비 및 구축물 피해 산정

산정기준 : (m^2당 표준단가 × 피해단위 × [1 − (0.8 × $\dfrac{경과연수}{내용연수}$)] × 손해율)

(신축단가 × 소실면적 × 설비종류별 재설비비율) × [1 − (0.8 × $\dfrac{경과연수}{내용연수}$)] × 손해율)

구 분	설비종류	소실면적 또는 소실단위	단가 (단위당, 천원)	재설 비비	경과 연수	내용 연수	잔가율 (%)	손해율 (%)	피해액 (천원)
부대 설비	① 자동화재 탐지설비	1,980	9	17,820	15	75	84	100	14,969
	② 옥내소화전	3,000	3	9,000	15	75	84	10	756
합 계									15,725
산출 근거	① 자동화재탐지설비 피해액 = 1,980 × 9,000원 × 84% × 100% = 14,969,000원 ② 옥내소화전 피해액 = 3 × 3,000,000원 × 84% × 10% = 756,000원								

- 부대설비 중 자동화재탐지설비와 옥내소화전에 대해서는 건물에 포함하지 않고 별도로 피해액을 산정해야 하는데, 실질적・구체적 산정방식에 의하여 구하는 경우 화재피해액 산정매뉴얼의 참고자료 [별표 3] 부대설비 재설비비 단가표에 의함. 여관의 P형 자동화재탐지설비는 상태 및 품질이 '하'등도에 해당하므로, m^2당 9,000원을 적용한다. 옥내소화전설비는 품질 및 상태를 '하'로 보아 개소당 3,000,000원을 재구입비로 하며, 그을음손만을 입었으므로 손해율은 10%로 함. 전전기설비(화재탐지설비 등)에 있어서는 사소한 수침, 그을음손을 입은 경우라 하더라도 회로의 이상이 있거나 단선 또는 단락의 경우 전부손해로 간주하여 100% 손해율로 함

③ 집기비품, 기계장치, 공구·기구 피해 산정

산정기준 : $(m^2$당 표준단가 × 피해단위 × $[1 - (0.9 × \dfrac{경과연수}{내용연수})]$ × 손해율) 또는

$$(재구입비 × [1 - (0.9 × \dfrac{경과연수}{내용연수})] × 손해율)$$

구 분	품 명	규격·형식	재구입비	수 량	경과 연수	내용 연수	잔가율 (%)	손해율 (%)	피해액 (천원)
간이 평가	① 2, 3층		180	990			50	100	89,100
	② 4, 5층		180	990			50	10	8,910
합 계									98,010

산출 근거	※ 집기비품 간이평가
	① 2, 3층
	  소실면적 : 990m^2 단가 : 180,000원 잔가율 : 50% 손해율 : 100%
	  피해액 = 990 × 180,000 × 50% × 100% = 89,100,000
	② 4, 5층
	  소실면적 : 990m^2 단가 : 180,000원 잔가율 : 50% 손해율 : 10%
	  피해액 = 990 × 180,000 × 50% × 10% = 8,910,000								

• 2층과 3층 990m^2에 수용된 집기비품은 소손으로 재사용이 불가능하므로 손해율은 100%로 하며, 4층과 5층 990m^2에 수용된 집기비품은 그을음손만 입었고 수선비는 재구입의 10%가 소요되므로 손해율은 10%로 함
• 여관 집기비품은 상태가 중등도이므로 m^2당 180,000원으로 하며 (180,000원 × 990m^2 = 178,200,000원), 집기비품 피해액 산정은 일괄평가방식을 사용하므로 잔가율은 50%로 함

④ 잔존물 제거비

잔존물 제거	산정대상 피해액	(항목별 대상피해액 합산과정 서술)	529,868천원	잔존물 제거비용 (산정대상피해액 × 10%)	52,987천원

⑤ 총 피해액(피해액 + 잔존물 제거비)

구 분	부동산	475,044천원	총 피해액	582,855천원
	동 산	107,811천원		

(5) 냉동창고

철근콘크리트조 슬래브지붕 냉동창고 지하 1층에서 불이나 22,398m^2가 소실되었다. 그리고 부대설비의 손해정도가 상당히 심하게 소손되었다. 화재피해 추정액은?

■ 기본현황 및 피해 정도 조사
• 건 물

용도 및 구조	표준단가 (m^2당)	경과연수	내용연수	피해 정도
냉동창고, 철근콘크리트조 슬래브지붕, 3급	738	0	38	① 지하 1층 22,338m^2 손실(손해율 40%) ② 지상 1층 60m^2 손실(손해율 40%)

• 부대설비 : 전기설비, 위생설비, 난방설비, 소화설비 및 승강기설비, 냉난방설비, 수변전선의 손해 정도가 상당히 심함(손해율 60%)

① 건물 피해 산정

산정기준 : (신축단가 × 소실면적(m^2) × [1 − (0.8 × $\frac{경과연수}{내용연수}$)] × 손해율)

구 분	용 도	구 조	소실면적 (m^2)	신축단가 (m^{2}당, 천원)	경과 연수	내용 연수	잔가율 (%)	손해율 (%)	피해액 (천원)
구체적	냉동 창고	철콘조 슬래브지붕(3)	22,398	783	0	38	100	40	7,015,054
산출 근거	※ 피해액 = 22,398 × 783 × 100% × $\frac{40}{100}$ = 7,015,054천원								

- 철근콘크리트조 슬래브지붕(3) 냉동창고로 주요재료 및 건물상태는 중등도 이하이므로 1~5급 중 3급을 적용함
- 지하 1층 22,338m^{2}과 지상 1층 60m^{2}이 천장, 벽, 바닥 등 내부마감재가 소실되었으므로 손해율은 40%를 적용함

② 부대설비 및 구축물 피해 산정

산출기준 : (m^{2}당 표준단가 × 피해단위 × [1 − (0.8 × $\frac{경과연수}{내용연수}$)] × 손해율)

(신축단가 × 소실면적 × 설비종류별 재설비비율) × [1 − (0.8 × $\frac{경과연수}{내용연수}$)] × 손해율)

구 분	설비 종류	소실면적 또는 소실단위	단가 (단위당, 원)	재설 비비	경과 연수	내용 연수	잔가율 (%)	손해율 (%)	피해액 (천원)
부대 설비	㉱ 설비	22,398	783	3,507,527	0	38	100	60	2,104,516
산출 근거	㉱ = 전기(약전)설비 및 위생설비(급배수, 급탕설비 포함) + 난방설비 + 소화설비 및 승강기설비 + 냉난방 설비, 수변전설비 ※ 산출과정 : 22,398 × 783 × 20% × 100% × 60% = 2,104,516								

- ㉱의 피해액 = 소실면적의 재설비비 × 잔가율 × 손해율
  = 건물신축단가 × 소실면적 × 20% × [1 − (0.8 × 경과연수/내용연수)] × 손해율
  = 783,000 × 22,398 × 20% × 100% × 60%
  = 2,104,516,080원
- 주요부분을 제외한 다른 부분이 소실되었으므로 손해율을 60%로 산정함

③ 잔존물 제거비

잔존물 제거	산정대상 피해액	9,119,570천원 (항목별 대상피해액 합산과정 서술)	잔존물 제거비용 (산정대상피해액 × 10%)	911,957천원

④ 총 피해액(피해액 + 잔존물 제거비)

구 분	부동산	10,031,527천원	총 피해액	10,031,527천원
	동 산	없 음		

(6) 공 장

철근콘크리트조 철골지붕틀 컬러피복철판잇기 일반공장(1층 건물)의 화재로 1,650m²(500평) 중 660m²(200평)가 소실되고, 사무실 99m²(30평) 내부와 집기비품이 소실되었으며, 공장 내 기계(대당 구입가 3천만원) 4대, 공구 및 기구류가 소손되었다. 화재피해 추정액은?

■ 기본현황 및 피해정도 조사

• 건 물

용도 및 구조	표준단가 (m²당)	경과 연수	내용 연수	피해정도
일반공장, 철근 콘크리트조, 철골 지붕틀 칼라피복철판잇기, 2급	601	19	57	1,650m² 중 공장건물 660m² 손실(손해율 60%)과 공장 내 사무실 99m² 소손(손해율 60%)

• 기계장치 등
 – 진공증착기 4대 소손, 경과연수 2년 2대는 손해정도가 다소 심한 상태(손해율 50%)이고, 2대는 수리 후 사용가능(손해율 30%)함
 – 공구 및 기구류 20종 100점 소손(손해율 100%), 경과연수 4년
 – 사무실 집기비품 소손(손해율 100%), 경과연수 미상, 수시구입

① 건물 피해 산정

산정기준 : (신축단가 × 소실면적(m²) × [1 − (0.8 × $\dfrac{경과연수}{내용연수}$)] × 손해율)

구 분	용 도	구 조	소실면적 (m²)	신축단가 (m²당, 천원)	경과 연수	내용 연수	잔가율 (%)	손해율 (%)	피해액 (천원)
구체적	일반 공장	철근콘크리조 철골지붕틀 칼라 피복철판잇기(2)	759	601	19	57	73.33	40	133,801
산출 근거		601 × 759 × 73.33% × $\dfrac{40}{100}$ = 133,801(천원)							

• 철근콘코리트 철골지붕틀 컬러피복철판잇기 1층 건물로써 주요재료 및 건물상태는 중등도 이하이므로 1급 및 2급 중 2급을 적용함
• 공장건물 660m²와 공장건물 내 사무실(샌드위치패널로 벽 및 천장 등 시설) 99m²는 화재로 인해 천장, 벽, 바닥 등 내부마감재 등이 소실되었으므로, 손해율은 40%를 적용함

② 집기비품, 기계장치, 공구·기구 피해 산정

산정기준 : (m²당 표준단가 × 소실면적 × [1 − (0.9 × $\dfrac{경과연수}{내용연수}$)] × 손해율) 또는

(재구입비 × [1 − (0.9 × $\dfrac{경과연수}{내용연수}$)] × 손해율)

구 분	품 명	규격·형식	재구입비	수 량	경과 연수	내용 연수	잔가율 (%)	손해율 (%)	피해액 (천원)
구체적	① 진공증착기	압력 : 40mmHg 모터 : 75kW	30,000	2	2	10	82	50	24,600
	② 진공증착기	압력 : 40mmHg 모터 : 75kW	30,000	2	2	10	82	30	14,760
산출 근거	① 30,000 × 2대 × 82% × 50% = 24,600 ② 30,000 × 2대 × 82% × 30% = 14,760								
감정 평가서 회계 장부 수리비 간이 평가 기타	※ 집기비품의 간이평가방식 90,000원(m²당), 99m², 잔가율 50%, 손해율 100% 산출 : 90,000 × 99 × 50% × 100% = 4,455,000원								4,455
	※ 공구·기구의 회계장부에 의한 피해산정 산출 : 6,150,000원 × 100% = 6,150,000원								6,150
합 계									49,965

- 기계장치 2대는 Frame 및 주요부품을 수리하여 재사용 가능하나 소손 정도가 심한 경우로 손해율을 50%를 적용하며, 나머지 2대는 화염의 영향을 받아 주요 부품이 아닌 일반부품 교체 및 그을음과 수침 정도가 심하여 재난적으로 Overhaul이 필요하므로, 기계장치의 소손 정도에 따른 보정률에 의해 손해율은 30%를 적용한다.
- 사무실 집기비품은 수량 및 가격 중등도이므로 m²당 90,000원으로 하며(90,000원 × 99m² = 8,910,000원), 집기비품 피해액 산정은 일괄평가 방식을 사용하므로 잔가율은 50%로 함. 손상이 50% 이상 화염에 소손된 경우이므로, 손해율을 100%로 산정함
- 공구 및 기구는 회계장부상의 현재가액에 손해율을 곱한 금액을 피해액으로 인정함. 그을음과 수침오염 정도가 심한 경우이므로 손해율을 100%로 함

③ 잔존물 제거비

잔존물 제거	산정대상 피해액	183,766천원 (항목별 대상피해액 합산과정 서술)	잔존물 제거비용 (산정대상피해액 × 10%)	18,377천원

④ 총 피해액(피해액 + 잔존물 제거비)

구 분	부동산	147,181천원	총 피해액	202,143천원
	동 산	54,962천원		

(7) 점포 및 상가

철근콘크리트조 슬래브지붕(치장벽돌벽) 4층 건물의 2층 다방에서 불이나 1층 피아노 학원이 그을음과 수침피해, 2층과 3층은 천장, 벽, 바닥 등 내부마감재 등이 소실되었다. 건물은 층별로 각 165m²이며, 1층 피아노학원은 피아노 10대가 손실되었고, 2층 다방은 집기비품 일체가 손상되었으며, 3층 사무실은 집기비품의 10% 정도가 훼손되었다. 화재피해 추정액은?

■ **기본현황 및 피해정도 조사**

• 건 물

용도 및 구조	표준단가 (m²당)	경과 연수	내용 연수	피해정도
점포 및 상가 철근콘크리트조 슬래브 지붕(치장벽돌벽), 3급	821	8	75	① 1층 165m² 그을음 및 수침피해(손해율 10%) ② 2층, 3층 330m² 내부마감재 등 소실(손해율 40%)

• 부대설비 : 건물내 P형 자동화재탐지설비 소실(손해율 100%)
• 영업시설
 – 2층 다방 : 손상 정도가 다소 심하여 상당부분 교체가 필요한 경우(손해율 60%) 경과연수 3년
 – 1층 피아노학원 : 시설의 일부를 교체 및 도배가 필요함(손해율 40%), 경과연수 2년
• 집기비품 및 재고자산
 – 1층 학원 : 피아노 10대 손실(손해율 100%), 경과연수 2년
 – 2층 다방 : 집기비품 50% 이상 소손(손해율 100%), 경과연수 3년
 – 3층 사무실 : 집기비품 30% 손실(손해율 30%), 경과연수 4년, 보험업
※ 특수사항 : 다방 내부시설은 3년 5개월 전에 전체 시설을 하였으며, 1년 6개월 전에 2,000만원을 들여 내부시설의 40%를 수리하였다.

① 건물 피해 산정

산정기준 : $(\text{신축단가} \times \text{소실면적}(m^2) \times [1 - (0.8 \times \dfrac{\text{경과연수}}{\text{내용연수}})] \times \text{손해율})$

구 분	용 도	구 조	소실 면적 (m²)	신축단가 (m²당, 천원)	경과 연수	내용 연수	잔가율 (%)	손해율 (%)	피해액 (천원)
건 물	① 점포 및 상가	철근콘크리트조 슬래브지붕(치장 벽돌벽), 3급	165	821	8	75	91.47	10	12,391
	② 점포 및 상가	〃	330	821	8	75	91.47	40	99,128
합 계									111,519
산출 근거	① 821 × 165 × 91.47% × 10% = 12,391천원 ② 821 × 330 × 91.47% × 40% = 99,128천원								

• 철근콘크리트 슬래브지붕(치장벽돌벽) 4층 건물로서 주요재료 및 건물상태는 중등도이므로 1~5급 중 3급을 적용함
• 2층 및 3층 330m²는 천장, 벽, 바닥 등 내부마감재 등이 소실되어 손해율은 40%로 하며, 1층 피아노학원 165m²에 대해서는 그을음 및 수침손실을 입었으므로 건물의 소손 정도에 따른 손해율은 10%를 적용함

② 부대설비 및 구축물 피해 산정

산정기준 : $(m^2$당 표준단가 × 피해단위 × $[1 - (0.8 \times \frac{경과연수}{내용연수})]$ × 손해율) 또는

$(신축단가 × 소실면적 × 설비종류별 재설비비율) \times [1 - (0.8 \times \frac{경과연수}{내용연수})] × 손해율)$

구 분	설비종류	소실면적 또는 소실단위	단가 (단위당, 원)	재설비비 (천원)	경과 연수	내용 연수	잔가율 (%)	손해율 (%)	피해액 (천원)
부대 설비	P형 자동화재 탐지설비	495	6,000	2,970	8	75	91.47	100	2,717
감정 평가서 회계 장부 수리비 구체적 기타	※ 부대설비 실제적·구체적 방식 • P형 자동화재탐지설비, 소실면적 : 495m², 단가 : 6,000원(m²당) • 경과연수 : 8년, 내용연수 : 75년, 잔가율 : 91.47%, 손해율 : 100% • 피해액 = 6,000 × 495 × [1 − 0.8(8/75)] × 100% = 2,716,659원								

• 부대설비 중 자동화재탐지설비에 대해서는 건물에 포함하지 않고 별도로 피해액을 산정해야 하는데, 실질적·구체적 산정방식에 의하여 참고자료 [별표 3] 부대설비 재설비비 단가표에 의한 점포 및 상가 P형 화재탐지설비에서 중등도 상태 및 가격의 품질이므로 m²당 6,000원을 적용함
• 전전기설비(화재탐지설비 등)에 있어서는 사소한 수침, 그을음손을 입은 경우라도 회로의 이상이 있거나 단선 또는 단락의 경우 전부 손해로 간주하여 손해율 100%로 산정함

③ 영업시설 피해액 산정

산정기준 : $(m^2$당 표준단가 × 소실면적 × $[1 - (0.9 \times \frac{경과연수}{내용연수})]$ × 손해율)

구 분	업 종	소실면적 (m²)	단가 (m²당, 천원)	재시 설비	경과 연수	내용 연수	잔가율 (%)	손해율 (%)	피해액 (천원)
영업 시설	다 방	165	375	61,875	3	6	55	60	20,419
	학 원	165	250	41,250	2	8	77.5	40	12,788
합 계									33,207
산출 근거	※ 다방 : 165 × 375 × 55% × 60% = 20,419(천원) ※ 학원 : 165 × 250 × 77.5% × 40% = 12,788(천원)								

• 영업시설 중 다방의 경우, [업종별 영업시설의 재시설비]의 재시설비를 적용한다. 주요재질 및 시설상태가 중등도 이므로 m²당 375,000원을 적용함
• 다방 영업시설의 경과연수에 대해서는 50% 미만을 개·보수하였으므로, 최초 시설년도를 기준으로 경과연수를 산정함. 손상 정도가 다소 심하여 상당부분 교체해야 하는 경우이므로 손해율 60%로 산정함
• 3층의 피아노학원의 경우, [업종별 영업시설의 재시설비] 중 유사업종인 고시학원의 재시설비를 적용한다. 주요재질 및 시설상태가 중등도이므로 m²당 250,000원을 적용함. 시설의 일부를 교체 및 도배가 필요하므로 손해율을 40%로 산정함

④ 집기비품, 기계장치, 공구·기구 피해 산정

산정기준 : (㎡당 표준단가 × 피해단위 × $[1 - (0.9 \times \frac{경과연수}{내용연수})]$ × 손해율) 또는

(재구입비 × $[1 - (0.9 \times \frac{경과연수}{내용연수})]$ × 손해율)

구 분	품 명	규격·형식	재구입비	수 량	경과연수	내용연수	잔가율 (%)	손해율 (%)	피해액 (천원)
집기 비품	피아노	업라이트 SU-647D 삼익	2,888	10	2	10	82	100	23,682
	산출 근거	※ 2,888 × 10대 × 82% × 100% = 23,682							
감정 평가서 회계 장부 수리비 간이 평가 기타	※ 2층 다방 집기비품 간이평가 방식 　재구입비 : 180,000원(㎡당), 소실면적 : 165㎡, 잔가율 : 50%, 손해율 : 100% 　산출근거 : 180,000 × 165 × 50% × 100% = 14,850,000원								14,850
	※ 3층 사무실 집기비품 간이평가 방식 　재구입비 : 90,000원(㎡당), 소실면적 : 165㎡, 잔가율 : 50%, 손해율 : 30% 　산출근거 : 90,000원 × 165 × 50% × 30% = 2,227,500원								2,228
합 계									40,760

• 1층 피아노학원의 피아노는 종류와 제조회사에 의해 실질적·구체적 방식으로 재구입비를 산정함. 50% 이상 소손되었으므로 손해율은 100%로 산정함
• 2층 다방은 간이평가방식에 의하여 상태가 상가·점포의 중등급에 해당되므로, 180,000원(㎡당)로 산정하며 일괄평가방식을 사용하므로 잔가율은 50%로 함. 수침오염 정도가 심한 경우에 해당되므로, 손해율은 100%로 산정함
• 3층 사무실도 간이평가방식에 의하여 상태가 중등급에 해당되므로, 90,000원(㎡당)로 산정하며, 일괄평가방식을 사용하므로 잔가율은 50%로 한다. 손해 정도가 보통에 해당되므로 손해율을 30%로 산정함

⑤ 잔존물 제거비

잔존물 제거	산정대상 피해액	188,203천원 (항목별 대상피해액합산과정 서술)	잔존물 제거비용 (산정대상피해액 × 10%)	18,820천원

⑥ 총 피해액(피해액 + 잔존물 제거비)

구 분	부동산	162,187천원	총 피해액	207,023천원
	동 산	44,836천원		

(8) 축 사

철골조(Pipe) 철골지붕틀 컬러강판잇기 건물의 돼지축사의 입구에서 불이나 7동중 비육돈사용 1동 (528m²)과 자돈사용 1동(528m²)이 소실되었고, 성돈 150두, 자돈 50두, 사료 5톤, 가스난로 15대가 소실되었다. 화재피해 추정액은?

■ 기본현황 및 피해정도 조사

• 건물 1

용도 및 구조	표준단가 (m²당)	경과 연수	내용 연수	피해정도
축사(비육돈사), 철골조(Pipe)철골지붕틀 칼라강판잇기(4급)	380	5	30	528m² 주요 구조체는 재사용이 가능하나 기타 부분의 재사용이 불가능한 경우(손해율 60%)

• 건물 2

용도 및 구조	표준단가 (m²당)	경과 연수	내용 연수	피해정도
축사(분만, 자돈사), 철골조(Pipe)철골지붕틀 칼라강판잇기(4급)	617	5	30	528m² 주요구조체는 재사용이 가능하나 기타 부분의 재사용이 불가능한 경우(손해율 60%)

• 집기비품 피해 산정
　－ 가스난로 15대 50% 이상 소손되어서 사용 불가능(손해율 100%), 경과연수 3년
• 재고자산/동물의 피해 산정
　－ 성돈(중품) 150두 손실. 자돈(중품) 50두 손실
　－ 사료 5톤 손실

① 건물 피해 산정

산정기준 : (신축단가 × 소실면적(m²) × $[1 - (0.8 \times \frac{경과연수}{내용연수})]$ × 손해율)

구 분	용 도	구 조	소실면적 (m²)	신축단가 (m²당, 천원)	경과 연수	내용 연수	잔가율 (%)	손해율 (%)	피해액 (천원)
건 물	축사 (비육돈사)	철골조(Pipe)철골지붕틀 칼라강판잇기(4급)	528	380	5	30	86.67	60	104,337
	축사 (분만, 자돈사)	철골조(Pipe)철골지붕틀 칼라강판잇기(4급)	528	617	5	30	86.67	60	169,410
합 계									273,747
산출 근거	※ 비육돈사 : 380 × 528 × 86.67% × 60% = 104,337천원 ※ 분만, 자돈사 : 617 × 528 × 86.67% × 60% = 169,410천원								

• 철골조(Pipe) 철골지붕틀 컬러강판잇기(4급) 1층 건물로서 주요재료 및 건물상태는 좋지 않으므로, 3급과 4급 중 4급을 적용함. 피해 정도는 주요구조체가 재사용이 가능하나 기타부분의 재사용이 불가능한 경우로 손해율을 60%로 적용함

② 집기비품, 기계장치, 공구·기구 피해 산정

산정기준 : $(m^2$당 표준단가 $\times$ 소실면적 $\times [1 - (0.9 \times \dfrac{경과연수}{내용연수})] \times$ 손해율$)$ 또는

$(재구입비 \times [1 - (0.9 \times \dfrac{경과연수}{내용연수})] \times$ 손해율$)$

구 분	품 명	규격·형식	재구입비	수 량	경과연수	내용연수	잔가율(%)	손해율(%)	피해액(천원)
집기비품	가스난로/스토브	사용면적 : 132.2m², 220V	225	15	3	6	55	100	1,856
산출근거	가스난로 : 225 × 15대 × 55% × 100% = 1,856								

• 집기비품 중 실질적·구체적 방식에 의하여 참고자료 [별표 8] 집기비품 및 가재도구시가 조사표의 가스난로/스토브의 재구입비로 산정하며, 50% 이상 소손되어서 사용 불가능하므로 손해율 100%로 적용함

③ 재고자산/동물 피해 산정

산정기준 : 재고자산의 피해액 = 회계장부상의 구입가액 × 손해율

구 분	품 명	연간매출액	재고자산회전율	가격(천원)	수 량	손해율(%)	피해액(천원)
건 물	성 돈			251	150	100	37,650
	자 돈			88	50	100	4,400
	사 료			560	5톤	100	2,800
합 계							44,850
산출근거	성돈 : 251 × 150마리 × 100% = 37,650 자돈 : 88 × 50 × 100 = 4,400 사료 : 560 × 5톤 × 100% = 2,800						

• 성돈과 자돈의 가격은 시중매매가격으로 적용함. 성돈의 경우 두당 100kg의 등급 중의 가격을, 자돈은 평균 45일령 된 등급 중의 가격으로 기준을 잡으며, 매매가격은 공인된 국가관련기관이나 관련협회의 가격을 사용함을 원칙으로 함. 가축의 경우의 시중매매가격은 종류, 크기, 사육연수, 번식용 및 육용여부에 따라 가격의 차이가 있으므로, 가격형성에 관한 사항을 확인하여 시중가격을 산정하여야 함. 여기에서는 (사)대한양돈협회(http://www.koreapork.or.kr)의 가격을 사용했음
• 양돈사료는 재고자산 중 다소 경미한 오염(연기 또는 냄새 등이 포장지 안으로 스며 든 경우 등)이나 소손 등에 대해서도 폐기하여야 하는 경우에 해당되므로, 손해율을 100%로 하여 산정하여야 함. 사료의 가격은 1포당(25kg)당 14,000원으로 제조사의 가격을 조사하여 산정함. 여기서는 농협사료(http://www.nonghyupsaryo.com)의 가격을 사용했음

④ 잔존물 제거비

잔존물제거	산정대상피해액	320,453천원 (항목별 대상피해액 합산과정 서술)	잔존물 제거비용 (산정대상피해액 × 10%)	32,045천원

⑤ 총 피해액(피해액 + 잔존물 제거비)

구 분	부동산	301,122천원	총 피해액	352,498천원
	동 산	51,377천원		

06 | 증언 및 브리핑 자료 작성하기

Key Point
1. 화재조사 서류의 구성 및 양식에 대하여 설명할 수 있다.
2. 화재조사 서류작성 시 유의사항에 대하여 설명할 수 있다.
3. 화재발생종합보고서를 작성할 수 있다.
4. 화재현장조사서를 작성하는 방법에 대하여 설명할 수 있다.
5. 기타 서류(화재현장 출동보고서, 질문기록서, 재산피해신고서 등)를 작성하는 방법에 대하여 설명할 수 있다.

1 화재조사 서류의 의의

(1) 의 의

화재조사서류란 「소방의 화재조사에 관한 법률」에서 규정하고 있는 「화재조사」의 결과를 사진이나 도면 등에 의하여 정확하게 기록하고 소방기관으로서의 최종의사결정을 기록한 문서이다.

(2) 관련근거

「소방의 화재조사에 관한 법률 시행규칙」 제2조, 화재조사 및 보고규정 제21~22조

(3) 작성시기 : 화재조사를 완료할 때

(4) 작성횟수 : 화재 1건마다 작성

(5) 보존기간 : 영구적으로 보존

(6) 작성목적

① 화재에 의한 피해를 알리고 유사화재 방지와 피해의 경감
② 예방행정(소방검사, 소방안전관리자, 소방시설 등)의 자료 활용
③ 연소 확대 및 소방시설의 작동상황 등을 파악하여 진압대책의 자료 활용
④ 화재발생상황, 원인, 손해상황 등을 통계화 함으로써 소방행정시책 자료 활용
⑤ 정보공개 대상 공문서로 부차적으로 사법기관(민·형사상) 등의 유효한 증거자료 활용

❷ 화재조사서류의 구성 및 서식

(1) 의 의

① 화재조사의 목적은 현장조사 집행 후 그 결론을 표시한 「화재조사서류」가 작성됨으로써 처음으로 달성된다.

② 화재조사서류는 조사의 집행의 결과 성격을 가지는 것으로 통일된 기본적 양식이 필요하다.

(2) 화재조사서류 구성 및 서식

① 정리・분석을 용이 하게 함

② 자료로써의 유용성을 높이고 활용범위도 확대시키기 위함

③ 표준적 기본양식으로 구성

(3) 서 식

① 근거 : 「화재조사 및 보고규정」 제21조(화재조사 서류의 서식)에 규정

② 종류 : 화재・구조・구급상황보고서 등 20개 서식

제21조(조사서류의 서식) 조사에 필요한 서류의 서식은 다음 각 호에 따른다.

1. 화재・구조・구급상황보고서 : 별지 제1호 서식
2. 화재현장출동보고서 : 별지 제2호 서식
3. 화재발생종합보고서 : 별지 제3호 서식
4. 화재현황조사서 : 별지 제4호 서식
5. 화재현장조사서 : 별지 제5호 서식
6. 화재현장조사서(임야화재, 기타화재) : 별지 제5-2호 서식
7. 화재유형별조사서(건축・구조물 화재) : 별지 제6호 서식
8. 화재유형별조사서(자동차・철도차량 화재) : 별지 제6-2호 서식
9. 화재유형별조사서(위험물・가스제조소 등 화재) : 별지 제6-3호 서식
10. 화재유형별조사서(선박・항공기 화재) : 별지 제6-4호 서식
11. 화재유형별조사서(임야화재) : 별지 제6-5호 서식
12. 화재피해조사서(인명피해) : 별지 제7호 서식
13. 화재피해조사서(재산피해) : 별지 제7-2호 서식
14. 방화・방화의심 조사서 : 별지 제8호 서식
15. 소방시설 등 활용조사서 : 별지 제9호 서식
16. 질문기록서 : 별지 제10호 서식
17. 화재감식・감정 결과보고서 : 별지 제11호 서식
18. 재산피해신고서 : 별지 제12호 서식
19. 재산피해신고서(자동차, 철도, 선박, 항공기) : 별지 제12-2호 서식
20. 사후조사 의뢰서 : 별지 제13호 서식

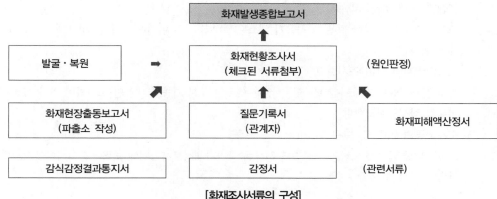

[화재조사서류의 구성]

(4) 조사보고(제22조)

① 조사의 시작보고서

조사관이 조사를 시작한 때에는 소방관서장에게 지체 없이 화재·구조·구급상황보고서를 작성·보고해야 한다.

② 최종결과보고

화재규모	조사서류	보고기한
• 사망자가 5인 이상 발생하거나 사상자가 10인 이상 발생한 화재 • 이재민이 100인 이상 발생한 화재 • 재산피해액이 50억원 이상 발생한 화재 • 관공서·학교·정부미도정공장·문화재·지하철 또는 지하구의 화재 • 관광호텔, 층수가 11층 이상인 건축물, 지하상가, 시장, 백화점, 지정수량의 3천배 이상의 위험물의 제조소·저장소·취급소, 층수가 5층 이상이거나 객실이 30실 이상인 숙박시설, 층수가 5층 이상이거나 병상이 30개 이상인 종합병원·정신병원·한방병원·요양소, 연면적 1만5천 제곱미터 이상인 공장 또는 화재예방강화지구에서 발생한 화재 • 철도차량, 항구에 매어둔 총 톤수가 1천톤 이상인 선박, 항공기, 발전소 또는 변전소에서 발생한 화재 • 가스 및 화약류의 폭발에 의한 화재 • 다중이용업소의 화재 • 긴급구조통제단장의 현장지휘가 필요한 재난상황 • 언론에 보도된 재난상황 • 그 밖에 소방청장이 정하는 재난상황	(3)의 조사서류 1 내지 11 서식 작성	30일 이내
위 이외의 화재	위와 같음	15일 이내

③ 보고기간의 연장

다음 각 호의 정당한 사유가 있는 경우에는 소방관서장에게 사전 보고를 한 후 필요한 기간만큼 조사 보고일을 연장할 수 있다.

㉠ 법 제5조 제1항 단서에 따른 수사기관의 범죄수사가 진행 중인 경우

㉡ 화재감정기관 등에 감정을 의뢰한 경우

㉢ 추가 화재현장조사 등이 필요한 경우

④ 연장한 화재 조사결과 보고

조사 보고일을 연장한 경우 그 사유가 해소된 날부터 10일 이내에 소방관서장에게 조사결과를 보고해야 한다.

⑤ 치외법권지역 등이 조사보고

치외법권지역 등 조사권을 행사할 수 없는 경우는 조사 가능한 내용만 조사하여 조사 서식 중 해당 서류를 작성·보고한다.

⑥ 조사서류의 입력 및 보관

소방본부장 및 소방서장은 조사결과 서류를 국가화재정보시스템에 입력·관리해야 하며 영구보존 방법에 따라 보존해야 한다.

3 화재조사 서류 작성원칙 및 유의사항

화재조사 서류는 소방행정의 시책 자료로 하는 외에 사법기관의 증거자료도 된다. 본 서류가 지닌 성질 때문에「화재발생종합보고서」,「화재현장조사서」등의 화재조사서류를 구성하는 각 양식에는 각각의 작성 목적에 따른 표현, 논리전개 등에 유의하여야 한다.

작성원칙	유의사항
간결·명료한 문장	주어와 술어가 애매한 문장, 생략한 문장, 장황한 말이 반복되어 요점을 파악하기 어려운 문장 등 작성을 피한다.
오자·탈자 등이 없는 문서	오탈자는 기재된 사실이나 논리에 대한 서류의 가치나 신뢰를 떨어뜨리고 작성자의 능력을 의심케 하므로 글자 하나라도 가볍게 보지 말고 작성해야 한다.
누구나 알 수 있는 문장을 사용	제3자가 이해하기 쉬운 문장을 사용하여 작성해야 한다.
필요한 서류의 첨부	필요한 서류나 보고서의 기재항목이나 사진 등이 빠지지 않도록 주의해야 한다.
작성목적의 이해하고 작성	조사서류에는 각각의 작성목적이 있으므로 요구되는 문장표현 등 각 조사서 작성 목적을 이해하고 작성한다.

4 화재발생종합보고서 작성방법

(1) 의의(목적)

① 화재현장조사서, 질문기록서 등의 화재조사 내용을 집약하여 하나씩 정리한 보고서

② 화재대상물의 종합적 내용을 망라함과 함께 소방활동 데이터를 추가한 양식

③ 화재조사결과와 소방활동의 개요를 알기 쉽게 정리한 서류

(2) 작성자

특별히 작성자에 대한 제한은 없다. 이유는 화재개요를 종합 정리하여 규명하는 것이기 때문에 화재현장 조사서 등과는 다르다.

(3) 화재발생종합보고서 작성 및 작성시기 등

조사서식의 구분		작성시기 등
화재현황조사서		모든 화재에 공통적으로 작성
화재유형별 조사서		화재발생 유형에 따라 작성 • 건축·구조물화재 • 자동차·철도차량화재 • 위험물·가스제조소 등 화재 • 선박·항공기 화재 • 임야화재
화재피해 조사서	재산피해	재산피해 발생시 작성
	인명피해	인명피해 발생시 작성
방화·방화의심조사서		방화(의심)에 해당되는 경우
소방·방화시설활용조사서		소방·방화시설의 작성상황을 작성
화재현장조사서		모든 화재에 공통적으로 작성 ※ 기타화재, 임야화재, 재산피해 없는 화재는 제3-13호 서식 활용하여 작성
질문기록서		화재현장에서 관계인등에 대한 질문내용을 착성 첨부
화재출동보고서		화재출동한 소방대의 활동을 제출받아 첨부

(4) 화재발생종합보고서 운영 체계도 15

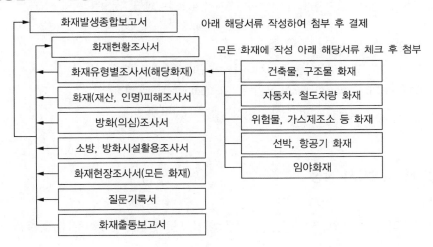

(5) 화재현황조사서(별지4 서식) 기재사항

화재현황조사서는 화재의 개요를 알 수 있는 기본 보고서로서 모든 화재에 공통으로 작성한다.

① **화재번호** : 발생한 연, 월을 기재하고, 연번은 당해 연도 화재부터 일련번호를 기재

② **소방관서** : 화재발생 지역을 관할하는 소방서, 119안전센터, 119지역대를 선택

③ **화재발생 및 출동** : 발생 일시, 요일 및 접수, 출동, 도착, 초진, 완진, 귀소시간

④ **화재발생 장소 및 유형** : 주소, 대상, 건축, 구조물 등 유형, 출동거리를 기재

⑤ **화재원인** : 발화열원, 발화요인, 최초착화물, 발화개요를 기재 또는 체크

⑥ **발화관련기기** : 발화관련기기, 제품 및 동력원을 기재 또는 체크

⑦ **연소확대** : 연소 확대물 및 연소확대사유 기재 또는 체크

⑧ **피해 및 인명구조** : 인명피해(사망, 부상, 이재민), 재산피해(동산, 부동산, 소실면적)

⑨ **관계자** : 소유자, 점유자, 소방안전관리자 등 인적사항 기재

⑩ **동원인력** : 인력, 장비대수, 사용 소방용수의 고유번호를 기재

⑪ **보험가입** : 피해액 산정 및 방화가능성 여부를 위해 가입회사, 금액, 대상을 기재

⑫ **첨부서류** : 화재현황조사서 부가하여 필요한 보고서를 선택적으로 작성할 수 있음

　　㉠ 화재유형별조사서

　　　　ⓐ 건축·구조물 화재 : 별지 제6호 서식

　　　　ⓑ 자동차·철도차량 화재 : 별지 제6-2호 서식

　　　　ⓒ 위험물·가스제조소 등 화재 : 별지 제6-3호 서식

　　　　ⓓ 선박·항공기 화재 : 별지 제6-4호 서식

　　　　ⓔ 임야화재 : 별지 제6-5호 서식

　　㉡ 화재피해조사서(인명, 재산피해) : 별지 제7호, 제7-2호 서식

　　㉢ 방화·방화의심 조사서 : 별지 제8호 서식

　　㉣ 소방·방화시설 활용조사서 : 별지 제9호 서식

　　㉤ 화재현장조사서 : 별지 제5호 서식

⑬ **작성자** : 당해 보고서를 작성한 화재조사자의 소속, 계급, 성명을 기재

(6) 화재현황조사서 작성시 유의사항

① 연, 월, 일 및 시간, 인원 등의 표기는 아라비아 숫자로 한다.

② 발화관련기기, 연소확대요인 표기 등 체크(☑) 방식으로 한다.

③ 누락, 오기, 탈자가 없어야 하고 작성자를 기록하여야 한다.

5 화재현장조사서 작성

(1) 의 의

① 발화요인, 발화열원, 최초착화물, 발화관련기기, 연소확대물, 연소확대사유 등 현장화재조사 결과를 작성한 서류

② 발화원인판정 등의 기초 자료로 화재현장 발굴작업이나 복원작업상황을 상세하게 기록한 서류

③ 또한, 「소손물건」을 관찰하여 규명한 사실과 관계자의 진술을 자료로 하여 소방기관이 최종결론에 도달한 논리구성이나 고찰, 판단을 기록한 핵심 화재조사서류

(2) 작성 목적

① 화재발생상황, 원인, 손해상황, 연소확대사유 등을 통계화 함으로써 소방행정시책에 반영

② 대외적으로는 화재에 의한 피해를 주민에게 알려 유사 화재의 발화방지 및 피해경감

③ 대내적으로는 화재예방조례 등 소방관계법령의 개정 검토나 소방특별조사 등 예방행정자료에 활용

④ 연소 확대 및 소방시설의 작동상황 등을 파악하여 진압대책의 자료 활용

⑤ 정보공개 대상 공문서로 부차적으로 사법기관(민·형사상) 등의 유효한 증거자료 일면도 가짐

(3) 작성자

① 화재현장조사서는 조사현장에서 자기가 직접 관찰·확인한 사실을 기재하는 것이다.

② 작성자는 현장조사를 직접 행한 자로 한정(대신하여 작성하는 것은 불가함)한다.

③ 대규모 건물화재 등에서 현장조사를 분담하여 실시한 경우에는 각자가 분담한 장소의 현장조사서를 작성한다.

(4) 작성상의 유의사항 ★★★★

① 내용이 누락되지 않도록 작성한다(입회인 및 조사개시와 종료시간, 조사횟수).

② 관찰·확인된 객관적 사실을 있는 그대로 기재한다.

③ 확정적 단어 및 문장장조를 위하여 불필요한 형용사를 사용하지 않는다.

④ 반드시 관계자의 입회와 입회인 진술내용을 구분 기재한다(공평성·중립성을 담보).

⑤ 발굴·복원단계에서 조사내용을 기재한다(발굴·복원종료 시까지의 상태 등).

⑥ 간단명료하고 계통적으로 기재한다(평이한 표현으로 간결하게 기재).

⑦ 원인판정에 이르는 논리구성과 각 조사서에 기재한 사실 등을 취급한다.

⑧ 각 조사서에 기재한 사실 등의 인용방법과 인용개소를 언급한다.

(5) 화재현장조사의 기재사항 ★★★★★

① 화재발생 개요 : 일시, 장소, 건물구조, 화재(인명, 재산)피해

② 화재조사 개요 : 일시, 조사자, 화재원인, 화재개요

③ 동원인력 : 인원, 장비

④ 화재건물 현황 : 건축물 현황, 보험가입 현황, 소방시설 및 위험물 현황, 발생 전 상황

⑤ 화재현장 활동상황 : 신고 및 초기조치, 화재진압 활동, 인명구조 활동

⑥ 현장관찰 : 건물 위치도, 건물배치도, 건물 내·외부 상황(사진)

⑦ 발화지점 판정 : 관계자 진술, 발화지점 및 연소확대 경로

⑧ 화재원인 검토 : 방화가능성, 전기적 요인, 기계적 요인, 가스누출, 인적 부주의, 연소확대 사유

⑨ 결론 : 발화요인, 발화열원, 최초착화물, 발화관련기기, 연소확대물, 연소확대사유 등 현장조사 결과를 작성, 문제점 및 대책

⑩ 예상되는 사항 및 조치

⑪ 기타 : 화재현장 출동보고서, 감식·감정 결과통지서, 전기배선도, 연구자료, 재현 실험 결과, 참고문헌, 기타 참고자료 등

(6) 화재현장조사서의 기재사항

① 서류형식상 필요한 사항

㉠ 화재현장조사서의 작성일 : 현장조사 당일 또는 직후 작성

㉡ 화재현장조사서의 작성자 : 소방서명, 계급, 성명을 기재하고 날인

㉢ 현장조사 일시 : 매회 작성하고 개시와 종료의 연·월·일·시각을 기재

㉣ 현장조사 장소 및 물건 : 화재현장 및 물건, 감식 장소 및 감식 물건

㉤ 현장조사 시 입회인 : 관계자의 입회하에 실시하고 반드시 입회자 기록

② 현장조사결과

　㉠ 현장의 위치 및 부근상황

　　ⓐ 현장의 위치 : 부근의 건물, 철도역 등 목표지점을 명시하여 위치관계를 기술

　　ⓑ 주소나 건물 명칭으로 현장위치를 명확히 알 수 있는 경우 : 생략 가능

　　ⓒ 부근의 상황 : 현장을 중심으로 한 주변의 지형이나 도로의 상황, 건축물의 밀집도나 노후도, 구조 등의 개요, 수리상황 등을 기재한다.

　㉡ 현장상태

　　ⓐ 발굴 작업 전에 있어서 화재현장 전체의 확인·관찰결과를 기술

　　ⓑ 건물마다 소손 및 수손이 어느 범위까지 미쳤는가를 구체적으로 기술

　　ⓒ 발화건물, 발화장소 등 화재원인 판정에 인용될 수 있도록 소손상황을 표현

　　ⓓ 화재 연소확대의 방향성을 알 수 있도록 소손상태를 기술

　　ⓔ 다수의 건물이 소손된 경우 : 건물개요, 손해개요 등의 일람표를 작성하여 건물번호에 따라 조사결과를 기재

　㉢ 소손상황 : 발화했다고 추정되는 거실(방) 등 발굴, 복원작업을 실시한 범위의 소손상황을 기재하는 것으로 화재현장조사서 중에서도 가장 중요한 부분임

　　ⓐ 발굴순서에 따라 기재할 것

　　ⓑ 연소확대의 방향성을 기재 할 것

　　ⓒ 특이한 사실 등을 빠지지 않게 기재할 것

　　ⓓ 연소매체로 된 가연물의 관찰·확인내용을 기재할 것

　　ⓔ 관찰·확인 위치 및 대상을 명확하게 할 것

　　ⓕ 사진이나 도면은 조사의 보충자료로서 취급할 것

　　ⓖ 증거는 발견된 위치와 크기, 소손상태 등 기록할 것

③ 발화건물의 판정(1단계)

　㉠ 소손건물이 2동 이상 있는 경우 : 발화건물을 판정하여 기재한다.

　㉡ 소손건물이 1동인 경우 : 기재할 필요가 없다.

　㉢ 수 개의 동이 소손되어 있으나 전소는 1동인 경우

　　ⓐ 누가 보아도 발화건물이 명확한 때 반드시 기재할 필요는 없다.

　　ⓑ 다만, 이러한 경우에는 「발화지점의 판정」의 서두에 다음의 예시와 같이 발화건물에 대해서 간결하게 기재하여 둔다.

　　　┌───┐
　　　│ A건물이 옥내까지 소손되어 있는 것에 반하여 B건물로부터 D건물은 A건물에 면하는 외벽이나 │
　　　│ 창문유리가 소손되어 있기만 하므로 발화건물은 명확하게 A건물이고 발화건물의 판정은 생략 │
　　　│ 한다. │
　　　└───┘

　㉣ 발화건물 판정 순서

　　ⓐ 화재현장조사서에 따른 현장관찰·확인상황

　　ⓑ 화재출동보고서에 따른 화재현장출동시의 확인·조사상황

　　ⓒ 질문기록서에 따른 화재현장발견사항

　　ⓓ 결 론

④ 발화지점의 판정(2단계)

  ㉠ 발화지점 판정 요령

    ⓐ 발화건물의 안에서부터 연소확대의 방향성을 끝까지 보고 확인하여 발화했다고 판단되는 「한정된 부분」을 발굴한다.

    ⓑ 발굴한 중심에서부터 「발화범위」를 결정한다.

    ⓒ 그 범위의 중심에서 발화원으로서 가능성이 있는 것에 대한 검토를 통하여 판정한다.

    ⓓ 「발화지점」이 한정될 수 없다면 소손범위 내에 존재하는 모든 화원(火源)에 대해서 발화원으로 될 수 있는가를 검토하여야 한다.

  ㉡ 발화지점 판정의 순서

    ⓐ 화재현장조사서에 따른 현장관찰·확인상황

    ⓑ 화재출동보고서에 따른 화재현장출동시의 확인·조사상황

    ⓒ 질문기록서에 따른 화재현장발견사항

    ⓓ 결 론

  ㉢ 발화지점의 범위

    ⓐ 발화지점이라고 하면 「극히 한정되어 있는 범위」라고 해석되고 있으나 그 범위는 화재규모나 소손상황 등에 따라 다르다. 전소화재 등에서는 「○m²거실 남서측 텔레비전을 중심으로 한 부근」이라고 비교적 넓은 범위가 되는 경우가 많다.

    ⓑ 발화지점의 범위를 좁히는 만큼 발화원이 한정되어 발화원인 단정이 용이하게 된다. 그러나 발화지점의 판정을 잘못한 때는 진정한 발화원을 검토에서 빠뜨려 발화원인을 잘못 판정하는 결과가 발생한다. 이 때문에 발화지점은 너무 좁히지 말고 여유로운 범위로 한다.

참고 : 발화지점 판정 예시

1) 현장 관찰·확인상황

  가. 화재현장조사서 소실상황5)에 기재된 바와 같이 천장, 내벽 등은 발화건물 서측의 2층 거실 ○○m²에서부터 연소확대 된 상황을 관찰·확인하고 있는 사실

  나. 동조사서 소손상황(10)에 기재된 바와 같이 거실에 있던 옷장, 거실바닥의 잡지, 테이블 등은 전부 공부용 의자에 면하고 있던 방향에서부터 연소 확대한 상황을 관찰·확인하고 있는 사실

  다. 결 론

    벽재나 천장재의 소손은 공부용의자 부근에서의 연소 확대를 보여주고, 거실 바닥의 잡지 등도 동일한 양상이다.

    이상의 사실로부터 현장 관찰·확인 상황에 의한 발화지점은 건물 서측 거실 ○○m² 내의 공부용 의자부근으로 인정됨

2) 화재현장 출동 시의 확인·조사 상황

  가. 화재현장출동보고서 현장도착시의 상황2)에 기재된 바와 같이 발화건물을 남측에서 보면 서측 2층 거실 창에서부터 화염이 분출되고 있으나 다른 방의 창에서는 검은 연기만 보이고 불꽃은 관찰되지 않은 사실

나. 동보고서 현장도착 시의 상황3)에 기재된 바와 같이 발화 건물을 북측에서 보면 2층 서쪽 거실 내부가 진한적색으로 되어있으나 아직 창문유리는 파손되지 않은 것을 관찰한 사실 「방에서 검은 연기가 분출하고 있었고 그 방안에 있는 책상의자 주변에 불꽃이 천장까지 뻗치고 있었다.」고 진술하고 있음

다. 결 론

이상의 사실은 2층 서측 거실에서의 연소 확대를 보여주고 있고 그 가운데서도 유리의 잔존을 고려하면 남측으로부터의 연소 확대를 보여주고 있다. 그러나 발화 시의 개구부 상태에 따라 연소상황이 다를 수 있고 발화지점의 범위까지는 관찰 불가능. 따라서 화재현장 출동 시의 확인·조사 상황으로부터의 발화지점은 2층 서측 거실로 인정됨

3) 관계자로부터의 진술

가. 발화건물에 거주하는 주부 ○○○씨(○세)의 질문조사서에 의하면 「2층 거실에서 취침 중 호흡이 곤란함을 느꼈고 연기가 충만하여 베란다로 나가보았다. 서쪽 방에서 검은 연기가 분출하고 있었고 그 방안에 있는 책상의자 주변의 불꽃이 천장까지 뻗치고 있었다.」고 진술하고 있음

나. 서쪽 인접주택의 주부 △△△(△세)의 질문조사서에 의하면 「○○○가 화재사실을 알려 밖으로 나와 보니 2층 서측 실이 연소되고 있었다.」고 진술하고 있음

다. 결 론

이상 관계자의 진술로부터 발화지점은 2층 서쪽 거실의 책상 의자 부근으로 인정됨

4) 결 론

화재현장출동 시 관찰·확인 상황에서는 발화지점까지 진입은 불가능하다. 그러나 유리의 잔존 상황을 고려한다면 남측에서부터 북측으로의 연소확대상황을 나타내고 있다고 판단되며, 따라서 화재출동 시의 관찰·확인상황은 현장조사상황과 모순되는 바가 없음. 또한, 관계자의 진술에서는 두 사람 모두 2층 거실에서부터의 발화를 나타내고 발화건물관계자인 주부는 의자 부근에서 불꽃이 일어나는 것을 보았다고 하며, 관계자의 진술도 현장조사상황과 일치함. 즉, 화재현장출동 시의 관찰·확인상황의 사실 및 관계자의 진술은 현장조사 상황의 사실을 뒷받침하고 있고 전혀 모순이 없으므로 발화지점은 책상 의자부근으로 판정함

⑤ 발화원인의 판정

㉠ 발화원인 판정항목 및 검토사항

ⓐ 발화원과 착화물

ⓑ 발화원으로부터 가연물로의 착화경과와 연소경과

ⓒ 발화에 이른 인적·물적요인

㉡ 발화원인 판정의 기재방법

ⓐ 질문조사서 등의 서류로부터의 사실 인용과 합리적·과학적인 논리전개가 중심으로 된다.

ⓑ 자료만으로 부족한 경우에는 재현실험의 데이터나 각종 문헌 등을 인용하는 것도 필요하다.

ⓒ 판정이론의 기술은 난해한 전문용어나 어려운 이론을 열거하는 것은 피하여 누구라도 쉽게 이해할 수 있는 표현으로 가급적 계통적·논리적인 것으로 하여야 한다.

㉢ 소거법을 주체로 한 발화원인의 판정

ⓐ 발화지점 내에 존재하는 화원을 전체적으로 열거한다.

ⓑ 화원 각각에 대하여 발화원으로서 가능성이 낮은 것으로부터 높은 순으로 기재하여 검토하여 나간다.

ⓒ 화원 각각의 결론으로부터 소거법에 의해 발화원을 특정하여 화재의 발생요인 및 발생경과와 병행하여 발화원인을 판정한다.

ⓔ 연역법에 의한 발화원인의 판정

최근에는 연역법에 의한 증명을 요구하고 있고 특히, 제조물로부터 발화된 것과 같은 경우에는 연역법에 의한 객관적인 증명이 가능하도록 해야 할 필요가 있다. 다음과 같은 과학적 증빙 등을 통하여 극히 객관적으로 증명하여야 한다.

ⓐ 분석·측정기기 등에 의한 데이터의 제시

ⓑ 재현실험에 의한 재현성의 확보

ⓒ 화각종 문헌을 인용한 객관성 있는 해설

ⓓ 유사화재 사례의 유무확인

참고 : 화재원인 판정의 예시

가. 현장조사상황
- 발화한 거실에는 심지상하식 반사형 석유스토브가 있고 심지는 위로 올려진 상태로 소손되어 있음. 석유스토브는 침대고정대에 전면을 매트리스를 향한 상태로 관찰·확인되었고 그 부근에는 소손된 이불이 널려 있음
- 이와 같이 석유스토브는 사용상태였고 그 주변에는 이불이 있다고 하는 현장조사상황에서 석유스토브로부터의 발화는 충분히 고려됨

나. 관계자의 진술
- 관계자의 진술을 종합해보면 ○○○는 발화 전 침대 위 이불속에서 책을 읽고 있었음. 석유스토브는 침대방향을 향하여 사용하고 있었음. 1층의 모친으로부터 『친구에게서 전화가 왔다』는 연락을 받고 ○○○는 급히 침대에서 일어나 실내의 전등이나 석유스토브를 끄지 않은 채 1층으로 내려감. 통화를 끝낸 후 2층으로 올라가지 않고 TV를 보았다는 점
- 약 20분 후 같이 있던 모친이 2층에서 소리가 나는 것을 듣고 ○○○에게 가보도록 함. ○○○는 계단을 올라가는 도중 위쪽에서 연기가 나는 것을 보고 『연기다!!』라고 모친에게 알리고 2층 본인방을 열었을 때 연기가 분출되어 나오므로 화재가 난 것으로 판단함
- 이러한 관계자의 진술로부터도 석유스토브는 사용상태로 있었고, 침대 위의 이불이 석유스토브에 접촉한 것은 충분히 고려되어짐

다. 결 론
이상과 같이 본 건 화재의 발화원인은 ○○○가 모친의 부름을 받고 일어났을 때 이불이 석유스토브에 접촉하였기 때문에 발화한 것임

---

(7) 화재현장조사서의 도면의 작성

① **도면작성의 필요성** : 화재의 모든 것을 제3자에게 「문장으로만」으로 설명하는 데는 한계가 있으므로 도면은 제3자의 시각에 호소하여 요점을 간단하게 이해시키는 데 있어서 문장에는 없는 커다란 이점을 가지고 있다.

② **도면의 종류 및 작성방법** : 화재현장조사서를 작성할 때는 도면이 지닌 특징을 최대한 활용해서 작성한다.

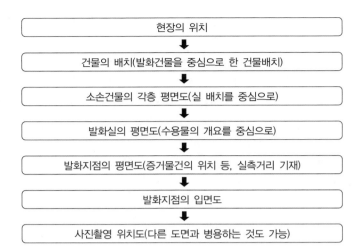

| 현장의 위치 |
| 건물의 배치(발화건물을 중심으로 한 건물배치) |
| 소손건물의 각층 평면도(실 배치를 중심으로) |
| 발화실의 평면도(수용물의 개요를 중심으로) |
| 발화지점의 평면도(증거물건의 위치 등, 실측거리 기재) |
| 발화지점의 입면도 |
| 사진촬영 위치도(다른 도면과 병용하는 것도 가능) |

③ 도면작성 시 유의사항

　　㉠ 도면을 쉽게 이해하기 위하여 「북」을 위쪽으로 작성

　　㉡ 현장조사에 기초하여 정확한 축척으로 작성

　　㉢ 표준화된 기호를 사용하여 누가 보아도 이해가 되도록 작성

　　㉣ 방의 배치와 출입구, 개구부의 상황을 위주로 작성

　　㉤ 거리측정은 기둥의 중심에서 다른 기둥의 중심까지로 기준점을 통일

　　㉥ 방 배치가 복잡한 건물은 한 점을 기준점을 정하고 사방으로 넓히면서 측정

　　㉦ 사용금지용어는 표제로 사용하지 않음

　　　※ 현장조사서의 「발화건물」, 「발화지점」, 「발화원」등의 용어는 사용하지 않는 것이 원칙임

(8) 화재현장조사서의 사진

① **사진촬영 요령** : 주로 「현장의 모양」과 「소손상황」에 사용하는 것으로 화재현장조사서 작성의 흐름에 따라 촬영한다.

② **사진촬영 장소 및 중점사항**

　　㉠ 소손현장의 전경 : 전체가 보일 수 있도록 인접 높은 지점에서 촬영한다.

　　㉡ 소손건물의 전경 : 연소의 방향성이 나타나는 4면의 외부를 촬영한다.

　　㉢ 소손건물 내부 : 방(실)별로 연소의 방향성과 소손상황을 알 수 있도록 촬영한다.

　　㉣ 발굴 전의 발화지점 부근 : 발굴 전의 상황을 알 수 있도록 전체를 누락 없이 촬영한다.

　　㉤ 복원 후 상황 : 발화지점으로부터 연소확대된 물적 증거를 중심으로 촬영한다.

　　㉥ 발굴범위 화원 : 발화원이 될만한 것은 발견 시와 복원 시를 상방으로 촬영한다.

　　㉦ 연소경로

　　㉧ 화재에 의한 사망자

　　㉨ 기타 화재원인에 필요한 사항

③ 사진촬영 시 유의사항

    ⊙ 촬영의 포인트는 화재조사자의 의도를 이해하여 촬영한다.

    ⓒ 촬영대상은 주위와의 위치관계를 알 수 있도록 촬영한다.

    ⓒ 중요한 물적 증거물은 표지로 명확히 하여 촬영한다.

    ⓔ 인물, 발굴용 기기 등이 사진에 들어가지 않도록 주의한다.

6 기타 서류작성

(1) 화재현장 출동보고서

① 작목적 : 최초 도착소방대가 소방활동 중에 관찰·확인한 결과를 기록하여 화재원인판정에 있어서 『발화건물의 판정』 등의 자료로 활용하는 데 있다.

② 작성자 : 선착대장이 작성하는 것이 타당

③ 화재현장출동보고서의 기재사항

    ⊙ 출동로상의 발견사항

    ⓒ 현장도착 시 발견사항

    ⓒ 소화활동 중의 관찰·확인사항

④ 화재현장출동보고서 작성 시 유의사항

    ⊙ 문장형태는 현재형으로 할 것

    ⓒ 관찰·확인한 위치를 명시할 것

    ⓒ 도면·사진을 활용할 것

    ⓔ 기재대상의 기호화·간략화하여 작성할 것

(2) 질문기록서

① 작성 목적 : 관계자 외에 알 수 없는 발화전의 기기이상이나 일상의 사용방법을 파악, 화재 이전의 상태, 화기 및 인화성물질의 사용상황 및 관계자의 행동 등에 대해 정보를 파악하기 위함이다.

② 작성자 : 화재현장에 임하는 화재조사관이 작성

③ 질문청취대상자

    ⊙ 화재 현장을 발견하고 신고한 사람

    ⓒ 화재 현장을 목격한 사람

    ⓒ 소화활동을 행하거나 인명구조활동(유도대피 포함)에 관계된 사람

    ⓔ 화재를 발생시키거나 화재발생과 관계된 사람 등

④ 질문기록서 작성

    ⊙ 질문의 실시시기 : 화재발생 직후에 가능한 조기에 행하는 것이 좋다.

    ⓒ 질문장소 : 가능하면 제3자를 의식하지 않는 장소 또는 이목을 의식하지 않고 긴장감을 줄일 수 있는 공간에서 청취

    ⓒ 질문요령 : 진술자의 기본적인 인권존중 및 유도하는 질문을 피하고 임의 진술을 얻도록 한다.

ⓔ 작성절차

   ⓐ 관계자의 진술이 「임의」로 행하는 것이어야 한다.

   ⓑ 녹취 후 녹취내용을 확인시키고 오류가 없음을 인정한다면 서명을 하게 한다.

   ⓒ 18세 미만의 청소년, 정신장애자 등에 대한 질문을 하는 경우는 친권자 등의 입회인을 입회시켜야 하며, 진술자는 물론 입회자에게도 서명시켜야 한다.

⑤ **질문기록서 작성의 유의사항**

   ㉠ 무의미한 말은 생략하고 요점이 진술자의 말로서 기록되면 좋음

   ㉡ 사투리나 어린아이 특유의 표현, 노인의 말 등은 본 조사서를 작성하는 직원이 표준어나 상식적으로 바꾸어 있는 그대로 기록할 필요가 있음

   ㉢ 관계자밖에 알지 못하는 사실을 관계자의 인간성이나 생활환경을 나타내는 본인의 말로 기록하는 편이 보다 증거가치를 높이는 자료가 됨

PART

O2

출제예상문제

제1회~제20회 출제예상문제

많이 보고 많이 겪고 많이 공부하는 것은 배움의 세 기둥이다.

– 벤자민 디즈라엘리 –

01 다음 물질들의 용융점은?

(6점)

철	알루미늄	스테인리스

해답

철	알루미늄	스테인리스
1,530℃	659.5℃	1,520℃

해설

금속명	용융점(℃)	금속명	용융점(℃)
텅스텐	3,400	황 동	900~1,050
몰리브덴	2,620	은	960.5
티 탄	1,800	알루미늄	659.5
철	1,530	마그네슘	650
스테인리스	1,520	아 연	419.5
니 켈	1,455	납	327.4
동	1,083	주 석	231.9
금	1,063	수 은	38.8

암기신공 멍텅한 몰티와 철수(스)니가 구금항은 알아서 맖(마)아 먹으니 아납주수
3,400/2,620/1,800/1,530/1,520/1,455/1,083/1,063/900~1,050/960.5/659.5/650

02 차량화재 발화원과 그 예를 5가지 기술하시오.　　　　　　　　　　　　(5점)

해답

① 카뷰레터를 통한 역화
② 전기적 발화원
③ 배기 매니폴드의 고온표면
④ 기계적 스파크
⑤ 담배꽁초, 라이터과열

해설

- 노출화염 : 카뷰레터를 통한 역화
- 전기적 발화원 : 배터리, 과부하, 아크, 추가 설치된 액세서리(카오디오 등)
- 고온표면 : 배기 매니폴드, 배기계통, 촉매변환기
- 기계적 스파크 : 구동 풀리(Drive Pulley), 구동 축 또는 베어링, 배기 시스템, 휠
- 연기가 생성되는 물질 : 담배꽁초

03 백드래프트와 가스폭발의 유리 감식법(구별법)에 대해 기술하시오.　　　　　(6점)

해답

유리창 등에 그을음 생성여부로 판단, 백드래프트는 화재가 난 후 생성된 것으로 그을음이 있고, 가스폭발은
화재초기로 그을음이 없으며 리플마크 유무로 폭발 전후를 알 수 있다.

해설

- 폭발 후 화재 : 유리창 파손 형태가 파손된 단면에 리플마크가 생기며, 그을음이 나타나지 않음
- 화재 후 화재열로 파손 : 유리창 파손 형태가 일정한 방향성이 없이 심한 곡선 형태이며, 그을음이 나타남

구 분	백드래프트	가스폭발
유리창 파손형태	일정한 방향성이 없이 심한 곡선형태	리플(헤겔)마크
그을음 존부	있 음	없 음
폭발시기	화재 후 폭발	폭발 후 화재

04 방화원인 판단 시 착안사항을 3가지만 기술하시오.　　　　　　　　　　　(6점)

해답

① 발화부가 연관되지 않는 2곳 이상의 여러 곳에서 식별될 수 있음
② 발화부 주변에서 유류성분 검출 또는 유류통의 발견
③ 출입문, 창문 등이 개방, 유리창 파괴, 외부 침입흔적 등이 발견됨

해설

이외에도

- 재정 압박의 표시(과다 담보 및 과다한 보험이 들어있는 경우)
- 원한을 가진 자의 존재가 의심되고, 발화상황에 대한 진술이 부자연스럽고 진술에 일관성이 떨어지는 경우
- 사망자가 발생한 경우 시체 부검을 통하여 매 흡착여부를 확인한 후 방화여부를 결정함
- 인위적인 발화장치, 트레일러 등 잔해물이 발견됨
- 촉진제를 사용하여 역V패턴의 연소흔을 보이거나 급격한 연소로 연소패턴 식별이 곤란
- 다른 발화원이 배제된 화재
- 예측되는 가연물의 하중이나 발화원이 부족한데 발화됨
- 특이한 가연물 하중 또는 물건이 배치되어 있을 때
- 발화직후 귀중품 또는 고가품의 반출이 있을 때
- 소방대원의 진화활동 방해를 위한 진입차단 장치가 설치된 경우
- 다툼이나 싸움이 선행되었으며 다툼의 흔적 식별

05 유기절연물이 전기불꽃에 장시간 노출되면 절연체 표면에 탄화 도전로가 생성되고 그 부분을 통해서 전류가 흘러 줄열을 발생하여 고온이 되고 이것이 서서히 확대되어 전류가 증가하여 발열·발화하는 현상은 무엇이며, 잘 일어나는 조건을 쓰시오. (6점)

해답

① 흑연화 현상 또는 그래파이트화
② 배합이 잘되어야 하며, 1,900~2,300℃ 이상 온도가 올라가야 한다.

06 구획실의 화재거동에 영향을 미치는 요인을 쓰시오. (6점)

해답

① 배연구(환기구)의 크기, 수 및 위치
② 구획실의 크기
③ 구획실을 둘러싸고 있는 물질들의 열 특성

해설

이외에도

- 구획실의 천장 높이
- 최초 발화되는 가연물의 크기, 합성물 및 위치
- 추가적 가연물의 이용가능성 및 위치

07 정압기의 종류를 쓰시오. (4점)

해답

① 직동식 정압기, ② 파일럿식 정압기

암기신공 정압기 파직

해설

① 직동식 정압기

직동식 정압기는 작동에 필요한 3요소(감지부, 부하부, 제어부)가 정압기 본체 내에 들어가 있으며, 조정압력은 다이어프램이 감지하여 밸브(플러그)를 움직이게 된다. 감지요소는 본체 내에서 직접 또는 하류측 배관에서 따온 감지라인(Sensing Line)을 통해 조정압력을 스프링이 감지하여 압력을 조절하는 것을 직동식 정압기라고 한다.

② 파일럿식 정압기

• 파일럿식 정압기는 언로딩(Unloading)형과 로딩(Loading)형의 2가지로 나눌 수 있으며, 파일럿의 설치목적은 2차측의 미세한 압력을 감지하여 다이어프램에 로딩(구동)압력을 증폭시켜 보내주는 것으로서 국내에서 사용되는 것은 A.F.V(언로딩, Unloading)와 피셔식(로딩, Loading)이 대부분이다.

• 파일럿식 정압기는 출구압력이 비교적 안정된 형태로 공급이 되는 우수한 특징이 있으며, 대량수요처 및 지구정압기 등에 주로 사용된다. 또한, 비슷한 크기의 직동식 정압기보다 대용량이 요구되는 유량 제어 범위가 양호한 정압기이다.

08 화재조사의 목적을 2가지로 간략하게 기술하시오. (6점)

해답

① 화재예방 및 소방정책에 활용하기 위하여
② 화재원인, 화재성장 및 확산, 피해현황 등에 관한 과학적 · 전문적인 조사에 필요한 사항을 규정함

해설

소방의 화재조사에 관한 법률 제1조 (목적)

화재예방 및 소방정책에 활용하기 위하여 화재원인, 화재성장 및 확산, 피해현황 등에 관한 과학적 · 전문적인 조사에 필요한 사항을 규정함을 목적으로 한다.

09 NFPA 921의 정의에서 화재 이후 남아 있어 눈으로 보고 측정할 수 있는 물리적인 효과를 무엇이라 정의하고 있는가? (5점)

해답

화재패턴 또는 화재형태

화재패턴

- 화재 이후 남아 있는 눈으로 보고 측정할 수 있는 물리적인 효과(NFPA 921)
- 화재로 인한 화염, 열기, 가스, 그을음 등에 의해 탄화, 소실, 변색, 용융 등의 형태로 물질이 손상된 형상
- 화재가 진행되면서 현장에 기록한 것. 즉, "화재가 지나간 길"

---

10 가연물이 연소되면서 탄화되는 깊이를 무엇이라 하는가? (4점)

탄화심도

탄화심도가 깊은 곳이 발화지점

---

11 화재 연소흔의 종류에 관한 것이다. 다음 물음에 답하시오. (8점)

> ① 연소의 진행에 따라 이동되는 화염에 의해 나타나는 흔적
>
> ② 연소 시 발생되는 연기에 의해 나타나는 흔적
>
> ③ 탄화된 목재에 형성된 무늬의 모양이 거북의 등 모양과 같은 흔적
>
> ④ 콘크리트, 모르타르, 타일 등의 불연성 물질이 수열에 의해 떨어져나가는 현상

① 주염흔   ② 주연흔
③ 균열흔   ④ 박리흔

---

12 화재피해조사 용어 중 잔가율이 무엇인지 정의하시오. (5점)

화재 당시에 피해물의 재구입비에 대한 현재가의 비율

- 최종잔가율 : 피해물의 경제적 내용연수가 다한 경우 잔존하는 가치의 재구입비에 대한 비율
- 잔가율 : 화재 당시에 피해물의 재구입비에 대한 현재가의 비율
- 경년감가율 : 자산가치의 체감을 정액비율로 환산한 것

13 화재손해액 또는 피해액을 산정하는 방법 3가지는? (6점)

해답

① 복성식 평가법, ② 매매사례비교법, ③ 수익환원법

해설

복성식 평가법	• 사고로 인한 피해액을 산정하는 방법 • 재건축 또는 재취득하는 데 소요되는 비용에서 사용기간의 감가수정액을 공제하는 방법으로 대부분의 물적 피해액 산정에 널리 사용
매매사례 비교법	당해 피해물의 시중매매사례가 충분하여 유사매매 사례를 비교하여 산정하는 방법으로서 차량, 예술품, 귀중품, 귀금속 등의 피해액산정에 사용
수익환원법	• 피해물로 인해 장래에 얻을 수익액에서 당해 수익을 얻기 위해 지출되는 제반 비용을 공제하는 방법에 의하는 방법 • 유실수 등에 있어 수확기간에 있는 경우에 사용 ※ 다만, 유실수의 육성기간에 있는 경우에는 복성식 평가법을 사용

14 물질이 연소되기 위한 3요소는 무엇인가? (5점)

해답

산소, 가연물, 점화원

해설

연소의 3요소 : 산소, 가연물, 점화원의 화학적 연쇄반응

15 열의 전달 방식 3가지는 무엇인가? (6점)

해답

① 대류, ② 전도, ③ 복사

해설

열전달 : 열은 뜨거운 곳에서 차가운 곳으로 이동
① 대류 : 유체의 실질적인 흐름에 의해 열에너지가 전달되는 현상이다. 유체의 특정부분에 온도가 높을
경우 이 부분의 유체는 열에 의해 팽창되어 밀도가 낮아지므로 가벼워져서 상승하게 되고 주위의 낮은
온도의 유체가 그 구역으로 흘러 들어오는 순환과정이 연속된다.
② 전도 : 물체 내의 온도차로 인해 온도차가 높은 분자와 인접한 온도가 낮은 분자 간에 직접적인 충돌로
열에너지가 전달되는 것
③ 복사 : 전자파의 형태로 열이 옮겨지는 것

16 건축물 화재 이후 남아 있어 눈으로 보고 측정할 수 있는 물리적인 효과에 대한 설명이다. 다음 물음에 답하시오. (6점)

> ① 화재가 발생하면 주위 공기가 뜨거워져 연소가스와 공기는 위로 올라가는데, 더불어 화염도 위로 향하고 주변으로 확대되면서 나타나는 형태는 무엇인가?
>
> ② ①의 형태는 외부의 영향이 없을 경우 상측에 (㉠), 좌우 (㉡), 하방 (㉢)의 속도비율로 연소가 확대된다.
>
> ③ 국부적 출하점은?

해답

① 수직면의 V패턴
② ㉠ 20, ㉡ 1, ㉢ 0.3
③ V자의 뾰족한 부분

해설

① 화재가 발생하면 주위 공기가 뜨거워져 연소가스와 공기는 위로 올라가는데, 더불어 화염도 위로 향하고 주변으로 확대되면서 나타나는 V자 모양의 화재형태가 된다.
② 위의 경우 외부의 특이한 영향이 없을 경우 상측에 20, 좌우 1, 하방 0.3의 속도비율로 연소가 확대된다.
③ V자의 뾰족한 부분이 국부적 출화점이 될 수 있다. → V패턴으로 발화지점을 판단한다.

17 줄의 법칙은? (단, 기호의 의미도 쓰시오) (5점)

해답

$Q = 0.24I^2Rt$ (Q : 열량, I : 전류의 세기, R : 전기저항, t : 시간)

해설

전류에 의해 생기는 열량 Q는 전류의 세기 I의 제곱, 도체의 전기저항 R, 전류를 통한 시간 t에 비례한다. 전류의 단위인 A(암페어), 전기저항의 단위인 Ω(옴)을 사용하면, 이 전류를 t초 동안 흐르게 했을 때 발생하는 열량은 칼로리(cal) 단위로 $Q = 0.24I^2Rt$라는 식을 얻을 수 있다. 이 법칙은 전류의 정상·비정상에 관계없이 적용된다.

18 화상의 분류이다. 다음 빈칸을 채우시오. (5점)

| ① (   ) 화상 : 1도 화상 |
| ② (   ) 화상 : 2도 화상 |
| ③ (   ) 화상 : 3도 화상 |

해답

① 홍반성, ② 수포성, ③ 괴사성

해설

화상의 분류

구 분	1도 화상 (홍반성)	2도 화상 (수포성)	3도 화상 (괴사성, 가피성)	4도 화상 (탄화성, 회화성)
증 상	• 붉은색 피부 • 호소	• 수 포 • 심한 통증 • 붉으며 흰 피부 • 축축하고 얼룩덜룩한 피부	• 검은색 또는 흰색 • 딱딱한 피부 감촉 • 거의 없는 통증 • 화상주위의 통증	• 심부조직, 뼈까지 손상 • 피부가 탄화된 경우가 많음

01 반단선의 개념을 설명하시오.　　　　　　　　　　　　　　　　　　　　　　　　(6점)

> **해답**

여러 개의 소선으로 구성된 전선이나 코드의 심선이 10% 이상 끊어졌거나 전체가 완전히 단선된 후에 일부가 접촉상태로 남아 있는 상태

> **해설**

반단선

전선이 절연피복 내에서 단선되어 그 부분에서 단선과 이어짐을 되풀이하는 상태, 즉 완전히 단선되지 않을 정도로 심선의 일부가 남아 있는 상태

02 연소를 확대시키는 요인 중 물질을 구성하고 있는 분자 자체의 이동은 없이 인접한 분자에 열에너지를 공급함으로써 계속 열이 전달되는 현상은?　　　　　　　　　　　　　　　(4점)

> **해답**

전도(Conduction)

> **해설**

전도 : 물체 내의 온도차로 인해 온도차가 높은 분자와 인접한 온도가 낮은 분자 간에 직접적인 충돌로 열에너지가 전달되는 것

03 도료를 묽게 해서 점도를 낮추는 데 이용되는 것으로서 액체탄화수소에 초산에스테르류, 알코올류, 에스테르류 및 아세톤 등이 첨가된 석유화학제품은?　　　　　　　　　　　　(4점)

> **해답**

시너

> **해설**

- 페인트 : 아마인유, 대두유, 오동유 등의 건성유를 90 ~ 100℃에서 5 ~ 10시간 공기를 불어넣으면서 가열하여 색과 점도를 준 것으로 요오드가가 145 이상인 보일러유에 안료와 전색제 등을 혼합한 착색도료
- 에나멜 : 일명 바니시페인트로 수지바니시, 유성바니시 등과 각종 안료류와 혼합해서 붓도장, 스프레이도장 등에 적용하도록 제조된 도료

- 바니시 : 천연 또는 합성수지를 건성유와 함께 가열·융합시키고 건조제 등을 첨가한 것으로 용제로 희석시킨 유성니스의 총칭
- 락카 : 니트로셀룰로오스를 주성분으로 하는 도료(질화면도료)로 니트로셀룰로오스, 수지, 가소제를 배합해서 용제에 녹인 것을 투명락카, 이것에 안료를 혼합해서 유색불투명하게 한 것이 락카에나멜
- 프라이머 : 도장하려는 금속면 등에 최초로 바르는 도막으로 접착성을 좋게 하고 금속재료에 녹방지 효과를 좋게 하는 도료로 초벌도료라고도 함
- 시너 : 도료를 묽게 해서 점도를 낮추는 데 이용하는 혼합용제로 협의로는 락카시너를 말함(초산에스테르류, 알코올류, 에테르류, 아세톤 등)
- 테레빈유 : 소나무과에 속하는 나무줄기에 상처를 내어 침출하는 색소수지를 채취하고 이것을 수증기로 유출시킨 휘발성분으로 증유기 중에 잔유물로서 진을 얻음

04 담뱃불 발화 메커니즘에 대하여 설명하시오. (5점)

해답

훈소가 지속될 수 있는 가연물과의 접촉 → 훈소 → 착염 → 출화

05 전체적인 연소확대 방향을 판단하기 위하여 초기현장평가 시 유의사항을 3가지 기술하시오. (6점)

해답

① 연소현장을 높은 곳에서 관찰한다.
② 연소현장을 외부에서 중심부로 연소의 흐름을 관찰한다.
③ 탄화가 약한 쪽부터 강한 쪽으로 관찰한다.

해설

조사요령
- 조사의 범위·순서 결정
- 바깥의 주변에서 중심부로 연소의 흐름을 관찰
- 높은 곳에서 전체를 관찰
- 탄화가 약한 쪽부터 강한 쪽으로 관찰
- 도괴의 방향과 낙하물의 집중부위를 관찰해둠
- 국부적인 강한 탄화(연소)
- 탄화물의 변색, 박리, 용융
- 특이한 냄새
- 건물구조를 고려하여 불꽃흐름을 추적, 관찰

06 방화현장조사 플로차트를 완성하시오. (6점)

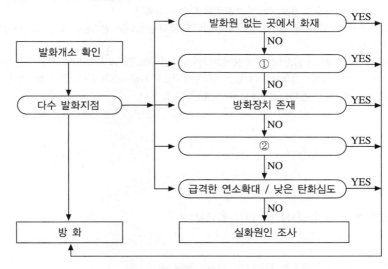

[방화현장조사 Flowchart]

해답

① 확산도구 존재, ② 역V패턴

07 방화범이 중요한 서류를 태우기 위하여 인위적으로 방화한 화재현장이다. 발화부인 서류더미 위에서 식별된 V형 화재 패턴(V-shaped Fire Pattern)에 대하여 다음 물음에 답하시오. (10점)

① 일반적인 V패턴의 생성비율에 대하여 쓰시오.

② V패턴의 생성이유에 대하여 설명하시오.

③ V패턴의 진행 방향성에 대하여 약술하시오.

① 상측에 20, 좌우 1, 하방 0.3의 속도비율로 연소가 확대
② 열기류가 상승하면서 차가운 공기가 유입되고 열과 혼합되어 열기둥이 측면으로 퍼지는 대류의 영향으로 생성된다.
③ 화재의 열에너지는 일반적으로 수평면보다는 수직면 위로 집중되므로 발화지점보다는 출화부에서 열의 활동영향이 왕성해진다. 그러므로 V패턴은 수직방향으로는 분해가스가 확산되면서 빠르게 상승하고, 옆면과 밑면으로는 완만하게 진행되는 방향성이 식별된다.

08 발화부 추정 시 유의사항을 3가지를 쓰시오. (6점)

해답

① 발화원과 착화물과의 착화가능성에 무리가 없을 것
② 조사된 발화원 이외의 다른 발화원은 배제가 가능할 것
③ 발화 추정 장소의 소손상황에 모순이 없을 것

해설

발화부 추정 시 유의사항
• 발화원이 없을 시 소손 및 발견상황, 발화장소의 환경을 판단하여 발화원 존재에 타당성이 존재할 것
• 화재사례, 경험, 재현실험에 의해 발화가능성이 존재할 것

09 화재조사를 위한 출입조사 시 소방의 화재조사에 관한 법률상 조사자의 의무 중 3가지만 기술하시오. (6점)

해답

① 권한을 표시하는 증표의 제시의무
② 관계인의 정당한 업무 방해금지 의무
③ 화재조사 수행 시 취득하게 된 비밀 누설금지 의무

해설

이외에도
• 소방공무원과 경찰공무원은 화재조사에 관하여 협력
• 방화 또는 실화 혐의가 인정될 때 사실 통보 및 증거를 수집·보존과 범죄수사에 협력
• 소방기관과 관계보험회사와 협력

암기신공 의무 잘 이행 시 증정비 세워줌에 협력

10 4층 건물에 위치한 나이트클럽(철골슬래브)에서 화재가 발생하여 전체 면적 중 일부가 소실되었다. 다음 조건에서 화재피해 추정액은? (단, 잔존물제거비는 없다) (6점)

> ○ 피해정도 조사
> • 건물 신축단가 708,000원
>   내용연수 60년
>   경과연수 3년
>   피해 정도 600m² 손상 정도가 다소 심하여 상당 부분 교체 내지 수리요함
>   (손해율 60%)
> • 시설 신축단가 700,000원
>   내용연수 6년
>   경과연수 3년
>   피해 정도 300m² 손상 정도가 다소 심하여 상당 부분 교체 내지 수리요함
>   (손해율 60%)

해답

313,984,800원

① 건물 피해액 = 708,000원 × 600m² × $[1-(0.8×\frac{3}{60})]$ × 60% = 244,684,800원

② 시설물 피해액 = 700,000원 × 300m² × $[1-(0.9×\frac{3}{6})]$ × 60% = 69,300,000원

③ 화재추정 피해액 = 244,684,800원 + 69,300,000원 = 313,984,800원

해설

건축물 등의 총 피해액 = 건물(부착물, 부속물 포함) 피해액 + 부대설비 피해액 + 구축물 피해액 + 영업시설 피해액 + 잔존물제거 또는 폐기물 처리비에서 구축물, 영업시설, 잔존물제거비는 없으므로

① 건축물 화재 피해액 = 신축단가 × 소실면적 (m²) × $[1-(0.8×\frac{경과연수}{내용연수})]$ × 손해율

산정공식에 조건을 대입하면 = 708,000원 × 600m² × $[1-(0.8×3/60)]$ × 60% = 244,684,800원

② 시설 피해액 = 단위당(면적, 개소등) 표준단가 × 소실면적 × $[1-(0.9×\frac{경과연수}{내용연수})]$ × 손해율의 산정

공식에 조건을 대입하면

= 700,000원 × 300m² × $[1-(0.9×\frac{3}{6})]$ × 60% = 69,300,000원

③ 따라서 화재피해 추정액 = 건축물 화재 피해액 + 시설 피해액 = 313,984,800원

= 244,684,800원 + 69,300,000원 = 313,984,800원

11 폭발방지조치 중 3가지만 기술하시오. (3점)

해답

① 가연물질의 불연화 또는 제거
② 조연성 가스 혼입 방지
③ 불활성 기체봉입

해설

그 외에 발화원 제거 등

12 플라스틱 화재와 관련된 온도에 대한 설명이다. 다음 물음에 답하시오. (6점)

> ① 플라스틱이 유동성을 갖기 시작한 온도
>
> ② 물질의 외형이 바뀔 수 있는 최저 온도
>
> ③ 고체인 물질이 액체로 되는 온도

해답

① 프로세싱 온도, ② 서비스 온도, ③ 녹는 온도

13 공기 중에서 자연발화하거나 물과 접촉하면 발열, 발화하는 가연물을 쓰시오. (5점)

해답

자연발화성 또는 금수성 물질

해설

자연발화성 또는 금수성 물질
• 공기 또는 물기와 접촉하면 발열, 발화
• 황린(자연발화온도 : 30℃)을 제외한 모든 물질이 물에 대해 위험한 반응
• 소화방법은 건조사, 팽창진주암 및 질석, 금속화재소화분말로 질식소화

14 국가화재 분류체계 매뉴얼에 따른 전기화재의 발생원인을 5가지만 쓰시오. (5점)

해답

① 반단선, ② 과부하, ③ 층간단락, ④ 트레킹, ⑤ 접촉불량에 의한 단락

전기화재의 원인

• 누전/지락	• 접촉불량에 의한 단락
• 절연열화에 의한 단락	• 과부하/과전류
• 압착/손상에 의한 단락	• 충간단락
• 트래킹에 의한 단락	• 반단선
• 미확인단락	• 기 타

과압층으로 인하여 반절(접)은 기절했다고 하자 누가 미투(트)요라고 했다.

---

15 화재현장에서 가끔 불에 탄 소사체가 발견되는데, 그 특징을 3가지만 쓰시오. (6점)

① 전신에 1~3도 화상 흔적이 식별
② 비근부(코)에 옆으로 난 짧은 주름 생김
③ 권투선수 자세

이외에도
• 호흡기관 내 그을음 흡착 확인
• 가슴과 배가 화염 접촉 시 내장이 노출 등

---

16 소화활동이나 피난을 하기 위하여 화재실의 문을 개방할 때 신선한 공기가 유입되어 실내에 축적되었던 가연성 가스가 단시간에 폭발적으로 연소함으로써 화염이 폭풍을 동반하여 실외로 분출되는 현상을 무엇이라 불리는가? (3점)

백드래프트(Back Draft)

---

17 일반적으로 공기 중 또는 산소 중에서 물질이 격렬한 산화반응에 의해 열과 빛을 발생하는 현상으로 가연물, 열원, 공기가 필요한 것은? (3점)

연소

18 유리파손 시 동심원 파단면 및 방사형 파단면에는 물결 같은 일련의 곡선이 연속해서 만들어지는 것을 무엇이라 하는가? (3점)

해답

리플마크

해설

① 리플마크(Ripple Mark) : 유리의 동심원 파단면 및 방사형 파단면에는 물결 같은 일련의 곡선이 연속해서 만들어지는 것을 말하며, 패각상 파손흔이라고도 한다.

② Waller Line : 리플마크 일련의 곡선이 연속해서 만들어지는데, 그림의 점선부분에 해당한다.

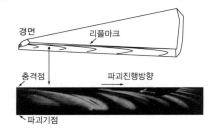

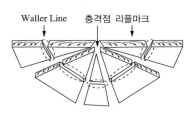

19 다음 그림의 A, B, C, D에서 나타나는 연소패턴을 쓰시오. (7점)

해답

A : V패턴, B : U패턴, C : 원형패턴, D : 끝이 잘린 원추형패턴

03 | 출제예상문제

01 방화화재의 증거 3가지를 답하시오.   (6점)

> **해답**

① 비독립적인 발화부가 2 이상 식별
② 인위적인 발화장치, 트레일러 등의 잔해물이 발견됨
③ 촉진제를 사용하여 역V패턴의 연소흔을 보임

> **해설**

이외에도
- 유리창 파괴(리플마크), 인위적 흔적(외부 침입흔적) 발견
- 다른 발화원이 배제된 화재
- 예측되는 가연물의 하중이나 발화원이 부족한데 발화됨
- 특이한 가연물 하중 또는 물건이 배치되어 있을 때
- 발화직후 귀중품 또는 고가품의 반출이 있을 때
- 진화활동 방해를 위한 진입차단 장치가 설치된 경우
- 재정 압박의 표시(과다 담보 및 과다한 보험 가입)

02 화재조사서류 중 도면의 종류를 5가지만 열거하시오.   (5점)

> **해답**

① 현장 위치도
② 건물의 배치도
③ 소손건물의 각층 평면도
④ 발화실의 평면도
⑤ 발화지점의 평면도

> **해설**

이외에도
- 발화지점의 입면도
- 사진촬영 위치도

03 화재현장 발굴 요령에 대하여 5가지만 기술하시오. (5점)

> **해답**
>
> ① 예상 발화지점을 결정하고 그에 필요한 범위를 설정한다.
> ② 낙하물과 같은 위험을 제거하고 바닥에 남은 소화수를 퍼낸다.
> ③ 맨 위의 낙하물부터 차례로 걷어내면서 연소상황과 일치하는지 확인하면서 사진을 촬영한다.
> ④ 발굴 중 정밀감식·감정이 필요한 물건, 복원해야 할 물건은 잘 보관한다.
> ⑤ 낙하물이 제거된 바닥면은 빗자루로 쓸고 깨끗한 물로 씻어낸 후 물기를 제거하고 연소상황을 관찰한다.

> **해설**
>
> 이외에도
> • 화재 초기에 낙하된 물건은 가능한 이동하지 않고 현장보존하도록 한다.
> • 발화지점에 가까이 갈수록 대형공구보다는 섬세한 공구나 수작업으로 발굴한다.
> • 발화원인으로 추정되는 증거물이 발견되면 손상되지 않도록 채집한다.

04 다음 그림과 같이 완전구획된 실에 화재가 발생하였다. 가연물은 실내바닥 별표 부분에만 있고 복사열은 무시한다. 시계는 4시를 가리키고 있다. 다음 물음에 답하시오. (10점)

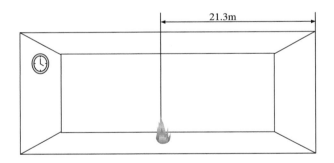

> ① 화재가 발생하였을 경우 좌측 벽에 걸려 있는 시계에서 가장 먼저 피해를 입는 곳은 어느 위치인가?
> ② 그 이유를 설명하시오.
> ③ 화재직후 발화지점 직상부 천장에서 멀어질 때의 온도변화 그래프를 도식하시오.

> **해답**
>
> ① 12시
> ② 문제의 조건에서 복사열은 무시되므로 대류에 의한 현상을 고려하여 실의 중앙바닥에서 연소가 지속되면서
>   발생한 열기둥(Plume)은 부력(밀도차에 의해 유체가 상승하는 힘)에 의해 천장으로 전파되고 시간의 경과에
>   따라 천장면을 타고 사방으로 이동하게 되고 벽체 부분에서 열기류는 점차 아래로 하강하게 되므로 시계의
>   상단, 즉 12시방향이 가장 먼저 소실피해를 입게 된다.

③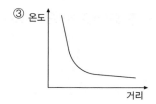

온도

거리

05 전기화재의 통전 입증 방법에 대하여 설명하시오. (5점)

[해답]

전기 인입선에서 배전반까지 통전 확인 → 배전반 또는 분전반에서 전원스위치의 ON 상태 확인 → 플러그가 콘센트에 접속되어 있고 중간스위치나 전원스위치가 켜져 있는지 확인

[해설]

전기기기의 감정은 우선 당해 기기의 통전을 입증하는 것부터 시작한다. 감정할 전기기기를 발화원으로 판정하기 위해서는 대부분의 경우 그 기기가 출화 당시 사용상태, 또는 통전되어 있었던 것을 증명해야 한다. 통전상태이기 위해서는 인입선 및 배전반에서부터 최종 부하측 플러그가 콘센트에 접속되어 있고 중간스위치나 전원스위치가 ON되어 있어야 한다.

06 가재도구의 간이평가 방식 화재피해 산정기준(공식)이다. 빈칸을 완성하시오. (5점)

가재도구 피해액
= (주택종류별·상태별 기준액 × 가중치) + (주택면적별 기준액 × 가중치)
  + [(   ) × 가중치] + (주택가격(m^2당)별 기준액 × 가중치)

[해답]

거주인원별 기준액

[해설]

가재도구 피해액 = (주택종류별·상태별 기준액 × 가중치) + (주택면적별 기준액 × 가중치) + (거주 인원별 기준액 × 가중치) + (주택가격(m^2당)별 기준액 × 가중치)

07 화재조사를 위하여 필요하다고 인정될 때 화재현장과 그 인근에 통제구역을 설정할 수 있다. 설정 권자와 설정범위를 쓰시오. (6점)

> ① 설정권자 :
> ② 설정범위 :

해답

① 설정권자 : 소방관서장 또는 소방청장, 소방본부장 또는 소방서장
② 설정범위 : 화재조사를 위하여 필요한 범위로 한다.

해설

화재현장 보존 등(소방의 화재조사에 관한 법률 제8조)
소방관서장은 화재조사를 위하여 필요한 범위에서 화재현장 보존조치를 하거나 화재현장과 그 인근 지역을 통제구역으로 설정할 수 있다. 다만, 방화(放火) 또는 실화(失火)의 혐의로 수사의 대상이 된 경우에는 관할 경찰서장 또는 해양경찰서장이 통제구역을 설정한다.

08 허용전류 및 정격전압, 전류, 시간 등의 값을 초과 사용하여 발화한 전기화재원인을 쓰시오. (3점)

해답

과부하

09 실화책임에 관한 법률에서 실화가 중대한 과실로 인한 것이 아닌 경우 그로 인한 손해의 배상 의무자가 법원에 손해배상액의 경감을 청구할 수 있는 경우를 3가지 쓰시오. (6점)

해답

① 화재의 원인과 규모
② 피해의 대상과 정도
③ 연소 및 피해 확대의 원인

해설

- 실화책임에 관한 법률 : 실화(失火)의 특수성을 고려하여 실화자에게 중대한 과실이 없는 경우 그 손해배 상액의 경감(輕減)에 관한 민법 제765조의 특례를 정함을 목적으로 한다.
- 손해배상의 경감사유(실화책임에 관한 법률 제3조 제2항)는 해답 이외에 피해 확대를 방지하기 위한 실화자의 노력, 배상의무자 및 피해자의 경제상태와 그 밖에 손해배상액을 결정할 때 고려할 사정이다.

10 전기불꽃에너지를 구하는 식은? (단, 기호의 의미도 쓰시오) (3점)

> **해답**
>
> $$E = \frac{1}{2}CV^2 = \frac{1}{2}QV$$
>
> E : 전기불꽃에너지 C : 전기용량
>
> Q : 전기량 V : 전압

11 다음은 화재패턴에 대한 설명이다. 설명에 알맞은 화재패턴을 쓰시오. (3점)

> • 장애물에 의해 가연물까지 열이동이 차단될 때 발생하는 형태
> • 보호구역(Protected Areas)이 형성

해답

열그림자 패턴(Heat Shadowing Patterns)

해설

열그림자 패턴(Heat Shadowing Patterns)
• 장애물에 의해 가연물까지 열 이동이 차단될 때 발생하는 그림자 형태
• 보호구역이 형성되어 물건의 크기, 위치 또는 이동을 알 수 있어 화재현장 복원에 도움이 됨

12 공업 및 산업용으로 가장 많이 사용되는 3대 방향족 탄화수소를 쓰시오. (5점)

해답

① 벤젠(Benzene), ② 크실렌(Xylene), ③ 톨루엔(Toluene)

해설

구조식

① 벤젠(Benzene)

② 크실렌(Xylene)

③ 톨루엔(Toluene)

13 LPG의 기본특성을 5가지만 답하시오. (5점)

해답

① 기화 및 액화가 쉽다.
② 공기보다 무겁고 물보다 가볍다.
③ 무색·무취이다.
④ 폭발성이 있다.
⑤ 연소 시 다량의 공기가 필요하다.

해설

LPG와 LNG의 비교

구 분	LPG	LNG

기본
성질
	• 기화 및 액화가 쉽다.
	• 공기보다 무겁고 물보다 가볍다.
	• 액화하면 부피가 작아진다.
	• 연소 시 다량의 공기가 필요하다.
	• 발열량 및 청정성이 우수하다.
	• LPG는 고무, 페인트, 레이프 등의 유지류, 천연
	  고무를 녹이는 용해성이 있다.
	• 무색·무취이다.
	• 공업용 및 연구용을 제외한 일반 가정용연료와
	  자동차용의 가스에는 부취제인 메르캅탄을 첨가하고
	  있다.
		• 비점은 약 −162℃이며, 비점 이하의 저온에서는
		  단열용기에 저장할 수 있다.
		• 무색의 투명한 액체이고 기화한 가스는 무색·무취
		  이다.
		• 비중은 약 0.625이고 약 −113℃ 이하에서 건조된
		  공기보다 무거우나 그 이상의 온도에서는 가볍다.
		• 가스가 누출되었을 때 냄새가 나도록 부취제를 첨가
		  한다.

14 다음은 가스크로마토그래피에 관한 사항이다. 다음 물음에 답하시오. (8점)

① 가스크로마토그래피의 시스템 구성요소 5가지를 쓰시오.

② 운반기체의 종류 3가지를 쓰시오.

해답

① 운반기체, 시료주입장치, 분리관, 검출기, 전위계와 기록계
② 수소, 헬륨, 질소, 아르곤 등

15 고체연소형태 4가지를 답하시오. (단, 대표적인 물질 1가지도 포함할 것) (6점)

해답

① 표면연소 : 목탄   ② 분해연소 : 종이
③ 증발연소 : 황   ④ 자기연소 : 니트로셀룰로오스

① 표면연소 : 목탄, 코크스
② 분해연소 : 종이, 목재
③ 증발연소 : 황, 나프탈렌
④ 자기연소 : 니트로셀룰로오스, 트리니트로톨루엔

16 물 1g, 20℃가 뺏을 수 있는(증발할 때) 열량을 계산하시오. (3점)

해답

619cal/g

해설

$1g \times (100℃ - 20℃) \times 1cal/g \cdot k(비열) + 1g \times 539cal/g(잠열)$

17 태양의 복사선에 의한 화재 3가지 사례를 답하시오. (6점)

해답

① 비닐하우스에 물이 고여 볼록하게 처진 부분
② 곡면을 갖는 PET병 또는 유리병
③ 스테인리스 재질의 움푹한 냉면그릇이나 냄비뚜껑

해설

태양의 복사선에 의한 화재는 히터의 방열판, 스프레이 캔의 움푹한 바닥에 의해서도 발생한다.

  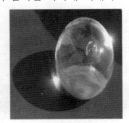

18 냉온수기의 온도탱크에 부착되는 것으로 페놀수지로 몰딩이 된 자동온도조절장치(Thermostat)에서 발화하는 전기적 원인을 답하시오. (5점)

[해답]

건식트래킹

[해설]

습기나 도전성 먼지 등의 축적이 없는 상태에서 접점에서 발생하는 아크에 의해서 인접한 절연체가 탄화되거나 접점의 개·폐 시에 발생하는 미세 스파크에 의한 금속증기, 탄화물 등의 부착으로 인해 절연체 표면에 방전이 시작되어 탄화 도전로가 형성되는 것

19 충격에 의해 파괴된 유리에 나타나는 리플마크는 일련의 곡선이 연속해서 만들어지는데, 이 무늬를 무엇이라 하는가? (5점)

[해답]

Waller Line

[해설]

Waller Line : 리플마크는 일련의 곡선이 연속해서 만들어지는데, 이 무늬는 그림의 점선부분에 해당한다.

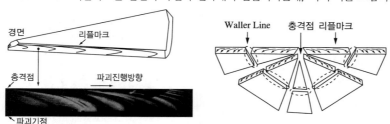

01 산화열 축적으로 발화하는 물질 3가지만 답하시오. (6점)

[해답]

불포화 유지(건성유, 반건성유)가 포함된 천, 휴지, 탈지면찌꺼기

[해설]

불포화 유지(동식물 유지류)

• 유지의 주성분은 글리세린과 지방산에스테르로 지방산은 포화지방산과 불포화지방산이고, 대부분의 유지는 이들의 혼합물이다.
• 불포화지방산기의 이중결합을 갖는 정도를 나타내는 것에 따라 요오드가(산소를 흡수하고 산화 건조되면 건조성을 나타내는 것)가 큰 유지일수록 산화되기 쉽고 위험성이 크다.

02 화재현장조사서의 현장관찰 항목작성 시 통상적인 사진촬영 포인트를 5가지 기술하시오.
(5점)

[해답]

① 소손현장의 전체 전경
② 소손건물의 전경
③ 소손건물 내부
④ 발굴전의 발화지점 부근
⑤ 복원 후 상황

[해설]

이외에도
• 발굴범위 화원
• 연소경로
• 화재에 의한 사망자
• 기타 화재원인에 필요한 사항

03 동으로 된(銅製) 도체가 스파크 등 고온을 받았을 때 동의 일부가 산화되어 아산화동이 되며, 아산화동이 되면 아산화동은 반도체 성질을 갖고 있어 정류작용을 함과 동시에 고체저항이 증가하여 그 부분이 이상발열하면서 서서히 확대되어 화재의 원인이 되는 현상은? (5점)

해답

아산화동의 증식발열현상

해설

아산화동의 증식발열현상

동(銅)으로 된 도체가 스파크 등 고온을 받았을 때 동의 일부가 산화되어 아산화동(Cu_2O)이 되며, 그 부분이 이상발열하면서 서서히 발화한다.

04 다음 물질들의 각 조건에 따른 온도를 쓰시오. (8점)

유 리		콘크리트	목 재
조개껍질모양 박리가 많고 깊음	깨진 모서리 면이 용융하여 둥글게 됨	검은 그을음	탄화완료

해답

유 리		콘크리트	목 재
조개껍질모양 박리가 많고 깊음	깨진 모서리 면이 용융하여 둥글게 됨	검은 그을음	탄화완료
250℃ 이상	1,000℃	650℃	300~350℃

해설

유 리

유리의 상태		대략적인 온도(℃)
조개껍질모양 박리	박리가 적고 얇음	150 전후
	박리가 많고 깊음	250 이상
금이 감	직경 1cm 이상의 금이 감	400
	직경 1cm 미만의 금이 감	600
용 융	자중으로 변형되며, 일부가 융착됨	800
	깨진 모서리 면이 용융하여 둥글게 됨	1,000
	용융하여 덩어리 모양이 됨	1,600

콘크리트

가열온도(℃)	금이 간 곳의 개수(개/10mm)	금이 간 폭(mm)	외관
450	25 ~ 27	0.03	회색 그을음
650	16 ~ 19	0.05	검은 그을음
850	10 ~ 12	0.10	그을음 없음

목재류

온도(℃)	상태/형상
100 미만	세포의 틈새에 들어 있는 수분이 서서히 증발하여 건조함
100	수분증발이 계속됨
160	• 분해가스가 갈색이 되며, 휘발성의 에스테르가 나오기 시작함 (낡은 판자나 마디 등은 화원이 있으면 착화하는 상태) • 목재의 표면이 갈색으로 변함
220	표면이 흑갈색이 되며 껍질이나 나뭇결의 가시처럼 얇게 터져 일어나는 부분은 작은 불로 착화됨
260	• 분해가 급격하며 다량의 가스가 발생함 • 다른 화원이 있으면 확실하게 착화됨(목재의 착화온도)
300 ~ 350	탄화 완료
420 ~ 470	다른 화원이 없어도 타기 시작함(목재의 발화온도)

05 임야화재를 연소형태 및 연소위치에 따라 구분하고 간략히 기술하시오. (8점)

해답

① 수관화 : 나무의 윗부분에 불이 붙어 연속해서 수관에서 수관으로 태워나가는 화재
② 수간화 : 나무의 줄기가 연소하는 화재
③ 지표화 : 지표에 쌓여 있는 낙엽과 지피류, 지상 관목층, 건초 등이 연소하는 것으로 임야화재 중에서 가장 흔히 일어나는 화재
④ 지중화 : 낙엽층 밑의 유기질층 또는 이탄층이 연소화는 화재

암기신공 임야에서 관간증표

해설

연소상태 및 연소부위(위치)에 따른 임야화재 종류
① 수관화 : 나무의 윗부분에 불이 붙어서 연속해서 수관에서 수관으로 태워나가는 화재
② 수간화 : 나무의 줄기가 연소하는 화재
③ 지표화 : 지표에 쌓여 있는 낙엽과 지피류, 지상 관목층, 건초 등이 연소
④ 지중화 : 낙엽층 밑의 유기질층 또는 이탄(泥炭, Peat)층이 연소하는 화재

06 중질유 탱크 화재 시 발생하는 연소현상 3가지를 쓰시오. (6점)

해답

① 보일오버, ② 슬롭오버, ③ 프로스오버

해설

중질유 탱크 화재의 연소현상

구분	내용
보일오버 (Boil over)	• 저장탱크 하부에 고인물이 격심한 증발을 일으키면서 불붙은 석유를 분출시키는 현상 • 중질유에서 비 휘발분이 유면에 남아서 열류층을 형성, 특히 고온층(Hot Zone)이 형성되면 발생할 수 있음
슬롭오버 (Slop over)	• 소화를 목적으로 투입된 물이 고온의 석유에 닿자마자 격한 증발을 하면서 불붙은 석유와 함께 분출되는 현상 • 중질유에서 잘 발생하고, 고온층이 형성되면 발생할 수 있음
프로스오버 (Froth over)	• 비점이 높아 액체 상태에서도 100℃가 넘는 고온으로 존재할 수 있는 석유류와 접촉한 물이 격한 증발을 일으키면서 석유류와 함께 거품 상태로 넘쳐나는 현상 • 화염과 관계없이 발생한다는 점에서 보일오버나 슬롭오버와는 다름

07 화재증거물 수집 원칙을 3가지만 쓰시오. (6점)

해답

① 원본 영치를 원칙
② 화재물증의 증거능력 유지 · 보존 원칙
③ 전용 증거물 수집장비(도구 및 용기) 이용 원칙

08 화재피해액 산정 시 건물 및 구축물의 손해율 적용과 관련하여 다음 표를 완성하시오. (5점)

화재로 인한 피해 정도	손해율(%)
주요 구조체의 재사용이 불가능한 경우	①
주요 구조체는 재사용 가능하나 기타 부분의 재사용이 불가능한 경우	②
천장, 벽, 바닥 등 내부마감재 등이 소실된 경우	③
지붕, 외벽 등 외부마감재 등이 소실된 경우	④
화재로 인한 수손 시 또는 그을음만 입은 경우	⑤

해답

① 90, ② 60, ③ 40, ④ 20, ⑤ 10

부대설비, 영업시설, 공구 및 기구, 집기비품, 기계장치 등 손해율 산정기준은 동일한 문제유형으로 출제 가능

09 반단선 발생원인을 2가지만 기술하시오. (5점)

① 전선의 눌림, 반복적인 꺾임 또는 장력 발생
② 시공불량 및 부주의에 의한 전선 소손의 부분손상

10 절연열화의 원인을 3가지만 쓰시오. (5점)

① 절연체에 먼지 또는 습기의 영향
② 사용부주의, 취급불량으로 절연피복의 손상 및 절연재료의 파손
③ 이상전압에 의한 절연파괴

이외에도
• 허용전류를 넘는 과전류에 의한 열적열화
• 결로에 의한 지락·단락사고 유발 절연열화 등

11 탄화심도 측정에 대한 다음 물음에 답하시오. (6점)

① 압력을 어떻게 가해야 하는가?

② 탐침 삽입 방향은?

③ 측정 부위는 어디인가?

① 동일포인트를 동일한 압력
② 기둥 중심선을 직각 또는 평판계침으로 측정할 때는 수직재에 평판면을 수평, 수평재는 평판면을 수직
③ 탄화균열 부분의 철(凸)각

- 동일 포인트를 동일한 압력으로 여러 번 측정하여 평균치를 구함
- 계침은 기둥 중심선을 직각으로 찔러 측정
- 평판계침으로 측정할 때는 수직재에 평판면을 수평, 수평재는 평판면을 수직으로 찔러 측정
- 계침을 삽입할 때는 탄화 균열 부분의 철(凸)각을 택함
- 중심부까지 탄화된 것은 원형이 남아 있더라도 완전연소된 것으로 간주 등

12 눈의 망막, 홍채는 카메라의 무엇과 같은가? (6점)

① 망막 : 필름
② 홍채 : 조리개

사람의 눈과 카메라의 기능 비교

기 능	눈	카메라
빛의 굴절/초점조절	수정체	렌 즈
빛의 양 조절	홍 채	조리개
상이 맺힘	망 막	필름(이미지센서)
암실 기능	맥락막	어둠상자
빛의 차단	눈꺼풀	셔 터

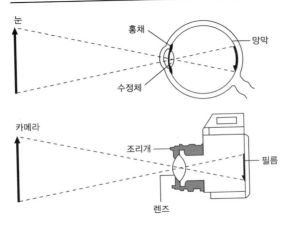

13 연소잔해가 상부(층)에서 하부(층)로 떨어져 그 지점에서 위로 타 올라간 화재형태로 발화지점과 혼돈하기 쉬운 화재형태를 쓰시오. (3점)

> **해답**

폴다운패턴(Fall Down Patterns)

14 LPG차량에서 기화기의 기능을 3가지만 쓰시오. (3점)

> **해답**

① 감압기능, ② 증발기능, ③ 조합기능

15 열경화성 플라스틱의 종류를 3가지만 쓰시오. (6점)

> **해답**

① 페놀수지, ② 에폭시수지, ③ 실리콘수지

16 외부의 특이한 영향이 없을 경우 V패턴의 방향에 따른 연소속도 비율은? (3점)

> **해답**

상측 20, 좌우 1, 하방 0.3

> **해설**

각 방향의 연소속도 비율

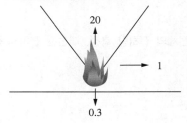

17 모래시계 패턴(Hourglass Pattern)이 형성되는 이유를 설명하시오. (5점)

> **해답**

화재 위에 생성된 고온 가스 플룸은 V형태와 같은 형상의 고온 가스 구역과 그 밑바닥에 존재하는 화염 구역으로 형성된다.

> **해설**

모래시계(허리가 잘록한) 패턴(Hourglass Pattern) : NFPA 921 1.17.3
- 화재 위에 생성된 고온 가스 플룸은 V형태와 같은 형상의 고온 가스 구역과 그 밑바닥에 존재하는 화염 구역으로 구성된다.
- 화염구역은 역V모양으로 형성된다. 고온 가스 구역이 수직평면에 의해 잘려졌을 때, 대표적인 V형태가 형성된다. 만약 화재 그 자체가 수직면에 매우 가깝거나 접해 있다면 결과적으로 생긴 형태는 역V 위에 커다란 V처럼 고온 가스 구역과 화염구역 양쪽의 영향을 같이 보여준다. 역V는 일반적으로 더 작고 강렬한 연소나 완전연소를 보여준다. 그런 결과를 내는 일반적인 형태를 "모래시계"라 한다.

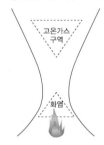  

18 제조물책임법에 의한 결함의 종류 3가지를 쓰시오. (6점)

> **해답**

① 제조상의 결함, ② 설계상의 결함, ③ 표시상의 결함

19 정전기 유도 현상을 이용하여 물체의 대전 유무, 대전체의 전하량 측정, 대전된 전하의 종류를 알아보는 화재조사 장비는 무엇인가? (3점)

> **해답**

검전기

05 | 출제예상문제

01 다음 사진에서 가연성 액체의 연소패턴 종류와 정의를 설명하시오. (5점)

> 해답

도넛패턴

> 해설

도넛패턴(Doughnut patterns)
가연성 액체가 고여 있을 경우 발생되며, 얕은 곳에서는 화염이 바닥이나 바닥재를 연소시키는 반면 비교적 깊은 중심부는 가연성 액체가 증발하면서 기화열에 의해 냉각시키는 현상으로 실제 가연성 액체를 뿌린 방화현장에서 가장자리가 더 많이 연소되면서 경계부분을 형성하는 연소패턴이다.

02 발화지역을 판정함에 있어서 관계자로부터 정보수집하여야 할 내용을 설명하시오. (6점)

> 해답

① 관계자 인적사항(주소, 성명, 주민번호, 직업 등)
② 화재발생 대상물의 일반현황(건축물대장, 층별 현황, CCTV, 소방계획서 등)
③ 발화당시 행적(소화활동, 대피유도, 물품반출 등)

> 해설

이외에도 연소상황, 재산피해내역, 물건의 배치상태 등을 수집한다.

03 전기적인 특이점 및 기타 특이사항의 식별 및 해석을 통한 발화지역 판정에 있어서 가장 먼저 확인 해야 할 것은? (3점)

> 해답

통전상태의 입증

04 점화플러그의 불량으로 유효한 불꽃을 발생시키지 못함으로써 실린더에서 연소되지 않은 가스가 발생하여 고온의 촉매장치에 모여 연소하는 현상은? (5점)

> 해답

미스파이어

> 해설

미스파이어 감식 착안사항
- 차내 카펫이나 촉매장치 주위의 언더코드가 손상됐는지 조사
- 촉매과열 경고램프 표시등 점등여부 확인
- 촉매장치 변색(엷은 갈색, 암청색 변색여부)
- 점화플러그 감식 시 엔진오일과 그을음 부착여부
- 차열판을 분리하여 하체 도장면 소손이나 O링, 배기온도센서 배선 피복상태 등 확인

05 전기화재 원인 중 전로 중의 양극 2점이 부하점에 직접 전기적으로 연결되어 저항이 제로에 가까워져 줄열이 발생하는 현상은? (5점)

> 해답

단락

> 해설

전기화재 주요원인
- 과부하 : 사용부하의 총합이 전선의 허용전류 또는 전압을 넘는 경우 또는 허용전류 이하라도 실질적으로 과부하 상태인 경우
- 단락(합선) : 전로(회로) 중의 양극 2점이 부하점에 직접 전기적으로 연결되어 저항이 제로에 가까워져 줄열이 발생하는 현상(저항 = 0) → 줄열로 인한 열 발생
- 반단선 : 전선이나 코드가 완전히 단선된 후에 단면의 일부가 접촉하거나 완전히 단선되지 않은 채 끊어져 있는 상태로 소선이 붙고 떨어질 때마다 불꽃을 발하며, 단선으로 단면적이 적어지므로 저항이 증가하여 발열이 일어남
- 지락 : 배선의 플러스선이 직접 대지와 단락상태가 된 경우 또는 건물 및 부대설비 공작물을 개입하여 대지와 단락상태가 되어 개체물을 소손한 화재로, 보통 전압이 고압임
- 트래킹 : 전압이 가해진 이극 도체 간의 고체 절연물 표면에 전해물질을 함유하거나 수분을 함유한 먼지 등 전해질 미소물질이 부착되면 표면에 소규모 방전이 발생하고, 이것이 반복되면 절연물의 표면에 점차로 도전성의 통로가 형성되는 현상

06 임야화재 조사결과 다음 그림과 같은 화재패턴이 감식되었다. 화재방향을 도식하고 그 이유를 설명하시오.

(8점)

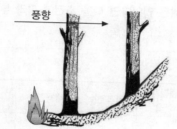

해답

① 화재방향

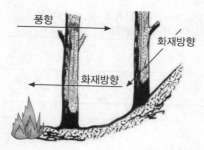

② 나무 뒤쪽의 하향면이 불탄 흔적이 높게 나타난 것으로 보아 나무 뒤쪽에서 일어나는 소용돌이 효과에 의해 불이 하향사면으로 번졌다고 볼 수 있음

07 화재피해액 산정 시 부대설비 중 전기(약전)설비를 제외한 기타 부대설비 손해율 적용 관련 다음 표를 완성하시오.

(5점)

화재로 인한 피해 정도	손해율(%)
주요 구조체의 (①)하게 된 경우	100
손해의 정도가 (②) 경우	60
손해 정도가 (③) 경우	40
손해 정도가 (④)인 경우	20
손해 정도가 (⑤)한 경우	10

해답

① 재사용이 거의 불가능　　　　② 상당히 심한
③ 다소 심한　　　　　　　　　④ 보통
⑤ 경미

08 아파트(철근콘크리트조 슬래브지붕 3급 14층, 중앙난방식) ○○층 ○○○호에서 불이나 99m²(20평) 내부마감재 전체가 소실되고, TV 및 장롱 등 가재도구 일체와 전기(약전)설비와 위생설비 및 난방설비가 피해를 입었다면 다음 조건에 따라 부대설비 피해액 산정기준을 쓰고 다음 산정서를 완성하시오. (12점)

[건물조건]

용도 및 구조	표준단가 (m²당)	경과연수	내용연수	피해 정도		
철근콘크리트조 슬래브지붕 (고급형)(3)	704	10	75	– 아파트 99m² 내부마감재 등 소실 – 전기(약전)설비, 위생설비, 난방설비 – 가재도구 일체		

구 분	설비 종류	소실면적 또는 소실단위	단가 (단위당, 천원)	재설비비	경과 연수	내용 연수	잔가율 (%)	손해율 (%)	피해액 (천원)
부대 설비	①	②	③	④	⑤	⑥	⑦	⑧	⑨
산출 근거	⑩								

해답

① 전기(약전)설비와 위생설비 및 난방설비

② 99   ③ 704

④ 6,970   ⑤ 10

⑥ 75   ⑦ 89.33

⑧ 100   ⑨ 6,226

⑩ 피해액 $= 704 \times 99 \times 10\% \times [1-(0.8 \times \frac{10}{75})] \times 100\% = 6,226$천원 또는

           $= 704 \times 99 \times 10\% \times 89.33\% \times 100\% = 6,226$천원

해설

부대설비 피해 산정 중 간이평가 방식에 의한 경우 설비종류가 전기설비와 위생설비일 때

피해액 = 소실면적의 재설비비 × 잔가율 × 손해율

      = 건물신축단가 × 소실면적 $\times 10\% \times [1-(0.8 \times \frac{경과연수}{내용연수})]$ × 손해율이므로

재설비비 $= 99 \times 704$천원 $\times 10\% = 6,970$천원

피해액 $= 6,970$천원 $\times 89.33\% \times 100\% = 6,226$천원

전기설비(화재탐지설비 등)에 있어서는 사소한 수침, 그을음손을 입은 경우라 하더라도 회로에 이상이 있거나 단선 또는 단락의 경우 전부 손해로 간주하여 100% 손해율로 함

구 분	설비종류	소실면적 또는 소실단위	단가 (단위당, 천원)	재설비비	경과 연수	내용 연수	잔가율 (%)	손해율 (%)	피해액 (천원)
부대 설비	전기(약전) 설비와 위생설비, 난방설비	99	704	6,970	10	75	89.33	100	6,226
산출 근거	$\text{피해액} = 704 \times 99 \times \dfrac{10}{100} \times [1 - (0.8 \times \dfrac{10}{75})] \times 100\% = 6{,}226$ 천원								

09 소화활동설비 6가지를 쓰시오. (6점)

해답

① 제연설비   ② 연결송수관설비
③ 연결살수설비   ④ 비상콘센트설비
⑤ 무선통신보조설비   ⑥ 연소방지설비

해설

소화활동설비
화재를 진압하거나 인명구조활동을 위하여 사용하는 설비로서 다음의 것
① 제연설비   ② 연결송수관설비
③ 연결살수설비   ④ 비상콘센트설비
⑤ 무선통신보조설비   ⑥ 연소방지설비

10 화재조사 시 연소상황 파악을 위한 사진촬영방법을 3가지만 기술하시오. (6점)

해답

① **높**은 곳에서 촬영, ② 건물을 **4**방향에서 촬영 ,③ **외**부에서 내부로 촬영

해설

연소상황 파악을 위한 사진촬영 요령
• 높은 곳에서 화재현장 전체를 촬영
• 건물을 4방향에서 촬영
• 연소확산 경로를 묘사하기 위해 외부에서 내부로 촬영
• 한 장의 사진으로 표현이 어려울 경우 현장을 중첩하여 파노라마식으로 촬영
• 의심나거나 중요한 증거물에 대하여는 여러 방향에서 촬영
• 화재패턴이 나타날 수 있도록 촬영

암기신공 高 4 여러 외 파로 촬영

11 사건들을 각 순서에 맞게 배열하고, 시간의 흐름에 맞게 배열하는 작업을 말하며 대부분 증거의 시간적 역할을 통해 구분되고 이루어진다. 어떠한 사건들이 일어난 시점이 확인되었을 경우 '절대적 시간'과 A 이후에 B까지의 시간은 약 10분 정도 걸린다.의 '상대적 시간'이 있다. 무엇을 설명한 것인가? (3점)

> **해답**

타임라인

12 다음 그림으로 인하여 발생할 수 있는 화재는 무엇인가? (4점)

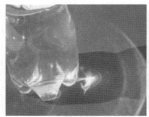  

> **해답**

태양의 복사선에 의한 화재 또는 수렴화재

> **해설**

① 곡면을 갖는 PET병에 태양의 복사선에 의한 테이블의 착화 발화
② 비닐하우스에 물이 고여 볼록하게 처진 부분의 돋보기 효과에 의한 내부 건초 착화
③ 유리구슬의 복사선 화재
   ※ 수렴 : 어떤 면을 단위시간에 통과하는 빛이나 그 밖의 유체, 전류 등이 한 점에 모이는 일

13 강화유리의 생성과정에서 포함된 불순물에 의해 외부 충격이나 열이 없는 상태에서 스스로 파괴되는 현상은? (5점)

> **해답**

자파현상(自破現想)

> **해설**

자파현상
• 불순물(황화니켈)에 의한 파괴가 가장 많은 경우이며, 그 외 유리 내부가 불균등하게 강화되거나, 판유리를 자르는 과정에서 미세한 흠집이 생긴 경우에도 자연파괴가 일어날 수 있으며, 시공할 때 강화유리 설치가 불안정할 때 저절로 파괴될 수도 있음
• 파괴가 시작된 중심부에 나비모양이 관찰되는 것이 특징

14 점화원을 제거하여도 연소가 지속되는 온도로, 인화점에 비하여 5~10℃ 정도 높은 온도를 무엇이라 하는가? (5점)

해답

연소점

15 화재현장에서 유리(Glass)의 파손유형을 3가지만 쓰시오. (6점)

해답

① 열적인 영향에 의한 파손
② 충격에 의한 파손
③ 폭발에 의한 파손

16 미소화종이란 작은 불씨를 말한다. 미소화종의 종류를 4가지만 쓰시오. (4점)

해답

① 담배꽁초
② 향불
③ 용접 및 절단작업에서 발생하는 스파크
④ 기계적 충격에 의한 스파크

해설

그라인더 등 절삭기에 의한 스파크도 미소화원에 속한다.

17 탄화칼슘(CaC₂) 제조공장에 홍수 시 침수로 인하여 화재가 발생을 하였다. 화학반응식을 쓰고 화재의 위험성에 대하여 약술하시오. (6점)

해답

① 화학반응식 : $CaC_2 + 2H_2O \rightarrow Ca(OH)_2 + C_2H_2 \uparrow$
② 위험성
   ㉠ 물과 반응하여 발열하고 아세틸렌 가스 발생한다.
   ㉡ 아세틸렌 가스의 반응열로 폭발할 수 있다.
   ㉢ 아세틸렌 가스가 320℃ 이상이면 발화할 수 있다.

해설

침수로 인한 탄화칼슘(CaC₂) 제조공장 화재의 화학반응식과 화재의 위험성

① 화학반응식

$$CaC_2 + 2H_2O \rightarrow Ca(OH)_2 + C_2H_2 \uparrow + 27.8kcal/mol$$

② 위험성

　㉠ 물과 반응해서 발열하고 아세틸렌 가스가 발생하고, 반응열에 의해 아세틸렌 가스가 폭발을 일으킬 수 있다.

　㉡ 탄화칼슘에 불순물로서 인을 포함하는 경우가 있고 아세틸렌이 발생하여 착화 폭발하는 수가 있다.

　㉢ 탄화칼슘이 물과 반응하는 경우 최고 644℃까지 온도가 상승될 수 있고 아세틸렌 가스가 320℃ 이상이면 발화할 수 있다.

18 액체탄화수소의 정전기 예방 방법에 대하여 4가지를 쓰시오. (6점)

해답

① 접지
② 상대습도를 70% 이상으로 함
③ 공기를 이온화시킴
④ 전도성 물질을 사용

19 다음 화재조사장비에 대한 명칭과 용도를 쓰시오. (6점)

① 명칭 :	② 용도 :

해답

① 명칭 : 전기테스터기 또는 회로테스터기
② 용도 : 전기회로, 저항, 도통 등 측정

01 화재현장에서 의도적으로 한 장소에서 다른 장소로 연소를 확대시키기 위해 뿌려진 가연물의 흔적으로 방화현장에서 흔히 볼 수 있는 연소패턴은 무엇인가? (3점)

해답

트레일러 패턴(Trailer Pattern)

해설

트레일러(Trailer)에 의한 패턴

• 고의로 불을 지르기 위하여 수평바닥 등에 길고 좁게 나타내는 연소패턴을 말한다.
• 이 패턴은 반드시 액체가연물만의 흔적이 아니고 두루마리 화장지, 신문지, 옷 등을 길게 연장한 후 인화성액체를 뿌려 한 장소에서 다른 장소로 연소의 확대 수단으로 쓰이며 방화현장에서 흔히 볼 수 있다.

02 화재현장을 발굴하고 감식한 결과 다음과 같이 열 및 화염 벡터도면이 그려졌다면 발화지점으로 추정 가능한 곳은 어디인가? (단, 벡터만 분석한다) (5점)

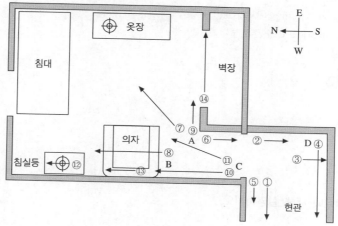

해답

⑩

03 화재조사 및 보고규정에 따른 화재조사서류 중 유형별 조사서 5가지를 기술하시오.   (5점)

> **해답**

① 건축 · 구조물 화재
② 자동차 · 철도차량 화재
③ 위험물 · 가스제조소 등 화재
④ 선박 · 항공기 화재
⑤ 임야화재

> **해설**

화재조사 및 보고규정 제9조(화재 유형)에 따른 화재는 다음과 같이 구분한다.
• **건축 · 구조물 화재** : 건축물, 구조물 또는 그 수용물이 소손된 것
• **자동차 · 철도차량 화재** : 자동차, 철도차량 및 피견인 차량 또는 그 적재물이 소손된 것
• **위험물 · 가스제조소 등 화재** : 위험물제조소 등, 가스제조 · 저장 · 취급시설 등이 소손된 것
• **선박 · 항공기 화재** : 선박, 항공기 또는 그 적재물이 소손된 것
• **임야화재** : 산림, 야산, 들판의 수목, 잡초, 경작물 등이 소손된 것
• **기타화재** : 위에 해당되지 않는 화재

> **암기신공**   위선자 임건기

04 분진폭발의 조건을 설명하시오.   (5점)

> **해답**

① **가연성**
② **미분상태**
③ **연소성** 가스(공기) 중에서의 교반과 유동 – 부유상태 유지할 것
④ **점화에너지**가 크고 순간 방출이 클 것
⑤ **밀폐**될 것

> **암기신공**   가미연 밀접

05 줄의 법칙에 대해 설명하시오.   (5점)

> **해답**

전류 1A, 전압 1V인 전기에너지가 저항 1Ω에 1초 동안 발생하는 열을 줄열이라 하며,
이때 관계식(H = $0.24RI^2T$[cal])을 줄의 법칙이라 한다.

06 누전화재의 3요소와 의미를 간단하게 쓰시오. (6점)

> **해답**

① 누전점 : 전류가 흘러 들어오는 곳(빗물받이 등)
② 출화점 : 과열개소(함석판) – 누설전류가 비교적 집중하여 흐르는 개소
③ 접지점 : 접지물로 전기가 흘러가는 지점(수도관 등)

07 자동차 화재 중 역화와 후연을 비교 서술하시오. (6점)

> **해답**

① 역화 : 점화시기에 이상이 생겼을 때 연소실의 불이 기화기로 다시 되돌아오는 것
② 후연 : 엔진이 과열되거나 연료공급 및 연소에 이상이 생겨 연소실 내의 혼합기가 제대로 연소되지 않고 배기장치 특히 촉매장치에서 2차 연소가 발생하여 촉매장치 및 머플러 등이 과열됨에 따라 주위에 있는 배선이나 언더코팅제 및 차실 내의 플로어 매트 등이 열전달에 의해 착화

> **해설**

① 역화 : 점화시기에 이상이 생겼을 때 연소실의 불이 기화기로 다시 되돌아오는 것을 말하는데, 이는 연소실 내부에서 연소되어야 할 연료 중 미연소된 연소가스가 흡기관 방향으로 역류하여 흡기관 내부에서 연소되는 현상으로, 굉음이 나고 심할 경우 에어클리너 등 중요부품을 파손시킨다. LPG엔진이나 기존 DOHC엔진에서 자주 일어나는 현상이다.
② 후연 : 엔진 및 배기장치 과열에 의한 화재는 냉각수 및 오일부족 등으로 엔진이 과열되거나 연료공급 및 연소에 이상이 생겨 연소실 내의 혼합기가 제대로 연소되지 않고 배기장치 특히 촉매장치에서 2차 연소가 발생하여 촉매장치 및 머플러 등이 과열됨에 따라 주위에 있는 배선이나 언더코팅제 및 차실 내의 플로어매트 등이 열전달에 의해 착화되는 화재라고 할 수 있다. 또한, 운전자가 운전석에서 엔진을 켜놓은 상태에서 수면을 취하던 중 무의식 중에 가속페달을 밟음으로 인해 엔진 및 배기장치가 과열되어 위와 동일한 경로로 화재가 발생하는 경우가 있으며, 그 외 주행 중 노면에 있던 종이나 각종 비닐봉투 등이 배기장치에 닿아 화재가 발생하는 경우도 있고, 엔진이 가동 중인 상태에서 주차 중 차량 후미에 있던 종이, 비닐 등 각종 인화성 물질이 배기가스 열에 의해 착화되어 화재가 발생하는 경우도 있다.

08 가스용기의 안전밸브 종류를 쓰시오. (8점)

> **해답**

① LPG 용기 : 스프링식 안전밸브
② 염소, **아**세틸렌, 산화에틸렌 용기 : **가용전**(가용합금식) 안전밸브
③ 산소, 수소, 질소, 아르곤 등의 **압**축가스 용기 : **파열판식** 안전밸브
④ **초**저온 용기 : **스프링식**과 **파열판식**의 2중 안전밸브

> **암기신공** LS, 아가, 아파, 스파

09 발화부 추정 5원칙 중 3가지만 답하시오.

(6점)

> **해답**

① 탄화심도에 의한 추정방법
② 도괴방향에 의한 추정방법
③ 수직면에서 연소의 상승성에 의한 추정방법

> **해설**

화재조사 현장 감식에서 발화부를 추정하는 방법
• 탄화심도에 의한 추정방법
• 도괴방향에 의한 추정방법
• 수직면에서 연소의 상승성에 의한 추정방법
• 목재의 표면에서 나타나는 균열흔에 의한 추정방법
• 벽면 마감재에 나타나는 박리흔에 의한 추정방법
• 불연성 집기류 가전제품 등의 변색흔에 의한 추정방법
• 화재 시 발생하는 주연흔에 의한 추정방법
• 일반화재에서 나타나는 주염흔에 의한 추정방법

> **암기신공** 박변균 주연(염) "탄도수"를 보면 발화부 추정 가능

10 소방의 화재조사에 관한 법률상 화재조사 절차를 기술하시오.

(6점)

> **해답**

① 현장출동 중 조사 : 화재발생 접수, 출동 중 화재상황 파악 등
② 화재현장 조사 : 화재의 발화(發火)원인, 연소상황 및 피해상황 조사 등
③ 정밀조사 : 감식·감정, 화재원인 판정 등
④ 화재조사 결과 보고

> **해설**

화재조사는 다음 각 호의 절차에 따라 실시한다.
① 현장출동 중 조사 : 화재발생 접수, 출동 중 화재상황 파악 등
② 화재현장 조사 : 화재의 발화(發火)원인, 연소상황 및 피해상황 조사 등
③ 정밀조사 : 감식·감정, 화재원인 판정 등
④ 화재조사 결과 보고

> **암기신공** 전구보수관허

11 다음 그림은 TV의 PCB 사진이다. 다음 물음에 답하시오.   (6점)

㉠   ㉡

> ① ㉠의 명칭은 무엇인가?
> ② ㉡의 명칭은 무엇인가?
> ③ ㉡을 보고 무엇을 추정할 수 있는가?

해답

① 플라이백 트랜스
② 전원퓨즈
③ 퓨즈 내 구리선이 단선되지 않은 점으로 보아 전기적 요인으로 발화되었을 가능성이 낮다.

해설

텔레비전 화재감식요령

TV의 출화에 이른 경과를 보면 고압회로의 누설방전이나 플라이백 트랜스의 층간단락, 기판 부분에서의 트래킹현상, 기판 부분에서의 납땜 불량에 의한 발열, 전원코드의 단락이나 플러그의 트래킹현상 등의 사례가 대부분이다.

12 프로판 70vol%, 메탄 30vol%의 조성으로 혼합된 가연성 연료가 공기 중에 존재한다고 할 때, 다음을 계산하시오. (단, 메탄의 연소범위 5~15%, 프로판 2.9~9.5%) (6점)

---

① 연소한계 구하는 공식은?

② 혼합가스의 연소하한계, 연소상한계는?

해답

① 연소하한계 $L = \dfrac{100}{\dfrac{V_1}{L_1} + \dfrac{V_2}{L_2}}$, 연소상한계 $U = \dfrac{100}{\dfrac{V_1}{U_1} + \dfrac{V_2}{U_2}}$

② 연소하한계 $L = \dfrac{100}{\dfrac{70}{2.9} + \dfrac{30}{5}} = 3.32\%$, 연소상한계 $U = \dfrac{100}{\dfrac{70}{9.5} + \dfrac{30}{15}} = 10.67\%$

해설

연소범위

혼합가스 연소한계, 즉 2개 이상의 가연성 가스의 혼합물 연소한계는 르 – 샤틀리에의 공식으로 구해진다.

① 연소하한계 $L = \dfrac{100}{\dfrac{V_1}{L_1} + \dfrac{V_2}{L_2}} = \dfrac{100}{\dfrac{프로판의\ 혼합율}{프로판의\ 하한} + \dfrac{메탄의\ 혼합율}{메탄의\ 하한}}$

$\qquad = \dfrac{100}{\dfrac{70}{2.9} + \dfrac{30}{5}} = 3.32\%$

$\quad L$: 혼합가스 연소하한계

$\quad V_1,\ V_2,\ V_n$: 혼합가스 중에서 각 가연성 가스의 부피 %($V_1 + V_2 + \cdots + V_n = 100\%$)

$\quad L_1,\ L_2,\ L_n$: 혼합가스 중에서 각 가연성 가스의 연소하한계

② 연소상한계 $U = \dfrac{100}{\dfrac{V_1}{U_1} + \dfrac{V_2}{U_2}} = \dfrac{100}{\dfrac{프로판의\ 혼합율}{프로판의\ 상한} + \dfrac{메탄의\ 혼합율}{메탄의\ 상한}}$

$\qquad = \dfrac{100}{\dfrac{70}{9.5} + \dfrac{30}{15}} = 10.67\%$

$\quad U$: 혼합가스 연소상한계

$\quad V_1,\ V_2,\ V_n$: 혼합가스 중에서 각 가연성 가스의 부피 %($V_1 + V_2 + \cdots + V_n = 100\%$)

$\quad U_1,\ U_2,\ U_n$: 혼합가스 중에서 각 가연성 가스의 연소상한계

13 화재조사 장비 중 검전기의 용도를 3가지 쓰시오. (5점)

해답

① 물체의 대전 유무
② 대전체의 전하량 측정
③ 대전된 전하의 종류 식별

14 줄열에 기인한 국부적 저항증가로 발화하는 현상을 3가지만 기술하시오. (6점)

해답

① 아산화동 증식, ② 접촉저항 증가, ③ 반단선

15 특수건물의 소유자가 특약부화재보험에 가입하지 아니한 때의 벌칙은? (3점)

해답

500만원 이하의 벌금

16 신체의 표면적을 신체부위별로 9% 단위로 나누고 외음부를 1%로 하여 계산하는 방법을 무엇이라 하는가? (3점)

해답

9의 법칙

해설

두부 9%, 전흉복부 9×2, 배부 9×2, 양팔 9×2, 대퇴부 9×2, 하퇴부 9×2, 외음부 1%를 합하면 100%이다.

17 통전입증방법을 3가지 이상 쓰시오. (부하측에서 전원측으로) (6점)

해답

① 퓨즈의 용단형태
② 커버나이프 스위치 용단형태
③ 배선용 차단기 작동상태(트립)
④ 누전차단기 작동상태

18 통전입증, 도전화, 접촉저항, 부품정수 측정, 절연재료의 그래파이트 현상을 측정하는 감식장비 2가지를 쓰시오. (4점)

> **해답**

멀티테스터기, 클램프미터

19 액체탄화수소의 정전기 대전이 용이한 조건 중 3가지만 쓰시오. (6점)

> **해답**

① 유속이 높을 때
② 필터 등을 통과할 때
③ 비전도성 부유물질이 많을 때

> **해설**

이외에도 액체탄화수소의 정전기 대전이 용이한 조건으로는 와류가 생길 때와 낙차가 클 때가 있다.

01 접속단자나 콘센트가 삽입되는 플러그 등 접속 부위에서 접촉 면적이 감소되거나 접촉압력이 저하되어 저항증가에 따른 줄열이나 아크가 발생하는 현상을 답하시오. (5점)

> **해답**
>
> 접촉불량(불완전 접촉)

> **해설**
>
> **접촉불량**
> - 접속이 불완전하여 접속부분의 저항이 국부적으로 증가되는 현상
> - 접속불량 부분의 발열량 : $0.24I^2RT$, 즉 접촉불량 개소는 전기히터와 같음
> - 아산화동 증식현상이 식별됨

02 전로와 대지와의 사이에 절연이 비정상적으로 저하해서 아크 또는 도전성 물질에 의해 교락(Bridged)되었기 때문에 전로 또는 기기의 외부에 위험한 전압이 나타나거나 전류가 흐르는 현상은? (5점)

> **해답**
>
> 지락

> **해설**
>
> 지락은 현상을 표현하는 정식 용어로서 전류가 대지로 흐르는 현상을 말하며, 누전은 지락사고에 의해 대지에 전기가 누설되고 있는 상태를 나타내는 속칭이다.

03 인위적으로 가열하지 않아도 일정한 장소에 장시간 저장하면 열이 발생하여 축적됨으로써 발화점에 도달하여 발화되는 현상은 무엇이며, 발화되는 물질을 3가지만 쓰시오. (5점)

> **해답**
>
> ① 발화현상 : 자연발화
> ② 자연발화물질 : 원면, 고무분말, 셀룰로이드

자연발화물질로 석탄, 플라스틱의 가소제, 금속분 등이 있으며, 공기 중에서 또는 물과의 접촉으로 급격히 발열·발화(장기간의 열의 축적이 아닌 것)하는 것은 준자연발화로 구분하며 모두 광의의 자연발화로 취급한다.

04 다음은 LPG 연소에 대한 설명이다. 무엇을 말하는가? (5점)

> • 버너에서 황적색의 불꽃이 되는 것은 공기량의 부족하여 불꽃이 길어진다.
> • 저온의 물체에 접촉하면 불완전연소를 촉진하여 일산화탄소나 그을림 발생의 원인이 된다.

황염현상

05 다음 출화부 추정 방법을 설명하시오. (8점)

> ① 접염비교법
> ② 탄화심도 비교법
> ③ 도괴방향법
> ④ 연소비교법

① **접**염비교법 : 상방, 하방, 수평의 연소속도를 비교한다.
② **탄**화심도 비교법 : 탄화심도는 발화부에 가까울수록 깊어진다.
③ **도**괴방향법 : 기둥, 벽, 가구류 등은 출화부를 향하여 도괴되는 경향이 있다.
④ **연**소비교법 : 발열체가 목재면에 밀착되었을 때 발열체의 이면에는 연소흔이 남는다.

연탄도 접염

06 차량화재 시 전소되거나 기타의 사유로 차량번호판, 자동차등록증을 통해 정보를 파악할 수 없을 경우 제작사, 모델, 생산연도, 기타 특징을 파악할 수 있는 것은 무엇인가? (5점)

해답

차대번호 또는 차량식별번호

해설

차대번호(VIN ; Vehicle Identification Number) 또는 차량식별번호(대쉬패널, 크로스멤버, 조수석 밑부분 등의 위치에 부착되어 있으며 차량도난방지 및 차량결함추적을 위한 일종의 꼬리표)를 이용해 차량정보를 확인한다.

예 현대자동차 소나타의 경우

K M H E F 3 1 F P Y U   123456
① ② ③ ④ ⑤ ⑥ ⑦ ⑧ ⑨ ⑩ ⑪   ⑫

각자군별	자리번호	부 호	구 분	의 미
제작 회사군	1번째	K	국적표시	K : 대한민국　　J : 일본
	2번째	M	제작회사	M : 현대　　L : 대우 N : 기아, 아시아
	3번째	H	자동차종별	H : 승용차(현대) A : 승용차(대우, 기아)
자동차 특성군	4번째	E	차종형식구분	E : EF소나타(현대)　　V : 레간자(대우) M : 카니발(기아)
	5번째	F	차체형상	4도어 세단
	6번째	3	제동장치 형식	1 : 표준　　2 : 고급사양 3 : 최고급사양
	7번째	1	안전벨트 구분	0 : 없음　　1 : 3접식벨트 2 : 패시브벨트
	8번째	F	배기량	2000cc DOHC(회사마다 다름)
	9번째	P	타각의 이상 유무	P : 내수/미국, 캐나다 제외 전지역
제작 일련번호군	10번째	Y	제작연도	J : 1988　　K : 1989 L : 1990　　M : 1991 N : 1992　　P : 1993 R : 1994　　S : 1995 T : 1996　　V : 1997 W : 1998　　X : 1999 Y : 2000　　1 : 2001 2 : 2002　　3 : 2003 4 : 2004　　5 : 2005
	11번째	U	생산공장	U : 울산공장(현대) S : 소하리공장(기아) B : 부평공장(대우)
	12번째	123456	제작일련번호	차종별 생산 일련번호 000001~999999

07 관계자에 대한 질문요령을 3가지만 기술하시오. (6점)

해답

① 자극적인 언행 삼가
② 허위진술배제
③ 일문일답 형식의 계통적 질문

해설

화재현장 도착하여 관계자에 대한 질문 시 유의사항
• 자극적인 언행 삼가
• 허위진술배제
• 일문일답 형식의 계통적 질문
• 대체관계인 질문
• 제한되고 안정된 질문장소 선택
• 신속한 질문 및 기록

암기신공 허신자가 대장일 대

08 냉장고 화재 주요 감식사항을 4가지만 답하시오. (8점)

해답

① 기동기의 트래킹으로 인한 발화
② 콘덴서의 절연파괴
③ 전원코드와 배선커넥터의 접속부 과열
④ 컴프레서 코일의 층간단락

해설

냉장고 화재의 원인
• 기동기의 트래킹으로 인한 발화
• 서미스터(Thermistor, PTC) 기동릴레이의 스파크
• 전원코드와 배선커넥터의 접속부 과열
• 안전장치 제거에 의한 모터 과열
• 컴프레서 코일의 층간단락
• 콘덴서의 절연파괴
• 진동에 의한 내부 배선의 절연손상

09 화재현장조사서 작성 시 유의사항 3가지만 약술하시오. (6점)

> **해답**

① 관찰·확인된 객관적 사실을 있는 그대로 작성한다.
② 화재원인에 대한 확정적인 단어를 사용하지 않는다.
③ 문장을 강조하기 위하여 불필요한 형용사를 사용하지 않는다.

> **해설**

이외에도
• 반드시 관계자의 입회와 진술내용을 구분하여 작성한다.
• 발굴·복원단계에서 발화원인과 결부된 경우에는 구체적이며 상세하게 빠짐없이 작성한다.
• 발화건물의 판정 등과 관련하여 평이한 표현으로 계통적 순서에 입각하여 간결하게 작성한다.
• 원인판정에 이르는 논리구성은 객관적으로 기재한 화재현장조사서 및 질문기록서의 "사실"에 근거하여 작성한다.
• 각 조사서에 기재한 사실 등의 인용서류와 내용·개소를 기재하여 작성한다.

10 임야화재 현장조사 중 사진촬영 시 여러 중요한 요소들의 위치를 나타내기 위한 색상별 깃발이 의미하는 요소들을 쓰시오. (5점)

> ① 적색 깃발 :
> ② 청색 깃발 :
> ③ 황색 깃발 :

> **해답**

① 전진산불
② 후진산불
③ 횡진산불

> **해설**

깃발은 산불의 진행방향을 표시하여 정확한 산불 발화지점을 조사하는 데 활용한다.
• 적색 깃발 : 전진산불
• 청색 깃발 : 후진산불
• 황색 깃발 : 횡진산불
• 흰색 깃발 : 발화지점, 증거물

11 다음은 LPG차량의 밸브구성이다. 색상으로 구별하시오. (6점)

> ① 충전밸브
>
> ② 액상밸브
>
> ③ 기상밸브

[해답]

① 녹 색
② 적 색
③ 황 색

[해설]

LPG 연료탱크의 밸브 구성

• LPG 용기는 회색으로 도장하여, 용기본체에는 충전밸브(녹), 액송출밸브(적), 기송출밸브(황), 플로트 게이지가 부착되어 있음
• 충전밸브에 부착된 안전밸브는 화재 등으로 용기 내의 압력이 24kgf/cm^2 이상이 되면 작동하여 용기의 파열 및 폭발을 방지

LPG 용기	충전밸브	기체송출밸브	액체송출밸브
회 색	녹 색	황 색	적 색

12 다음은 화재패턴에 대한 설명이다. 설명에 알맞은 화재패턴을 쓰시오. (4점)

> ① 수직의 목재 샛기둥에서 나타나는 형태
>
> ② 더 짧고 더 심하게 탄화된 샛기둥이 긴 샛기둥 부분보다 발화지점에 더 가깝게 표현하는 형태

해답

포인터 또는 화살형태(Pointer or Arrow Pattern)

해설

포인터 또는 화살형태(Pointer or Arrow Pattern)

- 일반적으로 화재로 표면 피복이 파괴되었거나 피복이 없는 벽의 뼈대선이나 수직 목재벽 샛기둥에 나타난다. 벽을 따라 화재확산의 진행과 방향은 상대적인 높이를 확인하고 발화 장소를 향해 거꾸로 추적한다.
- 일반적으로 더 짧고 더 격렬하게 탄화된 샛기둥은 긴 샛기둥보다 발화지점에 더 가깝다. 발화지점으로부터의 거리가 멀어질수록 남겨진 샛기둥의 높이의 증가가 가중된다. 탄화의 심도와 높이의 차이는 샛기둥의 측면에서 관찰할 수 있다.
- 샛기둥 교차점의 형태는 열원의 일반적인 영역을 향하여 거꾸로 지시하는 "화살"을 생성하는 경향이 있다. 이는 날카로운 각을 가진 샛기둥의 가장자리를 만드는 열원의 향하여 측면에서 그것을 태우기 때문에 나타난다.

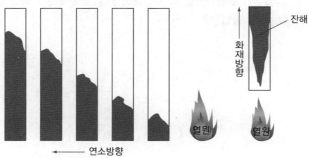

13 다음과 같이 전기기구 코드의 A, B, C, 3개소에서 단락(합선)흔적이 발견되었다. 이때 발화지점은 A, B, C 중 어느 지점인가? 그 이유를 기술하시오. (7점)

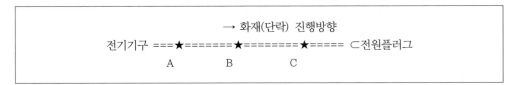

해답

① 발화지점 : A 부근

② 이유 : 전원 공급원 C개소에서 먼저 단락(합선)되어 발화되었다면, A, B개소에는 전류가 차단되어 A 및 B지점에는 단락흔이 생길수 없다. 따라서 부하측인 A지점에서 먼저 단락되어 발화되어 전원이 공급된 상태에서 순차적으로 B-C지점으로 연소가 진행되면서 단락이 이루어진 것으로 B-C에도 단락흔이 발생한 것으로 추정할 수 있다.

14 수확기에 있는 유실수가 소실되었을 경우 장래에 얻을 수익액에서 당해 수익을 얻기 위해 지출되는 제반 비용을 공제하는 방법은? (3점)

해답

수익환원법

15 액체 또는 고체 촉진제 수집용기 4가지를 쓰시오. (4점)

해답

① 금속캔

② 유리병

③ 특수증거물 봉지

④ 일반플라스틱(비닐) 용기

16 원격발화를 일으킬 수 있는 화재패턴은 무엇인가? (3점)

해답

드롭다운패턴

17 건축물 피해액 산정공식은? (4점)

해답

건물신축단가 × 소실면적 × $[1 - (0.8 \times \frac{경과연수}{내용연수})]$ × 손해율

18 고압가스를 취급 · 저장 상태에 따라 분류하여 설명하시오. (5점)

해답

① 압축가스, ② 액화가스, ③ 용해가스

해설

분 류	고압가스의 종류	비 고(G : 기상, L : 액상)
압축가스	산소, 수소, 질소, 아르곤, 메탄	상태변화 없이 압축 저장하는 가스 [G → G]
액화가스	액화석유가스(LPG), 암모니아, 이산화탄소, 액화산소, 액화질소	상온에서 압축하면 쉽게 액화 되는 가스(액체 상태로 저장) [G → L]
용해가스	용해 아세틸렌가스	압축하면 분해 · 폭발하는 성질 때문에 단독으로 압축하지 못하고, 용기에 다공물질의 고체를 충전한 다음 아세톤과 같은 용제를 주입하여 기체 상태로 압축한 것 [G → G] + 충전제 및 용제

19 화학화재에 대한 분류이다. 다음을 답하시오. (6점)

> ① 물과 습기 혹은 공기 중에서 물질이 발화온도보다 낮은 온도에서 화학변화에 의해 자연발열하고, 그 물질 자신 또는 발생한 가연성 가스가 연소하는 현상
>
> ② 두 종 혹은 그 이상의 물질이 서로 혼합 또는 접촉해서 연소하는 현상
>
> ③ 물질자신으로부터 발화하는 것이 아니라 전기적스파크, 불꽃 등의 화원에 의해 착화되어 연소하는 현상

해답

① 자연발화, ② 화합발화, ③ 인화

01 화재발생종합보고서 작성 체계도에 대한 설명이다. 다음 물음에 답하시오.   (8점)

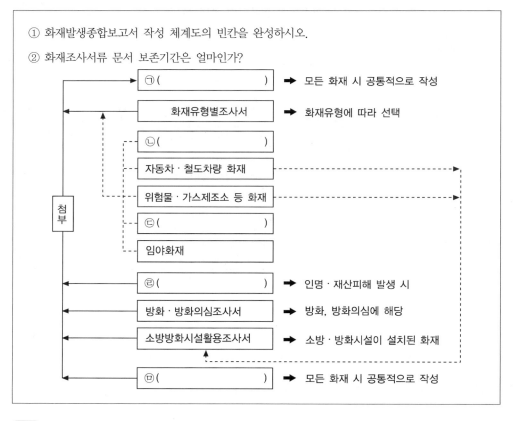

① 화재발생종합보고서 작성 체계도의 빈칸을 완성하시오.

② 화재조사서류 문서 보존기간은 얼마인가?

- ㉠ (   ) ➡ 모든 화재 시 공통적으로 작성
- 화재유형별조사서 ➡ 화재유형에 따라 선택
- ㉡ (   )
- 자동차 · 철도차량 화재
- 위험물 · 가스제조소 등 화재
- ㉢ (   )
- 임야화재
- 첨부
- ㉣ (   ) ➡ 인명 · 재산피해 발생 시
- 방화 · 방화의심조사서 ➡ 방화, 방화의심에 해당
- 소방방화시설활용조사서 ➡ 소방 · 방화시설이 설치된 화재
- ㉤ (   ) ➡ 모든 화재 시 공통적으로 작성

해답

① ㉠ 화재현황조사서
  ㉡ 건축 · 구조물 화재
  ㉢ 선박 · 항공기 화재
  ㉣ 화재(인명, 재산)피해조사서
  ㉤ 화재현장조사서
② 영 구

02 화재특성상 발화로 연결된 현상을 증명할 물증이 손실되어 버리고 발화 전 상태를 유지하기가 어려워 관계자 외에 알 수 없는 발화 전의 기기 이상이나 일상의 사용방법을 파악, 화재 이전의 상태, 화기 및 인화성 물질의 사용상황 및 관계자의 행동 등에 대해 정보를 파악하기 위하여 행하는 화재 조사서류는 무엇인가? (3점)

해답

질문기록서

03 건물에 화재가 발생하여 암석 및 콘크리트로 건축된 옹벽(m²당 표준단가 110천원)이 소손되어 30m²의 보수를 필요로 한다. 구축물 재건축비는 얼마인가? (단, 경과연수 10년, 내용연수 50년, 손해율 30%) (5점)

해답

831.6천원

해설

구축물 산정기준
① 「소실단위의 회계장부상 구축물가액 × 손해율」
② 「소실단위의 원시건축비 × 물가상승률 × $[1 - (0.8 \times \dfrac{경과연수}{내용연수})]$ × 손해율」

　회계장부상 구축물가액 또는 원시건축비의 가액이 확인되지 않는 경우
③ 「단위(m, m², m³)당 표준단가 × 소실단위 × $[1 - (0.8 \times \dfrac{경과연수}{내용연수})]$ × 손해율」

　따라서 경과연수 10년, 내용연수 50년, 손해율 30%이므로

　$110천원 \times 30m^2 \times [1 - (0.8 \times \dfrac{10}{50})] \times 0.3 = 831.6천원$

04 과부하를 발화원으로 판단하기 위한 요건을 기술하시오. (6점)

해답

① 구체적 연소형태 확인
② 선간 또는 층간 단락흔 식별
③ 착화, 발화, 연소 확대에 이른 상황을 증거를 들어 입증

05 절연물 표면이 염분, 분진, 수분, 화학약품 등에 의해 오염, 손상을 입은 상태에서 전압이 인가되면 줄열에 의해서 표면이 국부적으로 건조하여 절연물 표면에 미세한 불꽃방전(Scintillation)을 일으키고 전해질이 소멸하여 표면에 도전성 통로가 형성되는 현상은? (5점)

해답

트래킹

06 가연물의 자연발화조건(촉진요소) 3가지를 서술하시오. (6점)

해답

① 열축적이 용이할 것(퇴적방법 적당, 공기유통 적당)
② 열 발생속도가 클 것
③ 열전도가 작을 것

해설

이외에도 자연발화의 조건으로 주변온도가 높아야 한다.
• 화학반응(산화・분해・흡착・발효 등)에 의해 생긴 작은 열이 축적되어 반응계 자신의 내부온도가 상승하는 것이 필요하다.
• 일반적으로 열이 물질의 내부에 축척되지 않으면 내부 온도가 상승하지 않으므로 자연발화는 발생하지 않는다.
• 따라서 열의 축적 여부는 자연발화와 깊은 관계가 있으며, 열의 축적에 영향을 주는 인자는 열전도율, 퇴적상태, 공기의 유동상태, 열 발생 속도이다.

07 유류를 사용하여 방화할 경우 나타나는 화재패턴을 기술하시오. (10점)

해답

① 고스트마크(Ghost Mark)
② 스플래시패턴(Splash Patterns)
③ 틈새연소패턴(Leakage Fire Patterns)
④ 낮은연소패턴(Low Burn Patterns)
⑤ 불규칙패턴(Irregular Patterns)

해설

가연성 액체 화재에 나타나는 연소패턴

화재패턴	연소특성
고스트마크 (Ghost Mark)	뿌려진 인화성 액체가 바닥재에 스며들어 바닥면과 타일 사이의 연소로 인한 흔적
스플래시패턴 (Splash Patterns)	쏟아진 가연성 액체가 연소하면서 열에 의해 스스로 가열되어 액면이 끓으면서 주변으로 튄 액체가 국부적으로 점처럼 연소된 흔적

틈새연소패턴 (Leakage Fire Patterns)	고스트마크와 유사하나 벽과 바닥의 틈새 또는 목재마루 바닥면 사이의 틈새 등에 가연성 액체가 뿌려진 경우 틈새를 따라 액체가 고임으로써 다른 곳보다 강하게 오래 연소하여 나타나는 연소패턴
낮은연소패턴 (Low Burn Patterns)	• 건물의 상부보다 하부가 전체적으로 연소된 형태 • 화염은 부양성으로 일반적으로 상부가 손상이 크게 나타내는데, 하단이 연소가 심하고 상단이 미약할 경우 인화성 촉진제의 사용한 방화로 추정할 수 있음
포어패턴 (Pour Patterns)	인화성 액체 가연물이 바닥에 뿌려졌을 때 쏟아진 부분과 쏟아지지 않은 부분의 탄화경계 흔적
도넛패턴 (Doughnut Patterns)	• 고리 모양으로 연소된 부분이 덜 연소된 부분을 둘러싸고 있는 도넛 모양으로 가연성 액체가 웅덩이처럼 고여 있을 경우 발생 • 주변부나 얕은 곳에서는 화염이 바닥이나 바닥재를 탄화시키는 반면, 깊은 중심부는 액체가 증발하면서 증발잠열에 의해 웅덩이 중심부를 냉각시키는 현상에 기인함
트레일러패턴 (Trailer Patterns)	의도적으로 불을 지르기 위해 수평면에 길고 직선적이 형태로 좁은 연소패턴, 두루마리 화장지 등에 인화성액체를 뿌려 놓고 한 지점에서 다른 지점으로 연소를 확대시키기 위한 수단으로 쓰임
역원추형패턴 (Inverted Cone Pattern)	역원추형(삼각형)은 인화성 액체의 증거로 해석됨

08 다음 화학반응식을 완성하시오. (8점)

① CaC_2(탄화칼슘) + $2H_2O$ →

② $2K + 2H_2O$ →

③ AlP(인화알루미늄) + $3H_2O$ →

④ Ca_3P_2(인화칼슘) + $6H_2O$ →

해답

① CaC_2(탄화칼슘) + $2H_2O$ → $Ca(OH)_2 + C_2H_2$(아세틸렌)

② $2K + 2H_2O$ → $2KOH + H_2$

③ AlP(인화알루미늄) + $3H_2O$ → $Al(OH)_3 + PH_3$(포스핀 = 수소화인)

④ Ca_3P_2(인화칼슘) + $6H_2O$ → $3Ca(OH)_2 + 2PH_3$

09 자살방화 현장의 특징을 3가지만 답하시오. (6점)

해답

① 유류(휘발유, 시너, 등유 등)와 사용한 용기가 존재한다.

② 일회용 라이터, 성냥 등이 주변에 존재한다.

③ 흐트러진 옷가지 및 이불 등이 존재한다.

해설

이외에도

- **소**주병 등 음주한 흔적이 존재한다.
- 급격한 연소확대로 연소의 방향성 식별이 곤란하다.
- 연소**면**적이 넓고 탄화심도가 깊지 않다.
- **사**상자가 발견되고 피난흔적이 없는 편이며, 유서가 발견되는 경우도 있다.
- **방**화 실행 전 자신의 신세한탄 등 주변인과의 전화통화 사례가 많다.
- **자살**에 실패하였을 경우 실행동기 및 방법에 대하여 구체적으로 진술한다.
- 우발적이기보다는 **계**획적으로 실행한다.

> **암기신공** 유성면 쇼(재지에 있는) 옷방 『사실계실』에서 자살

10 자연적 원인에 의한 임야화재가 시작되는 원인 2가지를 쓰시오. (4점)

해답

① 번개, ② 자연발화

11 다른 형태와 달리 3차원의 화재 형태로 나타나는 다음 그림의 화재패턴을 쓰시오. (5점)

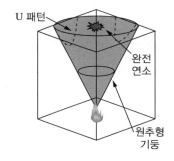

해답

끝이 잘린 원추형패턴

해설

끝이 잘린 원추형태
- 끝이 잘린 불기둥이라고도 불리는 끝이 잘린 원추 형태는 수직면과 수평면 양쪽에서 보여주는 3차원의 화재 형태이다.
- 원추 모양의 열 확산은 불기둥의 자연적인 팽창이 생기면 이로 인해 발생하고 화염이 실의 천장과 같은 수직적으로 이동하는 장애물을 만났을 때 열에너지의 수평적 확산에 의해서도 생긴다. 천장의 열 손상은 일반적으로 "끝이 잘린 원추"에 기인하는 원형 영역을 지나서 뻗칠 것이다. 끝에 잘린 원추 형태는 "V패턴", "포인터 및 화살" 및 천장과 다른 수평면에 나타난 원형 형태와 수직면의 "U"형상의 형태 같이 2차원 형태를 결합한다.

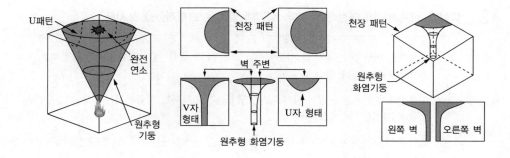

12 국내 화재분류체계에 따라 다음을 분류하시오. (4점)

---

① 마그네슘, 지르코늄 화재

② 목재, 종이화재

③ 전기설비, 전기시설 화재

④ 경유 등 유류 화재

해답

① D급, ② A급, ③ C급, ④ B급

해설

화재분류	국내		미국방화협회 (NFPA 10)	국제표준화기구 (ISO 7165)	표시색상
	검정기준	KS B 6259			
일반화재	A급	A급	A급	A급	백 색
유류화재	B급	B급	B급	B급	황 색
전기화재	C급	C급	C급	E급	청 색
금속화재	–	D급	D급	D급	무 색
가스화재	–	–	E급	C급	황 색
식용유화재	K급	–	K급	F급	–

13 다음은 화재패턴에 대한 설명이다. 설명에 알맞은 화재패턴을 쓰시오. (4점)

① 조사자는 바닥 또는 테이블 상부에서 연소된 구멍 등의 아래 방향으로의 관통부를 주의 깊게 관찰하고 분석해야 한다.

② 수평면에서 연소된 구멍의 아래로부터 생겼는지 위로부터 생겼는지는 구멍의 경사면을 시험함으로써 확인할 수 있을 것이다.

③ 면이 구멍을 향하여 위에서부터 아래 방향으로 기울어져 있다면 이는 화재가 위에서부터 발생했다는 것을 나타낸다.

④ 면이 바닥에서 넓고 구멍의 중심을 향하여 윗 방향으로 기울어져 있다면 이는 화재가 아래에서부터 발생했다는 것을 나타낸다.

해답

수평면의 화재확산패턴

해설

수평 관통부의 화재확산패턴(Fire Penetration of a Horizontal Surface)

• 수평 관통부 생성 원인 : 국한된 지역에서 훈소에 의해 발생
• 아래방향으로의 관통부 생성원인
  ㉠ 부력에 의한 열 이동의 작용으로 보면 일반적이지 않지만 구분된 부분에 전반적으로 불이 붙는 경우에는 고온 가스가 바닥에서 작고 산재된 구멍으로 관통하는 결과를 나타낼 수도 있음
  ㉡ 붕괴된 바닥이나 지붕아래서 생기는 화염으로 바닥 관통부를 만들 수 있음

 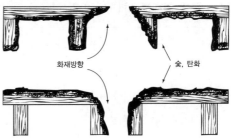

14 플래시오버에 영향을 주는 인자 중 3가지만 쓰시오. (6점)

해답

① 개구율, ② 내장재료, ③ 화원의 크기

15 피사체의 실물이 아닌 피사체 표면의 복사에너지를 적외선 형태로 검출하여 그 온도 차이 분포를 영상으로 재현하는 비파괴검사방법은 무엇인지 쓰시오. (3점)

해답

열화상 비파괴검사

16 제조물책임법상 제조물의 제조업자란? (3점)

해답

제조물의 제조·가공 또는 수입을 업(業)으로 하는 자 및 자신을 제조·가공·수입업자로 표시한 자

해설

제조업자
• 제조물의 제조·가공 또는 수입을 업(業)으로 하는 자
• 제조물에 성명·상호·상표 또는 그 밖에 식별(識別) 가능한 기호 등을 사용하여 자신을 제조·가공·수입 업자로 표시한 자 또는 자신을 제조·가공·수입업자로 오인(誤認)하게 할 수 있는 표시를 한 자

17 가연성 기체나 고체를 가열하면서 작은 불꽃을 대었을 때 연소될 수 있는 최저온도를 무엇이라 하는가? (3점)

해답

인화점

18 화재피해 산정대상별 재구입비 확인방법에 따라 다음 빈칸을 완성하시오.　　　　(6점)

> 囫 예술품, 귀중품 : 감정가격 확인
>
> ① 건물 : (　　　　　　　　　　　　　　　　)
>
> ② 부대설비 : (　　　　　　　　　　　　　　　)
>
> ③ 구축물, 공구 및 기구 : (　　　　　　　　)
>
> ④ 영업시설 : (　　　　　　　　　　　　　　　)
>
> ⑤ 기계장치 : (　　　　　　　　　　　　　　　)
>
> ⑥ 동물 및 식물 : (　　　　　　　　　　　　)

해답

① 건물신축단가표　　　　　　　　② 건물신축단가표 부대설비 종류별 재설비비 확인
③ 회계장부 확인　　　　　　　　　④ 업종별 시설단가표 확인
⑤ 감정평가서 또는 회계장부 확인　⑥ 시중거래가 확인

해설

그 밖에 재구입비 확인 방법
• 집기비품 : 회계장부 및 업종별 단가표 확인
• 가재도구 : 주택종류 및 상태, 면적, 거주인원, 주택가격(m^2당)별 기준액 확인
• 차량 및 운반구 : 시중매매가, 회계장부 확인
• 재고자산 : 회계장부, 매출액 및 재고자산 회전율 확인
• 예술품, 귀중품 : 감정가격 확인

19 증거물관리 수집 관리규칙에 규정되어 있는 서식류를 기술하시오.　　　　(5점)

해답

① 현장 수거(채취)물 목록　　　　② 화재증거물
③ 보관이력관리　　　　　　　　　④ 현장 및 감정사진
⑤ 현장사진 및 비디오 기록관리부

01 임야화재 조사과정에서 다음과 같은 지표(地表)를 발견하였다. 화재방향을 그림에 직접 표시하고 그 이유를 설명하시오. (8점)

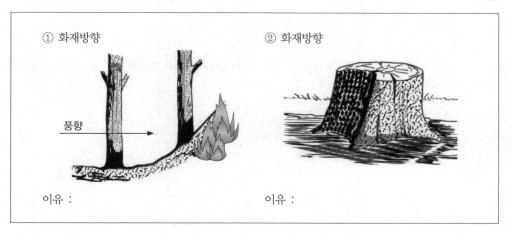

① 화재방향   ② 화재방향

풍향

이유 :   이유 :

해답

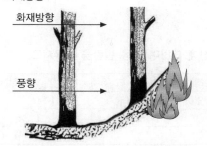

① 화재방향

화재방향

풍향

이유 : 탄 흔적의 각도는 거의 비탈과 평행한 것으로 보아 불은 상승기류와 함께 상향사면으로 진행함

② 화재방향

화재방향

이유 : 나무그루터기는 화재진행 방향에 노출된 쪽이 가장 깊게 탄화되고 반대편은 상대적으로 덜 탄화됨

02 다음 계산식을 완성하시오. (6점)

> ① 프로판 가스의 완전연소 반응식을 쓰시오.
>
> ② 프로판 44kg이 완전연소하기 위해 필요한 산소는 몇 m^3인지 0℃, 1기압을 기준으로 구하시오.

해답

① $C_3H_8 + 5O_2 \longrightarrow 3CO_2 + 4H_2O$

② $112m^3$

해설

① 탄화수소계 연소반응 방정식

- $C_mH_n + (m + \dfrac{n}{4})O_2 \longrightarrow m\ CO_2 + \dfrac{n}{2}H_2O$

   $C_3H_8 + 5O_2 \longrightarrow 3CO_2 + 4H_2O$

② 이론 산소량 : 프로판 1몰(44g) 연소 시 $5 \times 22.4\ell$의 산소가 필요하다. 즉, 프로판 44kg 연소 시에는

   $44 : 5 \times 22.4 = 44,000 : x$

   $\therefore\ x = 112,000\ell = 112m^3$

03 백드래프트와 가스폭발의 유리 감식법(구별법)에 대하여 다음 빈칸을 채우시오. (6점)

구 분	백드래프트	가스폭발
유리창 파손형태	일정한 방향성이 없이 (①) 형태	(②)
그을음 존부	(③)	(④)
폭발시기	(⑤) 폭발	(⑥)

해답

① 심한 곡선, ② 리플마크, ③ 있음, ④ 없음, ⑤ 화재 후, ⑥ 폭발 후 화재

해설

- 감식법 : 유리창 등에 그을음 생성 여부로 판단, 백드래프트는 화재가 난 후 생성된 것으로 그을음이 있고 가스폭발은 화재초기로 그을음이 없음
- 폭발 후 화재 : 유리창이 파손된 단면에 리플마크가 생김, 그을음이 나타나지 않음
- 화재 후 폭발 화재 : 유리창 파손 형태가 일정한 방향성이 없이 심한 곡선 형태이며, 그을음이 나타남

04 가스용기의 종류를 기술하시오. (6점)

> **해답**

① 이음매 없는 용기
② 용접 용기
③ 초저온 용기
④ 납붙임 또는 접합용기

> **해설**

① 이음매 없는 용기 : 산소, 수소 등 압력이 높은 압축가스를 저장
② 용접 용기 : LP가스 등 비교적 낮은 증기압을 갖는 액화가스를 충전
③ 초저온 용기 : −50℃ 이하인 액화가스를 충전하기 위한 용기
④ 납붙임 또는 접합용기 : 살충제, 화장품등 분사제 및 부탄가스 용기 등으로 사용

05 그림과 같이 화재 발생 시 벽면 A와 B에 생성되는 화재패턴을 쓰시오. (6점)

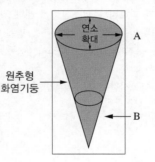

> **해답**

A : U자 연소패턴, B : V자 연소패턴

> **해설**

U패턴(U-Shaped Pattern)
• "U"형태는 훨씬 날카롭게 각이진 "V"형태와 유사하지만, 완만하게 굽은 경계선과 각이 있다기보다는 더 낮게 굽은 정상점을 보여준다.
• "U"자 형태는 "V"형태에서 보여주던 표면보다 동일 열원에서 더 먼 수직면의 복사열 에너지의 영향으로 생긴다.

- "U"형태의 가장 낮은 경계선은 일반적으로 발화원에 더 가까운 "V"형태에 상응하는 가장 낮은 경계선보다 높게 위치한다.
- "U"형태는 상응하는 "V"형태의 가장 높은 정상점과 비교할 때 "U"형태의 가장 높은 정상점 사이의 관계에 주목되는 추가 양상으로서 "V"자 형태와 유사하게 분석된다. 만약 두 가지 형태가 동일 열원에서 생긴 것이라면 더 낮은 정상점을 가진 것은 열원에 더 가깝다.

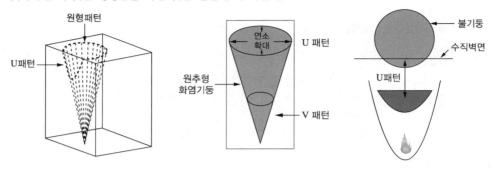

06 연쇄방화 조사요령에 대하여 기술하시오. (5점)

해답

① 연고감 조사, ② 지리감 조사, ③ 행적 조사 , ④ 방화행위자 조사, ⑤ 알리바이

해설

① 연고감 조사 : 행위자가 피해자나 피해건물에 대해 잘 알고 있는가?
② 지리감 조사 : 행위자의 이동경로, 교통수단 등 탐문
③ 행적 조사 : 발생시간, 목격자 발견, 음향조사, 행동 수상자
④ 방화행위자 조사 : 행위자 동태 파악 확인
⑤ 알리바이 : 범행시간, 이동시간 측정, 계획범행의 함정

암기신공 알리바이 해방지연

07 전동기의 회전이 방해되거나(기계적 과부하) 권선에 정격을 넘는 전류가 흘러 전기적으로 과부하 상태가 되어 권선의 일부가 단락되는 전기화재원인을 무엇이라 하는가? (5점)

해답

층간단락

08 화재현장에서 3명이 사망했고 96시간 경과 후 1명이 또 사망하였다. 사상자 중에는 3주 이상 입원을 한 사람이 10명, 단순연기흡입으로 통원치료를 한 사람이 5명이었다. 사상자 수를 구하시오.

(6점)

---

① 사망자 수

② 중상자 수

③ 경상자 수

해답

① 3명, ② 11명, ③ 5명

해설

인명피해조사

사상자 : 화재현장에서 사망한 사람 또는 부상당한 사람을 말함
• 부상자의 사망기준 : 화재현장에서 부상을 당한 후 72시간 이내에 사망한 경우에는 당해 화재로 인한 사망자로 봄
• 부상의 구분 : 부상 정도를 의사의 진단을 기초로 하여 다음과 같이 분류(제37조)
 – 중상 : 3주 이상의 입원치료를 필요로 하는 부상
 – 경상 : 중상 이외의 부상(입원치료를 필요로 하지 않는 것도 포함). 다만, 병원치료를 필요로 하지 않고 단순하게 연기를 흡입한 사람은 제외
   ※ 화재현장에서 부상당한 후 72시간 이내에 사망한 경우에만 사망자로 분류하기 때문에 사망자는 3명, 중상자는 96시간 경과 후 사망한 사람을 포함하여 11명이 되며, 단순연기흡입이지만 통원치료를 한 사람은 경상자 5명에 해당된다.

09 화재조사 및 보고규정에 따른 인명피해 조사범위를 쓰시오. (6점)

해답

① 소방활동 중 발생한 사망자 및 부상자
② 그 밖에 화재로 인한 사망자 및 부상자
③ 사상자 정보 및 사상 발생원인

해설

화재피해조사 중 인명피해 조사범위
① 소방활동 중 발생한 사망자 및 부상자
② 그 밖에 화재로 인한 사망자 및 부상자
③ 사상자 정보 및 사상 발생원인

10   중합열이 축적되어 발화하는 물질 3가지만 쓰시오.   (6점)

> **해답**

액화시안화수소, 초산비닐, 아크릴로니트릴

> **해설**

이소프렌과 스틸렌도 중합열에 의해 발화하는 물질이다.

11   다음 사진에 나타난 화재패턴을 정의하고 특징을 설명하시오.   (6점)

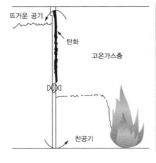  

> **해답**

환기에 의해 생성된 패턴

> **해설**

환기생성 패턴(Ventilation-Generated Patterns)
- 문이 잠겨있는 구획된 실에 화재가 발생하면 고온가스가 닫힌 문의 상부 틈으로 흐르고 차가운 공기는 빠져나간 공기만큼 문의 바닥을 통하여 유입되면서 출입문 안쪽의 상부에 탄화가 일어난다.
- 출입문 상단 바깥쪽은 문틈으로 유출된 연기 또는 고온의 가스로 탄화되거나 그을음으로 오염된 형태가 나타나므로, 이것으로 연소가 실내에서 실외로 확산되었음을 알 수 있다.
- 구획된 실에서 연소가 진행되면서 화재가 더욱 성장하면 고온가스는 문의 바닥 쪽으로 이동하고 문틈의 상단과 하단으로 유출되면서 전체적으로 탄화가 이루어진다.

12 다음 빈칸을 완성하시오. (4점)

> 공기 중의 산소가 충분하여 가연물이 (①)하면 이산화탄소(CO_2)가 발생하고, 반대로 공기 중의 산소가 충분하지 못하여 (②)하면 일산화탄소(CO)가 발생한다.

해답

① 완전연소, ② 불완전연소

해설

완전연소 및 불완전연소

가연물질이 연소하면 가연물질을 구성하는 주성분인 탄소(C), 수소(H) 및 산소(O_2)에 의해 일산화탄소(CO)·이산화탄소(CO_2) 및 수증기(H_2O)가 발생한다. 이때 공기 중의 산소 공급이 충분하면 완전연소반응이 일어나고 산소의 공급이 불충분하면 불완전연소 반응이 일어나며, 주로 완전연소 시에는 이산화탄소(CO_2)가, 불완전연소 시에는 일산화탄소(CO)가 발생한다.

- 완전연소 : 산소를 충분히 공급하고 적정한 온도를 유지시켜 반응물질이 더 이상 산화되지 않는 물질로 변화하도록 하는 연소

  예 수소에 비해 탄소의 수가 적은 물질인 LNG(CH_4)나 프로페인(C_3H_8) 등이 연소할 때에는 필요한 산소의 수가 적어 완전연소되기 쉽다.

- 불완전연소 : 물질이 연소할 때 산소의 공급이 불충분하거나 온도가 낮으면 그을음이나 일산화탄소가 생성되면서 연료가 완전히 연소되지 못하는 현상

  예 수소에 비해 탄소의 수가 많은 물질인 휘발유(C_8H_{18}), 경유(C_{16}~C_{18}) 등은 연소할 때 필요한 산소의 수가 상대적으로 많아 불완전연소하여 그을음이나 일산화탄소를 배출하기 쉽다. 즉, 포화탄화수소 화합물의 탄소수가 많아질수록 완전연소하기 어렵다.

13 표준상태 0℃, 1기압에서 메탄(CH_4) 3.2kg을 이상기체 상태방정식으로 계산하면 부피(L)는 얼마인가? (단, 기체상수 R = 0.082L · atm/mol · K, 탄소원자량 : 12, 수소원자량 : 1로 계산한다)
(5점)

해답

4477.2L

해설

이상기체 상태방정식

이상기체란 계를 구성하는 입자의 부피가 거의 0이고 입자 간 상호 작용이 거의 없어 분자 간 위치에너지가 중요하지 않으며 분자 간 충돌이 완전탄성충돌인 가상의 기체를 의미한다. 이상기체상태 방정식이란 이러한 기체의 상태량들 간의 상관관계를 기술하는 방정식이다.

$$PV = nRT$$

P : 압력 V : 부피

R : 기체상수(0.082L · atm/mol · K) T : 온도

n : 몰수(m/M)

∴ 메탄(CH_4)의 분자량 : 12 + 4 = 16

$$n = \frac{m}{M} = \frac{3.2 \times 1,000}{16} = 200 몰이므로$$

$$PV = nRT 에서 \quad V = \frac{nRT}{P} = \frac{200 \times 0.082 \times 273}{1} = 4477.2L$$

14 금속(도색재)의 열변화에 대한 설명이다. 빈칸을 완성하시오.   (4점)

도료의 색 → 흑색 → (①) → 백색 → (②)(금속의 바탕금속)

해답

① 발포, ② 가지색

15 다음은 자연발화를 방지할 수 있는 방법이다. 빈칸에 알맞은 답을 쓰시오.   (4점)

① 통풍 구조를 양호하게 하여 (㉠) 유통을 잘 시켜야 한다.

② 저장실 주위의 (㉡)을/를 낮춘다.

③ (㉢) 상승을 피한다.

④ (㉣)이/가 쌓이지 않도록 퇴적한다.

해답

㉠ 공기, ㉡ 온도, ㉢ 습도, ㉣ 열

16 전기화재 단락흔에 대한 설명이다. 1차, 2차, 3차 용융흔을 구분하여 답하시오. (6점)

> ① 화재로 인한 피복이 소실되면서 발생한 용융흔적
>
> ② 화재현장에서 발견되는 전선의 용융흔적으로 발화원인된 합선과 그 흔적
>
> ③ 화염의 열기에 의해서 용융된 흔적

해답

① 2차흔, ② 1차흔, ③ 3차흔

17 화상사의 사망기전에 대한 다음 설명에 답하시오. (5점)

> ① 고열이 광범위하게 작용하여 일어나는 격렬한 자극에 의하여 반사적으로 심정지가 초래되는 것
>
> ② 화상성 쇼크라고도 하며, 화상을 입고 나서 상당시간이 경과한 후에 증상이 발현되어 2~3일 후에 사망하는 것

해답

① 원발성 쇼크, ② 속발성 쇼크

해설

화상사 사망기전
• 원발성 쇼크 : 고열이 광범위하게 작용하여 일어나는 격렬한 자극에 의하여 반사적으로 심정지가 초래되는 것
• 속발성 쇼크 : 화상성 쇼크라고도 하며, 화상을 입고 나서 상당시간이 경과한 후에 증상이 발현되어 2~3일 후에 사망하는 것
• 합병증 : 쇼크 시기를 넘긴 후에는 독성물질에 의한 응혈, 성인호흡장애증후군, 급성신부전, 소화관위궤양의 출혈, 폐렴 및 폐혈증 등 합병증으로 사망할 수 있음

18 입수한 화재증거물을 이송할 때는 포장을 하고 증거물 상세정보를 기록하여 부착하여야 한다. 다음
물음에 답하시오. (6점)

> ① 증거물 포장 시 기록해야 할 상세정보 중 5가지를 쓰시오.
>
> ② 증거물 포장원칙을 쓰시오.

해답

① 수집일시, 증거물번호, 수집장소, 화재조사번호, 수집자
② 보호상자를 사용하여 개별 포장

해설

제5조(증거물의 포장) 입수한 증거물을 이송할 때에는 포장을 하고 상세 정보를 다음 각 호와 같이 기록하여
부착한다.
1. 수집일시, 증거물번호, 수집장소, 화재조사번호, 수집자, 소방서명, 증거물내용, 봉인자, 봉인일시 등
   상세정보를 다음에 따라 작성한다.
2. 증거물의 포장은 보호상자를 사용하여 개별 포장함을 원칙으로 한다.

화재증거물			
수집일시		증거물번호	
수집장소		화재조사번호	
수집자		소방서	
증거물내용			
봉인자		봉인일시	

01 화재조사 전담부서에 갖추어야 할 장비와 시설에서 감정용 기기 21종 중 3가지만 쓰시오. (5점)

> **해답**

① 가스크로마토그래피
② 고속카메라 세트
③ X선 촬영기

> **해설**

전담부서의 장비와 시설(소방의 화재조사에 관한 법률 시행규칙 제3조)
감정용 기기(21종) : 가스크로마토그래피, 고속카메라 세트, 화재 시뮬레이션 시스템, X선 촬영기, 금속현미경, 시편(試片)절단기, 시편성형기, 시편연마기, 접점저항계, 직류전압 전류계, 교류전압 전류계, 오실로스코프(변화가 심한 전기 현상의 파형을 눈으로 관찰하는 장치), 주사전자현미경, 인화점 측정기, 발화점 측정기, 미량융점 측정기, 온도기록계, 폭발압력 측정기 세트, 전압 조정기(직류, 교류), 적외선 분광광도계, 전기단락흔 실험장치[1차 용융흔(鎔融痕), 2차 용융흔(鎔融痕), 3차 용융흔(鎔融痕) 측정 가능]

02 증거물 정밀조사 및 분석장비에 대한 다음 물음에 답하시오. (6점)

> ① GC와 함께 사용하여 개별성분을 정성·정량적으로 분석하는 기기는?
> ② 밀폐식 인화점시험기 3가지를 쓰시오.

> **해답**

① 질량분석기
② 태그밀폐식, 신속평형법, 펜스키마텐스

03 특수인화물의 정의를 설명한 것이다. 다음 빈칸을 완성하시오. (5점)

> 이황화탄소, (①), 그 밖에 1기압에서 (②)이/가 섭씨 100도 이하인 것 또는 (③)이/가 섭씨 (④)이고 (⑤)이/가 섭씨 40도 이하인 것

> **해답**

① 디에틸에테르, ② 발화점, ③ 인화점, ④ 영하 20도 이하, ⑤ 비점

04 하소에 대한 다음 물음에 답하시오. (5점)

> ① 하소의 정의는?
> ② 하소의 깊이를 측정하는 기구는?

해답

① 석고벽면 등이 열에 의해 탈수됨으로써 수축 및 균열이 발생하고 부서지기 쉬운 상태에 이르러 회화되는 현상 또는 석고가 다른 무기물질인 경석고로 화학적 변화를 일으키는 것
② 탐촉자 및 다이얼 캘리퍼스(Dial Calipers with Depth Probes)

해설

① 하소란 석고벽면 등이 열에 의해 탈수됨으로써 수축 및 균열이 발생하고 부서지기 쉬운 상태에 이르러 회화되는 현상 또는 석고가 다른 무기물질인 경석고로 화학적 변화를 일으키는 것
② 측정기구 : 탐촉자 또는 다이얼 캘리퍼스

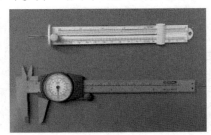

05 가스레인지 화재감식요령을 3가지만 기술하시오. (6점)

해답

① 현장에서 점화코크의 개방으로 가스가 누출될 여부
② 점화코크 및 중간밸브의 개폐여부
③ 연소기 배관에서 가스누출 여부

해설

• 현장에서 점화코크의 개방으로 가스가 누출될 수 있는 조건인가?
• 점화코크 및 중간밸브의 개폐여부는 이상이 없는가?
• 소화안전장치는 이상이 없는가?
• 사용자가 연소기의 정확한 사용법을 알고 있는가?
• 점화지연이 평소에도 자주 발생한 사실이 있는가?
• 연소기 배관에서 가스누출이 없는가?
• 호스앤드부분에서 가스누출이 확인되지 않는가?

- 연소기 노후로 불완전 연소가 발생하지 않는가?
- A/S를 받은 사실이 없는가?
- 음식물을 조리 중이었는가?

06 가연성 액체에 의한 패턴 중 퍼붓기패턴(포어패턴)에 대해서 설명하시오. (6점)

해답

인화성 액체가연물이 바닥에 쏟아졌을 때 쏟아진 부분과 쏟아지지 않은 부분의 탄화경계 흔적을 말하고, 화재가 진행되면서 가연성 액체가 있는 곳은 다른 곳보다 연소가 강하기 때문에 탄화 정도의 차이로 구분된다.

07 도료류의 외관상 수열에 따른 변화 순서를 설명하시오. (5점)

해답

변색 → 발포 → 회화(완전히 태워서 재로 만듦) → 소실

08 5대 범용플라스틱의 종류를 말하시오. (5점)

해답

① PE(폴리에틸렌)
② PP(폴리프로필렌)
③ PS(폴리스타이렌)
④ PVC(폴리염화비닐)
⑤ ABS수지

09 건조된 짚과 풀 등의 자연발화 메커니즘을 설명하시오. (5점)

해답

미생물에 의한 발효 → 발열 → 산화반응 → 온도상승 → 자연발화

해설

미생물과 효소의 작용에 의한 발효로 발열 80~90℃ 정도에 달하고 불안정한 분해생성물이 생김 → 반응성이 큰 분해생성물의 산화반응이 일어나고 또한 온도상승을 계속하여 발화점으로 이동 → 자연발화한다.

10 다음 그림의 목재 탄화물을 보고 물음에 답하시오. (6점)

① 화재패턴의 명칭을 쓰시오.

② 화재진행방향을 그림에 직접 도식하시오.

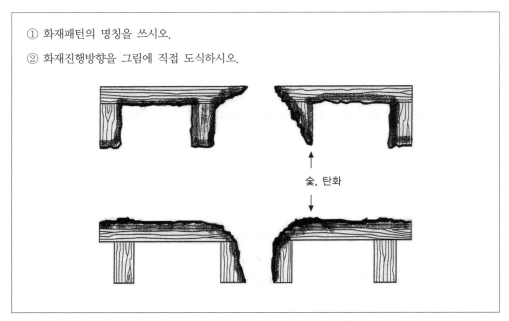

숯, 탄화

[해답]

① 수평면의 화재확산패턴

② 화재방향

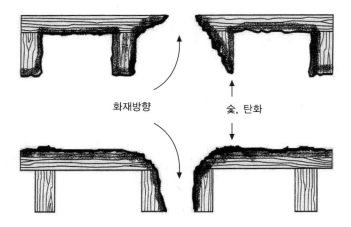

화재방향　숯, 탄화

11 화재조사 중 질문방법에 대하여 답하시오. (5점)

해답

진술자의 기본적인 인권을 존중하고 유도하는 질문을 피하고 진술의 임의성을 확보하도록 한다.

해설

질문기록서 작성 시 유의사항
- 작성절차
  - ㉠ 관계자의 진술이 "임의"로 행하는 것이어야 한다.
  - ㉡ 녹취 후 녹취내용을 확인시키고 오류가 없음을 인정한다면 서명을 하게 한다.
  - ㉢ 18세 미만의 청소년, 정신장애자 등에 대한 질문을 하는 경우는 친권자 등의 입회인을 입회시켜야 하며, 진술자는 물론 입회자에게도 서명시켜야 한다.
- 질문방법 : 진술자의 기본적인 인권을 존중하고 유도하는 질문을 피하고 진술의 임의성을 확보한다.
- 질문장소
  - ㉠ 화재현장 : 가능하면 제3자를 의식하지 않는 장소에서 질문을 청취한다.
  - ㉡ 소방서관서 : 이목을 의식하지 않고 긴장감도 줄일 수 있는 공간에서 청취한다.
- 질문의 실시 시기 : 시간이 경과함에 따라 법률지식이나 주변의 사람들에게서 들은 정보로 사실의 의도적인 조작 가능성이 높아지게 된다. 즉, 관계자에게 질문은 이러한 사실의 왜곡이 생기기 전에 기억이 선명한 화재발생 직후에 가능한 조기에 행하는 것이 좋다.

12 화재산정대상별 피해액 산정기준에 대한 다음 표를 완성하시오. (6점)

산정대상	산정기준
건 물	① ( ) ※ 신축단가는 한국감정원이 최근 발표한 '건물신축단가표'에 의한다.
부대설비	② ( ) ③ ( ) ※ 건물표준단가 및 부대설비 단위당 표준단가는 한국감정원이 최근 발표한 '건물신축단가표'에 의한다.

해답

① 신축단가(m^2당) × 소실면적 × [1 − (0.8 × 경과연수/내용연수)] × 손해율
② 건물신축단가 × 소실면적 × 설비종류별 재설비비율 × [1 − (0.8 × 경과연수/내용연수)] × 손해율
③ 단위(면적·개소 등)당 표준단가 × 피해단위 × [1 − (0.8 × 경과연수/내용연수)] × 손해율

13 가스폭발과 비교하여 분진폭발의 특징 3가지를 쓰시오. (6점)

해답

① 연소시간이 길고 발생에너지가 크다.
② 불완전연소, 일산화탄소 중독 우려가 높다.
③ 가스폭발보다 최소발화에너지는 크다.

해설

분진폭발의 특징
• 연소속도나 압력은 가스폭발에 비해 적으나 연소시간이 길고 발생에너지가 크다.
• 폭발 시 접촉되는 가연물질은 국부적으로 심한 탄화를 일으키며, 인체에 닿으면 심한 화상의 위험이 있다.
• 가스폭발에 비해 불완전연소, 일산화탄소 중독 우려가 높다.
• 가스폭발보다 최소발화에너지는 크다.
• 가연성의 분체 또는 고체의 다수 미립자가 공기 중에 부유하는 상태 하에서 점화되면 그 분산계 내를 화염이 전파하여 가스폭발과 비슷한 양상을 나타낸다.
• 혼합가스 폭발에 비해 폭발압력의 상승속도가 빠르고 장시간 지속되기 때문에 분진폭발의 파괴력은 상당히 크다.
• 금속 또는 합금입자는 공기 중에서 연소할 때의 발열량이 크고, 입자는 가열·비산하여 다른 가연물에 부착되면 발화원이 될 수도 있다.

14 화재로 인한 재해보상에 관한 법률에서 특수건물 소유주가 의무 가입해야 할 보험은 무엇인가? (5점)

해답

특약부화재보험

해설

특약부화재보험 가입
• 가입의무자 : 특수건물 소유자
• 가입의무보험 : 특약부화재보험
• 의무가입 목적 : 특수건물의 화재로 인하여 다른 사람이 사망하거나 부상을 입었을 때에는 손해배상책임을 이행
• 보험가입시기 : 특수건물의 소유자는 그 건물이 준공검사에 합격된 날 또는 그 소유권을 취득한 날부터 30일 내에 특약부화재보험에 가입하여야 함
• 보험의 갱신 : 특수건물의 소유자는 특약부화재보험계약을 매년 갱신하여야 함
• 보험의 미가입자 : 500만원 이하의 벌금

15 다음은 방화죄에 대한 설명이다. 빈칸을 완성하시오.   (6점)

죄 명	구체적 범죄내용		형 량
현주건조물 등에의 방화죄	불을 놓아 사람이 주거로 사용하거나 사람이 현존하는 건조물, 기차, 전차, 자동차, 선박, 항공기 또는 지하채굴시설을	소훼한 자	①
		불태워 상해에 이르게 한 자	②
		불태워 사망에 이르게 한 자	③

해답

① 무기 또는 3년 이상의 징역
② 무기 또는 5년 이상의 징역
③ 무기 또는 7년 이상의 징역

16 전기화재의 원인 중 1차 단락흔의 특징 3가지만 쓰시오.   (6점)

해답

① 화재원인이 된 단락
② 형상이 둥글고 광택이 있음
③ 일반적으로 탄소는 검출되지 않음

해설

전기화재 용융흔의 비교

구 분	1차 용융흔(발화의 원인)	2차 용융흔(화재로 피복손실로 합선)
표면형태(육안)	형상이 구형이고 광택이 있으며, 매끄러움	형상이 구형이 아니거나 광택이 없고 매끄럽지 않은 경우가 많음
탄화물(XMA분석)	일반적으로 탄소는 검출되지 않음	탄소가 검출되는 경우가 많음
금속조직 (금속현미경)	용융흔 전체가 구리와 산화제1구리의 공유 결합조직으로 점유하고 있고 구리의 초기결정 성상은 없음	구리의 초기결정 성장이 보이지만, 구리의 초기 결정 이외의 매트릭스가 금속결정으로 변형됨
보이드분포 (금속현미경)	커다랗고 둥근 보이드가 용융흔의 중앙에 생기는 경우가 많음	일반적으로 미세한 보이드가 많이 생김
EDX분석	OK, CuL 라인이 용융된 부분에서 거의 검출되지 않으나 정상 부분에서는 검출	CuL 라인이 용융된 부분에서 검출되지만, 정상 부분에서는 소량검출

17 가솔린엔진의 연소와 같이 연소시키기 전에 이미 연소 가능한 혼합가스를 만들어 연소시키는 것으로 혼합기로의 역화를 일으킬 위험성이 큰 기체의 연소는? (3점)

해답

예혼합연소

18 전기의 3가지 특징을 답하시오. (6점)

해답

① 발열작용
② 자기작용
③ 화학작용

19 발화점이 낮아지는 이유이다. 다음 빈칸을 완성하시오. (3점)

① 발열량이 (㉠)을 수록 발화점이 낮아진다.
② 압력, 화학적 활성도가 (㉡)수록 발화점이 낮아진다.
③ 산소와 친화력이 (㉢)수록 발화점이 낮아진다.

해답

㉠ 높, ㉡ 클, ㉢ 클

해설

발화점이 낮아지는 경우
• 분자의 구조가 복잡할수록
• 발열량이 높을수록
• 압력, 화학적 활성도가 클수록
• 산소와 친화력이 클수록
• 금속의 열전도율과 습도가 낮을수록

01 발굴 및 복원조사의 절차 및 요령 중 현장관찰 요령을 설명한 것이다. 빈칸을 완성하시오. (6점)

---

① 현장의 외주부(外周部)에서 (㉠)을/를 향해 구획별·단계별로 관찰한다.

② 주변 건물의 옥상과 같은 높은 곳에서 현장의 (㉡)을/를 확인한다.

③ 탄화가 (㉢)쪽에서 (㉣)쪽을 향해 가며 관찰한다.

④ 연소된 건축물, 물건 등의 (㉤)을/를 관찰한다.

⑤ (㉥)(으)로 강한 탄화현상을 관찰한다.

해답

㉠ 중심부, ㉡ 전체, ㉢ 약한, ㉣ 강한, ㉤ 도괴, ㉥ 국부적

해설

이외에도

• 불연성 물질의 변색·변형·박리·만곡방향·용용위치 및 방향 등을 관찰한다.

• 가능한 여러 방향과 각도에서 입체적으로 관찰하면서 연소확대경로를 확인한다.

• 연소 흔적·경계 등을 식별함에 있어 근거리 확인이 애매한 경우 원거리에서 확인하는 등 각 거리에서 느껴지는 색조의 대비성을 찾아서 구별한다.

• 건물 또는 사물의 구조를 고려해 불꽃과 연기의 흐름을 유추하면서 관찰한다.

02 전기화재 발생 프로세스에 대하여 간략히 기술하시오. (6점)

해답

전기화재의 발생은 기본적으로 전류의 발열작용으로서의 줄열과 아크(방전)에 수반되는 불꽃에 기인한다고 할 수 있다.

해설

• 전기에너지가 변환되어 발생한 열이 발화원이 되어 발생한 화재(전류의 발열작용으로서의 줄열)

• 전기절연재의 절연파괴로 인한 화재

• 고장(안전장치의 부작동 등)으로 인한 화재

• 사용자의 사용방법 부적절이 요인이 되어 발생한 화재는 3가지로 분류할 수 있다. ①의 줄열은 그 자체가 발화원이지만, ②, ③에 의한 화재는 절연파괴, 고장, 사용방법 부적절에 의거 단락할 때 수반되는 아크(방전) 불꽃으로 인해 화재로 진전된다. 따라서 전기화재의 발생은 기본적으로 전류의 발열작용으로서의 줄열과 아크(방전)에 수반되는 불꽃에 기인한다고 할 수 있다.

03 가스화재 시 역화의 원인 5가지를 설명하시오. (5점)

해답

① 부식으로 인하여 염공이 커진 경우
② 노즐구경이 너무 작은 경우
③ 노즐구경이나 연소기 콕크의 구멍에 먼지가 묻은 경우
④ 콕크가 충분히 열리지 않은 경우
⑤ 가스 압력이 낮은 경우

해설

연소기기에서 LP가스 연소 시 발생하는 역화(Flash Back)

• 정의 : 가스의 연소속도가 염공에서의 가스유출속도보다 빠르게 되거나 연소속도는 일정하여도 가스의 유출속도가 느리게 되었을 때 불꽃이 버너 내부로 들어가 노즐의 선단에서 연소하는 현상
• 역화의 원인
  ㉠ 부식으로 염공이 커진 경우
  ㉡ 가스 압력이 낮을 때
  ㉢ 노즐구경이 너무 적거나
  ㉣ 노즐구경이나 연소기 콕크의 구멍에 먼지가 묻거나
  ㉤ 콕크가 충분히 열리지 않았을 때

04 다음에서 설명하는 가연성 액체의 연소패턴 종류는 무엇인가? (5점)

> 가연성 액체가 쏟아지면서 주변으로 튀거나 연소되면서 발생하는 열에 의해 스스로 가열되어 액면에서 끓으면 주변으로 튄 액체가 포어패턴의 미연소 부분에서 국부적으로 점처럼 연소된 흔적

해답

스플래시패턴(Splash Patterns)

05 다음은 목재표면의 균열흔에 대한 설명이다. 빈칸을 완성하시오. (8점)

> ① (   ) : 700~800℃ 정도의 삼각 또는 사각형태의 수열흔
>
> ② (   ) : 900℃ 정도의 홈이 깊은 요철이 형성된 수열흔
>
> ③ (   ) : 홈이 아주 깊은 1,000℃ 정도의 대형 목조건물 화재 시 나타나는 현상
>
> ④ (   ) : 발열체가 목재면에 밀착되어 무염연소 시 발생하며, 발화부 추정 가능

해답

① 완소흔, ② 강연흔, ③ 열소흔, ④ 훈소흔

해설

탄화심도에 따른 목재표면의 균열흔은 완소흔 → 강소(연)흔 → 열소흔의 순이다.

06 플라스틱 종류에 대한 다음 물음에 답하시오. (6점)

> ① 합성수지를 가열하면 경화반응이 진행되고 용제와 열에 녹기 어렵게 되는 성질을 갖게 되는 고분자 물질은?
>
> ② ①과 같은 플라스틱의 종류 4가지를 쓰시오.

해답

① 열경화성수지
② 페놀수지, 멜라민수지, 우레탄수지, 에폭시수지

해설

플라스틱의 종류
- 열경화성수지 : 합성수지를 가열하면 경화반응이 진행되고 용제와 열에 녹기 어렵게 되는 성질을 갖게 되는 고분자 물질[페놀수지, 멜라민수지, 우레아수지, 에폭시수지(욕조용) 등]
- 열가소성수지 : 가열에 의해 연화, 즉 열에 의해 고체도 되고 액체도 되는 물질(염화비닐, 스티렌, 메타아크릴, 아세탈, 폴리올레핀 등)

07 화재조사 및 보고규정에 따른 피해액 산정에 대한 물음이다. 다음 물음에 답하시오.　　(5점)

> ① 화재피해액 산정 시 물가상승률이 적용되는 화재피해 산정대상은?
>
> ② 잔존물 제거비는 피해액의 몇 %로 산정하는가?

해답

① 구축물, ② 10%

해설

① 구축물은 그 종류, 구조, 용도, 규모, 재료, 질, 시공방법 등이 다양하므로 일률적으로 재건축비를 산정하기 어려운 면이 있으나, 대규모 구축물의 경우 설계도 및 시방서 등에 의해 최초건축비의 확인이 가능하므로 최초건축비에 경과연수별 물가상승률을 곱하여 재건축비를 구한 후 사용손모 및 경과연수에 대응한 감가공제 방식에 의해 구축물의 화재로 인한 피해액을 산정할 수 있다.

② 화재로 인한 건물, 부대설비, 영업시설, 기계장치, 공구·기구, 집기비품, 가재도구 등의 잔존물 내지 유해물 또는 폐기물을 제거하거나 처리하는 비용은 화재피해액의 10% 범위 내에서 인정된 금액으로 산정한다.

08 0℃, 1기압 상태에서 메탄의 증기비중을 구하시오. (단, 공기의 평균 분자량은 29, 소수점 두 번째 자리에서 반올림 할 것)　　(5점)

> ① 공식 :
>
> ② 증기비중(계산식 포함) :

해답

① 메탄의 기체비중 $= \dfrac{\text{메탄의 분자량}}{\text{공기의 분자량}}$

② $\dfrac{16g}{29g} = 0.55$

해설

기체의 비중은 한 물질의 밀도와 기준 물질의 밀도 사이의 비로 정의되며, 다음과 같이 표시한다.

$$\text{비중} = \frac{\text{어떤 물질의 밀도}}{\text{기준 물질의 밀도}} = \frac{\text{어떤 물질의 중량}}{\text{기준 물질의 중량}} = \frac{\text{메탄의 분자량}}{\text{공기의 분자량}} = \frac{16g}{29g} \fallingdotseq 0.55$$

09 2017.03.10 13:00에 페인트를 생산하는 지정수량 2,000배인 위험물제조소에서 화재발생신고를 받고 관할 119안전센터의 소방대가 출동하여 14:10에 화재를 진압하였으며, 이 화재로 부상 1명과 12,000천원의 재산피해가 발생하였다. 이때 공장의 자동화재탐지설비가 작동되어 공장 관계인이 화재 발생사실을 알고 119로 신고하였으며, 관계인에게 질문하여 화재감식한 결과 담뱃불 취급 부주의로 판정되었다. 다음 물음에 답하시오.   (10점)

> ① 보고 시 작성하여야 할 서식을 모두 기술하시오.
>
> ② 보고기일은 언제인가? (단, 예외규정은 무시한다)

해답

① ㉠ 화재발생종합보고서
　 ㉡ 화재현황보고서　　　　　　　　　　㉢ 화재유형별조사서(위험물·가스제조소 등 화재)
　 ㉣ 화재피해조사서(인명)　　　　　　　㉤ 화재피해조사서(재산)
　 ㉥ 소방·방화시설활용조사서　　　　　㉦ 화재현장조사서
　 ㉧ 질문기록서　　　　　　　　　　　　㉨ 화재현장출동보고서
② 화재발생일로부터 15일 이내 또는 2017.3.25까지

해설

지정수량 3,000배의 위험물을 저장·취급하는 장소는 종합상황실장이 상급 종합상황실에 지체 없이 보고 해야 할 화재 이외의 일반화재로 보고기한은 화재발생일로부터 15일 이내 또는 2017.3.25까지이다.

10 폭연은 (　　), (　　), (　　)을(를) 발생시키는 빠른 산화반응으로, 연소속도는 (　　)m/s 이하 이다. 빈칸을 완성하시오.   (4점)

해답

열, 빛, 압력파, 0.1~10

해설

구 분	폭연(Deflagration)	폭굉(Detonation)
충격파 전파속도	음속보다 느리게 이동한다(기체의 조성이나 농도에 따라 다르지만 일반적으로 0.1~10m/s 범위).	음속보다 빠르게 이동한다(1,000~3,500m/s 정도로 빠르며, 이때의 압력은 약 1,000kgf/cm²).
특 징	• 폭굉으로 전이될 수 있다. • 충격파의 압력은 수 기압(atm) 정도이다. • 반응 또는 화염면의 전파가 분자량이나 난류확산에 영향을 받는다. • 에너지 방출속도가 물질전달속도에 영향을 받는다.	• 압력상승이 폭연의 경우보다 10배, 또는 그 이상 이다. • 온도의 상승은 열에 의한 전파보다 충격파의 압력에 기인한다. • 심각한 초기압력이나 충격파를 형성하기 위해서는 아주 짧은 시간 내에 에너지가 방출되어야 한다. • 파면에서 온도, 압력, 밀도가 불연속적으로 나타난다.

11 다음에서 설명하는 화재패턴의 종류는 무엇인지 쓰시오. (3점)

> 가연성 액체가 웅덩이처럼 고여 있을 경우 발생하는데 주변이나 얕은 곳에서는 화염이 바닥이나 바닥재를 연소시키는 반면에 비교적 깊은 중심부는 가연성 액체가 증발하면 기화열에 의해 냉각시키는 현상 때문에 발생한다.

해답

도넛패턴(Doughnut Patterns)

해설

가연성 액체가 고여 있을 경우 발생되며 얕은 곳에서는 화염이 바닥이나 바닥재를 연소시키는 반면에 비교적 깊은 중심부는 가연성 액체가 증발하면서 기화열에 의해 냉각시키는 현상으로, 실제 가연성 액체를 뿌린 방화현장에서 가장자리가 더 많이 연소되면서 경계 부분을 형성하는 연소패턴이다.

12 전기화재 감식요령에서 퓨즈류의 형태에 따른 전기적 원인에 대하여 빈칸을 완성하시오. (6점)

> ① (㉠)에 의한 휴즈는 휴즈 부분이 넓게 용융 또는 전체가 비산되어 커버 등에 부착한다.
> ② (㉡)에 의한 휴즈의 용단형태는 중앙 부분 용융된다.
> ③ (㉢)으로 용융되었을 경우 양단 또는 접합부에서 용융 또는 끝부분에 검게 탄화된 흔적이 나타난다.
> ④ (㉣)에 의한 휴즈의 용융상태 대부분이 용융되어 흘러내린 형태로 나타난다.

해답

㉠ 단락, ㉡ 과부하, ㉢ 접촉 불량, ㉣ 외부 화염

13 공용 또는 공익에 공하는 건조물, 기차, 전차, 자동차, 선박, 항공기 또는 광갱을 소훼한 자에 대한 벌칙은? (4점)

해답

무기 또는 3년 이상의 징역

14 점화원을 부여하지 않고 가열된 열만으로 연소가 시작되는 최저온도(자동발화온도)를 무엇이라 하는가? (4점)

해답

착화점 또는 발화점

15 화재로 인한 재해보상에 관한 법률의 법적 성격을 3가지만 쓰시오. (6점)

해답

① 사영보험
② 영리보험
③ 물건보험

해설

손해보험, 책임보험의 성격

16 가연성 증기가 공기와 혼합한 상태에서의 증기의 부피를 말하며, 연소 농도의 최저 한도를 하한, 최고 한도를 상한이라고 말하는 것은? (5점)

해답

연소범위 또는 연소한계

해설

• 혼합물 중 가연성 가스의 농도가 너무 희박하거나 너무 농후해도 연소는 일어나지 않는데 이것은 가연성 가스의 분자와 산소의 분자수가 상대적으로 한쪽이 많으면 유효충돌 횟수가 감소하여 충돌했다 하더라도 충돌에너지가 주위에 흡수·확산되어 연소반응의 진행이 방해되기 때문이다.
• 연소 범위는 온도와 압력이 상승함에 따라 확대되어 위험성이 증가한다.

17 특수건물 소유자의 특약부화재보험 가입시기와 갱신시기는? (6점)

① 가입시기	② 갱신시기

해답

① 그 건물이 준공검사에 합격된 날 또는 그 소유권을 취득한 날로부터 30일 내
② 매년

해설

특약부화재보험 가입

- 가입의무자 : 특수건물 소유자
- 가입의무보험 : 특약부화재보험
- 의무가입 목적 : 특수건물의 화재로 인하여 다른 사람이 사망하거나 부상을 입었을 때에는 손해배상책임을 이행해야 한다.
- 보험가입시기 : 특수건물의 소유자는 그 건물이 준공검사에 합격된 날 또는 그 소유권을 취득한 날부터 30일 내에 특약부화재보험에 가입하여야 한다.
- 보험의 갱신 : 특수건물의 소유자는 특약부화재보험계약을 매년 갱신하여야 한다.
- 보험의 미가입자 : 500만원 이하의 벌금에 처한다.

18 폭발의 조건을 쓰시오. (6점)

해답

① 폭발범위(가연성 가스 + 공기)에 있을 것
② 점화에너지가 있을 것
③ 밀폐공간이 존재할 것

12 | 출제예상문제

01 다음 빈칸을 채우시오. (3점)

| 발굴범위 검토 | → | 발굴개시 | ⇅ | 발화원 등 탄화물 확보 |

사진촬영, 메모 등 중간 계측 ↓

| 발굴종료 | ← | 연소확대요인, 발화원 검토 등 | ← | ( ) |

↑ (발굴범위 검토로)

해답

복원

02 가스화재 시 불완전연소가 발생되는 원인을 3가지만 쓰시오. (6점)

해답

① 공기와의 접촉, 혼합이 불충분할 때
② 과대한 가스량 또는 필요량의 공기가 없을 때
③ 불꽃이 저온물체에 접촉되어 온도가 내려갈 때

03 수직, 수평관통부의 부재인 목재나 알루미늄의 복원 요령을 설명하시오. (5점)

해답

타거나 녹아서 남은 것, 가늘어진 것 등을 관찰하여 일치되는 곳을 맞춘다.

04 트래킹현상과 그래파이트화 현상의 차이점을 설명하시오. (5점)

해답

출화기구에 대한 착안점의 차이

해설

트래킹현상과 그래파이트화 현상의 차이점은 출화기구에 대한 착안점의 차이라고 할 수 있다. 굳이 말하자면 그래파이트화 현상은 누전화재의 해명에서 나온 경위 때문에 전로의 개폐에 의한 스파크에 의한 불꽃에 의해 유기절연재가 도전성 그래파이트가 되어 통전 출화하는 것이며, 아무래도 초기요인인 스파크에 비중이 놓여 있다. 반대로 트래킹현상에서는 전기재료학의 입장에서 고전압 애자표면에서 연면방전에 의한 절연파괴 등에서 볼 수 있다는 점에서 초기요인을 전로의 누설에 의한 불꽃(Scintillation, 섬광)에 비중을 두고 있다. 트래킹현상과 그래파이트화 현상은 착안점의 차이일 뿐이므로 화재조사에서는 이를 구분하지 않고 일괄하여 트래킹현상으로 부르고 있다.

05 다음에서 설명하는 가연성 액체의 연소패턴 종류는 무엇인가? (5점)

> 고스트마크와 유사하나 단순히 가연성 액체의 연소라는 점, 콘크리트나 시멘트 바닥이 아니라 마감재 표면에서 보이는 패턴이라는 점, 플래시오버 전후로 나타나는 고스트마크와는 달리 화재초기에 나타나는 점, 방화현장에서 많이 볼 수 있는 형태

해답

틈새연소패턴

해설

틈새연소패턴(Leakage Fire Patterns)
- 가연성 액체가 뿌려진 경우 바닥마감재 표면이나 틈새에서 나타나는 연소형태
- 고스트마크와는 화재초기에 나타나는 점, 단순히 가연성 액체만 연소로 한다는 점이 다름
- 방화현장에서 많이 볼 수 있는 형태로 틈새에 고인 가연성 액체는 다른 부분에 비하여 더 강한 연소흔을 나타내는 것이 특징임

06 역원추형(삼각형) 화재패턴을 다음 그림에 직접 도식하시오. (6점)

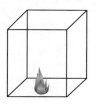

 — 역원추형패턴

역원추형(Inverted Cone Pattern)패턴
- 역 "Vs"라고 하는 역원추형태는 상부보다는 밑바닥이 넓은 삼각형 형태이다.
- 바닥면에서 발산하는 수직벽 위의 온도와 열의 경계선으로 항상 나타난다. 고온 인화성 또는 가연성 액체나 천연가스 등의 휘발성 연료와 관련 있는 것이 가장 일반적이다.
- 일반적으로 역 원추 형태는 천장에 닿지 않는 휘발성 연료가 연소하는 수직 플룸으로 생긴다. 역원추 형태가 발생하는 실의 기하학적 형태와 조합된 연료원의 종류와 바닥 면에서 연료원이 역원추형태의 형성에 중요한 요소이다.

07 플라스틱 발화 메커니즘을 설명하시오. (5점)

① 흡열과정
② 분해과정
③ 혼합과정
④ 발화·연소과정
⑤ 배출과정

08 요오드화 값에 따른 동식물유류의 분류에 대하여 다음 빈칸을 채우시오. (6점)

- (①) : 요오드화 값이 130 이상
- (②) : 요오드화 값이 100 이상 130 미만
- (③) : 요오드화 값이 100 미만

해답

① 건성유, ② 반건성유, ③ 불건성유

해설

요오드화 값

- 정의 : 동식물성유지의 자연발화성 척도를 나타내는 유지 100g당 첨가·반응되는 요오드의 g수를 의미하며, 분자 내부의 이중결합수가 증가할수록 요오드화 값은 증가한다.
- 요오드화 값에 따른 동식물유류의 분류
  - ㉠ 건성유 : 요오드화 값이 130 이상(해바라기, 동유, 아마인유, 정어리기름, 대구, 상어유)
  - ㉡ 반건성유 : 요오드화 값이 100 이상 130 미만(청어유, 쌀겨, 면실유, 채종유, 참기름, 콩기름 등)
  - ㉢ 불건성유 : 요오드화 값이 100 미만(피자마, 올리브, 땅콩, 야자유, 우지, 돈지, 고래 등)

09 전기기기의 절연물이 수분이나 경년열화(經年劣化)에 의해 물리적 또는 화학적으로 변화하여 절연 내력이 저하하여 출화한 화재원인은? (5점)

해답

절연열화에 의한 단락

해설

절연열화에 의한 단락

- 정의 : 전기기기의 절연물이 수분이나 경년열화(經年劣化)에 의해 물리적 또는 화학적으로 변화하여 절연내력이 저하하여 출화한 화재
- 절연열화 화재의 종류
  - ㉠ 코일을 갖는 전기기기의 코일부분 절연열화에 의해 출화한 경우
  - ㉡ 절연유(絶緣由) 등의 절연열화에 의해 출화한 경우
  - ㉢ 콘덴서의 절연내력이 저하하여 출화한 경우
  - ㉣ 형광등 안정기의 절연내력이 저하하여 출화한 경우

10 아파트(철근콘크리트조 슬래브지붕 3급 14층, 중앙난방식) ○○층 ○○○호에서 불이나 99m²(20평) 내부마감재 전체가 소실되고, TV 및 장롱 등 가재도구 일체와 전기(약전)설비, 위생설비 및 난방설비가 피해를 입어 피해액을 산정하였더니 건물의 피해액 17,805천원, 부대설비 피해액 2,225천원, 가재도구 피해액, 22,400천원으로 산정되었다. 다음 표를 완성하시오. (12점)

① 잔존물 제거비 (6점)

잔존물 제거	산정대상 피해액	㉠	잔존물 제거비용 (산정대상피해액 × ㉡%)	㉢

② 총 피해액(피해액 + 잔존물 제거비) (6점)

구 분	부동산	㉣	총 피해액	㉻
	동산	㉤		

해답

㉠ 42,430천원(건물 17,805천원 + 부대설비 2,225천원 + 가재도구 22,400천원)

㉡ 10

㉢ 4,243천원

㉣ 22,033천원

㉤ 24,640천원

㉻ 46,673천원

해설

① 잔존물 제거비

잔존물 제거	산정대상 피해액	42,430천원 (건물 17,805천원 + 부대설비 2,225천원 + 가재도구 22,400천원)	잔존물 제거비용 (산정대상피해액 × ㉡%)	4,243천원

② 총 피해액(피해액 + 잔존물 제거비)

구 분	부동산	22,033천원	총 피해액	46,673천원
	동 산	24,640천원		

※ 부동산 = 건물 + 부대설비 + [(건물 + 부대설비) × 10%]
　　　　 = (17,805 + 2,225) × 1.1 = 22,033천원

※ 동산 = 동산피해액 + (동산피해액 × 10%)
　　　　 = 22,400 × 1.1 = 24,640천원

11 실화를 위장한 방화의 감식 요점을 3가지만 쓰시오. (6점)

[해답]

① 실화인정
② 증거 인멸
③ 알리바이 강조

[해설]

① 실화인정

　화재관련자가 실화(전기화재 등)를 쉽게 인정하거나 그 가능성을 조사관에게 필요 이상으로 설명하는 경우 위장실화를 배제할 수 없다.

② 증거 인멸

　가연물의 적재 상태나 연소 시간에 비해 심하게 연소되어 증거를 찾기 어렵거나 생업이나 안전을 핑계로 조사 이전에 현장을 심하게 훼손하는 경우이다.

③ 알리바이 강조

　대낮이나 사람의 통행이 빈번한 곳에 쉽게 발견되도록 하고 관련자는 그 시간에 맞는 명확한 알리바이(현장부재증명)를 성립시키는 경우이다.

12 화재조사 전담부서에 갖추어야 할 장비와 시설 중 기록용 기기 5가지를 쓰시오. (5점)

[해답]

① 비디오카메라 ② 정밀저울 ③ 버니어캘리퍼스 ④ 드론 ⑤ 디지털카메라

[해설]

기록용 기기(13종)

디지털카메라(DSLR)세트, 비디오카메라세트, TV, 적외선거리측정기, 디지털온도·습도측정시스템, 디지털풍향풍속기록계, 정밀저울, 버니어캘리퍼스(아들자가 달려 두께나 지름을 재는 기구), 웨어러블캠, 3D스캐너, 3D카메라(AR), 3D캐드시스템, 드론

13 단상 220V에서 4,840W를 소비하는 전열기구에 잘못하여 단상 380V 전압이 인가된 경우 전류는 몇 A, 전열기구 소비전력은 몇 kW인가? (6점)

해답

① 전류 $I = 38$A

② 전열기구 소비전력 $P = 14.4$kW

해설

① 단상 380V의 경우 회로에 흐르는 전류

$I = \dfrac{V}{R}$로 전류값을 구하기 위해서는 저항값을 구하여야 한다.

따라서 단상 220V, 4,840W 전열기구를 통하여 전류값을 구하고 저항값을 구한다.

$P = VI(P : 전력(W), \ V : 전압(V), \ I : 전류(A))$

전류(A) $= \dfrac{P}{V} = 4,840\text{W}/220\text{V} = 22$A

저항(Ω) $= \dfrac{V}{I} = 220/22 = 10\Omega$(전열기구의 발열저항은 일정)

여기서, 단상 380V의 전류(A) $= 380\text{V}/10\Omega = 38$A

② 전열기구에서 소비하는 전력(kW)

전열기구의 발열저항은 220V나 380V에서 일정하므로

소비전력 $P(\text{W}) = I^2 R = 38^2 \times 10 = 14,440\text{W} = 14.4$kW

14 자연발화가 일어나기 위한 다음 조건들을 설명하시오. (6점)

① 주변온도

② 표면적

③ 산 소

해답

① 주변온도가 높아야 한다.

② 표면적이 넓어야 한다.

③ 산소의 공급이 적당하여야 한다.

해설

• 열 축적이 용이할 것(퇴적방법 적당, 공기유통 적당)

• 열 발생속도가 클 것

• 열전도가 작을 것

• 주변온도가 높을 것

15 임야화재에서 발화지역 조사방법과 그 장점에 관하여 기술한 것이다. 다음 물음에 답하시오.

(6점)

① 작은 지역조사에 유용한 나선형 방법(Spiral Method)은?

② 넓은 지역을 한 명 이상의 조사관이 조사할 때 가장 유용한 방법은?

③ 조사해야 할 지역이 넓고 개방적일 때 유용한 일명 활주로 기법(Strip Method)은?

해답

① 올가미 기법(Loop Technique)

② 격자 기법(Grid Technique)

③ 통로(좁은길) 기법(Lane Technique)

16 전기의 접촉저항 증가에 의한 발열의 주요 원인을 3가지만 쓰시오.

(6점)

해답

① 접속부 나사의 조임 불량

② 전선의 압착 불량

③ 코드를 비틀어 꼬아 접속한 부분의 이완

17 화재유형을 발화원인으로 분류하였다. 빈칸에 알맞은 내용을 쓰시오.

(5점)

① (㉠) : 과실에 의해 발생한 화재

② (㉡) : 작위적으로 발생시킨 화재

③ (㉢) : 산화(酸化), 약품혼합, 마찰 등으로 발생한 열로 발화된 화재

④ (㉣) : 화재진압 후 다시 발생한 화재

⑤ 천재 : 지진, 해일, 분화 등에 의해 발생한 화재

⑥ (㉤) : 원인이 밝혀지지 않은 화재

해답

㉠ 실화

㉡ 방화

㉢ 자연발화

㉣ 재연(再燃)

㉤ 원인미상

18 화재사의 사망기전을 3가지 쓰시오. (3점)

① 화상, ② 유독가스 중독, ③ 기도화상

• 화상 : 화염, 고온의 공기, 고온의 물체에 의한 화상
• 유독가스 중독 : 일산화탄소, 화학섬유·도료류 등에서 발생하는 각종 유독가스 중독
• 산소결핍에 의한 질식 : 공기의 유통이 좋지 않은 밀폐공간에서 산소의 소진으로 질식
• 기도화상 : 화염이 호흡기에 직접 작용하여 기도에 부종이 발생하여 곧바로 사망
• 원발성 쇼크 : 반사적 심정지로 사망한 경우로 분신자살시 흔히 보임
• 급·만성호흡부전 : 기도화상으로 급성호흡부전 또는 감염으로 만성호흡부전으로 사망

01 화재피해액 산정 시 부대설비 손해율 적용기준에 대하여 다음 빈칸을 채우시오. (5점)

화재로 인한 피해 정도	손해율(%)
주요 구조체의 (①)하게 된 경우	90
손해의 정도가 (②) 경우	60
손해 정도가 다소 심한 경우	(③)
손해 정도가 (④)인 경우	20
손해 정도가 경미한 경우	(⑤)

해답

화재로 인한 피해 정도	손해율(%)
주요 구조체의 (① 재사용이 거의 불가능)하게 된 경우	100
손해의 정도가 (② 상당히 심한) 경우	60
손해 정도가 다소 심한 경우	(③ 40)
손해 정도가 (④ 보통)인 경우	20
손해 정도가 경미한 경우	(⑤ 10)

02 화재증거물수집관리규칙에서 정하는 증거물 시료용기를 쓰시오. (6점)

해답

① 유리병, ② 주석 도금 캔, ③ 양철 캔

03 임야화재 조사요령을 3가지만 기술하시오. (6점)

해답

① 산불조사관은 산불현장 도착 시 주변 사람들의 의견을 듣고, 즉시 기록한다.
② 산불의 크기를 추정한다.
③ 개략적 발화지점 표시 및 보호를 실시한다.

해설

그 밖에 증거확보와 물증을 보존하고, 목격자 및 참고인 조사를 실시한다.

04 실린더 안에서 불완전 연소된 혼합가스가 배기파이프나 소음기 내에 들어가서 고온의 배기가스와 혼합, 착화하는 현상을 무엇이라 하는가? (5점)

해답

후화

해설

후화의 원인

- 혼합가스의 혼합비가 농후한 상태에서 초크의 사용이 연료의 불완전 연소를 초래하여 배기관 내로 불완전 연소가스가 흘러 발생한다.
- 배기밸브의 폐쇄가 불량한 경우 연소가스가 배기관으로 누유되어 발생한다.

05 물적 증거물 중 합성수지류의 수열에 의한 연소과정을 쓰시오. (5점)

해답

연화 → 변형 → 용융 → 소실

해설

- 변형 : 수열에 의해 연화되기 시작해 하중이 있으면 급속히 그 형태가 붕괴되든지 뚫려 떨어진다.
- 용융 : 연화되는 합성수지류를 더욱 가열하면 점차 녹아 떨어져내려 결국 본체에서 이탈한다.
- 소실 : 난연처리가 되지 않은 합성수지류는 가연성이고 착화온도는 낮다. 열분해온도는 200~400℃ 이며, 이 온도가 되면 쉽게 착화하여 연소가 개시되면서 소실된다.

06 방화의 판정을 위한 10대 요건 중 '실화, 자연발화 등 다른 화재원인을 발견할 수 없으면 방화로 추정할 수 있다.'는 무엇을 설명한 것인가? (5점)

해답

사고화재원인 부존재(Absence Of All Accidental Fire Causes)

07 미소화원 중 담뱃불화재의 감식요령에 대하여 3가지만 쓰시오. (6점)

해답

① 흡연행위가 있었는지를 확인하고 경과시간과 착화물의 상관관계를 조사한다.
② 가연물(침구류, 쓰레기통)의 종별 및 연소상태와 연소패턴을 확인·분석한다.
③ 축열조건에 영향을 미칠 수 있는 주변 환경을 확인한다.

이외에도

- 최초 발화지점의 탄화심도가 깊은 것(국부적으로 패인현상)이 특징이므로 주의 깊게 확인한다.
- 착화될 수 있는 가연물을 확인한다.

08 화학화재 중 산화반응에 의한 자연발화 발생조건 3가지를 기술하시오. (5점)

해답

① 유지가 산화되기 쉬운 성질이 있을 것
② 공기와의 접촉면적이 큰 상태로 있을 것
③ 산화반응이 촉진되기 쉬운 온도에 있을 것

해설

반응열이 축적되기 쉬운 조건에 있을 때 자연발화가 잘 일어난다.

09 용접 화재의 유형별 관찰 포인트를 4가지 기술하시오. (6점)

해답

① 용접 부위의 금속재료에 가연물이 접촉된 흔적이 식별되는지 관찰한다.
② 용접 부위와 소손 부위의 위치를 확인한다.
③ 발화지점 주위에 용접기기를 확보하고, 용융입자는 자석 등으로 채취한다.
④ 용접불꽃으로 착화된 가연물이 낙하위치에 존재하는지 관찰한다.

10 단락이 발생되는 원인을 5가지 쓰시오. (5점)

해답

① 고정구에 의한 피복 손상
② 중량물로 인한 압착 손상
③ 기계적 마찰로 단락
④ 외부화염에 의한 전선피복이 소실
⑤ 시공불량에 따른 전연손상

해설

단락은 절연피복이 파괴되거나 절연성능이 열화될 경우 발생하는 것으로 다음의 경우에도 발생한다.

- 스테이플, 못 등 고정구에 의한 피복 손상
- 침대와 같은 중량물로 인한 압착 손상
- 기계적 마찰로 인한 경우
- 외부화염에 피복이 소실되는 경우
- 전로 자체불량 또는 시공불량에 의한 절연물질 손상
- 반복적인 진동, 마찰, 열의 축적 등에 의한 절연물질 손상

11 화재피해조사 및 피해액 산정 순서이다. 다음 빈칸을 완성하시오. (6점)

해답

① 기본현황조사, ② 재구입비 산정

해설

화재피해조사 및 피해액 산정 순서
- 화재현장조사 : 전체적인 피해규모 및 정도 파악
- 기본현황조사 : 피해산정대상 피해유무, 피해내용, 피해범위 확인
- 화재피해 정도 조사 : 피해대상별 피해정도 및 면적(수량) 확인
- 재구입비 산정 : 피해대상별로 재구입비 산정
- 피해액 산정
  ㉠ 피해대상별 산정공식 적용 피해액 산정
  ㉡ 잔존물 제거비 산정
  ㉢ 총 피해액 산정(대상별 피해액의 합 + 잔존물 제거비)

12 런온(Run On) 현상에 대하여 설명하시오. (6점)

해답

아이들링 조정의 불량 등에 의하여 엔진의 스위치를 꺼도 엔진이 계속 회전하는 상태

해설

런온 현상이 계속되면 미연소가스가 촉매장치로 유입되어 기기 내에서 가스가 연소되어 장치자체가 적열상태가 되어, 방사열에 의해 차 실내의 카펫 등에 출화한다.

13 전기적 화재요인에 대한 설명이다. 물음에 답하시오. (6점)

> ① 전원코드가 꽂혀 있고 사용하지 않던 선풍기 목조절부 배선이 전기적인 원인에 의해 화재가 발생하였다.
> 선풍기가 회전하면서 계속적으로 배선이 반복적인 구부림의 스트레스를 받았다고 가정한다면 화재원인은 무엇으로 추정할 수 있는가?
> ② ①에서 답한 원인의 화재발생 메커니즘에 대해 쓰시오.

해답

① 반단선

② 여러 개의 소선으로 구성된 선풍기 목부문의 배선이 10% 이상 끊어졌거나 전체가 완전히 단선된 후에 일부가 접촉상태로 남아 통전을 하면 끊어짐과 이어짐을 반복 → 전류통로의 감소와 국부적인 저항치 증가 → 줄열에 의한 발열량이 증가 → 전선의 피복 및 주변가연물 발열발화

해설

① 선풍기 목조절부 배선의 반복적인 구부림의 스트레스를 받았다고 가정하였으므로 외부로부터 기계적 피로가 가해진 형태로 내부 전선 중 일부가 손상되면 반단선이 발생

② 반단선 메커니즘

　　㉠ 여러 개의 소선으로 구성된 전선이나 코드의 심선이 10% 이상 끊어졌거나 전체가 완전히 단선된 후에 일부가 접촉상태로 남아 있는 상태

　　㉡ 반단선 상태에서 통전시키면 도체의 저항치는 단면적에 반비례하므로 국부적으로 발열량이 증가하거나 스파크가 발생하여 피복이나 주위 가연물에 착화되어 출화

　　㉢ 반단선에 의한 용흔은 단선 부분의 양쪽, 금속에 의해 절단된 단선에서는 전원측에만 발생

14 다음 그림을 보고 물음에 답하시오. (6점)

① 그림이 보여주는 화재형태는?

② 화재발생 및 연소확대 순서는? (A, B, C, D)

해답

① V패턴

② A → B → C → D

15 형법상 방화죄의 종류 4가지를 쓰시오. (4점)

> 해답

① 현주건조물 등에의 방화죄
② 공용건조물 등에의 방화죄
③ 일반건조물 등에의 방화죄
④ 일반물건에의 방화죄

16 폭발반응은 물질의 어떤 변화에 의해 일어나는가? (3점)

> 해답

엔탈피 변화

17 여러 방법으로 시료를 원자화 한 후 금속원소, 반금속원소 및 일부 비금속원소를 정량분석하는
방법은? (3점)

> 해답

원자흡광분석법

18 화재조사 및 보고규정상 정당한 사유가 있는 경우에는 소방관서장에게 사전 보고를 한 후 필요한
기간만큼 조사 보고일을 연장할 수 있다. 정당한 사유 3가지를 쓰시오. (6점)

> 해답

① 수사기관의 범죄수사가 진행 중인 경우
② 화재감정기관 등에 감정을 의뢰한 경우
③ 추가 화재현장조사 등이 필요한 경우

> 해설

조사보고(화재조사 및 보고규정 제22조)
다음 각 호의 정당한 사유가 있는 경우에는 소방관서장에게 사전 보고를 한 후 필요한 기간만큼 조사
보고일을 연장할 수 있다.
① 수사기관의 범죄수사가 진행 중인 경우
② 화재감정기관 등에 감정을 의뢰한 경우
③ 추가 화재현장조사 등이 필요한 경우

19 건물의 동수 산정 방법에서 다른 동으로 산정하는 경우 4가지를 쓰시오. (8점)

해답

① 건물의 복도 등으로 2 이상의 동에 연결되어 있는 것은 그 부분을 절반으로 분리하여 다른 동으로 본다.
② 독립된 건물과 건물 사이에 차광막, 비막이 등의 덮개를 설치하고 그 밑을 통로 등으로 사용하는 경우
③ 내화조 건물의 외벽을 이용하여 목조 또는 방화구조건물이 별도 설치되어 있고 건물 내부와 구획되어 있는 경우
④ 내화조 건물의 옥상에 목조 또는 방화구조 건물이 별도 설치되어 있는 경우

해설

화재조사 및 보고규정에 따른 건물동수 산정방법

같은 동	다른 동
• 주요구조부가 하나로 연결되어 있는 것은 같은 동으로 한다.	• 건널 복도 등으로 2 이상의 동에 연결되어 있는 것은 그 부분을 절반으로 분리하여 다른 동으로 본다.
• 건물의 외벽을 이용하여 실을 만들어 헛간, 목욕탕, 작업실, 사무실 및 기타 건물 용도로 사용하고 있는 것은 주건물과 같은 동으로 본다.	• 독립된 건물과 건물 사이에 차광막, 비막이 등의 덮개를 설치하고 그 밑을 통로 등으로 사용하는 경우
• 구조에 관계없이 지붕 및 실이 하나로 연결되어 있는 경우	• 내화조 건물의 외벽을 이용하여 목조 또는 방화구조건물이 별도 설치되어 있고 건물 내부와 구획되어 있는 경우
• 목조 또는 내화조 건물의 경우 격벽으로 방화구획이 되어 있는 경우	• 내화조 건물의 옥상에 목조 또는 방화구조 건물이 별도 설치되어 있는 경우

01 아파트(철근콘크리트조 슬래브지붕 저층형 2급) ○○층 ○○○호에서 화재가 발생하여 100m² 내부의 천장, 벽, 바닥 등 내부마감재 전체가 소실되었다. 피해액 산정과 관련하여 다음 물음에 답하시오. (13점)

① 건물 피해액 산정공식을 기술하시오.

② 최종잔가율은 얼마인가?

③ 내용연수가 57년이고, 경과연수가 15년이라면 잔가율은 얼마인가? (단, 소수점 둘째자리에서 반올림 할 것)

④ 천장, 벽, 바닥 등 내부마감재 등이 소실된 경우 손해율은?

⑤ 신축단가가 751천원이고, 소실 바닥면적이 100m²라면 건물 피해액은 얼마인가?

⑥ 잔존물 제거비 산정식은?

⑦ 잔존물 제거비를 산정하면?

⑧ 총 피해액은 얼마인가?

해답

① 건물 피해액 = 신축단가(m²당) × 소실면적 × [1 − (0.8 × 경과연수/내용연수)] × 손해율

② 20%, ③ 78.95%, ④ 40%

⑤ 건물 피해액 = 751천원/m² × 100m² × 78.95% × 40% = 23,717천원

⑥ 잔존물 제거비 = 건물 피해액 × 10%

⑦ 2,372천원

⑧ 총 피해액 = 23,717천원 × 1.1 = 26,089천원

해설

① 건물 피해액 = 신축단가(m²당) × 소실면적 × [1 − (0.8 × 경과연수/내용연수)] × 손해율

② 최종잔가율 : 건물, 부대설비, 구축물, 가재도구의 경우 20%, 기타의 경우 10%

③ 잔가율 = 1 − (1 − 최종잔가율) × $\dfrac{경과연수}{내용연수}$ = 1 − (0.8 × 15/57) = 78.95%

④ 건물/구축물의 손해율 : 내부마감재 손실 40%

화재로 인한 피해정도 손해율(%)					
건물/구축물	주요구조부 재사용 불가능(기초불가)	주요구조부 재사용 가능하나 기타부분 불가능	내부마감재	외부마감재	수손 또는 그을음
	90(100)	60	40	20	10

⑤ 건물 피해액 = 751천원/m^2 × 100m^2 × 78.95% × 40% = 23,717천원
⑥ 잔존물 제거비 = 건물피해액 × 10%
⑦ 잔존물 제거비 = 건물피해액 × 10% = 23,717 × 10% = 2,372천원
⑧ 총 피해액 = 23,717천원 × 1.1 = 26,089천원 (건물 피해액 + 잔존물 제거비)

02 철근콘크리트조 슬래브지붕 4층 건물의 2층에서 화재가 발생하여 1층 점포 25m^2(바닥면적 기준)가 그을음손 및 수침손을 입고, 2층과 3, 4층 각 70m^2(바닥면적 기준) 내부가 전소하는 화재피해가 발생하였다. 소실면적은 얼마인가? (5점)

해답

소실면적 = 25 + 70 + 70 + 70 = 235m^2

해설

건물의 소실면적 산정은 소실 바닥면적(여러 층이 피해를 입은 경우 각층의 바닥면적의 합)으로 산정한다.

03 다음의 점화원을 한가지씩 쓰시오. (6점)

① 기계적 에너지 :
② 화학적 에너지 :
③ 전기적 에너지 :

해답

① 기계적 에너지 : 압축열
② 화학적 에너지 : 분해열
③ 전기적 에너지 : 저항열

해설

① 기계적 에너지 : 압축열, 마찰열, 마찰스파크
② 화학적 에너지 : 분해열(화합물이 두 개 이상의 물질로 분해될 때 방출하는 열, 폭약), 그 외 중합열, 흡착열, 발효열, 용해열, 연소열
③ 전기적 에너지 : 저항열(저항이 있는 물체에 전류가 흐를 때 발생하는 열, 전기난로), 그 외 유전열, 유도열, 정전기, 아크, 낙뢰

04 화재증거물수집관리규칙에서 정하는 촬영 시 유의사항에 대한 설명이다. 다음 빈칸을 완성하시오.

(6점)

> ① 최초 도착하였을 때의 (㉠)을/를 그대로 촬영하고 화재조사의 (㉡)에 따라 촬영한다.
>
> ② 증거물을 촬영할 때는 그 소재와 상태가 명백히 나타나도록 하며, 필요에 따라 구분이 용이하게 (㉢) 등을 넣어 촬영한다.
>
> ③ 화재현장의 특정한 증거물 등을 촬영함에 있어서는 그 길이, 폭 등을 명백히 하기 위하여 측정용 자 또는 (㉣)을/를 사용하여 촬영한다.
>
> ④ 화재상황을 추정할 수 있는 다음 대상물의 형상은 면밀히 관찰 후 자세히 촬영한다.
>   ㉠ 사람, 물건, 장소에 부착되어 있는 연소흔적 및 (㉤)
>   ㉡ 화재와 연관성이 크다고 판단되는 증거물, 피해물품, 유류
>
> ⑤ 현장사진 및 비디오 촬영할 때에는 연소확대 경로 및 증거물 기록에 대한 번호표와 (㉥)을/를 표시 후에 촬영하여야 한다.

해답

㉠ 원상태, ㉡ 진행순서, ㉢ 번호표, ㉣ 대조도구, ㉤ 혈흔, ㉥ 화살표

05 방화의 지연착화 방법 중 8시간에서 15시간 이상까지도 길이와 두께에 따라 다양하게 조절할 수 있어 자체는 연소된 다음 가연물에 접촉되도록 시간을 지연할 수 있는 물질은? (5점)

해답

양초

06 배선용 차단기의 절연열화에 의한 발화요인 3가지만 쓰시오. (6점)

해답

① 절연체에 먼지 또는 습기에 의한 트래킹 등의 절연파괴
② 사용부주의, 취급불량으로 절연피복의 손상 및 절연재료의 파손
③ 이상전압에 의한 절연파괴

해설

허용전류를 넘는 과전류에 의한 열적열화도 발화요인에 해당된다.

07 220V RLC 직렬회로가 있다. 저항은 500Ω, 인덕턴스는 0.6H, 커패시턴스는 0.8μF이다.

(6점)

---

① 공진주파수는 몇 Hz인가?

② 전류를 구하시오.

[해답]

① 724.64Hz

② 0.44A

[해설]

공진주파수

$$F = \frac{1}{2\pi \sqrt{LC}}$$

F : 공진주파수

L(H) : 인덕턴스

C(F) : 정전용량

---

① $F = \dfrac{1}{2\pi \sqrt{LC}} = \dfrac{1}{2\pi \sqrt{0.6 \times 0.08 \times 10^{-6}}} = 726.44\text{Hz}$

② $I = \dfrac{V}{Z}$, 공진 시 $I = \dfrac{V}{R} = \dfrac{220}{500} = 0.44\text{A}$

---

08 통전 중인 플러그와 콘센트가 접속된 상태로 출화하였다. 소손흔적은?

(6점)

---

① 플러그 :

② 콘센트 :

③ 중간스위치 :

[해답]

① 플러그 핀 용융흔, 패임, 잘림, 푸른 변색흔 착상

② 금속받이 열림, 금속받이 부분적인 용융, 외함함몰

③ ON/OFF 등의 표시로 판별, 가동부 분해하여 확인

플러그와 콘센트, 중간스위치의 소손흔적
• 플러그 핀이 용융되어 패여 나가거나 잘려나간 흔적이 남는다.
• 불꽃 방전현상에 따라 플러그 핀에 푸른색의 변색흔이 착상되는 경우가 많고 닦아내더라도 지워지지 않는다.
• 플러그핀 및 콘센트 금속받이가 괴상형태로 용융되거나 플라스틱 외함이 함몰된 형태로 남는다.
• 콘센트의 금속받이가 열린 상태로 남아있고 복구되지 않으며 부분적으로 용융되는 경우가 많다.
• 중간스위치, 기기 스위치
　㉠ 타있는 경우 ON/OFF 등의 표시로 판별
　㉡ 소손된 경우 분해하여 가동부의 위치를 확인(X선 투시 등)

09 임야화재 시 와류현상으로 화재진행방향의 반대방향 줄기에서 탄화현상이 나타나는 것을 무엇이라 하는가? (4점)

해답

래핑(Wrapping)

10 화재조사 전담부서에 갖추어야 할 장비에서 감정용 기기 21종 중 5종을 쓰시오. (5점)

해답

① 고속카메라
② 화재시뮬레이션
③ 접전저항계
④ 직류전압전류계
⑤ 교류전압전류계

해설

감정용 기기(21종)
가스크로마토그래피, 고속카메라세트, 화재시뮬레이션시스템, X선 촬영기, 금속현미경, 시편(試片)절단기, 시편성형기, 시편연마기, 접점저항계, 직류전압전류계, 교류전압전류계, 오실로스코프(변화가 심한 전기현상의 파형을 눈으로 관찰하는 장치), 주사전자현미경, 인화점측정기, 발화점측정기, 미량용점측정기, 온도기록계, 폭발압력측정기세트, 전압조정기(직류, 교류), 적외선 분광광도계, 전기단락흔실험장치[1차 용융흔(鎔融痕), 2차 용융흔(鎔融痕), 3차 용융흔(鎔融痕) 측정 가능]

11 연소범위와 위험도에 대해 기술하시오. (6점)

해답

① 연소범위 : 가연성가스와 공기의 혼합가스가 연소반응을 일으킬 수 있는 적정 농도 범위
② 위험도(H) = $\dfrac{U-L}{L}$ (U : 연소 상한계, L : 연소 하한계)

12 다음이 설명하는 화재패턴은? (4점)

> ① 복사열 등에 의해 벽에 걸린 옷, 커튼, 수건걸이 등 발화지점과 먼 곳의 가연물에 착화되어 연소물이 바닥에 떨어져 그 지점에서 위로 타 올라간 형태이다.
> ② 발화지점과 혼돈되는 경우가 많다.

해답

드롭다운패턴

해설

폴 또는 드롭다운패턴(Fall or Drop Down Patterns)
- 화재가 진행하는 동안 연소잔재가 저층으로 떨어져 그 지점에서 위로 타올라가는 형상을 "폴다운" 또는 "드롭다운"이라 한다. 밑으로 떨어지는 것은 발화지점과 혼돈되는 낮은 연소 형태를 생성하고 다른 가연성 물질을 발화시킨다.
- 복사열 등에 의해 벽에 걸린 옷, 커튼, 수건걸이 등 발화지점과 먼 곳의 가연물에 착화되고, 연소물이 바닥에 떨어져 그 지점에서 위로 타 올라간 형태로 발화지점과 혼돈하기 쉽다.

13 폭굉의 경우 충격파의 전파속도는 (①)보다 (②) 이동하고, 연소속도는 (③)m/s 정도로 빠르며, 이때의 압력은 약 (④)이다. (5점)

해답

① 음속, ② 빠르게, ③ 1,000~3,500, ④ 1,000kgt/cm²

해설

구 분	폭연(Deflagration)	폭굉(Detonation)
충격파 전파속도	음속보다 느리게 이동한다(기체의 조성이나 농도에 따라 다르지만 일반적으로 0.1~10m/s 범위).	음속보다 빠르게 이동한다(1,000~3,500m/s 정도로 빠르며, 이때의 압력은 약 1,000kgf/cm²).
특 징	• 폭굉으로 전이될 수 있다. • 충격파의 압력은 수 기압(atm) 정도이다. • 반응 또는 화염면의 전파가 분자량이나 난류확산에 영향을 받는다. • 에너지 방출속도가 물질전달속도에 영향을 받는다.	• 압력상승이 폭연의 경우보다 10배, 또는 그 이상이다. • 온도의 상승은 열에 의한 전파보다 충격파의 압력에 기인한다. • 심각한 초기압력이나 충격파를 형성하기 위해서는 아주 짧은 시간 내에 에너지가 방출되어야 한다. • 파면에서 온도, 압력, 밀도가 불연속적으로 나타난다.

14 동·식물성 유지의 자연발화성 척도를 나타내는 유지 100g당 첨가 반응되는 요오드의 g수를 무엇이라 하는가? (3점)

해답

요오드 값

15 이것은 원래 사업계획을 일정기간 내에 완성하기 위해 진행 상태를 평가해서 기간을 단축시키고자 개발한 것으로 사건의 재구성에 매우 유용하게 사용되고 있으며, 재구성에 있어서도 증거들의 조합으로 이루어진 이벤트들을 타임라인 위에 나열한 것을 말한다. 이것은 무엇인가? (4점)

해답

PERT 차트

16 이 폭발은 공간 내부의 압력이 상승하여 공간을 유지하고 있는 탱크와 같은 구조의 내압한계를 초과하면서 파열되는 것으로 압력밥솥의 폭발, 보일러의 온수탱크 및 열교환기의 폭발, 가스용기의 가열에 의한 폭발 등이 있다. 이 폭발을 무엇이라 하는가? (4점)

해답

물리적 폭발

17 화재현장조사서의 현장관찰·확인내용 작성 시 다음 도면의 작성요령을 기술하시오. (6점)

① 도면의 위치 :
② 도면의 축척 :
③ 도면의 기호 :
④ 도면의 표제 :

해답

① "북"을 위쪽으로 작성한다.
② 자료의 가치성을 높이기 위하여 정확한 축척으로 작성한다.
③ 표준화된 기호나 문자를 삽입하여 작성한다.
④ 사용금지 용어는 도면의 표제에서도 사용하지 않는다.

화재현장조사서 도면작성 요령
① 도면의 위치 : "북"을 위쪽으로 작성한다.
② 도면의 축척 : 정확한 축척으로 작성하여 가치성을 높인다.
③ 도면의 기호 : 도면은 누가 보아도 이해가 되도록 작성하여야 한다.
④ 도면의 표제 : 사용금지 용어는 도면의 표제에서도 사용할 수 없다.

18 다음 화재조사장비의 명칭과 용도를 쓰시오. (6점)

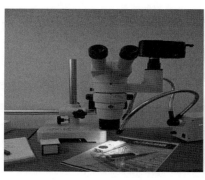

① 명칭 :

② 용도 :

① 실체현미경
② 수집증거물 또는 실험물체의 세부관찰

15 | 출제예상문제

01 아파트(철근콘크리트조 슬래브지붕 3급 14층, 중앙난방식) 00층 000호에서 불이나 99m²(20평) 내부마감재 전체가 소실되고, TV 및 장롱 등 가재도구 일체와 전기설비, 위생설비가 피해를 입었다. 다음 조건에 따라 건물 피해액 산정서를 완성하시오. (단, 잔존물 제거비는 무시한다) (10점)

구 분	용 도	구 조	소실면적 (m²)	신축단가 (m²당, 천원)	경과 연수	내용 연수	잔가율 (%)	손해율 (%)	피해액 (천원)
건물	아파트	철근콘크리트조 슬래브지붕 (고급형)(3)	99	704	10	75	①	②	③
산출 근거	④								

해답

① 89.33%, ② 40%, ③ 24,904천원

④ 피해액 = $704 \times 99 \times [1 - (0.8 \times \frac{10}{75})] \times \frac{40}{100} = 24,904$ 천원

해설

① 잔가율 = $1 - (1 - 최종잔가율) \times \frac{경과연수}{내용연수} = 1 - (0.8 \times 10/75) = 89.33\%$

② 아파트의 손해율 : 내부마감재 손실 40%

	화재로 인한 피해정도 손해율(%)				
건물/구축물	주요구조부 재사용 불가능(기초불가)	주요구조부 사용가능하나 기타부분 불가능	내부 마감재	외부 마감재	수손 또는 그을음
	90(100)	60	40	20	10

③ 건물 피해액 = 신축단가 × 소실면적(m²) × $[1 - (0.8 \times \frac{경과연수}{내용연수})] \times 손해율$

$= 704 \times 99 \times [1 - (0.8 \times \frac{10}{75})] \times \frac{40}{100} = 24,904천원$

02 임야화재의 감식지표 중 다음에서 설명하는 것은 무엇인가? (5점)

> 보통 바람이 불어오는 쪽의 나뭇가지, 잔디 등에서 일어난다. 한 면은 바람에 많이 노출되어서 가장 많이 타는 반면, 반대쪽 면은 상대적으로 시원하고 노출된 면에 의해 안전한 채로 남아있을 수 있다.

해답

커핑

03 자동차 화재 발생요인 중 역화(Back Fire)의 원인 3가지를 쓰시오. (6점)

해답

① 엔진의 온도가 낮은 경우
② 혼합가스의 혼합비가 희박할 경우
③ 흡기밸브의 폐쇄가 불량한 경우

해설

역화란 연소기에서 혼합가스가 폭발하여 생긴 화염이 다시 기화기 쪽으로 전파되는 현상(Back Fire)으로 해답 외에 다음의 경우에도 나타난다.
• 연료 중 수분이 혼합된 경우
• 실린더 개스킷 파손된 경우
• 점화시기가 적절하지 않은 경우

04 증거물의 보관 및 이동은 장소와 방법, 책임자 등이 지정된 상태에서 행해져야 되며 책임자는 전 과정에 대하여 이를 입증할 수 있도록 작성하여야 한다. 입증을 위하여 작성할 내용은 무엇인가? (6점)

해답

① 증거물 최초상태, 개봉일자, 개봉자
② 증거물 발신일자, 발신자
③ 증거물 수신일자, 수신자

해설

보관이력관리

최초상태	☐ 봉인	☐ 기타(Others)
개봉일자 _____		개봉자(소속, 이름) _____
발신일자 _____		발신자(소속, 이름) _____
수신일자 _____		수신자(소속, 이름) _____
발신일자 _____		발신자(소속, 이름) _____
수신일자 _____		수신자(소속, 이름) _____

05 화재증거물수집관리규칙에서 정하는 증거물의 보관방법을 3가지 쓰시오. (6점)

해답

① 변형이나 파손될 우려가 없는 장소(전용실 또는 전용함 등)에 보관
② 화재조사와 관계없는 자의 접근은 엄격히 통제
③ 보관관리 이력을 작성

06 임야화재 조사내용을 5가지만 쓰시오. (5점)

해답

① 가연물 종류, 지형, 기상 등 환경적 요소 조사
② 산불발생 시간대별 계곡과 능선의 기류 방향을 분석하여 산불발생도 작성
③ 가연물의 종류 파악
④ 현장의 기상 상태 및 지형 파악
⑤ 목격자 및 관계인 조사

해설

이외에도
• 증거보존을 위한 사진촬영
• 발화지점 추적조사
• 풍향 및 지형에 따른 조사
• 비화 추정조사
• 탄화심도 조사
• 암벽, 바위 변화에 의한 연소방향 등 조사

07 방화행위자의 특징으로 행위자를 식별하는 요령이다. 다음 빈칸을 채우시오. (4점)

> ① 현장 구경이 가능한 일정거리 떨어진 (   ) 장소에 위치한다.
>
> ② 구경꾼에 섞여 있는 경우가 많으므로 비디오 및 사진 등을 촬영하여 동일 인물이 (   ) 계속 촬영되는지를 확인한다.
>
> ③ 방화행위자는 얼굴, 손, 손가락 등에 (   )을/를 입는 경우가 많다.
>
> ④ 옷에 (   )이/가 묻었거나 옷이 타서 눌러 붙은 흔적이 있는지를 확인한다.

해답

① 높은, ② 여러 번, ③ 화상, ④ 기름 또는 탄화흔적

해설

- 방화행위자는 구경이 가능한 높은 곳, 현장으로부터 일정거리 떨어진 곳에 위치
- 구경꾼에 섞여 있는 경우가 많으므로 비디오 및 사진 등을 촬영하여 동일 인물이 여러 화재현장에서 계속 촬영되는지를 확인한다.
- 방화행위에 직접 착수한 행위자는 얼굴, 손, 손가락 등에 화상을 입는 경우가 많으므로 세심하게 살펴보고 또한 머리카락 및 눈썹 등이 타거나 그을린 자에 대하여 조사한다.
- 옷에 기름이 묻었거나 옷이 타서 눌러 붙은 흔적이 있는지를 확인한다.
- 이상하게 흥분하거나 소화활동에 재미를 느끼는 자 등이 있는지 확인한다.

08 세탁기 화재 시 회로기판 트래킹이 발생되었다면 그 원인을 추론하시오. (5점)

해답

세탁기 내부로 물이 떨어지고 부식이 심한 상태로, 회로기판에 수분이 침투되면 트래킹 현상 발생 후 화재로 진행될 수 있다.

09 다음은 통전입증의 진행원칙을 설명한 것이다. 빈칸에 알맞은 내용을 쓰시오. (5점)

> 통전입증은 전기계통의 배선도 및 기기의 결선도에 따라 (①)에서 (②)으로 조사를 진행하는 것이 원칙이다.

해답

① 부하측
② 전원측

10 액체탄화수소(석유류)의 연소형태를 4가지 쓰시오. (4점)

해답

① 증발연소, ② 액면연소, ③ 등심연소, ④ 분무연소

해설

① 증발연소 : 액체 연료를 증발관으로 증발시켜 기체연료와 같은 양상으로 연소
② 액면연소 : 화염에서 대류나 복사에 의해 연료표면으로 열이 전달되어 증발이 일어나 발생된 증기가 공기와 접촉하여 액면의 상부에서 확산연소
③ 등심연소 : 연료를 등심에서 빨아올려 등심의 표면에서 증발시켜 확산연소를 하는 것
④ 분무연소 : 액체연료를 수μm ~수백μm 크기의 미세한 액적으로 미립화 시켜 표면적을 크게 하고 공기와의 혼합을 좋게 하여 연소를 시키는 것

11 정전기에 의하여 액체탄화수소가 가연물에서 화재로 발전할 수 있는 조건 3가지를 쓰시오. (5점)

해답

① 정전기의 발생이 용이할 것
② 정전기의 축적이 용이할 것
③ 방전 시 에너지가 충분히 클 것

해설

그 밖에 축적된 정전기가 일시에 방출될 수 있도록 전극과 같은 것이 존재할 것

12 화재조사 분석장비에 대한 설명이다. 물음에 답하시오. (6점)

> ① 석유류에 의해 탄화된 것으로 추정되는 증거물을 수거하여 디클로로메탄이 들어있는 비커에 넣어 여과과정을 통해 액체를 추출한 후 가열한 시료를 분석하는 장비는?
> ② 과전류 차단기와 같이 내부의 동작 여부를 볼 수 없거나 플라스틱 케이스가 용융되어 내부 스위치의 동작 여부를 볼 때 사용하는 장비는?

해답

① 가스크로마토그래피, ② X선 촬영장치

해설

① 가스크로마토그래피(Gas Chromatography)
  ㉠ 원리
    GC는 시료가 컬럼 내에 체류하는 시간차를 이용하여 분리하여 분석하는 방법이다. 적당한 방법으로
    전 처리한 시료를 운반가스(Carrier Gas)에 의하여 분리관(Column) 내에 전개시켜 분리되는 각
    성분의 크로마토그램을 이용하여 목적성분을 분석하는 방법으로 일반적으로 유기화합물에 대한
    정성(定注) 및 정량(定量)분석에 이용한다.
  ㉡ 구성
    운반기체의 고압실린더, 시료주입장치, 분리칼럼, 검출기, 전위계와 기록기, 항온 장치로 구성
② X선 촬영장치
  ㉠ 합성수지로 피복된 물건 내부 및 화재열로 용융으로 엉겨 붙은 플라스틱 등의 단단한 덩어리 속에
    묻혀 있는 경우 사용한다.
  ㉡ 어떤 물체 내부의 실체를 전혀 알 수 없거나 감정 물건의 내부를 확인할 목적으로 사용한다.

13 콘크리트, 시멘트 바닥에 비닐타일 등이 접착제로 부착되어 있을 때 그 위로 석유류의 액체가연물이
쏟아져 화재가 발생하면 열과 솔벤트 성분은 타일의 가장자리 부분에서부터 타일을 박리시키고,
이 때 액체가연물은 타일 사이로 스며들며 부분적으로 접착제를 용해시키며 나타나는 화재패턴은?
(5점)

해답

고스트마크(Ghost Mark)

해설

• 성장기와 최성기를 거치면서 실내 열기가 가득 차게 되면 가연성 액체와 접착제의 화합물은 타일의 틈새에
  서 연소되어 바닥에는 바닥재 틈새모양으로 변색되거나 박리된 형태이다.
• 이 패턴의 특징은 플래시오버 직전과 같은 강력한 화재열기 속에서 발생하는 것이다.

14 누전, 지락, 단락, 과부하 등 회로 고장에 의한 순간적인 전기차단으로 누전차단기 회로의 경우
스위치가 완전히 내려가지 않고 중간에서 멈추는 현상은?
(5점)

해답

트립(Trip)현상

15 폭발의 형태 5가지를 나열한 것이다. 빈칸을 완성하시오. (5점)

① (㉠)폭발 : 진공용기의 파손에 의한 폭발

② (㉡)폭발 : 주로 가연성 가스, 증기, 분진, 미스트 등이 공기와의 혼합물, 산화성, 환원성 고체 및 액체혼합물 혹은 화합물의 반응에 의하여 발생

③ (㉢)폭발 : 산화에틸렌, 아세틸렌, 히드라진 같은 분해성 가스와 디아조화합물 같은 자기분해성 고체류는 단독으로 가스가 분해하여 발생

④ (㉣)폭발 : 중합에서 발생하는 반응열을 이용해서 폭발하는 것

⑤ (㉤)폭발 : 수소와 산소가 반응 시 빛을 쪼일 때 발생

해답

㉠ 기계적, ㉡ 화학적, ㉢ 분해, ㉣ 중합, ㉤ 촉매

16 금속 단락흔 조직검사 순서이다. 다음 빈칸을 채우시오. (6점)

해답

① 마운팅, ② 정밀연마, ③ 부식

17 화학공장의 화재원인 조사방법을 쓰시오. (6점)

해답

자료의 수집 → 가치부여 → 체계부여 → 타당성을 밝힘 → 화재원인의 결정

해설

화학공장의 화재원인 조사방법

① 자료의 수집 : 문헌을 통한 자료의 수집 발굴 시에 취득한 물질에 대한 자료의 수집

② 가치부여 : 화재발생 중에 관계된 여러 인자들의 역할을 고찰

③ 체계부여 : 수집한 자료를 과학적·체계적으로 연관시켜 연소확대 상황 등을 조사

④ 타당성을 밝힘 : 원인을 과학적으로 체계화하는데 무리가 없는지 논리적 배경을 조사

⑤ 화재원인의 결정 : 증거물에 근거하여 과학적 분석을 통해 원인을 결정

18 화재조사 및 보고규정상의 조사보고에 관한 내용이다. ( ) 안에 알맞은 수를 쓰시오. (6점)

> 조사의 최종 결과보고는 다음 각 호에 따른다.
> 1. 소방기본법 시행규칙 제3조 제2항 제1호에 해당하는 화재 : 별지 제1호 서식 내지 제11호 서식까지 작성하여 화재 발생일로부터 (①)일 이내에 보고해야 한다.
> 2. 제1호에 해당하지 않는 화재 : 별지 제1호 서식 내지 제11호 서식까지 작성하여 화재 발생일로부터 (②)일 이내에 보고해야 한다.

해답

① 30
② 15

해설

조사의 최종 결과보고는 다음 각 호에 따른다.
1. 소방기본법 시행규칙 제3조 제2항 제1호에 해당하는 화재 : 별지 제1호 서식 내지 제11호 서식까지 작성하여 화재 발생일로부터 30일 이내에 보고해야 한다.
2. 제1호에 해당하지 않는 화재 : 별지 제1호 서식 내지 제11호 서식까지 작성하여 화재 발생일로부터 15일 이내에 보고해야 한다.

16 | 출제예상문제

01 화재조사 및 보고규정상 화재조사의 개시 및 원칙을 쓰시오. (5점)

해답

화재발생 사실을 인지하는 즉시 화재조사를 시작해야 한다.

해설

화재조사의 개시 및 원칙(제3조)

소방의 화재조사에 관한 법률 제5조 제1항에 따라 화재조사관은 화재발생 사실을 인지하는 즉시 화재조사를 시작해야 한다.

02 화재현장에서 화재로 인하여 부상당한 자를 병원으로 이송하였으나 사망하였다. 이때 화재로 인한 사망자로 할 수 있는 경우를 설명하시오. (5점)

해답

부상을 당한 후 72시간 내에 사망한 경우

03 화재조사 서류작성상의 유의사항을 5가지만 기술하시오. (5점)

해답

① 간결 · 명료하게 작성한다.
② 오자 · 탈자 등이 없이 작성한다.
③ 누구나 쉽게 알 수 있는 문장을 사용하여 작성한다.
④ 필요한 서류의 첨부 및 기재사항 누락 없이 작성한다.
⑤ 조사자들만 쓰는 창작용어 등이 없게 작성한다.

해설

화재유형 등 각 서류양식 작성목적에 알맞게 작성한다.

04 다음 물음에 답하시오. (5점)

> ① 최종잔가율의 정의는?
>
> ② 건물, 부대설비, 구축물, 가재도구의 최종잔가율은?
>
> ③ 차량의 최종잔가율은?

해답

① 피해물의 경제적 내용연수가 다한 경우 잔존하는 가치의 재구입비에 대한 비율
② 20%
③ 10%

해설

- "최종잔가율"이란 피해물의 경제적 내용연수가 다한 경우 잔존하는 가치의 재구입비에 대한 비율을 말한다.
- 건물 등 자산에 대한 최종잔가율은 건물·부대설비·가재도구는 20%로 하며, 그 이외의 자산은 10%로 정한다.

05 통전 중인 TV에서 화재 발생 시 TV 내부에서 나타날 수 있는 화재원인 3가지를 쓰시오. (6점)

해답

① 배선 단락흔 및 기판의 트래킹 현상
② 소자의 접촉 불량
③ 고압트랜스의 층간 단락흔

06 유류화재 시 분석법 3가지를 쓰시오. (6점)

해답

① 가스크로마토그래피(GC) 분석 방식
② 휴대용 석유류 검지관(유류검지관) 분석 방식
③ 화재조사견(방화조사견) 방식

07 난방기의 과열로 화재가 발생하여 소화기로 즉시 진화하였으나 바닥 5m², 1면의 벽 6m²가 그을리거나 오염되는 피해가 발생하였다. 소실면적은 얼마인가? (6점)

해답

$5m^2$

해설

소실면적 산정(화재조사 및 보고규정 제17조)
• 건물의 소실면적 산정은 소실 바닥면적으로 산정한다.
• 수손 및 기타 파손의 경우에도 위 규정을 준용한다.

08 화재발생종합보고서 작성서류 중 모든 화재에 작성하여야 할 2가지 서류는 무엇인가? (4점)

해답

① 화재현황조사서, ② 화재현장조사서

09 화재증거물수집규칙상 증거물에 대한 유의사항에 따르면 증거물의 수집, 보관, 이동 등에 대한 취급방법은 증거물이 법정에 제출되는 경우에 증거로서의 가치를 상실하지 않도록 적법한 절차와 수단에 의해 획득할 수 있도록 하여야 한다. 이때 준수해야 하는 3가지를 쓰시오. (6점)

해답

① 관련 법규 및 지침에 규정된 일반적인 원칙과 절차를 준수한다.
② 화재조사에 필요한 증거 수집은 화재피해자의 피해를 최소화하도록 하여야 한다.
③ 화재증거물은 기술적, 절차적인 수단을 통해 진정성, 무결성이 보존되어야 한다.

해설

증거물에 대한 유의사항(화재증거물수집관리규칙 제7조)
증거물의 수집, 보관 및 이동 등에 대한 취급방법은 증거물이 법정에 제출되는 경우에 증거로써의 가치를 상실하지 않도록 적법한 절차와 수단에 의해 획득할 수 있도록 다음의 사항을 준수하여야 한다.
• 관련 법규 및 지침에 규정된 일반적인 원칙과 절차를 준수한다.
• 화재조사에 필요한 증거 수집은 화재피해자의 피해를 최소화하도록 하여야 한다.
• 화재증거물은 기술적, 절차적인 수단을 통해 진정성, 무결성이 보존되어야 한다.
• 화재증거물을 획득할 때에는 증거물의 오염, 훼손, 변형되지 않도록 적절한 도구를 사용하여야 한다.
• 최종적으로 법정에 제출되는 화재 증거물의 원본성이 보장되어야 한다.

10 빈칸을 완성하시오.　　　　　　　　　　　　　　　　　　　　　　　　　　　　　(4점)

> ① 금속에 따라 (　　)온도 등이 다르므로 화재현장에서 금속의 종류를 파악할 수 있으면 대략적인 온도를 알 수 있다.
> ② 금속이 화재열을 받으면 용융하기 전에 자중 등으로 인해 좌굴하여 (　　)(이)라는 형상을 남긴다. 이것으로 연소의 강/약을 알 수 있다.

해답
① 용융, ② 만곡

11 전기의 3가지 작용에 대한 설명이다. 물음에 답하시오.　　　　　　　　　　　　(6점)

> ① 전기에너지가 열에너지로 변환하는 작용은? (백열등, 다리미, 전기장판, 전기난로 등)
> ② 도선을 감아서 만든 코일에 전류가 흐르면 그 속에 자계가 발생하는 작용은?
> ③ 전기에너지를 이용하여 물의 전기분해, 전기도금 등에 사용되는 작용은?

해답
① 발열작용
② 자기작용
③ 화학작용

12 자동차 점화장치의 전류흐름 순서를 기술하시오.　　　　　　　　　　　　　　　(5점)

해답
점화스위치 → 배터리 → 시동모터 → 점화코일 → 배전기 → 고압케이블 → 점화플러그

13 화재조사 및 보고규정에 따른 종합상황실장이 상급 종합상황실에 지체 없이 보고해야 할 서류에 대해 기술하시오. (10점)

해답

1. 화재·구조·구급상황보고서
2. 화재현장출동보고서
3. 화재발생종합보고서
4. 화재현황조사서
5. 화재현장조사서
6. 화재현장조사서(임야화재, 기타화재)
7. 화재유형별조사서(건축·구조물 화재)
8. 화재유형별조사서(자동차·철도차량 화재)
9. 화재유형별조사서(위험물·가스제조소 등 화재)
10. 화재유형별조사서(선박·항공기 화재)
11. 화재유형별조사서(임야화재)

14 부부싸움 등으로 인한 방화의 특징 5가지를 쓰시오. (5점)

해답

① 침구류, 가전제품, 창문, 현관문 등에서 파손 흔적이 여러 곳에서 발견된다.
② 용의자 및 상대방의 신체에 방화 전 부상흔적이 발견된다.
③ 유서가 발견되지 않는다.
④ 탈출을 시도한 흔적이 있다.
⑤ 안면부 및 팔과 다리 부위에서 화상흔적이 발견된다.

해설

이외에도
• 조사 시 극도로 흥분, 정신적으로 불안정하여 진술을 완강히 거부한다.
• 도난물품이 확인되지 않는 경우가 많다.
• 소주병 등 음주한 흔적이 존재하는 경우가 많다.

15 휴대용 가스레인지 화재감식요령을 3가지만 쓰시오. (6점)

해답

① 점화스위치를 작동시켰으나 점화되지 않은 상태로 방치 여부
② 과대 조리기구를 사용하였는지 여부
③ 접합용기(가스통)를 장착 홈에 정확히 연결하였는지 여부

해설

이외에도
• 점화를 수회 반복하지 않았는가?
• 협소한 장소에서 사용하였는가?(대류에 의한 온도 상승)
• 화기주위에서 연소기를 사용하지 않았는가?
• 연소기 주위에 바람막이 설치하고 사용하였는지?
• 음식물을 조리하고 있었는가?
• 삼발이 하부에 접합용기를 보관한 상태에서 사용하였는가?
• 접합용기를 정확히 장착하지 않았거나, 불완전하게 분리시켜 가스가 누출된 것은 아닌가?(손잡이 부분 화재 흔적 식별)

16 세탁기 화재감식요령을 3가지만 쓰시오. (6점)

해답

① 회로기판 트래킹
② 배수 마그네트로부터의 출화기구
③ 콘덴서의 절연열화와 케이스 및 배면 밑바닥부분의 소손, 내부리드선 단락흔 관찰

17 그 누구라도 어떠한 사물을 변형시키지 않거나 외부에서 다른 물질을 묻혀 들이지 않고 현장에 진입할 수 없다는 법칙은? (5점)

해답

로카도의 교환법칙

18 다음 그림과 같은 연소형태는? (5점)

해답

안장형패턴

해설

안장형패턴

- "안장형 연소자국"은 때때로 바닥 접합부의 상부 가장자리에서 발견되는 안장 모양의 형태이거나 독특한 U형태이다.
- 이는 영향을 받는 접합부 위의 바닥을 통하여 아래 방향으로 타들어 가면서 생긴다. "안장형 연소자국"은 깊고 심한 탄화를 나타내고 화재형태는 매우 제한되어 있고 완만하게 굽어 있다.

17 | 출제예상문제

01 화재건수의 결정에 대한 다음 설명 중 빈칸을 완성하시오. (10점)

> (1) 1건의 화재란 1개의 (①)(으)로 부터 확대된 것으로 발화부터 진화까지를 말한다.
> (2) 다만, 다음 각 목의 경우에는 당해 각 호에 의한다.
> (가) 동일범이 아닌 각기 다른 사람에 의한 방화, 불장난은 동일 대상물에서 발화했더라도 각각
> (②)의 화재로 한다.
> (나) 동일 소방대상물의 발화점이 2개소 이상 있는 다음의 화재는 1건의 화재로 한다.
> ㉠ (③)이 동일한 누전에 의한 화재
> ㉡ (④) 등 자연현상에 의한 다발화재
> (3) 화재범위가 2 이상의 관할구역에 걸친 화재에 대해서는 (⑤)에서 1건의 화재로 한다.

해답

① 발화지점 ② 별건
③ 누전점 ④ 지진, 낙뢰
⑤ 발화 소방대상물의 소재지를 관할하는 소방서

02 건축·구조물 화재의 소실 정도에 따른 구분 3가지를 쓰시오. (5점)

해답

① 전소 : 건물의 70% 이상(입체면적에 대한 비율을 말한다. 이하 같다)이 소실되었거나 또는 그 미만이라도
잔존 부분을 보수하여도 재사용이 불가능한 것
② 반소 : 건물의 30% 이상 70% 미만이 소실된 것
③ 부분소 : 전소, 반소화재에 해당되지 아니하는 것

03 자연발화를 일으키는 원인 5가지를 설명하시오. (5점)

해답

① 분해열, ② 산화열, ③ 발효열, ④ 흡착열, ⑤ 중합열

- 열이 축적되어 발화하는 물질
  - ㉠ 분해열 : 셀룰로이드, 니트로셀룰로오스, 니트로글리세린 등의 질산에스테르 제품
  - ㉡ 산화열 : 불포화유가 함유된 천, 탈지면 찌꺼기, 여과지 등의 기름침전물, 석탄, 고무류
  - ㉢ 발효열 : 퇴비, 먼지, 볏짚
  - ㉣ 흡착열 : 활성탄, 목탄
  - ㉤ 중합열 : 액화시안화수소, 초산비닐, 아크릴로니트릴, 산화에틸렌
- 발열을 일으키는 물질 자신이 발화하는 물질 : 금속칼륨, 금속나트륨, 리튬, 금속분, 황린, 적린, 알킬알루미늄
- 자신이 발열하고 접촉 가연물이 발화하는 물질 : 생석회, 표백분, 황산, 초산
- 반응결과 가연성 가스가 발생해서 발화하는 물질 : 인화석회, 카바이드

04 소손물건을 관찰하여 규명한 사실과 관계자의 진술을 자료로 하여 소방기관이 최종결론에 도달한 논리구성이나 고찰, 판단을 기록한 핵심화재조사서류는 무엇인가? (3점)

화재현장조사서

05 화상면적 9의 법칙에 따른 다음 성인의 각 신체부위 비율은? (5점)

① 머리	② 상반신 앞면
③ 생식기	④ 오른팔
⑤ 왼다리 앞면	

① 9%, ② 18%, ③ 1%, ④ 9%, ⑤ 9%

손상부위	성인	
머리	9%	
흉부	9%×2	
하복부		
배(상)부	9%×2	
배(하)부		
양팔	9%×2	
대퇴부(전, 후)	9%×2	
하퇴부(전, 후)	9%×2	
외음부	1%	

06 용매추출이나 증류법과 유사한 방법으로 고정상 또는 이동상의 칼럼에 시료를 통과시키면서 칼럼 내에서 체류시간의 차이에 의하여 시료를 분리하는 기기분석법은? (3점)

해답

가스크로마토그래피(GC)

해설

용매추출이나 증류법과 유사한 방법으로 고정상 또는 이동상의 칼럼에 시료를 통과시키면서 칼럼 내에서 체류시간의 차이에 의하여 시료를 분리하는 기기분석법을 가스크로마토그래피(GC)라 하며 주로 기체화가 가능한 석유류 분석에 용이하다.

07 플라스틱과 같은 가연성 고체에 열에너지가 제공될 때 분자의 긴 사슬이 말단부터 절단되어 저분자량의 기체로 되는 현상은? (5점)

해답

해중합

08 고온 가스, 화염과 훈소의 잔재, 용융된 플라스틱 또는 인화성액체의 영향으로 바닥표면에 불규칙적이거나 굴곡이 있는 웅덩이 모양의 화재패턴을 말하며, 플래시오버 이후 조건, 긴 소화시간 또는 건물붕괴의 상황에서 나타나는 것이 일반적인 연소패턴은? (5점)

해답

불규칙패턴

해설

불규칙패턴(Irregular Patterns)
• 고온 가스, 화염과 훈소의 잔재, 용융된 플라스틱 또는 인화성액체의 영향으로 바닥표면에 불규칙적이거나 굴곡이 있는 웅덩이 모양의 화재 패턴을 말한다.
• 플래시오버 이후 조건, 긴 소화시간 또는 건물붕괴의 상황에서 나타나는 것이 일반적이다.
• 날카로운 가장자리에서부터 부드러운 구배에 이르기까지 불규칙적인 손상지역과 손상되지 않은 지역 사이의 경계선은 열 노출의 강도와 물질의 특성에 달려 있다.
• 용융 플라스틱뿐만 아니라 바닥 피복재나 바닥에 스며든 인화성 액체는 불규칙적인 형태를 만들 수 있다. 이런 형태는 플래시오버 후의 국한된 가열이나 떨어진 화재 잔류물에 의해 만들어질 수도 있다.

09 유리의 수열 영향에 대한 다음 물음에 답하시오. (8점)

> ① 낙하정도 :
>
> ② 표면의 조개껍질모양 박리 :
>
> ③ 금이 가는 상태 :
>
> ④ 용융범위 :

해답
① 수열측이 보다 많이 낙하한다.
② 고온일수록 많고 깊다.
③ 수열 정도가 클수록 작게 금이 간다.
④ 수열 정도가 클수록 용융범위가 많아진다.

10 3대 방향족 탄화수소의 구조식을 도식하시오. (6점)

> ① 벤젠
>
> ② 자일렌
>
> ③ 톨루엔

해답

해설

공업 및 산업용으로 가장 많이 사용되는 3대 방향족 탄화수소는 벤젠(Benzene), 자일렌(Xylene), 톨루엔(Toluene)이다.

11 이것은 어떤 면을 단위시간에 통과하는 빛이나 그 밖의 유체, 전류 등이 한 점에 모이는 것을 말한다. 이것은 무엇인가? (4점)

해답

수렴

해설

이런 원리로 발생한 화재를 태양의 복사선에 의한 화재 또는 수렴화재라고 하며, 다음과 같은 경우 발생한다.

• 곡면을 갖는 PET병에 태양의 복사선에 의한 테이블의 착화 발화
• 비닐하우스에 물이 고여 볼록하게 처진 부분의 돋보기 효과에 의한 내부 건초 착화
• 유리구슬의 복사선 화재

12 고압가스를 연소성에 따라 구분하여 설명하시오. (6점)

해답

① 가연성가스 : 공기와 혼합하면 빛과 열을 내면서 연소하는 가스
② 조연성가스 : 다른 가연성물질과 혼합 시 폭발이나 연소가 일어날 수 있도록 도움을 주는 가스
③ 불연성가스 : 스스로 연소하지 못하며, 다른 물질을 연소시키는 성질도 갖지 않는 가스, 즉 연소와 무관한 가스

해설

고압가스의 분류

분류		고압가스의 종류	비 고
연소성	가연성가스	수소, 암모니아, 액화 석유가스, 아세틸렌	공기와 혼합하면 빛과 열을 내면서 연소하는 가스 (하한 10% 이하, 상한과 하한의 차 20% 이상)
	조연성가스	산소, 공기, 염소	다른 가연성물질과 혼합 시 폭발이나 연소가 일어날 수 있도록 도움을 주는 가스
	불연성가스	질소, 이산화탄소, 아르곤, 헬륨	스스로 연소하지 못하며, 다른 물질을 연소시키는 성질도 갖지 않는 가스, 즉 연소와 무관한 가스

13 다음과 같이 화재가 발생하였다. 각 물음에 답하시오. (6점)

- 화재번호 : ○○ 2017 - ○○○
- 화재일시 : 2017. 03. 11(토) 22:19분경(화재각지)
- 화재장소 : 남동구 앵고개로 847번길 ○7 ○○프라자 1층 일반음식점 공사중
- 화재원인 : 부주의(불티)추정
- 화재피해 : 없음
- 화재개요
  최초목격자 심○○(남, 82년생, 홈플러스 익스프레스 직원)이 상점 물품 창고에 연기가 찬 것을
  목격하고 신고 건을 화재조사한 결과 18시경까지 인테리어 공사 진행하였고, 인테리어 공사 시
  발생한 톱밥만 훈소한 점, 훈소한 톱밥 인근에 동력절단기를 설치·사용한 흔적이 있는 점, 담배꽁초
  등 미소화원이 감식되지 않은 점, 공사 후 철수 시 전원은 차단된 점으로 보아 동력절단기 사용 중
  미소 불티가 발생하여 톱밥에 착화 훈소한 것으로 추정됨

  ① 화재발생종합보고서에 작성하여야 할 서류를 열거하시오.
  ② 화재조사 결과보고 시기는 언제인가?

해답
① 화재현황조사서, 화재유형별조사서(건축·구조물 화재), 화재현장조사서, 질문기록서, 화재현장출동보고서
② 화재 발생일로부터 15일 이내 또는 2017.3.26까지

14 화재증거물수집관리규칙에 관한 내용이다. 빈칸을 완성하시오. (5점)

- 증거물을 수집할 때는 휘발성이 (①) 것에서 (②) 순서로 수집한다.
- 증거물이 파손될 우려가 있는 경우에 (③) 및 (④)에 대한 주의사항을 증거물의 포장
  외측에 적절하게 표기하여야 한다.
- 증거물의 소손 또는 소실 정도가 심하여 증거물의 일부분 또는 전체가 유실될 우려가 있는 경우는
  증거물을 (⑤)하여야 한다.

해답
① 높은, ② 낮은, ③ 충격금지, ④ 취급방법, ⑤ 밀봉

물리적 증거물의 수집방법
- 현장 수거(채취)목록을 작성한다.
- 증거물의 종류 및 형태에 따라 적절한 구조의 수집장비 및 용기를 사용한다.
- 증거물을 수집할 때는 휘발성이 높은 것에서 낮은 순서로 수집한다.
- 증거물의 소손 또는 소실 정도가 심하여 증거물의 일부분 또는 전체가 유실될 우려가 있는 경우는 증거물을 밀봉하여야 한다.
- 증거물이 파손될 우려가 있는 경우에 충격금지 및 취급방법에 대한 주의사항을 증거물의 포장 외측에 적절하게 표기하여야 한다.
- 인화성 액체 성분 분석을 위하여 증거물을 수집한 경우에는 증발을 막기 위한 조치를 행하여야 한다.
- 증거물 수집 과정에서는 증거물의 수집자, 수집 일자, 상황 등에 대하여 기록을 남겨야 하며, 기록은 가능한 법과학자용 표지 또는 태그를 사용하는 것을 원칙으로 한다.

15 임야화재 감식지표에 대한 설명이다. 다음 물음에 답하시오. (6점)

> ① 불탄 자리가 컵 모양으로 움푹 타들어 간 지표
>
> ② 가연물이 다른 물건으로 감춰져 있거나 불의 진행방향 반대쪽에 놓여있을 경우 불에 타지 않은 지표

① 흡인지표 또는 컵핑
② 보호된 연료지표

임야화재 감식지표
- 수평면 V자 연소형태("V"–Shaped Patterns)
- 잔디 및 풀줄기 = 초본류 줄기지표
- 커핑(Cupping) = 흡인지표(Cupping Indicator)
- 불에 탄 나무의 각도지표 = 불탄 흔적의 각도 지표
- 수관(樹冠)의 화재 피해 지표
- 노출된 가연물과 보호된 가연물 지표 = 보호된 연료지표
- 얼룩과 그을음
- 지상에 쓰러진 나무
- 낙뢰
- 잎의 수축지표(Freezing) = 줄기의 굳어짐 지표
- 얼리게이터링(Alligatoring)

16 다음 화재조사장비에 대하여 물음에 답하시오. (6점)

① 명칭을 쓰시오.

② 용도는 무엇인가?

③ 장치의 구성 5가지를 쓰시오.

해답

① 가스(유류)검지관 또는 가스(유류)검지기

② 화재현장의 잔류가스 및 액체촉진제의 유증기(가솔린, 석유 등) 시료채취 및 유종 확인

③ 연결구(팁), 팁커터, 손잡이, 흡입표시기, 흡입본체, 피스톤, 실린더

해설

가스(유류)검지기

• 용도 : 화재현장의 잔류가스 및 유증기 등의 시료를 채취하여 액체촉진제 사용 및 유종확인

• 구성 : 연결구(팁), 팁커터, 손잡이, 흡입표기기, 흡입본체, 피스톤, 실린더

17 제조물책임법에 대한 다음 괄호 안을 채우시오. (6점)

① 손해배상청구권은 피해자가 손해배상책임을 지는 자를 안 날로부터 (　　　)간 행사하지 아니하면 시효의 완성으로 소멸된다.

② 손해배상청구권은 제조업자가 손해를 발생시킨 제조물을 공급한 날부터 (　　　) 이내에 행사하여야 한다.

③ 손해배상청구권은 신체에 누적되어 사람의 건강을 해치는 물질에 의하여 발생한 손해 또는 일정한 잠복기간이 지난 후에 증상이 나타나는 손해에 대하여는 (　　　　　　　)부터 기산한다.

해답

① 3년, ② 10년, ③ 그 손해가 발생한 날

제조물책임법에 따른 소멸시효

① 손해배상의 청구권은 피해자 또는 그 법정대리인이 손해 또는 손해배상책임을 지는 자를 모두 안 날부터 3년 이내에 행사하여야 함

② 손해배상의 청구권은 제조업자가 손해를 발생시킨 제조물을 공급한 날부터 10년 이내에 행사하여야 함

③ 신체에 누적되어 사람의 건강을 해치는 물질에 의하여 발생한 손해 또는 일정한 잠복기간(潛伏期間)이 지난 후에 증상이 나타나는 손해에 대하여는 그 손해가 발생한 날부터 기산(起算)한다.

18 다음은 화재조사 및 보고규정의 용어에 대한 설명이다. 빈칸을 채우시오. (6점)

---

① (   )은/는 화재 당시의 피해물과 같거나 비슷한 것을 재건축(설계 감리비를 포함) 또는 재취득하는 데 필요한 금액을 말한다.

② (   )은/는 피해물의 종류, 손상 상태 및 정도에 따라 피해액을 적정화시키는 일정한 비율을 말한다.

③ (   )은/는 화재 당시에 피해물의 재구입비에 대한 현재가의 비율을 말한다.

---

① 재구입비, ② 손해율, ③ 잔가율

18 | 출제예상문제

01 화재피해액 산정대상을 7가지만 기술하시오. (7점)

> **해답**

① 건물 : 본건물, 부속건물, 부착물
② 부대설비
③ 구축물
④ 영업시설
⑤ 기계장치 및 선박·항공기
⑥ 공구 및 기구류
⑦ 집기비품

> **해설**

이외에도
- 가재도구
- 차량 및 운반구
- 동·식물
- 재고자산
- 회화(그림), 골동품, 미술공예품, 귀금속 및 보석류
- 임야의 임목
- 잔존물제거
- 기타 재산적 가치가 있는 직접적 피해

02 열그림자패턴(Heat Shadowing Patterns)을 정의하고 감식에서 시사점을 설명하시오. (5점)

> **해답**

① 정의 : 장애물에 의해 열원으로부터 장애물 뒤에 가려진 가연물까지 열 이동이 차단될 때 발생
② 시시점 : 물건의 이동 또는 제거하였음을 시사

> **해설**

장애물에 의해 열원으로부터 장애물 뒤에 가려진 가연물까지 열 이동이 차단될 때 발생하는 그림자로 물건의 이동 또는 제거하였음을 시사한다.

03 가스화재 시 리프팅이 발생되는 3가지 사항만 쓰시오. (6점)

해답

① 버너의 염공에 먼지 등이 부착하여 염공이 작아졌을 때
② 가스의 공급압력이 지나치게 높은 경우
③ 노즐구경이 지나치게 클 경우

해설

이외에도

• 가스의 공급량이 버너에 비해 과대할 경우
• 연소폐가스의 배출이 불충분하거나 환기가 불충분함에 따라 2차 공기 중의 산소가 부족한 경우
• 공기조절기를 지나치게 열었을 경우

04 금속 단락흔 조직검사에서 단락흔 채취, 마운팅, 연마, 관찰을 위해 화재조사 전담부서에 갖추어야 할 장비 4가지는? (5점)

해답

① 시편절단기　　　　　　　　　② 시편성형기
③ 시편연마기　　　　　　　　　④ 금속현미경

05 화재현장조사서의 작성항목을 6가지만 간단하게 기술하시오. (단, 임야화재, 기타화재, 피해 없는 화재 이외의 화재현장조사서 기준) (6점)

해답

① 화재발생개요　　　　　　　　② 화재조사개요
③ 동원인력　　　　　　　　　　④ 화재건물현황
⑤ 화재현장 활동상황　　　　　　⑥ 현장관찰

해설

화재현장조사서 양식 및 기재항목

화재현장조사서

1. **화재발생개요**
   • 일　　시 : 20　.　00.　00.　00:00분경(완진 00:00)
   • 장　　소 :
   • 대상물구조 :
   • 인명피해 :　　명(사망　, 부상　) ※ 인명구조　　명
   • 재산피해 :　　천원(부동산　　, 동산　　)

2. 화재조사개요
- 조사일시 :　　　　　　～　　　　　　（　　회）
- 조 사 자 :　　　　　　　　　　 외 ○명
- 화재원인
- 〈개　요〉

3. 동원인력
- 인　원 :　　명(소방 , 경찰 , 전기 , 가스 , 보험 , 기타)
- 장　비 :　　대(펌프 , 탱크 , 화학 , 고가 , 구조 , 구급 , 기타)

4. 화재건물현황(임야화재, 기타화재, 피해 없는 화재는 제외)
- 건축물 현황
- 보험가입 현황
- 소방시설 및 위험물 현황
- 화재발생 전 상황

5. 화재현장 활동상황(임야화재, 기타화재, 피해 없는 화재는 제외)
- 신고 및 초기조치(필요시 시간대별 조치사항 및 녹취록 작성)
- 화재진압 활동(필요시 화재진압작전도 작성)
- 인명구조 활동(필요시 인명구조 활동내역 작성)

6. 현장관찰
- 건물 위치도, 건물 배치도
- 건물 외부상황(사진)
- 건물 내부상황(사진)

7. 발화지점 판정
- 관계자 진술
- 발화지점 및 연소확대 경로

8. 화재원인 검토(임야화재, 기타화재, 피해 없는 화재는 제외)
- 방화 가능성(연소상황, 원인추적 등에 관한 사진, 설명)
- 전기적 요인　　　　　　　· 기계적 요인
- 가스누출　　　　　　　　· 인적 부주의 등
- 연소확대 사유　　　　　· 문제점 및 대책

9. 결 론
- 현장조사결과 : 발화요인, 발화열원, 최초착화물, 발화관련기기, 연소확대물, 연소확대사유 등 작성
- 문제점 및 대책

10. 예상되는 사항 및 조치
- 예상되는 사항 및 관련 조치사항 등 작성

11. 기타(임야화재, 기타화재, 피해 없는 화재는 제외)
- 화재현장 출동보고서, 감식 · 감정 결과통지서, 전기배선도, 연구자료, 재현실험 결과, 참고 문헌, 기타 참고자료 등

06 화재조사 및 보고규정에서 정한 용어의 정의이다. 빈칸을 완성하시오. (6점)

> ① "(   )"(이)란 화재원인의 판정을 위하여 전문적인 지식, 기술 및 경험을 활용하여 주로 시각에 의한 종합적인 판단으로 구체적인 사실관계를 명확하게 규명하는 것을 말한다.
> ② "(   )"(이)란 화재와 관계되는 물건의 형상, 구조, 재질, 성분, 성질 등 이와 관련된 모든 현상에 대하여 과학적 방법에 의한 필요한 실험을 행하고 그 결과를 근거로 화재원인을 밝히는 자료를 얻는 것을 말한다.

해답
① 감식
② 감정

07 다음 물질이 물과 반응하여 생성되는 가연성 가스는? (6점)

> ① 나트륨
> ② 탄화칼슘
> ③ 인화칼슘

해답
① 수소, ② 아세틸렌, ③ 포스핀 = 수소화인

해설
물과의 반응식
① $Na + H_2O \rightarrow H_2(수소) + NaO$
② $CaC_2 + 2H_2O \rightarrow Ca(OH)_2 + C_2H_2(아세틸렌)$
③ $Ca_3P_2 + 6H_2O \rightarrow 3Ca(OH)_2 + 2PH_3(포스핀 = 수소화인)$

08 화재진화 후 소화수 위로 뜨는 기름띠가 광택을 내며 나타나는 현상을 무엇이라고 하며, 이것이 의미하는 것은? (6점)

해답
무지개 효과, 화재현장에 가연성 액체를 사용하였음을 유추할 수 있는 근거

09 물적 증거의 테스트 방법 중 특정한 파장대의 적외선을 흡수하는 능력에 의해 화학종을 확인하는 방법으로 기체, 고체, 액체 등 어떤 상태에서도 측정이 가능한 방법은? (4점)

> **해답**
>
> 적외선분광광도계 테스트

10 목재표면의 홈이 아주 깊고 연소열은 1,100℃ 정도인 대형 목조건물 화재 시 나타나는 목재표면의 균열흔을 무엇이라고 하는가? (4점)

> **해답**
>
> 열소흔

> **해설**
>
> **목재표면의 균열흔**
> - 완소흔 : 700~800℃ 정도의 삼각 또는 사각형태의 수열흔
> - 강연흔 : 900℃ 정도의 홈이 깊은 요철이 형성된 수열흔
> - 열소흔 : 홈이 아주 깊은 1,000℃ 정도의 대형 목조건물 화재 시 나타나는 현상
> - 훈소흔 : 발열체가 목재면에 밀착되어 무염연소 시 발생, 그 부분이 발화부로 추정 가능 완소흔

11 건물의 피해액을 산정하기 위한 잔가율을 구하려고 할 때, 다음 물음에 답하시오. (단, 용도는 일반창고, 구조는 블록조 슬레이트지붕, 경과연수는 15년, 내용연수는 23년) (6점)

> ① 잔가율의 정의를 설명하시오.
> ② 잔가율을 구하시오.

> **해답**
>
> ① 화재 당시에 건물의 재구입비에 대한 현재가의 비율
> ② 47.83%

> **해설**
>
> 건물의 최종잔가율은 20%이므로, 건물의 내용연수가 경과하였더라도 현재 정상적으로 사용 중에 있는 건물의 잔가율은 20%로
>
> 잔가율 $= [1 - (0.8 \times \dfrac{경과연수}{내용연수})] = [1 - (0.8 \times \dfrac{15}{23})] = 47.83\%$

12 다음 빈칸을 완성하시오. (4점)

성장기 화재와 같이 주위 공기 중에 산소량이 충분한 상태에서 가연물의 열분해 속도가 연소속도보다
낮은 상태의 화재를 (①)지배형 화재라고 하며, 그 이후 환기량에 의해 열방출량이 지배되는
화재를 (②)지배형 화재라고 한다.

해답

① 연료, ② 환기

해설

① 연료지배형 화재 : 화재하중 < 환기량, 화재하중에 의해 열량방출이 지배되는 화재(산불, 차량화재)
② 환기지배형 화재 : 화재하중 > 환기량, 환기량에 의해 열량방출이 지배되는 화재(구획화재)

13 3년 전에 건축된 지하 공동구에 화재가 발생하여 공동구 500m³ 및 공동구에 수용된 매설물(전선
케이블, 광케이블 등)이 소실되었다. 공동구 20,000m³ 및 공동구에 수용된 매설물의 회계장부상
현재가액은 300억원이다. 소실면적의 구축물 재건축비는 얼마인가? (5점)

해답

소실면적의 구축물 재건축비 = 300억원 × 500m³/20,000m³ = 7.5억원

14 수소의 위험도를 계산식을 포함하여 구하시오. (단, 수소의 연소범위 : 4~75) (6점)

해답

$$H(위험도) = \frac{U(연소상한계) - L(연소하한계)}{L(연소하한계)}$$

$$= \frac{75 - 4}{4} = 17.75$$

해설

폭발위험도 : 클수록 위험하며, 하한계가 낮고 상한과 하한의 차이(연소범위)가 클수록 커진다.

$$H(위험도) = \frac{U(연소상한계) - L(연소하한계)}{L(연소하한계)}$$

H : 위험도
U : 폭발한계 상한
L : 폭발한계 하한

15 물질 자신이 발열하고 접촉가연물을 발화시키는 물질에 대한 다음 반응식을 완성하시오. (6점)

① $Ca(ClO)_2 \longrightarrow$

② $2Na_2O_2 + 2H_2O \longrightarrow$

③ 생성되는 가스는?

해답

① $CaCl_2 + O_2$, ② $4NaOH + O_2$, ③ 산소

해설

물질 자신이 발열하고 접촉가연물을 발화시키는 물질
- 생석회 : $CaO + H_2O \longrightarrow Ca(OH)_2 + 15.2kcal/mol$
- 표백분 : $Ca(ClO)_2 \longrightarrow CaCl_2 + O_2$
- 과산화나트륨 : $2Na_2O_2 + 2H_2O \longrightarrow 4NaOH + O_2$
- 수산화나트륨 : $NaOH + H_2O \longrightarrow Na^+ + OH^-$
- 클로로술폰산 : $HClSO_3 + H_2O \longrightarrow HCl + H_2SO_4$
- 마그네슘 : $Mg + 2H_2O \longrightarrow Mg(OH)_2 + H_2$, $2Mg + O_2 \longrightarrow 2MgO$, $Mg + 2HCl \longrightarrow MgCl_2 + H_2$
- 철분과 산 접촉 시 : $2Fe + 6HCl \longrightarrow 2FeCl_3 + 3H_2$
- 황린 : $P_4 + 5O_2 \longrightarrow 2P_2O_5$
- 트리에틸 알루미늄(TEA) : $2(C_2H_5)_3Al + 21O_2 \longrightarrow 12CO_2 + Al_2O_3 + 15H_2O$

16 화재현장에서 코드의 2개소 이상에서 전기용흔이 발견되었다면 가장 먼저 단락이 이루어진 곳은 어디인가? (4점)

해답

부하측

17 실질적·구체적 방식에 의한 부대설비 화재피해액 산정기준을 기술하시오. (4점)

해답

「단위(면적·개소 등)당 표준단가×피해단위×[1 – (0.8×경과연수/내용연수)]×손해율」

해설

부대설비 피해액 산정기준
- 「건물신축단가×소실면적×설비종류별 재설비 비율×[1 – (0.8×경과연수/내용연수)]×손해율」
- 부대설비 피해액을 실질적·구체적 방식에 의할 경우
  - 「단위(면적·개소 등)당 표준단가×피해단위×[1 – (0.8×경과연수/내용연수)]×손해율」

18 화재패턴의 원인 4가지를 쓰시오. (4점)

> [해답]

① 복사열의 차등 원리
② 연기의 응축물 또는 탄화물의 침착
③ 화염 및 고온가스의 상승 원리
④ 연기나 화염이 물체에 의해 차단되는 원리

> [해설]

화재패턴의 원인
① 복사열의 차등 원리 : 열원으로부터 가까울수록 강해지고 멀어질수록 약해지는 원리
② 탄화·변색·침착 : 연기의 응축물 또는 탄화물의 침착
③ 화염 및 고온가스의 상승 원리
④ 연기나 화염이 물체에 의해 차단되는 원리

19 위험물안전관리법에 따른 위험물의 유별 특성을 쓰시오. (6점)

① 제1류 위험물 :
② 제2류 위험물 :
③ 제3류 위험물 :
④ 제4류 위험물 :
⑤ 제5류 위험물 :
⑥ 제6류 위험물 :

> [해답]

① 산화성 고체
② 가연성 고체
③ 자연발화성 및 금수성 물질
④ 인화성 액체
⑤ 자기반응성 물질
⑥ 산화성 액체

01 화재피해액 산정 시 잔존물 제거비 피해액 산입과 관련하여 다음 물음에 답하시오. (6점)

> ① 잔존물 제거비를 산입하는 이유는 무엇인가?
>
> ② 산정공식을 기술하시오.
>
> ③ 화재피해액 산정대상 중에서 잔존물 제거비를 산입하지 않는 대상을 5개만 쓰시오.

해답

① 화재로 건물, 부대설비, 구축물, 시설물 등이 소손되거나 훼손되어 그 잔존물(잔해 등) 또는 유해물이나 폐기물이 발생된 경우 이를 제거하는 비용은 재건축비 내지 재취득비용에 포함되지 않았기 때문에 별도로 피해액을 산정한다.

② 화재피해액×10% 범위 내

③ ㉠ 철골조 건물
   ㉡ 기계장치
   ㉢ 공구 및 기구
   ㉣ 차량 및 운반구
   ㉤ 예술품 및 귀중품

02 화재조사 및 보고규정에서 정한 용어의 정의이다. 빈칸을 완성하시오. (5점)

> ① (   )(이)란 열원에 의하여 가연물질에 지속적으로 불이 붙는 현상을 말한다.
>
> ② (   )(이)란 발화의 최초원인이 된 불꽃 또는 열을 말한다.
>
> ③ (   )(이)란 열원과 가연물이 상호작용하여 화재가 시작된 지점을 말한다.
>
> ④ (   )(이)란 화재가 발생한 장소를 말한다.
>
> ⑤ (   )(이)란 발화에 관련된 불꽃 또는 열을 발생시킨 기기 또는 장치나 제품을 말한다.

해답

① 발화   ② 발화열원

③ 발화지점   ④ 발화장소

⑤ 발화관련 기기

03 다음에서 설명하는 화재패턴을 쓰시오. (5점)

> 인화성 액체가연물이 바닥으로 쏟아졌을 때 액체가연물이 쏟아진 부분과 쏟아지지 않은 부분의 탄화경계 흔적을 말하고, 이런 형태는 화재가 진행되면서 가연성 액체가 있는 곳은 다른 곳보다 연소가 강하기 때문에 탄화 정도의 차이로 구분된다.

해답

퍼붓기(포어)패턴

해설

퍼붓기(포어)패턴(Pour Patterns)

- 인화성 액체가연물이 바닥에 쏟아졌을 때 액체가연물이 쏟아진 부분과 쏟아지지 않은 부분의 탄화경계 흔적을 말하고, 이런 형태는 화재가 진행되면서 가연성 액체가 있는 곳은 다른 곳보다 연소가 강하기 때문에 탄화 정도의 차이로 구분된다.
- 간혹 액체가 자연스럽게 낮은 곳으로 흐른 부드러운 곡선 형태를 나타내기도 하고, 쏟아진 모양 그대로 불규칙한 형태를 나태기도 하지만 연소된 부분과 연소되지 않은 부분에서 뚜렷한 경계가 나타난다.

04 다음은 훈소과정에 대한 설명이다. 빈칸을 채우시오. (4점)

> 흡열 → (①) → (②) → 연소

해답

① 분해, ② 혼합

해설

훈소과정

산소가 부족하거나 가연성가스가 연소범위에 들지 않는 경우에는 연소가 일어나지 않고, 연소생성물은 직접 외부로 방출된다.

05 목재 탄화흔의 특징에 대한 설명이다. 빈 칸에 알맞은 답을 쓰시오. (5점)

> ① 탄화면의 (　　)이/가 많을수록 연소가 강하다.
> ② 탄화 모양을 형성하고 있는 홈의 (　　)이/가 넓게 될수록 연소가 강하다.
> ③ 탄화 모양을 형성하고 있는 홈의 (　　)이/가 깊을수록 연소가 강하다.

【해답】

① 요철, ② 폭, ③ 깊이

06 다음 화재조사장비에 대한 각각의 명칭과 용도를 쓰시오. (6점)

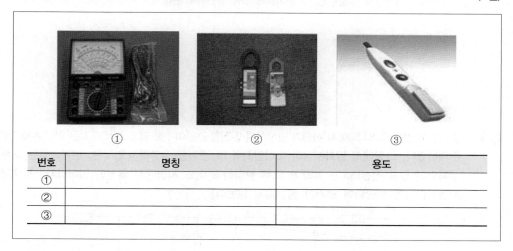

번호	명칭	용도
①		
②		
③		

【해답】

① 명칭 : 전기테스터기 또는 회로테스터
　용도 : 전기회로, 저항, 도통 등 측정
② 명칭 : 클램프미터(후크 온 미터)
　용도 : 운전 중인 기기의 사용 부하전류나 누설전류 측정
③ 명칭 : 검전기
　용도 : 저압전로의 충전상태 측정

07 접촉불량 발생원인 3가지를 쓰시오. (6점)

【해답】

① 전선 상호간의 접속부 접속불량
② 커넥터(잭) 접속불량,
③ 콘센트와 플러그 접촉불량

해설

이외에도
- 연결볼트 또는 압착단자 이완
- 접속기구 미사용 등 부적절한 시공

08 누전발생 원인 2가지를 기술하시오. (4점)

해답

① 전기설비 충전부에 수분침입, ② 금속류에 의한 절연피복 손상

09 밀집되어 있는 주거지역에서 화재가 발생하여 인접한 건물이 전소되고 그림과 같은 합선흔적(단락흔)이 존재하였다. 그림에서 발화지점이 어디인지와 그 근거를 설명하시오. (단, 전기배선은 모든 방에 설치되어 있고 전선배치는 A와 B 모두 동일하고 어느 지점에서 합선이 일어나자마자 분전반의 메인차단기가 차단되어 전기가 통전되지 않는다) (6점)

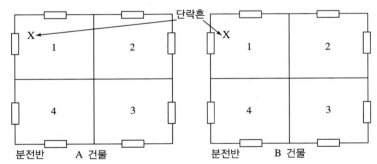

해답

① 발화지점 : A건물 1번방
② 근거 : 조건에서 발화지점은 A건물 1번방 또는 B건물 1번방이어야 한다. 먼저, B건물 1번방의 1차 단락흔으로 동번방에서 전기적 단락으로 최초발화 후 전원이 차단되고 연소가 진행되면서 화재가 동번방 창문을 통해 인접한 A건물 2번방으로 연소가 확대되었다면 최초 A건물의 2번방에서 1차 단락으로 발화 후 전원이 차단되어, A건물 1번방에서는 단락흔이 없어야 한다. 그러나 1번방에서는 단락흔이 발견되었다. 따라서 B건물 1번방이 발화지점이라고 단정하기는 어렵다. 그러나 반대로 A건물의 1번방의 단락으로 최초발화 후 전원이 차단되고 연소가 1번방 → 2번방 → 2번방 창문 → B건물 1번방 창문 → B건물 1번방에서 전기적 단락으로 동번방에서 1차 단락흔이 발견된 것으로 보아 A건물 1번방이 최초발화지점이라고 추론할 수 있다.

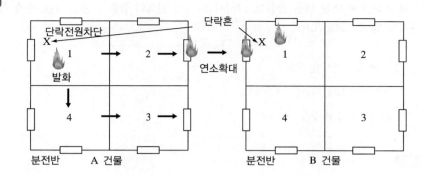

10 발화지점 및 발화개소의 특징을 4가지만 답하시오. (4점)

해답

① 주변에 비해 상대적으로 심하게 연소
② V자 패턴의 연소흔적
③ 벽면의 박리
④ 주변에서 전기배선 합선흔적

11 가솔린차량 엔진의 구성요소 5가지를 쓰시오. (5점)

해답

연료장치, 점화장치, 윤활장치, 냉각장치, 배기장치

12 방화현장에서 나타나는 화재패턴을 3가지만 답하시오. (6점)

해답

① 트레일러패턴
② 낮은연소패턴
③ 독립연소패턴

13 기체의 비중에 대한 다음 물음에 답하시오. (단, 원소의 질량 : 탄소 12g, 수소 1g, 산소 16g, 공기의 밀도 1.29g/L) (6점)

> ① 비중의 계산식을 쓰시오.
>
> ② 이산화탄소의 비중을 구하시오.
>
> ③ 부탄가스의 비중을 구하시오.

해답

① 비중 $= \dfrac{\text{어떤 물질의 밀도}}{\text{기준 물질의 밀도}} = \dfrac{\text{어떤 물질의 중량}}{\text{기준 물질의 중량}}$

② 이산화탄소(CO_2)의 분자량은 44이므로

$\dfrac{\text{이산화탄소의 밀도}}{\text{공기의 밀도}} = \dfrac{(44/22.4)}{1.29} = 1.52$, 또는 $\dfrac{\text{이산화탄소의 분자량}}{\text{공기의 분자량}} = \dfrac{44}{28.89} = 1.52$

③ 부탄가스(C_4H_{10})의 비중 $= \dfrac{(58/22.4)}{1.29} = 2.0$ 또는 $\dfrac{58}{28.89} = 2.0$

해설

밀도(Density)와 비중(Specific Gravity)

• 밀도는 단위 부피당의 질량으로 정의되며, 수식적으로 다음과 같이 표시한다.

$$\text{밀도} = \frac{\text{질량}}{\text{부피}} \quad \text{또는} \quad D = \frac{M}{V}$$

• 비중은 한 물질의 밀도와 기준 물질의 밀도 사이의 비로 정의된다.

$$\text{비중} = \frac{\text{어떤 물질의 밀도}}{\text{기준 물질의 밀도}} = \frac{\text{어떤 물질의 중량}}{\text{기준 물질의 중량}}$$

• 고체와 액체의 기준이 되는 물질은 4℃의 물(밀도 $= 0.997 g/cm^3$)이고, 기체의 기준이 되는 물질은 공기(밀도 $= 1.29 g/L$)이다.

14 다음 반응식을 완성하시오. (6점)

> ① $2Li + 2H_2O \longrightarrow$
>
> ② $2Al + 3H_2O \longrightarrow$

해답

① $2LiOH + H_2$, ② $Al_2O_3 + 3H_2$

① 리튬 : $2Li + 2H_2O \longrightarrow 2LiOH + H_2$
② 알루미늄 : $2Al + 3H_2O \longrightarrow Al_2O_3 + 3H_2$

15 위험물안전관리법에 따른 방화현장에서 발견하기 쉬운 액체촉진제의 위험물 품명과 특징을 쓰시오. (6점)

제4류 위험물, 인화성 액체

16 화재 등 위기상황에서 사람의 피난특성 5가지를 쓰시오. (5점)

① 귀소본능, ② 좌회전본능, ③ 지광본능, ④ 추종본능, ⑤ 퇴피본능

화재 등 위기상황의 인간의 피난특성
• 귀소본능 : 원래 왔던 길로 더듬어 피하려는 경향
• 좌회본능 : 오른손이나 오른발을 이용하여 왼쪽으로 회전하려는 경향
• 지광본능(향광성) : 밝은 곳으로 피하려는 경향
• 추종본능(부화 뇌동성) : 대부분의 사람이 도망가는 방향을 쫓아가는 경향
  ※ 여러 개의 출구가 있어도 한 개의 출구로 수많은 사람이 몰리는 현상이 증명
• 퇴피본능 : 화재지역에서 멀어지려는 경향
• 일상동선 지향성 : 일상적으로 사용하고 있는 계단, 익숙한 경로를 사용해 피하려는 경향
• 향개방성 : 지광성(향광성)과 유사한 특성으로 열려진 느낌이 드는 방향으로 피하려는 경향
• 일시경로 선택성 : 처음에 눈에 들어온 경로 또는 눈에 띄기 쉬운 계단을 향하는 경향
• 지근거리 선택성 : 가장 가까운 계단을 선택하는 경향
• 직진성 : 정면의 계단과 통로를 선택하거나 막다른 곳이 나올 때까지 직진하는 경향
• 이성적 안전지향성 : 안전하다고 생각한 경로로 향하는 경향

17 임야의 임목이 화재로 손실된 경우 피해액 산정기준을 쓰시오. (4점)

소실 전의 입목가격에서 소실한 입목의 잔존가격을 뺀 가격

18 화재증거물수집관리규칙에 따른 용어의 정의이다. 빈칸에 알맞은 답을 쓰시오. (6점)

> ① ( )(이)란 화재와 관련 있는 물건 및 개연성이 있는 모든 개체를 말함
>
> ② ( )(이)란 화재증거물을 획득하고 해당 물건을 분석하여 사건과 관련된 화재증거를 추출하는 과정을 말함
>
> ③ ( )(이)란 화재현장에서 증거물 수집에서부터 폐기까지 증거물 원본성 보장을 위한 증거물 관리 및 이송과 관련된 과정을 말함
>
> ④ ( )(이)란 화재조사현장과 관련된 사람, 물건, 기타 주변상황, 증거물 등을 촬영한 사진, 영상물 및 녹음자료, 현장에서 작성된 정보 등을 말함
>
> ⑤ ( )(이)란 화재조사현장과 관련된 사람, 물건, 기타 상황, 증거물 등을 촬영한 사진을 말함
>
> ⑥ ( )(이)란 화재현장에서 화재조사현장과 관련된 사람, 물건, 그 밖의 주변 상황, 증거물을 촬영하거나 조사의 과정을 촬영한 것을 말함

해답

① 증거물, ② 증거물 수집, ③ 증거물 보관·이동, ④ 현장기록, ⑤ 현장사진, ⑥ 현장비디오

19 화재사의 종류 5가지를 쓰시오. (5점)

해답

① 소사, ② 화상사, ③ 질식사, ④ CO중독사, ⑤ 쇼크사

해설

화재사의 종류

종 류	정 의
소사	화재로 인한 화상과 더불어 화염에 의해 불에 타서 사망하거나 일산화탄소에 의한 유독가스 중독과 산소결핍에 의한 질식 등이 합병되어 사망한 것
화상사	화재로 인하여 화염 등 고열이 피부에 작용하여 화상을 입은 후 그 상황에서 2차적인 조건에 의해 사망한 것
질식사	• 외질식사(外窒息死) : 화재 시 발생되는 연기에 숨이 막혀 구토가 발생하고, 토하는 음식물이 기도를 막아 사망한 것 • 내질식사(內窒息死) : 화재 시 발생한 일산화탄소 등 유독가스의 영향으로 혈관 흐름을 막아 조직이 산소 결핍으로 사망한 것
쇼크사	화재에 따른 현상에 의해 신경을 자극해서 정신 또는 신체가 충격을 받아 사망한 것
CO중독사	화재 시 사람이 호흡으로 흡입한 일산화탄소가 혈액 속에서 산소를 운반하는 헤모글로빈을 감소시켜 근육과 내장, 세포조직 등이 호흡의 곤란을 일으켜 사망한 경우

20 | 출제예상문제

01 화재현장에서 깨진 유리 증거물의 파손 형태에 따른 특징을 쓰시오. (6점)

> ① 충격에 의한 파손 형태 :
>
> ② 충격파에 의한 파손 형태 :
>
> ③ 화재열에 의한 파손 형태 :

해답

① 방사상 파괴 형태 또는 거미줄 형태
② 평행선 형태
③ 불규칙 형태

해설

① 충격에 의한 파손 형태 : 충격지점을 중심으로 방사상 파괴 형태(패각상 = 거미줄 형태)를 나타낸다.
② 충격파에 의한 파손 형태 : 가스폭발, 분진폭발, 화약·폭약 폭발, 보일러 폭발 등 충격파에 의한 우리의 파괴 형태는 평행선 형태의 파괴 형태를 만든다.
③ 화재열에 의한 파손 형태 : 열에 의한 파손 형태는 길고 불규칙한 형태로 파손된다.

02 화재피해액 산정과 관련한 용어의 정의를 설명한 것이다. 번호에 알맞은 용어를 쓰시오. (5점)

용 어	정 의
①	고정자산을 경제적으로 사용할 수 있는 연수
②	피해물의 사고일 현재까지 경과기간
③	피해물의 종류, 손상 상태 및 정도에 따라 피해액을 적정화시키는 일정한 비율
④	화재피해 건물과 같거나 비슷한 규모, 구조, 용도, 재료, 시공방법 및 시공상태 등에 의해 새로운 건물을 신축했을 경우의 m²당 단가
⑤	건물의 소실면적 산정은 소실 (⑤)(으)로 한다.

해답

① 내용연수, ② 경과연수, ③ 손해율, ④ 신축단가, ⑤ 바닥면적

03 비 오는 날 소먹이용 건초와 생석회(산화칼슘)를 저장하는 농촌의 비닐하우스에서 화재가 발생하였다. 조사 결과 하우스 내에는 전기시설은 전혀 없었으며, 방화의 가능성도 없었다. 생석회(산화칼슘)에 빗물이 침투된 흔적이 발견되었을 때, 다음 물음에 답하시오. (6점)

> ① 생석회(산화칼슘)와 빗물의 화학반응식을 쓰시오.
>
> ② 감식요령에 대하여 약술하시오.

해답

① $CaO + H_2O \rightarrow Ca(OH)_2 + 15.2kcal/mol$, 즉 물과 반응해서 수산화칼슘이 되며 발열한다.

② 생석회가 물과 반응하면 고체상태의 수산화칼슘(소석회)이 남으며 강알칼리성이기 때문에 리트머스시험지 등으로 pH를 측정하여 확인한다.

04 트래킹현상의 진행과정을 단계별로 설명하시오. (6점)

해답

① 1단계 : 절연체 표면의 오염 등에 의한 도전로 형성

② 2단계 : 도전로의 분단과 미소 불꽃방전의 발생

③ 3단계 : 반복적 불꽃방전에 의한 표면 탄화 및 트랙의 형성

해설

트래킹

절연물 표면이 염분, 분진, 수분, 화학약품 등에 의해 오염·손상을 입은 상태에서 전압이 인가되면 줄열에 의해서 표면이 국부적으로 건조하여 절연물 표면에 미세한 불꽃방전(Scintillation)을 일으키고 전해질이 소멸하여도 표면에 트래킹(탄화 도전로)이 형성되는 현상

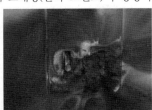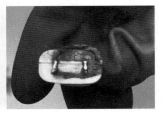

05 LPG 연소 시 불완전연소의 원인 3가지를 기술하시오. (6점)

해답

① 공기와의 접촉, 혼합이 불충분할 때

② 과대한 가스량 또는 필요량의 공기가 없을 때

③ 불꽃이 저온물체에 접촉되어 온도가 내려갈 때

06 철근콘크리트조 슬래브지붕(4급)의 4층 사무실건물의 3층에 화재가 발생하여 $300m^2$에 수용된 전기(약전)설비, 위생설비, 난방설비, 소화설비, 승강기설비, 냉난방 설비, 수변전설비가 소실되었다. 건물 신축단가 632천원이다. 다음 물음에 답하시오. (6점)

① 재설비비 산정공식을 기술하시오.

② 소실면적의 부대설비 계산과정 및 재설비비(천원)는 얼마인가?

해답

① 재설비비 = 신축단가(천원/m^2) × 소실면적(m^2) × 설비종류별 재설비 비율(20%)
② 재설비비 = 632천원/m^2 × $300m^2$ × 20% = 37,920천원

07 임야화재 감식지표에서 거시지표의 특징을 3가지만 답하시오. (6점)

해답

① 표시가 큼
② 쉽게 관찰됨
③ 불의 강도가 높음

해설

임야화재 지표

구 분	거시지표	미시지표	집단군락(여러지표)
특 징	• 표시가 큼 • 쉽게 관찰됨 • 불의 강도가 큼 • 산불진행지역을 나타냄 • 수관, 줄기 등	• 표시가 작음 • 쉽게 관찰되지 않음 • 발화지점 부근에서 중요성이 증대됨 • 암석, 깡통 등	• 여러 형태의 지표군 • 산불 진행방향과 일치 • 여러 지표의 수는 일치

08 아세틸렌이 구리와 접촉하면 폭발성 금속인 아세틸라이드가 만들어지는데, 이때의 화학반응식을 쓰시오. (5점)

해답

$C_2H_2 + 2Cu \rightarrow Cu_2C_2 + H_2$

09 어떤 저항 R에 220V의 전압을 가하여 20A의 전류가 1분간 흘렀을 때, 저항 R에서 발생한 열량 Q(cal)는? (5점)

해답

63,360cal

해설

줄(Joule's Heat)의 법칙

전류가 흐르면 도선에 열이 발생하는데, 이것은 전기에너지가 열로 바뀌는 현상이다. 전류 1A, 전압 1V인 전기 에너지가 저항 1Ω에 1초 동안 발생하는 열을 줄열이라 하며, 도선에 전류가 흐를 때 단위시간 동안 도선에 발생한 열량 Q는 전류의 세기 I[A]의 제곱과 도체의 저항 R과 전류를 통한 시간 t에 비례한다.

$Q = 0.24 \times I^2 \times R \times t$[cal], 여기에 $R = \dfrac{V}{I} = \dfrac{220}{20} = 11\,\Omega$ 관계식을 대입하면

$\therefore\ Q = 0.24 \times 20^2 \times 11 \times 60(\text{s}) = 63,360\text{cal}$

Q : 열량(cal) V : 전압(V)
I : 전류(A) R : 저항(Ω)
t : 전류를 통한 시간(s)

10 다음의 연소형태는? (5점)

> • 기체의 일반적 연소형태
> • 연소버너 주변에 가연성 가스를 확산시켜 산소와 접촉하고 연소범위의 혼합가스를 생성
> • 예 LPG – 공기, 수소 – 산소

해답

확산연소(발염연소)

11 그림과 같이 화재 발생 시 벽면 A에 생성되는 화재패턴을 쓰시오. (4점)

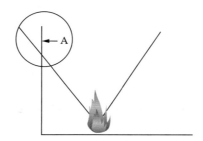

해답

U패턴

12 폭발한계에 영향을 미치는 인자 3가지를 쓰시오. (6점)

① 온도, ② 압력, ③ 산소 농도

폭발한계에 영향을 미치는 인자

① 온도 : 온도가 높아지면 연소범위는 넓어진다. 일반적으로 하한계는 온도가 100℃ 증가할 때마다 8%씩 감소하고, 상한계는 8%씩 증가한다.

② 압력 : 압력이 증가하면 일반적으로 연소범위가 넓어지긴 하지만 온도의 영향과 같이 규칙적이지 않고 복잡하므로 실측이 필요하다. 연소하한은 작은 영향을 미치고 압력상승은 폭발상한을 증가시킨다.

③ 산소 농도 : 산소 중에 폭발하한은 공기 중과 거의 같지만, 폭발상한은 산소가 풍부하게 되면 많이 증가한다.

13 다음 물질이 물과 반응하여 생성되는 가스를 쓰시오. (6점)

> ① 탄화알루미늄(Al_4C_3) :
>
> ② 탄화나트륨(Na_2C_2) :

① 메탄
② 아세틸렌

① 탄화알루미늄 : $Al_4C_3 + 12H_2O \longrightarrow 4Al(OH)_3 + 3CH_4$(메탄)
② 탄화나트륨 : $Na_2C_2 + 2H_2O \longrightarrow 2Na(OH) + C_2H_2$(아세틸렌)

14 300m^2에 설비된 옥내소화전 3개소가 소실되었다. 옥내소화전의 품질, 규격, 재질, 가격, 화재 전 상태가 중등도(단위당 단가는 3,500천원)인 경우 소실면적의 부대설비 재설비비(천원)는 얼마인가? (5점)

10,500천원

옥내소화전 재설비비 = 중등도 단위당 단가 × 개소
= 3,500천원/개소 × 3개소 = 10,500천원

15 화재현장의 관계자는 화재상황이나 피해상황을 파악하는데 중요한 역할을 한다. 현장에서 발견되는 관계자의 특징을 5가지만 쓰시오. (5점)

> **해답**

① 입고 있는 의류의 불 탄 흔적이나 물 또는 이물질에 젖어있다.
② 화재현장 인근에서 잠옷이나 속옷차림 또는 맨발로 있다.
③ 화재현장 인근에서 당황해하거나 울고 있다.
④ 화재건물 밖으로 물건을 반출하고 있다.
⑤ 화상을 입거나 머리카락이 그을리거나 코에 검게 그을음이 묻어있다.

16 목재의 탄화 심도에 영향을 주는 인자 3가지를 쓰시오. (6점)

> **해답**

① 목재의 표면적이나 부피
② 나무종류와 함습 상태
③ 표면처리 형태

> **해설**

이외에도 화열의 진행속도와 진행경로, 공기조절 효과나 대류여건도 탐화심도에 영향을 미친다.

17 다음 화재피해대상에 대한 화재피해액 산정기준을 쓰시오. (6점)

① 차량 및 운반구 :
② 동물 및 식물 :

> **해답**

① 시중매매가격
② 시중매매가격

18 pH = 3인 수용액의 [H⁺]는 pH = 5인 수용액의 몇 배인가? (3점)

100배

$pH = -\log[H^+]$
$3 = -\log[H^+] \rightarrow [H^+] = 10^{-3}$
$5 = -\log[H^+] \rightarrow [H^+] = 10^{-5}$
$\therefore\ 10^{-3-(-5)} = 10^2 = 100$배

19 화재조사 및 보고규정상 조사의 최종결과보고에 대한 내용이다. (   ) 안에 알맞은 수를 쓰시오. (3점)

---

① 종합상황실장이 상급 종합상황실에 지체 없이 보고해야 할 화재 : 화재 발생일로부터 (㉠)일
이내
② 일반화재 : 화재 발생일로부터 (㉡)일 이내

㉠ 30
㉡ 15

PART 03

기출복원문제

우리가 해야할 일은 끊임없이 호기심을 갖고
새로운 생각을 시험해보고 새로운 인상을 받는 것이다.

– 월터 페이터 –

2014 | 기사 기출복원문제

01 화재현장에서 소사체에 나타나는 유형에 대한 설명이다. 빈칸을 채우시오. (6점)

> ① 화재현장에서 발생한 사체는 (　　　) 자세로 발견된다.
>
> ② 비만인 사람은 그렇지 않은 사람에 비하여 (　　　)(으)로 인하여 심하게 훼손된 채 발견된다.
>
> ③ 사망원인이 화재에 의한 것인지 아닌지를 판단하기 위해서는 혈중 (　　　) 포화도를 측정하여 보면 알 수 있다.

해답

① 투사형 또는 권투선수, ② 지방층, ③ 일산화탄소 헤모글로빈(COHb)

해설

① 투사형 자세 : 사후에 열이 계속적으로 가해지면 근육이 응고되어 수축되는 소위 열경직(Heatrigidity) 현상이다.

② 비만인 사람은 그렇지 않은 사람에 비하여 지방층이 많아 연료로 작용하여 심하게 훼손된다.

③ 혈중 일산화탄소 헤모글로빈(COHb) 포화도를 측정하여 보면 화재에 의한 질식사인지 판단이 가능하다.

02 다음 물음에 바르게 답하시오. (5점)

> ① 리플마크 일련의 곡선이 연속해서 만들어지는데, 그것의 용어는?
>
> ② 유리파단면을 보고 A, B, C, D 부분 중 충격을 받은 부분은?

해답

① Waller Line, ② D

① 리플마크(Ripple Mark) : 유리의 동심원 파단면 및 방사형 파단면에는 물결 같은 일련의 곡선이 연속해서 만들어지는 것을 말하며, 패각상 파손흔이라고도 한다.
② Waller Line : 리플마크 일련의 곡선이 연속해서 만들어지는 무늬로 그림의 점선 부분에 해당한다.

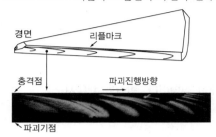

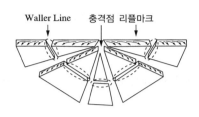

03 다음 금속의 용융점이 높은 순으로 나열하시오. (4점)

> 텅스텐, 구리, 철, 알루미늄

해답

텅스텐 → 철 → 구리 → 알루미늄

해설

텅스텐(3,400℃) → 철(1,530℃) → 구리(1,083℃) → 알루미늄(659.5℃)

04 열전달 방식 중 대류는 어떤 방식으로 열을 전달하는가? (6점)

해답

일반적으로 액체 및 기체는 그 일부를 가열하면 그 부분은 팽창하고 가볍게 되어 상승하게 되고 빈자리를 차가운 유체가 흘러들어 메우며, 이 차가운 유체에 다시 열이 전달되면 따뜻해진 유체가 계속적으로 상승하여 이동해 가므로 열이 다른 곳으로 전달되는 효과를 대류(對流)라 한다.

해설

대류는 유체의 실질적인 흐름에 의해 열에너지가 전달되는 현상이다. 유체의 특정부분이 온도가 높을 경우 이 부분의 유체는 열에 의해 팽창되어 밀도가 낮아지므로 가벼워져 상승하게 되고 주위의 낮은 온도의 유체가 그 구역으로 흘러 들어오는 순환과정이 연속된다.

05 다음은 발화지점을 결정하기 위한 화재조사 과학적 방법론에 대한 것이다. 빈칸을 완성하시오.

(6점)

```
┌─────────────────────┐
│      필요성 인식      │
└─────────────────────┘
          ⇩
┌─────────────────────┐
│      문제 정의       │
└─────────────────────┘
          ⇩
┌─────────────────────┐
│      자료수집        │
└─────────────────────┘
          ⇩
┌─────────────────────┐
│         ①           │
└─────────────────────┘
          ⇩
┌─────────────────────┐
│         ②           │
└─────────────────────┘
          ⇩
┌─────────────────────┐
│         ③           │
└─────────────────────┘
          ⇩
┌─────────────────────┐
│     최종가설 선택     │
└─────────────────────┘
```

해답

① 자료분석, ② 가설설정 또는 가설개발, ③ 가설검증 또는 가설시험

해설

과학적 화재조사의 기본원칙

필요성 인식 → 문제 정의 → 자료 수집 → 자료 분석 → 가설 수립 → 가설 검증 → 최종가설 선택

① 문제확인(필요성 인식) : 화재발생원인 및 발화지점을 판단해 줄 것을 요청받을 때 인식
② 문제정의 : 발화지점과 원인을 판정하기 위해서 문제여부, 연소확산에 있어서 가구들의 역할, 인명피해의 원인, 소방시설은 적절히 작동여부, 초기소화활동은 적정여부
③ 자료수집 : 문제정의에 대한 해답을 찾을 필요가 있는 화재패턴 등 현장증거물을 수집
④ 자료분석(귀납적 추리) : 수집된 자료나 증거물을 검토할 때는 귀납법을 활용
⑤ 가설설정 : 철저한 자료분석을 통해 문제 해결을 위해 실제자료들에 근거하여 가설을 설정
⑥ 가설검증(연역적 추리) : 최종적인 결론이 논리적인 근거를 주거나 그렇지 않을 수 있음
⑦ 최종가설 선택

06 제조물책임법에 대한 내용이다. 괄호 안을 채우시오. (5점)

> • 결함이란 해당 제조물에 (①)상·설계상 또는 (②)상의 결함이 있거나 그 밖에 통상적으로 기대할 수 있는 (③)이/가 결여되어 있는 것을 말한다.
> • 제조물책임법은 제조물의 결함으로 발생한 손해에 대한 제조업자 등의 (④)을/를 규정한다.
> • 손해배상청구권은 피해자 또는 그 법정대리인이 그 손해 및 손해배상책임을 지는 자를 안 날로부터 (⑤)년간 행사하지 않으면 소멸된다.

해답

① 제조, ② 표시, ③ 안전성, ④ 손해배상책임, ⑤ 3

07 탄화된 목재에서 수열에 따른 균열흔을 분류할 때 온도가 낮은 것부터 높은 순으로 쓰시오.

(3점)

> 강소흔   완소흔   열소흔

해답

완소흔 → 강소흔 → 열소흔

해설

목재표면의 균열흔
① 완소흔 : 700~800℃ 정도의 삼각 또는 사각 형태의 수열흔
② 강연흔 : 900℃ 정도의 홈이 깊은 요철이 형성된 수열흔
③ 열소흔 : 홈이 아주 깊은 1,000℃ 정도의 대형 목조건물 화재 시 나타나는 현상
④ 훈소흔 : 발열체가 목재면에 밀착되어 무염연소 시 발생

08 인화성 액체를 바닥에 부었을 때 액체가 쏟아진 부분과 쏟아지지 않은 부분의 탄화경계 흔적이 나타나는 화재패턴은?

(3점)

해답

포어패턴(퍼붓기패턴)

해설

퍼붓기패턴 – 포어패턴(Pour Patterns)
① 인화성 액체가연물이 바닥에 쏟아졌을 때 액체가연물이 쏟아진 부분과 쏟아지지 않은 부분의 탄화경계 흔적을 말한다.

② 간혹 액체가 자연스럽게 낮은 곳으로 흐른 부드러운 곡선 형태를 나타내기도 하고, 쏟아진 모양 그대로 불규칙한 형태를 나타내기도 하지만 연소된 부분과 연소되지 않은 부분에서 뚜렷한 경계가 나타난다.

③ 이런 형태는 화재가 진행되면서 가연성 액체가 있는 곳은 다른 곳보다 연소가 강하기 때문에 탄화 정도의 차이로 구분된다.

09 다음 화재의 소실 정도를 쓰시오. (5점)

> ① 건축물 소실 정도가 50%일 때 잔존부분을 보수하여도 재사용이 불가능한 것은?
> ② 차량의 소실 정도가 50% 소손된 것은?

해답

① 전소, ② 반소

해설

소실 정도에 따른 화재의 구분

건축·구조물 화재의 소실 정도는 3종류로 구분하며, 자동차·철도차량, 선박 및 항공기 등의 소실 정도도 이 규정을 준용한다.

구 분	전소화재	반소화재	부분소화재
소실률	건물의 70% 이상(입체면적에 대한 비율)이 소실된 화재나 그 미만이라도 잔존부분이 보수를 하여도 재사용 불가능한 것	건물의 30% 이상 70% 미만이 소실된 화재	전소·반소 이외의 화재

10 화재조사 및 보고규정에 따른 피해액 산정에 대한 물음이다. 다음 물음에 답하시오. (5점)

> ① 화재피해액 산정 시 물가상승률이 적용되는 화재피해 산정대상은?
> ② 잔존물 제거비는 피해액의 몇 %로 산정하는가?

해답

① 구축물, ② 10%

해설

① 구축물은 그 종류, 구조, 용도, 규모, 재료, 질, 시공방법 등이 다양하므로 일률적으로 재건축비를 산정하기 어려운 면이 있으나, 대규모 구축물의 경우 설계도 및 시방서 등에 의해 최초건축비의 확인이 가능하므로 최초건축비에 경과연수별 물가상승률을 곱하여 재건축비를 구한 후 사용손모 및 경과연수에 대응한 감가공제하는 방식에 의해 구축물의 화재로 인한 피해액을 산정할 수 있다.

② 화재로 인한 건물, 부대설비, 영업시설, 기계장치, 공구·기구, 집기비품, 가재도구 등의 잔존물 내지 유해물 또는 폐기물을 제거하거나 처리하는 비용은 화재피해액의 10% 범위 내에서 인정된 금액으로 산정한다.

11 다음은 화재증거물수집관리규칙에 관한 내용이다. 괄호 안에 알맞게 채우시오. (6점)

- 증거물을 수집할 때에는 휘발성이 (①) 것에서 (②) 순서로 진행해야 한다.
- 증거물의 소손 또는 소실 정도가 심하여 증거물의 일부분 또는 전체가 유실될 우려가 있는 경우는 증거물을 (③)하여야 한다.

해답

① 높은, ② 낮은, ③ 밀봉

해설

증거물의 수집(화재증거물수집관리규칙 제4조)

- 현장 수거(채취)물은 그 목록을 작성하여야 한다.
- 증거물의 수집 장비는 증거물의 종류 및 형태에 따라 적절한 구조의 것이어야 하며, 증거물 수집 시료용기는 [별표 1]에 따른다.
- 증거물을 수집할 때는 휘발성이 높은 것에서 낮은 순서로 진행해야 한다.
- 증거물의 소손 또는 소실 정도가 심하여 증거물의 일부분 또는 전체가 유실될 우려가 있는 경우는 증거물을 밀봉하여야 한다.
- 증거물이 파손될 우려가 있는 경우에 충격금지 및 취급방법에 대한 주의사항을 증거물의 포장 외측에 적절하게 표기하여야 한다.
- 증거물 수집 목적이 인화성 액체 성분 분석인 경우에는 인화성 액체 성분의 증발을 막기 위한 조치를 행하여야 한다.
- 증거물 수집 과정에서는 증거물의 수집자, 수집 일자, 상황 등에 대하여 기록을 남겨야 하며, 기록은 가능한 법과학자용 표지 또는 태그를 사용하는 것을 원칙으로 한다.

12 0℃, 1기압 상태에서 이산화탄소의 증기비중을 구하시오. (단, 공기의 평균의 분자량은 29이다)

(5점)

① 계산식 :

② 증기비중 :

해답

① 이산화탄소의 기체비중 $= \dfrac{\text{이산화탄소의 밀도}}{\text{공기의 밀도}} = \dfrac{1.96g/L}{1.29g/L}$ 또는 $\dfrac{\text{이산화탄소의 분자량}}{\text{공기의 분자량}} = \dfrac{44g}{29g}$

② 1.51

해설

기체의 비중은 한 물질의 밀도와 기준 물질의 밀도 사이의 비로 정의되며, 다음과 같이 표시한다.

비중 $= \dfrac{\text{어떤 물질의 밀도}}{\text{기준 물질의 밀도}} = \dfrac{\text{어떤 물질의 중량}}{\text{기준 물질의 중량}}$

$= \dfrac{\text{이산화탄소의 분자량}}{\text{공기의 분자량}} = \dfrac{44g}{29g}$

$≒ 1.51$

13 다음 내용에 알맞은 축전지의 명칭을 쓰시오.

(6점)

① 양극에는 과산화납(PbO_2)을, 음극에는 납(Pb)을 사용하고 황산(H_2SO_4)을 넣은 축전지

② 전해액은 수산화나트륨을 사용하고 주로 선박용으로 사용되는 축전지로 수명이 긴 축전지

③ 극판이 납, 칼슘으로 되어 있고 가스발생이 적으며, 전해액이 불필요해 자기방전이 적은 축전지

해답

① 납축전지

② 알칼리축전지

③ MF축전지

14 누전화재에 대한 다음 물음에 답하시오. (6점)

> ① 누전에 대해 설명하시오.
>
> ② 누전에 의한 화재로 판정할 수 있는 조건 3가지를 쓰시오.
>
> ③ 누전차단기에서 누설전류를 감지하는 기기의 명칭은 무엇인지 쓰시오.

해답

① 절연이 불량하여 전류의 일부가 전류의 통로로 설계된 이외의 곳으로 흐르는 현상
② 누전점, 접지점, 출화점
③ 영상변류기(ZCT)

해설

- 누전화재의 3요소 : 누전이란 절연이 불량하여 전류의 일부가 전류의 통로로 설계된 이외의 곳으로 흐르는 현상
  - 누전점 : 전류가 흘러들어오는 곳(빗물받이)
  - 출화점(발화점) : 과열개소(함석판)
  - 접지점 : 접지물로 전기가 흘러들어 오는 점
- 영상변류기 : 누전차단기에서 누설전류를 감지하는 장치

15 화재조사 및 보고규정에 따른 다음 용어를 정의하시오. (6점)

> ① (   )은/는 사람의 의도에 반하거나 고의에 의해 발생하는 연소현상으로, 소화시설 등을 사용하여 소화할 필요가 있거나 또는 화학적인 폭발현상을 말한다.
>
> ② (   )은/는 화재 당시의 피해물과 같거나 비슷한 것을 재건축(설계 감리비를 포함) 또는 재취득하는 데 필요한 금액을 말한다.
>
> ③ (   )은/는 화재 당시에 피해물의 재구입비에 대한 현재가의 비율을 말한다.

해답

① 화재
② 재구입비
③ 잔가율

16 다음 화학반응식을 쓰시오. (6점)

> ① $2K + 2H_2O \longrightarrow$
>
> ② $CaC_2 + 2H_2O \longrightarrow$
>
> ③ $Ca_3P_2 + 6H_2O \longrightarrow$

해답

① $2K + 2H_2O \longrightarrow 2KOH + H_2$
② $CaC_2 + 2H_2O \longrightarrow Ca(OH)_2 + C_2H_2$
③ $Ca_3P_2 + 6H_2O \longrightarrow 3Ca(OH)_2 + 2PH_3$

해설

① 칼륨 : $2K + 2H_2O \longrightarrow 2KOH + H_2$
② 탄화칼슘 : $CaC_2 + 2H_2O \longrightarrow Ca(OH)_2 + C_2H_2$(아세틸렌)
③ 인화칼슘 : $Ca_3P_2 + 6H_2O \longrightarrow 3Ca(OH)_2 + 2PH_3$(포스핀 = 수소화인)

17 화재조사 및 보고규정에 따른 소방방화시설 활용조사서상 소화시설 종류 4가지를 쓰시오.
(5점)

해답

① 소화기구, ② 옥내소화전, ③ 스프링클러설비, 간이스프링클러, 물분무 등 소화설비, ④ 옥외소화전

해설

소방·방화시설 활용조사서에 따른 소화시설은 해답과 같으며, 화재예방, 소방시설 설치·유지 및 안전관리에 관한 법률에 따른 소방시설은 물 또는 그 밖의 소화약제를 사용하여 소화하는 기계·기구 또는 설비로서 다음의 것을 말한다.
① 소화기구 : 소화기, 간이소화용구, 자동확산소화기
② 자동소화장치 : 주방용 자동소화장치, 캐비닛형 자동소화장치, 가스자동소화장치, 분말자동소화장치, 고체에어로졸자동소화장치
③ 옥내소화전설비(호스릴옥내소화전설비를 포함)
④ 스프링클러설비 등 : 스프링클러설비, 간이스프링클러설비, 화재조기진압용 스프링클러설비
⑤ 물분무 등 소화설비 : 물분무소화설비, 미분무소화설비, 포소화설비, 이산화탄소소화설비, 할로겐화합물소화설비, 청정소화약제소화설비, 분말소화설비, 강화액소화설비
⑥ 옥외소화전설비

18 화재원인조사의 종류와 조사범위에 대한 내용이다. 빈 칸의 종류를 쓰시오.   (5점)

종 류	조사범위
(①)	화재가 발생한 과정, 화재가 발생한 지점 및 불이 붙기 시작한 물질
발견·통보 및 초기 소화상황 조사	화재의 발견경위·통보 및 초기소화 등 일련의 과정
(②)	화재의 연소경로 및 확대원인 등의 상황
(③)	피난경로, 피난상의 장애요인 등의 상황
소방시설 등 조사	소방시설의 사용 또는 작동 등의 상황

해답

① 발화원인조사, ② 연소상황조사, ③ 피난상황조사

해설

화재조사의 구분 및 범위

구 분		조사범위
화재원인 조사		• 발화원인 조사 : 발화지점, 발화열원, 발화요인, 최초착화물 및 발화관련기기 등 • 발견, 통보 및 초기소화상황 조사 : 발견경위, 통보 및 초기소화 등 일련의 행동과정 • 연소상황 조사 : 화재의 연소경로 및 연소확대물, 연소확대사유 등 • 피난상황 조사 : 피난경로, 피난상의 장애요인 등 • 소방·방화시설 등 조사 : 소방·방화시설의 활용 또는 작동 등의 상황
화재 피해 조사	인명피해	• 화재로 인한 사망자 및 부상자 • 화재진압 중 발생한 사망자 및 부상자 • 사상자 정보 및 사상 발생원인
	재산피해	• 소실피해 : 열에 의한 탄화, 용융, 파손 등의 피해 • 수손피해 : 소화활동으로 발생한 수손피해 등 • 기타피해 : 연기, 물품반출, 화재중 발생한 폭발 등에 의한 피해 등

19 다음은 화재상황을 나타낸 것이다. 연소단계를 쓰시오.   (4점)

해답

플래시오버

해설

플래시오버(Flash Over)

목재 건물의 화재 시 실내에서 어느 부분이 무염연소 또는 연소 확대되는 과정 중 시간이 3~5분 경과함에 따라 가연성 증기의 농도가 짙어져 가연성 혼합기체로 되어 가며, 실내의 온도가 점점 높아진다. 마침내 실내의 온도가 가연성 혼합기체의 인화점 또는 착화점보다 높게 되면 순간 폭발적으로 혼합기가 연소되며 실내의 가연물에 착화된다. 건물 내의 내장재인 기구 등의 연소에 의한 화염이 천장면에 도달하면 급속히 천장면을 따라 수평방향으로 확대되어 천장 전체에 회오리치면 실내 전체가 화염에 휩싸인 상태가 된다. 이러한 현상을 플래시오버(Flash Over) 현상이라고 하고 실내가 밀폐되어 있을수록, 가연성가스를 낼 수 있는 가연물이 많을수록 잘 일어난다.

20 구축물의 피해액 산정식을 쓰시오. (단, 원시건축비에 의한 방식으로 산정한다) (3점)

해답

소실단위의 원시건축비 × 물가상승률 × [1 − (0.8 × 경과연수/내용연수)] × 손해율

해설

구축물의 피해액 산정은 회계장부에 의한 피해액을 산정하는 것이 원칙이나 대규모 구축물의 경우 설계도 및 시방서 등에 의해 최초건축비의 확인이 가능하므로 최초건축비에 경과연수별 물가상승률을 곱하여 재건축비를 구한 후 사용손모 및 경과연수에 대응한 감가공제하는 방식에 의해 구축물의 화재로 인한 피해액을 산정할 수 있는 원시건축비에 의한 방법 또는 구축물의 재건축비 표준단가를 활용한 간이평가방식도 있다.

산정대상	산 정 기 준
구축물	• 소실단위의 회계장부상 구축물가액 × 손해율 • 소실단위의 원시건축비 × 물가상승률 × [1 − (0.8 × 경과연수/내용연수)] × 손해율 (회계장부상 구축물가액 또는 원시건축비의 가액이 확인되지 않는 경우) • 단위(m, m², m³)당 표준단가 × 소실단위 × [1 − (0.8 × 경과연수/내용연수)] × 손해율

※ 본 기출문제는 수험자들의 기억에 의해 복원된 것으로 내용과 그림, 출제순서가 다소 실제 문제와 다를 수 있습니다.

01 다음 빈칸을 완성하시오. (4점)

> 화재란 사람의 의도에 반하거나 고의에 의해 발생하는 (①)현상으로서 소화시설 등을 사용하여 소화할 필요가 있거나 (②) 폭발현상이다.

해답

① 연소, ② 화학적

해설

화재조사 및 보고규정 제2조에 따른 화재의 정의에 대한 설명이다.

02 화재의 소실 정도에 따른 다음 용어를 쓰시오. (4점)

> ① 건물의 70% 이상 소실되었거나 그 미만이라도 잔존부분이 보수를 하여도 재사용 불가능 한 것
>
> ② 건물의 30% 이상 70% 미만이 소실된 것

해답

① 전소, ② 반소

해설

소실 정도에 따른 화재의 구분

건축·구조물 화재의 소실 정도는 3종류로 구분하며, 자동차·철도차량, 선박 및 항공기 등의 소실 정도도 이 규정을 준용한다.

구 분	전소화재	반소화재	부분소화재
소실률	건물의 70% 이상(입체면적에 대한 비율)이 소실된 화재나 그 미만이라도 잔존부분이 보수를 하여도 재사용 불가능한 것	건물의 30% 이상 70% 미만이 소실된 화재	전소·반소 이외의 화재

03 자연발화를 일으키는 원인 5가지를 쓰시오. (5점)

해답

① 분해열
② 산화열
③ 흡착열
④ 중합열
⑤ 발효열

해설

자연발화를 일으키는 원인
① 분해열에 의한 발열 : 셀룰로이드, 니트로셀룰로오스 등
② 산화열에 의한 발열 : 석탄, 건성유 등
③ 발효열에 의한 발열 : 퇴비, 먼지 등
④ 흡착열에 의한 발열 : 목탄, 활성탄 등
⑤ 중합열에 의한 발열 : HCN, 산화에틸렌 등

04 제조물책임법의 규정에 따른 결함의 종류를 쓰시오. (6점)

해답

① 제조상의 결함
② 설계상의 결함
③ 표시상의 결함

해설

제조물책임법에 따른 결함의 종류
① "제조상의 결함"이란 제조업자가 제조물에 대하여 제조상·가공상의 주의의무를 이행하였는지에 관계없이 제조물이 원래 의도한 설계와 다르게 제조·가공됨으로써 안전하지 못하게 된 경우를 말한다.
② "설계상의 결함"이란 제조업자가 합리적인 대체설계(代替設計)를 채용하였더라면 피해나 위험을 줄이거나 피할 수 있었음에도 대체설계를 채용하지 아니하여 해당 제조물이 안전하지 못하게 된 경우를 말한다.
③ "표시상의 결함"이란 제조업자가 합리적인 설명·지시·경고 또는 그 밖의 표시를 하였더라면 해당 제조물에 의하여 발생할 수 있는 피해나 위험을 줄이거나 피할 수 있었음에도 이를 하지 아니한 경우를 말한다.

05 다음은 반단선에 대한 설명이다. ○, X를 표시하시오. (5점)

① 단선측 소선의 일부에는 붙고 떨어지는 사이에 생긴 조그만 용융흔이 발생한다. (   )

② 단선측 선의 부하측 단선에는 반드시 단락흔이 발생한다. (   )

③ 여러 개의 소선으로 구성된 전선이나 코드의 심선이 10% 이상 끊어졌거나 전체가 완전히 단선된 후에 일부가 접촉상태로 남아 있는 상태를 말한다. (   )

④ 반단선은 외력 등 기계적 원인으로 발생한다. (   )

⑤ 반단선에 의한 용융흔은 전체적으로 단락이 발생하지 않는다. (   )

해답

① ○, ② ×, ③ ○, ④ ○, ⑤ ×

해설

반단선(半斷線, 通電, 단면적의 감소)
- 여러 개의 소선으로 구성된 전선이나 코드의 심선이 10% 이상 끊어졌거나 전체가 완전히 단선된 후에 일부가 접촉상태로 남아 있는 상태를 반단선이라 한다.
- 기구용 비닐평형코드의 경우 꺾이거나 구부려지는 외력이 가해져 소선이 끊어진 경우이다.
- 반단선에 의한 발열이 발생하면 전선이나 코드의 소선은 결국 1선이 용단하거나 접촉·단속(接觸·斷續)을 반복하여 용융흔이 생기고, 다른 한쪽 선의 피복까지 소손되면 결국 양 선 간에서 단락현상이 발생한다.
- 반단선용흔은 단선 부분의 전원측의 한쪽 부분에 집중적으로 생겨 있다.

전선이 금속에 의해 절단된 용흔의 형태   반단선에 의한 용흔의 형태

06 다음 용어를 설명하시오. (6점)

> ① 트래킹 :
>
> ② 반단선 :

해답

① 전해질의 미소물질, 전해질을 함유하는 액체의 증기 또는 금속가루 등의 도체가 부착되면 그 절연물의 표면의 부착물 간에 소규모 방전이 발생되고 이것이 반복되면 절연물의 표면에 점찰 도전성의 통로가 형성되는 것

② 전선이 절연피복 내에서 단선되어 그 부분에서 단선과 이어짐을 되풀이하는 상태 또는 완전히 단선되지 않을 정도로 심선의 일부가 남아 있는 상태

07 화재가 발생한 공간 내부의 온도를 40℃로 가정하고 외부의 온도가 20℃인 경우 두께 3cm, 면적 4m²인 콘크리트 천장을 통한 열전달량은 얼마인가? (단, 콘크리트 벽의 열전도율은 0.083W/mK이다)
(3점)

해답

221.3W/m²

해설

푸리에의 법칙에 의해 전도되는 열전달량은

$$q = kA\frac{T_1 - T_2}{L} = 0.083 \times 4 \times \frac{(40-20)}{0.03} = 221.3\text{W/m}^2$$

q : 열전달량 k : 열전도율
A : 면적(m^2) L : 두께(m)
T_1 : 내부온도 T_2 : 외부온도

08 건물에서 화재가 발생하여 500m²가 소실되었다. 화재피해액을 산정하시오. (단, 내용연수 50년, 경과연수 30년, 손해율 70%, 건물신축단가 425천원이다)
(5점)

해답

77,350천원

해설

건물 화재피해액 =「신축단가(m²당) × 소실면적 × [1 − (0.8 × 경과연수/내용연수)] × 손해율」
= 425(천원) × 500(m²) × [1 − 0.8 × 30/50] × 70% = 77,350천원

09 화재로 열을 많이 받아 그을음 등이 타서 없어진 것으로 완전히 산화되면 비교적 밝은 색으로 보이는 물리적 손상을 무엇이라고 하는가? (4점)

【해답】

완전연소흔(Clean Burn) 또는 백화연소흔

【해설】

완전연소패턴(Clean-Burn Patterns)
• 완전연소는 일반적으로 표면에 달라붙어서 발견되는 검댕과 연기 응축물이 다 타버릴 때 불연성 표면에 나타나는 현상이다.
• 생성물로 까맣게 된 지역 근처에 깨끗한 지역을 생성한다. 가장 일반적으로 완전연소는 강렬히 복사된 열이나 화염과 직접적인 접촉에 의해서 생긴다.

10 다음에 해당하는 열전달 방법을 쓰시오. (6점)

> ① 물체 내의 온도차에 인해 온도차가 높은 분자와 인접한 온도가 낮은 분자 간의 직접적인 충돌 등으로 열에너지가 전달되는 것
> ② 유체(Fluid) 입자 자체의 움직임에 의해 열에너지가 전달되는 것
> ③ 전자파의 형태로 열이 옮겨지는 것

【해답】

① 전도, ② 대류, ③ 복사

11 화재증거물수집관리규칙이다. 다음에서 설명하는 것을 쓰시오. (5점)

> ① (   )은/는 화재와 관련 있는 물건 및 개연성이 있는 모든 개체를 말한다.
>
> ② (   )은/는 화재증거물을 획득하고 해당 물건을 분석하여 사건과 관련된 화재증거를 추출하는 과정을 말한다.
>
> ③ (   )은/는 화재현장에서 증거 수집에서부터 폐기까지 증거물 원본성 보장을 위한 증거물 관리 및 이송과 관련된 과정을 말한다.
>
> ④ (   )은/는 화재조사현장과 관련된 사람, 물건, 기타 주변상황, 증거물 등을 촬영한 사진, 영상물 및 녹음자료, 현장에서 작성된 정보 등을 말한다.
>
> ⑤ (   )은/는 화재조사현장과 관련된 사람, 물건, 기타 상황, 증거물 등을 촬영한 사진을 말한다.

[해답]

① 증거물, ② 증거물 수집, ③ 증거물 보관·이동, ④ 현장기록, ⑤ 현장사진

12 화재조사 전담부서에서 갖추어야 할 증거 수집 장비는 6종이 있다. 이 중 5가지를 쓰시오. (5점)

[해답]

① 증거물 수집기구 세트, ② 증거물 보관 세트, ③ 증거물 표지 세트, ④ 증거물 태그 세트, ⑤ 증거물 보관장치

[해설]

증거 수집 장비(6종)
증거물 수집기구 세트(핀셋류, 가위류 등), 증거물 보관 세트(상자, 봉투, 밀폐용기, 증거 수집용 캔 등), 증거물 표지 세트(번호, 스티커, 삼각형 표지 등), 증거물 태그 세트(대, 중, 소), 증거물 보관장치, 디지털 증거물 저장장치

13 누전화재의 3요소를 쓰시오. (6점)

[해답]

① 누전점, ② 출화점, ③ 접지점

[해설]

누전화재의 3요소
누전이란 절연이 불량하여 전류의 일부가 전류의 통로로 설계된 이외의 곳으로 흐르는 현상
① 누전점 : 전류가 흘러들어오는 곳(빗물받이)
② 출화점(발화점) : 과열개소(함석판)
③ 접지점 : 접지물로 전기가 흘러들어 오는 점

14 다음 화재조사장비에 대한 명칭과 용도를 쓰시오. (4점)

① 명칭 :

② 용도 :

【해답】

① 가스검지기(가스검지관, 유류검지기, 유류검지관 등으로도 칭함)
② 화재현장의 잔류가스 및 유증기 등의 시료 채취 판단

【해설】

가스(유류)검지기

- 용도 : 화재현장의 잔류가스 및 유증기 등의 시료를 채취하여 액체촉진제 사용 및 유종 확인
- 구성 : 연결구(팁), 팁커터, 손잡이, 흡입표기기, 흡입본체, 피스톤
- 사용법

 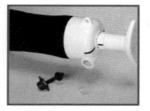 

① 글래스 양단을 자른다.　② 자른 글래스를 저장한다.　③ 접속고무관에 결합한다.

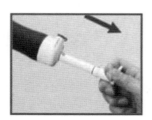 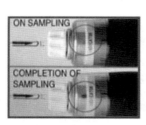 

④ 피스톤 손잡이를 당긴다.　⑤ 흡입표시기가 들어간다.　⑥ 손잡이를 원위치 시킨다.

15 화재로 한쪽 바닥면적 100m² 중 바닥 50m², 천장 5m²이 소실되었다. 소실면적을 구하시오.

(6점)

해답

50m²

해설

소실면적 산정(화재조사 및 보고규정 제17조)
• 건물의 소실면적 산정은 소실 바닥면적으로 산정한다.
• 수손 및 기타 파손의 경우에도 위 규정을 준용한다.

16 메탄에 대한 다음 물음에 답하시오.

(4점)

> ① 완전연소 반응식을 쓰시오.
> ② 반응 전과 반응 후의 생성물의 몰수를 쓰시오.

해답

① $CH_4(g) + 2O_2(g) \longrightarrow CO_2(g) + 2H_2O(g)$
② 반응 전 : 3몰, 반응 후 : 3몰

17 다음에서 설명하는 것을 쓰시오.

(6점)

> ① 인화성 액체가연물이 바닥에 쏟아졌을 때 액체가연물이 쏟아진 부분과 쏟아지지 않은 부분의 탄화경계 흔적을 말한다.
> ② 가연성 액체가 쏟아지면서 주변으로 튀거나 연소되면서 발생하는 열에 의해 스스로 가열되어 액면에서 끓으면 주변으로 튄 액체가 포어패턴의 미연소 부분으로 국부적으로 점처럼 연소된 흔적이다.
> ③ 가연성 액체가 웅덩이처럼 고여 있을 경우 발생하는데, 도넛처럼 보이는 주변이나 얕은 곳에서는 화염이 바닥이나 바닥재를 연소시키는 반면에 비교적 깊은 중심부는 가연성 액체가 증발하면서 기화열에 의해 냉각시키는 현상 때문에 발생한다.

해답

① 퍼붓기(포어)패턴, ② 스플래시패턴, ③ 도넛패턴

18 다음에서 설명하는 목재표면의 균열흔을 각각 쓰시오. (6점)

① 700~800℃ 정도의 삼각 또는 사각 형태의 수열흔

② 900℃ 정도의 홈이 깊은 요철이 형성된 수열흔

③ 홈이 아주 깊은 1,000℃ 정도의 대형 목조건물 화재 시 나타나는 현상

해답

① 완소흔
② 강소흔
③ 열소흔

해설

목재의 균열흔

• 완소흔 : 700~800℃의 수열흔. 홈이 얕고 삼각 또는 사각 형태
• 강소흔 : 약 900℃의 수열흔. 홈이 깊은 요철이 형성됨
• 열소흔 : 1,000℃의 수열흔. 홈이 아주 깊고 대형 목조건물 화재 시 나타남
• 훈소흔 : 발열체가 목재면에 밀착되어 무염연소 시 발생

19 화재현장에서 알루미늄(Al)은 용융되었고 구리(Cu), 철(Fe)은 그대로 있었다. 수열온도 하한과 상한은 어떻게 되는가? (4점)

해답

① 하한 : 660℃ 이상
② 상한 : 1,083℃ 미만

해설

• 금속에 따라 용융온도 등이 다르므로 화재현장에서 용융 금속의 종류를 파악할 수 있으면 그 개소의 대략적인 온도를 알 수 있다. 또한 같은 재질이면 용융이 많은 쪽이 보다 많은 열을 받은 것이므로 용융상태를 파악함으로써 연소방향을 판단할 수 있다.
• 각각의 용융점은 알루미늄 659.5℃, 구리 1,083℃, 철 1,530℃로, 문제의 조건에 따라 추론하면 화재열로 알루미늄을 용융시키고 구리를 용융시키지 않았음으로 화재열은 659.5~1,083℃ 미만의 온도로 추정할 수 있다.

20 가스시설에 있는 퓨즈 코크(Fuse Cock)가 하는 역할에 대해 쓰시오. (4점)

해답

코크에 내장된 볼이 떠올라 가스통로를 자동으로 차단하는 기능을 한다.

해설

퓨즈 코크(Fuse Cock)의 구조 및 기능
- 과류차단안전기구가 부착된 것으로서 배관과 호스 또는 배관과 퀵커플러를 연결하는 구조이다.
- 퓨즈 코크(Fuse Cock)의 작동원리 : 퓨즈는 측면에 슬릿을 갖고 있는 실린더와 볼로 구성되어 있어 과대한 양의 가스가 흘렀을 때 퓨즈볼이 가스의 통과구멍을 막음으로써 가스를 차단한다. 평상시에는 퓨즈볼과 실린더의 슬릿 사이로 가스가 흘러 사용할 수 있으며, 호스가 빠지거나 절단되어 과대한 양의 가스가 흐르면 퓨즈볼이 위쪽으로 밀려올라 통과구멍을 막아 가스를 차단한다.
- 퓨즈 코크는 배관과 배관, 호스와 호스, 배관과 호스를 연결할 수 있도록 되어 있다.

※ 본 기출문제는 수험자들의 기억에 의해 복원된 것으로 내용과 그림, 출제순서가 다소 실제 문제와 다를 수 있습니다.

01 다음의 설명에 대하여 답하시오. (5점)

> ① 실화자에게 중대한 과실이 없는 경우 그 손해배상액의 경감에 관한 민법 제765조의 특례를 정함을 목적으로 하는 법률의 명칭을 쓰시오.
>
> ② 실화가 중대한 과실로 인한 것이 아닌 경우 그로 인한 손해의 배상의무자가 법원에 손해배상액의 경감을 청구할 수 있다. 이 경우 법원이 손해배상액을 경감할 때 고려해야 할 사정 4가지를 기술하시오.

해답

① 실화책임에 관한 법률
② • 화재의 원인과 규모
  • 피해의 대상과 정도
  • 연소 및 피해 확대의 원인
  • 피해 확대를 방지하기 위한 실화자의 노력

해설

① 실화책임에 관한 법률 : 실화(失火)의 특수성을 고려하여 실화자에게 중대한 과실이 없는 경우 그 손해배상액의 경감(輕減)에 관한 민법 제765조의 특례를 정함을 목적으로 한다.
② 손해배상의 경감 사유(실화책임에 관한 법률 제3조 제2항)는 해답의 4가지 외에 배상의무자 및 피해자의 경제 상태와 그 밖에 손해배상액을 결정할 때 고려할 사정이다.

02 박리흔이 형성되는 3가지 조건을 쓰시오. (4점)

해답

① 콘크리트 내부에 있는 수분의 팽창
② 철근 또는 철망 및 주변 콘크리트 간에 불균일한 팽창
③ 콘크리트 혼합물과 골재 간의 불균일한 팽창

해설

콘크리트 등 박리(Spalling)의 원인
고온 또는 가열속도에 의하여 물질 내부의 기계적인 힘이 작용하여 콘크리트, 석재 등의 표면이 부서지는 현상

- 열을 직접적으로 받은 표면과 내부 열팽창률
- 철근 등 보강재와 콘크리트의 서로 다른 열팽창률
- 콘크리트 등의 내부에 생성되었던 공기방울 또는 수분의 부피팽창
- 콘크리트 혼합물과 골재 간의 서로 다른 열팽창률
- 화재에 노출된 표면과 슬래브 내장재 간의 불균일한 팽창

03 자동차를 구성하는 주요부품 중 다음을 구성하는 부품을 각각 쓰시오. (6점)

> ① 엔진 본체의 주요장치 (6가지) :
>
> ② 전기장치 (5가지) :

해답

① 실린더 블록, 실린더 헤드, 피스톤, 커넥팅로드, 플라이휠, 크랭크축
② 축전지(배터리), 시동모터, 점화플러그, 발전기, 점화코일

해설

자동차의 주요장치
- 엔진의 본체 : 실린더 블록, 실린더 헤드, 피스톤, 커넥팅로드, 플라이휠, 크랭크축
- 연료장치 : 파이프(Pipe), 고압 필터, 딜리버리(Delivery) 파이프, 압력조절기
- 윤활, 냉각, 흡·배기장치
- 전기장치 : 축전지(배터리), 시동모터, 발전기, 점화플러그, 점화코일
- 현가장치
- 자동차 섀시(차체)

04 화재패턴에서 금속이 열을 받아 휘는 것을 무엇이라 하고, 그것으로 알 수 있는 것은? (5점)

해답

① 만곡
② 연소의 강/약

해설

금속의 화재에 의한 만곡
① 화재열을 받은 금속은 용융하기 전에 자중 등으로 인해 좌굴하여 화재현장에서는 만곡이라는 형상이 남아 있다.
② 일반적으로 금속의 만곡 정도가 수열 정도와 비례한다. 이것으로 연소의 강/약을 알 수 있으나 좌굴은 수용물 중량, 화재하중에 좌우되므로 신중하게 검토해야 한다.

05 비 오는 날 소먹이용 건초와 생석회(산화칼슘)를 저장하는 농촌의 비닐하우스에서 화재가 발생했는데, 조사 결과 하우스 내에는 전기시설은 전혀 없었으며 방화의 가능성도 없었다. 다만, 생석회(산화칼슘)에 빗물이 침투된 흔적이 발견되었다. 다음에 대하여 답하시오. (5점)

> ① 생석회(산화칼슘)와 빗물의 화학반응식을 쓰시오.
>
> ② 감식요령에 대하여 약술하시오.

해답

① $CaO + H_2O \rightarrow Ca(OH)_2 + 15.2kcal/mol$
② 생석회가 물과 반응하면 고체 상태의 수산화칼슘(소석회)이 남으며 강알칼리성이기 때문에 리트머스시험지 등으로 pH를 측정하여 확인한다.

해설

생석회(산화칼슘)
① 백색무정형으로 녹는점이 2,572℃이다.
② $CaO + H_2O \rightarrow Ca(OH)_2 + 15.2kcal/mol$
   물과 반응해서 수산화칼슘으로 된다. 이때 가연물이 접촉하고 있으면 발화하는 수가 있다.
③ 수산화칼슘(소석회)은 강알칼리성이고 리트머스시험지 등으로 pH를 측정하여 감식한다.

06 다음 금속의 용융온도가 높은 순서대로 나열하시오. (5점)

> 텅스텐, 스테인리스강, 금, 은, 납, 마그네슘

해답

텅스텐 → 스테인리스강 → 금 → 은 → 마그네슘 → 납

해설

금속의 용융점

금속명칭	용융점(℃)	금속명칭	용융점(℃)
수 은	38.8	금	1,063
주 석	231.9	구 리	1,083
납	327.4	니 켈	1,455
아 연	419.5	스테인리스	1,520
마그네슘	650	철	1,530
알루미늄	659.8	티 탄	1,800
은	960.5	몰리브덴	2,620
황 동	900~1,000	텅스텐	3,400

07 부탄에 대한 다음 물음에 답하시오. (5점)

> ① 부탄가스(C_4H_{10})의 완전연소 반응식을 쓰시오.
> ② 부탄가스의 비중을 구하시오.

해답

① $C_4H_{10} + 6.5O_2 \rightarrow 4CO_2 + 5H_2O$

② 2

해설

① 탄화수소계 연소반응 방정식 $= C_mH_n + (m + \dfrac{n}{4})O_2 \rightarrow mCO_2 + \dfrac{n}{2}H_2O$

$$= C_4H_{10} + 6.5O_2 \rightarrow 4CO_2 + 5H_2O$$

② 비중(Specific Gravity)

$$비중 = \frac{어떤 \ 물질의 \ 밀도}{기준 \ 물질의 \ 밀도} = \frac{어떤 \ 물질의 \ 중량}{기준 \ 물질의 \ 중량}$$

$$\therefore 부탄가스 \ 비중 = \frac{2.59(58g/22.4L/몰)}{1.29g/L} = \frac{58}{29} = 2$$

08 연소(폭발)범위에 대한 설명이다. 빈칸을 완성하시오. (5점)

> 온도를 높이면 (①)계가 낮아지고 (②)계가 높아지며, 연소범위는 (③)진다. 압력을 높이면 (④)계는 약간 낮아지지만, (⑤)계는 크게 증가한다.

해답

① 연소하한
② 연소상한
③ 넓어
④ 연소하한
⑤ 연소상한

해설

• 연소(폭발)범위 : 가연성 가스와 공기(또는 산소)의 혼합물에 있어서 가연성 가스의 농도가 낮거나 높게 되면 화염의 전파가 일어나지 않는 연소(농도)한계가 있는데 낮은 쪽의 농도를 연소(폭발)하한계, 높은 쪽의 농도를 연소(폭발)상한계라 하며, 하한계와 상한계 사이의 농도범위를 연소(폭발)한계 또는 연소(폭발) 범위라 하며 단위는 보통 vol%를 사용한다.

• 연소(폭발)한계에 영향을 미치는 인자
  ㉠ 온도 : 온도가 높아지면 연소(폭발)범위는 넓어진다. 일반적으로 하한계는 온도가 100℃ 증가할 때마다 8%씩 감소하고, 상한계는 8%씩 증가한다.

ⓛ 압력 : 압력이 증가하면 일반적으로 연소(폭발)범위가 넓어지긴 하지만, 온도의 영향과 같이 규칙적이지 않고 복잡하므로 실측이 필요하다. 연소(폭발)하한은 작은 영향을 미치고 압력상승은 연소(폭발)상한을 증가시킨다.

ⓒ 산소 농도 : 산소 중에 폭발하한은 공기 중과 거의 같지만, 연소(폭발)상한은 산소가 풍부하게 되면 많이 증가한다.

09 다음 조건에서 건물의 화재피해 추정액(천원)은? (단, 잔존물제거비는 없다) (5점)

- 건물 신축단가 100만원
- 내용연수 40년
- 소실면적 100m^2

- 경과연수 20년
- 손해율 80%

해답

$$1,000천원 \times 100m^2 \times [1 - (0.8 \times \frac{20}{40})] \times 0.8 = 48,000천원$$

해설

- 건축물 화재피해액 = 신축단가 × 소실면적(m^2) × $[1 - (0.8 \times \frac{경과연수}{내용연수})]$ × 손해율

- 산정공식에 조건을 대입하면 $1,000천원 \times 100m^2 \times [1 - (0.8 \times \frac{20}{40})] \times 0.8 = 48,000천원$

10 인화성 액체에 의하여 연소된 부분에서 도넛패턴이 생성되는 이유는? (5점)

해답

고리 모양으로 연소된 부분이 덜 연소된 부분을 둘러싸고 있는 도넛 모양으로 가연성액체가 웅덩이처럼 고여 있을 경우 발생한다. 주변부나 얕은 곳에서는 화염이 바닥이나 바닥재를 탄화시키는 반면 깊은 중심부는 액체가 증발하면서 증발잠열에 의해 웅덩이 중심부를 냉각시키는 현상에 기인한다.

해설

스플래시패턴(Splash Pattern), 포어패턴(Pour Pattern)과 함께 인화성 액체 가연물의 대표적인 연소형태로 일반적인 화재 현장에서 도넛과 같은 둥근 모양이 나타나지 않지만 액체가연물의 테두리 부분에서 중심부가 강한 연소흔적이 식별된다.

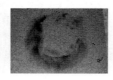

11 다음과 같이 구획된 실 가운데에서 쓰레기통이 탔을 때 연소순서를 나열하시오. (단, 무풍이고 복사열은 무시한다) (5점)

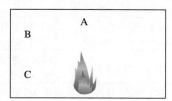

해답

A → B → C

해설

쓰레기통에서 발화한 화염은 대류작용에 의하여 고온의 공기는 위로 상승하여 천장면을 태우고 수평으로 이동하여 상부벽면을 따라 이동하게 되며, 차츰 하강하여 바닥면에 이른다.

12 직접착화를 한 방화에 대한 조사방법을 5가지 쓰시오. (5점)

해답

① 출입문 시건 여부
② 경보장치
③ 바닥 발굴
④ 첨가 가연물 존재 확인
⑤ 인화물질 검지

해설

이외에 행위자 신체 탄화흔 식별, 독립적 발화지점, 유리 파편흔에 리플마크 식별이 있다.

13 고압가스를 연소성에 따라 구분하시오. (5점)

해답

① 가연성 가스
② 조연성 가스
③ 불연성 가스

해설

고압가스의 분류

분류		고압가스의 종류	비 고
연소성	가연성 가스	수소, 암모니아, 액화석유가스, 아세틸렌	공기와 혼합하면 빛과 열을 내면서 연소하는 가스 (하한 10% 이하, 상한과 하한의 차 20% 이상)
	조연성 가스	산소, 공기, 염소	다른 가연성물질과 혼합 시 폭발이나 연소가 일어날 수 있도 록 도움을 주는 가스
	불연성 가스	질소, 이산화탄소, 아르곤, 헬륨	스스로 연소하지 못하며, 다른 물질을 연소시키는 성질도 갖지 않는 가스, 즉 연소와 무관한 가스

상 태	압축
	가스
		산소, 수소, 질소,
		아르곤, 메탄 등
			• 상태변화 없이 압축 저장하는 가스
			• 판매할 목적으로 용기에 충전할 때, 이들 압축가스의 용기
			  내의 압력은 약 11.8MPa 이상으로 저장이나 사용 목적에
			  따라 다름

	액화 가스	액화석유가스(LPG), 암모니아, 이산화탄소, 액화산소, 액화질소 등	• 상온에서 압축하면 쉽게 액화되는 가스 • 용기 내에서는 액체 상태로 저장되어 있음
	용해 가스	아세틸렌	매우 특별한 경우로서 압축하면 분해·폭발하는 성질 때문 에 단독으로 압축하지 못하고, 용기에 다공물질의 고체를 충전한 다음 아세톤과 같은 용제를 주입하여 이것에 아세틸 렌을 기체 상태로 압축한 것
독 성	독성 가스	염소, 일산화탄소, 아황산가스, 암모니아, 산화에틸렌, 포스겐 등	• 독성 가스는 인체에 유해성이 있는 가스 • 법적으로 허용농도가 200ppm 이하인 가스

14 세탁기 화재의 원인 3가지를 쓰시오. (5점)

해답

① 배수밸브의 이상
② 배수 마그네트로부터의 출화
③ 콘덴서의 절연열화

해설

이외에도 회로기판의 트레킹이 있다.

15 훈소(무염화재)가 유염화재가 될 수 있는 조건 2가지를 쓰시오. (5점)

해답

갑자기 충분한 산소가 공급되거나, 온도가 상승하게 되면서 유염연소로 진행될 수 있다.

해설

미소(무염)화원 및 유염화원이 될 수 있는 조건은 갑자기 충분한 산소가 공급되거나, 온도가 상승하게
되면서 유염연소로 진행될 수 있다.

16 통전 중인 플러그와 콘센트가 접속된 상태로 출화하였다. 소손흔적은? (5점)

① 플러그 :

② 콘센트 :

해답

① 플러그핀 용융흔, 패임, 잘림, 푸른 변색흔 착상
② 금속받이 열림, 금속받이 부분적인 용융, 외함함몰

해설

플러그와 콘센트의 소손흔적

• 플러그 핀이 용융되어 패여 나가거나 잘려나간 흔적이 남는다.
• 불꽃 방전현상에 따라 플러그 핀에 푸른색의 변색흔이 착상되는 경우가 많고 닦아내더라도 지워지지 않는다.
• 플러그핀 및 콘센트 금속받이가 괴상 형태로 용융되거나 플라스틱 외함이 함몰된 형태로 남는다.
• 콘센트의 금속받이가 열린 상태로 남아 있고 복구되지 않으며, 부분적으로 용융되는 경우가 많다.

17 다음 연소패턴을 도식하고 설명하시오. (12점)

① 모래시계패턴

② U패턴

③ 끝이 잘린 원추패턴

④ 역V패턴

해답

연 번	도 식	설 명
①	고온가스 구역 / 화염	화재 위에 생성된 고온 가스 플룸은 V형태와 같은 형상의 고온 가스 구역과 그 밑바닥에 존재하는 화염 구역으로 구성

②		U형태는 훨씬 날카롭게 각이진 V형태와 유사하지만, 완만하게 굽은 경계선과 각이 있다기보다는 더 낮게 굽은 정상점을 보여줌
③		• 수직면과 수평면 양쪽에서 보여주는 3차원의 화재 형태 • 끝이 잘린 원추, V패턴, 포인터 및 화살패턴, 원형형태, U형상과 같이 2차원 형태의 결합
④		• 역V라고 하는 역원추형태는 상부보다는 밑바닥이 넓은 삼각형 형태 • 고온 인화성 또는 가연성 액체나 천연가스 등의 휘발성 연료와 관련 있는 것이 가장 일반적임

18 구획실 가운데에 건조기가 있고 우측에 종이박스, 좌측에 수납함(목재)이 있다. 좌측 목재수납함은 반소, 우측은 종이박스는 상부 겉만 탄화되었다. 화재가 발생한 이유와 화재원인을 추론하시오. (단, 환기와 대류는 무시한다) (6점)

해답

① 화재가 발생한 이유

　구획된 실은 화재가 발생한 것은 사실이다. 그러나 주어진 조건에서 발화원이 될 만한 것은 건조기뿐이다. 추측컨대 건조기 사용 후 전원을 꺼진 상태로 하지 않고 조작스위치를 사용 상태로 장시간 방치하여 축열과 방사의 균형이 무너지면서 축열에 의한 과열로 출화되어 좌측의 목재수납함에 최초 착화·발화되고, 환기와 대류를 무시하는 조건에 의하면 목재수납함이 반소되는 시점에 산소부족으로 연소 상태가 그쳤다고 추정할 수 있으며, 이 과정에서 유염화재의 복사열로 종이박스 상부가 겉만 탄화된 것으로 추정된다.

② 화재원인 : 부주의

해설

화재가 발생한 구획된 실에 건조기의 통전·탄화 여부 등 조건은 없었으나 어떤 이유였건 화재가 발생한 것은 사실이고, 실내에 특이할 만한 발화원은 건조기뿐으로 건조기는 사용 후 전원을 차단하지 않고 부주의로 "약" 위치로 계속 작동하여 축열로 발화될 개연성이 가장 높다.

19 비닐코드(0.75mm²/30本) 0.32mm 한 가닥 용단전류는 얼마인가? (단, 재료정수는 80이다)

(4점)

해답

14.5A

해설

용단(溶斷, Fusion) : 전선·케이블·퓨즈 등에 과전류가 흘렀을 때 전선이나 퓨즈의 가용체가 녹아 절단되는 현상을 말한다.

$$용단전류(I_s) = \alpha d^{\frac{3}{2}} \, [A]$$

d : 선의 직경(mm)

α : 재료 정수[동(銅) 80, 알루미늄(Al) 59.3, 철 24.6, 주석 12.8, 납 11.8]

따라서, 비닐코드 한 가닥 용단전류(I_s) $= 80 \times 0.32^{\frac{3}{2}} = 80 \times \sqrt{0.32 \times 0.32 \times 0.32} \fallingdotseq 14.5A$

※ 본 기출문제는 수험자들의 기억에 의해 복원된 것으로 내용과 그림, 출제순서가 다소 실제 문제와 다를 수 있습니다.

01 독립된 발화인데, 다수의 발화지점으로 오인할 수 있는 경우 5가지를 쓰시오.　　　(10점)

해답

① 덕트나 전선용 배관의 파이프 홀을 통한 화재의 확산
② 과전류에 의한 배선 및 접속기구 등에서 발화하는 경우
③ 섬광화재에 의한 독립된 연소
④ 소락물에 의한 경우
⑤ 압력에 의해 불씨가 이동되는 경우

해설

독립적 발화지점

주변의 가연물이 쉽게 타지 않는 가연물로 연소 확대가 기대되지 않을 경우 여러 곳에 착화를 시킴으로써 서로 연결되지 않는 독립적 발화개소가 나타난다. 명백한 다중 화재는 다음에 의한 확산의 결과로 발생할 수 있다.

• 전도, 대류, 복사
• 불 티
• 직접적인 화염 충돌
• 커튼 등의 떨어지는 불타는 재료
• 파이프 흠이나 공기조절 덕트 등의 샤프트를 통한 화재 확산
• 경골 구조 내의 바닥, 벽 공동 내부의 화재확산
• 과부하된 전기배선
• 지원설비의 고장

02 가솔린의 위험도를 계산식을 포함하여 구하시오. (단, 가솔린 연소범위 : 1.4~7.6)　　　(5점)

해답

위험도(H) $= \dfrac{U(연소상한계) - L(연소하한계)}{L(연소하한계)}$

$\qquad = \dfrac{7.6 - 1.4}{1.4} = 4.43$

폭발위험도

클수록 위험하며, 하한계가 낮고 상한과 하한의 차이(연소범위)가 클수록 커진다.

$$위험도(H) = \frac{U(연소상한계) - L(연소하한계)}{L(연소하한계)}$$

H : 위험도

U : 폭발한계 상한

L : 폭발한계 하한

03 다음 그래프의 해당하는 압력 상태를 쓰시오. (6점)

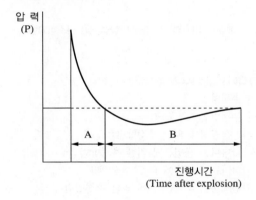

A : 정압(+) 단계, B : 부압(−) 단계

폭발 압력파 효과

① 개요 : 물질이 폭발하면 많은 양의 가스를 생성한다. 이들 가스는 높은 속도로 팽창하고 발생 전부터 바깥으로 움직인다. 가스류와 가스에 의해 움직이는 공기는 주로 폭발과 관련 있는 손상과 부상에 대해 책임이 있는 압력파를 생성한다.

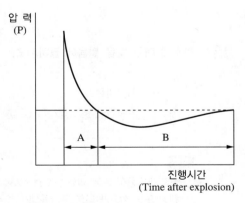

- 그 폭발 압력파는 폭발 발생 지역과 관계있는 힘의 방향에 기초하여 두 가지 분명한 국면에서 일어난다. 이것은 정압(+) 단계와 부압(−) 단계이다.
- 이상적인 훼손의 대표적인 압력 이력은 다음 그림에서 볼 수 있으며, (+) 및 (−) 단계로 구성되어 있다. 압력시간 곡선 아랫부분은 폭발 임펄스로 불린다.

② 정압(+) 단계(Positive Pressure Phase) : 정압(+) 단계는 팽창가스가 발생지로부터 멀리 움직이는 폭발 압력파의 부분이다. 정압(+) 단계는 보통 부압(−) 단계보다 더 강력하고 압력 손상의 대부분에 책임이 있다. 부압 단계는 확산(가스/증기) 폭발의 후기 폭발 검사나 증거로 감지할 수 없을 수도 있다.

③ 부압(−) 단계(Negative Pressure Phase) : 폭발의 정압(+) 단계의 급속한 팽창이 폭발 발생지로부터 바깥으로 움직일 때 그것의 주변을 에워싼 공기를 밀어내고, 압축하고, 가열한다. (주위압력에 비해 상대적으로) 낮은 공기 압력 상태가 발생지점 중심부에 생긴다. 정압(+) 단계가 흩어질 때 생성된 부압 (−) 단계인 낮은 공기 압력조건을 평형으로 하기 위해 공기는 발생지역으로 역류한다.

04 열 변형, 소실, 가연물의 퇴적 등 화재현장에 남겨진 화재패턴으로 발화지점을 판정하는 방법 4가 지를 쓰시오. (5점)

[해답]
① 접염비교법, ② 탄화심도 비교법, ③ 도괴방향법, ④ 연소비교법

[해설]
화재조사 현장 감식에서 발화부를 추정하는 방법
- 탄화심도에 의한 추정방법
- 도괴방향에 의한 추정방법
- 수직면에서 연소의 상승성에 의한 추정방법
- 목재의 표면에서 나타나는 균열흔에 의한 추정방법
- 벽면 마감재에 나타나는 박리흔에 의한 추정방법
- 불연성 집기류 가전제품 등의 변색흔에 의한 추정방법
- 화재 시 발생하는 주연흔에 의한 추정방법
- 일반화재에서 나타나는 주염흔에 의한 추정방법

05 하소에 대한 다음 물음에 답하시오. (5점)

> ① 하소의 정의는?
> ② 하소의 깊이를 측정하는 기구는?

[해답]
① 석고벽면 등이 열에 의해 탈수됨으로써 수축 및 균열이 발생하고 부서지기 쉬운 상태에 이르러 회화되는 현상 또는 석고가 다른 무기물질인 경석고로 화학적 변화를 일으키는 것
② 탐촉자 및 다이얼 캘리퍼스(Dial Calipers with Depth Probes)

해설

① 하소

- 석고벽면 등이 열에 의해 탈수됨으로써 수축 및 균열이 발생하고 부서지기 쉬운 상태에 이르러 회화되는 현상 또는 석고가 다른 무기물질인 경석고로 화학적 변화를 일으키는 것(석고표면연소 → 탈경화제 열분해 → 변색 → 탈수 및 균열)이다.
- 하소심도가 깊을수록 화열에 노출되어 받게 된 총열량(열속 및 지속시간)이 큰 것을 의미한다.
- 하소심도를 측정함으로써 벽면의 상태로만 알 수 없는 연소패턴을 관찰 가능한 형태로 재구성이 가능하다.

② 하소심도의 측정 및 분석 방법

- 작은 탐침을 벽면의 횡단면을 가로질러 삽입하여 하소된 석고재료의 저항의 상대적인 차이를 감지, 그 심도를 측정·기록한다.
- 대상 석고벽면의 표면 위를 횡 방향 및 종 방향으로, 대략 0.3m 이하의 일정한 간격으로 탐침을 찔러가며 조사한다.
- 매 측정마다 탐침의 삽입압력이 근사적으로 동일하게 유지되도록 한다.

③ 측정기구 : 탐촉자 또는 다이얼 캘리퍼스

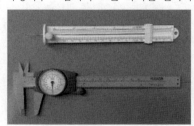

06 화재조사의 과학적 방법론에 대한 다음 빈칸을 완성하시오. (4점)

> 필요성 인식 → 문제 정의 → 데이터 수집 → (①) → 가설수립 → (②) → 최종가설 선택

해답

① 자료(데이터) 분석
② 가설 검증

해설

과학적 화재조사의 기본원칙

필요성 인식	→	문제 정의	→	자료 수집	→	자료 분석	→	가설 수립	→	가설 검증	→	최종가설 선택

07 다음에서 설명하는 가스의 종류를 쓰시오. (6점)

> ① 질소, 아르곤, 탄산가스 등과 같이 스스로 연소하지 못하며, 다른 물질을 연소시키는 성질도 갖지 않는 가스, 즉 연소와 무관한 가스이다.
> ② 프로판, 일산화탄소(CO), 석탄가스, 수소, 아세틸렌과 같이 공기(산소)와 혼합하면 빛과 열을 내면서 연소하는 가스를 말한다.
> ③ 산소, 공기 등과 같이 다른 가연성 물질과 혼합되었을 때 폭발이나 연소가 일어날 수 있도록 도움을 주는 가스를 말한다.

해답

① 불연성 가스
② 가연성 가스
③ 조연성 가스

08 다음은 제조물책임법에 따른 용어의 정의이다. 빈칸에 들어갈 알맞은 답을 쓰시오. (5점)

> 1. "제조업자"란 다음 각 목의 자를 말한다.
> ① 제조물의 (㉠)·(㉡) 또는 (㉢)을/를 업(業)으로 하는 자
> ② 제조물에 (㉣)·(㉤)·상표 또는 그 밖에 식별(識別) 가능한 기호 등을 사용하여 자신을 가목의 자로 표시한 자 또는 가목의 자로 오인(誤認)하게 할 수 있는 표시를 한 자

해답

㉠ 제 조 ㉡ 가 공
㉢ 수 입 ㉣ 성 명
㉤ 상 호

09 제조물책임법에 따른 결함에 대한 설명이다. 빈칸에 알맞은 답을 쓰시오. (6점)

> (①)은/는 제조업자가 제조물에 대하여 제조상·가공상의 주의의무를 이행하였는지에 관계없이 제조물이 원래 의도한 설계와 다르게 제조·가공됨으로써 안전하지 못하게 된 경우를 말한다.
> (②)은/는 제조업자가 합리적인 대체설계(代替設計)를 채용하였더라면 피해나 위험을 줄이거나 피할 수 있었음에도 대체설계를 채용하지 아니하여 해당 제조물이 안전하지 못하게 된 경우를 말한다.
> (③)은/는 제조업자가 합리적인 설명·지시·경고 또는 그 밖의 표시를 하였더라면 해당 제조물에 의하여 발생할 수 있는 피해나 위험을 줄이거나 피할 수 있었음에도 이를 하지 아니한 경우를 말한다.

① 제조상의 결함
② 설계상의 결함
③ 표시상의 결함

제조물책임법 제2조에서 "결함"이란 해당 제조물에 제조상·설계상 또는 표시상의 결함이 있거나 그 밖에 통상적으로 기대할 수 있는 안전성이 결여되어 있는 것을 말한다.

10 석유류의 연소특성에 관한 내용이다. 다음 빈칸을 완성하시오. (6점)

① (   )은/는 당해 물질의 분자량을 공기의 분자량으로 나눈 값으로 보통 1 이상이면 공기보다 무겁고 1 미만이면 공기보다 가볍다.

② (   )은/는 용해력과 탈지 세정력이 높아 화학제품 제조업, 도장 관련 산업, 전자산업 등 여러 업종에서 광범위하게 사용되는 용제류로서 일반적으로 비점이 낮고 휘발성이며, 가연성의 특성을 갖는다.

③ (   )은/는 액체의 포화증기압이 대기압과 같아지는 온도를 말한다.

① 증기비중, ② 유기용매, ③ 비점 또는 비등점(끓는점)

① 증기비중 : 당해 물질의 분자량을 공기의 분자량으로 나눈 값으로 보통 1 이상이면 공기보다 무겁고 1 미만이면 공기보다 가볍다. 석유류의 증기는 공기보다 무겁다.
② 유기용매 : 용해력과 탈지, 세정력이 높아 화학제품 제조업, 도장 관련 산업, 전자산업 등 여러 업종에서 광범위하게 사용되는 용제류로서 일반적으로 비점이 낮고 휘발성이며, 가연성의 특성을 갖는다. 따라서 이러한 유기용제를 주로 사용하는 사업장으로는 섬유, 산업용화학, 고무 및 플라스틱, 조립금속, 석유정제, 피혁, 제지, 목재가공, 인쇄출판 및 사진처리 사업장을 들 수 있으며 화재의 위험도 크다고 볼 수 있다.
③ 비점(Boiling Point, BP 또는 bp) : 액체의 포화증기압이 대기압과 같아지는 온도를 말하며, 압력이 증가함에 따라 증가하는 특성이 있다. 비등점 또는 끓는점이라고도 한다.

11 다음의 상황에서 작성해야 하는 화재조사서류 5가지를 쓰시오. (단, 화재현장조사서 제외한다)

(5점)

> 아파트 화재로 인명피해는 없고 100m² 소실, 관계자가 실수로 불이 붙었다고 진술, 옥내소화전설비로 화재를 진압했다고 진술

해답

① 화재현황조사서
② 건·구조물 화재조사서
③ 화재피해(재산)조사서
④ 소방·방화시설활용조사서
⑤ 질문기록서

해설

화재발생종합보고서 체계도

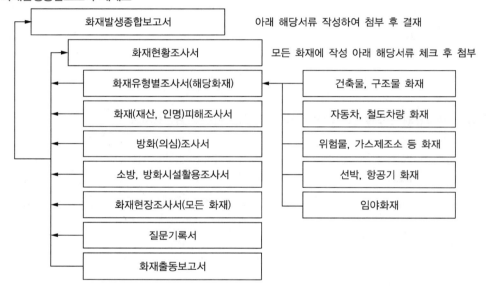

12 가스기구에서 리프팅의 원인 5가지를 쓰시오. (5점)

[해답]

① 버너의 염공에 먼지 등이 부착하여 염공이 작아졌을 때
② 가스의 공급압력이 지나치게 높을 경우
③ 노즐구경이 지나치게 클 경우
④ 가스의 공급량이 버너에 비해 과대할 경우
⑤ 공기 조절기를 지나치게 열었을 경우

[해설]

리프팅(Lifting)

염공에서의 가스유출속도가 연소속도보다 빠르게 되었을 때 가스는 염공에 붙어서 연소하지 않고 염공을 이탈하여 연소한다. 이러한 현상을 리프팅이라 하는데, 연소속도가 느린 LPG는 리프팅을 일으키기 쉬우며 원인으로는 해답의 5가지 외에도 연소폐가스의 배출이 불충분하거나 환기가 불충분함에 따라 2차 공기 중의 산소가 부족한 경우에도 나타난다.

13 다음에서 설명하는 현상을 쓰시오. (6점)

① ( ) : 목재가 화염에 의해 표면이 벗겨지고, 껍질이 숯처럼 변하면서 들고 일어나거나 떨어져나가는 현상

② ( ) : 건축물, 물건 등의 물체가 쓰러지고 허물어지고 붕괴 현상

③ ( ) : 목재가 열을 받아 가늘어지는 현상

[해답]

① 박리, ② 도괴, ③ 부분소실 또는 세연화

[해설]

목재의 연소경과에 수반되는 형상변화

변색 → 눌림 → 탄화 → 박리 → 소실

① 탄화 : 물고기 비늘이나 거북 등껍질과 같은 모양을 하고 있음
② 박리·박락 : 화재 시 목재의 나무 또는 페인트를 칠한 어떤 표면의 도료(塗料)가 불에 타면서 겉 표면이 숯처럼 변할 때 그 부분이 들고 일어나거나 떨어져나가는 현상
③ 소실
　　㉠ 부분소실 : 타서 가늘어짐, 타서 떨어져 나감, 타서 뚫림
　　㉡ 대반소실 : 건물 구조재 등의 대부분이 소실된 상태
　　㉢ 완전소실 : 건물 구조재의 일부가 완전히 소실된 상태
④ 도괴 : 건축물, 물건 등의 물체가 쓰러지고 허물어지는 붕괴 현상

14 다음에서 설명하는 현상을 쓰시오. (6점)

---

① ( ) : 중간 매체가 없이 물질에 의해 방사되는 에너지에 의해 연소되는 현상

② ( ) : 난로 등 고온의 물체에 어떠한 가연물이라도 닿으면 연소되는 현상

③ ( ) : 구획실의 온도를 높여 유체(Fluid) 입자 자체의 움직임에 의해 열에너지가 전달되어 연소되는 현상

해답

① 복사, ② 전도, ③ 대류

해설

열전달 방법

① 전도 : 물체 내의 온도차에 인해 온도차가 높은 분자와 인접한 온도가 낮은 분자 간의 직접적인 충돌 등으로 열에너지가 전달되는 것

② 대류 : 유체(Fluid) 입자 자체의 움직임에 의해 열에너지가 전달되는 것

③ 복사 : 전자파의 형태로 열이 옮겨지는 것

15 국부적인 전기저항이 증가하는 요인을 3가지 쓰시오. (5점)

해답

① 아산화동 증식반응, ② 접촉저항 증가, ③ 반단선

해설

국부적인 저항치의 증가 원인

① 아산화동 증식 반응 : 전선 등 동(銅) 도체가 스파크 등으로 인해 발생

② 접촉저항의 증가 : 코드, 단자 등의 접촉불량, 체결불량

③ 반단선(半斷線) : 코드의 굽히거나 접힘 등으로 소선

16 롤오버(Roll over)에 대한 정의를 설명하시오. (5점)

해답

화재로 인한 뜨거운 가연성 가스가 천장 부근에 축적되어 실내공기압의 차이로 화재가 발생되지 않은 곳으로 천장을 굴러가듯 빠르게 연소하는 현상으로 플래시오버 전초 단계에 나타남

17 자연발화를 일으키는 원인별로 해당되는 물질을 한 가지 이상 쓰시오. (5점)

> ① 분해열 :   ② 산화열 :
> ③ 발효열 :   ④ 흡착열 :
> ⑤ 중합열 :

해답

① 셀룰로이드, ② 석탄, ③ 퇴비, ④ 목탄, ⑤ 산화에틸렌

해설

자연발화를 일으키는 원인

인위적으로 가열하지 않아도 원면, 고무분말, 셀룰로이드, 석탄, 플라스틱의 가소제, 금속분 등의 경우 일정한 장소에 장시간 저장하면 열이 발생하여 축적됨으로써 발화점에 도달하여 발화되는 현상을 말한다.

① 분해열에 의한 발열 : 셀룰로이드, 니트로셀룰로오스 등
② 산화열에 의한 발열 : 석탄, 건성유 등
③ 발효열에 의한 발열 : 퇴비, 먼지 등
④ 흡착열에 의한 발열 : 목탄, 활성탄 등
⑤ 중합열에 의한 발열 : HCN, 산화에틸렌 등

18 화재가 발생한 공간 내부의 온도를 50℃로 가정하고 외부의 온도가 20℃인 경우 두께 3cm, 면적 3m²인 목재 벽을 통한 열전달량은 얼마인가? (단, 목재 벽의 열전도율은 0.09W/mK이다) (5점)

해답

270W/m²

해설

푸리에의 법칙에 의해 전도되는 열전달량

$$q = kA\frac{T_1 - T_2}{L} = 0.09 \times 3 \times \frac{(50 - 20)}{0.03} = 270\text{W/m}^2$$

q : 열전달량	k : 열전달계수
A : 면적(m^2)	L : 두께(m)
T_1 : 내부온도	T_2 : 외부온도

※ 본 기출문제는 수험자들의 기억에 의해 복원된 것으로 내용과 그림, 출제순서가 다소 실제 문제와 다를 수 있습니다.

01 금속 나트륨이 물과 접촉하여 폭발하였다. 다음 물음에 답하시오. (5점)

> ① 금속 나트륨이 물과 접촉 시의 화학반응식을 쓰시오.
>
> ② 기체의 비중을 구하시오. (단, 분자량은 30으로 한다)

해답

① $2Na + 2H_2O \longrightarrow 2NaOH + H_2$

② $\dfrac{2}{30} = 0.067$

해설

나트륨과 물이 접촉하면 수소(H_2)가 발생되어 폭발한다.

수소(H_2)의 분자량은 2이므로 비중은 $\dfrac{2}{30} = 0.067$이 된다.

02 탄화칼슘 제조공장이 홍수로 침수되어 화재가 발생하였다. 다음 물음에 답하시오. (6점)

> ① 탄화칼슘이 물과 접촉 시의 화학반응식을 쓰시오.
>
> ② 이 화재의 위험성을 3가지 쓰시오.

해답

① $CaC_2 + 2H_2O \longrightarrow Ca(OH)_2 + C_2H_2$

② ㉠ 물과 반응하여 발열하고 아세틸렌 가스 발생한다.

　㉡ 아세틸렌 가스의 반응열로 폭발할 수 있다.

　㉢ 아세틸렌 가스가 320℃ 이상이면 발화할 수 있다.

해설

침수로 인한 탄화칼슘(CaC_2) 제조공장 화재의 화학반응식과 화재의 위험성

① 화학반응식

　$CaC_2 + 2H_2O \longrightarrow Ca(OH)_2 + C_2H_2 + 27.8kcal/mol$

② 위험성
  ㉠ 물과 반응해서 발열하고 아세틸렌 가스가 발생하고, 반응열에 의해 아세틸렌 가스가 폭발을 일으킬 수 있다.
  ㉡ 탄화칼슘에 불순물로서 인을 포함하는 경우가 있고 아세틸렌이 발생하여 착화 폭발하는 수가 있다.
  ㉢ 탄화칼슘이 물과 반응하는 경우 최고 644℃까지 온도가 상승될 수 있고 아세틸렌 가스가 320℃ 이상이면 발화할 수 있다.

03 표면적이 0.5m²이고 표면온도가 300℃인 고온금속이 30℃의 공기 중에 노출되어 있다. 금속 표면에서 주위로의 대류열전달계수가 30kcal/m² · hr · ℃일 경우 금속의 발열량을 구하시오. (5점)

[해답]

4,050kcal/hr

[해설]

금속의 발열량

$$Q = Ha(T_\omega - T_\infty) = 30 \times 0.5(300 - 30) = 4,050 \text{kcal/hr}$$

Q : 열전달률(kcal/hr) h : 열전달계수(kcal/m² · hr · ℃)
A : 고체의 표면적(m²) T_ω : 고체의 표면온도(℃)
T_∞ : 유체의 온도(℃)

04 탄화심도를 측정하고자 할 때 포함하여야 할 부분을 계산식으로 쓰시오. (3점)

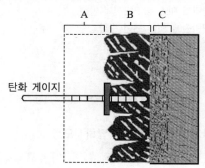

[해답]

A + B

[해설]

탄화심도를 결정할 때 화재로 완전히 타버린 목재를 고려하고, 전반적인 깊이 측정에서 목재의 분실 깊이를 더한다.

05 20℃에서 45Ω의 저항값 R_1을 갖는 구리선이 있다. 온도가 150℃ 상승했을 때 구리의 저항값을 구하시오. (4점)

> **해답**

68.4Ω

> **해설**

구리의 저항값

$$R_2 = R_1[1 + a(t_2 - t_1)] = 45[1 + 0.004(150 - 20)] = 68.4\Omega$$

a : 계수
t_1 : 처음온도
t_2 : 상승온도

06 트래킹의 발생과정에 대해 쓰시오. (6점)

> ① 1단계
> ② 2단계
> ③ 3단계

> **해답**

① 1단계 : 절연체 표면의 오염 등에 의한 도전로 형성
② 2단계 : 도전로의 분단과 미소 불꽃방전의 발생
③ 3단계 : 반복적 불꽃방전에 의한 표면 탄화

07 인체보호용 누전차단기의 성능에 대해 답하시오. (6점)

> ① 정격감도전류
> ② 동작시간

> **해답**

① 30mA
② 0.03초 이하

누전차단기 종류 및 정격감도 전류

구 분		정격감도전류(mA)	동작시간
고감도형	고속형	5, 10, 15, 30	• 정격감도전류에서 0.1초 이내 • 인체감전보호형은 0.03초 이내
	시연형		정격감도전류에서 0.1초를 초과하고 2초 이내
	반한시형		• 정격감도전류에서 0.2초를 초과하고 1초 이내 • 정격감도전류 1.4배의 전류에서 0.1초를 초과하고 0.5초 이내 • 정격감도전류 4.4배의 전류에서 0.05초 이내
중감도형	고속형	50, 100, 200, 500, 1,000	정격감도전류에서 0.1초 이내
	시연형		정격감도전류에서 0.1초를 초과하고 2초 이내
저감도형	고속형	3,000, 5,000, 10,000, 20,000	정격감도전류에서 0.1초 이내
	시연형		정격감도전류에서 0.1초를 초과하고 2초 이내

08 중성대에 대한 다음 물음에 답하시오. (5점)

> ① 정의를 쓰시오.
>
> ② 중성대가 건물 내부에 높이 있다면 화재의 성장기와 최성기 중 어느 단계에 해당하는지 쓰시오.

해답

① 실내에서 화재가 발생하면 연소열에 의해 부력이 발생하므로 실의 상부는 실외보다 압력이 높고 하부는 압력이 낮다. 따라서 그 사이 어느 높이에는 실내와 실외의 압이 같아지는 경계가 형성되는데, 그 면을 중성대라 한다.

② 성장기

해설

중성대

• 실내에서 화재가 발생하면 연소열에 의해 부력이 발생하므로 실의 상부는 실외보다 압력이 높고 하부는 압력이 낮다. 따라서 그 사이 어느 높이에는 실내와 실외의 압이 같아지는 경계가 형성되는데, 그 면을 중성대라 한다.

• 중성대 위쪽은 실내의 압력이 실외의 압력보다 높아 실내에서 실외로 유출기류가 형성되고, 중성대 아래쪽은 실외에서 실내로 유입기류가 형성된다.

• 따라서 중성대 상부는 열과 연기로 위험하므로 진압이나 피난을 할 때 중성대 아래로 위치하면 시야확보나 호흡에 유리하다.

09 화재현장에서 변사체를 발견했다면 화재사 입증을 위한 법의학적 특징 3가지를 쓰시오. (6점)

해답

① 화재 당시 생존해 있을 경우 화염을 보면 눈을 감기 때문에 눈가 주변 또는 호흡기 주변으로 짧은 주름이 생기고 주름 사이에는 그을음이 없다.
② 일산화탄소에 중독된 경우 시반은 선홍빛을 띤다.
③ 기도 안에서 그을음이 발견된다.

해설

화재사체의 법의학적 특징

• 화재 당시 생존해 있을 경우 화염을 보면 눈을 감기 때문에 눈가 주변 또는 호흡기 주변으로 짧은 주름이 생기고 주름 사이에는 그을음이 없다.
• 일산화탄소에 중독된 경우 시반은 선홍빛을 띤다.
• 기도 안에서 그을음이 발견된다.
• 전신에 1~3도 화상 흔적이 식별된다.
• 권투선수 자세를 취한다.

10 가스화재감식에 대한 내용이다. 다음 물음에 답하시오. (5점)

① 다음의 현상을 무엇이라고 하는가?
가스의 연소속도가 염공에서 가스유출속도보다 빠르게 되었을 때 불꽃이 버너 내부로 들어가 노즐 선단에서 연소하는 현상
② 용기의 내용적이 47L일 때 프로판의 저장량(kg)은 얼마인가? (단, 충전정수는 2.35로 한다)

해답

① 역화

② $W = \dfrac{V_2}{C} = \dfrac{47}{2.35} = 20$

해설

액화가스 용기의 저장량

$$W = \frac{V_2}{C}$$

W : 저장능력(kg)
V_2 : 용기의 내용적(ℓ)
C : 가스의 충전정수 (액화프로판 2.35, 액화부탄 2.05, 액화암모니아 1.86)

11 가스검지기의 그림이다. 번호에 알맞은 명칭을 쓰시오. (6점)

① 연결구(접속부), ② 팁커터, ③ 손잡이

가스(유류)검지기
① 용도 : 화재현장의 잔류가스 및 유증기 등의 시료를 채취하여 액체촉진제 사용 및 유종 확인
② 구성 : 연결구(팁), 팁커터, 손잡이, 흡입표시기, 흡입 본체, 피스톤, 실린더
③ 사용법

① 글래스 양단을 자른다.

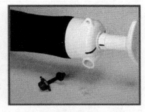

② 자른 글래스를 저장한다.

③ 접속고무관에 결합한다.

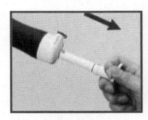

④ 피스톤 손잡이를 당긴다.

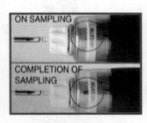

⑤ 흡입표시기가 들어간다.

⑥ 손잡이를 원위치 시킨다.

12 임야화재감식에 대한 내용이다. 물음에 답하시오. (5점)

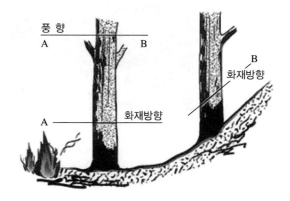

① 풍향의 방향을 쓰시오.
② 화염의 진행방향을 쓰시오.

해답

① A → B
② B → A

해설

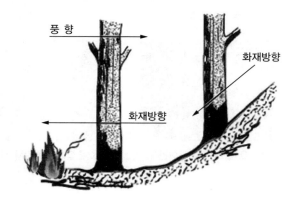

13 주어진 가스용기의 색상을 쓰시오. (5점)

---

① 수 소   ② 염 소
③ LPG   ④ 탄산가스
⑤ 암모니아

해답

① 주황색
② 갈 색
③ 회 색
④ 청 색
⑤ 백 색

해설

가스용기의 색상

황 색	주황색	백 색	갈 색	회색(쥐색)	청 색	녹 색
아세틸렌	수 소	암모니아	염 소	LPG 등 기타	탄산가스	산 소

14 독립된 화재로서 다중발화 할 수 있는 화재의 특징 6가지를 쓰시오. (단, 방화는 제외한다)
(6점)

해답

① 전도, 대류, 복사에 의한 연소확산
② 직접적인 화염충돌에 의한 확산
③ 개구부를 통한 화재확산
④ 드롭다운 등 가연물의 낙하에 의한 확산
⑤ 불티에 의한 확산
⑥ 공기조화덕트 등 샤프트를 통한 확산

15 다음 그림은 전선의 단면이다. 물음에 답하시오. (5점)

전원측   부하측

> ① 원인이 무엇인지 쓰시오.
> ② 선행원인이 무엇인지 쓰시오.

해답

① 반단선
② 반복적인 굽힘이나 금속에 의해 절단될 때 발생

해설

반단선
① 여러 개의 소선으로 구성된 전선이나 코드의 심선이 10% 이상 끊어졌거나 전체가 완전히 단선된 후에 일부가 접촉상태로 남아 있는 상태
② 반단선 상태에서 통전시키면 도체의 저항치는 단면적에 반비례하므로 국부적으로 발열량이 증가하거나 스파크가 발생하여 피복이나 주위 가연물에 착화되어 출화
③ 반단선에 의한 용흔은 단선부분의 양쪽, 금속에 의해 절단된 단선에서는 전원측에만 발생

16 다음 내용에 따라 발생할 수 있는 화재패턴을 모두 쓰시오. (6점)

> 벽이나 천장에 2차원 표면에 의해 3차원 불기둥이 생긴다. 불기둥 표면을 가로지를 때 화재패턴으로 나타나는 효과가 만들어진다.

해답

V패턴, U패턴, 원형패턴, 역원뿔형패턴, 끝이 잘린 원추패턴, 모래시계패턴

해설

원추 모양의 열 확산은 불기둥의 자연적인 팽창이 생기면 이로 인해 발생하고 화염이 실의 천장과 같은 수직적으로 이동하는 장애물을 만났을 때 열에너지의 수평적 확산에 의해서도 생긴다. 천장의 열 손상은 일반적으로 "끝이 잘린 원추"에 기인하는 원형 영역을 지나서 뻗칠 것이다. 끝에 잘린 원추 형태는 "V패턴", "포인터 및 화살" 및 천장과 다른 수평면에 나타난 원형 형태와 수직면의 U형상의 형태 같이 2차원 형태를 결합한다.

17 복합건물에서 화재가 발생하여 2층과 3층 내부마감재 등이 소실되었고 4층과 5층은 외벽 및 내부가 소실되었다. 주어진 조건을 보고 화재피해액(천원)을 구하시오. (11점)

- 2층 및 3층 : 신축단가 834천원, 소실면적 900m², 경과연수 15년, 내용연수 75년, 손해율 40%
- 4층 및 5층 : 신축단가 834천원, 소실면적 900m², 경과연수 15년, 내용연수 75년, 손해율 20%
- P형 자동화재탐지설비 : 단위당 표준단가 9천원, 수손 및 그을음 피해(100%)
- 옥내소화전 : 단위당 표준단가 3,000천원, 3개소 파손, 손해율(10%)
- 집기비품
  - 2층 및 3층 : 책상, 의자 등 180천원 피해, 손해율(100%)
  - 4층 및 5층 : 컴퓨터 등 180천원 피해, 손해율(100%)
  - 집기비품은 일괄하여 50% 적용

---

① 건물 피해액을 계산하시오.

② 부대설비 피해액을 계산하시오.

③ 집기비품 피해액을 계산하시오.

④ 잔존물 제거비를 계산하시오.

⑤ 총 피해액을 계산하시오.

해답

① 건물 피해액 : 378,303천원
② 부대설비 피해액 : 14,364천원
③ 집기비품 피해액 : 162,000천원
④ 잔존물 제거비 : 55,467천원
⑤ 총 피해액 : 610,134천원

해설

① 건물 피해액 : 378,303천원
  - 2층 및 3층 : 834천원 $\times$ 900m² $\times$ [1 - (0.8 $\times$ 15/75)] $\times$ 40% = 252,202천원
  - 4층 및 5층 : 834천원 $\times$ 900m² $\times$ [1 - (0.8 $\times$ 15/75)] $\times$ 20% = 126,101천원
② 부대설비 피해액 : 14,364천원
  - P형 자동화재탐지설비 : 1,800m² $\times$ 9천원 $\times$ [1 - (0.8 $\times$ 15/75)] $\times$ 100% = 13,608천원
  - 옥내소화전 : 3 $\times$ 3,000천원 $\times$ [1 - (0.8 $\times$ 15/75)] $\times$ 10% = 756천원
③ 집기비품 피해액 : 162,000천원
  - 2층 및 3층 : 180천원 $\times$ 900m² $\times$ 50% $\times$ 100% = 81,000천원
  - 4층 및 5층 : 180천원 $\times$ 900m² $\times$ 50% $\times$ 100% = 81,000천원
④ 잔존물 제거비 : 55,467천원
  378,303천원 + 14,364천원 + 162,000천원 = 554,667천원, 잔존물 제거비는 10%이므로 55,467천원
⑤ 총 피해액 : 610,134천원 (부동산 : 431,934천원, 동산 : 178,200천원)

18 화재조사 및 보고규정에 따른 건물 동수를 1동으로 산정하는 경우 4가지를 쓰시오. (5점)

해답

① 주요 구조부가 하나로 연결되어 있는 것
② 건물 외벽을 이용하여 실을 만들어 헛간, 목욕탕, 작업실, 기타 건물용도로 사용하고 있는 것
③ 구조에 관계없이 지붕 및 실이 하나로 연결되어 있는 것
④ 목조, 내화조 건물의 경우 격벽으로 방화구획이 되어 있는 것

해설

화재조사 및 보고규정에 따른 건물동수 산정방법

같은 동	다른 동
• 주요구조부가 하나로 연결되어 있는 것은 같은 동으로 함 • 건물의 외벽을 이용하여 실을 만들어 헛간, 목욕탕, 작업실, 사무실 및 기타 건물 용도로 사용하고 있는 것은 주건물과 같은 동으로 봄 • 구조에 관계 없이 지붕 및 실이 하나로 연결되어 있는 경우 • 목조 또는 내화조 건물의 경우 격벽으로 방화구획이 되어 있는 경우	• 건널 복도 등으로 2 이상의 동에 연결되어 있는 것은 그 부분을 절반으로 분리하여 다른 동으로 봄 • 독립된 건물과 건물 사이에 차광막, 비막이 등의 덮개를 설치하고 그 밑을 통로 등으로 사용하는 경우 • 내화조 건물의 외벽을 이용하여 목조 또는 방화구조건물이 별도 설치되어 있고 건물 내부와 구획되어 있는 경우 • 내화조 건물의 옥상에 목조 또는 방화구조 건물이 별도 설치되어 있는 경우

※ 본 기출문제는 수험자들의 기억에 의해 복원된 것으로 내용과 그림, 출제순서가 다소 실제 문제와 다를 수 있습니다.

01 트래킹의 발생과정에 대해 쓰시오. (6점)

> ① 1단계
>
> ② 2단계
>
> ③ 3단계

해답

① 1단계 : 절연체 표면의 오염 등에 의한 도전로 형성
② 2단계 : 도전로의 분단과 미소 불꽃방전의 발생
③ 3단계 : 반복적 불꽃방전에 의한 표면 탄화

02 실화책임에 관한 법률에서 화재피해액을 감경할 수 있는 사유 3가지를 쓰시오. (6점)

해답

① 화재의 원인과 규모
② 피해의 대상과 정도
③ 연소 및 피해확대의 원인

해설

손해배상액의 경감 청구사유

• 화재의 원인과 규모
• 피해의 대상과 정도
• 연소(延燒) 및 피해 확대의 원인
• 피해 확대를 방지하기 위한 실화자의 노력
• 배상의무자 및 피해자의 경제상태
• 그 밖에 손해배상액을 결정할 때 고려할 사정

03 제조물책임법에 대한 설명이다. 괄호 안을 채우시오. (6점)

> ① 손해배상청구권은 피해자가 손해배상책임을 지는 자를 안 날로부터 (　　　)간 행사하지 아니하면 시효의 완성으로 소멸된다.
>
> ② 손해배상청구권은 제조업자가 손해를 발생시킨 제조물을 공급한 날부터 (　　　) 이내에 행사하여야 한다.
>
> ③ 손해배상청구권은 신체에 누적되어 사람의 건강을 해치는 물질에 의하여 발생한 손해 또는 일정한 잠복기간이 지난 후에 증상이 나타나는 손해에 대하여는 (　　　　　)부터 기산한다.

해답

① 3년, ② 10년, ③ 그 손해가 발생한 날

해설

제조물책임법에 따른 소멸시효

① 손해배상의 청구권은 피해자 또는 그 법정대리인이 손해 또는 손해배상책임을 지는 자를 모두 안 날부터 3년 이내 행사하여야 한다.

② 손해배상의 청구권은 제조업자가 손해를 발생시킨 제조물을 공급한 날부터 10년 이내에 행사하여야 한다.

③ 신체에 누적되어 사람의 건강을 해치는 물질에 의하여 발생한 손해 또는 일정한 잠복기간(潛伏期間)이 지난 후에 증상이 나타나는 손해에 대하여는 그 손해가 발생한 날부터 기산(起算)한다.

04 화재로 화염이 외부로 누출되면 벽면을 따라 상층으로 확대된다. 유출된 화염은 초기에는 벽에 부착되지 않고 떨어져서 상승하지만, 시간이 지나면서 벽과 외기의 압력차에 의해 화염은 벽쪽으로 기울어지면서 재부착이 일어나는데, 이 현상을 무엇이라고 하는가? (4점)

해답

코안다 효과

05 전자레인지 950W, 전기밥솥 1,200W, 다리미 1,500W, 커피포트 750W를 4구형 멀티탭(220V, 15A)에 꽂아 사용하였다면 몇 A가 초과되었는가? (4점)

해답

5A

해설

$$I = \frac{W}{V} = \frac{(950 + 1,200 + 1,500 + 750)}{220} = 20\text{A이므로 5A 초과}$$

06 방화벽의 구조에 대한 설명이다. 괄호 안에 알맞은 용어를 쓰시오. (5점)

> ① (㉠)구조로서 홀로 설 수 있는 구조일 것
> ② 방화벽의 양쪽 끝과 위쪽 끝을 건축물의 외벽면 및 지붕면으로부터 (㉡) 이상 튀어나오게 할 것
> ③ 방화벽에 설치하는 출입문의 너비 및 (㉢)은/는 각각 (㉣) 이하로 하고 해당 출입문에는 (㉤) 방화문을 설치할 것

해답

㉠ 내화, ㉡ 0.5m, ㉢ 높이, ㉣ 2.5m, ㉤ 갑종

07 다음 그림 중 화재가 먼저 확산되는 구역을 쓰시오. (8점)

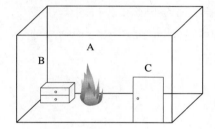

해답

A

해설

연소가 먼저 확산되는 구역은 고온가스, 화염과 연기 등의 부양성 칼럼(Buoyant Column)인 불기둥이 먼저 A구역으로 올라가고, 천장과 같은 물리적인 장애물이 있으면 불기둥이 벽면 B, C쪽으로 확장하게 되며, 먼저 B구역의 벽으로 확대되고 고온의 가스는 닫힌 문의 상부 틈으로 흐르고 차가운 공기는 빠져나간 공기만큼 문의 바닥을 통하여 유입되면서 출입문 안쪽의 상부에 탄화가 일어난다.

08 용융점이 낮은 순서대로 쓰시오. (5점)

> 아연, 구리(동), 니켈, 텅스텐, 마그네슘

해답

아연 → 마그네슘 → 구리(동) → 니켈 → 텅스텐

금속의 용융점

금속 명칭	용융점(℃)	금속 명칭	용융점(℃)
수은	38.8	금	1,063
주석	231.9	구리	1,083
납	327.4	니켈	1,455
아연	419.5	스테인리스	1,520
마그네슘	650	철	1,530
알루미늄	659.8	티탄	1,800
은	960.5	몰리브덴	2,620
황동	900~1,000	텅스텐	3,400

09 괄호 안에 알맞은 용어를 쓰시오. (4점)

> (①) : 충격파의 반응전파속도가 음속보다 느린 것
> (②) : 충격파의 반응전파속도가 음속보다 빠른 것

해답

① 폭연, ② 폭굉

10 슬롭오버에 대해 설명하시오. (5점)

해답

중질유 탱크 화재 시 액표면 온도가 물의 비점 이상으로 올라가게 되어 소화수나 포가 주입되면 수증기로 변하면서 급격한 부피팽창으로 기름이 탱크 외부로 분출하는 현상

해설

중질류 탱크의 연소현상

구분	내용
보일오버(Boil Over)	• 저장소 하부에 고인물이 격심한 증발을 일으키면서 불붙은 석유를 분출시키는 현상 • 중질유에서 비휘발분이 유면에 남아서 열류층을 형성, 특히 고온층(Hot Zone)이 형성되면 발생할 수 있음
슬롭오버(Slop Over)	• 소화를 목적으로 투입된 물이 고온의 석유에 닿자마자 격한 증발을 하면서 불붙은 석유와 함께 분출되는 현상 • 중질유에서 잘 발생하고, 고온층이 형성되면 발생할 수 있음
프로스오버(Froth Over)	• 비점이 높아 액체 상태에서도 100℃가 넘는 고온으로 존재할 수 있는 석유류와 접촉한 물이 격한 증발을 일으키면서 석유류와 함께 거품 상태로 넘쳐나는 현상 • 화염과 관계없이 발생한다는 점에서 보일오버, 슬롭오버와 다름

11 가솔린 자동차의 점화장치 전류의 흐름을 순서대로 쓰시오. (6점)

> **해답**

점화스위치 → 배터리 → 시동모터 → 점화코일 → 배전기 → 고압케이블 → 스파크플러그

12 제조물책임법상 배상의무자의 배상책임이 면책되는 사유 3가지를 쓰시오. (6점)

> **해답**

① 제조업자가 당해 제조물을 공급하지 아니한 사실
② 제조업자가 당해 제조물을 공급한 때의 과학·기술수준으로는 결함의 존재를 발견할 수 없었다는 사실
③ 제조물의 결함이 제조업자가 당해 제조물을 공급할 당시의 법령이 정하는 기준을 준수함으로써 발생한 사실

> **해설**

제조업자의 면책사유
• 제조업자가 당해 제조물을 공급하지 아니한 사실
• 제조업자가 당해 제조물을 공급한 때의 과학·기술수준으로는 결함의 존재를 발견할 수 없었다는 사실
• 제조물의 결함이 제조업자가 당해 제조물을 공급할 당시의 법령이 정하는 기준을 준수함으로써 발생한 사실
• 원재료 또는 부품의 경우에는 당해 원재료 또는 부품을 사용한 제조물 제조업자의 설계 또는 제작에 관한 지시로 인하여 결함이 발생하였다는 사실 등을 입증한 때

13 두께 3cm인 벽면의 양쪽이 각각 400℃, 200℃일 때 열유속은? [단, 열전도율(k) = 0.083W/m·K] (3점)

> **해답**

553.33W/m^2

> **해설**

푸리에의 법칙에 의해 전도되는 열전달량은

$$q = \frac{k(T_2 - T_1)}{l} = \frac{0.083\text{W/m} \cdot \text{K} \times (400 - 200)\text{K}}{0.03\text{m}} = 553.33\text{W/m}^2$$

q : 열전달량 k : 열전도계수
A : 면 적 L : 두 께
T_1 : 내부온도 T_2 : 외부온도

14 고온가스층에 의해 생성된 화재패턴에 대해 설명하시오. (5점)

해답

플래시오버 바로 직전에 복사열에 의해 가연물의 표면이 손상을 받았을 때 나타나는 패턴이다. 완전히 화재로 뒤덮이면 바닥도 복사열로 인해 손상받지만 소파, 책상 등 물체에 가려진 하단부는 보호구역으로 남는다. 이 패턴은 가스층의 높이와 이동방향을 나타내며, 복사열의 영향을 받지 않는 지역을 제외하면 손상 정도는 일반적으로 균일하게 나타난다.

해설

고온가스층 지배 패턴(Hot Gas Layer-Generated Patterns) : NFPA 921 6.2.4
- 과열된 고온층이 유동하는 공간으로부터 발생한 복사열은 구조물의 표면과 바닥재에 탄화, 연소 불연성 표면에 변색·변형이 발생한다. 이 과정은 상온부터 플래시오버 조건 사이에서 시작된다.
- 복사열을 받아 바닥표면이 손상된 것과 유사한 손상이 화재에 완전히 노출된 인접 외벽 표면에도 나타난다. 최성기가 되면 복도, 현관, 베란다의 동일한 손상이 일례이다.

15 화재현장에서 2명이 사망했고 96시간 경과 후 1명이 또 사망하였다. 사상자 중에는 5주 이상 입원을 한 사람이 9명, 단순연기흡입으로 통원치료를 한 사람이 9명이었다. 사상자 수를 구하시오. (6점)

① 사망자 수

② 중상자 수

③ 경상자 수

해답

① 2명, ② 10명, ③ 9명

해설

화재현장에서 부상당한 후 72시간 이내에 사망한 경우에만 사망자로 분류하기 때문에 사망자는 2명, 중상자는 96시간 경과 후 사망한 사람을 포함하여 10명이 되며, 단순연기흡입이지만 통원치료를 한 사람은 경상자 9명에 해당한다.

16 그림을 보고 단락이 발생한 순서를 쓰시오. (5점)

해답

C → B → A

해설

부하측(커피포트)에서 먼저 단락되어 전원측으로 단락이 이루어진다.

02 | 기사 기출복원문제

※ 본 기출문제는 수험자들의 기억에 의해 복원된 것으로 내용과 그림, 출제순서가 다소 실제 문제와 다를 수 있습니다.

01 화재증거물수집관리규칙에 따른 현장사진 및 비디오촬영 시 유의사항 중 괄호 안에 알맞은 내용을 쓰시오. (6점)

① 최초 현장 도착 시 (   )을/를 그대로 촬영하고, 화재조사의 (   )에 따라 촬영

② 화재현장의 특정한 증거물 등을 촬영함에 있어서는 그 길이, 폭 등을 명확히 하기 위하여 (   ) 또는 (   )을/를 사용하여 촬영

③ 화재상황을 추정할 수 있는 다음의 대상물의 형상은 면밀히 관찰 후 자세히 촬영
  ㉠ 사람, 물건, 장소에 부착되어 있는 (   ) 및 혈흔
  ㉡ 화재와 연관성이 크다고 판단되는 (   ), (   ), 유류

해답

① 원상태, 진행순서
② 측정용 자, 대조기구
③ ㉠ 연소흔적
　 ㉡ 증거물, 피해물품

해설

화재증거물수집관리규칙에 따른 촬영 시 유의사항

- 최초 도착하였을 때의 원상태를 그대로 촬영하고 화재조사의 진행순서에 따라 촬영한다.
- 증거물을 촬영할 때는 그 소재와 상태가 명백히 나타나도록 하며, 필요에 따라 구분이 용이하게 번호표 등을 넣어 촬영한다.
- 화재현장의 특정한 증거물 등을 촬영함에 있어서는 그 길이, 폭 등을 명백히 하기 위하여 측정용 자 또는 대조도구를 사용하여 촬영한다.
- 화재상황을 추정할 수 있는 다음의 대상물의 형상은 면밀히 관찰 후 자세히 촬영한다.
  - 사람, 물건, 장소에 부착되어 있는 연소흔적 및 혈흔
  - 화재와 연관성이 크다고 판단되는 증거물, 피해물품, 유류
- 현장사진 및 비디오 촬영할 때에는 연소확대 경로 및 증거물 기록에 대한 번호표와 화살표를 표시 후에 촬영하여야 한다.

02 자동차 점화장치에 대한 설명 중 보기의 내용을 참고하여 다음 각 물음에 답하시오.　　(8점)

> 배전기　　　시동모터　　　고압케이블　　　배터리　　　점화코일

① 다음의 점화장치 구조 그림 중 ㉠~㉢에 알
　맞은 명칭을 보기에서 참고하여 쓰시오.
　㉠ (　　　　　)
　㉡ (　　　　　)
　㉢ (　　　　　)

② 시동을 걸 때 점화장치 전류의 흐름을 순
　서대로 쓰시오.

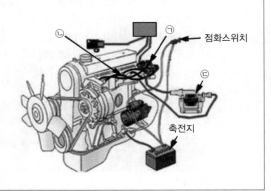

점화스위치

축전지

해답

① ㉠ 배전기, ㉡ 고압케이블, ㉢ 점화코일
② 점화스위치 → 배터리 → 시동모터 → 점화코일 → 배전기 → 고압케이블 → 스파크플러그

해설

- 점화장치 : 엔진의 연소실에 있는 공기와 연료의 혼합 기체를 점화시키는 것이다. 연소가 일어나도록 하기
위해서는 적정한 시기에 점화가 이루어져야 한다. 연소가 시작하기 위해서는 연소실의 말단에 있는 점화플러
그에 불꽃이 발생하야 하며, 이 아크(Arc)에 의해 발생한 열이 공기와 연료의 혼합 압축 기체를 점화시킨다.
혼합기체가 타면서 실린더를 아래로 밀어내는 압력이 발생하고 그 힘으로 엔진이 작동한다.
- 점화 시의 전류 흐름 순서
　점화스위치 → 배터리 → 시동모터 → 점화코일 → 배전기 → 고압케이블 → 스파크플러그

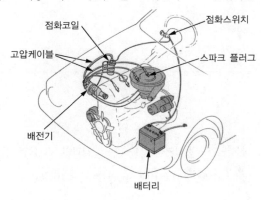

점화코일

점화스위치

고압케이블

스파크 플러그

배전기

배터리

03 다음 조건을 참고하여 화재발생으로 인한 부동산 및 1층과 2층 동산 피해금액을 각각 산정하시오.
(10점)

① 건 물
  • 피해 정도 : 연면적 200m^{2}인 2층 건물 손해율 100% 전소
  • 준공일자 : 2000. 01. 01
  • 화재발생 : 2010. 12. 31
  • 당시 신축단가 : 3m^{2}당 300만원
  • 용도 : 1층 일반식당, 2층 주택
  • 소실 정도
    − 1층 일반식당(점포) : 2000. 01. 01.에 구입한 냉장고 1대(손해율 100%), 컴퓨터 1대
      (손해율 100%) 소실
    − 2층 주택(가재도구) : 구입한지 2년 된 김치냉장고 1대(손해율 100%), TV 1대
      (손해율 100%) 소실
② 내용연수
  • 동산 : 5년   • 부동산 : 50년
③ 재구입비
  • 냉장고 50만원, 컴퓨터 100만원, 김치냉장고 80만원, TV 100만원

1) 부동산
  • 계산과정
  • 답
2) 동 산
  ㉠ 1층
    • 계산과정
    • 답
  ㉡ 2층
    • 계산과정
    • 답

해답

1) 부동산
  • 계산과정
    건물 피해액 = 신축단가 × 소실면적 × [1 − (0.8 × 경과연수/내용연수)] × 손해율

$$= \frac{300}{3} \times 200 \times [1 - (0.8 \times \frac{11}{50})] \times 1 = 16,480$$

  • 답 : 16,480만원

2) 동 산
  ㉠ 1층
    • 계산과정
      집기비품 피해액 = '재구입비 × [1 − (0.9 × 경과연수/내용연수)] × 손해율'이지만, 내용연수 5년이 지났
      으므로 재구입비의 10%만 피해금액으로 산정
      즉, 냉장고 피해액 = 50만원 × 10% = 5만원, 컴퓨터 피해액 = 100만원 × 10% = 10만원
    • 답 : 15만원
  ㉡ 2층
    • 계산과정
      − 가재도구 피해액 = (재구입비 × [1 − (0.8 × 경과연수/내용연수)] × 손해율

      − 김치냉장고 피해액 = 80만원 × [1 − (0.8 × $\frac{2}{5}$)] × 1 = 54.4만원

      − TV 피해액 = 100만원 × [1 − (0.8 × $\frac{2}{5}$)] × 1 = 68만원

    • 답 : 122.4만원

04 화재조사 및 보고규정에 따른 조사업무처리의 기본사항 중 건물의 동수를 다른 동으로 산정하는
경우를 3가지 쓰시오. (단, 건물의 동수산정 규정상 단서조항은 제외한다)   (6점)

해답
• 독립된 건물과 건물 사이에 차광막, 비막이 등의 덮개를 설치하고, 그 밑을 통로 등으로 사용하는 경우
• 내화조 건물의 외벽에 목조 또는 방화구조건물이 별도 설치되어 있고, 건물 내부와 구획되어 있는 경우
• 내화조 건물의 옥상에 목조 또는 방화구조 건물이 별도 설치되어 있는 경우

해설
건물의 동수산정 중 다른 동 기준
• 독립된 건물과 건물 사이에 차광막, 비막이 등의 덮개를 설치하고, 그 밑을 통로 등으로 사용하는 경우는
  다른 동으로 한다.
• 내화조 건물의 옥상에 목조 또는 방화구조건물이 별도 설치되어 있는 경우는 다른 동으로 한다.
• 내화조 건물의 외벽을 이용하여 목조 또는 방화구조건물이 별도 설치되어 있고, 건물 내부와 구획되어
  있는 경우 다른 동으로 한다.

05 국부발열의 원인이 되는 아산화동의 구리와 산소의 조성비를 각각 중량퍼센트로 나타내시오. (단, 산소 원자량과 구리 원자량은 각각 16, 64로 한다) (6점)

① 구 리
 • 계산과정
 • 답
② 산 소
 • 계산과정
 • 답

해답

① 계산식

 • 구리의 중량퍼센트 = $\dfrac{128}{144}$ (아산화동이 Cu_2O 총합이 144)

 • 답 : 88.89%

② 계산식

 • 산소의 중량퍼센트 = $\dfrac{16}{144}$

 • 답 : 11.11%

06 다음 그림을 참고하여 화재조사전담부서에 갖추어야 하는 장비에 대한 각 물음에 답하시오. (6점)

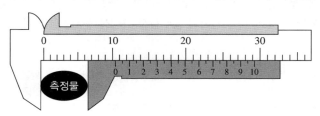

① 기자재명을 쓰시오. (단, 기자재명은 소방의 화재조사에 관한 법률 시행령상 명칭으로 표기한다)
② 눈금은 얼마인가?

해답

① 버니어캘리퍼스
② 10.45mm

- 버니어캘리퍼스의 용도 : 버니어캘리퍼스는 자와 캘리퍼스를 조합한 것으로 공작물의 바깥지름, 안지름, 깊이, 단차 등을 측정하는 데 사용된다.
- 버니어캘리퍼스 명칭

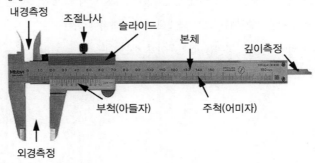

- 버니어캘리퍼스 읽는 법
  - 주척(어미자)과 부척(아들자)의 0 이전 눈금을 읽음 : 10mm
  - 부척(아들자)과 주척(어미자)이 일직선이 되는 눈금을 읽음 : 0.45mm
  - 측정값을 합산하면 측정값 = 10.45mm

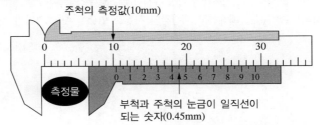

따라서 측정물의 외경은 10.45mm

07 화재현장 사진촬영 시 다음 각 경우에 선택하여야 하는 가장 적합한 카메라 렌즈의 명칭을 쓰시오.

(6점)

> ① 멀리 있는 피사체를 바로 앞에 있는 것처럼 끌어당겨 크게 연출하는 경우
>
> ② 미세하고 작은 피사체를 크게 확대해서 촬영하여야 하는 경우
>
> ③ 짧은 거리에서 넓은 범위를 촬영하여야 하는 경우

[해답]

① 망원렌즈
② 접사렌즈
③ 광각렌즈

[해설]

- 줌렌즈 : 초점이나 조리개 값을 고정하고 초점거리를 연속해서 변경이 가능하여 피사체를 원하는 크기로 조절이 가능한 렌즈이다.
- 표준렌즈 : 사람의 눈으로 보는 화각과 가장 유사한 렌즈로 큰 왜곡이나 원근감 변화가 없이 자연스러운 사진이 연출되므로 주관을 배제하고 객관적인 사진을 연출할 때 효과적인 렌즈이다.

08 화재현장에서 발견된 시스-히터(Sheath Heater) 확인 결과 다음의 조건을 참고하여 각 물음에 답하시오.

(8점)

> - 시스-히터의 지속적인 사용으로 인하여 플라스틱 통 내부의 물이 모두 증발된 상태
> - 시스-히터의 발열부분에 플라스틱의 잔존물이 용융되어 일부 부착되어 있는 상태
> - 발화시점의 주변은 기타 발화원인으로 작용할만한 특이점이 식별되지 않음
> - 발굴된 시스 히터의 잔해물 코일이 내장된 부분이 절단되어 발굴됨

> ① 시스-히터의 구조 중 보호관과 발열체 사이의 백색 절연분말의 성분을 쓰시오.
>
> ② 발굴된 시스-히터에 백색 내용물과 절연물이 식별되는 이유를 쓰시오.

[해답]

① MgO(산화마그네슘)
② 시스-히터가 적열상태로 공기 중에 노출되면 과열로 인하여 금속제가 파괴된다.

09 폭발에 따른 압력과 시간에 대한 그래프를 참고하여 다음 각 물음에 답하시오. (6점)

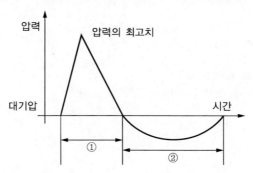

①과 ②에 각각 알맞은 내용을 쓰시오.
- ① :
- ② :

해답

① 정압(+) 단계, ② 부압(−) 단계

해설

폭발 압력파 효과

- 물질이 폭발하면 많은 양의 가스를 생성한다. 이들 가스는 높은 속도로 팽창하고 발생 전으로부터 바깥으로 움직인다. 가스류와 가스에 의해 움직이는 공기는 주로 폭발과 관련 있는 손상과 부상에 대해 책임이 있는 압력파를 생성한다.
  - 그 폭발 압력파는 폭발 발생 지역과 관계있는 힘의 방향에 기초하여 두 가지 분명한 국면에서 일어난다. 이것이 정압(+) 단계와 부압(−) 단계이다.
  - 이상적인 훼손의 대표적인 압력 이력은 (+) 및 (−) 단계로 구성되어 있다.
- 정압(+) 단계(Positive Pressure Phase)
  정압(+) 단계는 팽창가스가 발생지로부터 멀리 움직이는 폭발 압력파의 부분이다. 정압(+) 단계는 보통 부압(−) 단계보다 더 강력하고, 압력손상의 대부분에 책임이 있다. 부압 단계는 확산−단계(가스/증기) 폭발의 후기 폭발 검사나 증거로 감지할 수 없을 수도 있다.
- 부압(−) 단계(Negative Pressure Phase)
  폭발의 정압(+) 단계의 급속한 팽창이 폭발 발생지로부터 바깥으로 움직일 때, 그것은 주변을 에워싼 공기를 밀어내고 · 압축하고 · 가열한다. (주위압력에 비해 상대적) 낮은 공기 압력 상태가 발생지점 중심부에 생긴다. 정압(+) 단계가 흩어질 때 생성된 부압(−) 단계인 낮은 공기 압력조건을 평형으로 하기 위해 공기는 발생지역으로 역류한다.

10 화재패턴 중 V패턴의 각이 달라질 수 있는 변수 5가지를 쓰시오. (5점)

해답

① 연료의 열방출률
② 가연물의 구조
③ 수직표면의 발화성과 연소성
④ 천장, 선반, 테이블 윗면 등과 같이 수평표면의 존재
⑤ 환기 효과

11 펄프공장에서 화재가 발생하여 바닥면적 50m²에 쌓아 놓은 종이펄프 100톤이 완전연소 하였다. 다음 각 물음에 답하시오. (단, 종이펄프의 단위발열량은 4,000kcal/kg이다) (6점)

① 화재하중 기본 공식을 쓰시오.
② 화재하중을 계산하시오.

해답

① 화재하중 $Q[\text{kg/m}^2] = \dfrac{\sum GH_1}{HA} = \dfrac{\sum Q_1}{4,500A}$

② 화재하중 $Q[\text{kg/m}^2] = \dfrac{100 \times 1,000\text{kg} \times 4,000\text{kcal/kg}}{50\text{m}^2 \times 4,500\text{kcal/kg}}$

$= \dfrac{400,000,000kg}{225,000m^2}$

$= 1,777.78kg/m^2$

해설

화재실의 예상 최대가연물질의 양으로서 단위바닥면적(m²)에 대한 등가가연물의 중량(kg)

$$\text{화재하중 } Q[\text{kg/m}^2] = \frac{\sum GH_1}{HA} = \frac{\sum Q_1}{4,500A}$$

Q : 화재하중(kg/m²)
A : 바닥면적(m²)
H : 목재의 단위발열량(4,500kcal/kg)
G : 모든 가연물의 양(kg)
H_1 : 가연물의 단위발열량(kcal/kg)
Q_1 : 모든 가연물의 발열량(kcal)

12 화재현장의 세 곳(X 표시된 부분)에서 단락이 식별된 경우 다음 조건을 참고하여 각 물음에 답하시오.

(8점)

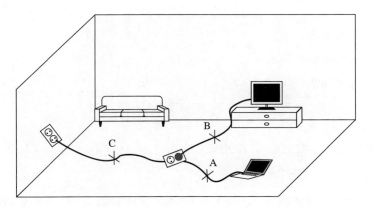

- 차단기가 설치되어 있지 않음
- 표시 부분은 합선에 의한 단락 발생
- 전기적인 단락흔적으로 판정하되 연소패턴 등 주변 가연물의 상황은 무시

① 최초의 단락지점은?

② ①의 이유는?

해답

① B

② 부하(텔레비전, 컴퓨터의 전기를 소비하고 있는 쪽)에 가까운 쪽이 발화개소 측이므로 먼저 2구 콘센트 말단에 접속되어 있는 텔레비전에서 전기적인 단락이 일어나 발화가 되고, 컴퓨터 부하측에서 전기적 단락이 일어난 다음 전원측에서 단락이 일어난 것이다. 그 이유는 멀티콘센트의 전원부에 가까운 곳에 접속한 컴퓨터 부하측 에서 먼저 발화하였다면 텔레비전 부하측에서는 단락흔이 발생하지 않았을 것이다.

해설

최초 화재가 발생한 A, B 지점 및 이유

분전반에서 분기된 전열회로는 벽면콘센트에 인가된 멀티콘센트에 B, C 전기기기가 인가된 상태로 한정된 발화부위의 병렬회로상에서는 최종부하를 논단하기 불가하다. 다만, 직렬회로를 구성하는 경우 부하측에 단락이 생성하더라도 차단기가 동작하지 않을 시에는 전원측으로 전기적 특이점(단락 또는 합선)이 계속하여 생성되며, 최종 부하측 판단 발화부위를 축소할 수 있다.

13 임야화재 현장조사 중 사진촬영 시 여러 중요한 요소들의 위치를 나타내기 위한 색상별 깃발이 의미하는 요소들을 쓰시오. (6점)

> ① 적색 깃발 :
>
> ② 청색 깃발 :
>
> ③ 황색 깃발 :

해답

① 전진산불, ② 후진산불, ③ 횡진산불

해설

깃발은 산불의 진행방향을 표시하여 정확한 산불 발화지점을 조사하는 데 활용한다.

가. 적색 깃발 : 전진산불
나. 청색 깃발 : 후진산불
다. 황색 깃발 : 횡진산불
라. 흰색 깃발 : 발화지점, 증거물

14 전기적 발화요인 중 다음의 조건을 참고하여 각 물음에 답하시오. (6점)

> • 전원코드를 뽑지 않고 사용하던 선풍기 목조절부(회전부) 배선의 전기적인 원인에 의하여 화재가 발생
> • 선풍기가 지속적으로 회전하면서 배선에 반복적인 구부림의 스트레스를 받았다고 가정

> ① 선풍기 화재의 전기적 발화요인을 쓰시오.
>
> ② ① 선풍기 회전부의 발화요인 과정을 쓰시오.

① 반단선
② 여러 개의 소선으로 구성된 선풍기 목 조절부 배선에 반복적인 구부림 일어나 반단선이 되고, 그 부분에서 단선과 이어짐을 반복하게 되면 줄열에 의한 저항치의 증가로 발열하여 화재가 발생한다.

• 선풍기 목 조절부 배선의 반복적인 구부림의 스트레스를 받았다고 가정하였으므로 외부로부터 기계적 피로가 가해진 형태로 내부 전선 중 일부가 손상되면 반단선이 발생된다.
• 반단선 메커니즘
  – 여러 개의 소선으로 구성된 전선이나 코드의 심선이 10% 이상 끊어졌거나 전체가 완전히 단선된 후에 일부가 접촉상태로 남아 있는 상태
  – 반단선 상태에서 통전시키면 도체의 저항치는 단면적에 반비례하므로 국부적으로 발열량이 증가하거나 스파크가 발생하여 피복이나 주위 가연물에 착화되어 출화
  – 반단선에 의한 용흔은 단선부분의 양쪽, 금속에 의해 절단된 단선에서는 전원측에만 발생

15 다음 그림과 같이 화재현장에서 식별되는 화재패턴을 2가지 쓰시오. (6점)

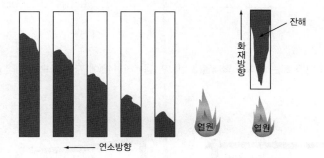

V패턴, 화살표패턴

포인터 또는 화살형태(Pointer or Arrow Pattern) : NFPA 921 6.17.6
• 일반적으로 화재로 표면 피복이 파괴되었거나 피복이 없는 벽의 뼈대선이나 수직 목재벽 샛기둥에 나타난다. 벽을 따라 화재확산의 진행과 방향은 상대적인 높이를 확인하고 발화장소를 향해 거꾸로 추적한다.
• 일반적으로 더 짧고 더 격렬하게 탄화된 샛기둥은 긴 샛기둥보다 발화지점에 더 가깝다. 발화지점으로 부터의 거리가 멀어질수록 남겨진 샛기둥의 높이 증가가 가중된다. 탄화의 심도와 높이의 차이는 샛기둥의 측면에서 관찰할 수 있다.
• 샛기둥 교차점의 형태는 열원의 일반적인 영역을 향하여 거꾸로 지시하는 "화살"을 생성하는 경향이 있다. 이는 날카로운 각을 가진 샛기둥의 가장자리를 만드는 열원을 향하여 측면에서 그것을 태우기 때문에 나타난다.

04 | 기사 기출복원문제

※ 본 기출문제는 수험자들의 기억에 의해 복원된 것으로 내용과 그림, 출제순서가 다소 실제 문제와 다를 수 있습니다.

01 철골조 건물이 화재로 도괴된 그림이다. 다음 물음에 답하시오. (6점)

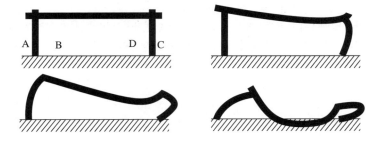

> ① 화원의 위치를 명기하시오.
> ② 도괴가 나타나는 이유는 무엇인가?

해답

① D
② 금속의 만곡 또는 금속이 화재열을 받으면 용융하기 전에 자중 등으로 인해 좌굴하기 때문

해설

• 화원의 위치

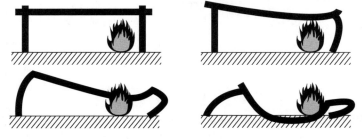

• 금속의 만곡
  - 화재열을 받은 금속은 용융하기 전에 자중 등으로 인해 좌굴한다.
  - 화재현장에서는 만곡이라는 형상으로 남아 있다.
  - 일반적으로 금속의 만곡정도가 수열정도와 비례하여 연소의 강약을 알 수 있다.

02 전기적 원인에 의한 화재에서 1, 2차 용융흔의 특징을 쓰시오. (6점)

해답

① 1차 용융흔 : 화재원인이 되는 단락흔으로 형상이 구형이고 광택이 있으며, 매끄러우며 일반적으로 탄소가 검출되지 않는다.

② 2차 용융흔 : 화재열로 통전 중인 전선피복 등의 손실에 의한 단락흔으로 형상이 구형이 아니거나 광택이 없고, 매끄럽지 않은 경우가 많으며 탄소가 일반적으로 검출된다.

해설

전기화재의 단락흔

- 정의 : 두 개의 이극 도체가 접촉하여 순간적으로 대전류가 흘러 발화하는 것으로 단선된 각 선단은 용융되어 큰 용융흔이 발생하는 것
- 단락흔의 종류
  - 1차흔 : 화재의 원인이 된 단락흔
  - 2차흔 : 화재의 열로 전기기기 코드 등이 타서 2차적으로 생긴 단락흔
- 용융흔의 비교

구 분	1차 용융흔(발화의 원인)	2차 용융흔(화재로 인한 피복손실로 합선)
표면형태 (육안)	형상이 구형이고 광택이 있으며, 매끄러움	형상이 구형이 아니거나 광택이 없고 매끄럽지 않은 경우가 많음
탄화물 (XMA분석)	일반적으로 탄소가 검출되지 않음	탄소가 검출되는 경우가 많음
금속조직 (금속현미경)	용융흔 전체가 구리와 산화제1구리의 공유결합 조직으로 점유하고 있고 구리의 초기결정 성상은 없음	구리의 초기결정 성장이 보이지만 구리의 초기결정 이외의 매트릭스가 금속결정으로 변형됨
보이드분포 (금속현미경)	크고 둥근 보이드가 용융흔의 중앙에 생기는 경우가 많음	일반적으로 미세한 보이드가 많이 생김
EDX분석	OK, CuL 라인이 용융된 부분에서 거의 검출되지 않지만, 정상 부분에서는 검출	CuL 라인이 용융된 부분에서 검출되지만, 정상 부분에서는 소량검출

03 백열전구에 대한 그림이다. 다음 물음에 답하시오. (8점)

① A의 명칭을 쓰시오.

② B 유리구 안에 넣을 수 있는 봉입가스를 쓰시오.

③ 화재 시 전구의 변형 상태를 도식하시오.

해답

① 필라멘트
② 질소, 아르곤, 크립톤
③
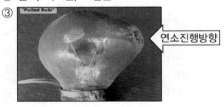

해설

뒤틀린 전구의 화재감식

• 불활성가스 : 백열전구는 필라멘트 산화를 방지하기 위해 유리구 안에 질소, 아르곤, 크립톤 등 불활성가스를 채운다.
• 화재감식요령
  – 백열전구가 가열되면 팽창된 불활성 가스는 화재방향 유리구를 바깥쪽으로 부풀어 오르게 하여 파열된다.
  – 화재를 소화한 후에도 그대로 남아 있어 연소방향을 확인하는 데 사용할 수 있다.

04 화재현장에서 유출된 아세톤 유증기가 폭발을 일으키며 발화한 경우, 다음 각 물음에 대하여 답하시오. (6점)

> ① 아세톤의 완전연소반응식을 쓰시오.
>
> ② 아세톤의 증기밀도를 구하시오. (단, 공기의 분자량은 29로 가정한다)
> – 계산과정 :
> – 답 :
>
> ③ 아세톤의 위험도를 구하시오. (단, 연소한계 2.5%~13%)

해답

① $CH_3COCH_3 + 4O_2 \rightarrow 3CO_2 + 3H_2O$

② 비중 $= \dfrac{\text{어떤 물질의 중량}}{\text{기준 물질의 중량}} = \dfrac{\text{아세톤의 중량}}{\text{공기의 중량}} = \dfrac{58}{29} = 2$

③ 4.2

해설

아세톤은 화학식 CH_3COCH_3, 분자량은 58.08로 향기가 있는 무색의 액체이다. 물에 잘 녹으며, 유기용매로서 다른 유기물질과도 잘 섞인다.

• 탄화수소계 완전연소식에 대입하면

$$C_mH_nO_l = (m + \frac{n}{4} - \frac{l}{2})O_2 \rightarrow mCO_2 + \frac{n}{2}H_2O$$

$$= CH_3COCH_3 + (3 + \frac{6}{4} - \frac{1}{2})O_2 \rightarrow 3CO_2 + 3H_2O$$

• 비중 $= \dfrac{\text{어떤 물질의 중량}}{\text{기준 물질의 중량}} = \dfrac{\text{아세톤의 중량}}{\text{공기의 중량}} = \dfrac{58}{29} = 2$

• $H(\text{위험도}) = \dfrac{U(\text{연소상한계}) - L(\text{연소하한계})}{L(\text{연소하한계})} = \dfrac{13 - 2.5}{2.5} = 4.2$

05 분진폭발에 대한 설명이다. 다음 물음에 답하시오. (6점)

> ① 분진폭발은 가연성 고체가 미세한 분말상태로 공기 중에 (㉠)하여 (㉡) 농도 이상으로 유지될 때 (㉢)에 의해 폭발하는 현상이다.
>
> ② 분진폭발 메커니즘을 4단계로 기술하시오.

해답

① ⑦ 부유, ⑥ 폭발 하한계, ⑥ 점화원
② 입자표면 온도상승 → 가연성 기체발생 → 가연성 혼합기 생성 및 발화 → 연쇄반응

해설

- 분진폭발의 정의 : 금속, 플라스틱, 농산물, 석탄, 유황, 섬유질 등의 가연성 고체가 미세한 분말상태로 공기 중에 부유하여 폭발 하한계 농도 이상으로 유지될 때 점화원에 의해 폭발하는 현상
- 분진폭발 메커니즘(과정)
  - 부유입자 표면에 열에너지가 주어져서 표면온도가 상승
  - 입자표면의 분자가 열분해 또는 건류작용을 일으켜서 기체 상태로 입자 주위에 방출
  - 이 기체가 공기와 혼합하여 폭발성 혼합기가 생성된 후 발화되어 화염이 발생
  - 이 화염에 의해 생성된 열은 다시 다른 분말의 분해를 촉진시켜 공기와 혼합하여 발화·전파

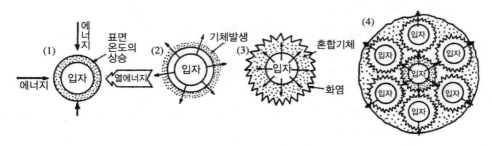

---

06 화재플룸(Flume)이 형성될 때 생기는 화재패턴 6가지를 쓰시오. (6점)

해답

V패턴, 역원뿔패턴, 모래시계패턴, U자형패턴, 화살형패턴, 원형패턴

해설

화염기둥(Plume) 지배패턴의 종류

직접적으로 불기둥(Fire Plume)에 의하여 형성된 대부분의 화재패턴은 원뿔모양(Truncated Cone)이다. 원뿔모양의 화재패턴들은 다음과 같다.

- 수직표면에서의 V패턴(V Patterns on Vertical Surfaces)
- 역원뿔패턴(Inverted Cone Patterns)[역V패턴]
- 모래시계패턴(Hourglass Patterns)
- U자형패턴(U-Shaped Patterns)
- 지시계 및 화살형패턴(Pointer and Arrow Patterns)
- 원형패턴(Circular-Shaped Pattern)

07 자동차의 주요 화재발생 원인에 대한 설명이다. 다음 내용에 답하시오. (6점)

> ① 연소기에서 혼합가스가 폭발하여 생긴 화염이 다시 기화기 쪽으로 전파되는 현상이다.
>
> ② 실린더 안에서 불완전 연소된 혼합가스가 배기파이프나 소음기 내에 들어가서 고온의 배기가스와 혼합, 착화하는 현상이다.

[해답]

① 역화, ② 후화

[해설]

이외에 차량의 연료 및 배기계통에서 발화하는 유형
- 과레이싱 : 차량이 정지된 상태로 가속페달을 계속 밟아 회전력을 높이면 고속공회전이 일어나고, 엔진의 회전수가 높아져 엔진오일이나 라디에이터의 온도가 급격히 상승하여 과열·발열하는 현상
- 미스파이어 : 차량 엔진 점화플러그 불량으로 유효한 불꽃을 발생시키지 못해 실린더에서 연소되지 않은 혼합가스가 고온의 촉매장치에 모여서 연소하는 현상(Misfire)
- 런온현상 : 아이들링 조정의 불량 등에 의하여 엔진의 스위치를 꺼도 엔진이 계속 회전하는 현상

08 4층 건물에 위치한 나이트클럽(철골슬라브)에서 화재가 발생하여 전체 면적 중 일부가 소실되었다. 다음 조건에서 화재피해 추정액은? (단, 잔존물 제거비는 없다) (10점)

> ○ 피해 정도 조사
> - 건물 신축단가 : 708,000원
>   내용연수 : 60년
>   경과연수 : 3년
>   피해 정도 : 600m^{2}의 손상 정도가 다소 심하여 상당부분 교체 내지 수리요함
>   (손해율 60%)
> - 시설 신축단가 : 700,000원
>   내용연수 : 6년
>   경과연수 : 3년
>   피해 정도 : 300m^{2}의 손상 정도가 다소 심하여 상당부분 교체 내지 수리요함
>   (손해율 60%)

[해답]

313,984,800원

건축물 등의 총 피해액

- 건물(부착물, 부속물 포함) 피해액 + 부대설비 피해액 + 구축물 피해액 + 영업시설 피해액 + 잔존물 제거비
- 조건에서 잔존물 제거비는 해당 없으므로

  - 건축물 화재 피해액 = 신축단가 × 소실면적(m^2) × $\left[1 - \left(0.8 \times \dfrac{경과연수}{내용연수}\right)\right]$ × 손해율

    = 708,000원 × 600m^2 × [1 − (0.8 × 3/60)] × 60%

    = 244,684,800원

  - 시설 피해액 = 단위당(면적, 개소 등) 표준단가 × 소실면적 × $\left[1 - \left(0.9 \times \dfrac{경과연수}{내용연수}\right)\right]$ × 손해율

    = 700,000원 × 300m^2 × [1 − (0.9 × 3/6)] × 60%

    = 69,300,000원

  - 화재피해 추정액 = ① + ②

    = 244,684,800원 + 69,300,000원

    = 313,984,800원

09 다음의 발화유형을 각각 2가지씩 쓰시오. (단, 트레킹현상은 제외한다)　　　　　　　　(6점)

---

① 직렬아크

② 병렬아크

---

① 직렬아크 : 반단선, 접촉불량
② 병렬아크 : 합선, 지락

- 직렬아크 : 부하와 직렬로 연결된 회로상에서 발생한 아크로 반단선, 접촉불량, 스위치 융착 등의 발화유형이 있음
- 병렬아크 : 부하와 병렬로 연결된 회로상에서 발생한 아크로 합선, 지락 등의 발화유형이 있음
- 트레킹현상은 직렬뿐만 아니라 병렬회로상에 모두 나타날 수 있음

10 다음의 그림을 보고 물음에 답하시오. (8점)

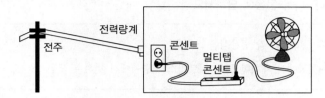

① 전원측과 부하측의 정의를 쓰시오.
② 콘센트를 기준으로 최종 전원측과 최종 부하측은 쓰시오.

해답

① 부하측 : 전원으로부터 전력을 공급받은 방향
　전원측 : 전기기기에 전기를 공급하는 방향
② 최종 전원측 : 전주
　최종 부하측 : 선풍기

해설

전기 배선, 배선기구의 전기적 특이점
• 전기적 특이점이란 도체의 용융, 비산흔 등 전기에 의하여 남겨진 흔적을 말함
• 화재현장에서 발화가 시작된 전기기기 등 발화지점을 추적해 갈 때 유용한 객관적 증거로 사용되기도 함
• 최종 부하측의 전기적 특이점
　– 부하측 : 전원으로부터 전력을 공급받은 방향(전기를 끌어다 쓰는 전기기기 방향)
　　예 콘센트와 선풍기, 냉장고, 텔레비전은 부하측
　– 전원측 : 전기기기에 전기를 공급하는 방향(발전소 등 전기가 공급되는 방향)
　　예 적산전력계와 전신주는 전원측
　– 콘센트를 기준으로 전력량계와 전신주 방향은 전원측에 해당되며, 멀티콘센트와 선풍기는 부하측
　　방향에 해당된다. 따라서 최종 부하측 전기적 특이점이란 전원측으로부터 물리적 거리가 아닌 전기계
　　통상 가장 멀리 떨어진 곳에서의 전기적 특이점을 말하는 것으로 최종 전원측은 전주이며, 최종부하측은
　　선풍기가 됨

11 과산화칼륨 화재가 발생하여 주수소화 및 이산화탄소 소화기로 소화를 시도하였으나 화재가 더 확산되었다. 다음 물음에 답하시오. (8점)

> ① 화재가 확산된 각 반응식을 쓰시오.
> ② 화재현장에서 채취한 물이 리트머스 시험지에서 변하는 색을 쓰시오.

해답

① 물과의 반응식 : $2K_2O_2 + 2H_2O \rightarrow 4KOH + O_2$
　 CO_2와의 반응식 : $2K_2O_2 + 2CO_2 \rightarrow 2K_2CO_3 + O_2$
② 푸른색

12 냉장고의 압축기 진동에 의해 가동접점 한 선이 용융되었다. 다음 물음에 답하시오. (6점)

> ① 화재의 원인은 무엇인가?
> ② 관찰조사요령은 무엇인가?

해답

① 진동에 의한 내부 배선의 절연손상
② 감식요령
　 ㉠ 내부배선이 외함 중 날카로운 면과 배선 간의 접촉 여부
　 ㉡ 전원투입 관계
　 ㉢ 최근 수리상황을 확인

해설

진동에 의한 내부 배선의 절연손상
• 컴프레서를 이용하는 냉장고는 작동 중 상시 진동이 발생하므로 내부 배선이 견고하게 고정되어 있지 않은 경우 주변 구조물과의 마찰에 의한 손상에 의해 절연피복이 소실되면서 발화될 수 있다.
• 관찰 및 조사 포인트
　– 컴프레서 작동 시 발생한 진동으로 인한 내부 배선이 외함 중 날카로운 면을 가진 절단면과 배선 간 접촉 여부
　– 전원투입 관계
　– 최근 수리상황 확인

13 배선용 차단기의 외부 및 내부 화재감식요령에 대해 간단히 쓰시오. (6점)

> ① 합성수지 케이스가 화염에 탄화되어 부하측과 전원측을 구별할 수 없을 경우
>
> ② 플라스틱 케이스가 용융되어 내부스위치의 동작여부를 알 수 없는 경우

해답

① 회로시험기 등으로 저항을 측정하여 켜짐(저항 0Ω)과 꺼짐(저항 ∞) 상태 확인
② X-Ray 또는 비파괴시험기로 촬영하여 확인

해설

배선용 차단기의 외형상태 감식

배선용 차단기가 불에 타서 변형될 수 있는 취약 부분의 소자는 켜짐/꺼짐 전환용 Handle 부분이 외부화염에 쉽게 변형될 수 있는 소재로 되어 있으므로 분해할 경우는 주의하여야 한다.

• 배선용 차단기의 케이스가 탄화 변형된 경우 : 배선용 차단기의 Mold Case가 화염에 탄화되어 부하측과 전원측을 구별할 수 없을 경우에는 회로시험기 등으로 저항을 측정하여 켜짐(저항 0Ω)과 꺼짐(저항 ∞) 상태를 확인할 수 있음
• 엑스레이(X-Ray) 시험기 확인 : 엑스레이(X-Ray) 시험기가 있을 경우에는 증거물을 분해하지 않는 상태로 촬영하여 켜짐(투입) 및 꺼짐(개방) 상태를 용이하게 확인할 수 있음
• 배선용 차단기가 탄화되어 분해할 경우 동작편의 위치로 식별 : 배선용 차단기의 동작편이 중립에 있으면 배선용 차단기의 2차회로는 통전 상태로 부하측에서 과부하 또는 단락이 발생한 것으로 동작원인과 사고발생 상황을 배선용 차단기 부하측 전선의 용융흔에 의해 귀납적으로 규명

14 다음 그림을 보고 누전의 3요소와 각각의 장소를 쓰시오. (6점)

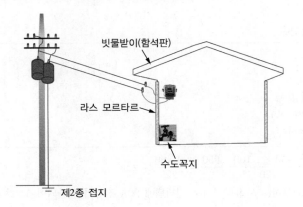

빗물받이(함석판)

라스 모르타르

수도꼭지

제2종 접지

해답

① 누전점 : 빗물받이
② 출화점 : 라스 모르타르
③ 접지점 : 수도관

해설

누전화재의 3요소

누전이란 절연이 불량하여 전류의 일부가 전류의 통로로 설계된 이외의 곳으로 흐르는 현상
• 누전점 : 전류가 흘러들어오는 곳(빗물받이)
• 출화점(발화점) : 과열개소(라스 모르타르)
• 접지점 : 접지물로 전기가 흘러들어 오는 점(수도관)

15 220V/15A 용량의 4구 멀티탭에 각 소비전력 1,500W, 950W, 1,100W, 850W의 전기기기가 연결되어 있다. 다음 물음에 답하시오. (6점)

> ① 총 소비전류를 구하시오.
>
> ② 화재가 발생하였을 경우 그 원인을 쓰시오.

해답

① 20A
② 과부하

해설

① 총 소비전류

$$I = \frac{P}{V}$$

I : 전류(A)
P : 전력(W)
V : 전압(V)

$$\frac{1,500 + 950 + 1,100 + 850}{220} = \frac{4,400}{220} = 20A$$

② 원인 : 과부하(15A 용량의 4구 멀티탭에 20A 전류가 인가되어 5A 초과함으로써 과부하 발생)

02 | 산업기사 기출복원문제

※ 본 기출문제는 수험자들의 기억에 의해 복원된 것으로 내용과 그림, 출제순서가 다소 실제 문제와 다를 수 있습니다.

01 화재현장의 연소확대 형태 작도에서 다음 범례의 도시기호가 의미하는 내용을 쓰시오. (8점)

구 분	①	②	③	④
기 호	↗	3	1	○
내 용				

해답

① 촬영방향, ② 촬영위치 번호(location of photo), ③ 필름번호(roll), ④ 사진 도시 기호

해설

연소의 확대 형태(방향) 작도

- 연소의 강약은 내장재의 재질, 형상, 상태 등을 비교해서 화살표를 이용하여 열 또는 화염의 크기와 진행방향을 일관성 있게 한 장의 도면 위에 기록한다.
- 연소 정도는 한 방향이 아닌 구획된 실의 6면을 실시하여 연소의 방향성을 순차적으로 도해한다.
- 수직 방향이 수평 방향보다 연소속도가 빠르지만 천장 등 수직 방향에 저항이 생기면 수평 또는 직각 방향으로 연소가 진행됨에 유의하고, 연소열도 수평 방향이 작기 때문에 연소의 강약이 구분되게 작성한다.
- 개구부와 창문 근처는 연소가 활발하고, 환기에 의해 연소방향이 다르게 진행될 수 있음에 유의하여 작성한다.
- 다음 그림과 같이 증거물 채취 위치와 사진촬영 위치를 번호와 화살표로 작성한다.

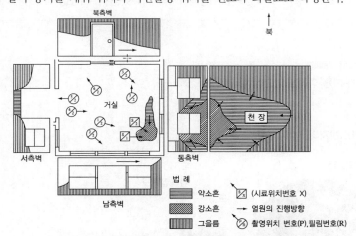

[연소피해 진행벡터, 샘플채취 및 사진촬영 위치 표시도]

02 화재조사 및 보고규정에 따른 소방·방화시설 활용조사서의 옥외소화전 미사용 또는 효과미비에 따른 분류항목을 5가지 쓰시오. (단, 기타항목은 제외한다) (6점)

해답

전원차단, 방수압력미달, 기구미비치, 설비불량, 사용법 미숙지

03 일반음식점 주방화재 현장에서 식별되는 소형 주물레인지의 그림을 참고하여 다음 각 물음에 답하시오. (6점)

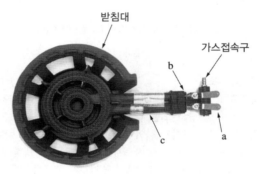

① 소형 주물레인지의 구조 중 각각의 기호 a~c의 명칭을 쓰시오.

② 소형 휴대용 가스레인지를 주물레인지와 비교했을 때 기능상 없는 장치를 1가지 쓰시오.

해답

① a : 콕 개폐밸브, b : 노즐, c : 혼합관
② 용기 자동 이탈식 안전장치, 자동점화장치

해설

주물가스렌지의 각부 명칭

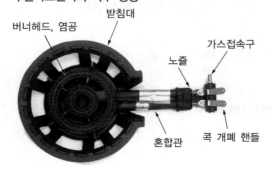

04 증거물을 통하여 발화지점을 감식하고자 한다. 다음 각 물음에 답하시오. (8점)

① 다음에서 설명하는 전기적 특이점에 대한 발화지점 규명 방법의 명칭을 쓰시오.

전기배선에서 아크(arc)가 수 개소 발견된 경우 손상된 부분을 순차적으로 추적하여 발화
지점 및 연소확산 경위 등을 과학적으로 규명하는 방법

② 전기배선 2번 지점에서 아크(Arc)가 발견된 경우 아크가 발생하지 않는 번호 및 이유를 쓰시오.
(단, 전기배선 2번 지점의 아크(Arc)로 인하여 단선이 발생한 조건이다)

－지점 :
－이유 :

해답

① 아크매핑
② － 지점 : 3
 － 이유 : 2번에서 아크가 발생되어 발화되면 이후 부하측에서는 통전상태가 아니므로 3번에서는 아크가
 발생되지 않는다.

해설

아크조사 또는 아크매핑은 발화가 이루어지게 된 지점을 규명하기 위해서 전기적인 요인을 이용을 하는
기법이다. 이 기법은 구조물의 공간적인 구조와 아크가 발견된 위치, 전선의 분기 상태 등을 접목을 시켜서
발화지점을 추적해 가는 방식이다. 이 데이터는 목격자 및 화재진압에 참여한 소방관의 증언, 설비의 설치상황
등 다른 자료와 결합시켜서 사용이 될 수도 있다. 이에 따라서 화재실에 있는 전기제품이나 분기가 된 전선을
통해서 회로의 통전여부 및 단락이 발생한 개소 등 유용한 정보를 통해서 발화지점을 축소해 나갈 수가
있다. 그러나 전기도선이 특정지역으로만 가설이 되어 있어서 아크를 유발할 수 있는 도선의 공간적 분포는
제한적이라는 사실과 모든 화재에 이 방법이 반드시 적용될 수 없다는 점을 유의하여야 한다.

05 소방의 화재조사에 관한 법률상 소방서 화재조사 전담부서에 갖추어야 할 안전장비 8가지 중 6가지
쓰시오. (6점)

해답

보호용 작업복, 보호용 장갑, 안전화, 안전모, 마스크, 보안경

해설

안전장비
보호용 작업복, 보호용 장갑, 안전화, 안전모(무전송수신기 내장), 마스크(방진마스크, 방독마스크), 보안경,
안전고리, 화재조사 조끼

06 다음 그림을 참고하여 화재조사 전담부서에서 갖추어야 하는 기자재에 대한 각 물음에 답하시오.

(6점)

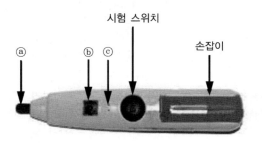

> ① 기자재의 명칭과 ⓐ~ⓒ의 명칭을 쓰시오.
>
> ② 사용용도를 쓰시오.

해답

① 명칭 : 검전기

    ⓐ : 검지부, ⓑ : 발광부, ⓒ : 음향부(발음부)

② 단로기(DS) 조작의 경우에 차단기의 동작여부와 차단 계통이 작동하였는지 확인, 즉 통전여부를 확인한다.

07 화재현장에서 유출된 아세톤 유증기가 폭발을 일으키며 발화한 경우 다음 각 물음에 대하여 답하시오.

(5점)

> ① 아세톤의 완전연소 반응식을 쓰시오.
>
> ② 아세톤의 증기밀도를 구하시오. (단, 공기의 분자량은 29로 가정한다)
>
>   – 계산과정 :
>
>   – 답 :

해답

① $CH_3COCH_3 + 4O_2 \rightarrow 3CO_2 + 3H_2O$

② 비중 $= \dfrac{\text{어떤 물질의 중량}}{\text{기준 물질의 중량}} = \dfrac{\text{아세톤의 중량}}{\text{공기의 중량}} = \dfrac{58}{29} = 2$

    답 : 2

08 화재 당시 플러그가 콘센트에 꽂혀 있는 상태(통전 중)로 소실된 경우 통전상태를 입증하기 위한 콘센트와 플러그에 나타나는 특징을 각각 쓰시오. (6점)

① 콘센트 :

② 플러그 :

해답

① 칼날받이가 벌어진 상태로 발견되고 부분적으로 용융흔이 있다.
② 플러그 핀이 용융, 잘림, 패임이 나타나기도 하며 외부에서 유입된 연기 등 변색이 적다.

09 화재조사 및 보고규정에 따른 화재출동 시의 상황파악에 대한 다음 괄호 안에 알맞은 내용을 쓰시오. (6점)

조사관은 출동 도중이나 현장에서 관계자 등에게 질문을 하거나 현장의 상황으로부터 화기관리, 화재의 발견, 신고, 초기소화, (   ), (   ), (   ), (   ), (   ) 등 화재개요를 파악하여 현장조사의 원활한 진행에 노력하여야 한다.

해답

피난상황, 인명피해상황, 재산피해상황, 소방시설의 사용, 작동상황

해설

조사관은 출동 도중이나 현장에서 관계자 등에게 질문을 하거나 현장의 상황으로부터 화기관리, 화재의 발견, 신고, 초기소화, 피난상황, 인명피해상황, 재산피해상황, 소방시설의 사용, 작동상황 등 화재개요를 파악하여 현장조사의 원활한 진행에 노력하여야 한다.

10 전기설비에서 나타나는 화재현상에 대한 다음 각 물음에 답하시오. (8점)

① 배선기구 접속부위 국부적인 저항치 증가로 인한 발화요인을 쓰시오.

② ①이 원인이 되어 구리산화물이 생성되는 현상 및 그때 생성되는 물질의 화학식을 쓰시오.
  – 현상 :
  – 화학식 :

해답

① 아산화동 증식현상
② – 현상 : 동으로 된 도체의 접촉저항이 증가하여 접촉부가 과열하게 되면 접촉부의 표면에 산화물의 막이 점차적으로 형성되는데, 이 산화막은 도체의 표면에 국한되며 내부로 진행하지 않고 아산화동을 발생시키면서 발열한다.
– 화학식 : Cu_2O

11 다음은 액체가연물의 연소에 대한 화재패턴이다. 그림을 참고하여 각 물음에 답하시오.

(10점)

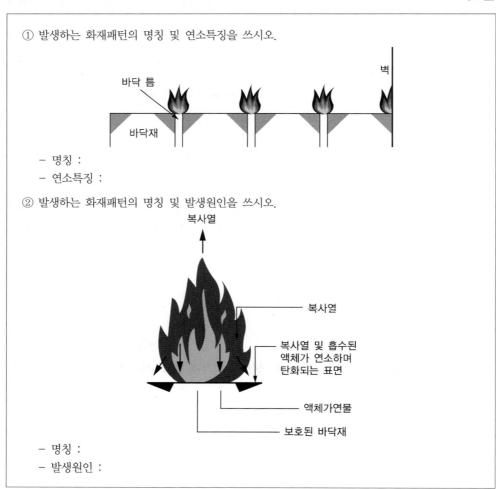

① 발생하는 화재패턴의 명칭 및 연소특징을 쓰시오.

바닥 틈

벽

바닥재

– 명칭 :
– 연소특징 :

② 발생하는 화재패턴의 명칭 및 발생원인을 쓰시오.

복사열

복사열

복사열 및 흡수된 액체가 연소하며 탄화되는 표면

액체가연물

보호된 바닥재

– 명칭 :
– 발생원인 :

해답

① – 명칭 : 틈새연소패턴
  – 연소특징 : 벽과 바닥 틈새 등에 뿌려진 가연성액체가 다른 부분에 비하여 더 강하게 오랫동안 연소함으로써 나타난다.
② – 명칭 : 도넛패턴
  – 발생원인 : 가연성액체가 웅덩이처럼 고여 있을 경우 발생하는데 도넛처럼 보이는 주변이나 얕은 곳에서는 화염이 바닥이나 바닥재를 연소시키는 반면, 비교적 깊은 중심부는 가연성액체가 증발하면서 기화열에 의해 냉각시키는 현상 때문에 발생한다.

12 화재조사 및 보고규정상 화재현장조사서 작성 시 화재원인 검토사항을 6가지 쓰시오. (단, 임야화재, 기타화재의 피해액이 없는 화재는 제외한다) (6점)

해답

전기적 요인, 기계적 요인, 방화가능성, 가스 누출, 인적부주의, 연소확대사유

13 화재현장에서 증거물의 수집 및 검사를 위한 휴대용기기에 대한 다음 각 물음에 답하시오. (6점)

> ① 탄화수소 유기화합물에 반응하는 기기로 검지관에 시료를 흡입시켜 변색유무로 유기물질의 존재 여부를 밝혀내는 장비의 명칭을 쓰시오.
> ② ①의 장비를 사용하여 가솔린 성분이 검출된 경우 검지관 튜브 입구에 나타나는 색깔을 쓰시오.

해답

① 가스(유증)검지기
② 황색

해설

유증검지기 측정요령
• 휘발유 : 가스 입구로부터 황색, 갈색 및 옅은 갈색으로 변색
• 등유 : 가스 입구로부터 옅은 갈색, 갈색으로 변색

14 다음 보기에서 가스용기에 적합한 가스밸브를 ⓐ~ⓓ에서 찾아 맞게 연결하시오.   (4점)

㉠ LPG 용기	ⓐ 가용전 안전밸브
㉡ 염소 용기	ⓑ 파열판식 안전밸브
㉢ 질소 압축가스 용기	ⓒ 스프링식 안전밸브
㉣ 초저온 용기	ⓓ 스프링식과 파열판식의 2중 안전밸브

해답

㉠-ⓒ, ㉡-ⓐ, ㉢-ⓑ, ㉣-ⓓ

해설

• LPG 용기 : 스프링식 안전밸브
• 염소, 아세틸렌, 산화에틸렌 용기 : 가용전(가용합금식) 안전밸브
• 산소, 수소, 질소, 아르곤 등의 압축가스 용기 : 파열판식 안전밸브
• 초저온 용기 : 스프링식과 파열판식의 2중 안전밸브

15 건축물 폭발현장의 [조건]을 참고하여 고압 스팀보일러에서 물리적 폭발 발생을 입증하기 위한 흔적과 이유를 쓰시오.   (8점)

> [조 건]
> 건축물 지하실에 LNG를 연료로 하는 고압 스팀보일러가 설치되어 작동 중 지하실에 폭발사고가 발생하였다.

해답

① 흔적 : 유리창의 파손, 배관의 파열, 관체의 파열 등
② 이유 : 고온·고압의 밀폐된 보일러 용기에서 관체의 부식, 피로, 균열 등에 의한 내압의 감소 또는 과열에 의한 내압의 상승에 의해서 관체, 전열관 등의 압출, 팽출, 파열이 원인이다.

해설

보일러 폭발의 경우 보일러는 밀폐된 용기 속에서 물을 100℃ 이상으로 가열해서 고온·고압의 수증기를 만들어 내고, 이것을 난방용으로 사용하기 때문에 보일러나 열 배관의 파열사고 위험이 발생한다. 주로 관체의 부식, 피로, 균열 등에 의한 내압의 감소 또는 과열에 의한 내압의 상승에 의해서 관체, 전열관 등의 압출, 팽출, 파열 등에 의한 증기폭발사고가 일어난다.

04 산업기사 기출복원문제

※ 본 기출문제는 수험자들의 기억에 의해 복원된 것으로 내용과 그림, 출제순서가 다소 실제 문제와 다를 수 있습니다.

01 방화·방화의심조사서에 기재하여야 할 방화의심 사유 체크항목 5가지를 쓰시오. (다만, 과다보험, 기타 사유 제외) (8점)

해답

① 외부침입 흔적　　　　　　　　　② 유류사용 흔적
③ 범죄은폐　　　　　　　　　　　　④ 2지점 이상의 발화점
⑤ 연소현상 특이(급격연소)

해설

방화·방화의심조사서의 방화의심 사유 체크항목

[4] 방화의심 사유
　□ 외부침입 흔적　　　　□ 유류사용 흔적　　　　□ 범죄은폐
　□ 거액의 보험 가입　　　□ 2지점 이상의 발화점　 □ 연소현상 특이(급격연소)
　□ 기 타

02 화재증거물수집관리규칙에 따른 현장사진 및 비디오촬영 시 유의사항 중 3가지를 쓰시오. (6점)

해답

① 최초 도착하였을 때의 원상태를 그대로 촬영하고, 화재조사의 진행순서에 따라 촬영한다.
② 증거물을 촬영할 때는 그 소재와 상태가 명백히 나타나도록 하며, 필요에 따라 구분이 용이하게 번호표 등을 넣어 촬영한다.
③ 화재현장의 특정한 증거물 등을 촬영함에 있어서는 그 길이, 폭 등을 명백히 하기 위하여 측정용 자 또는 대조도구를 사용하여 촬영한다.

해설

촬영 시 유의사항(제9조)
현장사진 및 비디오촬영 시 다음 각 호에 유의하여 촬영하여야 한다.
1. 최초 도착하였을 때의 원상태를 그대로 촬영하고, 화재조사의 진행순서에 따라 촬영한다.
2. 증거물을 촬영할 때는 그 소재와 상태가 명백히 나타나도록 하며, 필요에 따라 구분이 용이하게 번호표 등을 넣어 촬영한다.
3. 화재현장의 특정한 증거물 등을 촬영함에 있어서는 그 길이, 폭 등을 명백히 하기 위하여 측정용 자 또는 대조도구를 사용하여 촬영한다.

4. 화재상황을 추정할 수 있는 다음 각 목의 대상물의 형상은 면밀히 관찰 후 자세히 촬영한다.
   가. 사람, 물건, 장소에 부착되어 있는 연소흔적 및 혈흔
   나. 화재와 연관성이 크다고 판단되는 증거물, 피해물품, 유류
5. 현장사진 및 비디오 촬영할 때에는 연소확대경로 및 증거물 기록에 대한 번호표와 화살표를 표시 후에 촬영하여야 한다.

03 폭발로 인한 유리의 파손형태와 화재열에 의한 유리의 파손형태를 도식하고, 그 특징을 기술하시오. (6점)

해답

구 분	폭발로 인한 유리의 파손형태	화재열에 의한 유리의 파손형태
도 식		
특 징	평행선 형태의 파괴형태	길고 불규칙한 곡선형태

해설

- 폭발에 의한 유리의 파손형태
  - 유리 표면적 전면이 압력을 받아 평행하게 파괴
  - 비교적 균일한 동심원 형태의 파단은 없고 파편은 각각 단독으로 깨짐
- 화재열로 인한 유리의 파손형태 : 유리 표면이 길고 불규칙한 곡선형태로 파괴

화재열에 의한 파손(불규칙형)	충격에 의한 파손(방사형)	충격파에 의한 파손(평행선형)

04 콘크리트 등 불연성 재질이 화재로 인하여 박리현상이 발생하는 원인 3가지를 쓰시오. (6점)

해답

① 콘크리트 등의 내부에 생성되었던 공기방울 또는 수분의 부피팽창
② 철근 등 보강재와 콘크리트의 서로 다른 열팽창률
③ 콘크리트 혼합물과 골재 간의 서로 다른 열팽창률

박리

고온 또는 가열속도에 의하여 물질 내부의 기계적인 힘이 작용하여 콘크리트, 석재 등의 표면이 부서지는 현상

콘크리트 등 박리(Spalling)의 원인
- 열을 직접적으로 받은 표면과 그렇지 않은 주변 또는 내부와의 서로 다른 열팽창률
- 철근 등 보강재와 콘크리트의 서로 다른 열팽창률
- 콘크리트 등의 내부에 생성되었던 공기방울 또는 수분의 부피팽창
- 콘크리트 혼합물과 골재 간의 서로 다른 열팽창률
- 화재에 노출된 표면과 슬래브 내장재 간의 불균일한 팽창

05 줄열에 기인한 국부적인 저항치 증가로 발화되는 현상 3가지를 쓰시오. (6점)

해답
① 아산화동 증식
② 접촉저항 증가
③ 반단선

해설
국부적인 저항치 증가
- 아산화동 증식 : 동 도체가 스파크 등으로 발생
- 접촉저항 증가 : 코드단자 등 접촉불량, 체결불량
- 반단선 : 코드의 굽혀지거나 꺾임, 1단선 등

06 다음에서 설명하는 냉장고를 구성하는 장치의 명칭을 답하시오. (6점)

① 냉장고의 압축기를 보호하는 장치는?
② 냉매가스 압축과정에서 생성된 열을 냉각하는 장치는?

해답
① 과부하계전기
② 응축기

- 과부하계전기(Overload Relay) : 압축기에 과전류가 흘러 권선을 소손시키거나 높은 온도가 되었을 때 자동적으로 작동하여 압축기를 보호하는 장치로, 바이메탈이 압축기의 온도와 과전류를 감지하여 작동하는 것이 있음(모두 접점을 열어 모터를 보호하도록 되어 있음)
- 응축기(Condenser) : 콘덴서는 냉각기(Evaporator)에서 빼앗은 열과 압축기에 의해 부여된 열을 방출하는 곳으로, 여기에 보내진 고온·고압의 가스 상태의 냉매를 공기 또는 물로 냉각하여 고압의 액체로 하는 장치임

07 밀집되어 있는 주거지역에서 화재가 발생하여 인접한 건물이 전소되고, 그림과 같은 합선흔적 (단락흔)이 존재하였다. 그림에서 발화지점이 어디이고, 그 근거는 무엇인지를 설명하시오. (단, 전기배선은 모든 방에 설치되어 있고 전선배치는 A와 B 모두 동일하며, 어느 지점에서 합선이 일어나자마자 분전반의 메인차단기가 차단되어 전기가 통전되지 않는다) (6점)

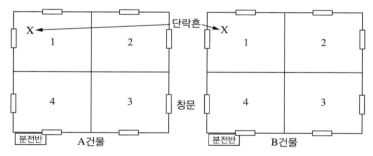

해답

① 발화지점 : A건물 1번방
② 근거 : 조건에서 발화지점은 A건물 1번방 또는 B건물 1번방이어야 한다.
  - 먼저 B건물 1번방의 1차 단락흔으로 동번방에서 전기적 단락으로 최초발화 후 전원이 차단되고, 연소가 진행되면서 화재가 동번방 창문을 통해 인접한 A건물 2번방으로 연소가 확대되었다면 최초 A건물의 2번방에서 1차 단락으로 발화 후 전원이 차단되어 A건물 1번방에서는 단락흔이 없어야 한다.
  - 그러나 1번방에서는 단락흔이 발견되었다. 따라서 B건물 1번방이 발화지점이라고 단정하기는 어렵다. 그러나 반대로 A건물의 1번방의 단락으로 최초발화 후 전원이 차단되고 연소가 1번방 → 2번방 → 2번방 창문 → B건물 1번방 창문 → B건물 1번방에서 전기적 단락으로 동번방에서 1차 단락흔이 발견된 것으로 보아 A건물 1번방이 최초발화지점이라고 추론할 수 있다.

08 다음 보기 중에서 화재조사전담부서에 갖추어야 하는 장비를 구분하시오. (8점)

> 확대경, X선 촬영기, 전기단락흔실험장치, 휴대용디지털현미경, 내시경현미경, 금속현미경, 산업용
> 실체현미경, 주사전자현미경
> 가. 감식기기 :
> 나. 감정용 기기 :

해답

가. 감식기기 : 확대경, 산업용실체현미경, 휴대용디지털현미경, 내시경현미경
나. 감정용 기기 : X선 촬영기, 금속현미경, 주사전자현미경, 전기단락흔실험장치

해설

전담부서에 갖추어야 할 장비와 시설

구 분	기자재명 및 시설규모
감식기기 (16종)	절연저항계, 멀티테스터기, 클램프미터, 정전기측정장치, 누설전류계, 검전기, 복합가스측정기, 가스(유증)검지기, 확대경, 산업용실체현미경, 적외선열상카메라, 접지저항계, 휴대용디지털현미경, 디지털탄화심도계, 슈미트해머(콘크리트 반발 경도 측정기구), 내시경현미경
감정용 기기 (21종)	가스크로마토그래피, 고속카메라세트, 화재시뮬레이션시스템, X선 촬영기, 금속현미경, 시편(試片)절단기, 시편성형기, 시편연마기, 접점저항계, 직류전압전류계, 교류전압전류계, 오실로스코프(변화가 심한 전기 현상의 파형을 눈으로 관찰하는 장치), 주사전자현미경, 인화점측정기, 발화점측정기, 미량융점측정기, 온도기록계, 폭발압력측정기세트, 전압조정기(직류, 교류), 적외선 분광광도계, 전기단락흔실험장치[1차 용융흔(鎔融痕), 2차 용융흔(鎔融痕), 3차 용융흔(鎔融痕) 측정 가능]

09 냉온수기에서 화재가 발생한 경우 다음 물음에 답하시오. (6점)

> ① 자동온도조절장치의 명칭은?
> ② 자동온도조절장치에서 화재가 발생한 경우 감식요령을 약술하시오.

해답

① 서모스탯
② 가동접점 부분에서 전기용흔, 접점의 반복적인 동작에 의한 아크 발생, 절연체의 절연파괴, 절연체 오염 등 트래킹 여부를 확인한다.

10 휘발유를 뿌린 방화로 의심되는 화재현장에서 유증을 가스검지기로 채취하였다. 시료채취 후 색깔은?

해답

황색

해설

가스검지기
- 용도 : 석유류에 의한 방화 여부를 현장에서 쉽고 빠르게 감식
- 장점 : 유증 자료 확보에 용이하며, 간단하고 신속한 측정 방법
- 측정요령
  - 휘발유 : 가스 입구로부터 황색, 갈색 및 옅은 갈색으로 변색
  - 등유 : 가스 입구로부터 옅은 갈색, 갈색으로 변색

11 금속나트륨 화재의 연소특성 및 감식요령을 기술하시오. (8점)

해답

① 연소 시에는 강한 자극성 물질인 과산화나트륨과 수산화나트륨의 흰 연기를 발생시킨다. 흰 연기는 피부, 코, 인후를 강하게 자극한다. 물과의 반응 시에는 황색의 불꽃을 내며 격렬하게 튀든지 톡톡 튀는 상태를 나타낸다.
② 감식요령
  - 화재 장소 근처의 남은 물을 리트머스시험지, pH미터 등을 사용해서 조사하면 강알칼리성을 나타낸다.
  - 표면이 끈적한 백색의 수산화나트륨(NaOH)이 부착되어 있는지 확인한다.
  - 화재발생 초기 목격자로부터 황색 불꽃이었는지 색깔을 탐문한다.

해설

- 연소 시의 특징
  - 연소 시에는 강한 자극성 물질인 과산화나트륨과 수산화나트륨의 흰 연기를 발생시키며, 흰 연기는 피부, 코, 인후를 강하게 자극한다.
  - 물과의 반응 시에는 황색의 불꽃을 내며 격렬하게 튀든지, 톡톡 튀는 상태를 나타낸다. 또한, 나트륨은 물 위에서 격렬하게 반응하므로 주위로 튀고 그 장소에서 다시 탄다. 양이 많아지면 폭발한다.
- 감식요령
  - 타고 남은 것은 표면이 끈적한 백색의 수산화나트륨이 부착되어 있다.
  - 화재 장소 근처의 남은 물을 리트머스시험지, pH미터 등을 사용해서 조사하면 강알칼리성을 나타낸다.
  - 칼륨, 리튬도 성상이 거의 같고 외관으로 식별하는 것은 곤란하므로 현장의 수분 등을 샘플링해서 기기분석에 의해 판정한다. 또한 연소 시의 불꽃색은 나트륨이 황색, 칼륨이 적자색, 리튬이 적색을 띤다. 따라서 화재 초기의 목격도 판단요소이다.

12 화재현장 사진촬영 시 다음 각 경우에 선택하여야 하는 가장 적합한 카메라렌즈의 명칭을 쓰시오.

(6점)

> ① 짧은 거리에서 넓은 범위를 촬영하여야 하는 경우
>
> ② 비교적 좁은 공간에서 벽, 천장, 바닥 등을 넓게 촬영할 수 있는 경우
>
> ③ 멀리 있는 피사체를 바로 앞에 있는 것처럼 끌어당겨 크게 연출하는 경우

해답

① 광각렌즈
② 광각렌즈
③ 망원렌즈

해설

- 줌렌즈 : 초점이나 조리개 값을 고정하고 초점거리를 연속해서 변경이 가능하여 피사체를 원하는 크기로 조절이 가능한 렌즈
- 표준렌즈 : 사람의 눈으로 보는 화각과 가장 유사한 렌즈로 큰 왜곡이나 원근감 변화가 없이 자연스러운 사진이 연출되므로 주관을 배제하고 객관적인 사진을 연출할 때 효과적인 렌즈

13 배전반에 연결되어 사용 중인 전자개폐기 화재발생 요인을 쓰시오.

(8점)

해답

① 과전압 등에 의한 절연파괴로 인한 코일소손
② 먼지의 부착, 과전압에 의한 이상음과 떨림현상 발생
③ 보조접점에 먼지, 접점부스러기의 침입에 의한 접속불량
④ 스프링의 힘 부족, 접점의 용착

해설

- 전자계폐기 : 개폐기는 전기회로를 열고, 닫는 기기로 부하의 개로·폐로 시에 사용하는 제품으로 외부의 신호에 의하여 부하전류를 ON/OFF하는 기기이다.
- 화재감식요령
  - 단자 부근의 상·하부프레임 플라스틱 부분의 손상이 적으면 외부화염에 의한 피해로 판정
  - 가동·고정코어 부위에 높은 열의 흔적이 있거나 프레임 내부에 손상이 심하면 전자개폐기에서 발생한 것으로 판정
  - 조작코일 내부에서 층간단락현상이 나타나면 전자개폐기 자체에서 시작된 것으로 판정

14 배선용차단기에 연결한 압착 터미널과 그 내부에 생성된 증거물의 저항을 측정해 보니 저항 2.3MΩ 이었다. 다음 물음에 답하시오. (8점)

① 증거물의 명칭을 쓰시오.
② 감식요령을 쓰시오.

해답

① 아산화동
② 아산화동 표면은 은회색의 광택을 띠고 결정이 쉽게 부서지며 현미경으로 관찰하면 붉은 색으로 반짝거리는 특징이 있는지 확인한다.

해설

아산화동 증식 발열현상
동(銅)으로 된 도체가 스파크 등 고온을 받았을 때 동의 일부가 산화되어 아산화동(Cu_2O)이 되며 이러한 현상은 접속불량한 접점에서 발생한 고온의 열과 아크 등에 노출된 구리의 일부가 산화하면서 아산화동이 생성 및 증식하여 발열을 야기하는 현상이다.

15 배선용 차단기와 누전차단기의 정격전류가 다음과 같을 때 메인 누전차단기가 차단된 이유를 쓰시오. (6점)

메인 누전차단기 용량 50A/30mA, 각 배선용 차단기 용량 30A/30mA 2개

해답

메인 누전차단기의 정격전류 용량(50A)이 분전 배선용 차단기 용량의 합(60A)보다 작기 때문에 동시에 과부가가 걸릴 경우 메인 누전차단기가 먼저 작동한다.

02 | 기사 기출복원문제

※ 본 기출문제는 수험자들의 기억에 의해 복원된 것으로 내용과 그림, 출제순서가 다소 실제 문제와 다를 수 있습니다.

01 다음 각 화재패턴에 대하여 수직 또는 입체면을 그리고 설명하시오.

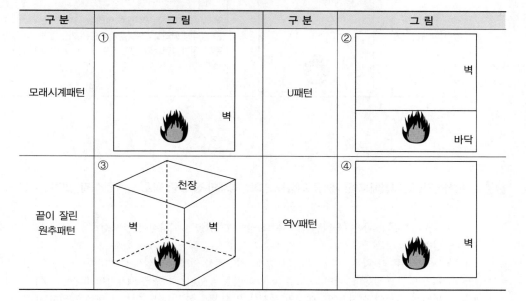

구 분	그 림	구 분	그 림
모래시계패턴	① 벽	U패턴	② 벽 / 바닥
끝이 잘린 원추패턴	③ 천장 / 벽 벽	역V패턴	④ 벽

해답

구 분	그 림	설 명
모래시계패턴	① 고온가스 구역 / 화염 / 벽	화재 위에 생성된 고온 가스 플룸은 'V' 형태와 같은 형상의 고온 가스 구역과 그 밑바닥에 존재하는 화염 구역으로 구성된다.
U패턴	② 벽 / 바닥	"U" 형태는 훨씬 날카롭게 각이 진 "V" 형태와 유사하지만 완만하게 굽은 경계선과 각이 있다기보다는 더 낮게 굽은 정상점을 보여 준다.

끝이 잘린 원추패턴	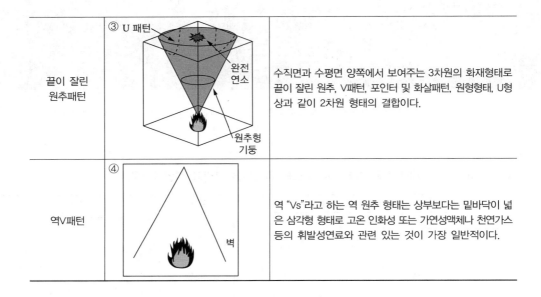	수직면과 수평면 양쪽에서 보여주는 3차원의 화재형태로 끝이 잘린 원추, V패턴, 포인터 및 화살패턴, 원형형태, U형상과 같이 2차원 형태의 결합이다.
역V패턴	④ 벽	역 "Vs"라고 하는 역 원추 형태는 상부보다는 밑바닥이 넓은 삼각형 형태로 고온 인화성 또는 가연성액체나 천연가스 등의 휘발성연료와 관련 있는 것이 가장 일반적이다.

02 위험물안전관리법에 따른 제4류 위험물 인화성액체의 정의 중 괄호 안에 들어갈 알맞은 말을 쓰시오.

> • "제1석유류"라 함은 아세톤, 휘발유 그 밖에 1기압에서 인화점이 섭씨 (①)도 미만인 것을 말한다.
> • "제2석유류"라 함은 등유, 경유 그 밖에 1기압에서 인화점이 섭씨 (②)도 이상 (③)도 미만인 것을 말한다. 다만, 도료류 그 밖의 물품에 있어서 가연성 액체량이 40중량퍼센트 이하이면서 인화점이 섭씨 40도 이상인 동시에 연소점이 섭씨 60도 이상인 것은 제외한다.
> • "제3석유류"라 함은 중유, 클레오소트유 그 밖에 1기압에서 인화점이 섭씨 (④)도 이상 섭씨 (⑤)도 미만인 것을 말한다. 다만, 도료류 그 밖의 물품은 가연성 액체량이 40중량퍼센트 이하인 것은 제외한다.
> • "제4석유류"라 함은 기어유, 실린더유 그 밖에 1기압에서 인화점이 섭씨 (⑥)도 이상 섭씨 (⑦)도 미만의 것을 말한다. 다만 도료류 그 밖의 물품은 가연성 액체량이 40중량퍼센트 이하인 것은 제외한다.
> • "동식물유류"라 함은 동물의 지육 등 또는 식물의 종자나 과육으로부터 추출한 것으로서 1기압에서 인화점이 섭씨 (⑧)도 미만인 것을 말한다. 다만, 법 제20조 제1항의 규정에 의하여 행정안전부령으로 정하는 용기기준과 수납·저장기준에 따라 수납되어 저장·보관되고 용기의 외부에 물품의 통칭명, 수량 및 화기엄금(화기엄금과 동일한 의미를 갖는 표시를 포함한다)의 표시가 있는 경우를 제외한다.

해답

① 21 ② 21
③ 70 ④ 70
⑤ 200 ⑥ 200
⑦ 250 ⑧ 250

03 화재현장에서 수집한 증거물에서 식별되는 [조건]을 참고하여 다음 각 물음에 답하시오.

[조 건]

• 공급전원은 단상 220V이다.
• 화재현장에서 연소되지 않은 부분의 배선 검사결과 전선피복 외측에 비해 내측에 심한 열변형이 식별되었다.

---

① 전기적인 발생원인 쓰시오.

② 전선 피복 외측에 비하여 내측이 심하게 열변형 된 원인을 쓰시오.

해답

① 과전류
② 전선 절연물의 최대허용전류 및 최고허용온도를 초과하면 전선도체가 발열하여 먼저 내측의 전선 피복의 열변형 및 탄화가 발생하기 때문이다.

해설

과전류 통전시 변화현상

① 200% 과전류를 흐르게 하면 초기에는 전선피복에서 연기가 발생하는 현상(약 110℃)이 나타나고 전선 피복의 외부 표면에는 뚜렷한 변화가 없으며 전선도체와 접촉하는 피복 절연물의 내부에 작은 구멍이 생기는 탈염화 현상이 나타난다.

② 300% 과전류에서 2분
300% 과전류가 2분 이상 지속적으로 흐르면 온도가 약 165℃ 이상으로 되어 전선이 부풀어 오르고 연기가 발생하며 전선피복은 2개의 층으로 나누어져 전선과 접촉하는 피복 절연물이 그물모양을 변화한다. 피복은 내부에서부터 용융되며 심한 연기가 발생하는 현상으로 진행된다. 약 3분이 경과하면 210℃ 이상으로 온도가 상승하여 피복의 탄화가 확대된다.

04 콘센트에 삽입된 플러그 단자봉에 식별되는 [조건]을 참고하여 다음 각 물음에 답하시오. (6점)

[조 건]
- 플러그의 단자봉 2개 중 1개만 용융되었다.
- 용융형태는 용융부와 미용융부의 경계가 뚜렷하다.
- 플러그에 연결된 부하기기는 작동 중이었다.

① 상황으로 추정할 수 있는 화재의 원인을 쓰시오.

② 화재원인의 선행원인을 2가지 쓰시오.

해답

① 접촉부 과열
② 플러그가 꽂혀 있고 통전상태에 있을 것, 부하기기가 과부하 상태에 이를 것

해설

콘센트 및 플러그
① 플러그의 한 쪽 극만 용융되어 있는 경우에는 접촉부 과열을 생각할 수 있으며, 이 경우에는 통전상태에 있지 않으면 안 된다.
② 플러그 양극이 용융되어 있는 경우에는 트래킹현상을 생각할 수 있으며, 플러그가 꽂혀 있지 않으면 안 된다.

05 자동차 화재와 관련하여 다음 각 물음에 답하시오.

① 부품의 접합부분에서 오일배출가스 등이 새지 않도록 밀봉시키는 역할을 하는 부품으로써 탄성 복원력이 없어서 재사용할 경우 화재의 위험성이 있는 부품을 쓰시오.

② 캘리퍼가 작동 후 복원되지 않을 경우 지속적인 마찰열에 의하여 화재가 발생할 가능성이 있는 시스템을 쓰시오.

해답

① 실린더헤드개스킷
② 브레이크시스템

06 다음 [조건]을 참고하여 화재발생으로 인한 부동산 및 1층과 2층 동산 피해금액을 각각 산정하시오.

(10점)

[조 건]

1. 건 물
   - 피해 정도 : 연면적 300m²인 2층 건물 손해율 100%
   - 준공일자 : 2000. 01. 01
   - 화재발생 : 2018. 01. 01
   - 당시 신축단가 : 3m²당 300만원
   - 용도 : 1층 작업장, 2층 주택
   - 소실 정도
     - 1층 작업장 : 2013. 01. 01 구입한 인쇄기계 1대(손해율 100%), 컴퓨터 1대(손해율 100%)
     - 2층 주택(가재도구) : 구입한지 5년된 세탁기 1대(손해율 100%), TV 1대(손해율 100%)
2. 내용연수
   - 동산 : 6년
   - 부동산 : 50년
3. 재구입비
   인쇄기계 500만원, 컴퓨터 100만원, 세탁기 150만원, TV 150만원

---

① 부동산(천원)
   - 계산과정 :
   - 답 :

② 동산(천원)
   - 1층
     - 계산과정 :
     - 답 :
   - 2층
     - 계산과정 :
     - 답 :

해답

① 부동산(천원)
   - 계산과정 : 신축단가 × 소실면적 × [1 − (0.8 × 경과연수/내용연수)] × 손해율이므로

   $$\{\frac{3{,}000천원}{3m^2} \times 300m^2 \times [1 - (0.8 \times \frac{18}{50})] \times 100\%\} = 213{,}600천원$$

   - 답 : 213,600천원

② 동산(천원)
- 1층
  - 계산과정 : 공구 및 기구와 집기비품은 최종잔가율이 10%이므로

    재구입비 × [1 − (0.9 × 경과연수/내용연수)] × 손해율을 계산하면

    $\{5{,}000$천원 $\times$ 1대 $\times [1-(0.9 \times \frac{5}{6})] \times 100\%\} + \{1{,}000$천원 $\times$ 1대 $\times [1-0.9$

    $\times \frac{5}{6})] \times 100\%\} = 1{,}500$천원

  - 답 : 1,500천원
- 2층
  - 계산과정 : 가재도구는 최종잔가율이 20%이므로

    재구입비 × [1 − (0.8 × 경과연수/내용연수)] × 손해율을 계산하면

    $\{1{,}500$천원 $\times$ 1대 $\times [1-(0.8 \times \frac{5}{6})] \times 100\%\} + \{1{,}500$천원 $\times$ 1대 $\times [1-(0.8$

    $\times \frac{5}{6})] \times 100\%\} = 1{,}000$천원

  - 답 : 1,000천원

07 현장에서 식별되는 [조건]을 참고하여 다음 각 물음에 답하시오.

[조 건]
- 연소형태는 벽면의 중앙의 물체인 건조기를 중심으로 좌측 수납함(목재)이 반소되었다.
- 건조기를 중심으로 우측 종이박스 상단에 쌓인 종이류의 표면만 부분연소된 것으로 식별된다.
- 건조기는 동작하지 않은 상태로 미연소 되었고 소락 등은 식별되지 않는다.
- 환기 및 대류 등 기타 조건은 무시한다.

① 소훼된 형상을 참고하여 화재원인을 쓰시오.

② 화재원인에 대한 이유를 쓰시오.

해답

① 구획된 실은 화재가 발생한 것은 사실이다. 그러나 주어진 조건에서 발화원이 될 만한 것은 건조기뿐이다. 추측컨대 건조기를 사용 후 전원을 꺼진 상태로 절체하지 않고 조작스위치를 사용 상태로 장시간 방치되어 축열과 방사의 균형이 무너지고 축열에 의한 과열로 출화되면서 좌측의 목재 수납함에 최초 착화발화 되고, 환기와 대류를 무시하는 조건에 의하면 목재수납함이 반소되는 시점에 산소 부족으로 연소상태가 그쳤다고 추정할 수 있으며, 이 과정의 유염화재의 복사열로 종이박스 상부가 겉부분만 탄화된 것으로 추정된다.

② 부주의

화재가 발생한 구획된 실에 어떤 이유였건 화재가 발생한 것은 사실이고 실내에 특이할 만한 발화원은 건조기뿐으로 건조기는 사용 후 전원을 차단하지 않고 부주의로 "약" 위치로 계속 작동하여 축열로 발화될 개연성이 가장 높다.

08 다음 각 가스용기의 안전밸브 종류를 쓰시오.

> ① LPG 용기
>
> ② 염소, 아세틸렌, 산화에틸렌 용기
>
> ③ 산소, 수소, 질소, 아르곤 등의 압축가스
>
> ④ 초저온 용기

① 스프링
② 가용전
③ 파열판식
④ 스프링-파열판식 2중

09 유리창의 파손형태에 대하여 다음 각 물음에 답하시오.

> ① 열에 의한 유리창 파괴 표면의 특징을 쓰시오.
>
> ② 열에 의한 유리창 파괴 단면의 특징을 쓰시오.
>
> ③ 충격에 의한 유리창 파괴 표면의 특징을 쓰시오.
>
> ④ 충격에 의한 유리창 파괴 단면의 특징을 쓰시오.

① 길고 원만한 곡선형의 불규칙한 형태로 파손되고 고온의 유리에 차가운 물이 접촉하면 지속적으로 잔금이 발생(크래이즈드 글래스)
② 월러라인 및 리플마크 미확인, 그을음이 부착됨
③ 충격지점을 중심으로 거미줄 모양의 방사형으로 파손되며 충격지점으로 가까울수록 파편의 크기는 작고 멀수록 큼
④ 월러라인 및 리플마크 확인

10 비 오는 날 소먹이용 건초와 생석회(산화칼슘)를 저장하는 농촌의 비닐하우스에서 화재가 발생하였다. [조건]을 참고하여 다음 각 물음에 답하시오.

> [조 건]
> • 비닐하우스 내부에는 전기시설이 없으며, 방화의 가능성도 없는 것으로 식별된다.
> • 생석회(산화칼슘)에 빗물이 침투된 흔적이 발견되었다.

> ① 빗물과의 화학반응식을 쓰시오.
>
> ② 감식요령을 쓰시오.

해답

① $CaO + H_2O = Ca(OH)_2 + 15.2kcal/mol$

② 생석회가 물과 반응한 후에 백색의 분말이 되고 물을 포함하면 고체상태의 수산화칼슘(소석회)이 남으며 강알칼리성이기 때문에 리트머스시험지 등으로 pH를 측정하여 확인한다.

11 냉장고의 구조에 대하여 다음 각 물음에 답하시오.

> ① 냉장고의 부품 중 압축기 표면 온도 상승 시 온도를 제어할 수 있는 부품의 명칭을 쓰시오.
>
> ② 냉동실 결빙을 방지하고 배수기능(Drain)을 원활하게 하기 위한 부품의 명칭을 쓰시오.

해답

① 과부하계전기
② 드레인 히터

해설

① 과부하계전기(Overload Relay) : 압축기에 과전류가 흘러 권선을 소손시키거나 고온도가 되었을 때 자동적으로 작동하여 압축기를 보호하는 장치이다.
② 드레인 히터 : 냉각기의 아래에 설치되어 있으며 서리 제거 서모스탯의 작동에 의해 서리 제거 시에 통전되며 서리의 용융이나 서리 제거, 물의 재동결방지의 역할도 하도록 되어 있다.

12 과염소산염류와 적린을 혼합하는 과정에서 과도한 마찰로 인하여 연소폭발하는 화재가 발생하였다. 다음 각 물음에 답하시오.

> ① 폭발과정의 화학반응식을 쓰시오.
>
> ② 연소과정의 화학반응식을 쓰시오.

해답

① $8P + 5KClO_4 \rightarrow 5KCl + 4P_2O_5$

② $4P + 5O_2 \rightarrow 2P_2O_5$

해설

적린(P)

① 조해성이 있으며 연소하면 황린이나 황화린과 같이 유독성이 심한 백색의 오산화인을 발생하며, 일부 포스핀도 발생한다.

$4P + 5O_2 \rightarrow 2P_2O_5 \uparrow$

② 염소산염류, 과염소산염류 등 강산화제와 혼합하면 불안정한 폭발물과 같이 되어 약간의 가열, 충격, 마찰에 의해 폭발한다.

$6P + 5KClO_3 \rightarrow 5KCl + 3P_2O_5 \uparrow$

③ 제1류 위험물과 절대 혼합되지 않게 하고 화약류, 폭발성물질, 가연성물질 등과 격리하여 냉암소에 보관한다.

13 직경(d) 0.32mm인 구리선의 용단전류(I_s)를 W.H > Preece의 계산식을 이용하여 구하시오. (단, 구리의 재료 정수(a)는 80, 답은 소수점 둘째자리에서 반올림하여 계산한다)

> ① 계산과정
>
> ② 답

해답

① 계산과정

$$I_s = ad^{\frac{3}{2}} [A] = 80 \times 0.32^{\frac{3}{2}} = 14.48 \fallingdotseq 14.5$$

② 답 : 14.5

14 전류 퓨즈를 비파괴장비(X-ray)로 촬영한 결과 전류 퓨즈가 끊어져 있는 상태로 확인되었다. 화재 감식과정에서 판단할 수 있는 상황을 쓰시오.

해답

스위치의 통전유무 식별을 퓨즈의 끊어진 상태에 따라 알 수 있다.
① 단락 : 넓게 용융 또는 전체가 비산되어 커버 등에 부착함
② 과부하 : 퓨즈 중앙부분 용융
③ 접촉불량 : 접합부의 용융 및 검게 변색
④ 외부화염 : 흘러내린 형태

해설

퓨즈류의 통전유무 식별

퓨즈 용융상태	감 식 요 령
단 락	퓨즈부분이 넓게 용융 또는 둥근형태로 전체가 비산되어 커버 등에 부착함
과부하	퓨즈 중앙부분 용융
접촉불량	퓨즈 양단 또는 접합부에서 용융 또는 끝부분에 검게 탄화된 흔적이 나타남
외부화염	대부분 용융되어 흘러내린 형태로 나타남

15 회로시험기(멀티테스터기)를 이용하여 측정한 결과를 참고하여 다음 각 물음에 답하시오.

㉠
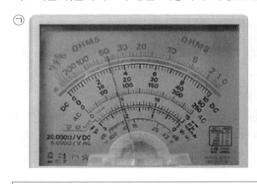

㉡

① 측정된 저항값을 쓰시오. (단, 측정범위는 ×10Ω인 경우이다)

② 측정된 전압(AC)을 쓰시오. (단, 측정범위는 500V의 경우이다)

해답

① ㉠ – 500Ω   ㉡ – 300Ω
② ㉠ – 150V   ㉡ – 200V

04 | 기사 기출복원문제

01 목재의 탄화심도를 측정하고자 한다. 각 물음에 답하시오. (9점)

> ① 압력은 어떻게 가해야 하는가?
>
> ② 탐침의 삽입방향은?
>
> ③ 측정부분은 어디인가?

해답

① 동일 포인트를 동일한 압력으로 측정한다.
② 목재 기둥 중심선을 직각으로 삽입한다.
③ 탄화균열 부분이 발생한 철(凸)각 부위를 측정한다.

해설

탄화심도 측정방법 및 분석

• 동일 포인트를 동일한 압력으로 3회 이상 측정하여 평균치를 구한다.
• 계침은 기둥 중심선을 직각으로 찔러 측정한다.
• 계침을 삽입할 때는 탄화 및 균열 부분의 철(凸)각을 택한다.
• 탄화깊이를 결정할 때 화재로 완전히 타버린 목재를 고려하고 전반적인 깊이 측정에서 목재의 분실 깊이를 더한다.

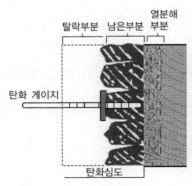

[탄화심도 측정]

[다이얼캘리퍼스 측정]

02 다음 물음에 답하시오. (7점)

> ① 실화(失火)의 특수성을 고려하여 실화자에게 중대한 과실이 없는 경우 그 손해배상액의 경감(輕減)에 관한 민법 제765조의 특례를 정함을 목적으로 하는 법률을 쓰시오.
>
> ② 실화가 중대한 과실로 인한 것이 아닌 경우 그로 인한 손해배상 의무자가 법원에 손해배상액의 경감을 청구할 수 있는 경우 4가지를 쓰시오.

해답

① 실화책임에 관한 법률
② 화재의 원인과 규모, 피해의 대상과 정도, 연소 및 피해 확대의 원인, 피해 확대를 방지하기 위한 실화자의 노력

해설

① 실화책임에 관한 법률 : 실화(失火)의 특수성을 고려하여 실화자에게 중대한 과실이 없는 경우 그 손해배상액의 경감(輕減)에 관한 민법 제765조의 특례를 정함을 목적으로 한다.
② 손해배상의 경감 사유(실화책임에 관한 법률 제3조 제2항)는 위 4가지 외에 배상의무자 및 피해자의 경제상태와 그 밖에 손해배상액을 결정할 때 고려할 사정이다.

03 화재조사 및 보고규정상 다음에 알맞은 화재조사 용어의 정의를 쓰시오. (9점)

> ① 화재
> ② 재구입비
> ③ 잔가율

해답

① 사람의 의도에 반하거나 고의에 의해 발생하는 연소현상으로서 소화시설 등을 사용하여 소화할 필요가 있거나 또는 화학적인 폭발현상을 말함
② 화재 당시의 피해물과 같거나 비슷한 것을 재건축(설계감리비 포함) 또는 재취득하는데 필요한 금액
③ 화재 당시에 피해물의 재구입비에 대한 현재가의 비율

04 화재조사 전담부서에서 갖추어야 할 증거 수집 장비 6종을 쓰시오. (6점)

해답

증거물 수집기구 세트, 증거물 보관 세트, 증거물 표지 세트, 증거물 태그 세트, 증거물 보관장치, 디지털증거물 저장장치

증거 수집 장비

증거 수집 장비(6종)	증거물 수집기구 세트(핀셋류, 가위류 등), 증거물 보관 세트(상자, 봉투, 밀폐용기, 증거수집용 캔 등), 증거물 표지 세트(번호, 스티커, 삼각형 표지 등), 증거물 태그 세트(대, 중, 소), 증거물 보관장치, 디지털증거물 저장장치

05 자동차 엔진 본체의 주요장치와 전기장치를 각각 5가지 쓰시오. (8점)

① 주요장치	② 전기장치

① 주요장치 : 실린더 블록, 실린더 헤드, 피스톤, 커넥팅로드, 플라이 휠
② 전기장치 : 축전지(배터리), 시동모터, 점화플러그, 발전기, 점화코일

자동차의 주요장치
① 엔진의 본체 : 실린더 블록, 실린더 헤드, 피스톤, 커넥팅로드, 플라이 휠, 크랭크 축
② 연료장치 : 파이프(Pipe), 고압 필터, 딜리버리(Delivery) 파이프, 압력조절기
③ 윤활, 냉각, 흡·배기 장치
④ 전기장치 : 축전지(배터리), 시동모터, 점화플러그, 발전기, 점화코일
⑤ 현가장치
⑥ 자동차 섀시(차체)

06 그림에서 화재가 내부 중앙에 있는 쓰레기통에서 발생하여 진행하고 있다. 좌측 벽면이 연소되는
순서를 알파벳 순으로 쓰시오. (6점)

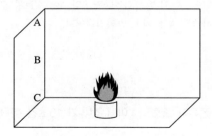

A → B → C

쓰레기통에서 발화한 화염은 대류작용에 의하여 고온의 공기는 위로 상승하여 천장면을 태우고 수평으로
이동하여 상부벽면을 따라 이동하게 되고 차츰 하강하여 바닥면에 이른다.

07 화재 플럼(Fire Plume)으로 생성될 수 있는 화재패턴을 6가지 나열하시오. (6점)

> **해답**

① 수직표면에서의 V 패턴　　　　　② 역원뿔 패턴[역 V 패턴]
③ 모래시계 패턴　　　　　　　　　④ U자형 패턴
⑤ 지시계 및 화살형 패턴　　　　　⑥ 원형 패턴

08 다음 그림과 같이 전기 단락흔이 형성되었다. 물음에 답하시오. (9점)

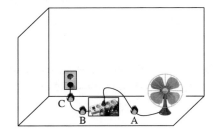

---

① 최초 발화지점

② 합선순서

> **해답**

① 최초 발화지점 : A
② 합선순서 : A → B → C

> **해설**

벽면콘센트에 인가된 멀티콘센트에 직렬회로를 구성하는 경우 부하측에 단락이 생성되더라도 차단기가
동작하지 않을 시에는 전원측으로 전기적 특이점(단락 또는 합선)이 계속하여 생성되며 최종 부하측을
판단할 수 있다. 즉, 최초 C에서 발화되었다면 B와 A에 회로가 구성되지 않기 때문에 단락흔이 발생될
수 없으므로 최종 부하측인 A가 최초 발화지점이다.

09 저항 18Ω에 4A의 전류가 흘렀다. 이때 전류가 15초간 흘렀다면 발생한 열량은 몇 cal인가?
(5점)

> **해답**

1,036.8[cal]

> **해설**

$Q = 0.24I^2RT = 0.24 \times 4^2 \times 18 \times 15 = 1,036.8[cal]$

10 아래 그림을 보고 다음 물음에 답하시오. (8점)

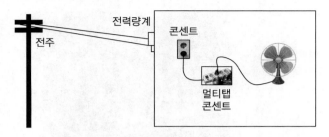

① 전원측과 부하측의 정의를 쓰시오.

② 콘센트를 기준으로 최종 전원측과 최종 부하측은 쓰시오.

해답

① 전원측 : 전기기기에 전기를 공급하는 방향
   부하측 : 전원으로부터 전력을 공급받는 방향
② 최종 전원측 : 전주
   최종 부하측 : 선풍기

해설

전기배선 및 배선기구의 전기적 특이점

① 전기적 특이점이란 도체의 용융, 비산흔 등 전기에 의하여 남겨진 흔적을 말한다.

② 화재현장에서 발화가 시작된 전기기기 등 발화지점을 추적해 갈 때 유용한 객관적 증거로 사용되기도 한다.

③ 최종 부하측의 전기적 특이점
   ㉠ 부하측 : 전원으로부터 전력을 공급받는 방향(전기를 끌어다 쓰는 전기기기 방향)
      예 콘센트와 선풍기, 냉장고, 텔레비전은 부하측
   ㉡ 전원측 : 전기기기에 전기를 공급하는 방향(발전소 등 전기가 공급되는 방향)
      예 적산전력계와 전신주는 전원측
   ㉢ 콘센트를 기준으로 전력량계와 전신주 방향은 전원측에 해당되며 멀티콘센트와 선풍기는 부하측 방향에 해당된다. 따라서 최종 부하측 전기적 특이점이란 전원측으로부터 물리적 거리가 아닌 전기 계통상 가장 멀리 떨어진 곳에서의 전기적 특이점을 말하는 것으로 최종 전원측은 전주이며 최종 부하측은 선풍기가 된다.

11 화재가 누전차단기로 인해 발생되었다. 이유는 무엇인가? (4점)

해답

절연열화로 인한 발화형태는 트래킹(Tracking)과 흑연화(Graphite) 현상 때문이다.

해설

누전차단기는 무기질 또는 유기질 절연재료로 되어 있어 오랜 시간이 경과하면 절연성능이 저하하거나 접촉부분이 탄화 또는 흑연화 하여 발열되어 발화원이 될 수 있으며 절연열화의 원인은 다음과 같다.
① 1·2차 접속단자나 몰드케이스의 절연체에 먼지 또는 습기에 의한 트래킹 등의 절연 파괴
② 사용부주의·취급불량에서 오는 절연피복의 손상 및 절연재료의 파손
③ 이상전압에 의한 절연파괴 및 허용전류를 넘는 과전류에 의한 열적열화
④ 결로에 의한 지락·단락사고 유발 절연열화로 인한 발화형태는 트래킹(Tracking)과 흑연화(Graphite) 현상

12 건물에서 화재가 발생하여 다음과 같이 피해가 발생하였다. 화재피해면적을 구하시오. (8점)

> ① 3층 바닥면적 $40m^2$ 중 소훼바닥면적 $20m^2$
> ② 2층 바닥면적 $40m^2$ 중 소훼바닥면적 $30m^2$
> ③ 1층 바닥면적 $60m^2$ 중 소훼바닥면적 $40m^2$

해답

$90m^2$

해설

피해면적 = 20 + 30 + 40 = $90m^2$

소실면적 산정(화재조사 및 보고규정 제17조)
• 건물의 소실면적 산정은 소실 바닥면적으로 산정한다.
• 수손 및 기타 파손의 경우에도 위 규정을 준용한다.

13 다음 가스배관 사진을 보고 화재원인 2가지를 쓰시오. (4점)

> **해답**

방화, 가스누출

> **해설**

연소확대 및 가중시키기 위해 호스를 절단하거나 배관에서 중간밸브와 호스를 분리한 것으로 절단면이나 분리된 곳의 그을음 부착여부 및 테프론 테이프의 탄화흔적, 접속부의 수열변색 흔적을 통해 화재 전에 이미 조작되었다는 사실을 알 수 있다.

14 아파트 내부가 유독가스와 검은 연기로 가득하고 화염이 위층 반절까지 상승한 경우 화재는 어느 시기에 해당하는가? (4점)

> **해답**

성장기(중기)

> **해설**

① 성장기(중기)
  ㉠ 외관 : 개구부에서 세력이 강한 검은 연기가 분출한다.
  ㉡ 연소상황 : 가구 등에서 천장면까지 화재가 확대되며 실내 전체에 화염이 확산되는 최성기의 전초단계이다.
  ㉢ 연소위험 : 근접한 동으로 연소가 확산될 수 있다.
② 최성기
  ㉠ 외관 : 연기의 양은 적어지고 화염의 분출이 강해지며 유리가 파손된다.
  ㉡ 연소상황 : 실내 전체에 화염이 충만하며 연소가 최고조에 달한다.
  ㉢ 연소위험 : 강렬한 복사열로 인해 인접 건물로 연소가 확산된다.

발화기(초기)	성장기(중기)
• 열분해 개시 • 완만한 연소형태 • 다량의 흰색연기 발생 • 화재는 국부적, 소화가능	• 화재의 급속한 진행 • 검은 연기와 화염 분출 • 실내 전체 화염 발생 • 플래시오버 등반

감쇠기	최성기
• 연소 종료시기 • 연기량 및 열기 감소 • 실내공간 완전연소 초래	• 실내온도 1,000℃ 전후 고온 • 복사열과 화염 최고조 • 인접건물 확대 위험성

15 줄열공식과 줄열이 발생하는 이유를 설명하시오. (9점)

> ① 줄열공식
>
> ② 줄열이 발생하는 이유

해답

① $Q = 0.24I^2Rt[cal] = 0.24Pt[cal]$

② 줄열 발생요인
- 단락이나 지락 등과 같이 전기회로 밖으로의 누설
- 전압이 인가된 충전부분에 도체 접촉
- 중성선 단선과 같은 배선의 1선단락, 즉 지락(地絡)
- 전동기의 과부하 운전 등 부하의 증가
- 배선의 반단선에 의한 전류통로의 감소, 국부적인 저항치 증가
- 각종 개폐기・차단기 등을 고정하는 나사가 풀려 국부적인 저항이 증가

02 | 산업기사 기출복원문제

※ 본 기출문제는 수험자들의 기억에 의해 복원된 것으로 내용과 그림, 출제순서가 다소 실제 문제와 다를 수 있습니다.

01 생석회(산화칼슘)와 지푸라기, 톱밥 등의 가연물을 동시에 저장하고 있던 비닐하우스가 침수되어 발화하였다. 다음 각 물음에 답하시오. (6점)

> ① 생석회(산화칼슘)와 물과의 화학반응식을 쓰시오.
>
> ② 생석회(산화칼슘)가 물과 반응 후 생성된 흰색의 고체에 리트머스 시험지를 접촉하면 무슨 색으로 변색되는지 쓰시오.

해답

① $CaO + H_2O = Ca(OH)_2 + 15.2kcal/mol$
② 청색

02 화재증거물수집규칙에 따른 증거물수집 시에 사용되는 시료용기 마개의 주의사항을 3가지 쓰시오. (5점)

해답

① 코르크마개, 고무(클로로프렌 고무는 제외), 마분지, 합성 코르크마개 또는 플라스틱 물질(PTFE는 제외)은 시료와 직접 접촉되어서는 안 된다.
② 만일 이런 물질들을 시료 용기의 밀폐에 사용할 때에는 알루미늄이나 주석 호일로 감싸야 한다.
③ 양철용기는 돌려 막는 스크루 뚜껑만 아니라 밀어 막는 금속마개를 갖추어야 한다.
④ 유리마개는 병의 목 부분에 공기가 새지 않도록 단단히 막아야 한다.

03 화재증거물수집규칙에 따른 증거물수집용기 중 유류화재 증거물수집 시 사용하여야 할 증거물수집 용기를 3가지 쓰시오. (6점)

해답

유리병, 금속 캔, 특수증거물 수집가방

유류화재 증거물수집용기의 종류

금속캔

유리병

특수증거물 수집가방

04 가정에서 멀티콘센트를 문어발식으로 사용하고 있는 것을 그림으로 표현한 것이다. 멀티콘센트의 허용전류는 15A이고 이 가정에서 사용하는 전압을 100V라고 가정할 때 이 멀티콘센트는 허용전류 에서 몇 A를 초과하여 사용하고 있는지 계산하시오. (10점)

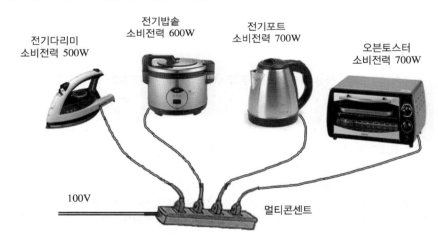

전기밥솥
소비전력 600W

전기다리미
소비전력 500W

전기포트
소비전력 700W

오븐토스터
소비전력 700W

100V

멀티콘센트

해답

허용전류 I(A) = $\dfrac{P}{V}$

P : 소비전력, V : 전압, I : 전류(A)
전기다리미 허용전류 = 500W/100V = 5A
전기밥솥 허용전류 = 600W/100V = 6A
전기포트 허용전류 = 700W/100V = 7A
오븐스토브 허용전류 = 700W/100V = 7A
∴ 초과 허용전류 = 25A − 15A = 10A

05 도시가스의 주성분인 메탄가스에 대한 다음 각 물음에 답하시오. (단, 메탄의 공기 중 연소하한계는 5vol%, 연소상한계는 15vol%이다) (12점)

> ① 메탄가스의 위험도를 구하시오.
> ㉠ 계산과정
> ㉡ 답
> ② 메탄가스의 증기비중을 구하시오. (단, 공기의 분자량은 29이다)

해답

① ㉠ $P = \dfrac{U - L}{L} = \dfrac{15 - 5}{5} = 2$

㉡ 2

② 0.55

해설

CH_4의 분자량 = 16이므로

증기비중 = $\dfrac{16}{29}$ = 0.55

06 서모스탯에서 건식트래킹에 의한 화재발생 원인을 쓰시오. (5점)

해답

습기나 도전성먼지 등의 축적이 없는 상태에서 접점에서 발생하는 아크에 의해서 인접한 절연체가 탄화되거나 접점의 개·폐 시에 발생하는 미세 스파크에 의한 금속증기, 탄화물 등의 부착으로 인해 절연체 표면에 방전이 시작되고 탄화 도전로가 형성되어 발화된다.

해설

① 서모스탯(온도조절기)의 기능
온도조절기는 온도를 조절하기 위한 장치이며 시스템의 온도를 설정된 온도 부근으로 유지하는 기능을 가진다.
② 감식요령
가동접점 부분에서 전기용흔이 식별되며 동 부분에 인접한 절연재가 도전성을 띄고 있는 상태이고 동 절연재가 국부적으로 심하게 연소되어 백화 연소된 상태로써 접점의 반복적인 동작에 의한 아크 발생과 주변 절연재의 절연열화에 의해 형성된 트래킹으로 발화된다.

07 화재현장에서 식별되는 가연성가스의 종류에 대한 용기의 색상을 빈 칸에 쓰시오.

가스 종류	색 상	가스 종류	색 상
LPG	회 색	액화암모니아(NH_3)	
수 소		액화염소(Cl_2)	
아세틸렌(C_2H_2)		그 밖의 가스	회 색

해답

가스 종류	색 상	가스 종류	색 상
LPG	회 색	액화암모니아(NH_3)	백 색
수 소	주황색	액화염소(Cl_2)	갈 색
아세틸렌(C_2H_2)	황 색	그 밖의 가스	회 색

08 다음 그림의 세 곳(X표시 된 부분)에서 단락이 식별된 경우 [조건]을 참고하여 다음 각 물음에 답하시오. (8점)

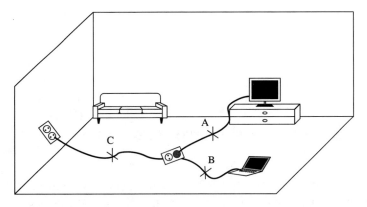

[조 건]
• 차단기가 설치되어 있지 않음
• X표시 부분은 합선에 의한 단락 발생
• 전기적인 단락흔적으로 판정하되 연소패턴 등 주변 가연물의 상황은 무시

① 최초 단락에 의한 발화부의 추정 가능여부를 쓰시오.

② ①에 대한 이유를 쓰시오.

① 3구 콘센트 말단에 연결된 TV 부하측 A지점에서 최초 단락에 의해 발화가 일어나고 차단기가 없는 직렬회로의 특징으로 순차적으로 전원측 1구 콘센트에 연결한 노트북 부하측 B지점으로 단락이 일어나고 전원측으로 단락이 이루어졌다고 추정할 수 있다.

② 전원측에 가까운 1구에 연결한 노트북 부하측 B지점에서 최초 단락이 일어났다면 A → C순으로 단락이 진행되면서 전원이 인가되지 않아 TV 부하측에는 단락이 발생하지 않았을 것이기 때문이다.

최초 화재가 발생한 A, B 지점 및 이유

분전반에서 분기된 전열회로는 벽면콘센트에 인가된 멀티 콘센트에 TV(A), 노트북(B) 전기기기가 인가된 상태로 한정된 발화부위의 병렬회로 상에서는 최종부하를 논단하기 불가하다. 다만, 직렬회로를 구성하는 경우 부하측에 단락이 생성되더라도 차단기가 동작하지 않을 시에는 전원측으로 전기적 특이점(단락 또는 합선)이 계속하여 생성되며, 최종 부하측 판단 발화부위를 축소할 수 있다.

09 다음 각 그림을 참고하여 화재의 진행방향을 쓰시오. (단, 화재의 진행방향 답안은 A → B 또는 B → A로 작성한다) (12점)

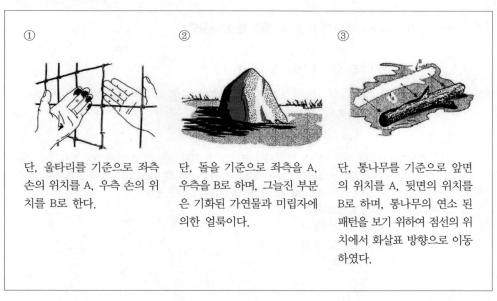

① 단, 울타리를 기준으로 좌측 손의 위치를 A, 우측 손의 위치를 B로 한다.

② 단, 돌을 기준으로 좌측을 A, 우측을 B로 하며, 그늘진 부분은 기화된 가연물과 미립자에 의한 얼룩이다.

③ 단, 통나무를 기준으로 앞면의 위치를 A, 뒷면의 위치를 B로 하며, 통나무의 연소 된 패턴을 보기 위하여 점선의 위치에서 화살표 방향으로 이동하였다.

① A → B
② A → B
③ B → A

임야화재 지표

- 얼룩과 그을음 : 돌, 깡통, 나무와 금속 철조망, 말뚝과 타지 않은 식물들은 화재진행방향에 노출된 쪽에 탄소 그을음에 의한 얼룩, 박리현상 등이 생긴다.
- 보호된 연료지표 : 불에 노출된 쪽은 물건과의 확실한 경계선을 가지고 있을 것이다. 노출되지 않은 쪽은 물건의 가장자리를 따라 상대적으로 다양하거나 불분명한 흔적을 보여서 물건이 있었던 흔적을 알려 준다.

10 열 변형, 소실, 연소생성물의 퇴적 등에 의해 만들어지는 화재패턴의 형성 원리를 4가지 쓰시오.

(5점)

① 복사열의 차등 원리 : 열원으로부터 가까울수록 강해지고 멀어질수록 약해지는 원리
② 탄화・변색・침착 : 연기의 응축물 또는 탄화물의 침착
③ 화염 및 고온가스의 상승 원리
④ 연기나 화염이 물체에 의해 차단되는 원리

11 블레비(BLEVE)에 대하여 다음 각 물음에 답하시오.

(6점)

> ① 블레비(BLEVE) 현상에 대한 정의를 쓰시오.
> ② 화재현장 프로판 탱크의 블레비(BLEVE) 발생과정을 4단계로 쓰시오.

① 인화점이나 비점이 낮은 인화성 액체(유류)가 가득 차 있지 않은 저장탱크 주위에 화재가 발생하여 저장탱크 벽면이 장시간 화염에 노출되면 윗부분의 온도가 매우 급격히 상승하여 재질의 인장력이 저하되고, 내부의 비등현상으로 인한 압력상승으로 저장탱크 벽면이 파열되는 현상이다.
② 1단계 : 화재발생 및 탱크가열
   2단계 : 액온상승 및 압력증가
   3단계 : 연성파괴 및 액격현상
   4단계 : 취성파괴 및 화구

- BLEVE(Boiling Liquid Expanding Vapor Explosion) 현상이란 인화점이나 비점이 낮은 인화성액체 (유류)가 가득 차 있지 않은 저장탱크 주위에 화재가 발생하여 저장탱크 벽면이 장시간 화염에 노출되면 윗부분의 온도가 매우 급격히 상승하여 재질의 인장력이 저하되고, 내부의 비등현상으로 인한 압력상승으로 저장탱크 벽면이 파열되는 현상이다.

- 블레비의 생성 과정
  - 가스 저장탱크지역에서 액체가 들어 있는 저장탱크의 주위로 화재가 발생하여 화재에 의한 열에 의해서 인접한 탱크의 벽이 가열
  - 액면 이하의 탱크의 벽은 액에 의해서 냉각이 되나 액면 위의 온도는 올라가게 되고 탱크 내의 압력이 증가
  - 강도가 구조적으로 약해지게 되어 탱크는 파열되고 이때에 내부의 가열된 비등상태의 액체가 비순간적으로 기화하게 됨
  - 기화한 액체는 팽창을 하게 되어 설계가 된 압력을 초과하고 이로 인해서 탱크가 파괴되어 급격한 증기의 폭발현상을 일으키게 됨

12 전기화재의 발생원인 중 국부적인 저항치의 증가요인을 3가지 쓰시오. (6점)

> **해답**

① 아산화동 증식
② 접촉저항 증가
③ 반단선

> **해설**

① 아산화동 증식 : 전선 등 동(銅) 도체가 스파크 등으로 인해 발생
② 접촉저항 증가 : 코드, 단자 등의 접촉불량, 체결불량으로 발생
③ 반단선(半單線) : 코드의 굽히거나 접힘 등으로 소선 10% 단선. 1선단선 등

13 ㉠ → ㉢의 위치에서 각 동일 가연물이 동일한 방법으로 착화되어 동일 시간이 경과하였다. 다음 물음에 답하시오.

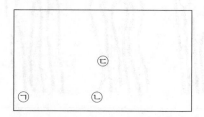

> ① 각 위치별 화염의 길이가 긴 것부터 낮은 것의 순으로 쓰시오.
>
> ② 각 위치별 화염의 길이 차이가 발생하는 이유를 쓰시오.

> **해답**

① ㉠ → ㉡ → ㉢
② 화염은 고체표면에 열전달을 하여 확산속도가 빠르게 되기 때문이다.

14 실화책임에 관한 법률에서 손해배상액의 경감을 청구할 때 손해배상액을 경감하기 위해 고려하여야 할 사항을 5가지 쓰시오. (단, 기타사항은 제외한다) (5점)

해답
- 화재의 원인과 규모
- 피해의 대상과 정도
- 연소(延燒) 및 피해 확대의 원인
- 피해 확대를 방지하기 위한 실화자의 노력
- 배상의무자 및 피해자의 경제상태

해설
손해배상액의 경감(제3조)
① 실화가 중대한 과실로 인한 것이 아닌 경우 그로 인한 손해의 배상의무자는 법원에 손해배상액의 경감을 청구할 수 있다.
② 법원은 ①의 청구가 있을 경우에는 다음의 사정을 고려하여 그 손해배상액을 경감할 수 있다.
 ㉠ 화재의 원인과 규모
 ㉡ 피해의 대상과 정도
 ㉢ 연소(延燒) 및 피해 확대의 원인
 ㉣ 피해 확대를 방지하기 위한 실화자의 노력
 ㉤ 배상의무자 및 피해자의 경제상태
 ㉥ 그 밖에 손해배상액을 결정할 때 고려할 사정

15 화재가 발생한 전원코드의 형태적 특징을 묘사한 그림을 참고하여 발화원인 및 화재가 발생할 수 있는 선행원인을 쓰시오. (6점)

① 발화원인
② 선행원인

해답
① 반단선
② 반복적인 굽힘이나 금속에 의해 절단될 때 단선율이 10% 이상 끊어졌거나 전체가 완전히 단선된 후에 일부가 접촉상태로 남아 있는 상태에서 발생한다.

반단선(半斷線 : 통전(通電) 단면적의 감소)

- 여러 개의 소선으로 구성된 전선이나 코드의 심선이 반복적인 굽힘이나 금속에 의해 절단될 때 단선율이 10% 이상 끊어졌거나 전체가 완전히 단선된 후에 일부가 접촉상태로 남아 있는 상태에서 발생
- 반단선 상태에서 통전시키면 도체의 저항치는 단면적에 반비례하므로 국부적으로 발열량이 증가하거나 스파크가 발생하여 피복이나 주위 가연물에 착화되어 출화

- 반단선에 의한 용흔은 단선부분의 양쪽, 금속에 의해 절단된 단선에서는 전원측에만 발생

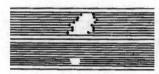

← 반단선 상태

← 제조불량에 의한 단선

04 | 산업기사 기출복원문제

※ 본 기출문제는 수험자들의 기억에 의해 복원된 것으로 내용과 그림, 출제순서가 다소 실제 문제와 다를 수 있습니다.

01 다음 각 그림의 유리파손 형태를 보고 발생원인을 쓰시오. (단, 사각형은 창틀이다)

①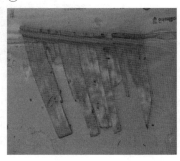

②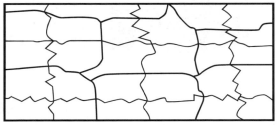

해답

① 폭발
② 화재열

구 분	폭발로 인한 유리파손 형태	화재열에 의한 유리파손 형태
도 식		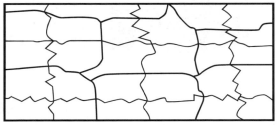
특 징	평행선 형태의 파괴 형태	길고 불규칙한 곡선 형태

해설

• 폭발에 의한 유리파손 형태
 – 유리 표면적 전면이 압력을 받아 평행하게 파괴
 – 비교적 균일한 동심원 형태의 파단은 없고 파편은 각각 단독으로 깨짐
• 화재열로 인한 유리파손 형태
 – 유리 표면이 길고 불규칙한 곡선 형태로 파괴

02 직렬아크에 의한 발화유형과 병렬아크의 발화유형을 각각 2가지씩 쓰시오. (단, 트레킹 현상은 제외한다) (6점)

해답

① 직렬아크 : 반단선, 접촉불량, 스위치 접점의 융착
② 병렬아크 : 합선, 지락

해설

• 직렬아크 : 부하와 직렬로 연결된 회로상에서 발생한 아크로 반단선, 접촉불량, 스위치 융착 등의 발화유형이 있다.
• 병렬아크 : 부하와 병렬로 연결된 회로상에서 발생한 아크로 합선, 지락 등의 발화유형이 있다.
• 트레킹 현상은 직렬뿐만 아니라 병렬회로상에 모두 나타날 수 있다.

03 다음 보기는 폭발의 성립 요건에 대한 설명이다. 빈칸의 내용을 쓰시오.

> ① (㉠)이/가 존재하여야 된다.
> ② 가연성 가스, 증기 또는 분진이 (㉡) 내에 있어야 한다.
> ③ (㉢)이/가 있어야 한다.

해답

㉠ 밀폐된 공간
㉡ 폭발범위
㉢ 점화원

해설

폭발의 성립 조건
• 밀폐된 공간이 존재하여야 된다.
• 가연성 가스, 증기 또는 분진이 폭발 범위 내에 있어야 한다.
• 점화원(Energy)이 있어야 한다.

04 가스기구에서 리프팅의 원인 5가지를 쓰시오. (5점)

해답

① 버너의 염공에 먼지 등이 부착하여 염공이 작아졌을 때
② 가스의 공급압력이 지나치게 높을 경우
③ 노즐구경이 지나치게 클 경우
④ 가스의 공급량이 버너에 비해 과대할 경우
⑤ 공기 조절기를 지나치게 열었을 경우

리프팅(Lifting)

염공에서의 가스유출속도가 연소속도보다 빠르게 되었을 때 가스는 염공에 붙어서 연소하지 않고 염공을 이탈하여 연소한다. 이러한 현상을 리프팅이라 하는데 연소속도가 느린 LPG는 리프팅을 일으키기 쉬우며 원인은 위의 5가지 외에도 연소폐가스의 배출이 불충분하거나 환기가 불충분함에 따라 2차 공기 중의 산소가 부족한 경우에도 나타난다.

05 밀집되어 있는 주거지역에서 화재가 발생하여 인접한 건물이 전소되고 그림과 같은 합선흔적(단락흔)이 존재하였다. 그림에서 발화지점이 어디이고 그 근거를 설명하시오. (단, 전기배선은 모든 방에 설치되어 있고 전선배치는 A와 B 모두 동일하며 어느 지점에서 합선이 일어나자마자 분전반의 메인차단기가 차단되어 전기가 통전되지 않는다) (6점)

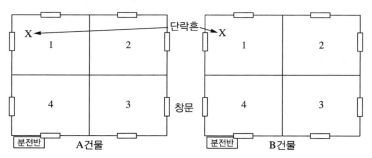

① 발화지점 : A건물 1번 방
② 근거 : 조건에서 발화지점은 A건물 1번 방 또는 B건물 1번 방이어야 한다. 먼저, B건물 1번 방의 1차 단락흔으로 이곳에서 전기적 단락으로 최초발화 후 전원이 차단되고 연소가 진행되면서 화재가 이 방 창문을 통해 인접한 A건물 2번 방으로 연소가 확대되었다면 최초 A건물의 2번 방에서 1차 단락으로 발화 후 전원이 차단되어 A건물 1번 방에서는 단락흔이 없어야 한다. 그러나 A건물 1번 방에서는 단락흔이 발견되었다. 그러나 반대로 A건물의 1번 방의 단락으로 최초발화 후 전원이 차단되고 연소가 1번 방 → 2번 방 → 2번 방 창문 → B건물 1번 방 창문 → B건물 1번 방에서 전기적 단락으로 1차 단락흔이 발견된 것으로 보아 B건물 1번 방이 발화지점이라기보다는 A건물 1번 방이 최초 발화지점이라고 추론하는 것이 타당하다.

06 다음은 제조물책임법에 따른 용어의 정의이다. 빈칸을 들어갈 알맞는 답을 쓰시오. (5점)

> "제조업자"란 다음의 자를 말한다.
> ① 제조물의 (㉠)·(㉡) 또는 (㉢)을/를 업(業)으로 하는 자
> ② 제조물에 (㉣)·(㉤)·상표 또는 그 밖에 식별(識別) 가능한 기호 등을 사용하여 자신을
> ①의 자로 표시한 자 또는 ①의 자로 오인(誤認)하게 할 수 있는 표시를 한 자

해답

㉠ 제조, ㉡ 가공, ㉢ 수입, ㉣ 성명, ㉤ 상호

해설

"제조업자"란 다음의 자를 말한다.
① 제조물의 제조·가공 또는 수입을 업(業)으로 하는 자
② 제조물에 성명·상호·상표 또는 그 밖에 식별(識別) 가능한 기호 등을 사용하여 자신을 ①의 자로
표시한 자 또는 ①의 자로 오인(誤認)하게 할 수 있는 표시를 한 자

---

07 다음 빈칸에 알맞은 가연물별 연소생성가스를 쓰시오.

> (①) : PVC 등 염소(Cl)를 함유하고 있는 수지류 등이 연소할 때 발생할 수 있는 허용농도가
> 0.1ppm(mg/m³)인 맹독성 가스
> (②) : 질소성분을 가지고 있는 합성수지, 동물의 털, 모직물, 인조견 등의 섬유가 불완전 연소
> 할 때 발생하는 맹독성 가스

해답

① 포스겐, ② 시안화수소

---

08 다음을 설명하시오. (11점)

> ① 정전기
> ② 전 하
> ③ 대 전
> ④ 대전체

해답

① 정전기 : 전하(電荷)가 정지 상태에 있어 흐르지 않고 머물러 있는 전기
② 전 하 : 물체가 띠고 있는 정전기의 양
③ 대 전 : 전하량의 평형이 깨지면 물체는 (-)전기 혹은 (+)전기를 띠게 되는 현상
④ 대전체 : 대전된 물체

09 화재조사 및 보고규정상 다음에서 설명하는 괄호에 알맞은 화재조사 용어를 쓰시오. (5점)

① (   )은/는 화재원인을 규명하고 화재로 인한 피해를 산정하기 위하여 자료의 수집, 관계자 등에 대한 질문, 현장 확인, 감식, 감정 및 실험 등을 하는 일련의 행동을 말한다.
② (   )은/는 사람의 의도에 반하거나 고의에 의해 발생하는 연소현상으로서 소화시설 등을 사용하여 소화할 필요가 있거나 또는 화학적인 폭발현상을 말한다.
③ (   )은/는 발화의 최초원인이 된 불꽃 또는 열을 말한다.
④ (   )은/는 발화열원에 의해 불이 붙고 이 물질을 통해 제어하기 힘든 화세로 발전한 가연물을 말한다.
⑤ (   )은/는 피해물의 경제적 내용연수가 다한 경우 잔존하는 가치의 재구입비에 대한 비율을 말한다.

해답

① 조 사
② 화 재
③ 발화열원
④ 최초착화물
⑤ 최종잔가율

10 정전기의 종류 6가지만을 쓰시오.

해답

마찰대전, 박리대전, 유동대전, 분출대전, 침강대전, 파괴대전

해설

정전기 종류

구 분	내 용
마찰대전	• 두 물체의 마찰로 전하의 분리 및 재배열이 일어나서 발생 • 접촉과 분리의 과정을 거친 대표적인 예 • 고체, 액체류 또는 분체류에 의해 주로 발생

박리대전	• 서로 밀착되어 있는 물체가 떨어질 때 전하의 분리가 일어나 발생 • 접촉면적, 접촉면의 밀착력, 박리속도 등에 의해 정전기 발생량이 변화 • 마찰에 의한 것보다 더 큰 정전기가 발생 불꽃발생
유동대전	• 액체류가 파이프 등 내부에서 유동할 때 액체와 관벽 사이의 경계면에 전기이중층이 형성되어 발생 • 액체의 유동속도가 정전기 발생에 가장 큰 영향
분출대전	• 액체, 기체, 분체 등이 단면적이 작은 분출구를 통해 공기 중으로 분출될 때 물질과 분출구의 마찰로 발생 • 분출하는 물질의 구성 입자들 간의 상호충돌로도 정전기 발생
침강대전	탱크로리와 같이 수송 중에 액체가 교반할 때 대전되어 발생
파괴대전	고체나 분체류와 같은 물체가 파괴되었을 때 전하분리로 (+), (−)의 전하 균형이 깨져 발생
비말대전	공기 중에 분출한 액체류가 미세하게 비산되어 분리하고 크고 작은 방울로 될 때 새로운 표면을 형성하기 때문에 정전기가 발생
적하대전	고체 표면에 부착되어 있는 액체류가 성장하여 물방울이 되어 떨어져 나갈 때 발생

11 화재조사 및 보고규정에서 정한 화재피해의 조사 중 인명피해 및 재산피해 조사범위를 쓰시오. (인명피해 조사범위 2가지, 재산피해 조사범위 3가지) (5점)

종 류	조사범위
인명피해 (2가지)	① ( ) ② ( )
재산피해 (3가지)	③ ( ) ④ ( ) ⑤ ( )

해답

① 소방활동 중 발생한 사망자 및 부상자
② 그 밖의 화재로 인한 사망자 및 부상자
③ 열에 의한 탄화, 용융, 파손 등의 피해
④ 소화활동으로 발생한 수손피해
⑤ 그 밖에 연기, 물품반출, 화재로 인한 폭발 등에 의한 피해

화재피해조사의 종류 및 범위

종 류	조사범위
인명피해	• 소방활동 중 발생한 사망자 및 부상자 • 그 밖에 화재로 인한 사망자 및 부상자 • 사상자 정보 및 사상 발생원인
재산피해	• 열에 의한 탄화, 용융, 파손 등의 피해 • 소화활동 중 사용된 물로 인한 피해 • 그 밖에 연기, 물품반출, 화재로 인한 폭발 등에 의한 피해

12 냉온수기에서 화재가 발생한 경우 다음 물음에 답하시오. (6점)

① 온도조절장치의 명칭은 무엇인가?

② 화재감식요령을 약술하시오.

해답

① 바이메탈 서모스탯
② 화재감식요령 : 가동접점 부분에서 전기용흔이 식별되며 동 부분에 인접한 절연재가 도전성을 띠고 있는
상태이고 동 절연재가 국부적으로 심하게 연소되어 백화연소된 상태로써 접점의 반복적인 동작에 의한 아크
발생과 주변 절연체의 절연열화에 의해 형성된 트래킹으로 발화된다.

13 BLEVE의 발생과정 중 괄호에 알맞은 말을 넣으시오. (6점)

발생과정 : 화재 → 액온상승 → (①) → (②) → (③) → (④) → Fire Ball

해답

① 압력증가
② 연성파괴
③ 액격현상
④ 취성파괴

해설

화재 → 액온상승 → (압력증가) → (연성파괴) → (액격현상) → (취성파괴) → Fire Ball

14 폭굉(Detonation)에서 유도거리가 짧아지는 요인 4가지를 설명하시오.

[해답]
① 압력이 높을수록
② 점화원의 에너지가 클수록
③ 혼합가스의 정상 연소속도가 클수록
④ 관 속에 방해물이 많고 직경이 작을수록

[해설]
폭굉유도거리(DID) : 최초의 완만한 연소가 격렬한 폭굉으로 발전할 때까지의 거리

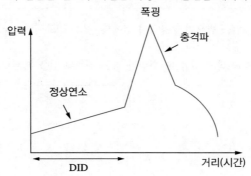

15 냉장고에 대한 다음 물음에 답하시오.

① 냉장고 압축기 보호하는 장치는 무엇인가?
② 냉매가스 압축과정에서 생성된 열을 냉각하는 장치는 무엇인가?

[해답]
① 과부하계전기, ② 응축기

[해설]
① 과부하계전기(Overload Relay) : 압축기에 과전류가 흘러 권선을 소손시키거나 높은 온도가 되었을 때 자동적으로 작동하여 압축기를 보호하는 장치이다.
② 응축기(Condenser) : 콘덴서는 냉각기(Evaporator)에서 빼앗은 열과 컴프레서에 의해 부여된 열을 방출하는 곳으로 여기에 보내진 고온, 고압의 가스상 냉매를 공기 또는 물로 냉각하여 고압의 액체로 바꾸는 장치이다.

02 | 기사 기출복원문제

※ 본 기출문제는 수험자들의 기억에 의해 복원된 것으로 내용과 그림, 출제순서가 다소 실제 문제와 다를 수 있습니다.

01 빈칸을 완성하시오. (8점)

① 금속이 화재열을 받으면 용융하기 전에 자중 등으로 인해 좌굴하여 (　　) (이)라는 형상을 남긴다.
② 금속이 하중을 받고 있을 때 화염이 기둥 우측에 있을 때는 기둥은 (　　) 방향으로 휜다.

[해답]
① 만곡
② 우측

[해설]
• 금속의 만곡
 − 화재열을 받은 금속은 용융하기 전에 자중 등으로 인해 좌굴한다.
 − 화재현장에서는 만곡이라는 형상으로 남아있다.
 − 일반적으로 금속의 만곡 정도가 수열 정도와 비례하여 연소의 강약을 알 수 있다.
• 금속의 도괴방향에 의한 연소방향 판정

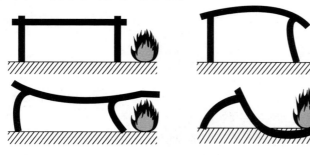

02 다음 그림과 같이 전기단락흔이 형성되었다. 물음에 답하시오. (6점)

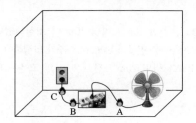

> ① 최초 발화지점 :   ② 합선순서 :

해답

① 최초 발화지점 : A   ② 합선순서 : A → B → C

해설

벽면콘센트에 인가된 멀티콘센트에 직렬회로를 구성하는 경우 부하측에 단락이 생성하더라도 차단기가 동작하지 않을 시에는 전원측으로 전기적 특이점(단락 또는 합선)이 계속하여 생성되며 최종 부하측을 판단할 수 있다. 즉, 최초 C에서 발화되었다면 B와 A에 회로가 구성되지 않기 때문에 단락흔이 발생될 수 없으므로 최종 부하측인 A가 최초 발화지점이다.

03 리플마크가 나타나는 원인은? (5점)

해답

충격에 의한 유리창 파괴

해설

충격에 의한 유리창 파괴 표면의 특징
- 충격지점을 중심으로 거미줄 모양의 방사형으로 파손되며 충격지점으로 가까울수록 파편의 크기는 작고 멀수록 크다.
- 리플마크(Ripple Mark) : 유리의 동심원 파단면 및 방사형 파단면에는 물결 같은 일련의 곡선이 연속해서 만들어지는 것을 말하며, 패각상 파손흔이라고도 한다.

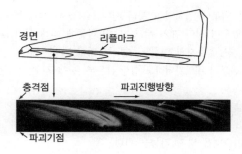

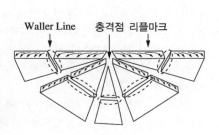

04 다음 소실면적을 산정하시오. (8점)

① 화재로 한쪽 벽면 10m², 천장 10m², 바닥 10m²이 소실되었다. 소실면적은?
② 철근콘크리트조 슬래브지붕 4층 건물의 1층에서 화재가 발생하여 1층 점포 300m²(바닥면적 기준)가 전소되고, 2층 바닥 10m², 벽면 20m², 천정 20m²의 그을음 피해가 발생한 경우 소실 면적은 몇 m²인가?

해답
① 10m²
② 310m²

해설
소실면적 산정(화재조사 및 보고규정 제17조)
• 건물의 소실면적 산정은 소실 바닥면적으로 산정한다.
• 수손 및 기타 파손의 경우에도 위 규정을 준용한다.

05 냉장고 히터의 종류에 대한 다음 각 물음에 답하시오. (6점)

① 증발기의 이면 또는 내부에 설치하여 서리 제거를 촉진시키는 부품명칭을 쓰시오.
② 냉각기의 아래에 설치되어 있으며 서리 제거 서모스탯의 작동에 의해 서리 제거 시에 통전되며 서리의 용융이나 서리제거 물의 재동결방지의 역할도 하도록 되어 있는 부품의 명칭을 쓰시오.

해답
① 서리제거 히터
② 드레인 히터

해설
냉장고 히터의 종류
• 서리제거(제상) 히터 : 증발기의 이면 또는 내부에 설치하여 서리 제거를 촉진시킨다.
• 드레인 히터 : 냉각기의 아래에 설치되어 있으며 서리 제거 서모스탯의 작동에 의해 서리 제거 시에 통전되며 서리의 용융이나 서리제거 물의 재동결방지의 역할도 하도록 되어 있다.
• 서모스탯 히터 : 서모스탯 히터 본체 주위의 온도가 내려가더라도 항상 감온부 온도에서 정상 작동되도록 온도를 보정해준다.
• 냉장실 칸 히터 : 중간 칸의 서리부착을 방지한다.
• 외부 박스 히터 : 냉장고 주변으로 주위온도가 높을 경우 냉장고 외부 박스 전면의 온도가 노점온도 이하로 내려가면 이슬이 맺히게 되는 데 이슬맺음 방지 기능을 한다.

06 다음 표는 화재조사 과학적 방법론에 대한 것이다. 빈칸을 완성하시오. (9점)

```
┌─────────────────────────┐
│      필요성 인식          │
└─────────────────────────┘
            ⇩
┌─────────────────────────┐
│        문제정의          │
└─────────────────────────┘
            ⇩
┌─────────────────────────┐
│          ①              │
└─────────────────────────┘
            ⇩
┌─────────────────────────┐
│          ②              │
└─────────────────────────┘
            ⇩
┌─────────────────────────┐
│        가설설정          │
└─────────────────────────┘
            ⇩
┌─────────────────────────┐
│          ③              │
└─────────────────────────┘
            ⇩
┌─────────────────────────┐
│      최종가설 선택        │
└─────────────────────────┘
```

해답

① 자료수집
② 자료분석(귀납적 추리)
③ 가설검증(연역적 추리)

해설

과학적 화재조사의 기본원칙

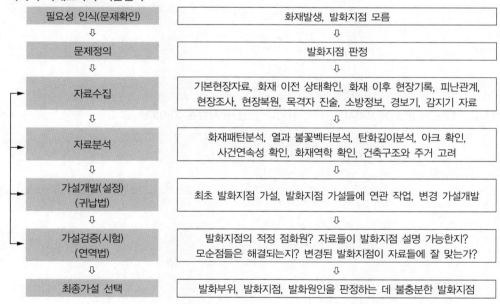

필요성 인식(문제확인)	화재발생, 발화지점 모름
문제정의	발화지점 판정
자료수집	기본현장자료, 화재 이전 상태확인, 화재 이후 현장기록, 피난관계, 현장조사, 현장복원, 목격자 진술, 소방정보, 경보기, 감지기 자료
자료분석	화재패턴분석, 열과 불꽃벡터분석, 탄화깊이분석, 아크 확인, 사건연속성 확인, 화재역학 확인, 건축구조와 주거 고려
가설개발(설정) (귀납법)	최초 발화지점 가설, 발화지점 가설들에 연관 작업, 변경 가설개발
가설검증(시험) (연역법)	발화지점의 적정 점화원? 자료들이 발화지점 설명 가능한지? 모순점들은 해결되는지? 변경된 발화지점이 자료들에 잘 맞는가?
최종가설 선택	발화부위, 발화지점, 발화원인을 판정하는 데 불충분한 발화지점

07 다음의 발화유형을 각각 1가지씩 쓰시오. (단, 트레킹 현상은 제외한다) (6점)

> ① 직렬아크 :
> ② 병렬아크 :

해답

① 직렬아크 : 반단선
② 병렬아크 : 합선

해설

• 직렬아크 : 반단선, 접촉불량, 스위치 융착 등
• 병렬아크 : 합선, 지락 등
• 트레킹현상 : 직렬뿐만 아니라 병렬 회로상에 모두 나타날 수 있다.

08 다음 내용을 완성하시오. (단, 공기의 평균 분자량은 29이다) (9점)

> ① 프로판 가스의 완전연소 반응식을 쓰시오.
> ② 프로판 가스의 증기비중을 구하시오.

해답

① $C_3H_8 + 5O_2 \rightarrow 3CO_2 + 4H_2O$
② 1.51

해설

• 탄화수소계 연소반응 방정식

$$C_mH_n + (m+\frac{n}{4})O_2 \rightarrow m\,CO_2 + \frac{n}{2}H_2O$$

$$C_3H_8 + 5O_2 \rightarrow 3CO_2 + 4H_2O$$

• 기체의 비중은 한 물질의 밀도와 기준 물질의 밀도 사이의 비로 정의되며, 다음과 같이 표시한다.

$$비중 = \frac{어떤\ 물질의\ 밀도}{기준\ 물질의\ 밀도} = \frac{어떤\ 물질의\ 중량}{기준\ 물질의\ 중량} = \frac{프로판\ 가스\ 분자량}{공기의\ 분자량} = \frac{44g}{29g} ≒ 1.51$$

09 다음 연소형태 및 연소부위에 따른 임야화재의 종류를 쓰시오. (6점)

> ① 나무의 줄기가 연소하는 화재
> ② 낙엽층 밑의 유기질층 또는 이탄층이 연소하는 화재

[해답]

① 수간화
② 지중화

[해설]

연소형태 및 연소부위(위치)에 따른 임야화재 구분
- 지표화 : 지표에 쌓여 있는 낙엽과 지피류, 지상 관목층, 건초 등이 연소
- 수관화 : 나무의 윗부분에 불이 붙어서 연속해서 수관에서 수관으로 태워나가는 화재
- 수간화 : 나무의 줄기가 연소하는 화재
- 지중화 : 낙엽층 밑의 유기질층 또는 이탄(泥炭, Peat)층이 연소하는 화재

10 화상면적을 산정하는 9의 법칙에 따른 다음 성인의 각 신체부위 비율은? (5점)

> ① 머 리
> ② 생식기
> ③ 상반신 앞면
> ④ 오른팔
> ⑤ 양쪽 다리 앞면

[해답]

① 머리 : 9%
② 생식기 : 1%
③ 상반신 앞면 : 18%
④ 오른팔 : 9%
⑤ 양쪽 다리 앞면 : 18%

[해설]

9의 법칙

손상 부위	성 인	어린이	영 아
머 리	9%	18%	18%
흉 부	9% × 2	18%	18%
하복부			

배(상)부	9%×2	18%	18%
배(하)부			
양 팔	9%×2	9%×2	18%
대퇴부(전, 후)	9%×2	13.5%	13.5%
하퇴부(전, 후)	9%×2	13.5%	13.5%
외음부	1%	1%	1%
관련 사진			

11 화재현장에서 유출된 아세톤 유증기가 폭발을 일으키며 발화한 경우, 다음 각 물음에 대하여 답하시오. (6점)

① 아세톤의 완전연소 반응식을 쓰시오.
② 아세톤의 아세톤의 증기비중을 구하시오. (단, 공기의 분자량은 29로 가정한다)
 – 계산과정 :
 – 답 :
③ 아세톤의 위험도를 구하시오.(단, 연소한계 2.5%~12.8%)

해답

① $CH_3COCH_3 + 4O_2 \rightarrow 3CO_2 + 3H_2O$

② $\dfrac{\text{아세톤의 분자량}}{\text{공기의 분자량}} = \dfrac{58g}{29g} \fallingdotseq 2$

③ 4.12

해설

① $C_mH_nO_1 + (m + \dfrac{n}{4} - \dfrac{1}{2})O_2 \rightarrow mCO_2 + \dfrac{n}{2}H_2O$

$CH_3COCH_3 + 4O_2 \rightarrow 3CO_2 + 3H_2O$

② 기체의 비중은 한 물질의 밀도와 기준 물질의 밀도 사이의 비로 정의되며, 다음과 같이 표시한다.

$\text{비중} = \dfrac{\text{어떤 물질의 밀도}}{\text{기준 물질의 밀도}} = \dfrac{\text{어떤물질의 중량}}{\text{기준 물질의 중량}} = \dfrac{\text{아세톤 분자량}}{\text{공기의 분자량}} = \dfrac{58g}{29g} \fallingdotseq 2$

③ $H(\text{위험도}) = \dfrac{U(\text{연소상한계}) - L(\text{연소하한계})}{L(\text{연소하한계})} = \dfrac{12.8 - 2.5}{2.5} \fallingdotseq 4.12$

12 가스폭발과 비교하여 분진폭발의 특징 3가지를 쓰시오. (6점)

> **해답**

① 연소속도나 압력은 가스폭발에 비해 적으나 연소시간이 길고 발생에너지가 크다.
② 폭발 시 접촉되는 가연물질은 국부적으로 심한 탄화를 일으키며 인체에 닿으면 심한 화상을 입는다.
③ 가스폭발에 비해 불완전 연소, 일산화탄소 중독 우려가 높다.

> **해설**

이외에도 다음의 특징이 있다.
• 가스폭발보다 최소발화 에너지는 크다.
• 가스폭발은 1차 폭발이지만 분진폭발은 2차, 3차 폭발로 피해가 크다.
• 가연성의 분체 또는 고체의 다수 미립자가 공기 중에 부유하는 상태에서 점화되면 그 분산계 내를 화염이 전파하여 가스폭발과 비슷한 양상을 나타내는 현상이다.
• 혼합가스 폭발에 비해 폭발압력의 상승속도가 빠르고 장시간 지속되기 때문에 분진폭발의 파괴력은 상당히 크다.
• 금속 또는 합금입자는 공기 중에서 연소할 때의 발열량이 크고, 입자는 가열·비산하여 다른 가연물에 부착되면 발화원이 될 수도 있다.

13 다음은 백열전구에 대한 그림이다. 다음 물음에 답하시오. (9점)

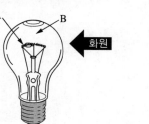

---

① A의 명칭을 쓰시오.
② B 유리구 안에 넣을 수 있는 봉입가스를 쓰시오.
③ 화재 시 전구의 변형 상태를 설명하시오.

> **해답**

① 필라멘트
② 질소, 아르곤, 크립톤
③ 내부가 불활성가스로 충전된 전구는 일부가 연화되기 시작하면 내부의 압력 때문에 연화된 부분이 부풀어 오르거나 외부로 터져 나가는 형태로 변한다.

뒤틀린 전구의 화재감식

- 불활성가스 : 백열전구는 필라멘트 산화를 방지하기 위해 유리구 안에 질소, 아르곤, 크립톤 등 불활성가스를 채운다.
- 화재감식요령
  - 백열전구가 가열되면 팽창된 불활성가스는 화재방향 유리구를 바깥쪽으로 부풀어 오르게 하여 파열된다.
  - 화재를 소화한 후에도 그대로 남아 있어 연소방향을 확인하는 데 사용할 수 있다.

14 금속의 용융점이 높은 순으로 나열하시오. (5점)

텅스텐	구리	철	알루미늄

해답

텅스텐 → 철 → 구리 → 알루미늄

해설

텅스텐(3,400℃) → 철(1,530℃) → 구리(1,083℃) → 알루미늄(659.5℃)

15 화재조사 분석장비에 관한 다음 물음에 답하시오. (6점)

① 석유류에 의해 탄화된 것으로 추정되는 증거물을 수거하여 디클로로메탄이 들어있는 비이커에 넣어 여과과정을 통해 액체를 추출한 후 가열한 시료를 분석하는 장비는?
② 과전류 차단기와 같이 내부의 동작여부를 볼 수 없거나 플라스틱 케이스가 용융되어 내부 스위치의 동작여부를 볼 때 사용하는 장비는?

해답

① 가스크로마토그래피
② X선 촬영장치 또는 비파괴 검사기

① 가스크로마토그래피(Gas Chromatography) 분석법의 원리

   ⊙ 용도 : 두 가지 이상의 성분으로 된 물질을 단일성분으로 분리시켜 무기물질과 유기물질의 정성·정량 분석에 사용하는 분석기기

   ⓛ 구성 : 압력조정기(Pressure Control)와 운반기체(Carrier Gas)의 고압실린더, 시료주입장치(Injector), 분석칼럼(Column), 검출기(Detector), 전위계와 기록기(Data System), 항온장치

   ⓒ 운반기체의 종류 : H_2, He, N_2, Ar 등

② X선 촬영장치

   ⊙ 합성수지로 피복된 물건 내부 및 화재열로 용융으로 엉겨 붙은 플라스틱 등의 단단한 덩어리 속에 묻혀 있는 경우 사용

   ⓛ 어떤 물체 내부의 실체를 전혀 알 수 없거나 감정 물건의 내부를 확인할 목적으로 사용

04 | 기사 기출복원문제

※ 본 기출문제는 수험자들의 기억에 의해 복원된 것으로 내용과 그림, 출제순서가 다소 실제 문제와 다를 수 있습니다.

01 화재현장에서 변사체를 발견했다면 화재사 입증을 위한 법의학적 특징 3가지를 쓰시오. (6점)

해답

① 화재 당시 생존해 있을 경우 화염을 보면 눈을 감기 때문에 눈가 주변 또는 호흡기 주변으로 짧은 주름이 생기고 주름사이에는 그을음이 없다.
② 일산화탄소에 중독된 경우 시반은 선홍빛을 띤다.
③ 기도 안에서 그을음이 발견된다.

해설

화재사체의 법의학적 특징

- 화재 당시 생존해 있을 경우 화염을 보면 눈을 감기 때문에 눈가 주변 또는 호흡기 주변으로 짧은 주름이 생기고 주름사이에는 그을음이 없다.
- 일산화탄소에 중독된 경우 시반은 선홍빛을 띤다.
- 기도 안에서 그을음이 발견된다.
- 전신에 1~3도 화상 흔적이 식별된다.
- 권투선수 자세를 취한다.

02 NFPA에 따른 연소촉진제(Accelerant)의 정의는? (5점)

해답

점화시키거나 화재의 성장 또는 확산속도를 증가시키기 위해 사용되는 연료 또는 산화제로서 보통 가연성액체인 경우가 많다.

03 다음에서 설명하는 화재 패턴을 쓰시오. (5점)

> 인화성 액체가연물이 바닥으로 쏟아졌을 때 액체가연물이 쏟아진 부분과 쏟아지지 않은 부분의 탄화경계 흔적을 말하고, 이런 형태는 화재가 진행되면서 가연성 액체가 있는 곳은 다른 곳보다 연소가 강하기 때문에 탄화정도의 차이로 구분되는 연소형태는?

해답 포어패턴

04 대류의 열전달 원리를 쓰시오. (5점)

해답

일반적으로 액체 및 기체는 그 일부를 가열하면 그 부분은 팽창하고 가볍게 되어 상승하게 되고 빈자리를 차가운 유체가 흘러들어 메우며, 이 차가운 유체에 다시 열이 전달되어 따뜻해지면 따뜻해진 유체가 계속적으로 상승하여 이동해 가므로 열이 다른 곳으로 전달되는 효과를 대류라고 한다.

해설

액체나 기체가 부분적으로 가열될 때, 데워진 것이 위로 올라가고 차가운 것이 아래로 내려오면서 전체적으로 데워지는 현상이다.

05 화재조사 및 보고 규정상 소방·방화시설 활용조사서의 소화활동설비 5가지를 쓰시오. (10점)

해답

제연설비, 연결송수관설비, 연결살수설비, 비상콘센트설비, 무선통신보조설비

해설

소화활동설비 : 화재를 진압하거나 인명구조활동을 위하여 사용하는 설비로서 다음 각 목의 것
• 제연설비
• 연결송수관설비
• 연결살수설비
• 비상콘센트설비
• 무선통신보조설비
• 연소방지설비

06 가스화재감식에 대한 내용이다. 물음에 답하시오. (7점)

> ① LPG의 연소속도가 염공에서 가스유출속도보다 빠르게 되었을 때 불꽃이 버너 내부로 들어가 노즐 선단에서 연소하는 현상은?
> ② LPG용기의 내용적이 47L일 때 프로판의 저장량(kg)은 얼마인가? (단, 충전정수는 2.35로 한다)

해답

① 역화, ② 20kg

① **역화** : LPG의 연소속도가 염공에서 가스유출속도보다 빠르게 되었을 때 불꽃이 버너 내부로 들어가 노즐 선단에서 연소하는 현상이다.

② 액화가스 용기의 저장량 = $W = \dfrac{V_2}{C} = \dfrac{47}{2.35} = 20$

W : 저장능력(kg)

V_2 : 용기의 내용적(L)

C : 가스의 충전정수(액화프로판 2.35, 액화부탄 2.05, 액화암모니아 1.86)

07 철골조 건물이 화재로 도괴된 그림이다. 다음 물음에 답하시오. (7점)

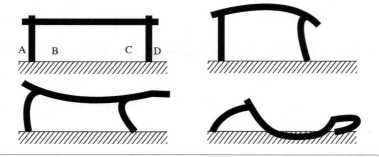

① 화원의 위치를 명기하시오.
② 도괴가 나타나는 이유는 무엇인가?

① D
② 화원에 가까운 금속이 열을 받으면 연화되어 만곡하기 때문

• 화원의 위치

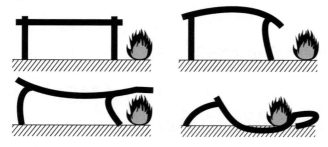

• 금속의 만곡
  - 화재열을 받은 금속은 용융하기 전에 연화되어 자중 또는 열 받은 쪽으로 좌굴한다.
  - 화재현장에서는 만곡이라는 형상으로 남아있다.
  - 일반적으로 금속의 만곡정도가 수열정도와 비례하여 연소의 강약을 알 수 있다.

08 중성대에 대한 다음 물음에 답하시오. (6점)

> ① 정의를 쓰시오.
> ② 화재의 성장기와 최성기 중 중성대 높이가 낮은 것은?

해답

① 실내에서 화재가 발생하면 연소열에 의해 부력이 발생하므로 실의 상부는 실외보다 압력이 높고, 하부는 압력이 낮다. 따라서 그 사이 어느 높이에는 실내와 실외의 압이 같아지는 경계가 형성되는데 그 면을 중성대라 한다.
② 성장기

09 도넛패턴을 열전달 원리를 이용하여 설명하시오. (6점)

해답

가연성 액체가 웅덩이처럼 고여 있을 경우 발생하는데, 주변이나 얕은 곳에서는 화염이 바닥이나 바닥재를 연소시키는 반면에 비교적 깊은 중심부는 가연성 액체가 증발하면 기화열에 의하여 냉각시키는 현상 때문에 발생하는 화재형태이다.

10 단상 220V 멀티탭에서 소비전력 1,500W "가" 전기기기와 소비전력 550W "나" 전기기기가 연결되었을 때, "나" 전기기기의 소비전류를 구하시오. (5점)

해답

2.5A

해설

멀티탭은 저항이 병렬로 연결되어 일정하게 220V의 전압이 일정하게 흐른다. 주어진 조건에서
P = VI(P : 전력(W), V : 전압(V), I : 전류(A))식을 이용하여

전체전류(A) = $\dfrac{P}{V}$ = $\dfrac{2050}{220}$ = 9.32A

∴ "가" 전기기기의 소비전류 = $\dfrac{P}{V}$ = $\dfrac{1500}{220}$ = 6.82A

"나" 전기기기의 소비전류 = $\dfrac{P}{V}$ = $\dfrac{550}{220}$ = 2.5A

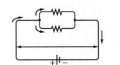
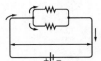

11 화재증거물수집관리규칙이다. 다음에서 설명하는 것을 쓰시오. (10점)

> - (①)은/는 화재와 관련 있는 물건 및 개연성이 있는 모든 개체를 말한다.
> - (②)은/는 화재증거물을 획득하고 해당 물건을 분석하여 사건과 관련된 화재증거를 추출하는 과정을 말한다.
> - (③)은/는 화재현장에서 증거물수집에서부터 폐기까지 증거물 원본성 보장을 위한 증거물 관리 및 이송과 관련된 과정을 말한다.
> - (④)은/는 화재조사현장과 관련된 사람, 물건, 기타 주변상황, 증거물 등을 촬영한 사진, 영상물 및 녹음자료, 현장에서 작성된 정보 등을 말한다.
> - (⑤)은/는 화재조사현장과 관련된 사람, 물건, 기타 상황, 증거물 등을 촬영한 사진을 말한다.

해답

① 증거물, ② 증거물 수집, ③ 증거물 보관·이동, ④ 현장기록, ⑤ 현장사진

해설

화재증거물수집관리규칙 제2조(정의)에 따른 용어의 정의이다.

12 NFPA 921 기준에 따른 독립된 화재로써 다수발화할 수 있는 화재의 특징 5가지를 쓰시오. (단, 방화는 제외한다) (10점)

해답

① 전도, 대류, 복사에 의한 연소확산
② 직접적인 화염충돌에 의한 확산
③ 개구부를 통한 화재확산
④ 드롭다운 등 가연물의 낙하에 의한 확산
⑤ 불티에 의한 확산

해설

NFPA 921 22.2.1 다수 발화지점의 존재(Multiple Fires)
다수 발화지점의 화재는 둘이나 그 이상 분리되어, 연관되지 않고 동시에 타오르는 화재이다. 조사자는 있을지 모르는 발화지점이나 추가 화재를 찾아내도록 조사한다. 다수 발화지점의 화재로 결론 내리기 위해서는 조사자는 어떠한 "독립적(Separate)" 화재도 초기 화재의 자연적 부산물이 아님을 결정해야 한다.
22.2.1.1 다른 실의 화재, 다른 층의 연결되지 않은 화재, 한 건물의 내부와 외부의 독립적인 화재가 다수 발화지점 화재의 예이다. 화재 건물과 주변 구역 조사에서 다수 발화지점 화재가 있었는지 결정한다.
22.2.1.2 명백한 다수 발화지점의 화재는 다음 수단에 의한 확산의 결과로 발생할 수 있다.
(1) 전도, 대류, 복사
(2) 불 티
(3) 직접적인 화염 충돌
(4) 커튼 등의 떨어지는 불타는 재료

(5) 파이프 홈이나 공기조절 덕트 등의 샤프트를 통한 화재 확산

(6) 벌룬구조 내 바닥 공동(Floor Cavities) 또는 벽의 내부 화재확산

(7) 과부하 된 전기배선

(8) 유틸리티시스템의 고장

13 탄화된 목재표면의 수열에 따른 균열흔을 각각 쓰시오. (6점)

해답

① 완소흔 : 700~800℃ 정도의 삼각 또는 사각형태의 수열흔

② 강소흔 : 900℃ 정도의 홈이 깊은 요철이 형성된 수열흔

③ 열소흔 : 홈이 아주 깊은 1,000℃ 정도의 대형 목조건물 화재 시 나타나는 현상

14 다음 조건을 참고하여 화재발생 건축물의 화재피해액을 구하시오. (6점)

화재당시 건물 신축단가 450천원, 소실면적 6,500m², 내용연수 50년, 경과연수 25년, 손해율 60% (단, 잔존물 제거비는 제외한다)

해답 1,053,000천원

해설

건축물 화재피해액 = 신축단가 × 소실면적(m^2) × $[1-(0.8 \times \frac{경과연수}{내용연수})]$ × 손해율의 산정공식에 대입하면

= $450 \times 6,500 \times [1-(0.8 \times \frac{25}{50})] \times 0.6 = 1,053,000$천원

15 최종잔가율을 20%로 하는 화재피해액 산정 대상 3가지를 쓰시오. (6점)

해답

건물, 부대설비, 가재도구

해설

최종잔가율은 피해물의 경제적 내용연수가 다한 경우 잔존하는 가치의 재구입비에 대한 비율이다. 건물, 부대설비, 구축물, 가재도구는 20%로 하며, 그 이외의 자산은 10%로 정한다.

02 | 산업기사 기출복원문제

※ 본 기출문제는 수험자들의 기억에 의해 복원된 것으로 내용과 그림, 출제순서가 다소 실제 문제와 다를 수 있습니다.

01 제조물책임법에 대한 내용이다. 괄호 안을 채우시오. (8점)

> ① 손해배상청구권은 피해자가 (　　)을/를 지는 자를 안 날로부터 3년간 행사하지 아니하면 시효의 완성으로 소멸된다.
>
> ② "(　　)"(이)란 제조업자가 합리적인 대체설계(代替設計)를 채용하였더라면 피해나 위험을 줄이거나 피할 수 있었음에도 대체설계를 채용하지 아니하여 해당 제조물이 안전하지 못하게 된 경우를 말한다.
>
> ③ 제조물책임법은 제조물의 결함으로 발생한 손해에 대한 (　　) 등의 손해배상책임을 규정한다.
>
> ④ 손해배상청구권은 제조업자가 손해를 발생시킨 제조물을 공급한 날부터 (　　) 이내에 행사하여야 한다.

[해답]

① 손해배상책임
② 설계상 결함
③ 제조업자
④ 10년

02 다음 물음에 답하시오. (4점)

> ① 화재 위에 생성된 고온가스가 층을 이루는 열기둥이라고 부른 것은?
>
> ② 실내에서 화재가 발생하면 연소열에 의해 부력이 발생하므로 실의 상부는 실외보다 압력이 높고 하부는 압력이 낮다. 따라서 그 사이 어느 높이에는 실내와 실외의 압이 같아지는 경계가 형성되는데 그 면을 무엇이라 하는가?

[해답]

① 플룸(Plume)
② 중성대

03 다음 표는 화재조사 과학적 방법론에 대한 것이다. 빈칸을 완성하시오. (6점)

```
┌─────────────────────────┐
│       필요성 인식        │
└─────────────────────────┘
            ⇩
┌─────────────────────────┐
│        문제정의          │
└─────────────────────────┘
            ⇩
┌─────────────────────────┐
│        자료수집          │
└─────────────────────────┘
            ⇩
┌─────────────────────────┐
│           ①             │
└─────────────────────────┘
            ⇩
┌─────────────────────────┐
│        가설설정          │
└─────────────────────────┘
            ⇩
┌─────────────────────────┐
│           ②             │
└─────────────────────────┘
            ⇩
┌─────────────────────────┐
│      최종가설 선택       │
└─────────────────────────┘
```

해답

① 자료분석
② 가설검증

해설

과학적 화재조사의 기본원칙

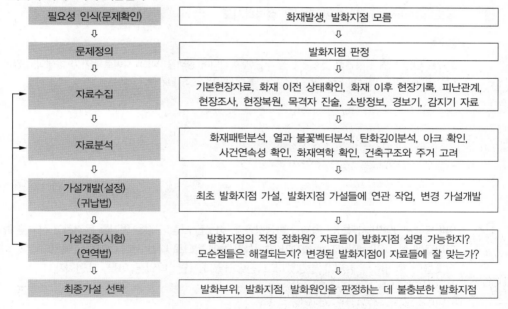

필요성 인식(문제확인)	화재발생, 발화지점 모름
문제정의	발화지점 판정
자료수집	기본현장자료, 화재 이전 상태확인, 화재 이후 현장기록, 피난관계, 현장조사, 현장복원, 목격자 진술, 소방정보, 경보기, 감지기 자료
자료분석	화재패턴분석, 열과 불꽃벡터분석, 탄화깊이분석, 아크 확인, 사건연속성 확인, 화재역학 확인, 건축구조와 주거 고려
가설개발(설정) (귀납법)	최초 발화지점 가설, 발화지점 가설들에 연관 작업, 변경 가설개발
가설검증(시험) (연역법)	발화지점의 적정 점화원? 자료들이 발화지점 설명 가능한지? 모순점들은 해결되는지? 변경된 발화지점이 자료들에 잘 맞는가?
최종가설 선택	발화부위, 발화지점, 발화원인을 판정하는 데 불충분한 발화지점

04 다음 물질이 물과 반응하여 생성되는 물질을 쓰시오.   (4점)

> ① 생석회(CaO) :
> ② 금속 나트륨(Na) :

해답

① 수산화칼슘($Ca(OH)_2$)
② 수산화나트륨(NaOH)

해설

① $CaO + H_2O \longrightarrow Ca(OH)_2$
② $2Na + 2H_2O \longrightarrow 2NaOH + H_2$

05 롤오버(Roll over)에 대한 정의를 설명하시오.   (6점)

해답

화재로 인한 뜨거운 가연성 가스가 천장 부근에 축적되어 실내공기압의 차이로 화재가 발생되지 않은 곳으로 천장을 굴러가듯 빠르게 연소하는 현상으로 플래시오버 전초 단계에 나타남

06 아파트에서 3명이 사망하는 화재가 발생하였다. 이웃집 사람이 검은 연기를 목격하고 신고를 하였으며, 아파트에 살고 있는 아버지는 화재가 발생하기 전에 밖으로 나간 것이 CCTV상 확인되었고, 아버지는 담뱃불이 떨어져서 화재가 발생했다고 진술하였다. (단, 나일론 이불, 표면화재)   (8점)

> ① 담뱃불 발화과정 중 빈칸에 들어갈 내용을 쓰시오.
>   무염연소 → (㉠) → (㉡) → 유염발화
> ② 방화추정 근거를 2가지 제시하시오.

해답

① ㉠ 열축적, ㉡ 발화온도 도달
② 급격한 연소확대(담뱃불 화재는 장시간 소요), 화재발생 전 자리를 비움(cctv 확인)

담뱃불 화재조사 요령

담뱃불 화재로 생각되는 경우에는 발화증거품과 흡연자 등에 대한 인적행동을 밝혀내는 동시에 다른 발화원을 부정하면서 재떨이, 꽁초, 점화원(성냥, 라이터 등)을 발굴한다.

- 착화될 수 있는 증거품(가연물) 발굴에 집중하여야 한다.
- 담뱃불 발화에 의한 연소흔적을 주의 깊게 관찰한다.
- 가연물(침구류, 쓰레기통)의 종별 및 연소상태와 연소패턴을 분석한다.
- 흡연행위가 있었는지를 확인하고 경과시간과 착화물의 상관관계를 분석한다.
- 최초 발화지점의 탄화심도가 깊은 것(국부적으로 패인현상)이 특징이므로 주의 깊게 확인한다.
- 축열조건에 영향을 미칠 수 있는 주변 환경(용기, 쓰레기, 휴지, 공기의 공급량, 풍향, 풍속)을 확인한다.

07 백드레프트(역화, 역류)현상에 대하여 기술하시오. (5점)

해답

폐쇄된 공간 내에서 산소가 부족한 훈소상태로 화재가 진행될 때 불완전연소로 인한 일산화탄소(연소범위 12.5~75%)와 탄화된 입자, 고열에 의한 가연성 가스가 부유 중 문개방 등으로 일시적으로 다량의 산소가 공급될 때 순간적으로 발화 및 폭발하는 현상이다.

08 제3류 위험물의 품명 4가지를 쓰시오. (8점)

해답

칼륨, 나트륨, 알킬알루미늄, 알킬리튬

해설

제3류 위험물 및 지정수량

위험물				지정 수량
유 별	성 질	등 급	품 명	
제3류	자연발화성 물질 및 금수성물질	I	1. 칼륨, 2. 나트륨, 3. 알킬알루미늄, 4. 알킬리튬	10kg
			5. 황린	20kg
		II	6. 알칼리금속 및 알칼리토금속, 7. 유기금속화합물	50kg
		III	8. 금속의 수소화물, 9. 금속의 인화물, 10. 칼슘 또는 알루미늄의 탄화물	300kg
			11. 그 밖의 총리령이 정하는 것 : 염소화규소화합물 12. 제1호 내지 제11호의 1에 해당하는 어느 하나 이상을 함유한 것	10kg, 20kg, 50kg 또는 300kg

09 화재증거물수집관리규칙이다. 다음에서 설명하는 것을 쓰시오. (6점)

> ① ( )(이)란 화재와 관련 있는 물건 및 개연성이 있는 모든 개체를 말한다.
> ② ( )(이)란 화재조사현장과 관련된 사람, 물건, 기타 주변상황, 증거물 등을 촬영한 사진,
>   영상물 및 녹음자료, 현장에서 작성된 정보 등을 말한다.

[해답]

① 증거물
② 현장기록

10 인화성액체를 사용하여 방화한 현장에서 나타나는 화재패턴을 5가지만 답하시오. (10점)

[해답]

도넛패턴, 스플래시패턴, 틈새연소패턴, 트레일러패턴, 포어패턴

[해설]

인화성액체를 사용한 방화현장에서 나타나는 화재패턴은 위의 5가지 이외에도 고스트마크, 낮은연소패턴,
불규칙패턴, 역원추형패턴 등이 있다.

11 사무실(300m^2)에서 화재가 발생하여 다음과 같이 가연물이 소실되었다. 다음 물음에 답하시오.
(8점)

가연물 종류	수 량	중량(kg)	단위발열량(kcal/kg)	가연물발열량(kcal)
식 탁	1	15	4,500	67,500
냉장고	1	50	9,500	475,000

① 화재하중 기본공식을 쓰시오.
② 화재하중을 계산하시오.

[해답]

① 화재하중 $Q[kg/m^2] = \dfrac{\Sigma GH_1}{HA} = \dfrac{\Sigma Q_1}{4500A}$ {(여기서 A : 바닥면적(m^2), H : 목재의 단위발열량

(4,500kcal/kg) G : 모든 가연물의 양(kg), H_1 : 가연물의 단위발열량(kcal/kg), Q_1 : 모든 가연물의 발열량
(kcal)}

② 화재하중 $Q[kg/m^2] = \dfrac{542,500kcal}{300m^2 \times 4,500kcal/kg} = \dfrac{542,500}{1,350,000m^2/kg} = 4kg/m^2$

해설

화재실의 예상 최대가연물질의 양으로서 단위바닥면적(m^2)에 대한 등가가연물의 중량(kg)

$$\text{화재하중 } Q(kg/m^2) = \frac{\sum GH_1}{HA} = \frac{\sum Q_1}{4,500A}$$

Q : 화재하중(kg/m^2)
A : 바닥면적(m^2)
H : 목재의 단위발열량(4,500kcal/kg)
G : 모든 가연물의 양(kg)
H_1 : 가연물의 단위발열량(kcal/kg)
Q_1 : 모든 가연물의 발열량(kcal)

12 다음을 참고하여 화재발생건물의 피해금액을 산정하시오. (6점)

> 화재당시 건물 신축단가 450,000원, 소실면적 500m^2, 내용연수 50년, 경과연수 30년, 손해율 70%
> (단, 잔존물 제거비는 제외한다)

해답

81,900천원

해설

건축물 화재 피해액 = 신축단가×소실면적(m^2)×$[1-(0.8 \times \frac{경과연수}{내용연수})]$×손해율의 산정공식에 대입하면

$= 450 \times 500 \times [1-(0.8 \times \frac{30}{50})] \times 0.7 = 81,900$ 천원

13 화재패턴 중 U패턴에 대하여 기술하시오. (5점)

해답

"U" 형태는 훨씬 날카롭게 각이진 "V" 형태와 유사하지만 완만하게 굽은 경계선과 각이 있다기보다는 더 낮게 굽은 정상점을 보여준다.

해설

U패턴(U-Shaped Pattern) : NFPA 921 6.17.4
① "U" 형태는 훨씬 날카롭게 각이진 "V" 형태와 유사하지만 완만하게 굽은 경계선과 각이 있다기보다는 더 낮게 굽은 정상점을 보여 준다.
② "U"자 형태는 "V" 형태에서 보여주던 표면보다 동일 열원에서 더 먼 수직면의 복사열 에너지의 영향으로 생긴다.

③ "U" 형태의 가장 낮은 경계선은 일반적으로 발화원에 더 가까운 "V" 형태에 상응하는 가장 낮은 경계선보다 높게 위치한다.

④ "U" 형태는 상응하는 "V" 형태의 가장 높은 정상점과 비교할 때 "U" 형태의 가장 높은 정상점 사이의 관계에 주목되는 추가 양상으로서 "V"자 형태와 유사하게 분석된다. 만약 두 가지 형태가 동일 열원에서 생긴 것이라면 더 낮은 정상점을 가진 것은 열원에 더 가깝다.

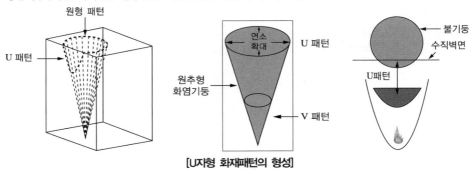

[U자형 화재패턴의 형성]

14 차량화재가 발생하였다. 조사관이 조사할 주요사항 4가지를 쓰시오. (8점)

[해답]

① 자동차 등록증 등으로 차량번호, 차량명, 모델, 생산년도 등 차량의 이력을 확인한다.
② 관계자 및 목격자 진술을 확보한다.
③ 차량화재현장의 연소흔을 조사한다.
④ 자동차 화재 주요 발생요인을 조사한다.

15 증거물의 보관 및 이동은 장소 및 방법, 책임자 등이 지정된 상태에서 행해져야 되며, 책임자는 전 과정에 대하여 이를 입증할 수 있도록 작성하여야 한다. 입증을 위하여 작성할 사항 4가지를 쓰시오. (8점)

[해답]

① 증거물 최초상태, 개봉일자, 개봉자
② 증거물 발신일자, 발신자
③ 증거물 수신일자, 수신자
④ 증거 관리가 변경되었을 때 기타사항 기재

[해설]

화재증거물수집관리규칙 제6조 제2항

04 | 산업기사 기출복원문제

※ 본 기출문제는 수험자들의 기억에 의해 복원된 것으로 내용과 그림, 출제순서가 다소 실제 문제와 다를 수 있습니다.

01 화재조사 및 보고규정에 따른 화재유형의 구분을 5가지 쓰시오. (6점)

해답
① 건축·구조물화재
② 자동차·철도차량 화재
③ 위험물·가스제조소 등 화재
④ 선박·항공기 화재
⑤ 임야화재

해설

화재유형의 구분

화재유형	소손 내용
건축·구조물 화재	건축물, 구조물 또는 그 수용물이 소손된 것
자동차·철도차량 화재	자동차, 철도차량 및 피견인 차량 또는 그 적재물이 소손된 것
위험물·가스제조소 등 화재	위험물제조소 등, 가스제조·저장·취급시설 등이 소손된 것
선박·항공기화재	선박, 항공기 또는 그 적재물이 소손된 것
임야화재	산림, 야산, 들판의 수목, 잡초, 경작물 등이 소손된 것
기타화재	위에 해당되지 않는 화재

02 화재조사 및 보고규정상 조사활동 중 소방본부장 또는 서장이 소방청장에게 긴급상황을 보고하여야 할 중요화재에 대한 내용이다. 빈칸에 알맞은 내용을 쓰시오. (8점)

> ① 관공서, ( ), 정부미 도정공장, 문화재, ( ), 지하구 등 공공건물 및 시설의 화재
> ② 관광호텔, 고층건물, 지하상가, 시장, 백화점, 대량위험물을 제조·저장·취급하는 장소, ( ) 및 화재경계지구
> ③ 이재민 ( )명 이상 발생화재

해답
① 학교, 지하철
② 중점관리대상
③ 100

조사활동 중 본부장 또는 서장이 소방청장에게 긴급상황을 보고하여야 할 중요화재는 다음 각 호와 같다.

1. 관공서, 학교, 정부미 도정공장, 문화재, 지하철, 지하구 등 공공건물 및 시설의 화재
2. 관광호텔, 고층건물, 지하상가, 시장, 백화점, 대량위험물을 제조·저장·취급하는 장소, 중점관리대상 및 화재경계지구
3. 이재민 100명 이상 발생화재

03 자동차 엔진의 구성요소 4가지를 쓰시오. (6점)

연료장치, 점화장치, 윤활장치, 냉각장치

04 다음 화재의 소실 정도에 대하여 설명하시오. (8점)

---

① 전소 :
② 반소 :
③ 부분소 :

---

① 전소 : 건물의 70% 이상(입체면적에 대한 비율)이 소실된 화재 또는 그 미만이라도 잔존부분이 보수를 하여도 재사용 불가능한 것
② 반소 : 건물의 30% 이상 70% 미만이 소실된 화재
③ 부분소 : 전소·반소 이외의 화재

소실 정도에 따른 화재의 구분

건축·구조물 화재의 소실 정도는 다음 3종류로 구분하며 자동차·철도차량, 선박 및 항공기 등의 소실 정도도 이 규정을 준용한다.

구 분	전소화재	반소화재	부분소화재
소실 정도	• 건물의 70% 이상(입체면적에 대한 비율)이 소실된 화재 • 그 미만이라도 잔존부분이 보수를 하여도 재사용 불가능한 것	건물의 30% 이상 70% 미만이 소실된 화재	전소·반소 이외의 화재

05 저항 5Ω에 5V의 전압을 30초간 인가하여 전류가 흘렀다면 발생한 열량은 몇 cal인가? (6점)

> **해답**
>
> 36cal

> **해설**
>
> 줄열 = $Q = 0.24I^2 \times R \times t$[cal]
>
> 여기에 $I = \dfrac{V}{R}$ 관계식을 대입하면
>
> $Q = 0.24(\dfrac{V}{R})^2 \times R \times t$[Cal] $= 0.24 \times I^2 \times 5 \times 30 = 36$cal

06 탄화심도를 측정하고자 할 때 포함하여야 할 부분을 계산식으로 쓰시오. (6점)

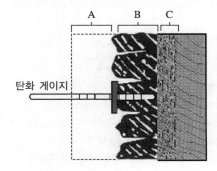

> **해답**
>
> A + B

> **해설**
>
> 탄화심도를 결정할 때 화재로 완전히 타버린 목재를 고려하고, 전반적인 깊이 측정에서 목재의 분실 깊이를 더한다.

07 다음은 연소범위에 대한 설명이다. 다음 괄호에 알맞은 내용을 쓰시오. (6점)

> 가연성 가스와 공기의 혼합물에 있어서 가연성 가스의 농도가 낮거나 높게 되면 화염의 전파가
> 일어나지 않는 (①)이/가 있는데, 낮은 쪽의 농도를 (②), 높은 쪽의 농도를 (③)(이)라
> 하며, 가스와 공기의 혼합비율이 연소범위에 가까울수록 (④)은/는 작아진다.

> **해답**
>
> ① 연소한계   ② 연소하한계
>
> ③ 연소상한계   ④ 점화에너지

연소(폭발)범위

가연성 가스와 공기(또는 산소)의 혼합물에 있어서 가연성 가스의 농도가 낮거나 높게 되면 화염의 전파가 일어나지 않는 연소(농도)한계가 있는데, 낮은 쪽의 농도를 연소(폭발)하한계, 높은 쪽의 농도를 연소(폭발)상한계라 하며, 가스와 공기의 혼합비율이 연소범위에 가까울수록 점화에너지는 작아진다.

08 임야화재 조사기법 3가지를 쓰시오. (6점)

① 지역분할기법
② 올가미기법
③ 통로기법

임야화재 발화장소 조사기법

• 지역분할기법 : 지역이 넓다면 지역을 분할해서 체계적으로 조사방법이다.
• 올가미기법(Loop Technique) : 작은 지역조사에 유용한 나선형 방법(Spiral Method)이다.
• 격자기법(Grid Technique) : 넓은 지역을 한 명 이상의 조사관이 조사할 때 가장 유용한 방법이다.
• 통로기법(Lane Technique) : 조사해야 할 지역이 넓고 개방적일 때 유용한 일명 활주로 기법(Strip Method)이다.

09 다음의 화재패턴에 대하여 설명하시오. (9점)

① V패턴 :
② Fall-Down패턴 :
③ Trailer패턴 :

① V패턴 : 발화지점에서 화염이 위로 올라가면서 밑면은 뾰족하고 위로 갈수록 수평면으로 넓어지는 연소 형태이다.
② Fall-Down패턴 : 연소잔해가 상부(층)에서 하부(층)로 떨어져 그 지점에서 위로 타 올라간 형태이다.
③ Trailer패턴 : 의도적으로 불을 지르기 위해 수평면에 길고 직선적인 형태로 좁은 연소패턴이다.

10 석유류의 연소특성에 관한 내용이다. 다음 빈칸을 완성하시오. (6점)

> ① (　　　)(이)란 당해 물질의 분자량을 공기의 분자량으로 나눈 값으로 보통 1 이상이면 공기보다 무겁고, 1 미만이면 공기보다 가볍다
> ② (　　　)(이)란 용해력과 탈지 세정력이 높아 화학제품 제조업, 도장관련산업, 전자산업 등 여러 업종에서 광범위하게 사용되는 용제류로서 일반적으로 비점이 낮고 휘발성이며 가연성의 특성을 갖는다.
> ③ (　　　)(이)란 액체의 포화증기압이 대기압과 같아지는 온도를 말한다.

해답

① 증기비중
② 유기용매
③ 비점 또는 비등점(끓는점)

해설

① 증기비중 : 당해 물질의 분자량을 공기의 분자량으로 나눈 값으로 보통 1 이상이면 공기보다 무겁고, 1 미만이면 공기보다 가볍다. 석유류의 증기는 공기보다 무겁다.
② 유기용매 : 용해력과 탈지 세정력이 높아 화학제품 제조업, 도장관련산업, 전자산업 등 여러 업종에서 광범위하게 사용되는 용제류로서 일반적으로 비점이 낮고 휘발성이며 가연성의 특성을 갖는다. 따라서 이러한 유기용제를 주로 사용하는 사업장으로는 섬유, 산업용화학, 고무 및 플라스틱, 조립금속, 석유정제, 피혁, 제지, 목재가공, 인쇄출판 및 사진처리 사업장을 들 수 있으며 화재의 위험도 크다고 볼 수 있다.
③ 비점(Boiling Point, BP 또는 bp) : 액체의 포화증기압이 대기압과 같아지는 온도를 말하며 비점은 압력이 증가함에 따라 증가하는 특성이 있다. 비등점 또는 끓는점이라고도 한다.

11 다음에서 설명하는 폭발의 종류를 쓰시오. (6점)

> ① 저장탱크에서 유출된 가스가 대기 중의 공기와 혼합하여 구름을 형성하고 떠다니다가 점화원(점화스파크, 고온표면 등)을 만나면 발생할 수 있는 격렬한 폭발현상
> ② 용융금속의 슬러그(Slug)와 같은 고온물질이 물속에 투입되었을 때 순간적으로 급격하게 비등하여 상변화에 따른 폭발현상

해답

① 증기운 폭발
② 수증기 폭발

12 다음은 방전현상의 종류에 대한 설명이다. 내용에 알맞은 방전현상을 쓰시오. (8점)

---
① ( )방전 : 2개의 전극사이에 높은 전압을 가하면, 불꽃을 발하기 이전에 전기장의 강한 부분만이 발광(發光)하여 전도성(傳導性)을 갖는 현상이다.

② ( )방전 : 기체 내에 넣은 전극에 고전압을 걸었을 때, 갑자기 기체의 절연상태가 깨지면서 큰 소리와 함께 빛을 방전하는 현상이다.

③ ( )방전 : 방전관의 압력이 10~1Torr 정도에서 높은 전압을 걸면 유리관 전체가 빛을 내면서 방전을 하는 현상이다.

해답

① 코로나
② 불꽃
③ 글로

해설

방전현상
대전체가 전기를 잃는 현상을 말한다. 예를 들면, 충전된 콘덴서의 양 극판을 단락할 때 또는 축전지의 양 극에 도체를 접속하여 전류를 흘리는 경우의 현상이다. 또 방전이라는 말은 강한 전계하에 기체 등의 절연체를 통해서 전하가 이동하는 경우에도 쓰이는데, 코로나 방전, 글로 방전, 아크 방전, 불꽃방전 등이 있다.

13 전기화재조사에 사용할 수 있는 감식기기 3가지만 쓰시오. (6점)

해답

멀티테스터기, 클램프미터, 절연저항계

해설

멀티테스터기, 클램프미터, 절연저항계, 접지저항계, 정전기측정장치, 누설전류계, 검전기 등

14 화재조사 시 소방 방화시설 활용조사서에 들어가는 소방시설을 3가지만 쓰시오. (단, 초기소화활동은 제외한다) (6점)

해답

소화시설, 경보설비, 피난설비

해설

이 외에도 소화용수설비, 소화활동설비, 방화설비가 해당한다.

15 P, V, R을 이용하여 I값을 구하는 공식을 기재하시오. (7점)

① I =
② I =
③ I =

해답

① I = V/R
② I = P/V
③ I = $\sqrt{\dfrac{P}{R}}$

해설

P = VI(P : 전력(W), V : 전압(V), I : 전류(A))
V = IR(V : 전압(V), R : 저항(Ω), I : 전류(A))

위 식에서 유도하면 ① I = V/R, ② I = P/V, ③ I = $\sqrt{\dfrac{P}{R}}$ 이 된다.

02 | 기사 기출복원문제

※ 본 기출문제는 수험자들의 기억에 의해 복원된 것으로 내용과 그림, 출제순서가 다소 실제 문제와 다를 수 있습니다.

01 화재조사 및 보고규정에 따른 화재출동시의 상황파악 중 다음 (   ) 안에 알맞은 내용을 쓰시오.
(10점)

조사관은 출동 도중이나 현장에서 관계자 등에게 질문을 하거나 현장의 상황으로부터 (①), (②), (③), (④), (⑤), (⑥), (⑦), (⑧) 등 화재개요를 파악하여 현장조사의 원활한 진행에 노력하여야 한다.

해답
① 화기관리
② 화재의 발견
③ 신고
④ 초기소화
⑤ 피난상황
⑥ 인명피해상황
⑦ 재산피해상황
⑧ 소방시설의 사용 및 작동상황

해설
화재출동시의 상황파악(화재조사 및 보고규정 제39조 제1항)
조사관은 출동 중 또는 현장에서 관계자 등에게 질문을 하거나 현장의 상황으로부터 화기관리, 화재 발견, 신고, 초기소화, 피난상황, 인명피해상황, 재산피해상황, 소방시설 사용 및 작동상황 등 화재개요를 파악하여 현장조사의 원활한 진행에 노력하여야 한다.

02 화재패턴 중 V패턴의 각이 달라질 수 있는 변수를 5가지 쓰시오. (5점)

해답
① 연료의 열 방출율
② 가연물의 구조
③ 수직표면의 발화성과 연소성
④ 천장, 선반, 테이블 윗면 등과 같이 수평표면의 존재
⑤ 환기 효과

03 과산화칼륨 화재가 발생하여 주수소화 및 이산화탄소 소화기로 소화를 시도하였으나 화재가 더 확산되었다. 다음 물음에 답하시오. (10점)

> ① 화재가 확산된 각 반응식을 쓰시오.
> ② 화재현장에서 채취한 물에 의해 리트머스 시험지의 변하는 색을 쓰시오.

해답

① 반응식
  - 물과의 반응식 : $2K_2O_2 + 2H_2O \rightarrow 4KOH + O_2$
  - CO_2와의 반응식: $2K_2O_2 + 2CO_2 \rightarrow 2K_2CO_3 + O_2$
② 푸른색

04 비닐코드($0.75mm^2$/30本) 1.8mm 한 가닥의 용단전류는 얼마인가? (단, 재료정수는 80이다) (5점)

해답

193.2[A]

해설

용단(溶斷, Fusion)
전선·케이블·퓨즈 등에 과전류가 흘렀을 때 전선이나 퓨즈의 가용체가 녹아 절단되는 현상을 말한다.

> 용단전류 $I_s = \alpha \cdot d^{3/2}$[A]
> d : 선의 직경(mm), α : 재료 정수 [동(銅) 80, 알루미늄(Al) 59.3, 철 24.6, 주석 12.8, 납 11.8]

따라서, 비닐코드 한가닥 용단전류(I_s) = $\alpha \cdot d^{3/2}$[A]로부터
$I_s = 80 \times 1.8^{3/2} = 80 \times \sqrt{1.8 \times 1.8 \times 1.8} ≒ 193.2$[A]

05 누전차단기의 성능에 대한 설명이다. 빈칸에 알맞은 내용을 쓰시오. (5점)

> 일반장소에서 전기를 사용할 경우 인체가 전기에 접촉 또는 감전되었을 때 즉시 전기를 차단하여 인체를 보호할 수 있도록 고감도인 인체감전보호용 누전차단기의 정격감도전류가 (①) 이하로 동작시간은 (②) 이하의 전류동작형으로 시설하여야 한다.

해답

① 30mA

② 0.03초

해설

누전차단기 종류 및 정격감도 전류

욕실 등 인체가 물에 젖어 있는 상태에서 사용할 경우 이러한 장소에 시설하는 콘센트는 접지극이 있는 것을 시설하고 고감도인 인체감전보호용 누전차단기의 정격감도전류가 30mA 이하로 동작시간은 0.03초 이하의 전류동작형으로 시설하여야 한다.

06 화재조사 전담부서에 갖추어야 할 장비와 시설에서 감정용 기기 21종 중 5가지만 쓰시오. (5점)

해답

① 가스크로마토그래피

② 고속카메라 세트

③ 화재 시뮬레이션 시스템

④ X선 촬영기

⑤ 금속현미경

해설

전담부서의 장비와 시설(소방의 화재조사에 관한 법률 시행규칙 제3조)

감정용 기기(21종) : 가스크로마토그래피, 고속카메라 세트, 화재 시뮬레이션 시스템, X선 촬영기, 금속현미경, 시편(試片)절단기, 시편성형기, 시편연마기, 접점저항계, 직류전압 전류계, 교류전압 전류계, 오실로스코프(변화가 심한 전기 현상의 파형을 눈으로 관찰하는 장치), 주사전자현미경, 인화점 측정기, 발화점 측정기, 미량융점 측정기, 온도기록계, 폭발압력 측정기 세트, 전압 조정기(직류, 교류), 적외선 분광광도계, 전기단락흔 실험장치[1차 용융흔(鎔融痕), 2차 용융흔(鎔融痕), 3차 용융흔(鎔融痕) 측정 가능]적외선 분광광도계, 전기단락흔실험장치[1차 용융흔(鎔融痕), 2차 용융흔(鎔融痕), 3차 용융흔(鎔融痕) 측정 가능]

07 다음 그림을 보고 물음에 답하시오. (10점)

① 다음에 보여주는 화재형태 무엇인가?
② "①" 화재형태를 설명하시오.
③ 발화지점은?
④ 연소확대 순서는? (A, B, C, D)
⑤ 외부의 특이한 영향이 없을 경우 연소확대되는 속도비율을 쓰시오.

해답

① V패턴
② 발화지점에서 화염이 위로 올라가면서 밑면은 뾰족하고 위로 갈수록 수평면으로 넓어지는 연소 형태이다.
③ A
④ A → B → C → D
⑤ 상측 20, 좌우 1, 하방 0.3

08 플래시 오버(Flash Over) 발생시간에 영향을 미치는 인자 5가지를 쓰시오. (5점)

해답

① 구획실 크기
② 건축물의 층고
③ 가연물의 종류와 높이
④ 환기조건
⑤ 내장재의 불연성 및 난연 정도

09 다음 물음에 답하시오. (10점)

① 무염화원의 종류 4가지를 쓰시오.
② 무염화원(미소화원)에 의한 연소현상 특징을 6가지 쓰시오.

해답

① 담뱃불씨, 모기향, 용접불티, 스파크
② 무염화원에 의한 연소현상 특징
  • 작은 불씨가 화재원이다.
  • 가연성 고체를 유염 연소시킬 수 있을 만큼의 에너지는 크지 않다.
  • 연소시간이 길며 국부적으로 연소 확대된다.
  • 깊게 탄화된 연소 현상이 식별된다.
  • 장시간 걸쳐 훈소하여 타는 냄새를 내는 특징이 있다.
  • 발화원이 소실되거나 진압과정에서 남는 일이 없어 물증 추적이 곤란하다.

10 NFPA 921에 따른 정의를 쓰시오. (10점)

> ① 화재의 거동 특성에 영향을 미치는 열전달이다. 유동 메커니즘에 관한 공학적 이론, 화재과학 및 화학적 특성에 관한 구체적인 연구이다.
> ② 화재 후 남아있는 시각적이거나 측정 가능한 물리적으로 나타난 형태를 말한다.
> ③ 열방출속도와 발생속도가 연료의 특성, 즉 연료량과 기하학에 의해 지배되는 화재이다. 연소에 필요한 공기가 존재한다.
> ④ 발화가 이루어지게 된 지점을 규명을 하기 위해서 전기적인 요인을 이용을 하는 기법이다. 이 기법은 구조물의 공간적인 구조와 아크가 발견이 된 위치, 전선의 분기 상태 등을 접목을 시켜서 발화지점을 추적해가는 방식이다.

해답

① 화재역학
② 화재패턴
③ 연료(가연물)지배형 화재
④ 아크매핑

11 자동차 화재의 주요 발생원인에 대한 설명이다. 다음 내용에 답하시오. (5점)

> ① 연소기에서 혼합가스가 폭발하여 생긴 화염이 다시 기화기 쪽으로 전파되는 현상
> ② 실린더 안에서 불완전 연소된 혼합가스가 배기파이프나 소음기 내에 들어가서 고온의 배기가스와 혼합, 착화하는 현상

해답

① 역 화
② 후 화

12 방화원인의 동기 유형을 5가지 쓰시오. (5점)

해답

① 경제적 이익
② 보험 사기
③ 범죄 은폐
④ 보복
⑤ 선동적 목적

위의 5가지 외에 갈등, 범죄 수단의 목적, 정신이상 등이 있음

13 다음의 유리파손 형태의 발생원인과 특징은 무엇인가? (5점)

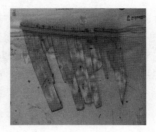

해답

폭발로 인한 유리파손 형태, 평행선, 유리 표면적 전면이 압력을 받아 평행하게 파괴

해설

폭발에 의한 유리파손 형태

• 유리 표면적 전면이 압력을 받아 평행하게 파괴
• 비교적 균일한 동심원 형태의 파단은 없고 파편은 각각 단독으로 깨짐

14 다음 화재현장의 개구부의 위쪽을 중심으로 벽, 천장이 소손되어있다. 다음 물음에 답하시오.

(10점)

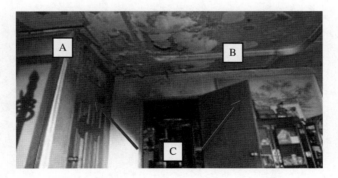

① 발화지점은 어디인가?
② 연소의 진행방향은?
③ "②"와 같이 연소가 진행된 이유를 설명하시오.

해답
① 발화지점 : C
② 연소진행방향 : C→A→B
③ 방 C에서 발화한 화재는 개구부가 개방된 상태에서 방 C 천장에서 충만된 연기와 열기 등 고온의 가스층은 천장에서 하부로 하강하고 문을 통하여 밖으로 연소가 진행되면서 문 양쪽으로 대각선으로 연소가 상승하는 패턴을 나타내고 있으며, A가 B보다 탄화 정도가 심한 것으로 보아 방 C에서 발화하여 A→B로 화재가 진행된 것으로 추정한다.

해설

환기생성 연소패턴

개구부가 닫힌 상태에서는 천장에서 충만된 연기 등 연소생성물과 고온의 가스층은 밀도차에 의해 천장에서 하부로 하강하게 되므로 출입문에 수평으로 연소패턴 식별되나 개구부가 개방된 상태에서는 천장에서 충만된 연기 등 연소생성물과 고온의 가스층은 천장에서 하부로 하강하고 문을 통하여 밖으로 연소가 진행되면서 문 양쪽으로 대각선으로 연소가 상승하는 패턴을 나타내며 밖으로 화재가 진행된다.

04 | 기사 기출복원문제

01 화재조사 및 보고규정에 따른 건물 동수를 같은 동으로 산정하는 경우 5가지를 쓰시오. (10점)

해답

① 주요 구조부가 하나로 연결되어 있는 경우
② 건물 외벽을 이용하여 실을 만들어 헛간, 목욕탕, 작업실, 기타 건물용도로 사용하고 있는 경우
③ 구조에 관계없이 지붕 및 실이 하나로 연결되어 있는 경우
④ 내화조 건물로 격벽으로 방화구획이 되어 있는 경우
⑤ 목조 건물로 격벽으로 방화구획 되어 있는 경우

해설

「화재조사 및 보고규정」에 따른 건물동수 산정방법에서 같은 동
① 주요구조부가 하나로 연결되어 있는 것은 1동으로 한다.
② 건물의 외벽을 이용하여 실을 만들어 헛간, 목욕탕, 작업실, 사무실 및 기타 건물 용도로 사용하고 있는 것은 주건물과 같은 동으로 본다.
④ 내화조 건물로 격벽으로 방화구획이 되어 있는 경우 같은 동으로 한다.
⑤ 목조 건물로 격벽으로 방화구획 되어 있는 경우 같은 동으로 한다.

02 자동차 화재 주요 발생원인에 대한 설명이다. 다음 내용에 답하시오. (5점)

① 연소기에서 혼합가스가 폭발하여 생긴 화염이 다시 기화기 쪽으로 전파되는 현상
② 실린더 안에서 불완전 연소된 혼합가스가 배기파이프나 소음기 내에 들어가서 고온의 배기가스와 혼합, 착화하는 현상

해답

① 역 화
② 후 화

03 다음 그림을 보고 누전의 3요소와 각각의 장소를 쓰시오. (5점)

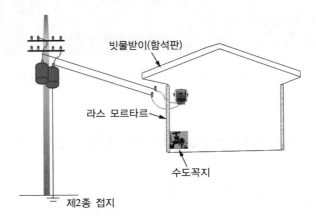

빗물받이(함석판)

라스 모르타르

수도꼭지

제2종 접지

해답

① 누전점 : 빗물받이
② 출화점 : 라스 모르타르
③ 접지점 : 수도관

해설

누전화재의 3요소

누전이란 절연이 불량하여 전류의 일부가 전류의 통로로 설계된 이외의 곳으로 흐르는 현상
• 누전점 : 전류가 흘러들어오는 곳(빗물받이)
• 출화점(발화점) : 과열개소(라스 모르타르)
• 접지점 : 접지물로 전기가 흘러들어 오는 점(수도관)

04 밀집되어 있는 주거지역에서 화재가 발생하여 인접한 건물이 전소되고 그림과 같은 합선흔적(단락흔)이 존재하였다. 그림에서 발화지점이 어디인지와 그 근거를 설명하시오. (단, 전기배선은 모든 방에 설치되어 있고 전선배치는 A와 B 모두 동일하고 어느 지점에서 합선이 일어나자마자 분전반의 메인차단기가 차단되어 전기가 통전되지 않는다) (10점)

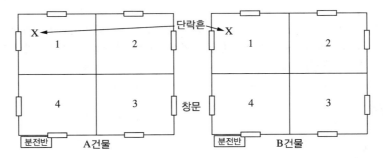

해답

① 발화지점 : A건물 1번방
② 근거 : 조건에서 발화지점은 A건물 1번방 또는 B건물 1번방이어야 한다. 먼저, B건물 1번방의 1차 단락흔으로 동번방에서 전기적 단락으로 최초발화 후 전원이 차단되고 연소가 진행되면서 화재가 동번방 창문을 통해 인접한 A건물 2번방으로 연소가 확대되었다면 최초 A건물의 2번방에서 1차 단락으로 발화 후 전원이 차단되어, A건물 1번방에서는 단락흔이 없어야 한다. 그러나 1번방에서는 단락흔이 발견되었다. 따라서 B건물 1번방이 발화지점이라고 단정하기는 어렵다.
그러나 반대로 A건물의 1번방의 단락으로 최초발화 후 전원이 차단되고 연소가 1번방 → 2번방 → 2번방 창문 → B건물 1번방 창문 → B건물 1번방에서 전기적 단락으로 동번방에서 1차 단락흔이 발견된 것으로 보아 A건물 1번방이 최초발화지점이라고 추론할 수 있다.

05 콘센트에 삽입된 플러그 단자봉에 식별되는 조건을 참고하여 다음 각 물음에 답하시오. (6점)

- 플러그의 단자봉 2개 중 1개만 용융되었다.
- 용융형태는 용융부와 미용융부의 경계가 뚜렷하다.
- 플러그에 연결된 부하기기는 작동 중이었다.

① 상황으로 추정할 수 있는 화재의 원인을 쓰시오.
② 화재원인의 선행원인을 2가지 쓰시오.

해답

① 접촉부 과열
② 부하기기가 과부하 상태에 이를 것

해설

콘센트 및 플러그
- 플러그의 한 쪽 극만 용융되어 있는 경우에는 접촉부 과열을 생각할 수 있으며, 이 경우에는 통전상태에 있지 않으면 안 된다.
- 플러그 양극이 용융되어 있는 경우에는 트래킹현상을 생각할 수 있으며, 플러그가 꽂혀있지 않으면 안 된다.

06 단상 220V, 정격전류 12A 2구 멀티탭에 소비전력 2,000W의 전기난로와 소비전력 1,200W의 에어콘이 연결되어 있는 상태에서 화재가 발생하였다. 멀티탭 사용 중 화재가 발생한 이유를 설명하시오. (5점)

해답

과부하(정격전류 12A 멀티탭에 14.55A 소비전류가 인가되어 과부하로 인한 고열로 화재에 이른 것이다)

멀티탭은 저항이 병렬로 연결되어 220V 전압이 일정하게 흐른다. 주어진 조건에서 P = VI[P : 전력(W), V : 전압(V), I : 전류(A)]식을 이용하면 전체 전류(A) = $\dfrac{P}{V} = \dfrac{3200}{220}$ = 14.55A로 콘센트의 정격전류를 초과로 고열이 발생하여 화재가 발생한 것이다.

07 다음 빈칸을 완성하시오. (5점)

> 화재란 사람의 의도에 반하거나 고의에 의해 발생하는 (①)현상으로서 소화시설 등을 사용하여 소화할 필요가 있거나 (②) 폭발현상이다.

해답

① 연소
② 화학적

해설

화재조사 및 보고규정 제2조에 따른 화재의 정의에 대한 설명이다.

08 비 오는 날 소먹이용 건초와 생석회(산화칼슘)를 저장하는 농촌의 비닐하우스에서 화재가 발생하였다. [조건]을 참고하여 다음 각 물음에 답하시오. (5점)

> [조 건]
> • 비닐하우스 내부에는 전기시설은 없으며, 방화의 가능성도 없는 것으로 식별된다.
> • 생석회(산화칼슘)에 빗물이 침투된 흔적이 발견되었다.

① 빗물과의 화학반응식을 쓰시오.
② 화재현장에서 채취한 물에 의해 리트머스 시험지의 변하는 색을 쓰시오.

해답

① $CaO + H_2O \rightarrow Ca(OH)_2 + 15.2kcal/mol$
② 푸른색

해설

생석회가 물과 반응한 후에 고체상태의 수산화칼슘(소석회)이 남으며 강알칼리성이기 때문에 리트머스 시험지는 푸른색을 띤다.

09 화재증거물 수집관리규칙에 따른 현장 기록에 대한 설명이다. 빈칸을 채우시오. (5점)

> "현장기록"이란 화재조사현장과 관련된 (①), (②), (③), (④), (⑤), 현장에서 작성된 정보 등을 말한다.

해답

① 사 람
② 물 건
③ 기타 주변상황
④ 증거물 등을 촬영한 사진
⑤ 영상물 및 녹음자료

해설

화재증거물 수집관리규칙 제2조
"현장기록"이란 화재조사현장과 관련된 사람, 물건, 기타 주변상황, 증거물 등을 촬영한 사진, 영상물 및 녹음자료, 현장에서 작성된 정보 등을 말한다.

10 과전류의 대표적인 원인 3가지를 쓰시오. (10점)

해답

① 과부하에 의한 과전류
② 단락에 의한 과전류
③ 지락에 의한 과전류

해설

과전류(過轉流, Over current)
장치의 정격용량이나 전선의 허용전류를 초과하는 전류로서 과부하에 의한 과전류, 단락에 의한 과전류, 지락에 의한 과전류 등이 있다.

11 자동차에서 화재가 발생하여 250℃에서 400℃가 됐다. 복사에너지는 몇 배인가? (단, 스테판–볼츠만 상수 $\sigma = 5.67 \times 10^{-8}$ [W/m²K⁴]이고 방사율은 0.7을 갖는다) (5점)

해답

5172.7배

해설

스테판-볼츠만 법칙(Stefan-Boltzmann's law)

물질의 표면에서 방사되는 복사에너지는 다음과 같이 계산된다.

$$\dot{q}_R'' = \epsilon\sigma(T_w^4 - T_\infty^4)$$

σ : 스테판-볼츠만 상수 $[\sigma = 5.67 \times 10^{-8}\,[\text{W/m}^2\text{K}^4]]$

ϵ : 방사율(표면특성에 따라 0에서 1 사이의 방사율을 가진다. 흑체 복사에서는 방사율이 1이 된다)

T : 화염의 온도[반드시 절대온도(Absolute Temperature)를 사용해야 한다]

따라서, 복사에너지 $= 5.67 \times 10^{-8} \times 0.7 \times (673^4 - 523^4) = 5172.7$배

---

12 화재현장의 연소확대 형태 작도에서 다음 범례의 도시기호가 의미하는 내용을 쓰시오.　(5점)

구 분	①	②	③
기 호	S⧄	2	→
내 용			

해답

① 시료표시 도시기호
② 시료번호(Number of Sample)
③ 시료방향

해설

연소확대 형태(방향) 작도

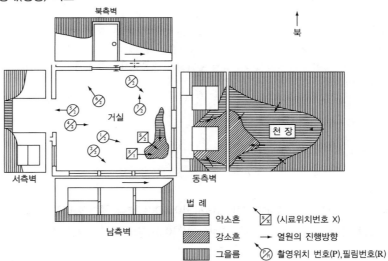

[연소피해 진행벡터, 샘플채취 및 사진촬영 위치 표시도]

13 폭굉(Detonation)에서 유도거리가 짧아지는 요인 4가지를 설명하시오. (10점)

해답

① 압력이 높을수록
② 점화원의 에너지가 클수록
③ 혼합가스의 정상연소속도가 클수록
④ 관 속에 방해물이 많고 직경이 작을수록

해설

폭굉유도거리(DID) : 최초의 완만한 연소가 격렬한 폭굉으로 발전할 때까지의 거리

14 4층 건물에 위치한 나이트클럽(철골슬라브)에서 화재가 발생하여 전체 면적 중 일부 소실되었다. 다음 조건에서 화재피해 추정액은? (단, 잔존물제거비는 없다) (5점)

피해정도조사
- 건 물 신축단가 708,000원
       내용연수 60년
       경과연수 3년
       피해정도 600m² 손상정도가 다소 심하여 상당부분 교체 내지 수리요함(손해율 60%)
- 시 설 신축단가 700,000원
       내용연수 6년
       경과연수 3년
       피해정도 300m² 손상정도가 다소 심하여 상당부분 교체 내지 수리요함(손해율 60%)

해답

313,984,800원

해설

건축물 등의 총 피해액 = 건물(부착물, 부속물 포함) 피해액 + 부대설비 피해액 + 구축물 피해액 + 영업시설 피해액 + 잔존물제거비로 조건에서 구축물, 영업시설, 잔존물제거비는 해당 없으므로

- 건축물 화재피해액 = 신축단가 × 소실면적(m^2) × [1 − (0.8 × $\dfrac{경과연수}{내용연수}$ × 손해율)]의 산정공식에 대입하면

  = 708,000원 × 600m^2 × [1 − (0.8 × $\dfrac{3}{60}$)] × 60% = 244,684,800원

- 시설 피해액 = 단위당(면적, 개소등) 표준단가 × 소실면적 × [1 − (0.9 × $\dfrac{경과연수}{내용연수}$)] × 손해율의 공식에 대입하면

  = 700,000원 × 300m^2 × [1 − (0.9 × $\dfrac{3}{6}$)] × 60% = 69,300,000원

- 화재피해 추정액 = 건축물 화재피해액 + 시설 피해액 = 244,684,800원 + 69,300,000원 = 313,984,800원

15 NFPA 921에 따른 다음 용어의 정의를 쓰시오.   (10점)

> ① 화염기둥의의 충돌로 인해 수평면 하부(예 천장)에서 발생되는 상대적으로 얇은 고온 가스층
> ② 타버린 목재구조재의 횡단면에 나타나는 화재형태
> ③ 열복사에 노출된 면이 일시에 발화온도에 도달하여 불이 전체 공간에 급격히 확산하는 구획화재에 있어서 화재성장의 전이현상 단계
> ④ 열방출속도 또는 화재성장이 이용 가능한 공기의 양에 의해서 좌우되는 화재
> ⑤ 타버리거나 검게 된 형태의 탄소질 물질

해답

① Celling Jet(천정제트)
② 화살표 패턴
③ 플래시오버
④ 환기지배형 화재
⑤ 탄화물

04 | 산업기사 기출복원문제

※ 본 기출문제는 수험자들의 기억에 의해 복원된 것으로 내용과 그림, 출제순서가 다소 실제 문제와 다를 수 있습니다.

01 탄화심도 측정 시 유의사항 5가지를 쓰시오. (5점)

해답

① 동일 포인트를 동일한 압력으로 3회 이상 측정하여 평균치를 구한다.
② 계침은 기둥 중심선을 직각으로 찔러 측정한다.
③ 계침을 삽입할 때는 탄화 및 균열 부분의 철(凸)각을 택한다.
④ 탄화깊이를 결정할 때 화재로 완전히 타버린 목재를 고려하고, 전반적인 깊이 측정에서 목재의 분실 깊이를 더한다.
⑤ 중심부까지 탄화된 것은 원형이 남아 있더라도 완전 연소된 것으로 간주한다.

해설

탄화심도 측정방법

• 동일 포인트를 동일한 압력으로 3회 이상 측정하여 평균치를 구한다.
• 계침은 기둥 중심선을 직각으로 찔러 측정한다.
• 계침을 삽입할 때는 탄화 및 균열 부분의 철(凸)각을 택한다.
• 탄화깊이를 결정할 때 화재로 완전히 타버린 목재를 고려하고, 전반적인 깊이 측정에서 목재의 분실 깊이를 더한다.
• 평판계침 측정 시 수직재는 평판면을 수평으로, 수평재는 평판면을 수직으로 찔러 측정한다.
• 중심부까지 탄화된 것은 원형이 남아 있더라도 완전 연소된 것으로 간주한다.
• 가늘어서 측정이 불가능한 경우에는 것은 잔존한 직경을 측정에 비교하여 산출한다.
• 중심부를 향한 부분과 이면부를 면별로 동일 방향에서 측정하고 칸마다 비교한다.
• 동일 소재, 동일 높이, 동일 위치마다 측정한다.
• 수직재의 경우 50, 100, 150cm 등으로 구분하여 각 지점을 측정한다.

02 화재현장의 연소확대 형태 작도에서 다음 범례의 도시기호가 의미하는 내용을 쓰시오. (5점)

구 분	①	②	③
기 호	S⧄	2	→
내 용			

해답

① 시료표시 도시기호
② 시료번호(Number of Sample)
③ 시료방향

해설

연소확대 형태(방향) 작도

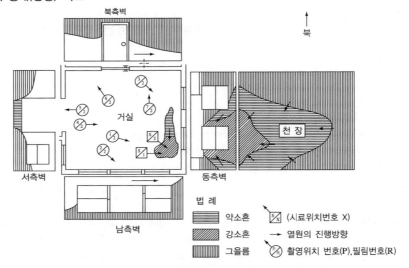

[연소피해 진행벡터, 샘플채취 및 사진촬영 위치 표시도]

03 비 오는 날 소먹이용 건초와 생석회(산화칼슘)를 저장하는 농촌의 비닐하우스에서 화재가 발생하였다. [조건]을 참고하여 다음 각 물음에 답하시오. (5점)

> [조 건]
> • 비닐하우스 내부에는 전기시설은 없으며, 방화의 가능성도 없는 것으로 식별된다.
> • 생석회(산화칼슘)에 빗물이 침투된 흔적이 발견되었다.

① 빗물과의 화학반응식을 쓰시오.
② 화재현장에서 채취한 물에 의해 리트머스 시험지의 변하는 색을 쓰시오.

해답

① $CaO + H_2O \rightarrow Ca(OH)_2 + 15.2kcal/mol$
② 푸른색

04 화재조사 및 보고규정에 따른 소방·방화시설활용조사서에서 옥내소화전 또는 옥외소화전 미사용/효과미비 조사사항 5가지를 쓰시오. (5점)

해답

① 전원차단
② 방수압력 미달
③ 기구 미비치
④ 설비불량
⑤ 사용법 미숙지

해설

소방·방화시설활용조사서의 조사사항
• 옥내소화전
　□ 사용
　□ 미사용/효과미비　→　□ 전원차단　　□ 방수압력 미달　　□ 기구 미비치
　□ 미 상　　　　　　　　□ 설비불량　　□ 사용법 미숙지　　□ 기 타
• 옥외소화전
　□ 사용
　□ 미사용/효과미비　→　□ 전원차단　　□ 방수압력 미달　　□ 기구 미비치
　□ 미 상　　　　　　　　□ 설비불량　　□ 사용법 미숙지　　□ 기 타

05 소방의 화재조사에 관한 법률에 따른 화재조사 전담부서에 갖추어야 할 장비 및 시설에 대한 다음 내용을 완성하시오. (5점)

> - 화재조사 분석실의 구성장비를 유효하게 보존·사용할 수 있고, 환기 시설 및 수도·배관시설이 있는 (①) 이상의 실(室)을 말한다.
> - (②)은/는 일상적인 외부 충격으로부터 가방 내부의 장비 및 물품이 손상되지 않을 정도의 강도를 갖춘 재질로 제작되고, 휴대가 간편한 것을 말한다.
> - 보조장비는 노트북컴퓨터, 소화기, (③), (④), (⑤), 화재조사 전용 의복, 화재조사용 가방이다.

[해답]

① $30m^2$
② 화재조사용 가방
③ 전선 릴
④ 이동용 에어 컴프레서
⑤ 접이식사다리

06 전기화재 발생원인 중 단락의 원인이 되는 5가지를 쓰시오. (10점)

[해답]

① 접촉불량에 따른 단락
② 절연열화에 따른 단락
③ 층간단락
④ 과부하/과전류
⑤ 압착/손상에 의한 단락

[해설]

전기적 화재원인의 소분류
- 누전/지락
- 접촉불량에 의한 단락
- 절연열화에 따른 단락
- 과부하/과전류
- 압착/손상에 의한 단락
- 층간단락
- 트래킹에 의한 단락
- 반단선
- 미확인단락
- 기 타

07 가스기구에서 리프팅의 원인 5가지를 쓰시오. (5점)

해답

① 버너의 염공에 먼지 등이 부착하여 염공이 작아졌을 때
② 가스의 공급압력이 지나치게 높을 경우
③ 노즐구경이 지나치게 클 경우
④ 가스의 공급량이 버너에 비해 과대할 경우
⑤ 공기 조절기를 지나치게 열었을 경우

해설

염공에서의 가스유출속도가 연소속도보다 빠르게 되었을 때 가스는 염공에 붙어서 연소하지 않고 염공을 이탈하여 연소한다. 이러한 현상을 리프팅이라 하는데, 연소속도가 느린 LPG는 리프팅을 일으키기 쉬우며 원인은 위의 5가지 외에도 연소폐가스의 배출이 불충분하거나 환기가 불충분함에 따라 2차 공기 중의 산소가 부족한 경우에도 나타난다.

08 전기화재원인 중 다음의 내용을 설명하시오. (5점)

① 반단선 :
② 트래킹 :

해답

① 전선이 절연피복 내에서 단선되어 그 부분에서 단선과 이어짐을 되풀이하는 상태 또는 완전히 단선되지 않을 정도로 심선의 일부가 남아 있는 상태
② 전압이 인가된 이극 도체 간의 절연물 표면에 수분, 먼지, 금속분 등이 부착되면 오염된 곳의 표면을 따라 전류가 흘러 소규모 불꽃방전이 일어나고 이것이 지속적으로 반복되면 절연물 표면 일부가 탄화되어 도전성 통로가 형성되는 현상

해설

반단선과 트레킹

• 반단선 : 전선이 일정한 각도와 힘으로 굽어지고 펴지는 작용이 오랜 세월동안 반복적으로 이루어질 때 전선의 피복 속에 들어있는 도선(導線)의 일부가 끊어지는 현상
• 트래킹 현상 : 절연체의 표면을 따라서 전류가 흐르면 줄열(Joule熱)로 인해 절연체의 일부가 성분 분해되는 동시에 미세한 불꽃이 발생하는 탄화성 도전로(導電路)가 생겨나며 침식(侵蝕)을 일으키는 현상

09 펄프공장에서 화재가 발생하여 바닥면적 330m²에 쌓아 놓은 종이펄프 500톤이 완전연소하였다. 다음 각 물음에 답하시오. (단, 종이펄프의 단위발열량은 4,000kcal/kg)　　　(10점)

> ① 화재하중 기본계산식을 쓰시오.
> ② 화재하중을 계산하시오.

해답

① 화재하중 $Q[kg/m^2] = \dfrac{\sum GH_1}{HA} = \dfrac{\sum Q_1}{4500A}$

② 화재하중 $Q[kg/m^2] = \dfrac{500 \times 1000kg \times 4000kcal/kg}{330m^2 \times 4500kcal/kg} = 1,346.80kg/m^2$

해설

화재실의 예상 최대가연물질의 양으로서 단위바닥면적(m²)에 대한 등가가연물의 중량(kg)

> 화재하중 $Q[kg/m^2] = \sum \dfrac{GH_1}{HA} = \dfrac{\sum Q_1}{4,500A}$
>
> Q : 화재하중(kg/m²),　A : 바닥면적(m²),　H : 목재의 단위발열량(4,500kcal/kg)
> G : 모든 가연물의 양(kg),　H_1 : 가연물의 단위발열량(kcal/kg), Q_1 : 모든 가연물의 발열량 (kcal)

10 증거물을 통하여 발화지점을 감식하고자 한다. 다음 각 물음에 답하시오.　　　(10점)

> ① 다음에서 설명하는 전기적 특이점에 대한 발화지점 규명 방법의 명칭을 쓰시오.
>
> > 전기배선에서 아크(arc)가 수 개소 발견된 경우 손상된 부분을 순차적으로 추적하여 발화지점 및 연소확산 경위 등을 과학적으로 규명하는 방법
>
> ② 전기배선 2번 지점에서 아크(Arc)가 발견된 경우 아크가 발생하지 않는 번호 및 이유를 쓰시오. (단, 전기배선 2번 지점의 아크(Arc)로 인하여 단선이 발생한 조건이다)
>
>
>
> － 지점 :
> － 이유 :

해답

① 아크매핑
② - 지점 : 3번
   - 이유 : 2번에서 아크가 발생되어 발화되면 이후 부하측에서는 통전상태가 아니므로 3번에서는 아크가 발생되지 않는다.

해설

아크조사 또는 아크매핑은 발화가 이루어지게 된 지점을 규명하기 위해서 전기적인 요인을 이용을 하는 기법이다. 이 기법은 구조물의 공간적인 구조와 아크가 발견된 위치, 전선의 분기 상태 등을 접목을 시켜서 발화지점을 추적해 가는 방식이다. 이 데이터는 목격자 및 화재진압에 참여한 소방관의 증언, 설비의 설치상황 등 다른 자료와 결합시켜서 사용이 될 수도 있다. 이에 따라서 화재실에 있는 전기제품이나 분기가 된 전선을 통해서 회로의 통전여부 및 단락이 발생한 개소 등 유용한 정보를 통해서 발화지점을 축소해 나갈 수가 있다. 그러나 전기도선이 특정지역으로만 가설이 되어 있어서 아크를 유발할 수 있는 도선의 공간적 분포는 제한적이라는 사실과 모든 화재에 이 방법이 반드시 적용될 수 없다는 점을 유의하여야 한다.

11 자동차에서 화재가 발생하여 250℃에서 400℃가 됐다. 복사에너지는 몇 배인가? (단, 스테판
   -볼츠만 상수 $\sigma = 5.67 \times 10^{-8}$[W/m²K⁴]이고 방사율은 0.7을 갖는다)   (5점)

해답

5172.7배

해설

스테판-볼츠만 법칙(Stefan-Boltzmann's law)
물질의 표면에서 방사되는 복사에너지는 다음과 같이 계산된다.

$$\dot{q}''_R = \epsilon \sigma (T_w^4 - T_\infty^4)$$

σ : 스테판-볼츠만 상수 [$\sigma = 5.67 \times 10^{-8}$[W/m²K⁴]]
ϵ : 방사율(표면특성에 따라 0에서 1 사이의 방사율을 가진다. 흑체 복사에서는 방사율이 1이 된다)
T : 화염의 온도[반드시 절대온도(Absolute Temperature)를 사용해야 한다]

따라서, 복사에너지 = $5.67 \times 10^{-8} \times 0.7 \times (673^4 - 523^4)$ = 5172.7배

12 NFPA 921에 따른 화재패턴(Fire Patterns)의 정의를 쓰시오.   (5점)

해답

화재 후 남아있는 시각적이거나 측정가능한 물리적으로 나타난 외관(모습)

13 (　　　)(이)란 열분해해서 가연성가스를 발생하지 않고 물체의 표면에서부터 속을 향해 깊숙이 타들어가는 현상이다. (　　　)안에 알맞은 내용을 쓰시오. (5점)

해답

무염연소(표면연소)

해설

무염연소(Glowing Combustion)란 눈에 보이는 화염이 없이 고체가 빛을 발하는 연소로 불꽃 없이 숯의 연소처럼 적열(赤熱)이나 백열(白熱)상태에서 물체의 표면에서부터 속을 향해 깊숙이 타들어가는 현상이다.

14 다음의 직렬회로와 병렬회로의 합성저항값을 계산하시오. (5점)

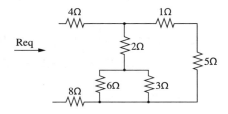

해답

14.4Ω

해설

직 · 병렬회로의 합성저항값 계산

※ 직렬 저항값 : $R_1 + R_2 + \cdots$

※ 병렬 저항값 : $\dfrac{R_1 R_2}{R_1 + R_2}$

• 4Ω과 2Ω이 병렬인지 직렬인지 잘 모르겠으면 반대부터 해보자.

 − 1Ω과 5Ω은 확실하게 직렬회로이다. 1Ω + 5Ω = 6Ω

 − 6Ω과 3Ω은 확실하게 병렬회로이다. $\dfrac{6ohm \times 3ohm}{6ohm + 3ohm} = 2Ω$

이 과정을 거치면 다음과 같은 회로가 된다.

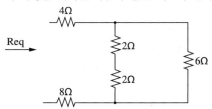

- 위의 회로를 같은 과정으로 계산하면
  - 2Ω과 2Ω은 확실하게 직렬회로이다. 2Ω+2Ω = 4Ω
  - 4Ω과 6Ω은 확실하게 병렬회로이다. $\dfrac{4ohm \times 6ohm}{4ohm + 6ohm} = 2.4\Omega$
- 따라서 결국 4Ω과 2.4Ω과 8Ω은 직렬회로로서 4Ω + 2.4Ω + 8Ω = 14.4Ω가 합성저항값이다.

15 건물 여러 채가 불타고 있을 때 발화건물 판정순서를 나열하시오. (10점)

해답

화재현장 전체의 연소방향의 파악 → 각 건물별 연소방향의 파악 → 인접건물 간의 연소방향의 파악 → 발화건물의 판정

해설

- 발화건물의 판정순서
  [화재현장 전체의 연소방향의 파악 ⇨ 각 건물별 연소방향 파악 ⇨ 인접건물 간의 연소방향 파악 ⇨ 발화건물의 판정]으로 하고 있다. 예를 들면, 5동의 건물이 아래 그림과 같은 연소방향을 나타내고 있는 경우, 화재현장 전체의 연소방향으로부터 최초에 발화한 것은 ① 건물로 귀납적으로 판정할 수 있다.

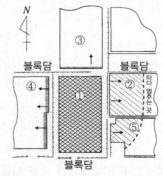

- 발화건물 판정을 위한 포인트가 되는 조사요령은 다음과 같다.
  - 화재현장 전체의 연소방향의 파악 : 화재현장 전체의 연소방향은 애써 높은 곳에서 파악한다.
  - 각 건물별 연소방향의 파악 : 각 건물의 연소방향은 타다 멈춘 부분 또는 연소강약이 명확한 부분으로부터 파악한다.
  - 인접건물 간의 연소방향의 파악 : 복수의 건물이 소손되어 있으면 인접동 간격, 외벽의 구조, 대면하는 개구부의 상황 등으로부터 건물 간의 연소방향, 즉 연소경로(延燒經路)를 명확히 하여 둔다.

01 | 기사 기출복원문제

※ 본 기출문제는 수험자들의 기억에 의해 복원된 것으로 내용과 그림, 출제순서가 다소 실제 문제와 다를 수 있습니다.

01 다음 내용에 따라 발생할 수 있는 화재패턴을 쓰시오. (5점)

> 벽이나 천장에 2차원 표면에 의해 3차원 불기둥이 생긴다. 불기둥 표면을 가로지를 때 화재패턴으로 나타나는 효과가 만들어진다.

해답

V패턴, U패턴, 원형패턴, 끝이 잘린 원추패턴, 모래시계패턴

해설

원추 모양의 열 확산은 불기둥의 자연적인 팽창이 생기면 이로 인해 발생하고 화염이 실의 천장과 같은 수직적으로 이동하는 장애물을 만났을 때 열에너지의 수평적 확산에 의해서도 생긴다. 천장의 열 손상은 일반적으로 "끝이 잘린 원추"에 기인하는 원형 영역을 지나서 뻗칠 것이다. 끝에 잘린 원추 형태는 "V패턴", "포인터 및 화살" 및 천장과 다른 수평면에 나타난 원형 형태와 수직면의 U형상의 형태같이 2차원 형태를 결합한다.

02 성인의 다음 부위가 손상되었다. 9의 법칙에 따른 다음 각 부위별 화상의 범위를 쓰시오. (5점)

> ① 머 리   ② 상반신 앞면
> ③ 오른팔 앞면   ④ 오른쪽 다리 앞면

해답

① 9, ② 18, ③ 4.5, ④ 9

9의 법칙(Rule of nines)

1. 신체의 표면적을 100% 기준으로 그림과 같이 9% 단위로 나누고 외음부를 1%로 하여 계산하는 방법
2. 두부 9%, 전흉복부 9%×2, 배부 9%×2, 양팔 9%×2, 대퇴부 9%×2, 하퇴부 9%×2, 외음부 1%를 합하면 100%

손상 부위	성 인	어린이	영 아
머 리	9%	18%	18%
흉 부	9%×2	18%	18%
하복부			
배(상)부	9%×2	18%	18%
배(하)부			
양 팔	9%×2	9%×2	18%
대퇴부(전, 후)	9%×2	13.5%	13.5%
하퇴부(전, 후)	9%×2	13.5%	13.5%
외음부	1%	1%	1%
관련 사진	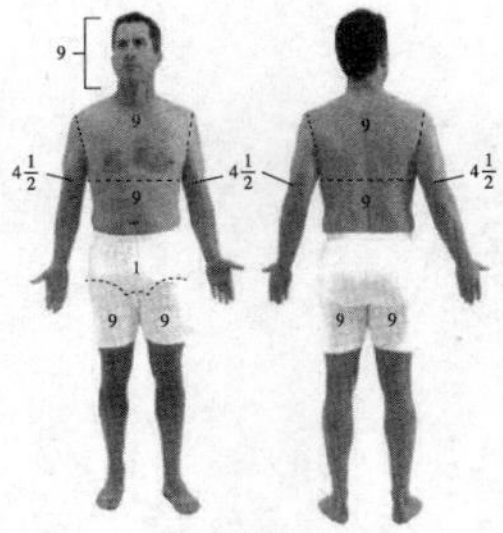	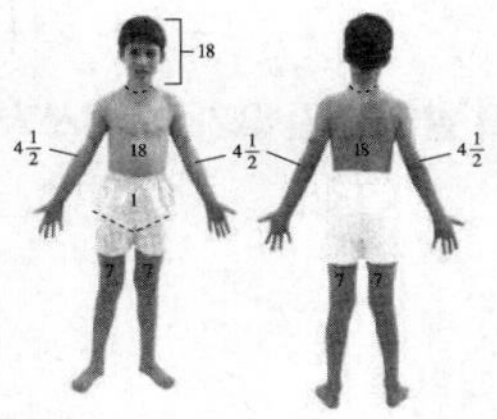	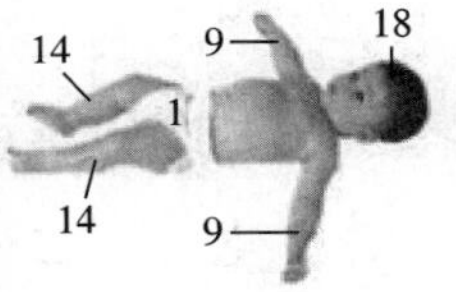 Front 18% Back 18%

참고) 9의 법칙에서 "전면"의 표현은 대퇴부와 하퇴부에서는 앞면으로 사용된다.

03 경과연수 15년, 내용연수 30년의 일반공장 잔가율은 얼마인가? (10점)

60%

$1 - (0.8 \times 15/30) = 0.6$

잔가율이라고 하였으므로 %로 표시해주어야 한다.

04 다음 물음에 답하시오. (5점)

① 화재조사 및 보고규정에서 화재피해액 산정 중 다음과 같은 물가지수를 반영하는 피해액 산정식을 사용하는 것은?

소실단위의 원시 건축비 × 물가 상승률 × [1 − (0.8 × 경과연수/내용연수)] × 손해율

② 예술품 및 귀중품의 피해액 산정기준을 쓰시오.

해답

① 구축물, ② 감정서의 감정가액

05 세탁기 화재의 주요 발화원인 3가지를 쓰시오. (5점)

해답

① 배수밸브의 이상
② 배수 마그네트로부터의 출화
③ 콘덴서의 절연열화

해설

이외에도 회로기판의 트레킹이 있다.

06 다음은 구획실 화재양상에 관한 설명이다. 어느 단계에 해당되는 현상인지 쓰시오. (5점)

① 외관 : 개구부에서 세력이 강한 검은 연기가 분출한다.
② 연소상황 : 가구 등에서 천장 면까지 화재가 확대되며, 실내 전체에 화염이 확산되기 직전단계이다.
③ 연소위험 : 근접한 동으로 연소가 확산될 수 있다.

해답

성장기(중기)

07 다음의 조건을 참고하여 화재현장에서 발견된 시스히터 확인 결과에 대한 각 물음에 답하시오.

(10점)

> • 시스히터의 지속적인 사용으로 인하여 플라스틱 통 내부의 물이 모두 증발된 상태
> • 시스히터의 발열 부분에 플라스틱의 잔존물이 용융되어 일부 부착되어 있는 상태
> • 발화시점의 주변은 기타 발화 원인으로 작용할 만한 특이점이 식별되지 않음
> • 발굴된 시스히터의 잔해물 코일이 내장된 부분이 절단되어 발굴됨

> ① 시스히터 구조 중 보호관과 발열체 사이 백색 절연분말의 성분을 쓰시오.
> ② 발굴된 시스히터에 백색 내용물과 절연물이 식별되는 이유를 쓰시오.

해답

① MgO(산화마그네슘)
② 시스히터가 적열상태로 공기 중에 노출되면 과열로 인하여 금속제가 파괴된다.

08 화재증거물수집관리규칙에 관한 내용이다. 빈칸을 완성하시오.

(5점)

> • 증거물을 수집할 때는 휘발성이 (   ) 것에서 (   ) 순서로 수집한다.
> • 증거물의 소손 또는 소실 정도가 심하여 증거물의 일부분 또는 전체가 유실될 우려가 있는 경우는 증거물을 (   )하여야 한다.

해답

> • 증거물을 수집할 때는 휘발성이 (높은) 것에서 (낮은) 순서로 수집한다.
> • 증거물의 소손 또는 소실 정도가 심하여 증거물의 일부분 또는 전체가 유실될 우려가 있는 경우는 증거물을 (밀봉)하여야 한다.

해설

증거물의 수집(화재증거물수집관리규칙 제4조)
① 현장 수거(채취)물은 그 목록을 작성하여야 한다.
② 증거물의 수집 장비는 증거물의 종류 및 형태에 따라 적절한 구조의 것이어야 하며, 증거물 수집 시료용기는 [별표 1]에 따른다.
③ 증거물을 수집할 때는 휘발성이 높은 것에서 낮은 순서로 진행해야 한다.
④ 증거물의 소손 또는 소실 정도가 심하여 증거물의 일부분 또는 전체가 유실될 우려가 있는 경우는 증거물을 밀봉하여야 한다.

⑤ 증거물이 파손될 우려가 있는 경우에 충격금지 및 취급방법에 대한 주의사항을 증거물의 포장 외측에 적절하게 표기하여야 한다.

⑥ 증거물 수집 목적이 인화성 액체 성분 분석인 경우에는 인화성 액체 성분의 증발을 막기 위한 조치를 행하여야 한다.

⑦ 증거물 수집 과정에서는 증거물의 수집자, 수집 일자, 상황 등에 대하여 기록을 남겨야 하며, 기록은 가능한 법과학자용 표지 또는 태그를 사용하는 것을 원칙으로 한다.

09 증거물의 보관 및 이동은 장소 및 방법, 책임자 등이 지정된 상태에서 행해져야 되며, 책임자는 전 과정에 대하여 이를 입증할 수 있도록 작성하여야 한다. 입증을 위하여 작성할 내용은 무엇인가?

(5점)

- 증거물 최초상태, (   ), 개봉자
- 증거물 (   ), (   )
- 증거물 (   ), (   )

해답

- 증거물 최초상태, (개봉일자   ), 개봉자
- 증거물 (발신일자   ), (발신자   )
- 증거물 (수신일자   ), (수신자   )

10 다음 그림을 보고, 물음에 답하시오. (10점)

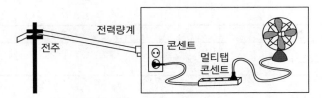

① 전원측과 부하측의 정의를 쓰시오.
② 콘센트를 기준으로 최종 전원측과 최종 부하측을 쓰시오.

해답

① 전원측 : 전기기기에 전기를 공급하는 방향
  부하측 : 전원으로부터 전력을 공급받는 방향
② 최종 전원측 : 전주
  최종 부하측 : 선풍기

해설

전기배선 및 배선기구의 전기적 특이점
• 전기적 특이점이란 도체의 용융, 비산흔 등 전기에 의하여 남겨진 흔적을 말한다.
• 화재현장에서 발화가 시작된 전기기기 등 발화지점을 추적해 갈 때 유용한 객관적 증거로 사용되기도 한다.
• 최종 부하측의 전기적 특이점
  – 부하측 : 전원으로부터 전력을 공급받는 방향(전기를 끌어다 쓰는 전기기기 방향)
    예 콘센트와 선풍기, 냉장고, 텔레비전은 부하측
  – 전원측 : 전기기기에 전기를 공급하는 방향(발전소 등 전기가 공급되는 방향)
    예 적산전력계와 전신주는 전원측
  – 콘센트를 기준으로 전력량계와 전신주 방향은 전원측에 해당되며 멀티콘센트와 선풍기는 부하측 방향에 해당된다. 따라서 최종 부하측 전기적 특이점이란 전원측으로부터 물리적 거리가 아닌 전기계통상 가장 멀리 떨어진 곳에서의 전기적 특이점을 말하는 것으로 최종 전원측은 전주이며 최종 부하측은 선풍기가 된다.

11 다음은 화재조사 및 보고규정에 따른 화재조사의 구분 및 범위에 관한 내용이다. 빈 칸을 채우시오. (5점)

종 류	조사범위
가. 인명피해조사	(1) (2)
나. 재산피해조사	(1) (2) (3)

해답

종 류	조사범위
가. 인명피해조사	(1) 소방활동 중 발생한 사망자 및 부상자 (2) 그 밖의 화재로 인한 사망자 및 부상자
나. 재산피해조사	(1) 열에 의한 탄화, 용융, 파손 등의 피해 (2) 소화활동으로 발생한 수손피해 (3) 그 밖의 연기, 물품반출, 화재로 인한 폭발 등에 의한 피해

12 실화책임에 관한 법률에서 손해배상액의 경감을 청구할 때 손해배상액을 경감하기 위해 고려하여야 할 사항을 5가지 쓰시오. (10점)

해답

- 화재의 원인과 규모
- 피해의 대상과 정도
- 연소 및 피해확대의 원인
- 피해 확대를 방지하기 위한 실화자의 노력
- 배상의무자 및 피해자의 경제상태

해설

손해배상액의 경감(제3조)
① 실화가 중대한 과실로 인한 것이 아닌 경우 그로 인한 손해의 배상의무자는 법원에 손해배상액의 경감을 청구할 수 있다.
② 법원은 ①의 청구가 있을 경우에는 다음의 사정을 고려하여 그 손해배상액을 경감할 수 있다.
 ㉠ 화재의 원인과 규모
 ㉡ 피해의 대상과 정도
 ㉢ 연소(延燒) 및 피해 확대의 원인
 ㉣ 피해 확대를 방지하기 위한 실화자의 노력
 ㉤ 배상의무자 및 피해자의 경제상태
 ㉥ 그 밖에 손해배상액을 결정할 때 고려할 사정

13 NFPA 921에서 정의하는 초기현장평가 목적을 쓰시오. (5점)

해답

원인 규명에 필요한 시간과 노력을 줄여준다.

해설

NFPA 921 – 17.3.5.3에서 화재현장에 대한 예비평가의 결론에서 조사자는 화재현장의 안전, 예상 소요인력과 필요장비 및 상세한 조사를 위한 구조물 내부 또는 주변 지역을 결정해야 한다. 화재조사에 있어 초기현장평가는 중요한 부분이다. 이를 규명하는 데 필요한 시간만큼이나 평가에 많은 시간을 할애해야 한다. 이러한 노력에 소모된 시간은 이후의 조사단계에서 많은 시간과 노력을 줄여 준다.

14 다음 각 유리파손 형태를 보고 파손 원인을 쓰시오. (10점)

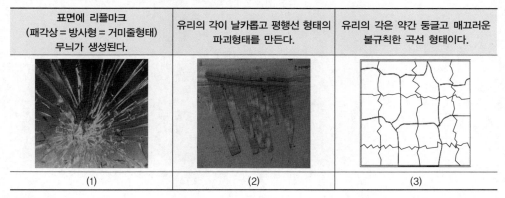

표면에 리플마크 (패각상 = 방사형 = 거미줄형태) 무늬가 생성된다.	유리의 각이 날카롭고 평행선 형태의 파괴형태를 만든다.	유리의 각은 약간 둥글고 매끄러운 불규칙한 곡선 형태이다.
(1)	(2)	(3)

해답

(1) 충격에 의한 파손, (2) 폭발에 의한 파손, (3) 열에 의한 파손

15 화재조사서류 중 도면의 종류 5가지를 쓰시오. (5점)

해답

- 현장 위치도
- 건물의 배치도
- 소손건물의 각층 평면도
- 발화실의 평면도
- 화지점의 평면도

02 | 기사 기출복원문제

※ 본 기출문제는 수험자들의 기억에 의해 복원된 것으로 내용과 그림, 출제순서가 다소 실제 문제와 다를 수 있습니다.

01 화재 시 소방대장이 설정한 소방활동구역 내에 출입할 수 있는 자를 모두 쓰시오. (10점)

해답

1. 소방활동구역 안에 있는 소방대상물의 소유자·관리자 또는 점유자
2. 전기·가스·수도·통신·교통의 업무에 종사하는 사람으로서 원활한 소방활동을 위하여 필요한 사람
3. 의사·간호사 그 밖의 구조·구급업무에 종사하는 사람
4. 취재인력 등 보도업무에 종사하는 사람
5. 수사업무에 종사하는 사람
6. 그 밖에 소방대장이 소방활동을 위하여 출입을 허가한 사람

02 다음 그림을 참고하여 화재조사전담부서에 갖추어야 하는 장비에 대한 각 물음에 답하시오. (6점)

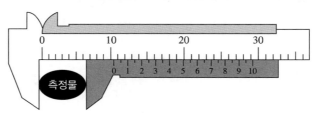

① 기자재명을 쓰시오. (단, 기자재명은 소방의 화재조사에 관한 법률 시행령상 명칭으로 표기한다)
② 눈금은 얼마인가?

해답

① 버니어캘리퍼스
② 10.45mm

03 다음은 화재를 가연물별로 분류한 것이다. 빈 칸을 알맞게 채우시오. (5점)

> ① ( ) 화재 : 연소 후 재를 남기지 않고 냉각소화가 가장 효율적인 화재
> ② ( ) 화재 : 상온에서 액체 상태로 존재하는 유류(油類)가 가연물이 되는 화재
> ③ ( ) 화재 : 소화 시 물 등의 전기전도성을 가진 약제를 사용하면 감전사고의 위험이 있는 화재
> ④ ( ) 화재 : 칼륨, 나트륨, 마그네슘, 알루미늄 등이 가연물이 되는 화재

해답

① 일반, ② 유류, ③ 전기, ④ 금속

04 플래시오버의 정의를 쓰시오. (5점)

해답

실내에서 화재가 발생하였을 때 발화로부터 출화를 거쳐 화염이 천장 전면으로 확산되면 화염에서 발생한 복사열에 의해 내장재나 가구 등이 일시에 인화점에 이르러 가연성 가스가 축적되면서 일순간에 폭발적으로 전체가 화염에 휩싸이는 현상

05 박리흔(Spalling)이 발생할 수 있는 조건 5가지를 쓰시오. (5점)

해답

① 열을 직접적으로 받은 표면과 그렇지 않은 주변 또는 내부와의 서로 다른 열팽창률
② 철근 등 보강재와 콘크리트의 서로 다른 열팽창률
③ 콘크리트 등의 내부에 생성되었던 공기방울 또는 수분의 부피팽창
④ 콘크리트 혼합물과 골재 간의 서로 다른 열팽창률
⑤ 화재에 노출된 표면과 슬래브 내장재 간의 불균일한 팽창

06 형광등 기구에 의한 화재는 안정기에 관계된 것이 대부분이다. 특히 안정기 내 권선코일에서 링회로가 형성되어 국부 발열하여 출화되었을 때 화재원인과 이유를 설명하시오. (10점)

해답

원인 : 절연열화
이유 : 권선코일의 절연열화된 선간에서 접촉하여 코일의 일부가 전체에서 분리되어 링회로를 형성하면 큰 전류가 이 부분에 흘러 국부 발열하여 출화

07 다음 물음에 답하시오. (10점)

> ① 화재가 발생하여 소화기로 즉시 진화하였으나, 한쪽 벽면 5m², 바닥 7m²가 소실되었다. 소실면적은
> 얼마인가?
> ② ①의 화재 피해정도가 다음과 같을 때 화재 피해액은?
> 신축단가 : 760,000원
> 내용연수 : 50년
> 경과연수 : 20년
> 피해정도 : 손해율 70%

해답

① 7m²
② 건물 피해액 : 760,000 × 7 × [1 − (0.8 × 20 ÷ 50)] × 0.7 = 2,532,320원
잔존물 제거비 : 2,532,320 × 10% = 253,232원
화재 피해액 = 건물 피해액 + 잔존물 제거비 = 2,785,552원

해설

건물 등의 피해산정은

> 건물 등의 피해액 = 건물 피해액 + 부대설비 피해액 + 구축물 피해액 + 시설 피해액 + 잔존물 또는 폐기물
> 등의 제거 및 처리비

이므로, 조건에서 (부대설비·구축물·시설) 피해액은 주어지지 않고, 잔존물 제거비에 대한 언급이 없을
때는 계산식에서 별도로 10%를 반영하여 총 합계를 구해주는 것이 바람직하다.

08 18Ω의 저항에 4A의 전류가 15초간 흘렀을때의 에너지 열량[cal]을 구하시오. (5점)

해답

$Q = 0.24 \, I^2 Rt [cal] = 1,036.8 cal$

09 분진폭발에 대한 설명이다. 다음 물음에 답하시오. (10점)

> 1. 금속, 플라스틱, 농산물, 석탄, 유황, 섬유질 등의 가연성 고체가 미세한 분말상태로 공기 중에 (①)하여 (②) 농도 이상으로 유지될 때 (③)에 의해 폭발하는 현상
> 2. 분진폭발 메커니즘을 4단계로 기술하시오.

해답

1. ① 부유, ② 폭발하한계, ③ 점화원
2. 입자표면 온도상승 – 가연성 기체발생 – 가연성 혼합기 생성 및 발화 – 연쇄반응

해설

- 입자표면에 열에너지가 주어져서 표면온도가 상승
- 입자표면의 분자가 열분해 또는 건류작용을 일으켜서 기체 상태로 입자 주위에 방출
- 방출된 기체가 공기와 혼합하여 폭발성 혼합기가 생성된 후 발화되어 화염 발생
- 이 화염에 의해 생성된 열은 다시 다른 분말의 분해를 촉진시켜 공기와 혼합하여 발화

10 다음은 증거물 수집절차에 관한 내용이다. 빈칸에 알맞은 내용을 쓰시오. (5점)

> 1. 관련 법규 및 지침에 규정된 일반적인 원칙과 절차를 준수한다.
> 2. 화재조사에 필요한 증거 수집은 화재피해자의 피해를 최소화하도록 하여야 한다.
> 3. 화재증거물은 기술적, 절차적인 수단을 통해 (①), (②)이/가 보존되어야 한다.
> 4. 화재증거물을 획득할 때에는 증거물의 오염, 훼손, 변형되지 않도록 적절한 장비를 사용하여야 하며, 방법의 (③)이/가 유지되어야 한다.
> 5. 최종적으로 법정에 제출되는 화재 증거물의 (④)이/가 보장되어야 한다.

해답

① 진정성, ② 무결성, ③ 신뢰성, ④ 원본성

11 굴뚝효과에 대해서 쓰시오. (5점)

해답

건축물 내부의 온도가 바깥보다 높고 밀도가 낮을 때 건물 내 공기가 부력을 받아 이동하는 현상

12 가연성 액체에 의한 연소패턴을 5가지 이상 쓰시오. (5점)

> **해답**

고스트마크, 스플래시패턴, 틈새연소패턴, 낮은연소패턴, 불규칙패턴, 포어패턴, 도넛패턴, 트레일러패턴, 역원추형패턴

13 제4류 위험물에 해당하는 인화성 액체에 관한 설명이다. 빈 칸을 채우시오. (5점)

> ① 제1석유류 : 액체로서 인화점이 (①) 미만인 것
> ② 제2석유류 : 액체로서 인화점이 (①) 이상 (②) 미만인 것 (단, 도료류 그 밖의 물품에 있어서는 인화성 액체량이 40Vol% 이하이고 인화점이 40℃ 이상, 연소점이 70℃ 이상인 것은 제외)
> ③ 제3석유류 : 액체로서 인화점이 (②) 이상 (③) 미만인 것 (단, 도료류 그 밖의 물품에 있어서는 인화성 액체량이 40Vol% 이하인 것은 제외)
> ④ 제4석유류 : 액체로서 인화점이 (③) 이상 (④) 미만인 것 (단, 도료류 그 밖의 물품은 가연성 액체량이 40Vol% 이하인 것은 제외) 및 동식물류

> **해답**

① 21℃, ② 70℃, ③ 200℃, ④ 250℃

14 다음은 부대설비의 손해율이다. 빈칸을 채우시오. (5점)

화재로 인한 피해정도	손해율(%)
불에 타거나 변형되고 그을음과 수침 정도가 심한 경우	⑤
손상정도가 다소 심하여 상당부분 교체 내지 수리가 필요한 경우	④
영업시설의 일부를 교체 또는 수리하거나 도장 내지 도배가 필요한 경우	③
부분적인 소손 및 오염의 경우	②
세척 내지 청소만 필요한 경우	①

> **해답**

① 10, ② 20, ③ 40, ④ 60, ⑤ 100

15 탄화심도를 측정하고자 할 때 포함하여야 할 부분을 계산식으로 쓰시오. (5점)

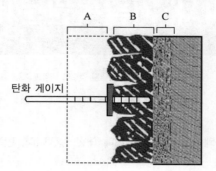

탄화 게이지

해답

A + B

해설

탄화심도를 결정할 때 화재로 완전히 타버린 목재를 고려하고, 전반적인 깊이 측정에서 목재의 분실 깊이를 더한다.

04 | 기사 기출복원문제

※ 본 기출문제는 수험자들의 기억에 의해 복원된 것으로 내용과 그림, 출제순서가 다소 실제 문제와 다를 수 있습니다.

01 화재현장에서 소사체에 나타나는 유형에 대한 설명이다. 빈칸을 채우시오. (5점)

> ① 화재현장에서 발생한 사체는 ( ) 자세로 발견된다.
> ② 비만인 사람은 그렇지 않은 사람에 비하여 ( )(으)로 인하여 심하게 훼손된 채 발견된다.
> ③ 사망원인이 화재에 의한 것인지 아닌지를 판단하기 위해서는 혈중 ( )포화도를 측정하여 보면 알 수 있다.

해답

① 투사형 또는 권투선수, ② 지방층, ③ 일산화탄소 헤모글로빈(COHb)

해설

소사체에서 나타나는 유형

① 투사형 자세 : 사후에 열이 계속적으로 가해지면 근육이 응고되어 수축되는 소위 열경직(Heatrigidity) 현상이다.
② 비만인 사람은 그렇지 않은 사람에 비하여 지방층이 많아 연료로 작용하여 심하게 훼손된다.
③ 혈중 일산화탄소 헤모글로빈(COHb) 포화도를 측정해보면 화재에 의한 질식사인지 판단이 가능하다.

02 마그네슘에 대한 다음 반응식을 완성하시오. (10점)

> 가. 연소화학식 :
> 나. 주수화학식 :
> 다. 폭발화학식 :

해답

가. $2Mg + O_2 \longrightarrow 2MgO$
나. $Mg + 2H_2O \longrightarrow Mg(OH)_2 + H_2$
다. $3Mg + N_2 \longrightarrow Mg_3N_2$

해설

가. 마그네슘은 공기 중에서 가열하면 연소하여 백색 고체인 MgO가 생성된다($2Mg + O_2 \rightarrow 2MgO + 287.4kcal$).

나. 실온에서는 물과 서서히 반응하나 물의 온도가 높아지면 격렬하게 반응하여 수소를 발생시키며 발열하여 ($Mg + 2H_2O \rightarrow Mg(OH)_2 + H_2\uparrow + 75kcal$) 연소한다.

다. 마그네슘이 격렬한 연소반응을 일으키고 있는 때는 공기 중의 질소와 반응하여 질화마그네슘(Mg_3N_2)이 생성되며($3Mg + N_2 \rightarrow Mg_3N_2$), 이 때 물이 존재하면 더욱 반응이 진행되어 MgO와 NH_3가 생성된다 ($Mg_3N_2 + 3H_2O \rightarrow 3MgO + 2NH_3\uparrow$).

03 화재조사 전담부서에 갖추어야 할 장비와 시설 중 다음에 대해 기술하시오. (10점)

> 가. 기록용 기기 (3가지) :
> 나. 감식용 기기 (3가지) :

해답

가. ① 디지털카메라 세트, ② 비디오카메라 세트, ③ 적외선 거리측정기,

나. ① 절연저항계, ② 멀티테스터기, ③ 클램프미터

해설

화재조사 전담부서에 갖추어야 할 장비와 시설

구 분	장비와 시설
기록용 기기 (13종)	디지털카메라(DSLR) 세트, 비디오카메라 세트, TV, 적외선 거리측정기, 디지털온도·습도측정시스템, 디지털풍향풍속기록계, 정밀저울, 버니어캘리퍼스(아들자가 달려 두께나 지름을 재는 기구), 웨어러블캠, 3D스캐너, 3D카메라(AR), 3D캐드시스템, 드론
감식용 기기 (16종)	절연저항계, 멀티테스터기, 클램프미터, 정전기측정장치, 누설전류계, 검전기, 복합가스측정기, 가스(유증)검지기, 확대경, 산업용실체현미경, 적외선열상카메라, 접지저항계, 휴대용디지털현미경, 디지털탄화심도계, 슈미트해머(콘크리트 반발 경도 측정기구), 내시경현미경

04 다음 [조건]을 참고하여 화재발생으로 인한 부동산 및 1층과 2층 동산 피해금액을 각각 산정하시오.
(10점)

[조 건]

1. 건물
   - 피해 정도 : 연면적 $300m^2$인 2층 건물 손해율 100%
   - 준공일자 : 2000. 01. 01
   - 화재발생 : 2018. 01. 01
   - 당시 신축단가 : $3m^2$당 300만원
   - 용도 : 1층 작업장, 2층 주택
   - 소실 정도
     - 1층 작업장 : 2013. 01. 01 구입한 인쇄기계 1대(손해율 100%), 컴퓨터 1대(손해율 100%)
     - 2층 주택(가재도구) : 구입한지 5년 된 세탁기 1대(손해율 100%), TV 1대(손해율 100%)
2. 내용연수
   - 동산 : 6년
   - 부동산 : 50년
3. 재구입비
   인쇄기계 500만원, 컴퓨터 100만원, 세탁기 150만원, TV 150만원

---

① 부동산(천원)
   - 계산과정 :
   - 답 :
② 동산(천원)
   - 1층
     - 계산과정 :
     - 답 :
   - 2층
     - 계산과정 :
     - 답 :

해답

① 부동산(천원)
   - 계산과정 : 신축단가 × 소실면적 × [1 − (0.8 × 경과연수/내용연수)] × 손해율이므로

$$\frac{3,000천원}{3m^2} \times 300m^2 \times [1-(0.8 \times \frac{18}{50})] \times 100\% = 213,600천원$$

   - 답 : 213,600천원

② 동산(천원)
- 1층
  - 계산과정 : 공구 및 기구와 집기비품은 최종잔가율이 10%이므로
    재구입비×[1−(0.9×경과연수/내용연수)]×손해율을 계산하면

    $\{5,000천원 × 1대 × [1 − (0.9 × \frac{5}{6})] × 100\%\} + \{1,000천원 × 1대 × [1 − 0.9 × \frac{5}{6})] × 100\%\}$

    = 1,500천원
  - 답 : 1,500천원
- 2층
  - 계산과정 : 가재도구는 최종잔가율이 20%이므로
    재구입비×[1−(0.8×경과연수/내용연수)]×손해율을 계산하면

    $\{1,500천원 × 1대 × [1 − (0.8 × \frac{5}{6})] × 100\%\} + \{1,500천원 × 1대 × [1 − (0.8 × \frac{5}{6})] × 100\%\}$

    = 1,000천원
  - 답 : 1,000천원

05 다음 물음에 답하시오. (5점)

① 무엇을 측정하는 사진인가?
② 측정결과 알 수 있는 것은?

해답

① 탄화심도
② 연소의 강약을 통하여 화재현장 전체적으로 불이 번져가는 방향을 알 수 있다.

해설

탄화심도를 측정하는 사진이며, 이 측정을 통하여 연소강약(열의 강도)을 알 수 있으며, 이를 통하여 연소의 방향성을 알 수 있다.

06 다음 화재의 소실 정도를 쓰시오. (5점)

> ① 건축물 소실 정도가 50%일 때 잔존부분을 보수하여도 재사용이 불가능한 것은?
> ② 차량의 소실 정도가 50% 소손된 것은?

해답

① 전소, ② 반소

해설

소실 정도에 따른 화재의 구분

건축·구조물 화재의 소실 정도는 3종류로 구분하며, 자동차·철도차량, 선박 및 항공기 등의 소실 정도도
이 규정을 준용한다.

구 분	전소화재	반소화재	부분소화재
소실률	건물의 70% 이상(입체면적에 대한 비율)이 소실된 화재나 그 미만이라도 잔존부분이 보수를 하여도 재사용 불가능한 것	건물의 30% 이상 70% 미만이 소실된 화재	전소·반소 이외의 화재

07 증거물의 보관 및 이동은 장소 및 방법, 책임자 등이 지정된 상태에서 행해져야 되며, 책임자는
전 과정에 대하여 이를 입증할 수 있도록 작성하여야 한다. 입증을 위하여 작성할 사항 4가지를
쓰시오. (8점)

해답

① 증거물 최초상태, 개봉일자, 개봉자
② 증거물 발신일자, 발신자
③ 증거물 수신일자, 수신자
④ 증거 관리가 변경되었을 때 기타사항 기재

해설

화재증거물수집관리규칙 제6조 제2항

08 철골조 건물이 화재로 도괴된 그림이다. 다음 물음에 답하시오. (10점)

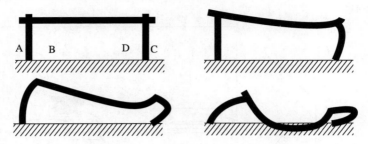

① 화원의 위치를 명기하시오.
② 도괴가 나타나는 이유는 무엇인가?

해답

① D
② 금속의 만곡 또는 금속이 화재열을 받으면 용융하기 전에 자중 등으로 인해 좌굴하기 때문

해설

• 화원의 위치

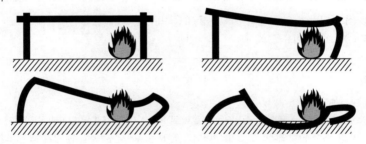

• 금속의 만곡
 – 화재열을 받은 금속은 용융하기 전에 자중 등으로 인해 좌굴한다.
 – 화재현장에서는 만곡이라는 형상으로 남아 있다.
 – 일반적으로 금속의 만곡정도가 수열정도와 비례하여 연소의 강약을 알 수 있다.

09 다음 그림의 세 곳(X 표시된 부분)에서 단락이 식별된 경우 [조건]을 참고하여 다음 각 물음에 답하시오. (5점)

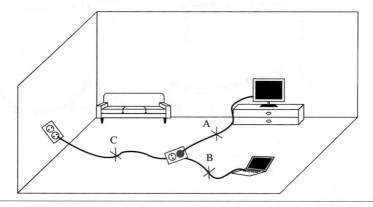

[조 건]

- 차단기가 설치되어 있지 않음
- X표시 부분은 합선에 의한 단락 발생
- 전기적인 단락흔적으로 판정하되 연소패턴 등 주변 가연물의 상황은 무시

① 최초 단락에 의한 발화부의 추정 가능 여부를 쓰시오.
② ①에 대한 이유를 쓰시오.

해답

① A 또는 B
② C와 A, C와 B는 직렬회로, A와 B는 병렬회로이다. A가 단락되더라도 C가 단락되기 전에는 B에서도 단락될 수 있고, B가 단락되더라도 C가 단락되기 전에는 A에서 단락될 수 있기 때문이다.

해설

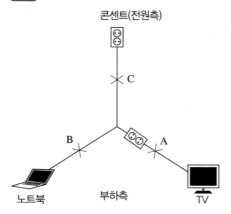

10 트래킹의 발생과정에 대해 쓰시오. (5점)

> ① 1단계 :
> ② 2단계 :
> ③ 3단계 :

해답

① 1단계 : 절연체 표면의 오염 등에 의한 도전로 형성
② 2단계 : 도전로의 분단과 미소 불꽃방전의 발생
③ 3단계 : 반복적 불꽃방전에 의한 표면 탄화

11 전기적 화재요인에 관한 것이다. 물음에 답하시오. (10점)

> ① 전원코드가 꽂혀져 있고 사용하지 않던 선풍기 목 조절부 배선이 전기적인 원인에 의해 화재가
>   발생하였다. 선풍기가 회전하면서 계속적으로 배선이 반복적인 구부림의 스트레스를 받았다고
>   가정한다면 화재원인은 무엇으로 추정할 수 있는가?
> ② ①에서 답한 원인의 화재발생 메커니즘에 대해 쓰시오.

해답

① 반단선
② 여러 개의 소선으로 구성된 선풍기 목 부문의 배선이 10% 이상 끊어졌거나 전체가 완전히 단선된 후에 일부가
   접촉 상태로 남아 통전을 하면 끊어짐과 이어짐을 반복 → 전류통로의 감소와 국부적인 저항치 증가 → 줄열에
   의한 발열량이 증가 → 전선의 피복 및 주변가연물 발열발화

해설

① 선풍기 목 조절부 배선의 반복적인 구부림의 스트레스를 받았다고 가정하였으므로 외부로부터 기계적
   피로가 가해진 형태로 내부 전선 중 일부가 손상되면 반단선이 발생된다.
② 반단선 메커니즘
   • 여러 개의 소선으로 구성된 전선이나 코드의 심선이 10% 이상 끊어졌거나 전체가 완전히 단선된
     후에 일부가 접촉 상태로 남아 있는 상태
   • 반단선 상태에서 통전시키면 도체의 저항치는 단면적에 반비례하므로 국부적으로 발열량이 증가하거나
     스파크가 발생하여 피복이나 주위 가연물에 착화되어 출화
   • 반단선에 의한 용흔은 단선 부분의 양쪽, 금속에 의해 절단된 단선에서는 전원측에만 발생

12 다음은 폭발의 성립 요건에 대한 설명이다. 빈칸의 내용을 쓰시오. (5점)

> ① (㉠)이/가 존재하여야 된다.
> ② 가연성 가스, 증기 또는 분진이 (㉡) 내에 있어야 한다.
> ③ (㉢)이/가 있어야 한다.

해답

㉠ 밀폐된 공간, ㉡ 폭발범위, ㉢ 점화원

해설

폭발의 성립 조건
- 밀폐된 공간이 존재하여야 된다.
- 가연성 가스, 증기 또는 분진이 폭발 범위 내에 있어야 한다.
- 점화원(Energy)이 있어야 한다.

13 증거물 시료용기 기준에 대한 설명이다. 빈칸에 알맞은 내용을 쓰시오. (5점)

> 가. 주석 도금캔 : 주석 도금캔은 (㉠) 사용 후 반드시 폐기한다.
> 나. 유리병 : 코르크마개는 (㉡)에 사용하여서는 안 된다.

해답

㉠ 1회, ㉡ 휘발성 액체

14 화재조사 및 보고규정에 따른 소방방화시설 활용조사서상 소화시설 종류 4가지를 쓰시오.(5점)

해답

① 소화기구, ② 옥내소화전, ③ 스프링클러설비 간이스프링클러 물분무 등 소화설비, ④ 옥외소화전

해설

소방·방화시설 활용조사서에 따른 소화시설은 해답과 같으며, 화재예방, 소방시설 설치·유지 및 안전관리에 관한 법률에 따른 소방시설은 물 또는 그 밖의 소화약제를 사용하여 소화하는 기계·기구 또는 설비로서 다음의 것을 말한다.

- 소화기구 : 소화기, 간이소화용구, 자동확산소화기
- 자동소화장치 : 주방용 자동소화장치, 캐비닛형 자동소화장치, 가스자동소화장치, 분말자동소화장치, 고체에어로졸자동소화장치
- 옥내소화전설비(호스릴옥내소화전설비를 포함)
- 스프링클러 설비 등 : 스프링클러 설비, 간이스프링클러 설비, 화재조기진압용 스프링클러 설비
- 물분무 등 소화설비 : 물분무소화설비, 미분무소화설비, 포소화설비, 이산화탄소소화설비, 할로겐화합물 소화설비, 청정소화약제소화설비, 분말소화설비, 강화액소화설비
- 옥외소화전설비

15 다음의 전기용어 해설에서 알맞은 내용을 쓰시오. (5점)

> 가. 땅에 매설한 접지 전극과 땅 사이의 전기 저항 또는 접지 전극과 대지 사이의 저항
> 나. 접지 전극과 대지 사이의 저항을 측정하는 계기
> 다. 기계기구의 절연열화 등에 의해서 누전되면 발생하는 전압으로 전압이 발생하여 감전재해나 화재의 원인이 되는 것은?

해답

가. 접지저항, 나. 접지저항계, 다. 접지전압

해설

가. 접지저항 : 땅에 매설한 접지 전극과 땅 사이의 전기 저항
나. 접지저항계 : 접지 전극과 대지 사이의 저항을 측정하는 계기
다. 접지전압 : 일반적으로 전기회로가 정상이라면 전기기계기구의 금속제 케이스 등에 전압이 발생하지 않지만, 기계기구의 절연열화 등에 의해서 누전되면 발생하는 전압으로 전압이 발생하여 감전재해나 화재의 원인이 된다.

04 | 산업기사 기출복원문제

※ 본 기출문제는 수험자들의 기억에 의해 복원된 것으로 내용과 그림, 출제순서가 다소 실제 문제와 다를 수 있습니다.

01 가스기구에서 리프팅의 원인 5가지를 쓰시오. (10점)

해답

① 버너의 염공에 먼지 등이 부착하여 염공이 작아졌을 때
② 가스의 공급압력이 지나치게 높을 경우
③ 노즐구경이 지나치게 클 경우
④ 가스의 공급량이 버너에 비해 과대할 경우
⑤ 공기 조절기를 지나치게 열었을 경우

해설

리프팅(Lifting)

염공에서의 가스유출속도가 연소속도보다 빠르게 되었을 때 가스는 염공에 붙어서 연소하지 않고 염공을 이탈하여 연소한다. 이러한 현상을 리프팅이라 하는데, 연소속도가 느린 LPG는 리프팅을 일으키기 쉬우며 원인으로는 해답의 5가지 외에도 연소폐가스의 배출이 불충분하거나 환기가 불충분함에 따라 2차 공기 중의 산소가 부족한 경우에도 나타난다.

02 다음 그림을 보고 누전의 3요소와 각각의 장소를 쓰시오. (6점)

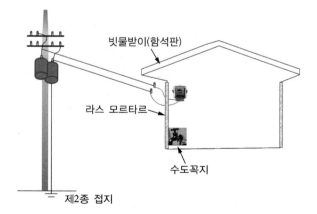

해답

① 누전점 : 빗물받이
② 출화점 : 라스 모르타르
③ 접지점 : 수도관

누선화재의 3요소

누전이란 절연이 불량하여 전류의 일부가 전류의 통로로 설계된 이외의 곳으로 흐르는 현상

- 누전점 : 전류가 흘러들어오는 곳(빗물받이)
- 출화점(발화점) : 과열개소(라스 모르타르)
- 접지점 : 접지물로 전기가 흘러들어오는 점(수도관)

03 다음의 유리파손 형태의 발생원인과 특징은 무엇인가? (6점)

해답

폭발로 인한 유리파손 형태, 평행선, 유리 표면적 전면이 압력을 받아 평행하게 파괴

해설

폭발에 의한 유리파손 형태

- 유리 표면적 전면이 압력을 받아 평행하게 파괴
- 비교적 균일한 동심원 형태의 파단은 없고 파편은 각각 단독으로 깨짐

04 냉온수기에서 화재가 발생한 경우 다음 물음에 답하시오. (8점)

> ① 자동온도조절장치의 명칭은?
> ② 자동온도조절장치에서 화재가 발생한 경우 감식요령을 약술하시오.

해답

① 서모스탯
② 가동접점 부분에서 전기용흔, 접점의 반복적인 동작에 의한 아크 발생, 절연체의 절연파괴, 절연체 오염 등 트래킹여부를 확인한다.

05 괄호 안에 알맞은 용어를 쓰시오. (4점)

> (①) : 충격파의 반응전파속도가 음속보다 느린 것
> (②) : 충격파의 반응전파속도가 음속보다 빠른 것

해답

① 폭연, ② 폭굉

06 화재증거물 수집관리규칙에 관한 내용이다. 빈칸을 완성하시오. (4점)

> • 증거물을 수집할 때는 휘발성이 (①) 것에서 (②) 순서로 수집한다.
> • 증거물의 소손 또는 소실 정도가 심하여 증거물의 일부분 또는 전체가 유실될 우려가 있는 경우는 증거물을 (③)하여야 한다.

해답

① 높은, ② 낮은, ③ 밀봉

해설

물리적 증거물의 수집방법

• 증거물을 수집할 때는 휘발성이 높은 것에서 낮은 순서로 수집한다.
• 증거물의 소손 또는 소실 정도가 심하여 증거물의 일부분 또는 전체가 유실될 우려가 있는 경우는 증거물을 밀봉하여야 한다.
• 증거물이 파손될 우려가 있는 경우에 충격금지 및 취급방법에 대한 주의사항을 증거물의 포장 외측에 적절하게 표기하여야 한다.

07 가솔린의 위험도를 계산식을 포함하여 구하시오. (단, 가솔린 연소범위 : 1.4 ~ 7.6)　　(5점)

> **해답**

$$위험도(H) = \frac{U(연소\ 상한계) - L(연소\ 하한계)}{L(연소\ 하한계)}$$
$$= \frac{7.6 - 1.4}{1.4} = 4.43$$

> **해설**

폭발위험도
클수록 위험하며, 하한계가 낮고 상한과 하한의 차이(연소범위)가 클수록 커진다.

> $$위험도(H) = \frac{U(연소\ 상한계) - L(연소\ 하한계)}{L(연소\ 하한계)}$$
>
> H : 위험도
> U : 폭발한계 상한
> L : 폭발한계 하한

08 ㉠ → ㉢의 위치에서 각 동일 가연물이 동일한 방법으로 착화되어 동일 시간이 경과하였다. 다음 물음에 답하시오. 　　(5점)

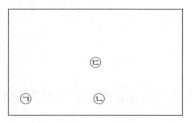

> ① 각 위치별 화염의 길이가 긴 것부터 낮은 것의 순으로 쓰시오.
> ② 각 위치별 화염의 길이 차이가 발생하는 이유를 쓰시오.

> **해답**

① ㉠ → ㉡ → ㉢
② 화염은 고체표면에 열전달을 하여 확산속도가 빠르게 되기 때문이다.

09 다음 조건을 참고하여 화재발생 건축물의 화재 피해액을 구하시오. (6점)

> 화재 당시 건물 신축단가 450천원, 소실면적 6,500m², 내용연수 50년, 경과연수 25년, 손해율 60% (단, 잔존물 제거비는 제외한다)

해답

1,053,000천원

해설

건축물 화재 피해액 = 신축단가 × 소실면적(m²) × $[1 - (0.8 \times \dfrac{경과연수}{내용연수})]$ × 손해율의 산정공식에 대입하면

= $450 \times 6500 \times [1 - (0.8 \times \dfrac{25}{50})] \times 0.6 = 1,053,000$

10 증거물 시료용기 기준 중 주석 도금캔(Can) 폐기 기준에 대해 기술하시오. (8점)

해답

① 사용 직전에 검사하여야 하고 새거나 녹슨 경우 폐기한다.
② 1회 사용 후 반드시 폐기한다.

해설

증거물시료 용기(화재증거물수집관리규칙 제4조 제2항 제2호 관련 별표 1)
① 캔은 사용 직전에 검사하여야 하고 새거나 녹슨 경우 폐기한다.
② 주석 도금캔은 1회 사용 후 반드시 폐기한다.

11 화재조사 전담부서에 갖추어야 할 장비와 시설 중 다음에 대해 기술하시오. (6점)

> 가. 감식기기 (5가지) :
> 나. 화재조사분석실 규모 :

해답

가. ① 절연저항계, ② 멀티테스터기, ③ 클램프미터, ④ 정전기측정장치, ⑤ 누설전류계
나. 화재조사분석실 규모 : 30m²

해설

화재조사 전담부서에 갖추어야 할 장비와 시설

가. 감식기기(16종) : 절연저항계, 멀티테스터기, 클램프미터, 정전기측정장치, 누설전류계, 검전기, 복합가스측정기, 가스(유증)검지기, 확대경, 산업용실체현미경, 적외선열상카메라, 접지저항계, 휴대용디지털현미경, 디지털탄화심도계, 슈미트해머(콘크리트 반발 경도 측정기구), 내시경현미경

나. 화재조사분석실 규모 : 화재조사분석실의 구성장비를 유효하게 보존·사용할 수 있고 환기 및 수도·배관시설이 있는 30m² 이상의 실(室)

12 화재조사 및 보고규정에 따른 종합상황실장이 상급 종합상황실에 지체 없이 보고해야 할 화재에 대한 다음 물음에 답하시오. (6점)

> 가. 인명피해 :
> 나. 재산피해 :

해답

가. 인명피해 : 사망이 5명 이상이거나 사상자 10명 이상 발생한 화재
나. 재산피해 : 50억 원 이상 발생한 화재

해설

종합상황실장이 상급 종합상황실에 지체 없이 보고해야 할 화재

가. 인명피해 : 사망이 5명 이상이거나 사상자 10명 이상 발생한 화재
나. 재산피해 : 50억 원 이상 발생한 화재

13 다음 액체가연물의 연소에 대한 화재패턴을 기술하시오. (6점)

> 가. 스플레쉬패턴 :
>
> 나. 도넛패턴 :

해답

가. 스플레쉬패턴 : 가연성 액체가 쏟아지면서 주변으로 튀거나 연소되면서 발생하는 열에 의해 스스로 가열되어 액면에서 끓으면 주변으로 튄 액체가 포어패턴의 미연소 부분에서 국부적으로 점처럼 연소된 화재형태

나. 도넛패턴 : 가연성 액체가 웅덩이처럼 고여있을 경우 발생하는데 주변이나 얕은 곳에서는 화염이 바닥이나 바닥재를 연소시키는 반면에 비교적 깊은 중심부는 가연성 액체가 증발하면 기화열에 의하여 냉각시키는 현상 때문에 발생하는 화재형태

14 소방의 화재조사에 관한 법률에 따른 화재조사전담부서의 관장업무 4가지를 쓰시오. (10점)

해답

① 화재조사의 실시 및 조사결과 분석·관리
② 화재조사 관련 기술개발과 화재조사관의 역량증진
③ 화재조사에 필요한 시설·장비의 관리·운영
④ 그 밖의 화재조사에 관하여 필요한 업무

해설

화재조사전담부서의 업무(소방의 화재조사에 관한 법률 제6조 제2항)
1. 화재조사의 실시 및 조사결과 분석·관리
2. 화재조사 관련 기술개발과 화재조사관의 역량증진
3. 화재조사에 필요한 시설·장비의 관리·운영
4. 그 밖의 화재조사에 관하여 필요한 업무

15 자살 방화의 특징 5가지을 쓰시오. (10점)

> **해답**

① 유류(휘발유, 시너, 등유 등)와 사용한 용기가 존재한다.
② 일회용 라이터, 성냥 등이 주변에 존재한다.
③ 흐트러진 옷가지 및 이불 등이 존재한다.
④ 소주병 등 음주한 흔적이 존재한다.
⑤ 급격한 연소확대로 연소의 방향성 식별이 곤란해졌다.

> **해설**

자살방화 특징

• 유류(휘발유, 시너, 등유 등)와 사용한 용기가 존재한다.
• 일회용 라이터, 성냥 등이 주변에 존재한다.
• 흐트러진 옷가지 및 이불 등이 존재한다.
• 소주병 등 음주한 흔적이 존재한다.
• 급격한 연소확대로 연소의 방향성 식별이 곤란하다.
• 연소면적이 넓고 탄화심도가 깊지 않다.
• 사상자가 발견되고 피난 흔적이 없는 편이며, 유서가 발견되는 경우도 있다.
• 방화 실행 전 자신의 신세한탄 등 주변인과의 전화통화 사례가 많다.
• 자살에 실패하였을 경우 실행동기 및 방법에 대하여 구체적으로 진술한다.
• 우발적이기보다는 계획적으로 실행한다.

01 | 기사 기출복원문제

※ 본 기출문제는 수험자들의 기억에 의해 복원된 것으로 내용과 그림, 출제순서가 다소 실제 문제와 다를 수 있습니다.

01 금속나트륨이 물과 접촉하여 폭발하였다. 다음 물음에 답하시오.

> 가. 금속나트륨이 물과 혼촉 시의 화학반응식을 쓰시오.
> 나. 기체의 비중을 구하시오. (단, 공기의 분자량은 30으로 한다)

해답

가. $2Na + 2H_2O \rightarrow 2NaOH + H_2$

나. $\dfrac{2}{30} = 0.067$

02 그림을 보고 단락이 발생한 순서를 쓰시오.

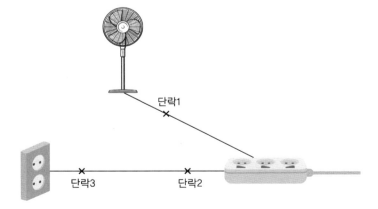

해답

순서 : 단락1 → 단락2 → 단락3

03 냉장고의 압축기에서 다음과 같이 화재가 발생하였다. 물음에 답하시오.

> 가. 전원 공급단자에 이물질 유입으로 인한 화재의 원인은?
> 나. 압축기의 진동에 의해 기동기 접점1개소 용융되었다. 화재의 원인은?

해답

가. 전기적 요인 – 트래킹 또는 그래파이트
나. 진동에 의한 내부 배선의 절연손상

해설

진동에 의한 내부 배선의 절연손상
컴프레서를 이용하는 냉장고는 작동 중 상시 진동이 발생하므로 내부 배선이 견고하게 고정되어 있지 않은 경우 주변 구조물과의 마찰에 의한 손상에 의해 절연피복이 소실되면서 발화될 수 있다.

04 입수한 증거물을 이송할 때 포장을 하고 상세정보를 부착하여야 한다. 상세정보 중 5가지를 쓰시오.

해답

수집일시, 증거물번호, 수집장소, 화재조사번호, 수집자, 소방서명, 증거물내용, 봉인자, 봉인일시 등

05 화재사를 입증할 수 있는 법의학적 판단 5가지를 쓰시오.

해답

• 선홍색 시반[화재사, 저체온사(냉장보관), 일산화탄소 중독, 청산 중독]
• 안면부 주름에 매가 부착되지 않음
• 부검을 해보면 기도점막의 매 부착
• 피부에 기포가 형성되거나 일반적으로 1~3도 화상이 발견
• 화재 당시 생존한 경우 눈을 감기 때문에 눈·코·입 주변에 주름이 보임

06 방화원인의 동기 유형을 5가지 쓰시오.

해답

① 경제적 이익
② 보험 사기
③ 범죄 은폐
④ 보복
⑤ 선동적 목적

해설

위의 5가지 외에 갈등, 범죄 수단의 목적, 정신이상 등이 있다.

07 다음에서 설명하는 패턴을 쓰시오.

인화성 액체가연물이 바닥으로 쏟아졌을 때 액체가연물이 쏟아진 부분과 쏟아지지 않은 부분의 탄화경계 흔적을 말하고 이런 형태는 화재가 진행되면서 가연성 액체가 있는 곳은 다른 곳보다 연소가 강하기 때문에 탄화 정도의 차이로 구분되는 연소형태는?

해답

포어(퍼붓기)패턴

08 건물에서 화재가 발생하여 다음과 같이 화재피해면적이 발생하였다. 화재피해 소실면적은 얼마인가?

① 1층 소훼 바닥면적 $100m^2$
② 2층 소훼 바닥면적 $80m^2$

해답

$180m^2$

해설

소실면적 = 100 + 80 = $180m^2$

소실면적 산정(제17조)
• 건물의 소실면적 산정은 소실 바닥면적으로 산정한다.
• 수손 및 기타 파손의 경우에도 위 규정을 준용한다.

09 줄열공식과 줄열이 발생하는 이유를 설명하시오.

> ① 줄열공식
> ② 줄열이 발생하는 이유

해답

① $Q = 0.24I^2Rt[\text{cal}] = 0.24Pt[\text{cal}]$
② • 단락이나 지락 등과 같이 전기회로 밖으로의 누설
　• 전압이 인가된 충전부분에 도체 접촉
　• 중성선 단선과 같은 배선의 1선단락, 즉 지락(地絡)
　• 전동기의 과부하 운전 등 부하의 증가
　• 배선의 반단선에 의한 전류통로의 감소, 국부적인 저항치 증가
　• 각종 개폐기 · 차단기 등을 고정하는 나사가 풀려 국부적인 저항이 증가

10 다음 금속의 용융점이 낮은 순으로 나열하시오.

> 납　니켈　구리　은　철　주석　알루미늄　아연

해답

주석 → 납 → 아연 → 알루미늄 → 은 → 구리 → 니켈 → 철

해설

효 과	온도(℃)	효 과	온도(℃)
윤활유 자연발화	420	아연 용융	418
스테인리스 변색	430~480	알루미늄 용융	660
합판 자연발화	482	마그네슘 용융	649
비닐전선 자연발화	482	청동 용융	788
고무호스 자연발화	510	황동 용융	871~1050
유리 용융	450~850	은 용융	954
땜납 용융	181	금 용융	1066
주석 용융	231	구리 용융	1082
스테인리스 용융	1520	니켈 용융	1455
납 용융	330	주철 용융	1232

11 복합건물에서 화재가 발생하여 2층과 3층 내부마감재 등이 소실되었고 4층과 5층은 외벽 및 내부가 소실되었다. 주어진 조건을 보고 화재 피해액(천원)을 구하시오.

> - 2층 및 3층 : 신축단가 834천원, 소실면적 900m², 경과연수 15년, 내용연수 75년, 손해율 40%
> - 4층 및 5층 : 신축단가 834천원, 소실면적 900m², 경과연수 15년, 내용연수 75년, 손해율 20%
> - P형 자동화재탐지설비 : 단위당 표준단가 9천원, 수손 및 그을음 피해(100%)
> - 옥내소화전 : 단위당 표준단가 3,000천원, 3개소 파손, 손해율(10%)
> - 집기비품
>   - 2층 및 3층 : 책상, 의자 등 180천원 피해, 손해율(100%)
>   - 4층 및 5층 : 컴퓨터 등 180천원 피해, 손해율(100%)
>   - 집기비품은 일괄하여 50% 적용

① 건물 피해액을 계산하시오.
② 부대설비 피해액을 계산하시오.
③ 집기비품 피해액을 계산하시오.
④ 잔존물 제거비를 계산하시오.
⑤ 총 피해액을 계산하시오.

해답

① 건물 피해액 : 378,303천원
② 부대설비 피해액 : 14,364천원
③ 집기비품 피해액 : 162,000천원
④ 잔존물 제거비 : 55,467천원
⑤ 총 피해액 : 610,134천원

해설

① 건물 피해액 : 378,303천원
  - 2층 및 3층 : 834천원 × 900m² × [1 − (0.8 × 15/75)] × 40% = 252,202천원
  - 4층 및 5층 : 834천원 × 900m² × [1 − (0.8 × 15/75)] × 20% = 126,101천원
② 부대설비 피해액 : 14,364천원
  - P형 자동화재탐지설비 : 1,800m² × 9천원 × [1 − (0.8 × 15/75)] × 100% = 13,608천원
  - 옥내소화전 : 3 × 3,000천원 × [1 − (0.8 × 15/75)] × 10% = 756천원
③ 집기비품 피해액 : 162,000천원
  - 2층 및 3층 : 180천원 × 900m² × 50% × 100% = 81,000천원
  - 4층 및 5층 : 180천원 × 900m² × 50% × 100% = 81,000천원
④ 잔존물 제거비 : 55,467천원
  378,303천원 + 14,364천원 + 162,000천원 = 554,667천원, 잔존물 제거비는 10%이므로 55,467천원
⑤ 총 피해액 : 610,134천원(부동산 : 431,934천원, 동산 : 178,200천원)

12 화재경보설비의 종류를 3개지만 쓰시오.

> **해답**

비상경보설비(비상벨, 자동식사이렌설비, 단독경보형 감지기), 통합감지시설, 가스누설감지기, 누전감지기, 자동화재탐지설비, 자동화재속보설비, 비상방송설비 등

13 소방의 화재조사에 관한 법률상 소방서 화재조사 전담부서에 갖추어야 할 안전장비와 감식기기를 각각 5가지 쓰시오.

> **해답**

- 안전장비 : 보호용 작업복, 보호용 장갑, 안전화, 안전모, 마스크
- 감식기기 : 절연저항계, 멀티테스터기, 클램프미터, 정전기측정장치, 누설전류계

> **해설**

- 안전장비 : 보호용 작업복, 보호용 장갑, 안전화, 안전모(무전송수신기 내장), 마스크(방진마스크, 방독마스크), 보안경, 안전고리, 화재조사 조끼
- 감식기기 : 절연저항계, 멀티테스터기, 클램프미터, 정전기측정장치, 누설전류계, 검전기, 복합가스측정기, 가스(유증)검지기, 확대경, 산업용실체현미경, 적외선열상카메라, 접지저항계, 휴대용디지털현미경, 디지털탄화심도계, 슈미트해머(콘크리트 반발 경도 측정기구), 내시경현미경

14 인화알루미늄과 물의 화학반응식을 쓰시오.

> **해답**

화학식 : $AlP + 3H_2O \rightarrow Al(OH)_3 + PH_3$

15 다음 표는 화재조사 과학적 방법론에 대한 것이다. 빈칸을 완성하시오. (9점)

필요성 인식
⇩
문제정의
⇩
①
⇩
②
⇩
가설설정
⇩
③
⇩
최종가설 선택

해답

① 자료수집
② 자료분석(귀납적 추리)
③ 가설검증(연역적 추리)

해설

과학적 화재조사의 기본원칙

필요성 인식(문제확인)	화재발생, 발화지점 모름
⇩	⇩
문제정의	발화지점 판정
⇩	⇩
자료수집	기본현장자료, 화재 이전 상태확인, 화재 이후 현장기록, 피난관계, 현장조사, 현장복원, 목격자 진술, 소방정보, 경보기, 감지기 자료
⇩	⇩
자료분석	화재패턴분석, 열과 불꽃벡터분석, 탄화깊이분석, 아크 확인, 사건연속성 확인, 화재역학 확인, 건축구조와 주거 고려
⇩	⇩
가설개발(설정)(귀납법)	최초 발화지점 가설, 발화지점 가설들에 연관 작업, 변경 가설개발
⇩	⇩
가설검증(시험)(연역법)	발화지점의 적정 점화원? 자료들이 발화지점 설명 가능한지? 모순점들은 해결되는지? 변경된 발화지점이 자료들에 잘 맞는가?
⇩	
최종가설 선택	발화부위, 발화지점, 발화원인을 판정하는 데 불충분한 발화지점

02 | 기사 기출복원문제

※ 본 기출문제는 수험자들의 기억에 의해 복원된 것으로 내용과 그림, 출제순서가 다소 실제 문제와 다를 수 있습니다.

01 전압 220V인 회로에 전력 1,200W인 (가)와 전력 550W인 (나)가 병렬로 연결되어 있을 때 (나)의 소비전류는?

[해답]

2.5A

[해설]

$$I = \frac{P}{V}$$

I : 전류(A)
P : 전력(W)
V : 전압(V)

$\frac{550}{220} = 2.5A$

02 4층 건물에 위치한 나이트클럽(철골슬라브)에서 화재가 발생하여 전체 면적 중 일부 소실되었다. 다음 조건에서 화재피해 추정액은? (단, 잔존물제거비는 없다) (5점)

피해정도조사
- 건물　신축단가 : 708,000원
　　　　내용연수 : 60년
　　　　경과연수 : 3년
　　　　피해정도 : 600m² 손상정도가 다소 심하여 상당부분 교체 내지 수리요함(손해율 60%)
- 시설　신축단가 : 700,000원
　　　　내용연수 : 6년
　　　　경과연수 : 3년
　　　　피해정도 : 300m² 손상정도가 다소 심하여 상당부분 교체 내지 수리요함(손해율 60%)

[해답]

313,984,800원

건축물 등의 총 피해액 = 건물(부착물, 부속물 포함) 피해액 + 부대설비 피해액 + 구축물 피해액 + 영업시설 피해액 + 잔존물제거비로 조건에서 구축물, 영업시설, 잔존물제거비는 해당 없으므로

- 건축물 화재 피해액 = 신축단가 × 소실면적(m^2) × [1 − (0.8 × $\dfrac{경과연수}{내용연수}$ × 손해율)]의 산정공식에 대입하면

  = 708,000원 × 600m^2 × [1 − (0.8 × $\dfrac{3}{60}$)] × 60% = 244,684,800원

- 시설 피해액 = 단위당(면적, 개소등) 표준단가 × 소실면적 × [1 − (0.9 × $\dfrac{경과연수}{내용연수}$)] × 손해율의 공식에 대입하면

  = 700,000원 × 300m^2 × [1 − (0.9 × $\dfrac{3}{6}$)] × 60% = 69,300,000원

- 화재피해 추정액 = 건축물 화재 피해액 + 시설 피해액 = 244,684,800원 + 69,300,000원
  = 313,984,800원

03 화재원인조사의 종류와 조사범위에 대한 내용이다. 빈 칸의 조사범위를 쓰시오. (5점)

종 류	조사범위
발화원인조사	①
발견·통보 및 초기 소화상황 조사	②
연소상황조사	③
피난상황조사	④
소방시설 등 조사	⑤

종 류	조사범위
발화원인조사	화재가 발생한 과정, 화재가 발생한 지점 및 불이 붙기 시작한 물질
발견·통보 및 초기 소화상황 조사	화재의 발견경위·통보 및 초기소화 등 일련의 과정
연소상황조사	화재의 연소경로 및 확대원인 등의 상황
피난상황조사	피난경로, 피난상의 장애요인 등의 상항
소방시설 등 조사	소방시설의 사용 또는 작동 등의 상황

04 다음은 화재조사 분석장비 중 유류성분 감정기구를 설명한 것이다. 이 기구의 명칭을 쓰시오.

> 두 가지 이상의 성분으로 된 물질을 단일성분으로 분리시켜 무기물질과 유기물질의 정성·정량 분석에 사용하는 분석기기

가스크로마토그래피

05 증거물 시료용기 기준에서 빈칸에 알맞은 내용을 쓰시오. (5점)

유리병 : 코르크마개는 (㉠)에 사용하여서는 안 된다.

해답

㉠ 휘발성 액체

06 화재증거물 수집관리규칙에 따른 현장사진 및 비디오촬영 시 유의사항 중 빈칸에 알맞게 채우시오.

① 최초 도착하였을 때의 (   )을/를 그대로 촬영하고, 화재조사의 (   )에 따라 촬영한다.
② 화재현장의 특정한 증거물 등을 촬영함에 있어서는 그 길이, 폭 등을 명백히 하기 위하여 (   )
또는 (   )을/를 사용하여 촬영한다.
③ 화재상황을 추정할 수 있는 다음 각 목의 대상물의 형상은 면밀히 관찰 후 자세히 촬영한다.
㉠ 사람, 물건, 장소에 부착되어 있는 (   ) 및 혈흔
㉡ 화재와 연관성이 크다고 판단되는 (   ), (   ), 유류

해답

① 원상태, 진행순서
② 측정용 자, 대조도구
③ ㉠ 연소흔적 ㉡ 증거물, 피해물품

07 다음 조건을 참고하여 화재발생 건축물의 화재 피해액을 구하시오. (6점)

화재 당시 건물 신축단가 450천원, 소실면적 6,500m², 내용연수 50년, 경과연수 25년, 손해율 60% (단, 잔존물 제거비는 제외한다)

해답

1,053,000천원

해설

건축물 화재 피해액 = 신축단가 × 소실면적 (m^2) × $[1-(0.8 \times \dfrac{경과연수}{내용연수})]$ × 손해율 의 산정공식에 대입하면

$= 450 \times 6500 \times [1-(0.8 \times \dfrac{25}{50})] \times 0.6 = 1,053,000$ 천원

08 다음 연소현상을 설명하시오.

> ① 예혼합연소 :
> ② 확산연소 :

해답

① 예혼합연소 : 연소시키기 전에 이미 연소 가능한 혼합가스를 만들어 연소시키는 것
② 확산연소 : 연료와 산화제가 미리 섞여있지 않고 경계를 이루는 위치에서 확산에 의해 생성된 화염형태

09 화상면적을 산정하는 9의 법칙에 따른 다음 성인의 각 신체부위 비율은? (5점)

> ① 머리 :
> ② 생식기 :
> ③ 상반신 앞면 :
> ④ 오른팔 :
> ⑤ 양쪽 다리 앞면 :

해답

① 머리 : 9%
② 생식기 : 1%
③ 상반신 앞면 : 18%
④ 오른팔 : 9%
⑤ 양쪽 다리 앞면 : 18%

9의 법칙

손상 부위	성 인	어린이	영 아
머 리	9%	18%	18%
흉 부	9%×2	18%	18%
하복부			
배(상)부	9%×2	18%	18%
배(하)부			
양 팔	9%×2	9%×2	18%
대퇴부(전, 후)	9%×2	13.5%	13.5%
하퇴부(전, 후)	9%×2	13.5%	13.5%
외음부	1%	1%	1%
관련 사진			

10 화재조사 및 보고규정상 다음에 알맞은 화재조사 용어의 정의를 쓰시오.

① 화재 :
② 재구입비 :
③ 잔가율 :
④ 손해율 :
⑤ 연소확대물 :

해답

① 화재 : 사람의 의도에 반하거나 고의에 의해 발생하는 연소현상으로서 소화시설 등을 사용하여 소화할 필요가 있거나 또는 화학적인 폭발현상을 말함
② 재구입비 : 화재 당시의 피해물과 같거나 비슷한 것을 재건축(설계감리비 포함) 또는 재취득하는데 필요한 금액
③ 잔가율 : 화재 당시에 피해물의 재구입비에 대한 현재가의 비율
④ 손해율 : 피해물의 종류, 손상 상태 및 정도에 따라 피해액을 적정화시키는 일정한 비율
⑤ 연소확대물 : 연소가 확대되는 데 있어 결정적 영향을 미친 가연물

11 화재현장의 세 곳(X 표시된 부분)에서 단락이 식별된 경우 다음 조건을 참고하여 각 물음에 답하시오.

(8점)

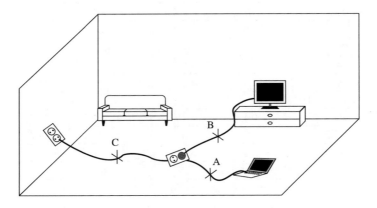

- 차단기가 설치되어 있지 않음
- 표시 부분은 합선에 의한 단락 발생
- 전기적인 단락흔적으로 판정하되 연소패턴 등 주변 가연물의 상황은 무시

① 최초의 단락지점은?

② ①의 이유는?

해답

① B

② 부하(텔레비전, 컴퓨터의 전기를 소비하고 있는 쪽)에 가까운 쪽이 발화개소 측이므로 먼저 2구 콘센트 말단에 접속되어 있는 텔레비전에서 전기적인 단락이 일어나 발화가 되고, 컴퓨터 부하측에서 전기적 단락이 일어난 다음 전원측에서 단락이 일어난 것이다. 그 이유는 멀티콘센트의 전원부에 가까운 곳에 접속한 컴퓨터 부하측에서 먼저 발화하였다면 텔레비전 부하측에서는 단락흔이 발생하지 않았을 것이다.

해설

최초 화재가 발생한 A, B 지점 및 이유

분전반에서 분기된 전열회로는 벽면콘센트에 인가된 멀티콘센트에 B, C 전기기기가 인가된 상태로 한정된 발화부위의 병렬회로상에서는 최종부하를 논단하기 불가하다. 다만, 직렬회로를 구성하는 경우 부하측에 단락이 생성하더라도 차단기가 동작하지 않을 시에는 전원측으로 전기적 특이점(단락 또는 합선)이 계속하여 생성되며, 최종 부하측을 판단 발화부위를 축소할 수 있다.

12 누전화재에 대하여 답하시오. (6점)

> ① 누전에 대해 설명하시오.
> ② 누전에 의한 화재로 판정할 수 있는 조건 3가지를 쓰시오.
> ③ 누전차단기에서 누설전류를 감지하는 기기의 명칭은 무엇인지 쓰시오.

해답

① 절연이 불량하여 전류의 일부가 전류의 통로로 설계된 이외의 곳으로 흐르는 현상
② 누전점, 접지점, 출화점
③ 영상변류기(ZCT)

해설

- 누전화재의 3요소 : 누전이란 절연이 불량하여 전류의 일부가 전류의 통로로 설계된 이외의 곳으로 흐르는 현상
  - 누전점 : 전류가 흘러들어오는 곳(빗물받이)
  - 출화점(발화점) : 과열개소(함석판)
  - 접지점 : 접지물로 전기가 흘러들어 오는 점
- 영상변류기 : 누전차단기에서 누설전류를 감지하는 장치

13 화재플룸(Flume)이 형성될 때 생기는 화재패턴 6가지를 쓰시오. (6점)

해답

V패턴, 역원뿔패턴, 모래시계패턴, U자형패턴, 화살형패턴, 원형패턴

04 | 기사 기출복원문제

※ 본 기출문제는 수험자들의 기억에 의해 복원된 것으로 내용과 그림, 출제순서가 다소 실제 문제와 다를 수 있습니다.

01 다음 가연성 액체에 의한 화재패턴을 보고 물음에 답하시오. (10점)

가연성액체를 뿌린 방화현장에서 가장자리가 내측에 비하여 더 많이 연소되면서 경계부분을 형성하는 화재 패턴

(1) 설명하는 패턴은 무엇인가?
(2) 이와 같은 패턴이 발생되는 과정(현상)을 설명하시오.

해답

(1) 도넛 패턴(Doughnut patterns)
(2) 가연성 액체가 웅덩이처럼 고여 있을 경우 증발잠열에 의해 발생하는 형태의 패턴으로 도넛처럼 보이는 주변이나 얕은 곳에서는 화염이 바닥이나 바닥재를 연소시키는 반면, 비교적 깊은 중심부는 가연성 액체가 증발하면서 기화열에 의해 냉각되는 현상 때문에 발생

02 전기배선이나 금속부분에 생기는 전기적 단락흔 중 1차흔과 2차흔에 대해서 설명하시오.

해답

• 1차흔
  ㉠ 화재가 발생하기 전에 생긴 용흔
  ㉡ 화재의 직접적인 원인 제공이 된 용흔
  ㉢ 절연재료가 어떤 원인으로 파손된 후 단락되어 생기는 용흔
• 2차흔 : 통전상태에 있는 전선 등이 화염에 의해 절연피복이 소실되어 다른 선과 접촉하였을 때 생기는 용흔

②		U형태는 훨씬 날카롭게 각이진 V형태와 유사하지만, 완만하게 굽은 경계선과 각이 있다기보다는 더 낮게 굽은 정상점을 보여줌
③		• 수직면과 수평면 양쪽에서 보여주는 3차원의 화재 형태 • 끝이 잘린 원추, V패턴, 포인터 및 화살패턴, 원형형태, U형상과 같이 2차원 형태의 결합
④		• 역V라고 하는 역원추형태는 상부보다는 밑바닥이 넓은 삼각형 형태 • 고온 인화성 또는 가연성 액체나 천연가스 등의 휘발성 연료와 관련 있는 것이 가장 일반적임

07 펄프공장에서 화재가 발생하여 바닥면적 660m²에 쌓아 놓은 종이펄프 10톤이 완전연소하였다. 화재하중을 계산하시오. (단, 종이펄프의 단위발열량은 4,000kcal/kg이다)

해답

화재하중 $Q[\text{kg/m}^2] = \dfrac{10 \times 1{,}000\text{kg} \times 4{,}000\text{kcal/kg}}{660\text{m}^2 \times 4{,}500\text{kcal/kg}} = 13.47 kg/m^2$

$$\text{화재하중 } Q[\text{kg/m}^2] = \frac{\sum GH_1}{HA} = \frac{\sum Q_1}{4{,}500A}$$

Q : 화재하중(kg/m²)

A : 바닥면적(m²)

H : 목재의 단위발열량(4,500kcal/kg)

G : 모든 가연물의 양(kg)

H_1 : 가연물의 단위발열량(kcal/kg)

Q_1 : 모든 가연물의 발열량(kcal)

08 다음 조건을 참고하여 화재발생건물의 피해금액을 산정하시오. (5점)

화재당시 건물 신축단가 450,000원, 소실면적 500m², 내용연수 50년, 경과연수 30년, 손해율 70%
(단, 잔존물 제거비는 제외한다)

해답

81,900천원

해설

건축물 화재 피해액 = 신축단가 × 소실면적(m²) × $[1 - (0.8 \times \dfrac{경과연수}{내용연수})]$ × 손해율의 산정공식에 대입하면

= $450 \times 500 \times [1 - (0.8 \times \dfrac{30}{50})] \times 0.7 = 81,900$ 천원

09 건물에서 화재가 발생하여 다음과 같이 화재피해면적이 발생하였다. 화재피해 소실면적은 얼마인가?
(8점)

① 3층 소훼 바닥면적 50m², 벽면 30m²
② 2층 소훼 바닥면적 80m², 천장 40m², 벽면 60m²
③ 1층 소훼 바닥면적 100m², 천장 80m², 벽면 70m²

해답

230m²

해설

소실면적 = 50 + 80 + 100 = 230m²

소실면적 산정(제17조)
• 건물의 소실면적 산정은 소실 바닥면적으로 산정한다.
• 수손 및 기타 파손의 경우에도 위 규정을 준용한다.

10 물을 사용하는 소화설비를 5가지 쓰시오.

해답

옥내소화전, 옥외소화전, 스프링클러, 포소화설비, 물분무소화설비

11 화재현장의 세 곳(X 표시된 부분)에서 단락이 식별된 경우 다음 조건을 참고하여 각 물음에 답하시오.

(8점)

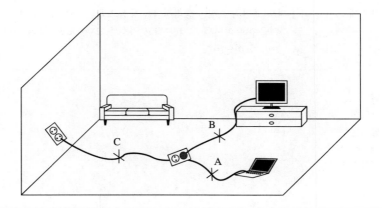

- 차단기가 설치되어 있지 않음
- 표시 부분은 합선에 의한 단락 발생
- 전기적인 단락흔적으로 판정하되 연소패턴 등 주변 가연물의 상황은 무시

① 최초의 단락지점은?

② ①의 이유는?

해답

① B

② 부하(텔레비전, 컴퓨터의 전기를 소비하고 있는 쪽)에 가까운 쪽이 발화개소 측이므로 먼저 2구 콘센트 말단에 접속되어 있는 텔레비전에서 전기적인 단락이 일어나 발화가 되고, 컴퓨터 부하측에서 전기적 단락이 일어난 다음 전원측에서 단락이 일어난 것이다. 그 이유는 멀티콘센트의 전원부에 가까운 곳에 접속한 컴퓨터 부하측에서 먼저 발화하였다면 텔레비전 부하측에서는 단락흔이 발생하지 않았을 것이다.

해설

최초 화재가 발생한 A, B 지점 및 이유

분전반에서 분기된 전열회로는 벽면콘센트에 인가된 멀티콘센트에 B, C 전기기기가 인가된 상태로 한정된 발화부위의 병렬회로상에서는 최종부하를 논단하기 불가하다. 다만, 직렬회로를 구성하는 경우 부하측에 단락이 생성하더라도 차단기가 동작하지 않을 시에는 전원측으로 전기적 특이점(단락 또는 합선)이 계속하여 생성되며, 최종 부하측 판단 발화부위를 축소할 수 있다.

12 충격에 의한 유리창의 파손형태에 대하여 다음 빈칸을 알맞게 완성하시오.

> 충격에 의한 유리창 파괴 표면의 특징은 충격지점을 중심으로 (㉠) 모양의 (㉡)(으)로 파손되며 충격지점으로 가까울수록 파편의 크기는 작고 멀수록 크다. 또한, 유리창 파괴 단면의 특징은 (㉢) 및 (㉣)이/가 확인된다.

해답

㉠ 거미줄
㉡ 방사형
㉢ 월러라인
㉣ 리플마크

13 다음 빈칸을 알맞게 완성하시오.

> • "제1석유류"라 함은 아세톤, 휘발유 그 밖에 1기압에서 인화점이 섭씨 (①)도 미만의 것을 말한다.
> • "제2석유류"라 함은 등유, 경유 그 밖에 1기압에서 인화점이 섭씨 (②)도 이상 (③)도 미만 인것을 말한다. 다만, 도료류 그 밖의 물품에 있어서 가연성 액체량이 40중량퍼센트 이하이면서 인화점이 섭씨 40도 이상인 동시에 연소점이 섭씨 60도 이상인 것은 제외한다.
> • "제3석유류"라 함은 중유, 클레오소트유 그 밖에 1기압에서 인화점이 섭씨 (④)도 이상 섭씨 (⑤)도 미만인 것을 말한다. 다만, 도료류 그 밖의 물품은 가연성 액체량이 40중량퍼센트 이하인 것은 제외한다.
> • "제4석유류"라 함은 기어유, 실린더유 그 밖에 1기압에서 인화점이 섭씨 (⑥)도 이상 섭씨 (⑦)도 미만의 것을 말한다. 다만 도료류 그 밖의 물품은 가연성 액체량이 40중량퍼센트 이하인 것은 제외한다.
> • "동식물유류"라 함은 동물의 지육 등 또는 식물의 종자나 과육으로부터 추출한 것으로서 1기압에서 인화점이 섭씨 (⑧)도 미만인 것을 말한다. 다만, 법 제20조 제1항의 규정에 의하여 행정안전부령으로 정하는 유기기준과 수납·저장기준에 따라 수납되어 저장·보관되고 용기의 외부에 물품의 통칭명, 수량 및 화기엄금(화기엄금과 동일한 의미를 갖는 표시를 포함한다)의 표시가 있는 경우를 제외한다.

해답

① 21
② 21
③ 70
④ 70
⑤ 200
⑥ 200
⑦ 250
⑧ 250

01 | 산업기사 기출복원문제

※ 본 기출문제는 수험자들의 기억에 의해 복원된 것으로 내용과 그림, 출제순서가 다소 실제 문제와 다를 수 있습니다.

01 화재원인조사의 종류 5가지를 쓰시오.

해답

발화원인조사, 발견, 통보 및 초기소화상황 조사, 연소상황조사, 피난상황조사, 소방·방화시설 등 조사

해설

화재조사의 구분 및 범위

구 분		조사범위
화재원인조사		• 발화원인 조사 : 발화지점, 발화열원, 발화요인, 최초착화물 및 발화관련기기 등
		• 발견, 통보 및 초기소화상황 조사 : 발견경위, 통보 및 초기소화 등 일련의 행동과정
		• 연소상황 조사 : 화재의 연소경로 및 연소확대물, 연소확대사유 등
		• 피난상황 조사 : 피난경로, 피난상의 장애요인 등
		• 소방·방화시설 등 조사 : 소방·방화시설의 활용 또는 작동 등의 상황
화재 피해 조사	인명피해	• 화재로 인한 사망자 및 부상자 • 화재진압 중 발생한 사망자 및 부상자 • 사상자 정보 및 사상 발생원인
	재산피해	• 소실피해 : 열에 의한 탄화, 용융, 파손 등의 피해 • 수손피해 : 소화활동으로 발생한 수손피해 등 • 기타피해 : 연기, 물품반출, 화재중 발생한 폭발 등에 의한 피해 등

02 저항 5Ω에 5V의 전압을 30초간 인가하여 전류가 흘렀다면 발생한 열량은 몇 cal인가?

해답

36cal

해설

줄열 $Q = 0.24 \times I^2 \times R \times t$[cal]

여기에 $I = \dfrac{V}{R}$ 관계식을 대입하면

$Q = 0.24 \times (\dfrac{V}{R})^2 \times R \times t$[cal] $= 0.24 \times 1^2 \times 5 \times 30 = 36$cal

03 블레비(BLEVE)에 대한 다음 각 물음에 답하시오. (6점)

> ① 블레비(BLEVE) 현상에 대한 정의를 쓰시오.
> ② 화재현장 프로판 탱크의 블레비(BLEVE) 발생과정을 4단계로 쓰시오.

해답

① 인화점이나 비점이 낮은 인화성 액체(유류)가 가득 차 있지 않는 저장탱크 주위에 화재가 발생하여 저장탱크 벽면이 장시간 화염에 노출되면 윗부분의 온도가 급격히 매우 상승하여 재질의 인장력이 저하되고, 내부의 비등현상으로 인한 압력상승으로 저장탱크 벽면이 파열되는 현상이다.

② 1단계 : 화재발생 및 탱크가열
2단계 : 액온상승 및 압력증가
3단계 : 연성파괴 및 액격현상
4단계 : 취성파괴 및 화구

04 화재조사 및 보고규정에 따른 화재유형의 구분을 5가지 쓰시오. (6점)

해답

① 건축·구조물 화재
② 자동차·철도차량 화재
③ 위험물·가스제조소 등 화재
④ 선박·항공기 화재
⑤ 임야화재

해설

화재유형의 구분

화재유형	소손 내용
건축·구조물 화재	건축물, 구조물 또는 그 수용물이 소손된 것
자동차·철도차량 화재	자동차, 철도차량 및 피견인 차량 또는 그 적재물이 소손된 것
위험물·가스제조소 등 화재	위험물제조소 등, 가스제조·저장·취급시설 등이 소손된 것
선박·항공기화재	선박, 항공기 또는 그 적재물이 소손된 것
임야화재	산림, 야산, 들판의 수목, 잡초, 경작물 등이 소손된 것
기타화재	위에 해당되지 않는 화재

05 전기기기에서 발화하였다. 용융된 채로 발견되었고 증거물의 측정 저항값이 2.35Ω 였다. 다음 물음에 답하시오.

> 가. 화재원인 : 아산화동
>
> 나. 그 이유에 대한 감식요령 2가지 : 산화동 표면은 은회색의 광택을 띠고 결정이 쉽게 부서지며 현미경으로 관찰하면 붉은 색으로 반짝거리는 특징이 있는지 확인한다.

해답

아산화동 증식 발열현상

동(銅)으로 된 도체가 스파크 등 고온을 받았을 때 동의 일부가 산화되어 아산화동(Cu_2O)이 되며 이러한 현상은 접속불량한 접점에서 발생한 고온의 열과 아크 등에 노출된 구리의 일부가 산화하면서 아산화동이 생성 및 증식하여 발열을 야기하는 현상이다.

06 다음 사진은 외경을 측정하는 기계이다. 명칭을 쓰시오.

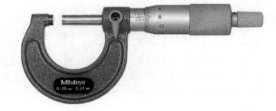

해답

마이크로미터

07 도시가스의 주성분인 메탄가스에 대한 다음 각 물음에 답하시오. (단, 메탄의 공기 중 연소하한계는 5vol%, 연소상한계는 15vol%이다) (12점)

> ① 메탄가스의 위험도를 구하시오.
> ㉠ 계산과정
> ㉡ 답
> ② 메탄가스의 증기비중을 구하시오. (단, 공기의 평균분자량은 29이다)

해답

① ㉠ P $= \dfrac{U - L}{L} = \dfrac{15 - 5}{5} = 2$

　㉡ 2

② 0.55

CH_4의 분자량 = 16이므로

증기비중 = $\dfrac{16}{29}$ = 0.55

08 제3류 위험물의 품명을 5가지 쓰시오. (8점)

칼륨, 나트륨, 황린, 알킬알루미늄, 알킬리튬

제3류 위험물 및 지정수량

유별	성질	등급	위험물 품명	지정 수량
제3류	자연발화성 물질 및 금수성 물질	I	1. 칼륨, 2. 나트륨, 3. 알킬알루미늄, 4. 알킬리튬	10kg
			5. 황린	20kg
		II	6. 알칼리금속 및 알칼리토금속, 7. 유기금속화합물	50kg
		III	8. 금속의 수소화물, 9. 금속의 인화물, 10. 칼슘 또는 알루미늄의 탄화물	300kg
			11. 그 밖의 총리령이 정하는 것 : 염소화규소화합물 12. 제1호 내지 제11호의 1에 해당하는 어느 하나 이상을 함유한 것	10kg, 20kg, 50kg 또는 300kg

09 화재 패턴 중 U패턴에 대하여 기술하시오. (5점)

"U" 형태는 훨씬 날카롭게 각이진 "V" 형태와 유사하지만 완만하게 굽은 경계선과 각이 있다기보다는 더 낮게 굽은 정상점을 보여준다.

U패턴(U-Shaped Pattern) : NFPA 921 6.17.4

① "U" 형태는 훨씬 날카롭게 각이진 "V" 형태와 유사하지만 완만하게 굽은 경계선과 각이 있다기보다는 더 낮게 굽은 정상점을 보여 준다.

② "U"자 형태는 "V" 형태에서 보여주던 표면보다 동일 열원에서 더 먼 수직면의 복사열 에너지의 영향으로 생긴다.

③ "U" 형태의 가장 낮은 경계선은 일반적으로 발화원에 더 가까운 "V" 형태에 상응하는 가장 낮은 경계선보다 높게 위치한다.

④ "U" 형태는 상응하는 "V" 형태의 가장 높은 정상점과 비교할 때 "U" 형태의 가장 높은 정상점 사이의 관계에 주목되는 추가 양상으로서 "V"자 형태와 유사하게 분석된다. 만약 두 가지 형태가 동일 열원에서 생긴 것이라면 더 낮은 정상점을 가진 것은 열원에 더 가깝다.

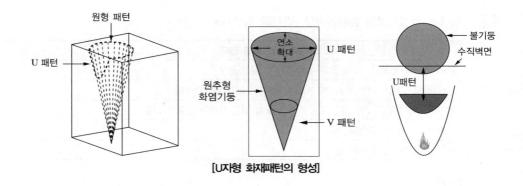

[U자형 화재패턴의 형성]

10 증거물의 수집, 보관 및 이동시 원칙 5가지를 기술하시오.

해답

1. 관련 법규 및 지침에 규정된 일반적인 원칙과 절차를 준수한다.
2. 화재조사에 필요한 증거 수집은 화재피해자의 피해를 최소화하도록 하여야 한다.
3. 화재증거물은 기술적, 절차적인 수단을 통해 진정성, 무결성이 보존되어야 한다.
4. 화재증거물을 획득할 때에는 증거물의 오염, 훼손, 변형되지 않도록 적절한 도구를 사용하여야 한다.
5. 최종적으로 법정에 제출되는 화재 증거물의 원본성이 보장되어야 한다.

11 산불화재 중 후진형 산불의 연소진행방향에 따른 특징 5가지를 쓰시오.

해답

확산속도는 느리다. 연소방향은 바람 반대방향이고 경사면 반대이다. 화염의 길이가 짧다. 피해정도는 적다. 미시지표가 많이 발견된다.

해설

구 분	전진산불	후진산불	횡진산불
확산속도	빠르다	느리다	전·후진 형태의 중간 정도
연소방향	바람방향으로 진행 경사면 아래에서 위로	바람 반대방향 경사면 반대로	수평으로 진행
이명(異名)	화두(head) 불머리	화미(heel) 불꼬리	횡면(flank) 불허리
피해정도	크다	작다	중간정도
지표구분	거시지표	미시지표	

12 다음은 영업시설의 손해율이다. 빈칸을 채우시오.

화재로 인한 피해 정도	손해율(%)
불에 타거나 변형되고 그을음과 수침 정도가 심한 경우	㉠
손상 정도가 다소 심하여 상당부분 교체 내지 수리가 필요한 경우	㉡
영업시설의 일부를 교체 또는 수리하거나 도장 내지 도배가 필요한 경우	㉢
부분적인 소손 및 오염의 경우	㉣
세척 내지 청소만 필요한 경우	㉤

해답

㉠ 100, ㉡ 60, ㉢ 40, ㉣ 20, ㉤ 10

13 단열재가 3cm이고, 한쪽면의 열이 400℃이고 다른 한쪽면은 200℃일 때 열전달량을 쓰시오.
(단, 열전도율(k) = 0.083W/m · K) (3점)

해답

553.33W/m²

해설

푸리에의 법칙에 의해 전도되는 열전달량은

$$q = \frac{k(T_2 - T_1)}{l} = \frac{0.083\text{W/m} \cdot \text{K} \times (400-200)\text{K}}{0.03\text{m}} = 553.33\text{W/m}^2$$

q : 열전달량 k : 열전도계수
A : 면 적 L : 두 께
T_1 : 내부온도 T_2 : 외부온도

14 다음 시료용기 사용 시 주의사항을 쓰시오.

유리병(2가지)	
양철 캔(3가지)	

유리병	• 유리병은 유리 또는 폴리테트라플루오로에틸렌(PTFE)으로 된 마개나 내유성의 내부판이 부착된 플라스틱이나 금속의 스크루마개를 가지고 있어야 한다. • 코르크마개는 휘발성 액체에 사용하여서는 안 된다. 만일 제품이 빛에 민감하다면 짙은 색깔의 시료병을 사용한다. • 세척 방법은 병의 상태나 이전의 내용물, 시료의 특성 및 시험하고자 하는 방법에 따라 달라진다.
양철 캔(CAN)	• 양철 캔은 적합한 양철 판으로 만들어야 하며, 프레스를 한 이음매 또는 외부 표면에 용매로 송진용제를 사용하여 납땜을 한 이음매가 있어야 한다. • 양철 캔은 기름에 견딜 수 있는 디스크를 가진 스크루마개 또는 누르는 금속마개로 밀폐될 수 있으며, 이러한 마개는 한 번 사용한 후에는 폐기되어야 한다. • 양철 캔과 그 마개는 청결하고 건조해야 한다. • 사용하기 전에 캔의 상태를 조사해야 하며, 누설이나 녹이 발견될 때에는 사용할 수 없다.

15 화재조사 전담부서에 갖추어야 할 장비와 시설 중 감식용 기기 5가지를 쓰시오.

① 절연저항계, ② 멀티테스터기, ③ 클램프미터, ④ 정전기측정장치, ⑤ 누설전류계

화재조사 전담부서에 갖추어야 할 장비와 시설
감식용 기기(16종) : 절연저항계, 멀티테스터기, 클램프미터, 정전기측정장치, 누설전류계, 검전기, 복합가스측정기, 가스(유증)검지기, 확대경, 산업용실체현미경, 적외선열상카메라, 접지저항계, 휴대용디지털현미경, 디지털탄화심도계, 슈미트해머(콘크리트 반발 경도 측정기구), 내시경현미경

02 | 산업기사 기출복원문제

※ 본 기출문제는 수험자들의 기억에 의해 복원된 것으로 내용과 그림, 출제순서가 다소 실제 문제와 다를 수 있습니다.

01 용융점이 낮은 순서대로 쓰시오. (5점)

> 아연, 구리(동), 니켈, 텅스텐, 마그네슘

해답

아연 → 마그네슘 → 구리(동) → 니켈 → 텅스텐

해설

금속의 용융점

금속명칭	용융점(℃)	금속명칭	용융점(℃)
수 은	38.8	금	1,063
주 석	231.9	구 리	1,083
납	327.4	니 켈	1,455
아 연	419.5	스테인리스	1,520
마그네슘	650	철	1,530
알루미늄	659.8	티 탄	1,800
은	960.5	몰리브덴	2,620
황 동	900~1,000	텅스텐	3,400

02 폭굉(Detonation)에서 유도거리가 짧아지는 요인 4가지를 설명하시오.

해답

① 압력이 높을수록
② 점화원의 에너지가 클수록
③ 혼합가스의 정상 연소속도가 클수록
④ 관 속에 방해물이 많고 직경이 작을수록

해설

폭굉유도거리(DID) : 최초의 완만한 연소가 격렬한 폭굉으로 발전할 때까지의 거리

03 소방본부에서 갖추어야 할 증거물 수집장비 6가지를 쓰시오.

해답

증거물 수집기구 세트(핀셋류, 가위류 등), 증거물 보관 세트(상자, 봉투, 밀폐용기, 증거수집용 캔 등), 증거물 표지 세트(번호, 스티커, 삼각형 표지 등), 증거물 태그 세트(대, 중, 소), 증거물 보관장치, 디지털증거물 저장장치

04 화재조사 및 보고규정상 다음에 알맞은 화재조사 용어의 정의를 쓰시오.

① 화재
② 조사
③ 발화열원
④ 최초착화물
⑤ 최종잔가율

해답

① 화재 : 사람의 의도에 반하거나 고의에 의해 발생하는 연소현상으로서 소화시설 등을 사용하여 소화할 필요가 있거나 또는 화학적인 폭발현상
② 조사 : 화재원인을 규명하고 화재로 인한 피해를 산정하기 위하여 자료의 수집, 관계자 등에 대한 질문, 현장확인, 감식, 감정 및 실험 등을 하는 일련의 행동
③ 발화열원 : 발화의 최초원인이 된 불꽃 또는 열
④ 최초착화물 : 발화열원에 의해 불이 붙고 이 물질을 통해 제어하기 힘든 화세로 발전한 가연물
⑤ 최종잔가율 : 피해물의 경제적 내용연수가 다한 경우 잔존하는 가치의 재구입비에 대한 비율

05 금속나트륨 화재의 연소특성 및 감식요령을 기술하시오.   (8점)

해답

① 연소 시에는 강한 자극성물질인 과산화나트륨과 수산화나트륨의 흰 연기를 발생시킨다. 흰 연기는 피부, 코, 인후를 강하게 자극한다. 물과의 반응 시에는 황색의 불꽃을 내며 격렬하게 튀든지 톡톡 튀는 상태를 나타낸다.
② 감식요령
　• 화재 장소 근처의 남은 물을 리트머스시험지, pH미터 등을 사용해서 조사하면 강알칼리성을 나타낸다.
　• 표면이 끈적한 백색의 수산화나트륨(NaOH)이 부착되어 있는지 확인한다.
　• 화재발생 초기 목격자로부터 황색 불꽃이었는지 색깔을 탐문한다.

해설

• 연소 시의 특징
　– 연소 시에는 강한 자극성 물질인 과산화나트륨과 수산화나트륨의 흰 연기를 발생시키며, 흰 연기는 피부, 코, 인후를 강하게 자극한다.
　– 물과의 반응 시에는 황색의 불꽃을 내며 격렬하게 튀든지, 톡톡 튀는 상태를 나타낸다. 또한, 나트륨은 물 위에서 격렬하게 반응하므로 주위로 튀고 그 장소에서 다시 탄다. 양이 많아지면 폭발한다.

- 감식요령
  - 타고 남은 것은 표면이 끈적한 백색의 수산화나트륨이 부착되어 있다.
  - 화재 장소 근처의 남은 물을 리트머스시험지, pH미터 등을 사용해서 조사하면 강알칼리성을 나타낸다.
  - 칼륨, 리튬도 성상이 거의 같고 외관으로 식별하는 것은 곤란하므로 현장의 수분 등을 샘플링해서 기기분석에 의해 판정한다. 또한 연소 시의 불꽃색은 나트륨이 황색, 칼륨이 적자색, 리튬이 적색을 띤다. 따라서 화재 초기의 목격도 판단요소이다.

06 전기화재조사에 사용할 수 있는 감식기기 3가지를 쓰시오. (6점)

해답

멀티테스터기, 클램프미터, 절연저항계

07 인화성액체를 사용하여 방화한 현장에서 나타나는 화재패턴을 5가지만 답하시오. (10점)

해답

도넛패턴, 스플래시패턴, 틈새연소패턴, 트레일러패턴, 포어패턴

해설

인화성액체를 사용한 방화현장에서 나타나는 화재패턴은 위의 5가지 이외에도 고스트마크, 낮은연소패턴, 불규칙패턴, 역원추형패턴 등이 있다.

08 밀집되어 있는 주거지역에서 화재가 발생하여 인접한 건물이 전소되고 그림과 같은 합선흔적(단락흔)이 존재하였다. 그림에서 발화지점이 어디인지와 그 근거를 설명하시오. (단, 전기배선은 모든 방에 설치되어 있고 전선배치는 A와 B 모두 동일하고 어느 지점에서 합선이 일어나자마자 분전반의 메인차단기가 차단되어 전기가 통전되지 않는다) (10점)

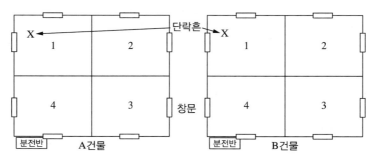

해답

① 발화지점 : A건물 1번방
② 근거 : 조건에서 발화지점은 A건물 1번방 또는 B건물 1번방이어야 한다. 먼저, B건물 1번방의 1차 단락흔으로
동번방에서 전기적 단락으로 최초발화 후 전원이 차단되고 연소가 진행되면서 화재가 동번방 창문을 통해
인접한 A건물 2번방으로 연소가 확대되었다면 최초 A건물의 2번방에서 1차 단락으로 발화 후 전원이 차단되어,
A건물 1번방에서는 단락흔이 없어야 한다. 그러나 1번방에서는 단락흔이 발견되었다. 따라서 B건물 1번방이
발화지점이라고 단정하기는 어렵다.
그러나 반대로 A건물의 1번방의 단락으로 최초발화 후 전원이 차단되고 연소가 1번방 → 2번방 → 2번방
창문 → B건물 1번방 창문 → B건물 1번방에서 전기적 단락으로 동번방에서 1차 단락흔이 발견된 것으로
보아 A건물 1번방이 최초발화지점이라고 추론할 수 있다.

09 콘크리트 등 불연성 재질이 화재로 인하여 박리현상이 발생하는 원인 3가지를 쓰시오. (6점)

해답

① 콘크리트 등의 내부에 생성되었던 공기방울 또는 수분의 부피팽창
② 철근 등 보강재와 콘크리트의 서로 다른 열팽창률
③ 콘크리트 혼합물과 골재 간의 서로 다른 열팽창률

해설

• 박리 : 고온 또는 가열속도에 의하여 물질 내부의 기계적인 힘이 작용하여 콘크리트, 석재 등의 표면이
부서지는 현상
• 콘크리트 등 박리(Spalling)의 원인
  – 열을 직접적으로 받은 표면과 그렇지 않은 주변 또는 내부와의 서로 다른 열팽창률
  – 철근 등 보강재와 콘크리트의 서로 다른 열팽창률
  – 콘크리트 등의 내부에 생성되었던 공기방울 또는 수분의 부피팽창
  – 콘크리트 혼합물과 골재 간의 서로 다른 열팽창률
  – 화재에 노출된 표면과 슬래브 내장재 간의 불균일한 팽창

10 트래킹의 발생과정에 대해 쓰시오. (5점)

---
① 1단계 :
② 2단계 :
③ 3단계 :

해답

① 1단계 : 절연체 표면의 오염 등에 의한 도전로 형성
② 2단계 : 도전로의 분단과 미소 불꽃방전의 발생
③ 3단계 : 반복적 불꽃방전에 의한 표면 탄화

11 화재증거물수집규칙에 따른 증거물수집 시에 사용되는 시료용기 마개의 주의사항을 4가지 쓰시오.

해답

① 코르크마개, 고무(클로로프렌 고무는 제외), 마분지, 합성 코르크마개 또는 플라스틱 물질(PTFE는 제외)은
시료와 직접 접촉되어서는 안 된다.

② 만일 이런 물질들을 시료 용기의 밀폐에 사용할 때에는 알루미늄이나 주석 호일로 감싸야 한다.

③ 양철용기는 돌려 막는 스크루 뚜껑만 아니라 밀어 막는 금속마개를 갖추어야 한다.

④ 유리마개는 병의 목 부분에 공기가 새지 않도록 단단히 막아야 한다.

12 다음 물음에 바르게 답하시오. (5점)

| A | | | B |

| C | | | D |

① 리플마크 일련의 곡선이 연속해서 만들어지는데, 그것의 용어는?

② 유리파단면을 보고 A, B, C, D 부분 중 충격을 받은 부분은?

해답

① Waller Line, ② D

해설

① 리플마크(Ripple Mark) : 유리의 동심원 파단면 및 방사형 파단면에는 물결 같은 일련의 곡선이 연속해서
만들어지는 것을 말하며, 패각상 파손흔이라고도 한다.

② Waller Line : 리플마크 일련의 곡선이 연속해서 만들어지는 무늬로 그림의 점선 부분에 해당한다.

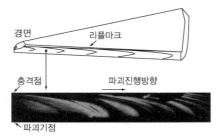

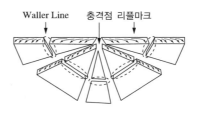

13 다음장비는 무엇인가?

해답

클림프미터, 전류측정

04 | 산업기사 기출복원문제

※ 본 기출문제는 수험자들의 기억에 의해 복원된 것으로 내용과 그림, 출제순서가 다소 실제 문제와 다를 수 있습니다.

01 화재현장의 세 곳(X 표시된 부분)에서 단락이 식별된 경우 다음 조건을 참고하여 각 물음에 답하시오.
(8점)

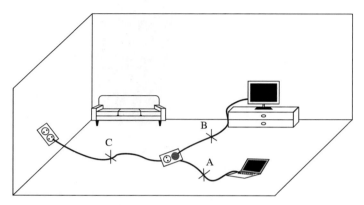

- 차단기가 설치되어 있지 않음
- 표시 부분은 합선에 의한 단락 발생
- 전기적인 단락흔적으로 판정하되 연소패턴 등 주변 가연물의 상황은 무시

① 최초의 단락지점은?
② ①의 이유는?

해답

① B
② 부하(텔레비전, 컴퓨터의 전기를 소비하고 있는 쪽)에 가까운 쪽이 발화개소 측이므로 먼저 2구 콘센트 말단에 접속되어 있는 텔레비전에서 전기적인 단락이 일어나 발화가 되고, 컴퓨터 부하측에서 전기적 단락이 일어난 다음 전원측에서 단락이 일어난 것이다. 그 이유는 멀티콘센트의 전원부에 가까운 곳에 접속한 컴퓨터 부하측에서 먼저 발화하였다면 텔레비전 부하측에서는 단락흔이 발생하지 않았을 것이다.

해설

최초 화재가 발생한 A, B 지점 및 이유
분전반에서 분기된 전열회로는 벽면콘센트에 인가된 멀티콘센트에 B, C 전기기기가 인가된 상태로 한정된 발화부위의 병렬회로상에서는 최종부하를 논단하기 불가하다. 다만, 직렬회로를 구성하는 경우 부하측에 단락이 생성하더라도 차단기가 동작하지 않을 시에는 전원측으로 전기적 특이점(단락 또는 합선)이 계속하여 생성되며, 최종 부하측 판단 발화부위를 축소할 수 있다.

02 공장에서 화재가 발생하여 바닥면적 50m²에 쌓아 놓은 가연물 45kg이 완전연소 하였다. 다음 각 물음에 답하시오. (단, 가연물의 단위발열량은 9,500kcal/kg이다) (6점)

> ① 화재하중 기본공식을 쓰시오.
> ② 화재하중을 계산하시오.

해답

① 화재하중 $Q[\text{kg/m}^2] = \dfrac{\sum GH_1}{HA} = \dfrac{\sum Q_1}{4,500A}$

② 화재하중 $Q[\text{kg/m}^2] = \dfrac{45\text{kg} \times 9,500\text{kcal/kg}}{50\text{m}^2 \times 4,500\text{kcal/kg}} = 1.9kg/m^2$

해설

화재실의 예상 최대가연물질의 양으로서 단위바닥면적(m²)에 대한 등가가연물의 중량(kg)

$$\text{화재하중 } Q[\text{kg/m}^2] = \frac{\sum GH_1}{HA} = \frac{\sum Q_1}{4,500A}$$

Q : 화재하중(kg/m²)
A : 바닥면적(m²)
H : 목재의 단위발열량(4,500kcal/kg)
G : 모든 가연물의 양(kg)
H_1 : 가연물의 단위발열량(kcal/kg)
Q_1 : 모든 가연물의 발열량(kcal)

03 증거물 수집 시료용기 중 유리병 사용 시 유의 사항 3가지를 쓰시오.

해답

• 유리병은 유리 또는 폴리테트라플루오로에틸렌(PTFE)로 된 마개나 내유성의 내부판이 부착된 플라스틱이나 금속의 스크루 마개를 가지고 있어야 한다.
• 코르크 마개는 휘발성 액체에 사용하여서는 안 된다. 만일 제품이 빛에 민감하다면 짙은 색깔의 시료병을 사용한다.
• 세척 방법은 병의 상태나 이전의 내용물, 시료의 특성 및 시험하고자 하는 방법에 따라 달라진다.

04 다음 각 유리파손 형태를 보고 파손 원인을 쓰시오. (10점)

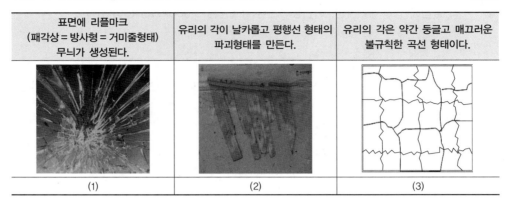

표면에 리플마크 (패각상＝방사형＝거미줄형태) 무늬가 생성된다.	유리의 각이 날카롭고 평행선 형태의 파괴형태를 만든다.	유리의 각은 약간 둥글고 매끄러운 불규칙한 곡선 형태이다.
(1)	(2)	(3)

해답

(1) 충격에 의한 파손, (2) 폭발에 의한 파손, (3) 열에 의한 파손

05 화재증거물수집관리규칙이다. 다음에서 설명하는 것을 쓰시오. (10점)

- (①)(이)란 화재와 관련 있는 물건 및 개연성이 있는 모든 개체를 말한다.
- (②)(이)란 화재증거물을 획득하고 해당 물건을 분석하여 사건과 관련된 화재증거를 추출하는 과정을 말한다.
- (③)(이)란 화재현장에서 증거물 수집에서부터 폐기까지 증거물 원본성 보장을 위한 증거물 관리 및 이송과 관련된 과정을 말한다.
- (④)(이)란 화재조사현장과 관련된 사람, 물건, 기타 주변상황, 증거물 등을 촬영한 사진, 영상물 및 녹음자료, 현장에서 작성된 정보 등을 말한다.
- (⑤)(이)란 화재조사현장과 관련된 사람, 물건, 기타 상황, 증거물 등을 촬영한 사진을 말한다.

해답

① 증거물, ② 증거물 수집, ③ 증거물 보관·이동, ④ 현장기록, ⑤ 현장사진

06 다음 그림을 참고하여 화재조사전담부서에 갖추어야 하는 장비에 대한 각 물음에 답하시오. (6점)

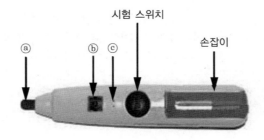

시험 스위치

손잡이

ⓐ ⓑ ⓒ

① 기자재명을 쓰시오. (단, 기자재명은 소방의 화재조사에 관한 법률령상 명칭으로 표기한다)
② 각 부분의 명칭을 쓰시오.
③ 사용용도를 쓰시오.

해답

① 기자재 명칭 : 검전기
② ⓐ : 검지부, ⓑ : 발광부, ⓒ : 음향부 또는 발음부
③ 사용용도 : 단로기(DS) 조작의 경우에 차단기의 동작여부와 차단 계통이 작동하였는지 확인, 즉 통전여부를 확인한다.

07 자연발화를 일으키는 원인 5가지를 쓰시오.

해답

① 분해열
② 산화열
③ 흡착열
④ 중합열
⑤ 발효열

해설

자연발화을 일으키는 원인
① 분해열에 의한 발열 : 셀룰로이드, 니트로셀룰로오스 등
② 산화열에 의한 발열 : 석탄, 건성유 등
③ 발효열에 의한 발열 : 퇴비, 먼지 등
④ 흡착열에 의한 발열 : 목탄, 활성탄 등
⑤ 중합열에 의한 발열 : HCN, 산화에틸렌 등

08 폭발현장의 [조건]을 참고하여 다음 물음에 답하시오. (8점)

> **[조 건]**
> 지하철에 LNG를 연료로 하는 고압 스팀보일러가 설치되어 작동 중 폭발사고가 발생하였다.

> 고압 스팀보일러에서 물리적 폭발 발생을 입증하기 위한 흔적과 이유를 쓰시오.

해답

① 흔적 : 유리창의 파손, 배관의 파열, 관체의 파열 등
② 이유 : 고온·고압의 밀폐된 보일러 용기에서 관체의 부식, 피로, 균열 등에 의한 내압의 감소 또는 과열에 의한 내압의 상승에 의해서 관체, 전열관 등의 압출, 팽출, 파열이 원인이다.

09 페트병 등이 렌즈 역할을 하여 햇빛을 한 곳에 집중시킴으로 인해 발생하는 화재를 쓰시오.

해답

수렴화재

10 제조물책임법에 대한 내용이다. 괄호 안을 채우시오. (8점)

> ㉠ 손해배상청구권은 피해자가 손해배상책임을 지는 자를 안 날로부터 (①)간 행사하지 아니하면 시효의 완성으로 소멸된다.
> ㉡ 손해배상청구권은 제조업자가 손해를 발생시킨 제조물을 공급한 날부터 (②) 이내에 행사하여야 한다.
> ㉢ 손해배상청구권은 신체에 누적되어 사람의 건강을 해치는 물질에 의하여 발생한 손해 또는 일정한 잠복기간이 지난 후에 증상이 나타나는 손해에 대하여는 (③)부터 가산한다.

해답

① 3년 ② 10년 ③ 그 손해가 발생한 날

해설

제조물책임법에 따른 소멸시효
① 손해배상의 청구권은 피해자 또는 그 법정대리인이 손해 또는 손해배상책임을 지는 자를 모두 안 날부터 3년 이내 행사하여야 한다.
② 손해배상의 청구권은 제조업자가 손해를 발생시킨 제조물을 공급한 날부터 10년 이내에 행사하여야 한다.
③ 신체에 누적되어 사람의 건강을 해치는 물질에 의하여 발생한 손해 또는 일정한 잠복기간(潛伏期間)이 지난 후에 증상이 나타나는 손해에 대하여는 그 손해가 발생한 날부터 기산(起算)한다.

11 하소에 대한 다음 물음에 답하시오. (5점)

> ① 하소의 정의는?
> ② 하소의 깊이를 측정하는 기구는?

해답

① 석고벽면 등이 열에 의해 탈수됨으로써 수축 및 균열이 발생하고 부서지기 쉬운 상태에 이르러 회화되는 현상 또는 석고가 다른 무기물질인 경석고로 화학적 변화를 일으키는 것
② 탐촉자 및 다이얼 캘리퍼스(Dial Calipers with Depth Probes)

해설

① 하소
- 석고벽면 등이 열에 의해 탈수됨으로써 수축 및 균열이 발생하고 부서지기 쉬운 상태에 이르러 회화되는 현상 또는 석고가 다른 무기물질인 경석고로 화학적 변화를 일으키는 것(석고표면연소 → 탈경화제 열분해 → 변색 → 탈수 및 균열)이다.
- 하소심도가 깊을수록 화열에 노출되어 받게 된 총열량(열속 및 지속시간)이 큰 것을 의미한다.
- 하소심도를 측정함으로써 벽면의 상태로만 알 수 없는 연소패턴을 관찰 가능한 형태로 재구성이 가능하다.
② 하소심도의 측정 및 분석 방법
- 작은 탐침을 벽면의 횡단면을 가로질러 삽입하여 하소된 석고재료의 저항의 상대적인 차이를 감지, 그 심도를 측정 기록한다.
- 대상 석고벽면의 표면 위를 횡 방향 및 종 방향으로, 대략 0.3m 이하의 일정한 간격으로 탐침을 찔러가며 조사한다.
- 매 측정마다 탐침의 삽입압력이 근사적으로 동일하게 유지되도록 한다.
③ 측정기구 : 탐촉자 또는 다이얼 캘리퍼스

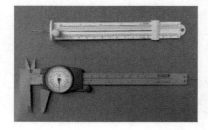

12 제조물책임법에 따른 결함에 대한 설명이다. 빈칸에 알맞은 답을 쓰시오. (6점)

- (①)(이)란 제조업자가 제조물에 대하여 제조상·가공상의 주의의무를 이행하였는지에 관계 없이 제조물이 원래 의도한 설계와 다르게 제조·가공됨으로써 안전하지 못하게 된 경우를 말한다.
- (②)(이)란 제조업자가 합리적인 대체설계(代替設計)를 채용하였더라면 피해나 위험을 줄이 거나 피할 수 있었음에도 대체설계를 채용하지 아니하여 해당 제조물이 안전하지 못하게 된 경우를 말한다.
- (③)(이)란 제조업자가 합리적인 설명·지시·경고 또는 그 밖의 표시를 하였더라면 해당 제조물에 의하여 발생할 수 있는 피해나 위험을 줄이거나 피할 수 있었음에도 이를 하지 아니한 경우를 말한다.

해답

① 제조상의 결함
② 설계상의 결함
③ 표시상의 결함

해설

제조물책임법 제2조에서 "결함"이란 해당 제조물에 제조상·설계상 또는 표시상의 결함이 있거나 그 밖에 통상적으로 기대할 수 있는 안전성이 결여되어 있는 것을 말한다.

13 다음 그림을 보고 누전의 3요소와 각각의 장소를 쓰시오. (6점)

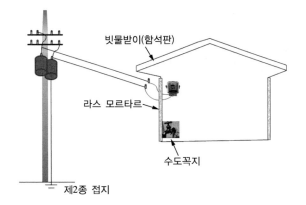

해답

① 누전점 : 빗물받이
② 출화점 : 라스 모르타르
③ 접지점 : 수도관

누전화재의 3요소

누전이란 절연이 불량하여 전류의 일부가 전류의 통로로 설계된 이외의 곳으로 흐르는 현상
- 누전점 : 전류가 흘러들어오는 곳(빗물받이)
- 출화점(발화점) : 과열개소(라스 모르타르)
- 접지점 : 접지물로 전기가 흘러들어 오는 점(수도관)

14 증거물의 보관 및 이동은 장소 및 방법, 책임자 등이 지정된 상태에서 행해져야 되며, 책임자는 전 과정에 대하여 이를 입증할 수 있도록 작성하여야 한다. 빈칸에 알맞은 내용을 쓰시오. (5점)

- 증거물 (   ), (   ), 개봉자
- 증거물 발신일자, (   )
- 증거물 (   ), 수신자
- (   )되었을 때 기타사항 기재

- 증거물 (최초상태), (개봉일자), 개봉자
- 증거물 발신일자, (발신자)
- 증거물 (수신일자), 수신자
- (증거관리가 변경)되었을 때 기타사항 기재

01 기사 기출복원문제

※ 본 기출문제는 수험자들의 기억에 의해 복원된 것으로 내용과 그림, 출제순서가 다소 실제 문제와 다를 수 있습니다.

01 방화원인의 동기 유형을 5가지 쓰시오. (5점)

해답

① 경제적 이익
② 보험 사기
③ 범죄 은폐
④ 보복
⑤ 선동적 목적

해설

위의 5가지 외에 갈등, 범죄 수단의 목적, 정신이상 등이 있음

02 다음의 조건을 참고하여 화재현장에서 발견된 시스히터 확인 결과에 대한 각 물음에 답하시오. (10점)

- 시스히터의 지속적인 사용으로 인하여 플라스틱 통 내부의 물이 모두 증발된 상태
- 시스히터의 발열 부분에 플라스틱의 잔존물이 용융되어 일부 부착되어 있는 상태
- 발화시점의 주변은 기타 발화 원인으로 작용할 만한 특이점이 식별되지 않음
- 발굴된 시스히터의 잔해물 코일이 내장된 부분이 절단되어 발굴됨

① 시스히터 구조 중 보호관과 발열체 사이 백색 절연분말의 성분을 쓰시오.
② 발굴된 시스히터에 백색 내용물과 절연물이 식별되는 이유를 쓰시오.

해답

① MgO(산화마그네슘)
② 시스히터가 적열상태로 공기 중에 노출되면 과열로 인하여 금속제가 파괴된다.

03 다음 화재의 소실 정도에 대하여 설명하시오. (5점)

> ① 전소 :
> ② 반소 :

해답

① 전소 : 건물의 70% 이상(입체면적에 대한 비율)이 소실된 화재 또는 그 미만이라도 잔존부분이 보수를 하여도 재사용 불가능한 것
② 반소 : 건물의 30% 이상 70% 미만이 소실된 화재

해설

소실 정도에 따른 화재의 구분

건축·구조물 화재의 소실 정도는 다음 3종류로 구분하며 자동차·철도차량, 선박 및 항공기 등의 소실 정도도 이 규정을 준용한다.

구 분	전소화재	반소화재	부분소화재
소실 정도	• 건물의 70% 이상(입체면적에 대한 비율)이 소실된 화재 • 그 미만이라도 잔존부분이 보수를 하여도 재사용 불가능한 것	건물의 30% 이상 70% 미만이 소실된 화재	전소·반소 이외의 화재

04 비닐코드(0.75mm²/30本) 1.8mm 한 가닥의 용단전류는 얼마인가? (단, 재료 정수는 80이다) (5점)

해답

193.2[A]

해설

용단(溶斷, Fusion)

전선·케이블·퓨즈 등에 과전류가 흘렀을 때 전선이나 퓨즈의 가용체가 녹아 절단되는 현상

> 용단전류 $I_s = \alpha \cdot d^{3/2}$[A]
> d : 선의 직경(mm), α : 재료 정수 [동(銅) 80, 알루미늄(Al) 59.3, 철 24.6, 주석 12.8, 납 11.8]

따라서, 비닐코드 한가닥 용단전류(I_s) = $\alpha \cdot d^{3/2}$[A]로부터
$I_s = 80 \times 1.8^{3/2} = 80 \times \sqrt{1.8 \times 1.8 \times 1.8} ≒ 193.2$[A]

05 4층 건물에 위치한 나이트클럽(철골슬래브)에서 화재가 발생하여 전체 면적 중 일부가 소실되었다. 다음의 조건에서 화재피해 추정액을 구하시오. (단, 잔존물제거비는 없다) (10점)

○ 피해 정도 조사
  • 건물
    – 신축단가 : 708,000원
    – 내용연수 : 60년
    – 경과연수 : 3년
    – 피해 정도 : 600m² 손상 정도가 다소 심하여 상당 부분 교체 내지 수리요함 (손해율 60%)
  • 시설
    – 신축단가 : 700,000원
    – 내용연수 : 6년
    – 경과연수 : 3년
    – 피해 정도 : 300m² 손상 정도가 다소 심하여 상당 부분 교체 내지 수리요함 (손해율 60%)

해답

313,984,800원

해설

건축물 등의 총 피해액 = 건물(부착물, 부속물 포함) 피해액 + 부대설비 피해액 + 구축물 피해액 + 영업시설 피해액 + 잔존물제거 또는 폐기물 처리비에서 구축물, 영업시설, 잔존물제거비는 해당 없으므로

① 건물 피해액 = 신축단가 × 소실면적 × $[1 - (0.8 × \frac{경과연수}{내용연수})]$ × 손해율

산정공식에 조건을 대입하면

= 708,000원 × 600m² × $[1 - (0.8 × \frac{3}{60})]$ × 60%

= 244,684,800원

② 시설 피해액 = 단위당(면적, 개소 등) 표준단가 × 소실면적 × $[1 - (0.9 × \frac{경과연수}{내용연수})]$ × 손해율

산정공식에 조건을 대입하면

= 700,000원 × 300m² × $[1 - (0.9 × \frac{3}{6})]$ × 60%

= 69,300,000원

③ 화재피해 추정액 = 건물 피해액 + 시설 피해액

= 244,684,800원 + 69,300,000원

= 313,984,800원

06 폭굉(Detonation)에서 유도거리가 짧아지는 요인 4가지를 설명하시오. (5점)

해답

① 압력이 높을수록
② 점화원의 에너지가 클수록
③ 혼합가스의 정상 연소속도가 클수록
④ 관 속에 방해물이 많고 직경이 작을수록

해설

폭굉유도거리(DID) : 최초의 완만한 연소가 격렬한 폭굉으로 발전할 때까지의 거리

07 임야화재 현장조사 중 사진촬영 시 여러 중요한 요소들의 위치를 나타내기 위한 색상별 깃발이 의미하는 요소들을 쓰시오. (5점)

① 적색 깃발 :
② 청색 깃발 :
③ 황색 깃발 :

해답

① 전진산불
② 후진산불
③ 횡진산불

해설

깃발은 산불의 진행방향을 표시하여 정확한 산불 발화지점을 조사하는 데 활용한다.
• 적색 깃발 : 전진산불
• 청색 깃발 : 후진산불
• 황색 깃발 : 횡진산불
• 흰색 깃발 : 발화지점, 증거물

08 표면적이 $0.5m^2$이고 표면온도가 300℃인 고온금속이 30℃의 공기 중에 노출되어 있다. 금속 표면에서 주위로의 대류열전달계수가 $30kcal/m^2 \cdot hr \cdot ℃$일 경우 금속의 발열량을 구하시오. (5점)

해답

4,050kcal/hr

금속의 발열량

$$Q = Ha(T_\omega - T_\infty) = 30 \times 0.5(300 - 30) = 4,050 \text{kcal/hr}$$

Q : 열전달률(kcal/hr) $\qquad$ h : 열전달계수(kcal/m^2 · hr · ℃)

A : 고체의 표면적(m^2) $\qquad$ T_ω : 고체의 표면온도(℃)

T_∞ : 유체의 온도(℃)

09 다음의 발화유형을 각각 2가지씩 쓰시오. (단, 트레킹현상은 제외한다) (5점)

① 직렬아크 :

② 병렬아크 :

① 직렬아크 : 반단선, 접촉불량

② 병렬아크 : 합선, 지락

• 직렬아크 : 반단선, 접촉불량, 스위치 융착 등

• 병렬아크 : 합선, 지락 등

• 트레킹현상은 직렬뿐만 아니라 병렬회로상에 모두 나타날 수 있음

10 가스검지기의 그림이다. 번호에 알맞은 명칭을 쓰시오.

① 연결구(접속부)

② 팁커터

③ 손잡이

가스(유류)검지기

• 용도 : 화재현장의 잔류가스 및 유증기 등의 시료를 채취하여 액체촉진제 사용 및 유종 확인

• 구성 : 연결구(팁), 팁커터, 손잡이, 흡입표시기, 흡입 본체, 피스톤, 실린더

11 다음 그림을 보고 물음에 답하시오.   (10점)

> ① 발화지점은?
> ② 이유를 설명하시오.

해답

① ③

② ①, ② 지점의 벽에는 연소 및 탄화흔이 없으며 전체적으로 특이할 만한 화재패턴이 발견되 않아 ①, ②은 발화지점에서 배제하고 천정 및 벽면의 연소 및 탄화흔을 감식해보면 부엌 창문을 기점으로 V 패턴의 연소흔으로 보아 ③이 발화지점으로 추정되며 ③ 안쪽 벽은 연소흔이 전혀 없고 창틀을 기준으로 그을음 및 탄화흔이 식별된 점으로 보아 부엌 창문 바깥쪽으로부터 연소 확대되어 왔음을 추정할 수 있다.

해설

주방창문 바깥쪽에서 확대된 연소경로라고 볼 수 있음

12 가스시설에 있는 퓨즈 코크(Fuse Cock)가 하는 역할에 대해 쓰시오. (5점)

해답

코크에 내장된 볼이 떠올라 가스통로를 자동으로 차단하는 기능을 한다.

해설

퓨즈 코크(Fuse Cock)의 구조 및 기능
- 과류차단안전기구가 부착된 것으로서 배관과 호스 또는 배관과 퀵커플러를 연결하는 구조이다.
- 퓨즈 코크(Fuse Cock)의 작동원리 : 퓨즈는 측면에 슬릿을 갖고 있는 실린더와 볼로 구성되어 있어 과대한 양의 가스가 흘렀을 때 퓨즈볼이 가스의 통과구멍을 막음으로써 가스를 차단한다. 평상시에는 퓨즈볼과 실린더의 슬릿 사이로 가스가 흘러 사용할 수 있으며, 호스가 빠지거나 절단되어 과대한 양의 가스가 흐르면 퓨즈볼이 위쪽으로 밀려올라 통과구멍을 막아 가스를 차단한다.
- 퓨즈 코크는 배관과 배관, 호스와 호스, 배관과 호스를 연결할 수 있도록 되어 있다.

13 전기적 단락(합선)에 의한 용융흔 표면형태의 특징 3가지 쓰시오.

해답

① 형상이 구형이다.
② 광택이 있다.
③ 표면이 매끄럽다.

해설

전기적 단락(합선)에 의한 용융흔의 특징

구 분	합선(단락) 용융흔(발화의 원인)
표면형태(육안)	형상이 구형이고 광택이 있으며 매끄러움
탄화물(XMA분석)	일반적으로 탄소가 검출되지 않음
금속조직(금속현미경)	용융흔 전체가 구리와 산화제1구리의 공유결합조직으로 점유하고 있고 구리의 초기결정 성상은 없음
보이드분포(금속현미경)	크고 둥근 보이드가 용융흔의 중앙에 생기는 경우가 많음
EDX분석	OK. CuL 라인이 용융된 부분에서 거의 검출되지 않지만 정상 부분에서는 검출됨

14 실화책임에 관한 법률에서 실화가 중대한 과실로 인한 것이 아닌 경우 그로 인한 손해의 배상의무자가 법원에 손해배상액의 경감을 청구할 수 있는 경우 5가지를 쓰시오. (10점)

> **해답**

① 화재의 원인과 규모
② 피해의 대상과 정도
③ 연소 및 피해 확대의 원인
④ 피해 확대를 방지하기 위한 실화자의 노력
⑤ 배상의무자 및 피해자의 경제상태

> **해설**

손해배상액의 경감(제3조)
실화가 중대한 과실에 의한 것이 아닌 경우 그로 인한 손해의 배상의무자는 법원에 손해배상액의 경감을 청구할 수 있으며, 법원은 다음의 사정을 고려하여 손해배상액을 경감할 수 있음
• 화재의 원인과 규모
• 피해의 대상과 정도
• 연소(延燒) 및 피해 확대의 원인
• 피해 확대를 방지하기 위한 실화자의 노력
• 배상의무자 및 피해자의 경제상태

15 화재로 3층 바닥면적 400m² 중 바닥이 5m², 천장이 5m² 소실되었다. 소실면적을 구하시오. (5점)

> **해답**

5m²

> **해설**

소실면적 산정(화재조사 및 보고규정 제17조)
• 건물의 소실면적 산정은 소실 바닥면적으로 산정한다.
• 수손 및 기타 파손의 경우에도 위 규정을 준용한다.

02 | 기사 기출복원문제

※ 본 기출문제는 수험자들의 기억에 의해 복원된 것으로 내용과 그림, 출제순서가 다소 실제 문제와 다를 수 있습니다.

01 다음의 발화유형을 각각 1가지씩 쓰시오. (단, 트레킹현상은 제외한다) (5점)

> ① 직렬아크 :
> ② 병렬아크 :

해답

① 직렬아크 : 반단선
② 병렬아크 : 합선

해설

- 직렬아크 : 반단선, 접촉불량, 스위치 융착 등
- 병렬아크 : 합선, 지락 등
- 트레킹현상은 직렬뿐만 아니라 병렬회로상에 모두 나타날 수 있음

02 통전 중인 플러그와 콘센트가 접속된 상태로 출화하였을 때, 소손흔적은 어떠한지 설명하시오. (5점)

> ① 플러그 :
> ② 콘센트 :

해답

① 플러그핀 용융흔, 패임, 잘림, 푸른 변색흔 착상
② 금속받이 열림, 금속받이 부분적인 용융, 외함함몰

해설

플러그와 콘센트의 소손흔적

- 플러그 핀이 용융되어 패여 나가거나 잘려나간 흔적이 남는다.
- 불꽃 방전현상에 따라 플러그 핀에 푸른색의 변색흔이 착상되는 경우가 많고 닦아내더라도 지워지지 않는다.
- 플러그핀 및 콘센트 금속받이가 괴상 형태로 용융되거나 플라스틱 외함이 함몰된 형태로 남는다.
- 콘센트의 금속받이가 열린 상태로 남아 있고 복구되지 않으며, 부분적으로 용융되는 경우가 많다.

03 중성대에 대한 다음 물음에 답하시오. (5점)

> ① 정의를 쓰시오.
> ② 중성대가 건물 내부에 높이 있다면 화재의 성장기와 최성기 중 어느 단계에 해당하는지 쓰시오.

해답

① 실내에서 화재가 발생하면 연소열에 의해 부력이 발생하므로 실의 상부는 실외보다 압력이 높고 하부는 압력이 낮다. 따라서 그 사이 어느 높이에는 실내와 실외의 압이 같아지는 경계가 형성되는데, 그 면을 중성대라 한다.
② 성장기

해설

중성대
- 실내에서 화재가 발생하면 연소열에 의해 부력이 발생하므로 실의 상부는 실외보다 압력이 높고 하부는 압력이 낮다. 따라서 그 사이 어느 높이에는 실내와 실외의 압이 같아지는 경계가 형성되는데, 그 면을 중성대라 한다.
- 중성대 위쪽은 실내의 압력이 실외의 압력보다 높아 실내에서 실외로 유출기류가 형성되고, 중성대 아래쪽은 실외에서 실내로 유입기류가 형성된다.
- 따라서 중성대 상부는 열과 연기로 위험하므로 진압이나 피난을 할 때 중성대 아래로 위치하면 시야확보나 호흡에 유리하다.

04 배선용 차단기의 외부 및 내부 화재감식요령에 대해 간단히 쓰시오. (5점)

> ① 합성수지 케이스가 화염에 탄화되어 부하측과 전원측을 구별할 수 없을 경우
> ② 플라스틱 케이스가 용융되어 내부스위치의 동작여부를 알 수 없는 경우

해답

① 회로시험기 등으로 저항을 측정하여 켜짐(저항 $0\,\Omega$)과 꺼짐(저항 ∞) 상태 확인
② X-Ray 또는 비파괴시험기로 촬영하여 확인

해설

배선용 차단기의 외형상태 감식
배선용 차단기가 불에 타서 변형될 수 있는 취약 부분의 소자는 켜짐/꺼짐 전환용 Handle 부분이 외부화염에 쉽게 변형될 수 있는 소재로 되어 있으므로 분해할 경우는 주의하여야 한다.
- 배선용 차단기의 케이스가 탄화 변형된 경우 : 배선용 차단기의 Mold Case가 화염에 탄화되어 부하측과 전원측을 구별할 수 없을 경우에는 회로시험기 등으로 저항을 측정하여 켜짐(저항 $0\,\Omega$)과 꺼짐(저항 ∞) 상태를 확인할 수 있음
- 엑스레이(X-Ray) 시험기 확인 : 엑스레이(X-Ray) 시험기가 있을 경우에는 증거물을 분해하지 않는 상태로 촬영하여 켜짐(투입) 및 꺼짐(개방) 상태를 용이하게 확인할 수 있음
- 배선용 차단기가 탄화되어 분해할 경우 동작편의 위치로 식별 : 배선용 차단기의 동작편이 중립에 있으면 배선용 차단기의 2차회로는 통전 상태로 부하측에서 과부하 또는 단락이 발생한 것으로 동작원인과 사고발생 상황을 배선용 차단기 부하측 전선의 용융흔에 의해 귀납적으로 규명

05 다음은 자동차의 주요 화재발생 원인에 대한 설명이다. ( ) 안에 알맞은 내용을 쓰시오.

(5점)

> ① ( ) : 차량 엔진 점화플러그 불량으로 유효한 불꽃을 발생시키지 못해 실린더에서 연소되지 않은 혼합가스가 고온의 촉매장치에 모여서 연소하는 현상(Misfire)
>
> ② ( ) : 아이들링 조정의 불량 등에 의하여 엔진의 스위치를 꺼도 엔진이 계속 회전하는 현상
>
> ③ ( ) : 차량이 정지된 상태로 가속페달을 계속 밟아 회전력을 높이면 고속공회전이 일어나고, 엔진의 회전수가 높아져 엔진오일이나 라디에이터의 온도가 급격히 상승하여 과열·발열하는 현상

해답

① 미스파이어
② 런온현상
③ 과레이싱

해설

이외에 차량의 연료 및 배기계통에서 발화하는 유형
- 미스파이어 : 차량 엔진 점화플러그 불량으로 유효한 불꽃을 발생시키지 못해 실린더에서 연소되지 않은 혼합가스가 고온의 촉매장치에 모여서 연소하는 현상(Misfire)
- 런온현상 : 아이들링 조정의 불량 등에 의하여 엔진의 스위치를 꺼도 엔진이 계속 회전하는 현상
- 과레이싱 : 차량이 정지된 상태로 가속페달을 계속 밟아 회전력을 높이면 고속공회전이 일어나고, 엔진의 회전수가 높아져 엔진오일이나 라디에이터의 온도가 급격히 상승하여 과열·발열하는 현상

06 화재가 발생한 전원코드의 형태적 특징을 묘사한 그림을 참고하여 발화원인 및 화재가 발생할 수 있는 선행원인을 쓰시오.

(10점)

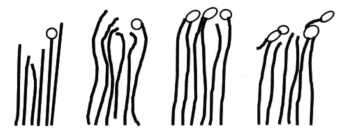

> ① 발화원인 :
> ② 선행원인 :

해답

① 반단선
② 반복적인 굽힘이나 금속에 의해 절단될 때 단선율이 10% 이상 끊어졌거나 전체가 완전히 단선된 후에 일부가 접촉상태로 남아 있는 상태에서 발생한다.

07 NFPA 921 폭발한계(연소범위)에 영향을 미치는 인자 4가지를 쓰시오. (10점)

해답

① 온도 : 온도가 상승하면 연소범위는 넓어진다.
② 압력 : 압력이 높아지면 연소상한이 크게 증가하여 연소범위가 넓어진다.
③ 산소농도 : 산소가 풍부하게 되면 연소상한이 크게 증가하여 연소범위가 넓어진다.
④ 불활성기체 : 연소범위는 좁아진다.

해설

연소(폭발)한계에 영향을 미치는 인자(NFPA 제5장 기초화재과학)

① 온도 : 온도가 높아지면 연소(폭발)범위는 넓어진다. 일반적으로 하한계는 온도가 100℃ 증가할 때마다 8%씩 감소하고, 상한계는 8%씩 증가한다.
② 압력 : 압력이 증가하면 일반적으로 연소(폭발)범위가 넓어지긴 하지만, 온도의 영향과 같이 규칙적이지 않고 복잡하므로 실측이 필요하다. 연소(폭발)하한은 작은 영향을 미치고 압력상승은 연소(폭발)상한을 증가시킨다.
③ 산소 농도 : 산소 중에 폭발하한은 공기 중과 거의 같지만, 연소(폭발)상한은 산소가 풍부하게 되면 많이 증가한다.
④ 불활성기체 : 질소나 수증기 등의 불활성기체가 존재하면 가연성기체 입자와 산소 입자와의 충돌을 방해하므로 반응이 잘 일어나지 않아 연소범위는 좁아진다.

08 다음은 증거물 시료용기의 마개 기준이다. (   )에 들어갈 내용을 쓰시오. (10점)

> • (①), 고무(클로로프렌 고무는 제외), (②), 합성 코르크마개 또는 (③) 물질(PTFE는 제외)은 시료와 직접 접촉되어서는 안 된다.
> • 만일 이런 물질들을 시료용기의 밀폐에 사용할 때에는 (④) 또는 (⑤) 호일로 감싸야 한다.
> • 양철용기는 돌려 막는 스크루뚜껑만 아니라 밀어 막는 (⑥)을/를 갖추어야 한다.
> • (⑦)은/는 병의 목 부분에 공기가 새지 않도록 단단히 막아야 한다.

해답

① 코르크마개, ② 마분지, ③ 플라스틱, ④ 알루미늄, ⑤ 주석, ⑥ 금속마개, ⑦ 유리마개

해설

증거물 시료용기의 마개 기준

• 코르크마개, 고무(클로로프렌 고무는 제외), 마분지, 합성 코르크마개 또는 플라스틱 물질(PTFE는 제외)은 시료와 직접 접촉되어서는 안 된다.
• 만일 이런 물질들을 시료용기의 밀폐에 사용할 때에는 알루미늄이나 주석 호일로 감싸야 한다.
• 양철용기는 돌려 막는 스크루뚜껑만 아니라 밀어 막는 금속마개를 갖추어야 한다.
• 유리마개는 병의 목 부분에 공기가 새지 않도록 단단히 막아야 한다.

09 3상 변압기의 병렬운전 조건 3가지를 쓰시오. (10점)

해답

① 극성이 같을 것
② 정격전압(권수비)이 같을 것
③ 백분율 임피던스 강하가 같을 것

해설

3상 변압기의 병렬운전 조건
- 각 변압기의 극성이 같을 것
- 각 변압기의 백분율 임피던스 강하가 같을 것
- 각 변압기의 권수비가 같고 1차와 2차의 정격전압이 같을 것
- 각 변압기의 저항과 누설 리액턴스 비가 같을 것
- 각 변압기의 상회전 방향 및 1차와 2차의 선간전압의 위상변위가 같을 것

10 NFPA 921에서 터널, 아쿠아리움 등 밀폐된 장소에서 동일한 가연물의 연소속도에 영향을 주는 인자 4가지를 쓰시오. (10점)

해답

① 화재공간의 형상과 체적
② 천정높이와 바닥면적
③ 개구부의 위치와 크기, 형상
④ 공간의 내장재

해설

구획공간과 관련된 인자
구획화재실 내에서는 고온 연층이나 가열된 벽면으로부터 방출된 복사에너지에 의해 공간 내의 물체가 가열되고 화염부에서는 연료의 연소율이 증가하게 된다. 따라서 연층의 두께나 온도 및 가열된 벽면의 온도 등은 화재성장에 상당한 영향을 미친다. 또한 외부로부터 공급되는 공기량은 연소반응이나 화재실의 냉각과 직접적으로 관련된다. 일반적으로 구획 화재에 영향을 주는 인자 중 공간자체와 관련된 부분은 크게 다음과 같은 요소들이 있다.
- 화재공간의 형상과 체적
- 천정높이와 바닥면적
- 개구부의 위치와 크기, 형상
- 공간의 내장재

11 금속 단락흔 조직검사 순서이다. 다음 빈칸을 채우시오. (10점)

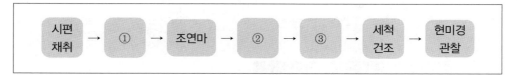

해답

① 마운팅
② 정밀연마
③ 부 식

해설

금속 단락흔 조직검사 체계도

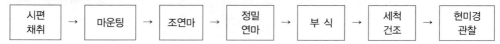

12 탄화심도 측정방법 3가지를 쓰시오. (5점)

해답

① 동일 포인트를 동일한 압력으로 측정한다.
② 목재 기둥 중심선을 직각으로 삽입한다.
③ 탄화균열 부분이 발생한 철(凸)각 부위를 측정한다.

해설

탄화심도 측정방법
① 동일 포인트를 동일한 압력으로 여러 번 측정하여 평균치를 구함
② 계침은 기둥 중심선을 직각으로 찔러 측정
③ 평판계침으로 측정할 때는 수직재에 평판면을 수평, 수평재는 평판면을 수직으로 찔러 측정

13 리플마크가 나타나는 유리의 파괴원인을 쓰시오. (5점)

해답

충격에 의한 유리창 파괴

해설

충격에 의한 유리창 파괴 표면의 특징
• 충격지점을 중심으로 거미줄 모양의 방사형으로 파손되며 충격지점으로 가까울수록 파편의 크기는 작고 멀수록 크다.
• 리플마크(Ripple Mark) : 유리의 동심원 파단면 및 방사형 파단면에는 물결 같은 일련의 곡선이 연속해서 만들어지는 것을 말하며, 패각상 파손흔이라고도 한다.

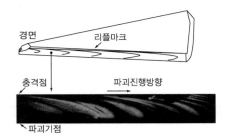
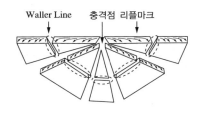

14 0°C, 1기압 상태에서 이산화탄소의 증기비중을 구하시오. (단, 공기의 분자량은 29이다) (5점)

> ① 계산식 :
> ② 증기비중 :

해답

① 이산화탄소의 기체비중 $= \dfrac{\text{이산화탄소의 분자량}}{\text{공기의 분자량}} = \dfrac{44g}{29g}$

② 1.51

해답

기체의 비중은 한 물질의 밀도와 기준 물질의 밀도 사이의 비로 정의되며, 다음과 같이 표시한다.

비중 $= \dfrac{\text{어떤 물질의 밀도}}{\text{기준 물질의 밀도}} = \dfrac{\text{어떤 물질의 중량}}{\text{기준 물질의 중량}} = \dfrac{\text{이산화탄소의 분자량}}{\text{공기의 분자량}} = \dfrac{44g}{29g} \fallingdotseq 1.51$

15 대기압이 1.0332, 절대압력이 2.0664일 때 게이지 압력은 얼마인가? (단, 소수점 셋째자리에서 반올림한다) (5점)

해답

1.03

해설

게이지 압력

진공 상태일 때의 압력을 기준으로 해서 측정한 압력이 아니고 대기압을 기준으로 해서 측정한 압력의 단위를 말한다. 일반적으로 단위는 kg/cm^2로 표시한다.

게이지 압력 = 절대압력 - 대기압

따라서 게이지 압력 = 2.0664 - 1.0332 = 1.0332

04 | 기사 기출복원문제

※ 본 기출문제는 수험자들의 기억에 의해 복원된 것으로 내용과 그림, 출제순서가 다소 실제 문제와 다를 수 있습니다.

01 프로판에 대한 다음 물음에 답하시오. (10점)

> 가. 구조식을 쓰시오.
> 나. 증기비중을 구하시오.

해답

가. C_3H_8 나. 1.52

해설

가. C_3H_8

나. 기체의 비중은 한 물질의 밀도와 기준 물질의 밀도 사이의 비로 정의되며, 다음과 같이 표시한다.

$$비중 = \frac{어떤\ 물질의\ 밀도}{기준\ 물질의\ 밀도} = \frac{어떤\ 물질의\ 중량}{기준\ 물질의\ 중량} = \frac{프로판\ 가스의\ 분자량}{공기의\ 분자량} = \frac{44g}{29g} ≒ 1.517$$

02 다음 발화물질에 해당하는 자연발화의 형태를 보기에서 골라 쓰시오. (5점)

> 분해열, 산화열, 흡착열, 중합열, 발효열

가. 셀룰로이드, 니트로셀룰로오스 :
나. 석탄, 건성유 :
다. 활성탄, 목탄 분말 :

해답

가. 분해열   나. 산화열
다. 흡착열

해설

자연발화을 일으키는 원인
① 셀룰로이드, 니트로셀룰로오스 : 분해열에 의한 발열
② 석탄, 건성유 : 산화열에 의한 발열
③ 목탄, 활성탄 : 흡착열에 의한 발열
④ 퇴비, 먼지 : 발효열에 의한 발열
⑤ HCN, 산화에틸렌 등 : 중합열에 의한 발열

03 다음에서 설명하는 화재조사 분석장비의 명칭을 쓰시오. (5점)

> 가. 석유류에 의해 탄화된 것으로 추정되는 혼합물을 단일성분으로 분리시켜 정성 또는 정량적으로 시료를 분석하는 장비는?
>
> 나. 과전류 차단기와 같이 내부의 동작여부를 볼 수 없거나 플라스틱 케이스가 용융되어 내부 스위치의 동작여부를 볼 때 사용하는 장비는?

해답

가. 가스크로마토그래피

나. X선 촬영장치 또는 비파괴 검사기

해설

① 가스크로마토그래피(Gas Chromatography) 분석법의 원리
  ㉠ 용도 : 두 가지 이상의 성분으로 된 물질을 단일성분으로 분리시켜 무기물질과 유기물질의 정성·정량분석에 사용하는 분석기기
  ㉡ 구성 : 압력조정기(Pressure Control)와 운반기체(Carrier Gas)의 고압실린더, 시료주입장치(Injector), 분석칼럼(Column), 검출기(Detector), 전위계와 기록기(Data System), 항온장치
  ㉢ 운반기체의 종류 : H_2, He, N_2, Ar 등

② X선 촬영장치
  ㉠ 합성수지로 피복된 물건 내부 및 화재열로 용융으로 엉겨 붙은 플라스틱 등의 단단한 덩어리 속에 묻혀 있는 경우 사용
  ㉡ 어떤 물체 내부의 실체를 전혀 알 수 없거나 감정 물건의 내부를 확인할 목적으로 사용

04 조리용 LNG와 LPG 케비넷 히터를 사용하고 있는 어느 가정에서 폭발이 발생하여 벽 상부 및 천정에 연소흔적이 발견되었다. 다음 물음에 답하시오. (10점)

> 가. 가연물은 무엇인가?
>
> 나. 폭발의 추정 원인을 쓰시오.

해답

가. LNG

나. LNG는 CH_3가 주성분인 가스 연료로 공기보다 가벼워 가정에서 누출 시 상승하여 천정이나 천정 인근의 상부 벽에 체류하는 특징이 있다. 벽 상부 및 천정에 연소흔적이 발견된 점으로 보아 원인을 알 수 없는 점화원에 의해 LNG가 누출되어 폭발한 것으로 추정된다.

LNG와 LPG의 특징

LNG(주성분 메탄 : 연소범위 5~15%)	LPG(프로판, 부탄이 주성분)
• 기상의 가스로서 연료 외 냉동시설에 사용한다.	• 기화 및 액화가 쉽다.
• 비점이 약 −162℃이고 무색투명한 액체이다.	• 공기보다 무겁고 물보다 가볍다.
• 비점 이하 저온에서는 단열 용기에 저장한다.	• 연소 시 다량의 공기가 필요하다.
• 액화천연가스로부터 기화한 가스는 무색무취이다.	• 발열량 및 청정성이 우수하다.
• 메탄이 주성분으로 공기보다 가볍다(분자량 16).	• 고무, 페인트, 테이프, 천연고무를 녹인다.
• 누출 시 냄새를 위해 부취제를 첨가한다.	• 무색무취하므로 부취제를 첨가한다.
• 액화하면 부피가 작아진다(1/600).	• 액화하면 부피가 작아진다(1/250).

05 최종잔가율에 대한 다음 물음에 답하시오. (5점)

> 가. 정의를 쓰시오.
> 나. 다음의 최종잔가율을 구하시오.
>   1) 건물
>   2) 선박
>   3) 가재도구

가. 피해물의 경제적 내용연수가 다한 경우 잔존하는 가치의 재구입비에 대한 비율
나. 1) 20%   2) 10%
　　 3) 20%

가. "최종잔가율"이란 피해물의 경제적 내용연수가 다한 경우 잔존하는 가치의 재구입비에 대한 비율을 말한다.
나. 최종잔가율
　　• 건물, 부대설비, 구축물, 가재도구의 경우 : 20%
　　• 기타의 경우 : 10%

06 아파트에서 화재가 발생하였다. 다음의 조건에서 화재피해 추정액을 구하시오. (단, 잔존물제거비는 제외한다) (5점)

> • 신축단가 : 900,000원
> • 내용연수 : 50년
> • 경과연수 : 25년
> • 소실면적 : 200m^2
> • 손해율 : 50%

해답

540,000원

해설

건물의 피해액 산정기준

건물의 화재피해액 = 「신축단가(m^2당) × 소실면적 × [1 − (0.8 × 경과연수/내용연수)] × 손해율」

건물의 피해액 = 900,000원 × 200m^2 × [1 − (0.8 × 25/50)] × 50% = 540,000원

---

07 화재현장에서 유출된 아세톤 유증기가 폭발을 일으키며 발화한 경우, 다음 물음에 답하시오.

(10점)

> ① 아세톤의 완전연소반응식을 쓰시오.
> ② 아세톤의 증기비중을 구하시오. (단, 공기의 분자량은 29이다)
>   − 계산과정 :
>   − 답 :
> ③ 아세톤의 위험도를 구하시오. (단, 연소한계 2.5%~12.8%)

해답

① $CH_3COCH_3 + 4O_2 \rightarrow 3CO_2 + 3H_2O$

② 비중 $= \dfrac{\text{어떤 물질의 중량}}{\text{기준 물질의 중량}} = \dfrac{\text{아세톤의 중량}}{\text{공기의 중량}} = \dfrac{58}{29} = 2$

③ 4.12

해설

아세톤은 화학식 CH_3COCH_3, 분자량은 58.08로 향기가 있는 무색의 액체이다. 물에 잘 녹으며, 유기용매로서 다른 유기물질과도 잘 섞인다.

• 탄화수소계 완전연소식에 대입하면

$$C_mH_nO_l + (m + \frac{n}{4} - \frac{l}{2})O_2 \rightarrow mCO_2 + \frac{n}{2}H_2O$$

$$C_3H_6O_1 + (3 + \frac{6}{4} - \frac{1}{2})O_2 \rightarrow 3CO_2 + \frac{6}{2}H_2O$$

$$CH_3COCH_3 + 4O_2 \rightarrow 3CO_2 + 3H_2O$$

• 비중 $= \dfrac{\text{어떤 물질의 중량}}{\text{기준 물질의 중량}} = \dfrac{\text{아세톤의 중량}}{\text{공기의 중량}} = \dfrac{58}{29} = 2$

• $H(\text{위험도}) = \dfrac{U(\text{연소상한계}) - L(\text{연소하한계})}{L(\text{연소하한계})} = \dfrac{12.8 - 2.5}{2.5} = 4.12$

08 차량이 화재로 전소되었다. 차대번호는 식별가능하고 17자릿수로 구성 될 때, 다음의 자릿수가 의미하는 것은 무엇인지 쓰시오.
(10점)

가. 1번째 자릿수 　　　　　　　　　　　나. 2번째 자릿수

다. 3 ~ 9째 자릿수 　　　　　　　　　　라. 10번째 자릿수

마. 12 ~ 17번째 자릿수

> **해답**

가. 국가 　　　　　　　　　　　　　　　나. 제작사

다. 제작사 자체적으로 부여된 번호 　　　라. 제작년도

마. 제작일련번호

> **해설**

차대번호(VIN ; Vehicle Identification Number)
• 목적 : 차량도난방지 및 차량 결함추적(차량화재 시 전소되거나 기타의 사유로 차량번호판, 자동차등록증을 통해 정보를 파악할 수 없을 경우 제작사, 모델, 생산연도, 기타 특징을 파악 가능)
• 구성 : 차대번호는 총 17자리로 구분(전 세계 모든 차량이 동일)
1. WMI(World Manufacturer Identifier, 국제제작사군, 1~3자리) : ① 제조국, ② 제조사, ③ 용도구분
2. VDS(Vehicle Descriptor Section, 자동차특성군, 4~11자리) : ④ 차종, ⑤ 사양, ⑥ 차량형태, ⑦ 안전장치, ⑧ 배기량, ⑨ 보안코드, ⑩ 연식, ⑪ 생산공장
3. VIS(Vehicle Indicator Section, 제작일련번호군, 12~17자리) : 제작일련번호
※ 자릿수 중 3~9번째까지는 제작사 자체적으로 설정된 부호

---

09 다음과 같이 태양광이 입사할 때 태양광 복사에너지가 가장 큰 것부터 순서대로 쓰시오.
(5점)

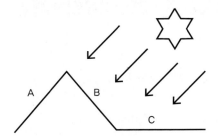

> **해답**

B > C > A

> **해설**

태양광 발전을 위한 최적의 위치 및 설치방법
태양광 발전을 위한 최적의 위치는 태양의 진입 각도와 최대 일조 시간을 고려하여 결정해야 한다. 일반적으로 태양이 최대로 비추는 남향에 태양광 패널을 설치하는 것이 가장 효과적이다. 태양광 발전은 햇빛이

지면에 닿기 시작하더라도 햇빛의 각도 및 날씨환경에 따라 발전량이 저하되며, 맑은 날씨에서 햇빛과 태양광이 90°를 이룰 때 발전량이 최대가 된다.
따라서 태양광 복사에너지는 B > C > A이다.

10 백열전구가 화재열에 의하여 구멍이 발생하는 원리를 내부압력과 표면장력을 이용하여 설명하시오.
(5점)

해답

백열전구가 외부 화재열에 의하여 과열되면 수열된 유리구의 표면장력이 약해지고 봉입된 불활성 가스가 수열 받은 유리구 방향으로 부풀어 오르면서 구멍이 발생하게 된다.

해설

백열전구의 수열에 의한 변형
- 전구 등과 같이 일상에서 이용되는 유리제품은 불길이 이동한 방향을 알아내는데 도움이 될 수 있는데, 이는 가열된 유리 표면을 팽창시키면서 열원 쪽으로 휘거나 볼록해지기 때문이다.
- 유리가 약 750℃에서 녹을 때에 접한 면이 우선적으로 녹게 되고 그것이 분자 간의 응력을 잃을 때 그 방향으로 늘어지거나 흐르려고 하게 된다. 이는 전구가 가열될 때 팽창하는 내부 가스가 진행하는 불꽃 내에 있는 말랑말랑해진 전구의 첫 번째 지역을 부풀게 하는 과압을 만들어 낸다.
- 이러한 "blowout"은 다가오는 불꽃과 접한 면이 보통 먼저 말랑말랑해지기 때문에 불길이 다가오는 방향을 가리킨다.

연소방향 ⇨

11 무염화원에 대한 다음 물음에 답하시오.
(10점)

> 가. 무염화원의 종류 4가지를 쓰시오.
> 나. 무염화원(미소화원)에 의한 연소현상 특징을 3가지 쓰시오.

해답

가. 담뱃불씨, 모기향, 용접불티, 스파크
나. 무염화원에 의한 연소현상 특징
- 작은 불씨가 화재원이다.
- 가연성 고체를 유염 연소시킬 수 있을 만큼의 에너지는 크지 않다.
- 연소시간이 길며 국부적으로 연소 확대된다.

무염화원에 의한 연소현상 특징

- 작은 불씨가 화재원인이다.
- 가연성 고체를 유염 연소시킬 수 있을 만큼의 에너지는 크지 않다.
- 연소시간이 길며 국부적으로 연소 확대된다.
- 깊게 탄화된 연소 현상이 식별된다.
- 장시간 걸쳐 훈소하여 타는 냄새를 내는 특징이 있다.
- 발화원이 소실되거나 진압과정에서 남는 일이 없어 물증 추적이 곤란하다.

12 다음에서 설명하는 목재표면의 균열흔을 각각 쓰시오. (5점)

> ① 700~800℃, 홈이 얇고 부푼 삼각 또는 사각 형태의 균열흔
> ② 900℃, 홈이 깊고 만두 모양의 요철이 형성되는 균열흔
> ③ 1100℃, 홈이 가장 깊고 반월 형태의 균열흔

해답

① 완소흔   ② 강소흔
③ 열소흔

해설

목재의 균열흔

- 완소흔 : 700~800℃의 수열흔으로 홈이 얇고 부푼 삼각 또는 사각 형태
- 강소흔 : 약 900℃의 수열흔으로 홈이 깊고 만두 모양의 요철이 형성됨
- 열소흔 : 1,000℃의 수열흔으로 홈이 아주 깊고 반월 형태, 대형 목조건물 화재 시 나타남
- 훈소흔 : 발열체가 목재면에 밀착되어 무염연소 시 발생함

13 깨진 유리에 리플마크가 없고 매끄러운 곡선형태가 식별된다. 유리 파손의 외력은 무엇인지 쓰시오.

해답

압력(폭발)에 의한 유리의 파손형태

해설

압력(폭발)에 의한 유리의 파손형태 및 감식

구 분	내 용
원 인	백 드래프트, 가스폭발, 분진폭발 등과 같은 급격한 충격파로 파손된 형태
파손형태	평행선 모양의 파편형태(4각 창문 모서리 부분을 중심으로 4개의 기점이 존재)
화재감식	• 두꺼운 그을음이 있는 경우 : 폭발 전에 화재가 활발했음을 나타냄 • 그을음이 매우 희미한 경우 : 화재 초기에 폭발이 있었음을 나타냄 • 그을음이 전혀 없는 경우 : 폭발 후에 화재가 발생했음을 나타냄

14　주택의 경과연수를 산출하시오.　　　　　　　　　　　　　　　　　　　　(5점)

> 가. 화재발생시점 : 2023년 4월
> 나. 주택사용시점 : 2011년 1월 (사용승인일 : 2011년 1월 1일)
> 다. 재건축비의 70%를 사용하여 개·보수한지 2년 경과

[해답]

7년

[해설]

경과연수

화재피해 대상 건물이 건축일로부터 사고일 현재까지 경과한 년수를 말한다.
㉠ 건축일은 건물의 사용승인일 또는 사용승인일이 불분명한 경우 : 실제 사용한 날 기준
㉡ 건물의 일부를 개축 또는 대수선한 경우 : 경과연수를 다음과 같이 수정적용

재건축비의 50% 미만을 개·보수한 경우	최초 건축년도를 기준으로 경과연수를 산정
재건축비의 50·80%를 개·보수한 경우	최초 건축년도를 기준으로 한 경과연수와 개·보수한 때를 기준으로 한 경과연수를 합산 평균하여 경과연수를 산정
재건축비의 80% 이상을 개·보수한 경우	개·보수한 때를 기준으로 경과연수를 산정

따라서 경과연수 = $\dfrac{12년(사용승인\ 경과연수)+2년(개·보수\ 경과연수)}{2}$ = 7년

15　소방의 화재조사에 관한 법률에 따른 소방공무원과 경찰공무원의 협력사항 3가지를 쓰시오.
　　(단, 그 밖의 필요한 사항은 제외한다)　　　　　　　　　　　　　　　　(5점)

[해답]

가. 화재현장의 출입·보존 및 통제에 관한 사항
나. 화재조사에 필요한 증거물의 수집 및 보존에 관한 사항
다. 관계인등에 대한 진술 확보에 관한 사항

[해설]

소방공무원과 경찰공무원의 협력 등(제12조)

- 화재현장의 출입·보존 및 통제에 관한 사항
- 화재조사에 필요한 증거물의 수집 및 보존에 관한 사항
- 관계인등에 대한 진술 확보에 관한 사항
- 그 밖에 화재조사에 필요한 사항

2024 SD에듀 화재감식평가기사 · 산업기사 실기 필답형

개정9판1쇄 발행	2024년 03월 15일 (인쇄 2024년 01월 17일)
초 판 발 행	2013년 10월 01일 (인쇄 2013년 10월 01일)
발 행 인	박영일
책 임 편 집	이해욱
편 저	문옥섭 · 박정주
편 집 진 행	박종옥 · 이병윤
표지디자인	박수영
편집디자인	김경원 · 곽은슬
발 행 처	(주)시대고시기획
출 판 등 록	제10-1521호
주 소	서울시 마포구 큰우물로 75 [도화동 538 성지 B/D] 9F
전 화	1600-3600
팩 스	02-701-8823
홈 페 이 지	www.sdedu.co.kr
I S B N	979-11-383-6623-6 (13550)
정 가	35,000원

더 이상의
소방 시리즈는
없다!

▶ **현장실무**와 오랜 시간동안 쌓은 **저자의 노하우**를 바탕으로
   최단기간 합격의 기회를 제공합니다.

▶ 2024년 시험대비를 위해 **최신개정법 및 이론**을 반영하였습니다.

▶ **빨간키(빨리보는 간단한 키워드)**를 수록하여
   가장 기본적인 이론을 시험 전에 확인할 수 있도록 하였습니다.

*SD*에듀의
소방 도서는...

알차다!
꼭 알아야 할 내용

친절하다!
쉽게 요약한 핵심

**핵심을
뚫는다!**
시험 유형에 적합한 문제

명쾌하다!
상세하고 친절한 풀이

SD에듀 소방 도서 LINE UP

소방승진

위험물안전관리법
위험물안전관리법·소방기본법·소방전술·소방공무원법 최종모의고사

소방공무원

문승철 소방학개론
문승철 소방관계법규

화재감식평가기사·산업기사

한권으로 끝내기
실기 필답형
기출문제집

소방시설관리사

소방시설관리사 1차
소방시설관리사 2차 점검실무행정
소방시설관리사 2차 설계 및 시공

나는 이렇게 합격했다

여러분의 힘든 노력이 기억될 수 있도록
당신의 합격 스토리를 들려주세요.

합격생 인터뷰
상품권 증정

추첨을 통해
선물 증정

베스트 리뷰자 1등
갤럭시탭 S8 증정

베스트 리뷰자 2등
갤럭시 버즈2 증정

SD에듀 합격생이 전하는 합격 노하우

"기초 없는 저도 합격했어요
여러분도 가능해요."

검정고시 합격생 이*주

"불안하시다고요?
시대에듀와 나 자신을 믿으세요."

소방직 합격생 이*화

"강의를 듣다 보니
자연스럽게 합격했어요."

사회복지직 합격생 곽*수

"선생님 감사합니다.
제 인생의 최고의 선생님입니다."

G-TELP 합격생 김*진

"시험에 꼭 필요한 것만 딱딱!
시대에듀 인강 추천합니다."

물류관리사 합격생 이*환

"시작과 끝은 시대에듀와 함께!
시대에듀를 선택한 건 최고의 선택"

경비지도사 합격생 박*익

합격을 진심으로 축하드립니다!

합격수기 작성 / 인터뷰 신청

QR코드 스캔하고 ▷ ▷ ▷ ▶
이벤트 참여하여 푸짐한 경품받자!

합격의 공식
SD에듀